国家科学技术学术著作出版基金资助出版

秦岭勉略构造带与中国大陆构造

张国伟 等 著

科学出版社

北京

内 容 简 介

本书是以国家自然科学基金重点项目"秦岭勉略构造带的组成、演化及其动力学特征"为主的多学科综合研究成果的系统总结与理论概括。书中系统论证秦岭-大别等中央造山系勉略复合构造带的组成、结构、属性、特征及其形成演化,并结合秦岭-大别中央造山系区域构造,讨论中国大陆地质与大陆构造的基本问题,进而探讨当代地球科学发展前沿领域的重大科学问题:深化发展板块构造,探索大陆构造与大陆动力学问题。书后附有"中国中央造山系勉略复合断裂构造带及邻区构造图(1:1 000 000)"。

本书可供地球科学工作者和研究者、大学生、研究生和地学爱好者参考。

图书在版编目(CIP)数据

秦岭勉略构造带与中国大陆构造/张国伟等著. —北京:科学出版社,2015.12

ISBN 978-7-03-046171-1

Ⅰ.①秦… Ⅱ.①张… Ⅲ.①秦岭-构造带-研究②构造地质学-研究-中国 Ⅳ.①P548.24-53

中国版本图书馆 CIP 数据核字(2015)第 258216 号

责任编辑:胡晓春/责任校对:赵桂芬 韩 杨
责任印制:肖 兴/封面设计:黄华斌 陈 敬

科 学 出 版 社 出版

北京东黄城根北街 16 号
邮政编码:100717
http://www.sciencep.com

中国科学院印刷厂 印刷

科学出版社发行 各地新华书店经销

*

2015 年 12 月第 一 版 开本:889×1194 1/16
2015 年 12 月第一次印刷 印张:32 1/4 插页:1
字数:928 000

定价:348.00 元

(如有印装质量问题,我社负责调换)

前　　言

本书是国家自然科学基金重点项目"秦岭勉略构造带的组成、演化及其动力学特征"（49732080，1998.1~2001.12）多学科综合研究成果的系统总结与理论概括，以专著形式出版，目的是从实际对秦岭–大别等中央造山系南缘勉略复合构造带属性、特征与其形成演化进行综合研究，以求深化探索与解决秦岭–大别造山带和中国大陆地质与大陆构造的一些基本科学问题，同时结合秦岭–大别造山带与中央造山系等中国大陆构造的区域地质、地球化学、地球物理基本特征，从中国大陆地质的突出地域特征实际出发，对比全球，探讨当代地学发展前沿领域的大陆构造与大陆动力学基本问题，提出中国大陆地质与大陆构造和大陆动力学的新问题、新思考与新认识，进行新探索，以参与当代地学的新发展与讨论。

勉略碰撞复合构造带是现今位于秦岭–大别造山带南缘，由一系列指向南的逆冲推覆与走滑断裂为构造骨架组成的造山带的复合边界断裂构造带。它从大别南缘的襄广（或襄武）断裂向西接巴山弧形断裂、康玛弧形断裂带等，再向西连通东昆仑南缘断裂带，绵延两千余公里，东西向横贯中国大陆中部，构成位于中央造山系南缘边界的强大陆内构造变形带。由于该带中勉县–略阳区段最具典型代表意义，并研究最详，向东西连续延展，贯通昆仑–秦岭–大别南缘，故统称其为昆仑–秦岭–大别造山带等中国中央造山系南缘勉略构造带，简称勉略构造带或勉略带。深入研究业已揭示证明它原是昆仑–秦岭–大别造山带南缘在原印支期板块俯冲碰撞缝合带基础上复合中新生代陆内构造而形成，复合包容了断续残存的先期缝合带遗迹，因之该带应主导是一个在先期古缝合带构造基础上叠加复合中新生代构造的以断裂构造为格架的巨型碰撞复合构造带。其先期原碰撞缝合带称为勉略古缝合带。该带具有重要的大地构造意义，如果说由秦岭、大别等造山带组成的中央造山系原是中国大陆南北拼合的主要结合带，则该带就是其中的一条分隔南北的具体边界，是中国大陆于印支期最后完成其主体拼合的主要拼合缝合带，也是古亚洲与古特提斯两大构造域交接转换的过渡边缘带，而且现今也是一条跨越青藏高原北部、横亘中国大陆东西的中新生代巨型陆内逆冲推覆兼具走滑的断裂构造带，是分割中国大陆南北、连接东西的构造纽带，因之也成为研究中国大陆中新生代以来东、西部差异演化与反转变化，东部大陆边缘与西太平洋俯冲演化关系，东部岩石圈底侵、拆沉、减薄与西部青藏地壳加厚、急剧隆升，即从深部到浅层中国大陆东、西部差异演变关系、地幔动力学与地壳响应及地表系统变化的连接桥梁与信息库，因此在中国大陆地质与大陆构造及大陆动力学和圈层相互作用、全球变化等当代地学前沿研究领域均具有重要独特意义。

地球科学基础理论的探索研究，需要从当代人类社会发展的新需求和科学技术的最新进展出发，瞄准学科前沿，立足于实际与实践，尤其关于中国地学的研究，除全球共性研究外，更应依据中国大陆及邻区地质在全球共性中的区域性独特特征与差异性，发挥地学地域性特征优势，持续进行系统深入综合研究，求得新发现，拓展新思维，获取新认识，概括新理论，创造性的发展地学，既探索解决中国大陆地质的实际问题，以适应国家重大需求，又创新探索当代地学发展前沿重大问题，促进人类社会和科学技术的发展，这就是研究的目标与价值。特别是在当代地球科学新的发展动态下，更应如此。因此，这也是本书写作的指导思想与目的。

当代地球科学的发展，面向 21 世纪，为适应人类社会可持续发展与科学技术发展的新需求，正在向着地球系统科学方向发展。为了认识与适应全球变化，改善人类生存环境，减轻灾害，获取能源和资源，世界各国和国际学术机构已经和正在加强进行全球变化与地球表层系统演化规律等的研究，以求解决和缓解人类新世纪面临的这些重大社会与科学问题。固体地球科学是该项研究的重要基础支撑学科，必然要面对这一人类社会与科学发展重大需求的挑战与机遇。其中地质科学是地球系统科学的基本组成部分，更担负着重要的基础研究的重任，为更多认识地球和构筑一个安全、富饶、适宜人类生存发展的地球提供认知与理论的基础。同时地质科学在上世纪板块构造等重大地学理论发展基础上，延续上世纪已发现与提出的重大地球科学理论问题，诸如板块构造发展和大陆地质与大陆动力学、全球变化和地球各圈层相互作用与地表系统、地球动力学等问题，也面临着新的更高层次发展地学理论的问题，尤其对于上世纪发现与建立的板块构造，正迎接着创造囊括大陆与大洋面向全球和宇宙新的整体地球观与理论的任务。因此，显而易见，在当代地球科学，尤其地质科学发展中，大陆地质与大陆构造和大陆动力学研究正是其前缘研究的主要领域与重大课题之一。所以世界很多国家，包括我国，都已把大陆地质与大陆动力学研究作为国家优先发展领域，实施系列重大持续研究计划，并已取得重要新进展。中国大陆在全球大陆地质中，具有共性中的独特区域性特征，是长期处于全球多个巨大构造动力学体系复合部位，并是复杂多块体拼合的大陆，具有长期演化历史、复杂组成与结构，而且有长期活动性，具有诸如中国大陆晚近时期地表系统的东、西部反转变化，西部青藏高原地壳急剧加厚隆升，华北克拉通破坏，大别超高压岩石面状剥露等系列全球大陆地质独一无二或稀少的特有现象，成为国际地学界瞩目和研究的热点地区，成为新世纪地球科学理论发展和地质科学创新的研究基地与天然实验室。中国大陆地质得天独厚的区域优势与特色，吸引着国内外地球科学家，尤其是地质学家进行探索研究。自然，中国的地质学家们，首先应立足于中国大陆地质实际，面向全球，充分发挥与利用地域优势特色，在已有长期研究基础上，以新的视野和思考，对中国大陆进行典型深入系统的研究，从而不但解决中国大陆问题，而且从中概括普适性规律，为当代地学发展前缘研究领域的大陆地质与大陆构造和大陆动力学研究做出应有的新贡献。

秦岭-大别造山带等中央造山系是横贯中国大陆中部东西向的一带雄伟山脉，是中国大陆现今地质、地理、气候、环境、生态，乃至人文的天然分界，也是地质历史中中国大陆完成其主体拼合的主要结合带，在中国大陆的形成与演化中占有重要的位置。因此不但为中国地学界，而且也为世界地学界所关注。关于秦岭和中央造山系，我们进行了长期研究，尤其在前人研究基础上，主持承担国家自然科学基金重大项目"秦岭造山带结构、演化及其成矿背景"（1992~1997）的研究，取得重要新成果与进展，获得多项新发现。其中，秦岭-大别造山带南缘勉略构造带与勉略古缝合带就是一项重要的新成果与新发现。关于勉略古缝合带李春昱等（1978，1982）已在上世纪七八十年代根据南秦岭西部略阳-勉县碧口地块内及周边和留坝楼房沟等地区出露的基性、超基性岩石组合与特征，提出了它们应是板块构造的蛇绿岩套，并结合西秦岭南缘存在构造混杂岩，认为这应是华南板块的西北边界。之后90年代陕西地质矿产局杨宗让、胡永祥（1990）就南秦岭中西部构造研究提出了勉略缝合带和勉略裂谷带与三联点构造等研究认识。"秦岭造山带结构、演化及其成矿背景"基金重大项目在前人研究成果基础上，重新进行了大区域多学科综合系统的新研究，获得诸多新的重要发现，提出了新认识新观点，赋予了勉略构造带完全不同于先辈前人的新的科学含义，提出勉略构造带是秦岭-大别等中央造山系南缘印支期的另一板块俯冲碰撞拼合的主板块缝合带，现今是一重要复合构造带。但由于当时重大项目的时间、主要任务和经费限制，未能进行系统深入综合研究，故重新申请了"秦岭勉略构造带的组成、演化及其动力学特征"重点项目，确定选择秦岭-大别造山带南缘横贯东西的勉略碰撞缝合与复合断裂构造带为主要研究对象，以新的学术思路，采用地质学、地球物理学与地球化学的理论与方法，多学科紧密结合，综合重点研究确定秦岭勉略构造带及其东西延展的现今组成、构造几何学与运动学，进而筛分查明确定和恢复重建原勉略古板块缝合带及其东西延伸与其发生、发展、演化、成因与动力学特征，探讨秦岭-大别造山带的形成演化及其与东古特提斯构造关系和中国现今大陆完成其主体拼合的特征与过程，并根据秦岭和中国大陆地质实际，对比全球，进行大陆动力学基本问题的探索研究。经国家自然科学基金委员会评议批准，该项目于1998年1月启动，历时四年的多学科综合研究于2001年年底完成，获得重要进展与成果。概括主要研究成果是：

1）综合研究建立了秦岭–大别造山带南缘勉略构造带及其东西延展的现今三维构造几何学格架模型。它是东西向横亘中国大陆中部的昆仑–秦岭–大别中央造山系南缘碰撞缝合复合构造带。

2）恢复重建和确认了秦岭–大别南缘晚海西–印支期形成与存在的勉略有限古洋盆与古缝合带及其东西延伸。

3）综合厘定了勉略构造带与勉略古缝合带的形成演化过程。

4）研究确定与厘定了秦岭–大别南缘残存的蛇绿岩与相关火山岩带，及以勉略、康玛、玛沁德尔尼和花山等为代表的残存蛇绿构造混杂岩带。

5）恢复重建了勉略有限洋盆与缝合带的陆缘沉积体系和前陆盆地体系。

6）综合确定了大巴山巨大双重复合逆冲推覆构造系，并综合判定其逆掩覆盖了先期的勉略古缝合带。

7）发现厘定勉略带中的蛇绿混杂岩带的高压变质岩和沉积混杂岩，并确定了其性质、特征与时代。

8）综合开展同位素年代学研究，并结合古生物化石对比分析，基本确定了勉略古洋盆开启、演化与碰撞缝合的形成演化时代。

9）综合利用已有的相关地球物理测深资料，结合地质、地球化学的综合研究，判定了勉略带区域结构与深部构造特征。

10）初步研究与提出晚古生代–中生代初海西–印支期青海共和拗拉谷和以玛沁德尔尼–花石峡–赛什腾为主中心的三联点构造及背景问题。

11）编制了"中国中央造山系勉略复合断裂构造带及邻区构造图（1∶100万）"。

12）从勉略构造带研究探讨了中国大陆构造与大陆动力学基本问题，包括：①勉略复合构造带与中国大陆构造；②勉略有限洋盆与缝合带和东古特提斯构造；③大陆地质与大陆构造和大陆动力学等。

本专著主要依据上述重点项目与原秦岭重大项目的研究成果，并综合吸收其他最新研究，包括上述重点项目完成后我们研究团队近年来新的研究成果和其他国内外研究的新成果，从当代地学发展前缘和全球构造与中国大陆地质视角，根据昆仑–秦岭–大别造山带等中央造山系和其南缘勉略构造带与其古缝合带的恢复重建的大量系统深入综合的实际研究，进行大陆地质与大陆构造和大陆动力学的求实探索和理论概括，重新认识与研究大陆，发展地球科学，参与当代地学发展与竞争。自然，成果是阶段性的，研究还要持续进行，新的科学问题还有待新的探索，不同的科学争论也会并也应该继续下去，以使我们不断在科学探索的道路上继续前进，以求得不断的更接近客观实际与真理。科学研究的真谛在于探索、发现与认知，不断追求客观科学真理！地球科学研究也概莫能外，更应如此！

重点项目研究和本专著都是研究群体的集体成果。研究中得到国家自然科学基金的资助，得到国家自然科学基金委员会地学部和综合局的指导、帮助，得到西北大学校、系领导的支持和参加项目的各有关单位的大力支持协作，对此表示衷心感谢。这里还要特别对国家自然科学基金委员会马福臣副主任，地学部柴育成副主任，地质学科姚玉鹏处长等的大力指导帮助，对先后参加项目中期与结题评审的各位专家的指导、评议、帮助一并表示诚挚感谢。对研究地区的安徽、湖北、河南、四川、陕西、甘肃、青海诸省的有关地学部门、兄弟单位的支持帮助也表示衷心感谢。

本专著共六章。作者分工如下：张国伟撰写第一章，第二章，第三章第七部分内容，第四章第三节部分内容，第五章第一节部分内容，第二节，第六章；董云鹏撰写第二章第一节二、三，第二节二、三，第三章第五节部分内容，第五章部分内容，第六章部分内容；李三忠和李亚林撰写第二章第一节一、第二节一；钱存超、李三忠、杨坤光分别撰写第二章第一节三、第二节三的部分内容；王居里撰写第二章第一节二的部分内容；程顺有撰写第二章第三节；赖绍聪撰写第三章，第六章部分内容；张成立撰写第三章第七节；孟庆任撰写第四章第一、二、三节部分内容；刘少峰撰写第二章部分内容，第四章第一、二、三节部分内容，第六章部分内容；裴先治撰写第二章第一节四，第二节四；

陈亮撰写第三章第四节；张宗清撰写第五章第一节部分内容等；滕志宏参与第二章汉中盆地的部分研究与图件编制；许继峰审校部分内容。鲁如魁、郭安林、姚安平校审了全书，部分图件由张哲、骆正乾、申怡博绘制，最后张国伟修改统审全书并定稿。这里需补充说明，本书的第二、三章由于实际前后研究对比的需要和完整论述勉略构造带形成演化与其特征，较多引用了我们已出版的《秦岭造山带与大陆动力学》（2001）和《南秦岭勉略缝合带蛇绿岩与火山岩》（2010）等著作与已发表的论文（张国伟等，2011，2013 等）的相关部分的一些图件与文字内容，特作说明。另，中国地质大学（武汉）杨坤光教授与我们合作共同承担了中石化南方构造研究项目，由他提交撰写的关于秦岭–大别南缘断裂与前陆构造的一部分有关中扬子的文字内容，经征得本人同意，纳入本书，也特作说明。

　　这里还应特别说明的是，本书在 2003 年年底已基本定稿，正待第六章最后完稿，恰逢本书主要作者张国伟教授生病住院治疗，一拖就是一年多。而又恰在这时期中石化党组和牟书令副总裁正在组织我国南方大陆海相油气的多学科综合研究。牟总多次与张国伟院士交谈商议，并一再动员他参加中石化这一重大基础研究。经半年多反复思考商议和近一年的准备、反复审议，最后经中石化组织的专门的全国专家评审会议，由专家组 27 位专家评审，正式立项。从 2006 年下半年开始了以张国伟院士为首席的中石化"中国南方大陆构造与海相油气勘探前景"的重大基础研究项目的研究。张国伟教授主要精力投入该项研究，这样就又把本书拖延下来，迄今一拖就是 5 年。现在正值南方研究空隙时间，该书应已到再整理出版的时候了。所以经该书作者们商议，决定在已有原稿基础上，学习、吸收近年来国内外同行对该地区研究的重要新资料、新成果和我们自己新研究成果，再经认真整理，综合提高，补充修改完成，交正式出版，以供学界读者参考、讨论、指正。

作　者

2013 年 8 月

目　录

Contents

第一章 秦岭造山带与勉略构造带

秦岭是位于中国大陆中部，横亘东西的著名的复合型大陆造山带，在中国大陆的形成与演化中占有突出的重要地位。它具有板块俯冲造山、碰撞造山与陆内造山的复合复杂组成、结构与长期演化历史，具有独特的区域性特征与秦岭式的造山模式，赋存有当代地学发展前沿领域大量研究信息与内容，是大陆地质与大陆构造和大陆动力学探索研究，认识大陆习性、行为、增生、消减、成因与动力学的天然实验室与信息库，故为国内外地学界所瞩目与关注。经过长期研究（黄汲清，1945，1960，1984；李四光，1959，1973；马杏垣，1961，1989；李春昱，1982；王鸿祯等，1982；张伯声，1984；张文佑，1984；Mattaeur et al.，1985；许志琴等，1988；贾承造等，1988；张国伟等，1988，2001a，b；王鸿祯，1997），虽然很多基本问题业已解决或取得共识，并正在更高层次上深入系统的进行着新的多学科综合探索研究，但迄今仍存在着很多未解决的基本问题与争议，不断有新的发现。其中秦岭造山带南缘的勉略构造带就是新发现新研究的一个重要基本科学问题。它的研究与厘定，改变了长期关于秦岭造山带形成演化仅仅是单一的华北与扬子两板块的碰撞拼合模式的认识，揭示出秦岭与大别等中央造山系具有更为复杂多样的造山作用过程和基本结构格局，为认识中国多块体拼合大陆如何完成其主体拼合与过程提供了新的研究基础。同时，如果说由秦岭-大别造山带等所构成的中央造山系是中国大陆主要的南北结合带，则勉略构造带就是中央造山系中最后的具体拼合带与中国大陆南北的具体分界线，并也是中国大陆主体拼合后陆内构造演化中划分南北、连接东西的构造纽带，因此勉略构造带不仅是秦岭等中央造山系研究的主要内容，而且也是研究探讨中国大陆完成主体拼合与陆内构造的良好场所，具有十分重要的研究意义，因之成为中国大陆地质与大陆构造和大陆动力学研究的难得的研究基地。从勉略构造带的系统综合解剖研究与视角，认识秦岭造山带与中国大陆构造，从而探讨全球大陆地质与大陆动力学的基本问题，并从具体研究中去发现认识、概括总结普适性规律；反之，又从全局整体，即从全球、全国与秦岭造山带等中央造山系整体去观察研究勉略带，以便从全局整体中去看具体局部，从而得以更全面正确的认识、理解和更深入的研究勉略带。这既是研究的基本思路，也是贯穿本书的基本指导思想。

第一节 秦岭造山带与勉略构造带概述

一、秦岭造山带及其南部边界

研究秦岭勉略构造带，首先需要从认识整体秦岭及其最新研究成果出发。现综合迄今关于秦岭造山带的研究，可以概括秦岭造山带的基本特征如下（图 1.1）。

1）现今的秦岭造山带是经历长期复杂演化的综合结果。其基本组成包括三大套构造地层岩石单元：①前寒武纪两类不同的变质基底岩系，即早前寒武纪结晶岩系（Ar-Pt_1），现以零散构造岩块夹持在造山带不同构造单元中；中新元古代浅变质过渡性基底岩系（Pt_{2-3}），广泛分散残存于造山带中。②新元古代—中三叠世主造山板块构造体制下相关的构造地层岩石单位（Pt_3-T_2）。③中新生代后主造山期的陆内构造与建造，包括断陷和前后陆盆地沉积岩层与广泛的以花岗岩为主的侵位岩浆岩系以及各类构造岩系（T_3-Q）。秦岭造山带形成演化经历了三个主要阶段：①前寒武纪二类基底形成阶段（Ar-Pt_{2-3}），包括早期结晶基底形成阶段和中新元古代过渡性基底形成阶段。②新元古代—古生代—

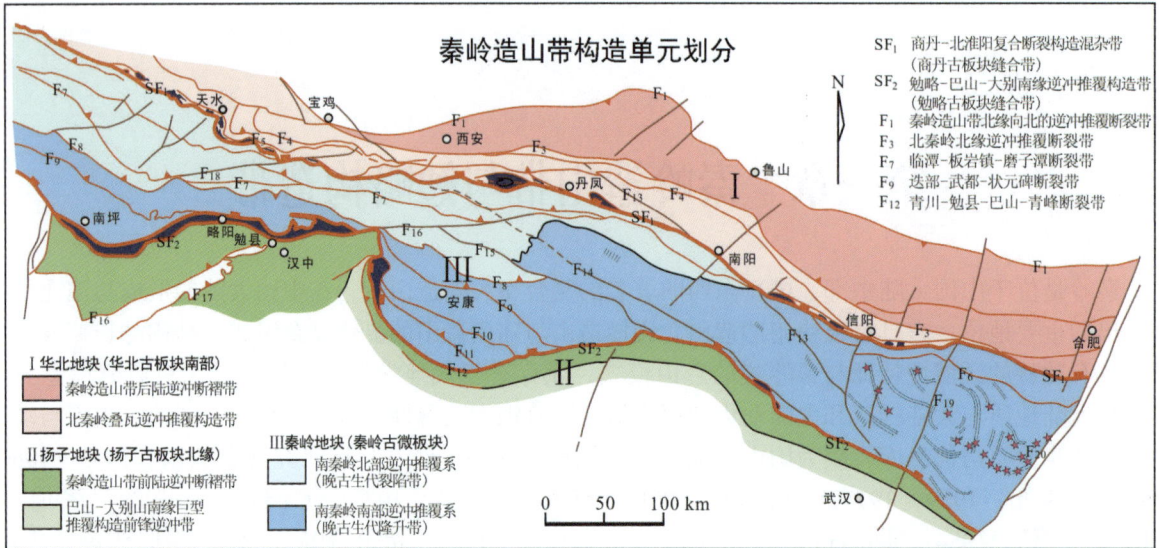

图 1.1　秦岭造山带构造单元划分图

中生代初（Pt_3-T_2）主造山期板块构造演化阶段，包括了扩张裂解、消减俯冲，洋-陆俯冲造山，陆-陆从点接触碰撞、面接触碰撞到陆-陆全面碰撞造山，以及勉略洋盆打开到封闭等复杂多样俯冲与碰撞造山过程，以及印支主造山期后的伸展塌陷构造（T_3-J_{1-2}）。③中新生代陆内构造演化阶段，包括燕山中晚期陆内造山（J_3-K_1）和燕山晚期至新生代的挤压、走滑、伸展构造共存的急剧隆升成山与新的裂解演化（K_2-R）。

2）现今的秦岭山脉是中新生代形成的强大陆内复合造山带。现今的秦岭山脉是在先期构造基础上，由中新生代以来陆内造山作用所形成与隆升的陆内造山带，是横贯中国大陆中部东西的中国中央造山系的重要组成部分。

3）秦岭是主导由印支期最终形成与完成的板块俯冲碰撞造山带。秦岭造山带的基本组成、构造格架与其构成的板块、地块的拼合配置关系是长期演化而主导则是由印支期（T_{2-3}）板块构造所完成奠定的，因此秦岭是新元古代末期经古生代至中生代初期，在板块构造体制下于印支期最终形成的俯冲碰撞造山带，但不是现今的雄伟隆升的秦岭山脉。因为如若没有中新生代陆内造山作用与急剧隆升，原印支期的碰撞造山带经过近 200 Ma 的剥蚀夷平，早已不复存在，故现今强大秦岭山脉是在先期碰撞造山基础上，由中新生代陆内造山所形成。

4）秦岭造山带是典型的大陆复合造山带。综合上述三点，显然它是由华北与扬子两板块及其之间的秦岭微板块沿两缝合带与断裂带长期相互作用，分裂与会聚而完成的板块俯冲造山与碰撞拼合造山和陆内造山共同完成的复合造山带。

5）秦岭造山带经历了板块构造的复杂漫长过程，形成秦岭式的造山模式而独具特征。秦岭的板块构造是华北、扬子及其之间的秦岭三个板块沿商丹和勉略两个消减碰撞缝合带，依次向北的俯冲碰撞拼贴造山而完成其主体造山拼合的，经历了早古生代末沿商丹带的扬子向华北板块的俯冲造山，晚古生代至中生代初沿商丹与勉略两缝合带的漫长从陆-陆点接触碰撞到面接触碰撞至全面陆-陆碰撞的复杂俯冲碰撞造山过程，可称为秦岭式多板块俯冲碰撞造山模式。

6）秦岭造山带岩石圈三维结构现今呈流变学分层的构造非耦合关系的"立交桥式"造山带三维几何学模型。秦岭造山带现今岩石圈三维结构呈现：岩石圈上部地壳受两侧克拉通地块相向向秦岭的巨大陆内俯冲，而秦岭沿两侧边界呈向外多层次的逆冲推覆，构成总体不对称扇形隆升，并兼具走滑、扩张块断的复合型地壳几何学结构，而深部则具流变学分层，并以南北向的深部结构与状态（大于 40~80 km 深度范围）和上部地壳（40~80 km）的近东西向结构构造呈非耦合关系，中间则为水平流变过渡层，综合从深部到表层总体岩石圈为流变学分层的构造非耦合"立交桥"式三维几何学结构模型。代表了秦岭造山带长期形成演化过程中先期已形成的三维结构，在中新生代新的构造演化中，深部在新的区域构造动力学背景中，处于高温高压状态，并在流体参与下首先发生了适应新的区域构造动力学状态的最新调整变化，形成深部南北向的结构与状态，而上部已固态化的先期东西向构造，还未得以适应而发生新的调整变化，故仍保留着原先东西向构造，因此上下两者在结构状态、构造方位与时代上构成不协调非耦合的关系，并且在两者之间，大致在 60~80 km 区间形成一层水平流变状态的上下过渡层，所以总体使之岩石圈上、中、下三分层现实的构成非耦合关系的统一整体。因此，它的重要意义不只在于揭示了秦岭造山带岩石圈结构的现今上下不协调非耦合关系的立交桥式结构与几何学状态，而更重要的揭示出大陆造山带在长期形成与演化中，大陆物质与结构在大陆长期保存漂浮演化中，是如何从深部到上部长期保存演化的，因而也就表明它可能是大陆拼合形成之后，不易返回地幔，长期保存演化的一种重要途径与方式，因此，具有重要的大陆动力学意义。

7）秦岭–大别造山带形成演化经历复杂多样板块或陆块的旋转拼合与陆内旋转俯冲的不同造山过程，造成现今自东而西的不同构造层次的剥露，总体代表了一个造山带的完整大陆岩石圈剖面。秦岭–大别造山带印支期板块的俯冲碰撞拼合是自东而西穿时的演化，显示华北板块逆时针旋转，而扬子（或华南）板块作顺时针旋转拼合，但板块拼合造山之后，作为陆内（板内）构造，华北、扬子两地块又沿造山带南、北两边界发生巨大相向陆内俯冲，而且自西向东俯冲幅度与深度急剧加大，至大别山深俯冲已使陆壳下冲形成超高压（UHP）岩石，并又快速折返地表，使大别造山带广泛出露造山带根部和 UHP 岩石，因此又表明南北两地块在陆内构造过程中，又以华北地块顺时针而扬子地块逆时针相向旋转，与板块拼合旋转方向恰成反向，最终导致现今从大别到西秦岭，造山带不同地段依次出露造山带根部（大别）、中深部（东秦岭）及中上部（西秦岭），而总体综合完整的代表了秦岭–大别一个造山带的陆壳剖面。

8）秦岭造山带现今是分隔中国大陆的南北的分界，连接东西的纽带，是中国大陆构造研究的信息库。秦岭等造山带所构成的中央造山系现今是分隔中国大陆南北的地质、地理、生态、环境、气候的主要界线，同时也是连接中新生代中国大陆东、西部反转变化和西部青藏地壳加厚、急剧隆升与东部岩石圈减薄，地幔拆沉、底侵等东、西部中新生代差异演化的纽带，因此秦岭等中央造山系不但是研究中国大陆印支期完成其主体拼合过程，而且也是研究认识中国大陆中新生代以来陆内构造演化的得天独厚的良好场所。

9）秦岭–大别统一造山带正趋向于新的裂解。秦岭造山带与大别造山带是统一的造山带，只是由于在印支期板块穿时碰撞拼合和中新生代陆内造山过程中所处构造部位的不同与俯冲及隆升幅度的差异，造成现今剥露与表现形式的差异。现今它们仍然在统一区域动力学体系控制下发展演化，并在深部地幔动力学影响下，地表正表现着向裂解为大别–桐柏、东秦岭、西秦岭三个地块方向发展，将统一造山带南北向分裂解体，以响应于现今深部的南北向地幔结构与状态。这应是秦岭等中央造山系新的突出的发展趋势与特征，而且富有全球变化和大陆动力学探索意义。

10）秦岭造山带中夹持大量前寒武纪岩层、地块，筛除后期改造与变位，追踪恢复，复杂而多样。综合揭示早前寒武纪具非统一多陆块分离拼合历史与特征，而中新元古代，相应全球超大陆的聚散，经历广泛的扩张裂解，大量幔源物质涌入地壳，成为主要成壳期，同时又于晋宁期（1.0~0.8 Ga）多陆块趋于汇聚、部分拼合，但并未完全拼合统一，而后即随着罗迪尼亚超大陆（Rodinia）的裂解转入新的伸展裂解而转换进入秦岭板块构造演化时期。故中新元古代是秦岭区由洋陆兼杂并存的垂向加积增生为特征的构造体制向以侧向加积增生为主的显生宙板块构造转换过渡时期。

11）秦岭造山带处于现代全球板块构造体制的全球性三大构造动力学体系汇交复合部位与背景中。秦岭造山带如同整个中央造山系，现今在全球与大区域构造背景中，处于全球性三大构造动力学体系：阿尔卑斯–喜马拉雅、太平洋和古亚洲构造体制基础上的中新生代环西伯利亚等构造动力学体系的汇交复合部位，具有从深部地幔动力学到上部地壳物质响应的特殊构造部位与状态，应是认识与研究秦岭造山带形成演化现状及其发展趋势和成因与动力学要考虑思维的重要背景与科学问题。

综合上述秦岭造山带的基本特征，突出的显示它是长期多块体旋转穿时俯冲碰撞拼合而形成的复杂造山带，即其主导是在古生代至中生代初由三板块沿二缝合带自东而西穿时先后经历俯冲造山和碰撞造山的多板块拼合的造山，同时又包容先期古构造，后又遭受中新生代陆内造山与陆内构造叠加复合，因此提供了研究多块体、中小板块及陆壳块体拼贴碰撞拼合造山及其地幔动力学难得的特有信息。其中，板块拼贴造山后的中新生代陆内造山，尤其造山带两侧地块沿其边界巨大相向陆内俯冲与造山带扇形隆升和现今造山带岩石圈流变学分层的圈层构造非耦合关系的"立交桥"式三维结构几何学模型，为研究板内构造及大陆增生、保存演化等大陆构造与大陆动力学基本问题提供了良机。因此成为中国大陆地质与大陆构造和大陆动力学等前沿研究的重要天然基地。显然这一研究突显了秦岭造山带原板块构造的两条缝合带和陆内构造的南北两条边界研究的重要意义，它们既关乎整个造山带的形成演化和基本结构构造的格架，而且也关系到中国大陆主体的拼合和陆内构造的特征。其中秦岭-大别造山带现南部边界，即从大别南缘复合构造带的镁铁质与超镁铁质蛇绿构造混杂岩、浠水剪切带与襄武（广）断裂带，经巴山弧形推覆断裂带和勉略断裂带，连西秦岭南缘康县-文县-玛曲推覆断裂带，西接东昆仑南缘断裂带，连通东西，千余公里，也即就是现今的勉略构造带和残存的勉略古缝合带，由于其是新发现厘定的秦岭-大别等中央造山系中的另一板块碰撞缝合带和现今强大的分隔南北连接东西的陆内构造变形带，更加引人关注。

二、秦岭-大别造山带南缘的勉略构造带

如上述，勉略构造带，是现今秦岭-大别造山带的南缘边界带，也是一个中国大陆中横贯东西突出而壮观的盆山交界的陆内构造变形带，其中断续包含残存着先期碰撞缝合带遗迹，因之现今呈现为一强大的以边界断裂为骨架的板块碰撞缝合构造与陆内构造变形相复合的大陆构造带，无疑具重要的研究意义。

勉略构造带简称勉略带，是上述这一重要盆山边界构造带历经长期演化复合形成的综合现状的总称。它的现今面貌特征与构造划分概述如下。

勉略构造带现总体沿秦岭-大别造山带南缘边界东西向延伸，由一系列巨大弧形指向南的逆冲推覆构造连接组合而成，因此，整体以多个弧形推覆的主推覆断层为骨架形成波状弧形东西向展布。并由于各区段具体构造边界条件的差异，使秦岭-大别造山带沿推覆断裂总体向南，即向扬子陆块北缘作大规模非均一的差异推覆运动，故使造山带呈形态、规模、幅度显著差异的弧形推覆构造叠置在南侧克拉通地块之上，并造成巨大的构造交切关系。也即勉略带与秦岭-大别造山带构造线（以近东西向为主）基本一致，而与扬子克拉通构造线（以北东和近南北向为主）构成突出显著的巨大构造交切不整合关系，成为中国大陆构造中现今非常显著而重要的构造现象，也因此使勉略构造带更为突出和重要。

勉略构造带现今的展布（图1.2），按其空间分布、构造成生组合及构造几何学样式，自东而西划分为下面六个区段。

1. 大别-桐柏南缘的襄武区段

分布于大别-桐柏造山带南缘，从大别造山带南缘东端郯庐断裂的武穴起，东去因平移至鲁东胶东半岛而下海，西去则沿浠水剪切带和襄武（原襄广）断裂，经鄂中大洪山与花山北侧至襄樊，呈北西走向，实为大别地块向南逆冲推覆兼走滑所致，东去为郯庐断裂左行平移，使之南缘东半侧移走而仅余西半侧呈半弧形。该段以斜向逆冲推覆兼具走滑剪切断裂为特征，使大别-桐柏造山带向西南逆冲推覆和左行走滑位移。断裂带中间如黄陂东西两侧，应城、安陆等地因受其控制而形成中新生代陆相盆地，并又多为新生界所覆盖，呈断续出露。以上区段统一划分为勉略构造带东延的大别-桐柏

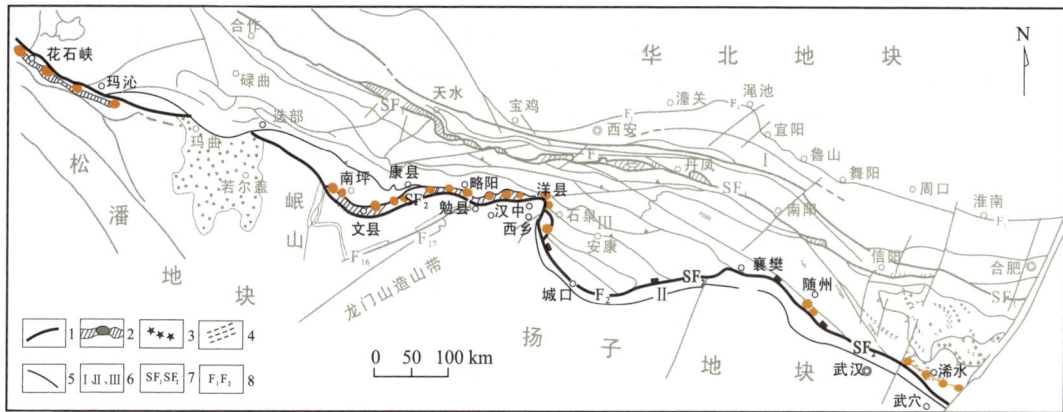

图 1.2　秦岭−大别南缘勉略碰撞复合构造带简图

1. 勉略构造带；2. 蛇绿岩及相关火山岩；3. UHP 岩石剥露区；4. 韧性剪切带；5. 断层；6. Ⅰ，华北地块南缘与北秦岭带；Ⅱ，扬子地块北缘；Ⅲ，南秦岭；7. 秦岭−大别造山带商丹缝合带（SF₁）、秦岭勉略缝合带（SF₂）；8. 秦岭−大别北缘边界断裂带（F₁）和南缘边界断裂带（F₂），即勉略构造带

南缘的襄樊−武穴区段，简称襄武区段。

2. 东秦岭南缘大巴山弧形双层复合逆冲推覆构造区段，简称巴山区段

东端于襄樊接襄武区段，沿武当穹窿南缘西去连大巴山弧形推覆断裂（青峰−城口−兴隆场−石泉−两河断裂），绕汉南地块东侧向北至石泉−洋县，受宁陕−阳平关左行断裂错移，而后再西去接勉略构造带的勉略区段。总体特征呈大规模巨型多期复合的指向南南西的不对称弧形双层逆冲推覆构造系。

3. 东、西秦岭造山带交接处的勉略区段，简称勉略区段

勉略区段即汉南−碧口地块北缘自洋县经勉县、略阳至康县地段，介于东侧巴山弧和西侧康玛弧两个弧形逆冲推覆构造之间，呈现为勉略构造带向北突出的一段，近东西向延伸，东、西端均弯转呈弧形转换为东、西两侧两个弧形推覆构造，其自身则呈以其北缘状元碑左行走滑剪切断裂为界，自北向南依次叠瓦状逆冲推覆构造，但从区域整体看则又与状元碑走滑断裂以北的指向北的推覆构造系，共同构成区域性巨大剪切花状构造。其东半部，即从勉县向东又为阳平关−宁陕走滑断裂所截切平移。总体它则以其自身内残存有大量蛇绿混杂岩块为突出特色。

4. 西秦岭南缘康县−文县−南坪−玛曲弧形逆冲推覆构造区段，简称康玛区段

勉略区段西延自康县沿西秦岭南缘边界西至玛曲区间是西秦岭造山带系列推覆构造中最南的边界逆冲推覆构造，其自身由复杂的多层次逆冲推覆构造组合而成。

5. 迭部−玛曲区段

在上述康玛区段西部的迭部−玛曲间，勉略带被北侧的武都−碌曲白龙江推覆构造系南缘主推覆断层的碌曲弧形推覆构造所截切掩盖，而后至玛曲又接东昆仑南缘玛沁推覆构造西去。现将该被掩覆地段简称为迭部−玛曲区段。

6. 东昆仑南缘玛沁−花石峡多层次推覆构造区段，简称玛沁区段

位于西秦岭和东昆仑交接区，是勉略构造带西延接东昆仑南缘推覆−走滑断裂构造的衔接部位，以包含残存的德尔尼蛇绿混杂岩为特色，具有多层次指向南的逆冲推覆构造。

综合以上，显然勉略构造带，总体结构主体是造山带向南向克拉通地块作巨大逆冲推覆，也即扬子和松潘地块等向北向秦岭-大别造山带之下作巨大陆内俯冲，但由于不同部位具体构造条件的不同，尤其南侧面临克拉通不同具体构造单元或地块的不同作用，造山带向南的推覆运动，表现出非均一不同幅度的差异运动，造成勉略构造带现今呈由系列不同弧形逆冲推覆构造连接组合而成，整体结果构成造山带物质大规模运移叠置在克拉通地块之上，成为巍峨壮观横贯中国大陆中部的陆内俯冲与巨大逆冲推覆构造带，即形成一带强大独特的陆内复合构造变形带。

第二节　秦岭造山带的两条古缝合构造带

筛分去掉上述勉略带中后期叠加复合的陆内构造，可见勉略构造带中自西至东千余公里，断续包含残存着多量的原板块俯冲碰撞缝合带遗迹，使之可恢复重建出原勉略板块碰撞缝合带。关于勉略古洋盆与缝合带将专门章节论述于后，这里仅着重从秦岭造山带的总体概括阐述勉略古缝合带宏观特征及其与秦岭造山带板块构造中另一条古缝合带，即商丹古缝合带的关系。

一、勉略古缝合带宏观特征

勉略构造带中残存的多量先期古缝合带遗迹，主要包括：蛇绿构造混杂岩与相关岛弧、洋岛火山岩，不同类型的俯冲碰撞花岗岩，远洋、陆缘与前陆盆地沉积，俯冲碰撞构造与变质作用等等，它们断续成带分布出露（图 1.3），因之可综合据此恢复重建原板块拼合缝合带。但由于后期构造的强烈叠加改造，现今勉略带只是断续残存分布。主要典型分布地段是：东、西秦岭交接区的勉略区段，包括勉略及其东延的巴山弧西侧的西乡高川等地，是典型代表性的地段；康玛区段和玛沁德尔尼-花石峡地段；大别-桐柏南缘的随州南花山地段和淅水、清水河与二郎地段等。虽现整体呈断续残存状态出露，但从西至东各地段的地质时代、地质综合特征及地球化学示踪，尽管彼此有差异，然而基本均可以对比。因此沿此一带可以恢复重建现已消失的一个有限勉略古洋盆与其封闭的碰撞缝合带，使之成为秦岭造山带中除北部并行的商丹古缝合带之外的另一板块古缝合带，即勉略古缝合带，因此共同揭示出秦岭-大别造山带板块构造的新格局及其形成演化过程，无疑具重要意义。

关于勉略古洋盆及缝合带，迄今仍有争议（杨志华、赵太平，2000；张传林等，2001；姜春发，2002），尤其关于其从勉略段是否越过巴山弧形构造而至大别-桐柏造山带南缘有更多争议（董树文

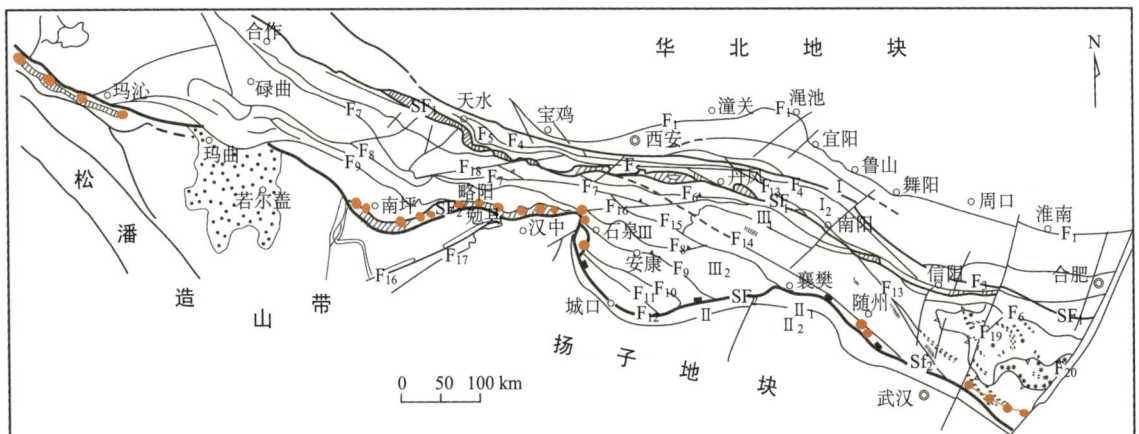

图 1.3　勉略构造带简图

红点：蛇绿混杂岩出露点

等，1993；翟明国、从柏林，1996；李曙光等，1996a，b；孟庆任等，1996，2007；孟庆任、于在平，1997；索书田等，2000；王清晨，2001；车自成等，2002；闫全人等，2007；王宗起等，2009）。但新的研究证明：①勉略构造带中勉略段典型蛇绿岩及其综合地质基本特征与构造、地层等及相关火山岩，至少地表已延伸至巴山弧形西侧的西乡高川地段（赖绍聪、张国伟，1999；赖绍聪等，2001；王宗起等，2009）；②地质与地球物理综合研究揭示巴山弧形的双层推覆构造向南的大幅度运动掩盖了勉略古缝合带的东延，而且地球物理测深也反映在巴山推覆构造之下仍有保存显示（李立，1997；胡健民，2009a，b；董树文等，2013）；③大别-桐柏南缘花山地区三里岗-周家湾-小埠地段发育的N-MORB 玄武岩、岛弧火山岩及 Z-Є、C-P、T_{1-2} 等沉积构造混杂岩等（董云鹏，1997a，b；赖绍聪等，2000a，b）和淅水-清水河-二郎地段最新研究发育的构造岩浆火山岩带，包括有 N-MORB 型蛇绿岩特征的堆晶辉长岩、岛弧火山岩和具裂谷及初始洋盆特征的火山岩等（赖绍聪等，2000a，b；详见后述），它们的综合地质、地球化学特征和时代均可以与勉略区段的蛇绿混杂岩带对比，对比推断表明勉略洋盆及其封闭碰撞缝合带已东延至桐柏-大别南缘。其中除部分地段为中新生代盆地掩盖外，主要是巴山弧形推覆构造区地表无缝合带遗迹的保存出露，但已如上述只是因后期巨大逆冲推覆构造掩覆所致，而并非原本不存在。因此，综合秦岭-大别南缘，除巴山弧等几个地段因后期构造改造叠加掩覆或新生代盆地覆盖外，从西部东昆仑南缘的玛沁德尔尼至东端大别南缘的清水河、二郎，长约 1500 余公里，断续约 20 余处成带状残存蛇绿岩及相关火山岩，以及相关花岗岩、陆缘沉积及俯冲碰撞构造变质变形等，共同一致证明可恢复为一带蛇绿构造混杂岩带，指示沿线曾存在现已消失的古洋盆和古碰撞缝合带，表明秦岭-大别造山带存在有秦岭商丹缝合带外的第二个有限洋盆与缝合带，即秦岭-大别南缘的勉略古洋盆与勉略古缝合带。

二、秦岭造山带板块构造的两条缝合带及其关系

随着秦岭造山带研究的深入，形成的共识越来越多，深化与推动着秦岭造山带的研究。其中关于秦岭造山带板块构造存在三个板块沿两条缝合带的俯冲碰撞造山构造，现已获得更多的认同。关于秦岭两条缝合带的研究，尤其商丹缝合带的论述已发表很多（李春昱等，1978；张秋生，1980；王鸿祯等，1982；Mattauer et al.，1985；许志琴，1985；贾承造等，1988；张维吉等，1988；杨巍然、杨森楠，1991；张国伟等，1992，1997a，2002a；张二朋等，1993；张宏飞等，1995；王鸿祯、莫宣学，1996；张本仁等，1996；王鸿祯，1997；裴先治、李厚民，1997；张国伟、柳小明，1998），不再重述。关于勉略古缝合带，也有不少已发表的论著（李春昱等，1978；许志琴等，1992；许继峰，1994；许继峰、韩吟文，1996，1997；许继峰等，1997；张国伟等，1997a，b，2001a，b；李曙光，1997b；Meng and Zhang，1999），而且本专著后边章节将专门重点系统给予论述，故这里也不再赘述。但为了方便勉略带与勉略古缝合带的论述，这里首先仅重点就秦岭造山带两条印支期古缝合带的关系作简要论证阐述。

（一）秦岭商丹带基本特征及有关问题

秦岭造山带的商丹俯冲碰撞缝合带已有大量研究，并多有共识，因不是本书重点论述内容，故仅做简要综述。综合迄今有关秦岭商丹带的研究，可以归纳概括其主要特点如下。

1. 商丹带现是秦岭造山带中显著突出的巨型主干复合断裂构造带

商丹带近东西向延伸千余公里（图 1.4），现位于秦岭中部，沿南北秦岭构造单元之间的桐柏、南阳、商南、丹凤、太白、天水一线分布，是长期活动、具有边界划分性的以断裂构造为骨架的复合性断裂构造带。以巨大向南逆冲推覆与左行剪切走滑相复合为特点，具复杂组成与结构，故也被称为

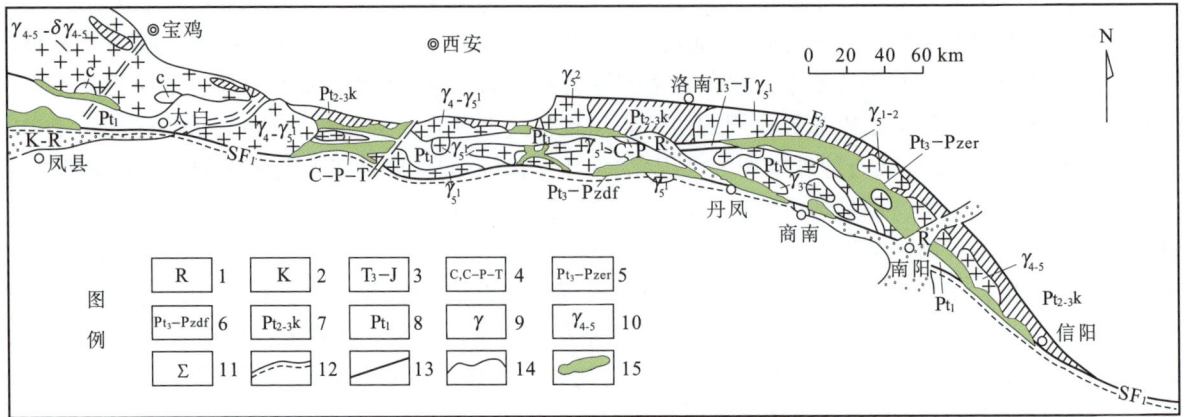

图 1.4　商丹复合构造带和北秦岭地质简图

1. 新生界；2. 白垩系；3. 上三叠统—侏罗系；4. 石炭系，石炭系—二叠系—三叠系；5. 二郎坪火山岩系与蛇绿岩；6. 丹凤蛇绿岩与火山岩；7. 宽坪群；8. 秦岭杂岩；9. 花岗岩；10. 花岗闪长岩；11. 超基性岩；12. 商丹和北淮阳断裂带（SF₁）；13. 断层；14. 地质界线；15. 蛇绿构造混杂岩

"商丹断裂边界地质体"，以表征其复杂特殊意义（张国伟等，1988，1991；Zhang et al., 1989）。

2. 商丹带先期原是秦岭造山带板块构造的主缝合带

现商丹带内成带残存保留着古生代—三叠纪蛇绿岩与其混杂岩及相关洋岛、岛弧火山岩、俯冲碰撞花岗岩、弧前加积楔与俯冲、碰撞杂岩，以及先期更古老基底与元古宙蛇绿岩、相关火山岩（商南松树沟等）等复杂组成，均以构造混杂残留状态夹持在商丹构造带内，总体呈现构成印支期为主导的残留的蛇绿构造混杂岩带与板块碰撞缝合带。

3. 商丹带是叠加中新生代陆内构造的一条复合构造带

商丹带具有长期复杂而特殊的形成演化过程，是一条在先期板块俯冲碰撞缝合带基础上，叠加中新生代陆内构造，并以断裂为骨架的复合构造带。

迄今已有的研究揭示商丹古缝合带曾先是在新元古代不同微板块与地块汇拢或分散拼合基础上，即在中新元古代罗迪尼亚超大陆（Rodinia）聚合与裂解的全球构造演化背景中，至少在震旦纪已开始扩张伸展，初现商丹洋盆，分隔南秦岭与北秦岭，致使南、北秦岭间自震旦纪开始，一直延续至中生代初，综合表现在沉积地层、结构构造、构造沉积岩相古地理，乃至古生物群落和构造岩浆、变质作用等多方面存在综合地质的系统差异，从而证明其间存在被商丹洋分隔的不同地质历史演化进程。而且早古生代期间，总体显现南秦岭为被动大陆边缘环境，接受巨厚被动陆缘沉积与陆缘裂谷沉积（安康地区ϵ-S）。而北秦岭则表现出从O_2之后呈现为沟弧盆活动陆缘系统特征，显然结合两者之间的商丹带同期的蛇绿岩及相关火山岩与岛弧岩浆岩等，统一反映了以商丹洋为界的南北不同陆缘组合及其从O_2开始的向北俯冲消减作用。而且大面积广泛区测填图和专题研究都一致证明，南秦岭上下古生界间呈现连续过渡、超覆不整合、或平行不整合关系，变质与变形和岩浆活动也已证实了上下古生界间广泛的一致性，不存在早晚古生代间区域造山构造变动与区域性大面积构造角度不整合，不存在早古生界单独的先期变质变形作用，也即证明不存在所谓加里东期的秦岭沿商丹带的碰撞造山作用。假如说秦岭存在早古生代加里东造山作用，而且是沿商丹带的南北板块的碰撞造山，那么为何南秦岭作为扬子板块前缘，直接参与碰撞造山但却未发生南秦岭下古生界的相应构造变动、变质变形与岩浆活动？相反大面积的1：20万和1：5万区域地质填图及多项专题研究也未发现上下古生界间确凿的区域性构造角度不整合，反而更多证明是上下一致，构造变形形态相同，并发育同一期的区域变质，这使得连"软碰撞"的推断认识也无法给予合理圆满的解释。事实上，南秦岭上下古生界间存在的连续、平行与超覆不整合等的多样沉积构造接触关系，共同更多的是揭示秦岭造山带的俯冲碰撞造山演化，是以其自身的特点在发展演化，即南秦岭早古生代晚期作为扬子板块北缘的被动陆缘随着商丹洋盆向北消减俯冲，并发生洋陆俯冲造山作用，而当洋壳几近消失而临近华北板块大陆前缘时，由于南秦岭南缘沿勉略一线，随全球区域东古特提斯扩张打开，作为东古特提斯组成部分的秦岭也处于新的扩张伸展状态，以致勉略洋盆扩张打开，因而将南秦岭，即原扬子板块北缘的早古生代被动陆缘区，分离而形成为界于北侧商丹带还未闭合和南侧新打开的勉略洋盆两个洋盆之间的独立微板块，因此在这样同期区域构造动力学背景下，商丹洋盆减缓延迟其向北的俯冲碰撞，而转入秦岭造山带三板块（华北、扬子及之间的南秦岭）和商丹与勉略两个洋盆的新的板块构造格局的演化阶段。随同勉略有限洋盆与区域东古特提斯洋的打开、收敛消减直到封闭碰撞，商丹带在晚古生代从 D-P 到中生代初 T_{2-3}，经历了漫长的从洋陆俯冲、陆陆点接触碰撞到面碰撞，进而到全面陆-陆碰撞的过程，使之复杂而独具特殊意义，故也就造成了其非经典常规的俯冲碰撞造山过程，产生了很多"非经典"的特殊现象，并引起了很多争论。商丹缝合带的演化过程真实地反映了中国多块体拼合大陆及其形成的地幔动力学独特特征，具有在全球共性中的独特性，非为经典大洋板块构造模式所能简单完全解释。因而商丹缝合带成为大陆动力学探索研究的得天独厚的天然实验室，显然值得进一步探索研究。

　　还值得特别指出的是关于北秦岭的归属问题。近年来，张本仁等（1997）、李曙光（1997b，2004）、朱炳泉（1998a，b）、朱炳泉、张景廉（1999）、张本仁（2001）、吴元保、郑永飞（2013）等先后提出秦岭中真正华北与华南（扬子）的地球化学界面不在商丹带而在其北的洛南—滦川一线，即北秦岭的北缘。北秦岭的秦岭杂岩、宽坪岩群及相关基性火山岩等，它们的系统的地球化学特征及同位素示综，都一致揭示它们更多与扬子，或者说与东古特提斯相近而显著不同于华北板块，因此认为北秦岭不属于华北，而属扬子或古特提斯域，所以进而也有人提出秦岭造山带的华北与扬子的板块碰撞缝合带不在商丹带而在北秦岭北缘洛南—滦川一线。但综合分析，以上依据事实虽有可信的部分，解释推论也有一定道理，然而关键问题是：①商丹带和洛南-滦川带，各自是什么时代的华北与扬子板块的界线？②地球化学的界面与地质板块界面是否可以完全等同，两者实质关系及意义何在。秦岭地质的事实表明秦岭的震旦系至下中三叠统沉积地层系统真正差别的界线是在商丹一线，而不在北秦岭北缘的洛南—滦川一线，扬子型的震旦系陡山沱与灯影组沉积岩层决无越过商丹界线而向北，南秦岭海相古生界和下、中三叠统岩层与北秦岭截然不同，古生物种属也有明显差异，直到晚三叠世和侏罗纪时南北秦岭才有相同相似的陆相断陷盆地型沉积岩层。因此明确反映了自震旦纪至中生代初南北秦岭地质演化历史的不同，其间必有分隔，结合同期商丹带中的丹凤蛇绿岩及相关火山岩等，综合证明至少 $Z-T_{1-2}$ 期间南北秦岭之间有商丹洋盆的存在及其逐渐的俯冲碰撞闭合。上述北秦岭诸岩层的地球化学特征主要应是代表这些岩层自身元古宙形成时期的环境与构造归属，并且也具有因受古生代扬子板块向北俯冲所造成的对华北板块活动陆缘的地球化学的影响。同时北秦岭的宽坪岩群下部的火山岩反映具有从扩张裂谷到打开洋盆的系统地球化学特征（张本仁，2001），而且宽坪群中上部的变质碎屑岩的物源既有来自华北板块的太华群等者，又有来自南侧秦岭杂岩者，表征为双源供应（张宗清等，1999；高山等，1990），共同反映了它与华北板块的相关性。故以上表明：①北秦岭元古宙变质岩层的地球化学特征揭示其元古宙岩系和岩层原可能属扬子或接近扬子地块，不属华北地块，应是代表元古宙构造演化产物。②北秦岭地质事实又表明中新元古代北秦岭已拼合或接近华北地块，经历了拼合与裂解的反复过程，从而造成强烈地球化学的混染与混合影响。至少从宽坪岩群（Pt_{2-3}）的地质地球化学特征反映了这一点。③震旦系至中生界岩层综合记录表明，从震旦纪开始，经古生代至中生代初（T_{1-2}），商丹带先后一直是华北与扬子（早古生代），华北与秦岭微板块即南秦岭（晚古生代勉略洋打开后）间的洋盆与俯冲碰撞缝合带。④综合北秦岭构造归属的地质历史演变，证明了多块体、中小块体拼合的中国大陆的形成演化，经历了在全球劳亚与冈瓦纳两大巨型陆块间聚散、拼合分裂过程中，介于其间的众多中小陆块或陆块群的更为复杂的漂移、聚合与分裂的反复过程，复杂而多样，地质与地球化学的特征是其复杂过程的综合产物，只有地质与地球化学两者有机的相结合的综合探索研究分析，才能更客观的认识实际，单方面的判断往往会造成错觉和误差。所以我们综合认为北秦岭地块的演化与归属，可以概括为，复杂的演变、不同时代有不同的归属：①元古宙中晚期，接近或归属扬子型；②元古宙晚期已接近或归属华北型，新元古代末至中生代初，其南部边界已是华北与扬子板块分割的商丹洋盆的北缘。

（二）商丹与勉略两缝合带关系

综合以上关于两缝合带总体基本特征的概述，综合系统深入研究，可以概括两者的基本关系如下，并为本书后面的重点论证阐述勉略构造带与勉略古缝合带奠定基础。

1）商丹与勉略两缝合带同是秦岭造山带板块构造于印支期最终完成其俯冲碰撞造山（T_{2-3}）过程中最后形成的两条板块拼合缝合带，共同奠定了秦岭造山带的基本构造格架与板块配置关系，并在其后共同经历了相同的后造山中新生代陆内构造叠加复合演变过程。两带基本同期封闭形成，只是商丹带稍早于勉略缝合带。

2）商丹与勉略虽同是秦岭板块构造的缝合带，但差异也很明显。商丹洋至少在震旦纪时期已是分隔华北与扬子的洋盆，先后经历了早古生代俯冲造山和晚古生代—中生代初印支期碰撞造山的两期造山作用，即从早古生代中晚期板块收敛消减俯冲作用到洋陆俯冲造山和晚古生代漫长陆-陆碰撞造山过程，最终于印支期（T_{2-3}）完成其陆-陆全面碰撞造山，形成商丹缝合带。而勉略洋则是在晚古生代初，于原商丹洋盆南侧的扬子板块北缘被动大陆边缘之上，即南秦岭被动陆缘后侧隆起带上，受大区域构造动力学背景控制影响而扩张打开，经历 $P-T_{1-2}$ 的俯冲消减，于 T_{2-3} 最终陆-陆碰撞造山而形成缝合带。两者彼此密切相关，但各有自己的演化历程，形成各自的特点。

3）商丹与勉略两缝合带在秦岭板块构造演化与最终完成碰撞造山过程中密切相关，共同造就完成了秦岭的板块俯冲碰撞造山构造演化。勉略带是在商丹洋盆发展演化过程中所提供的被动陆缘扩张隆起基础上，受东古特提斯洋扩张打开的区域构造动力学背景影响，于晚古生代初期开始形成。而商丹带则在其早古生代中晚期俯冲消减与俯冲造山作用下，几近碰撞造山而封闭时，因受勉略洋的扩张打开和区域东古特提斯扩张影响而延缓推迟其最终的碰撞封闭，经历漫长点、线、面复杂的碰撞过程而最后于 T_{2-3}，稍早于勉略带完成其陆-陆全面碰撞造山。两者最终共同完成了秦岭板块构造历程，形成秦岭印支期俯冲碰撞造山带，而后转入秦岭陆内构造演化阶段。因此，商丹和勉略带两者同是秦岭造山带板块构造演化历程中紧密相关的两条板块俯冲碰撞缝合带，共同造就控制了秦岭板块构造基本格局。

第二章 秦岭勉略带构造几何学与运动学

秦岭勉略构造带，已如前述简称勉略带，现今位于秦岭-大别造山带南缘边界，是在先期勉略缝合带基础上，叠加中新生代陆内构造与改造而构成的复合型大陆构造变形带，其组成与结构复杂，历经长期演化，遭受强烈构造叠加复合改造，现今出露面貌是其长期形成演化的综合产物，故分析研究其构造几何学与运动学，主要包括两部分：一、现今勉略带的构造几何学与模型和运动学；二、恢复重建勉略古缝合带的俯冲碰撞造山构造几何学与运动学。显然恢复重建必须要先筛除中新生代叠加复合构造，而后才能追溯与重造先期碰撞构造。

第一节 勉略带现今三维结构构造

现今勉略带按其出露空间展布、成生组合与构造几何学形态，如前述划分为六个区段，因此研究与建立现今整体勉略带构造几何学与运动学，应需首先系统研究与构造解析六个区段的构造几何学与运动学，而后在此基础上综合归纳，并结合区域地质、地球化学和地球物理，最后综合建立其整体构造几何学三维模型和确定其运动学特征。故以下按六个区段划分，而其中将康玛、迭部-玛曲和玛沁三区段合为一部分概述，所以共分四段分别论述，其中又以勉略带勉略区段为重点解剖区。

一、勉略带勉略区段现今结构构造与基本特征

勉略区段位于勉略带东西延展的中部，是东、西秦岭南缘的交接区，介于东侧巴山弧和西侧康玛弧两个巨大向南弧形推覆构造之间，是勉略带分布中向北最突出，为汉南地块和碧口地块挤入秦岭造山带的最北缘部分，也是秦岭造山带区域分布最狭窄地段的南缘。它的分布延伸是自巴山弧形构造西侧的近南北向分布的西乡高川地段，向北经石泉于两河弯转并受宁陕-阳平关左行断裂的错移，于秦岭佛坪穹窿构造南侧近东西向西延，经洋县、勉县、略阳至康县又弯转向南西延伸接康玛弧形构造东翼，长约近 300 km，最宽约 10~15 km，平均 4~5 km，它以包含大量残存的蛇绿混杂岩和相关火山岩，以及强大显著高角度向南的叠瓦逆冲推覆构造为突出特点。由于对勉县-略阳间蛇绿混杂岩带研究最详细，并且该段具有典型代表性，因而将其称为"勉略构造带与勉略古缝合带"，显然事实上该区段仅是从东部西乡高川至康县间的一个区段，只是整个勉略构造带与勉略古缝合带的一个组成部分，故应称其为勉略带勉略区段（图 2.1）。

（一）勉略段勉略带区域构造特征

勉略带从东昆仑南缘到阿尼玛卿、玛沁接南坪-文县-康县，至略阳-勉县-高川，越过石泉-城口-房县-襄樊巴山弧，向东接桐柏花山-大别南缘带，平面上总体为一"W"形延伸，在这一区间勉略蛇绿混杂岩带分别被巴山弧的城口-房县逆掩带、康玛弧的文县-南坪逆掩带自然分割为三段出露，即中部为勉县-略阳段，即上述的康县-高川间的勉略区段，东为桐柏-大别南缘段，即上述的襄武区段，西为康县-玛曲-阿尼玛卿段，即康玛区段。

板块理论认为缝合带为两个不同板块的俯冲碰撞拼合带，具体是上行与下行板块间洋-陆或陆-陆汇

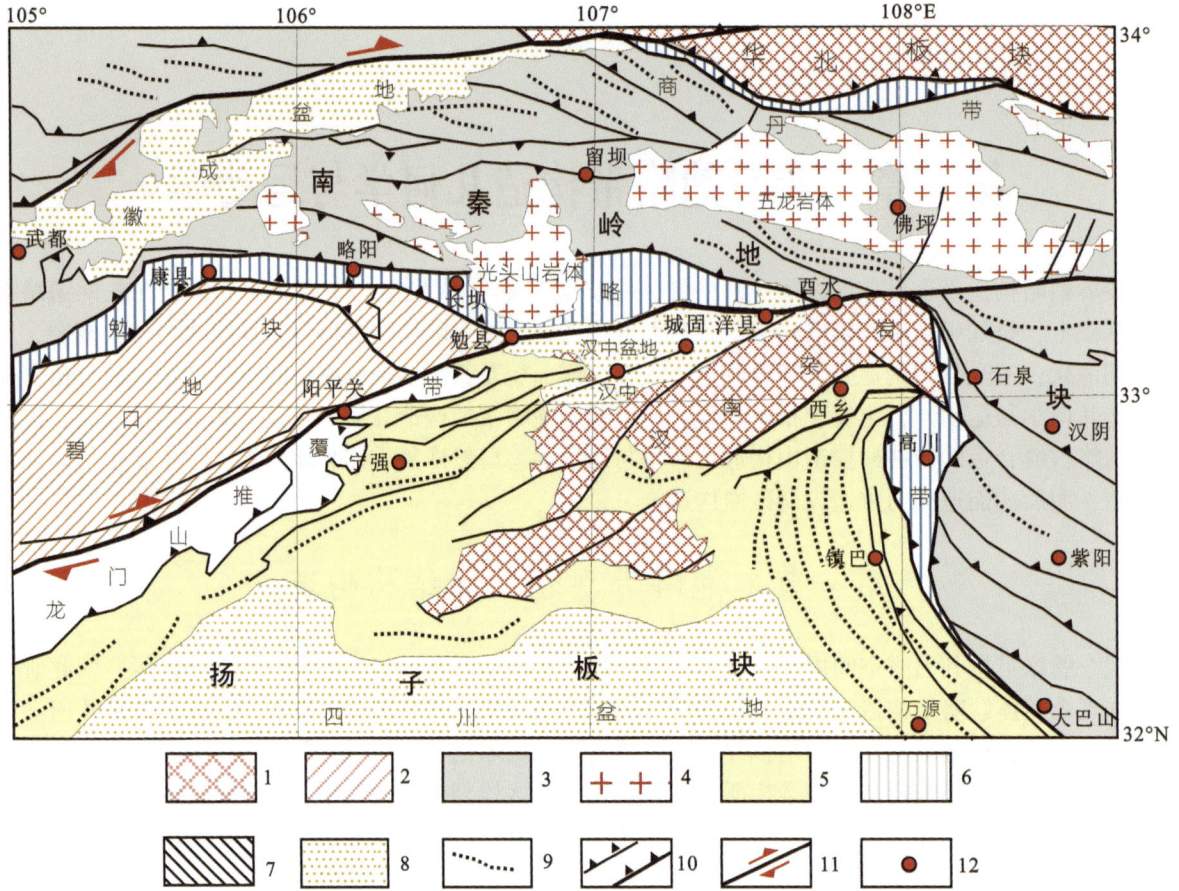

图 2.1　勉略区段构造略图（据李三忠等，2002）

1. 华北板块及扬子板块的古老基底；2. 碧口地块；3. 秦岭微板块，包括南秦岭及西秦岭地块（徽成盆地为界）；4. 花岗岩（海西-印支期未分）；5. 前陆褶皱带（西为龙门山，东为大巴山）；6. 商丹缝合带（北）和勉略缝合带（南）；7. 四川盆地（印支期未分）；8. 中新生代盆地；9. 褶皱轴迹；10. 逆冲断裂带；11. 走滑断层；12. 市、县或镇

聚拼接的强烈构造挤压剪切构造变形带，实际即是复杂的断裂褶皱组合的构造冲断叠置变形带和构造混杂拼接带与物质拼合交代熔合的混杂带。现代大陆地质研究表明缝合带为具有一定或相当宽度且由一些构造混杂的物质实体组成的强烈物质混合与构造变形的带状区域，其构造形态因洋陆、陆陆俯冲碰撞混合，时空过程的多元复杂控制因素及期间边界条件的复杂性，以及其后的陆内构造过程的叠加复合改造而成为地壳物质与构造异常复杂的特殊意义的构造区带。勉略段勉略带就是一个典型实例。

　　勉略段勉略带南部为扬子板块的汉南杂岩与四川地块，北部为秦岭微板块及商丹带，以北又为华北板块的鄂尔多斯地块，周至-达县的大地电磁测深剖面从北至南贯通该区，揭示出商丹带和勉略带现今皆为陡立深断裂带。在这种边界几何学特征下，勉略带正处在这一秦岭造山带东西向延伸最狭窄地带的南缘，其间又突出地复合了佛坪穹窿构造（图 2.1）。

　　勉略区段勉略带现南北均以区域性断裂为界，北以状元碑左行剪切走滑断裂为界，南以荷叶坝逆冲推覆断裂为界，其内部自北而南依次指向南，并以不同的带内主要断裂为主推覆构造界面，以不同逆冲角度叠瓦状向南推覆叠置，至南边界荷叶坝逆冲推覆断层，使勉略带南部推移在南侧碧口地块与汉南地块北缘之上，现总体呈现为北以高角度陡直的平移剪切断裂为界，向南依次成叠瓦逆冲叠置的推覆构造系。构造带内部物质组成主要由原缝合带的多类蛇绿混杂岩与相关火山岩、洋盆与陆缘沉积岩系及俯冲碰撞杂岩和侵位岩体等以多级次不同的韧性和脆韧性剪切推覆断层为骨架，组成系列大小不一的多层次推覆体岩片叠置堆垛的推覆构造（图 2.2），结构形态复杂而多样，但整体则是由原碰

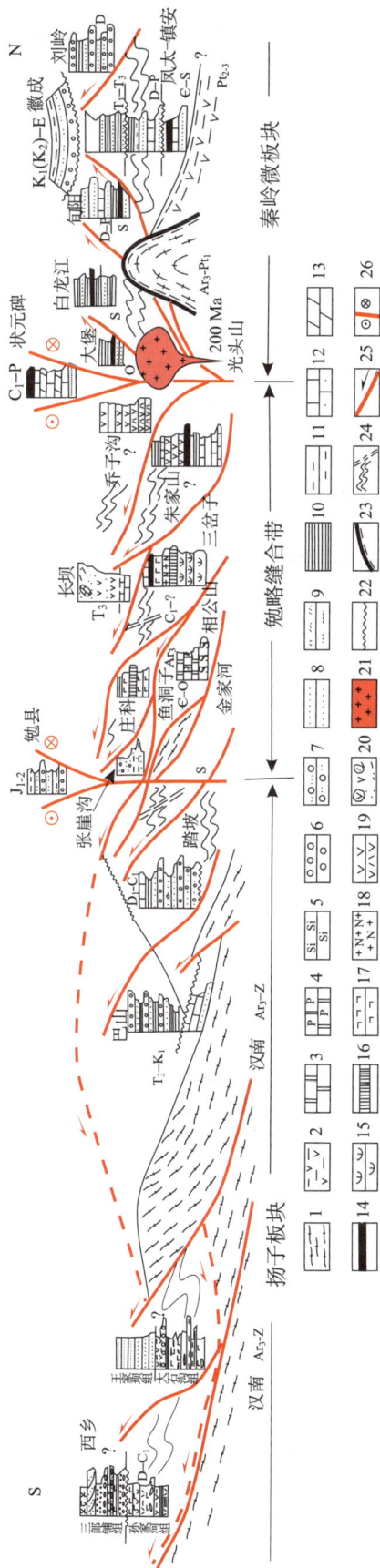

图 2.2　勉略段勉略带及邻区岩片（层）系统和现今结构综合图（据李三忠等，2001）

1. 太古宙片麻岩；2. 元古宙变质火山岩；3. 大理岩；4. 含碟大理岩；5. 硅质岩；6. 砾岩；7. 含砾砂岩；8. 砂岩；9. 粉砂岩；10. 片岩；11. 千枚岩或板岩；12. 泥灰岩；13. 白云岩；14. 硅质岩；15. 蛇纹岩；16. 变质辉长岩；17. 岛弧型变质火山岩；18. 变质斜长花岗岩；19. 沉积混杂岩；20. 岛弧型变质火山岩；21. 印支晚期花岗岩；22. 角度不整合；23. 早期韧性剪切带；24. 褶皱及晚期韧性剪切带；25. 逆冲断层；26. 走滑断层

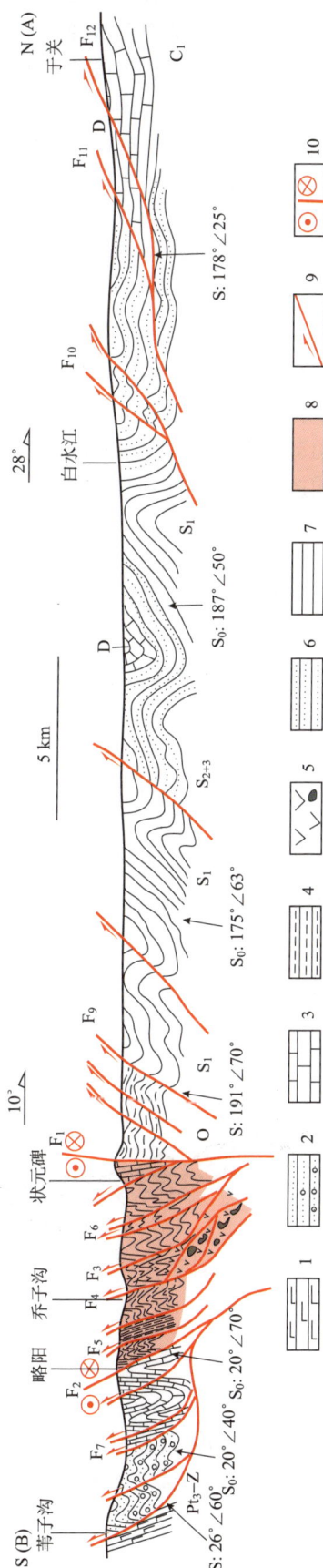

图 2.3　横跨勉略段勉略带及邻区路线的构造剖面（据李三忠等，2003）

1. 碧口群；2. 踏坡群；3. 灰岩（略阳组，大河店组，下石炭统）；4. 绿泥钠长岩或千枚岩；5. 变质火山岩及蛇绿岩块；6. 变质粉砂岩—砂岩；7. 绢云石英片岩及二云片岩；8. 勉略带主体范围；9. 逆冲断裂；10. 走滑断裂；F_1. 状元碑断裂；F_2. 康县—略阳断裂；F_3. 水沟阳断裂；F_4. 水沟岩断裂；F_5. 马家沟—横现河断裂；F_6. 朱家山—吴家营断裂；F_7. 荷叶坝（夹门子沟）断裂；F_9. 木瓜园—两河口断裂；F_{10}. 白水江断裂；F_{11}. 上两河口断裂；F_{12}. 于关断裂

撞蛇绿构造混杂岩带遭受后期强烈叠加改造而构成的复合型逆冲推覆构造带（图 2.2、图 2.3）。然而还应强调的是勉略区段的勉略带构造从现今秦岭造山带区域上总体构造分析，它是以其北界状元碑走滑断裂为中轴的区域性似剪切花状构造的南半部组成部分（图 2.3）。

上述区域性的似剪切花状构造（图 2.2、图 2.3）的三维构造几何学形态，概括起来主要由三部分组成：①北部指向北的逆冲推覆构造系。以状元碑断裂为界，其北侧为南秦岭相对于勉略带勉略区段的一系列向北逆冲为主的推覆构造，主要有留坝强烈剪切逆冲带、新院岩浆弧冲褶带、谈家庄逆冲推覆带、酒奠梁逆冲前锋带（陈家义等，1997），总体称为白水江-褒河推覆构造系。②中部状元碑走滑剪切断裂带。它由多条产状近于直立的平直剪切走滑断层组成，是勉略带的北界，以左行平移走滑为主，是区域花状剪切构造的中轴。③南部即是勉略叠瓦逆冲推覆构造带。它以勉略蛇绿混杂岩为主体，沿马家山、康县-略阳、荷叶坝等几条主要脆韧性剪切推覆断层形成北、中、南三个主要逆冲推覆构造，其中包容众多次级不同推覆构造与岩片，依次主体以高角度为主向南叠瓦逆冲推覆叠置堆垛，形成推覆构造系，总体称为勉略推覆构造系。勉略区段勉略带逆冲推覆构造的北、中、南三个推覆构造是：北推覆构造是以水岩沟主推覆断层为主，主要由勉略带北部陆缘沉积与火山岩为主构成的推覆构造。中推覆构造则是以康县-略阳断裂为主的推覆断层群，内部包括中部蛇绿混杂推覆体和中部构造混杂推覆体等，总体是以原俯冲碰撞构造混杂岩为特征的推覆构造，而康县-略阳断裂以南的南部推覆构造是以勉略洋裂解初期（孟庆任、于在平，1997）堆积的踏坡群岩层为主，包括部分晚古生代被动陆缘建造，共同组成由碰撞期和陆内构造叠加复合的向南逆冲的踏波岩片推覆逆冲于碧口微地块之上。在汉南杂岩的西乡一带，还有主体向西南逆冲推覆、后又经走滑与多次褶皱变形改造的外来推覆体，可称为西乡推覆构造岩片。

状元碑断裂以北的逆冲推覆构造范围宽于南部反向推覆构造，从而总体呈不对称几何学结构（图 2.3、图 2.4）。花状构造的组成，构造起始形成于碰撞期，而后为后造山的陆内构造所叠加扩展，其北翼逆冲断裂先被下侏罗统（如徽成盆地）覆盖，后又被中上侏罗统、白垩系和古近系、新近系所覆盖，而南翼扩展已卷入逆冲推覆的地层先为 T_{2-3} 及其以前的岩层，而后又包括侏罗系和下白垩统，故表明向北的逆冲断裂系主导形成于印支期中晚三叠世（T_{2-3}），而向南的逆冲断裂系则有两期的复合，分别为中晚印支期和燕山期。所以上述的包含勉略推覆构造在内的区域花状构造是长期复合至今的一个综合构造组合形态，而非一次形成的真正剪切花状构造，故称为似剪切花状构造，以示勉略带现今总体构造几何学形态与背景特征。

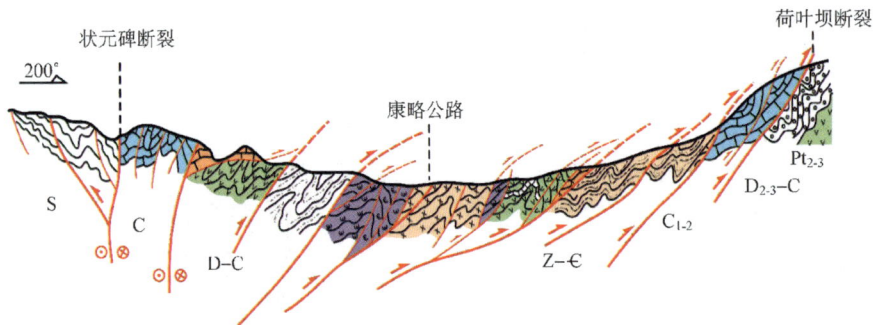

图 2.4　勉略区段勉略带构造剖面图

图例同图 2.3

现今勉略区段的勉略带的构造几何学形态，如上述突出的汉南地块与川中地块以刚性构造块体强烈挤入秦岭造山带南缘，造成其现今区域的变形构造几何学特殊结构。若按照"刚性"压入体前缘三维几何学与"塑性"体的弧形变形带的方向之间的关系分析，则具有直立平面作为前缘的压入体所引发产生的弧状形态，将与压入方向呈相同弧形，从而发生水平强烈缩短的构造过程；而若是具倾斜平面作为前缘的压入体会使产生的弧形构造带向压入相反的方向突出，从而会产生俯冲变形的构造过程。勉略区段则正如前者，故使勉略带勉略区段呈现向北的弧形构造面貌，并使得相对于汉南古老地块而具非刚性的秦岭微板块在碰撞期则易于褶皱堆垛地壳增厚，且下部易于发生拆沉，而引发诸如佛坪热构造穹窿上升形成。其中该地段勉略带以北至宝鸡南的商丹带间，遭受强烈收缩挤压，岩层剧烈褶皱冲断叠置，特别是形成宝成铁路沿线突出呈现的"马蹄形"背向斜（姜春发，1993）独特构造形态，强烈构造收缩，成为秦岭造山带东西向延伸中最狭窄的收缩地带，被称为秦岭"蜂腰带"，该带的南半部分也就构成上述区域似剪切花状构造的北翼部分。因此，勉略区段现今的勉略构造带是在印支期主碰撞造山构造基础上，叠加中新生代陆内构造复合改造，最终形成现今的区域似花状剪切构造和指向南的叠瓦逆冲推覆构造形态。

正是上述勉略区段勉略带独特的区域构造背景，才使该区段勉略带形成现今的构造面貌，而且也使勉略蛇绿混杂岩带得以出露与保存，勉略区段因而成为勉略缝合带和勉略构造带研究的典型代表性地段。

（二）勉略段勉略带的构造组成与特征

板块缝合带是造山带中具有复杂组成和长期构造演化历史的重要构造单元，不是一般意义上的深大断裂，而是具有岩石圈板块划分意义的构造拼合混杂的断裂构造带，也是古岩石圈板块间最终对接、碰撞、拼合的接合带，因而板块缝合带通常以不同属性、不同构造层次的断裂为骨架构造，包容着不同来源和性质的岩层、岩片、岩块，总体组合成具有一定宽度和延伸距离的复杂构造地质体。缝合带中原相关的沉积建造常常遭受多期构造作用，并复合以变质变形作用，失去了原始时空关系，故结构构造极为复杂，用一般沉积岩区或浅变质岩区地层研究方法难以恢复其原始层序和古构造格局。因此，研究的首要任务就是利用构造岩石地层单位工作方法，依照复杂构造区的非史密斯地层单元研究原则，将构造带划分为不同的岩块（片），建立缝合带构造岩石地层单位，然后进行构造恢复和重建。板块缝合带基本组成研究的核心是：通过对洋盆形成演化阶段不同时期、造山拼合作用不同阶段、不同建造类型的构造岩块、构造岩层、岩石的时空分布、构造几何学组合与其关系，时代与时序，特别是不同性质的蛇绿岩属性类型、时代及形成构造环境的深入系统综合研究，进行大比例尺面积构造填图解剖与区域对比研究，并结合区域地质、地球化学与地球物理探测等的综合研究分析，确定古洋盆的性质、类型与规模，恢复重建主造山期板块构造俯冲碰撞拼合演化序列与构造变形几何学、运动学及构造古地理格局，从而确定缝合带的组成、结构、形成演化与时代及其大地构造意义。

1. 勉略带勉略段的基本构造–岩石组成

勉略带经历了复杂的先期裂解与拼合俯冲碰撞过程和陆内构造叠加改造，因此其内部岩层发生了强烈变质变形与层序变动，使之构造混杂非史密斯化，并成为其突出特点。勉略带勉略区段的分布范围北界状元碑断裂（F_1）、南到荷叶坝断裂（F_2），其最突出的结构构造是由不同层次、不同产状、不同性质、不同成生时代序次的各类断层，包括脆性、脆韧性到韧性断裂所分割的多尺度多级次的构造岩块、岩片混杂组合而成（图2.5），其物质组成中最具特色与主要是残存的蛇绿混杂体，所以勉略带是含有众多蛇绿岩块的构造混杂岩带，带内组成的复杂性不仅表现为蛇绿岩类型的复杂性，而且还包含了不同时代、不同环境的沉积岩岩块和不同演化阶段的岩浆岩块或侵入体，以及以不同方式构造就位的外来岩块，带内所有岩石建造都经历了不同程度的变形、变质、变位和构造混杂作用，其现今位态与原始形成时代世代显著不同，不同性质的断裂带是控制各岩层岩块单元状态与组合结构及序列的主体。原始岩层被分割为一个个构造岩块岩片，毗邻关系总体服从于区域构造变动和应力场及应变场，强烈变形变位，总体构造岩石岩层单位属断片型、混杂型非史密斯地层类型。因此与之相应，对勉略构造带研究应采取建造分析和构造分析相结合的方法，对构造带内基本组成应首先从构造解析入手，分块（片）、分类、分区，然后通过各个岩块（片）变形构造分析，并结合建造分析，分别建立各构造岩块（片）的岩石建造组合和构造变形样式序列，而后进行各岩块（片）的综合对比，恢复原位及序列，重建主造山期洋盆古构造格局，进而反演勉略构造带详细的造山细节和过程。因此，构造带内基本组成和建造类型研究是一切研究工作的基础。

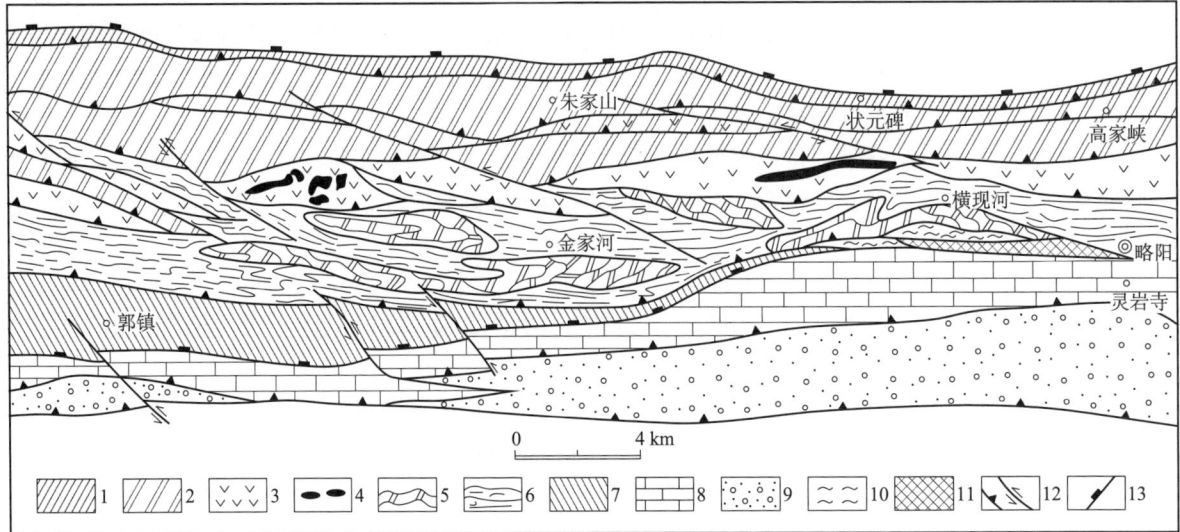

图 2.5　郭镇-略阳地区勉略带构造-岩石单元划分及展布

1. 状元碑岩片；2. 朱家山-高家峡岩片；3. 蛇绿岩岩片；4. 超基性岩块；5. 相公山岩块；6. 金家河岩片；7. 郭镇岩片；8. 灵岩寺岩片；9. 踏坡岩片；10. 横现河混杂岩；11. 鱼洞子岩块；12. 韧性逆冲断层和左行走滑断层；13. 多期活动断裂

在野外详细研究和室内工作的基础上，并结合前人研究成果，将勉略构造带内不同建造类型划分为以下 6 类：①与洋盆形成、演化相关的沉积建造；②不同类型的蛇绿岩；③与勉略洋盆消减俯冲、碰撞相关的不同成因与类型的火山岩与侵入岩；④构造带内断裂系统和构造岩；⑤后期上叠的中新生代不同盆地及相关沉积岩层；⑥构造带中不同时代、并以不同方式就位的外来岩块。

上述基本组成大都经历了复杂的变质变形，在构造带内多数分布是无序的或基本是无序的，故需首先进行构造-岩石地层单元划分，在构造岩石单位划分时，遵循以下原则：①时代原则。构造带内不同性质地质体间时间跨度很大，包含了新太古代、古元古代、晚古生代、中生代不同时期岩石建造，并相对具有独立的演化历史，对不同时代岩石建造及其关系，应划归不同的岩片或岩块。②岩石建造和构造环境原则。勉略洋盆主体形成于晚古生代—中生代初，因而大部分岩石建造在地质意义时间尺度上具等时性与不等时叠置性，同时更多具有构造混杂拼合性，尤其不同建造类型反映了不同的大地构造环境，具有不同的地质含义，应区别对待。③对于时代相同或相近、建造类型和构造环境相似的地质体，由于受后期构造改造肢解，其变形特征、运动学或动力学差异明显或变质程度差别较大的、相对独立的地质体，应划归不同的构造岩片，如勉略区段内的三岔子岛弧火山岩岩片、乔子沟岛弧火山岩岩片、安子山岛弧火山岩岩片等。④特殊成因意义的特殊地质体应划分为不同岩片（块），如横现河混杂岩和混杂岩岩片。

根据勉略带基本组成和构造-岩石地层单元划分原则，将勉略构造带勉略区段的郭镇-勉县区间划分为 17 个基本构造岩石单位（表 2.1）。这些不同构造岩石单位空间产状及相互间接触关系，主要以韧性逆冲剪切带为边界，由北而南推覆、叠置，形成叠瓦状构造。以下将勉略构造带勉略区段基本组成按岩石类型及与构造带形成演化关系分为基底岩块、蛇绿岩构造岩片和沉积岩构造岩片三大部分，从而分别对其进行原岩恢复和形成构造环境分析。

表 2.1　勉略构造带勉略区段构造岩石单元

勉略洋盆相关残余岩片		基底岩块
蛇绿岩和岛弧构造岩片	陆源沉积岩构造岩片	
洋壳残片 　黑沟峡岩片（HGTS） 　庄科-文家沟岩片（ZWTS） 岛弧构造岩片 　三岔子岩片（SCTS） 　乔子沟岩片（QZTS） 　安子山岩片（AZTS）	北部陆缘 　状元碑岩片（ZYTS） 　朱家山-高家峡岩片（ZGTS） 　小蝙河-长坝岩片（XCTS） 　长坝混杂岩岩片（CBTS） 　横现河混杂岩岩片（HXTS） 南部陆缘 　踏坡岩片（TPTS） 　灵岩寺岩片（LYTS） 　金家河岩片（JJTS） 　郭镇岩片（GZTS）	鱼洞子岩块 （YDTB） 马道岩块 （MDTB） 相公山岩块 （XGTB）

2. 勉略构造带勉略区段现今构造与特征

板块构造缝合带为板块间俯冲碰撞拼合的断面或狭长线性构造带，大量研究事实表明大陆造山带中的缝合带为具有一定宽度和复杂组成的强构造变形带，其几何形态因板块间俯冲、碰撞及其叠加复合构造强度、方式和性质不同，变得更加复杂，是造山带中变质变形最为强烈的地带。勉略构造带也不例外，经历了多期复杂的构造变形，其现今构造几何学形态，是板块间长期相互作用、特别是主碰撞造山期构造作用的结果，在不同构造岩片内部既保留了主造山期变形构造，又叠加复合后主造山期陆内造山阶段不同样式的构造变形，使得构造带显得纷乱复杂。勉略带构造研究的目的就是要确定不同造山阶段构造的世代、层次、组合样式及叠加复合关系，恢复构造变形序列，并结合不同时期构造变形几何学、运动学和动力学分析，恢复重建其形成演化的历史和过程。对勉略带构造研究除多学科相结合的从微观、中小尺度到大尺度宏观的综合研究外，主要采用构造解析和筛分的研究方法，从构造带现今基本构造格局入手，通过构造筛分，剔除晚期构造，恢复主造山期构造。构造解析是前寒武纪变质岩区和大陆造山带构造研究的主要方法（马杏垣等，1981，1983；Hobbs，1985；Mattauer et al.，1985；张国伟等，1988；许志琴等，1988，1992；Ramsay and Huber，1991a，b），它是野外实际多种尺度构造综合系统观察研究的途径，也是进行室内构造进一步深入研究的基础。结合区域地质、地球物理、地球化学与同位素年代学，并综合显微超显微构造研究、岩石有限应变测量（郑亚东、常志忠，1985；Ramsay and Huber，1991a，b）、构造变形实验模拟（Vilotte et al.，1982；Malavieille et al.，1984；Wilkerson，1992；Ellis et al.，1995）与数值模拟等多种方法的配合，从野外实际的观测到室内的测试研究，进行构造的综合解剖分析。该研究思想方法已日臻完善，并已成为大陆构造研究的重要手段。对勉略构造带的研究采用构造解析基本原则，进行构造的几何学、运动学、动力学的分析。构造带几何学分析就是对构造带内不同岩块（片）的空间位态、产状及岩片内各种构造形迹、要素、属性、组合、世代序列与关系等进行系统深入的精细研究，查明不同岩片空间分布规律及其相互关系，确定构造带构造几何学形态与结构；运动学分析的主要任务是研究再现构造带内岩石在变形期间所发生的运动，包括运动方式、运动方向、运动过程和变形路径；动力学分析则以几何学、运动学研究为基础，阐明产生构造带变形的应力、方向及其作用方式，以恢复造山过程不同阶段的构造应力场与应变场，探讨构造变形发生形成的动因和机制。

1）勉略带现今基本构造格架

通过对横穿整个勉略构造带的铧厂沟-窑坪剖面、陈家沟-节口剖面、苇子沟-吴家营剖面详细的构造研究表明（图 2.6），构造带现今总体构造几何学特征是以多条主干韧性逆冲剪切带为骨架，由不同岩片自北而南高角度推覆叠置组成的叠瓦状推覆构造系。根据变形特征将推覆构造系可进一步划分为前缘推覆带、主推覆构造系和后缘推覆与走滑复合带三部分。前缘推覆带包括踏坡逆冲岩片和灵岩寺逆冲岩片，基本属于原地或半原地推覆系统，变形以褶皱和逆冲剪切为主；主推覆构造系从南至北由下列推覆岩片组成：郭镇逆冲岩片、金家河逆冲岩片、三岔子逆冲岩片、庄科-文家沟逆冲岩片、乔子沟逆冲岩片、朱家山-高家峡逆冲岩片。后缘推覆与走滑复合带主要由状元碑逆冲岩片组成。以下把变形相同或相近、组成也相似的逆冲岩片归结为一起，将主推覆构造系进一步划分为南部、中部和北部三个逆冲带，各逆冲岩片与对应的前缘逆冲剪切带见表 2.2。

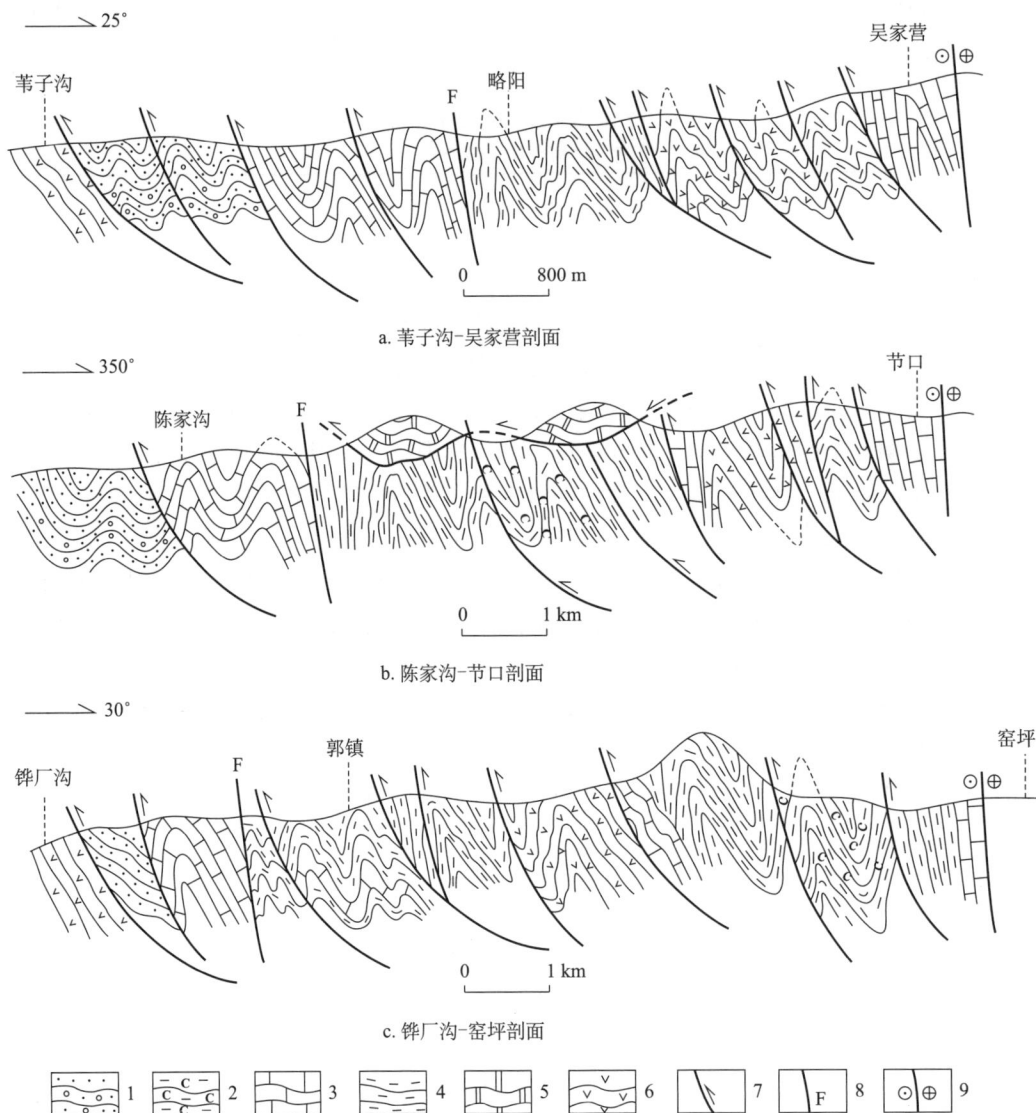

a. 苇子沟-吴家营剖面

b. 陈家沟-节口剖面

c. 铧厂沟-窑坪剖面

图 2.6　勉略带结构构造综合剖面

1. 踏坡群；2. 含碳千枚岩；3. 碳酸盐岩；4. 绢云石英片岩；5. 相公山白云岩；6. 中、基性火山岩；
7. 逆冲断层；8. 康县-略阳断裂；9. 状元碑走滑断层

　　勉略带构造研究，首先是各个逆冲带构造变形研究，分析其变形世代、样式、叠加复合关系，然后对构造带内断裂系统进行分析，以建立全区构造变形序列，进而确定其变形机制与动力学以及板块间相互作用的方式及其变形、复合演化过程。

表 2.2　勉略带逆冲推覆构造系单元划分

分　带		推覆岩片	推覆型韧性剪切带
前缘推覆带		踏坡逆冲岩片	夹门子沟韧性剪切带
		灵岩寺逆冲岩片	
			康县–略阳复合型断裂带
主推覆构造系	南部逆冲带	郭镇逆冲岩片	寺沟口韧性逆冲剪切带
		金家河逆冲岩片	瓦房里–马家沟韧性逆冲剪切带
	中部逆冲带	乔子沟逆冲岩片	？
		庄科–文家沟逆冲岩片	梨树坪韧性剪切带
		三岔子逆冲岩片	水家沟–欧家湾韧性逆冲剪切带
	北部逆冲带	朱家山–高家峡逆冲岩片	水池垭韧性剪切带
后缘推覆与走滑复合带		状元碑逆冲岩片	窑坪–状元碑复合型断裂带

2）前缘推覆带变形特征

前缘推覆带位于勉略带逆冲推覆构造系南部，以褶皱变形和逆冲断裂为特征，是勉略带内变形相对较弱的变形带，属主推覆构造系下伏系统或原地、半原地系统，其变形特征与主推覆构造系有明显差异，而且本身表现出由北到南变形逐渐减弱的趋势，褶皱形态由紧闭倒转、直立到开阔状，同时逆冲剪切带密度和变形强度逐渐减小（图 2.7），表明褶皱–逆冲推覆构造在形成过程中主挤压应力来自北侧，逐次向南传递、减弱，控制了前缘推覆带变形特征，并且由北向南前展式扩展。由于变形较弱，岩片内发育构造要素主要为层理（S_0）、轴面劈理（S_1）、褶皱（F_1、F_2）和脆韧性剪切带等。踏坡岩片、灵岩寺岩片构造解析表明，前缘推覆带主要经历了两期构造变形（D_1、D_2）。

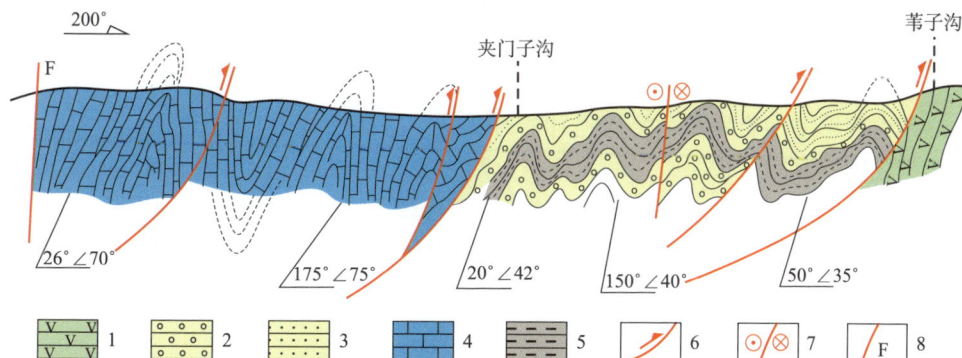

图 2.7　前缘推覆带构造剖面

1. 碧口群火山岩；2. 砾岩；3. 砂岩；4. 中厚层灰岩；5. 泥质岩；6. 逆冲断层；7. 左行走滑断裂；8. 多期活动断裂

第一期变形（D_1）：为中浅构造层次的褶皱作用和逆冲剪切变形。褶皱变形以原始层理（S_0）为变形面，在纵弯变形机制下形成褶皱（F_1），褶轴产状：$96° \sim 105° \angle 6° \sim 17°$，轴面产状：$5° \sim 25° \angle 65° \sim 85°$，$F_1$ 轴面劈理（S_1）发育较弱。等面积投影 πS_0 图解呈明显大圆环带趋势（图 2.8），表

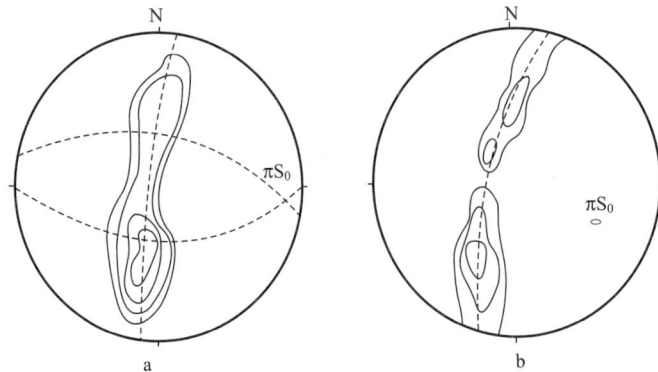

图 2.8　前缘推覆带 πS_0 图解

a. 踏坡岩片 πS_0 图解（$n=45$　$2.2\%-2.6\%-5.0\%-6.4\%$）；

b. 灵岩寺岩片 πS_0 图解（$n=30$　$3.5\%-5.5\%-7.8\%$）

n 为构造要素统计总数，等值线为单位面积中构造要素的百分比数

现出相对完整的圆柱状褶皱特点，但踏坡岩片和灵岩寺岩片褶皱形态又表现出一定差异性，踏坡岩片 πS_0 图解显示，褶皱 F_1 两翼倾角较小，多集中于 $40°\sim60°$，反映出褶皱形态主要为直立开阔型（图 2.8a），而灵岩寺岩片 πS_0 图解显示 F_1 两翼倾角较大，为紧闭直立状褶皱（图 2.8b）。伴随褶皱变形同时发育由北至南韧脆性逆冲断层，断层面倾向北北东—北东，倾角一般 $50°\sim65°$。本期变形与构造带碰撞期变形构造样式完全一致，代表了主碰撞期变形特征。

第二期变形（D_2）：后主造山期剪切走滑变形，在踏坡构造岩片内形成一系列小型枢纽近直立的倾竖褶皱（F_2），而在灵岩寺岩片内发育剪切雁列状石英脉，共同指示北西-南东向左行走滑特点。

变形分析表明，前缘推覆带主导变形构造为主碰撞期褶皱作用和逆冲剪切变形，其变形机制和基本构造样式与主推覆构造系一致，但变形程度差异较大，褶皱形态相对开阔，逆冲剪切带更多显示脆韧性特点，与北侧主推覆构造系内紧闭直立-同斜褶皱以及高角度韧性逆冲剪切变形，岩片推覆叠置的结构形态完全不同，表现出推覆构造系前缘相对较弱变形带的结构特征。

3）主推覆构造系变形特征

主推覆构造系划分为南、中、北三个构造带，分述如下。

（1）南部逆冲带构造解析

南部逆冲带由郭镇逆冲岩片和金家河逆冲岩片组成。夹持于康县-略阳断裂带和瓦房里-马家沟韧性逆冲剪切带之间，其间又被次级逆冲剪切带分割为若干逆冲断片。由于南部逆冲带原岩以能干性相对较小、极易变形的细碎屑岩和泥质岩组合为主，变形强度远比其他岩片强烈，成为构造带内区域强烈韧性剪切变形的基质带。南部逆冲带经历了不同时期、不同性质和层次的多期构造变形，在岩片内发育大量不同类型的面状构造、线状构造、褶皱构造，各种构造要素叠加复合，变形、变位现象十分普遍。

① 构造要素

A. 面状构造：岩片内面状构造要素主要包括层理（S_0）、片理（S_1）和劈理（S_2）。

层理（S_0）：仅在局部残存，由不同岩性成分层组成，主要表现为硅质岩、薄层灰岩、砂岩与绢云石英片岩、绢云片岩互层。由于岩片内层理、片理近于平行，因此变余层理具有复合面理的性质。

片理（S_1）：在构造岩片中普遍发育，为区域透入性面理，由片状矿物绿泥石、绢云母以及粒状

矿物石英、斜长石定向排列构成，并对层理（S_0）强烈置换，使得 $S_1 /\!/ S_0$，仅在褶皱（F_1）转折端处可见二者交切关系。

劈理（S_2）：发育于片理褶皱（F_2）核部，为 F_2 轴面劈理，向两翼发育程度逐渐降低，直至消失，为非透入性面理，并对 S_0、S_1 置换，形成不同形态和样式的褶劈构造。

B. 线状构造：主要为交面线理、皱纹线理、窗棂构造、杆状构造和不同期褶皱枢纽。

交面线理（B_1、B_2）：包括层理（S_0）与片理（S_1）交面线理（B_1）和片理（S_1）与劈理（S_2）交面线理（B_2），B_1、B_2 产状近于一致，平行分布，表明层理褶皱（F_1）与片理褶皱（F_2）具有共轴叠加特点。

杆状构造（B_2）：早期变形变质过程中分异出平行于片理的石英脉，在晚期褶皱变形中剪切滑动、旋转构成石英棒，与 F_2 褶轴平行，并常因差异风化作用呈凸出的杆状体。

皱纹线理（B_2）：广泛发育于绢云片岩和绢云石英片岩中，由片理（S_1）在褶皱变形过程中发生揉皱作用形成的微褶皱枢纽，代表了片理褶皱枢纽，并与同期其他线状构造（B_2）平行。

窗棂构造（B_2）：片理（S_1）在褶皱变形过程中，在转折端由 S_1 强烈褶皱形成的一系列褶曲枢纽窗棂构造，它们一般具有规则的圆柱状曲面，褶曲内外具有一致的层理纹，并常是大型褶皱转折端标志。

C. 褶皱构造（F_1、F_2）。

层理褶皱（F_1）：仅在弱变形域可见到，由不同成分层表现出来。为两翼平行的同斜紧闭形态，轴面劈理与区域片理（S_1）平行，并具透入性特点，常被晚期褶皱叠加，轴面发生弯曲，并与 S_1 形成褶劈构造。

片理褶皱（F_2）：由于同期逆冲剪切作用强烈改造，完整 F_2 形态在剖面上难以见到。根据构造伴生关系，利用 S_1 变形形成的小型不对称剪切褶曲及 S_1、S_2 交切关系，恢复 F_2 形态，结果表明 F_2 为一系列轴面近于直立或向北陡倾的紧闭直立-同斜形态，两翼夹角一般大于 $70°$，褶皱轴近东西向展布，略向西倾伏，倾伏角 $8° \sim 20°$。

对南部逆冲带构造岩片内面状构造要素（S_1、S_2）统计，其 π 组构图解见图 2.9。从图解特征来看，πS_1 具有不太明显的拉长环带形态，显示片理褶皱 F_2 直立紧闭-同斜形态，πS_1 环带轴对应于 F_2 褶轴，产状：$265° \angle 9°$。πS_1 类似于极密分布，πS_1 环带轴位于 πS_2 极密所对应的大圆上及其附近，用等面积投影恢复褶皱形态与剖面（图 2.10）恢复褶皱形态基本一致。

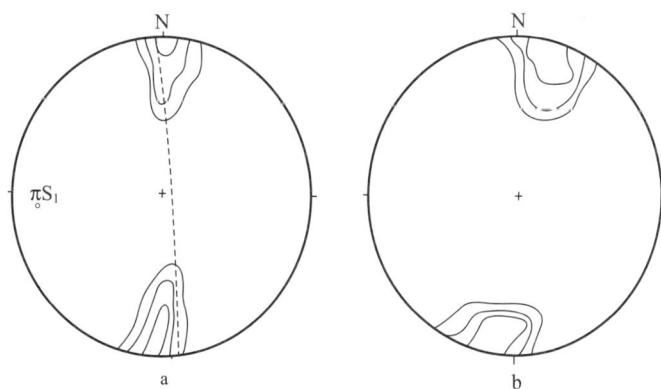

图 2.9　金家河岩片 πS_1、πS_2 图解

a. πS_1（$n=35$　2.8%-7.8%-12.8%）；b. πS_2（$n=30$　3.2%-7.2%-11.2%）

n 和等值线百分数说明同图 2.8

② 构造变形序列

通过白家坝剖面（图2.10a）、铧厂沟-郭镇剖面、金家河剖面（图2.10b）等详细的研究，将主推覆构造带南部逆冲带解析出以下五期构造变形（D_1、D_2、D_3、D_4、D_5），主要为第一、二、四期构造变形。

第一期变形（D_1）：以层理S_0为变形面形成层理褶皱（F_1），F_1为紧闭同斜形态，其轴面劈理S_1具有区域透入性特点，由于后期变形强烈改造，F_1多呈残留复合形态，剔除晚期构造叠加效应，并通过区域对比，恢复出原F_1，形态呈一系列轴面北倾南倒的同斜紧闭褶皱。

第二期变形（D_2）：为S_1片理褶皱（F_2）和韧性逆冲剪切带。F_2为轴面直立或向北陡倾的紧闭直立-同斜褶皱，轴向近东西向，轴面劈理（S_2）发育，并对S_1置换形成褶劈构造和各种线状构造，同期递进变形，形成向南高角度逆冲剪切带，对F_1改造作用明显。

第三期变形（D_3）：为中浅层次剪切走滑机制下形成的左行脆韧性剪切带，走滑剪切带走向一般

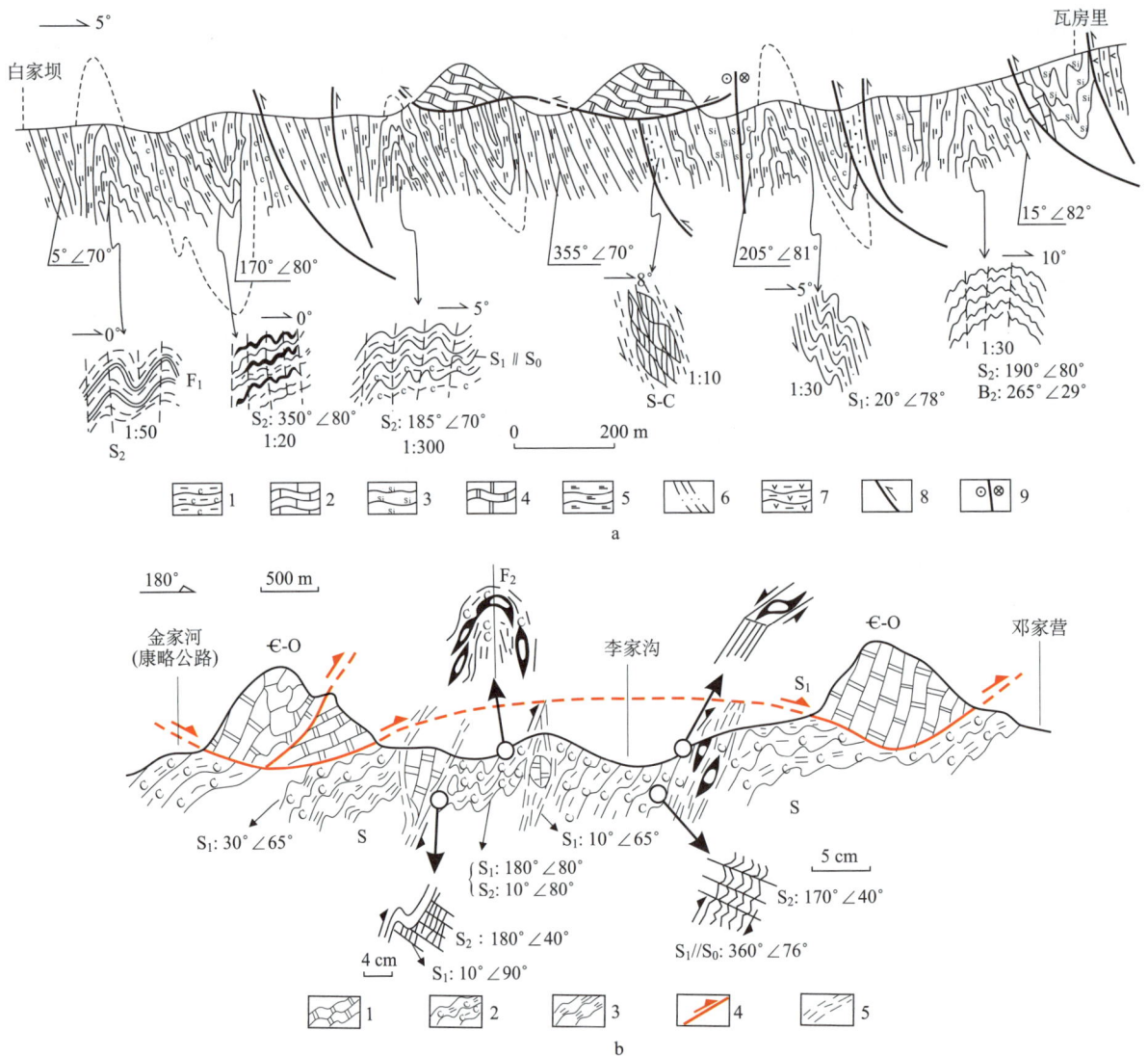

图2.10 白家坝-瓦房里构造剖面（李三忠等，2001a）

a：1. 碳质叶岩；2. 薄层灰岩；3. 硅质岩；4. 相公山白云岩；5. 绢云片岩；6. 糜棱岩；
7. 绿泥钠长片岩；8. 韧性逆冲断层；9. 走行走滑断层

b：1. 大理岩；2. 含碳绢云千枚岩；3. 二云片岩；4. 逆冲推覆断层；5. 韧性剪切带

北北西、东西向，倾角大于80°，并切割早期构造线。

第四期变形（D$_4$）：为后主造山期陆内挤压机制下形成的中浅层次逆冲推覆构造。主要表现为相公山白云岩岩块组成的飞来峰构造（图2.10），本期逆冲推覆构造与主碰撞造山期逆冲推覆构造差异显著，韧脆性变形特点，推覆面一般平缓，表现为断层劈理化带。

第五期变形（D$_5$）：表现为膝褶构造和破劈理，在金家河绢云片岩、绢云石英片岩中发育，反映出晚期浅层次构造变形特点。

（2）中部逆冲带构造解析

中部逆冲推覆构造带主要由不同性质和类型的火山岩和超镁铁质岩块组成，由于在俯冲作用过程中，沿俯冲带被刮下来的洋壳残片，以及岛弧火山岩块，以不同的构造方式就位于俯冲带，同时又受俯冲期强烈剪切变形和碰撞期褶皱-逆冲变形的叠加改造，形成现今宽0.5~2 km、东西向展布的以蛇绿岩混杂岩块为主的逆冲推覆带。逆冲带内不同性质和类型的火山岩、超镁铁质岩和少量陆缘沉积岩，呈一系列长轴近东西向的透镜状构造岩片（块）展布，彼此间皆以韧性逆冲剪切带接触，韧性逆冲剪切带是控制不同岩片序态的主体，并使岩片由北到南推覆叠置，平面上呈网络状构造样式东西向延展，总体形成复杂的蛇绿构造混杂岩带，在各个岩片内部突出以强烈片理褶皱和韧性逆冲剪切变形为主导变形特征，叠加复合改造先期变形，发生不同形态褶皱叠加，面理置换强烈，形成复杂的构造变形样式。通过对乔子沟剖面（图2.11）、三岔子剖面（图2.12）、梨树坪剖面详细观察研究，分析对比不同构造岩片的构造样式、构造层次、变形机制以及叠加复合关系，并进行构造分期配套，确定变形序列，在详细构造解析基础上发现不同蛇绿岩片内具有相同或相近的变形构造特征，可分解出

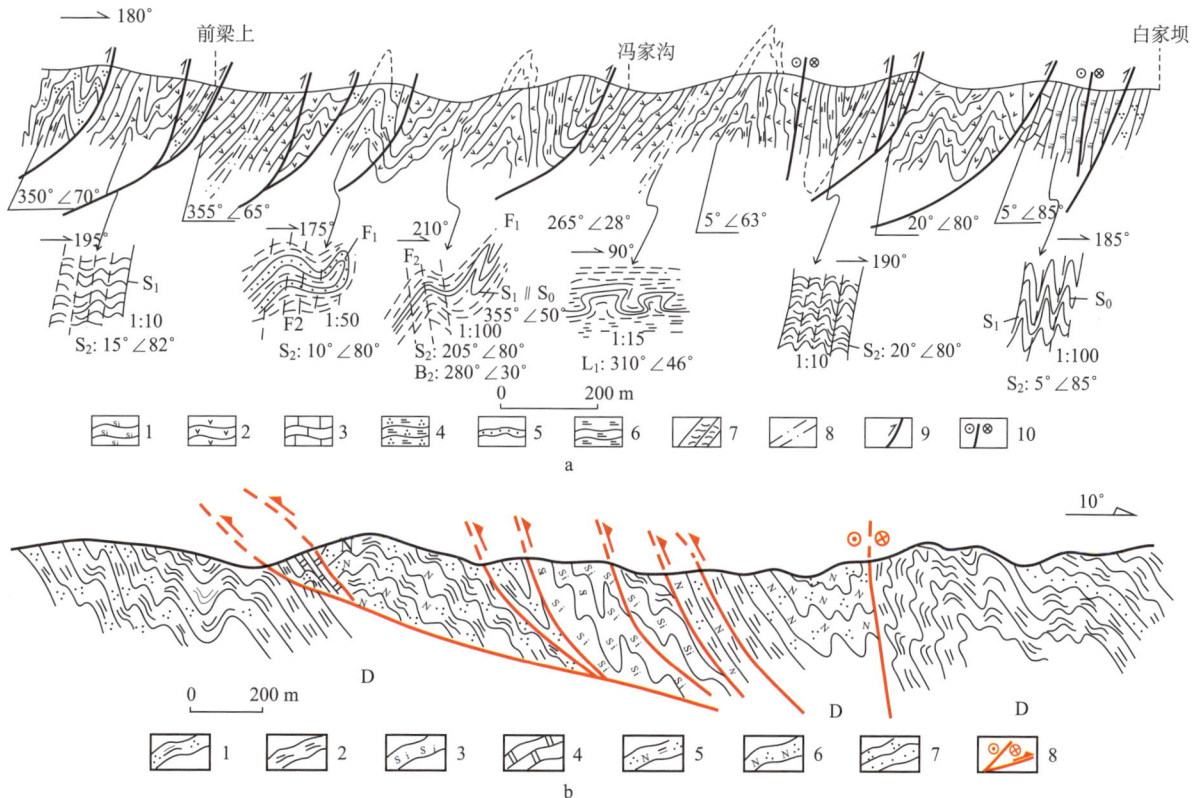

图2.11　乔子沟前梁上-白家坝构造剖面

a：1. 碳酸岩；2. 绿泥钠长片岩；3. 大理岩；4. 绢云石英片岩；5. 岩屑长石石英砂岩；6. 白云母片岩；7. 片理的褶劈理化；8. 早期韧性逆冲断层；9. 韧性逆冲断层；10. 左行走滑断层

b：1. 绢云千枚岩或片岩；2. 二云片岩；3. 变硅质岩；4. 大理岩；5. 钠长绢云千枚岩；6. 钠长变粒岩；7. 石英岩或变砂岩；8. 左行走滑断层及逆冲断层

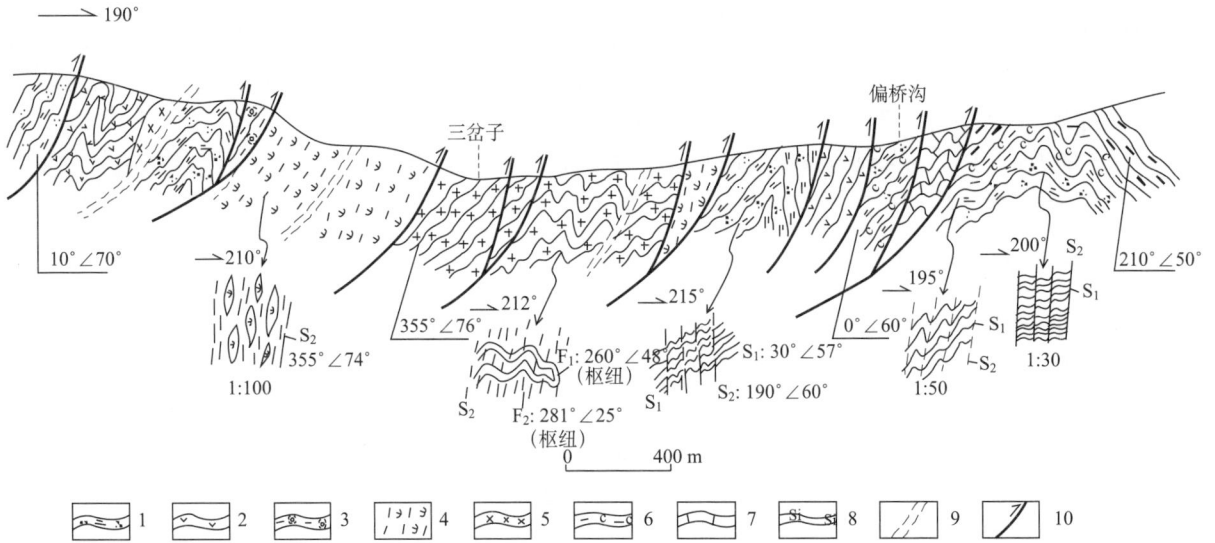

图 2.12　三岔子-扁桥沟构造剖面

1. 绢云石英片岩；2. 绿泥钠长片岩；3. 滑石菱镁片岩；4. 蛇纹岩；5. 变辉长岩；6. 含碳绢云石英片岩；7. 大理岩；
8. 硅质岩；9. 早期韧性逆冲断层；10. 晚期逆冲断层

四期主要变形，分别为：俯冲期深构造层次褶皱作用和顺层（片）剪切变形（D_1）、同碰撞期中深构造层次褶皱变形和逆冲剪切变形（D_2），以及后主造山期中浅层次剪切走滑变形（D_3）和逆冲推覆构造（D_4）。

① 构造要素

A. 面状构造：中部逆冲带不同构造岩片内面状构造均很发育，主要有层理（S_0）、片理（S_1）和褶劈理（S_2）。

层理（S_0）：火山岩中的原始层理（S_0）主要表现为颜色和厚度不同的成分层，深色层一般呈深绿色，基性程度较高，由基性玄武岩组成，浅色层为浅绿—灰白色，由玄武安山岩组成，同时由于不同成分及层厚差异，在变形过程中表现样式也具有明显差异性。

片理（S_1）：为区域透入性面状构造，在不同火山岩中普遍发育，主要由片状、针状矿物白云母、绿泥石、阳起石以及粒状变形矿物定向排列而成，平行于第一期褶皱轴面。

褶劈理（S_2）：属应变滑劈理，在构造岩片中分布不均一，为非透入性面状构造，为片理褶皱 F_2 轴面劈理，并对 S_1、S_0 强烈置换，形成复杂的褶劈构造样式，尤其在乔子沟火山岩中特别发育，常形成"人"字形、"格子布"状构造。镜下研究表明劈理域由同期变形过程中新生应变矿物（绢云母、绿泥石和少量细粒石英、长石）定向排列构成；微劈石形态由于早期先存面理的结构、性质，以及在压剪过程中所处的构造部位不同，显示复杂的构造样式。经过大量观察研究，依据微劈石结构将本区褶劈构造样式分为 6 种基本类型（图 2.13）：a. 平行式：微劈石内早期片理（S_1）与劈理（S_2）产状一致，近于平行，多发育于直立紧闭褶皱翼部；b. 斜列式：微劈石中早期片理（S_1）与劈理面（S_2）小角度斜交；c. "S"形、"N"形：早期片理（S_1）在变形过程中发生褶曲，在 S_2 之间呈"S"形、"N"形，常沿褶皱不同翼分布；d. 正弦波状褶曲式：由于强烈压剪作用，早期面理（S_1）发生复杂波状弯曲，常出现于褶皱转折端部位；e. 雁列式：相当于正弦波状褶曲中一组褶曲转折端沿劈理面剪切滑动，形成一系列同形呈雁列状分布的褶曲；f. "人"字形：相邻微劈石内早期片理（S_1）倾向相反，呈"人"字形。上述 6 种褶劈构造形态在剖面上有规律出现，通常自褶皱翼部到转折端依次出现平行式、斜列式、"N"与"S"形、"人"字形、雁列形、正弦波状褶曲式，并可有效恢复大褶皱形态（图2.11、图2.12）。

B. 线状构造：岩片中发育线状构造主要有交面线理、褶纹线理、窗棂构造、石英杆状构造和褶皱枢纽等多种类型。

交面线理（B_1、B_2）和褶纹线理（B_2）：包括层理（S_0）与片理（S_1）变面线理（B_1）以及片理（S_1）与劈理（S_2）交面线理（B_2），分别代表了褶皱F_1、F_2褶轴方位。褶纹线理（B_2）发育于先存鳞片变晶结构的绿泥钠长片岩中，为早期片理（S_1）揉皱枢纽平行排列而成。

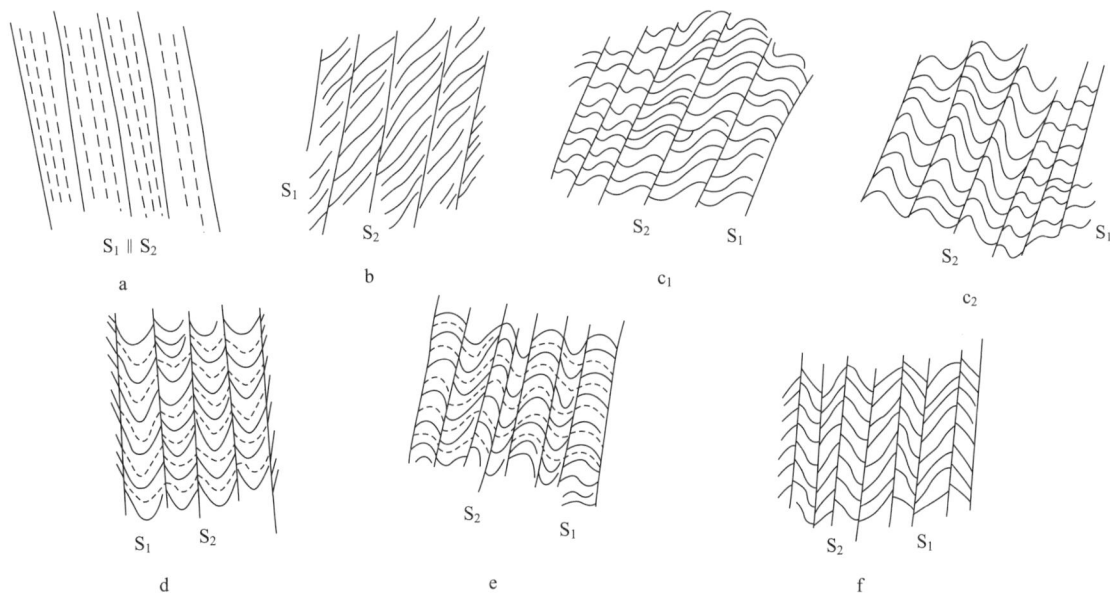

图 2.13　褶劈构造结构样式及形态

a. 平行式；b. 斜列式；c_1. S形；c_2. N形；d. 雁列式；e. 正弦波状褶曲形；f. "人"字形

杆状构造（B_1）：主要为早期变形变质过程中产生的同构造分异石英脉递进剪切变形而成，一般呈小的透镜状、蝌蚪状平行片理分布，杆状体长轴平行于F_1褶轴（B_1）。与窗棂构造不同的是它不是由岩层构成，为石英矿物集合体。

窗棂构造（B_2）：为晚期褶皱变形过程中在厚层状火山岩中形成的线状构造，外形呈波状起伏杆柱状，并在表层发育应力矿物外膜，产状与F_2褶轴平行。

对火山岩中不同构造要素（S_0、S_1、S_2、B_2）统计，并通过等面积投影，其优势方位见图2.14，从图2.14可以清楚看出乔子沟岩片πS_0图解具有明显的极密组构（图2.14a），且极密中心与πS_1极密中心很接近或重合，表明S_1对S_0置换强烈，二者产状一致；同时πS_1又显示环带分布趋势，其环带轴与线理B_2极密接近，说明S_1亦发生褶皱变形，形成片理褶皱F_2，F_2褶轴与区内线理B_2产状一致（图2.14b、c、d）。

② 构造变形序列

详细的构造解析表明，中部逆冲带主要经历了以下四期构造变形，其变形特征如下：

俯冲期深构造层次的褶皱作用和顺层（片）剪切变形（D_1）　　本期变形为勉略洋壳向北低角度俯冲过程中引起的俯冲带前缘俯冲岩片、沉积加积楔以及蛇绿混杂岩、火山岩块与构造岩等受俯冲挤压、剪切，产生的各种褶皱变形和低角度逆冲剪切变形。由于岩石能干性及原始岩层厚度差异，褶皱形态显示一定差异。在原始块状超镁铁质岩和厚层火山岩中，褶皱变形发育较弱；而薄层火山岩中，褶皱发育，形态为紧闭同斜-不对称紧闭状，褶皱压扁作用强烈，两翼变薄、且平行，转折端增厚，属 Ramsay（1986）所划的 I 型褶皱，褶皱轴面，产状：345°～10°∠45°～60°，平行于区域片理

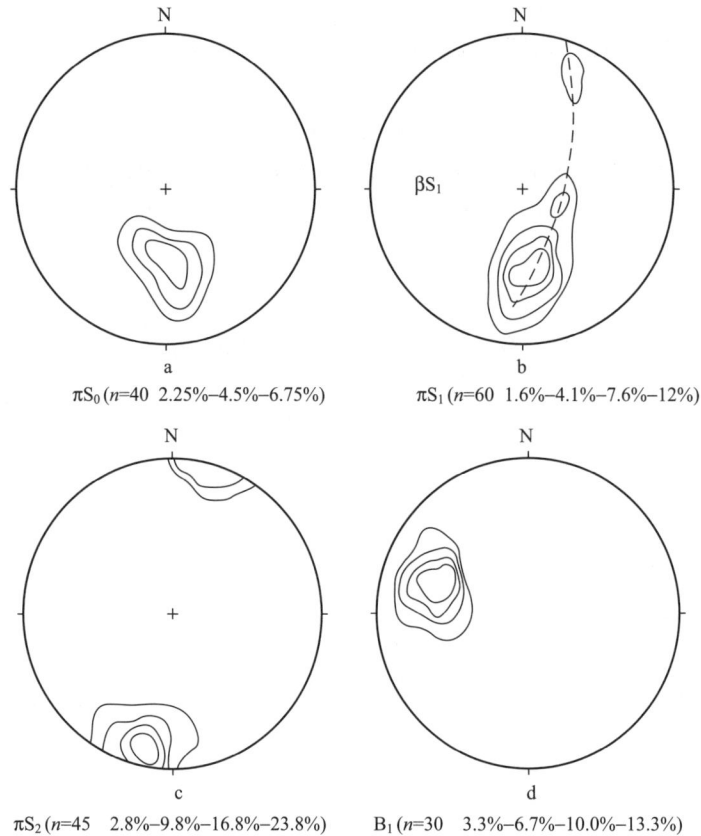

πS₀ (n=40　2.25%-4.5%-6.75%)　　　πS₁ (n=60　1.6%-4.1%-7.6%-12%)

πS₂ (n=45　2.8%-9.8%-16.8%-23.8%)　　B₁ (n=30　3.3%-6.7%-10.0%-13.3%)

图 2.14　乔子沟火山岩岩片构造要素投影图解

n 和等值线百分数说明同图 2.8

（S₁）；F₁ 枢纽近东西向，主体向西倾伏，倾伏角一般小于 25°。褶皱（F₁）在不同火山岩构造剖面上普遍发育，但规模有限，发育于岩片内部，不存在超出岩片规模的大型褶皱。

同期顺层（片）逆冲剪切变形，在构造岩片内普遍发育，而且由于差异剪切作用在岩片内形成强变形带和弱应变域，二者有规律组合，构成构造岩片内早期基本构造特点。对本期韧性剪切变形及运动学特征将在后面断裂部分详细论述。

碰撞期中深构造层次褶皱作用和逆冲剪切变形（D₂）　本期变形是勉略构造带内最主要的变形构造，奠定了勉略带基本构造格架，同时也是中部逆冲带内最显著的变形样式，在不同类型火山岩和超镁铁质岩中普遍发育。褶皱作用和逆冲剪切作用具有连续递进的变形特点，为研究方便将其分解为早期褶皱变形阶段（D₂¹）和晚期逆冲剪切变形阶段（D₂²）。

早期褶皱变形（D₂¹）：以片理（S₁）为主变形面，形成一系列轴面直立或陡倾的紧闭直立-同斜褶皱（F₂），发育轴面劈理（S₂），S₂ 产状 10°~30°∠70°~85°，175°~205°∠65°~82°，并对 S₁ 置换形成复杂的褶劈构造样式，F₂ 枢纽 275°~295°∠5°~35°，不同剖面上均可见到 F₂ 对 F₁ 共轴叠加现象。同时由于递进变形（D₂²）影响，F₂ 往往发育不完整，在剖面上表现为在倒转背斜南翼或向斜北翼发育 D₂² 期韧性逆冲剪切带。

晚期逆冲剪切变形（D₂²）：是早期褶皱变形（D₂¹）递进变形的结果，但变形机制已由压扁作用转化为剪切作用，在构造岩片内表现为一系列由北到南高角度韧性逆冲剪切带，不仅使早期褶皱形态被改造，而且使岩片在横向上叠置，形成叠瓦状构造。

后主造山期中浅层次走滑剪切变形（D₃）和逆冲推覆构造（D₄）　剪切走滑变形（D₃）形成的走滑剪切带总体呈北西、北西西向延伸，局部伴有斜冲特点，剪切面近于直立，斜切早期构造线，并使早期构造产生不同程度的变形变位，形成各种枢纽近直立的剪切褶皱（F₃）和旋转构造。剪切带内不对称的剪切石香肠、剪切褶皱以及剪切褶皱轴面与走滑剪切带交角关系均指示走滑具有左行特点。

中浅层次逆冲推覆构造（D₄）为中部逆冲带中最晚期变形，表现为相公山厚层白云岩构造岩块呈飞来峰推覆于火山岩构造岩片之上，推覆面为劈理化带，显示韧-脆性变形特点，产状一般 10°~20°∠20°~45°。

（3）北部逆冲带构造解析

北部逆冲带夹于水家沟-欧家湾韧性逆冲剪切带和水池垭韧性逆冲剪切带之间，主体由朱家山-高家峡逆冲岩片构成，在研究区内呈宽 1.5~3 km、长 40~50 km 带状东西向展布，向南逆冲于中部蛇绿混杂岩构造岩片之上，北部被勉略带后缘推覆与走滑复合带的状元碑构造岩片逆掩。通过对岩片不

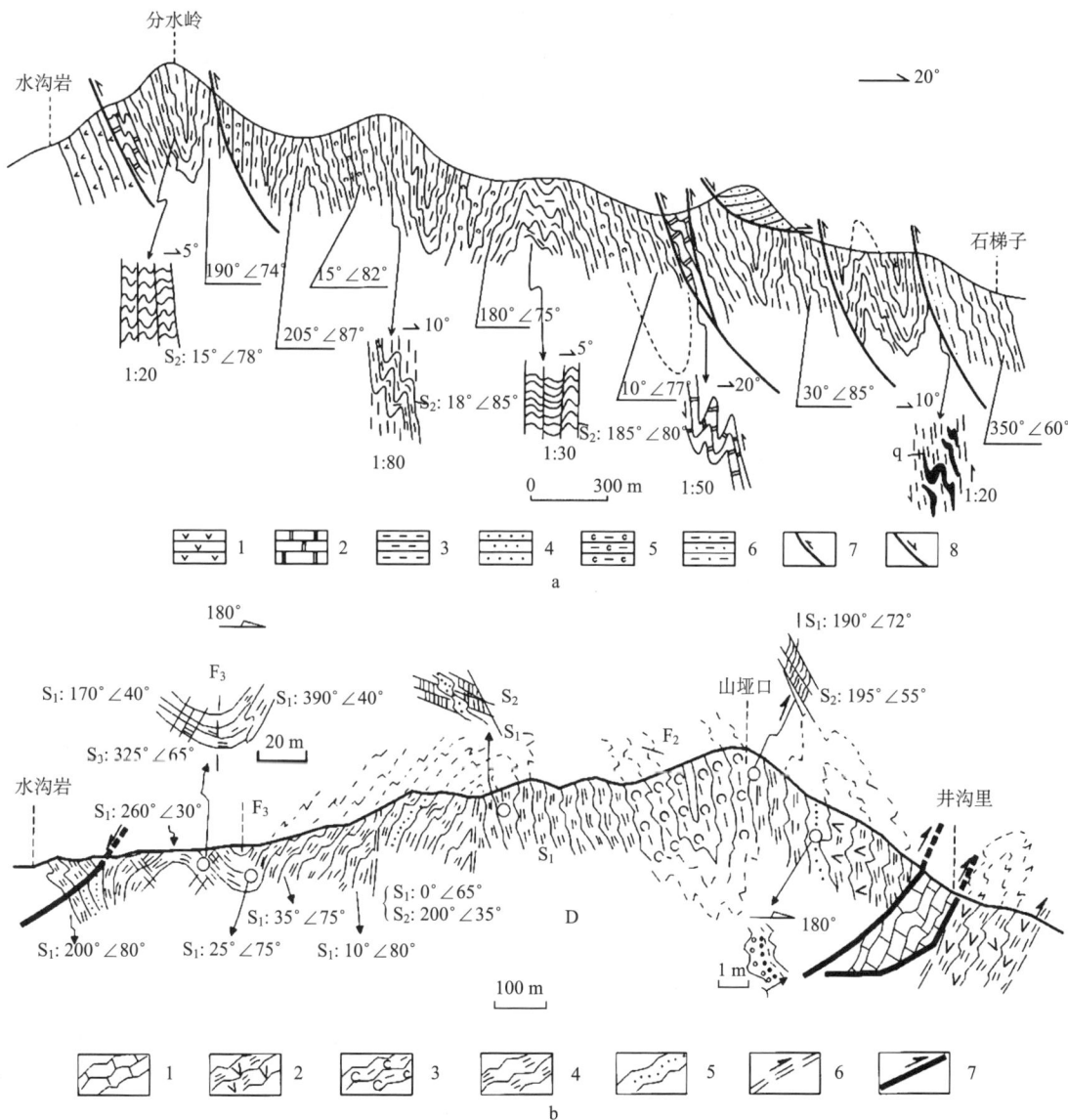

图 2.15　郭镇水沟岩-井沟里褶皱叠加剖面（李三忠等，2002，李亚林等，2000）

a：1. 变质基性火山岩；2. 大理岩；3. 绢云千枚岩；4. 变质碎屑岩；5. 含碳千枚岩；6. 糜棱岩；7. 韧性逆冲断层；
　　8. 正断层
b：1. 大理岩；2. 变火山岩；3. 碳质绢云片岩；4. 二云片岩；5. 变砂岩；6. 韧性逆冲断层；7. 脆性逆冲断层

同地段郭镇水沟岩-石梯子剖面（图 2.15a）、二岔沟-前梁上剖面和纸房沟剖面详细分析，确定不同构造变形的样式、层次、叠加复合关系，而后进行分期配套，在此基础上将岩片变形构造分为碰撞期前、同碰撞期和后主造山期三个构造变形阶段。

前主碰撞期褶皱变形（D_1）　　以层理（S_0）为主变形面形成紧闭同斜褶皱（F_1），F_1 轴面劈理为区域性片理（S_1），由于后期强烈构造改造作用 F_1 多层残存状态，其组台样式难以恢复，局部可见 F_2 对 F_1 共轴叠加现象（图 2.15）。

同碰撞期褶皱变形和递进的韧性逆冲剪切作用（D_2）　　与中部蛇绿岩岩片变形构造样式相似，构成岩片基本构造格架。早期阶段，在近南北向挤压应力作用下，发生褶皱变形形成轴向东西、北西西向的同斜-直立片理褶皱（F_2），F_2 轴面劈理（S_2）为非透入性面理，产状：$20° \sim 350° \angle 70° \sim 85°$，$170° \sim 215° \angle 70° \sim 80°$，剖面上根据 S_1、S_2 置换关系及原始层理中标志层可以很好恢复出 F_2 同斜-斜歪褶皱状组合形态。对 S_0、S_1 统计发现，πS_1 图解具有大圆环带分布趋势（图 2.16a），褶轴 βS_1 产状：$289° \angle 20°$。πS_2 图解近似于两个极密分布（图 2.16b），结合野外观察认为，造成 S_2 呈两个极密分布的原因并不是 S_2 发生褶皱变形，而是 S_2 具有扇状分布特点。晚期递进的逆冲剪切变形，在岩片内形成一系列由北到南高角度逆冲剪切带，产状 $0° \sim 25° \angle 65° \sim 82°$。

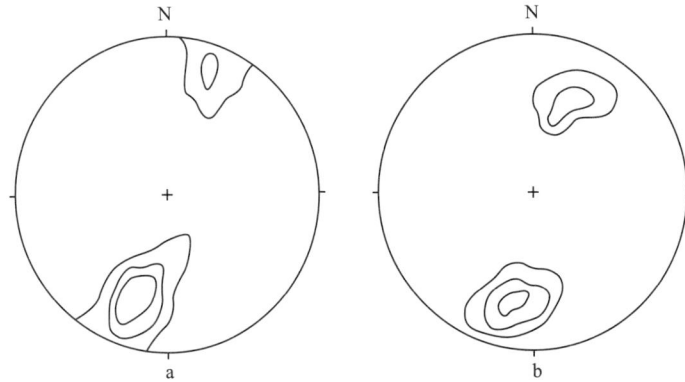

图 2.16　北部逆冲带 πS_1、πS_2 图解

a. πS_1（$n=40$　$2.2\% - 3.6\% - 5\%$）；b. πS_2（$n=30$　$1.2\% - 2.4\% - 3.6\%$）

n 和等值线百分数说明同图 2.8

后主造山期变形（D_3）　　可分为两期变形，早期变形在岩片中主要表现为北西、北西西向左行韧脆性走滑剪切带，并沿剪切带产生不对称倾竖褶皱。晚期为伸展机制下形成的正断层，显示脆性变形特点。时代从区域对比分析，判断应主要是中新生代产物。如：郭镇水沟岩发育的晚期正断层，断层面产状 $25° \angle 45°$，沿断层面发育构造角砾岩和断层泥，断层面上下盘片理产状截然不同，上盘片理：$216° \angle 28°$，而下盘片理：$30° \angle 85°$，与区域片理产状一致。

（4）主推覆系结构样式和变形模式

上述对主推覆构造系南部、中部和北部逆冲带详细的构造研究表明，三个逆冲带具有相似的构造样式，总体结构表现为以数条高角度逆冲剪切带为骨架，不同岩片由北至南推覆叠置的叠瓦状构造，与前缘推覆带和后缘推覆与走滑复合带变形程度和构造组合方式存在明显差别，同时也构成了勉略带现今主导构造样式。在各个逆冲岩片内部主导构造表现为轴面陡倾的紧闭直立-同斜褶皱和韧性逆冲剪切变形，与前缘推覆带直立开阔褶皱，形成鲜明对比，表明主推覆构造系是勉略带变形最为强烈的部位，且夹有大量洋壳残片，代表了板块俯冲、碰撞的主缝合带位置。

通过对主推覆系不同构造岩片变形特征分析，可将主推覆构造系主碰撞造山期褶皱-逆冲变形和递进的构造变形过程简化概括为图 2.17 所示。碰撞早期阶段，在挤压应力作用下，岩片起始褶皱变形弯曲，以片理（S_1）为变形面发生褶皱变形，形成相对开阔的纵弯褶皱（F_2）（图 2.17a）；之后随挤压剪切作用进一步增强，褶皱（F_1）由初始开阔形态变为紧闭、斜歪甚至倒转，并在褶皱转折部位，尤其是倒转翼拐点处产生强烈的剪切变形（图 2.17b），形成逆冲剪切带，进而形成不同逆冲岩片内部的逆冲断片；同时由于不同岩片间的构造边界与褶皱紧闭倒转翼部常是构造薄弱易形变面，成为逆冲剪切变形发育的最有利部位，所以在挤压剪切应力进一步作用下，就发生强烈的逆冲剪切作用，最后，它们往往构成主推覆构造系主干断裂（图 2.17c）；晚期在挤压剪切应力进一步持续作用下，不同岩片、断片推覆叠置，形成叠瓦状构造，并在变形强烈地段常形成双冲构造，并最终奠定主推覆系基本构造格局（图 2.17d）。

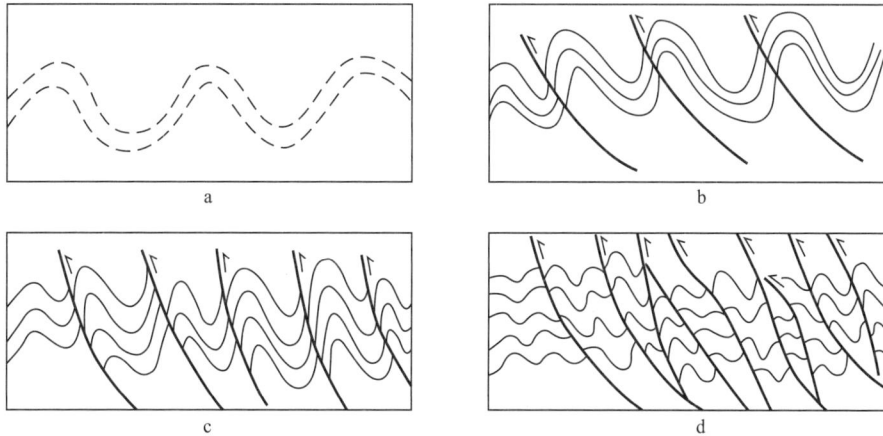

图 2.17　主推覆系褶皱–逆冲构造演化模式示意

4）后缘推覆与走滑复合带变形特征

勉略构造带的后缘推覆与走滑复合带主体由位于勉略构造带最北部的状元碑逆冲岩片组成，类似于构造带内其他构造岩片，其南缘以高角度的韧性逆冲剪切带推覆于主推覆构造系朱家山–高家峡逆冲岩片之上，但同时状元碑构造岩片又受到主造山晚期剪切走滑变形强烈叠加改造，使得该岩片呈现明显有别于其他构造岩片的褶皱、逆冲与走滑剪切叠加复合的特殊构造面貌，故称之为后缘推覆与走滑复合带。通过节口剖面及嘉陵江剖面对状元碑岩片详细的构造解析，可分解出以下三期构造变形。

中深构造层次褶皱变形（D_1）　以片理面为变形面表现为两翼陡倾的紧闭直立形态，褶皱轴面：$10° \sim 20° \angle 70° \sim 80°$，枢纽：$260° \sim 280° \angle 5° \sim 18°$，反映了强烈的挤压变形，同期在大理岩中还发育韧性挤压透镜构造，透镜体 b 轴与褶轴产状一致，指示北北东–南南西向挤压应力方向。

中层次走滑剪切变形（D_2）　在构造岩片中普遍发育，沿剪切带大理岩发生糜棱岩化，显示韧性变形特点，并对早期变形强烈改造，使早期褶皱进一步发生变形、变位。大量统计发现走滑剪切带总体走向为东西、北西西，并从剪切变形产生的大量残斑构造的不对称性分析，剪切运动具左行特点。

浅层次碎裂变形（D_3）　由于受窑坪–状元碑多期活动断裂最晚期张性正断层影响，岩片北侧大理岩发生脆性变形，形成碎裂岩带，为岩片最晚期构造变形。后缘推覆与走滑复合带与前缘推覆带和主推覆构造系变形构造样式存在较大差异。构造岩片内突出以褶皱作用和叠加的走滑变形为主，尤其以发育近东西向韧性走滑剪切变形为特征，结合区域对比分析表明，本期变形与秦岭造山带区域的陆内造山阶段北西向脆韧走滑作用在构造层次和方向上明显不同，而且在吴家营、秦家坝一带被北西向脆性走滑断层叠加、错断，因此该期浅层次的断裂构造应形成于主造山期后。鉴于这一后缘推覆与走滑带为勉略推覆构造系北部带，在区域上是勉略南带与区域北部白水江–光头山反向推覆构造系共同形成的似剪刀花状构造的中轴走滑转换构造带。因此综合分析，它应是勉略碰撞造山晚期至秦岭区域中生代陆内造山期形成上述似剪刀花状剪切断裂构造之后的中新生代陆内伸展构造产物，属后期叠加构造。

5）勉略带断裂系构造变形特征

勉略构造带内如上述主要由构造岩片和分割岩片的断裂系组成，带内断裂系主要是在勉略缝合带形成及其后期叠加复合构造长期演化过程中，在不同时期、不同属性构造作用下形成的不同构造层次、不同属性、不同特征的各种断裂构造，包括俯冲期、碰撞期和后主造山期陆内构造等。这些断裂构造之间彼此叠加复合，造成勉略带现今复杂的构造面貌。依据断裂系时代、性质、特点，可综合概括划分勉略区段断裂构造（图 2.5）主要为多期活动断裂、俯冲型韧性逆冲剪切带、碰撞型韧性逆冲剪切带和后造山期陆内斜向逆冲走滑剪切带四种基本类型。以下重点简述多期活动断层和后造山陆内剪切走滑构造，而俯冲型和碰撞型逆冲剪切构造将在后一节俯冲碰撞构造恢复重建中论述。

（1）主干多期复合断裂构造

勉略构造带内断裂构造发育，不同性质、规模、级别、层次的断裂组合成网络，但突出主要以主干多期复合断裂为骨架，构成演化的时空格架，其中最主要的主干多期复合断裂带是康县-略阳断裂和窑坪-状元碑断裂，它们对勉略区段的勉略构造带构造演化具有长期控制作用。

① 窑坪-状元碑走滑剪切断裂带（F_1）

该带是区域性大断裂和勉略带勉略区段的北界断裂，位于白水江-褒河推覆构造系和勉略带勉略推覆构造系之间（图 2.3），内部主要由原勉略洋盆北部陆缘台地相碳酸盐岩层和混杂岩块组成。现今在勉略区段的窑坪、状元碑一线呈宽几十至数百米的带状高角度剪切带近东西向展布。它作为北部下古生界与勉略带古生界的岩层岩相分界，但向西至沈家园以西又切割古近系和新近系，因而，表明又具有长期多次活动性。断裂带由多期变形复合而成，所以窑坪-状元碑断裂是长期活动的复合性断裂带。它在晚古生代对勉略洋盆北部陆缘体系的分布有一定控制作用，但由于受后期构造变形的强烈改造，最早期变形已难以恢复，更多保留了晚期构造变形记录。现今断裂带近东西向展布，带内组成复杂，既有大理岩、硅质岩、变质碎屑岩块体，也有火山岩块体，同时构造岩石类型也复杂多样，但现今主要突出的是剪切走滑和脆性变形成因的碎裂岩和构造角砾岩，总体表现出经历了多期复杂的复合构造变形特点，根据区域构造特征和断裂带内残存构造形迹，至少可以解析出三期构造变形（D_1、D_2、D_3）：

第一期变形（D_1）：从断裂带内残存糜棱质构造岩石推断，构造带早期曾发生韧性变形，由于受后期脆性改造，其所代表的变形方式、构造样式已无法确定，据北部奥陶系地层以韧性逆冲断层推覆于状元碑大理岩之上，以及现今构造带内糜棱质岩石的原岩与大堡组岩石的相似性分析，可以认为这期变形应是主碰撞期构造产物。

第二期变形（D_2）：左行韧-脆性剪切走滑变形，在断裂带内及其北侧大堡组中形成枢纽近直立的倾竖褶皱，同时在状元碑大理岩中产生水平剪切旋斑构造，并指示走滑变形具有左行特点，区域对比分析，本期变形应主要发生于主碰撞造山晚期——陆内造山期内，代表了区域似花状剪切构造的南北反向逆冲推覆构造间的中轴走滑剪切转换带变形特征，故它应是以其为中轴的剪切走滑带的区域花状构造的主要形成期，同时也是对勉略缝合带构造的主要叠加改造时期。

第三期变形（D_3）：为脆性变形，在断裂带中产生碎裂岩及构造角砾岩，角砾一般棱角状，大小混杂，胶结松散，成分主要为碳酸盐岩，反映出其晚期中新生代的张性断裂的变形活动特点。

② 康县-略阳断裂（F_2）

F_2 为勉略推覆构造系前缘推覆带和主推覆岩片系间的构造边界，也即是勉略区段勉略构造带内主推覆断层带。它具有多期活动的特点，在造山作用不同阶段表现出明显不同的构造性质，综合可划分为四期演化。初始的控盆断裂，在 D-C 洋盆形成初期，作为南部陆缘断裂控制了踏坡岩群与略阳岩群沉积。碰撞造山期以韧性变形为特征，带内残存保留有俯冲碰撞期多种中深层次韧性与脆韧性构造变形与糜棱岩，且其北侧即现残存的大量蛇绿混杂岩块、构造岩块，表示其经历了俯冲碰撞构造过程。主推覆剪切构造期，该断裂两侧岩石变形截然不同，其南为弱变形的前缘推覆带，北部为金家河强韧性剪切变形基质带。从断裂带空间位置及两侧逆冲岩片变形构造样式的差异性分析，反映此时康县-略阳断裂应为勉略带中部主推覆构造系前缘主剪切滑脱带。后期脆性变形改造期，仅在局部残留早期韧性变形。断裂带最晚期变形表现为宽度巨大的构造破碎带，断裂带产状：15°～20°∠60°～80°，185°～210°∠70°～78°，沿断裂带发育碎裂岩、构造角砾岩，在东部小蝙河、大黄院一带，断裂带由数条北西向平行斜列断层组合而成，沿断面发育斜向水平擦痕和阶步构造，指示左行剪切走滑运动方向，并对中生界岩层有改造作用，变形应主要发生在中新生代晚期。

　　陈家沟剖面上（图 2.18），康县-略阳断裂清晰见到两期构造变形，早期变形表现为密集劈理带，劈理产状：20°∠75°，为应变滑劈理，对先期面理强烈置换，并发育剪切无根褶皱，指示由北至南运动指向，反映残留主造山期变形特点。晚期变形为碎裂变形，表现为绢云石英片岩与碳酸盐岩脆性变形的碎裂岩带，并对早期劈理带改造强烈，使之发生碎裂演化。

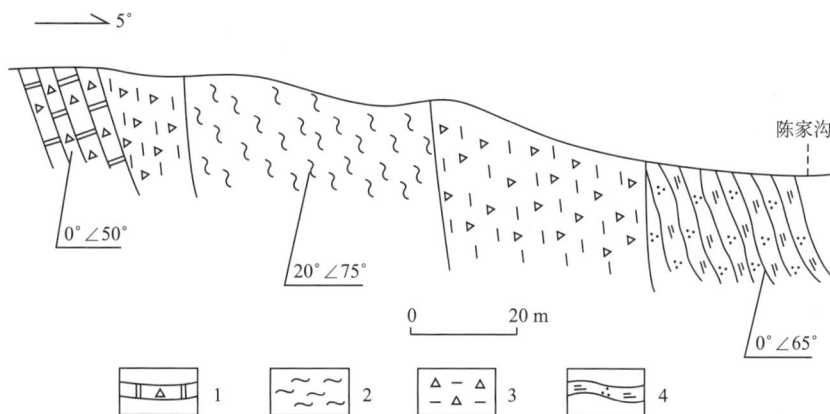

图 2.18　陈家沟康县-略阳断裂构造剖面
1. 碎裂碳酸盐岩；2. 密集劈理化带；3. 碎裂岩；4. 绢云石英片岩

（2）其他主要复合断裂构造

① 水沟岩断裂（F_3）

　　F_3 是勉略带内北部沉积岩片与中部蛇绿混杂岩片之间的构造边界，前者以推覆体向南叠置于后者之上，因此 F_3 也是勉略推覆构造系中北部沉积岩片推覆构造的主推覆断层。它平面上呈波状东西向展布，向北陡倾，倾角为 60°～83°。发育基性及长英质、碳酸盐岩质糜棱岩或初糜棱岩。剪切带内示向构造指示北北东-南南西向运动。

② 马家沟-横现河断裂（F_4）

　　F_4 是勉略带中蛇绿混杂构造岩片与南部推覆沉积岩片间的分界断裂，也是次级具体的推覆体乔子沟岩片与金家河岩片之间的一条韧性剪切主推覆断层。它使蛇绿混杂构造岩片逆冲于沉积构造岩片之上，剪切带宽度为 60～100 m，产状为：0°～10°∠55°～80°。由碳酸盐岩初糜棱岩、长英质糜棱岩、基性糜棱岩、长英质初糜棱岩组成。剪切带内的不对称剪切褶皱、S-C 组构等指示由北向南的逆冲剪切推覆。

③ 寺沟口断裂（F₅）

该断裂为金家河逆冲推覆构造岩片与郭镇逆冲推覆构造岩片之间的分界断裂，是高角度逆冲推覆韧性剪切带，呈东西—北西西向延展，出露宽度约 50~150 m，产状：10°~20°∠60°~85°。由长英质初糜棱岩、条带状长英质糜棱岩、千糜岩、碳酸盐岩质糜棱岩组成。从石英集合体条带剪切褶皱、S-C 组构、长石斑晶书斜构造等运动学特征表明，由北向南逆冲剪切运动。

④ 荷叶坝（夹门子沟）断裂（F₇）

F₇ 为踏波推覆岩片内部的推覆主断层，也是勉略逆冲推覆构造系的南部边界主推覆断层，该韧性、脆韧性逆冲推覆剪切带宽 350~400 m，近东西向展布，产状：10°~30°∠47°~80°，由糜棱岩化碳酸盐岩、碳酸盐岩、初糜棱岩及强变形的砾岩组成。从剪切褶皱、S-C 组构、残斑及剪切斜列的砾石等运动学标志显示，由为北北东-南南西向的逆冲推覆运动。

⑤ 宁陕-阳平关断裂带（F₈）

F₈ 宁陕-阳平关走滑兼斜冲断裂，是秦岭造山带南部突出而重要的区域性走滑为主的断裂，据沿断裂带分布的糜棱岩新生矿物云母⁴⁰Ar/³⁹Ar 定年，时代为 169~162 Ma（胡健民等，2011），并据其控制断层沿线的 J₂₋₃-K₁ 和 K₂-E、N 断陷盆地沉积，共同证明其主要形成于印支主碰撞造山之后，属陆内走滑构造，尤其它与巴山弧形构造及安康断裂时代的一致性，说明它是秦岭陆内造山构造产物。F₈ 现位于勉略带南侧碧口地块南缘，呈现为碧口微地块与扬子地块及龙门造山带北缘间的分界断裂，以左行走滑剪切为主要特征，但明显兼有指向东南的逆冲推覆构造性质。尤为重要的是，它在东部走滑截切了勉略带（城固-洋县两河间）。它现今的总体变形特征仍保留有印支期及其之后的陆内韧性逆冲推覆、左行脆韧性平移-斜冲剪切和晚期右行脆性走滑断裂的复合构造特征。它现是新生代汉中盆地北缘的控制性边界断裂，表明最晚期具张性剪切走滑断裂特点，但总体它以区域性左行斜向走滑剪切断裂构造带为主要特点。

（3）勉略区段勉略带的陆内斜向逆冲推覆与走滑剪切断裂构造

斜向逆冲走滑剪切变形是勉略构造带勉略区段主碰撞造山期后，即印支期后中新生代陆内构造演化阶段的主要变形构造型式和突出特点，综合分析其变形动力机制表明应是继承主碰撞造山期北北东斜向挤压收缩以及勉略带南部碧口、汉南地块不均一向造山带北东、北北东向挤压楔入共同作用所致，造成构造带内产生北北东、北东斜向挤压应力场，因此使之除挤压收缩变形外，还发生斜向剪切走滑，出现显著的左行走滑剪切作用，并伴有逆冲特点。在郭镇-略阳地段构造带常被一系列近平行的北西、北西西向左行走滑断层分割为若干段，走滑断层在切割主碰撞造山期构造线的同时，使两侧岩石地层单元发生明显剪切位移。区内逆冲走滑剪切带，除上述宁陕-阳平关等区域性走滑断裂带外，主要还包括朱家山-石坊沟断裂、千沟坝-张家山断裂、赵家沟-南山坪断裂等，这些断裂倾角一般大于 70°，断面直立或倾向北东，常表现为劈理化带、碎裂岩带或角砾岩带，显示脆-韧性变形特点。沿走滑剪切带发育的大量的旋转透镜体、不对称剪切牵引褶皱、雁列石英脉、水平擦痕以及两侧岩石地层单元位移方向均表明走滑作用具有左行特点。共同显示勉略带勉略区段在印支期斜向碰撞造山斜向挤压作用下的逆冲走滑碰撞构造基础上，又突出叠加复合了中新生代燕山中晚期的秦岭陆内造山作用，其中川中-汉南地块的强烈斜向挤入和大巴山弧形双重推覆构造的共同区域性复合作用，使之突出呈现出斜向逆冲与走滑剪切构造的综合特点。

6）勉略区段勉略带东段构造变形分析

勉略区段东段是指勉县以东至石泉-高川地段，由于其构造与上述以郭镇-略阳地段为典型解剖的勉略区段西段的构造存在显著差异，所以特作如下专门研究对比。

　　勉略带经历了俯冲、碰撞和后主造山期陆内构造阶段多期构造变形，具有复杂的构造演化历史，不但在不同阶段其变形特点存在明显差异，而且即使在同一阶段，不同地区由于具不同具体构造边界条件和局部应力场的差异，所产生的构造变形样式、组合形式也不相同。在对勉略区段的上述郭镇-略阳段研究的同时，对其东部勉县-汉中段、石泉-高川段构造变形特征也作了研究分析，旨在通过变形构造对比，了解掌握勉略带勉略区段构造全貌。

　　详细的构造解析及对比分析表明，勉略构造带勉略区段东西部地区构造变形特征既有一定的相似性，又存在明显差别。相似性主要表现为：东西部地区共同经历了主造山期板块构造和后主造山期陆内构造阶段多期构造变形的叠加、复合，尤其在主造山期同一区域构造应力场作用下，产生基本一致的变形样式，表现为褶皱作用（F_1、F_2）和逆冲剪切变形，并具有相似的构造变形序列。差异性在主碰撞造山期主要表现为，由于扬子板块北缘不同构造块体与秦岭微板块碰撞拼合方向存在差异，因而主碰撞期产生不同的构造线方位，同时对早期变形也具有不同的叠加改造复合方式。西部勉略地区F_2与F_1轴向一致，呈共轴叠加，而石泉-高川地区具有非共轴叠加的特点。尤其在之后的陆内变形阶段，由于碧口、汉南地块楔入作用，使勉略段的高川地区发生显著变位，并进一步弯转变位呈北西、北北西或近南北方向，致使后期叠加构造作用与西部存在很大不同，变形特征表现出明显差异，西部勉略地段以北西、北西西向左行走滑剪切变形和由北向南的逆冲推覆构造为特点，而东部高川地段则以轴向南北、北北西向的褶皱变形（F_3）和由东向西的右行斜向逆冲推覆变形为主，尤其对主造山期变形构造的叠加改造作用明显，使主造山期构造发生明显变形变位，形成复杂的叠加样式。下面对勉略带东部不同地段通过数条构造剖面的具体分析，认识其变形特征。

　　（1）勉县-汉中段

　　① 长坝-小蝙河剖面

　　长坝-小蝙河剖面主要集中反映了长坝-小蝙河俯冲增生楔形体的构造变形特征（图2.19）。构造解析表明，楔形体经历了三期主要的构造变形（D_1、D_2、D_3）。

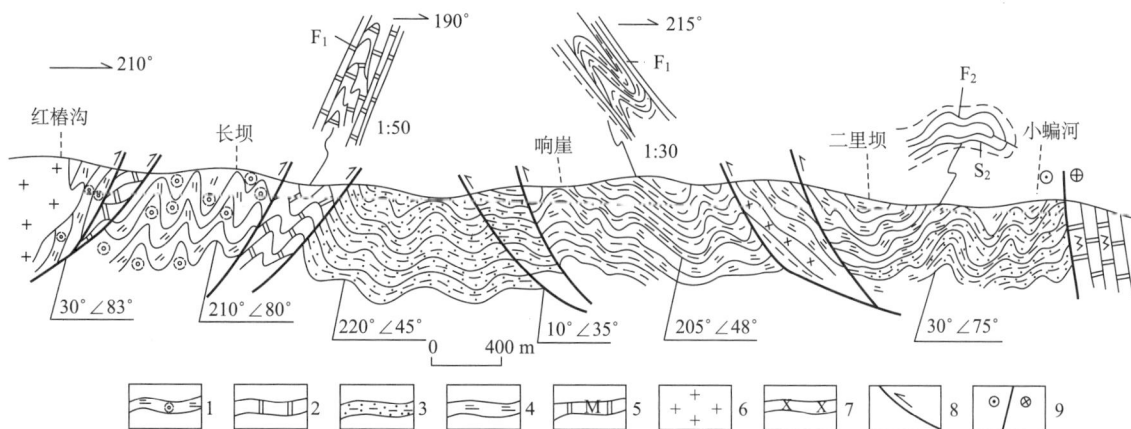

图2.19　长坝-小蝙河构造剖面

1. 石榴黑云片岩；2. 变质碳酸盐岩；3. 变质碎屑岩；4. 黑云母片岩；5. 震旦系白云岩；6. 光头山花岗岩；7. 变辉长岩；
8. 韧性逆冲断层；9. 左行走滑断层

　　第一期变形为层理褶皱变形（D_1）。形成紧闭同斜褶皱F_1，F_1轴面劈理S_1，与区域透入性面理一致，产状：$10°\sim 30° \angle 30°\sim 75°$，$200°\sim 220° \angle 45°\sim 80°$，$S_1$对层理$S_0$置换强烈，区域上$S_1 /\!/ S_0$，与略阳地区早期变形形式和样式相同，代表了俯冲期变形特点。

第二期为中构造层次的褶皱作用和韧性逆冲剪切变形（D_2）。褶皱表现为以片理（S_1）为变形面，形成片理褶皱（F_2），F_2轴向近东西向，与F_1呈共轴叠加特点。F_2形态在剖面上表现出明显的差异性，在长坝以北褶皱形态紧闭，两翼产状较陡，倾角一般大于75°，为直立紧闭褶皱；在剖面南部，褶皱形态开阔，为直立开阔褶皱，反映出南北变形强度存在明显差异性。同期韧性逆冲剪切变形在剖面上具有对冲特点，北部剪切运动方向由北而南，南部由南向北，与略阳-郭镇地区单一逆冲运动方向不同，体现了构造带变形的复杂性。

第三期为陆内构造阶段脆-韧性剪切走滑变形（D_3），走滑方向北西、北西西向，产生枢纽近直立的剪切褶皱，不对称旋斑，并指示左行走滑特点。

② 菜马河-方家坝剖面

菜马河-方家坝剖面由光头山花岗岩、变质基性火山岩以及云母片岩组成，剖面反映出的变形特征与略阳地区变形序列基本一致，主要经历三期构造变形（图2.20）。早期变形（D_1）除花岗岩外其他岩层中不同程度都有发育，但在峡里变质基性火山岩中表现最为明显，为紧闭层理褶皱（F_1），属中深层次变形。第二期变形（D_2）为片理褶皱（F_2），构成剖面主体构造格架，F_2呈紧闭直立-斜歪状，并对F_1共轴叠加同期递进变形产生自北而南的韧-脆性逆冲断层，断层产状向北陡倾并伴有左行走滑分量，说明逆冲作用具斜冲性质，碰撞型光头山岩体（U-Pb，200 Ma）在剖面上切割F_2轴迹和逆冲断层，说明碰撞型花岗岩侵入滞后于同碰撞期构造变形。第三期变形（D_3）为北西向左行走滑变形，具脆韧性变形特点。

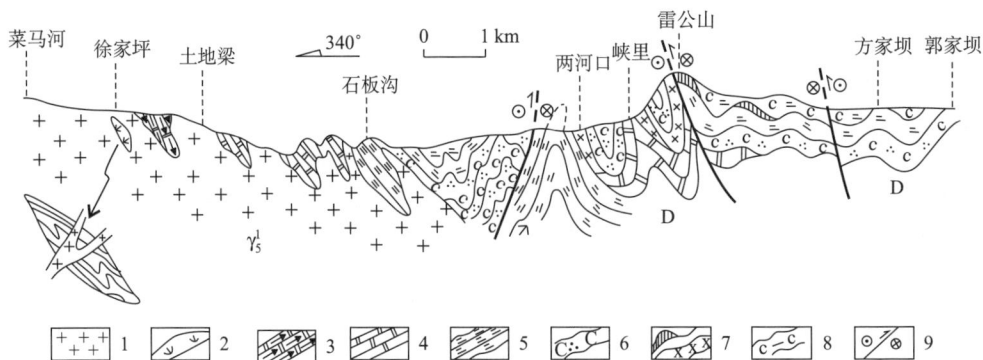

图2.20 菜马河-两河口-方家坝褶皱逆冲推覆构造剖面

1. 光头山花岗岩；2. 超基性岩；3. 透闪大理岩；4. 大理岩；5. 绢云片岩；6. 含碳变粒岩；7. 变基性火山岩（透闪阳起绿泥片岩或斜长角闪岩）；8. 含碳绢云千枚岩；9. 左行逆冲断层

从长坝-小蝙河剖面和菜马河-方家坝剖面反映出的构造变形特征分析，勉县-汉中段构造带变形样式、序列、层次以及主构造线方位与西部郭镇-略阳地段基本相同。虽然局部表现出一定差异性，如长坝南部主造山期出现由南向北逆冲变形，但从构造作用应力和方位分析，主造山期和陆内构造期二者处于相同的构造应力场。

(2) 石泉-高川段

勉略构造带石泉-高川段构造变形反映了勉略洋盆东部高川盆地构造变形及演化特征，本研究过程中对石泉水库剖面（图2.21）、贵州坝-老鱼坝剖面以及中坝-后柳剖面（图2.22）构造变形进行了详细分析，发现三个剖面具有基本相似的构造变形特征，主要经历了三期构造变形（D_1、D_2、D_3）。

第一期变形（D_1）：为层理褶皱（F_1），主要发育于泥质岩石中，为两翼平行紧闭形态，轴面劈理S_1，由于后期强烈的变形叠加，F_1发生复杂的变形变位，统计恢复发现原F_1轴向主要近东西向，

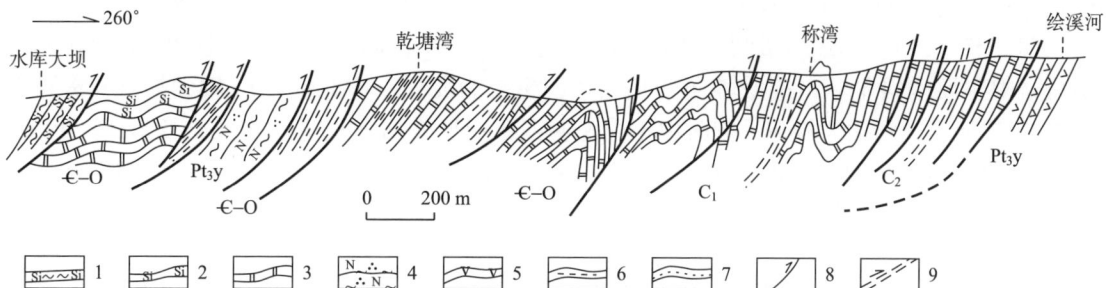

图 2.21　石泉水库构造剖面

1. 黑云母片岩；2. 硅质岩；3. 碳酸盐岩；4. 长石石英片岩；5. 变质火山岩；6. 绢云片岩；
7. 变质砂岩；8. 脆韧性逆冲断层；9. 早期韧性逆冲剪切带

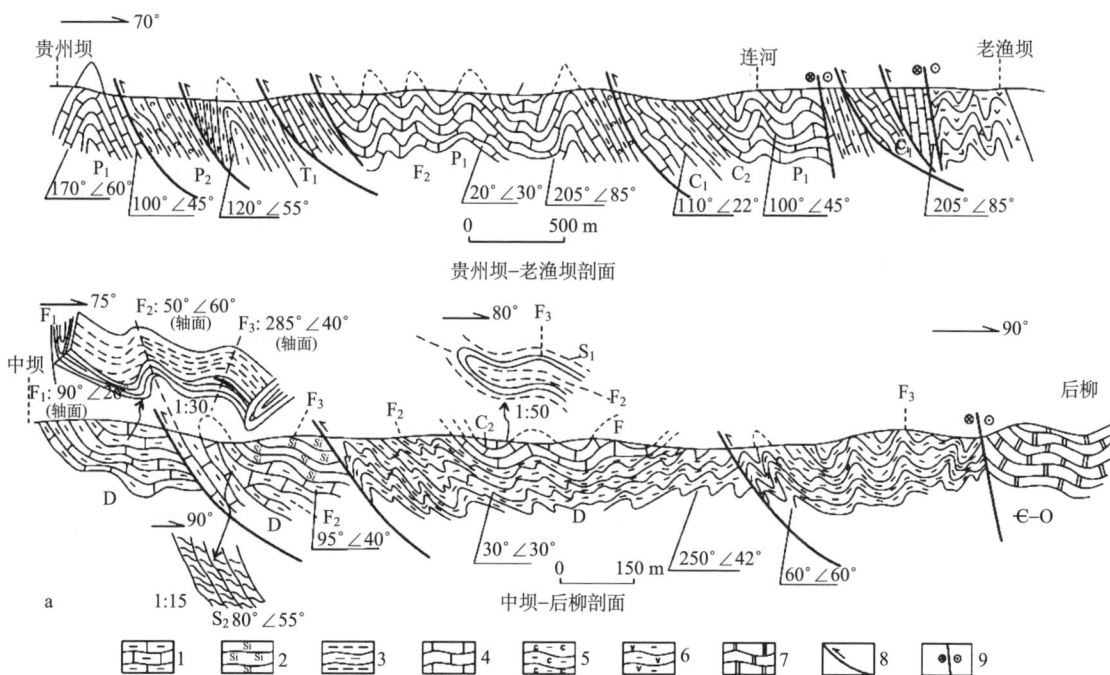

图 2.22　勉略带石泉-高川段构造剖面

a：1. 泥质灰岩；2. 硅质岩；3. 绢云石英片岩；4. 灰岩；5. 碳质板岩；6. 绿泥钠长片岩；7. 白云岩；8. 逆冲断层；
9. 右行走滑断层

b：1. 灰岩与板岩或千枚岩互层；2. 变硅质岩；3. 变泥灰岩；4. 片岩；5. 含砾大理岩；6. 大理岩；7. 褶皱世代；
8. 逆冲断层；9. 右行走滑断层

变形样式与勉略地区早期变形基本相似，代表了俯冲期变形特征。

第二期变形（D_2）：为纵弯机制下产生的褶皱变形 F_2，F_2 在泥质岩中形态紧闭，但在 C—P 中厚层碳酸盐岩中主要呈斜歪状，褶皱轴向变化较大，主要为北西、南北向，F_2 轴面劈理（S_2）发育，并可见对 S_1 置换形成的褶劈构造。同时由于受晚期褶皱变形叠加，S_2 进一步发生变形，产状变化较大，其优势产状为：$60°\sim90°\angle26°\sim85°$，$240°\sim260°\angle50°\sim83°$。大量统计表明原 S_2 主体走向北西、北西西向，倾向北东，倾角 $75°\sim85°$，同时在石泉剖面上可见到同期递进变形产生的韧性逆冲剪切变形（图 2.22）。

第三期变形（D_3）：为陆内构造阶段褶皱变形（F_3）和递进的脆韧性右行逆冲剪切变形，在不同剖面中表现明显。F_3 以 S_1、S_2 为变形面，轴向北西—北北东向，并对早期褶皱 F_1、F_2 叠加改造，呈现较为复杂的干涉样式。伴随褶皱同时还发育由东至西斜向逆冲断层，表现为一系列脆韧性逆冲断层组成的推覆构造，并伴有明显右行走滑分量（或右行断层），反映出中浅层次变形特点，与西部勉略地区晚期变形样式显著不同。

对石泉-高川地段不同构造剖面系统研究表明，该地区现今构造方位、变形样式与西部勉略地段明显不同，虽然其现今构造特点都是主造山期和陆内构造阶段构造叠加复合共同作用的结果，而且在不同部位又表现出一定差异性，但石泉-高川地段其构造几何学结构现今已是巴山双层巨型推覆构造的西翼，原印支期碰撞构造方位已随中生代秦岭造山带陆内造山、巴山推覆构造的形成（J_3—K_1）而逐次发生变位，造成现今的近南北向构造线，成为巴山弧形推覆构造的西翼组成部分，即原印支期主碰撞构造已变位变形，据对主造山期 F_2 褶轴统计发现，在北部石泉地段其现今优势方位为 $320°\sim0°$，而南部下坝、贵州坝地段为 $340°\sim20°$，表明陆内造山阶段汉南地块向北向秦岭的楔入作用使主造山期构造线方位在不同构造部位产生不同的变位，它们的主碰撞期变形应具有相同的原应力场和构造线方位，而现今南部变位角度较大，与北部相差 $20°\sim60°$，若剔除这一变位影响，恢复主碰撞期原主构造线方位应为北西西—北西向，同时根据 F_3 对 F_2 非共轴斜向叠加，轴间夹角 $20°\sim30°$，也可恢复 F_2 主期碰撞原构造线方位为近东西向。

石泉-高川地段迄今仍存留一争议问题，即西乡县城以东至石泉-城口弧形断裂间区域构造归属问题，这里我们以"西乡外来岩片"作论证，加以极简略概述，供参考讨论。西乡外来构造岩片（图 2.23）由四部分组成，其中王家坝组由砂岩组成，三湾组由洋岛型火山岩（王宗起等，1998）组成，孙家河组由岛弧型火山岩组成（王宗起等，1998；Lai and Li，2001），三郎铺组由弧间裂谷建造（Lai and Li，2001）组成。在孙家河组中发现放射虫组合的世代为晚泥盆世—早石炭世（王宗起等，1998）。相同的岩石组合在北部勉略带中的酉水一带有发现。西乡岩片的移置就位应在碰撞早期发生，从现今平缓的滑脱面分析，是以内部早期微弱变形的块体整体薄皮逆冲迁移的，内部晚期褶皱有两幕，皆以 S_0 为变形面，后期也经历了由北向南的脆性逆冲，表明碰撞期间也发生了强烈变形，但没有勉略带主体那样强烈片理化。

（3）佛坪穹窿构造与勉略构造带

佛坪穹窿构造与勉略构造带，尤其是与其先期勉略碰撞缝合带的形成演化关系密切，它虽不属于勉略带组成部分，但鉴于其与勉略带的关系及重要意义，特作简明论述，以助于对勉略构造带的更好了解认识。

① 佛坪穹窿构造的构成与结构

佛坪穹窿位于秦岭造山带腹部的勉略带北侧，东、西秦岭交接的秦岭山带东西向延伸最狭窄的汉中-宝鸡间的部位，具体处于勉略带的勉略区段东部弯转向大巴山构造的东北部外侧，以佛坪县城为中心的区域。整体成短轴背斜型椭圆形穹窿构造，长轴北西西向，由深变质结晶杂岩为核部基底，周边则是中深到中浅变质岩系向四周滑脱拆离的盖层构造层，其中贯入大量以印支期花岗岩为主的中

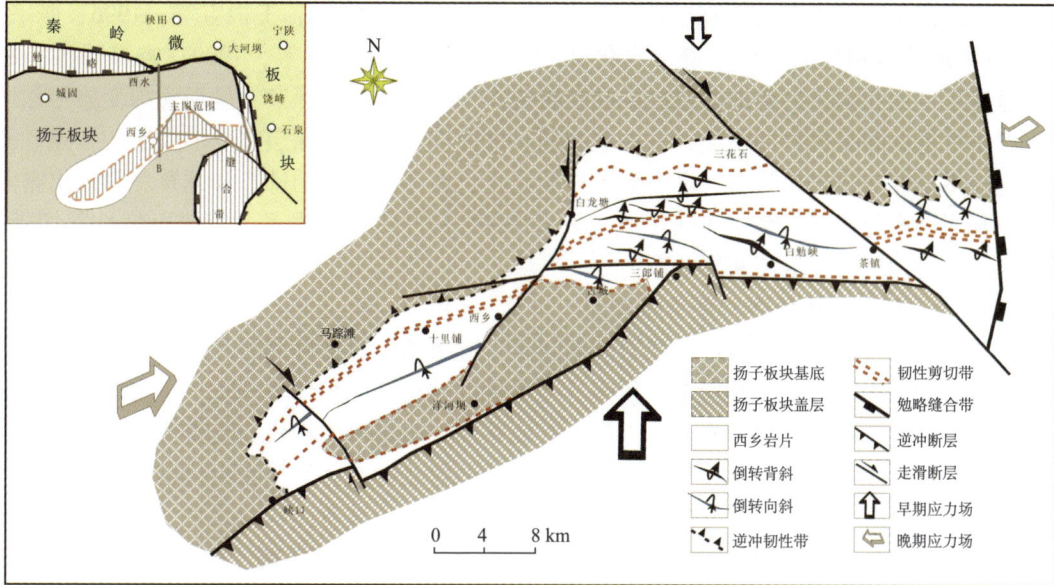

图 2.23　西乡岩片构造纲要图及两幕褶皱变形的应力场

酸性岩浆岩，总体由基底、盖层、花岗岩层等三套构造岩石单位构成，共同组成并突出呈现由核部麻粒岩—中部为高角闪岩相深变质杂岩—周边为浅变质绿片岩相的变质相带，依次环绕分布，且呈现为与穹窿构造相吻合的椭圆形展布，成为秦岭造山带中具突出特色的变形变质构造单元（图 2.24、图 2.25；王居里、张国伟，1999）。

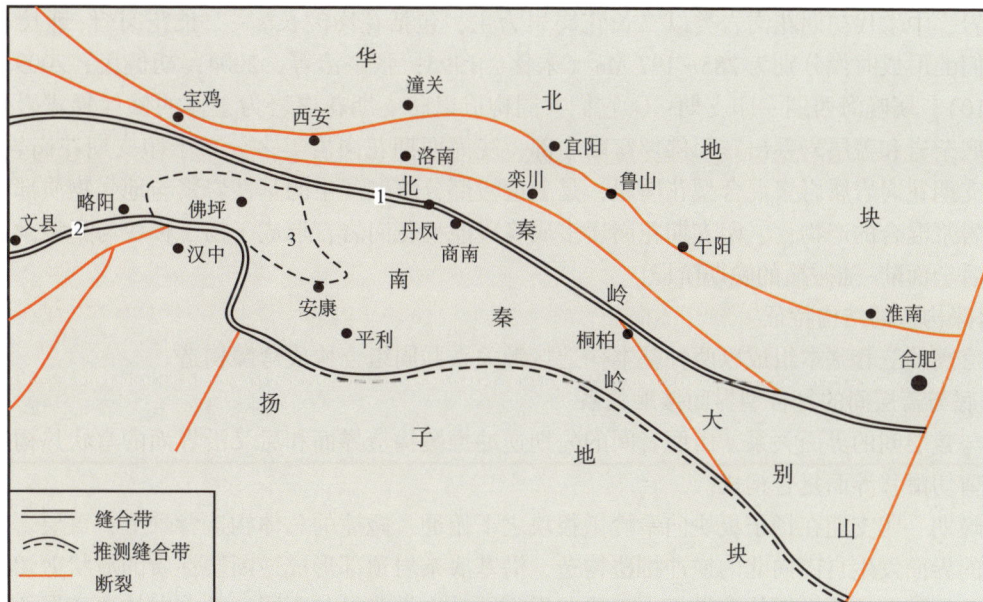

图 2.24　秦岭造山带佛坪穹窿大地构造位置示意图
1. 商丹带；2. 勉略带；3. 佛坪穹窿

A. 穹窿构造三套不同基本组成

佛坪穹窿构造由三套不同的构造岩石单位构成。

a. 早前寒武纪结晶杂岩系基底

综合研究表明，佛坪穹窿核部基底结晶杂岩系具如下显著特征：ⓐ原岩主要为早前寒武纪火山-沉积岩系和中酸性侵入岩。ⓑ普遍遭受强烈变形变质作用和混合岩化作用，其中主要受三期构造作用，即早前寒武纪角闪岩相变质变形与混合岩化（2.2~2.0 Ga，U-Pb；王根宝等，1996；张宗清等，2004）、印支期麻粒岩相变质变形与混合岩化（270~220 Ma；杨崇辉等，1999；查显峰等，2010）、中新生代退变质作用和构造的叠加改造。结晶杂岩现作为穹窿构造核部杂岩呈现为深变质与深熔混合岩化，强烈塑性流变和多期变形叠加，呈古老结晶杂岩面貌，反映其深层次变形变质的特点。ⓒ结晶杂岩系呈规模不等的构造岩块状在穹窿中部不连续出露，在穹窿核部的佛坪和龙草坪两地出露面积相对较大。ⓓ基底杂岩与盖层岩系之间缺失或不发育中-新元古代火山岩系，直接以韧性剪切带接触，构成基底与盖层的构造滑脱拆离断层关系。

　　b. 新元古代末到古生代变质岩系滑脱盖层

　　盖层变质岩系的特征可概括为：ⓐ原岩为富含碳、硅质的陆源细碎屑岩和碳酸盐岩组合，时代主要为新元古代晚期至中三叠世，其构造沉积组合与秦岭区域构造沉积环境一致，下古生界主要形成于扬子板块北缘被动大陆边缘环境，而上古生界—三叠系则处于秦岭微板块内陆表海沉积环境。ⓑ其构造样式为先期发育紧闭褶皱，后又成环绕古老结晶杂岩的穹状构造，使早古生代盖层主要围绕穹窿核部边缘分布，晚古生代盖层则主要分布于穹窿的外缘及周边，区域整体构造线现呈东西向。ⓒ印支期主造山期变质作用表现为以佛坪基底杂岩为中心向周边变质程度连续递减，构成中心式递增变质带，从核部结晶杂岩叠加的递增麻粒岩相变质相带向外依次递减，由角闪岩相到绿片岩相（图 2.25），而且递增变质相带与地层新老无关，具穿时、穿层特征，变质程度由低到高连续渐变，递增变质相带连续完整，无间断、无重复叠置，构成典型的递增变质热穹窿构造。显然，它是在秦岭印支期主碰撞造山期变形峰期之后，由秦岭主造山期的以佛坪基底杂岩为中心的中心式递增变质作用的产物。ⓓ变质年龄主要为 200~210 Ma（杨崇辉等，1999；张宗清等，2004；查显峰，2010）。

　　c. 晚古生代-中生代初期花岗岩类

　　佛坪地区发育晚古生代-中生代初期花岗岩类，其特征可概括如下：ⓐ晚古生代花岗岩类主要是石英闪长岩，中生代初期花岗岩类以二长花岗岩为主，包括花岗闪长岩-二长花岗岩-钾长花岗岩系列；ⓑ它们的形成时代分别为 285~197 Ma（朱铭，1995；张宗清等，2004；胡健民，2009a，b；查显峰，2010），属晚海西期—印支期；ⓒ它们共同构成以印支期花岗岩为主体的佛坪复式岩基，侵入并穿切基底杂岩和盖层岩系出露于佛坪穹窿中部，晚海西期花岗岩类多分布于印支期花岗岩的外侧；ⓓ大量印支期花岗岩属岩浆混合型花岗岩，是上地幔部分熔融产生的基性岩浆与地壳物质部分熔融产生的酸性岩浆混合的产物；ⓔ印支期花岗岩多属晚碰撞型花岗岩，形成于扬子板块与秦岭微板块、华北板块最后全面陆-陆碰撞的晚期阶段。

　　B. 穹窿构造的结构特征

　　佛坪穹窿的三套基本组成以两种基本构造接触关系共同组合构成穹窿构造。

　　a. 基底与盖层间的复合型界面接触关系

　　基底与盖层间的界面关系，由两者间的先期逆冲推覆构造界面和后又沿界面的穹状热构造隆升与剥离构造剪切滑移界面复合构成。

　　海西晚期—印支期在扬子板块向秦岭微板块之下俯冲、碰撞的总体构造背景下，盖层岩系沿其与基底之间的界面发生自南向北的逆冲推覆构造，沿基底杂岩顶部形成逆断层性质的波状剪切滑脱推覆构造界面。但该期逆冲推覆构造界面由于受其后不同动力学背景与不同运动方向构造变形的叠加、改造，原始面貌保留甚少。现主要根据下列证据恢复确定界面的存在及运动学特征：ⓐ晚震旦世—晚古生代变质沉积盖层中普遍发育走向东西的紧闭-等斜褶皱和相伴生的区域透入性轴面面理，与下伏早前寒武纪基底结晶杂岩晚期发育的宽缓褶皱呈现出截然不同的构造变形样式，表明秦岭显生宙俯冲造山过程中盖层岩系沿其与基底间的界面曾发生过逆冲推覆滑脱与褶皱缩短，强烈收缩与构造叠置增厚；ⓑ盖层岩系变质作用 P-T 轨迹显示（图 2.26）变形峰期前的增温增压轨迹段也反映盖层岩系沿其与基底间的界面发生过强烈的收缩增厚；ⓒ由于佛坪地区叠加了后期垂向隆升，原逆冲推覆构造界面强烈变形变位，给原逆冲推覆运动方向的判断带来困难，但区内盖层岩系中北倒南倾的褶皱倒向和

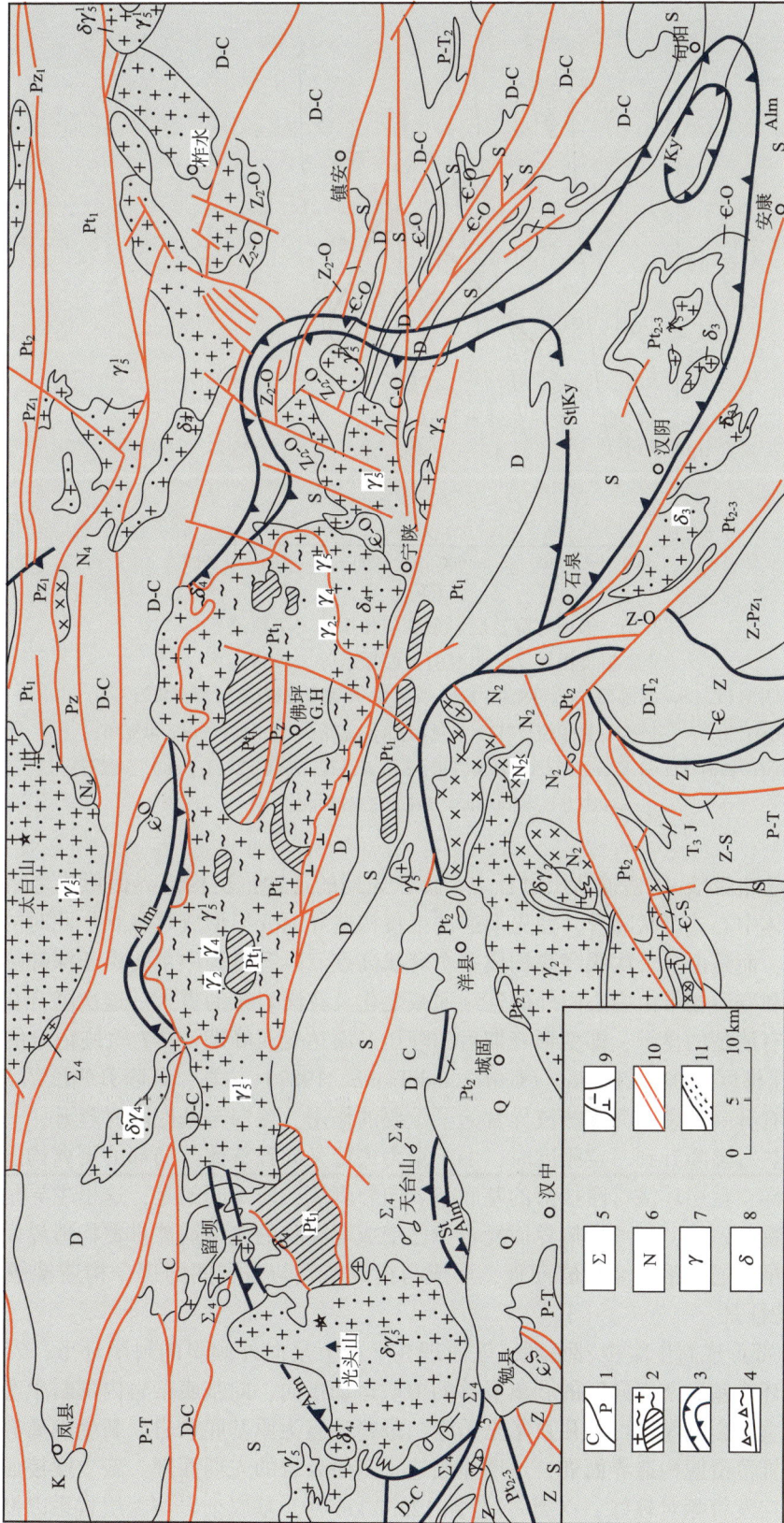

图 2.25 秦岭造山带佛坪复合型穹窿构造图（张国伟，2001）

1. 各时代地层及界限；2. 穹窿基底岩；3. 变质带界线；4. 刚玉片麻岩带；5. 超基性岩；6. 基性岩；7. 花岗岩类；8. 闪长岩；9. 花岗闪长岩类；10. 断层；11. 韧性剪切带；
G.H. 二辉石带界线；Alm. 石榴子石带界线；St. 十字石带界线；Ky. 蓝晶石带界线

逆冲断面表明，该期主变形是由南向北的逆冲推覆滑脱，与佛坪以西区域上的自南向北的长距离逆掩推覆构造相一致（张国伟等，1995）。

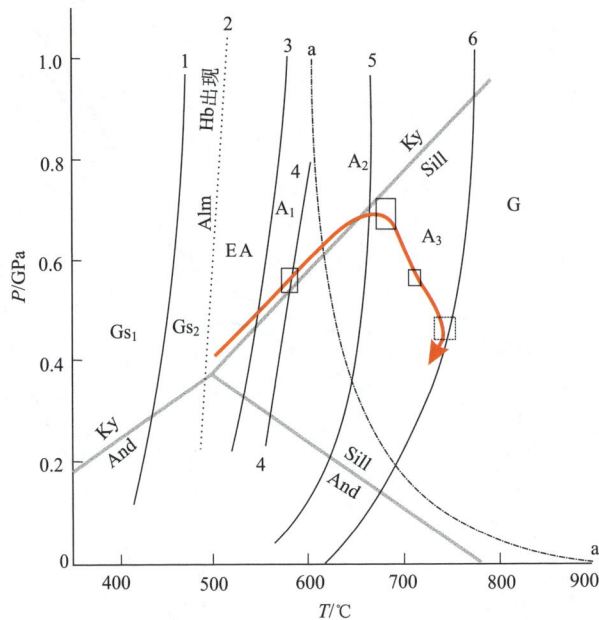

图 2.26　佛坪穹窿盖层岩系变质作用的 $P\text{-}T$ 轨迹
（变质相及相界反应曲线引自游振东等，1988）

GS. 绿片岩相；GS$_1$. 绿泥石-白云母亚相；GS$_2$. 黑云母-绿泥石亚相；EA. 绿帘角闪岩相；

A. 角闪岩相；A$_1$. 十字石-铁铝榴石-白云母亚相；A$_2$. 蓝晶石-铁铝榴石-白云母亚相；

A$_3$. 夕线石-铁铝榴石-正长石亚相；G. 麻粒岩相；Ky. 蓝晶石；And. 红柱石；Sill. 夕线石；

a-a 线为 Or-Ab-Q-H$_2$O 系统最低熔融曲线

在秦岭印支期沿勉略带陆-陆碰撞造山过程中，该区先期的逆冲推覆构造界面形成之后，在深部背景下该区又发生整体中心式穹状隆升，使先期逆冲推覆构造界面变形形成穹窿状。此时的隆升顶面并不是单一的穹窿状，而是由多个次级穹窿构成多个穹状高点。隆升过程中主要由于深部热异常中心作用而导致变质作用和变质相带由中心向外的连续递减变化及花岗岩浆的贯入。这次隆升在盖层岩系变质作用 $P\text{-}T$ 轨迹上有清楚的显示，即变形峰期后的降压升温达变质峰期。$P\text{-}T$ 轨迹记录的降压幅度约 0.2 GPa，若按地压梯度 0.026 GPa/km（Carter and Tsenn，1987）估算，其隆升幅度约大于 8 km。在隆升过程中温度仍有升高，说明深部热流异常起了重要的作用。盖层与基底同时隆升，一起形成佛坪穹窿构造。当这种热穹窿隆升到一定程度时，由于重力失稳又导致整体与局部的剥离构造作用，如同变质核杂岩构造那样，盖层环绕穹窿核部的基底杂岩向外剥离，所不同的是，这里主导是热穹窿构造，由于变形介质的物性差异，剥离构造界面复合于已变成穹窿状的先期逆冲推覆构造界面上，新的糜棱面理强烈置换了早期逆冲推覆糜棱岩面理，形成与构成基底与盖层间的现今构造接触界面（图 2.27）。剥离构造的特征是：

ⓐ 在基底杂岩顶部形成新生糜棱岩面理，该面理在平面上呈向外倾斜的封闭环形，宏观和微观标志均显示盖层岩系环绕基底杂岩向四周剥离滑移的剪切运动指向，向基底杂岩内部新生糜棱面理发育程度逐渐减弱，其垂向影响厚度可达几百米至千米，最终过渡为原基底杂岩。新生剥离界面除强烈复合并改造先期逆冲推覆滑脱构造界面外，还明显改造了基底杂岩的先期面理。新生糜棱面理现在基底杂岩的南北两侧保存发育相对较好，在周-洋公路 122.3 km 处，基底杂岩与盖层岩系以韧性剪切带接触，原基底杂岩中的黑云斜长片麻岩变为糜棱岩，强烈糜棱岩化致使在宏观露头上很难辨认早期残留组构，而主体表现为强糜棱面理（Sc，即该期新生面理），其产状为 220°∠38°（图 2.28）。但在

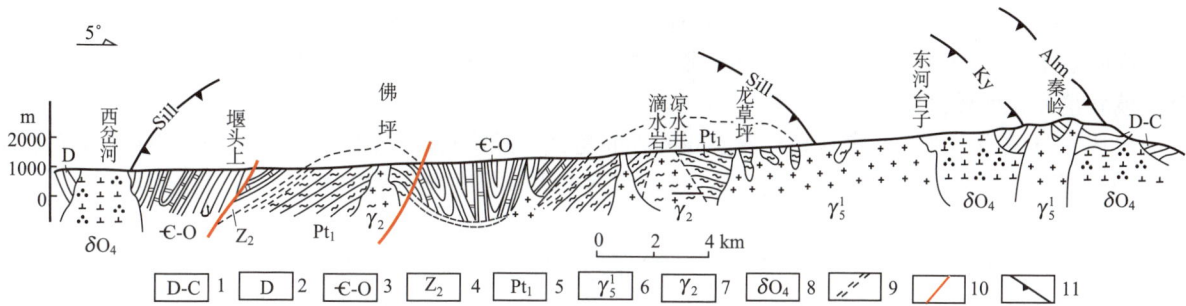

图 2.27　佛坪穹窿变质构造剖面图

1. 泥盆-石炭系绢云母片岩；2. 泥盆系云母石英片岩；3. 寒武-奥陶系大理岩、深灰色石墨石英岩夹少量片岩、片麻岩；
4. 上震旦统-奥陶系白色石英岩、大理岩、深灰色石墨石英岩夹少量片岩、片麻岩；5. 古元古代基底结晶杂岩；6. 印支
期岩浆成因花岗岩；7. 元古代混合花岗岩；8. 晚海西期石英闪长岩；9. 韧性剪切带；10. 断层；11. 递增变质带界线图
中矿物代号：Alm 为铁铝榴石，其余同图 2.26.

镜下观察其 XZ 切片，其中可见保留有被改造的早期组构残留（相当于糜棱岩内面理 Ss）以及反映剪切指向的不对称组构。糜棱岩中基质含量为 60%～70%，主要由细小黑云母、动态重结晶石英及碎粒长石组成；碎斑含量 30%～40%，主要由斜长石组成，有少量钾长石和亚颗粒化石英。岩石中新生面理主要由基质矿物定向排列构成，黑云母被拉成它形长条状或线状，在糜棱面理之间保留有与糜棱面理斜交、代表被改造的早期面理的黑云母，两端被代表新生面理的黑云母所截切，有的受剪切作用发生扭折，强烈波状、带状消光。两组面理所夹锐角指示上盘相对下滑的剥离剪切方向。碎斑长石或长英质集合体为不对称型，分布方向相当于 Ss 面理方向，两端有黑云母、石英等构成的拖尾，它们的排列方向也指示上盘相对下滑的剥离剪切方向。碎斑矿物强烈波状、带状消光。向基底结晶杂岩内部，该期新生面理的发育程度逐渐减弱，反映糜棱岩化程度逐渐降低。在周-洋公路 122.23 km 处，原黑云斜长片麻岩也变为糜棱岩，岩石的糜棱面理明显，具透入性，产状为 200°∠45°，但糜棱岩化程度有所降低，基质含量略有减少，镜下观察岩石中保留的早期构造残留增多，两者锐夹角也指示上盘相对下滑的剪切方向。再向基底杂岩内部，在 121.3 km 处，新生面理发育更差，已经从透入性糜棱面理演变为间隔性剪切面理。从露头上看，间隔性剪切面理斜切早期面理，并使早期面理沿剪切面发生塑性流变、形成剪切透镜体，发生错移，反映变形发生于高温条件下。间隔性剪切面理近平行排列，向南倾斜，新生面理与早期面理的锐夹角指示上盘相对下滑的剪切方向。在该露头附近(121.2 km处) 新生剪切面理的产状为 180°∠40°。在龙草坪南的温泉附近（基底杂岩出露的北部）也有相同性质的间隔性剪切面理发育，其产状为 325°∠54°。

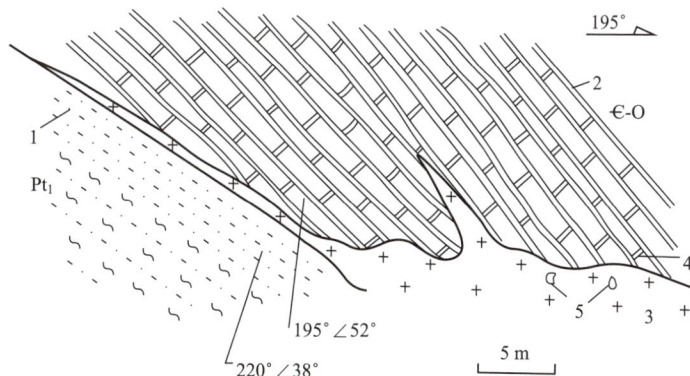

图 2.28　佛坪穹窿基底与盖层接触关系素描（周-洋公路 122.3 km 处）

1. 糜棱岩；2. 大理岩；3. 花岗岩脉；4. 夕卡岩化大理岩；5. 夕卡岩包块；
Pt₁. 古元古代结晶基底；Є-O. 盖层变质岩系

ⓑ 在剥离面附近的盖层岩系中也发育有显示盖层岩系物质差异运动的应变滑劈理及小型褶皱。剥离面附近的花岗岩脉也发生了较强烈的糜棱岩化，石英强烈拉长、动态重结晶，斜长石双晶弯曲，强烈波状消光说明较高温变形。

上述充分说明，佛坪穹窿基底与盖层间的界面是一个经历长期不同动力学特征和不同运动方向的构造-热作用而形成的复合型构造界面，在佛坪穹窿的形成与演化过程中起了非常重要的作用。

b. 花岗岩类的侵入贯穿关系

主要表现为晚海西—印支期岩体从中下地壳向上顶托穿切基底与盖层岩系，它们既是佛坪穹窿构造形成的动力之一，又是变质作用的热源。作为穹窿构造形成的动力主要表现为：ⓐ大量花岗岩浆因密度倒置而上升侵位，产生巨大的浮力直接顶托和穿切基底与盖层岩系；ⓑ花岗岩浆带来的热使其上部与周围岩石的力学性质发生变化而有利于隆升变形的发生和进一步发展。作为变质作用的热源主要表现在：ⓐ岩浆的产生、混合、侵位等过程反映深部存在热异常中心，围绕热中心发生变质作用；ⓑ作为重要热载体的大量花岗岩浆的上侵加速了动力热流的传导和对流，促进了中心式递增变质作用的进行，在变质中心区及其邻近周边明显发育刚玉片麻岩变质作用，也表明了高温作用的存在。佛坪晚海西—印支期花岗岩总体位于穹窿中心，由于受具体构造控制，其具体出露部位并不一定非在穹窿中心核部（佛坪穹窿不是围绕花岗岩、而是围绕基底杂岩发育而成），但它作为热穹窿变质相带分布的热源中心是无可置疑的。

C. 三套构造岩石单元统一形成佛坪穹窿构造

综合研究表明，佛坪穹窿的三大套基本组成之间既存在明显的差异，又具有经历相同演化历程，共同形成佛坪穹窿构造的显著特征（王居里，1997a，b，c）。

a. 基底与盖层的关系

基底与盖层的本质差别可概括为：ⓐ物质组成明显不同；ⓑ变质变形特征明显不同；ⓒ结构、性质明显不同；ⓓ形成时代明显不同。这些差别显然表明它们各自形成历史的不同。然而，基底与盖层又共同经历了秦岭印支主造山期佛坪穹窿构造的形成过程及主造山期后中新生代陆内造山时期的构造变形改造叠加。主要表现为：ⓐ作为佛坪穹窿形成的物质基础，首先经历了盖层在基底顶面上的逆冲推覆滑脱；ⓑ逆冲推覆滑脱之后共同经历了中心式隆升和以基底杂岩为核心的连续的递增变质作用过程，共同构成热构造穹窿；ⓒ在共同隆升达一定程度时发生盖层环绕核部基底杂岩的向四周剥离，促使穹窿核部基底杂岩剥露，类似变质核杂岩构造的剥离抬升；ⓓ后又共同经历中新生代统一应力场作用下的变形叠加改造。

b. 花岗岩类与基底、盖层的关系

花岗岩、基底、盖层三者的关系主要表现为：ⓐ有不同的物质组成及性质；ⓑ在穹窿形成过程中各自的作用不同；ⓒ共同经历和参与了佛坪穹窿构造的形成过程；ⓓ花岗岩主导年龄（223.1±3.1 Ma）与主变质作用年龄（200～212.8±9.4 Ma）一致，岩浆活动与变质作用是同期构造热事件的不同表现；ⓔ花岗岩浆侵位与基底、盖层的中心式穹状隆升及围绕基底杂岩的中心式递增变质作用有统一的时空关系。

综上所述，基底、盖层与花岗岩类三种岩石地层共同组成佛坪穹窿构造，呈现为穹窿状构造几何学形态，同时又形成以穹窿构造为格架的变质相带的环形空间展布，总体形成变形、变质、岩浆活动三位一体的热构造穹窿。具体表现为它以早前寒武纪基底结晶杂岩构成为核部，而其基底又不同于真正严格意义的变质核杂岩构造的基底，它是以早前寒武纪基底杂岩为中心又同构造的叠加麻粒岩相深变质作用，构成突出特征性的从外围向中心的递增变质作用相带展布，同时其中心又是同期深层岩浆活动的中心，从而三者共同构成了佛坪复合型热穹窿构造及其显著的构造几何学特征（图2.29；王居里，1997c，2002；王居里、张国伟，1999）。

② 佛坪穹窿构造的形成演化

研究揭示，佛坪穹窿构造是于印支期秦岭板块主造山构造演化的晚古生代—中生代初在三个板块

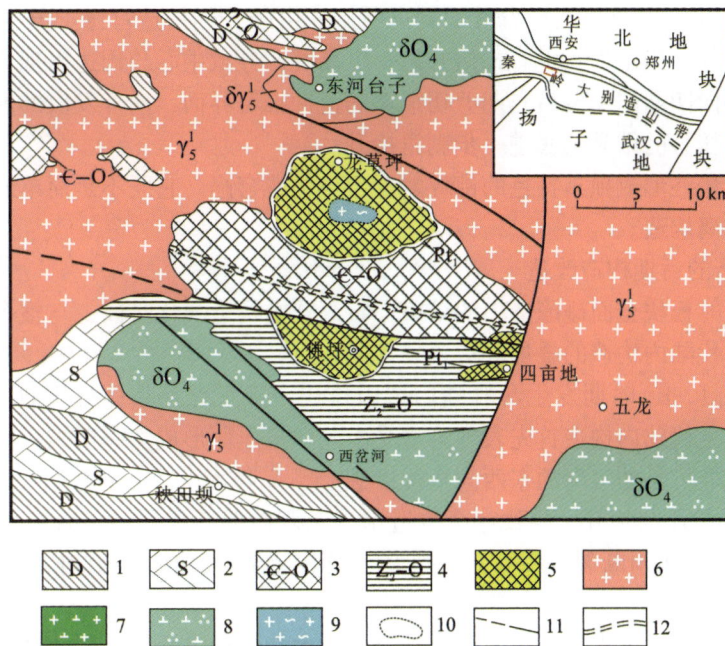

图 2.29　佛坪地区地质略图（据陕西地矿局，1989 资料修改）

1. 泥盆系；2. 志留系；3. 寒武–奥陶系；4. 上震旦统—奥陶系；5. 古元古代基底结晶杂岩；
6. 印支期花岗岩；7. 印支期花岗闪长岩；8. 海西期石英闪长岩；9. 古元古代混合花岗岩；
10. 混合花岗岩与围岩过渡接触；11. 断层、推测断层；12. 韧性剪切带

沿两条缝合带俯冲碰撞造山过程中形成的，即是在秦岭板块构造演化总的区域构造背景下发生演化的。就佛坪穹窿构造本身而言，其形成演化可概括综合为以下三个阶段：

A. 基底与盖层的形成

a. 基底结晶杂岩的形成。佛坪基底杂岩中的原始火山–沉积岩系主要形成于前寒武纪，其形成的构造体制尚待研究。古元古代中、晚期有中酸性侵入，古元古代末它们经历了造山性质的深层次高角闪岩相变质、强烈混合岩化和多期构造的变形叠加，形成基底结晶杂岩。

b. 盖层岩系的形成。佛坪穹窿位于南秦岭，作为秦岭造山带早古生代扬子板块北缘的被动陆缘，在元古宇变形变质基底之上，形成 Z_2–S 被动陆缘沉积体系，至泥盆纪开始由于勉略古有限洋盆的打开，分离出秦岭微板块，佛坪位于其北侧，和秦岭区域一致，泥盆纪开始又演变成为秦岭微板块上的陆表海沉积。

总之，经历先期结晶杂岩基底与显生宙以来盖层的形成演化，它们共同构成了佛坪穹窿构造的基本物质组成及其形成演化的先期重要地质基础。

B. 佛坪穹窿构造的形成

a. 在晚古生代秦岭沿商丹、勉略两缝合带相继处于收敛俯冲的区域构造背景下，佛坪地区先是在晚古生代早期扬子板块向秦岭（微板块）作巨大会聚俯冲消减的作用下，发生盖层与基底间的自南向北的逆冲推覆构造，造成该区基底与盖层以推覆断层为构造界面的上下构造叠置组合。

b. 后由于秦岭古生代板块俯冲收敛挤压的持续发生，尤其是至印支期当秦岭南、北沿两缝合带陆–陆发生全面碰撞、强烈挤压时，夹持于扬子与华北两板块之间的秦岭微板块因挤压和深源造山热动力作用而抬升，特别是由于佛坪地区因其紧邻勉略缝合带向北俯冲的北侧上升盘的整体深部热构造动力学背景中，并又当大量花岗岩浆深熔形成而非均一向上运移时，佛坪地区便开始形成以先期推覆构造界面为标志的以前寒武纪结晶杂岩为核心的穹窿状隆升，并伴随发生中心式递增变质作用，中心发生麻粒岩深变质作用，并逐步形成热构造穹窿，出现变形、变质、岩浆活动三位一体的穹窿构造。由于先期界面的非均一性，其整体虽形成总体的穹窿构造，但具体却呈现为多个穹状高点的组合。

c. 穹窿构造形成中，突出产生重力滑动剥离断层。由于在热构造穹窿上升的过程中，除构造层间发生相对剪切滑动外，当不均一中心式抬升达一定高度而导致中心与周边出现重力失稳时，便开始复合叠加产生由中心向四周的盖层沿先期剪切滑动的逆冲推覆界面，向外发散的形成正断层性质的剥离断层构造，从而使核心的结晶基底进一步剥露抬升。

经过上述过程，最终形成独具特色的佛坪复合型热构造穹窿。它既不是简单的热穹窿，也有别于经典的变质核杂岩剥离构造。

C. 佛坪穹窿构造的后期构造改造

佛坪穹窿随着秦岭板块全面碰撞造山的结束，转入陆内构造演化阶段，与整个秦岭造山带一起遭受了后造山期中新生代陆内构造的叠加改造。

a. 由于中新生代 J_3–K_1 时期发生秦岭陆内造山作用，佛坪穹窿整体处于收敛挤压构造体制下，所以穹隆构造的中新生代陆内构造首先表现为遭受南北向挤压而形成宽缓褶皱和南侧的逆冲推覆构造的叠加改造，形成现今可见的穹窿的东西向宽缓褶皱。

b. 进一步的斜向挤压与抬升又导致穹窿构造出现东西向剪切平移和正断层性质的差异升降，诸如阳平关–宁陕左行剪切走滑断裂作用等，特别大巴弧形双层巨大推覆构造作用，使穹窿构造面貌进一步受到叠加改造。

总之，佛坪穹窿构造在印支期形成演化基础上，在中新生代秦岭造山带区域构造背景下，尤其是中生代中晚期陆内造山作用下，由于华北与华南地块沿秦岭南北边界相向向秦岭的俯冲和巴山弧形巨大逆冲推覆构造及汉南地块的向北东强烈挤入，秦岭造山带急剧隆升，特别是在太白、佛坪间秦岭在南北陆内俯冲夹击下强烈挤压、伸展隆升，成为秦岭造山带中抬升最高、展布最狭窄的地段，佛坪穹窿构造进一步抬升剥露，最终造成现今的椭圆形强烈构造剥露面貌。

③ 佛坪穹窿构造形成的动力学特征

整体概况分析秦岭造山带佛坪穹窿构造，有以下三方面突出构造动力学特征。

A. 佛坪穹窿构造属热构造穹窿。它既与变质核杂岩构造相似，但又不同。佛坪穹窿构造在其同期形成过程中复合发生以穹窿构造核心为中心，自内向外由麻粒岩深变质到周缘绿片岩相低级变质的递减的变质相带呈环带的展布。核心的麻粒岩原应形成于中下地壳，>700℃、1.2~1.3 GPa 的中高压过渡性温压区间，伴随广泛发育刚玉片麻岩。同期稍后有大量壳源为主，并有壳幔混合的中酸性岩浆活动与贯入。显示具有深部高压热动力学背景。

B. 佛坪穹窿构造发生形成于秦岭勉略缝合带侧边。具体位于秦岭印支主造山期陆–陆俯冲碰撞造山的勉略缝合带北侧上行板块之中和勉略缝合带北侧花岗岩带延伸线上。在区域构造上正处于印支主造山强烈挤压收缩的秦岭造山带最狭窄的构造部位（所谓秦岭宝鸡–汉中蜂腰区），也是东、西秦岭差异分界的东缘，并恰是与秦岭造山带中小秦岭–汉南北东走向的构造岩浆岩带交叉复合部位。因此整体处于与秦岭印支期主造山拼合碰撞相关和由于深部壳幔作用，壳幔混合和壳源岩浆活动强烈与地壳构造活跃的热构造动力学环境中。

C. 佛坪穹窿构造形成于秦岭印支主造山中晚期。研究表明穹窿构造形成演化正是在勉略缝合带形成的中晚期，具体而言，它形成于秦岭印支期区域碰撞造山构造变形峰期与之后，主变质作用同期与稍后，具有秦岭区域造山主构造变质变形期稍后的局部区域复合变质变形的造山构造特点。研究佛坪穹窿构造形成演化的时代证明，它与秦岭主造山板块俯冲碰撞构造直接相关，实际就是秦岭印支期碰撞造山的产物。

综合以上基本特点，共同表明佛坪穹窿构造形成演化，是在秦岭主造山期全面陆–陆俯冲碰撞过程中，在勉略缝合带扬子板块向北俯冲，地壳加厚，深部麻粒岩形成，区域变质变形发生，并产生大陆岩石圈深部深熔作用，壳幔与壳源岩浆强烈活动等使陆–陆主碰撞造山活动到达峰期，但由于在造山加厚，区域重力再均衡等动力驱动下，开始转向隆升伸展塌陷期，佛坪穹窿构造此时就在这样造山演化区域热构造动力学环境中，产生、发展演化、抬升剥露，因此使之成为秦岭印支期主造山和勉略缝合带形成演化的客观记录，具有特别重要意义。

(4) 汉中盆地与中新生代中晚期勉略构造带活动

勉略构造带在经历印支期扬子板块与秦岭微板块碰撞造山，形成勉略缝合带之后，又叠加复合了中生代中期秦岭 J_3-K_1 时期陆内造山作用，发生强烈的构造复合改造，至中生代晚期与新生代以来又遭受新的陆内构造的叠加改造，始成今天构造面貌。勉略带勉略区段中新生代中晚期以来，最突出的复合构造是以勉略构造带和阳平关–宁陕走滑断裂及其新生代的张扭性走滑剪切断裂构造与由其控制形成的汉中盆地等的多期多种构造的叠加复合为特点，反映了勉略构造带晚期的构造活动。

汉中盆地，位于勉略带勉略区段中东部，从勉县至洋县间，受控于勉略构造带和阳平关–宁陕断裂带，形成一个秦岭造山带南缘勉略构造带上及其南侧的新生代断凹陷盆地，盆地以勉略带及阳平关–宁陕断裂带为北界，主体位于扬子地块北缘汉南地块之上（图 2.30）。

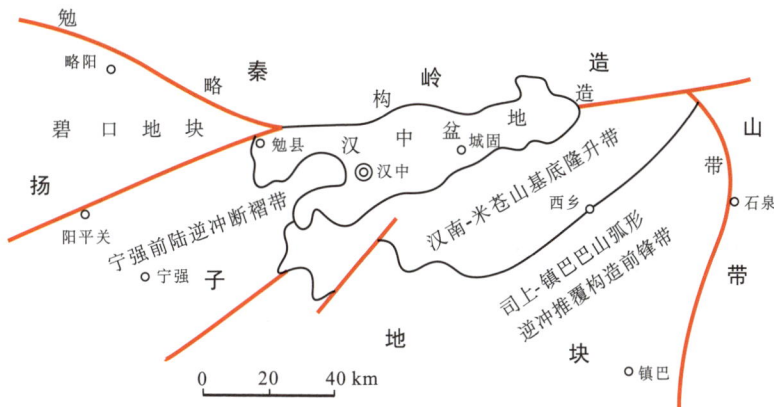

图 2.30　汉中地区构造单元划分图

① 汉中盆地地质背景

汉中盆地坐落在汉南地块东北缘上。汉南地块北以勉略带和阳平关–宁陕断裂为界，紧接秦岭造山带与碧口地块，东以石泉–城口大巴山弧形推覆主断裂西翼为界，南至米苍山南缘与四川盆地邻接。地质基本属性与特点，突出属上扬子陆块，并是其主要组成部分，属川中地块北部强行挤入秦岭造山带向北突出的川中地块的一角。盆地中出露的汉南杂岩等早前寒武纪结晶古老基底和中新元古代变质变形沉积火山岩系属过渡性构造基底，其上不整合覆盖自新元古代晚期南华系至中三叠统典型的扬子型海相沉积盖层，其中又以缺失泥盆–石炭系，二叠系直接平行不整合覆于志留系之上为特点。盖层沉积岩系不具陆缘沉积特点，而与区域中上扬子广海台相沉积岩系相似，明显不同于紧邻其北东侧的秦岭与大巴山古生代被动陆缘沉积系统，表明现今汉南地块虽紧拼于秦岭造山带南侧却无陆缘沉积记录。综合研究特别是勉略构造带研究揭示，汉南地块原并不直接邻接勉略缝合带，而是由于印支期俯冲与碰撞构造的逆冲推覆构造，使之前缘原陆缘沉积岩层被大幅度消减掩覆，故才使扬子北部陆缘后侧台相岩层直接拼贴于秦岭造山带勉略缝合带南侧，造成今天出露位置。但汉南地块，尤其上覆盖层岩系，突出记录了印支期勉略缝合带陆–陆碰撞的前陆冲断褶皱构造，如图 2.30 所显示。汉南地块现今构造基本格局，主体构造线是印支期北东—北东东向构造，包括碧口地块内的区域性背斜褶皱与断裂和宁强前陆冲断褶皱带与汉南–米苍山基底隆升复合构造带等，只是在东部（西乡–碑坝以东）邻接北大巴山双重推覆构造带地段，呈现平行于巴山弧形构造西翼近南北向的构造线，显然这是巴山推覆构造作用与改造所致。同时，汉中盆地、米苍短轴背斜穹窿构造及其北侧回军坝向斜构造等又表明，在印支期前陆构造之后和大巴山推覆西翼南北向构造形成稍后，汉南地区又发生了在秦岭造山带

J_3-K_1 强烈陆内造山过程中,秦岭造山带南缘沿边界大规模向南向扬子地块的逆冲推覆,上扬子川中地块再度向北强行挤入秦岭而导致汉南地块形成上述系列东西向叠加复合构造,改造先期构造,最终形成现今汉南地块总体多期复合构造面貌。无疑,汉中盆地就是在这样区域性的、在汉中具体部位的地质构造演化背景下发生所形成的,具体的记录了勉略区段勉略缝合带及其后勉略构造带新生代以来的构造演化与构造活动。

② 汉中盆地基本地质特征与意义

汉中盆地是一山间中小型盆地,具有重要地质意义。它位于秦岭造山带与扬子地块盆山交接之地,成为秦岭勉略构造带控制之最新构造活动的记录。它东西长 100 km,南北宽 5～25 km,呈长条状,面积仅 1750 km²,如图 2.30、图 2.31 所示,北缘受断裂所限,且处于勉略带被左行阳平关-宁陕走滑断裂错移之构造部位,西端没于碧口地块南侧,东端止于勉略带转弯地带。这一转弯地带,恰是勉略构造带在没有被燕山期(J_3-K_1)陆内造山作用改造(包括上述阳平关-宁陕走滑断裂错裂位移)之前,原勉略构造带呈北西西向延伸,但中新生代以来,由于汉南地块挤入和北大巴山巨型弧形逆冲推覆构造的指向南南西的大规模推覆运动,才使之弯转成现近南北向,成为巴山弧形推覆构造的西翼,并在西乡高川地段开始为巴山主推覆断裂逆掩覆盖于深层,特别是勉略古缝合带被掩覆,直至到巴山弧形推覆构造东南端随州大红山一带复又出露(张国伟等,2001;董云鹏等,2008)。

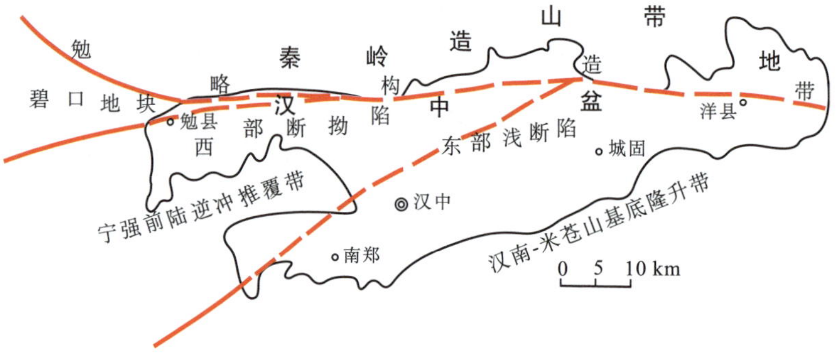

图 2.31　汉中盆地构造单元划分

汉中盆地受北缘断裂及其内部基底断裂控制,北缘断落成盆,而内部基底则突出受汉中-牟家坝(或称小江-牟家坝)北东向断裂控制(图 2.30、图 2.31),致使按沉积地层特征,以汉中-牟家坝断裂为界划分为东、西两构造单元:西部勉县断拗陷和东部汉中-城固浅断陷(图 2.30、图 2.31)。

A. 西部勉县断拗陷区:位于汉中-牟家坝基底断裂以西,呈围绕汉中梁山周边的汉中西半部盆地。据现有研究,西部是汉中盆地最深的断拗陷区,新生界沉积厚度约 500～1200 m。其基底主体是以其南侧梁山出露的宁强前陆褶皱带为代表。该区另一个突出特点是盆地北缘,勉县北部出露侏罗系含煤岩层,属河湖相沉积,表明西部勉县断拗陷区,早在印支期沿勉略缝合带秦岭主碰撞造山晚期,即造山后期伸展塌陷阶段,已形成断陷上叠陆相盆地,接受煤系沉积,之后又被勉略构造带南缘燕山期区域逆冲推覆构造高角度冲断,遭受变形,显然代表了如上述的秦岭中生代中期(J_3-K_1)陆内造山作用的存在。

B. 东部汉中-城固浅断陷区。汉中-牟家坝基底北东断裂以东区域,是现今汉中盆地主体部分。基底主要为汉南杂岩和中新生代西乡岩群等浅变质岩系,上覆新生界,并以第四纪河湖相沉积为主,平均厚度仅 200 m。

综合汉中盆地内沉积充填岩层特征,主要表现为河流湖泊相沉积,厚度不大,沉积类型相似,西部最大厚度 1200 m,平均 400 m,东部浅,平均 200 m(图 2.32),是一受复合断裂构造控制,坐落在秦岭造山带勉略古缝合带与断裂带南侧不同基底上,以新生代沉降为主的中小型山间断拗陷盆地。据现有资料分析,由于盆地面积小、沉积薄、埋藏浅,尚无有利的油气地质条件,但其周边宁强和镇巴前陆断褶带尚具进一步研究评价的潜力(张国伟等,1995)。

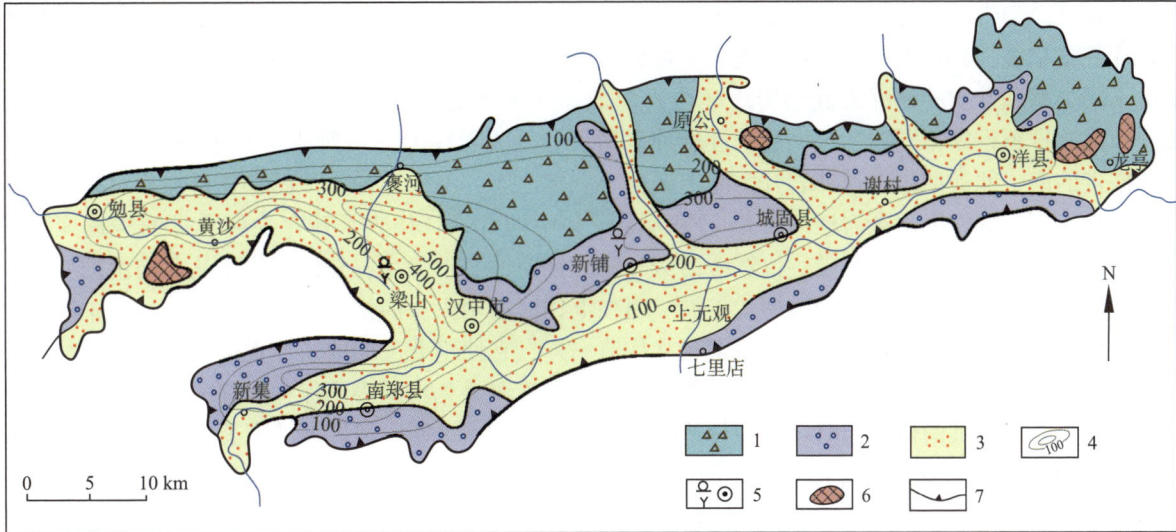

图 2.32　汉中盆地新生代地层及等厚图

1. 早–中更新世冲积物；2. 晚更新世冲积物；3. 全新世早期冲积物；4. 等厚线（m）；

5. 钻孔及顶岩层；6. 基岩山地；7. 盆地边界

汉中盆地形成演化可分为两个阶段：

A. 中生代侏罗系初始断陷盆地阶段

以勉县侏罗系煤盆地和阳平关–宁陕断裂沿线的系列小型断陷盆地为代表，属秦岭勉略缝合带主碰撞造山期后伸展垮塌成因，表明从侏罗纪勉县煤盆形成已开始有汉中盆地的初始发生。

B. 新生代东、西非均一断拗陷盆地的形成阶段

从新近纪开始至第四纪，统一汉中盆地逐步形成，北受东西向断层控制陷落，内部受基底北东断裂分割，形成西深东浅的新生代断拗陷统一陆相汉中盆地。

汉中盆地构造部位特征，反映了勉略带晚期最新的构造活动。同时汉中盆地构造也是最新青藏高原东北部向外扩展与构造逃逸的可能通道和贺兰–川滇南北构造带中段龙门造山带现今活动构造的延伸方向之一，因此更具有进一步研究的重要科学与现实意义。

3. 勉略带勉略区段构造几何学特征及变形序列

1）构造几何学特征

勉略区段勉略带整体构造几何学结构，通过上面对勉略构造带本身及邻边主要构造的详细构造解析，结合构造带北部白水江–徽县、洋县酉水构造剖面观察研究，表明勉略带勉略段以北的秦岭微板块内变形，在佛坪穹窿构造（108°E）以西至凤太–武都间，总体具有自南向北的逆冲推覆叠置构造形态，恰与勉略区段勉略带自身自北向南的推覆构造构成构造反向，其间正以状元碑走滑断裂为界组成似剪切正花状构造，所以勉略区段勉略带及邻区现今总体构造几何学样式为不对称扇状结构。它主要是在主造山期构造基础上叠加后主造山期陆内构造所造成，该区域性似剪切花状不对称扇形构造，主要由北、中、南三部分组成。北带，具体表现为在勉略带窑坪–状元碑断裂以北，为由南向北逆冲的白水江–光头山推覆构造系，主要由南部根部带、中部褶冲带和北部前锋带构成。根部带以紧闭褶皱和高角度韧性逆冲断层为特征；中部带以褶皱作用为主并伴有中–低角度逆冲断层；前锋带由低角度（<30°）逆冲断层和一系列推覆体组成，总体反映出由南向北变形程度逐渐减弱，并具有前展式扩展方式。南带在状元碑断裂以南，已如前述，是由北向南高角度逆冲的勉略推覆构造系。中带作为南、北带两大反向推覆系构造的剪切花状构造的中轴转换带，即状元碑走滑带，以发生剪切走滑变形

为主要特征。南带的勉略带主推覆系则主要表现为紧闭褶皱作用和高角度韧性逆冲推覆变形，并使不同岩片叠置呈叠瓦状构造，主推覆系进一步可分为南部、中部和北部三个逆冲带，其中中部逆冲带主要由不同类型和性质的蛇绿岩混杂岩片（块）组成，并夹有部分沉积混杂岩岩片，是勉略带变形最强烈地区。推覆系内不同岩片被网状韧性逆冲剪切带分割成无序的一系列独立的逆冲岩片向南叠置，而勉略带的南、北逆冲带内逆冲岩片空间上延伸有一定序态，不同逆冲岩片间存在延伸相对稳定的逆冲推覆面，而中部蛇绿混杂岩逆冲带是应变最强烈集中的部位，代表了残存主缝合带的构造变形特征。南部前缘推覆带为弱变形带，以宽缓褶皱和韧脆性逆冲变形为主，总体表现出从北向南的变形强度减弱的趋势，并呈由北向南的前展式扩展。而在上述区域两大反向推覆系之间正是前述的中部突出的状元碑走滑剪切转换构造带，正如剪切花状构造一样，它使南北反向的逆冲推覆构造得以调节统一发生。从状元碑剪切走滑断裂构造及其南北侧两大反向推覆叠瓦构造内部保存残留的先期构造与叠加复合构造关系，尤其南侧的勉略带先期构造的详细恢复重建，证明上述区域的似剪刀花状构造是在印支期主俯冲碰撞造山构造基础上，在主造山期后的中生代秦岭燕山中晚期陆内构造中，受陆内造山构造作用叠加改造所致，主导应属秦岭燕山期陆内造山构造。这种扇形似剪切正花状构造反映出勉略区段的勉略构造带形成具有独特的具体构造环境和复合形成机制，将在后面具体分析。

2）构造演化序列简述

上述构造解析研究表明，勉略构造带至少经历了两期不同性质复杂的造山构造变形的复合叠加改造，总体反映出勉略带从晚古生代板块扩张打开、到收敛俯冲、再到印支期碰撞造山和燕山期陆内构造的陆内造山演化，在不同造山演化阶段，在不同区域构造动力学背景下，发生两期不同造山构造的构造变形与组合及强烈复合改造与变位，但同时不同的构造变形在不同构造岩石地层单位尚可追踪与恢复重建、综合对比，结合物质组成、地球化学特征与同位素年代学分析，从两期造山构造演化过程，可将构造带内变形构造划分为板块俯冲碰撞造山和陆内构造陆内造山两期和板块俯冲造山、碰撞造山和陆内造山三个阶段，将详细论述于第六章第一节中，这里从略。但这里还要说明，从勉略构造带构造变形序列而言，除了上述两期三阶段的板块碰撞造山与陆内造山的造山构造演化序列的简要论述外，应特别强调勉略段勉略带后主造山期的陆内构造。在这里，从碰撞造山后的塌陷构造说起，无疑就包括了中新生代陆内造山和后期的陆内构造。

勉略段缝合带被 200 ± 2 Ma 的光头山花岗岩体切穿侵入，而且花岗岩体自身呈椭圆状而未变形变质。同时在勉县北侧缝合带内上叠侏罗系断陷盆地，接受 J_{1-2} 勉县群煤系地层沉积。综合表明 T_{2-3} 时勉略有限洋盆已封闭，扬子板块与秦岭微板块已陆-陆全面碰撞造山，勉略段缝合带已经形成，并于 T_3 开始转入后板块碰撞造山期及后续的陆内构造演化时期。因此可以概括说，勉略段后印支主造山期构造突出表现为三个不同构造演化阶段：

（1）秦岭印支期板块碰撞后主造山期的伸展塌陷构造（T_3–J_2）

典型代表是勉县群（J_{1-2}）陆相沉积充填在缝合带内的伸展裂陷盆地中。与之同期沿勉略带及侧旁也有类似现象发生，如巴山紫阳的红椿坝-瓦房店、房县的青峰等 J_{1-2} 煤系陆相裂陷沉积等，共同反映了勉略带印支期陆-陆全面碰撞造山后的隆升与伸展塌陷，已由板块拼合的收缩挤压动力学机制转换为主造山后期的伸张动力学背景，故形成山间裂陷陆相盆地构造。

（2）中生代中晚期陆内造山构造与陆内构造

最突出的是陆内造山的强烈逆冲推覆与剪切走滑构造（J_3–K_1）。上述勉县群（J_{1-2}）岩层遭受强烈逆冲推覆挤压变形，卷入勉略带新的陆内推覆构造，同期的巴山、康玛弧形推覆构造更是强烈向南推覆运动也是印证。但与之相比，勉略段逆冲推覆仍是高角度逆冲，J_{1-2} 岩层也以高角度叠瓦逆冲构造为特点，不同于巴山大规模向南的推覆逆掩运动。表明汉南-川中地块仍在持续沿北—北东斜向推挤，基底仍高位抬出，阻碍不能产生自北向南的中低角度逆冲推覆，而以高角度叠瓦逆冲产出，并导致左行平移剪切，后又有阳平关-宁陕断裂剪切滑动，走滑错位勉略带。与之同时，龙门山北端的插入和碧口地块进一步相对向西南的挤出逃逸，更强化了其陆内造山和强烈挤压收缩与走滑构造特征（图2.33），并在其西南缘垂向截切岷山南北向构造，更加突出显示它大幅度的向南推覆运动。

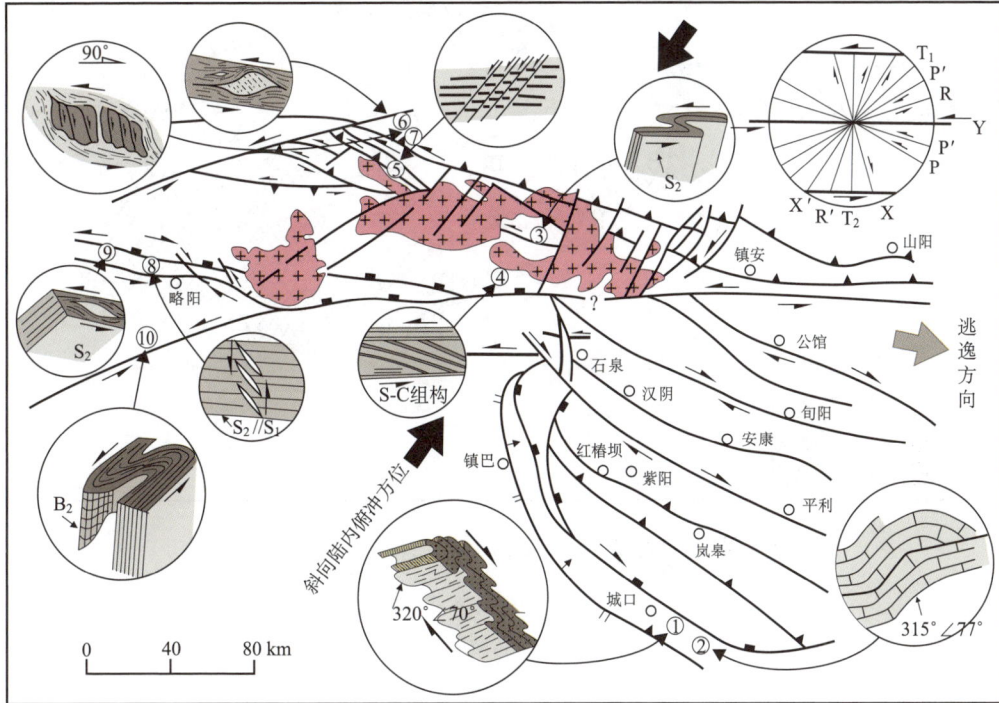

图 2.33　勉略带与剪切走滑构造图（李三忠等，2002）

①②据何建坤等（1997）；③④据王根宝、李三忠（1998）；⑤据钟建华、张国伟（1997）；⑥⑦据李荣社、宋子季（1994）；其余为本书资料；除立体图外，其余皆为平面图

（3）中新生代陆内构造

主要表现为多期的伸展与剪切走滑构造和逆冲挤压走滑构造（K_2-Q）。勉略段勉略带及其邻区沿断裂断续出现 K_2-N 的陆相裂陷盆地，具有一定的走滑拉分性，中小规模。尤以沿阳平关-宁陕剪切断裂表现突出，沿线发育多个 K_2、K_2-E、N 盆地，其中以汉中盆地最大（K_2-E、N、Q）。表明了在 J_3-K_1 陆内造山逆冲推覆与走滑构造之后，还有多次伸展与走滑构造的产生。但上述 K_2-N 的岩层，多又被逆冲断层，甚至被逆冲推覆构造所改造而变形，或又被走滑剪切破裂分割，又表现了新的挤压剪切构造活动。实际研究表明扬子，包括川中-汉南地块仍在向秦岭之下作持续的陆内俯冲与秦岭向外的逆冲，总体还在进行向秦岭楔入的斜向陆内俯冲挤压，高角度逆冲推覆与剪切走滑以及上层局部的伸展张断等的多种复合构造作用，从而强化与复杂化了该区带的构造并造成其现今复杂而独具特征的区域构造几何学形态面貌。

总之，勉略区段勉略构造带的形成演化总体经历了显生宙以来古生代—中生代初海西-印支期俯冲碰撞造山，中生代燕山中期陆内造山和中生代晚期至新生代陆内构造形成的三大阶段，最终才成为现今复合的以断裂为骨架的复杂构造带。

二、巴山巨型逆冲推覆构造

秦岭造山带现今结构中最突出的特征之一就是南秦岭发育多层次逆冲推覆构造，其中尤以介于汉南地块和神农架-黄陵地块之间的大巴山巨型逆冲推覆构造系最为突出（图 2.34），它以巴山主弧形推覆断裂为界，划分为北侧南秦岭北大巴山逆冲推覆构造和南侧南大巴山逆冲推覆扩展前锋带，两者叠覆共同构成巴山巨型双层弧形逆冲推覆构造系。

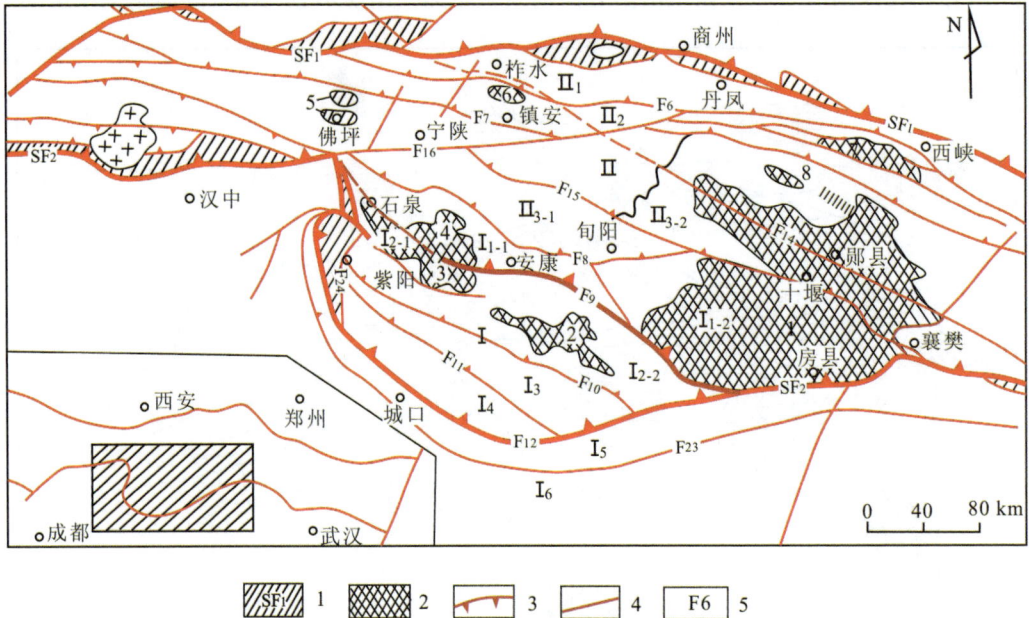

图 2.34 巴山巨型弧形逆冲推覆构造系

1. 板块缝合带（SF$_1$，SF$_2$）；2. 前寒武纪地块；3. 逆冲推覆断层；4. 断层；5. 主要断层编号；SF$_1$ 商丹带；SF$_2$ 勉略带；F$_6$ 山阳-凤镇；F$_7$ 镇安-板岩镇；F$_8$ 银杏-闾河-鲍峡；F$_9$ 石泉-安康-青峰；F$_{10}$ 红椿坝；F$_{11}$ 高桥；F$_{12}$ 巴山城口；F$_{14}$ 两郧；F$_{15}$ 十堰；F$_{23}$ 镇巴-巫溪；F$_{24}$ 兴隆场。I 巴山弧形逆冲推覆构造系：I$_1$ 安康-武当推覆构造（I$_{1-1}$ 安康推覆体，I$_{1-2}$ 武当推覆体），I$_2$ 紫阳-平利推覆构造（I$_{2-1}$ 凤凰山推覆体，I$_{2-2}$ 平利-紫阳推覆体），I$_3$ 高桥-镇坪推覆构造，I$_4$ 高滩推覆构造，I$_5$ 南大巴山北部前陆冲断褶皱带，I$_6$ 南大巴山南部前陆褶皱带。II 南秦岭北部逆冲推覆构造系：II$_1$ 刘岭逆冲推覆构造，II$_2$ 镇安逆冲推覆构造，II$_3$ 十堰-旬阳逆冲推覆构造（II$_{3-1}$ 旬阳推覆体，II$_{3-2}$ 十堰-两郧推覆体）。图中：1. 武当穹窿；2. 平利穹窿；3. 凤凰山穹窿；4. 慢坡岭穹窿；5. 佛坪穹窿；6. 小磨岭穹窿；7. 陡岭穹窿；8. 赵川穹窿

巴山逆冲推覆构造系从秦岭造山带总体构造看应属于南秦岭多层次逆冲推覆构造的南缘组成部分，并扩展到上扬子克拉通地块北缘，也即秦岭造山带南侧的前陆区域。南秦岭逆冲推覆构造以安康-汉阴以北的银杏-闾河-鲍峡断层为界，分为南秦岭北部逆冲推覆构造带和南秦岭南部逆冲推覆构造带。前者是在扬子板块北缘早古生代被动陆缘基础上，由于晚古生代秦岭微板块内的扩张裂陷而发育保存了上古生界地层，被称为晚古生代裂陷带，后者即南大巴山北大巴山区则因缺失上古生界地层而以下古生界为主，并出露较多的元古宇地层，被称为晚古生代隆升带（张国伟等，2001a，b）。南秦岭北部逆冲推覆构造带主要包括 4 个次级逆冲推覆构造，自北向南依次为：以山阳-凤镇-青山断裂（F$_6$）为推覆界面的刘岭推覆构造，以镇安-板岩镇-湘河推覆断层（F$_7$）为界的镇安推覆构造，以两郧-十堰断层（F$_{15}$）为推覆面的两郧推覆构造，以银杏-闾河-鲍峡（F$_8$）为推覆面的旬阳推覆构造。主要由震旦系、古生界和下中三叠统盖层浅变质岩系组成，其中复合包容有以陡岭群（Pt$_1$）、小磨岭杂岩（Pt$_{2-3}$）、武当群及与之相当的郧西群（Pt$_{2-3}$）和耀岭河群（Pt$_3$）等元古宇为核心的穹窿构造。推覆构造的结构特点表现为主导以不同级别推覆断层为界面，分隔不同规模推覆体，自北向南逆冲叠置，推覆体内部又包含有次级的推覆构造，总体显示为以主推覆断层为界面，构成沿不同层次剪切带依次缩短的多层次、多级别的推覆叠置。推覆断层在近地表多表现为中高角度，但地球物理测深揭示，从地表向深部逐渐变缓，约在中地壳 10~15 km 趋于归并，形成统一的主推覆拆离面，从而构成

统一的南秦岭北部逆冲推覆构造带。

南秦岭南部逆冲推覆构造北以银杏-间河-鲍峡断层为界,南以巴山主弧形逆冲推覆断层,即洋县-石泉-城口-房县-襄樊断层为主推覆面,主要由多个依次向南逆冲叠置的推覆岩片构成,包括安康-武当、紫阳-平利、高桥-镇坪、高滩等次级逆冲推覆构造,形成统一的北大巴山逆冲推覆构造带。其中以安康-武当主推覆断层为界面的武当推覆构造和以城口-房县青峰主推覆断层为界面的北大巴推覆构造是不同时代两级复合的北大巴山整体逆冲推覆构造系主要组成部分。北大巴山逆冲推覆构造主要由震旦系和下古生界浅变质岩系组成,其中作为穹窿构造核心,成片出露武当群及与之相当并偏上部层位的郧县群和耀岭河群等中新元古界。同时,整个推覆构造之上还局部不整合上叠有中新生代陆相断陷沉积(J_1-K_1、K_2-E、N-Q)。如上所述,沿巴山主弧形断层,北大巴山向南侧的南大巴山产生大规模逆冲推覆运动,并导致使其南侧又形成南大巴山逆冲推覆扩展前锋变形带。故显然是南秦岭南部逆冲推覆构造,即北大巴山逆冲推覆构造和南大巴山逆冲推覆扩展构造两者共同构成了现巴山巨型双层组合的逆冲推覆构造系。无疑,巴山巨型逆冲推覆构造的形成演化主要是在秦岭造山带板块构造俯冲碰撞造山与中新生代以来陆内造山过程中,历经长期构造复合作用所构成,而更突出与重要的是它直接受勉略带构造演化的制约,北大巴山推覆构造掩覆改造了勉略先期碰撞缝合带地表的出露与延伸,并造成至今成为勉略缝合带存在与延伸的争议问题。因此,深入研究巴山巨型逆冲推覆构造的几何学与运动学特征,进而筛除后期构造的叠加改造,恢复先期俯冲碰撞构造与特征是研究勉略带,尤其是印支期勉略缝合带时空延伸及其形成演化的关键问题之一。

(一) 巴山巨型逆冲推覆构造单元划分

巴山巨型逆冲推覆构造系是秦岭造山带内具有代表性的典型构造样式之一。南秦岭构造带区域主导构造线走向为北西西,即280°~290°左右,而作为秦岭造山带南缘边界,并是形成巴山巨型逆冲推覆构造的主推覆断层的巴山主弧形推覆断裂,在平面上则呈现为向西南凸出的巨大弯弓弧状,且东西两端明显截切北大巴山和南大巴山主导构造线。北大巴山构造主导走向为290°~300°,近乎平行于秦岭造山带现区域主构造线。而南大巴山构造线则不同,虽总体也呈向南的弧形东西向展布,但在巴山弧形主推覆断裂弧顶端部分南大巴山构造线平行或交切于巴山主弧形推覆断裂,而向东西两侧则渐变为显著的大角度切割,突出显示北大巴山,包括武当推覆地块整体以石泉-城口-房县青峰-襄樊推覆断裂为界面大规模向南南西,以不对称弧形推覆运动,掩覆堆置在南大巴山,也即扬子地块北缘之上,强烈复合叠加改造了原以勉略碰撞缝合带为标志的印支期碰撞造山的前陆构造系统,并引发新的扩展前陆构造系统复合。所以南、北大巴山推覆构造间既密切共生,又彼此构造不一致,交切叠加复合,构成双层叠置堆垛,因此显示巴山主弧形断裂与北大巴山逆冲推覆构造具有强烈构造叠加改造作用,也揭示南、北大巴山具有多期不同构造的叠加复合与双层推覆构造的独特特征(图2.35)。

构成巴山巨型逆冲推覆构造的巴山主弧形断裂与北大巴山和南大巴山推覆构造的构造几何学与运动学特征,及其之间的相互叠加改造与成因关系,通过系统的构造解析研究表明,上述大巴山主断裂与南、北大巴山推覆构造三者之间既有明显区别,更有密切的成生关系。实际上巴山主弧形断裂,即是北大巴山推覆构造的主推覆断层,主要是沿它,并同时包括伴随沿北大巴山内部先期构造,主要是先期系列断层,继承性复活再度发生的次级逆冲推覆,从而共同构成整体北大巴山巨型推覆构造,大规模向南西运动,叠置到扬子北缘之上,所以北大巴山推覆构造实际主要是两期推覆构造的复合产物,即是晚期沿巴山主推覆断层的巨大整体推覆构造叠加复合,包容改造了先期的原属南秦岭南部的碰撞逆冲推覆构造。故在后述的关于两期北大巴山内部次级推覆构造的名称多为同名同一构造体,但实际是复合的两期构造,晚期者是先期的叠加利用改造再生产物。南大巴山推覆构造实际是因晚期北大巴山巨大的推覆作用,叠加复合于原勉略带南侧的前陆冲断褶皱带及其前陆盆地上,并引发它们变形,使原前陆构造受叠加改造而形成现前陆推覆复合构造带,由前陆盆地岩层变形而形成前陆推覆扩

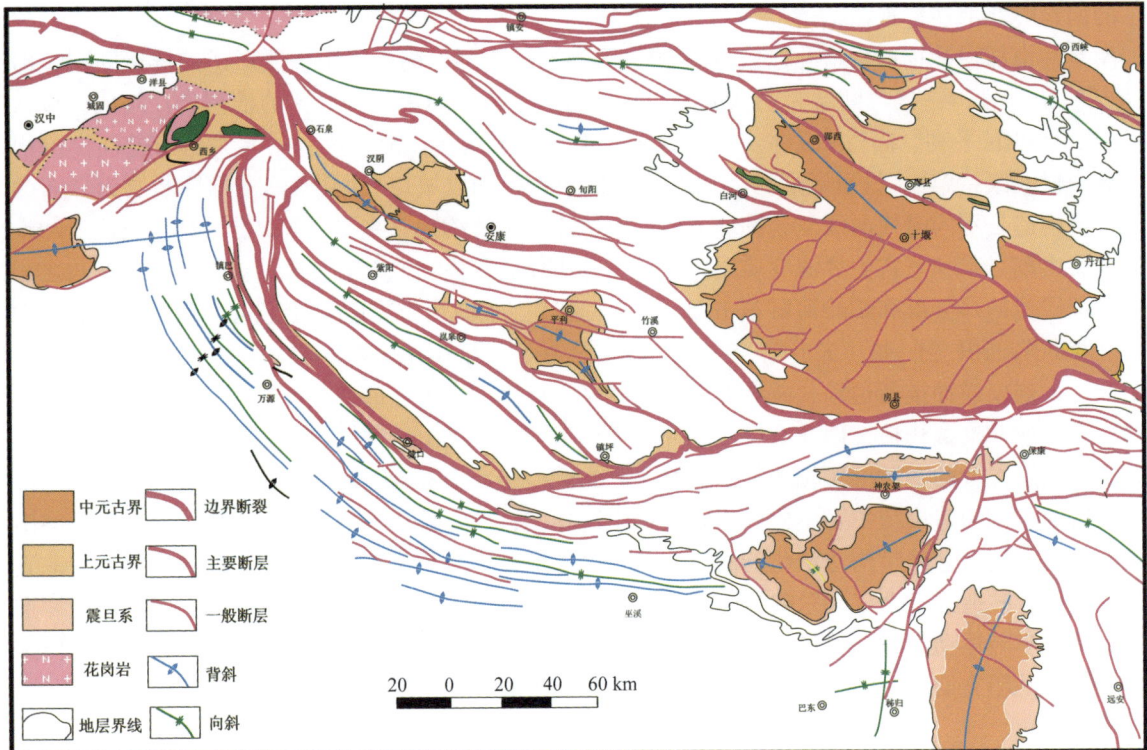

图 2.35　巴山巨型逆冲推覆构造图

展构造变形带，故三者是在原相关的不同的先期构造基础上，晚期在统一巴山陆内巨大推覆构造动力学机制下，密切相关共同形成统一的巴山巨型弧形双层逆冲推覆构造系。显然，以巴山主弧形断裂带为界，南北大巴山除如上述构造差异不同外，其物质组成也不同，北大巴山主要出露中新元古界武当群和郧西群变质酸性火山-沉积岩系、新元古界耀岭河群基性火山-碎屑岩、寒武系碳质板岩-碳酸盐岩、奥陶系泥板岩-薄层灰岩和志留系碳质板岩-碳质粉砂岩，且所有岩层强烈变形变质，达绿片岩相与低角闪岩相。而南大巴山主要出露中新元古界神农架群变质火山-沉积岩系，典型扬子型的震旦系南沱组、陡山沱组、灯影组，寒武系砂岩-页岩-碳酸盐岩建造，奥陶系碳酸盐岩，志留系页岩-硅质岩，断续分布的泥盆系—石炭系碎屑岩，二叠系—下、中三叠统碳酸盐岩等，所有岩层明显变形，并向南逐渐减弱，但震旦系与古、中生界均无变质。沉积建造与变质作用的显著差异揭示两者只是因巴山主弧形断裂向南的巨大逆冲推覆运动才使它们现叠置邻接在一起，它们原来应属于不相直接邻接的不同构造演化阶段形成的不同构造单元，但沉积地层、基底组成与区域构造的对比又表明它们之间有一定的相关性，并从南大巴山北缘城口一线，石泉-城口-房县巴山主推覆断层南侧，可见残存的 T_3 岩层构造角度不整合覆于 T_2 及其以下岩层之上，表明南大巴山地区曾是勉略缝合带印支主期碰撞造山的前陆带，所以共同证明它们是在统一秦岭造山带长期形成演化过程中从处于相关的不同构造单元，经历板块俯冲碰撞造山和陆内构造的多期次构造变动、位移，最终邻接叠置成为现今的构造关系（张国伟等，2001a，b）。尤其从区域勉略古缝合带与现今勉略构造带的研究，追溯对比和地球物理测深揭示它们的形成演化不但与勉略带的形成演化息息相关，而且是它们现今的构造叠置关系掩覆着勉略带先期的古缝合带的出露（张国伟等，2001a，b；刘少峰、张国伟，2013；董树文等，2013），复杂化了勉略缝合带的研究，并引起争论，因此也就更突出显示了对它的研究的重要性与意义。

　　综合上述根据构造带的物质组成、尤其是构造变形特征可对巴山巨型逆冲推覆构造进行单元划分。以巴山主弧形断裂带为其一级分界，可将巴山巨型逆冲推覆构造系划分为北大巴山逆冲推覆构造带和南大巴山逆冲推覆带（图 2.36），后者又可进一步划分为叠加于前陆逆冲断褶带上的复合推覆构造带和前陆盆地（T_3-K_1）逆冲推覆扩展前锋变形带。

（二）巴山主弧形断裂带

巴山主弧形断裂，即洋县-石泉-城口-房县-襄樊断裂带，既是整个巴山巨型推覆构造，也是北大巴山推覆构造的主推覆断层，但它又明显的截切北大巴山先期所有构造。它呈弧形分布，断面波状起伏，产状变化大，总体倾向造山带方向，20°～30°，倾角变化在40°～70°之间，断层带内发育并保存不同期次的断层角砾岩、构造片岩和糜棱岩。断裂北侧武当群、郧西群、耀岭河群等和震旦系与下古生界岩层沿断层向南逆冲推覆于不同层位之上。弧顶部分与南、北大巴山构造线走向近于平行或小角度斜交，而至东西两端则为高角度交切（图2.35）。尤其在西部西乡上、下高川地区，它以20°～40°的低角度向西逆掩于外侧的 Z-Є、D-T₂ 不同岩层之上，截切外侧的所有构造线（图2.37）。同样在东部陕鄂渝交界的镇坪与竹溪地区，它又以中高角度（50°～60°）向南逆冲推覆斜向截切南侧的古生界—下、中三叠统岩层与构造。上、下高川与镇坪、竹溪两区域东西遥相对应，清楚反映以它为主推覆断层的北大巴山整体推覆构造呈弧形向南南西—南作巨大逆冲推覆运动，大幅度掩覆了南侧南大巴山岩层，并引起伴生形成南大巴山推覆构造。现有的地球物理测深也证实了其深部的推覆结构（程顺有等，2003；董树文等，2006；胡健民等，2009a，b；文竹等，2013），详见后述。因此，巴山主弧形推覆断层不但是北大巴山整体推覆构造的主推覆断层，逆掩截切包括勉略古缝合带在内的先期南侧构造，并也是整个巴山巨型逆冲推覆构造系的主推覆断层，造成南、北大巴山双层推覆构造叠置。综合研究判定，它发端于勉略古缝合带形成晚期，即碰撞造山晚期（T₂₋₃），而主要成型于中生代(J₃-K₁)，同位素测年获得 60～110 Ma 年龄值（董树文等，2006；胡健民等，2009a，b；朱光等，2009；程万强、杨坤光，2009；查显峰，2010；许长海等，2010），将详述于后。

（三）北大巴山逆冲推覆构造带

北大巴山逆冲推覆构造带最显著的特征是，它的内部结构构造清楚呈现为至少主导是由两期彼此交切复合的构造叠加组合而成。晚期以南缘巴山主

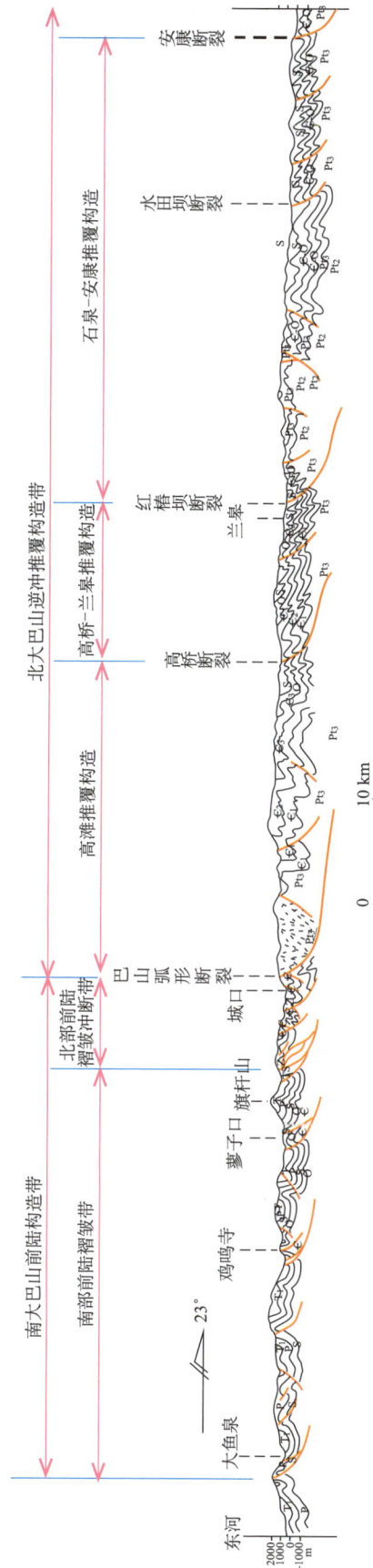

图 2.36 巴山弧形构造带构造单元划分

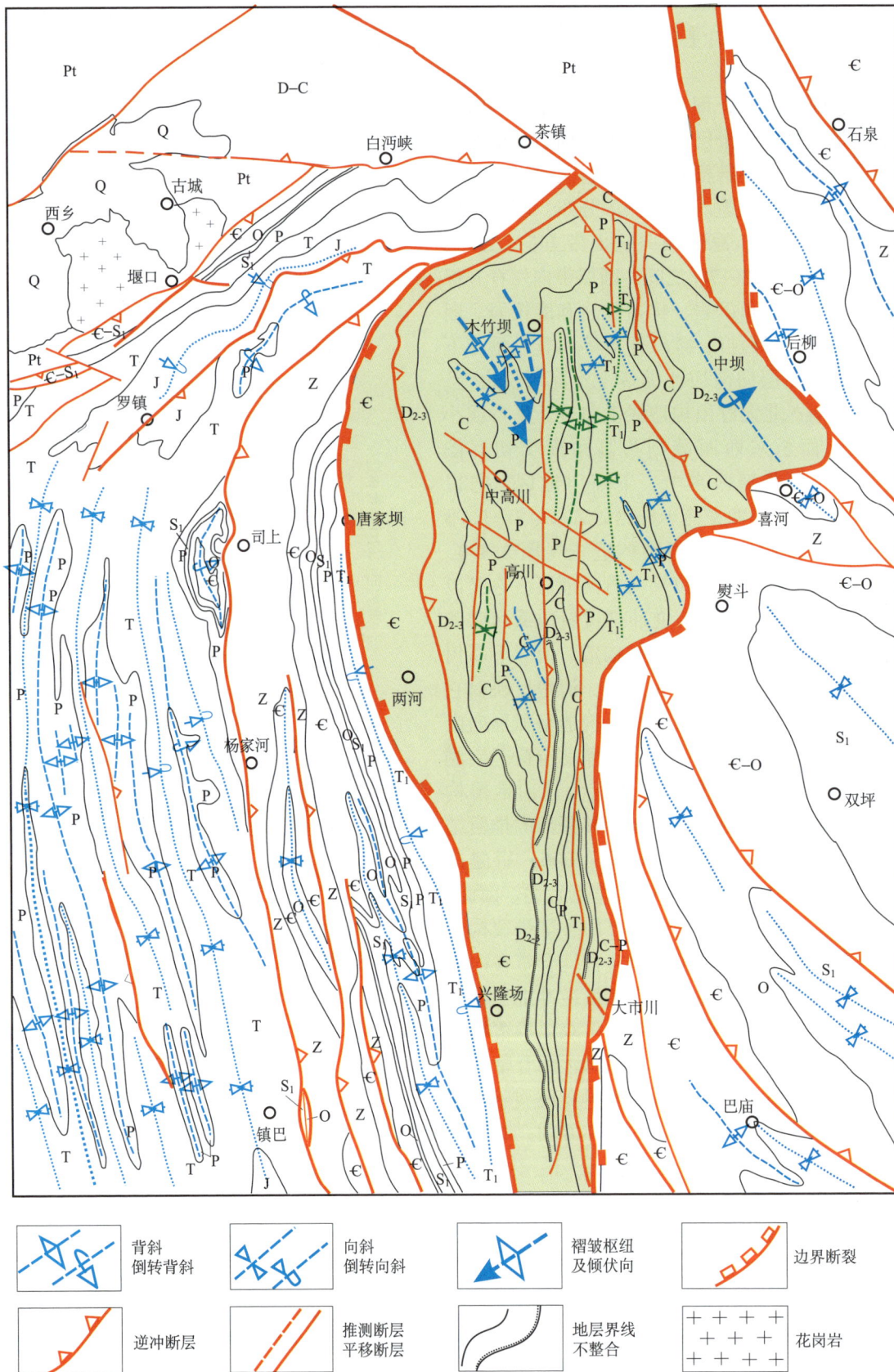

图 2.37 高川地区构造形迹图

弧形边界断裂带为主推覆界面,包括系列利用先期构造而产生的指向南的次级诸如安康-青峰、红椿坝-曾家坝与高桥等推覆断层,分划组成次级安康-武当、紫阳-平利、高桥-镇坪、高滩等推覆构造。其中,既包容改造先期的凤凰山-慢坡岭与平利等穹窿构造和先期碰撞造山构造与推覆构造,又产生如紫阳-平利推覆构造等向南逆冲叠置于沿断裂的瓦房店等侏罗纪断陷陆相盆地岩层之上。但它们统一组成了北大巴山逆冲推覆构造带(图2.35)。筛分去上述晚期叠加改造构造,显然先期构造主要呈现为是围绕东部武当穹窿构造的西南外侧,由系列北西走向,微成弧形的安康-青峰、红椿坝-曾家坝、高桥等先期主断裂及系列次级断裂组成的先期变质变形与逆冲推覆构造。研究表明它属先期碰撞构造,将详述于后。显然,对两期构造,尤其晚期构造推覆运动的构造变形几何学、运动学、动力学特征的研究,是探讨北大巴山及整个巴山弧形构造系形成与演化及勉略古缝合带延伸的关键问题之一。

1. 高滩推覆构造

高滩推覆构造位于高桥断裂之南,巴山主弧形(城口)断裂之北,主要由震旦系-奥陶系地层组成,南以巴山主弧形城口断层为主滑脱推覆界面,向南逆冲推覆,总体是一个呈弓弦状向西南突出的推覆构造。其突出特异的是其东西两端因巴山主弧形断裂构造改造而发生弯转,而中间区段主要发育北西走向的线状褶皱,并表现为北倒南倾的不对称-倒转褶皱构造,岩层片理产状也均倾向南西,与高滩晚期推覆构造沿巴山主弧形断层指向南的运动学与变形特征很不协调,且其东、西两端又均被主推覆断层切割,显示其内部构造不是同期产物,而是被包容的先期构造,是被改造而包容于晚期整体推覆构造之中。因此高滩推覆构造主要是指在先期构造基础上,以巴山主弧形断层为主推覆界面的整体推覆构造,其内部则主要是被包容的先期构造。其先期构造据区域构造分析对比,推断主要是秦岭印支期勉略带拼合带北侧俯冲碰撞构造上行板块中的局部反冲构造。

2. 高桥断裂

高桥断裂总体呈北西向延伸,西端于高川东南被红椿坝断裂截切,东端于镇坪西也被巴山主弧形断裂截切,断面总体倾向北北东,倾角多为60°~70°断层带宽100~500 m,发育断层构造岩。断层构造岩结构及北侧拖曳褶皱指示高桥断裂运动指向为由北东向南西的逆冲推覆。东端可见震旦系向南逆冲于寒武系地层之上。

3. 高桥-镇坪推覆构造

高桥-镇坪推覆构造南以高桥断裂、北以红椿坝断裂为界,主要由下古生界组成复式向斜构造,主要地层为奥陶系—志留系,仅临近高桥断裂部位出露寒武系。以发育直立-南倒北倾褶皱构造为特征,并因其内部构造的构造指向南而不同于南侧的高滩推覆构造内部的先期构造。东南端发育多个短轴状褶皱。研究揭示,Є-S岩系本身的构造变形,包括褶皱与断裂多与高桥主推覆断层呈交切关系而不一致,非为同期产物,因此同样表明此推覆构造也是包容先期构造的叠加推覆构造。

4. 红椿坝-曾家坝断裂

红椿坝-曾家坝断裂总体呈北西向延伸,西段于下高川东南切割高桥断裂,并被巴山主弧形断裂切割,东南部于竹溪县葛洞的边江河又被巴山主弧形断裂截切。断裂带宽约200~1000 m,发育断层角砾岩与糜棱岩、构造片岩。断面倾向北东,倾角约多在30°~40°,向下产状变缓。断层作为紫阳-平利逆冲推覆构造的主推覆断层,分隔其南侧的高桥-镇坪复式向斜推覆构造。断层两侧具有不同的岩石构造组合。北侧以南秦岭洞河群(Є-S)碳质、硅质岩和志留系类复理石建造为主,并包容以元古宇火山岩为核心的平利穹窿构造。南侧则主要为下古生界石灰岩、泥灰岩等岩层组成。其中具特殊重要意义的是,在红椿坝-曾家坝断裂南侧沿断裂从红椿坝到瓦房店等地段,发育侏罗纪断陷上叠型陆相盆地（J_{1-2}），显然属于秦岭沿勉略带印支期主碰撞造山后的伸展塌陷盆地构造。后又被以红椿坝-曾家坝为主推覆断层的紫阳-平利逆冲推覆体沿其北缘叠覆其上，证明北大巴山区于印支期秦岭主碰撞造山晚期，曾发生了碰撞后伸展垮塌的张裂断陷，形成上叠断陷盆地，接受早中侏罗世陆相沉积，而后又发生早中侏罗世后的中新生代的向南的推覆构造，并成为北大巴山推覆构造的复合组成部分。筛除断裂后期燕山晚期的脆韧性逆冲推覆断层活动，先期具韧性推覆剪切带特征。

5. 紫阳-平利推覆构造

紫阳-平利推覆构造以包容平利穹窿构造和凤凰山穹窿构造为特征，整个推覆构造以下古生宇为主包容两个以元古宇为核心的穹窿构造，主导沿红椿坝-曾家坝断裂向南逆冲于高桥-镇坪推覆构造之上，其东、西两端又被巴山主弧形断裂截切。同样，该推覆构造内部结构也表现为具有先期穹窿构造与碰撞构造和晚期向南的逆冲推覆构造的叠加复合特征。

6. 石泉-安康-青峰断裂

石泉-安康-青峰断裂呈北西-南东向，主导产状 $10°\sim30°\angle25°\sim35°$，倾角最大 $50°\sim65°$ 左右，具韧性和脆韧性特征，表现为发育糜棱岩带和构造片岩带及脆性断层角砾岩带。构造解析表明后期为叠加重合的逆冲推覆断层构造和更晚期的与正断层复合，而先期主要是逆冲推覆韧性断层。区域对比，它应是以武当穹窿为核心的向南的先期武当推覆构造的主断层。晚期西北延伸分支，分别复合成为以武当穹窿和慢坡岭穹窿为核心的武当推覆体和安康推覆体的推覆断层，成为北大巴山主要推覆构造之一。该断裂经历多期复合，内部结构复杂，保存发育中小尺度糜棱岩 S-C 构造、碎斑旋转构造、不对称褶皱与书斜构造及塑性流变构造等，断裂带及其向西北的延伸部分均一致指示其自北东向南西的逆推运动。

7. 安康-武当推覆构造

安康-武当推覆构造南以安康-青峰断裂为主要推覆断层，北至银杏-闾河-鲍峡断裂与两郧-十堰断裂以北，其间包括了多个次级逆冲推覆构造，并又叠加公路与两郧剪切走滑断层带，卷入了元古宇和下古生界岩层，其突出特点是先期在以武当和慢坡岭元古界火山岩系为核心的穹窿构造基础上，形成由指向南的一系列逆冲叠瓦状推覆构造组成的统一武当推覆构造，而后晚期又继承性的复合巴山巨型推覆运动，自北而南依次形成以石泉-安康断层为界的安康推覆体、以安康-青峰断层为界的武当推覆体。推覆构造西北端被石泉-城口-房县北大巴山主弧形推覆断层截切，而东南端两者逐渐复合归并，最后以致截切合并，因此从整体看北大巴逆冲推覆构造，先是围绕以武当穹窿构造为中心的安康-青峰-襄樊断裂指向南的推覆运动，而后才有以石泉-城口-房县为主推覆断层的整个北大巴逆冲推覆构造的复合形成。

（四）南大巴山逆冲推覆构造带

南大巴山逆冲推覆构造主要由两期构造复合而成。先期由最新只卷入 T_2 的前陆逆冲断裂褶皱构造构成，而晚期则整体作为巴山巨型推覆构造系的下盘，一方面其部分先期构造被叠覆掩盖于北大巴山推覆体之下的深层，而另一方面更突出的是叠加改造上述先期的前陆冲断褶带，使之成为现今主体出露的叠加复合推覆构造变形带，并向前扩展卷入 $J-K_1$ 等前陆盆地岩层，从而又形成推覆扩展前锋变形带。故可将其再划分为两个次级逆冲推覆带，即以星子山-平坝-阳日断裂为界，分为北部前陆断褶复合逆冲推覆构造带和南部前陆推覆扩展前锋变形带（图 2.38）。

1. 南大巴山北部前陆断褶复合逆冲推覆构造带

北部前陆冲断褶皱带分布于巴山主弧形城口断裂南侧，以平均宽约 40 km 的一带镶嵌于巴山主推

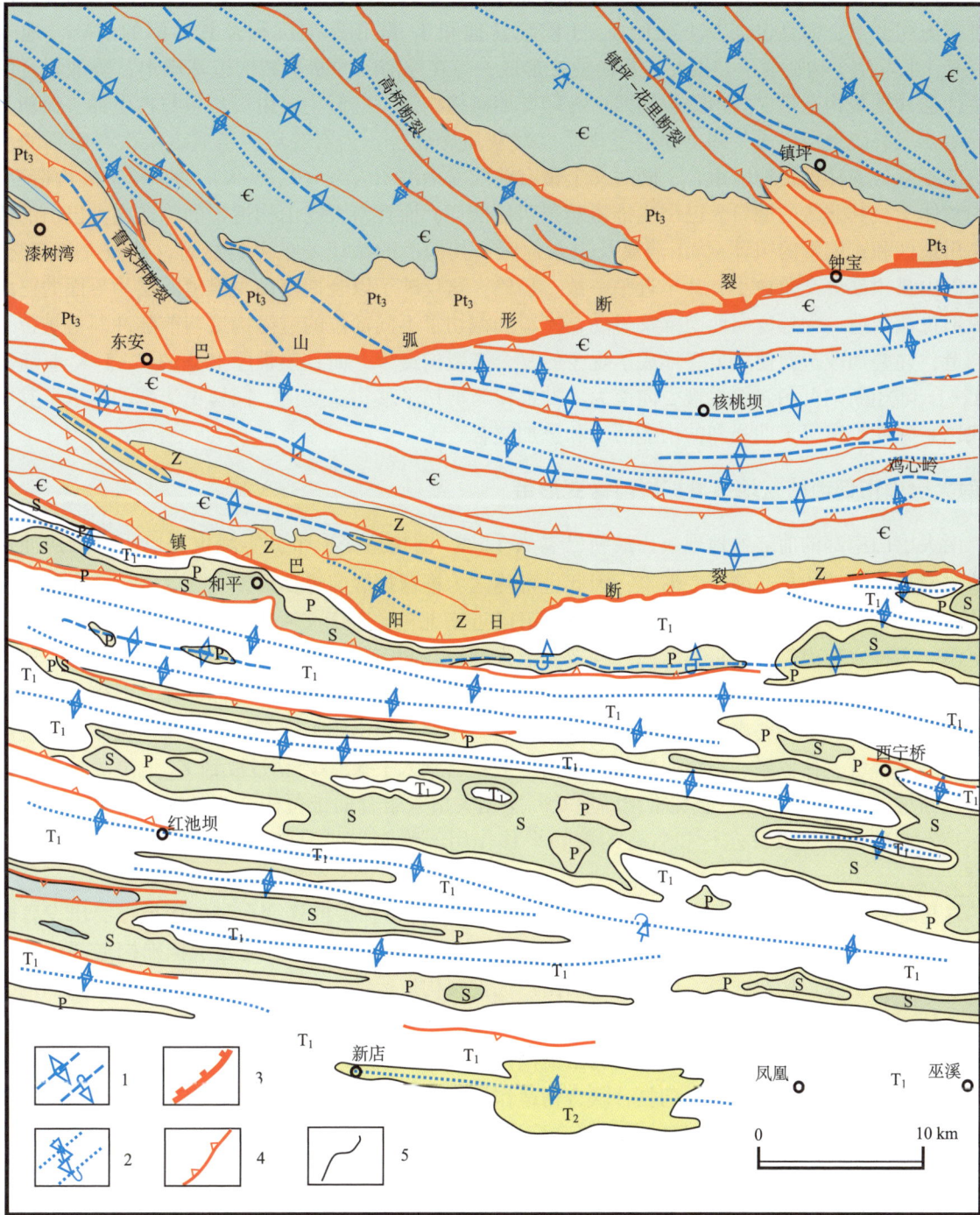

图 2.38　镇坪–巫溪走廊带构造形迹图

1. 背斜和倒转背斜；2. 向斜和倒转向斜；3. 巴山弧形边界断裂；4. 逆冲断层；5. 地层界线

覆断层南侧，呈弧形展布。其最突出的标志性特征是其强烈的冲断褶皱构造最新只卷入 T_2 岩层，并为 T_3–J_{1-2} 陆相前陆盆地沉积或 J_{1-2} 上叠陆相断陷沉积不整合上覆，诸如城口坪坝 T_3 等前陆盆地沉积和房县青峰 J_{1-2} 陆相断陷盆地沉积等。表明该带原是勉略古缝合带的前陆冲断褶皱带，并构造不整合上覆 T_3–J 前陆沉积和 J_{1-2} 断陷上叠沉积，但由于后期其北缘沿城口–房县断裂的巴山推覆构造而被逆冲推覆掩盖，现仅有诸如上述坪坝和青峰等局部残留呈现出来，而在其南侧的推覆扩展前锋构造带仍保存并行发育的 T_3–J–K 前陆盆地到扬子克拉通盆地的连续过渡沉积。它们整体之后又受以巴山主推覆断层为代表的北大巴山推覆构造的强烈大规模推覆叠置与叠加改造，不但使之广泛发生重褶和新的逆冲推覆剪切变形，而且也使其上叠的 T_3–J 前陆盆地和 J_{1-2} 陆相断陷沉积及其外侧的前陆盆地岩层（T_3–K_1）也发生了构造变形。因此，从而使之形成一带在原前陆冲断褶皱构造基础上，叠加复合的中新生代逆冲推覆构造带。其内部包括残存有印支期碰撞构造，它们主要由震旦系与古生界，最新为中生界中下三叠统地层组成，并主要以震旦系（凝灰质碎屑岩）为滑脱层，组成多层次与级别的由北向南的断褶与逆冲推覆构造组合，同时又上覆有前陆盆地沉积岩系（T_3–J–K）的推覆扩展构造变形，它们整体又被其北缘的城口大巴山主推覆断裂明显截切，而且南大巴山构造带的构造在大巴山的西北端高川地区和东南端的镇坪–竹山蒲溪及以东地区，其构造的截切关系更为显著，甚至大角度交切，而在巴山弧顶部分交角愈小，甚至近乎一致。显然，这反映了以晚期巴山主推覆断层为界面的巴山巨大弧形推覆构造，大幅度向西南推移运动，掩覆和截切了不同部位的碰撞构造与前陆冲断褶皱带等先期构造，并叠加改造而使之最终形成了现今的复合推覆构造带。而且该带原上叠的 T_3–J–K 前陆沉积和 T_3–J_{1-2} 陆相断陷沉积岩层也遭受向南为主的推覆与剪切平移构造变动，同样更清楚的表示了其中新生代以来晚期推覆等多期强烈的构造活动和叠加复合。

2. 南大巴山南部前陆盆地推覆扩展前锋变形带

南大巴山南部的前陆盆地现成为最新已卷入 T_3–K_1 的构造变形带，实际也是巴山巨型逆冲推覆构造向南推覆运动的扩展前锋变形带，因此也可称之为推覆扩展前锋变形带（图 2.38）。它位于上述前陆冲断复合推覆带南侧，从西部汉南西乡–镇巴近南北向，经万源–达县间呈向西南的弧形展布，至巫溪、大神农架南侧转为近东西向。构造变形强度自北向南逐渐减弱，并以褶皱变形为主，逆冲断裂减少，褶皱从指向南—南西的不对称歪倒到以直立宽缓褶皱为特点，但总体，尤其北侧仍以线状构造为特点，背斜核部主要出露志留系、二叠系，向斜核部主要出露下三叠统，并愈向南则依次逐渐出露中、上三叠统、侏罗系、下白垩统。褶皱构造最新已卷入 J–K_1，乃至过渡到 K_2 地层为特点。构造变形以断坡–断坪台阶式逆冲叠瓦推覆断层及断层相关褶皱组合的推覆构造为其突出特点。同时应强调该带不同部位伴生发育左行和右行的剪切平移作用，致使一些地段出现沿剪切带的竖倾褶皱的发育。

这里还要特别强调指出，镇巴–米仓山间的属于前陆推覆扩展前锋变形带的区域，突出发育晚期新的中新生代两期叠加变形，使之不同于其他部位的构造。自然，这与其处于特殊构造部位直接相关。它位于巴山弧形构造西翼，因巴山向西南巨大推覆构造运动，巴山弧西翼因受川中、川西的北端汉南地块强烈挤入秦岭而使之强烈弯转变位，以致使之呈近南北向展布，并又因其北和西部汉南基底的抬升挤压阻挡，故使该地带同时受大巴山向南西的推覆和川中、川西地块的向北推挤，乃至龙门推覆构造的波及，引发该区出现多期复合联合构造作用而变形，使其终形成现呈直交叠加褶皱变形与巨大近东西向的镇巴–南江挠曲构造的独特复合变形图案（图 2.35）。

米仓山–镇巴间南大巴山前陆推覆扩展前锋变形带的两期叠加褶皱，先期现为近南北向紧闭线状褶皱，后期叠加近东西向宽缓褶皱，对应于米仓山东西向背斜，并实为其东延的倾伏端。先期南北向褶皱构造与巴山主逆冲推覆断层相平行，两者应为递进变形的结果，故应为巴山推覆构造扩展前锋变形的产物，即属于巴山巨型双层弧形推覆构造系的晚期逆冲推覆构造。先期褶皱构造显然其现行成为南北向是因其随巴山弧变位所致，其构造以直立紧闭–倒转为特点，向西临近汉南地块向东倒转，而向东临近镇巴断裂则向西倒转。其中更为特异的是其南侧以镇巴—南江东西一线为界，明显发生巨大挠曲构造，北侧整体抬升剥露出最老以志留系为核心、最新以三叠系为核心的近南北向的系列褶皱构造，而它们的总体又是上述晚期宽缓东西向叠加背斜的核部，但南侧整体下降，剥露出最老为三叠系、最新为侏罗–白垩系的——对应于上述北侧的系列南北向褶皱构造，而且向南延伸因平行于巴山弧也呈弧形分布，而其整体也是上述东西向背斜的南翼。显然，南、北侧间构成巨大挠曲构造，表明它们是在平行巴山弧的前陆推覆扩展构造基础上，随巴山弧西翼弯转而成近南北向展布，后叠加东西向米仓山背斜，并后又在其南侧发生巨大挠曲，南北升降差异显著，终经剥蚀而成现今构造面貌。但在巴山弧外侧相应其他地段前陆推覆扩展前锋变形带上则均无类似该地区的米仓山东西向背斜与挠曲构造的明显叠加构造。

南大巴山前陆推覆扩展前锋变形带构造更为突出的另一特点是，它的空间展布总体呈向南西突出的弧形，向南扩展，与南侧川渝八面山隔挡式构造突向北西的弧形，恰相对应，其间形成两者的同期的复合联合构造，即著名的四川向斜状黄金口构造（图 2.39）（郭正吾等，1996；乐光禹，1998；黄继钧，2000；张国伟等，2013），最新地层为 K_2，而且该构造西侧正对华蓥山北北东逆冲断裂构造带，显然构成一个三面围限的复合构造。它的形成最迟至晚白垩世，由巴山弧形构造、川渝弧形构造和华蓥山断裂带共同复合联合围限而形成为一个独特的黄金口构造。说明巴山巨型推覆构造逐渐向南扩展、减弱，并与同期邻区其他构造复合过渡而转换，导致产生一个特殊的复合联合构造应力场与相应的特殊复合联合应变场，最终形成复合联合的独特构造变形几何学形态。类似的构造还出现于华蓥山西侧的川北通南巴地区和鄂中江汉盆地下伏地区。它们规律的分布于秦岭-大别造山带南侧，成为山盆构造转换的突出表现，不但具重要构造意义，而且对中上扬子油气藏的评价与勘探也具重要意义。

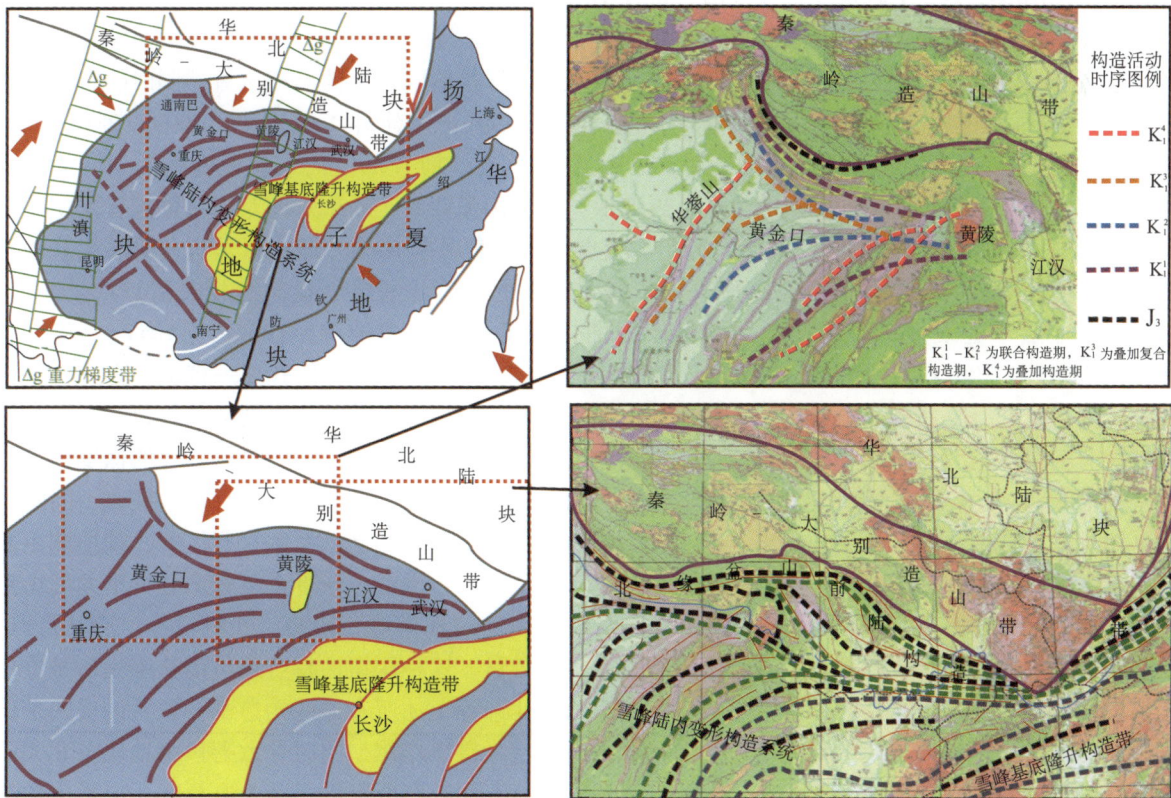

图 2.39 黄金口复合联合构造（张国伟等，2013）

综合南大巴山南部前陆推覆扩展变形带的形成时代，应为 J_3-K_1，理由是：①碰撞造山前陆盆地沉积为 T_3-J_{1-2}。南大巴山前陆盆地堆积 T_3 须家河组磨拉石，古流向指示物源来自于北侧大巴山（何建坤等，1997），证明巴山已于 T_2 晚期和 T_3 初期造山变形而隆起，成为物源剥蚀区。②北缘上三叠统和下侏罗统角度不整合覆于褶皱变形的中、下三叠统及其以下地层之上，而 T_3-J_{1-2} 又被北侧断裂逆冲推覆其上。③结合上述南侧的南通巴、黄金口等复合联合构造，其逆冲挤压褶皱变形已完全卷入侏罗系，并可见 J-K 连续过渡沉积，变形也已波及白垩系。而且总体构造变形向南逐渐减弱，表明来自于北侧的巴山巨型弧形推覆构造动力，向南的作用时间是逐渐向南传递过渡的，故推断巴山弧形推覆构造活动的时限是一演化过程，主导期应为晚侏罗世—早白垩世（J_3-K_1）。

3. 扬子板块北缘大巴山前陆逆冲-推覆构造特点

南大巴山复合前陆构造的先期，即印支期前陆构造与勉略印支期主碰撞构造密切相关，扬子北缘大巴山前陆逆冲-推覆构造带与勉略缝合带紧邻，现今总体是扬子板块与秦岭微板块于印支期陆-陆碰撞造山和燕山中期陆内造山复合作用的综合结果。

南大巴山前陆薄皮逆冲-推覆带现今总体呈现为一向南西突出的弧形构造，已如上述，将其自城口-房县断裂向南划分为复合前陆冲断褶皱变形带和前陆扩展前锋变形带（何建坤等，1997；张国伟等，2001a，b）。前陆盆地形成可分为两个成盆时期，两个变形期。第一个成盆期为 T_3-J_{1-2}，主造山碰撞造山期，是前陆的挠曲沉降成盆期，第二个成盆期为 J_3-K，陆内造山前陆盆地期。两个构造变形期是：①印支期主造山后的前陆冲断构造与前陆盆地沉降；②中晚燕山期陆内造山的前陆盆地与变形期。

南大巴山冲断变形运动学研究表明，晚三叠世后，首先从城口-房县断层南缘区发生巨型前陆冲断作用，若恢复原汉南地块回军坝-五里坝、巴山弧与平坝—巫溪一带的前陆构造线主要为东西向或北西西向，与勉略碰撞带内构造一致，表明早期变形幕主体是扬子板块与秦岭微板块碰撞阶段南、北挤压应力作用的结果。中晚侏罗世—早白垩世，秦岭陆内造山期，南大巴山主要以前展式弧形展布的冲断作用从北部向南部，即从北缘根部向南缘前锋不断扩展，而且从深部向浅部的逆冲可能还与此时佛坪地区陆壳侧向挤出有关。约到晚侏罗世末，变形已弧形扩展到现代的前峰位置，同时，因调节作用在变形强烈区还发育少量的反向冲断（何建坤等，1997；何建坤、卢华复，1999；刘树根等，2006）。在这一变形阶段由于秦岭造山带沿大巴山城口-房县主推覆断裂的大规模南南西斜向向扬子北缘的逆冲推覆运动，使得前陆逆冲弧形扩展变形，在巴山弧西翼，断层走向及褶皱轴迹皆发生了向南北-北北西的拖曳弯转，并且呈现出右行走滑特点，充分表现在 ①强烈缩短后呈直立的寒武系地层中发育典型的右旋不对称褶皱；②在徐家一带规模较大的台阶状断层下盘次级相关褶皱均呈左列；③陡倾角地层中还发育有右旋逆断层及断层扭曲褶皱变形（何建坤等，1997；何建坤、卢华复，1999；施炜等，2007；董云鹏等，2008a；胡健民等，2009）；④在城口、修齐坝一带也发育直立右行同旋转构造，使直立泥质砂岩错位呈书斜式构造及直立右行滑褶皱；⑤前锋带的明通井复合断层相关褶皱及五宝场盆地北缘断层相关褶皱均呈左型斜列（何建坤等，1997）。龙门山东北部的侏罗纪—早白垩世褶皱-冲断带不断地向东部前峰方向迁移，不同时代的磨拉石沉积也是从西向东推移，同时由于早期沉积的侏罗系磨拉石层的褶皱，进一步形成白垩系或古近系和新近系磨拉石沉积，使前渊由西北向东南方向迁移、后退。另外，可以看到侏罗系、白垩系和古近系、新近系沉积中心也沿龙门山褶皱-冲断带走向发生迁移，即由北东向南西方向发生迁移（刘和甫等，1990；刘树根等，2006），这反映了冲断带不但具有压性分量，同时也具有左旋走滑分量。这种压扭性特点还可以从雁列褶皱方位和沉积中心迁移得到明显反映。巴山弧西翼和龙门山东北部等上述所有这些构造都一致共同反映了侏罗纪—早白垩世汉南地块向秦岭造山带的强行陆内斜向挤入挤压作用，同时导致碧口微地块及北大巴山不同岩块的相对挤出，在其西部龙门山一带表现为左行，而其东部巴山弧则为右行。还应指出的是此时碧口微地块可能也与汉南地块一样在向北楔入，但同时前者相对后者因沿阳平关-宁陕走滑断裂而表现出一种相对的挤出效应。而在勉略带勉县北部的中侏罗世盆地于 J_3 发生向北的陡立逆冲构造，实际从区域构造看，则是 J_3-K_1 时期秦岭陆内造山作用的产物。陆内造山作用时期，勉略带勉略区段由于秦岭与扬子（具体即汉南地块）间强烈陆内俯冲挤压，发生如上述汉南地块强行向秦岭的俯冲挤入，两陆块间相向高角度逆冲对挤，造成向北或向南的高角度仰冲，勉县侏罗系煤系地层的高角度仰冲即是一实例。从区域整体观察分析，显然仍主导是秦岭造山带向扬子地块的逆冲推覆叠置，勉略区段东西两侧相应延伸的大巴山和康玛两弧形构造向南的巨型逆冲推覆，使秦岭造山带掩覆在扬子和松潘陆块之上，就是典型的代表，所不同者，只是在勉略区段秦岭与汉南两陆块高位强烈相向对挤所致的成高角度的逆冲。

综合概括扬子陆块北缘大巴山盆山前陆构造基本特点主要为三点：

1）北大巴弧形推覆构造掩覆了印支期秦岭勉略碰撞古缝合带（详见于勉略古缝合带章节）及其南侧碰撞造山先期前陆冲断褶皱构造带的主体部分。大巴山巨型双层逆冲推覆构造系中的北大巴山沿石泉-城口-青峰-襄樊主巴山推覆断层于 J_3-K_1 时期的巨大逆冲推覆运动，使北大巴山推覆体掩覆掉勉略古缝合带及其碰撞造山前陆冲断带主体部分，深埋于地下，使之在大巴山地区未得以出露。并且经地表地质事实综合研究与地球物理探测，揭示勉略印支期缝合带不存在从勉略地段沿石泉、安康一线东延的确切实际证据，也更无再东延至大别北侧熊店、宣化店的推测假设依据（张国伟等，2001；王宗起等，2009；刘少峰、张国伟，2013；Dong et al.，2013），而主要是掩覆在相当于石泉、安康一线的北大巴山地下深部。

2）大巴山前陆构造是多期不同时代不同性质造山作用形成的复合前陆构造系统。主要包括：①秦岭印支主造山期沿勉略缝合带俯冲碰撞造山形成的大巴山印支期前陆冲断褶皱推覆构造带与以 T_3-J_{1-2} 为标记的前陆盆地，实即先期碰撞造山的前陆构造系统；②秦岭燕山中晚期陆内造山作用的大巴山双层逆冲推覆构造的前陆冲断褶皱推覆走滑构造与中生代晚期的陆内造山的前陆盆地，实即晚期陆内造山的前陆构造系统。显然这是中新生代以来秦岭板块碰撞造山与陆内造山两期不同的前陆构造的复合，综合形成了诸如前述的系列独特特征的复合复杂的前陆构造组合，并成为其总体区域性独特特征。

3）大巴山复合前陆构造整体呈现秦岭造山带向扬子准克拉通的独特构造过渡转换，突出形成川渝北部大巴山南侧造山带向克拉通过渡的黄金口复合联合构造，表现出大巴山前陆构造与扬子准克拉通内部的雪峰陆内构造（川渝八面山弧形构造）两套不同构造间的同期（J_3-K_1）相向叠加的复合联合构造交接过渡，同期同时相互作用形成联合构造，同期而不准同时形成复合构造，两者同区的复杂同期交织形成独特的叠加构造，成为扬子准克拉通北部秦岭-大别造山带南侧一带突出而独特的构造带，包括自西而东的川渝黄金口复合联合构造和江汉-鄂东复合联合构造，显然其重要构造意义在于它代表了从活动构造带，即造山带向相对稳定地块，即扬子准克拉通的构造交接转换及其构造几何学形式的变化与过渡。

三、桐柏-大别南缘区域构造特征

巴山弧形构造东延至襄樊，转而向东南，其南缘边界断裂连接桐柏-大别造山带南缘的襄广边界逆冲推覆-走滑断裂构造带，此即是勉略构造带的东延。

桐柏-大别造山带，相对于秦岭，因大别地块大幅度向南的推覆运动，故使勉略构造带相对于巴山弧而自襄樊以东成南东向呈半弧形东延，显然这也与大别地块东边界郯庐断裂的截切平移直接相关，从而使之只成原大别弧形的西半翼呈半弧形从襄樊延至广济（现武穴），该区段多简称襄广断裂带。该断裂带由于沿线发育中新生代断陷盆地，多被新生界岩层覆盖，只有随州南花山和黄石-武穴两地段保存出露较好（图2.40）。

桐柏-大别造山带南缘边界构造以襄广断裂带为界，分为北侧的造山带南部带和南侧的扬子地块北缘带。襄(樊)-广(济)断裂带是一个历经长期演化的复合断裂构造带，西自湖北襄樊市向东南延伸，多有分支组合，先后与公路断裂和两郧断裂复合或交切平移，断裂分支分别经枣阳耿集和宜城板桥、合于随州新阳，过随州三里岗后又分别经京山坪坝，过云梦、孝感，以及经京山三阳、宋河，过应城、孝感南，再向东又愈合为一带，经鄂州，过黄石，达广济，与郯庐断裂连接或被截切。襄广断裂带从襄樊向西弯转向西南而与巴山主弧形断裂，即青峰-房县-城口断裂相接。显然襄广断裂带是现今桐柏-大别造山带南缘的边界断裂，也即是桐柏-大别造山带与扬子地块的分界断裂。它虽早为我国地学界重视，有长期研究，但相对而言系统深入研究较少，一般性论述较多。近年来，随着秦岭-大别造山带研究与中下扬子油气地质研究的不断深入和地质、地球物理、地球化学多学科综合研究的加强，不断取得新的进展。大量的研究成果表明，襄广断裂带起始较早，但主要是在先期断裂构

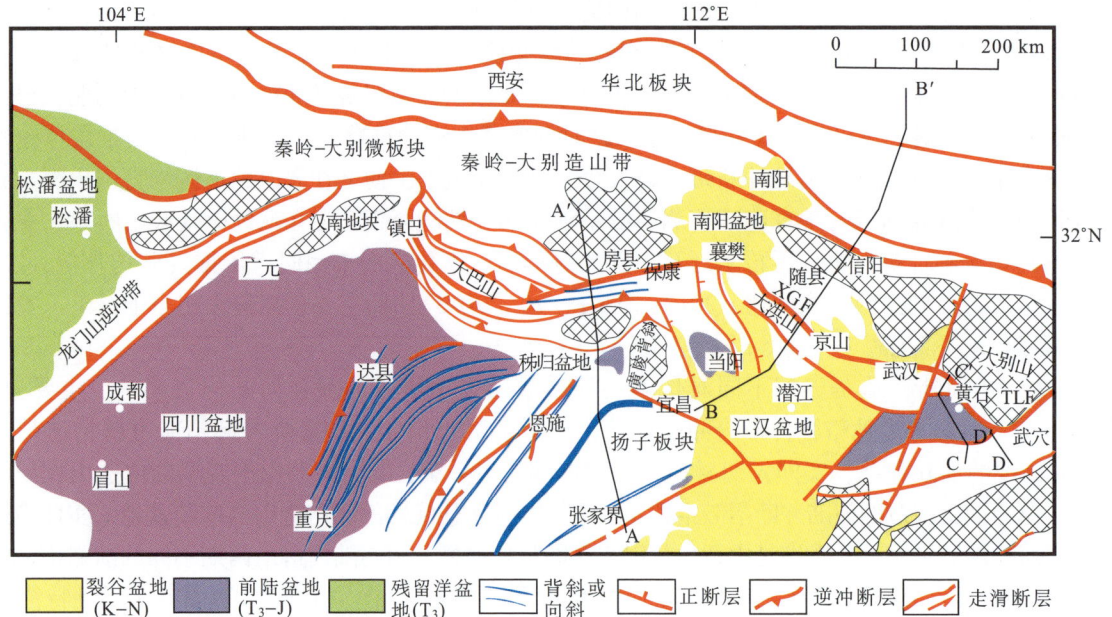

图 2.40 襄广断裂带襄樊–武穴区段构造简图

图例：裂谷盆地（K–N）　前陆盆地（T₃–J）　残留洋盆地（T₃）　背斜或向斜　正断层　逆冲断层　走滑断层

造基础上，成型于晚三叠世以后的陆内逆冲推覆作用，并叠加了平移剪切和正断层作用，最终形成一条长期活动的复合型断裂构造带。

襄广断裂带北侧的桐柏–大别山是秦岭造山带东延部分，两者具有相似的大地构造属性，只是晚期演化历史存在差异，尤其中、新生代以来，大别区迅速构造隆升、剥蚀，致使其成为大别–秦岭造山带中出露造山带根部中深构造层次及超高压变质杂岩的独特地段。然而从造山带总体的岩石圈基本组成、构造演化、成因与动力学特征的综合分析来看，实际应是统一造山带的不同组成部分。在桐柏–大别造山带西部随县地区，与南秦岭相当的古生代沉积岩层还有零星残存出露，而到殷店–黄陂逆冲推覆走滑断裂以东的桐柏–大别山中、东部地区古生界已剥蚀殆尽，大面积出露前寒武纪变质岩系。但恢复古生代原貌，桐柏–大别山地区原与秦岭类似，同属于统一的扬子板块北部被动大陆边缘，同样先后经历扬子、秦岭与华北三板块从古生代开始的自东而西的斜向穿时俯冲碰撞造山作用，然而在中生代初期的最终碰撞造山作用，以及中新生代陆内构造阶段，尤其大陆深俯冲和逆冲推覆构造与伸展隆升作用中，大别山突出呈现大陆深俯冲与快速折返，使之急剧隆升，强烈剥蚀，广泛抬出造山带根部中深构造层次的古老变质岩系和 UHP-HP 变质岩石，造成其现今面貌与秦岭判若是两个不同的造山带。但若筛除中新生代晚期叠加改造，尤其是强烈的抬升与伸展剥离作用，重塑其基本构造格架与地质历史、从基底到盖层的地质组成与演化、区域对比，两者应同属统一造山带，同是完成中国大陆南北拼合的主要结合带。综合分析从大别和桐柏杂岩由深成杂岩和表壳岩系组成，并呈现多期叠加的变形形态和红安群主要呈平缓紧闭褶皱与韧性逆冲–推覆型叠置岩片等的基底杂岩构造特征，到中上部随县群、耀岭河群等元古宇过渡变质变形基底和南华系、震旦系及下古生界岩层以发育紧闭歪倒褶皱与韧性推覆剪切带等构造的主导特点，并再从构造整体的不对称性所指示的推覆方向由北东向南西看，综合认识其整体构造几何学与运动学特征同南秦岭巴山弧形多层次逆冲推覆构造系的构造格局是基本类似的。然而两者自中新生代以来构造差异却又十分显著，最突出的是桐柏–大别地块和桐柏–随县地块大范围发生伸展剥离构造，强烈叠加改造先期推覆构造，而且在它们的南缘地带，除一些地段为新生界覆盖外，在露头地区，西部桐柏–随州南缘沿襄广断裂，叠加复合公路与两郧走滑断裂，其更突出是在逆冲推覆挤压与伸展正断层复合构造中，残留有花山混杂岩带。而东部大别南缘在大别超高压变质岩带南侧并行分布冷榴辉岩带和宿松变质岩系，均以断裂相接触，包括花亭和浠水等大型复合韧性剪切带，并以襄广断裂向南逆冲在扬子北缘长江沿岸的中下扬子冲断褶皱构造之上（详述于后）。总之桐柏-大别现今南缘边界带构造主要呈现为复杂的多期复合构造面貌，主要包含有主造山期陆-陆碰撞构造及其蛇绿构造混杂岩和碰撞构造的向南巨大多层次逆冲推覆构造与前陆冲断褶皱构造和中新生代以来陆内造山作用的构造与抬升、超高压变质岩石的最后折返以及伸展剥离与逆冲推覆及平移走滑构造的叠加复合，并正是由于东部大别高压-超高压岩石为代表的大陆深俯冲与折返构造演化与南缘巨大走滑逆冲推覆掩盖等中新生代构造的强烈发育，造成襄广断裂之南的前陆构造带遭受强烈改造并被大幅度的掩覆，使桐柏-大别带的东、西部构造特征呈现显著差异变化。鉴于以上桐柏-大别造山带南缘带区域构造特征的差异，将其划分为两个构造区段，即东部大别造山带南缘复合构造带、西部桐柏造山带南缘花山构造区段，分述于下。

（一）　大别造山带南缘复合构造带

大别造山带南缘的边界断裂是黄石、武穴间的襄广断裂，如前述突出呈现复合断裂构造带特点。襄广断裂带从上述花山以东至黄石区间为新生界覆盖，至黄石东长江以北至武穴（广济）又复出露，虽仍是断续出露，但突出表现为大别造山带的强烈变质变形岩块总体向南斜向逆冲推覆在南侧中扬子古生界岩系或中生界陆相岩层之上，并明显兼具右行剪切走滑特点。而且大别向南大幅度推覆已掩盖了其前陆冲断带，并已邻接江南幕阜山的自南向北运动的前陆逆冲断褶带，在蕲春、武穴等地大别南缘已出露自南而北的冲断构造。上述整体构造特点也已为横穿大别造山带的反射地震测深所证明（董树文等，2002，2005；袁学诚、李善芳，2008）。对该区间需特别强调的是在现襄广断裂带北侧邻近的浠水县兰溪—清水河至宿松县的二郎一线，不仅突出发育一北西西走向的韧性剪切带，而且沿线多处残存基性火山岩、辉长岩与超镁铁质岩块，经初步地质、地球化学综合研究表明具有蛇绿岩、洋岛和岛弧火山岩特点，表现出原是一带被改造尚有残存的蛇绿混杂岩带，或者说古缝合带特征，而且它现今又不与襄广断裂完全重合（图2.40）。综合分析对比，它可与区域上的勉略古缝合带对比（详述于后），故表明黄石-武穴区间，即大别造山带南缘，在现襄广断裂的北侧还发育保存一条可能为印支期的碰撞缝合带，所不同的是此区间晚期中新生代的襄广断裂带，与东延的原勉略缝合带不完全复合，而只是其现今出露的南边界。关于这里残存的镁铁质与超镁铁质构造岩块属性、时代及其与勉略带关系，后面将进一步讨论。

大别南侧的前陆区及其与扬子地块北缘的盆山构造带位于湖北武汉、鄂州、黄石区域。北以秦岭-大别南缘襄广断裂为界与桐柏-大别地块相分割，南与扬子地块北缘江南造山带前陆冲断褶皱构造带相邻，构造线明显为北西西—东西向。该带在元古宙构造基底上，经历震旦纪以来扬子地块长期发展演化，于印支期在其北侧秦岭-大别勉略缝合带最后碰撞造山作用下，并受同期南侧江南幕阜山构造带构造演化的制约与影响，形成其北缘平行秦岭-大别造山带的前陆冲断构造和前陆盆地，发育一系列逆冲断裂和较为紧闭甚至倒转的复式褶皱，武汉以西为新生界覆盖，武汉以东、大别山以南大冶-阳新地区以自南向北指向的冲断褶皱构造带为主，仅在黄石-武穴北侧的大别山前仍有突出的指向南的逆冲断褶构造保存，显然这是由于鄂东区，大别地块中新生代以来向南的大规模逆掩运动覆盖，加上南北侧构造的复合，指向北的逆冲断褶推覆叠加改造先期北侧的指向南的逆冲断褶构造所致，呈现复杂的复合和联合构造形态：一是大别南缘的前陆冲断构造带几乎全被来自北侧的大别地块掩覆缺失；二是出现以武汉复式褶皱带和黄石复式褶皱带为代表，复式褶皱主要由志留系—下三叠统地层组成，背斜相对宽缓，向斜相对较窄的复合过渡性构造形态，构成相向对冲的复合联合构造，其对冲带在黄石以东逐渐为大别地块推覆体所掩覆，过武穴向东在下扬子又突出地出露延伸，直至南通一带。

综合襄广断裂带特征，如同前述的各区段的勉略带特点，具有①先期曾是印支期板块碰撞缝合带，后被多期改造而残存；②发育印支期板块造山碰撞逆冲推覆与剪切走滑构造，并后又有印支主造山期后的陆内造山构造，诸如推覆、走滑与伸展等多期的叠加复合构造，而且后期叠加的陆内造山构造还以其与先期缝合带或掩盖重合、或不完全重合而独具特征。

1. 大别山南缘复合构造带地质背景简述

已如前述，大别山是华北板块与扬子板块之间的碰撞造山带，属于秦岭-大别-苏鲁复合型中央造山系的东段，东为郯庐断裂所切割平移至苏鲁地区，是中央造山带中出露造山带深层根部岩石的最具代表性的地区。大别南缘复合构造带处于大别造山带的南缘，围绕大别山呈向南突出的弧形展布。

大别山地区区域构造单元可划分为：华北地块南缘构造带、大别造山带、扬子地块北缘构造带。其中大别造山带进一步又划分为（图 2.41）：北淮阳构造带、北大别变质杂岩隆起构造带、南大别超高压变质构造带、大别山南缘复合构造带。大别南缘复合构造带是位于大别造山带南部，北邻南大别超高压变质构造带，南以襄广断裂和郯庐断裂为边界的大别南缘区域。大别南缘复合构造带南边界断裂以南原应是扬子地块北缘的大别造山带南缘山前前陆冲断构造与前陆盆地，但现今都直接濒临属江南构造带北缘的幕阜山前陆冲断构造，而大别造山带的前陆构造却仅有少量保存（图 2.41）。显然，现今大别南缘外侧的扬子地块北缘两套前陆构造是由于大别地块中新生代以来的大规模推覆构造运动，使大别地块大幅度向南运移，掩盖了大别的前陆构造而直接临近江南幕阜山前陆构造所致。以下简要概述大别造山带南缘复合构造带与扬子地块北缘构造。为便于论述，以下将先概述大别造山带各构造单元与扬子北缘相关构造。

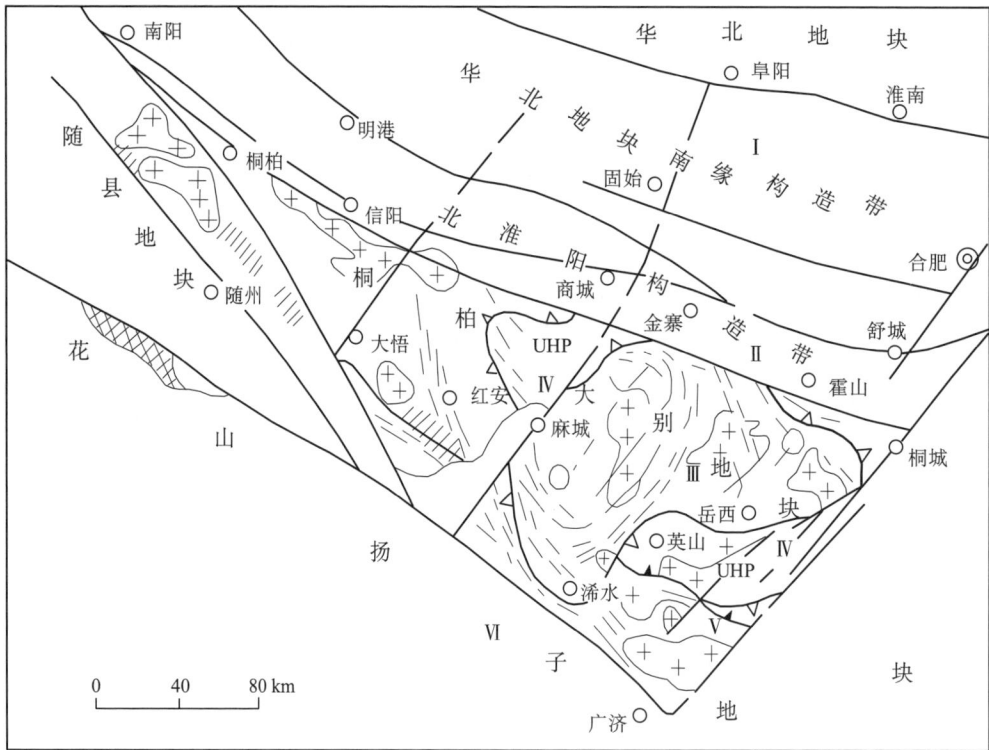

图 2.41　大别造山带构造单元简图

Ⅰ. 华北地块南缘构造带；Ⅱ. 北淮阳构造带；Ⅲ. 北大别变质杂岩隆起构造带；Ⅳ. 南大别超高压变质构造
（UHP）带；Ⅴ. 大别山南缘复合构造带；Ⅵ. 扬子地块北缘复合前陆冲断褶皱构造带和推覆前锋变形带；
斜网格示花山蛇绿岩带；斜线示高压蓝片岩带

1）大别造山带不同构造单元概述

（1）北淮阳构造带

该带处于明港-舒城断裂与桐柏-晓天-磨子潭断裂之间，主要由不同时代、不同构造岩块复杂组合而成，总体相当于秦岭造山带的商丹构造带和部分北秦岭构造带，是大别造山带北缘华北地块南缘与扬子地块（或华南地块）交接，历经长期演化的复杂复合性构造带，应是原板块俯冲碰撞、拼贴叠置，后又经多期逆冲推覆、走滑、伸展断裂等造成的复合性构造拼接带。

北淮阳构造带北缘与北侧应主体相当于北秦岭构造带的东延部分。北淮阳构造带的组成比较复杂，包括信阳群（D-C）、佛子岭群（Pz₁）、卢镇关群（Pt₂₋₃）以及上叠的商城群与梅山群等滨海含煤建造和陆相的 J-K 与 E-N 岩层。它们除晚期断陷盆地型的陆相岩层外，原均是不同时代不同程度变形变质的构造岩块岩片以构造关系强烈压缩拼置组合而构成的一个复杂独特的构造带，所以北淮阳构造带主要表现为多条主干韧性、脆韧性剪切带为骨架组成的叠瓦状逆冲推覆构造系。相当于秦岭造山带中北秦岭构造带北边界的洛南-滦川断裂带，北淮阳北侧的明港-舒城逆冲推覆带，呈近东西向弧形展布，发育糜棱岩，出现飞来峰和构造窗，运动指向南，自东秦岭滦川以东到北淮阳地区，推覆逐渐加强，华北地块南缘构造大规模向南滑移推覆，成向南突出弧形依次交切掩盖北淮阳构造带，以致使北秦岭向东尖灭消失，并与商丹-信阳-舒城断裂归并在一起，形成独特而复杂断裂构造带。商丹-信阳-舒城逆冲推覆带在西部秦岭造山带是商丹古缝合带，东延至北淮阳地区，逐渐与上述洛南-明港-舒城逆冲推覆带归并复合，中新生代又突出发生向北为特征的逆冲推覆，使之更加复杂。但实质上仍是一个被强烈改造的大别造山带的相当于秦岭商丹带的古缝合拼接带。中新生代中晚期以来，北淮阳构造带主导呈现为向北的逆冲推覆构造，变质岩系向北逆掩在 J-K 陆相地层之上，后又叠加伸展断陷。

（2）北大别变质杂岩隆升构造带

该带位于晓天-磨子潭断裂带之南，南侧以英山-五河-水吼岭韧性剪切带为界。北大别变质杂岩为大别山变质基底的隆起结晶杂岩，并以罗田、岳西两隆起为核心，核部有麻粒岩相及硅铁质建造深变质岩石出露，具大别造山带"根部"基底特征。北大别东西两侧分别被北北东向郯庐断裂和团麻断裂所分割。

北大别以大别杂岩为主，其中奥长花岗质-英云闪长质-石英闪长质片麻岩（TTG 岩套）占主体，为古老的基底变质杂岩，包含有较多的镁铁质、超镁铁质岩石和少量变质表壳岩系，它们以构造岩片或构造透镜体出露于 TTG 片麻岩套中，其属性与构造意义有争议，徐树桐等（1997）认为是蛇绿岩古缝合带残留。镁铁质、超镁铁质岩石可以划分为两类：一是经历过变质作用的新元古代橄榄岩、辉石岩、辉闪岩、辉长岩类等，一是未经过变质作用的中生代辉石岩、辉长岩等。均为底侵的地幔镁铁质、超镁铁质堆晶岩系，迄今虽仍有争议，但多认为不属于蛇绿岩套的组成部分。该带中有大量燕山期花岗岩的侵入，并以天堂寨和罗田为核心形成大别山突出的穹窿状构造。

北大别杂岩总体变质为角闪岩相，部分达到麻粒岩相，早先的麻粒岩相变质作用又明显叠加了角闪岩相变质作用和混合岩化作用。近些年 1:5 万区调填图中也发现并确定在大别山北部和罗田穹窿中存在榴辉岩，其产出状况多与斜长角闪岩、橄榄岩等基性-超基性岩有关，多呈透镜体产出。并发现有超高压变质岩石出露（刘贻灿、李曙光，2005），其性质与归属尚有争议（徐树桐等，1997；王清晨、从柏林，1998；王清晨，2001）。北大别杂岩经多家综合研究，其原岩形成同位素年代主导为新元古代 700~800 Ma（游振东等，1991；Rowley et al.，1997；Hacker et al.，1998；刘贻灿、李曙光，2005）。

北大别构造变形，先期以主造山期俯冲碰撞构造为特征，后又叠加中生代陆内造山作用，并又由逆冲推覆而抬升，后期叠加中新生代中晚期以来的复合伸展剥离构造，强烈改造先期构造，突出呈现为以罗田和岳西为核心的大型穹窿状构造，从顶部向四周剥离滑移，向南直抵大别南缘构造带，截切改造掩覆北浴剪切带和超高压构造带。

（3）南大别超高压变质构造带

该带位于北大别杂岩带隆升带南侧，其南侧以北浴韧性剪切带与宿松构造带分界，主要分布在潜山—岳西县菖蒲—英山一带，向西在红安至新县一带出露，其中以团麻断裂为界将超高压变质带分为东、西两区，东区为英山-潜山超高压变质带，西区为新县超高压变质带。带内主要岩石由各种类型的片麻岩、斜长角闪岩、片岩、硬玉石英岩、榴辉岩和大理岩等组成，还有少量超镁铁质岩和绿片岩相岩片残存（汤加富等，1995；王清晨、林伟，2002；周建波，2005），以出露超高压变质岩石为特征，并经受多期强韧性构造剪切变形改造，形成不同类型、不同等级规模、不同变形样式为特征的构造岩片叠置。太湖-马庙剪切带南侧为高压变质带。此外超高压变质带内还出露大量的变质变形花岗岩，经受强韧性变形改造形成各类片麻岩体。

超高压变质岩的原岩以陆壳岩石为主，类型多样（Li *et al.*，1993；徐树桐等，1994；Cong *et al.*，1995），原岩年龄主要为 700~800 Ma（U-Pb；Ames *et al.*，1996；Hacker *et al.*，1998）。超高压变质形成时代，精确同位素年代学研究，已获基本共识，主要形成于三叠纪（245~210 Ma）。

大别山超高压变质带经历了多期次的构造变形与改造，现今基本构造格架是由印支期板块俯冲碰撞所奠定，而由中新生代陆内造山作用所完成，而且是在印支期板块碰撞造山构造基础上复合叠加中新生代陆内造山作用中，又以超高压变质构造岩块出露于现今总体呈向南巨型推覆而内部由不对称扇状反向多层次逆冲推覆构造叠置构成的大别复合型造山带的总体几何学模型中，独具特征。综合大量系统研究，揭示超高压变质带曾遭受过从深俯冲到折返，再经中新生代伸展抬升的穹窿构造的剥离剥蚀改造等复杂的构造演化历程和多期构造变质事件，才终成今日面貌。

超高压变质岩石如何从大于 100 km 的地幔深层快速折返至地壳浅部，研究已提出许多模式，以探讨解释超高压变质岩的形成过程和折返机制。同位素年代学研究及大别山北部中-上侏罗统砾岩层中榴辉岩与 UHP 岩石的砾石的发现表明大别山超高压形成于三叠纪，于中-晚侏罗世出露于地表。因此，超高压变质岩是在陆-陆碰撞和陆内构造过程中完成它的折返出露过程，分期分片多期次依次折返叠置，形成不同深度的 HP、UHP 叠置剖面。研究已提出俯冲板片断离（slab break off）模式（Davies and Blanckenbury，1995）以及大陆深俯冲阶段、俯冲板片断离和岩石圈相互楔入三个阶段（许志琴等，1988；李曙光，2004；王清晨，2006）等不同模式。但超高压大陆深俯冲快速折返机制至今仍是地学界关注和探讨的重要课题。除上述研究外，还应特别指出，超高压岩石最后的抬升出露地表，不应忽视秦岭-大别造山带侏罗中晚期到早白垩世期间（J_3-K_1）统一发生的秦岭-大别造山带区域陆内造山作用的抬升，这反映了超高压岩石不是单一的而是经历不同阶段以不同动力学机制的折返剥露。

（4）大别山南缘复合构造带

该构造带处于大别造山带南部，北临超高压变质构造带，南与扬子地块北缘前陆带相邻，是大别造山带重要组成部分。该构造带自东向西、自北而南可分为浠水-宿松构造亚带、随县-张八岭构造亚带。由于上述两构造亚带中主要组成岩层单元，诸如红安群、宿松群、随县群、张八岭群中原岩时代一直存在争议，它们究竟是同一时代岩层因构造变形而形成相互叠置的构造岩片，还是代表不同时代（中元古代、新元古代）的岩片组合，尚需进一步研究，包括浠水至蕲春一带分布的片麻岩系、含磁铁斜长角闪岩和石英岩等。而更具特殊意义的是该区域零散而又有规律的多处残存镁铁质与超镁铁质构造岩块，以及含磷构造岩块，它们是何属性以及确切时代等都还是不明的重要问题。

浠水-宿松构造亚带以北浴断裂为界，位于超高压变质带之南，主要组成包括红安岩群、浠水杂岩和宿松杂岩的变质火山沉积岩系、震旦纪含磷岩系和新元古代变质花岗岩等。尤以零散呈构造岩块多处残存的镁铁质、超镁铁质岩块、厚层白云质大理岩块、含磷岩块为独特标志。构造亚带内自北而南形成宿松柳坪、浠水、蕲春、四望四个构造岩片叠置带，详述于后。

随县-张八岭构造亚带断层夹持，围绕大别山南缘边界分布，包括随县岩群、红安岩群，突出以张八岭岩群细碧角斑岩火山岩建造为特征。变质为绿帘蓝片岩相，具高压低温变质作用特征，以蓝片岩类（或绿帘蓝片岩类）为代表，以矿物组合中出现青铝闪石、镁钠闪石为特征，其形成温度为

350~450 ℃，压力为 0.5~0.8 GPa，地热梯度约为 16 ℃/km。宿松岩群经历高压变质作用，温度 460~560 ℃，压力 1~2 GPa，地热梯度约为 10 ℃/km（魏春景等，1998），退变为绿帘-角闪岩相。上述岩群，根据区域地质综合研究对比和同位素年代学最新成果，其原岩时代主导为新元古代（薛怀民、马芳，2013），但包含有早、中元古代之岩层岩石（汤加富等，2002；江来利等，2003；侯明金等，2004）。而其中的含磷岩系组合中大理岩中发现蓝绿藻、海百合茎、双壳类与珊瑚化石碎片，初步推断其形成时代为震旦纪至早古生代，属扬子被动大陆边缘沉积。上述岩层主要变质时代，包括前述的 HP 与 UHP 变质时代主导为印支期 245~220 Ma（许志琴等，1988；李曙光，1993a；李曙光等，1996b，2003）。

大别南缘复合构造带经历多期次变形的改造，形成不同的构造岩片叠置。该构造带广泛发育韧性剪切带，尤其从浠水—四望一带强烈发育的糜棱岩带，先期以逆冲推覆构造产出，后受中新生代伸展构造复合叠加，现今以襄樊-广济断裂和黄栗树-破凉亭断裂（即郯庐断裂）构造向南逆掩在前陆褶冲带上。在黄梅—宿松一带，张八岭构造亚带处在大别造山带弧形顶端的南缘地区，因大别地块向南逆冲推覆，使之成构造夹块，或逐渐变窄，或构造尖灭掩覆于大别造山带之下。

大别南缘复合构造带总体现今呈现为一高度复杂的构造混杂区。它是在印支期勉略缝合带混杂构造基础上，又经历中新生代陆内构造强烈叠加改造，包括整个大别超高压岩石形成与折返及剥露的构造作用和巨大多期多层次多级别的逆掩推覆作用，终才造成其今日独特混杂体的构造面貌，并自成一带独特构造单元。

（5）扬子地块北缘前陆构造带

扬子地块北缘前陆构造带与大别造山带紧密相关，是它们的盆山交接的前陆构造系统。其尤为特征的是此前陆系统由于大别造山带大规模推覆，掩盖了大别南缘前陆系统，使之桐柏与大别的前陆系统，包括前陆构造保存分布存在显著差别（图 2.41）。

该带在湖北、安徽两省境内，处在青峰-襄樊-广济深断裂和黄栗树-破凉亭断裂（即郯庐断裂）以南以东地区，据地球物理资料显示两断裂在湖北广济至安徽宿松一带相连，但仍有争论，是两者相交切，还是两者转弯相连接，还有待深入研究。该带在湖北境内呈北西—东西向延伸，在安徽境内呈北东—北北东向延伸。变质基底在该带南缘于湖北省黄陵地区出露有崆岭杂岩（Ar），扬坡岩群（Ar-Pt$_1$），花山群、打鼓石群与大洪山群（Pt$_{2-3}$）等，江西庐山出露星子杂岩，安徽出露董岭杂岩（Pt$_{2-3}$）。在上述变质基底之上，区内主要出露新元古代南华纪至中三叠世的稳定盖层系统。除缺失晚志留世到中泥盆世沉积外，基本为连续沉积。其中，以南华纪南沱冰积层、震旦纪陡山沱期磷矿层、寒武纪底部石煤层、晚泥盆世滨海相砾岩层、早石炭世底部煤系及中三叠世膏盐和岩溶角砾岩层等具有典型特征岩层外，其余主要为海相碳酸盐岩层、砂岩层。晚三叠世至中新生代，基本结束海相为主的沉积，变为陆相沉积。从中三叠世晚期至晚侏罗世发育前陆沉积。中上三叠统黄马青群底砾岩应是前陆磨拉石建造的最早成员。晚侏罗世大别山以东安徽境内尤发育中酸性火山岩。断陷盆地叠加在前陆褶冲带及前陆沉积建造之上。前陆褶冲带被正断层肢解破坏而只沿怀宁-望江一线呈现北东向断续分布。由于受到伸展构造的叠加，前陆带中出现冲断层及正断层空间上共存、时间上叠加复合的特点。

该带构造变形存在多期构造叠加复合，其最突出构造特征是大别造山带南缘襄广和郯庐两断裂外侧，现今呈现两套前陆冲断褶皱与前陆盆地沉积岩层共存，邻接大别南缘山前，即大别山带的复合前陆构造与扬子地块的幕阜山北侧前陆构造，由于如上述大别地块大幅度向南逆掩推覆，使之掩覆前者，临近后者，使两套不同前陆构造系统紧接大别山前，其中黄石-武穴-潜山区间尤为显著，而且在黄石-武穴间异常明星可见幕阜山的前陆带地层构造线强制弯转而近平行于大别地块襄广边界断裂而延伸，足见大别地块向南推覆挤压大幅度逆掩与强迫前陆系统变形的巨大构造作用。详细构造论述见后。

2）大别南缘复合构造带深部构造背景

地球物理探测是了解地球深部结构的重要途径与手段，结合地质学、地球化学、超深钻探等进行多学科综合探索，研究包含地壳在内的岩石圈与地幔的物质组成、结构构造、界面性质、相互作用、构造演化等，无疑也是研究大陆构造及其动力学的基本途径。要深入了解研究包括地壳在内的地球深部结构与状态，只有将地表地质与深部探测密切相结合，才可能对其组成与结构及其形成演化作出客观正确的判断与结论。

为探索大别造山带深部结构及超高压变质带的形成与折返过程。自 20 世纪 90 年代起，已开展了系列深部地球物理探测工作与研究，先后完成了横穿大别山的大地电磁测深剖面、人工爆炸宽角反射地震测深剖面、深地震反射剖面和天然地震层析成像观察等，取得了丰富资料和成果，简要概括其主要共识为：大别造山带深部地壳具复杂的层状断块类型，即垂向上分层（由低速层、高速层及不同速度的结构层组成），横向上分块（由断裂分割）。在 20~30 km 的地壳深度范围内，发育大型近水平拆离滑断面，将原岩石圈拆离分化成许多板片，其中超高压变质带也呈岩片产出。地震测深还揭示大别造山带下有微弱山根，尚未被地幔物质完全熔融和交代，莫霍面具有年轻活化特点。深部总体构造状态呈现南北双向深俯冲滑脱，南缓而长，北陡而短，呈不对称扇形，大别块状隆升抬起，乃至深层 UHP 岩石剥露抬出（许志琴等，1988；徐树桐等，1994，1997；董树文等，1998；张国伟等，2001a，b；刘福田等，2001；袁学诚等，2002；杨文采，2003，2005）（图 2.42、图 2.43）。

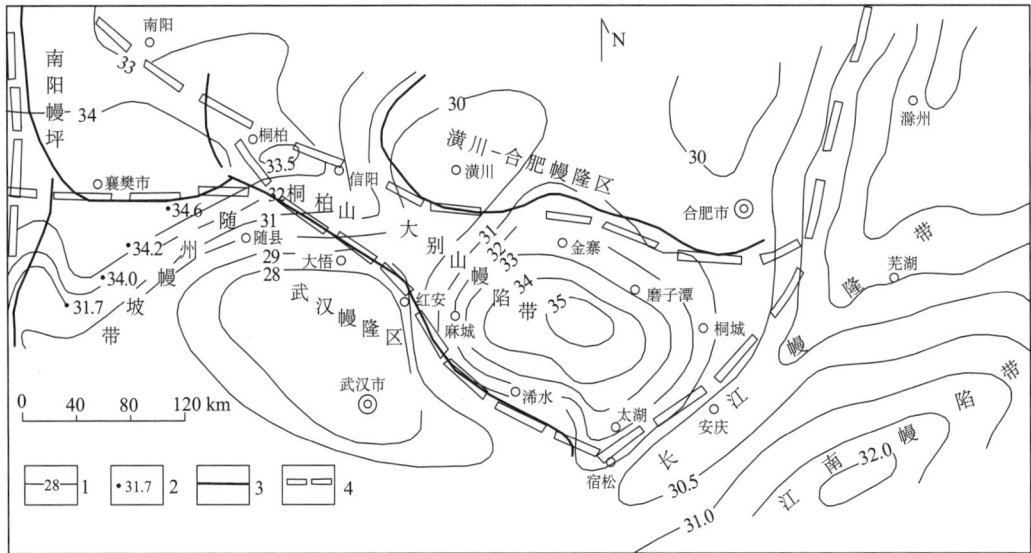

图 2.42　桐柏-大别莫霍面等深图及深部构造分区图

（据钱熊虎，1984；唐永成，1998 资料修改）

1. 莫霍面等值线（km）；2. 地震莫霍面深度（km）及点位；3. 深部构造分区界线；4. 深层构造线

（1）大别山区域地球物理场特征及其地质意义

大别山区域重力场特征及深部结构格架见图 2.42。区域重力场总体呈北北西向展布，桐柏-大别为负重力异常（−70~−40 mGal[①]），其外侧为正重力场与正负重力场异常相间。通过上延计算，深部重力场自西向东呈台阶式递增，重力梯度带呈北西西向延伸。而重力高和相对重力低的异常区，往往呈南北向排列。其中磨子潭-晓天断裂带北与襄广断裂带构成桐柏-大别地区的重力异常的南、北分界，显示大别造山带为独立的微地块，也可能正指示着大别造山带存在南、北两条古缝合带的地表位置。红安—浠水一线以南出现的正重力异常，可能反映扬子地块北缘古生代岩层，已下插到此部位，即扬子板块向北俯冲到大别造山带之下。从湖北襄樊—浠水至安徽宿松—滁州一带的重力梯度带由东

---

① 　1 Gal = 1 cm/s^2。

西—北西逐渐转为北东—北北东向，围绕大别山作弧形延伸，反映襄樊-广济断裂和黄栗树-破凉亭（郯庐）断裂在黄梅和宿松一带应是相连的，共同构成大别造山带南缘的边界断裂带，而其南东侧安庆—芜湖（即长江沿岸）则出现大别地区与江南两个重力负异常带的交汇带。上述重力异常梯度带的分布与现今大别造山带内部地质单元及展布方向一致，应是大别地块深层地幔和陆壳统一结构框架组成与状态的反映。

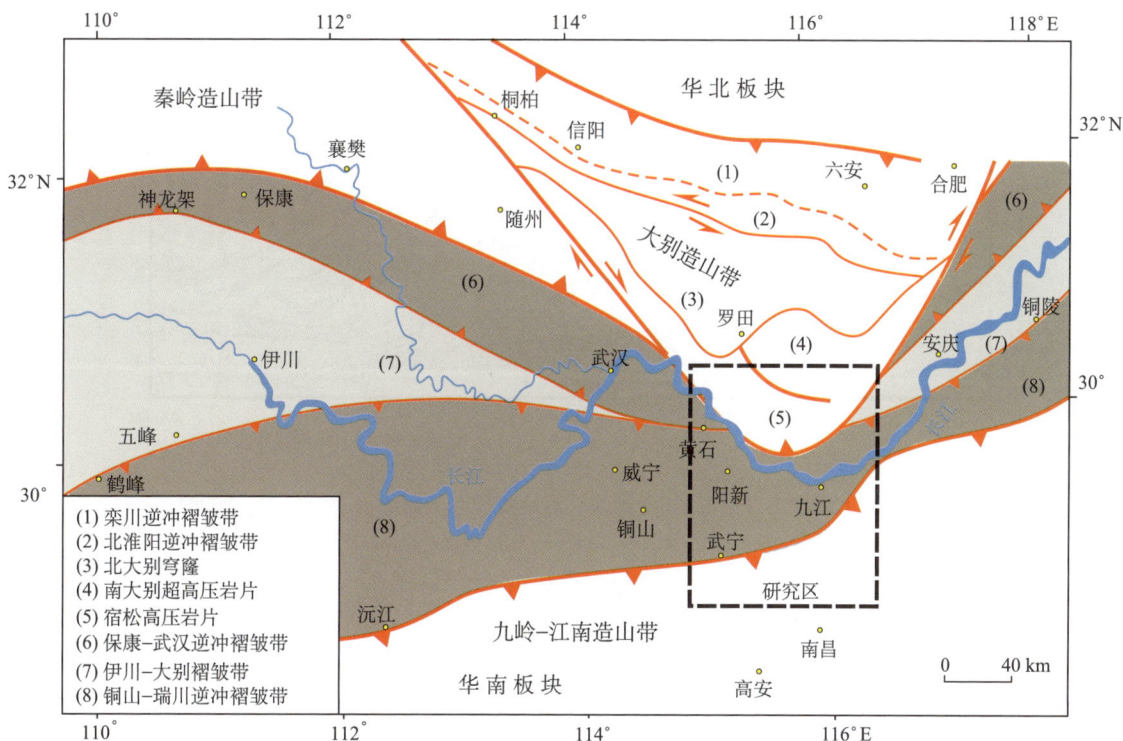

图 2.43　大别造山带南缘区域构造简图（据李三忠，2010，稍修改）

（2）地震测深剖面

根据大别造山带深地震测深剖面资料（王椿镛等，1997；董树文等，1998；袁学诚等，2002），初步获得了大别造山带的深部基本结构与地壳速度结构，其特征如下：

1）多种方法地震探测一致指示，大别造山带整体地壳结构呈现为南北双向相向深俯冲汇聚成不对称扇形抬升隆起，并使深层 UHP 岩石剥露的大陆造山带几何学模型。华北与华南两地块沿南、北边界相向向大别山之下深俯冲，南缓而长，北陡而短，深层汇聚于北大别之下，与之相应中上地壳向上隆拱形成穹窿，而其南北地壳则以多层次逆冲推覆向外，总体以不对称扇状隆升成山，深部莫霍界面平缓有断错。详见图 2.44、图 2.45 等所示。

2）大别山地壳具有清楚的纵向分层和横向分块结构。地壳分为三层：上地壳为多层叠覆的构造岩石层，厚约 12 km，造山带内由北倾的不同程度变质岩片组成，其中超高压岩片夹有浅变质岩片，显示有推覆叠置构造。上地壳中存在两个界面，第一界面深为 4~6 km，第二界面深为 10~12 km，上地壳底部为一重要的构造滑脱界面。中地壳厚度变化大，深为 18~26 km，底界面起伏大，在大别山区有加厚，具有强烈的柔性流变特征，地壳中众多的断裂构造向下均会聚于中地壳上部，因此中地壳应是吸收应力-应变能量而进行水平流变的形变层。下地壳厚度变化较大，厚约 31~41 km，推断为偏酸性的闪长质岩层。

3）北大别存在厚度达 6~8 km 的山根，在大别山腹地岳西一带地壳厚度达 41 km，明显大于扬子和华北两侧地块的地壳厚度（约 35 km）。指示大别山超高压变质带属于无根片体。超高压带之下不

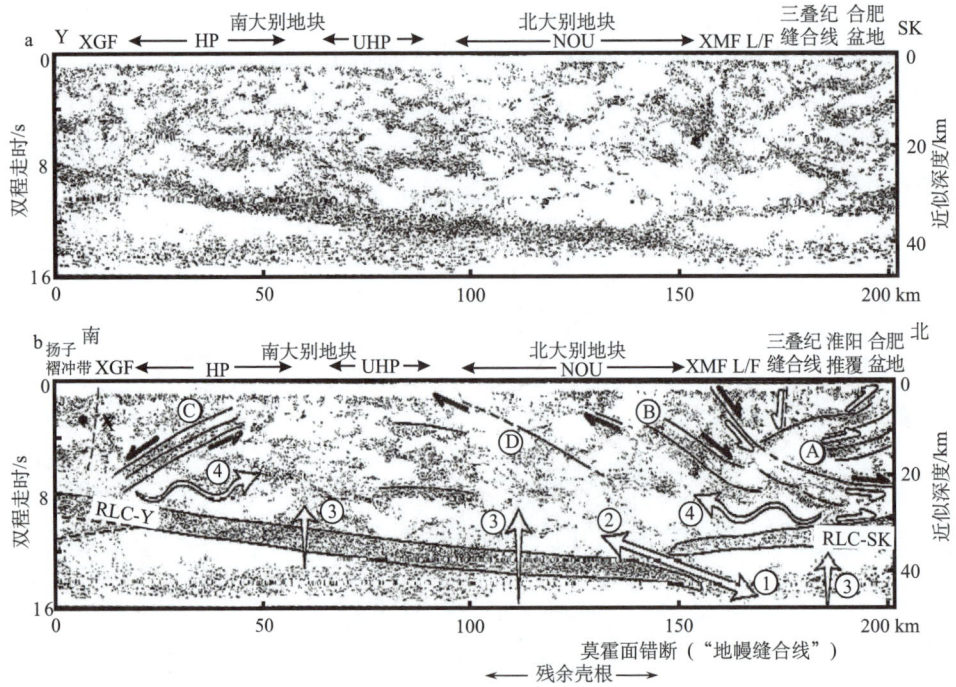

图 2.44　大别造山带南部–扬子地块北缘地震探测剖面图（袁学诚等，2008）

Y. 扬子克拉通；SK. 中朝克拉通；XGF. 襄樊–广济断裂；HP. 高压岩片；UHP. 超高压岩片；NOU. 北大别正片麻岩；XMF. 晓天–磨子潭断裂；L/F. 卢镇关及佛子岭群；Ⓐ华北地块；Ⓑ北大别地块；Ⓒ扬子地块；Ⓓ南大别地块；①俯冲方向；②折返方向；③上升运动方向；④角流方向；RLC-SK. 残留的中朝地块的下地壳；RLC-Y. 扬子克拉通地壳底部反射

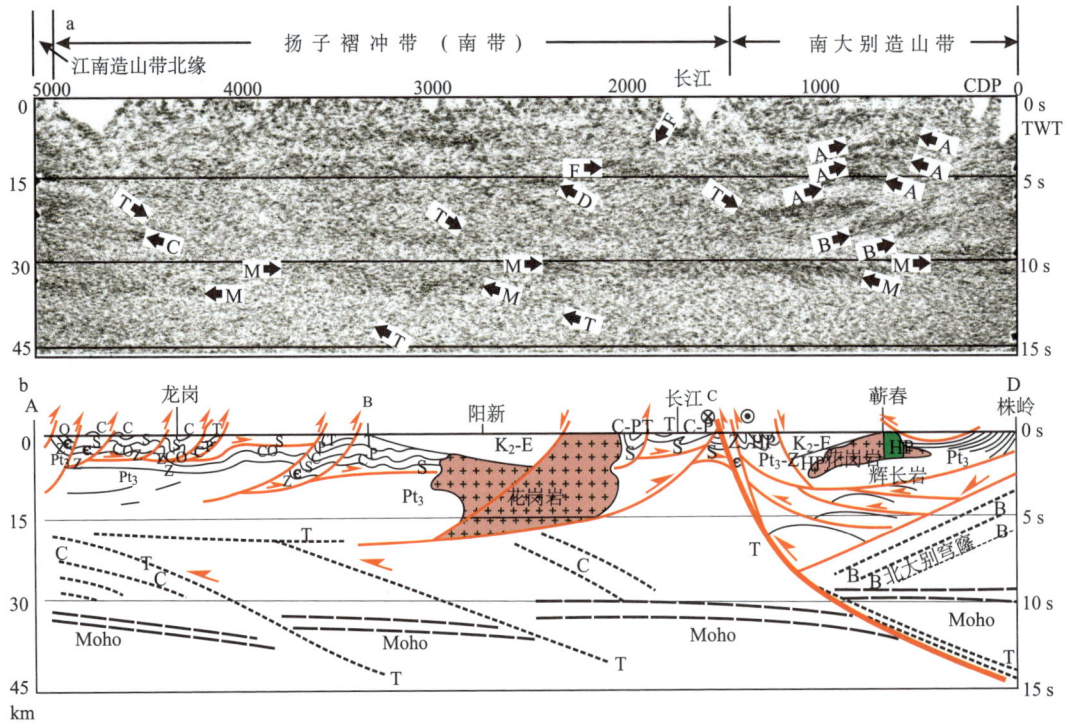

图 2.45　大别造山带南部–扬子北部深反射地震探测剖面（董树文等，2005；李三忠等，2010）

英文缩写：A、B、C、D 皆为强反射面；T 为空白反射体；HP. 高压岩石；Moho 或 M. 莫霍面；其余为地层代号

存在大规模镁铁质的下地壳或榴辉岩块。

4）大别造山带莫霍面具有错断特征。晓天-磨子潭断裂下方莫霍面垂直错断约 4.5 km。大别造山带山根之下的 Pm 震相出现 1~2 s 的波组延续，可能反映了山根之下的莫霍面并非是一个尖锐的一级间断面，而是一个复杂叠置的莫霍面。这可能反映了大陆碰撞过程中深俯冲、地壳均衡调整过程中壳-幔物质的交换与迁移及岩石圈地幔拆沉作用。大别造山带南缘亦存在一个复杂叠置的莫霍面（Dong S W et al.，2008）。

（3）地壳岩石圈电性结构

大地电磁测深剖面反映了造山带的电性结构特征。已完成的六安-瑞昌大地电磁测深剖面结合区域地质与同位素年代学综合结果表明，大别造山带继印支期扬子板块向北俯冲碰撞之后，燕山期华北地块向南对大别造山带作陆内俯冲，导致华北地块插入大别造山带之下，同期扬子板块亦再呈向北大幅度插入大别造山带之下的结构，故大别造山带现今是在华北和扬子两地块壳-幔相向向大别造山带之下俯冲的背景下，整个造山带呈不对称扇状抬升的构造单元。

（4）地震波速结构和地震三维层析成像

刘福田等（2003）基于对东大别山深地震宽角反射/折射观测资料的处理与解释，获得了六条二维地壳速度结构剖面。大别造山带地壳速度结构在纵向和横向上也存在较强烈的非均匀性，具有俯冲/碰撞造山带地壳结构的典型式样，至今仍保存着碰撞挤压及伸展拆离构造的信息。大别造山带地壳为一高速穹窿构造，在其核部中、下地壳变质岩出露于地表，波速5.0 km/s；在其翼部，上、中地壳中发育速度约 6.1 km/s 的壳内低速层（体），莫霍面起伏变化较大，中心部位深达 41 km 左右，周边地区则抬升到 32~34 km，在晓天-磨子潭断裂一线下方莫霍面垂向错断，断距约 4.5 km，莫霍面错断现象及错断的位置与大别造山带深地震测深剖面结果一致，同时也被西侧的六安-霍山-罗田-浠水深地震反射剖面所证实。罗田穹窿翼部上、中地壳发育的低速挤压型滑脱带可能在碰撞期之后的地壳伸展、超高压变质岩从中地壳抬升出露到地表过程中起到重要作用。

大别碰撞造山带的地震层析成像研究成果揭示了大别造山带地壳与上地幔呈显著的横向非均一性（徐佩芬等，2000）。在平面图像上，造山带岩石圈速度的横向不均匀性显著。大别造山带上部速度图像与地表地质构造具有密切的相关特征。造山带隆起区和盆地凹陷区分别与高、低速区对应，造山带南、北边界断裂两侧的速度对比鲜明，与扬子和华北两大地块在速度上存在显著差异。商城-麻城断裂将大别造山带的高速区分成两块，西部高速区对应于红安地块，东部高速区与大别地块相对应；中地壳速度图像出现多处低速异常区，多对应于大型的推覆构造，是大别造山带深部流变层或部分熔融的主导滑脱推覆剪切构造界面。

在断面图像上，显示岩石圈内速度的纵向非均匀性，具有碰撞造山带"鳄鱼式"结构。中地壳 15~25 km 深度范围内存在速度为 5.9~6.0 km/s 左右的低速带，与大地电磁测深结果中的低阻高导层相对应，推测与伸展滑脱构造有关，表明中地壳发育了伸展滑脱构造；南、北大别构造单元之下，莫霍面下凹，地壳内发育了速度为 6.5~6.6 km/s 向北倾斜的相对高速体，与超高压变质岩相对应；莫霍面接近 40 km，相应于南大别和北大别构造单元之下有残留山根。在大别造山带深部的上部地幔中存在向北倾斜的板片状高速体，推测应是三叠纪俯冲到华北板块之下的扬子地块残留体，俯冲板片在深部发生了断离。

3）大别造山带地壳深层结构与动力学背景

地球物理调查取得的资料，为大别造山带岩石圈的构造格架提供了新的重要地壳结构信息，而且不同方法取得的资料具有很好的相关性。根据我们对地表地质的研究，综合上述大别山地球物理探测资料

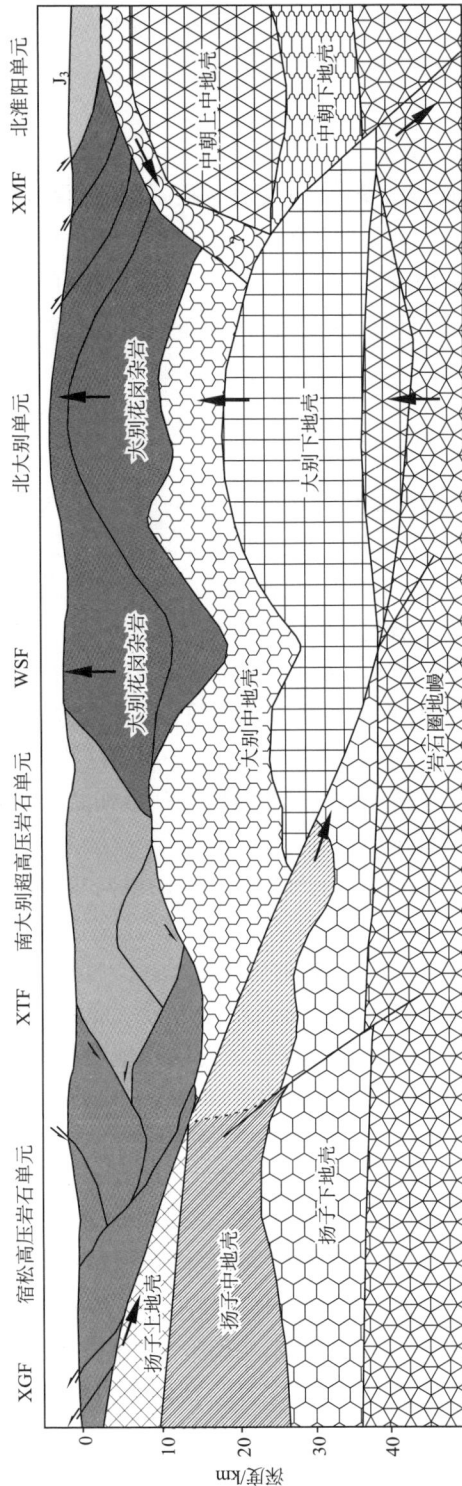

图 2.46　大别造山带深部地质-地球物理综合剖面(据杨文采,2005,稍修改)

XGF. 襄樊-广济断裂;XTF. 浠水-太湖断裂;WSF. 五河-水吼断裂;XMF. 晓天-磨子潭断裂

与结果,可概括对大别造山带岩石圈基本结构格架有如下几点认识(杨文采,2003;李三忠,2004;袁学诚等,2008;刘少峰、张国伟,2013;董树文等,2014)(图 2.42—图 2.46):

1)大别造山带深部地壳结构显示为华北与扬子两地块相向俯冲会聚过程。在造山带深部,扬子地块基底长距离平缓楔入造山带地壳与地幔上部,华北地块基底陡而窄的俯冲于造山带之下,形成不对称相向俯冲双侧挤压的总体基本构造格局。在中上地壳内,造山带内由多个推覆体系组成,而在造山带边部沿断裂均向外侧逆冲推覆。大别造山带地壳深部与地表相对应,可分为北淮阳、北大别、南大别与大别南缘(宿松)四个构造单元,其中大别南缘宿松高压变质带的中下地壳为扬子俯冲地壳,而北淮阳与北大别北部下方的中下地壳为华北克拉通的地壳。南、北大别的中下地壳结构具有明显差别,反映它们经历过不同构造演化,构成现今不同的岩石圈与地壳结构。

2)现今大别造山带的结构主要反映了中晚三叠世和晚侏罗世—早白垩世扬子克拉通两期分别都在沿原北淮阳和大别南缘双层向北的大陆深俯冲基础上,后同期又发生华北地块向大别之下的大陆陡急的深俯冲,以及由之构成大别造山带区域整体双向俯冲挤压抬升构造结构,并在此背景下,后又发生中晚侏罗世以来以北大别为中心的地壳伸展和上隆揭顶作用。同时,由于扬子克拉通向北的陆内深俯冲作用平缓,陆壳俯冲的角度在 20°~30° 之间,导致大别造山带发育了开阔的后陆盆地,其下方基底构造仍保留有造山带板块会聚的特征。而造山带核部伸展上隆,上中地壳存在规模很大的岩浆岩体显示,显然这与主造山期后陆内造山作用的深部地质过程相关。

3)地震探测揭示,大别造山带岩石圈内存在扬子克拉通向北陆内俯冲的记录,俯冲深度达莫霍面以下,俯冲面与莫霍面交汇处在北大别下方,并有继续向华北地块南缘上地幔俯冲的趋势。表明在印支主造山期后,于秦岭-大别区域陆内造山期(J_3-K_1),中晚侏罗世扬子克拉通在先期相当于勉略碰撞缝合带向北俯冲构造基础上,又发生了沿襄樊-广济断裂向大别造山带下方的大规模陆内俯冲,此应与区域同时的秦岭-大别陆内造山作用的其南缘的大规模向南逆冲推覆构造运动相对应。地震探测同样也揭示出，大别造山带北部出现华北南缘向造山带中下地壳俯冲的特征。因此，大别造山带南、北陆壳相向俯冲共同综合构成了由印支期板块碰撞造山与燕山期陆内造山两期不同造山作用形成的不对称扇形双侧向外逆冲推覆隆升的大陆造山带几何学结构模型。并且更重要的是，表明大别超高压岩的最终抬升剥露，应是在印支主造山期快速深俯冲与折返至中地壳，发生角闪岩相退变质构造演化基础上，于中生代燕山中晚期（J$_3$-K$_1$）秦岭-大别区域陆内造山作用过程中，又在大别南、北两侧的华北与华南（扬子）两陆块相向俯冲，向外大规模逆冲推覆挤压抬升和核部伸展抬升，以及同时期的西太平洋陆缘伸展构造等共同复合作用下形成的，表明它是在不同构造阶段不同动力学背景下复合发生的，不是单一动力学机制所致。

4）大别山地壳具有清楚的纵向分层和横向分块结构。大别山地壳分为三层：上地壳为多层叠覆的构造岩石层；中地壳具有强烈的柔性流变特征；下地壳为偏酸性的闪长质岩层。大别 UHP 岩片的厚度不超过 8 km，呈漂浮的无根构造岩块，应是其构造产出状态。

5）探测剖面上呈现壳内和岩石圈地幔内有岩体侵位的地震震相组构。大别造山带地壳和岩石圈地幔中含有很多无震相区和多组反射体，反映了其内部高度的不均匀性和多样岩体的侵位。在双程走时 22s 出现反映岩石圈底界的强反射体，估计岩石圈厚度约 78 km。所以大别山后造山期岩浆隆升及揭顶作用十分强烈，岩浆活动尤以北大别单元最为发育，大别南缘构造带蕲春一带也较为明显，相应莫霍面附近还有反映底侵作用的强反射波组及波速变异，一致反映大别造山带深部复杂强烈多期的结构构造变动调整与物质交换。

综上所述，大别造山带大陆地壳与岩石圈，正如地球物理探测所反映的，总体结构复杂并具有纵向成层、横向成块的特点。其现今大陆构造自北而南可划分为华北、大别造山带、扬子三个不同性质的地块。其中大别造山带自上而下可分为上、中、下地壳及上地幔等不同的结构层，均以低阻高导层、韧性滑断面等为分割界面。超高压变质带是由若干不同特征、不同环境条件下形成的岩石在俯冲碰撞折返过程中形成的构造岩片，并又复合多期构造叠加改造，呈现为无根的堆垛体和岩片构造叠置的几何结构。层析成像反映大别造山带下存在微弱"山根"，可能反映燕山期被拆沉的基底，尚未被地幔物质完全熔融交代。大别造山带总体显示与秦岭造山带基本相似的主体由华北与扬子及大别原三个板块沿两个缝合带，呈双层单向向北俯冲碰撞拼合，后又经华北与华南两陆块相向向大别造山带之下俯冲会聚的过程，构成现今大别造山带整体结构呈现出扬子地块向北楔入造山带基底下，华北地块基底向南俯冲于造山带之下，形成相向俯冲、不对称扇形双侧挤压的构造块体堆置"混杂"组合的构造结构，并在此总体区域挤压背景下核部伸展并又复合中国大陆东部中新生代西太平洋陆缘区的区域扩张背景作用，发生叠加伸张隆升与岩浆活动，最终形成今日面貌。其最突出的特征是 UHP 岩石的形成与折返。

2. 大别南缘复合构造带现今构造几何学运动学特征与问题

大别南缘复合构造带处于大别超高压变质带之南，并以大别地块的北西西向襄广断裂和北北东向黄破（郯庐）断裂主要边界断裂带为骨架，跨越包括了大别造山带南缘构造带和属于扬子北缘的前陆构造带。其中大别南缘构造带又可分为宿松柳坪、浠水、蕲春、破凉亭-四望四个构造岩片组合。而大别南缘的复合前陆构造主要包括了印支主造山期和燕山陆内造山期两套前陆冲断褶皱构造和两期前陆盆地的复合，其最突出的构造是大别地块沿襄广和郯庐两主要边界断裂的向南或向南东的大规模逆掩推覆，几乎掩盖了其前陆构造而直接邻接江南幕阜山的前陆构造。上述两个构造系统的拼接组合，造成特异而复杂的构造，使之现今总体向南突出的弧形（图 2.47），并相对应可能它应是东延的勉略构造带。

该带总体构造是在早期构造基础上，主要由印支期板块俯冲碰撞造山和燕山期陆内造山两期构造的复合，尤其是晚期向南的巨大逆冲推覆构造，区域整体还包括大别山 UHP 岩石多期次折返构造和晚期伸展抬升、岩浆作用等多种构造的复合叠加，从而形成非常复杂的现今构造组合与格局。其中，郯庐断裂带延伸至本区黄梅一带的消失及其去向和大别造山带与扬子地块北缘的盆山交接转换前陆构造系统，以及 UHP 岩石的形成与折返是与上述构造密切相关的突出实质关键问题，因此显然大别南缘复合边界构造带是诸多区域构造问题汇集之地，也是勉略构造带东延的关键问题，因此阐明该带构造基本特征，对正确认识大别造山带形成演化、超高压变质带的形成与折返及郯庐断裂带，尤其是勉略构造带的延伸都非常重要。

1）大别南缘复合构造带的现今构造平面与剖面结构

（1）现今地表平面结构

综合大别造山带南缘复合构造带整体结构构造面貌，其平面结构可概括出以下突出特点：

① 襄广和郯庐断裂是大别造山带南缘逆冲推覆与剪切走滑的复合边界

大别南缘复合构造带呈北西西向向南东延伸凸出的横绕于大别造山带南缘的弧形构造带，以逆冲推覆构造兼具走滑为骨架，由大别造山带南缘的造山带堆叠构造及其与之相关的前陆构造为主，由多级构造岩片组合而构成构造叠置混杂的复合体。

大别南缘复合构造带现今总体构造格局是由逆冲推覆系的不同构造岩片组成的构造混杂复合体，其总体主导运动指向南。由五条主干逆掩断层，由北向南呈前展式（背驮式）依次扩展，并使基底岩系和沉积盖层同时卷入构造变形，以襄樊-广济断裂和黄栗树-破凉亭（郯庐）断裂为主推覆断裂，在大别山变质区内形成厚皮构造，在前陆区则形成大型薄皮构造，整体形成了大别造山带南部巨大双层叠置多级多层次组合的复合边界推覆堆叠构造，形成造山带陆壳强烈大规模缩短的构造几何学模型（图 2.47）。大别南缘复合构造带现今是在印支期板块俯冲碰撞造山构造基础上，既包含前主造山期古构造残迹，又主要包含叠加的中生代燕山期陆内造山构造，于中晚侏罗世—白垩纪基本定型，后又复合新生代构造叠加再改造，终成现今大规模复合混杂的多层次逆冲推覆构造面貌。

大别南缘复合构造带的逆冲推覆系统，由北东向南西依次发育有柳坪逆掩断层、浠水逆掩断层、淋山河剪切带、襄樊-广济断裂和其东南侧的黄栗树-破凉亭断裂（该区的郯庐断裂）等区域性主干逆掩断层或剪切带。在黄梅地区，由于第四系的掩盖，主干断裂被掩盖，但据地球物理资料判断，它们在不同层次上是归并相连的，并揭示大别南缘的逆冲推覆系统底界分别存在南、北统一的两个滑动拆离面，北部为北浴剪切带，南缘为襄樊-广济逆掩断裂。后者是造山带逆冲推覆系统的底板逆掩主拆离断层，而且也是扬子陆块向大别造山带之下深俯冲的主要界面，已如地震探测所揭示的那样，对大别 UHP-HP 岩石的快速折返起到了不可忽视的重要作用（综述于后）。

② 平面结构正趋于新的东西向解体

大别南缘复合构造带现今平面结构显示，随同整个造山带正趋于新的东西向裂解状态。北北东向中新生代断裂和断陷盆地把大别南缘构造带已开始分割成不同的构造块断，诸如以团麻断裂和麻城盆地等为界分裂为大别与桐柏两块，蕲春盆地又呈北北东向展布，直接嵌入大别造山带内，也起着裂解的作用。所以南缘现正处于东西向裂解状态，具有区域与深部构造背景。

③ 南、北边界断裂构造特点控制该带整体构造

大别南缘复合构造带平面结构总体呈现东西狭长带状弧形，内部具南北分带、东西分块的基本构造格局。其中其南、北边界断裂构造特点的不同直接控制与影响着其整体构造结构与特点。

北界以北浴剪切带为界，东部呈宽缓波状延伸，但向西却被大别罗田区域穹窿伸展剥离断裂构造南缘的关口-贾庙剪切带向南滑覆而掩盖。其中具重要构造意义的是，与剪切带相关（图 2.47），现断续因构造关系而呈复杂形态出露的镁铁质与超镁铁质岩石，以及震旦系含磷岩系的产出状态与空间分布，可能代表了扬子板块原向北俯冲于大别造山带之下及向南逆冲推覆的主拼合带的残存，从而为

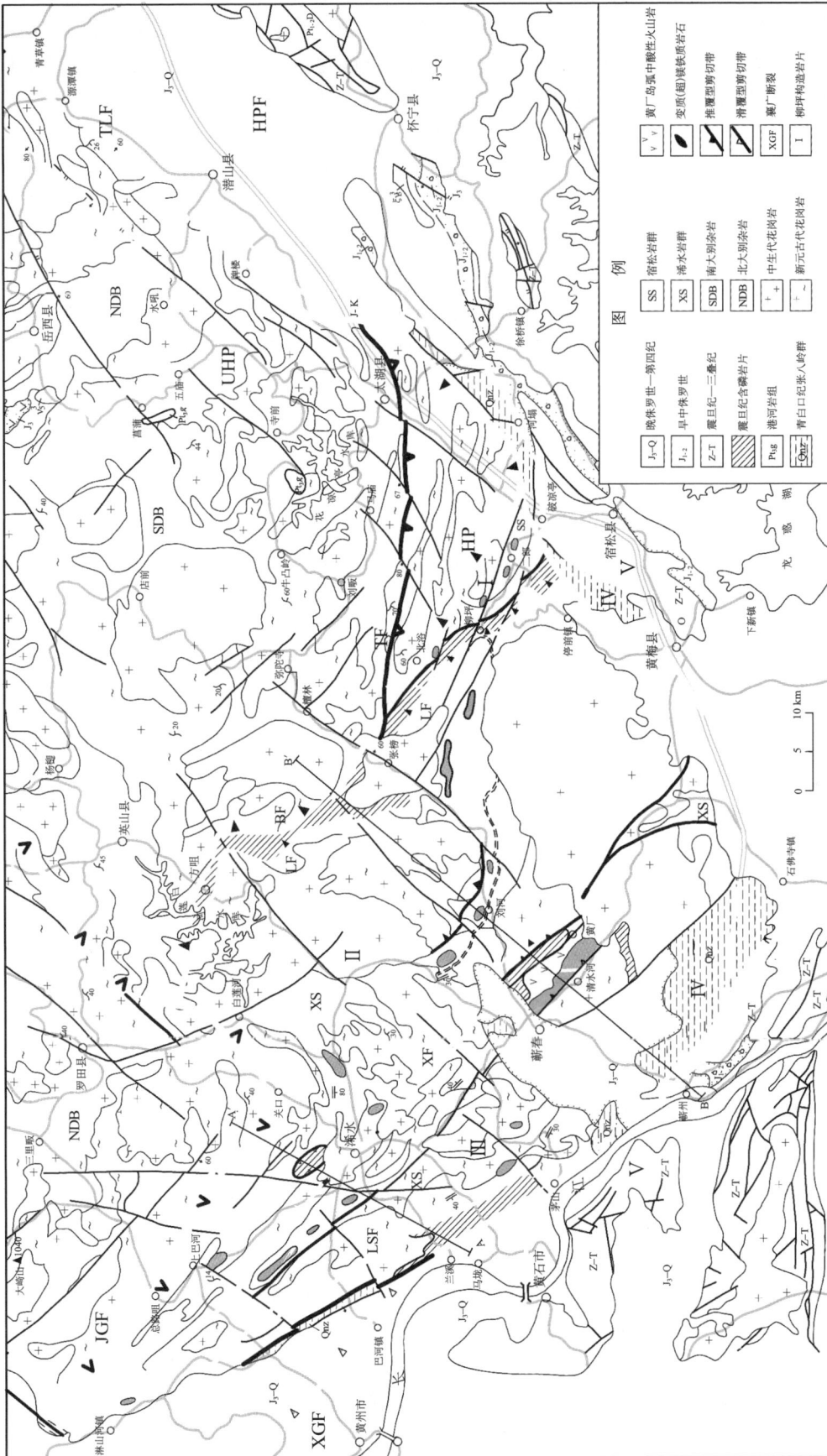

图 2.47　大别造山带南缘构造带地质略图

TF. 太湖剪切带；TLF. 郯庐剪切带；HPF. 黄破断裂带；JGF. 贾庙关口剪切带；BF. 北浴剪切带；LF. 柳坪逆断带；XF. 浠水逆掩断层；LSF. 淋山河剪切带
Ⅰ. 柳坪构造岩片；Ⅱ. 浠水构造岩片；Ⅲ. 蕲春构造岩片；Ⅳ. 破凉亭-四望构造滑脱带；Ⅴ. 前陆褶冲带与前陆盆地

大别南缘边界带先期板块俯冲碰撞构造的恢复重建提供了重要依据与线索。

南界则以襄广断裂和黄破断裂为主边界断裂形成弧顶向南的弧形，它们的形成受到大别-桐柏南侧扬子地块北缘盆山构造系统的控制，诸如两期前陆冲断带、前陆盆地与郯庐断裂等构造以及它们彼此间相对运动的控制，郯庐断裂左行斜向逆冲剪切平移运动和襄广断裂右行剪切作用及其两者的复合联合和以它们为边界的大别地块大规模推覆运动促使大别南缘断裂边界构造带形成弧形展布。

关于上述南、北边界断裂的构成、属性、时代后文将有详细叙述。

总之，地表平面上，大别南缘复合构造带如同整个大别造山带一样，总体呈现为主造山期东西向展布的平面构造几何学形态。其中既包容前期主造山板块俯冲碰撞造山构造，后又复合叠加中新生代陆内造山构造，综合构成现今复杂构造面貌。它具体以近东西走向的四大逆冲构造岩片为骨架，复合叠加晚期多种其他构造，包括伸展构造、广泛不同级别的平移与共轭剪切构造等，并又以麻城断裂为界分划为东、西两块，以中新生代裂陷盆地为标志趋于新的块体裂解。因此，总体构造面貌以印支主造山期构造被中新生代后印支期陆内构造叠加复合改造为基本特点，其中又以襄广和郯庐断裂为主推覆边界的巨大推覆与掩覆前陆构造为突出特点。

（2）现今地质剖面结构

大别南缘复合构造带现今地表地质剖面结构可以概括为：

① 南北向构造剖面为双层多期多层次多级别的构造岩片推覆叠置结构

大别南缘带上部地壳南北向剖面主体呈现为双层多期多层次多级别的构造岩片推覆叠置结构。剖面结构自北而南依次以大别造山带的柳坪构造岩片、浠水岩片以及蕲春岩片和以扬子地块北缘原大别山前前陆构造与幕阜山前陆构造的对冲构造为标志，总体构成以襄广断裂带为主拆离滑脱界面的多层次指向南的叠瓦状逆冲推覆构造系，大规模运移直接掩覆于扬子北缘之上，构成扬子北缘向大别造山带之下巨大的陆内俯冲构造边界（图2.42）。

② 东西向构造剖面呈现燕山期后的复合构造形态

现今的东西向综合构造剖面，是在先成东西向俯冲碰撞构造基础上叠加后期不同构造复合而成，故随构造部位不同而形成多样不同的具体叠加构造形态。西部为罗田穹窿构造叠加掩覆，而东部则呈现在本带先期已成构造基础上，受罗田、岳西等花岗岩基底穹窿构造复合作用，出现叠加的北北东向燕山中晚期宽缓背向形构造，及之后的麻城盆地、蕲春盆地、潜山盆地等白垩纪—古近纪、新近纪的北北东向断陷盆地和断裂构造。这些构造，直接造成现今大别南缘带地表出露面貌与差异（图2.47）。

2）大别南缘复合构造带不同构造岩片构造特征

大别南缘构造带现今构造是在大别俯冲碰撞造山期后的陆内造山等陆内构造多期复合而形成的，尤其包括超高压变质岩石折返的逆冲推覆构造。在强大的板块汇聚、陆-陆碰撞造山和陆内造山过程中，来自于南、北不同的俯冲碰撞和叠置逆冲推覆运动的区域多期挤压与伸展复合构造作用下，沿古俯冲带发生的垂向不对称逆冲剪切作用，使早期形成的褶皱断裂构造递进变形演化发生逆冲断层及逆冲型剪切带的叠加、改造、复杂化，同时也由于具体构造边界条件的非均一性，也使早期褶皱构造要素发生变位。尤其该带先后不同时期的区域性规模巨大的以向南为主导的逆冲推覆构造作用，并随具体构造部位与构造边界条件的不同，造成不同时代、不同性质、不同环境的构造岩片、岩块在横向上和纵向上相互叠置，形成复杂的不同叠置与叠瓦状逆冲推覆构造组合与构造系，成为大别南缘复合构造带现今的主要构造格架和构造样式。

大别南缘复合构造带总体构造格架，即由逆冲推覆系或构造岩片组成的构造复合楔形体组合

（图 2.47），可以划分为宿松柳坪构造岩片、浠水构造岩片、蕲春构造岩片、破凉亭－四望构造岩片等（图 2.48）。各构造岩片构造特征分述于下。

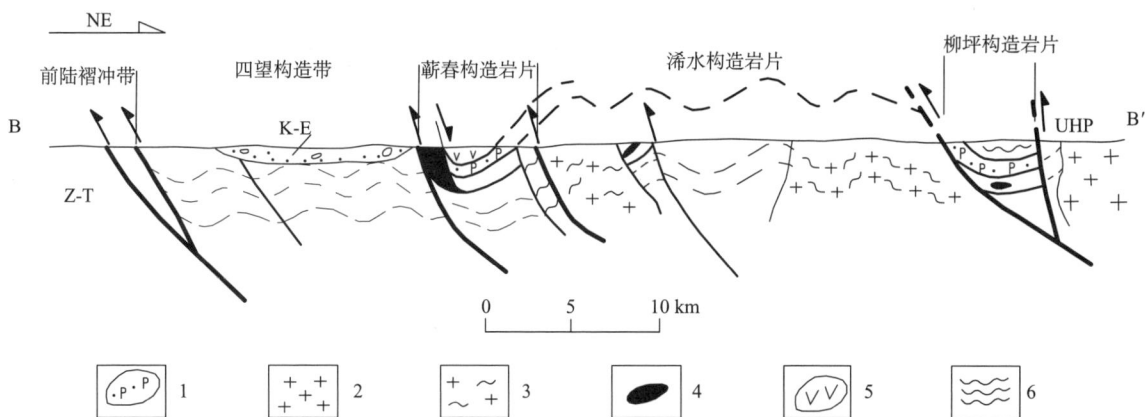

图 2.48　蕲州-大同大别山南缘构造剖面图

1. 震旦纪含磷岩系；2. 燕山期花岗岩；3. 新元古代花岗岩；4. 残留超镁铁质岩；5. 岛弧火山岩；6. 变质岩

（1）宿松柳坪构造岩片特征

宿松柳坪构造岩片北以北浴韧性剪切带与潜山－英山超高压、高压岩片为界，南以柳坪逆掩断层与浠水构造岩片相接，东被桐城－太湖断裂即区域上郯庐断裂所截，区域上呈北西向—近东西向展布的楔形体。柳坪构造岩片由新元古界宿松岩群、震旦系含磷岩系、变质变形花岗岩以及残留的蛇绿混杂岩块等组成（图 2.49），它们向南逆冲于浠水杂岩之上。北部边界断裂为北浴韧性剪切带，它实际上是一条构造混杂岩带，其主要特征评述于后。

① 柳坪逆掩断层（LF）

柳坪逆掩断层呈北西西向分布，平面上呈波状弯曲形态。其断层面几何形态，呈上陡下缓的平缓式。根据小型构造和显微构造解析，柳坪逆掩断层的运动方向由北向南，向 SSW200° 方向运动。小型构造形成了 Z 型倒转小褶皱，显示为右行剪切，原来的长英质岩石糜棱岩化成眼球状糜棱岩。糜棱岩的 S-C 组构和石英条带的显微褶皱——Z 型褶皱，亦显示右行剪切。在柳坪矿区，震旦系含磷岩系中石英岩、白云质大理岩和含磷石英岩等，向南逆冲于浠水杂岩之上，断层面倾向北北东，地表断层倾角变化较陡，据钻孔资料，该断层往深部变平缓，从 70° 变化至 10°，具有上陡下缓的犁式断裂特征（图 2.50），控制宿松磷矿层的分布。另外，在柳坪还可见到宿松构造岩片逆冲在浠水杂岩之上形成飞来峰。因此，无论是小型构造、显微构造，还是地表和深部构造，一致指示主逆掩断层向南西运动。

② 宿松柳坪构造岩片构造特征

宿松柳坪构造岩片构造主要表现为韧性逆冲推覆作用形成的叠置体。变质岩层在张榜断裂以西表现为北东倾，以东面理产状主体往北东和南东两个方向倾，形成的包络面总体产状呈北西西到近东西向，主体向北东倾斜，呈具变形褶皱的单斜构造，明显具有向南西逆冲的特点。

构造岩片内部，主要由次级构造岩片组成。宿松岩群的各不同岩石岩层单位多以韧性剪切断层接触，长英质矿物定向变形成细小条纹，形成新生糜棱面理。岩层岩石内以先期变形形成的剪切面理为形变面，形成一系列新的剪切条带。露头尺度上，新生剪切条带平行呈间隔状非透入性产出，以发育富云母类糜棱岩为特征，S-C 组构及旋转碎斑构造均指示向南西逆冲推覆。由于受晚期大别山中心整

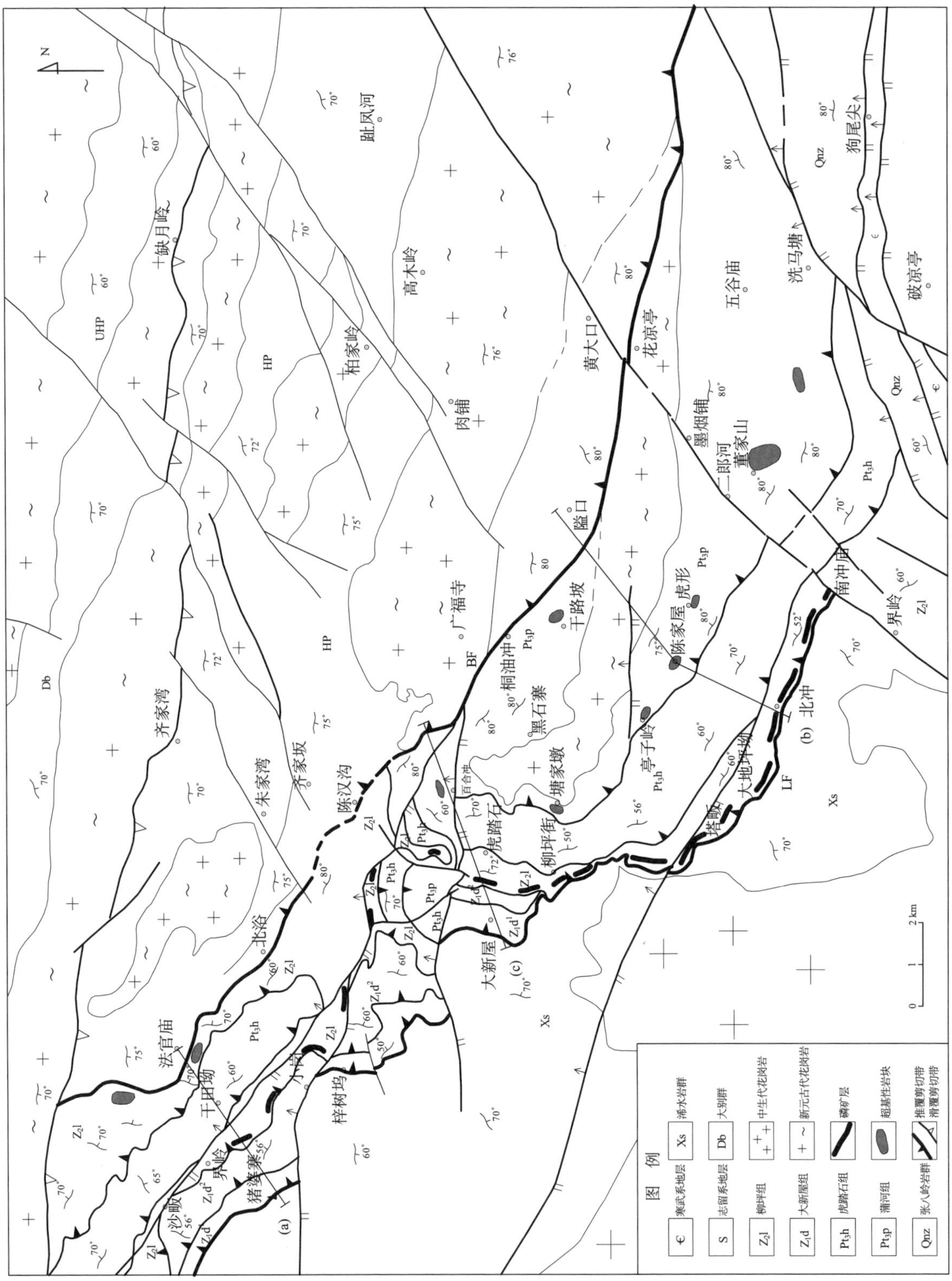

图 2.49　安徽宿松县柳坪地区地质构造简图

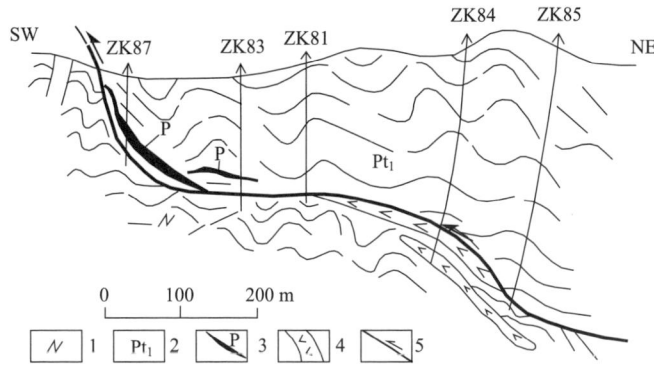

图 2.50　宿松柳坪逆掩断层剖面示意图
1. 太古宙片麻岩；2. 古元古界宿松群含磷岩系；3. 磷矿层；4. 脉岩；5. 逆冲滑脱构造

体穹窿隆起构造影响，该构造岩片位于其南东侧，所以岩片北部，包括北浴韧性剪切带产状变陡，甚至时而南倾，时而北倾，但总体表现为从北往南的逆冲推覆特点，推覆前锋位于柳坪、二郎一线以南，至柳坪逆掩断层为止，以柳坪逆掩断层为界，逆冲推覆在浠水构造岩片之上（图 2.49）。

在柳坪以北至张榜断裂之间，宿松岩群底部底砾岩保存较好，如猪婆寨、梓树坞、杨岩等地，其中大理岩层厚度较大，含磷岩系较少，自北往南、自上而下宿松岩群各岩组叠置出露（图 2.51a）。在柳坪至南冲庙一带，如北冲-隘口剖面中，含磷岩系发育，磷矿层较连续，并有较多的超镁铁质岩块呈构造透镜体出露，断续分布，叠置序列见图 2.51b。在柳坪至百合冲，地层出露齐全，自北东往南西依次叠置为比较完整的构造堆积体（图 2.51c）。

宿松群构造变形比较强烈，断裂构造除发育平行主逆掩断层的次级叠瓦状断裂系以外，还发生了不同规模层次的层间滑动和层间剪切变形，岩层间的关系受到强烈的改造而使原始层序不清，常伴随韧性剪切带发育糜棱岩和动力构造带。褶皱构造露头尺度上表现为一系列紧闭褶皱、不对称的剪切褶皱以及不同级次的开阔褶皱、厢状褶皱、微褶曲和膝折构造。岩层具多期变形叠加特征，主期变形以早期连续变形面和连续劈理带（S_1）为变形面，产生强烈的韧性剪切变形，形成极其发育的紧密斜歪、多级组合褶皱（F_2）及强烈的折劈理（S_2）。在 S_2 发育的强变形带内，几乎将 S_1 完全置换。后期又遭受脆性断层的破坏。

（2）浠水构造岩片特征

浠水构造岩片北以柳坪逆掩断层和贾庙关口韧性剪切带分别东与柳坪构造岩片、西与大别罗田变质杂岩隆起带为界，南以浠水逆掩断层与蕲春构造岩片相接，东部又被中生代黄梅花岗岩体侵吞，区域上呈北西向展布。在贾庙关口一带，由于罗田穹窿的强烈隆升，贾庙关口剥离剪切带南倾，向南滑脱，叠置在浠水岩片之上，并且掩盖了柳坪逆断层和北浴韧性剪切带。浠水构造岩片由中新元古界浠水杂岩、震旦系含磷岩系和变质变形花岗岩构成，其中因包含镁铁质与超镁铁质构造混杂岩块，疑其是蛇绿混杂岩块等所组成，它们向南逆冲于蕲春构造岩片之上（图 2.52）。浠水杂岩构造变形比较强烈，经受了多期强烈的韧性变形，断裂构造发育，不同规模的层间滑动和层间剪切非常发育，形成不同的构造岩片叠置。

① 浠水逆掩断层（XF）

浠水逆掩断层呈北西向延伸，贯穿于全区，长约 80 km，断层带宽 3~10 km，往南东被燕山期花岗岩侵入破坏。突出呈现为一区域性复合韧性剪切带。现为浠水推覆构造岩片的主推覆断层。断层具多期活动性，早期主要表现为强烈韧性剪切构造，发育各类糜棱岩、糜棱岩化岩石，形成标云岗一带大面积分布的眼球状片麻岩，糜棱面理以倾向南西为主，倾角较陡，一般在 70° 左右，局部倾向北

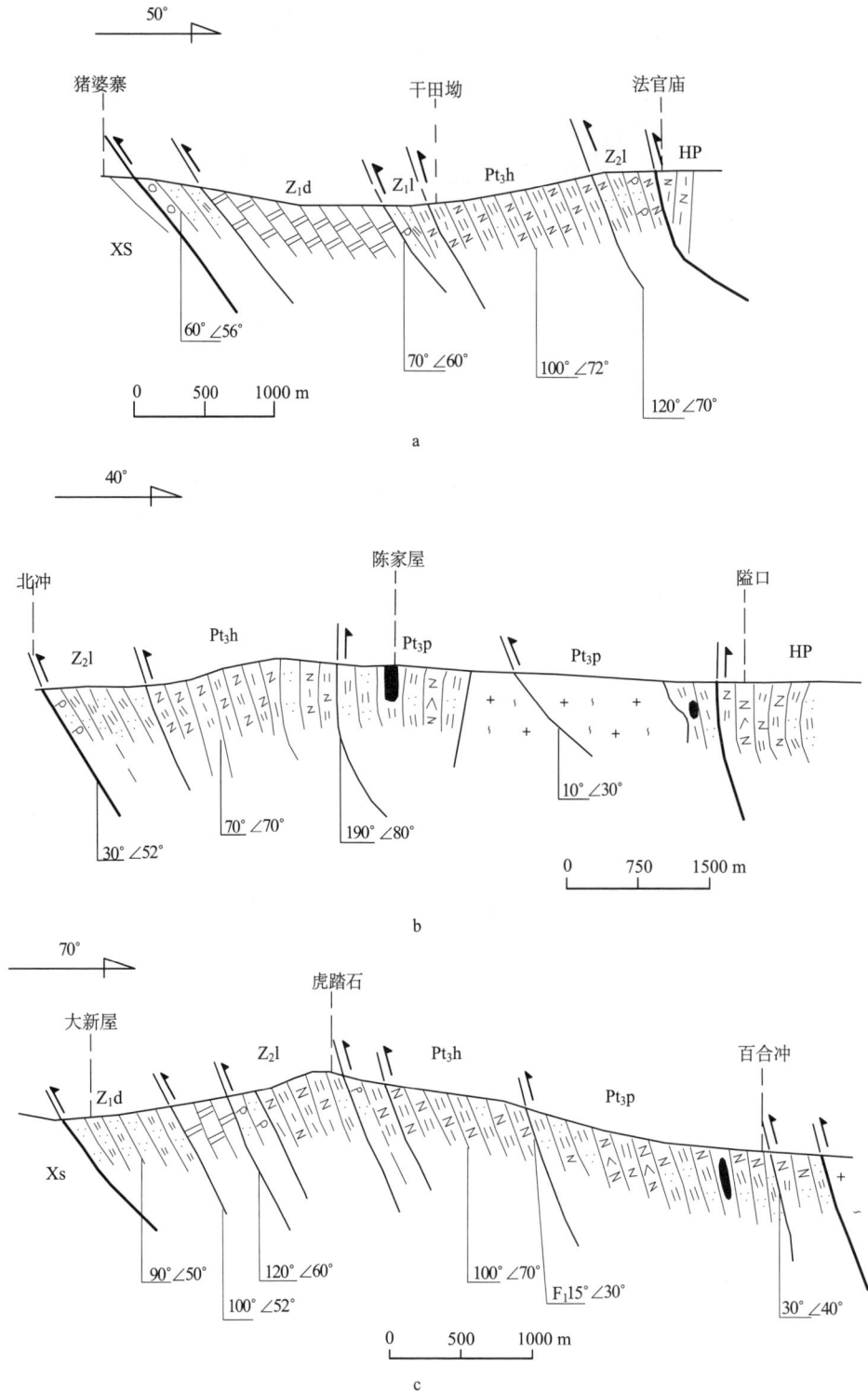

图 2.51　宿松柳坪构造带剖面示意图

a. 猪婆寨剖面；b. 北冲剖面；c. 大新屋剖面

东；晚期则主要表现为岩石剪切挤压破碎，发育各类构造挤压透镜体和密集的劈理带，长英质脉体也被剪切拉断，形成不对称的剪切褶皱和 σ 旋转碎斑系，断面倾向北东，倾角一般在 30°~50°，断层产状上陡下缓，指示其向南西方向逆冲运动。在区域上形成一组叠瓦状的逆冲断层。

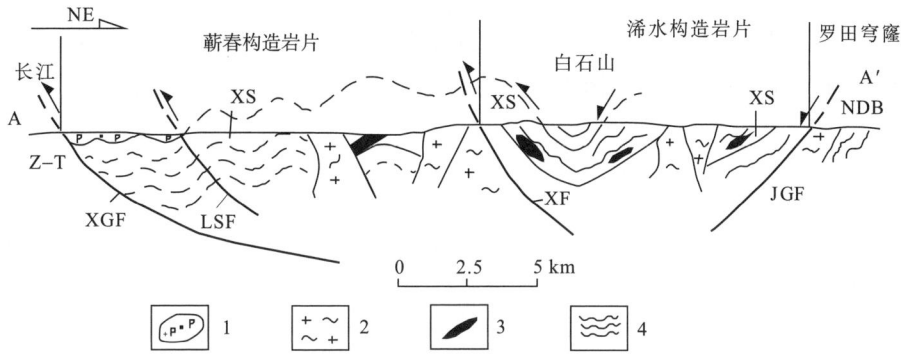

图 2.52　浠水市白石山-长江边大别山南缘构造剖面图

1. 震旦纪含磷岩系；2. 新元古代花岗岩；3. 残留超镁铁质岩；4. 变质岩

② 浠水构造岩片构造特征

浠水推覆岩片发育褶皱构造，主要为区域性宽缓等厚褶皱，呈系列背、向形排列，轴面多倾向北东，倾角由北东往南西逐渐变小，前缘近乎水平。

发育断裂构造，形成各类剪切挤压透镜体带与糜棱岩带，带内发育牵引褶曲、构造碎裂岩化，断裂带北盘发育一系列近平行缓倾斜叠瓦状断裂，如在刘河一带可见，从北东往南西依次为狮子堰剪切带、刘河剪切带、九房湾剪切带、查三房剪切带，其断层面几何形态具上陡下缓的特征，运动方向由北向南，剖面上表现为叠瓦状（图 2.53），扩展形式为前展背驮式。浠水岩片总体在区域尺度上发育透入性中小型剪切带，其走向均主要为北西—北西西，倾向北东—北北东，倾角由北东往南西总体趋势是由陡变缓，指示由北向南的逆冲推覆运动的总趋势与指向。在浠水北侧白石山一带可见由北而来的震旦纪含磷岩系的推覆体（图 2.52）。晚期还发育北北东向脆性断裂构造，叠加改造先期构造变形。

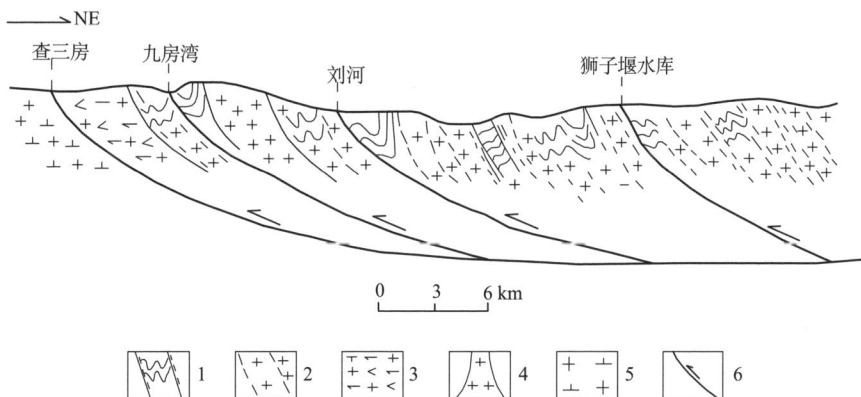

图 2.53　韧性推覆剪切带构造组合示意图

1. 变质表壳岩；2. 花岗质片麻岩；3. 清水河辉闪岩；4. 太平寨花岗岩；

5. 花岗闪长岩；6. 韧性推覆剪切带

（3）蕲春构造岩片特征

该构造岩片介于浠水和破凉亭-四望两构造岩片之间，北以浠水逆掩断层为界，南以淋山河韧性剪切带为界。岩片主要由中新元古代浠水杂岩与残留火山岩及震旦纪含磷岩系组成，其中还残留保存有镁铁质与超镁铁质岩石，如蕲春县东部清水河一带。构造变形强烈，变质岩层与构造线主导为北西—北西西向，其中多为不同时期岩浆岩脉穿插贯入，呈现复杂构造变形变质杂岩构造面貌。晚期又被北北东向新生代蕲春断陷盆地叠加。整体呈现为一北西向展布的线性断褶构造带，蕲春县城至黄厂一带突出发育并保留逆冲推覆构造，评述见后文。

① 淋山河韧性剪切带（LSF）

该剪切带是分割大别造山带与随县-张八岭构造带之间的一条规模巨大的区域性剪切带，分布于大别山南缘浠水市马垅—巴河镇—淋山河一带，从兰溪以东与襄广断裂几近复合平行延伸，两者间极狭窄夹持含磷岩块和张八岭火山岩块，直到石佛寺以西大别地块南端与郯庐断裂连接。带宽2~4 km，走向325°，倾向南西和北东，倾角50°~80°。北东侧主要为浠水杂岩，局部可见震旦纪含磷岩系，南西侧或为白垩纪—古近纪、新近纪陆相盆地沉积岩层，或为残留的张八岭火山岩层。带内发育糜棱岩系列的构造岩石，诸如糜棱岩、构造片岩等，普遍发育拉伸线理和矿物线理。由于后期叠加北西向的等厚褶皱，使其糜棱面理和拉伸线理均发生了褶皱变位。南西翼糜棱面理倾向210°~245°，倾角80°~84°，拉伸线理倾伏145°~150°，倾角20°~30°；北东翼糜棱面理倾向60°，倾角50°~60°，拉伸线理倾伏340°，倾角15°。根据上述各种运动学标志判别此剪切带以右行走滑为主，兼具向南西的逆冲推覆构造性质（图2.54）。

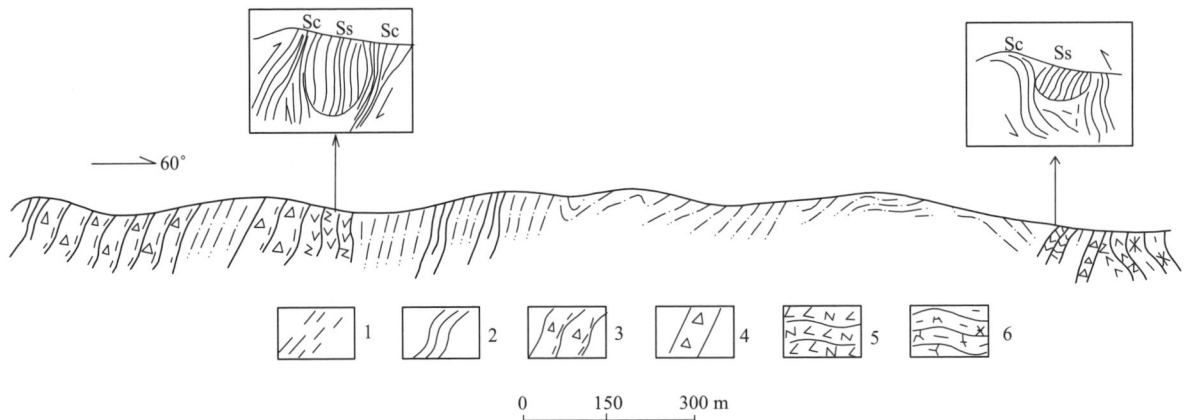

图 2.54　浠水县刘家湾淋山河剪切带剖面图
1. 糜棱岩；2. 构造片岩；3. 碎裂构造片麻岩；4. 碎裂岩；5. 斜长角闪片岩；6. 黑云阳起片岩

② 蕲春构造岩片构造特征

整体构造主要表现为以早期变形产生的面理和条带构造为变形面，形成北西向叠加复合的宽缓背、向斜褶皱构造和不同级别的韧性剪切走滑与逆冲推覆构造组合。其中蕲春—上巴河一带突出发育线性褶皱带，呈狭长带状展布，宽为5~15 km。褶皱轴面近乎直立，略向北东倾斜，背形多向南东倾伏，向形向北西扬起，轴部常被断层破坏。

③ 蕲春-黄厂逆冲推覆构造

蕲春-黄厂逆冲推覆构造最突出的特征是其中夹持有泉水坳和黄厂岛弧中酸性火山岩、清水河超基性岩、震旦纪含磷岩系与大理岩和中新元古代宿松岩群等组成的多种构造岩块组合，并具强烈线性变形构造面貌与逆冲推覆作用，它以九房湾和查三房两条韧性剪切带为边界，早期表现为从南向北的逆冲推覆构造，显示扬子向大别俯冲碰撞的仰冲构造，晚期又表现为从北向南的逆冲推覆构造叠加复合，显示两期构造复合叠加特征。

A. 九房湾韧性剪切带

　　九房湾韧性剪切带位于九房湾—黄厂水库一线，区内出露长度约 15 km，宽 30~500 m，总体走向北西，倾向北东，倾角 30°~60°，南东被燕山期花岗岩吞蚀。该剪切带主要发育于九房湾侵入体中，多期活动明显。

　　黄厂水库超糜棱岩、眼球状糜棱岩发育，在眼球状糜棱岩外缘则为初糜棱岩及糜棱岩化岩石，塑性变形程度较低。糜棱岩中碎斑含量分别为 8%~10% 和 20%~30%；超糜棱岩碎斑颗粒细小，眼球状糜棱岩碎斑较小，呈豆荚状、眼球状和不对称旋转等，有少量碎斑碎裂成书斜式和多米诺骨牌式排列，"σ" 化和 "δ" 型及透镜状碎斑定向排列，指示由北东向南西的逆冲推覆。

　　剪切带中岩石塑性流动构造明显，新生面理、线理发育，切割早期糜棱面理（图 2.55）。带内糜棱面理产状 30°~60°∠25°~55°，拉伸线理产状多数与糜棱面理产状近一致，也指示剪切带为一由北东往南西的推覆型韧性剪切带。

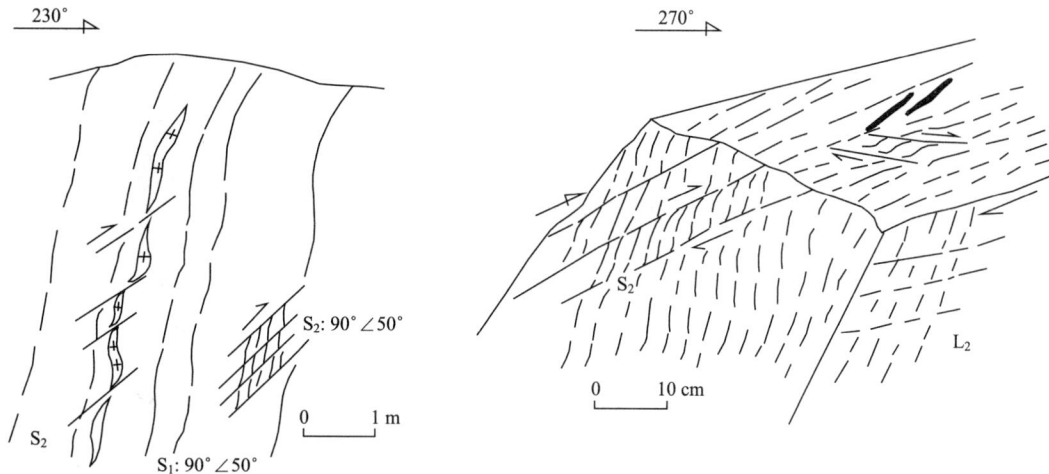

图 2.55　蕲春县黄厂水库九房湾剪切带中 S-C 组构

　　B. 查三房韧性剪切带

　　该剪切带位于蕲春县查三房—聋子铺一带，长约 15 km，宽 100~300 m，其走向北西，倾向北北东，倾角 60°。带内燕山期花岗岩和清水河超镁铁质岩石边部发生强烈的塑性变形，控制蕲春–黄厂逆冲推覆构造南西边界。

　　剪切带内发育千糜岩、超糜棱岩、变晶糜棱岩及糜棱岩化岩石，糜棱面理 10°~30°∠57°~70°。在蕲春县城南 1 km 京九铁路桥附近，可见花岗岩经剪切变形形成的糜棱岩，岩石中可见 "σ" 型旋转碎斑定向排列及碎斑错断成书斜式构造；碎基围绕碎斑弯曲流动或呈分结条带状平行排列，石英拔丝结构明显，塑性变形强烈，镜下可见基质中揉皱构造发育，静态重结晶明显，运动学标志显示查三房韧性剪切带也表现为由北东往南西推覆剪切。

　　C. 逆冲推覆构造

　　蕲春–黄厂逆冲推覆构造已如前述总体走向北西，发育早期由南往北和晚期由北往南的两次逆冲推覆构造事件。早期逆掩断层面倾向南，倾角比较平缓，指示印支期黄厂岛弧火山岩层向北仰冲，叠置在宿松、浠水杂岩之上。晚期如上述的九房湾与查三房等逆掩断层发育，断面北倾，倾角较陡，发生包括先期仰冲的构造岩片和宿松、浠水杂岩一起向南逆冲推覆，形成构造叠加。

　　早期逆冲推覆构造发育于新元古代黄厂岛弧火山岩与含磷大理岩和石英岩以及变质变形花岗岩界面之间，呈波状起伏。形成现今残留在山顶的黄厂岛弧火山岩飞来峰（图 2.56、图 2.57）。该构造变形作用强烈，上下盘岩石褶皱复杂，上盘黄厂岛弧火山岩出现一系列紧闭斜卧—直立褶皱；下盘大理岩蚀变为滑石，形成平卧—斜卧褶皱。

　　该推覆构造越过中新元古代宿松岩群与变质变形花岗岩接触界面，上下构造岩中发育早期 S-C 组

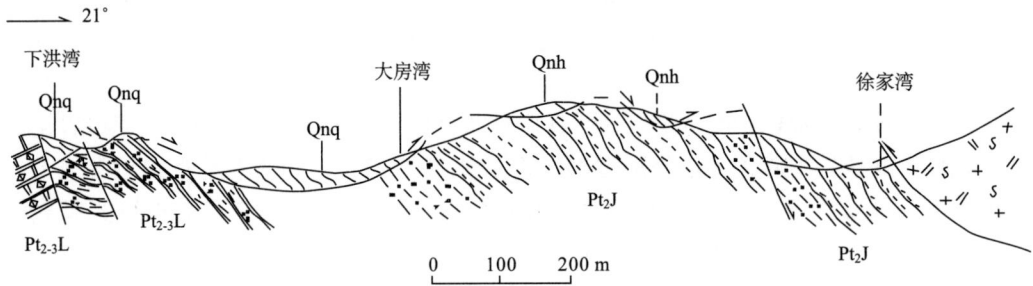

图 2.56　下洪湾-徐家湾逆冲推覆构造剖面图

Qnq. 含绿帘黑云斜长片岩；Qnh. 绢云石英钠长片岩；

Pt$_{2-3}$L. 白云大理岩、绢云石英岩；Pt$_2$J. 糜棱岩、碎裂黑云钾长片麻岩

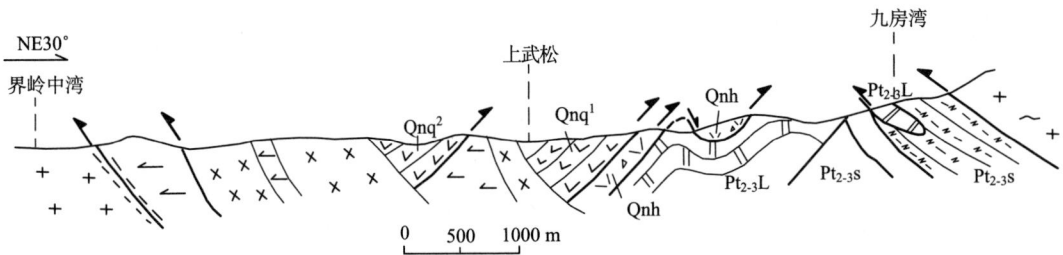

图 2.57　上武松-九房湾逆冲推覆构造剖面图

Pt$_{2-3}$s. 宿松岩群；其余同图 2.56

构及石英脉发生"S"型褶皱，均指示早期推覆构造由南西往北东的推覆运动特征。综合区域资料，反映印支期扬子板块由南往北向大别地块之下俯冲，上部岩石仰冲的推覆作用。推测该具体推覆构造其位移距离至少 15 km。

晚期逆冲推覆构造表现于瓮门街—黄厂水库一线，总体走向北西，倾向北东，倾角较缓，推覆面舒缓波状弯曲（图 2.58），可见构造窗和飞来峰。

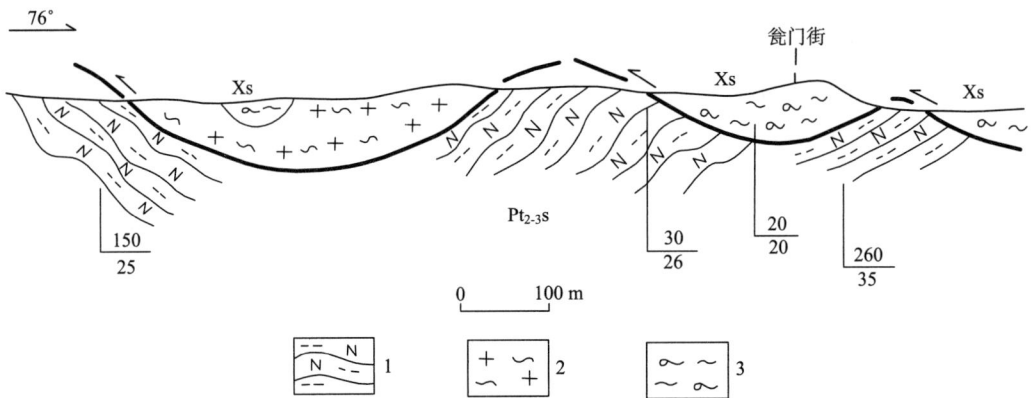

图 2.58　瓮门街推覆构造剖面图

1. 黑云斜长片岩；2. 片麻状花岗岩；3. 条带状混合岩；Pt$_{2-3}$s 宿松岩群；Xs 浠水岩群

在瓮门街南西新修公路边可见推覆界面上盘变质变形花岗岩近界面发育褶皱构造，褶皱紧密，呈不对称状，产状变化在 $105°\angle10°\sim60°\angle75°$，其中较具代表性轴面产状为 $60°\angle45°$，反映该构造是由北东往南西逆冲推覆形成的。下盘大别杂岩中同期推覆作用形成的小型平卧褶皱，从褶皱翼部发育的布丁构造及寄生褶皱，同样指示了由北往南的推覆运动特征。

如前述九房湾逆冲断裂，上盘二长花岗岩普遍具糜棱岩化，面理倾向北东，倾角 20°～40°；下盘泉水坳绿帘黑云片岩也具糜棱结构，面理倾向 10°～20°，倾角 20°～55°，同样指示由北向南的逆冲推覆作用。

总之，瓮门街—黄厂水库推覆构造反映该区在印支期后存在由北东往南西的韧脆性逆冲推覆构造。该期构造叠加改造了早期由南西向北东的韧性推覆构造（图 2.57、图 2.58），推测其推覆距离至少 5～10 km。

(4) 破凉亭–四望构造岩片

该构造岩片位于大别造山带最南部边缘，呈弧形，大别南缘夹于前述的淋山河剪切逆冲推覆断裂带（LSF）与襄广断裂（XGF）间和黄破断裂（HPF）与郯庐断裂（TLF）之间。带内多为新生界覆盖，出露岩层主要是新元古代张八岭岩群火山岩系，强烈变质变形，主要岩石是云母石英片岩、绢云钠长石英片岩、蓝闪石片岩、变石英角斑岩等。其中蓝闪石片岩、云母石英片岩均经过强韧性剪切变形而成构造片岩，片理走向在花桥以东呈北东向，花桥以西呈北西向，主体倾向北西或北东，倾角约 20°～50°，总体呈一弧形，成为大别山造山带南端边界的镶边构造带。

大别东南缘黄梅—宿松一带，处于大别造山带弧形南顶端，因大别地块向南的逆冲推覆叠置于该构造带之上，使之逐渐变窄，或构造尖灭于大别造山带之下。东缘桐城-宿松地区，张八岭岩群岩石仅以宽数百米的狭窄条带分布于宿松构造带南缘；同样在南缘湖北黄陂至黄梅地区，相当于张八岭岩群的随县群的变质火山岩系在蕲春四望一带呈北西—东西—北东向弧形弯转，呈数公里至数百米的窄条带出现。

大别东南缘宿松破凉亭至河塌一带，该构造带出露较好，以郯庐断裂带和黄破断裂带为其两侧边界，构成向南的逆冲推覆构造。大别西南缘主要分布在淋山河剪切带和襄广断裂之间，其中襄广断裂向南部逆掩，推覆在扬子北缘之上。带内岩石强烈变形，褶皱构造以片理面为变形面形成宽缓褶皱，以发育不同褶曲、系列尖棱褶皱为特征，同时伴随逆冲断层，并又叠加晚期正断层为特征（图 2.59）。西侧襄广与淋山河断裂夹持的张八岭岩群构造变形复杂，以北西向线状褶皱为主，向南西方向倒转，断层向南西逆冲。

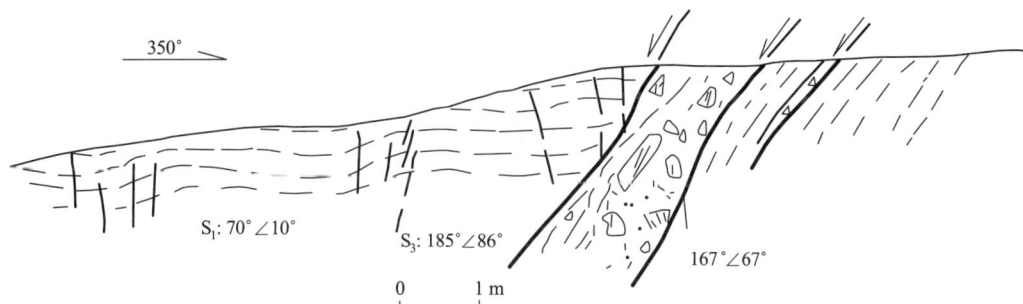

350°

S_1: 70°∠10°　　S_3: 185°∠86°　　　　167°∠67°

0　　　1 m

图 2.59　黄梅县四望张八岭群小断层

(5) 主底板逆掩断层

往往较大的逆冲推覆构造系统，其深部常常变缓而归于一个统一的主底界构造滑动推覆面，即主底板逆掩断层（Boyer and Elliott, 1982；Suppe, 1985；Hatcher and Williams, 1986；Copper et al., 1986）。综合地球物理探测和地表地质构造研究表明，大别南缘构造带在深部也存在一个巨大主底界滑动拆离面，其深度从造山带内部至前缘逐渐变浅，并最终出露于地表，它即是大别南缘的逆冲推覆构造系统的主底板推覆断层。

① 地球物理探测资料证明存在主逆冲推覆滑脱界面

据袁学诚和董树文等不同探测结果，并据杨文采对大别山深部地球物理剖面解释（图2.46），大别造山带南、北侧，即从大别南侧前陆褶冲带到大别造山带内部深层，一直到大别北缘，都存在相向向外推覆的不对称主拆离面。北大别存在一条从上地壳到中地壳的俯冲带，俯冲深度越来越深，从地表至5 km，直到41 km的造山带逆冲推覆体的主底界滑动拆离面，从浅层到深层，较陡倾向南，华北地块向下插于大别山下。

在大别南缘地带，穿过下扬子盆地的近垂直造山带走向的大别蕲春-阳新地壳深反射地震剖面，也清楚地揭示了大别造山带主底板逆掩断层的存在。在蕲春位置，相当于蕲春-浠水大型韧性剪切带与构造混杂岩带，主底板逆掩断层的深度约5~10 km，再向北，愈益平缓，远远向深部俯冲插入大别山下。向南延伸，至襄广断裂一带，底板逆掩断层深度变浅，已接近于地表，与襄广断裂带复合。显然大别造山带南、北的华北与华南两地块现今相向南缓北陡不对称地深俯冲于大别山下，使造山带包括UHP岩石变形抬升而剥露于地面。

② 地质构造证据表明大别地块以襄广和郯庐两断裂为边界发生巨大推覆运动

地表地质构造可以确定主底板逆掩层的存在和其出露的位置。从区域地层岩石构造展布和构造形态分析，可见黄石鄂州以西区域构造线近东西，与大别造山带边界推覆断裂近乎垂直相交，但至黄石一带开始弯转，向东则以较小角度与大别边界断裂相交或近于平行延伸，明显大别地块推覆其上，并使该地区区域岩层均被迫弯转与大别南缘边界几近平行展布。同时，越过大别地块，在东侧相应的又出露扬子北缘岩层，构造线北东向与大别地块东边界郯庐断裂的北北东走向斜交截切，无疑反映大别地块向南推覆，逆掩覆盖了扬子北缘岩石地层构造，并且显著表明大别造山带地块是以襄广和郯庐断裂为边界，沿两断裂大规模顺底层主拆离推覆界面逆掩推覆运动，也正因为如此，郯庐断裂在大别南端与襄广断裂连接，而向南终止，不复存在。同时大别地块南端掩覆其自身的指向南的前陆构造，而直接邻接扬子江南造山带幕阜山北侧的指向北的前陆构造，显然，这也是大别向南巨大推覆位移的有力实际证明。

综合上述，地球物理与地质学相结合从地表到深部的一致研究结果，证明大别山南部北倾的主底板逆掩推覆滑动拆离断层的存在和大别造山带地块以襄广和郯庐断裂为主界面的大规模向南的推覆运动。

3. 大别山南缘复合构造带总体特征

大别造山带南缘复合构造带现今主导由大规模多层次的逆冲推覆构造系统所组成，它是一个在先期俯冲碰撞构造带基础上，叠加晚期陆内造山作用，历经多期构造改造叠加复合而形成的构造混杂复合体。实际上，从广义整体观察分析，它也是一个构造混杂带，在边界断裂围限下包容不同时代不同层次岩石和各类构造块体，诸如镁铁质、超镁铁质构造混杂岩块（蛇绿混杂岩块）、火山岩、岩浆岩和浠水杂岩、宿松杂岩、张八岭岩群以及震旦含磷岩系等多种岩块，以断裂为骨架构造组合混杂组成，所以它应是在印支期板块俯冲碰撞构造混杂基础上叠加中新生代陆内造山与陆内构造而综合造就的构造复合混杂体，具特殊构造意义。该构造带由基底和盖层共同卷入构成多层次指向南为主的逆冲推覆叠置的构造复合系统。由五条主干逆掩断层组成逆冲系统，由北向南扩展，呈前展式即背驮式扩展形式。该带在先期长期演化构造基础上，主体由印支期奠定基础构造格局，而主要定型于中新生代侏罗-白垩纪时期，直到新生代新的构造再叠加改造，终成今日面貌。

1）构造复合体

大别造山带南缘构造的逆冲推覆系统，总体上表现为一个后端厚前缘薄的构造楔形体，其尖端指向南。逆冲系统构造，从深层塑形流变到中深至中浅层次韧性、脆韧性构造，到表层脆性断裂构造，均有出露显示，揭示了它从深层到浅层不同层次不同时代的抬升剥露及其构造多期长期演化发展与叠加复合的复杂构造特点。

构成物质组成包括镁铁质与超镁铁质混杂岩块（蛇绿混杂岩）和含磷岩层的多样复杂空间展布组合（图2.47），也同样显示了它的多期构造混杂复合的复杂构造特点。从现今整体构造几何学形态观察，该推覆构造楔形体由后端至前缘，构造变形逐渐增强。褶皱形态上，柳坪岩片以近直立的尖棱褶皱为主，浠水岩片从后缘至前缘，由近直立等厚褶皱渐变为斜歪褶皱，蕲春岩片以斜歪褶皱为主，到造山带前缘，则以主逆掩断层控制的强烈紧闭褶断构造和对冲的直立复杂褶皱为特征。断裂构造上，从构造楔形体后部至前缘，次级逆冲断层越来越发育和密集，尤其是整个造山带前缘次级逆冲断层十分发育。上述共同展现了从北向南的整体推覆运动学特征和对冲与多期复合的构造特征。

2）逆冲推覆构造系统扩展形式

根据构造几何学结构和逆掩（冲）断层的相互交接切割关系，可以确定逆冲系统的扩展形式。在宿松柳坪一带，柳坪逆掩断层截切了浠水推覆体内的次级逆冲断层，在蕲春推覆体内，北部的次级逆冲断层向南逆冲于南缘的次级逆冲断层之上。组成逆冲系统的五条主干逆掩断层的形成扩展顺序依次为：北浴韧性剪切带、柳坪逆掩断层、浠水逆掩断层、淋山河逆掩断层及襄广逆掩断层。由此可见，该带构造是在先期复杂构造演化基础上，尤其在印支期大别南缘相当于勉略古缝合带形成的俯冲碰撞造山构造基础上，于燕山中晚期陆内造山、大规模隆升、UHP剥露和巨大向南逆冲推覆运动背景下，由五条主干逆掩断层从北向南依次逐渐扩展，以前展式，即背驮式构成。

3）逆冲推覆构造系统形成时代

逆冲推覆构造系统作为大别南缘复合构造带现今的基本构造结构，根据区域地质构造接触关系、构造-岩浆活动及同位素年代学研究，可基本确定其形成时代。

大别南缘复合构造带南缘边界襄广和黄破逆掩断层，在潜山一带被上白垩统、在浠水以南一带被白垩纪东湖群所覆盖，并逆掩与截切侏罗纪与早白垩世岩层及其以前所有岩层岩石构造，据此可以判断，逆冲推覆构造系统最晚一期形成时代的上限应为晚白垩世之前，即最迟为晚侏罗世到早白垩世末。

鉴于逆冲推覆构造系统形成时代的多期复合性，其时代下限，至少可以根据构造带断裂所控制发育的前陆磨拉石盆地建造和构造-岩浆活动来确定。本区发育最早的周缘前陆盆地磨拉石堆积为晚三叠世黄马青组，而最早一期构造-热事件则为早侏罗世晚期—中侏罗世（距今190~150 Ma）侵入岩。所以，逆冲推覆形成最早时代至少应为印支主造山期的晚期（T_3-J_1）。由此可见，大别南缘复合构造带逆冲推覆构造系统的形成时代可确定为中晚三叠世（T_{2-3}）和晚侏罗世—早白垩世时期（J_3-K_1），应是先形成于印支期板块碰撞主造山期、后又复合燕山中期的陆内造山两期的复合作用，而后又遭受中新生代燕山晚期以来构造的叠加改造复合。

4）大别南缘中新生代后期叠加复合构造特征

大别南缘复合构造带自侏罗-白垩纪以来进入了后印支碰撞主造山期构造变形阶段，即陆内构造与陆内造山构造演化阶段。伴随整个大别山区域构造演化，在区域构造动力学背景下除发生了主造山晚期（T_3-J_{1-2}）的伸展垮塌之外，最突出的是发生了强烈的燕山中晚期陆内造山（J_3-K_1），大别原碰撞造山带南、北缘发生同期稍有先后的巨大相向陆内深俯冲，华北与扬子两地块均向大别造山带之下大规模俯冲，大别山南北双向受挤压，内部急剧抬升，形成整体穹窿状隆升，UHP、HP岩石最后折返剥露出地表。同时伴随发育强烈岩浆活动与成矿作用，发育北西西与北北东向为主的多向伸展与剪切走滑断裂，及受它们控制的断陷盆地，如团麻、蕲春、黄梅等地断裂与陆相盆地，造成今日面貌。

　　综上所述，综合大别造山带和北淮阳带构造特点，对于大别南缘复合构造带而言，其最突出的问题是有无印支期缝合带，即勉略古缝合带东延到此区，关于这一问题将详述于本章第二节，这里仅作简要概述。依据上述大别南缘构造特征，结合该带地质、地球化学及同位素年代学资料，可以综合探讨大别南缘印支期古碰撞缝合带的问题。根据该带内镁铁质、超镁铁质岩属性、构造变形特征、岩层时代、构造关系、区域构造对比等综合分析，初步认为大别南缘带存在印支期碰撞缝合带。综合概括整体认为大别地区的扬子与华北两板块的汇聚碰撞拼合，如同秦岭造山带印支期碰撞拼合一样，是扬子板块总体向北俯冲消减，并于大别南、北侧并存两个板块消减俯冲带，由扬子、大别和华北三个板块，分别沿大别南、北两缝合带依次向北向大别和华北之下发生双层俯冲消减碰撞拼合。大别南缘构造俯冲消减碰撞过程中，扬子板块上层的盖层岩系除最北缘先期向北仰冲外，主碰撞期主体发生向南的多层次逆冲叠瓦推覆运动，所以印支期已初始形成大别地块向南逆冲推覆于扬子板块之上的造山拼合构造格局。而造成现今大别南部巨大规模推覆逆掩于扬子北缘之上，则是燕山中晚期（J_3-K_1）的陆内造山的巨大推覆构造运动，与之同期华北陆块也转而向大别之下巨大深俯冲，造成大别山同期受相向挤压俯冲，内部急剧伸展隆升。故就整体大别造山带而言，沿大别南缘的巨大俯冲与向南的逆冲推覆，对于大别 UHP 的形成和折返如同大别北缘深俯冲一样，具有同等重要的意义。这里对此特别予以强调，是因为迄今地学界多注意了大别北缘的深俯冲，而忽视了南缘先后两期，即印支主碰撞造山期和燕山中晚期陆内造山期先后发生的巨大俯冲作用，特别是对 UHP 的多期折返的重要作用与意义。

4. 大别造山带南缘复合前陆构造系统

　　现今大别造山带南缘盆山构造交接地区，即襄广和郯庐（黄破）断裂以南和以东的前陆地带，分布两套不同的复合前陆冲断构造和复合前陆盆地，一套是大别造山带印支期碰撞造山南缘的前陆冲断构造带和前陆盆地（T_3-J_{1-2}），另一套是扬子地块中的江南雪峰构造带幕阜山北侧前陆性质的冲断构造带和盆地。两者形成对冲构造，而且贯穿于宜昌—黄石—铜陵—南京—泰州一线。两者现均临近大别山前，主导成因则是大别造山带地块中生代中晚期沿襄广，并以郯庐断裂为东边界大规模向南的推覆运动，掩覆了前者，并直接邻接了后者，故形成现今大别造山带南缘独特的盆山构造关系与构造格局。两套构造差异显著，前者最新卷入 T_{1-2} 岩层形成构造指向南的北倾南倒的印支期系列前陆冲断褶皱构造带，前缘南侧之上不整合或假整合 T_3-J_{1-2} 前陆盆地沉积岩层。后者则最新卷入 T_3 乃至 J_{1-2} 岩层，形成同期指向北的南倾北倒的系列褶皱和断裂，与前者大别前陆构造形成明显对冲，直临大别山前黄石—武穴—宿松一线。两者又均不整合上覆 J_3-K_1、K_2、E-N-Q 等断陷陆相盆地沉积，下扬子地区尤为发育火山岩系。

　　现大别南缘前陆构造系统位于大别造山带南缘边界襄广断裂与黄破断裂以南，大别前陆冲褶构造主要由最新卷入 T_{1-2} 岩层变形的挤压向南的前陆逆冲断裂褶皱带组成，而晚期又因大别造山带燕山晚期巨大向南逆冲推覆作用的叠加复合，改造先期俯冲碰撞的前陆构造，并使南侧前陆盆地地区又扩展形成卷入 T_3-J 乃至 K_1 的推覆前锋变形带，使原前陆盆地也发生变形。它们平行于大别造山带分布，自黄石、武穴延伸至宿松、太湖一带（图 2.47）。地表地质和六安-瑞昌、蕲春-阳新等地球物理剖面探测结果，都一致揭示扬子地块自印支期以来，中新生代先后两期均沿襄樊-广济断裂向大别造山带之下作大规模的陆内俯冲，相应造山带向南发生巨大逆冲推覆，并引起其外侧的复合前陆冲断褶皱构造围绕大别造山带呈弧形展布，而且在大别南部顶端被大别地块推覆体掩覆之弧形被分为西南与东南两翼，其东南翼为宿松—黄梅褶皱冲断带（图 2.60），西南翼为黄石-武穴褶皱冲断带。但应注意的是两者的外侧，即前者的东南侧和后者的西南侧已直接邻接来自幕阜山前指向北的前陆冲断构造，形成对冲。

　　与大别两期前陆冲断褶皱构造相应，大别的前陆盆地实际也包括两类：一是板块俯冲碰撞造成的

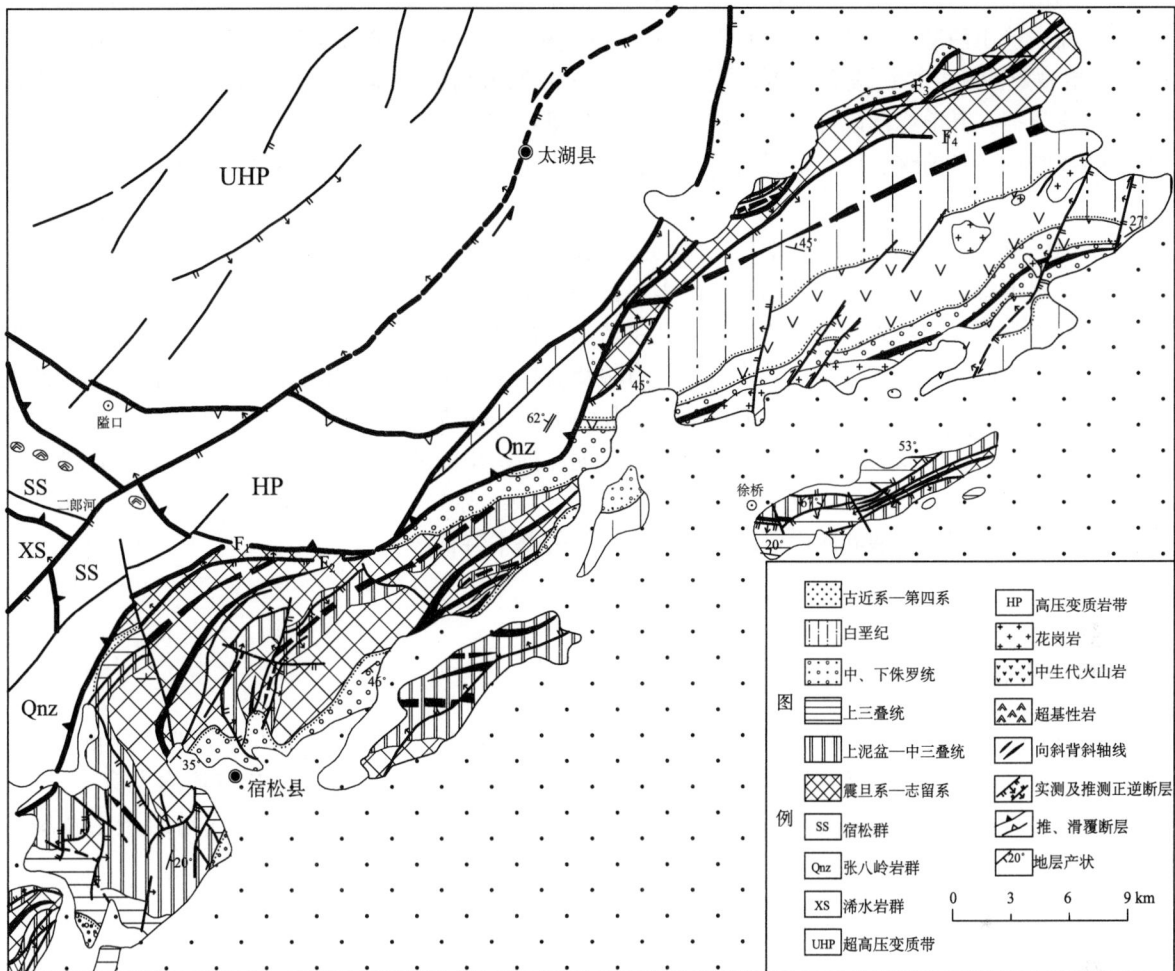

图 2.60　大别山东南缘构造地质略图

周缘前陆盆地（T_3-J_{1-2}）；二是陆内造山带逆冲推覆造成的再生陆内前陆盆地（J_3-K、E），将述于后。

1）大别造山带南缘前陆冲断褶皱带构造特征

如上述，大别造山带印支期造山前陆构造，包括最新只卷入 T_2 岩层的前陆冲断褶皱构造和 T_3-J_{1-2} 陆相沉积为特征的前陆盆地构造。它们现位于与大别造山带南缘构造带相毗连的中、下扬子地区北部边缘，以襄樊-广济断裂和黄栗树-破凉亭（郯庐）断裂为北部边界。前陆构造带主要岩层构成为震旦纪至中三叠世海相碳酸盐岩地层，其上为早侏罗世武昌组不整合覆盖，反映经受了强烈的印支运动。研究揭示普遍发生有二次强烈构造变形。早期变形发生在三叠纪中期末，即印支主造山期，形成指向南的前陆逆冲断裂和倒转褶皱构造带。现今构造线方向以大别南缘顶端武穴一带为界，由于后期郯庐断裂走滑平移和大别地块向南再推覆作用，构造变位，以东地区构造褶皱轴向大致呈北东向，但各地段有所变化，于宿松—徐家桥一线出现北东东向，往怀宁渐变为北东向，经洪镇转为北北东向，成弧形。东南侧总体表现为向南东的逆冲和地层倒转，下中侏罗统地层卷入了此期变形。而往西至黄梅、武穴、黄石市，构造线则由北东渐变为东西至北西向，围绕大别造山带现构成在平面上为一向南凸出的弧形构造，西南侧总体表现为向南西的推覆与左行走滑构造特征。两者统一又整体在其南缘沿武汉—黄石—宿松—铜陵—南京一线与南侧的江南雪峰-幕阜山前陆指向北的断裂褶皱构造带形成区域对冲构造格局。

在大别山南缘沿黄石市、武穴市北部、黄梅—宿松—太湖一带，受大别山印支期陆-陆碰撞造山和燕山期陆内造山两期运动的影响，前陆带遭受强烈构造挤压复合叠加变形，形成一系列线性斜歪（倒转）褶皱及冲断层，形成大规模多期多层次的逆冲推覆构造，显然是大别地块大规模的向南推覆，并逆掩覆盖在其前缘前陆冲断构造带之上，以致推移到扬子地块北缘的江南幕阜山北侧的南倾北倒的前陆冲断构造带前缘，两者形成对冲构造，表明大别造山带向南与扬子地块之间有大规模的地壳叠覆。

大别南缘燕山期前陆构造根据地层之间的接触关系，结合大别山同位素年代学资料，除还可见早侏罗世武昌群不整合在晚三叠世黄马青组之上，说明印支期前陆褶冲构造在晚三叠世末期仍处在发展之中之外，更为重要的是大别南缘的应属印支主造山期前陆盆地沉积 T_3-J_{1-2} 陆相岩层又于 J_3-K_1 时期发生主导指向南西、南东的冲断褶皱构造，具有板块碰撞主造山期后陆内造山性质的前陆冲褶构造性质与特征。沿南缘断续可见零星分布的侏罗系明显为大别山边界断裂逆掩，且又见白垩纪砂岩不整合在侏罗系煤层之上，所以表明，大别山南侧在印支期碰撞造山前陆构造基础上，由于燕山中晚期陆内造山，大别沿南缘边界断裂发生巨大推覆，其前缘又复合形成陆内造山的前陆冲褶带与前陆盆地。以下将分别简述大别地块东南和西南侧的前陆构造系统的基本特征。

（1）宿松–黄梅褶冲带特征

① 褶皱构造特征

宿松–黄梅褶冲带位于大别山东南缘宿松、弹子山、雪山洼、安风山一带古生界地层分布区，这里宿松岩群也出露齐全。褶皱构造和断裂较发育，宿松县破凉亭可见寒武纪薄层硅质岩发育 F_1 与 F_2 的叠加褶皱（图2.61），县城公路边可见与志留纪地层不整合覆盖的早侏罗世武昌组产生宽缓的褶皱。

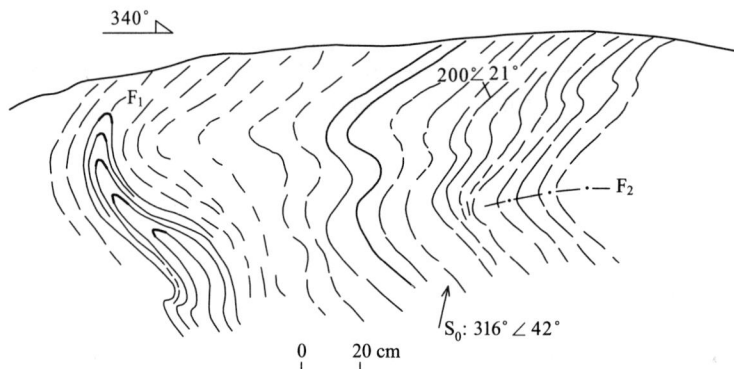

图2.61　宿松破凉亭寒武系硅质岩 F_1 与 F_2 褶皱

褶皱构造由一系列弧形排列的褶皱与断裂及其伴生的其他构造形迹所组成，自西向东有宿松复式向斜、徐家桥复式背斜，以及零星分布其间的上三叠统组成的向斜构造，反映了其基本构造特征。

A. 宿松复式向斜

位于宿松、长岭铺连线两侧。轴线呈60°~70°延伸，西端翘起，出露长35 km，宽15 km。北翼出露较老地层，南翼几乎全部被水系分割和被较新地层不整合覆盖。核部由志留系—中三叠统组成次一级褶皱。复向斜在横剖面上次级褶皱自南东往北西渐趋紧密（图2.62），断裂不甚发育，自北而南包括：横山向斜、罗家屋背斜、阳山向斜、郭家冲背斜、刘家屋向斜、童家冲背斜等次一级褶皱。表明宿松复向斜北西翼（尤其西端）受大别造山带和黄栗树-破凉亭断层带构造的复合作用。

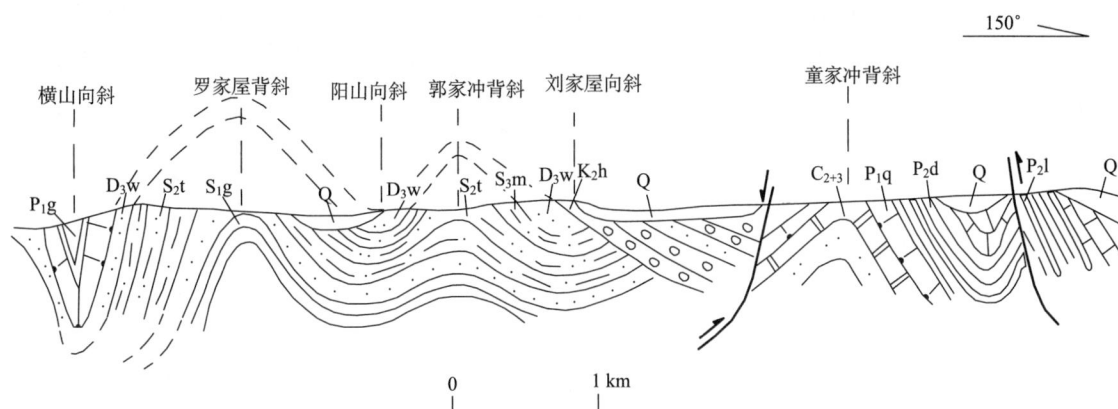

图 2.62　宿松复式向斜东端次级褶皱剖面图

S$_1$g. 高家边组；S$_2$t. 唐家坞组；S$_3$m. 茅山组；D$_3$w. 五通组；C$_{2+3}$. 中晚石炭世；P$_1$q. 栖霞组；P$_1$g. 孤峰组；

P$_2$l. 龙潭组；P$_2$d. 大隆组；K$_2$h. 徽州组；Q. 第四系

B. 徐家桥复式背斜

徐家桥复式背斜轴向呈 60° 方向伸延，西端被中、新生界地层不整合覆盖，核部几乎全部被侏罗系地层不整合覆盖。北西翼由奥陶系—二叠系地层所组成，褶皱较为紧密；南东翼大部分被第四系所盖，仅出露由志留系—中三叠统所组成的系列次级褶皱，褶皱平行延伸，发育走向和横向断层。在剖面上常表现为两翼产状较陡，甚至倒转，构成斜歪或倒转褶皱。平面上褶皱轴线常向南弯曲呈弧形。

宿松县坐山与太湖县徐家桥至姑塘一带的古生界构成飞来峰，可由姑塘兴桥煤矿三叠系之下掩覆有侏罗系煤层得以证明。

在宿松地区，总体宿松-黄梅褶冲带由三个褶皱冲断岩片组成（图 2.63），自北西向南东分别为石咀尖寨褶冲岩片、韩文岭褶冲岩片、横山褶冲岩片。它们依次由北西向南东叠覆。各褶冲岩片内构造变形强烈，次级褶皱及冲断层发育，褶皱形态以斜歪、倒转褶曲为主，局部表现为平卧甚至翻卷褶曲，轴面均倾向北西，局部扭曲，枢纽总体走向北东 50° 左右，靠近前陆褶冲带根部，其褶皱枢纽平面上常呈弧形展布，枢纽总体向北东倾伏。与褶冲带有关的冲断层主要发育在各次级褶冲岩片的前缘和斜歪褶皱的倒转翼，冲断层发育在不同岩性界面部位，在张八岭群与盖层之间，寒武系与奥陶系、泥盆系与志留系、志留系与中生代之间常产生断层。可见震旦纪地层逆冲推覆在中侏罗统地层之上，形成飞来峰和寒武纪地层中保存的二叠纪地层形成的构造窗。以上构造变形指向统一显示为自大别向东南的冲断褶皱前陆构造。

② 逆冲推覆断层构造特征

该区主要以郯庐和黄栗树-破凉亭两个主断层为主体形成一个指向南东的逆冲断层系，自西北向南东依次叠置，走向主导呈 35°～40° 方向，反 "S" 形伸延。它们主要发育在震旦系—三叠系地层中，但由于第四系覆盖，不易察觉，它们常由若干断层构成一个冲断层带。宿松冲断带总体呈北东-南西向分布（图 2.60），由罗弯-河塔断裂（F$_1$）、汪家新屋-石咀头断裂（F$_2$）、困船山-曹坂断裂（F$_3$）、腊树棵-吕家大屋断裂（F$_4$）等北东走向的一组近平行分支断裂组成，F$_1$ 与 F$_2$ 断裂为宿松群、张八岭群等前陆褶皱冲断带的分界线，断裂带南东盘为震旦系—古生界地层，整个破碎带宽达 3000 m，为北北东至北东走向，倾向北西。断裂带多次活动，主要有印支中晚期（T$_2$-T$_3$）和燕山中晚期（J$_3$-K$_1$）两期逆冲断层，后期正断层控制火山盆地特征明显。断裂带间夹杂有中侏罗世火山岩等。先期印支中晚期逆冲推覆活动后，燕山早、中期曾受扩张作用，发生断陷，沿断面产生火山拉张盆地。燕山晚期，大别山推覆隆起，自北西向东南推挤造成依次向南东组成叠瓦状推覆构造。例如 F$_3$ 断裂构成潜山盆地的东南边界，走向 50°，北盘为侏罗系，南盘为志留系、泥盆系及二叠系，先发

图 2.63　宿松地区前陆褶冲带地质简图

育倾向北西的正断层，后燕山中晚期挤压推覆，可见困船山一带二叠系孤峰组逆冲在侏罗系火山岩之上。又反映了燕山中晚期的挤压推覆构造作用。

　　总之，该区推覆构造发育，自印支期至燕山期，大别造山带地块长期相继向南推覆，造成大别南缘构造带东南侧江塘、河塔、破凉亭一带产生一系列北东走向，向北西缓倾斜的逆冲断层，剖面上构成叠瓦状逆冲推覆构造（图 2.64、图 2.65），可见大量推覆体（飞来峰）。典型实例诸如：在宿松雪山洼至横山一带，二叠系孤峰组均呈飞来峰推覆在上泥盆统五通组之上（图 2.66）。童子寨见上震旦统灯影组叠覆于下中侏罗统之上（图 2.67），在黄梅独山见寒武系地层推覆在志留系地层之上。在太湖县太平与宿松县河西山连线西北，破凉亭、韩文岭一带震旦—古生界地层走向为北东东，往西延至宿松县城以西河西山至独立尖一带地层走向北东东转向北西，平面上组成一向北西突出的弧形地质体（图2.63）。该地质体与宿松县东部横山一带的古生界地层走向及褶皱状态均不协调，二者接壤部位走向断层密集，地层缺失，往往时代相差较远的地层拼合在一起。该地区震旦系—古生界组成的弧形地质体，也属断层逆冲推覆作用所造成的叠置体。

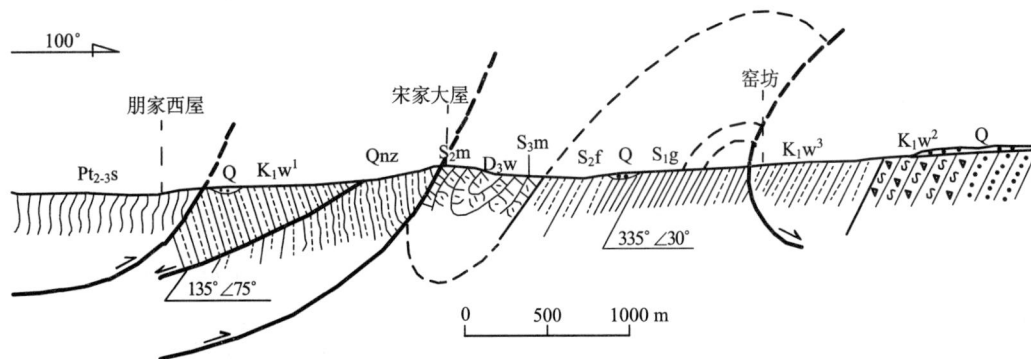

图2.64　宿松县朋家西屋–窑坊前陆褶冲带剖面图

Q. 第四系；Pt$_{2-3}$s. 宿松岩群；Qnz. 张八岭岩群；S$_1$g. 高家边组；S$_2$f. 坟头组；S$_3$m. 茅山组；D$_3$w. 五通组；

K$_1$w^1. 汪公庙组一段；K$_1$w^2. 汪公庙组二段；K$_1$w^3. 汪公庙组三段

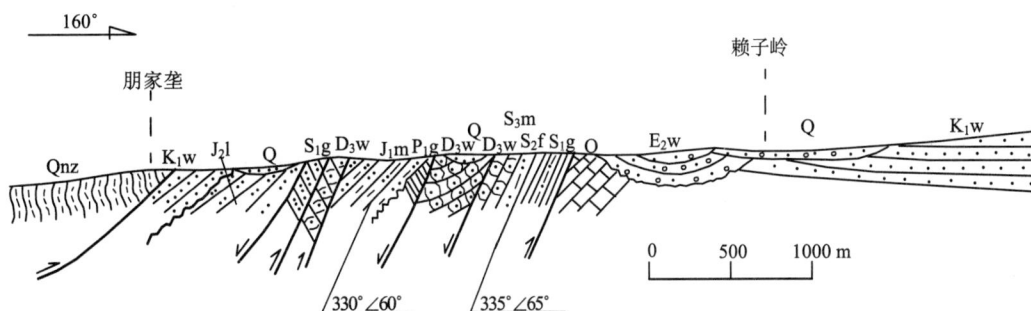

图2.65　太湖县朋家垄–赖子岭前陆褶冲带剖面图

O. 奥陶系；P$_1$g. 孤峰组；J$_1$m. 毛坦厂组；J$_2$l. 罗岭组；K$_1$w. 汪公庙组；E$_2$w. 望虎墩组；其他同图2.64

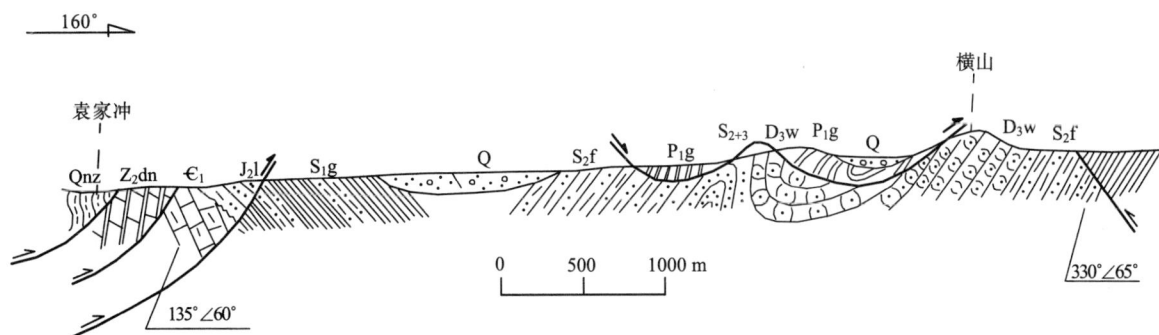

图2.66　宿松县横山推覆构造剖面图

Z$_2$dn. 灯影组；∈$_1$. 下寒武统；S$_{2+3}$. 中上志留统；其他同图2.64

在大别山弧形构造的正南端，湖北黄梅地区，因第四系掩盖较多，地层出露较零星，可见震旦系至侏罗系地层，褶皱和断裂构造发育，其构造几何学形态特征及其构成岩层与宿松褶冲带相似，如黄梅县枚家山志留纪与泥盆纪地层先逆冲到石炭纪和二叠纪之上，再推覆在早侏罗世武昌组之上（图2.68），构成显著的薄皮逆冲推覆构造。

综合宿松–怀宁等大别造山带东南侧，即郯庐断裂带外侧前陆构造地带，中新生代构造突出呈现

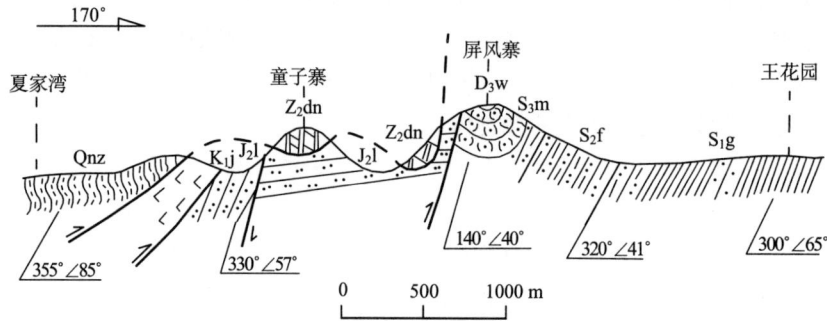

图 2.67　宿松县童子寨推覆构造剖面图

K₁j. 江镇组；其他同图 2.66

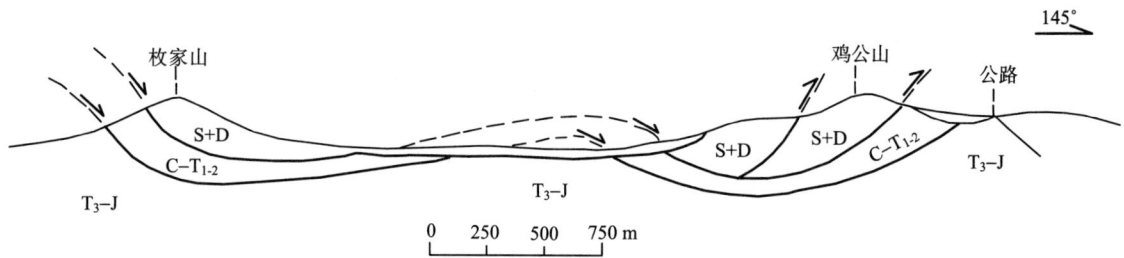

图 2.68　黄梅县枚家山-鸡公山构造剖面（据薛虎，1990 修改）

具有剪切走滑特点的两期现指向南东的斜向逆冲推覆构造及其期间的伸展火山断陷构造，主导表现出了以郯庐和黄破两走滑逆冲推覆断层为特点的大别东南侧的独特前陆冲断推覆与走滑剪切的构造特点。

（2）黄石-武穴褶冲带特征

位于大别造山带南缘构造带西南侧，武汉-黄石至武穴-黄梅一带，襄广断裂带东端南西侧。主要由震旦纪至三叠纪海相地层组成，叠加有晚三叠世至早中侏罗世和晚侏罗世地层等。总体呈北西—北西西向沿大别山西南侧山前延伸。

黄石-武穴褶冲带是由近东西乃至北西西向的线状褶皱及其伴生的压扭性冲断层组成的一个向南突出的弧形构造带，其弧顶位于武穴附近。它具体主要由青山湖向斜、黄石背斜、狮子头向斜、汪仁倒转背斜、黄濑山倒转背斜、八家井复式倒转向斜、父子山倒转背斜等和申高山逆断层、叶家尖逆断层等组成大别南缘西南侧前陆冲断褶皱构造带。

该带由襄广逆冲兼走滑断裂为边界断层，故冲断构造主要由两个构造冲断片组成，即紧邻大别造山带的震旦系至奥陶系构造冲断片和晚古生代石炭系至三叠系构造冲断片（图 2.69）。震旦系至奥陶系冲断片在蕲州至广济一带出露较好，由震旦纪、寒武纪、奥陶纪地层组成，各地层间均为断层接触，断层尤为发育，由一组 3~5 条相互平行的逆冲断层组成，伴随发育一组北西向的密集节理带，地表倾向南西，产状较陡，可达 70°~80°，往深部产状变缓，倾向北东。该构造片单元主导是大别造山带的南缘前陆冲断褶皱构造组成。而长江以北，如图 2.69 相应于花山水库与上伍北形成对冲带，以南地区主要由志留系至三叠系构成的构造冲断片单元组成，主体已属幕阜山北缘前陆冲断褶皱带，不归属于大别前陆冲断褶皱带。其构造主要是沿志留系滑动面从南西往北东逆冲推覆。褶皱和断层均较发育，褶皱轴面倾向南西，在褶皱的倒转翼常出现泥盆纪的飞来峰。总体构成雪峰-幕阜山北侧指向北的冲断褶皱构造，并与上述大别南缘指向南的前陆构造形成对冲构造，其间即中下扬子对冲构造过渡带。

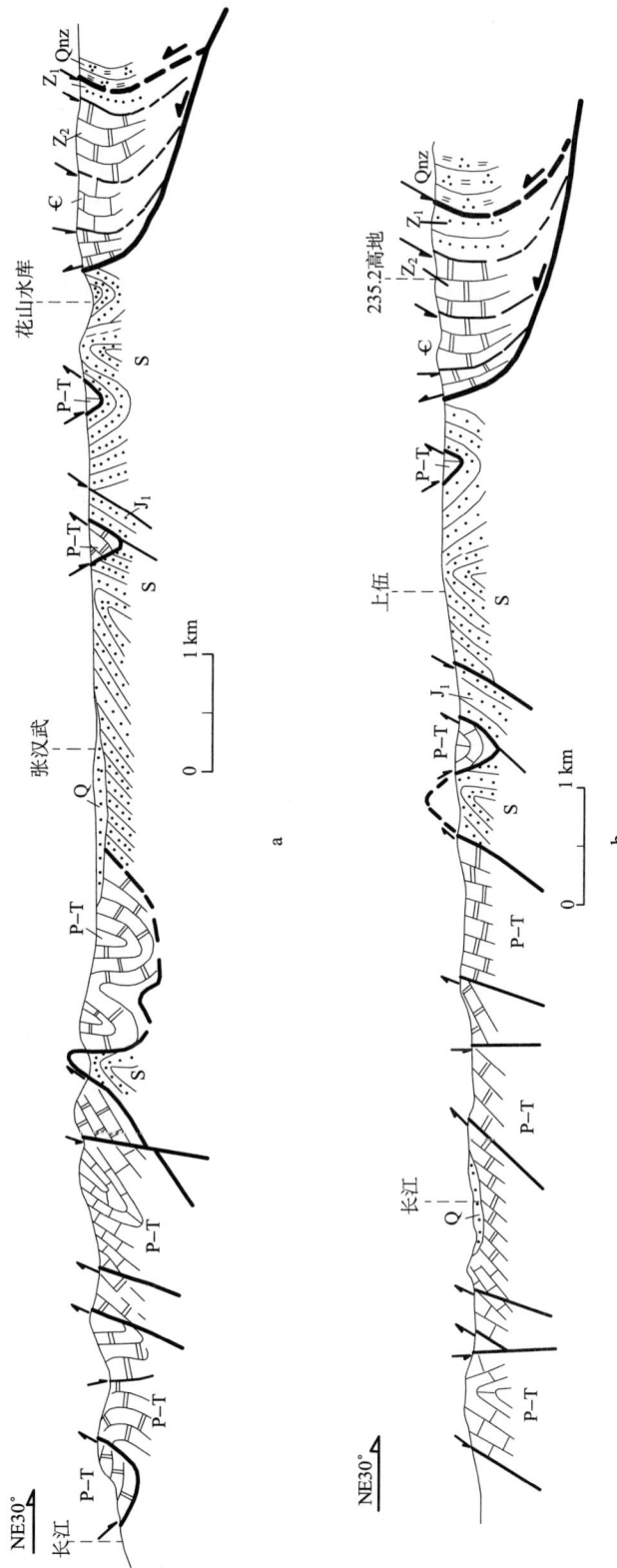

图 2.69　蕲州—广济前陆陆褶冲带构造剖面
a. 花山水库构造剖面；b. 上伍构造剖面
Qnz. 张八岭岩群

2) 复合前陆褶皱带构造变形序次

大别造山带前陆褶皱带，扬子地块北缘震旦纪—中三叠世盖层系统的构造变形与大别造山带关系密切，具有相似的特征。在中晚三叠世，由于华北板块和扬子板块发生强烈的大陆碰撞，盖层地层系统发生了强烈的构造变形，包括前陆构造系统，自此以来至少产生了三期主要构造变形。

（1）早期俯冲深层韧性挤压构造变形

其主要构造变形特征是：震旦纪—中三叠世地层中发育一系列紧密平卧褶皱及顺层掩卧褶皱。在张八岭群与古生代地层接触界面，志留系与上泥盆统接触界面，二叠系及三叠系薄层灰岩、页岩之间，均发育顺层滑断剪切，常造成地层间缺失和减薄。这些褶皱形体及滑断面，在后继变形过程中重新又褶皱。该期构造主要形成于印支早中期，伴随着俯冲作用而发生。

（2）主期碰撞线形构造变形

大别造山带南缘前陆褶皱带发育一系列紧密背、向斜和断裂构造。大别东南侧褶皱现今构造多数轴向 NEE60° 至 NE20°，轴面向北西倾斜，向南东倒转，发育轴面劈理并置换层理。褶皱带总体显示向北东倾伏、向南西抬升收敛的趋势，反映区内大别基底总体向南和南西推覆扬起的特点。而大别西南侧前陆构造则主要呈现线形北西走向北东倾向的带状构造特点，并突出呈现被大别推覆截切和强迫弯转及与大别边界平行延伸的特点。

（3）燕山期逆冲推覆构造变形

晚印支期碰撞垮塌构造之后，于燕山中晚期（J_3-K_1），大别造山带又发生自北而南的强大逆冲推覆运动，并伴随着 UHP 的折返和大别山的整体隆升，前陆带也同样产生复合叠加的向南逆冲推覆构造。大别山东南与西南侧的大别山前陆构造系统明显与大别山体南缘相截，并倾没于大别山体之下，表明晚白垩世前大别山主体的向南逆冲推覆作用和强烈抬升，及 UHP 的剥露地表。

总之，大别山南缘前陆褶冲带，中生代燕山运动表现较为显著（图 2.70）。主要表现在侏罗系地层组成的构造变形中，构造线现围绕大别山分布，构造线方向明显呈北东—北东东—近东西—北西西向弧形，与下伏震旦系—三叠系地层组成的构造线方向既一致又有差异，表明该期构造形迹的轮廓具有继承前期——印支期的构造而发展的趋势，但由于大别燕山中晚期大规模向南运动，使前陆构造发生复合叠加变形和变位，并又经中生代晚期以来新的构造叠加改造，终呈现弧形展布。

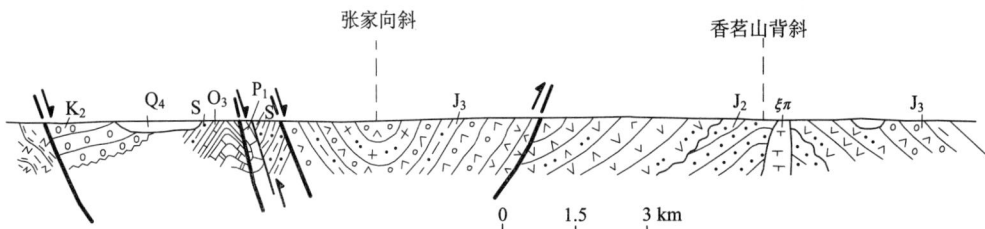

图 2.70 张家岭向斜、香茗山背斜剖面图

综上所述，宿松-黄梅褶冲带和黄石-广济褶冲带是大别山南缘构造带与扬子板块北缘盆山之间的强烈前陆构造发育地区，是印支期以来大别山块体与中下扬子块体俯冲碰撞拼贴乃至燕山中晚期陆内造山，发生大陆深俯冲和 UHP 形成与折返过程中的多期不同构造复合产物，如上述主要经历了两期构造变动，总体表现为早期扬子板块向北的俯冲碰撞，晚期表现为大别山陆内造山作用的双向向北、向南的大规模逆冲推覆运动和超高压岩石的折返与隆升。所以大别南缘的前陆带正是扬子、华北

两大陆块之间从板块构造到陆内构造的大陆俯冲碰撞叠置而造成的强烈的陆壳压缩构造变形的南部边缘地带，后又遭受新生代构造强烈的改造。

5. 主要构造边界断裂与走滑剪切构造特征

大别南缘复合构造带主要构造边界断裂有北缘的北浴韧性剪切带和南缘的边界断裂带——襄广断裂和黄破断裂（郯庐断裂带）。另外，大别南缘构造带还广泛发育弥散性韧性剪切带和北北东、北西向共轭剪切带。

1）主要构造边界断裂特征

（1）大别南缘复合构造带北缘边界剪切带——北浴韧性剪切带

大别南缘复合构造带北缘边界为北浴韧性剪切带，东起宿松县向西经隘口、北浴过张榜延至方咀，再往西被贾庙关口剪切带所逆掩，长约 100 km，宽 1~5 km，其北是大别中部超高压构造带。其中隘口以东，多被第四系松散堆积物掩盖；隘口至北浴一段，韧性剪切带断面产状较陡，一般在 80° 左右，时而倾向南，时而倾向北；过张榜往西，断面产状多往北北东、北东向倾，倾角一般在 30°~60° 之间，整体表现为一条波状起伏指向西南而倾向北东的逆冲韧性剪切带。

剪切带由明显的强应变带与弱应变域相间分布组合而成，其中强变形带宽数十米到百余米不等，剪切带总体向北东倾。带内主要物质组成为斜长片麻岩、含石榴子石黑云或白云石英片岩及包裹其中的石墨片岩、斜长角闪岩、角闪片岩、蛇纹岩等透镜体，以广泛混杂有基性、超基性岩块和石墨片岩等为特征，总体控制了大别山南缘复合构造带中的一条北西向分布的超镁铁质岩带的空间分布，其中超基性岩块中残存异剥钙榴岩，反映曾出现洋壳环境，而且其中石墨片岩富含固定碳，一般在 3%~6% 之间，原岩应是富含有机质的深海泥质岩石，因此可能代表了原始的不成熟的深海沉积物组合。推断该带可能是区域勉略带东延至大别的残留表现。但由于遭受后期的强烈构造改造作用，包括大陆的深俯冲消减碰撞和超高压岩石的折返作用以及中生代中晚期大规模逆冲推覆改造，使之形成在大别南缘复合构造带中零散分布，遭受强烈改造的构造移位了的残留构造混杂岩带。北浴剪切带内发育不同类型的糜棱岩、构造片岩以及构造片麻岩等。

① 北浴韧性剪切带的厘定

厘定北浴韧性剪切带的主要依据如下：

A. 剪切带两侧的物质组成不一致。北侧为大别杂岩群超高压与高压变质岩带，以片麻岩、榴辉岩广泛出露为特征，变质花岗岩体发育，缺乏标志性的大理岩磷矿岩层。而南侧主要为宿松岩群变质含磷的碎屑岩、碳酸盐岩与火山岩系，变质花岗岩体不发育，磷矿岩层沿剪切带断续以构造岩块展布。尤为突出的是沿断裂带，超镁铁质岩块断续成一带分布，显示它控制了大别山南缘复合构造带中的基性-超基性岩构造岩块带状的空间残留分布。显然它是一条具重要意义的构造分划界线。

B. 断裂带两侧构造线不协调。北侧大别岩群总体上呈东西向延伸，面理产状以单一的倾向南为主，南侧宿松岩群构造线总体呈北西向分布，产状时而北东，时而南西，构造复杂。总体显示出南、北两侧区域构造线的不协调（图 2.49）。

C. 两侧岩石变质程度不一致。北侧普遍遭受混合岩化作用，可见条带状、眼球状混合岩，变质花岗岩广泛发育，榴辉岩较多，经历了超高压变质作用；南侧混合岩化作用较弱，眼球状混合岩只出现在强变形域中，榴辉岩较少，并且在含榴斜长角闪岩中未见柯石英及其假象、绿辉石等特征矿物，但又出现红帘石、多硅白云母等高压矿物组合，经历了区域高压动力变质作用。显然该带是大别山中 UHP 与南部高压的分界带。

D. 两侧构造单元的整体运动学指向不一致。北侧构造运动学指示以大别罗田穹窿构造南和东南侧的从北往南的晚期滑覆的剥离构造为主，南侧岩层总体构造指示以由北往南的不同层次规模的逆冲推覆为主，整体构成一个多层次向南逆冲推覆的构造叠置体。

E. 北浴断裂构造带内岩石发生强烈变形变位改造，构成构造混杂岩，致使超镁铁质岩石以构造关系呈散乱状态分布。带内发育大量的构造片岩剪切带。该带晚期断裂构造极为发育，呈北西向展布，岩石破碎强烈，断裂碎裂岩与千糜岩、糜棱岩和构造透镜体及破劈理等复合叠加混合组合。在多处可见断裂是在继承早期剪切带的基础上活动，以倾向北北东为主，倾角一般在30°~60°之间，具体断裂延伸一般在几公里至十多公里，一些长达40 km，广泛发育，组合起来规模较大，并多具有明显的压扭性，总体构成一由北向南逆冲的大型推覆性断层带。

② 北浴韧性剪切带的主要性质判定

综合判断该带为韧性推覆剪切带，主要依据如下：

A. 宿松县北浴附近，发育一构造片岩带，宽约1000 m，呈北西向展布，产状陡立。突出特征是带内密集大量发育次级构造片岩与糜棱岩。糜棱面理极其发育，顺面理分布大量的长英质脉体和石英脉，被拉断成透镜体和团块，褶劈理常常改造早期的糜棱面理，在强变形域内，S_2几乎将S_1全部置换，形成$S_2 /\!/ S_1$。并且长英质脉体常形成一系列的钩状褶皱、无根褶皱、不对称剪切褶皱，发育矿物线理、拉伸线理，它们与褶皱的枢纽主要向南东倾伏，指示运动方向由北向南的逆冲推覆。

B. 宿松县钓鱼台水库南侧，剪切带宽约4000 m，从南自北，糜棱面理产状由缓变陡，以致近于直立，倾向由南南西变为北北东，总体倾向北北东。围岩以二云斜长片麻岩、云母石英片岩、石墨片岩、斜长角闪岩为主，夹有若干超基性构造岩块。可见早期的韧性剪切带被晚期的冲断裂改造，早期韧性剪切带贯入大量石英脉并被拉断成团块、透镜体，产生系列的勾状褶皱、无根剪切褶皱，同样反映由北向南的逆冲推覆。晚期断层非常发育，叠加复合，岩石强烈破碎。现综合组成千糜岩、糜棱岩、碎裂岩混杂体。断面作波状弯曲，总体倾向北北东，产状为20°~50°∠30°~60°，其中沿断层充填的岩脉已被糜棱岩化，同样指示由北向南的逆冲推覆运动。

C. 该剪切带西端，湖北方咀至瓦寺一带，断裂带宽500~1000 m，糜棱面理倾向北东、北北东，倾角40°~70°，岩石硅化，发育糜棱岩、碎裂岩，并可见挤压透镜体与斜列不对称褶皱，具压扭性质，指示由北向南的逆冲运动。并且被大别罗田穹窿边界的贾庙关口剪切带滑覆掩盖。

总之，大量实地调研和综合研究分析，表明该剪切带具有多期活动，早期主体表现为由北向南的逆冲推覆，并以发育糜棱面理和拉伸线理及紧闭褶皱为特征，其中石墨片岩、斜长角闪岩、蛇纹岩因剪切作用而布丁化与构造片理化，贯入伟晶岩脉，强变形带发育不对称剪切褶皱、无根勾状褶皱、σ旋转碎斑系以及S-C组构，均一致指示由北向南的逆冲推覆。晚期叠加绿片岩相剪切作用，应是在先期剪切构造基础上的叠加复合活动，主要是在大别陆内向南推覆运动、隆升和UHP折返抬升过程中形成。晚期以早期剪切面理为变形面，发育系列规模不等的剪切褶皱，并形成破碎带、密集的劈理带与挤压透镜体。构造岩呈现退变质绿片岩相的石英+绢云母+绿泥石变质矿物组合。糜棱面理、矿物拉伸线理及S-C组构、剪切褶皱指向和旋转"布丁"构造一致指示上盘岩层向南的逆冲推覆运动。最后叠加后期张性构造活动，被区域性北北东向正断层所切割。

综合上述，厘定北浴断裂构造带是大别造山带南部一条重要的复合韧性剪切带，主体是北西走向，北北东—北东倾向，是自北向南的巨大逆冲推覆断裂带，是大别造山带中UHP与HP及冷榴辉岩分布的界线，更重要的是，它可能是勉略构造带东延的勉略古缝合带在大别造山带中的复合变位的残留构造带的北界，因之具重要意义。

（2）大别南缘复合构造带南部边界断裂带

大别南缘复合构造带的南边界断裂为襄樊–广济断裂和黄栗树–破凉亭断裂（郯庐断裂带），是分划大别造山带中的随县–张八岭构造带与扬子地块的区域性岩石圈主断裂带。该带在湖北为襄樊–广济断裂，走向北西，总体倾向北东。在安徽称黄栗树-破凉亭与郯庐断裂，走向北东—北北东，总体倾向北西—北西西。

① 襄樊-广济断裂带（简称襄广断裂）

该断裂带在大别山南缘东南起自广济（武穴），向西北经蕲春茅山、浠水马龙、巴河镇转为北西西向延伸至新洲附近继续西延，长约千公里，断裂总体330°方位展布，西去与随县-青峰大巴山大断裂相连，往东与黄破（郯庐）断裂复合相接，构成大别南部统一弧形边界断裂带。大别南缘以广济至马龙一带出露较好，断裂依次切割中上元古界及古生界与中新生界。因各地段地层岩石性质不同及构造背景条件的差异，断裂活动在这些岩石中留下的构造变形及改造作用的形式各有差异。它是一条区域性巨大长期活动的复合斜向逆冲推覆断裂构造带，并以兼具走滑剪切性挤压逆冲推覆构造为特征。

A. 现今襄广断裂是在前两期主要呈北西走向、自北东向南西的逆冲推覆构造基础上，叠加复合后期伸展和走滑断裂，最终定型为中新生代复合性斜向逆冲走滑断裂带，其东端与郯庐断裂带复合相接连。

B. 襄广断裂带是大别造山带南缘的边界复合断裂构造带，具有复杂形成演化历史。前人和我们的研究揭示，它是一条经历多期不同属性断裂构造复合的巨型复杂而重要的以断裂构造为主的构造带。现有研究表明，它主要经历两期构造演化的复合。

印支期主要为碰撞构造韧性剪切推覆带，以发育糜棱岩为特征。主断裂在茅山—马龙一线，出现强烈的冲断构造，两侧发育系列平行次级断裂（图2.45、图2.71），沿整个断裂带，面理构造十分发育，倾角一般75°~85°，以倾向北东为主，主要表现为由北东向南西的斜向逆冲推覆运动。与面状构造相伴随，广泛发育两组矿物拉伸线理等线性构造，一组顺面理高角度斜向线理指示斜向逆冲运动，另一组线理具近水平定向性，倾角一般5°~10°，指示右行平移剪切。故据现有研究表明，印支期该断裂整体是具右行剪切的挤压性斜向逆冲推覆断裂，综合对比判定应属大别印支期碰撞前缘推覆构造。

燕山中晚期（J_3-K）主要表现为陆内造山作用背景下，大别造山带南缘沿边界断裂的巨大向外的逆冲推覆运动，已如前述，它大规模逆掩推覆掩盖了大别地块南缘前陆构造系统，前陆冲断构造与前陆现仅呈少量残存，使大别造山带直接邻接扬子幕阜山前陆构造，因此，现今大别造山带块体南端以巨大推覆体掩压扬子北缘之上。燕山晚期以来主要具伸展正断层性质，大别山块体强烈隆升，断裂带南西侧则相对下降，形成沿断裂带走向或垂直走向的不同断陷盆地，堆积晚白垩世以来红层建造。局部出现玄武岩和基性岩脉以及花岗岩。但在白垩纪红层中出现新的中小逆冲断层，使局部的变质岩系逆冲到中新生界东湖群之上，燕山期花岗岩中也有系列逆冲断层及破劈理，同样也显示由北东向南西逆冲推覆的特征。表明白垩纪它仍有新的构造活动。

C. 地球物理探测揭示（董树文等，2005；袁学诚、李善芳，2008；李三忠等，2010；袁学诚、华九如，2011），沿襄广断裂，扬子向大别造山带之下作巨大陆内俯冲，与之相应，大别陆块向南作巨大逆冲推覆。这些特征与上述地表地质相吻合，一致证明大别造山带南部边界的大规模推覆构造是兼具走滑性质的斜向的陆内俯冲推覆构造。

② 黄栗树-破凉亭断裂（简称黄破断裂，即南部郯庐断裂带）

大别造山带东部边界是郯庐断裂带，该段郯庐断裂带是区域整体郯庐断裂带的南部，这里不是单一的一个断裂，而是一个断裂带，黄破断裂就是郯庐断裂带最南部的组成部分，所以黄破断裂即郯庐断裂或可称南部郯庐断裂，因此本书中多用黄破断裂，实际即指本书重点讨论的大别造山带南缘东南侧的郯庐断裂，以示具体的郯庐断裂，不混同于整体郯庐断裂带。具体黄破断裂位于大别山东南缘，是分割大别造山带与前陆褶冲带的边界断裂。在太湖江塘、冯家屋至宿松河塔、破凉亭等地出露较

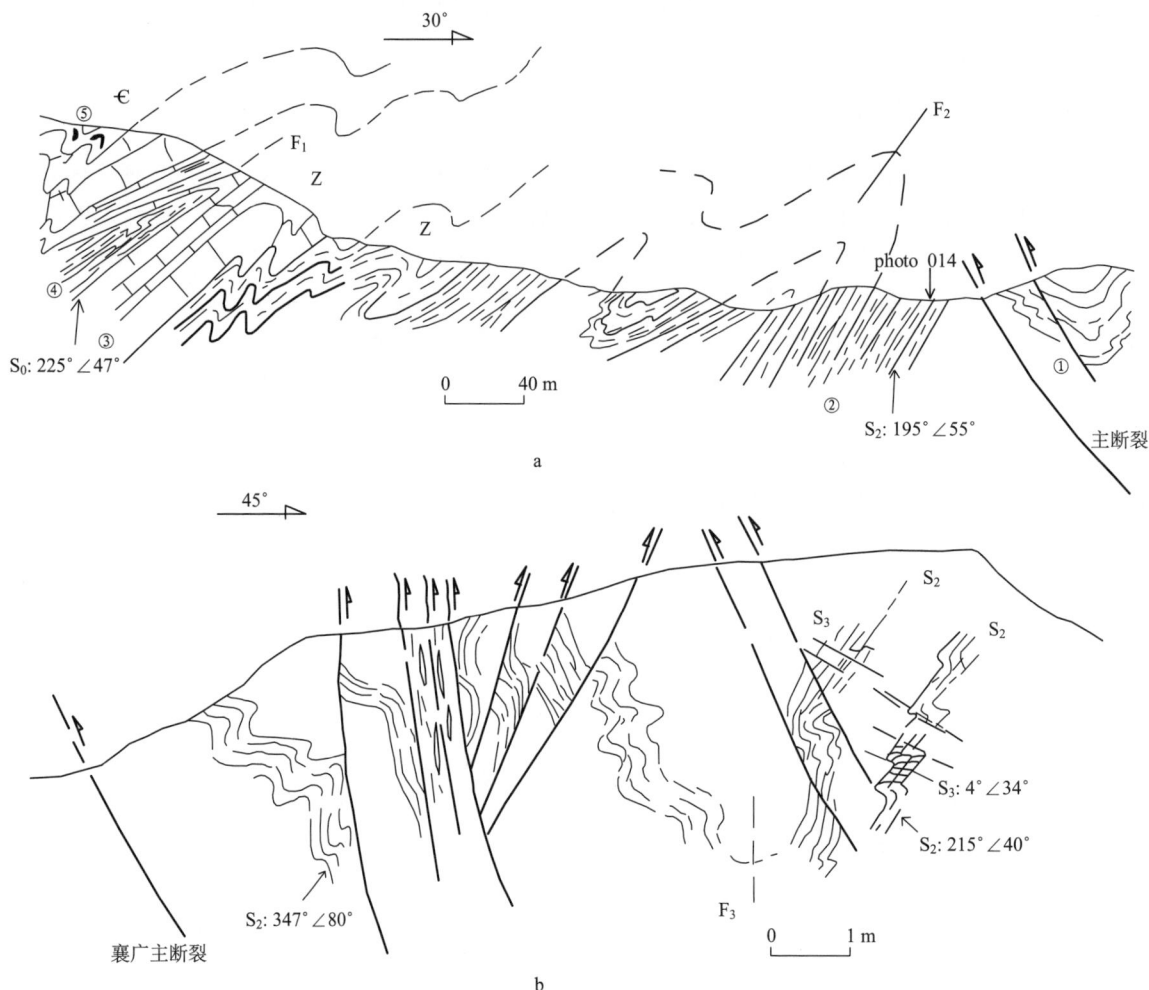

图 2.71 蕲春县蕲州-襄广断裂带构造剖面

b 图为 a 图主断裂带的局部放大

①绢云石英片岩（千枚岩）；②黄绿色绢云片岩；③厚层白云质灰岩；④灰岩中的绢云片岩夹层及薄层大理岩；⑤石煤

好，断裂带走向大致呈 35°~40°，"S"形延伸，长 100 km 以上，主要以一条主干压扭性逆冲断层为主，由多个断层组成，常构成叠瓦状断层带（图 2.72），地表断裂北西侧多为张八岭群和大别杂岩及宿松杂岩群等，南东侧则多为中、古生界岩层。向东至潜山地区，断裂掩埋于新生代断陷盆地之下，而往西南至黄梅地区，又被第四系掩盖，再向西南与北西向的襄广断裂相应，据地球物理探测和钻探资料证实，两者相连接，实为一条断裂，构成大别造山带的南缘弧形边界，两者具有相似的构造性

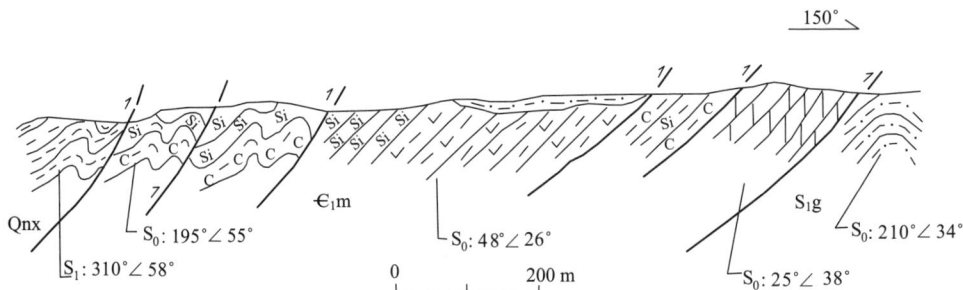

图 2.72 宿松破凉亭叠瓦状冲断层剖面

Qnx. 西冷岩组；ϵ_1m. 幕阜山组；S_1g. 高家边组

质，共同造成大别山向南大规模逆冲推覆的主推覆断裂带，并成为其在地表的表现。

黄破断层带向北东延伸，表现为倾向北西，倾角65°左右的冲断层。北西盘上泥盆统相对逆冲于南东盘上二叠统之上，断距在300~400 m。断层向南西延伸，在鲁园街南，断层明显分成两支：一支沿着南西西、而后又转为南西、南南西经破凉亭、龙船榜和龚家坡而后被掩盖，断层带由发生于变质岩（张八岭群）与下寒武统及下寒武统与下志留统等界面部位的多个断层组成叠瓦状构造。断层面向北北西、北西倾斜，倾角70°~80°，地层由北北西相对向南东推覆，使寒武系、奥陶系地层沿断层线都有缺失。另一支，自鲁园街向南，大致呈南南西向，往南经龚家坡背斜而被掩盖，并与前一支会合，与该区郯庐断裂带其他分支郯庐断裂复合成一体，弧形弯转与襄广断裂衔接复合。

该断裂是长期演化的大断裂，具多期活动，早期表现为韧性剪切，形成各类糜棱岩，中期转化为张性活动为主，控制了一些断陷盆地的沉积发育，晚期又表现为压扭性，挤压形成推覆构造和叠瓦状逆冲断裂。

综述，襄广断裂和黄破断裂印支期以来表现为大别基底变质岩系向南逆冲于扬子前陆褶冲带之上，为陆内巨大斜向逆冲推覆的主断裂带。沿断裂带北盘发育一系列近平行叠瓦状断层，强烈构造挤压，带内构造片岩、构造透镜体、糜棱岩及向南倒转线性褶皱发育，据水平擦痕及断面阶步显示，断层兼有向南东右旋平错剪切挤压特征。断裂带两侧重磁异常梯度带表现明显，地震波反映断裂带深部向北缓倾，总体表现为向南巨大的陆内逆冲推覆构造，也即扬子板块自南而北向大别之下作巨大的陆内俯冲，构成大别南部边界断裂带。

③ 关于郯庐断裂带

郯庐断裂带是处于西太平洋大陆边缘的东亚和中国东部的一条重要区域性断裂构造，已有很多专门的研究与著作，这里不做专门论述，仅就有关大别造山带和勉略带东延等相关问题做概括简要论述。

大别山东缘的郯庐断裂带是由多组呈斜列分布的多条断裂所组成，总体呈北北东向延伸，出露宽约几公里至十几公里，是一条巨型左行平移为主的大断裂带，至今它已将原为统一的大别-苏鲁造山带左行错移了约550 km或更大。在安徽境内自西而东断裂带由五河-合肥、石门山、池河-太湖、嘉山-庐江-黄破四条相互平行的断裂组成，并由它们共同组成复杂的断裂系统，斜截平移了大别-苏鲁造山带。其中五河-合肥断裂向南消失于大别造山带北部北淮阳地区卢镇关群中。石门山断裂向南延伸至大别造山带，消失于大别杂岩中。池河-太湖断裂，经桐城构成大别造山带东缘与潜山中新生代盆地边界，后经太湖消失于宿松群中。嘉山-庐江断裂，过庐江后隐伏于潜山盆地之下，过宿松至黄梅，消失于古生代地层中，与黄破断裂复合在一起。所以上述黄破断裂实即总体郯庐断裂带南延至大别山东南端的具体郯庐断裂。

郯庐断裂带形成时代仍存在争议，目前主流观点认为郯庐断裂带启动形成于中生代，新生代仍在活动，主要受西太平洋构造体系控制。郯庐断裂带具有多期活动性，早期表现为韧性变形，形成巨大剪切带，后期为韧脆性变形，广泛形成糜棱岩、千糜岩、碎裂岩、角砾岩。早期张文佑已提出郯庐断裂是一在板块的转换断层基础上演化而来的剪切走滑断层，还有如乔秀夫等认为震旦纪时已有并控制了当时的岩相古地理分布。许志琴（1980，1987）认为：郯庐断裂的左行平移发生于扬子板块印支期滑脱事件之后，是一条陆内俯冲型的左行转换剪切带。徐树桐等（1994）、徐树桐（2002）也认为：该断裂大规模左行平移是在大陆碰撞时完成，即现今郯庐断裂是继承古海洋板块时的转换断层基础上发育而成。徐嘉炜（1960）、朱光等（2004，2009）先后进行专门研究，认为郯庐断裂带起源于华北与华南板块的碰撞之中，与两大板块的碰撞过程相伴生，指示断裂带为同造山运动的转换断层性质，并呈与西太平洋板块构造直接相关的东亚巨型区域性走滑断裂构造。

郯庐断裂带发生形成的时代，现已从断裂带的同位素年代学研究得到了进一步确定（朱光等，2009），同时郯庐断裂控制的前陆盆地的沉积，也表明了其发生形成的时代。上三叠统黄马青群从南西侧至北东侧围绕大别造山带沉积，物源来自大别造山带，其沉积时期最深的差异沉降中心在大别山东侧，平行于郯庐断裂带延伸。向北东，沉积区转变成平行于苏鲁造山带。这一沉积空间与沉降中心分布特征，显示晚三叠世郯庐断裂带已经开始发生，并左行平移错开大别-苏鲁造山带，但沉积中心分布不应是后期郯庐断裂带左行平移的被动牵引所致，若是后者，在大别山东侧不应出现平行于郯庐断裂带的最大的黄马青群沉积中心和厚度。因此表明晚三叠世时郯庐断裂带已经开始发生活动并将大别-苏鲁造山带初始左行错开，从而使大别造山带东侧直接出现了来自大别造山带的沉积。下侏罗统象山群的陆相前陆沉积，在大别和苏鲁造山带南侧具有类似黄马青群的分布，平行于郯庐断裂带展布，显示为受控于大别山平移与隆升所直接出现的沉积，表明当时郯庐断裂带就已经发生。

下扬子地区前陆逆冲-推覆构造及相应的褶皱轴向随着向西接近郯庐断裂带而逐渐转变为北东至北北东向，即向郯庐断裂带方向偏转。它们的逆冲方向也随之转变成南东至南东东，显示了与当时郯庐断裂带发生左旋走滑运动的协调一致性。前陆变形发生在早白垩世大规模火山喷发之前，因而用前陆构造的后期被动牵引难以解释。郯庐断裂带南端南侧的前陆褶皱带连续延伸，即显示郯庐断裂带不再按其原方向南延，而是与襄广断裂相接西延。由此可见，大别造山带东南侧与西南侧的前陆构造指示了郯庐断裂带时空活动与延伸分布。

综合近年来的研究，尤其同位素年代学研究，已比较可靠表明，郯庐断裂带起源于印支期（中上三叠世）华北与华南板块碰撞期间，活动在中新生代。侏罗纪在 UHP 折返过程中发生早期左行走滑；早白垩世，由于西太平洋区伊泽奈崎板块向东亚大陆下的快速斜向俯冲，中国东部大陆受到左旋剪切，郯庐断裂带再次发生左行平移，并成为主期平移走滑构造。白垩纪中晚期开始至古近纪，在中国东部区域性伸展构造背景下，郯庐断裂带又发生伸展构造作用，控制发育了一系列断陷盆地。新近纪以来，由于中国东部受到近东西向的挤压，郯庐断裂带又呈现逆冲活动（朱光、宋传中，2001；朱光等，2004，2009）。

已如前述，对于大别南缘复合构造带来说，郯庐断裂带构成大别南缘构造带的东南主干边界断裂。主要由池河-太湖断裂和黄破断裂组成。早期都起源于华北与华南板块的印支期俯冲碰撞过程的中后期。其中黄破断裂已如前述，不再重复，而关于大别山东侧的池河-太湖断裂则是郯庐断裂南部的西支主干断裂，控制中新生代潜山盆地的沉积，断裂总体走向 40° 左右，断层面倾向北西西，倾角 80° 左右。断层西盘（上盘）大别变质岩系逆冲在东盘上白垩统—始新统之上。断层西侧，变质岩系组成的东西向褶皱和透入性面理，东延至断层附近，均向北东偏转，与断层交角逐渐减小，显示为左行。值得特别强调的是大别南部出露着一系列与郯庐断裂性质相同的北北东向断层，断层的运动均以左行平移为主。从平面和三维去看，这些断层应是郯庐断裂南端的分支断裂，其北东端收敛合成于郯庐断裂，向南西方向作帚状撒开，断层面从北东端至南西端倾角逐渐变缓，断层作用也由以平移作用为主转为逆冲作用为主。其结果突出的是造成超高压变质岩沿这些分支断裂逐段向北平移。临近郯庐断裂，超高压变质岩已北移到了桐城挂镇附近。根据这一特征，综合区域地质，可以推断，郯庐断裂和襄广断裂作为大别地块东缘和西南缘边界，在大别东南顶端两者自然连接，并在印支期，尤其燕山中晚期以发育大别地块自北而南的大规模逆冲推覆构造为特征，显然两断裂即是大别推覆构造的主断层，故才会造成上述独特特征。

郯庐断裂带在大别地块东缘具长期复杂的多期活动特征，突出存在两期左旋韧性剪切走滑运动，走向主导为北东—北北东向。早期韧性剪切时代为 189～193 Ma（朱光等，2004，2009），晚期韧性剪切时代为 132～124 Ma（朱光、宋传中，2001）。断裂带形成宽大的强变形带，带内发育糜棱岩、构造片岩等，带内发育的不对称褶皱、S-C 组构以及旋转碎斑系等，均一致指示具左行平移性质。综合桐城挂镇到潜山余井间断裂研究，并结合大区域郯庐断裂特征，表明郯庐断裂带以剪切走滑为主，同时兼具逆冲推覆（向南东）和伸展正断的复合构造特点。正因为其复合性，大别东缘的郯庐断裂既控制了大别地块东侧的中新生代火山岩分布和盆地，同时又可见其断面倾向北西，多条次级断层常组合成规模不等的逆冲叠瓦扇，使断裂西侧的大别中深变质岩系向盆地内部依次逆冲推覆叠置。

总之，大别东缘的郯庐断裂带是由多条断裂组成的北北东向断裂系组成，是整个郯庐断裂的最南组成部分，具有长期、复杂、多期活动特征，不同地段产状、性质、结构特点虽有一定差异，但总体经历了早期印支晚期同造山韧性左行走滑和晚期燕山中晚期韧脆性左行走滑兼具斜向逆冲推覆，以及晚近期的走滑剪切、伸展、挤压、逆冲等复合构造活动，并成为大别地块中晚中生代大规模推覆运动的东边界，与襄广断裂连接，终止于大别地块南端。

2）郯庐断裂带与大别南缘盆山构造的关系与作用

区域整体观察，郯庐断裂带在大别南缘宿松、武穴等地，其现今断裂两侧的震旦纪及早古生代地层产状大致呈从西向东由北西西向转为北东向的弧形，而显著截然的平移错动并不显著，表明郯庐断裂带南端是一个向南凸出的弧形构造。追踪其整体，最大走滑拖曳部位是在郯城和庐江之间，向南逐渐减弱消失。郯庐断裂带南端达长江北岸，终止于武穴附近，与大别地块南缘逆冲断裂带，即大别推覆体西南缘襄广断裂带自然连接。由此可见郯庐断裂带西侧扬子向大别的深层俯冲和大别地块的巨大推覆与郯庐断裂带的巨大平移兼具逆冲推覆有密切的成因联系。已有的研究已揭示郯庐断裂起始于华北与扬子印支期俯冲碰撞，并在 UHP 折返抬升过程中进一步活动，中新生代两次走滑平移作用导致和加强了西侧扬子、华北陆块的深层俯冲和大别块体向南的巨大推覆效应。而推覆与俯冲是以郯庐断裂带作为大别的东边界，并使走滑断裂带随俯冲与推覆同步发展延伸，从而使走滑断裂带能量得以释放，断裂带由走滑剪切向南逐渐转为逆冲推覆，与大别西南缘推覆边界断裂从地表到深部连通成为大别推覆体的主推覆运动的底面，东缘与南缘只是其地表出露的断层边界。也正因为如此，大别地块以郯庐断裂为其向南推覆运动的东边界断裂，具有逆冲推覆多级组合特征，使之呈现了如上述的桐城挂镇向南郯庐断裂呈现分支组合，依次逆冲叠置，除主干断裂如黄破断裂与襄广断裂连接呈向南弧形外，而各分支次级断裂则成帚状分布，并逐渐消失。因此可以说明，大别地块东侧的郯庐断裂带和西南缘的襄广断裂是大别造山带向南大规模逆冲推覆的主干平移剪切-挤压逆冲断裂构造。它们的构造活动决定了大别造山带南缘（包括其西南与东南缘）的盆山构造的现状。

关于郯庐断裂带的南延问题一直是地学界争议讨论的问题。郯庐断裂带在大别造山带南端是否南延过长江，是否与华南地区鄂东、湘赣交界地带出现的相似方向和性质的断裂相连，至今仍存在争议。黄汲清等（1982）认为：郯庐断裂带在巢湖分为两支，东支过长江与江西赣江断裂带及吴川-四会断裂带相连；西支经广济、衡阳等地，过十万大山后进入越南。徐嘉炜（1984，1985）、徐嘉炜等（1984a，b）详细论述了郯庐断裂带经广济、过长江，切断错移两侧地质体现象。其中的依据是：①江南隆起带变质岩北缘出露线错移 17 km；②扬子区中奥陶世相带分界线错移 105 km；③黄马青凹陷带中心线错移 135 km；④扬子区震旦系北缘出露线错移 160 km；⑤张八岭变质火山岩带错移 180 km。但上述认识，未被湖北、安徽两省详细地质填图所证实。在湖北境内，郯庐断裂带的南延称黄梅断裂，地面资料和卫星遥感图片解译均未越过长江，更难与江西、湖北境内的北东向断裂相连，却更明显是与北西西向襄广断裂相连或交接的（图 2.73）。黄梅地区的煤田地质勘探和地球物理资料表明，隐伏的古生代褶皱带自西向东，由近东西向渐转成北东向，不存在与郯庐断裂方向一致的平移断层。在安徽宿松至黄梅地区，也证实徐嘉炜（1984，1985）、徐嘉炜等（1984a）所确定的被错移地质体，均呈现由近东西向渐转呈北东向，其间并未发生错移。作者等对蕲春四望大佛寺至黄梅地区进行了详细路线调查，发现在被第四系掩覆下的新开公路中见有变火山岩层，向东经花桥再转向北东断续与黄梅县北宿松河塌、太湖县江塘一带火山岩相连，其间也并未发生错移。

对区域的大别地块前陆逆冲-推覆构造研究也同样表明郯庐断裂带没有南延的相关事实证据。早白垩世郯庐断裂带的再次左行平移活动主要在郯庐断裂带整体的中北段，而且通过地表的实际综合连续观察发现，大别山东侧的郯庐中生代中晚期脆韧性走滑构造也在南段逐渐消失，表明早白垩世郯庐断裂的左行平移没有向南延伸。

现存的地球物理资料分析也不支持郯庐断裂越过长江的南延。在各类重磁异常图上，北东向重磁

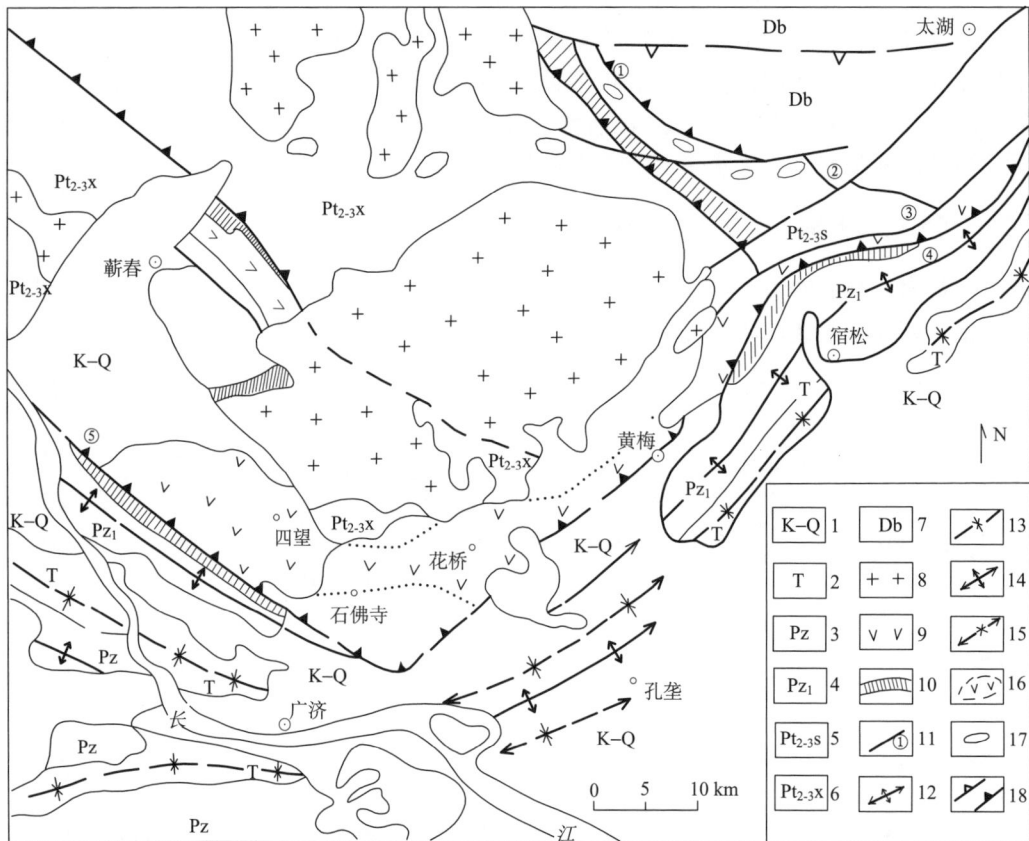

图 2.73　郯庐断裂带南段南延宿松-广济地区地质略图（据周高志、童卫星等资料修改）

1. 中生代—新生代沉积；2. 三叠系；3. 古生界；4. 下古生界；5. 中新元古代宿松岩群；6. 中新元古代浠水岩群；
7. 大别杂岩；8. 中生代花岗岩；9. 新元古代火山岩；10. 震旦系；11. 断层及编号；12. 印支期向斜轴线；13. 印支
期向斜轴线；14. 据物探资料推测印支期背斜轴线；15. 据物探资料推测向斜轴线；16. 推测新元古代火山岩界线；
17. 变质镁铁质-超镁铁质岩；18. 滑脱、逆冲断层。①太湖-方咀断裂；②池河-太湖断裂；③嘉山-庐江断裂；④黄
破断裂；⑤襄广断裂

梯级带南延到宿松、黄梅一带形迹已不清楚，可能表明断裂两侧的磁性体差异减小，断裂减弱甚至消失，而且在武穴附近被九江东西向的负磁异常阻挡无向南延伸，也表明郯庐断裂带没有跨越长江，而终止于长江以北。在该区的遥感影像图上清晰显示，大别山东南缘的古生界盖层连续地从北西西向转变为北东向，地层没有发生明显断错，同样证明郯庐断裂没有过江。总之目前的研究，从地表地质到深部探测资料都一致表明郯庐断裂带至大别造山带东缘南端再无南延，并与襄广断裂相接。至于作为太平洋西岸东亚东部的区域性剪切走滑构造，在郯庐断裂带以南鄂、湘、赣、粤等地出现大致类似于郯庐断裂方向、性质的剪切走滑断裂构造，诸如赣江断裂、浏阳-衡阳等系列断裂，是区域构造必然产物，但它们不是郯庐断裂的直接南延，郯庐断裂南段已作为大别地块东边界，与大别西南边界襄广断裂，共同作为大别地块中新生代巨大逆冲推覆构造主断层而转换消失不再南延。

（二）桐柏造山带南缘花山区段构造特征

根据地质、地球物理特征，特别是岩石构造组合特征将花山研究区划分为三个构造单元：襄广断裂带与花山蛇绿构造混杂岩块；大别-桐柏造山带南缘带；扬子陆块北缘前陆褶皱冲断带。各构造单元在岩石组合、构造特征、演化历史等方面具有不同的特征。

1. 花山区段的襄广断裂带与花山蛇绿构造混杂岩块

襄广断裂已如前述是大别-桐柏区域最主要的构造之一,断裂西起襄樊,经大洪山北缘,向东过云梦、孝感,达广济。它并非是一条单一的断裂,而是以印支期碰撞造山为起始,主要以成生于 J-K 的陆内逆冲推覆断裂为主,并叠加中新生代右行走滑剪切和伸展性正断层等多期不同性质断裂复合而成的北西-南东向断裂构造系,而且突出地以表现为大规模向南的逆冲推覆和走滑构造为主要特征。花山研究区的襄广断裂带内分布有一套由不同时代,不同性质和来源的构造岩块组成的混杂岩,既有蛇绿岩块,又有不同时代火山岩和沉积岩构造块体,这些构造岩块、岩片先期主要是因印支期秦岭微板块与扬子板块相互碰撞造山作用而以构造关系混杂堆叠于古缝合带中,后又因中新生代陆内造山阶段襄广断裂逆冲推覆、剪切走滑、伸展正断等构造变形的叠加改造,而几经变形变位,既有先期板块碰撞拼合混杂,又有后期陆内构造混杂的两期复合,形成独特构造混杂,最终构造侵位于现今位置。其重要意义是它残存保留有秦岭与扬子板块之间的原蛇绿构造混杂岩带构造岩块,即该区段的花山蛇绿混杂岩,记录与指示这里曾存在板块俯冲消减碰撞的缝合带,即勉略缝合带,但由于后期大别南缘襄广断裂向南的逆冲推覆而多已被掩覆消失,仅局部残余保留 (图 2.74)。

襄广断裂构造带特征更多的是记录了中新生代陆内造山阶段的构造演化,特别是襄广断裂和郯庐断裂联合,分别成为大别-桐柏地块的东南边界和西南边界,使之成一向南突出的三角状构造陆块,突出地呈现为由北向南大规模的逆冲推覆。据地表地质与深部探测,可以推断这次逆冲推覆造成桐柏-大别造山带物质向南部的扬子板块北缘之上逆掩了上百公里左右,同时造成:桐柏-大别造山带南缘沿襄广断裂带两侧陆块边缘的变形构造呈北西-南东向展布及其主导的南倒北倾的构造几何学形态,以及大规模的掩覆了原造山带南缘的前陆冲断褶皱构造带的主体,使之现今仅呈局部残留。正因为这样的结果,构成了大别造山带南缘现紧临江南造山带北侧的自南而北指向的构造带。但在桐柏造山带南缘花山区段,襄广断裂逆掩幅度比之大别南缘,已非常有限,所以这里现仍保存出露比较完整的前陆冲断褶皱构造与前陆盆地,而更为特殊的是它在桐柏南缘前端的多期逆冲推覆走滑构造中保留了勉略缝合带,使其得以出露地表。总之迄今的综合构造研究证明襄广断裂带中新生代陆内构造演化经历了多期构造变形,分别具有不同几何学、运动学和动力学特征,使之构造多期复合,复杂多样,构成现今的主导构造面貌,现概述于下。

1) 中生代陆内逆冲推覆构造

中生代陆内逆冲推覆构造是继先期印支主造山碰撞缝合带构造之后,该区段陆内造山阶段主要构造形迹,表现为大规模由北向南的逆冲推覆,并成为导致花山蛇绿混杂岩在陆内造山阶段构造侵位的主要动力学原因,控制了花山蛇绿构造混杂岩的构造侵位与分布,强烈叠加改造了早期碰撞构造。在三里岗-三阳区段表现为形成中温韧性剪切带,发育于花山混杂岩的内部及其边界上。在混杂岩的南界,表现为混杂岩逆冲推覆于扬子地块的基底花山群粗碎屑沉积岩系之上,其间为低角度北倾的韧性剪切带分隔,以长英质糜棱岩、长石韧-脆性变形和石英塑性变形为特征。构造混杂带的北界断裂多已被后期断裂活动和构造变形所改造,仅在京山县小阜以东见有南秦岭区的前寒武系逆冲于构造混杂岩带之上。

襄广断裂带自襄樊起断裂分支时分时合,总体呈北西西向展布,其间不同段落多为上白垩统覆盖。过云应凹陷后又继续向南东东延伸达广济。长江水上地震测线地质解释 (张文荣等,1986) 表明,其间过孝感后在武汉北侧的大军山露头地区表现为分隔大别-桐柏与扬子地块的断裂构造。襄广断裂西延至房县与巴山弧形断裂相接。明显可见它以陆内逆冲推覆构造呈弧形延伸截切先期北西-南东向的褶皱和断裂等碰撞构造。故它应是印支晚期—燕山早期陆内造山阶段秦岭造山带在其南北强烈挤压收缩、陆内俯冲/逆冲推覆构造背景下的产物。

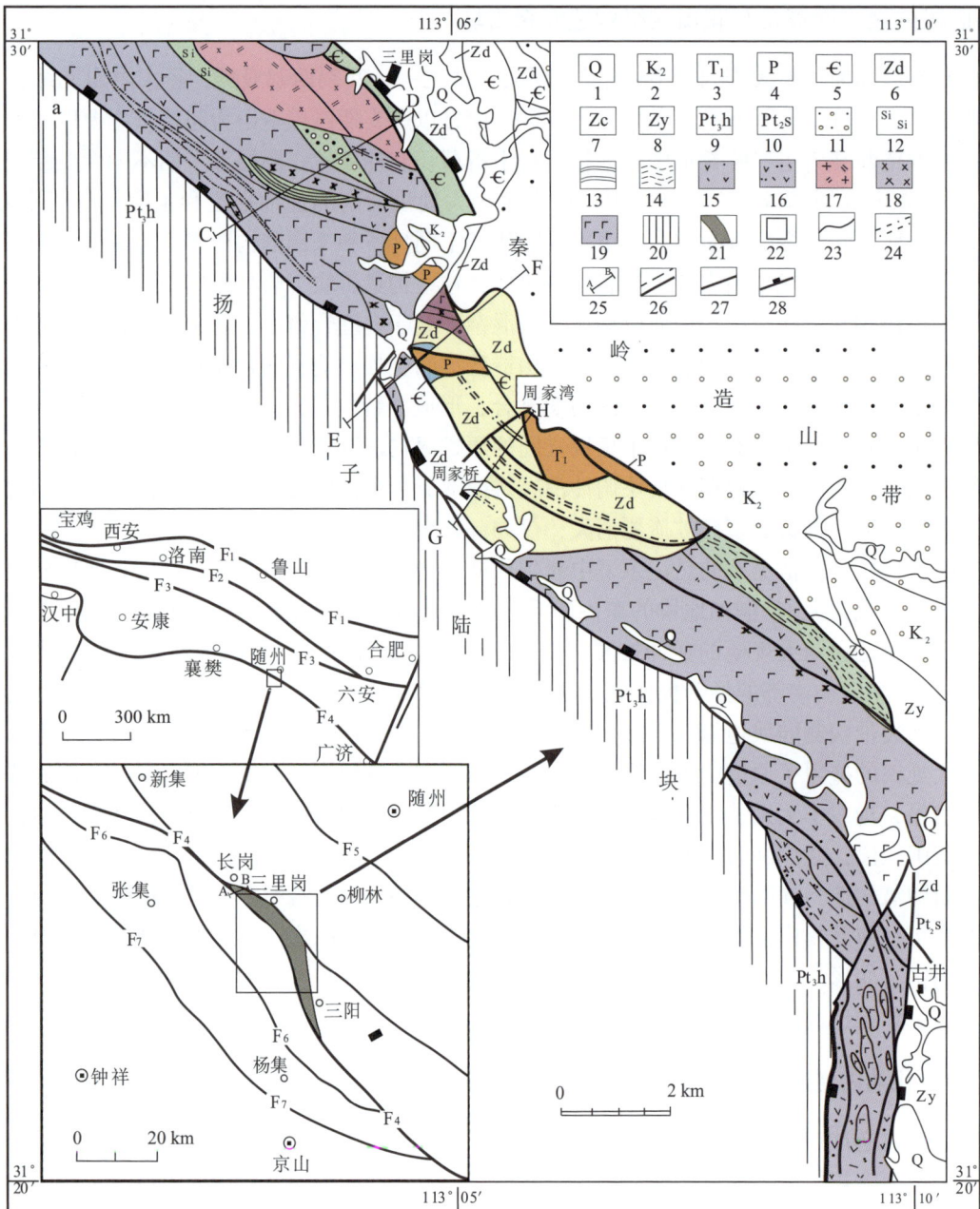

图 2.74　襄广断裂带花山区段构造图（董云鹏，1999）

1. 第四系；2. 上白垩统；3. 下三叠统；4. 二叠系；5. 寒武系；6. 震旦系灯影组；7. 震旦系岳河组；8. 震旦系坨子湾组；9. 新元古界花山群；10. 中元古界随县群；11. 砾岩；12. 硅质岩；13. 泥岩；14. 片岩；15. 中-酸性火山岩；16. 凝灰岩；17. 二长花岗岩；18. 辉长-辉绿岩；19. 玄武岩；20. 扬子陆块；21. 构造混杂岩带；22. 研究区位置；23. 地层界线；24. 韧性剪切带；25. 剖面位置；26. 脆韧性剪切带；27. 断层；28. 构造混杂岩带边界断裂。主要断层：F_1 鲁山断裂；F_2 洛南-栾川断裂；F_3 商丹断裂；F_4 城口-襄广断裂；F_5 大碑店-王家桥断层；F_6 方家冲-青寨子断层；F_7 落花潭-温峡口断层

2）中生代中晚期右行走滑剪切构造

总体呈北西向展布，为高角度压剪性右行平移断裂，发育倾竖不对称褶皱和低温韧性剪切带，以钙质糜棱岩为标志。其成因与黄陵地块对造山带向南逆冲推覆作用的阻挡和相对向北楔入有关。地表

断裂形迹发育良好，断裂结构面特征清楚。断面近直立，断层镜面发育、断面上发育有大量近水平擦痕，表明其为平移断层。在坪坝东南见陡立的断裂破碎带宽达10余米，伴有强烈的糜棱岩化，断层侧旁属南秦岭的震旦系硅质岩、白云岩，褶皱强烈。沿坪坝向东表现为云梦-孝感断裂，钻探资料表明其切过桐柏-大别区岩层，属高角度压剪性断裂（张德宝，1994[①]）。

3）中新生代晚期陆内构造

大别-桐柏造山带南缘边界襄广断裂带及西侧区域，广泛发育中生代中晚期，主要是中晚白垩世的伸展断陷与剪切走滑构造，改造掩覆襄广断裂带。花山大部分区段虽因后期改造覆盖而少见断层构造形迹，但在三阳贺家湾北可见发育于晚元古宙地层中，断面倾向50°左右，倾角70°左右，据断面擦痕和断层阶步可判断的正断层，该断层控制了断裂带北侧上白垩统的分布，应是同沉积生长断层，其成生时代应主导为晚白垩世，可延至新生代初。

4）花山蛇绿混杂岩带

现有的研究证明，秦岭造山带中存在两条板块缝合带（张国伟等，1995，2001a，b），北侧一条为众所周知的商南-丹凤缝合带（简称商丹带）。此外，许多研究者（张国伟等，1995；冯庆来等，1996；李曙光等，1996b；许继锋、韩吟文，1996）先后在南秦岭西段的略阳-勉县地区研究厘定了晚古生代—早中生代的构造混杂岩带，以混杂有蛇绿岩和岛弧火山岩为特征，表明勉县-略阳构造带（简称勉略带）曾存在现已消失的古洋盆。地质、地球化学综合研究证明，原勉略缝合带东延越过大巴山-武当巨型弧形逆冲推覆构造逆掩之后，可与襄樊-广济断裂（简称襄广断裂）西段的三里岗-三阳断裂带内出露的蛇绿构造混杂岩残留体对比连接（图2.74）。由于长期的构造演化，构造混杂岩带遭受了多次复杂的变形、变位，但仍赋存有秦岭微陆块与扬子陆块相互作用与演化的大量信息。因此，蛇绿构造混杂岩带详细的追踪与构造解析，就成为探讨秦岭微陆块与扬子陆块相互关系、拼接、演化的关键。关于花山蛇绿岩及其混杂构造岩带详细内容将在勉略古缝合带恢复重建章节中详述。

花山蛇绿构造混杂岩块残留体主要分布于襄广断裂西段，尤以三里岗-三阳区段最为发育，由构造岩块和混杂基质两部分组成。混杂堆积的基质主要为少量泥质、钙质、粉砂质岩石以及韧性变形的火山岩和火山碎屑岩。构造岩块包括蛇绿岩的不同岩石单元的构造块体及其伴生的硅质岩，来源于扬子陆块基底岩系——打鼓石群及花山群的构造块体，来源于扬子区沉积盖层的震旦系、寒武系以及二叠系、三叠系构造岩块，此外尚有三里岗花岗岩块。其中最重要的是包含有蛇绿岩残块，主要出露于大洪山北坡的三里岗-三阳区段，北西起于随州长岗镇南侧，经三里岗、周家湾，向南东达京山县三阳。主要由镁铁质岩类组成，包括基性熔岩、辉长岩、辉绿岩墙等。这些岩石彼此之间多以断层关系相接触，不具有原始的层位关系。岩石内部变形强烈，发育新生面理，置换了早期S_0面理。各岩块之间的断层多倾向北东，倾角平缓，指示由北东向南西逆冲，反映蛇绿岩的侵位是由北东向南西的逆冲作用引起的。地球化学研究表明，镁铁质岩石具有类似于MORB的地球化学性状（详见于后），是形成于小洋盆构造环境的洋壳残片（董云鹏等，1999a）。综合研究揭示，这些构造岩块因秦岭微板块与扬子板块之间的碰撞造山作用，与由泥岩、碳酸盐岩、粉砂岩和火山碎屑岩剪切变形而成的基质混杂在一起，共同构成特征的构造混杂岩带，并以蛇绿岩和岛弧火山岩的发育而具有缝合带残余物性质，代表了古板块缝合带消减杂岩的残余体。

如上述，花山蛇绿构造混杂岩主要残留于襄广断裂带中的三里岗-三阳区段，是以断裂和（或）韧性剪切带为构造骨架，剪切包容蛇绿岩块、岛弧火山岩、深海沉积岩、弧前沉积，以及剪切包容因碰撞造山作用而混入的原属于早期扬子板块内部Pt_{2-3}基底岩系、$Z_2-\epsilon$浅海碳酸盐沉积和晚古生代—早中生代扬子陆块北缘浅海环境沉积的P_1、T_1碳酸盐岩等构造岩块或混杂基质，共同构成花山混杂

---

① 张德宝. 1994. 襄樊-广济断裂再认识。

岩块，并因蛇绿岩的出露而成为具有板块构造意义的蛇绿构造混杂带。因襄广断裂带逆冲推覆、走滑剪切、伸展正断等多期构造的叠加改造而呈残存构造岩块出露。

襄广断裂带不仅其内因有花山蛇绿混杂岩而具重要意义，而且还以它为界具有构造分划意义。以襄广断裂带为界，南北两侧前白垩纪具有不同的物质建造组成、变质与非变质作用、岩浆活动以及构造变形。花山区段大洪山区的构造均呈北西-南东向展布，表现为北西-南东向的紧闭褶皱与北西向逆断层和韧性剪切带以及透入性面理相互叠加改造，并共同遭受后期北北西向以及北东向平移断层作用的叠加改造。区内岩石现今所见之面理主要是片理及透入性的轴面劈理，这些面理多已发生挠曲变形，形成不协调褶皱。而南侧的扬子北缘区则属于下行板块前陆构造区，亦以北西-南东向构造为主，叠加北东向平移断层，但与北侧造山带区明显不同的是其构造主要是由南倒北倾的紧闭倒转褶皱和逆冲断层共同构成前陆地区特征的褶皱-冲断构造组合。反映该区沿襄广断裂发生了强烈的从板块碰撞拼合到陆内逆冲推覆构造的演化与叠加复合，导致大规模的陆壳缩短和剪切走滑作用。证明襄广断裂带是在先期以勉略缝合带为标志的板块碰撞拼合构造基础上，叠加复合后期陆内构造与陆内造山作用而形成的一个重要的断裂分划性构造带。

2. 花山区段的大别-桐柏造山带南缘带构造特征

相对于南秦岭的大别-桐柏造山带南缘复合构造带的地层物质组成，主要由前寒武纪基底、古生界海相盖层与中新生代上叠陆相地层等构成。前寒武纪地质体主要有大别杂岩、桐柏杂岩、红安群、随县群以及其上的震旦系。大别杂岩主体分布在团麻断裂以东的大别山区，桐柏杂岩主体分布于团麻断裂以西的桐柏山区，两者的岩石组成、变质作用、地质特征类似，均以角闪岩相-麻粒岩相的斜长角闪岩、角闪斜长片麻岩、黑云斜长片麻岩、片麻状花岗岩、片麻状花岗闪长岩、片麻状英云闪长岩为主。红安群底部为变质的陆源碎屑-碳酸盐沉积，中、上部为变质的酸性-基性火山岩系夹少量泥质岩。

中-新元古代随县群过渡性基底，主要为变质的火山-沉积建造，以变质酸性火山岩为主，夹变沉积岩、变基性火山岩及少量中性火山岩，变质达绿片岩相。自下而上分为古井组和柳林组。古井组以变质酸性火山岩为主夹变质碎屑沉积和基性火山岩，其与上覆柳林组为断层或整合接触。柳林组在不同地区其物质组成有一定差别，一些地区以变酸性火山岩为主，夹极少量沉积岩和中-基性凝灰岩。而随州南部柳林地区的柳林组则以沉积建造为主，夹少量火山岩。随县群的火山岩总体具有双模式的火山建造特征，属板内裂谷环境的产物。其与碎屑沉积建造共同构成研究区内相当南秦岭的浅变质过渡性基底，并可与鄂西北的武当群和两郧群相当岩层进行对比。柳林组变酸性火山岩年龄为828~1299 Ma（U-Pb，湖北第八地质队资料，2005），表明随县群的时代应为中、新元古代。

上述岩群的时代，曾长期有争议，但随研究深入和同位素年代学深化，特别是大别高压-超高压岩石形成与折返机制的集中研究，包括大别杂岩在内的上述岩群时代，至今有了基本的共识，以同位素年代学为主要依据，主导认为主要属中新元古代，以8亿~10亿年为主，但鉴于目前研究程度和桐柏-大别造山带的复杂性，尚不能完全排除其中包括有早前寒武纪岩层，故还需要进一步深化研究。

随县群变质过渡性基底之上不整合沉积震旦系沉积建造，总体上呈粗碎屑—细碎屑—碳酸盐岩的沉积序列。其上整合沉积中下寒武统陆缘型硅质岩、页岩及碳酸盐岩沉积建造，上寒武统—下奥陶统碎屑岩夹基性火山岩、碳酸盐岩，上奥陶统—下志留统火山岩夹碎屑岩，碳酸盐岩，及泥盆系碎屑岩建造，普遍遭受低绿片岩相变质作用。该区普遍缺失石炭系—侏罗系沉积。在断陷盆地中，白垩系砾岩直接以角度不整合覆盖于前白垩系变质变形地层之上。

大别-桐柏造山带南部边缘构造变形极为复杂，具有多期次、不同性质和不同层次变形构造相互叠加改造的特征。同时，在不同的构造岩石地层单元中又具有不同的表现，反映不同的几何学和运动学特征。

大别-桐柏造山带南部边缘构造变形强烈，尤其是基底随县群的构造变形最为复杂，总体以发育透入性片理为特征，叠加多期剪切带。构造解析表明，该区带主要遭受了印支期以来同碰撞期构造变形和后期多期陆内构造变形的叠加改造，形成了不同构造样式、构造层次和构造位态的变形构造。

1）印支期俯冲碰撞造山构造

盖层岩石中主要发育褶皱变形为主的断褶构造，其中强变形区段形成透入性片理构造，叠加改造原始层理，S_1 构造置换 S_0，主体产状倾向北东，但在局部地区也有北倒南倾的面理及褶皱构造，并多与逆断层相伴生。弱应变域中可见 S_0 面理的褶皱构造，多以层间滑动作用及纵弯褶皱作用为主，形成复式协调褶皱。在强变形带中发育逆冲型的脆性剪切带，表现为以多条脆性剪切带分隔褶皱变形带。褶皱多为韧性程度较高的不协调褶皱、肠状肿缩及不对称折叠构造。据其褶皱的形态和不对称性判断剪切指向为由北向南的逆冲剪切为主。

基底随县群的构造变形复杂，普遍遭受了低绿片岩相的变质作用和复杂的变形构造叠加改造，以发育透入性片理为特征，成为随县群主构造样式。S_1 面理南倒北倾、发育早期 S_0 面理褶皱的轴面劈理，成为透入性面状构造，强烈改造了早期 S_0 面理。在弱变形区段可见 S_1 面理叠加 S_0 面理形成的褶劈构造。在强应变带内发育高—中温韧性剪切带，剪切带面理南倒北倾，并与 S_1 片理一致，应是同期构造变形的产物。韧性剪切带规模较大，遍布于随县群各个区段中，多呈北西-南东向延伸达数十公里，宽度达数百米，也发育一些中小型的几米长规模的韧性剪切带。这些不同规模的剪切带在空间上互相交织构成基底随县群中普遍发育的韧性剪切系统，发育长英质糜棱岩和长英质超糜棱岩，以斜长石脆-韧性变形和石英塑性变形为特征，石英波状消光、动态重结晶发育；长石发育波状消光及多米诺构造，反映中等层次构造变形为主。长英质糜棱岩中发育基性火山岩的构造透镜体，长轴平行于糜棱面理。区域对比表明这期构造被沿襄广断裂的中生代晚期陆内逆冲推覆构造所切割改造，故应为印支期同碰撞构造变形。

2）中新生代陆内构造变形

筛分出印支期板块俯冲碰撞构造之外，研究区普遍发生多期次不同性质、特征的陆内构造，总体概括为三期三类型。概述于下。

（1）陆内逆冲推覆构造

它是陆内构造的主构造变形型式。主要表现在盖层中先期构造片理（S_1）产生褶皱变形，并伴生由北向南的逆冲断层。在南部地区还形成脆性剪切带，指示由北向南的强烈逆冲推覆。在随县群基底岩系中发育逆冲型新生脆性剪切带，优势走向为北西向，总体产状南倒北倾，倾角多为 $30° \sim 40°$。在剪切带内发育强片理化的微劈石或构造透镜体，尾端具运动学意义，指示剪切指向为由北东向南西的逆冲推覆。同时也普遍发育以同碰撞构造变形面理（S_1）为形变面的南倒北倾的不对称褶皱构造。强应变带中形成中温韧性剪切带，多呈北西-南东向延伸，糜棱面理南倒北倾，并与透入性片理（S_1）小角度相交，显示陆内逆冲推覆构造变形对同碰撞变形构造的叠加改造。韧性剪切带糜棱岩主要是长英质糜棱岩，石英塑性变形，长石则为韧-脆性变形，显示是形成于中浅地壳层次的韧性剪切带。酸性火山岩中的石英脉体经剪切变形而成各种不对称肠状肿缩及折叠构造，同样指示由北东向南西的逆冲剪切。上述构造时代，综合构造关系与地层变动时期限制，应主要发生于中生代 T_3-K，尤以 J_3-K_1 为主期，相应于区域 J_3-K_1 时期秦岭-大别陆内造山期，表明此期的陆内逆冲推覆构造是陆内造山作用的产物。

（2）中生代中晚期右行平移剪切构造

总体表现为呈北西-南东或北北西-南南东向延伸的高角度压剪性剪切带。盖层岩石强应变带中发育钙质韧性剪切带，以灰岩的韧性剪切变形为特征，同时，使先期面理发生褶皱变形，形成不对称褶皱,指示右行剪切。如刘店段家湾奥陶系灰岩中发育有纹层灰岩的右行剪切褶皱,规模较大,宽约30 m展布。应是该区陆内构造产物,伴随前述中生代陆内逆冲推覆构造而发生。

随县群中右行平移剪切构造也是较发育的一种变形构造,发育于强应变带中,为脆-韧性剪切,发育长英质粗糜棱岩或糜棱岩化的长英质岩石。在一些区段可见其叠加改造先期面理而形成不对称褶皱或折叠构造,轴面产状340°∠47°,枢纽产状275°∠75°,指示右行平移剪切。糜棱岩以石英的塑性变形为主,呈缓带状或流动状定向排列,斜长石显示脆性变形,应为中-浅层次构造变形,与上述盖层中的剪切构造为同期产物。

(3)中新生代构造

中生代伸展正断层主要发生于襄广断裂及桐柏山以南的随州-应山地区,主要形成于晚白垩世,并控制造成晚白垩世随-应断陷盆地。正相应于该区域晚白垩世广泛发育形成的江汉盆地。新生代北东向右行压剪(E-N)构造,表现为发育形成北东向走滑断层或斜向逆冲脆性剪切带,切割先期构造。总体产状北东-南西向展布,侧旁岩石中先期片理因走滑剪切拖曳形成不对称倾竖褶皱,枢纽倾向为60°~70°S。

3. 花山区段扬子陆块北缘前陆区构造特征

迄今的研究表明扬子地块北缘的克拉通基底,最古老的岩系为崆岭杂岩和杨坡杂岩,岩性主要为花岗质混合片麻杂岩与石英片岩、大理岩等结晶岩系,变质达高角闪岩相与局部麻粒岩相,岩性特征和变质程度两者可以对比,其上直接为震旦系及其后的沉积盖层构造不整合所覆,缺失中、新元古界,同位素年龄介于2.6~3.3 Ga(U-Pb,高山等,1990;高山等,2001),故时代应为中、新太古代,构成扬子地块的结晶基底。

花山区段的大洪山区的打鼓石群岩层以白云岩、硅质条带白云岩、砂岩和板岩为主,属浅海沉积建造,含有丰富的微体植物化石,主要组合与鄂西北神农架群台子组至石槽河组微古植物组合相类似并可与华北蓟县系微古植物群相对比。打鼓石群与神农架群的岩性组合特征、沉积建造、变质程度等相似。神农架群的台子组与石槽河组年龄,新的研究主要为中元古代13亿~11亿年时期,故对比推断打鼓石群时代也应为中元古代。打鼓石群之上角度不整合覆盖花山群。这里需要强调的是本书的花山群,与以前建立的花山群含义不同。以前所谓的花山群包括大洪山南北两侧的碎屑沉积岩系和主要分布于大洪山北缘的火山岩系以及枣阳联集-宜城新集地区的变质酸性火山-沉积岩系。董云鹏等和杨坤光等野外研究证明原来所谓花山群包含了三套不同性质和不同来源的岩石构造组合,认为应予以解体(董云鹏等,1998a,b)。其中大洪山地区的基性火山岩实际是一套岩浆杂岩带,其与花山群砾岩、砂岩、钙质片岩是以脆性逆冲断层或韧性剪切带接触,而并非以前所认识的连续沉积整合接触。这套岩浆杂岩包括变玄武岩、少量辉绿岩墙群和辉长岩,具有蛇绿岩性质。而且这套岩层组合中,尚有一些中酸性火山岩构造块体。它们与分别来自造山带区和扬子区的火山-沉积岩系与沉积构造岩块以及古洋盆-俯冲带的深海泥质岩、凝灰岩、碎屑岩等不同构造岩块混杂一起共同构成了花山蛇绿构造混杂岩,突出而重要。而耿集-新集地区的变质酸性火山-沉积岩系是属随县群的构造岩片,前人多将其划为扬子陆块基底花山群的组成部分。结合野外调查与岩石构造组合特征证明,耿集-板桥地区的所谓"花山群"并非扬子陆块北缘真正花山群的成员,而是来自桐柏造山带基底岩系随县群的构造岩块(表2.3),应从原"花山群"中解体出来(董云鹏等,1998a)。主要证据有:①该构造岩块的岩石组合与随县群完全一致;②该构造岩块时代与随县群相当,据湖北省地质局1982年在耿集过风垭测得绢云钠长片岩、长英质绿泥绢云千枚岩和绢云石英钠长片岩的锆石U-Pb同位素年龄为973~1157 Ma,这与中新元古代随县群相当;③该构造岩块的变质作用为绿片岩相,与随县群一致,而与极低级变质、甚至未变质的扬子基底花山群相去甚远;④构造岩块的变形主要表现为强烈的片理化与片理的挠曲、褶皱变形,S₁面理强烈改造置换S₀面理。构造特征完全类似于随县群的构造变形特征，而与扬子区花山群的变形相差很大；⑤构造岩块与周围的扬子陆缘区的基底打鼓石群白云岩、震旦系灰岩、上古生界岩层均为无根的构造岩块，相互之间均以断层或韧性剪切带分割，构成构造混杂岩。

表 2.3　耿集–板桥地区火山–沉积岩系与随县群的对比

对　比	耿集–板桥地区火山–沉积岩系	随县群
火山岩岩石组合	含砾绢云石英钠长片岩、绢云石英钠长片岩、绢云钠长石英片岩、石英钠长片岩、钠长石英片岩、钠长石英绢云千枚岩、含砾绢云千枚岩、绢云千枚岩、长英质绿泥绢云千枚岩、钠长浅粒岩	含砾绢云石英钠长片岩、绢云石英钠长片岩、绢云钠长石英片岩、石英钠长片岩、含砾石英绢云千枚岩、绢云千枚岩、绢云绿帘石英钠长片岩、绢云绿帘钠长片岩、绿帘钠长片岩、绢云钠长片岩、钠长浅粒岩、阳起石片岩
火山岩原岩	酸性含砾晶屑岩屑凝灰岩、酸性晶屑岩屑凝灰岩、酸性凝灰岩、流纹岩	酸性含砾晶屑岩屑凝灰岩、酸性晶屑岩屑凝灰岩、酸性凝灰岩、酸性含砾凝灰岩、流纹岩、少量基性火山岩
沉积岩	变质粉砂岩	变质石英砂岩、变泥质粉砂岩
砾石成分	斜长花岗岩、石英浅粒岩、石英砂岩、石英岩	斜长花岗岩、石英浅粒岩、石英砂岩、石英岩、少量变安山岩
岩屑成分	凝灰岩、凝灰质千枚岩、浅粒岩	凝灰岩、凝灰质千枚岩、浅粒岩等
晶屑	钠长石、石英	钠长石、石英
同位素年龄	1157 Ma, 1133 Ma, 973 Ma（锆石 U-Pb 法）	1155 Ma, 1228 Ma, 859 Ma, 828 Ma（锆石 U-Pb 法）

综合上述分析，可以把上述两套岩石构造组合从原来的花山群中解体出来（董云鹏等，1998a）。新建花山群主要由砾岩、含砾砂岩、砂岩、粉砂岩、粉砂质泥岩等组成，局部夹有白云岩透镜体。发育水平层理、斜层理和冲刷面等沉积韵律构造。具有裂陷山间盆地或河湖环境的山麓相类磨拉石建造特征。时代尚不能准确确定，可能相当于南华系，但有待研究。

花山区段扬子北缘上述基底之上的盖层地层系统属典型扬子型，从震旦系到中生代初中下三叠统，具扬子板块北缘陆缘后部沉积建造组合特征，只是因其临近秦岭–大别造山带，发育多期构造变形，主要包括印支期板块碰撞造山构造与后造山陆内构造的多期复合叠加。

综上所述，古生代南秦岭与扬子板块的物质建造及其所反映的构造环境由早期相类似，而后发展为截然不同。南秦岭区的 $\mathcal{E}$ 为地槽型页岩、硅质岩及碳酸盐岩沉积建造；而南侧的扬子陆块区则以碳酸盐岩为主夹少量浅海页岩。尽管有一定差别，但是仍属于同一板块内部不同构造背景的产物，区域构造格局仍属晚前寒武纪的延续。花山地区 O_{1-2} 为一套沉积建造夹火山岩，O_3-S_1 为火山建造夹极少量的沉积岩，火山岩以板内裂谷拉斑玄武岩为主。区域对比表明，其可与安康地区的洞河群相对比，具有相似岩石组合与特征，相似变质变形和相似陆缘裂谷深水至半深水环境沉积，应是后者同一构造沉积岩相带的东延，故两者应属同一构造带。S_2-D 为被动陆缘型碎屑沉积建造，同样可与南秦岭的安康地区同带岩系对比。扬子北缘区的 O 为稳定的浅海碳酸盐岩沉积，S-D 则为碎屑沉积建造。C、P、T 除在大洪山南部京山以南地区发育外，仅有花山构造混杂岩带中残存有 P_1 和 T_1 碳酸盐岩构造岩块，其中 P_1 中夹有少量煤层。而 T_{2-3} 则缺失。区域上完全可与扬子北缘对比，表明花山地区秦岭和扬子陆块自奥陶纪即已开始发生伸展，而至泥盆纪开始分裂，并持续到晚古生代中晚期，表明该区带与东秦岭南缘勉略洋盆扩张发生的背景、时代、过程及其相应产物非常相似相同，可以对比。

前陆褶皱冲断带的沉积盖层主要为震旦系、寒武系、奥陶系、下—中志留统、中泥盆统、中石炭统、二叠系、下—中三叠统，缺失上志留—下泥盆统，上泥盆—下石炭统、上石炭统。盖层的物质组成、沉积环境等特征记录了新元古代以来扬子板块北缘区的演化发展、陆块裂解、秦岭微板块的形成及其后扬子板块与秦岭板块之间相互作用过程的信息。奥陶—志留纪主要为扬子板块北缘陆缘区裂解、形成陆缘裂谷时期。而泥盆纪—早三叠世则是扬子板块与北侧秦岭微陆块之间进一步扩张裂解形成花山小洋盆及后期洋盆消减闭合时期。此时，前陆褶皱冲断带地区位于扬子板块被动大陆边缘后部，主要堆积被动大陆边缘的沉积建造，其间多次出现沉积间断，反映了构造活动性的增强。这些沉积建造反映了造山带与其前方沉积盆地之间过渡地带的物质组成和环境变迁，从沉积学角度反映了造山带与沉积盆地耦合关系。根据岩石组合及其构造环境可将其划分为三个构造层或岩石构造组合：分别为震旦系组合、寒武—志留系组合以及泥盆—三叠系组合。三个组合之间分别以震旦系上统灯影灰岩和志留系砂页岩为滑脱面依次由北向南逆冲推覆，从而使区内地层具有由北向南变新的前陆冲断褶皱构造特征。

桐柏-大别造山带南侧的前陆褶皱冲断带与陆内构造的构造特征是造山带物质向盆地方向逆冲迁移过程的客观记录，它反映了造山带形成过程中前陆地区构造变形的几何学、运动学和动力学特征（图2.75）。对其进行详细的构造解析是揭示造山过程中板块俯冲、对接、碰撞造山乃至陆内造山机制和过程的有效手段。

桐柏-大别造山带南侧的前陆褶皱冲断带岩石组成差异较大，但总体表现为由北向南地层时代由老变新，不同地层中的变形构造样式又具有不同特征。鉴于此，根据不同区段的地层、岩性、构造特征，按照岩石构造组合的分析，分别以方家冲-青寨子断裂和落花潭-温峡口断裂带为界，将前陆褶皱冲断带区划分为三个构造区，由北向南依次为：板桥-大洪山构造区、张集-杨集构造区、东桥-京山南部构造区。

1）板桥-大洪山构造区

板桥-大洪山构造区主要是指襄广断裂带以南，大洪山南缘断裂以北的广大地区。其中大洪山南缘断裂是研究区内仅次于襄广断裂带的次级断裂，该断裂并非单一的断层，而是由一系列逆断层组成的断裂系，总体呈北西向展布于大洪山南缘，东南起于京山县天宝寨，向北西延伸经厂河龙家山、钟祥县客店马家湾、张集明泉湾、随州新阳店南、宜城双寨，再向西延过两乳山后被汉江沿线新生界所覆盖，过襄樊盆地后可与神农架北侧的阳日湾断裂相接。该断裂是前陆地区最主要的一条断裂，尤其以广泛分布偏碱性超基性岩和金伯利岩为特征。

板桥-大洪山构造区岩石构造组合主要由基底岩系打鼓石群和花山群以及盖层震旦系—奥陶系组成。各构造层中变形极不协调，构造样式均有差别。打鼓石群由众多宽缓褶皱构成大洪山复背斜。褶皱主要是以 S_0 为形变面形成宽缓的等厚褶皱，轴面高角度北倾，褶皱面彼此平行。在褶皱核部白云岩层中出现正扇形劈理 S_1。根据褶皱的形态、位态及组构特征，推断形成于纵弯褶皱作用，弯-滑机制是其主要的变形机制。花山群以褶皱变形为主，并与打鼓石群中的褶皱变形不协调。前者以宽缓的近直立水平褶皱为主要形态，而花山群则以斜歪水平褶皱、向南倒转、甚至平卧褶皱为特征，厂河地区极为发育，总体显示浅层次变形，应为花山群在打鼓石群基底上滑脱变形的结果。

综合上述花山群与打鼓石群岩石变形及组构对比表明，打鼓石群近直立水平等厚褶皱与花山群中的平卧褶皱、斜歪水平的顶厚褶皱是形成于同一动力学背景下的变形构造，构造变形样式的差异主要由岩性的差异所决定。区域构造分析证实其形成于印支期碰撞构造。

震旦系下部岩石构造层主要由磨拉石建造和冰碛岩组成，为脆性碎裂变形，冰水沉积泥岩变形以小型尖棱褶皱为特征。震旦系上部—奥陶系构造层主要发育由北向南逆冲作用形成的不对称褶皱，褶皱轴面北倾，地层产状倒转，也有的区段被断层分割呈构造岩块或岩片，夹于不同断层之间。组成这些构造岩片的地层中残留有褶皱构造，与逆冲断层相互叠置呈冲断褶皱构造。断层面产状起伏多变，一些断层面甚至褶皱变形，是前陆褶皱冲断带递进变形的结果，其上叠加有北北西向走滑断层、北西向正断层和北东向走滑断层。

根据构造解析结果，并结合区域地质分析证明板桥-大洪山构造区先后经历了多期（主要是两期）构造变形，依次形成印支期板块拼合碰撞前陆冲断褶皱构造和中新生代陆内构造，包含中生代陆内逆冲

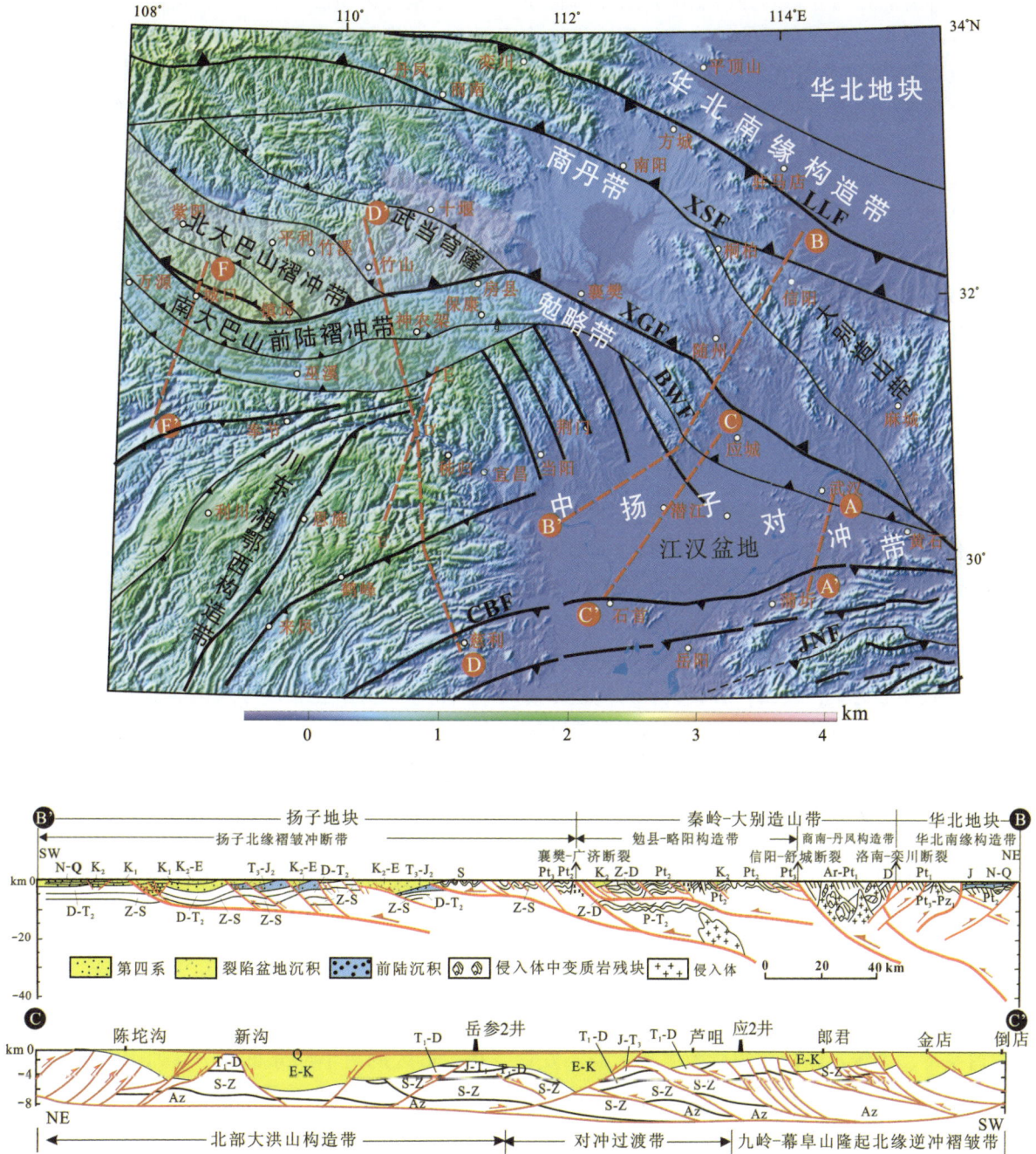

图 2.75　桐柏造山带南缘复合前陆构造剖面图

BWF. 保康–武汉断裂；LLF. 洛南–栾川断裂；XSF. 信阳–舒城断裂；XGF. 襄樊–广济断裂；

CBF. 慈利–保靖断裂；JNF. 江南断裂

BB′据 Liu et al.，2005；CC′据梅廉夫等，2008

推覆、中生代中晚期北西—北北西向右行走滑与中新生代构造，包括北西向正断层与走滑构造。

2）张集–杨集构造区

张集–杨集构造区主要是指大洪山南缘断裂西南，温峡口–占家巷断裂东北的地区。该构造区主要由震旦系灯影组、寒武系、奥陶系及志留系下统和中统组成。志留系是前陆地区最主要的构造滑脱层，对该构造区的构造样式起着明显的控制作用。张集–杨集构造区岩石构造组合具有东西分异的特点，以钟祥客店镇为界，划分为东南分区和西北分区。①东南分区由震旦系上统—奥陶系组成，为大型褶皱及断层相互叠置而成的褶冲叠瓦扇构造。由双峰观-杨集复式向斜带、三观尖-龙凤山复式背斜带和万寿寨-观音岩复式褶皱带及断裂组成。断裂构造极为发育，由北向南的逆冲断层与震旦—奥陶系褶皱构造、构造岩块、岩片相互叠置共同构成褶皱冲断构造，以逆冲叠瓦扇构造样式为特征；②西北分区主要出露志留系地层，构造变形以南倒北倾的倒转褶皱为特征，断层不发育。褶皱构造形态不同区段有一定差别，分别表现为尖棱褶皱、圆柱状褶皱、宽缓褶皱或紧闭褶皱，变形是由纵弯褶皱作用及弯-滑机制所决定，地层对纵向挤压作用的应变响应是以转折端的弯折和翼部层间滑动来完成的。同时，在一些强应变区段发育轴面劈理，叠加甚至改造了早期 S_0 褶皱构造。

根据这些北西逆冲断裂宏观构造特征及其组构特征分析表明，前陆地区的断层总体具有北早南晚、北复杂南简单的特征，即从北侧造山带一侧向扬子稳定陆块方向，断裂产状由复杂多变转化为简单稳定，北侧断层面组构多为三斜对称，极密值低，这种组构样式可能反映断层发生了一定程度的叠加或递进变形，而南侧断层面组构多为点极密型，极密值高。反映该区断裂成生时代北侧早于南侧，证明前陆褶皱冲断带形成于来自造山带的强烈的陆内逆冲推覆，亦表明前陆逆冲叠瓦状构造的运动方式总体为前展式。

综合西北构造分区和东南分区的构造研究证明，张集-杨集构造区西北和东南分区的应变方式和构造组合存在明显差异。西北分区的地壳缩短是通过面理极发育的志留系薄层泥质页岩、粉砂质页岩、粉砂岩的紧闭褶皱和层间滑动来完成的；而东南分区则是通过褶皱和逆冲断层来调节的。这种构造组合的差异主要取决于两个因素：其一，区域构造动力学，东南分区构造样式与北侧大洪山及其南缘断裂带的构造演化密切相关，西北区构造样式主要是前陆弱变形区，构造应力及收缩量相对较小，因而以褶皱变形为主；其二，岩石组合对构造组合的影响，东南分区主要由厚层碳酸盐岩组成，西北分区则由页岩组成。相对而言，前者易于形成断层，而后者易于褶皱。

张集-杨集构造区尚有北西—北北西向右行走滑形成的高角度压剪性平移断层，如李家洞-大黄家湾断层、安台-念佛寺断层、小焕岭断裂、王家岭断裂等。还叠加有北东向高角度平移断层，以走滑断层为主，规模小，数量少，切割早期北西向断裂和北北西向断裂。如朱家湾断层、马牛山断层等，切断先期北西、北北西向褶皱和断层构造。上述叠加断裂成生时代当为中生代中晚期和中新生代，均为后期陆内叠加复合构造。

3）东桥-京山南部构造区

东桥-京山南部构造区分布于张集-杨集构造区以南江汉盆地以北的广大地区。区域内主要地层为志留系下、中统，以褶皱构造为主，断裂不发育。在构造区的南半部分布着一系列由上古生界和下—中三叠统组成的向斜，上古生界主要为泥盆系中统、石炭系中统和二叠系，其间以平行不整合接触，缺失 D_1、D_3-C_1 和 C_3 地层。东桥-京山南部构造区的主导变形构造是陆内逆冲推覆构造，主要发育志留系下统页岩 S_0 较紧闭的褶皱构造，局部地段背斜核部出露小规模的寒武系和（或）奥陶系组成的穹窿。在京山及其北部地区以发育志留系较紧闭倒转褶皱为特征，京山以南区段主要由志留系、上古生界和三叠系组成的褶皱构造，伴生有小型断层，向斜宽阔而背斜紧闭，在平面上向斜表现为雁列式透镜状几何学形态，总体具顶厚褶皱特征。该分区整体构造由于来自造山带方向强烈的逆冲挤压，使不同区段的褶皱沿顺层或切层的逆冲断层上堆叠在一起。持续进行的挤压作用使褶皱翼部折叠变形指示由北东向南西的逆冲运动。根据线平衡原理估算该区段构造缩短量大约为 40%~45%。

东桥-京山南部构造区以褶皱变形强烈、而断裂不甚发育为特征，属褶皱构造带。从变形程度来看具有北强南弱的趋势，总体又弱于北侧张集-杨集构造区的变形，这种特征表明，前陆褶皱冲断带的构造变形成生于造山带的逆冲推覆作用，变形是由造山带逐步向克拉通方向扩展的，即前展式。

特别值得一提的是东桥-京山南部构造区南部前缘地带叠加构造现象。主要的先期北西向的向斜构造上叠加了北东向的构造，局部地段使原北西向构造线变位呈北东向延伸。在京山-钱场区段的以三叠系为核部并与上古生界共同构成的宽阔向斜，总体具有两组构造方向，北侧均呈北西向，向南渐次变为北东向，反映了北东向构造对早期构造线的叠加改造作用，北西向构造卷入了三叠系下统，其成生时代不早于印支期，北东向构造叠加改造了北西向构造，又均被第四系覆盖。结合区域构造解析推断，北西向构造应为印支期构造，而北东向构造可能形成于古近纪和新近纪。另外，尚有极少数与褶皱相伴生的北东向平移断层，主要有汤堰畈断层、曾家棚断层、绿水断层等。断层规模小，延伸多为 2~4 km。沿断层带岩石破碎强烈，断面发育近水平的擦痕线理，指示右行剪切。

综上所述，前陆褶皱冲断带构造变形强度不均衡，板桥-大洪山构造区对来自造山带逆冲挤压的应变响应是通过其南侧的大洪山南缘断裂带的逆冲作用来调节的，其整体是以一巨型逆冲岩片发生运动的，因而其变形相对较弱，多形成宽缓的褶皱构造，轴面近直立或高角度倾向北东，局部地区发育南倒北倾的倒转褶皱，指示由北东向南西的逆冲推覆。张集-杨集构造区是前陆地区构造变形最强烈而复杂的区段，其西北分区构造以向南倒转甚至平卧的复杂紧闭的复式褶皱为特征，伴生零星平缓北倾的逆冲断层，总体显示褶皱席组合样式；东南分区则由于强烈的逆冲推覆作用，使得已经复杂褶皱变形的构造岩片呈断夹块样式，并以多条逆冲断裂相分割，以极为发育的断层和褶皱构造叠加组合而成的褶冲叠瓦扇构造和叠瓦状逆冲构造为特征，而且，由于持续的逆冲挤压及递进变形导致先期断层发生挠曲。东桥-京山南部构造区则以断层不发育的褶皱构造为特征，褶皱为南倒北倾的不对称型，相对于张集-杨集构造区为较宽缓褶皱。前陆褶皱冲断带构造总体具有北复杂南简单、北早南晚的特征，显示该地区褶皱冲断构造成生于北侧造山带向南的逆冲推覆，具前展式运动学特征。

综合前陆构造带的构造研究，并结合区域构造研究证明，前陆构造带的变形构造主要是在先期印支碰撞前陆构造基础上叠加复合陆内逆冲推覆的结果，其上又叠加走滑与正断等作用。显示该地区在碰撞造山期尚处于扬子板块被动陆缘后部区段，导致发生板块碰撞造山的前陆构造，而更重要的是因叠加陆内构造，桐柏-大别造山带沿襄广断裂向南大规模逆冲推覆使其成为造山带的复合前陆冲断褶皱复杂构造带，突出反映记录了陆内逆冲推覆变形构造形迹，具重要意义。但桐柏-大红山地区较之大别山南缘沿襄广断裂向南西的逆冲推覆掩盖幅度已大为减小，所以保存了比较宽广的复合前陆冲断褶皱构造及遭受两期造山而致的复合前陆构造的叠加形迹，也因此更多的反映大别-桐柏地区造山带的较完整的复合前陆构造面貌与特征。然而也应同时指出桐柏造山带南侧花山区段的复合前陆构造，虽然出露较好，但其前缘地区多为晚白垩世发育的江汉含油气盆地所广泛覆盖，油气勘探研究揭示，其地下埋藏于上白垩统与新生界之下，如同鄂东南大别山前前陆构造一样，具有桐柏-大别造山带的前陆构造系统与扬子地块内的江南雪峰构造带的前陆构造系统，两者形成对冲构造，向西延伸则被近南北向的黄陵背斜构造带所阻截，构成如同川渝地区大巴山弧形构造南侧华蓥山地区的黄金口复合联合构造那样，两者遥相对应，所不同者只是桐柏造山带南缘的类似黄金口复合联合构造的江汉复合联合构造为 K_2-E 的江汉盆地所覆盖改造。

四、西秦岭-东昆仑南缘构造及其交接关系

（一）基本构造格架与区域构造总体特征

西秦岭-东昆仑南缘及其衔接地带是勉略带从勉略区段西延，经康玛弧形构造与迭部-玛曲弧形构造，连接东昆仑南缘玛沁-花石峡构造带的地带，即包括了前述的勉略带的康玛、迭部-玛曲和玛沁三个区段，合称为勉略带西延的西秦岭-东昆仑南缘勉略-阿尼玛卿构造带。以下就勉略-阿尼玛卿带作统一论述。

勉略-阿尼玛卿构造带现今地表的整体构造可概括为：总体呈近东西—北西西向弧形展布，是以自北向南的多层次叠瓦状复合逆冲推覆构造为骨架的指向南的巨型弧形复合断裂构造带（图 2.76、图 2.77）。其基本构造特征概括如下。

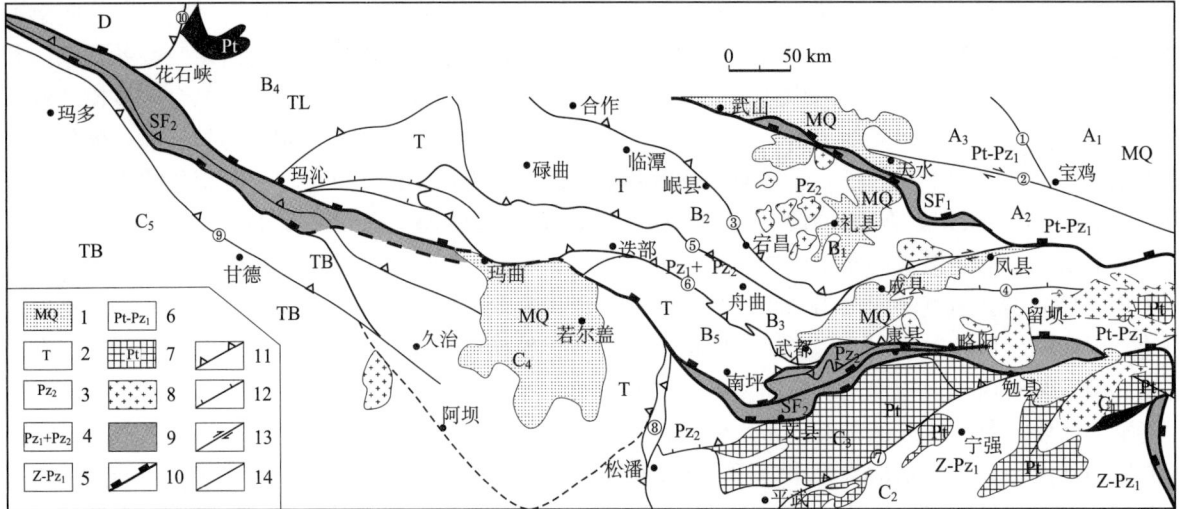

图 2.76　勉略-阿尼玛卿构造带及邻区构造略图

1. 中新生代；2. 三叠系；3. 上古生界；4. 上古生界和下古生界；5. 下古生界-震旦系；6. 下古生界-元古界；7. 元古界；8. 花岗岩；9. 古缝合带；10. 结合带边界；11. 主要逆冲推覆断裂；12. 逆冲断层；13. 平移断层；14. 一般断层；构造边界：SF₁ 武山-天水-商丹古缝合带；SF₂ 勉略-阿尼玛卿古缝合带；①八渡-固关断裂；②渭河断裂；③岷县-宕昌-凤县断裂带；④徽县-江口断裂带；⑤迭部-舟曲-成县断裂带；⑥迭部-武都-状元碑断裂；⑦青川-阳平关断裂；⑧岷江断裂带；⑨甘德-阿坝断裂带；⑩苦海-赛什塘断裂带。构造单元：A 华北板块南部边缘；A₁ 华北克拉通地块；A₂ 北秦岭弧陆碰撞带；A₃ 祁连山加里东造山带；B 西秦岭造山带（原西秦岭微板块）；B₁ 西秦岭北缘被动陆缘带；B₂ 西秦岭微板块裂陷沉积盆地；B₃ 西秦岭微板块台地沉积带；B₄ 西秦岭同德沉积盆地；B₅ 西秦岭南缘陆缘带；C 扬子板块北缘；C₁ 汉南地块；C₂ 龙门山造山带及其前陆逆冲推覆构造带；C₃ 碧口地块；C₄ 若尔盖（隐伏）地块；C₅ 松潘-巴颜喀拉构造带；D 东昆仑造山带

1）现今的勉略-阿尼玛卿构造带既是勉略带的西延组成部分，也是西秦岭系列指向南的巨大弧形推覆构造系的最南缘的边界弧形推覆构造。它南侧直接逆冲推覆在碧口-松潘地块北缘之上，而其北侧又为西秦岭白龙江逆冲推覆构造所逆掩叠置，空间走向上它自勉略区段起向西经康县、武都琵琶寺、临江、文县、南坪塔藏、玛曲、欧拉至阿尼玛卿山的玛沁、花石峡一线，平面上总体呈向南突出的巨型弧形构造带展布，弧顶位于甘肃文县一带，弧顶以东文县—临江—琵琶寺—康县一线呈北东东向展布，东接勉略区段沿康县—略阳—勉县—洋县一线呈近东西向展布；弧顶以西文县—南坪塔藏—玛曲一线呈北西向分布，并为迭部-大水-玛曲弧形构造叠加复合，再西接玛曲—欧拉—玛沁—下大武—花石峡一线又呈北西西向展布。该弧形构造带自东而西实际由多个次级构造组成，平面上呈连续波状弧形展布，自东向西可划分为四个区段，依次为：勉略段；康县-文县-南坪-玛曲段，简称康玛区段；中间叠加复合迭部-玛曲弧形构造，以及西部的玛沁段。每段各具特点，将分述于后。而勉略-阿尼玛卿带剖面上主体以自北而南的逆冲推覆构造为骨架，呈现为多级构造岩片叠置的结构，是由多个复杂推覆构造系组合而成，主要包括文县-武都地区的康玛多层次逆冲推覆构造系，玛曲-南坪地区康玛构造西翼的中高角度叠瓦式逆冲推覆构造及其西延被截切叠置其上的属西秦岭白龙江逆冲推覆构造系的迭部-玛曲推覆构造，以及阿尼玛卿山地区的玛沁复合逆冲推覆构造系。它们综合反映出勉略-阿尼玛卿构造带现今上部地壳的巨大弧形推覆构造的复杂三维结构几何学形态特点。

2）勉略-阿尼玛卿构造带在组成与构造几何学上具有不对称性与明显差异变化。突出表现为由带内及其南北两侧邻区的基底与盖层，从勉略地区到碧口地块西北缘及西侧，总体呈现具有自东向西地层单位由老到新依次构造叠置和逐渐变新的特点，尤其在康县-文县-南坪段更为显著。显然从大区域观察分析表明，这除与整个秦岭-大别造山带区域自东而西依次出露不同深度构造层次有关外，更直接与该区扬子、松潘地块的大幅度向北、向北东的斜向俯冲碰撞作用和西秦岭从北—北西向南—南东的逆冲推覆及其剥露作用，以及南侧碧口地块基底高位抬升等的强烈斜向挤压收缩作用的综合构

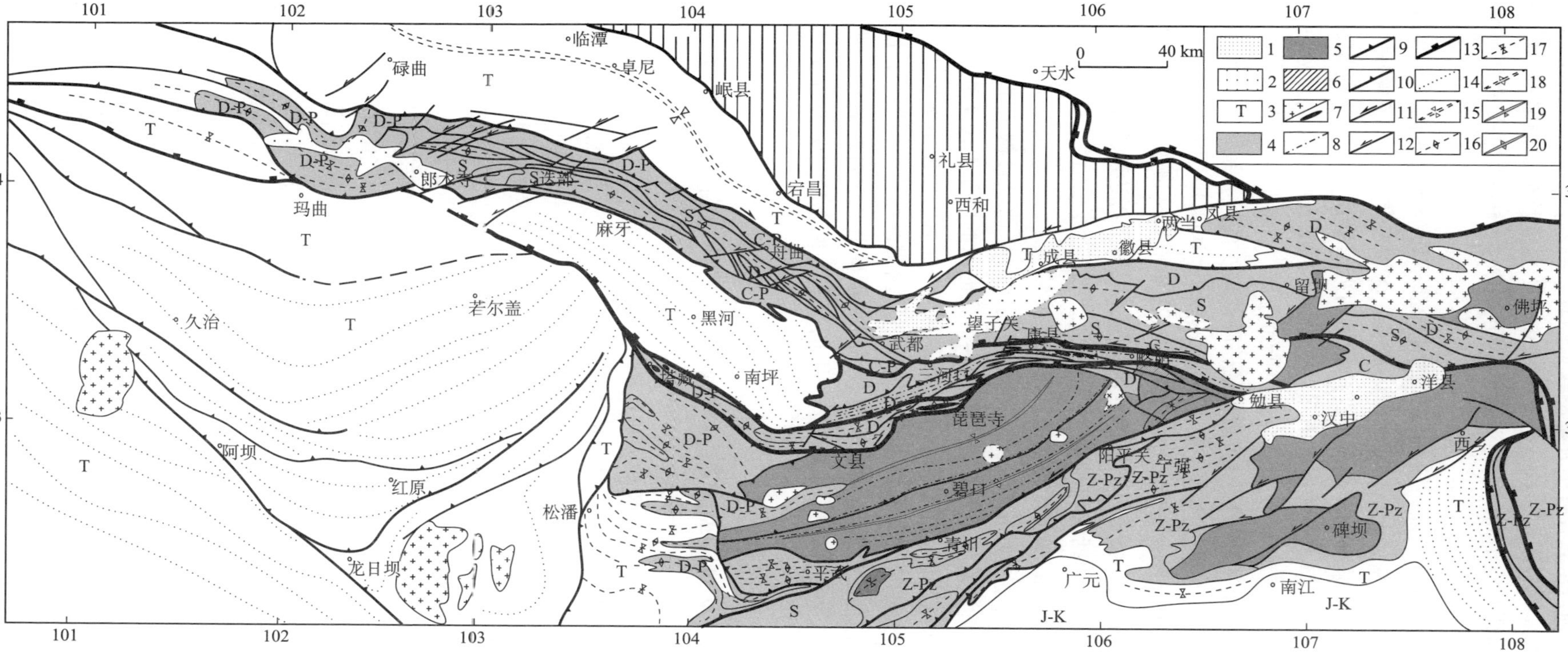

图 2.77　南坪-文县-勉略地区区域构造略图

1. 新生代盆地；2. J-K 沉积盆地；3. 三叠系；4. 古生界-震旦系；5. 中上元古界；6. 元古-太古宇变质杂岩基底；7. 印支期花岗岩/勉略带火山岩构造岩块；8. 韧性剪切带；9. 主边界逆冲推覆断层；10. 逆冲断层；11. 走滑断层；12. 平移断层；13. 古缝合带及其边界逆冲断层；14. 三叠系中的褶皱轴迹；15. 三叠系中的复式向斜轴迹；16. 古生界-震旦系中背斜轴迹；17. 古生界-震旦系中复式背斜轴迹；18. 古生界-震旦系中复式向斜轴迹；19. 中上元古界碧口群中复式背斜轴迹；20. 中上元古界碧口群中复式向斜轴迹

造变形相关。表明康玛弧形构造东翼叠置抬升幅度较大，致使剥露出较深层次的构造岩石地层单位，而向西逐渐递减，依次出露地壳较浅层次构造岩石地层单位。总体反映了勉略-阿尼玛卿构造带在组成与构造几何学上的不对称性及在不同地段构造变形强度、层次与样式的差异性区域变化，成为其突出特点。

3）勉略-阿尼玛卿构造带最突出而重要的特点是其内部不均一断续的包含残留的先期勉略缝合带遗迹，即不同的蛇绿混杂岩及相关火山岩块。带内康县、碾坝、琵琶寺、塔藏等地段都保存有多量的蛇绿岩、岛弧、洋岛、初始裂陷等与洋壳发育直接相关的火山岩系和两类不同陆缘沉积构造岩块，构成一残存蛇绿构造混杂岩带。但由于碰撞造山和后造山期不同的大幅度自北而南的逆冲推覆构造而使之被掩覆未能完整连续出露地表，现仅呈残存遗迹断续出露。而在迭部—大水—玛曲一线由于北侧白龙江逆冲推覆构造带南缘直接逆冲掩覆于南侧若尔盖隐伏地块的三叠系之上，从而掩盖缺失了勉略带。总之，勉略-阿尼玛卿带是在叠加改造先期板块缝合带构造基础上而形成演化的复合构造带。

4）勉略-阿尼玛卿构造带截切其南侧一切构造线，构成突出的区域构造交切关系。勉略-阿尼玛卿构造带现整体为一指向南的复合弧形巨大逆冲推覆构造，以其南缘边界主推覆断层为标志，突出而显著的截切其南侧一切构造线，包括碧口地块、岷山南北向构造和松潘的围绕若尔盖地块环形构造线，构成鲜明的秦岭与南侧松潘和扬子现今构造的区域性交切关系。

5）勉略-阿尼玛卿带如同整个勉略带一样，也是多期次的叠加复合构造带。它主要是在印支主造山期板块俯冲碰撞缝合带构造基础上，又复合叠加多期指向南的中新生代逆冲推覆构造而形成，既包容造山期残存构造，乃至前造山期古老残存构造，又强烈叠加后造山期中新生代陆内构造，并以逆冲推覆为主要特点，同时又晚期叠加北东向走滑剪切构造，斜贯横切整个构造带，使之发育上叠的拉分与伸展断陷型盆地构造（J_1-K），最终才成为现今康玛弧形构造。而且西秦岭和阿尼玛卿地区广泛发育 J_1-K 陆相伸展盆地构造叠加在主造山期构造之上的事实，也充分表明勉略带主碰撞造山期构造形成于晚印支期（$T_{2.3}$）。

（二）康县-文县-南坪-玛曲区段逆冲推覆构造系（简称康玛推覆构造系）

该构造系是勉略构造带直接从勉略段向西延展的逆冲推覆构造系，简称为康玛弧形推覆构造系，处于西秦岭白龙江逆冲推覆构造带以南至碧口地块、若尔盖隐伏地块北缘之间的区域。夹持于北界迭部-武坪-武都逆冲推覆断裂带与南界南坪-文县-康县逆冲推覆断裂带之间，文县以西以三叠系为主，以东以泥盆系三河口群为主，两者之间以构造系内次级薄皮逆冲推覆构造相接触，总体主导构成自北向南的统一弧形逆冲推覆构造系。其主逆冲推覆断裂即西秦岭南缘边界断裂带，也是勉略带西延的南缘主构造界面。根据该区段构造特征，筛除后期其他类型叠加复合构造，该逆冲推覆构造系作为该区段主导构造，可以划分为五个构造单元：1. 北缘逆冲推覆构造；2. 桥头-三河口低角度逆冲推覆构造；3. 复合叠加原勉略主缝合带的塔藏-石坊-临江-琵琶寺逆冲推覆构造；4. 南坪-黑河逆冲推覆滑脱构造；5. 以东北村-勿角-文县-两河口（即碧口地块北缘的康县-文县-塔藏-然安断裂）为主边界推覆断层的晚期统一的整体康玛巨型弧形逆冲推覆构造系（图 2.77、图 2.78）。实际上，上述单元中 1 是西秦岭白龙江推覆构造系，应不属于本构造系，但两者关系密切，故作为相关构造加以论述。2 与 3 实际为同一构造的不同组成部分，故也可合二为一。因此，严格讲实际组成主要是三个基本单元。

康玛逆冲推覆构造系主导以西秦岭南缘边界断裂带，也即勉略-阿尼玛卿构造带的南缘边界断裂为主推覆界面，在秦岭造山带印支期板块沿勉略和商丹两带俯冲消减及陆-陆碰撞和晚期陆内构造沿秦岭南北边界相向作巨大陆内俯冲的动力学总背景与演化过程中，发生多期地壳中上层次自北向南的大规模挤压收缩推覆运动，分别形成以不同级次逆冲推覆断层为界面的各个不同级别的逆冲推覆构造，依次以向南为主导运动方向产生逆冲推覆叠置，并复合叠加，最终才造成其现今的多期复合的多层次巨型逆冲推覆构造系（图 2.77、图 2.78）。

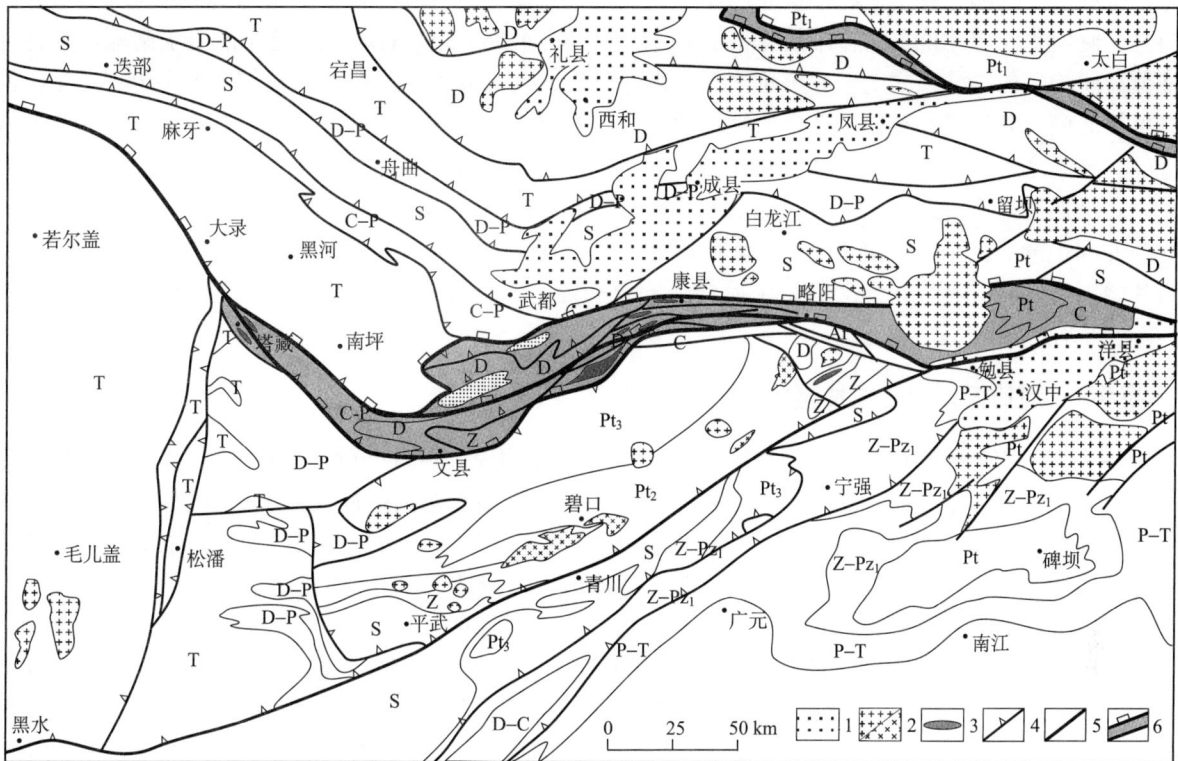

图 2.78 西秦岭勉略构造带及邻区地质构造略图

1. 中新生代沉积盆地；2. 花岗岩/辉长闪长岩；3. 火山岩构造岩块；4. 逆冲断层；

5. 古缝合带主边界逆冲断层；6. 古缝合带范围

1. 北缘逆冲推覆构造

北缘逆冲推覆构造是整个康玛逆冲推覆构造系的后缘逆冲推覆带，实际上也是其北侧西秦岭白龙江逆冲推覆构造的前缘带，迭部-麻牙-武坪南-柑橘-三河口弧形逆冲断层为其主逆冲推覆界面，向东与状元碑断裂带相连。主逆冲推覆断裂上盘主要由白龙江逆冲推覆构造系南缘的石炭系—二叠系灰岩为主组成一系列北倾的次级逆冲构造，它们共同沿主断面向南大规模逆冲推覆于三河口群和南坪三叠系之上。并且它西延至迭部—玛曲一带，又成一次级弧形推覆构造，向南不但掩覆了南坪三叠系逆冲推覆构造，而且直接逆冲推覆于南侧松潘若尔盖隐伏地块的三叠系之上，从而也掩覆了勉略-阿尼玛卿古缝合带。表明它不仅在勉略-阿尼玛卿带印支期俯冲碰撞过程中有强烈的逆冲推覆作用，并且在碰撞后的燕山期仍然有强烈的指向南的逆冲推覆作用。

在武都南柑橘—三河口一带，白龙江逆冲推覆构造带南缘的石炭系厚层灰岩向南逆冲推覆于南侧三河口群之上，局部形成石炭系灰岩的飞来峰构造，石炭系灰岩呈推覆体构造叠置在下覆志留系"白龙江群"和南侧泥盆系三河口群之上，且推覆构造界面作为飞来峰底部推覆断层呈向形状，南侧向北缓倾，叠覆在三河口群之上，北侧向南缓倾，叠覆在志留系"白龙江群"之上，下覆的"白龙江群"绢云千枚岩夹薄层灰岩岩层发生强烈变形，普遍发育新生片理和变形石英脉体。推覆前缘地带强烈发育以片理为变形面的不同尺度的褶皱变形和中高角度逆冲剪切带，具有作为康玛逆冲推覆构造系后缘根部带的构造特点，实也是白龙江逆冲推覆构造系前缘向南的扩展推覆构造，因此具有强烈的推覆挤压变形特征。该构造在逆冲推覆之后又被断陷型侏罗纪、白垩纪红色陆相盆地沉积覆盖，证明该逆冲推覆构造应主要形成于侏罗纪之前的主造山时期（T_{2-3}）。

向西康玛逆冲推覆构造北缘的南坪马脑壳—羊布梁子—武都武坪南一带，同样由于北侧白龙江逆冲推覆构造的南部边界主逆冲推覆断层作用，三叠系岩层强烈变形，发育自北往南的韧性剪切逆冲。而且北侧白龙江逆冲推覆构造带前锋带的石炭-二叠系厚层灰岩向南低角度逆冲推覆于南侧南坪逆冲推覆滑脱构造的三叠系之上，并可见诸多飞来峰岩块或飞来峰构造。再西在迭部尼傲—卡坝一带，同样可见北侧白龙江逆冲推覆构造带前锋带的石炭系厚层灰岩向南逆冲推覆于南侧组成南坪逆冲推覆构造的三叠系之上，并有白垩纪红色陆相盆地不整合叠覆于石炭系之上。

北缘逆冲推覆构造向东对应于勉略地区勉略带北缘的状元碑走滑-逆冲推覆构造带，但已具有韧性逆冲和走滑剪切作用突出特征，既有向南高角度逆冲于勉略区主推覆构造系朱家山-高家峡等逆冲岩片之上，同时又有左行走滑剪切变形的强烈叠加复合，使之变成为逆冲推覆与走滑复合的断裂带（李亚林等，2001a，b）。

2. 桥头-三河口低角度逆冲推覆构造

桥头-三河口低角度逆冲推覆构造（简称三河口逆掩推覆构造）分布于整个康玛逆冲推覆构造系的东段北部，南以堡子坝-月亮坝-高家坝断层为主干逆冲断层向南逆冲推覆于勉略原主缝合带塔藏-石坊-临江-琵琶寺逆冲推覆构造带之上。北以迭部-麻牙-武坪-柑橘-三河口逆冲断层为界，被向南逆冲的上述北缘逆冲推覆构造带所掩覆。整个逆掩推覆构造带平面上表现为东段狭窄、西段较宽，呈北东东向展布的不规则弧形构造。该逆掩推覆构造是康玛逆冲推覆构造带的主要组成部分，主要由泥盆纪三河口群组成，其西侧被西部分布的以三叠系为主要组成的南坪-黑河逆冲推覆滑脱构造（图2.77—图2.80）所覆盖。内部构造以发育北倾的低角度同斜倒转褶皱及北倾叠瓦式逆冲断层为特征，且韧性剪切变形构造发育。剖面上构造带表现为南北两侧构造面理及逆冲断层较陡，而占主导的中间大部分地段变形岩层、面理和逆冲断层均呈低角度向北缓倾，倾角20°~45°（图2.81）。其上后期又叠加一系列北东东向斜列展布的白垩纪陆相沉积盆地。

根据该逆冲推覆构造的组成和构造特征，除上述北缘白龙江推覆构造可作为其后缘根部外，可将桥头-三河口逆冲推覆构造带内部划分为中、北部低角度逆掩推覆构造带和南部前缘逆冲推覆带两部分（图2.81—图2.84）。

1）南部前缘逆冲推覆构造带

前缘逆冲构造带分布于三河口低角度逆掩推覆构造的南缘，它以康县-豆坝-琵琶寺-冷堡子-泥山-双河-塔藏（F_1）断层为主逆冲推覆断层（图2.79、图2.80），向南逆冲推覆于勉略原主缝合混杂构造带，即塔藏-石坊-临江-琵琶寺逆冲推覆构造带之上。该带以F_1为界实际包括了两个次级构造带：北侧高角度逆冲推覆前锋强烈变形带和南侧原勉略主缝合混杂带基础上复合叠加的推覆构造下盘的前锋变形带，即后述的塔藏-石坊-临江-琵琶寺逆冲推覆构造。该带构造变形复杂而强烈，由不同时代、不同类型、不同性质的逆冲断层、韧性逆冲剪切带造成大小不一的构造岩片、岩块相互逆冲、旋转走滑多样叠置，构成复杂的构造复合叠置带，从更大尺度上看实即是一条构造混杂岩带。其变形特征突出表现为由北到南变形逐渐减弱，褶皱样式由紧闭倒转到近直立开阔形态，强烈的面理发育也逐渐减弱。表明构造变形逐渐的向南扩展减弱。同时，F_1主逆冲断层也是分隔勉略带内原缝合带南北大陆边缘的具划分性的主要边界构造。现今是勉略-阿尼玛卿构造带内原勉略板块主缝合带南侧被动大陆边缘沉积以及与洋壳发育有关的火山岩系同原俯冲消减带北侧三河口深水盆地沉积或活动陆缘沉积的具体分隔界线。断层带总体北倾，倾角40°~65°，带宽从50 m到300 m不等。

逆冲推覆构造主推覆断层F_1上盘的泥盆系三河口群千枚岩夹灰岩向南直接逆冲于南侧下盘的不同被动陆缘沉积岩系之上（图2.85、图2.86）。而且下盘南侧的被动陆缘沉积地层的构造层理及轴面劈理均与主逆冲断层呈构造交切关系。表明在陆-陆碰撞造山过程中，北侧上盘的泥盆系三河口群呈构造逆冲推覆体在弧形推覆构造的不同构造部位不均一向南大规模逆冲推覆叠置于南侧被动陆缘沉积体系的不同地层单位之上，同时显示南侧被动陆缘沉积岩系由于受到了来自北侧的挤压应力作用，自

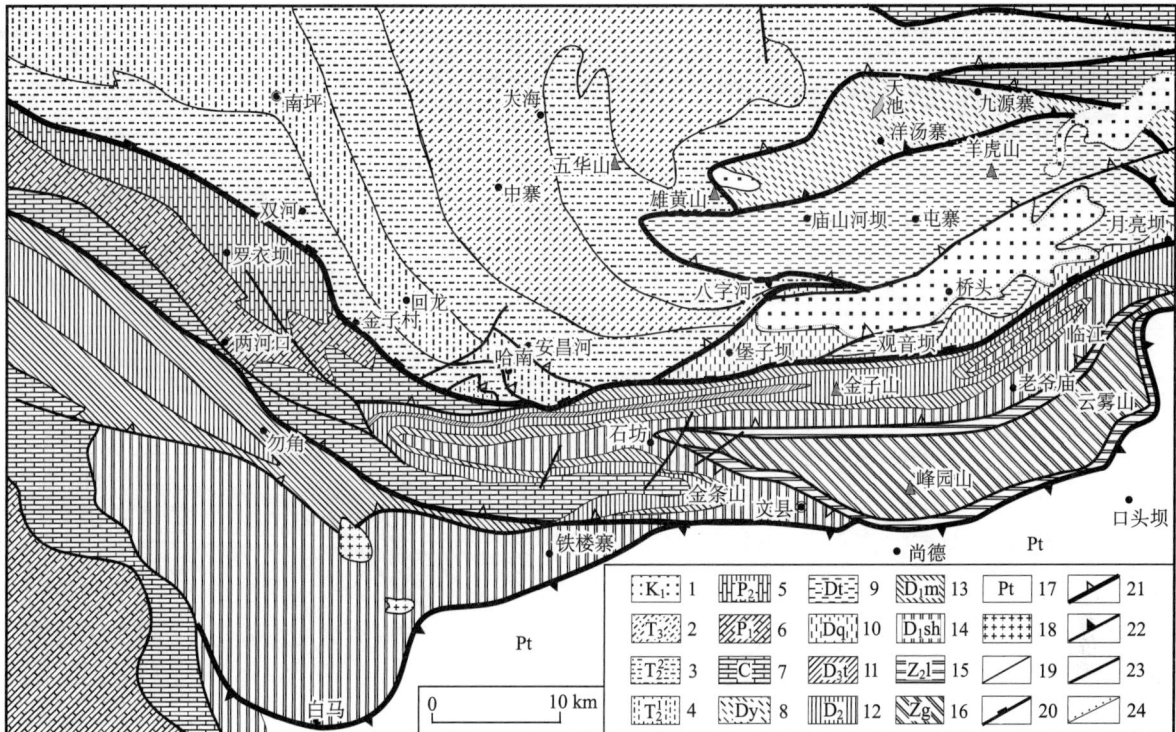

图 2.79　西秦岭勉略构造带文县-南坪地区地质构造略图

1. 白垩系陆相粗碎屑岩；2. 上三叠统；3. 中三叠统上部；4. 中三叠统下部；5. 上二叠统；6. 下二叠统；7. 石炭系；8. 泥盆系三河口群洋汤寨组；9. 泥盆系三河口群屯寨组；10. 泥盆系三河口群桥头组；11. 上泥盆统铁山群；12. 中泥盆统朱家沟组/冷堡子组；13. 下泥盆统岷堡沟组；14. 下泥盆统石坊群；15. 上震旦统—下寒武统临江组+干沟组；16. 震旦系关家沟群；17. 元古宇碧口群；18. 印支期花岗岩；19. 地质界线；20. 勉略构造带主边界断层；21. 主逆冲推覆断裂；22. 次级逆冲推覆断裂；23. 断层；24. 不整合界线

北而南依次形成紧闭倒转褶皱到近直立褶皱构造和向北倾斜的广泛发育的轴面劈理。其中在临江冷堡子—月亮坝一带，前缘逆冲带的构造特征表现最为明显，逆冲推覆断裂变形带宽约 200~400 m 不等，北侧构成桥头-三河口低角度逆冲推覆构造主体的三河口群千枚岩夹灰岩组合岩系向南逆冲推覆于南侧被动陆缘沉积地层，如冷堡子组石英岩、石英砂岩、含铁石英细砂岩以及岷堡沟组砂岩、泥岩和灰岩之上，逆冲推覆断裂变形带内发育多条北倾逆冲断层，其间所夹构造岩层变形非常强烈，其中的强硬岩层均发育形态复杂多变的紧闭同斜不对称褶皱，而在软弱岩层中则以发育透入性构造面理为特征，实际形成一个复杂的韧性逆冲褶皱断层带。综合其强烈紧闭高角度逆冲叠置的构造几何学与运动学特点及其紧邻主推覆断层下盘的前缘部位，表明它属于逆冲推覆构造的前锋带变形（图 2.81）。在西南侧，逆冲推覆体前锋变形带直接逆冲于原勉略碰撞缝合带的不同火山岩块或蛇绿岩块之上。如直接逆冲于月照山-琵琶寺火山岩构造岩块之上，其中火山岩块内，广泛发育北倾构造面理和糜棱岩，糜棱岩带内发育强韧性变形糜棱面理与各种不对称剪切构造及向西缓倾的拉伸线理，指示具有自北而南的韧性逆冲推覆作用和左行走滑剪切运动特征。

　　综合上述构造特征，显然一致表明前缘逆冲推覆构造带以主逆冲推覆断层为运动界面，强烈高角度向南逆冲推覆，造成其前缘南侧下覆被动陆缘沉积体系岩层发生强烈叠瓦状褶皱断裂变形，构成逆冲推覆构造的推覆前锋强变形带，并向南扩展，使原板块俯冲碰撞缝合带北侧构造岩层向南逆冲推覆叠置于南侧扬子板块北缘被动大陆边缘沉积岩系之上。显然它是勉略原板块碰撞主缝合带的具体主构造界面，在遭受多期构造复合叠加之后的现今表现。

　　上盘组成逆冲推覆体内变质碎屑岩系构造变形及构造置换强烈，发育透入性构造面理，且产

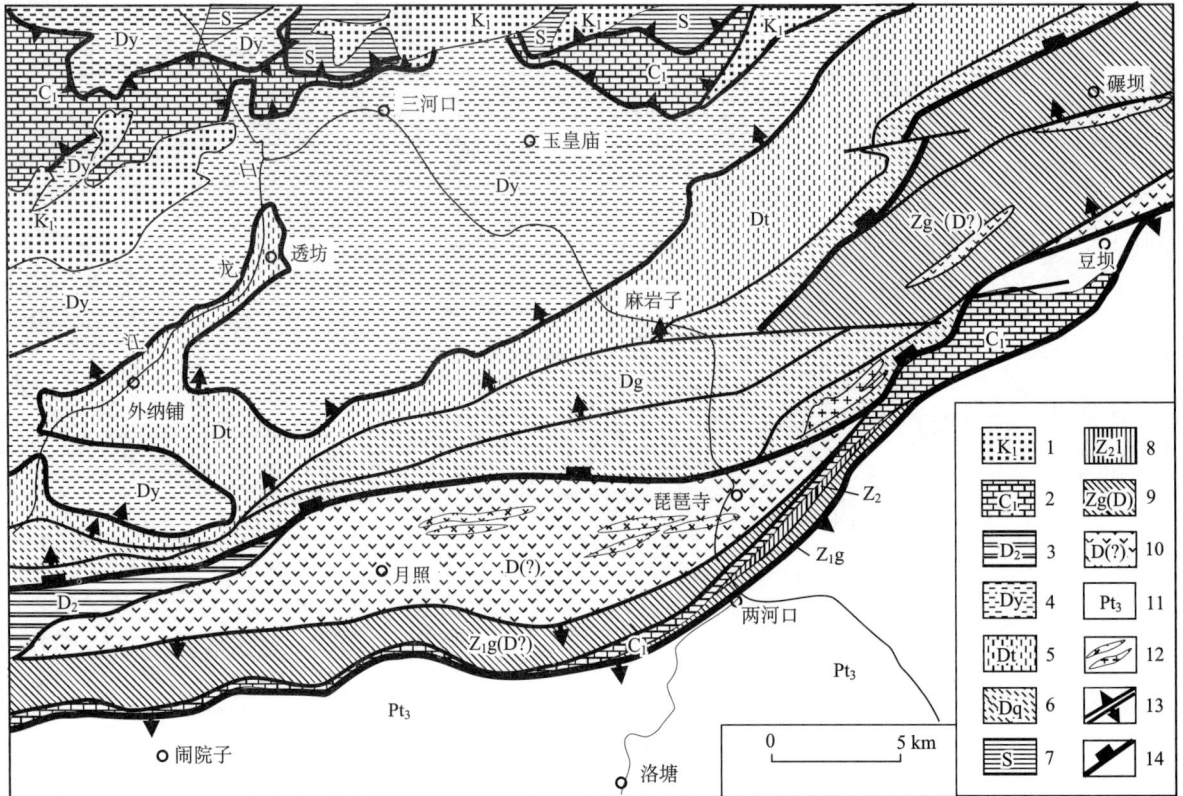

图 2.80　武都三河口-琵琶寺地区地质构造略图

1. 白垩系红色砂砾岩；2. 石炭系灰岩；3. 中泥盆统灰岩、页岩、粉砂岩、石英砂岩；4. 洋汤寨组灰岩夹千枚岩、绢云千枚岩；
5. 屯寨组绢云石英千枚岩、碳质千枚岩夹灰岩；6. 桥头组绢云石英千枚岩夹灰岩；7. 志留系白龙江群千枚岩、砂质板岩、碳质
板岩夹黑色硅质岩；8. 上震旦统临江组—下寒武统干沟组（干沟组：碳质板岩、碳硅质板岩、粉砂质板岩；临江组：白云质灰
岩、硅质板岩、粉砂质板岩夹变细砂岩）；9. 震旦系关家沟群（含砾砂岩、含砾板岩、砂砾岩、粉砂质板岩、碳质板岩、凝灰岩）；
10. 琵琶寺火山岩岩片；11. 元古宇碧口群；12. 辉长辉绿岩脉/花岗斑岩脉；13. 逆冲断层；14. 主边界逆冲推覆断层

状较陡，为 335°~360°∠35°~70° 不等，堡子坝—桥头一带面理优势产状经统计为 350°∠42°
［图 2.87（2）］。北侧被三河口逆冲推覆体向南逆冲掩覆。

2）北部三河口逆掩推覆构造与三河口逆掩推覆体

该逆冲推覆构造分布于白龙江推覆构造与上述前缘逆冲推覆构造之间区域，主要由三河口群上部
的洋塘寨组中—厚层灰岩夹少量千枚岩岩层组成。以塔藏-双河-泥山-外纳铺-透坊-麻岩子低角度逆
冲推覆断层为主构造界面（图 2.80），向南—南南东方向以低角度逆冲推覆于前缘逆冲推覆构造岩片
之上。

逆冲推覆体内部岩层总体表现为层理（S_0）/面理（S_1-S_2）平缓，向北—北北西缓倾斜，产状
为：335°∠10°∠20°~35°，外纳铺—三河口南一带优势产状经统计为 348°∠28°［图 2.87（3）］。宏
观上表现为北侧三河口逆冲推覆体向南逆掩推覆叠置于南部前缘逆冲推覆体之上。逆掩推覆体断层产
状比较平缓，向北倾斜，与上覆推覆体内部产状基本一致，断层西延被西侧南坪-黑河逆冲推覆滑脱
构造掩覆。该逆掩推覆断层从南坪双河、泥山、武都月亮坝北、外纳铺、透坊、至麻岩子北、上坝里
一线，尤其是在月亮坝北—外纳铺—透坊一带的白龙江两岸产状更为平缓，产状为 330°~30°∠15°~
30° 不等，断层界面因地形切割而呈港湾状，与地形等高线近乎一致（图 2.80）。逆冲推覆体北缘在

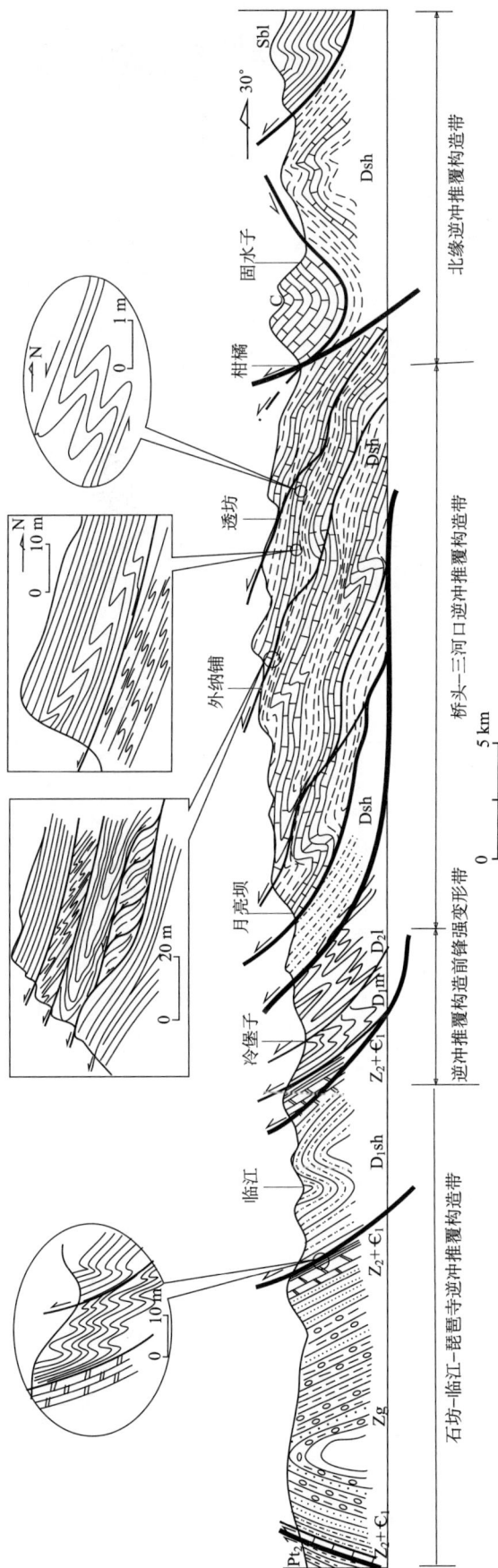

图 2.81　武都固水子—文县临江逆冲推覆构造剖面图

C. 厚层状灰岩；Dsh. 三河口群绢云石英千枚岩、薄层—中厚层状灰岩；D₂l. 冷堡子组石英岩、含铁石英砂岩；D₁m. 岷堡沟组砂岩、灰岩、泥岩；D₁sh. 石坊群粉砂岩、粉砂质砂岩、碳质板岩夹细砾岩；Z₂+ε₁. 临江组白云质灰岩和干沟组硅质板岩；Sbl. 白龙江群千枚岩、粉砂质千枚岩。其他图例参见图 2.79、图 2.80

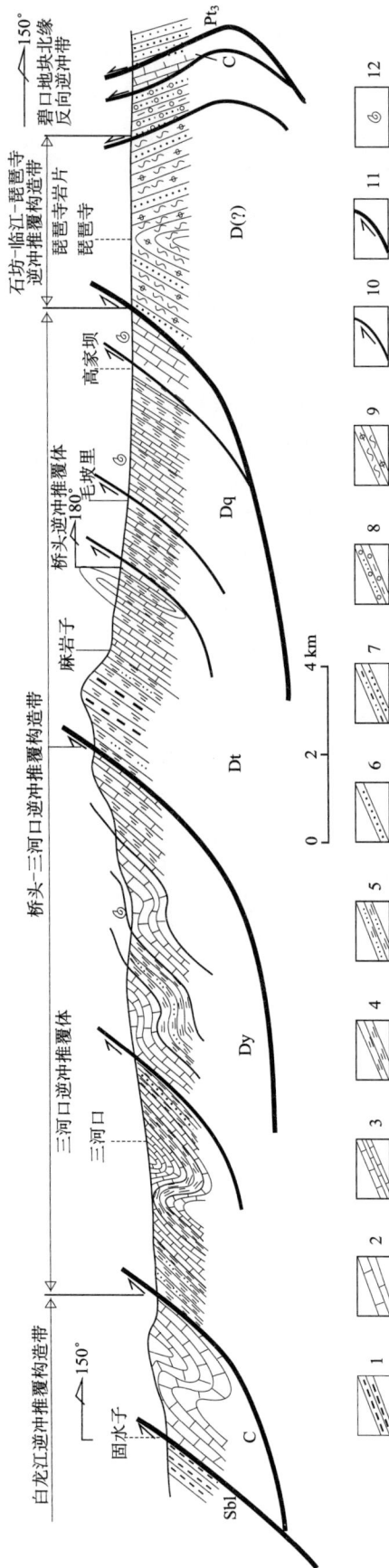

图 2.82　武都三河口－琵琶寺构造剖面图

1. 碳质千枚岩；2. 厚层状灰岩；3. 中薄－薄层状灰岩；4. 绢云千枚岩；5. 粉砂质千枚岩；6. 变质砂岩；7. 复理石浊积岩；8. 含砾砂岩；9. 绿帘绿泥片岩（变质基性火山岩）；10. 主边界逆冲断层；11. 逆冲断层；12. 化石产地。其他图例参见图 2.79、图 2.80

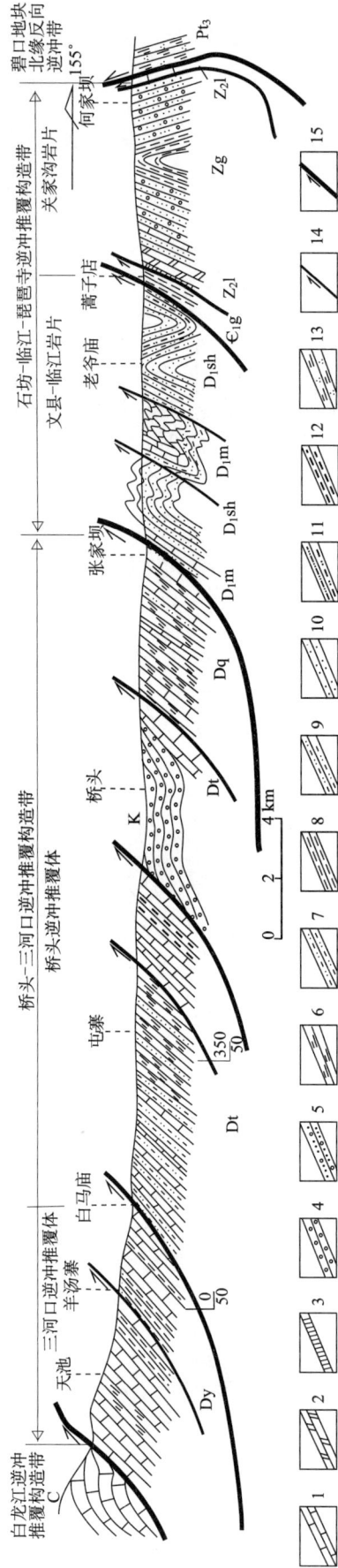

图 2.83　文县洋汤河（洋汤寨－桥头－老爷庙）地质构造剖面图

1. 灰岩；2. 白云质灰岩；3. 硅质岩；4. 红色砂岩；5. 变质砂砾岩；6. 含砾砂岩；7. 粉砂质千枚岩；8. 黑色泥质板岩；9. 粉砂质板岩；10. 粉砂岩；11. 碳质粉砂质板岩；12. 碳硅质板岩、碳质板岩；13. 绢云石英千枚岩；14. 逆冲断层；15. 主边界逆冲断层。其他图例参见图 2.79、图 2.80

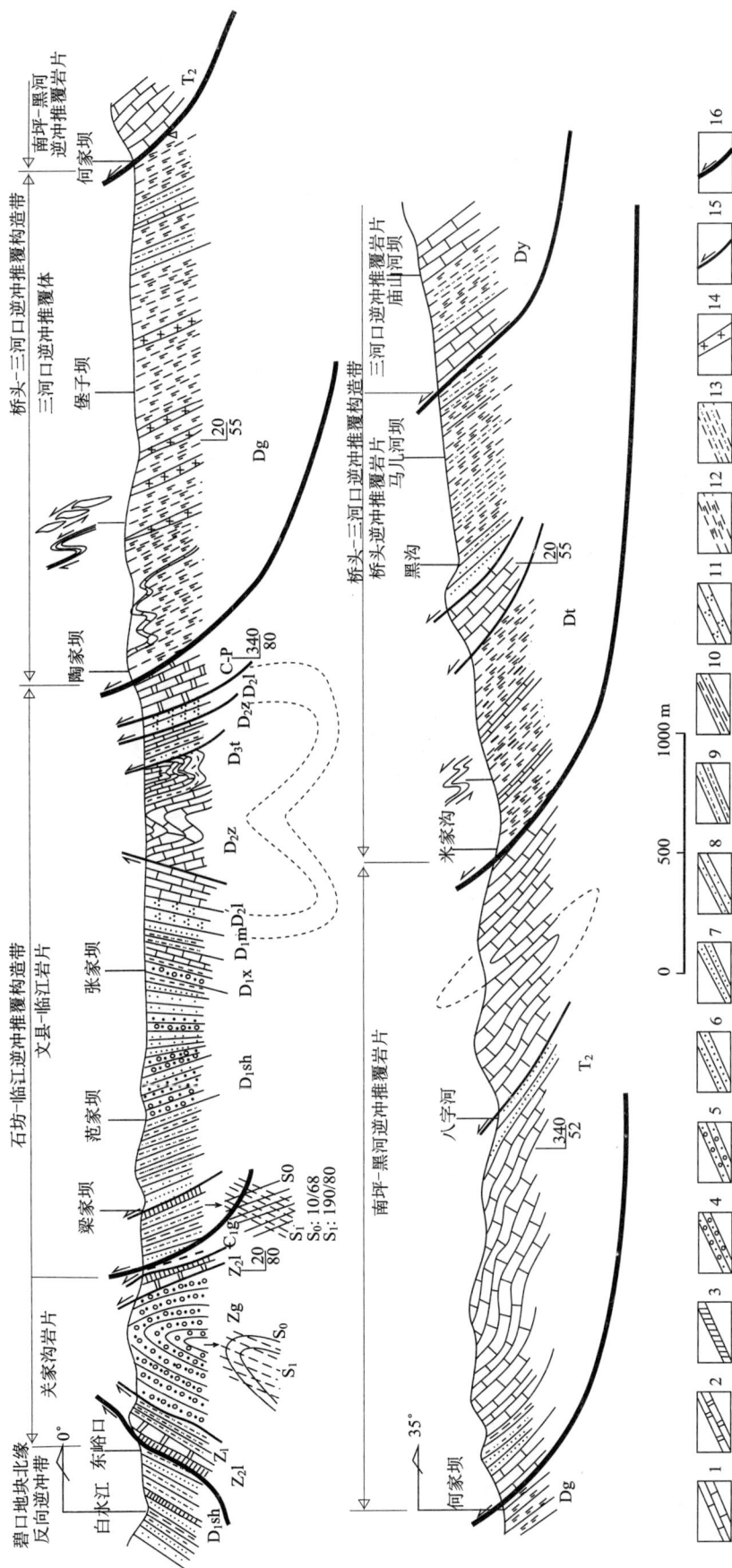

图 2.84　文县马莲河（东峪口-堡子坝-庙山河坝）地质构造剖面图

1. 灰岩；2. 白云质灰岩；3. 硅质岩；4. 细砾岩；5. 砂砾岩、含砾岩、砂砾岩、含砾粉砂岩、含铁砂岩；6. 粗砂岩、变质砂岩；7. 砂岩；8. 粉砂岩；9. 粉砂质板岩；10. 板岩、碳质板岩；11. 石英砂岩、石英岩；12. 绢云千枚岩、含碳绢云千枚岩；13. 绢云千枚岩；14. 花岗岩脉；15. 逆冲断层；16. 主边界逆冲断层。其他图例参见图 2.79、图 2.80

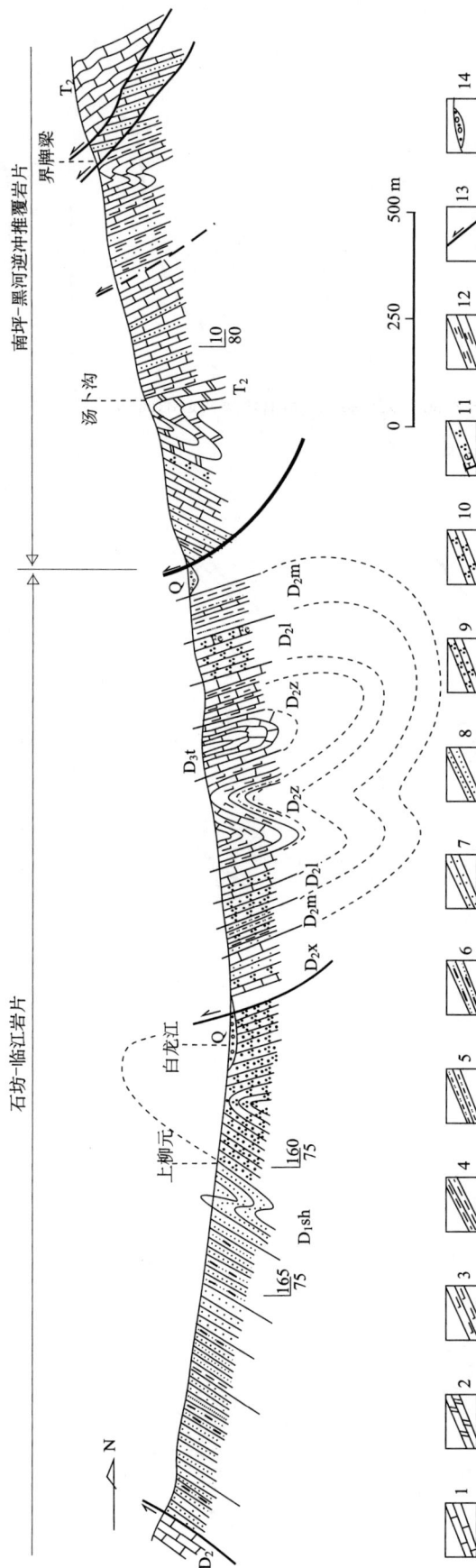

图 2.85 文县石坊朱家沟（上柳元-汤卜沟）地质构造剖面图

1. 灰岩；2. 白云质灰岩；3. 钙质板岩；4. 板岩；5. 粉砂质板岩；6. 含碳粉砂质板岩；7. 粉砂岩；8. 长石石英砂岩；9. 石英砂岩；10. 石英岩；11. 含铁石英岩；12. 绢云千枚岩；13. 逆冲断层；14. 第四系

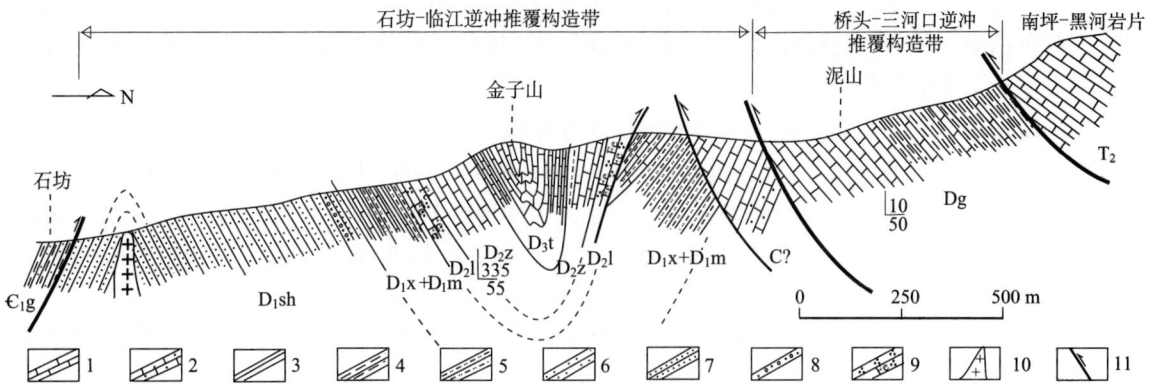

图 2.86　文县石坊-泥山地质构造剖面图

1. 灰岩；2. 砂质灰岩；3. 板岩；4. 板状千枚岩；5. 粉砂质板岩；6. 粉砂岩；7. 砂岩；8. 砂砾岩、含砾砂岩；
9. 石英（砂）岩、含铁石英岩；10. 花岗岩脉；11. 逆冲断层

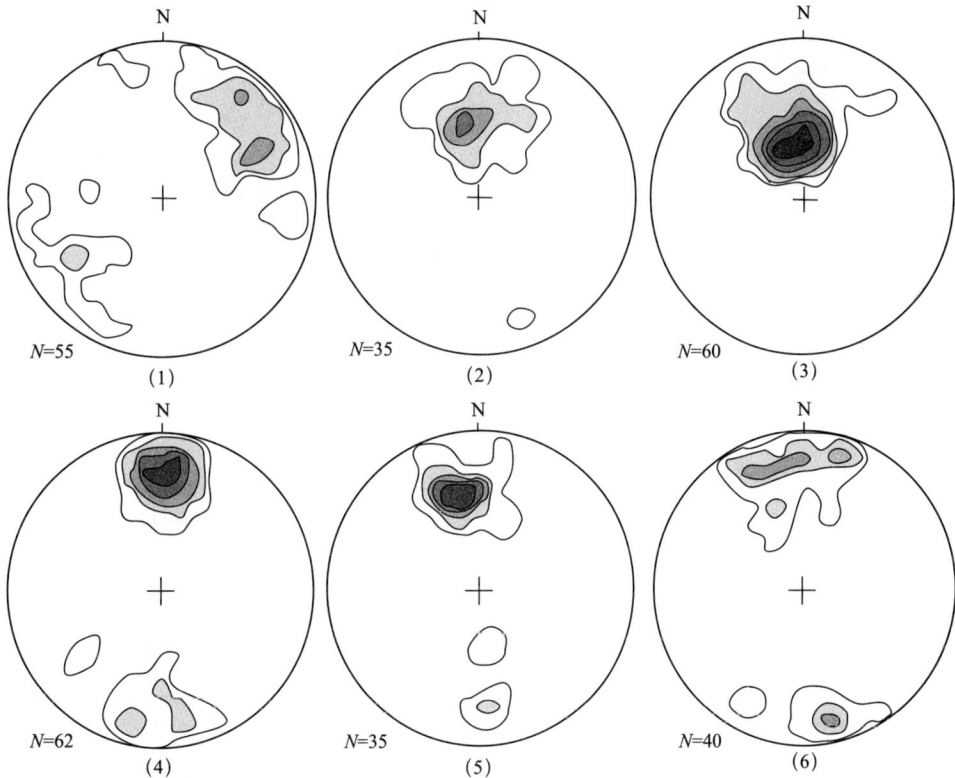

图 2.87　康县-文县-南坪地区变形组构赤平投影图（施密特网，下半球投影）

（1）南坪-中寨地段三叠系 πS_0，等值线 1.8%－5.5%－9.1%，$N=55$，优势产状：65°∠58°，240°∠60°；
（2）文县堡子坝-桥头地段泥盆纪三河口群 πS_1，等值线 2.8%－8.6%－14.3%－20%，$N=35$，优势产状：
350°∠42°；（3）武都外纳-三河口地段泥盆纪三河口群 πS_1，等值线 1.7%－5.0%－8.3%－11.7%－18.3%，$N=$
60，优势产状：348°∠28°；（4）文县石坊泥山-朱家沟地段泥盆系 πS_0，等值线 1.6%－4.8%－8.1%－11.3%－
14.5%，$N=62$，优势产状：2°∠63°；（5）文县老爷庙-临江地段泥盆系 πS_0，等值线 2.8%－8.6%－14.3%－
20%－25.7%，$N=35$，优势产状：350°∠50°；（6）武都月照山-琵琶寺地段火山岩系 πS_1，等值线 2.5%－
7.5%－12.5%，$N=40$，优势产状：348°∠68°。N 为产状统计总数，等值线为单位面积中产状的百分数

天池—九源寨—柑橘—三河口一线被北侧的白龙江逆冲推覆构造带南缘的石炭系逆冲推覆体向南逆冲掩覆。逆冲推覆断层界面上变形强烈，透入性面理发育，尤其在变质碎屑岩中更为强烈明显，剖面上呈现为不对称褶皱、斜列构造透镜体、S-C 构造等中小尺度的指向性构造，并一致指示向南逆冲推覆叠置，明显截切了下覆各构造岩层的面理产状。

通过构造解析，在三河口逆掩推覆体和前缘逆冲推覆体中均可以筛分出三期构造变形：

早期变形以较深构造层次的韧性剪切变形和一系列轴面北倾的紧闭同斜倒转褶皱构造为特征，尤其在南部前缘逆冲推覆体的变质细碎屑岩系中韧性剪切变形尤为明显，同时发生低绿片岩相区域动力热流变质作用，普遍发育向北缓倾的（倾角 35°~55°）透入性构造面理（S_1），并且构造置换强烈，原生的沉积构造和层理（S_0）强烈构造置换，多成为平行一致的透入性面理（S_1），与 S_0 不易区分，内部的薄层细砂岩层大部分由于韧性剪切变形而成为具有构造运动学指向意义的不对称构造透镜体或石香肠构造，同时砂岩薄夹层（S_0）发育形成不同形态的无根不对称紧闭歪斜褶皱构造（图 2.88—图 2.90）。这些不对称剪切变形构造与不对称无根褶皱的降向均共同指示三河口群早期发生了大规模自北而南的低角度逆掩型韧性剪切流变变形作用，根据中小尺度的构造解析与构造筛分和区域构造对比分析，该期变形应代表勉略主缝合带早期俯冲阶段的构造变形作用。

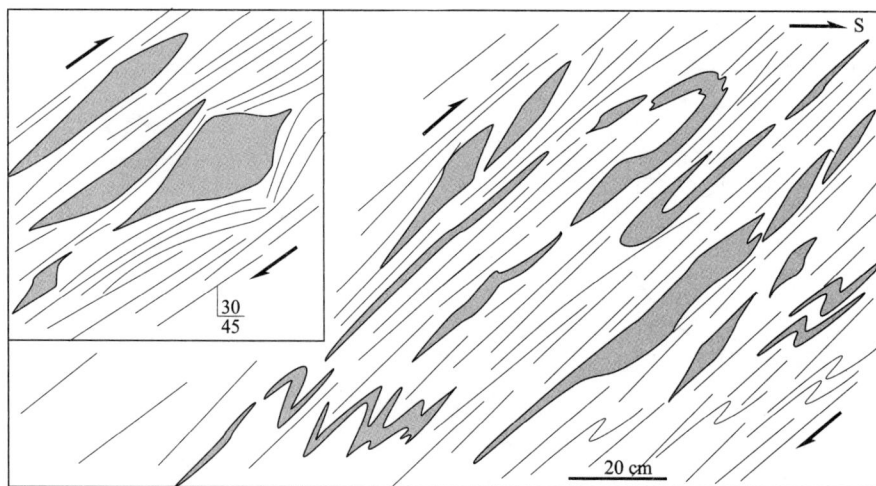

图 2.88　文县桥头—屯寨一带泥盆系三河口群变质碎屑岩的构造变形样式

第二期变形以自北而南的逆冲推覆构造为特征，它们叠加在早期（顺层）逆冲型韧性剪切变形构造之上，使三河口群岩层中不同岩性组合之间发生逆冲脆韧性断层作用，截切断错早期构造，使岩层中不同单位岩层之间呈现多层次构造叠置关系，而且一系列北倾的逆冲断层具有断坪-断坡的逆冲断层几何学形态。桥头—三河口低角度逆冲推覆构造系中的三河口逆掩推覆构造和桥头逆冲推覆构造等现主要次级推覆构造就是该期定型的。在小尺度上，可见早期构造面理再次发生变形，形成小尺度的不对称褶皱构造，并产生新生的非透入性轴面褶劈理（S_2），这些褶劈理与轴面面理平行一致。结合中尺度构造，一致反映第二期变形主要以中浅构造层次多级别的自北而南的逆冲推覆作用为主，复合叠加于先期构造之上。应主要是印支碰撞期构造产物。

第三期变形表现为复合叠加的剪切走滑和浅层次逆冲挤压性构造变形。最明显的是北东-南西向的剪切走滑构造叠加于所有先期构造之上，形成一系列斜列的白垩纪拉分断陷陆相盆地，成为该区晚期突出显著的构造现象。同时更晚期还发育挤压逆冲断层构造，如文县桥头、磨坝一带的白垩纪陆相红色粗碎屑岩沉积盆地的北界多为逆冲断层改造，北侧的泥盆纪三河口群向南逆冲于白垩系之上。显然它们主要是碰撞造山后陆内构造所造成。

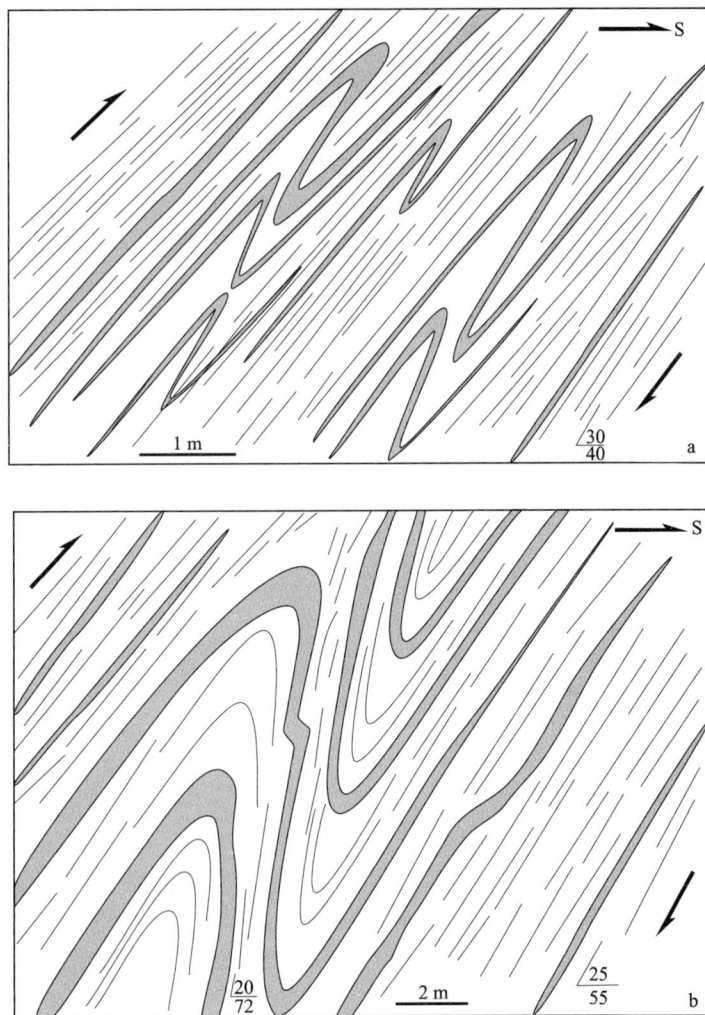

图 2.89　文县堡子坝泥盆系三河口群变质碎屑岩中剪切变形样式

3. 复合叠加原勉略主缝合带的塔藏–石坊–临江–琵琶寺逆冲推覆构造带

上述前缘逆冲推覆构造系中的塔藏–石坊–临江–琵琶寺逆冲推覆构造，北以 F_1 主逆冲推覆断层为界，南以康玛构造系南缘主推覆边界断层 F_3 与南侧碧口地块毗邻（图 2.77、图 2.78）。它作为逆冲推覆构造前缘带构造变形复杂而强烈，其中最特征的是它由不同时代、不同类型的构造岩片、岩块（其中包括与原洋壳消减俯冲相关的洋岛、洋脊等火山岩构造岩块），以不同样式、不同尺度的褶皱以及逆冲断层、韧性逆冲剪切带构成复杂的构造混杂岩片（块）叠置带，实际也即是一条构造混杂岩带。表明它原是勉略带板块消减、俯冲碰撞的具体混杂缝合带，后经构造叠加复合而成现状。该构造由北到南叠加变形逐渐减弱，褶皱样式由紧闭倒转到近直立形态，面理的发育也逐渐减弱（图2.81—图 2.86）。综合区域对比，证明它是在北侧碰撞推覆挤压作用和南侧碧口地块高位阻挡下，使原向北的俯冲构造和向南的碰撞逆冲构造在南侧临近碧口地块北缘地带发生上部浅层构造反转而反向向北逆冲，地表形成对冲构造形态，但实际总体和深部仍然是向北俯冲、向南逆冲的总构造格局。

该逆冲推覆构造由不同构造岩片、岩块组合而成，其各自的变形特征可以概括如下：

石坊–临江构造岩片：主要由泥盆–石炭–二叠系（D-C-P）被动陆缘沉积体系组成，以构造岩块夹持于脆韧性逆冲剪切带间。总体构造样式为一个向西倾伏的复式倒转背斜构造（图 2.79），由次级的梅家厂–金条山向斜、中间的上草地–石坊背斜、北侧的金子山–吊虎崖向斜组成。其总体构造变形

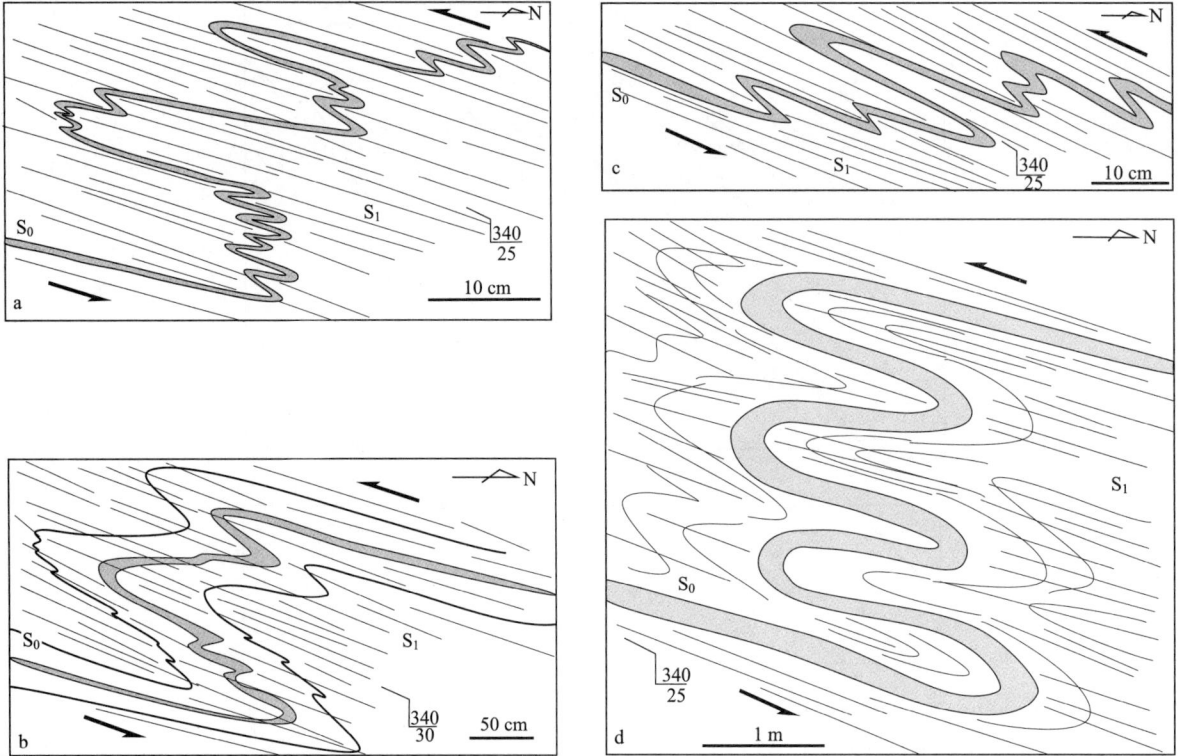

图 2.90   文县堡子坝泥盆系三河口群变质碎屑岩中褶皱构造样式

以早期纵向褶皱变形为主，且构造变形样式、构造线方位等均可与勉略带的勉略区段南部推覆构造中踏坡岩片中的变形以及其他岩片中的第二期变形（即碰撞早期变形）相对比。在碰撞晚期，由于向南的巨大逆冲推覆作用，在该岩片中叠加发育了一系列北倾南冲的逆冲推覆断层，强烈改造破坏了原褶皱构造。

关家沟-云雾山构造岩块：主要由震旦系关家沟群、临江组和下寒武统干沟组（Z-Є₁）组成，以构造岩块被夹持于逆冲断层之间。它原是一个构造混杂岩块，现区域上呈向南东突出的弧形巨大构造透镜体展布，向西在石坊一带构造倾没。总体构造形态为一个复式背斜构造，但在南北边界上发育多条逆冲断层，且南侧边界总体表现为自南而北的逆冲运动学特征，而北侧边界则总体表现为自北而南逆冲的运动学特征，总体呈现为对冲的构造型式（图 2.79、图 2.83、图 2.84）。复式背斜构造以层理（S₀）的变形为标志，北翼向北，南翼向南陡倾，倾角 65°~80°，发育轴面劈理（S₁）。

塔藏-隆康构造岩片：位于南坪塔藏-隆康之间，是一由泥盆系、石炭-二叠系和三叠系组成的构造岩片，实际上从其内部组成与结构构造观察分析它应原是一个混杂构造岩块组合体，经强烈构造叠加变形成现今状态，内部由不同时代岩层以南倾的一系列逆冲断层为界叠置组合而成。调查研究表明它主要是在碰撞后期勉略构造带康玛推覆构造系晚期整体向南逆冲推覆过程中，受碧口地块高位阻挡而发生反向逆冲作用，最终形成现状，但其北侧的南坪-黑河逆冲推覆构造的三叠系岩层又向南逆冲于其上（图 2.91）。也构成对冲构造形态。

琵琶寺-月照山构造岩块：主要由琵琶寺变质火山岩组成，呈一大型构造透镜体产出，实际原也是一卷入缝合带的非原地的混杂构造岩块。在琵琶寺剖面出露最宽地段，构造形态呈现为以片理（S₁∥S₀）为变形面的近直立紧闭背形构造（图 2.80、图 2.82），北翼向北陡倾，并具有韧性剪切变形特征，南翼向南陡倾，面理优势产状经统计为：348°∠68°和168°∠74°［图 2.87（6）］，其中发育糜棱岩类构造岩，并在糜棱岩中发育拉伸线理、糜棱面理及条带状构造，多数拉伸线理近水平，略向西倾伏，倾角 5°~10°，残存显示了先期碰撞阶段复杂多样的挤压剪切旋转构造作用。

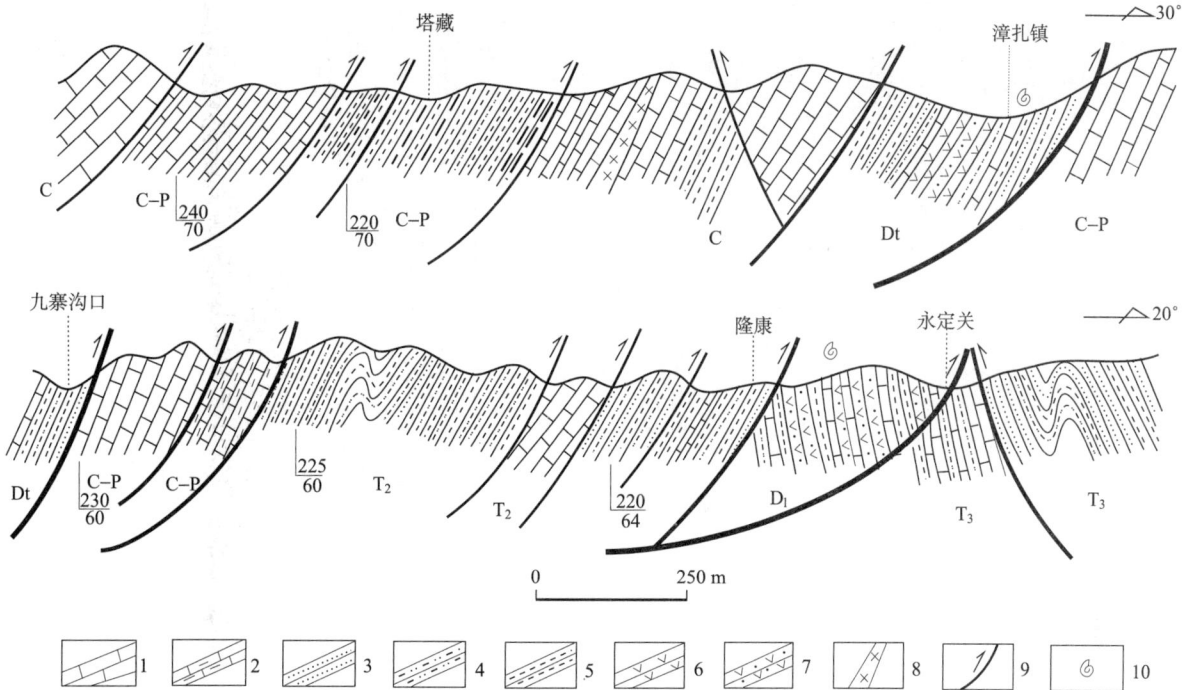

图 2.91　南坪塔藏–九寨沟口–隆康构造剖面图

1. 中厚层状灰岩；2. 中薄层状灰岩、泥灰岩；3. 砂岩细砂岩；4. 粉砂岩、粉砂质板岩；5. 泥质板岩及碳硅质板岩；
6. 中基性火山岩、火山角砾岩；7. 中基性火山岩屑凝灰岩；8. 辉绿岩脉；9. 逆冲断层；10. 化石产地

4. 南坪–黑河逆冲推覆滑脱构造

康玛逆冲推覆构造系西半部整体为南坪–黑河逆冲推覆滑脱构造，总体以北西西向透镜状推覆滑脱构造体产出，自身内部呈轴向北西西的复式向斜构造，西延由于北侧白龙江逆冲推覆构造系向南的逆冲推覆而被构造掩覆，而该推覆体南缘的主推覆断层，即隆康–双河–泥山–马场–柑橘逆冲断层切割掩覆了 F_1 等主推覆断层，其至也推掩截切了勉略古缝合带，而它本身又被康玛推覆系晚期整体推覆的南缘主推覆断层 （F_3），即现康县–文县–塔藏–然安西秦岭南缘边界断层所截切，而且后者又明显切割了其南侧的近南北向岷江构造带和围绕若尔盖地块的三叠纪地层的所有构造线方向，尤其值得特别强调的是该主推覆边界断层西延，不但被北缘迭部–坞曲（白龙江）指向南的逆冲推覆构造带直接掩覆，而且后者还直接向南逆冲推覆在若尔盖地块之上，使康玛弧形推覆构造南缘主推覆断层 F_3 本身也被掩覆，而未得以出露（图 2.77、图 2.78）。显然，多期构造是在印支期碰撞作用所发生的逆冲推覆构造基础上，又于中新生代陆内构造演化时期进一步叠加新的逆冲推覆作用所造成，在向南的大幅度逆冲推覆过程中，掩覆和截切了先期的碰撞构造。

南坪–黑河逆冲推覆滑脱构造，主要由三叠系深水复理石浊积岩夹碳酸盐岩组成。根据对南坪黑河塘–黑河–马脑壳剖面、大录–东北寨剖面和文县中路河（石鸡坝–马营–中寨–大海）剖面的观察，该逆冲推覆构造总体是以隆康–双河–泥山–马场–柑橘逆冲断层系为主逆冲推覆滑脱界面，呈薄皮式滑脱逆冲推覆构造，仅卷入 T-P 岩层，向南和向南东运动，实际也是整体向南作弧形薄皮逆冲推覆滑脱运动，其东翼现沿泥山–马场–柑橘呈近南北向不规则叠覆于东侧三河口逆冲推覆体之上，而西翼又为上述康玛南缘边界的晚期整体推覆构造主推覆断层 （F_3）所截切，仅出露双河–隆康（塔藏）一段，呈北西西走向截切与复合 F_1。而在泥山以东的东翼总体则呈近南北—北东走向的弯曲状，底部主滑脱断层总体北倾，倾角 $40° \sim 65°$，出露宽 50 m 到 300 m 不等。在双河一带，北侧南坪–黑河逆冲推覆构造岩片的三叠系砂板岩和灰岩向南逆冲推覆于南侧二叠系碳酸盐岩地层之上（图 2.92）。显示出

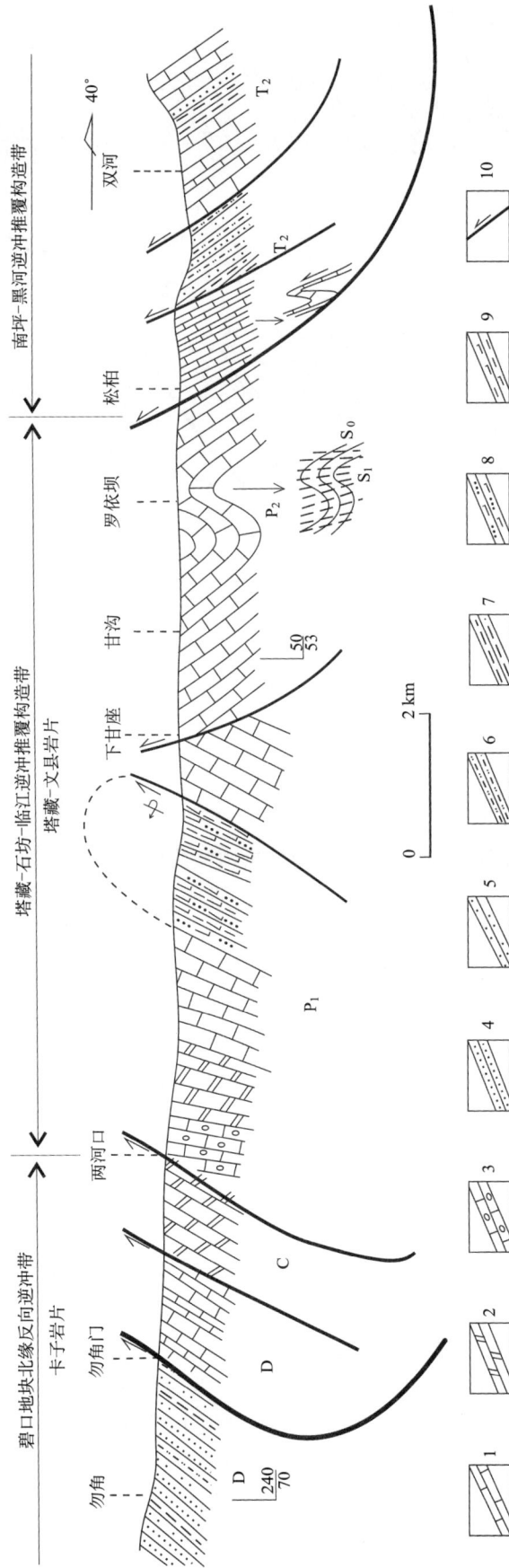

图 2.92 南坪勿角-双河构造剖面图

1. 灰岩；2. 白云质灰岩；3. 砾屑灰岩；4. 石英砂岩；5. 粉砂岩；6. 粉砂质板岩；
7. 板岩；8. 钙质砂岩；9. 钙质泥板岩；10. 逆冲断层

南坪-黑河逆冲推覆构造向南逆冲推覆于南侧前述的桥头-三河口低角度逆冲推覆构造带的前缘逆冲推覆构造，即塔藏-石坊-临江-琵琶寺逆冲推覆构造西延部分之上。

南坪-黑河逆冲滑脱推覆构造的内部以褶皱变形构造为主，伴随发育有一系列向北西、向北、向北东不同倾斜的逆冲断层，总体构造样式为复式向斜褶皱构造（图 2.93、图 2.94），轴向从北西向弯转至北北西—北北东向展布，并向东翘起。在南坪黑河塘-黑河-马脑壳剖面及大录-东北寨剖面上自南往北可以划分出东北村背斜、大录向斜、水神沟背斜、玉瓦向斜、达舍寨背斜、马脑壳向斜等。该复式向斜南翼及南部边界和北翼及北部边界均以叠加发育向北东倾斜和东端向北西倾斜的逆冲推覆断层为特征。推覆体内部三叠系虽然发生了强烈的不同尺度的褶皱构造变形，但岩层原生沉积构造保留较好，特别是浊积岩的鲍马序列仍清晰可见。推覆体内部褶皱构造主要以原生层理（S_0）的变形为特征，局部地带发育轴面劈理（S_1）。在文县中寨地区，褶皱构造发生弯转，成北北西走向的紧闭褶皱，轴面近于直立，两翼变薄，转折端加厚，层理 S_0 统计表明，褶皱构造两翼产状分别为：$240°\angle60°$ 和 $65°\angle58°$［图 2.87（1）］。

5. 晚期统一整体的康玛巨型弧形逆冲推覆构造及其康县-文县-塔藏-然安（碧口地块北缘）主边界逆冲推覆断层带

晚期康玛推覆构造系整体以其南缘康县-文县-塔藏-然安边界，即现西秦岭南缘边界为主推覆断层发生向南总体逆冲推覆运动，向南逆冲推覆于碧口地块和松潘地块北缘之上（图 2.77、图 2.78）。主边界断裂由若干条相互平行延伸与交织组合的断层组成狭窄的逆冲断裂带。该断裂带向西延伸截切掩覆了南坪-黑河推覆构造的南缘主推覆断层，并且向南逆冲截切了岷山南北向构造和松潘北部所有构造线，但它虽向西可延伸到玛曲，然而中间又为迭部-玛曲推覆构造所掩覆截切。

该主边界断层由于受北侧推覆挤压作用和南侧碧口地块高位阻挡，致使原向北俯冲的构造和碰撞向南的逆冲构造在上部浅层临近碧口地块北缘地带发生反转而反向向北逆冲，地表形成对冲构造形态，但实际总体和深部仍然是向北俯冲、向南逆冲的构造格局。该逆冲断层向西到塔藏以西已均转为向南而无反冲现象。显然，康玛整体掩覆逆冲推覆构造在碰撞晚期有两次连续递进的逆冲构造活动，即早期向南的逆冲推覆构造，形成于勉略缝合带板块俯冲碰撞的晚期，而之后的后期叠加逆冲推覆构造，即相当于陆内造山期的逆冲推覆，形成于中新生代时期，包括东段碧口地块北缘的反向逆冲构造。分述于下。

1）印支碰撞晚期整体自北向南的逆冲推覆运动

该弧形主边界逆冲断层是碰撞晚期整个康玛逆冲推覆构造系整体发生自北向南运动的主推覆断层，东段逆冲推覆于碧口地块北缘之上，而西段向南逆冲于松潘地块之上，截切掩覆南北向展布的岷江断裂带，并使南坪-黑河逆冲推覆体向南西直接逆冲推覆于松潘若尔盖地块的三叠系之上，而且与若尔盖地块的三叠系岩层的层理走向、褶皱等所有构造线方向呈斜切关系。突出表明整个康玛逆冲推覆构造系于印支晚期陆-陆碰撞过程的晚期，伴随扬子、松潘向北俯冲碰撞的持续演变，整体又发生沿该主边界推覆断层向南逆冲推覆于碧口地块和松潘地块之上。

2）后期陆内逆冲推覆及南缘反向逆冲

康玛推覆构造系主要发生形成于勉略洋盆消减俯冲碰撞的主缝合带形成过程中，但在板块碰撞主造山期之后，伴随秦岭造山带演化，于中新生代陆内造山过程中它又发生显著的向南的逆冲推覆复合运动，沿其南缘主边界断层又发生康玛整体逆冲推覆。叠加康玛构造系上的侏罗纪陆相盆地北缘的向南的逆冲推覆构造，应与上述推覆是同期产物。但东段沿碧口地块北缘的主边界逆冲断层，尤其是文县以东地段，由于南侧碧口地块元古宙基底的高位阻挡，使之浅层发生反转而反向向北逆冲，地表形

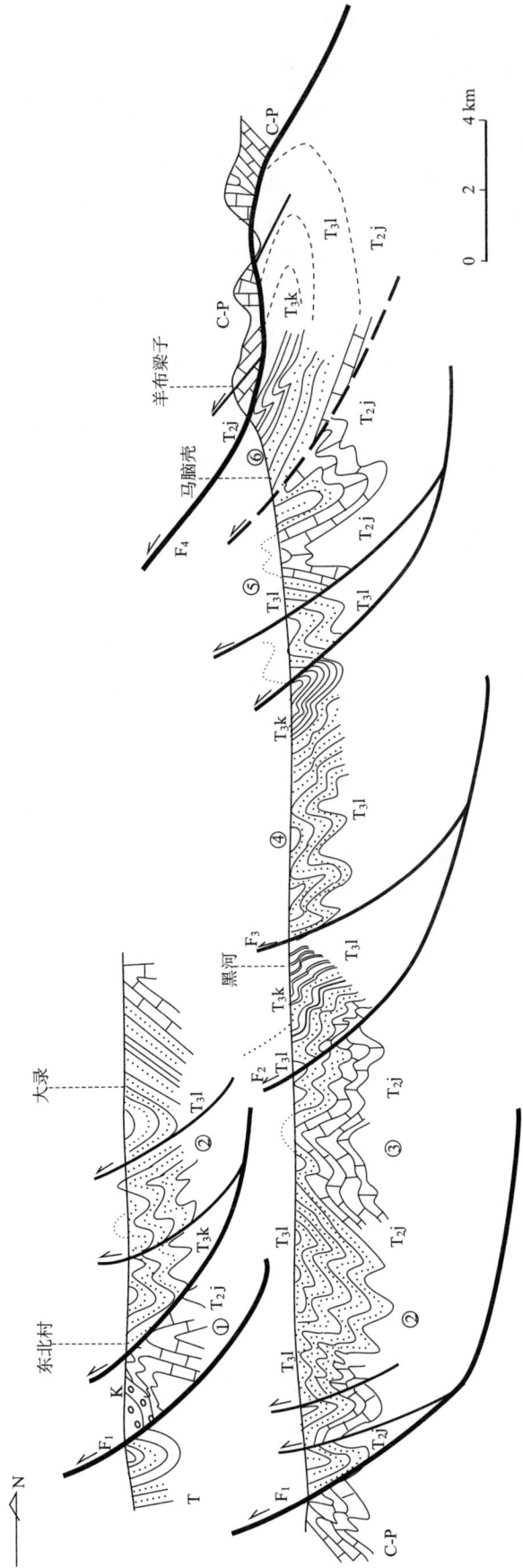

图 2.93 南坪黑河-马脑壳三叠系构造剖面图（据野外调查并根据杨恒书，1995 资料修改、补充）

①东北村背斜；②大录向斜；③水神沟背斜；④玉瓦向斜；⑤达舍寨背斜；⑥马脑壳向斜；F₁. 东北村断裂；F₂. 上棚子断裂；F₃. 黑河断裂；F₄. 玛曲-略阳断裂

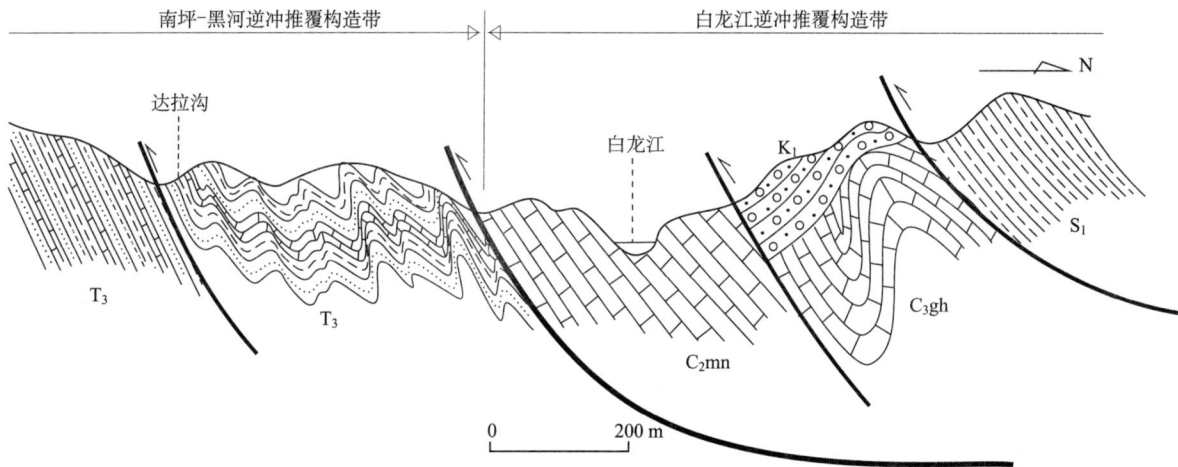

图 2.94　迭部尼傲—卡坝一带逆冲断层构造剖面图

K₁. 紫红色砾岩、含砾粗砂岩、砂砾岩夹粗砂岩；T₃. 中厚—薄层杂砂岩、粉砂质板岩、泥板岩夹薄层灰岩；C₂gh. 厚层—薄层灰岩；C₂mn. 厚层—块状白云质灰岩夹薄层灰岩；S₁. 灰色绢云母千枚岩

成对冲构造，并使碧口地块西北缘的古生界沉积盖层也发育有反向逆冲断层，如白马峪逆冲断层等，逆冲断层多呈北东—北东东走向，总体南倾，倾角 50°~70°，南侧的碧口岩群含砾砂岩、含砾粉砂质板岩、粉砂质板岩岩层向北逆冲于泥盆系薄层状细砂岩、薄层粉砂岩夹碳质千枚岩和硅质板岩之上。显示了后期碧口地块北缘基底变质岩系及其北侧古生界岩层向北的反冲构造。

（三）康玛弧形逆冲推覆构造系的构造特征及变形机制分析

造山带三维构造几何学形态以及变形特征研究表明，逆冲推覆构造、斜冲构造和弧形构造等挤压型构造是碰撞造山带构造变形的普遍现象。秦岭造山带如同国内外许多造山带一样，发育多种弧形构造。康玛推覆构造就是其西秦岭南缘的一个重要突出的弧形构造。

康玛弧形构造形成的区域构造背景，显然是在印支期华北、扬子板块及其之间的秦岭微板块相互挤压旋转汇聚，扬子板块向北俯冲，勉略洋盆消减封闭、直到相互碰撞的区域板块构造动力学过程中，总体构成扬子板块向北俯冲，秦岭微板块向南逆冲推覆的西秦岭总体向南的逆冲推覆运动，康玛弧形逆冲推覆构造就是西秦岭系列指向南的推覆构造的最南缘构造。而其弧形构造的形成，显然受具体边界条件的限制和约束。弧形构造带东部南侧直接毗邻扬子板块西北缘的前寒武纪碧口古老地块及其东南侧的龙门造山带，而且泥盆系踏坡群沉积地层特征，又证明碧口地块早已高位隆升，故其必然成为勉略原俯冲碰撞带和中新生代陆内构造以向南为主的逆冲推覆运动的东南侧阻力。与之相应，弧形构造带西部南侧的若尔盖隐伏地块，也成为其西南侧的阻力。因此在勉略构造带从原板块俯冲碰撞至陆内构造形成过程中，北侧秦岭微板块（现为秦岭地块）在总体向南强烈逆冲推覆运动中，其前缘东、西侧受阻，必然形成中间相对东、西两侧发生向南的大幅度运移，从而形成康玛弧形构造。同时中国大地构造中新生代以来的贺兰-川滇南北构造带、第二重力梯级带与青藏高原隆升正复合跨越该地区，又加强了该区东西部的差异，强化了系列套弧构造的产生。

由此可以概括西秦岭康玛弧形构造是在印支期扬子板块向秦岭微板块之下俯冲碰撞和中新生代陆内构造的造山带向南逆冲推覆运动的区域构造动力学总背景中，因受具体构造制约，发生差异运动，最终形成了现弧形构造。

同时还因松潘地块北缘和西南缘两边界由于分别沿勉略-阿尼玛卿古缝合带和甘孜-理塘古缝合带的双向俯冲碰撞作用，使松潘地壳强烈缩短，并又因扬子地块向西北和向北的挤压俯冲，尤其扬子北缘汉南地块强烈向北挤入，除导致引起龙门山东北向插入秦岭南缘和向东南逆冲推覆于扬子西北缘之上外，更为突出的是造成松潘地块东北角的碧口地块向西构造逃逸、挤压，但西部又受到若尔盖隐伏地块的阻挡，故使之在碧口地块和若尔盖地块之间产生局部的东西向挤压构造应力场，导致形成岷江-虎牙南北向断裂构造带，并使其原先期的近东西向褶皱和逆冲断层遭受东西向挤压改造，而发生轴向近南北的弯曲和重褶皱（图 2.95、图 2.96），故在岷山南北构造带内及其两侧呈现出横跨叠加复合构造变形图案。但它们总体又全部为康玛推覆构造系南缘主推覆断层向南的逆冲所截切掩覆。综合以上，总体表现了秦岭造山带物质向相邻的扬子、松潘地块扩展推覆叠置逆掩和克拉通地块向造山带下的巨大陆内俯冲作用。

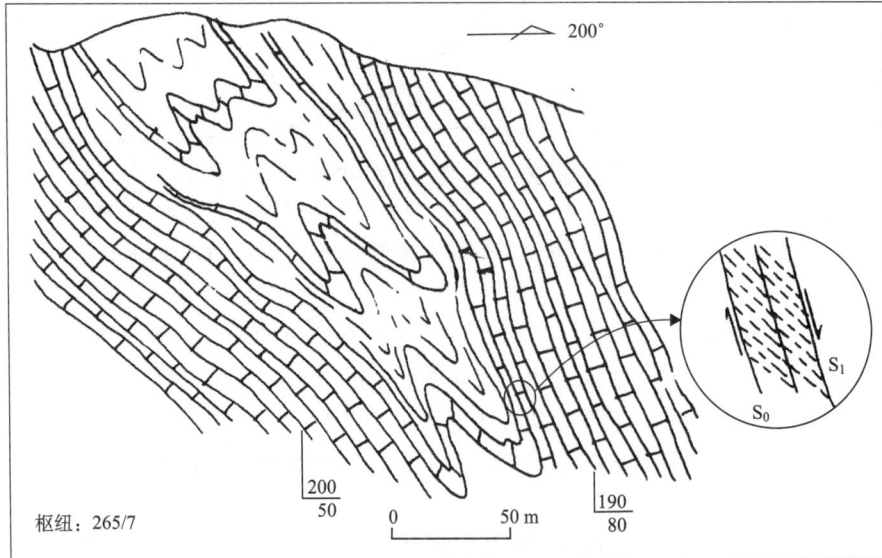

图 2.95 文县泥山向斜核部铁山群中薄层灰岩的褶皱构造样式

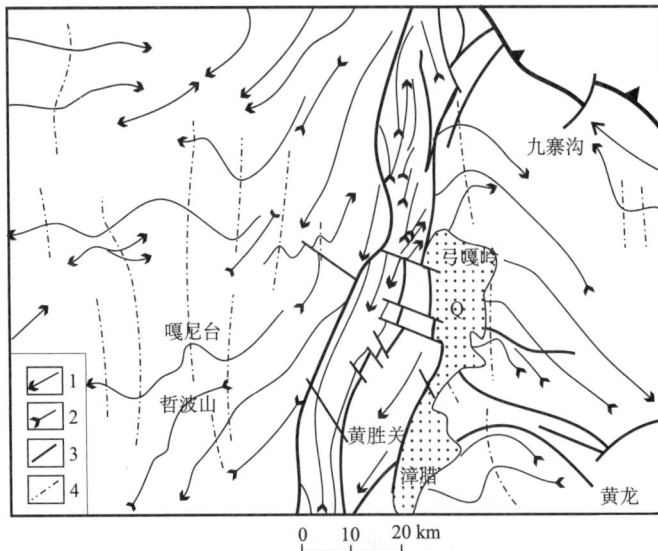

图 2.96 碧口地块、若尔盖地块之间沿南北向岷江断裂带的重褶构造图（据四川省地质矿产局，1991 资料）
1. 早期形成的背斜轴及其倾伏端；2. 早期形成的向斜轴及其仰起端；3. 断层；4. 受东西向挤压产生的后期重褶轴迹

（四）玛曲-迭部区段逆冲推覆构造

玛曲-迭部区段相应于勉略-阿尼玛卿构造带西延部位，但由于北侧白龙江逆冲推覆构造系西延的自碌曲至玛曲-迭部的向南弧形推覆构造直接向南逆冲掩覆于南侧若尔盖隐伏地块的三叠系之上，而且其主构造边界与南侧若尔盖隐伏地块上覆三叠系褶皱轴迹呈明显的构造斜切、逆冲叠置关系，因而造成该地段的勉略-阿尼玛卿构造带西延由于上述逆冲推覆而被掩覆。玛曲-迭部区段北半部是西秦岭白龙江逆冲推覆构造系。该构造系总体是在先期西秦岭一个以古生界为核、三叠系为翼的碰撞区域复式背斜构造基础上，晚期又发生以其南缘断层为主推覆断层自北而南的叠瓦式逆冲推覆作用，向南大幅度逆冲推覆运动，并且其南缘的推覆，不同区段有不同幅度，前缘形成很多飞来峰，尤其其西端突出出现自碌曲至玛曲-大水-郎木寺一带的系列弧形叠瓦推覆构造，依次向南以至其最南缘叠置于南侧若尔盖隐伏地块之上，直接掩盖截切了康玛推覆构造的西延（图2.97—图2.99）。康玛逆冲推覆构造系南缘主边界推覆断层向北西西延展至郎木寺南一带，由于北侧白龙江逆冲推覆构造带向南的逆冲推覆而被构造掩覆、逐渐尖灭，而且玛曲-大水-郎木寺-迭部弧形构造直接向南逆冲推覆在若尔盖地块之上，截切掩盖了勉略-阿尼玛卿构造带的西延，使之未能出露（图2.77）。显然，该区段的构造是在印支期碰撞逆冲推覆构造基础上，于中新生代陆内构造演化时期又进一步叠加复合新的逆冲推覆作用，向南西掩覆和截切了先期所有碰撞构造，从而造成了现今该区段不但勉略-阿尼玛卿古缝合带未有出露，而且连晚期陆内的康玛整体推覆构造西延也被叠加改造掩覆。

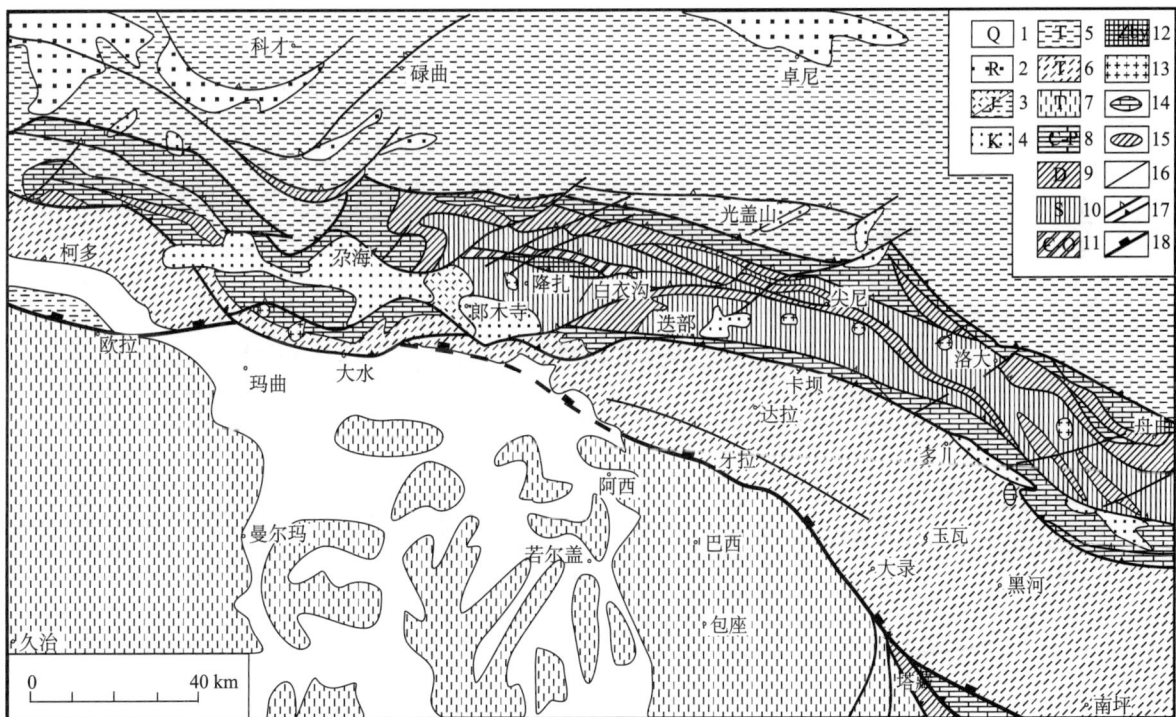

图 2.97　西秦岭白龙江地区（玛曲-迭部地区）地质构造略图

1. 第四系；2. 古近系、新近系；3. 侏罗系陆相火山岩/陆相碎屑岩；4. 白垩系；5. 西秦岭地区三叠系；6. 南坪地区三叠系；7. 若尔盖地区三叠系；8. 石炭-二叠系；9. 泥盆系；10. 志留系迭部群、舟曲群、白龙江群；11. 寒武-奥陶系太阳顶群；12. 震旦系白衣沟群；13. 花岗岩；14. 石炭系灰岩飞来峰；15. 泥盆系推覆岩片体/塔藏裂谷火山岩及碎屑岩、灰岩；16. 断层；17. 逆冲断层；18. 主逆冲推覆边界断裂带

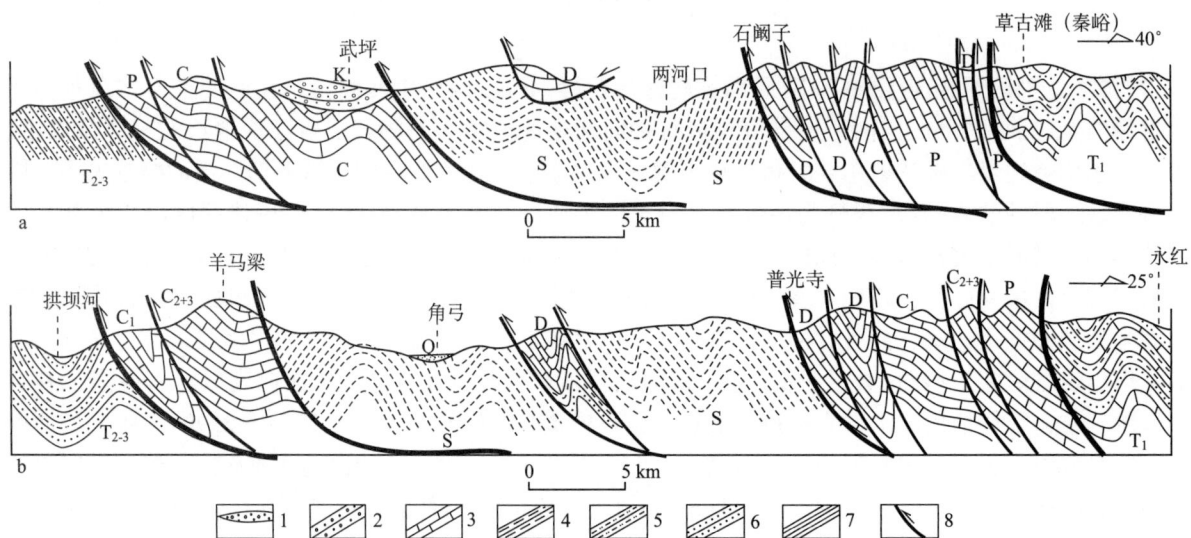

图 2.98　西秦岭武都–舟曲地区白龙江构造带地质构造剖面图

a. 舟曲武坪–宕昌草古滩（秦峪）剖面；b. 武都–普光寺剖面

1. 第四系；2. 红色砂砾岩、砾岩；3. 灰岩；4. 泥岩、板岩；5. 粉砂岩、粉砂质板岩；6. 砂岩、细砂岩；

7. 千枚岩、粉砂质千枚岩夹薄层灰岩；8. 逆冲断层

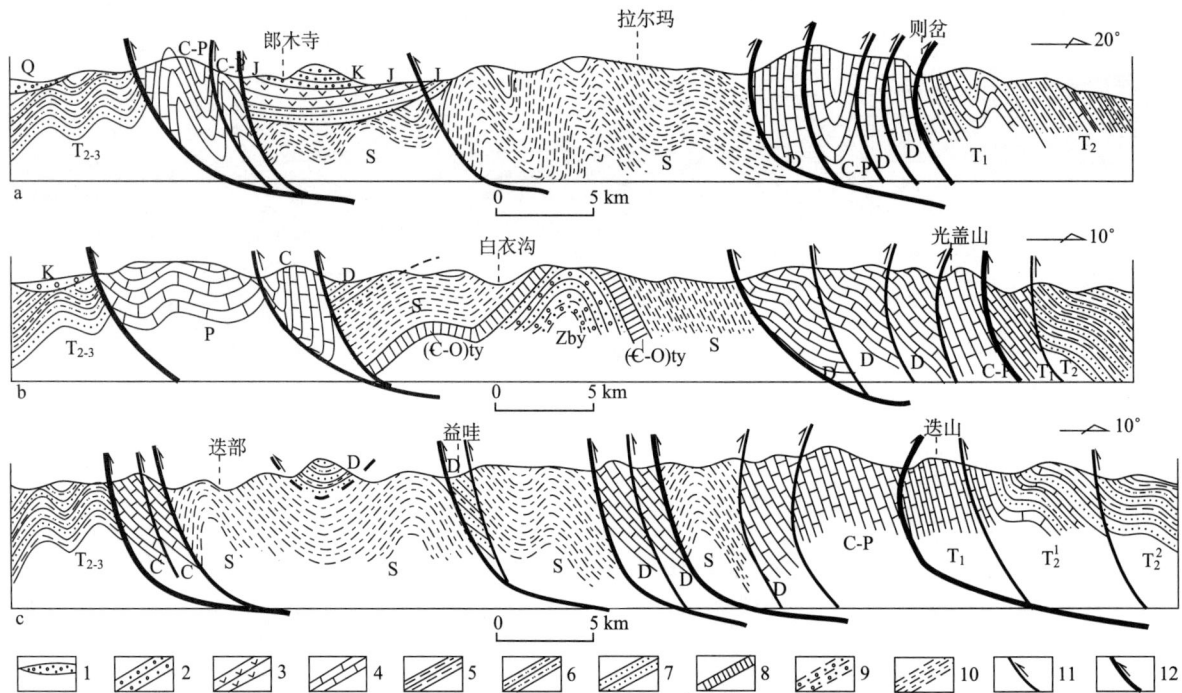

图 2.99　西秦岭玛曲–迭部地区白龙江构造带地质构造剖面图

a. 玛曲郎木寺–拉尔玛剖面；b. 若尔盖白衣沟–光盖山剖面；c. 迭部益哇–迭山剖面

1. 第四系；2. 红色砂砾岩、砾岩；3. 陆相火山岩；4. 灰岩；5. 泥岩、板岩；6. 粉砂岩、粉砂质板岩；7. 砂岩、细砂岩；

8. 硅质岩、硅质板岩；9. 变形砾岩、砂砾岩、含砾砂岩；10. 千枚岩、粉砂质千枚岩夹薄层灰岩；11. 逆冲断层；12. 主要逆冲

推覆断层

（五）东昆仑南缘阿尼玛卿复合逆冲推覆构造系

勉略带自康玛推覆构造西延，越过上述玛曲-迭部叠加推覆构造，即衔接东昆仑造山带南缘，前人多称昆南断裂构造带，东端也即阿尼玛卿带。该地区也是一个多期构造复合的复杂构造地带。研究证明，如同秦岭-勉略带一样，该地区主要也是由先期的板块俯冲碰撞缝合构造与晚期的陆内构造复合叠加而形成。

阿尼玛卿逆冲推覆构造系现夹持于北侧的下大武-玛沁断裂带和南侧的昂勒晓-江千断裂带之间，北邻西秦岭-东昆仑与柴达木结合部位的同德沉积盆地南缘，并接东昆仑造山带南缘，南邻松潘-巴颜喀拉构造带（图2.100）。

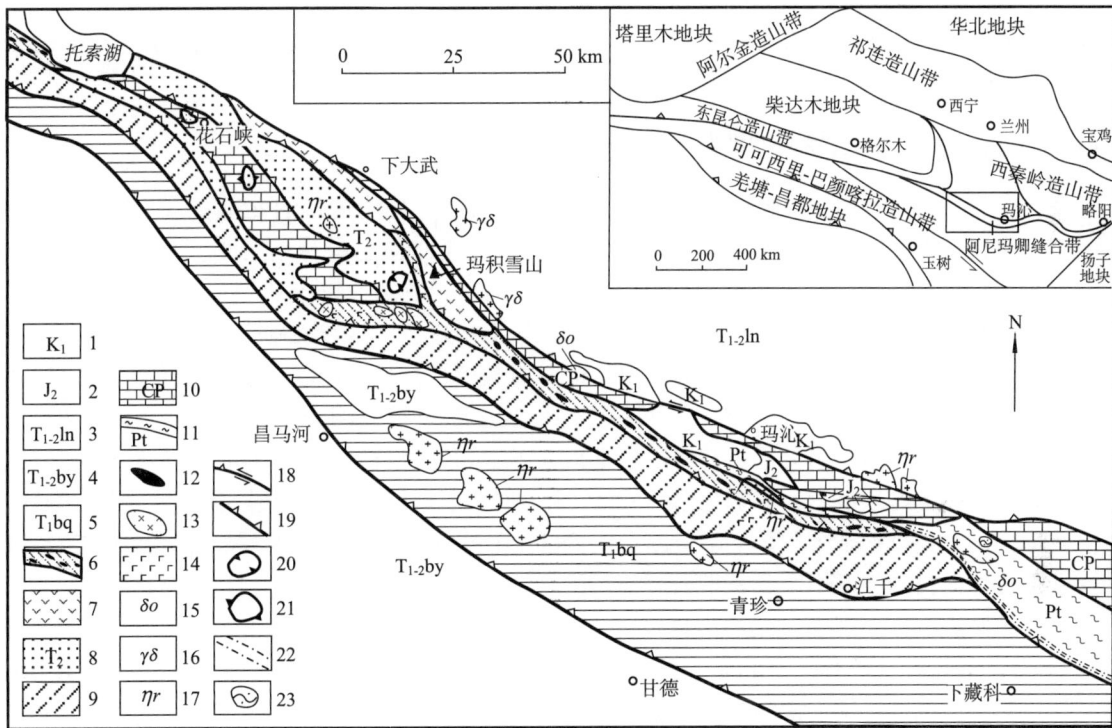

图 2.100　阿尼玛卿山地区地质构造略图

1. 下白垩统陆相红层粗碎屑岩沉积；2. 中侏罗统陆相含煤碎屑岩沉积；3. 下中三叠统隆务河群/古浪堤组碎屑岩复理石沉积；4. 三叠系巴颜喀拉群碎屑岩复理石沉积；5. 下三叠统布青山群碎屑岩复理石沉积；6. 蛇绿混杂岩带（C_2-P_1）：变质超镁铁质岩、堆晶辉长岩、玄武岩、黑色硅质岩、硅泥质岩、泥质岩；7. 岛弧火山岩系（P）：玄武岩-安山岩-流纹岩组合；8. 弧前沉积岩楔（T_2）：杂砂岩夹碳酸盐岩；9. 沉积混杂岩带：下三叠统砂板岩基质中混杂有下二叠统灰岩岩块；10. 上石炭统—下二叠统厚层状生物碎屑灰岩逆冲推覆岩片；11. 元古宙变质基底岩片：斜长角闪片岩、大理岩、石英岩、片麻岩、云母石英片岩；12. 超镁铁岩块；13. 辉长岩岩块；14. 变玄武岩；15. 印支期石英闪长岩；16. 印支期花岗闪长岩；17. 印支期二长花岗岩；18. 左型走滑-逆冲型构造边界断裂带；19. 逆冲型构造界面及边界断裂带；20. 飞来峰；21. 构造窗；22. 韧性剪切带/糜棱岩带；23. 蓝片岩

东昆仑南缘即阿尼玛卿地区的逆冲推覆构造具有两种类型构造的复合特征，即上述的主碰撞时期的叠瓦式逆冲推覆构造和碰撞后的陆内低角度逆冲推覆构造叠置。在构造几何学和运动学特征上表现为主碰撞期自北向南的叠瓦式逆冲推覆构造使形成于阿尼玛卿古洋盆及两侧陆缘不同构造环境的地质体由于俯冲碰撞造山作用而构造混杂叠置在一个狭长的构造带内，而碰撞期的陆内低角度逆冲推覆作用使阿尼玛卿带北侧陆块上的石炭-二叠纪陆缘台地相碳酸盐岩大规模向南逆冲推覆叠置于前期已形成的叠瓦式逆冲推覆构造系之上，形成逆冲推覆岩席，从而在平面上和剖面上构成叠加复合逆冲推覆

构造系（图2.100—图2.102）。由于主造山期逆冲推覆构造所卷入的最新地层是下中三叠统，并被中侏罗统陆相含煤碎屑岩建造不整合覆盖，因此其形成时间主导为晚三叠世。晚造山期逆冲推覆构造由于逆冲推覆于早期构造之上，而且在石峡煤矿一带石炭-二叠系碳酸盐岩逆冲推覆于中侏罗统含煤碎屑岩系之上，同时又被白垩系红色陆相粗碎屑岩系不整合覆盖，因此其形成时代应为晚侏罗世时期。其后还叠加有中新生代左行走滑剪切和浅层次的逆冲推覆构造作用。

1. 主碰撞期叠瓦式逆冲推覆构造系

在剖面上总体表现为自北而南的叠瓦式逆冲推覆构造样式。根据其不同构造的组成与变形特征可以划分为以下主要逆冲推覆构造单位：1）下大武-玛沁北部边界逆冲推覆-走滑剪切断裂带；2）花石峡-石峡煤矿上石炭统-下二叠统厚层灰岩逆冲推覆构造推覆体；3）北部元古宇基底杂岩逆冲推覆构造；4）中部含蛇绿构造混杂岩的逆冲推覆构造；5）南部逆冲推覆构造（图2.100）。

各构造单位之间均以断裂或韧性剪切带相分隔，并主体表现为自北而南的逆冲推覆运动学特征（图2.101、图2.102）。

1）下大武-玛沁北部边界逆冲推覆-走滑剪切断裂带

下大武-玛沁北部边界逆冲推覆-走滑剪切断裂带是阿尼玛卿构造带的北部主边界断裂，区域上呈北西西向线状延伸，宽度达0.5~2 km，向西经花石峡北至东昆仑南缘东大滩、西大滩，向东经玛沁至卡曲西、玛曲。断裂带在航片和TM片上都有明显的显示标志，断裂带呈直线状地貌，断层崖、断层三角面、断层泉等呈线状排列，断裂带内的糜棱岩类构造岩、构造破碎带以及构造透镜体普遍发育。断裂带以明显的左行走滑剪切断裂为突出特征，由数条平行展布的断层组成，断层面平直，向南陡倾，产状190°~200°∠55°~75°。在花石峡-玛沁地区，断裂带北侧为早三叠世隆务河群和中三叠世古浪提组复理石碎屑浊积岩夹不稳定海底扇堆积杂砾岩和钙泥质岩沉积，玛沁一带还发育白垩系陆相红色粗碎屑岩断陷盆地沉积，并被北西西-南东东走向的断裂以左行走滑形式错开（图2.100）。断裂带南侧即为阿尼玛卿构造带主体，临近断层南侧的上石炭统—下二叠统厚层状生物碎屑灰岩以指向南的逆冲推覆体向西延伸至下大武一带而逐渐尖灭。

下大武地区断裂带表现为自北而南韧性逆冲推覆，带内三叠系砂板岩强烈韧性剪切变形，宽约200 m，强变形带两侧又叠加发育北倾的脆性逆冲断层，其中南侧向南逆冲于新近系之上，显示断裂带曾经历过早、晚两期不同层次的自北向南的逆冲推覆。

断裂带现以左行走滑剪切构造为突出特点，先期逆冲推覆构造被强烈改造，仅呈残存状态，但仍可恢复，尤其以被保存的不同时代岩层中的中小尺度逆冲推覆叠置构造为标志可以恢复。现带内左行走滑韧性剪切变形强烈而明显，剪切带内糜棱岩类、构造破碎带较为发育，早期表现为韧性剪切变形，后期被脆性剪切变形叠加。带中的糜棱面理、片理走向与剪切带的总体走向基本一致，倾角较陡（70°~75°），拉伸线理和擦痕产状较稳定，呈近水平产出，反映了晚期剪切带的走滑平移性质。野外露头、手标本及定向薄片中，糜棱岩类及构造片岩中的不对称旋转变形发育，包含旋转碎斑系、强硬岩块的书斜式构造、S-C构造、不对称褶皱构造以及剪切作用的分泌脉体的褶皱构造、不对称布丁构造等，均一致指示了左行剪切运动学特征，表明该剪切带早期为左行走滑型韧性剪切带。后期脆性断层又叠加发育在韧性剪切带中，也呈北西西—近东西向展布。在玛沁地区出现走滑拉分盆地，其中雁行式隆起与凹陷以及河流、阶地被错开等，均指示了脆性左行走滑，其脆性断层主界面位于韧性剪切带南侧。此外，断裂带大部分地区表现为狭窄平直延伸的低凹断陷带，平面上地质体的水平错移非常明显。

关于剪切带的位移量，根据断裂带两侧地质体的相对位移距离以及剪切带内剪切构造的剪应变估算，平均位移量在80 km以上。

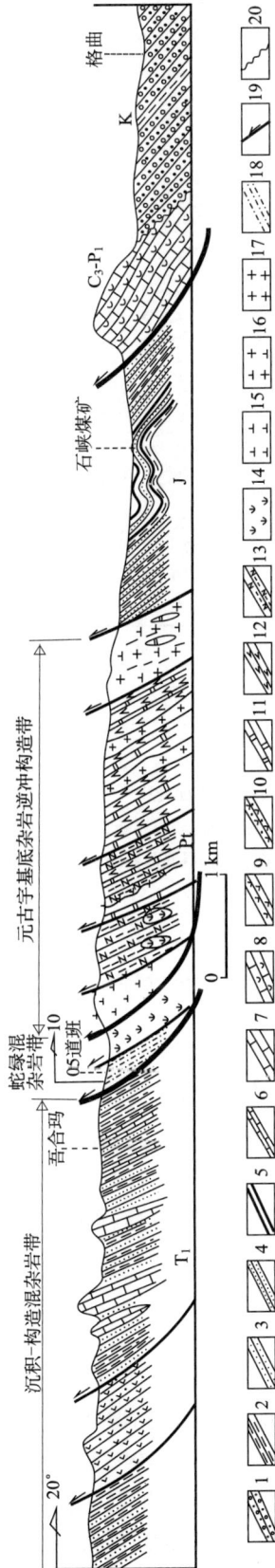

图 2.101　玛沁吾合玛-石峡煤矿地质构造剖面图

1. 砂砾岩；2. 板岩、泥岩；3. 粉砂质泥岩；4. 砂岩；5. 煤层；6. 薄层灰岩（线）；7. 条带状灰岩；8. 生物碎屑灰岩；9. 基性火山岩；10. 火山碎屑岩；11. 大理岩；12. 黑云母斜长闪片岩；13. 黑云母斜长片麻岩；14. 蛇纹岩；15. 细粒闪长岩；16. 细粒花岗闪长岩；17. 黑云母二长花岗岩；18. 逆冲断层；19. 糜棱岩带；20. 不整合面

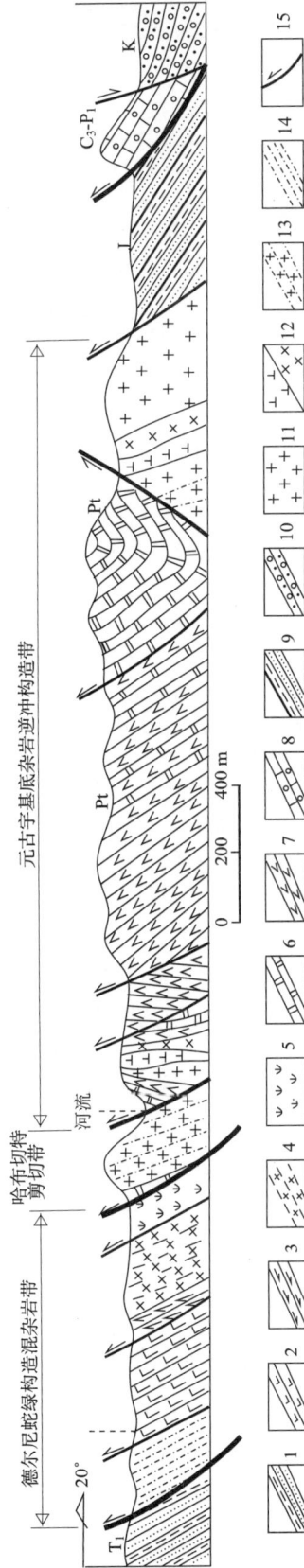

图 2.102　玛沁德尔尼地区甲里哥构造剖面图

1. 砂板岩；2. 变质砂岩；3. 辉石岩；4. 辉长岩；5. 蛇纹岩；6. 大理岩；7. 斜长角闪岩；8. 生物碎屑灰岩；9. 砂岩、页岩及煤层；10. 红色砂砾岩；11. 花岗闪长岩；12. 闪长岩、辉长岩侵入体；13. 花岗质糜棱岩；14. 糜棱岩（韧性剪切带）；15. 逆冲断层

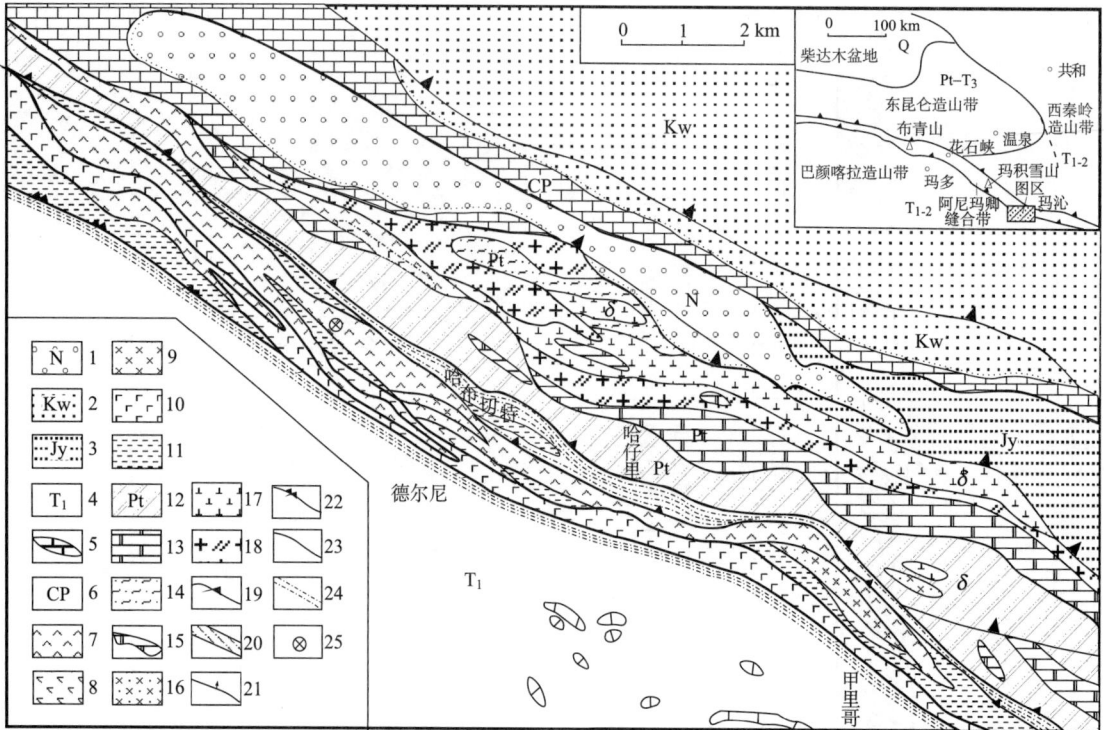

图 2.103　阿尼玛卿山玛沁德尔尼地区地质构造略图

1. 新近系砂砾岩；2. 万秀沟群陆相红色砂砾岩—砂岩；3. 野马滩组陆相含煤碎屑岩；4. 下三叠统砂板岩：细粒岩屑长石石英砂岩、长石石英砂岩、粉砂质泥板岩；5. 下二叠统灰岩岩块或透镜体；6. 上石炭统—二叠系厚层状生物碎屑灰岩；7~11. 德尔尼蛇绿混杂岩：7. 变质橄榄岩，8. 辉石岩，9. 辉长岩，10. 变玄武岩，11. 深海相黑色硅泥质板岩、碳硅质板岩、泥质板岩；12~14. 元古宙变质基底杂岩：12. 斜长角闪片岩夹少量薄层大理岩，13. 大理岩，14. 云母石英片岩和变粒岩；15. 大理岩透镜体；16. 岛弧型辉长岩—辉长闪长岩，17. 闪长岩—石英闪长岩，18. 二长花岗岩；19. 逆冲型构造边界断裂带；20. 逆冲型韧性剪切带/糜棱岩带；21. 逆冲断层；22. 逆冲–走滑型构造边界；23. 岩石单位构造界面；24. 不整合界线；25. 德尔尼铜矿

野外实际调研和详细构造分析研究表明，该断裂带可以恢复为 5 期断裂活动：印支早中期自北而南韧性逆冲推覆（T_2），印支晚期大规模左行走滑韧性剪切（T_3），燕山期拉分伸展断陷（J-K），喜马拉雅早期自北而南脆性逆冲推覆，喜马拉雅晚期脆性左行走滑剪切。

2）花石峡–石峡煤矿上石炭统—下二叠统厚层灰岩逆冲推覆构造推覆体

在阿尼玛卿复合逆冲推覆构造系中，广泛出现以上石炭统—下二叠统生物灰岩为主的飞来峰构造块体，以低角度推覆剪切滑动断裂系为界面，不整合覆盖在下伏不同时代不同岩层之上，依据其不整合覆盖最新地层为侏罗系煤系岩层和它们又被白垩纪岩层所不整合覆盖，证明它们是中生代燕山中晚期陆内构造的巨大逆冲推覆构造，不属印支期主碰撞构造。关于花石峡–石峡煤矿上的 C_3-P_1 推覆体构造详见于后（146 页）。

3）北部元古宙基底杂岩逆冲推覆构造

分布于玛沁–马耳强一线的下大武–玛沁边界断裂带与哈布切特逆冲型韧性剪切带之间，以哈布切特韧性剪切带为主逆冲推覆断层，自北向南逆冲。玛沁东倾沟以西未见元古宙基底杂岩以及韧性剪切带，而是被上石炭统—下二叠统以厚层生物碎屑灰岩为主的逆冲推覆岩片直接掩覆，并使该逆冲推覆岩片向南直接逆冲叠置于中部逆冲推覆构造以及德尔尼蛇绿构造混杂岩带之上（图 2.100—图 2.103）。

哈布切特逆冲型韧性剪切带位于元古宙变质基底杂岩岩片南缘，直接向南逆冲推覆于南侧蛇绿岩与蛇绿构造混杂岩带之上，两者之间的构造边界，宽约 200~400 m 不等，韧性剪切带总体倾向北北东，倾角 50°~65°。最大宽度出露在德尔尼哈仔里沟西侧，可达 900 m。

韧性剪切带以发育糜棱岩类和叠加碎裂岩类、混杂其他岩块为其主要特征，实际观察表明该韧性剪切带有两期变形，即早期的韧性剪切变形和晚期叠加的脆性变形。早期韧性剪切作用强烈发育，且主要在元古宙基底杂岩一侧，主要变形岩石为斜长角闪片岩、薄层大理岩、黑色硅泥质岩、花岗岩等，它们大部分已变为糜棱岩类构造岩。变形岩石按变形类型分为：①韧性剪切变形岩石，包括糜棱岩化斜长角闪片岩，花岗质、长英质、钙质（大理岩）、斜长角闪质初糜棱岩和糜棱岩；②叠加的脆性变形岩石，包括片状角砾状蛇纹岩、碎裂状大理岩、碎裂花岗岩、碎裂斜长角闪片岩等。受后期浅层次脆性变形叠加改造，使碎裂岩类与糜棱岩类以及部分受剪切变形的变质岩和花岗岩块等相互构造混杂在一起。

变质基底杂岩中糜棱面理及矿物拉伸线理发育，糜棱面理及拉伸线理主体向北倾斜，产状 20°~30°∠50°~65°，中小尺度的不对称褶皱构造、石香肠构造以及鞘褶皱等运动学标志均指示为自北而南的中深层次逆冲型韧性剪切推覆运动。而南侧蛇绿混杂岩带中的蛇纹岩片理也很发育，并发育有不对称剪切透镜体状构造、S-C 构造等。部分蛇纹岩因花岗岩侵位而发生硅化。由于后期自北向南的浅层次逆冲推覆作用，使早期形成的糜棱岩类发生叠加脆性变形，造成不同层次的构造岩类相互混杂、拼接叠置，因而使早期韧性剪切带变形变位缺乏分带性。

显然，早期逆冲型韧性剪切带形成于印支主俯冲-碰撞造山期。在这一过程中，使变质基底杂岩岩片自北向南逆冲推覆叠置于南侧蛇绿构造混杂岩带之上。晚期又叠加复合浅层次自北向南的逆冲推覆，进一步改造了早期韧性剪切变形带。

4）中部含蛇绿构造混杂岩的逆冲推覆构造

分布于东倾沟-甲里哥-马耳强韧性剪切带以北，以该韧性剪切带为主推覆界面，使以德尔尼蛇绿构造混杂岩为代表的包含岛弧火山岩等的构造岩片叠置体自北向南逆冲推覆于南侧沉积-构造混杂岩带之上，因而该剪切带也是北侧蛇绿构造混杂岩带与南侧沉积-构造混杂岩带之间的构造边界。中部逆冲推覆构造主要由德尔尼蛇绿构造混杂岩带、下大武岛弧火山岩系、玛积雪山洋岛火山岩、弧前盆地沉积岩系等组成，同时各不同性质的岩石地层单位均呈不同规模的构造岩片、岩块，尤其是蛇绿岩构造岩块，经过强烈的俯冲碰撞时期逆冲推覆构造作用以及晚期叠加复合的逆冲推覆构造作用的多期改造，强烈构造混杂和发育透入性构造置换面理。该推覆构造以东倾沟-甲里哥-马耳强韧性剪切带为主逆冲推覆界面，在构造混杂作用基础上，以德尔尼蛇绿构造混杂岩为标志，形成大小不同的自北向南相互逆冲叠置拼贴的许多构造岩片，总体构成自北向南的多重组合的以蛇绿混杂岩为特点的逆冲推覆构造（图 2.100、图 2.104—图 2.106）。该逆冲推覆构造带在玛积雪山一带出露较宽，可达30~35 km，向东西两侧则逐渐变窄，玛沁德尔尼、马耳强一线仅宽 4~8 km。

蛇绿构造混杂岩带南缘的边界韧性剪切带出露宽约 200~500 m 不等，带内主要变形岩石为下三叠统薄层砂板岩以及原蛇绿构造混杂岩带中的绿片岩和黑色深水相硅泥质岩、泥质岩，大部分岩石已变为糜棱岩、千糜岩类构造岩。韧性剪切带的变形向南逐渐减弱。东倾沟一带韧性剪切带北侧为蛇纹岩，带内薄层砂板岩中构造面理发育，优势产状为 40°∠60°，拉伸线理为 10°∠50°，变形岩石中发育不对称剪切透镜体构造、S-C 构造、不对称剪切褶皱构造等，均指示运动学特征为自北而南的斜向逆冲型韧性剪切变形，伴有较强的左行走滑运动。德尔尼、甲里哥、吾合玛一带的变形岩石及变形特征与东倾沟相似，但甲里哥一带的绿片岩中还发育有近水平拉伸线理和 A 型褶皱，面理产状为20°∠75°，拉伸线理及 A 型褶皱枢纽产状为 280°∠5°~10°，绿片岩中帘石化团块的旋转指向及砂板岩中的不对称剪切透镜体构造、S-C 构造均指示运动学特征为左行走滑。综合分析表明该构造边界早期在印支俯冲碰撞过程中，先为自北而南的斜向逆冲型韧性剪切变形，后又叠加了近水平左行走滑型韧性剪切变形作用。而且晚期在花石峡、玛积雪山、玛沁一带又显著叠加了由上石炭统—下二叠统厚层生物碎屑灰岩组成的外来逆冲推覆构造岩片，使逆冲推覆构造结构、组成更加复杂，形成多重逆冲

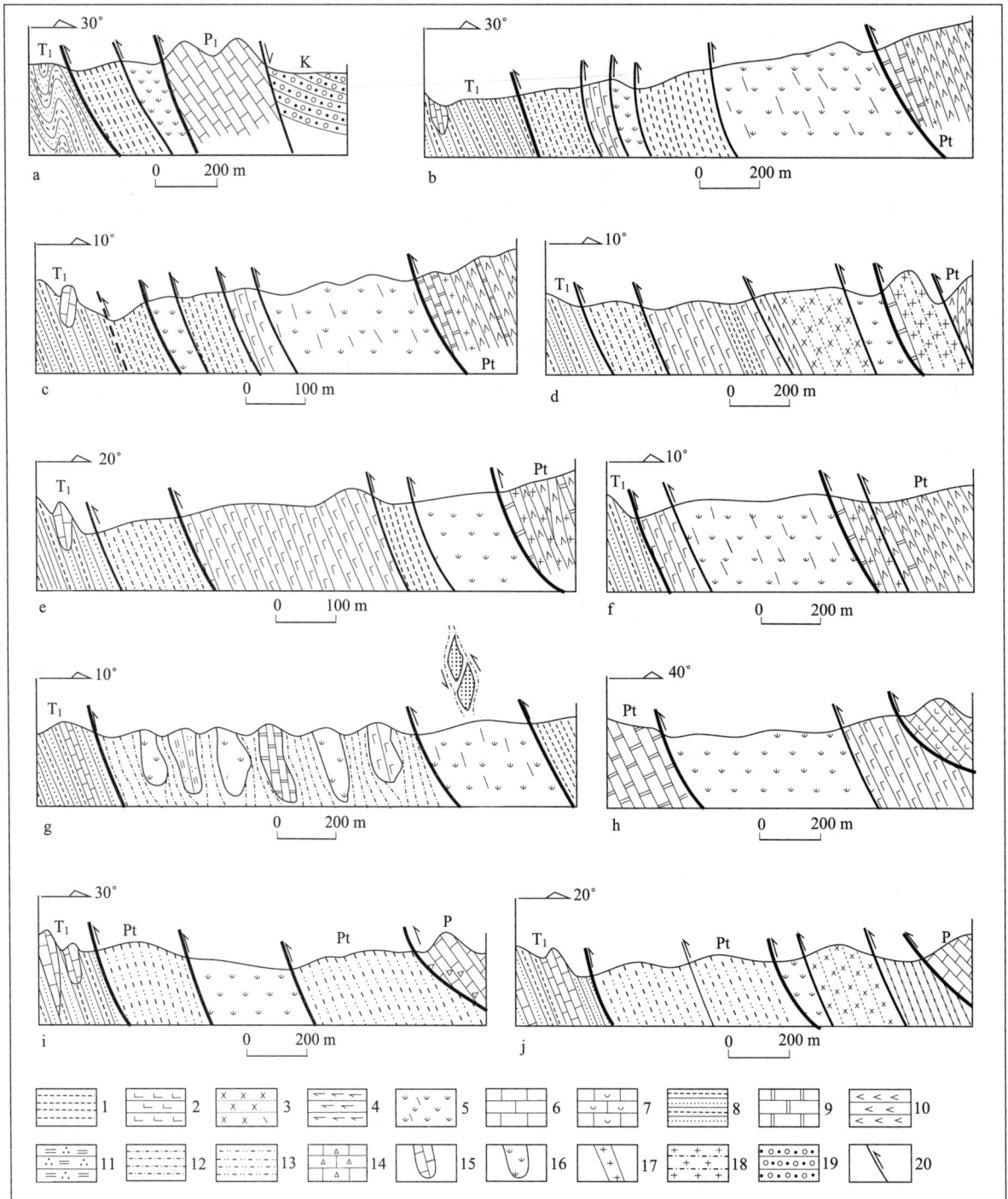

图 2.104 阿尼玛卿德尔尼蛇绿岩、蛇绿混杂岩构造剖面图

1. 黑色泥质岩、硅泥质岩（千糜岩）；2. 变质玄武岩；3. 辉长岩；4. 辉石岩；5. 蛇纹（片）岩（变质橄榄岩）；6. 灰岩；7. 生物碎屑灰岩；8. 砂板岩；9. 大理岩；10. 斜长角闪岩；11. 白云母石英片岩；12. 糜棱岩（逆冲型韧性剪切带）（原岩为砂板岩）；13. 眼球状长英质糜棱（片麻）岩；14. 碎裂状或角砾状灰岩；15. 灰岩混杂岩块；16. 构造混杂岩块；17. 花岗岩（脉）；18. 花岗质糜棱岩；19. 红色陆相砂砾岩；20. 逆冲断层。剖面位置：a. 东倾沟；b. 德尔尼铜矿；c. 德尔尼金矿；d. 哈仔里西；e. 哈仔里；f. 甲里哥；g. 江千寺院北；h. 那吾克；i. 马耳强西；j. 马耳强

推覆构造结构（图 2.100、图 2.103、图 2.105、图 2.106）。

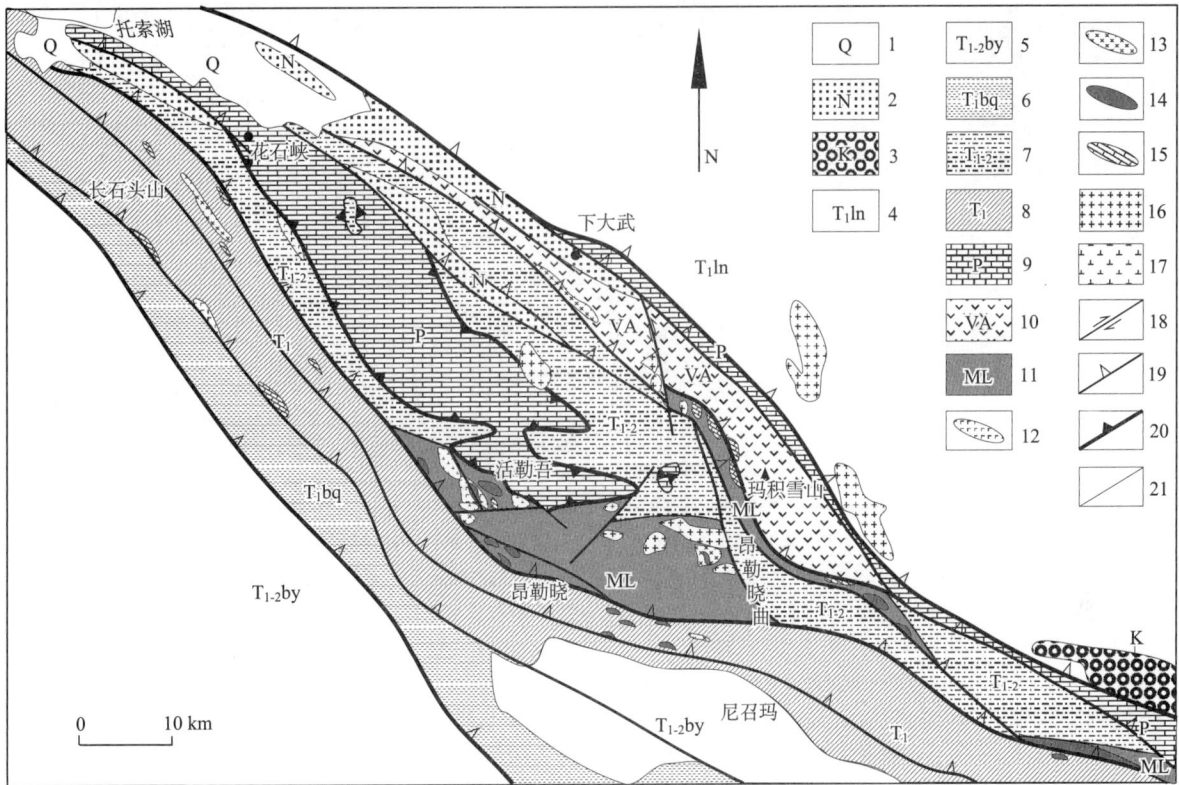

图 2.105　阿尼玛卿山花石峡-玛积雪山地区地质构造略图

1. 第四系；2. 新近系；3. 白垩系；4. 三叠系隆务河群；5. 三叠系巴颜喀拉群；6. 三叠系布青山群；7. 三叠系弧前复理石；8. 沉积混杂岩带；9. 二叠系台地相碳酸盐岩；10. 下大武岛弧型火山岩；11. 蛇绿构造混杂岩带；12. 玄武岩岩块；13. 辉长岩岩块；14. 蛇纹岩岩块；15. 灰岩岩块；16. 花岗岩；17. 闪长岩；18. 平移断层；19. 逆冲断层，20. 逆冲推覆构造界面；21. 一般断层

5）南部逆冲推覆构造

位于阿尼玛卿构造带南缘，处于长石头山-昂勒晓-江千逆冲推覆断裂带与东倾沟-甲里哥-马耳强韧性剪切带及德尔尼蛇绿构造混杂岩带之间，其间主要出露沉积-构造混杂岩带。该岩带总体呈北西西向展布，宽度约 4~13 km 不等，主要由二叠纪—早三叠世以杂砂岩、板岩为主的复理石浊积岩系组成，原称为"布青山群"（青海省地质矿产局，1991），现称为"马尔争组"。研究表明，它实际上原是一套以沉积混杂为主，后期被卷入构造混杂作用，由不同时代、不同环境下形成的构造岩块（片）构成的具有复杂组成的沉积-构造混杂岩带（图 2.100）。

沉积-构造混杂岩带现今构造复杂。内部混杂的复理石岩系以发育褶皱构造为特征，其中主要岩层层理与褶皱轴面均以北倾为主，褶皱样式为中小型及露头尺度的以原生层理（S_0）为变形面的近等厚斜歪不对称褶皱，轴面北倾，岩层产状为 35°~45°∠55°~75°。同时发育多条次级规模的呈北西西向展布的逆冲断层。总体来看，现今该带为以长石头山-昂勒晓-江千逆冲推覆断裂为主逆冲推覆断层的依次向南的由系列逆冲断层和褶皱构造组合而成的褶皱逆冲推覆构造。

长石头山-昂勒晓-江千逆冲推覆断裂带是阿尼玛卿古缝合带的南部主边界断裂，也是北侧沉积（滑混堆积）-构造混杂岩带和南侧三叠系巴颜喀拉群之间的分界断裂，呈北西西向展布，产状为 135°~145°∠45°~65°，为自北而南的脆韧性逆冲型断裂带。带内复理石砂板岩岩石变形强烈，片理发育，其中的薄层砂岩呈剪切透镜状产出，断裂变形带宽约 200~300 m。在花石峡南长石头山一带沿断裂带

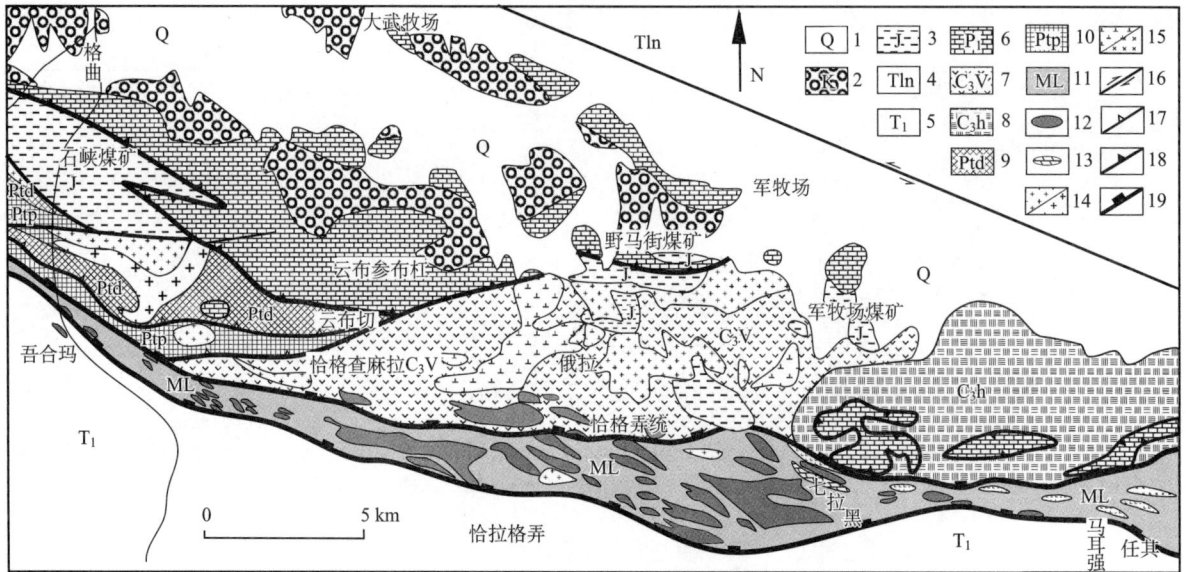

图 2.106 玛沁县恰格查麻拉-俄拉地区地质构造略图

1. 第四系；2. 白垩系红色陆相粗碎屑岩；3. 侏罗系；4. 三叠系隆务河群砂板岩；5. 三叠系沉积混杂岩（砂岩、粉砂质板岩与黑色板岩互层夹灰岩、火山岩碎屑岩）；6. 下二叠统灰岩推覆体（生物碎屑灰岩为主）；7. 石炭系岛弧火山岩夹碎屑岩；8. 石炭系灰岩、结晶灰岩夹生物碎屑灰岩；9. 元古宇大理岩；10. 元古宇斜长角闪岩；11. 蛇绿构造混杂岩带中的基质片岩或糜棱岩；12. 蛇绿混杂岩带中的构造岩块（包括蛇纹岩块、火山岩岩块、辉长岩岩块等）；13. 大理岩岩块；14. 闪长岩、石英闪长岩/黑云母花岗岩、黑云母二长花岗岩、钾长花岗岩；15. 玄武岩岩块/辉长岩岩块；16. 走滑平移断裂；17. 早期逆冲推覆断裂；18. 晚期逆冲推覆断裂；19. 蛇绿混杂岩带逆冲推覆边界断裂（韧性剪切带）

北侧断续出露有下二叠统灰岩岩块（岩片）或透镜体带，其延伸方向与断裂带平行，与周围下三叠统砂板岩之间呈构造接触关系，它们呈现为构造混杂岩块或在断裂带逆冲推覆过程中形成的飞来峰岩块（有关沉积-构造混杂岩带的变形详见后文）。

该带以南为三叠系巴颜喀拉群，其总体构造样式为以一系列北西西向展布的自北向南的逆冲断层为骨架，伴生一系列不同尺度轴面北倾的褶皱构造组合，共同组成褶皱逆冲推覆构造。

2. 晚期陆内低角度逆冲推覆构造（花石峡-石峡逆冲推覆构造）

阿尼玛卿构造带中的后造山期脆性逆冲推覆构造非常发育，主要发生于燕山中晚期。西起布青山，经花石峡、下大武、玛积雪山、东倾沟、德尔尼、石峡煤矿至马耳强北一线，呈北西西-南东东向断续分布。尤以花石峡、玛积雪山一带以及玛沁园池、石峡煤矿一带发育最好、出露最宽、构造最为复杂。逆冲推覆体主要由上石炭统—下二叠统厚层状生物灰岩、生物碎屑灰岩组成（图 2.100、图 2.105、图 2.106）。

逆冲推覆体以前缘逆冲断层为界面，在不同地段自北向南低角度逆冲推覆于南侧下三叠统复理石碎屑岩以及德尔尼蛇绿构造混杂岩带、下大武和恰格查麻拉岛弧型火山岩系、元古宙变质基底杂岩构造岩片以及侏罗系陆相含煤碎屑岩等不同时代的岩层单位之上。在下大武-玛积雪山以南地区，逆冲推覆体与下覆准原地岩系之间以边界不规则的圈闭性逆冲推覆断层为界，断层面内倾或向北缓倾，倾角小于 $30°$，一般为 $15°\sim25°$（图 2.105）。在玛沁园池-石峡煤矿及以东地区，上石炭统—下二叠统厚层状生物碎屑灰岩外来推覆体向南逆冲推覆于侏罗纪含煤碎屑岩、元古宙变质岩系的大理岩构造岩片及晚石炭世恰格查麻拉岛弧火山岩系之上（图 2.106），前缘逆冲断层倾向北东，倾角 $45°\sim50°$，同时形成宽度 $15\sim25$ m 的断层带。这些逆冲推覆体在地貌上一般都构成明显的正地形，形成大量的飞来峰和少量的构造窗。如在石峡煤矿以东，上石炭统—下二叠统逆冲推覆体向南逆掩于侏罗系含煤岩层之上并发生褶皱、倒转，明显呈飞来峰。组成推覆体的台地相厚层状灰岩中含有丰富的晚石炭世—早二叠世生物化石，对比分析应为来自北侧的外来逆冲推覆体。

逆冲推覆体本身的变形样式则较为简单，以发育宽缓的大中型等厚褶皱为特征，其轴面现向北倾斜，翼部发育小型脆性逆冲断层。

根据逆冲推覆构造所涉及的最新地层为侏罗纪含煤岩层并被白垩纪陆相红层不整合覆盖以及相关构造关系分析（图 2.101、图 2.102、图 2.106），阿尼玛卿山地区后碰撞期的陆内低角度逆冲推覆构造主要发生于印支期俯冲碰撞后的燕山中晚期陆内构造演化阶段。晚期逆冲推覆构造与印支期主造山期形成的叠瓦式逆冲推覆构造一起共同构成该区多重逆冲推覆叠置构造格局。由于石峡煤矿以西还可见到逆冲推覆构造岩片推覆于新近系砂砾岩系之上，表明在新生代逆冲推覆构造仍然发生过强烈活动。

综合以上阿尼玛卿地区典型地段的逆冲推覆构造的基本组成与结构，表明它主要是由阿尼玛卿主造山期叠瓦式逆冲推覆构造系和叠加其上的以上石炭统—下二叠统生物碎屑灰岩为主的外来逆冲推覆构造复合而构成多重逆冲推覆构造结构。显然，它经历了以阿尼玛卿蛇绿构造混杂岩带为特征的原板块俯冲碰撞时期的自北向南的逆冲推覆构造，中新生代叠加复合了来自原活动陆缘北部稳定地块之上的以台地相碳酸盐岩沉积为主体的外来推覆陆内构造，并使侏罗纪含煤沉积岩系也卷入其中，后又叠加复合了新生代的晚期逆冲推覆构造，最终才形成现今的构造面貌。

3. 构造变形序列

通过构造解析和不同时期构造的筛分，综合其构造形成演化，东昆仑南缘阿尼玛卿山地区各构造单位具有如下主要构造变形序列。

1）晚海西—印支期俯冲阶段的俯冲构造。变形十分强烈，并被保存在各构造岩片中，尤其是在元古宙变质基底杂岩岩片和蛇绿岩片中。在元古宙变质基底岩片中，先期形成的片理、片麻理，又叠加发育新的透入性构造片理、片麻理（糜棱面理）以及出现于条带状大理岩中的顺层塑性流变褶皱及顺层韧性剪切变形构造，新生面理和不对称褶皱轴面现主导均向北东倾斜，倾角 45°～60°。尤其是马耳强一带及其以东的元古宙变质基底岩石几乎全部变为糜棱岩或糜棱片麻岩，具 L>S 型构造岩特征，发育面理和拉伸线理，拉伸线理由长英质矿物的定向排列组成，产状为 20°～30°∠45°～55°。同时变形岩石还发生绿片岩相退变质作用，其中在马耳强、任其一带的变形岩石及混杂其中的变玄武岩中发育有蓝闪石等高压低温变质矿物。蛇绿混杂岩块显著发育早期强烈顺层韧性剪切变形，并使蛇绿岩各组成部分逆冲叠置、构造混杂，其中的变质橄榄岩、玄武岩和黑色硅泥质岩、泥质岩等弱能干岩石因变形变质形成蛇纹石片岩、绿片岩和黑色千糜岩，原生层理（S_0）均被纵向构造置换为片理（S_1），片理及糜棱面理现主导北倾。局部可见残存的紧闭同斜褶皱构造。以上构造变形均以其遭受碰撞构造的叠加改造为标志，表示属碰撞前的俯冲构造，并主要发育在蛇绿构造混杂岩带及以北地区。

2）印支期碰撞阶段的碰撞构造。突出的特点是阿尼玛卿地区几乎所有三叠系及以前的地层均卷入了该期碰撞构造变形。在德尔尼蛇绿构造混杂岩带中以韧性剪切变形和构造混杂作用为主，不同构造岩片及其之间发育韧性剪切带和挤压褶皱构造。在蛇绿构造混杂岩带以南的二叠—三叠纪复理石沉积岩系中普遍发育以原生层理（S_0）为变形面的、不同尺度的、轴面北倾的不对称褶皱构造，褶皱枢纽呈北西西向延展，且起伏较大，伴随发育轴面劈理（S_1），构造总体呈北倾，局部呈扇状。总之，该期变形以其发育自北而南的叠瓦式韧性剪切逆冲推覆为特征，形成逆冲推覆体和韧性剪切带相间的总体叠瓦式逆冲推覆构造格局。

此外，碰撞阶段晚期在各构造岩片之间的构造边界上还叠加发育左行走滑型韧性、脆韧性剪切带。如北缘下大武-玛沁边界断裂，其左行韧性剪切走滑强烈而明显，发育糜棱岩。在玛沁甲里哥一带的蛇绿岩块中绿片岩发育近水平拉伸线理和 A 型褶皱（产状为 280°∠5°～10°）以及指示左行走滑型韧性剪切变形的运动学标志。又如在德尔尼蛇绿混杂岩带南侧的沉积-构造混杂岩中，发育中等尺度的不对称倾竖褶曲，应为区域左行走滑剪切变形产物。而在蛇绿混杂岩带南侧的三叠系复理石岩系中，又在一系列北倾的同斜倒转褶皱基础上，发育不同尺度的自北向南的逆冲推覆断层。

由此可见，阿尼玛卿构造带印支期碰撞阶段的构造变形可划分为两幕，先为大规模自北而南的逆冲韧性剪切变形和褶皱构造，后又发育左行走滑韧性、脆韧性剪切构造，主要反映了阿尼玛卿构造带晚古生代至中生代初的碰撞造山过程。

3) 中新生代陆内构造演化。阿尼玛卿地区从晚三叠世之后进入碰撞后构造演化阶段，出现侏罗纪上叠型断陷盆地陆相含煤沉积，表明阿尼玛卿洋盆已于 T_{2-3} 封闭，转入陆内构造演化阶段，出现晚造山伸展塌陷以及后造山期逆冲推覆构造、走滑构造等。燕山期陆内演化阶段的构造变形早期主要表现为阿尼玛卿碰撞造山末期发生伸展塌陷，形成沿断裂展布的早中侏罗世（J_{1-2}）断陷盆地陆相含煤碎屑沉积岩系，标志着碰撞造山作用的结束。燕山中晚期陆内构造作用，又发生强烈的自北而南的大规模逆冲推覆，使来自构造带北侧的晚石炭世—早二叠世灰岩呈外来逆冲推覆体低角度逆冲推覆叠置于先期形成的叠瓦状逆冲推覆构造系以及不同构造岩石单位，包括侏罗系含煤沉积岩系之上，同时也使侏罗系含煤碎屑岩层发生等厚褶皱构造及逆冲断裂变形。燕山晚期则为伸展断陷，又形成白垩系陆相断陷盆地，接受红色粗碎屑岩沉积。

新生代构造主要表现为浅层次脆性逆冲推覆和大规模的脆性左行走滑型断裂活动，以及伴随青藏高原的强烈隆升。阿尼玛卿构造带北缘下大武-玛沁断裂带新生代早期表现为自北而南脆性逆冲推

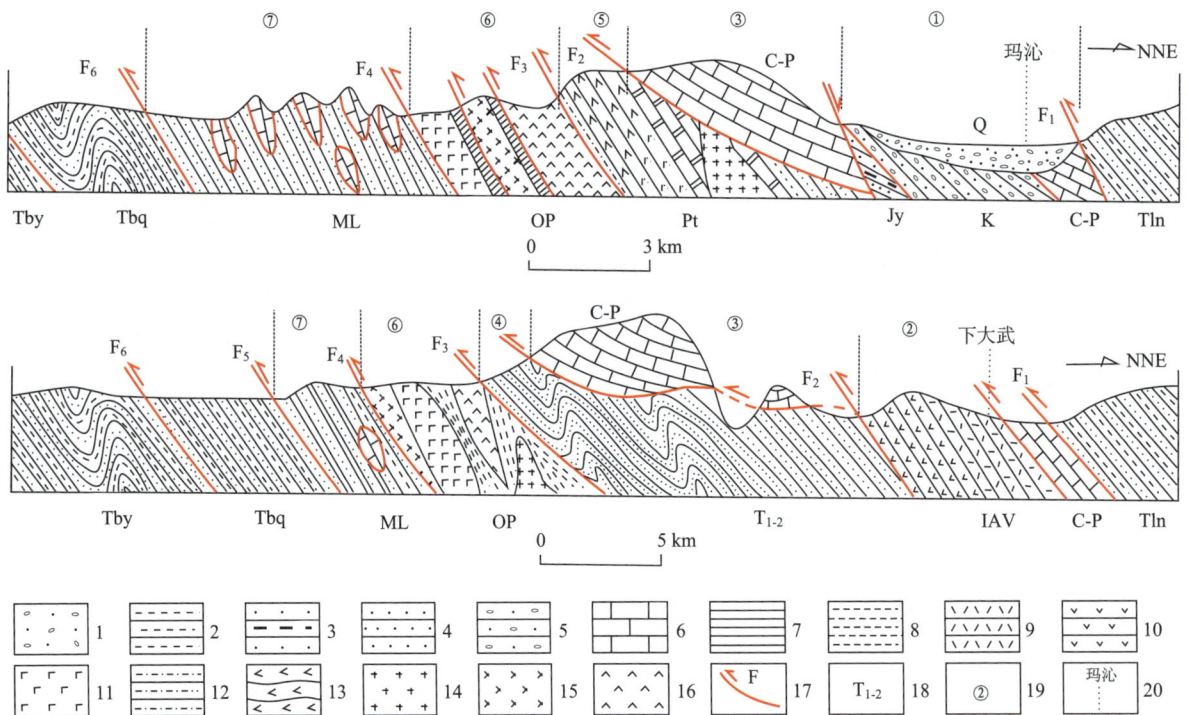

图 2.107　阿尼玛卿构造带的结构构造模型示意剖面图

Q. 第四系；K. 白垩系；J. 侏罗系；Tln. 三叠系隆务河群；Tbq. 三叠系布青山群；Tby. 三叠系巴颜喀拉群；T_{1-2}. 中下三叠统；C-P. 石炭-二叠系台地相厚层块状生物碎屑灰岩；IAV. 岛弧型中酸性火山岩；OP. 蛇绿构造混杂岩；ML. 沉积构造混杂岩；Pt. 元古宙变质基底杂岩；F_1. 下大武-玛沁断裂带；F_2. 阿尼玛卿山逆冲推覆主构造界面；F_3. 哈布切特韧性剪切带；F_4. 东倾沟-甲里各-马耳强韧性剪切带；F_5. 长石头山-昂勒晓-江千断裂带；F_6. 昌马河-甘德断裂带

构造单元划分：①中新生代断陷盆地带；②厚层灰岩逆冲推覆构造片岩带；③下大武岛弧火山岩带；④弧前盆地复理石岩带；⑤元古宙变质基底杂岩逆冲构造岩片带；⑥蛇绿构造混杂岩带；⑦沉积构造混杂岩带

1. 第四系冲洪积物；2. 变质泥岩；3. 含煤层细砂岩、粉砂岩；4. 变质砂岩；5. 含砾粗砂岩；6. 生物碎屑灰岩；7. 硅质岩；8. 板岩；9. 英安、流纹岩；10. 安山岩；11. 玄武岩；12. 糜棱岩；13. 斜长角闪岩；14. 花岗岩；15. 辉长岩；16. 超镁铁岩；17. 断层；18. 地质体代号；19. 构造单元代号；20. 地名

覆，晚期则为脆性左行走滑剪切。在构造带内及其北侧军功地区可见到变质岩系与三叠系及石炭-二叠系岩层自北而南和自北西向南东大规模的逆冲推覆于白垩系、古近系，乃至新近系地层之上，巍巍壮观，反映了伴随青藏高原的印度板块与欧亚板块碰撞所产生的地壳加厚和急剧隆升与地壳缩短，在高原的北半部地壳上部也同时发生着逆冲推覆、侧向滑移和走滑剪切的强烈构造活动。

现将阿尼玛卿构造带俯冲-碰撞期结构构造模型示意于图 2.107 中。

（六）西秦岭南缘与东昆仑南缘构造交接关系

综合上述勉略带从勉略区段、经康玛区段和迭部-玛曲区段到西秦岭与东昆仑衔接的玛沁东昆仑南缘阿尼玛卿带的构造研究，以下重点讨论勉略-阿尼玛卿构造带与西秦岭造山带、东昆仑造山带、松潘构造带、同德盆地等相关的区域构造格局及其构造交接关系。

1. 西秦岭与东昆仑造山带之间的交接关系及其间的同德三叠纪盆地

西秦岭造山带与东昆仑造山带两者主体的交接部位位于阿尼玛卿-勉略古缝合带北侧，及青海湖象皮山与拉脊山以南的区域，现为新生界共和盆地和广泛的以隆务河群（T_{1-2}）与古浪堤组（T_3）等为主的三叠系地层所覆盖，实际原是西秦岭向西延伸至柴达木东缘瓦洪山前和东昆仑间的一个印支期构造交接地区，由于该区上古生界，尤其三叠系广泛发育，松潘、巴颜喀喇为统一海域而无阻隔，故前人称为"共和开口"（姜春发，1992）。现新的研究认为，它原是一个分布于西秦岭造山带与东昆仑造山带及柴达木地块东缘瓦洪山构造带之间的在上古生界基础上的大型三叠纪沉积盆地，可称为同德盆地，后又为中新生代共和盆地等新生界广泛覆盖，故现在似在空间上自然截断了两个造山带的东西连接。同德盆地现南部边界为阿尼玛卿构造带，但沉积与构造记录表明，在晚古生代—早中三叠世时，它与西秦岭一起与南部松潘、巴颜喀喇海域是相连通的，其间曾存在德尔尼蛇绿岩等所反映的洋盆，即勉略古洋盆西延东昆仑南缘的洋盆，而伸向北侧，与之近垂直分布的即是未得到充分发育而夭折的同德裂谷盆地，赛什塘蛇绿岩虽可作为伸向北缘的洋盆记录，但未向北发展即消亡，因之同德盆地应是该区古特提斯构造演化时期，一个三叉裂谷型三联点构造伸向西秦岭与柴达木、东昆仑间的夭折一臂，具有重要构造意义。现同德盆地北部边界为青海湖南山断裂带，西部边界为瓦洪山构造带，东部则为后期多禾茂断裂（图 2.108）。现北部上叠新生代共和沉积盆地，特别是其西缘东昆仑造山带与柴达木地块东缘和瓦洪山-鄂拉山构造相交接，构成一个突出的截切昆仑东延的地带，引起了关于东昆仑如何与西秦岭造山带交接问题的长期争论。

原同德沉积盆地现出露地层以三叠系为主，厚度巨大，中下统为隆务河群，以巨厚浊积岩系为主要特征，下部以粗碎屑岩为主，底部有块状砾岩层，横向变化大，纵向下粗上细，组成若干韵律层。上部以粉砂岩及板岩为主夹灰岩，粒序层理、包卷层理和槽模等浊流沉积标志明显。中上统为古浪堤组，也以浊积岩系为特征，分布远广于下伏隆务河群，其下部由砂岩、板岩夹灰岩组成，上部由砂岩、板岩及不稳定砾岩层组成。三叠系的最大特征是发育碎屑流沉积，具大陆边缘斜坡带的沉积特征。从岩相及厚度分布看，同德盆地三叠系从西向东由碎屑流沉积和浊积岩两大部分组成。碎屑流沉积主要发育在盆地西部，尤以东昆仑东部边缘地带发育，围绕鄂拉山构造带东南缘展布，以薄层状中细粒岩屑长石砂岩、中粗粒岩屑砂岩夹灰色板岩为主，内含有众多的砾屑灰岩、复成分砾岩透镜体和孤立灰岩块。砂板岩中产早三叠世化石，孤立灰岩块以及砾岩中灰岩砾石内含有大量的早二叠世鎚、腕足类、珊瑚等化石。这些岩块一般不显层理，多呈块状，具碎裂结构，显示了较典型的岩崩、滑动、滑塌特征（孙延贵，2000）。宏观上复成分砾岩、灰岩岩块在空间上紧密共生，并有自西向东逐渐减少、岩块变小的趋势，显示碎屑流的流向具向东、南东的方向性，物源除与盆地周边早期沉积的碳酸盐岩台地有关外，主要来自西侧裂陷隆起（即柴达木瓦洪山西侧裂谷肩坎隆起），以及与苦海-赛什塘边缘隆起的俯冲增生杂岩带有关。碎屑流沉积以东的同德地区广泛分布浊积岩系，包括水道砾

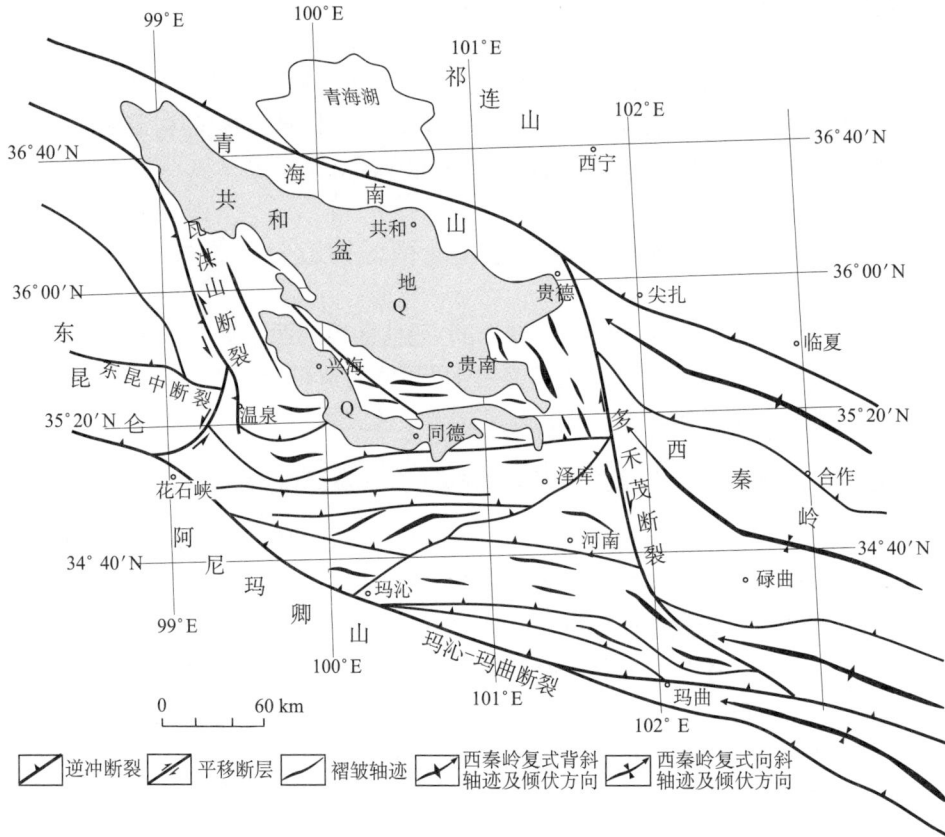

图 2.108　　西秦岭–东昆仑接合部位结构与构造格局简图
(据姜春发等, 2000 修改补充)

岩、粗粒浊积岩、细粒浊积岩等岩相。浊积岩系上部出现的以发育浅水波痕为标志的杂色砂岩, 代表该复理石盆地的晚期收缩闭合。总体反映了一个扩张裂谷盆地的演化。

新的研究表明, 在上述盆地西缘或东昆仑造山带东部边缘, 曾存在有苦海–赛什塘蛇绿混杂岩所反映的晚古生代初始扩张洋盆和活动大陆边缘 (王秉璋等, 2000a; 孙延贵等, 2000)。苦海–赛什塘蛇绿混杂岩带断续出露于苦海、赛什塘一带, 而且不向北延续, 现以构造混杂岩块形式产出, 围岩多为遭受低绿片岩相变质与韧性剪切变形的上述浊积岩碎屑岩。有关蛇绿岩特征、属性详见第三章相关部分。简单概括而言, 其蛇绿岩的地球化学特征显示主要属 WPB-E-MORB 型, 总体表现为一个形成于板内裂陷、有限发育消亡的裂谷–初始洋盆构造环境, 形成时代主导为晚泥盆世—早二叠世 (王秉璋等, 2000a)。

苦海–赛什塘蛇绿混杂岩带的研究表明, 显然上述同德盆地应是西秦岭与东昆仑及柴达木地块间从有限扩张裂陷到未得充分发育而消亡的裂谷–初始洋的有限海盆, 即从泥盆纪开始沿鄂拉山东侧北西—北西西方向裂解, 并进一步演化扩张, 以致拉张形成初始洋盆, 到二叠纪开始向西侧东昆仑和柴达木陆壳之下俯冲消亡, 这一过程正是同德盆地伴随而发育演化的过程, 所以它记录了这一未得充分发育而消亡的有限裂谷–初始洋盆的构造演化。而更为重要的是它与其南侧的当时的勉略–阿尼玛卿洋盆呈近于垂直相交的方向同期发育和连通, 呈现三叉裂谷型的三联点构造形态, 因此具有重要意义。尽管尚需更进一步深入系统研究, 但可以初步总结概括上述研究, 表明在区域晚古生代—中生代三叠纪东古特提斯域从扩张打开到发展演化时期, 在勉略地区、南坪–文县–康县地区以及阿尼玛卿地区扩张裂陷并形成有限洋盆的同时, 在其北侧的东昆仑与西秦岭交接区间垂向向北也扩张打开, 形成一臂有限裂谷–初始洋盆, 然而它未得充分发育就消亡了, 从而在西秦岭–东昆仑交接地区呈现出一幅具有三联点性质的三叉裂谷-洋盆系统，三联点中心大致在玛沁一带。显然这一三联点的东西两臂连通扩张打开成勉略-阿尼玛卿-东昆仑南部有限洋盆，而北侧一支虽扩张形成苦海-赛什塘小洋盆，但洋盆并不向北扩展，夭折而成拗拉谷，并向北伸延。上述扩张打开的洋盆时代相同，阿尼玛卿洋盆形成于早石炭世—早二叠世（C_1-P_1），南坪-文县-勉略地区从晚泥盆世（D_3）拉张裂陷，于早石炭世—早二叠世（C_1-P_1）形成勉略洋盆，而苦海-赛什塘蛇绿混杂岩带所反映的洋盆形成于晚泥盆世—早二叠世（D_3-P_1）。同时，这些洋盆的俯冲消减的时间也大致相同，阿尼玛卿洋盆于早二叠世晚期—早三叠世（P_1-T_1）向北俯冲消减，勉略洋盆于晚石炭世—早三叠世（C_2-T_1）向北俯冲消减，而苦海-赛什塘蛇绿混杂岩带所反映的洋盆于早二叠世末—早三叠世（P_1-T_1）向西斜向俯冲消减。因此，综合上述初步研究表明该区存在一个重要而突出的三联点构造，而且它应是区域东古特提斯扩张打开的深部地幔动力学背景的重要反映。至于是否是地幔柱构造，还需更进一步深入研究。

2. 西秦岭与东昆仑交接转换的结构与构造样式

同德沉积盆地于三叠纪晚期结束，三叠系强烈变形主要发生向南的褶皱-逆冲推覆作用，形成复杂的褶皱逆冲断层构造组合。同德以南的三叠系的构造线（包括褶皱轴迹以及逆冲断层）均呈北西西—近东西走向，现以玛沁-玛曲逆冲断裂带同西秦岭与东昆仑南缘的古缝合带相衔接，而且共同构成中央造山系秦岭造山带南部的印支期北西西向褶皱逆冲推覆构造带，现总体构成多期由北向南逆冲推覆运动形成的叠瓦状逆冲推覆构造系。虽然该区域有玛沁-军功-拉加寺-泽库北东向逆冲-走滑断层斜切了区域三叠系北西西向主要构造线，该断裂带倾向北西，倾角40°～60°，但在该区军功一带可见下三叠统隆务河群向南逆冲推覆于下白垩统—古近系（K_2-E）之上，显然这是晚期叠加的推覆构造。而在同德以北地区，三叠系构造形态受到东西两侧北北西向走滑-斜向逆冲边界断裂带的控制作用，使得东西两侧三叠系中的构造线（包括褶皱轴迹、断层走向）均主要呈北北西走向。显然，这些具有不同方向的构造形迹主要是同德（或称共和）拗拉谷于三叠纪中晚期封闭结束及其后中新生代陆内构造叠加复合所造成的（图2.108）。

概括该地区现今构造，它应是在上述三叉裂谷三联点构造及伸向陆壳内的拗拉谷一臂构造基础上，伴随勉略-阿尼玛卿有限洋盆的俯冲碰撞闭合造山，拗拉谷也闭合，并发生强烈构造变形，后又遭受中新生代陆内构造叠加改造，尤其青藏高原地壳加厚隆升的复合，而终成为现独具特征的构造几何学样式。

综上，证明西秦岭与东昆仑和柴达木地块之间曾经历了晚古生代至中生代初东古特提斯构造域与深部地幔动力学背景下的三叉裂谷型洋陆构造的特殊构造演化过程，从而形成现今独特的两个造山带与地块间的特殊构造交接转换关系。这种构造的交接转换关系富有板块构造与陆内构造的大陆动力学研究意义。

第二节　勉略带古缝合带的恢复重建

一、勉略带勉略段（康县-巴山弧高川地区）的俯冲碰撞构造

通过关键地段大比例尺面积法的构造填图（1∶1万）和构造解析，结合地质、地球化学，以及古生物地层与同位素年代学等多学科综合方法，筛分不同期次构造，建立构造序列，确定各重要构造主要岩块、岩片、岩层的组成和变形几何学结构与叠加复合关系及基本特征，恢复重建勉略构造带原勉略板块缝合带形成演化的俯冲与碰撞构造，是研究认识勉略构造带的基本任务，也是关键所在。以下重点解剖勉略段勉略原缝合带的俯冲与碰撞构造。

（一）勉略段（康县-巴山弧高川地区）的俯冲碰撞构造重建

根据上一节关于勉略区段勉略带构造的概述，可将勉略带构造演化过程总体分为三个阶段：主造山前的构造演化及俯冲变形阶段、主造山碰撞变形阶段、后期陆内造山与陆内构造变形阶段。这里在综合研究现今构造组成与结构变形基础上，主要筛除陆内叠加构造，恢复重建先期俯冲碰撞构造。

1. 勉略带主碰撞造山前的构造演化及俯冲变形

1）主碰撞造山前的构造及演化

根据物质建造性质及时代，将勉略带及邻区主碰撞造山前（晚古生代）的构造演化进一步划分为以下三个细节过程：① D_1-C_1 裂解扩张出现小洋盆阶段。小洋盆的初始裂解时间，可由踏坡群中保存的大量 D_1 化石厘定，并由于三岔子岩片中与蛇绿岩紧密共生的硅质岩中发现 C_1 放射虫（冯庆来等，1996），因而，洋壳应在早石炭世即已出现，此时，秦岭处于伸展的动力学背景下，现今整个勉略带中，空间分段残留的蛇绿岩及相关火山岩的格局，除因后期构造改造，或掩覆未得出露外，也应可能反映了原初始即为非统一而为串珠状展布的一带小洋盆格局，即花山-勉略-玛沁德尔尼小洋盆，类似现今南海-苏禄-苏拉威西海盆的格局。② C_1-P_2 俯冲阶段。C_1-P_2 东部高川地区还处于扩张未真正转入俯冲阶段，但勉略带勉略区段此阶段俯冲已开始发生，因为勉略带基质中的片岩构成的俯冲 S_1 片理的矿物年龄为 C_1（李曙光等，1996b），以及具俯冲型特征的花岗岩最早的同位素年龄也为 300 Ma±（李曙光、杨蔚，2002）等。然而同期在高川一带，盆地中却记录了一套泥盆纪碳酸盐缓坡演变为石炭纪镶边碳酸盐陆架，二叠系又为反映盆地进一步加深的静海盆地沉积，由黑色泥岩、硅质岩及泥灰岩组成（孟庆任等，1996）等。总之，勉略洋盆不同地段在 C_1-P_2 期间还是扩张与俯冲并存的格局。③ T_{1-2} 全面俯冲阶段。根据地球化学方法来确定洋盆宽度及扩张速率，计算其小洋盆扩张结束时间大致为 T_1 前（李三忠，1998），并且，T_1 地层中也尚未见深海硅质岩、放射虫等存在。武都、勉县一带，与俯冲相关的片岩 Sm-Nd 年龄为 242±21 Ma、$^{40}Ar/^{39}Ar$ 年龄为 220~230 Ma，代表片理形成的变质年龄（李曙光等，1996b；姜春发等，2000），而且，研究也揭示此时存在一个从西至东的连贯的前陆盆地（刘少峰、张国伟，2005，2013），故综合分析，推断其全面俯冲在 P_2 中晚期至 T_1 早期便发生了。

2）主造山前的俯冲变形特征及序列

勉略带内许多岩片、岩块中发现大量早期"顺层"的片内层理褶皱，轴面片理由低温高压变质环境下形成的多硅白云母、黑硬绿泥石等矿物组成。这些顺层褶皱在硅质岩层及大理岩层中保存完整，有不对称的，也有紧闭同斜的。从不对称性褶皱示向统计，普遍以南倒北倾为主，表明岩片早期构造变形以低角度近顺层向南逆冲为主，它们记录了俯冲阶段仰冲板片的变形运动学特征。但在易变形的火山岩层中因彻底改造，这类褶皱少见，而以成分条带广泛平行早期 S_1 片理为特征。

研究揭示，勉略缝合带内各岩片内都记录有因洋壳向北的低角度俯冲而引起的俯冲带前缘低角度顺层逆冲运动产生的"顺层"固态流变褶皱群及韧性剪切带（图 2.109；李三忠，1998）；在易于变形的火山岩层中残留了一些小的变形强度较弱的构造透镜体，变形较强的形成了现今缝合带中片理化的基质组成部分。洋壳板块因低角度俯冲与俯冲带北缘基底之间摩擦力较大，引起上覆板片挠曲，沉积于边缘的岛弧型火山岩及陆缘碳酸盐建造、硅质岩层、泥砂质岩层处于一个低角度倾向南的重力失稳状态，并向南蠕滑变形，或发生基底拆离—层间剪切滑脱，形成指向一致的顺层固态流变褶皱或顺层韧性滑覆堆垛（图 2.109）。并且，因有一定斜向俯冲性质，使得同一岩层横向透镜化，导致岩层层序混乱。当俯冲带由快速俯冲转为稳定缓慢俯冲阶段时，洋盆周边形成稳定的 C-P 的碳酸盐岩缓坡、海槛盆地建造（孟庆任等，1996）。

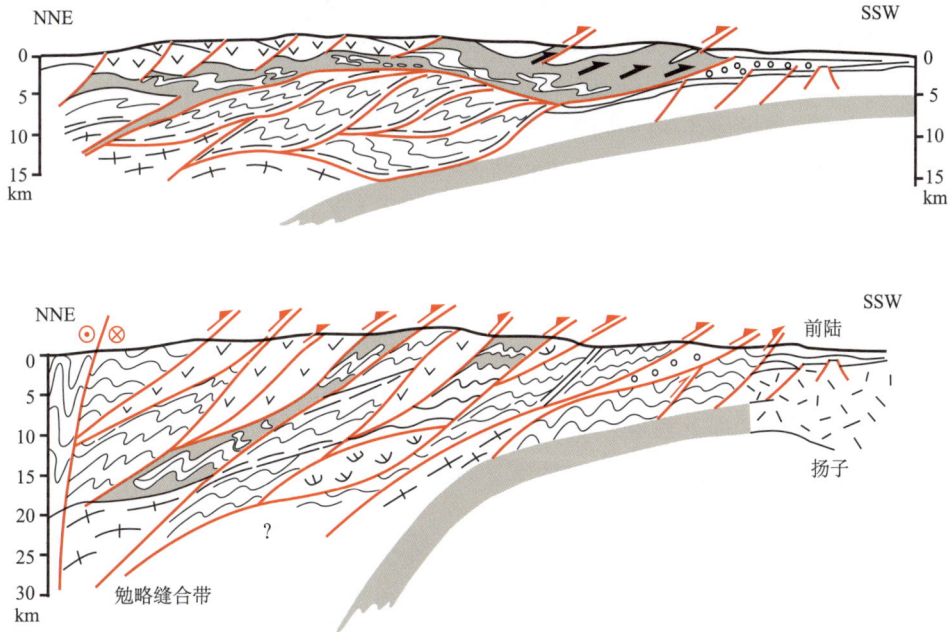

图 2.109　勉略段勉略带中早期顺层固态流变褶皱或顺层韧性滑覆堆垛构造

3）勉略带俯冲型韧性逆冲剪切带解剖分析

俯冲型韧性逆冲剪切带是勉略洋壳在俯冲过程中，在巨大挤压剪切应力机制下沿俯冲带形成的低角度韧性逆冲剪切变形，由于受俯冲变形作用范围制约，剪切变形主要发育在构造带北部蛇绿岩构造岩片中，与碰撞型逆冲剪切带相比由于后期碰撞剪切作用改造，一般不超出构造岩片范围，已不复保存原区域性的大型剪切带。韧性逆冲剪切带在空间上平行展布，总体呈南西西、东西向延伸，产状：$345°\sim10°\angle46°\sim60°$。

（1）俯冲型剪切带构造岩石特征

由于本期剪切变形在蛇绿岩中表现最为明显，剪切带内构造岩石类型主要为基性糜棱岩和辉长岩质糜棱岩，岩石呈浅绿—深绿色，糜棱结构，流动状构造，镜下研究发现，基性糜棱岩中碎斑含量较低（<15%），主要由透镜状、眼球状斜长石及其与石英集合体构成；辉长岩质糜棱岩中斑晶含量较高，主要为斜长石、退变质的角闪石和少量残余辉石；糜棱岩基质主要由白云母、绿泥石、阳起石及细粒长石、石英定向排列组成，由于镁铁质变晶矿物和长英质变晶矿物结晶习性存在较大差异，在剪切同期结晶过程中分别聚集，形成条带状构造。基性条带（M）由片状矿物绿泥石、阳起石等定向排列构成，并平行于剪切面理；长英质条带（Q）主要由细粒石英、白云母、斜长石组成，其中石英塑性变形明显，单体压扁拉长，晶内发育各种变形微构造，如消光带、消光影，但重结晶作用不明显，属 I 型条带。

（2）俯冲型韧性剪切带运动学研究

韧性剪切带的变形机制主要为简单剪切或近似于简单剪切，是一种旋转变形，在连续递进变形过程中，矿物或岩石将发生有规律的旋转，形成不对称的变形构造，并可指示剪切运动方向。俯冲期韧性剪切带在剪切变形过程中形成了各种指向构造，宏观构造包括：拉伸线理、旋转石香肠、不对称剪切褶皱、鞘褶皱等，微观构造主要有不对称旋斑、显微剪切褶皱、显微 S-C 组构等，并共同指示 NW→SE 剪切运动方向。

拉伸线理：在剪切带中主要由绿泥石、绿帘石矿物集合体或长英质矿物集合体剪切拉伸定向排列显示出来，经统计测量拉伸线理产状为 320°~345°∠30°~45°。

旋转石香肠：火山岩变质分异长英质脉体在剪切递进变形过程中发生石香肠化、并且旋转呈斜列状，香肠体间首尾相接，缩颈部位反向倾斜，同时也可见到强烈旋转作用使得缩颈部位石英脉完全分解，但斜列状分布形态指示 NW→SE 剪切运动方向。

不对称剪切褶皱：由变质分异长英质条带剪切形成，在 XZ 面上表现为南翼短、北翼长，轴面北倾南倒不对称，轴面平行于剪切面理，枢纽产状：260°~275°∠18°~28°，属 b 型褶皱，这些褶皱降向代表了剪切运动方向。

鞘褶皱：鞘褶皱作为一种特殊褶皱类型，在本期剪切带中分布广泛，并且常常在剪切带中沿一定层位发育，构成鞘褶皱群，在 YZ 面上表现为由长英质脉和浅绿色火山岩共同组成的封闭状褶皱，呈同心椭圆状、眼球状，在 XZ 面上表现为不对称紧闭同斜褶皱，其枢纽与拉伸线理平行，区内鞘褶皱枢纽在等面积投影图中有明显的优势方位，产状：310°~345°∠42°~60°，反映出 NW→SE 剪切运动方向。

不对称旋斑：由剪切带中碎斑矿物斜长石、辉石、角闪石、绿帘石及其集合体在剪切变形过程中旋转形成，并常带有细粒矿物组成的不对称结晶尾，形成典型旋转斑晶构造（图 2.110a），指示剪切运动方向；此外，碎斑矿物斜长石由于强度较大，产生与剪切面理斜交的脆性剪切面，并沿该面滑动，形成书斜构造，也很好指示剪切运动方向（图 2.110b）。

显微剪切褶皱：在强烈变形的岩石中，浅色长英质矿物条带和暗色矿物条带在剪切作用下形成显微不对称剪切褶皱，指示剪切运动方向（图 2.110c）。

显微 S-C 组构：在中基性糜棱岩基质中，由细粒长石、石英集合体定向构成 S 形糜棱面理，分布在由片状矿物白云母、绿泥石、阳起石组成的平直面理（C）之间，二者以一定角度相交，构成 S-C 组构，与宏观 S-C 组构一样，S、C 面理夹角可很好指示剪切方向（图 2.110d）。

俯冲型剪切带各种运动学标志均指示 NW→SE 剪切运动方向，由于晚期碰撞期变形和陆内变形

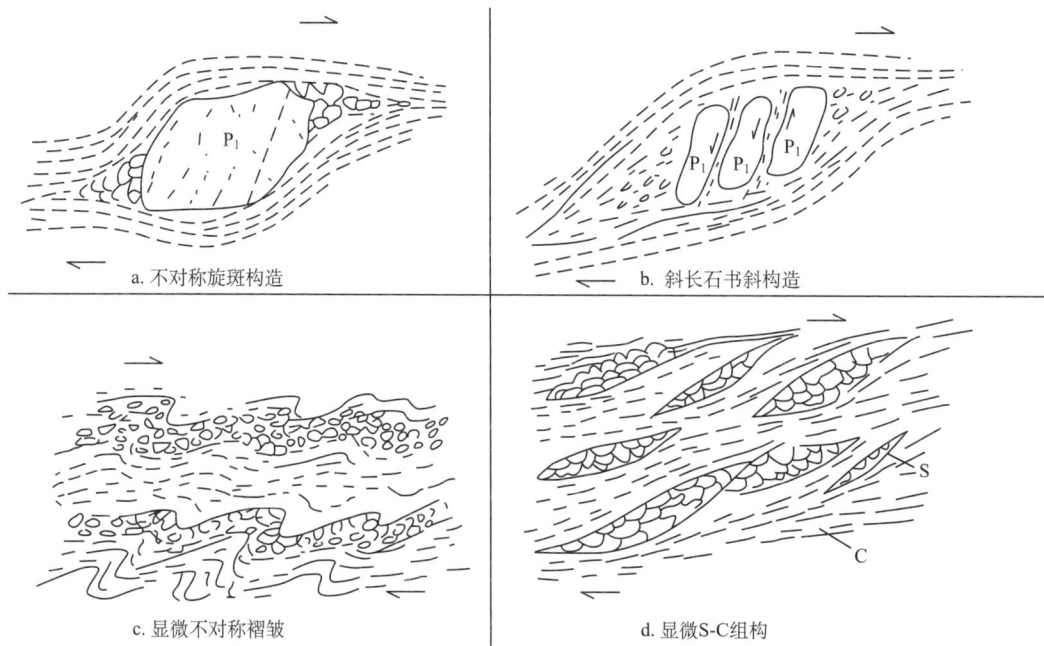

图 2.110　韧性剪切带内显微指向构造

对本期变形叠加改造的结果主要表现为使俯冲期剪切带倾角发生变化，而未发生旋转变形，因此再剔除晚期构造叠加效应，俯冲型剪切带应具有低角度逆冲剪切变形特点，而且剪切运动方向一致指示俯冲作用具有右行斜向俯冲的特点。

2. 勉略区段勉略缝合带碰撞构造恢复重建

1）主造山碰撞变形阶段的几何学及运动学特征

综合上述各条重点剖面及岩片的构造变形特征，可以将主造山碰撞期缝合带的构造变形特征概述如下几点：①主造山碰撞早期以南、北向收缩挤压褶皱作用为主，区域上褶皱枢纽近水平东西向展布，反映南北向垂直缝合带的压应力为主导作用力，其中郭镇-勉县褶皱段对称性高，而两侧以北倾南倒为主。②主造山碰撞晚期缝合带内以向南的脆-韧性逆冲推覆作用为主。③局部有左行走滑或右行走滑叠加，以左行为主，靠近断裂带的褶皱枢纽（B_2）变直立或变陡，而远离断裂带则水平，表明左行走滑发生于 F_2 褶皱之后，可能属陆内斜向陆内俯冲阶段产物。④伴随 S_2 折劈的形成，局部地区平行 S_2 继续出现高压矿物，如多硅白云母、黑硬绿泥石、绿纤石等。⑤形成同碰撞前陆冲断褶皱带和其外侧的近东西向展布的前陆盆地（刘少峰，1997）。勉略碰撞缝合带南侧并行分布一同碰撞形成的最新只卷入 T_2 的前陆逆冲断褶带，指向南，规模幅度不一，并因受后期改造，碧口和汉南古老基地岩块高位抬出，使之现仅在宁强和西乡、镇巴一带断续出露，并东延接巴山弧前的同一最新卷入 T_2 的前陆冲断褶带，它们的前缘平行分布东西向延伸的 T_3-J_{1-2} 前陆盆地，这是勉略碰撞缝合带碰撞构造的一大突出特点。⑥碰撞边界的不规则性导致了勉略带由西往东褶皱不对称性的差异，郭镇以西直至文县可能板块俯冲碰撞面缓，而其东部酉水一带可能较陡，再东部巴山弧至城口房县一带又有变缓趋势。这样一种边界效应一直到后期陆内调整阶段仍有较大影响。缝合带内主造山前形成的物质建造所构成的构造岩片及基质的变形序列基本相同，仅局部地区可能因局部应力场作用而略有差异。缝合带内的这些变形构造主要形成于碰撞阶段。

对整个秦岭勉略带而言，碰撞东早西晚穿时进行，东部大别-苏鲁地区约在晚二叠世—早三叠世，西部西秦岭约在晚三叠世。就勉略段而言，以晚三叠世始进入强烈碰撞阶段，结束于 200 Ma 之前，因为侵位于带内的光头山岩体未卷入这些构造变形。除形成一些同构造的混杂堆积外（李亚林等，1999），地层均发生了强烈的收缩挤压变形。卷入变形的地层有 T_2 以前的所有地层。碰撞早期以纵向褶皱作用（第二幕变形）为主，碰撞晚期出现逆冲推覆。这些构造样式也因碰撞板块边界的不规则性，在空间上沿缝合带有所变化，但总体可以对比。以往的构造变形研究主要针对这期变形，而忽视了前述早期俯冲作用的顺层构造组合的研究。

勉略段碰撞造山作用随同整个勉略带最后的全面陆-陆碰撞造山，表示扬子板块与秦岭微板块最终的拼合，其碰撞造山构造波及整个区域。恢复重建勉略区段及邻区所发生的强烈碰撞构造效应，概括主要表现在：①勉略段勉略带强烈碰撞变形、变质与岩浆活动，形成至今仍有残存的蛇绿构造混杂岩带及缝合带遗迹，并造山隆升，使带内及邻近的两侧普遍缺失 T_3 沉积，但确有如勉县群（J_{1-2}）陆相断陷沉积不整合覆于其上。南侧发育最新只卷入 T_2 的前陆冲断褶皱带，而缺失 T_3，并在前陆断褶带外侧发育 T_3-J_{1-2} 的前陆堆积。勉略段在康县、勉县间迄今带内未发现 P-T 岩系，有待研究，但从洋县至西乡高川地区却发育有最新到 T_{1-2} 的岩层，结合前述未变质变形的光头山等花岗岩（200±2 Ma）侵位其中，一致说明碰撞隆升发生于 T_{2-3}，在 J_1 之前。勉略段碰撞构造的主导几何学样式以指向南的高角度叠瓦逆冲推覆构造为主，向南逆冲于扬子板块北缘之上，并兼具剪切走滑构造复合。但在区域上，总体则如前述以勉略段勉略带北缘的状元碑走滑剪切带为中心的似剪切正花状构造。事实上这一区域构造样式及特点与下述的②③构造效应直接相关。②勉略段勉略带南侧直接是扬子板块基底元古宙岩块高位出露，从踏坡群（D_{1-2}）作为勉略带初始扩张裂谷的底部岩层看，它不整合覆于碧口地块古老岩层之上，并含有其砾石，证明勉略有限洋盆从初始打开到最后碰撞封闭，碧口乃至汉南等前寒武纪扬子基底岩块一直直接参与。其现今又紧邻勉略段勉略带南侧广泛出露，除后期构造作用使之进一步抬升剥露外，应与原碰撞造山过程中基底抬出直接参与密切相关。正因为如此，勉略缝合带在此区段的最终形成过程中，应主要是扬子板块基底的古地块高位抬出与秦岭微板块上部岩层直接的陆-陆碰撞相互作用，导致扬子板块碰撞前缘，基底抬出而缺失了盖层陆缘系统，盖层现仅保留出露在基底南侧的宁强和西乡-镇巴地区，以被动陆缘前陆冲断褶皱带形式残存，除此之外，更为突出的是出现了下述③的碰撞构造效应。③勉略段勉略带北侧秦岭微板块中，产生恰与此区段相应的以勉略碰撞带状元碑走滑为起点的系列向北的叠瓦状逆冲推覆构造，除前述勉略带北缘形成以状元碑走滑带为中轴，并以其南界为主推覆断层的向南的叠瓦逆冲推覆构造，整体与其北侧指向北的推覆构造系区域上统一构成似不对称状剪切花状构造外，其特殊性还突出在于该区北侧的指向北的推覆构造，与其相应的秦岭东西延伸部分主导指向南的逆冲推覆构造构成反向的对冲构造，如南部是以状元碑剪切走滑断裂为轴，包括南侧勉略缝合带构造在内的花状构造，而北部则是以最新为 T_{1-2} 留风关群为核心，南北侧相向对冲，形成马蹄形留风关群（T_{1-2}）为核的奇特向斜构造。④上述勉略带勉略区段自身及其区域系列独特的碰撞构造几何学组合与运动学特征，显然，除在大区域东古特提斯洋域的扩张打开到封闭和统一秦岭造山带三板块沿两缝合带的俯冲碰撞造山总背景与统一动力学机制下发展演化外，与勉略区段具体的特殊地质构造条件与碰撞构造应力场直接相关。其最基本的特殊作用在于川中（包括其北部的汉南地块）、川西，乃至龙门和碧口等多个地块，分别沿华蓥山、龙泉山、龙门山前（安县-江油）、山后（茂县）断裂，平武-阳平关断裂相对于扬子地块总体，在印支期，并延续至燕山早中期，继承扬子板块沿勉略带消减带向秦岭微板块下斜向俯冲持续作用，强力斜向以北—北东向向秦岭造山带差异挤入，并在扬子板块北缘原秦岭商丹洋盆南侧被动陆缘隆升带上勉略洋扩张打开，而且在扬子基底已抬升的基础上，勉略带的陆-陆碰撞作用，又使扬子基底进一步高位抬出，直接参与碰撞造山作用。因此造成：一方面勉略区段成为扬子板块向北向秦岭挤入最强最突出的构造部位，形成勉略段勉略缝合带以高角度逆冲叠置的最强变形产出，并使消减的洋壳构造得以混杂残存保留，成为勉略带绿岩等保存最好的典型地段。而与勉略段相应的勉略带东、西延伸部位则因无古老地块的强行挤入和阻挡而发生造山带物质向南的大规模逆冲推覆，不但在碰撞期已开始产生，形成趋形，而且持续到陆内构造演化阶段，又发生强大的向南推覆运动，故相应形成了向南突进的巴山与康玛两大勉略带的复合弧形推覆构造，其中大巴山推覆还大幅度掩盖了勉略缝合带，使之未得以出露而深埋巴山推覆体之下（详于后述）。同时另一方面也正因为扬子板块的川中、汉南等地块强大向北斜向挤入和其前缘前寒武纪基底岩块高位抬出，阻挡来自秦岭的向南逆冲，首先不但使勉略区段勉略缝合带构造普遍呈高角度逆冲叠置产出，还进而产生状元碑走滑剪切构造，调节南北不均衡的斜向挤压碰撞构造，同时还导致其北侧的相应的秦岭上部地壳岩层发生反向向北的逆冲推覆，并发展至其北部前缘与原秦岭向南的逆冲推覆运动，于留风关岩群南北两侧形成对冲，终止其向北的推覆作用，故造成留风关群向斜两翼因对冲而使之向外倾斜的奇特马蹄形向斜构造。

　　还值得强调以下三点：①因为汉南-川中地块强力斜向挤入秦岭南缘，使勉略段东端勉略带北侧佛坪穹窿构造在其先期元古宙—早古生代构造基础上，进一步在碰撞作用与深部背景下加速隆升，致使其核部前寒武纪岩层及深部形成的麻粒岩相岩石剥露，构成汉南地块东端与佛坪穹窿构造强烈对挤碰撞和继之发生阳平关-宁陕北东东向左行剪切走滑构造错移。②因为汉南-川中地块斜向北东的强大持续挤入和与秦岭，尤其与佛坪穹窿对峙挤压，原以楔形斜向挤入的碧口、龙门地块，随后却沿阳平关-宁陕等走滑断层而反向向西南有一定的挤出逃逸（王二七等，2001）。③突出挤入于秦岭南缘的汉南地块，实际是川中、川西地块北端抬出的前寒武纪古老基底。它现可划分为四个次级构造单元，自西而东为：a. 宁强前陆逆冲断褶带。它在汉南基底上，保存发育盖层（$Z-T_2$），形成南西-北东向线状褶皱与断裂，运动指向南东，平行于碧口地块上的 $Z-\in$ 构造方位和阳平关-宁陕断裂，向西和西南侧与龙门山构造交切或插入，向南以大型挠褶而变为川西北白垩系向斜构造。东侧以牟家坝-小江走滑-斜向逆冲断层与汉南望江山-米苍山构造相隔。综合分析对比，它实应为勉略碰撞带南侧印支期形成的最新只卷入 T_2 的前陆冲断褶皱带，后又被中新生代构造改造而成现状。b. 望江山-米苍山构造带。它以东、西侧两个北东向走滑-斜向逆冲断层为界（西即上述的牟家坝-小江断裂，东为西乡-碑坝断裂），呈北东向展布，东北部以汉南杂岩、西乡群（Pt_{2-3}）及望江山基性杂岩、沙河坝花岗杂岩等为主，广泛出露前寒武纪基底岩系。而其中部则是上述东北部基底和南部东西向的米苍山背斜之间的米苍山向斜构造，呈东西向，最新地层为 T_{1-2}，与南部米苍山背斜平行并列分布。南部米苍山背斜则是以后河群为核心，以 Z-J，乃至到 K 为盖层翼部的东西向短轴状背斜构造。c. 镇巴-南江构造带。该构造带位于西乡-碑坝断裂东南侧，米苍山背斜东侧和巴山弧形构造西翼边界高川兴隆场断裂以西，向南则以巨大挠曲过渡下降至川西北的通江 J-K 向斜构造。它由扬子型的基底（上述米苍山背斜核部基底岩系）和盖层组成。其中盖层 Z-K 中缺失 D-C，而以 P 平行不整合与 S 直接接触，恰与其东侧兴隆场断裂以东的属勉略带的西乡高川地区缺失 O-S，而以 D_3-T_2 平行不整合覆于 Z-Є 之上的层序不同，正反映两者背景的差异和勉略带是原 O-S 隆起带上于 D 开始扩张裂解裂陷发展的。镇巴-南江构造带构造以正交叠加构造为突出特点，先期为一系列由盖层（Z-S、P-T）形成的现成南北向的紧闭褶皱构造，后又叠加东西向背斜，对应西部米苍山背斜，是其东端倾伏的背斜构造的东延，以上述南北向褶皱构造的岩层为核心，在其南北侧转换为以 J-K 岩层为翼部，总体构成一东西向背斜构造，显著正交叠加改造先期南北向构造，但先期的南北向构造在后期背斜核部清楚保存。综合分析表明，其先期构造应是印支期勉略带的前陆冲断褶带的前缘构造，原平行于勉略缝合带呈东西向分布，后因巴山弧形构造作用，随巴山弧西翼而弯转成现近南北向。后期叠加的东西向背斜构造，则是与上述米苍山东西向背向斜构造为同期，由于川中、川西地块向北向秦岭的推挤所导致的变形构造，显然后者时代应迟于巴山弧形构造的最后形成，在 K_2 时期形成，这与米苍山背斜南侧的同期向斜构造最新为 K_2 是一致的。d. 汉中盆地。该盆地坐落于汉南地块北端与秦岭勉略带相邻接的地方，它是受阳平关-宁陕走滑断裂控制的一个新生代山间盆地。显然，汉南地区上述四个具体构造单元与特点是，勉略段勉略带碰撞形成过程中逐步奠定其基本格局雏形，而后又经中新生代陆内构造叠加终成现在面貌，故可见是碰撞构造奠定了其基本构造格局的。

综合上述强调的勉略区段的几点相关的区域构造，更加充分表明勉略带勉略区段，由于所处的具体构造部位与构造条件，特别是扬子板块北缘川中-汉南地块的强烈向北向秦岭的挤入，造成其碰撞拼合及其后的陆内构造作用产生一系列复杂多样而又统一的碰撞与陆内复合构造组合。作为一个复杂地区，具有典型构造解剖研究意义。也充分说明了勉略带碰撞构造的强烈区域性特征及其具体地段构造变形的差异与复杂性。

2）碰撞型韧性逆冲剪切带恢复重建

碰撞型韧性逆冲剪切带是勉略构造带内最主要的断裂构造，为不同构造岩片间的构造边界，各逆冲岩片以此为边界由北而南推覆、叠置，形成叠瓦状构造，构成勉略带基本构造格架。同时由于不同逆冲岩片原始构造位置不同，所表现出的变形强度也有差异，因而在总体由北到南逆冲剪切机制下，不同剪切带构造岩石类型、变形程度及剪切运动方向也具有一定差异。下面主要通过夹门子沟逆冲剪切带、寺沟口逆冲剪切带、瓦房里-马家沟逆冲剪切带和水沟岩-欧家湾逆冲剪切带构造变形分析，探讨恢复重建碰撞型韧性剪切带的性质、特点。

（1）主要剪切带分析

① 夹门子沟逆冲剪切带

夹门子沟逆冲剪切带为踏坡逆冲岩片与灵岩寺逆冲岩片的构造边界，剪切带产状：$10° \sim 30°$ $\angle 57° \sim 80°$，宽 $350 \sim 400$ m。由多条次级剪切带构成，使得整个剪切带变形强弱相间（图 2.111）。强变形带主要表现为密集片理化带，原岩主要为泥质岩、粉砂质岩和含砾粗砂岩，原浑圆-圆形砾石在剪切变形中变形强烈，呈椭球状、扁豆状，XZ 面上长短轴比 5∶1～10∶1，甚至可达 20∶1，弱应变域原岩主要为泥灰岩和灰岩，由于岩石强度较大，变形相对较弱，但矿物表现出明显定向性，为糜棱岩化碳酸盐岩或碳酸盐岩初糜棱岩。碳酸盐岩构造岩中剪切褶皱及剪切斜列的砾石均指示北北东-南南西剪切运动方向。

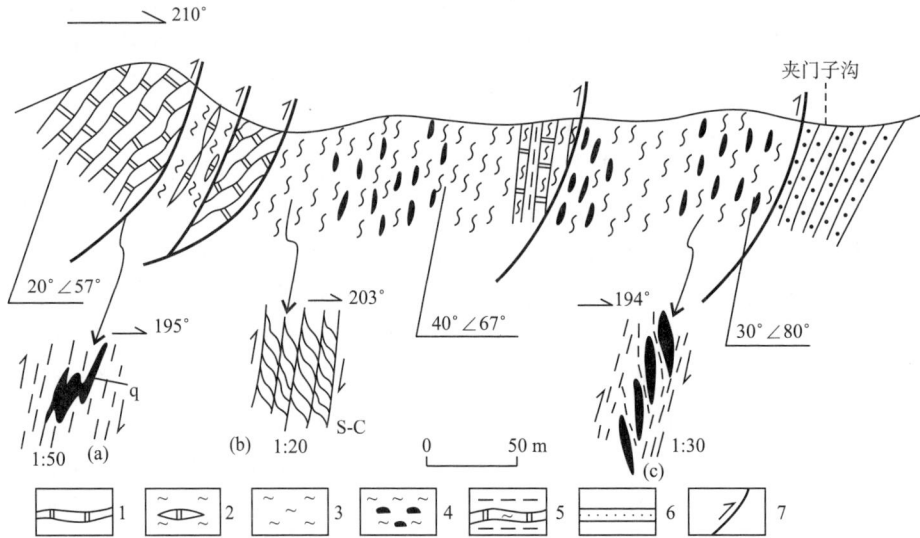

图 2.111　夹门子沟逆冲剪切带构造剖面

1. 中厚层灰岩；2. 泥质岩、薄层灰岩片理化带；3. 密集片理带；

4. 强变形砾岩带；5. 碳酸盐岩初糜棱岩；6. 变质砂岩；7. 逆冲断层；

（a）剪切褶皱；（b）S-C 组构；（c）斜列砾石。图中的 1∶50，1∶20，1∶30 是小插图缩小的比例

② 寺沟口逆冲剪切带

寺沟口逆冲剪切带为金家河岩片前缘逆冲推覆剪切面，剪切带呈东西—北西西向延伸，在寺沟口出露宽度约 50 m，产状：10°～20°∠70°～85°，带内岩石韧性变形强烈，剪切带由边缘到中心变形强度逐渐增加。按构造岩石类型可将剪切带分为五种变形亚带（图 2.112）：①长英质初糜棱岩带：发育在剪切带边部，岩石韧性变形明显，构造岩中石英显著压扁拉长，并与白云母、长石一起构成弱的流动构造。②条带状长英质糜棱岩带：条带主要由定向排列白云母集合体和长英质集合体相间构成平直的剪切面理。镜下岩石具糜棱结构，条带状构造，斑晶主要为斜长石或石英集合体，含量 10%～15%，石英斑晶明显压扁拉长，发育波状消光，同时在其外部发育细小亚晶和重结晶颗粒，构成核幔构造；长石斑晶则更多表现出脆性变形特征，发育书斜构造、鱼形构造，长轴平行糜棱岩面理。糜棱岩基质由定向排列的石英、白云母和细粒斜长石组成，并分别构成长英质条带和白云母条带，二者相间排列，构成糜棱岩面理。③千糜岩带：与条带状糜棱岩带在剖面上交替出现，外貌类似于千枚岩，但矿物韧性变形明显，以区别于区域变质千枚岩。④长英质糜棱岩带：矿物组成与条带状糜棱岩相同，为长石、石英、白云母组合，糜棱结构，矿物韧性变形明显强于长英质初糜棱岩。⑤碳酸盐岩糜棱岩带：分布于剪切带北部，由原始沉积夹层中碳酸盐岩层变形形成，由于静态重结晶作用，矿物定向性不明显，原始定向构造消失。剪切带内剪切褶皱、S-C 组构、旋斑构造发育，指示由北到南剪切运动方向。

③ 瓦房里-马家沟逆冲剪切带

瓦房里-马家沟剪切带在金家河、乔子沟一线呈舒缓波状近东西展布，为中部蛇绿岩逆冲带前缘逆冲推覆面，使蛇绿岩构造岩片逆冲于南部金家河岩片之上，乔子沟瓦房里剪切带宽 60～70 m，产

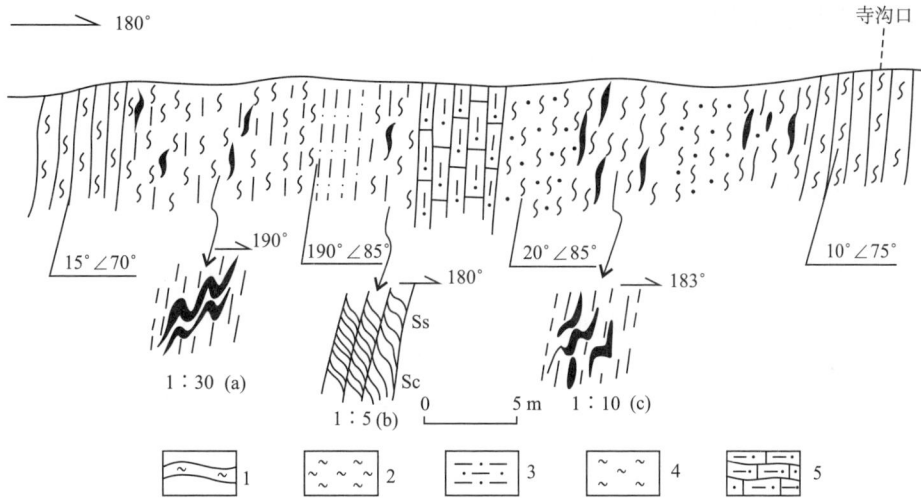

图 2.112　寺沟口韧性带构造剖面

1. 长英质初糜棱岩；2. 条带状长英质糜棱岩；3. 长英质糜棱岩；4. 千糜岩；5. 碳酸盐岩糜棱岩；
（a）（c）石英集台体条带剪切褶皱；（b）S-C 组构。图中 1：30，1：5，1：10 是小插图缩小的比例

状：0°～10°∠75°～80°，自北而南分别为透镜化硅质岩带、碳酸盐岩初糜棱岩带、长英质糜棱岩带、基性糜棱岩带和长英质劈理化带。透镜化硅质岩带：原厚层硅质岩在挤压剪切变形过程中，被剪切拉断成大小不等的构造透镜体，透镜体大小不等，定向排列，其 XY 面平行剪切面理，同时硅质岩中石英压扁拉长，显示弱的韧性变形；碳酸盐岩初糜棱岩带：由于靠近剪切中心，发生糜棱岩化，并在带内产生不对称的剪切褶皱，指示由北到南剪切运动方向；长英质糜棱岩带：石英强烈拉长（X：Z> 5：1），平行排列，并构成糜棱岩面理，反映了强烈韧性变形特征；基性糜棱岩带：岩石呈浅绿-深绿色，块状构造、糜棱结构，残斑主要为斜长石和暗色矿物绿帘石、绿泥石集合体，含量：20%～30%，基质由定向排列绿泥石、斜长石、白云母、石英和方解石构成，定向性强，显示流动构造；长英质劈理化带：主要为金家河碎屑岩在剪切变形中形成的应变劈理带，劈理与剪切带产状一致，劈理域内褶曲方向具有统一指向，反映由北而南剪切运动。

④ 水沟岩-欧家湾逆冲剪切带

水沟岩-欧家湾韧性剪切带为主推覆岩片系中部逆冲带和北部逆冲带间构造边界，剪切带平面上呈过渡状东西向展布，在横岘河、桑树湾、纸房沟分别被后期北西西向走滑剪切带切割，发生左行平移。由于剪切带在不同剖面上与朱家山-高家峡岩片不同岩层接触，所形成的构造岩石类型也不同，在乔子沟欧家湾剖面上，剪切带下盘为基性糜棱岩，上盘为长英质密集劈理化带或长英质糜棱岩带；郭镇水沟岩剖面上，下盘为基性糜棱岩，上盘为泥质岩密集劈理带和碳酸盐岩初糜棱岩带。基性糜棱岩一般呈深绿色、块状、斑状结构、流动状构造，斑晶斜长石显示韧脆性变形特点，发育书斜构造、碎裂构造，基质由绿泥石、细粒斜长石、石英、白云母定向排列组成，定向性强，常绕过斑晶形成流动构造。长英质劈理带：劈理在剪切带中具有透入性特点，为应变滑劈理，劈理面主要由新生片状矿物和变形粒状矿物组成，劈理域内早期面理具有一致的排列方向，其实质为一系列微型剪切带。郭镇水沟岩剪切带发育泥质岩密集劈理带和碳酸盐岩初糜棱岩带，泥质岩劈理化带韧性变形强烈，劈理面近于直立，具透入性特点，其中所夹薄层碳酸盐岩在变形过程中压扁拉长呈饼状、无根褶曲状，并受后期风化影响，呈一系列凸出的透镜体分布于剪切带中，显示强烈韧性变形特点。

（2）碰撞型逆冲剪切带应力应变分析

① 古应力大小估算

研究证明，矿物在较强应变条件或较高温度下将发生位错蠕变，同时发生动态重结晶作用，重结晶颗粒的大小与变形达稳定态时的应力差大小有关，动态重结晶粒度（D）与应力差（$\delta_1-\delta_3$）呈反相关关系，且有下列关系：$\delta_1-\delta_3=AD^{-m}$，其中 m 为常数，$A$ 随矿物而异。据此对研究区内周家韧性剪切带、水沟岩-欧家湾剪切带、寺沟口韧性剪切带和瓦房里-马家沟韧性剪切带中动态重结晶石英颗粒，用线截距法测定 D 值，然后用 Twiss（1976）所提供的相关参数，计算四条剪切带形成时的古应力值。求得四条剪切带中动态重结晶石英颗粒粒径分别为：0.041 mm，0.066 mm，0.035 mm，0.058 mm，相应的古应力差值为：56.01 GPa，36.61 GPa，59.80 GPa 和 40.68 GPa。

② 古应力方向确定

利用逆冲剪切带中 S 面理和 C 面理关系，通过极射赤平投影法，可初步确定剪切带形成时的古应力方位。由于剪切带 C 面理代表了剪切带主滑移面（XY），面理 C 与 S 交线为剪切带坐标系统 Y 轴，而主滑移线（L）在 C 面上与 Y 轴垂直，因此可以通过 S、C 面的关系，利用赤平投影的方法求得主滑移线（L），即剪切运动方向。同时研究表明剪切运动方向 L 与剪切带应力场中主压应力（δ_1）一般成 45°夹角，并且 δ_1 在 XZ 应变面上，进而通过主滑移线（L）作垂直面理 C 大圆，确定 XZ 面大圆，再根据夹角关系求得主应力。在研究区内选择梨树坪剪切带（S-C 面理最发育）统计 S、C 面理优势方位，利用赤平投影法求得剪切带形成时古主应力方位 δ_1 为；26°∠22°（图 2.113），与梨树坪剪切带 B 线理近于直交，同时对全区同期逆冲剪切带 B 线理统计（图 2.114），发现与 δ_1 方位也近于直交，说明碰撞期主挤压方位为北北东-南南西向。由于晚期走滑变形只使岩块发生平移运动，并未使早期构造位态发生实质性变化，因此所求主压应力代表了主碰撞期主应力方位。

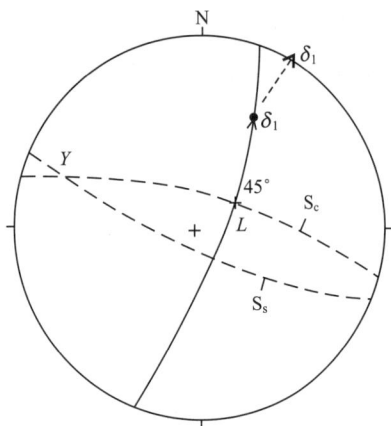

图 2.113　利用 S、C 面理求主应力 δ_1 方位

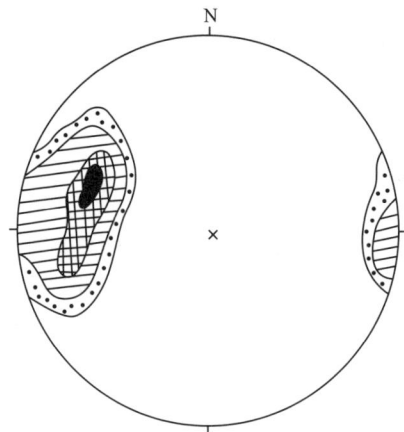

图 2.114　碰撞型韧性剪切带 b 线理优势方位

b 线理（$n=50$　2.0%-5.5%-9.0%-12.5%）。

n 和百分比数分别是线理统计总数和等值线

单位面积上线理百分数

③ 应变分析

在应变分析标志选择时主要考虑了以下两点，一是选取不受早期构造变形影响或基本不受影响的标志物，二是所选测量标志不受后主造山期陆内走滑和逆冲推覆变形叠加，在此基础上选择夹门子沟剪切带中变形砾石、张崖沟变形带中变形砾块、欧家湾剪切带中变形杏仁及寺沟剪切带中变形砾石为研究对象，并对其进行应变测量分析，从分析结果看出，在剪切变形中原等轴状砾石或地质体均产生明显的压扁拉长变形，其付林指数（K）：$K=0.22\sim0.925$，$0<K<1$，属扁平型应变椭球，说明剪切变形期间伴有压扁作用，属剪切压扁变形，与剪切变形的应力机制相吻合。在 Ramsay（1967）改进的付林图解上（图 2.115），四条剪切带都反映出明显的体积损失，其中张崖沟变形砾块体积损失最为突出（50%±），从实际分析看，张崖沟变形砾块可能受早期变形影响较大，其较大的体积损失量反映了两次变形共同作用的结果，同时从一个侧面说明应变量与变形作用的关系，即多期变形作用导致较大的应变量和体积损失。

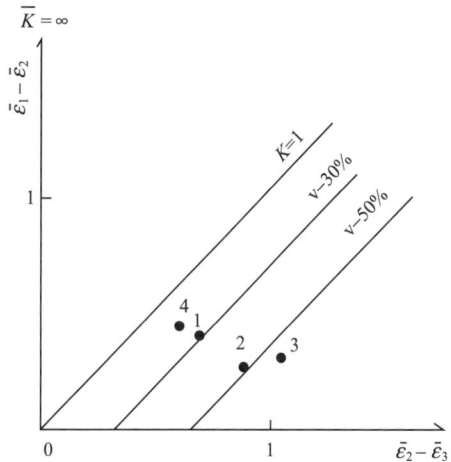

图 2.115　应变分析付林图解（Ramsay，1986）
1. 夹门子沟变形砾石；2. 欧家湾变形杏仁；
3. 张崖沟变形砾石；4. 寺沟变形砾石。
v-30%为体积变形损失百分数

④ 石英组构分析

对研究区内寺沟口韧性剪切带中条带状长英质糜棱岩、乔子沟欧家湾韧性剪切带中长英质糜棱岩和瓦房里韧性剪切带长英质糜棱岩切制定向岩组薄片，并进行石英颗粒组构测量，用下半球投影法获得其组构特征（图 2.116）。组构图解显示三个样品石英组构几何学特征在 XZ 面上都具有单斜对称的特点，反映出韧性剪切带是在简单剪切机制下形成的，属非共轴剪切应变的产物，并且具有低温底面组构，石英 C 轴极密均靠近 Z 轴，滑移系为（0001 面），表明韧性剪切带形成于低温环境(<400 ℃)，同时根据组构图中剪切滑移面 C 与劈理面 S 之间夹角关系，并结合宏观分析可以判断剪切指向由北北东向南南西。

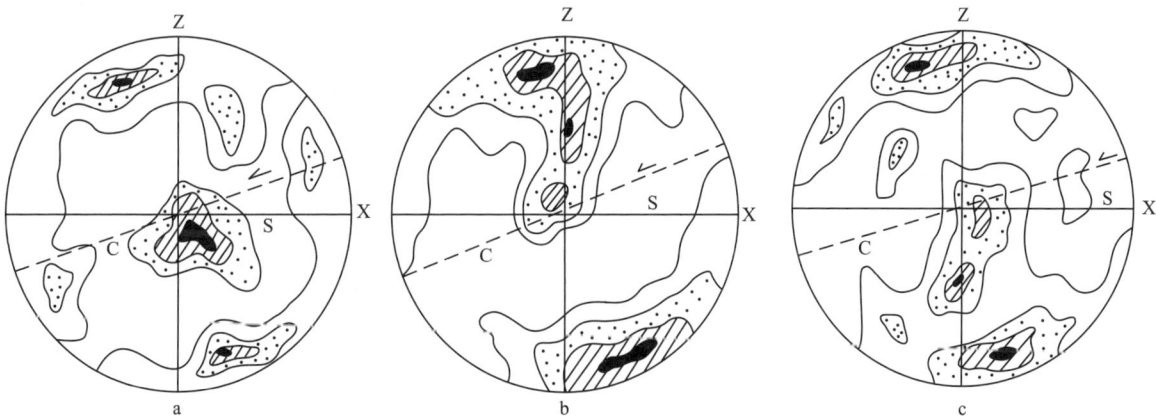

图 2.116　碰撞型韧性剪切带石英组构图
a. 寺沟口韧性剪切带（$n=100$　1.0%-2.0%-3.0%-4.0%-5.0%）；b. 欧家湾韧性剪切带（$n=110$　1.0%-2.0%-3.0%-4.0%-5.0%）；c. 瓦房里韧性剪切带（$n=110$　1.0%-2.0%-3.0%-4.0%-5.0%）。n 和百分数说明同图 2.114

（3）碰撞韧性剪切带变形构造环境

韧性剪切变形作用无论其规模大小，变形强弱，总伴随有不同程度的变质作用（Beach，1980；Storey and Meneilly，1985；Davis *et al.*，1987；刘喜山等，1992），因此韧性剪切带实质为变形变质带，而且韧性变形总是和变质作用同时进行，二者发生于统一的物化条件下（Beach，1980；Fleitout and Froidevaux，1980），岩石的变形构造由变质作用形成的新矿物和残余矿物以不同的组合方式表现出来，而新的结晶作用又受变形应力和温度的制约，因此剪切带变质矿物世代及其组合特征，可反映变形作用发生的温压环境。如前所述，勉略构造带内韧性剪切变形主要有两期，即早期俯冲型韧性剪切带和晚期碰撞型韧性剪切带。从勉略带变形特征综合分析认为，虽然有后期变形的叠加，但后期对早期中深层次韧性变形没有实质性改变，因此通过对构造带内两类韧性剪切带中特征应变矿物分析，利用变质变形关系可对其形成的温压环境加以分析。

① 俯冲型韧性剪切带形成的温压环境

俯冲型韧性剪切带在蛇绿岩中发育广泛，表现为一系列由北西向南东向低角度逆冲剪切，同时矿物组合及变形特征研究发现，早期变形、变质作用与构造带区域变质作用具同时性，二者具有一致的变形变质演化路径。

俯冲型韧性剪切带构造岩石类型主要为基性糜棱岩和辉长岩质糜棱岩，基性糜棱岩矿物组合为：钠长石-绿泥石-绿帘石-白云母-石英-方解石或钠长石-阳起石-绿帘石-绿泥石-石英；辉长岩质糜棱岩的矿物组合为：斜长石-辉石-角闪石-绿泥石-阳起石-白云母-石英，按变形变质关系又可分为，变形期前变晶矿物、同变形期变晶矿物和变形期后变晶矿物。变形期前变晶矿物在岩石中主要以残斑形式出现，基性糜棱岩中主要为斜长石，辉长岩质糜棱岩中为斜长石、角闪石和辉石，同变形期变晶矿物主要为绿泥石、白云母、动态重结晶石英等，常定向排列构成糜棱岩面理。

对采自乔子沟火山岩俯冲型剪切带基性糜棱岩和张崖沟混杂岩中千糜岩基质中同变形期变晶矿物白云母和绿泥石成分电子探针分析结果表明（表 2.4），白云母中 SiO_2 含量均大于 49%，为 49.71% ~ 56.82%，计算出 Si 值：3.0539~3.8081（>3.0），且 MgO、FeO 含量较普通白云母高，属多硅白云母。Lambert 和 Mills（1961）研究发现，白云母中钠云母含量与变质作用温度存在正相关关系，温度越高钠云母在白云母类质同象系列中含量越高，根据这一结论和相关图解（图 2.117），利用矿物计算方法求得俯冲期剪切变形变质作用温度范围为 170°~265 ℃（表 2.5），再通过多硅白云母温压计获得变形压力范围（图 2.118），结果发现除一个点压力较低外(0.06 GPa)，其他结果有着明显一致性，压力范围为 1.32~1.65 GPa。此外，通过同期变晶矿物绿泥石温度计计算（$T = 106 \times Al^{VI} + 18$）（表 2.6）及共生的白云母-绿泥石 Al^{VI} 分配与温度关系，分别求得变形变质作用温度为：201~334 ℃ 和 175~245 ℃，不同计算方法结果基本一致，共同反映出低温特点。

表 2.4　白云母、绿泥石电子探针分析结果

序号	矿物及编号		化学成分/%											
			SiO_2	AlO_2	Na_2O	K_2O	MgO	FeO	Gr_2O_3	NiO	MnO_2	TiO_2	CaO	总量
1	绿泥石	G40-1	31.05	22.28	0.08	2.60	11.18	22.04	0.08	0.04	0.36	—	—	89.88
2	绿泥石	G40-2	25.64	19.86	—	0.02	13.61	26.94	0.08	0.03	0.53	—	—	86.71
3	绿泥石	G40-3	26.29	19.20	0.12	—	14.63	27.23	0.14	0.07	0.54	—	—	88.21
4	多硅白云母	G40-4	51.36	25.28	0.08	8.35	2.38	4.18	2.54	0.05	—	—	—	84.81
5	多硅白云母	G40-5	49.71	26.85	0.15	9.28	2.65	3.72	1.84	0.12	1.49	0.49	—	95.82
6	多硅白云母	ZA-4-1	51.13	25.87	0.12	9.73	3.48	4.20	0.21	—	0.07	—	0.45	95.08
7	多硅白云母	ZA-4-2	50.35	32.11	0.20	3.95	1.35	3.80	—	0.02	0.04	0.04	—	95.91
8	多硅白云母	ZA-1	56.82	27.71	2.99	5.32	0.23	0.52	0.68	—	—	—	0.49	94.71
9	多硅白云母	C31	50.07	28.36	0.74	10.25	2.52	2.59	0.14	—	0.07	—	0.03	94.87
10	多硅白云母	G31	30.16	19.36	0.25	—	6.96	32.51	0.30	—	—	—	—	89.57
11	多硅白云母	G18	49.91	30.68	—	9.49	2.03	1.66	0.05	—	—	—	0.21	94.23
12	多硅白云母	G17-1	51.26	29.61	0.10	9.90	2.03	8.16	0.07	—	—	—	0.39	95.52
13	多硅白云母	G37-2	50.65	28.65	—	9.06	2.79	3.41	0.06	—	—	0.05	0.41	95.38

表 2.5　多硅白云母温压计算结果

序号	4	5	6	7	9	11	12	13
矿物世代	D_1	D_1	D_1	D_1	D_2	D_1	D_1	D_2
Si	3.8081	3.6237	3.7586	3.0539	3.6673	3.6132	3.6961	3.6046
钠云母/%	1.50	2.30	1.80	3.20	9.80	2.80	1.50	—
温度/℃	170°	235°	195°	265°	440°	250°	170°	—
压力/GPa	1.65	1.32	1.45	0.06	1.63	1.24	1.35	—

表 2.6　绿泥石温度计算结果

序号	1	2	3	10	a	b
样号	G40-1	G40-2	G40-3	G31	−8	8
温度	201°	279°	274°	191°	334°	275°
矿物变形世代	D_1	D_1	D_1	D_1	D_1	D_1

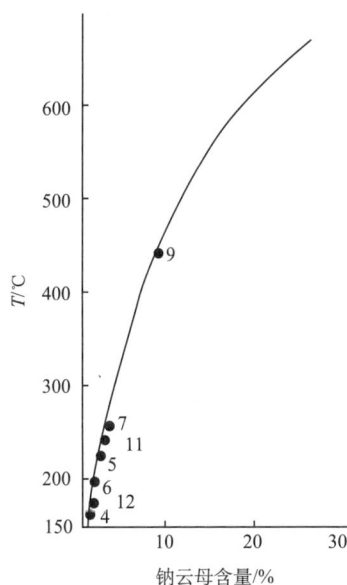

图 2.117　白云母中钠云母含量与变质作用
温度关系
图中数字为表 2.4 的序号

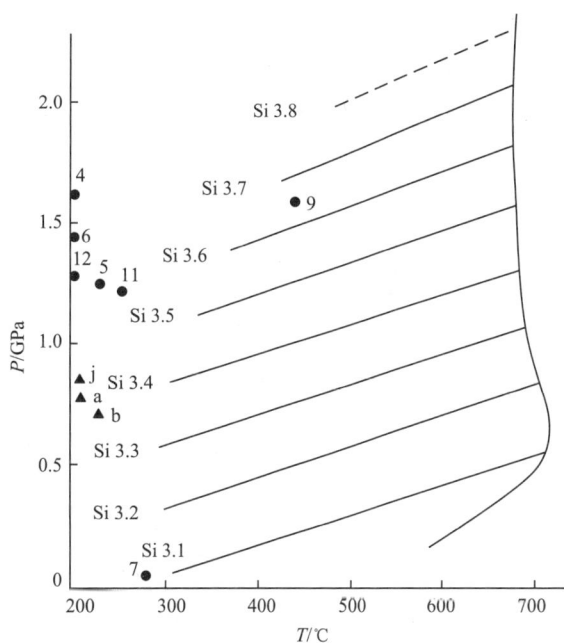

图 2.118　多硅白云母温压计
图中数字为表 2.4 的序号；英文字母见后文表 2.13

　　将剪切带温压计算结果与同期区域变质作用温压条件相比较发现，二者温度条件基本一致，但剪切带糜棱岩矿物压力明显高于区域变质岩。另外，经共同采样，李三忠（1998）对三岔子岛弧火山岩中同期变晶矿物白云母分析计算，得出其 b_0 值为：9.042~9.060（>9.0）Å[①]，Si：3.008~3.408，为典型多硅白云母。并求得俯冲期变质变形温压条件 $T = 160~220$ ℃、$P = 0.80~1.0$ GPa，与乔子沟火山岩俯冲期变质变形环境基本一致，综合分析认为勉略地区俯冲期变形具高压低温特点。

---

① 　1Å = 10^{-10} m。

② 碰撞型韧性剪切带形成的温压环境

碰撞型高角度逆冲剪切变形变质带内长英质糜棱岩矿物组合为：斜长石-石英-白云母-绿泥石，中基性糜棱岩为：钠长石-绿泥石-白云母-硬绿泥石-石英，在矿物组合中除变斑晶为变形期前残余矿物外，基质中大部分矿物为同期变形变质过程中产生的新的变晶矿物，其形成温压环境可代表碰撞期剪切变形发生温压条件。对采自周家湾剪切带、水沟岩-欧家湾剪切带糜棱岩中同构造期变晶矿物白云母、绿泥石分析发现（表 2.4），白云母中 SiO_2 含量>49%，为 49.93%~51.26%，Si 值：3.6046~3.6961，属多硅白云母，通过多硅白云母温压计计算，求得变形变质作用温压环境为；$T=170~440\ ℃$，$P=1.24~1.63\ GPa$（表 2.5），并利用共生的白云母-绿泥石 Al' 分配关系及绿泥石温度计计算得出变形变质期温度分别为 225℃ 和 191℃。表明碰撞期逆冲剪切变形仍具有高压特点，但温度比俯冲期有所增高。

区域对比分析发现，勉略构造带变质作用在横向上存在显著不均一性。构造带西部略阳地区主造山期变形变质作用总体具有低温高压的特点，而在东部长坝、菜马河地区以高温高压变质作用为特征，东部变质程度明显高于西部地区，出现高角闪岩相-麻粒岩相变质矿物组合。李三忠（1998）对长坝、菜马河地区变质作用研究发现，主造山期变质作用峰期温压环境为：$T=750~800\ ℃$，$P=0.8~1.0\ GPa$，并且有较高温度顺时针 PTt 轨迹（图 2.119）。这种变质作用差异性主要是由于深部地质作用引起勉略洋盆岩石圈热结构不均一性造成的，同时也反映了勉略带构造演化的不均一性，也表明勉略构造带是由不同性质、不同环境和演化历史的岩石构造混杂而构成，它原是一个具有复杂组成和经历变质变形演化的板块古缝合带。

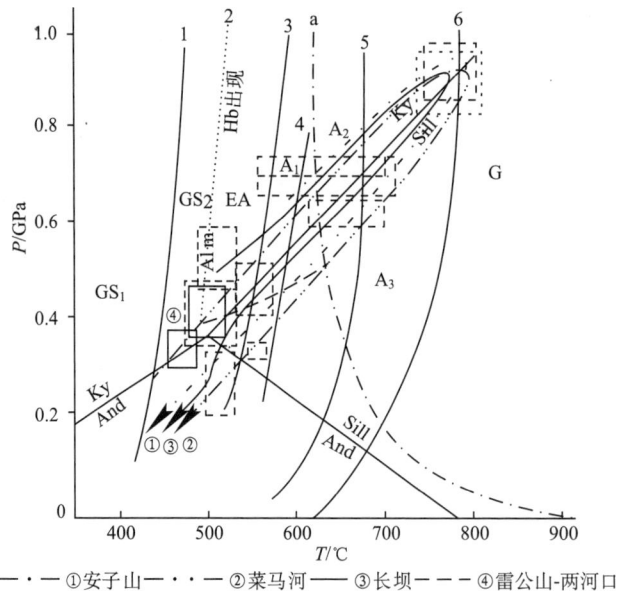

图 2.119　长坝-菜马河一带变质作用 PTt 轨迹

GS$_1$. 绿泥石-白云母亚相；GS$_2$. 黑云母-绿泥石亚相；A. 角闪岩相；A$_1$. 十字石-铁铝榴石-白云母亚相；
A$_2$. 蓝晶石-铁铝榴石-白云母亚相；A$_3$. 夕线石-铁铝榴石-正长石亚相；G. 麻粒岩相

（二）勉略区段勉略带构造混杂堆积

1. 关于混杂堆积

混杂堆积（混杂岩）作为一种特殊的地质现象，已有一百多年的研究历史。Greenly（1919）在威尔士地区填图时，首先提出混杂堆积（melange）概念，用以描述那里呈透镜状构造岩块分布于软弱基质中的特殊岩石组合，之后在世界不同地区相继发现混杂堆积的存在，不同学者通过自己的研究，对混杂岩成因提出不同的认识。直到板块构造理论建立之后，对混杂岩的成因才有新的理解，并逐步统一认识，它作为板块俯冲-碰撞作用强烈变形的产物，是古板块缝合带存在的重要标志（Hsu，1968，1971，1974；Hamilton，1969；Abbate，1970；Ernst，1970；Dewey and Bird，1970；Knipper，1971；Blake，1974；Gansser，1974）。

作为板块俯冲碰撞缝合带的混杂岩，一般具有以下几点基本特征：①混杂岩由不同时代、不同性质的构造岩块和基质两部分组成，其中构造岩块包括外来岩块和原地岩块；②构造岩块大小混杂，形态各异，一般为能干性较强的砂岩、碳酸盐岩、基性火山岩、超镁铁质岩以及各类变质岩；③混杂岩基质一般为相对塑性的岩石，并挤入岩块之间，发育流动构造，主要为受到不同变质作用的泥质岩石和蛇纹质岩石；④岩块和基质变形强烈，普遍受到不同程度的剪切作用，并且与上覆、下伏地层以断裂或剪切带接触，以区别于滑混堆积；⑤区域上作为特殊的构造岩石地层单元，常形成于俯冲板块前缘叠瓦构造带，并与高压低温变质带共生。目前世界诸多造山带以及喜马拉雅、我国台湾、祁连、西秦岭、东秦岭等造山带中均发现有混杂岩分布（冯益民、朱宝清，1980；高延林，1984；陈国铭，1984；王连成，1985；汤耀庆、许志琴，1986）。同时新的研究表明混杂岩也可由同沉积断裂长期活动以及其他构造环境产生（Gair and Slack，1984），具多成因性，因此对混杂岩研究应强调综合分析对比的原则。

在勉略区段勉略带的研究工作中有新的重要发现。对分布于勉县长坝和略阳横现河张崖沟的特殊岩石组合做了详细研究，发现两套岩石组合发育不同时代、不同性质和来源的构造岩块，岩块大小不一，成分复杂，并被强烈变形基质包围，属典型的混杂堆积，依据其变形机制、空间位置分别称之为长坝混杂岩和横现河混杂岩，下面将分别对其岩石类型、变形特征、成因及时代作以分析。

2. 长坝混杂岩

长坝混杂岩出露于勉略构造带北部长坝响崖，呈宽约50~60 m的透镜体产于小蝙河-长坝构造岩片中，混杂体与两侧岩石以平行于区域片理的剪切面为边界。混杂岩由基质和构造岩块两部分组成，基质成分单一，为副变质的黑云斜长片麻岩和黑云母片岩，但构造岩块成分复杂，大小悬殊，由原地岩块和外来岩块两部分组成，依据岩块组成和块度，将混杂岩在剖面上分为南、北两个带（图2.120）。

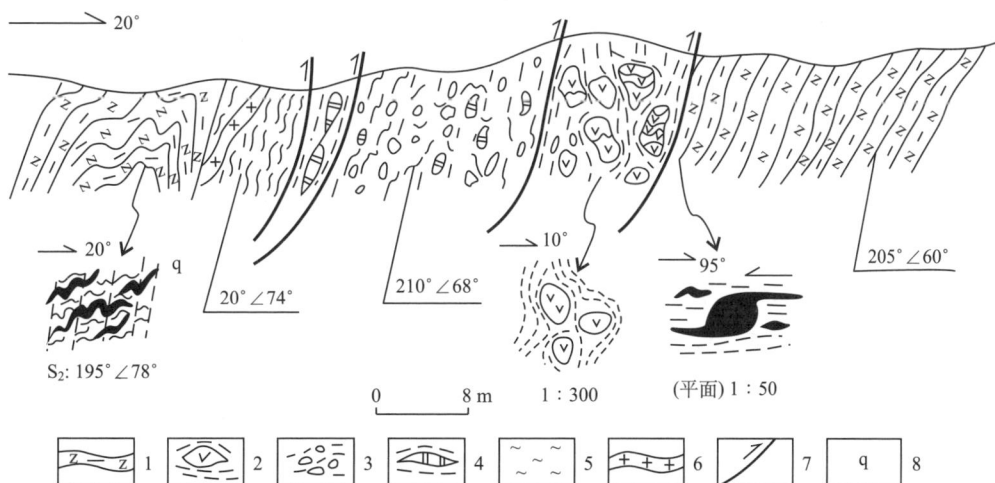

图2.120　长坝混杂岩构造剖面

1. 黑云母斜长片麻岩；2. 北带混杂岩；3. 南带混杂岩；4. 透镜化碳酸盐岩；5. 强片理化带；
6. 辉长岩脉；7. 韧性逆冲断层；8. 石英脉

北带混杂岩：宽 15~20 m，由成分单一、块度较大的构造岩块和基质组成。构造岩块块度一般0.5~3 m，为深绿色–浅绿色变质基性火山岩，与基质变质碎屑岩成分明显不同，属典型的外来构造岩块，镜下研究发现这些基性火山岩岩块经历了角闪岩相变质作用，为斜长角闪岩；宏观上构造岩块形态多为不规则的浑圆状、棱角状、扁球状。从北带构造岩块成分单一、缺乏原地构造岩块，且剪切变形相对较弱分析，不排除由原堆积混杂岩经俯冲期剪切变形改造转化而成。

南带混杂岩：宽 30~45 m，与北带混杂岩相比，岩块块度较小，形态多样，一般 0.1~0.3 m，成分也比较复杂，由原地岩块和外来岩块两部分组成。外来岩块主要为变质基性火山岩、碳酸盐岩、硅质岩和长英质片岩等，原地岩块主要为与基质原岩组分相同的变质砂岩岩块，这些岩块在基质面理方向上有一定的延续性，大小不一，呈透镜状、石香肠状断续分布。南带和北带混杂岩基质均强烈变形，原始沉积层理完全被破坏，片理发育，并且平行于区域构造面理，产状：200°~210°∠65°~74°，在大的岩块与基质接触面附近，常形成剪切拖拉包卷构造，说明岩块在形成后发生明显的旋转或变位。

构造变形解析表明，长坝混杂岩主要经历了三期构造变形：

第一期变形（D_1）为俯冲期挤压剪切变形，使原始沉积岩系挤压、破碎形成混杂岩，并在基质中产生透入性剪切面理（S_1）。

第二期变形（D_2）为碰撞期褶皱变形，在南带混杂岩中表现为片理 S_1 褶皱作用，但在北带混杂岩中由于岩块块度较大，变形主要表现为岩块的旋转，同时使围绕岩块基质中的片理产生与区域褶皱不协调的小型褶皱，并与岩块一起构成包卷构造。

第三期变形（D_3）为陆内造山阶段中构造层次条件下斜向逆冲走滑剪切变形，走滑方向北北西，从混杂岩基质中发育 δ 旋斑构造判断走滑剪切具左行特征。

3. 横现河混杂岩

混杂岩出露于略阳横现河张崖沟，总体呈宽约 800~1000 m 的巨大楔状岩片产出，处于勉略构造带主推覆构造系南部前缘部位，南北分别以向南高角度韧性逆冲剪切带与鱼洞子岩块和金家河岩片接触，以发育大小不同、形态各异的各种构造岩块为特征。以往的研究大都将其作为沉积砾岩或受构造作用改造的砾岩看待，本次通过野外详细研究及微观构造分析，认为该岩石组合实为经历多期变形构造改造的混杂堆积，其基质为变质泥质岩或变质砂岩，属泥砂质混杂岩。

横现河混杂岩在剖面上可依据基质原岩组成进一步分为泥质混杂岩和砂质混杂岩两种类型（图2.121）。泥质混杂岩：出露于剖面南、北两侧，累计宽度 600~700 m，基质为强烈变形的灰黑色绢云千枚岩和千糜岩。受后期变形影响，基质中普遍发育片理褶皱；构造岩块由外来的碳酸盐岩岩块、硅质岩岩块、基性火山岩岩块和原地变质砂岩岩块组成，但岩块块度普遍较小，一般小于 10 cm，个别可达 0.2~0.5 m，不同成分岩块呈无序状杂乱分布；砂质混杂岩：夹于南北泥质混杂岩之间，宽200~300 m，基质为灰白色绢云长石石英片岩、长石石英砂岩，与泥质混杂岩相比除基质组成差异外，还表现在原地变质砂岩岩块含量较高，块度相对较大，外来岩块成分主要为硅质岩，偶见碳酸盐岩和火山岩岩块。但无论泥质岩混杂岩还是砂质混杂岩，岩石均发生强烈挤压剪切变形，强烈糜棱岩化，构造岩块多呈扁豆状、透镜状、浑圆状，平面（YZ 面）上长宽比可达 3∶1~8∶1，其长轴具有NE75°~90°-SW255°~270°的优选方位。镜下研究发现，混杂岩具有明显的"砾状"结构，砾块成分复杂，主要为硅质岩和变长石石英砂岩以及变质火山岩和碳酸盐岩，其长轴与片理方向一致。基质主要由大量片状矿物绢云母、绿泥石及细小长石、石英定向排列而成，常围绕砾块分布形成流动构造；而且硅质岩块内部石英颗粒拉长现象明显，发育波状消光，显示强韧性变形特征，其内部构造面理与基质面理一致，表明二者经历了相同的变形过程。

详细构造研究分析表明，混杂岩也至少经历了三期构造变形（D_1、D_2、D_3）：

混杂期变形（D_1）：在俯冲消减带巨大挤压应力作用下，原始硬砂岩层和泥质岩岩层受到挤压、

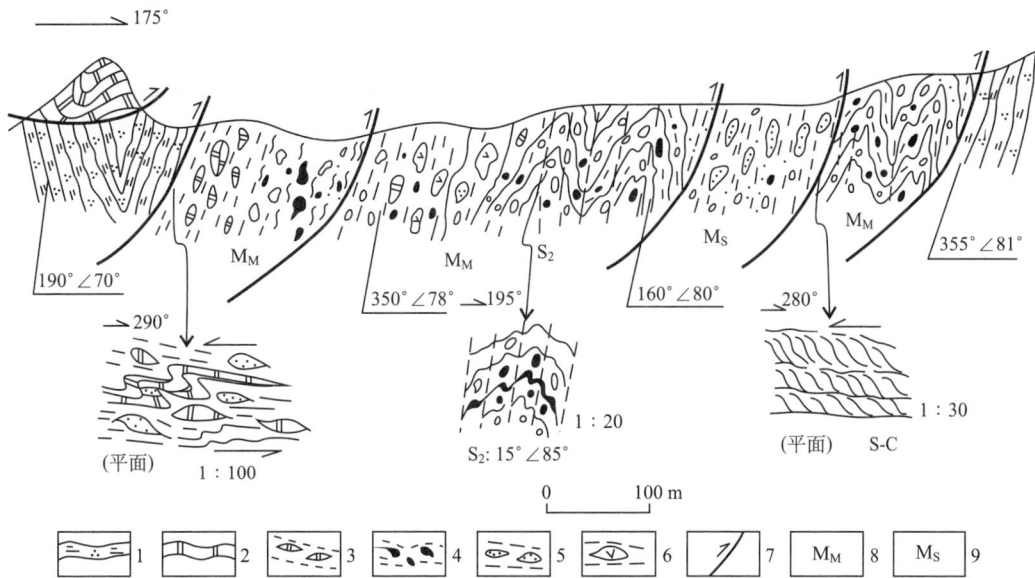

图 2.121　横现河混杂岩构造剖面

1. 绢云母石英片岩；2. 相公山白云岩；3. 大理岩岩块；4. 硅质岩岩块；5. 变质砂岩岩块；6. 火山岩岩块；
7. 韧性逆冲断层；8. 泥质混杂岩带；9. 砂质混杂岩带

剪切发生破碎作用，强度较大的砂岩层产生剪切节理形成石香肠、菱形块；而泥质岩层因质软易流动，在挤压应力和剪切应力作用下，挤入岩块之间，同时外来岩块以不同方式加入，通过混合作用形成混杂岩，并形成区域面理（S_1），现今仍在部分原地岩块内保留了早期破碎阶段变形产生的 X 型构造面理。另外混杂岩基质中同变形期白云母成分分析表明，其 SiO_2 含量 50.35%～56.82%，属多硅白云母，并通过白云母温压测试得出其变形温压条件为：$T = 190～265\ ℃$，$P = 0.06～1.45\ GPa$；说明混杂期变形具有高压低温特点。

褶皱-逆冲变形（D_2）：碰撞造山阶段，在强大挤压应力作用下，混杂岩基质中形成了以片理（S_1）为变形面的褶皱构造，并产生轴面劈理（S_2），同时由于递进变形作用，在混杂岩内及两侧边界产生由北到南高角度的韧性逆冲剪切带，使混杂岩进一步变形，在剪切带内发育糜棱岩。该期变形构造样式区域上与整个勉略构造带碰撞期变形样式完全一致，对混杂岩强烈改造，并使其进一步变形，最终奠定混杂岩现今构造面貌。

陆内走滑剪切变形（D_3）：在混杂岩中表现为岩块进一步剪切拉长，而基质中早期面理由于受到剪切作用改造，使原面理物质、结构产生调整，产生新的面理，并与早期面理（S_1、S_2）一起构成 S-C 组构，同时在剪切过程中混杂岩中还形成不对称的倾竖褶皱，共同指示晚期走滑作用具有左行特征。

4. 混杂岩成因及时代

长坝混杂岩和横现河混杂岩在岩石性质、类型上有一定的相似性，两类混杂岩中构造岩块组成和基质原岩特征的相似性，表明两类混杂岩在混杂期具有相同或相似的构造环境，即形成于板块俯冲碰撞带。但两地区混杂岩变形特征又表现出明显的差异性。长坝混杂岩由于岩块块度总体较大，能干性较强，变形相对较弱，岩块多呈不规则状，在基质中杂乱分布，定向性较弱，碰撞期褶皱变形表现为岩块旋转以及岩块间基质不协调的褶皱，总体呈夹块状处于勉略缝合带中未遭受强烈韧性与脆性剪切作用的相对弱变形区间。而横现河混杂岩经历了强烈的多期中深层次韧性-脆韧性剪切作用的叠加改造，发生褶皱作用和剪切变形，构造岩块多呈扁豆状、透镜状，其长轴平行于早期剪切面理，并在原地岩块内保留有早期挤压剪切变形构造，表明是固化岩石在巨大的剪切压扁作用下形成，并且在俯冲混杂岩形成之后又受到碰撞造山阶段的强烈改造，主要是巨大挤压应力作用下所产生的紧闭褶皱和自北而南逆冲剪切变形，使混杂岩向南逆冲就位于勉略逆冲推覆构造主推覆系前锋地带，同时使基质发生进一步剪切变形，糜棱岩化强烈，总体呈现为强烈剪切变形带。从三岔子岛弧火山岩及北部俯冲型花岗岩年龄分析，混杂岩形成时代大致为石炭纪—早三叠世，并在中、晚三叠世受到碰撞造山阶段变形的强烈改造。

（三）勉略区段勉略带造山变质作用与特征

南秦岭地块有两个独特的地质现象，即以佛坪穹窿构造为核心的独特的佛坪递增变质带和印支期花岗岩带独特空间分布。前人虽研究不多，但仍有一些研究，其中谢茂祥、孙民生（1987）研究了北部低压变质相带及佛坪递增变质带，认为是双变质带；张宏飞等（1997）对该区东江口岩体群（U-Pb 同位素定年为 200~217 Ma）、五龙岩体及光头山岩体（U-Pb 同位素定年为 205~220 Ma）等的 Sm-Nd 同位素示踪研究，表明其岩浆源区为新元古代增生的地壳物质，在物质组成和时代上可能类似于耀岭河群基性火山岩；王居里（1997b）提出五龙岩体为壳幔混源成因并认为与佛坪递增变质带的形成有关；魏春景等（1998）在邻区佛坪穹窿中发现海西-印支期低压麻粒岩。李三忠等（2003）、胡健民等（1998）、董云鹏和张国伟（2010）等也做了研究，但都缺少对勉略碰撞带变质作用的系统研究，所以这里从勉略古缝合带造山变质作用和佛坪穹窿构造为中心的递增变质作用与变质相带的变质动力学角度进行剖析，围绕勉略带及邻区的变质动力学演化，对不同的构造-岩石单元或构造岩片进行变质作用和 PTt 轨迹研究，并通过变斑晶或基质的微构造这一桥梁探讨变质与变形关系。从而探讨该区域变质动力学的构造解释问题。

1. 南秦岭地块的变质特征

南秦岭地块变质作用既有早前寒武纪结晶基底（Ar-Pt$_1$）变质、晋宁期变质（Pt$_{2-3}$），又有基本不可分的海西-印支期变质，但后者仍可分为几个阶段，且有不同类型变质作用并发或叠加。中新生代主要是部分 J-K$_1$ 地层有轻微变质，其后无变质作用发生。变质类型及变质程度在空间上极其复杂。总体上，海西-印支期变质空间上可分为两带：北部低压变质相带和南部佛坪递增变质带。

1）北部低压变质相带

从早期变形面理矿物组合分析，整个南秦岭地块内的 D-C 地层在早期变形期间，变质程度普遍不高，属低绿片岩相变质。但在丹凤—商南一带（除去武关岩群外），自南往北由低绿片岩相—高绿片岩相—低角闪岩相渐变，矿物共生组合分别为；绿泥石+绿帘石+石英+绢云母，黑云母+方柱石+绿泥石，角闪石+黑云母等，但都属低压相。由于①热递增变质中心并不靠近印支期岩体，②黑云母角页岩及方柱石角岩又呈区域展布，③在火神庙-过风楼递增变质带的石榴二云石英片岩中获得黑云母、白云母等（K-Ar）表面年龄为 313~267 Ma（许志琴等，1988）。故该阶段变质可能划归海西-印支期变质的早期阶段。

在凤县—柞水一带发育的低压相系属布米式变质带（图 2.122），西起凤县，东经江口、旬阳坝、柞水，至山阳、过风楼一带。发育有典型的低压矿物红柱石、堇青石，它们区域性展布，据矿物组合可分为绢云母-红柱石带、黑云母-红柱石带、十字石-红柱石带和红柱石-堇青石带（谢茂祥、孙民生，1987）。

绢云母-红柱石带分布于红岩河-王家楼以西地区，在凤县银母寺一带，矿物组合以 Chl（绿泥石）+Ser（绢云母）为主，有时有黑云母，向西至凤县已全部为 Chl+Ser 组合，王家楼一带有 And（红柱石）+Ser+Q（石英）组合。黑云母-红柱石带分布于红岩河-王家楼以东到黄柏塬一带，主要矿物组合为：And+Bt（黑云母）+Mus（白云母）+Pl（长石或 Chl）+Q。十字石-红柱石带分布于黄

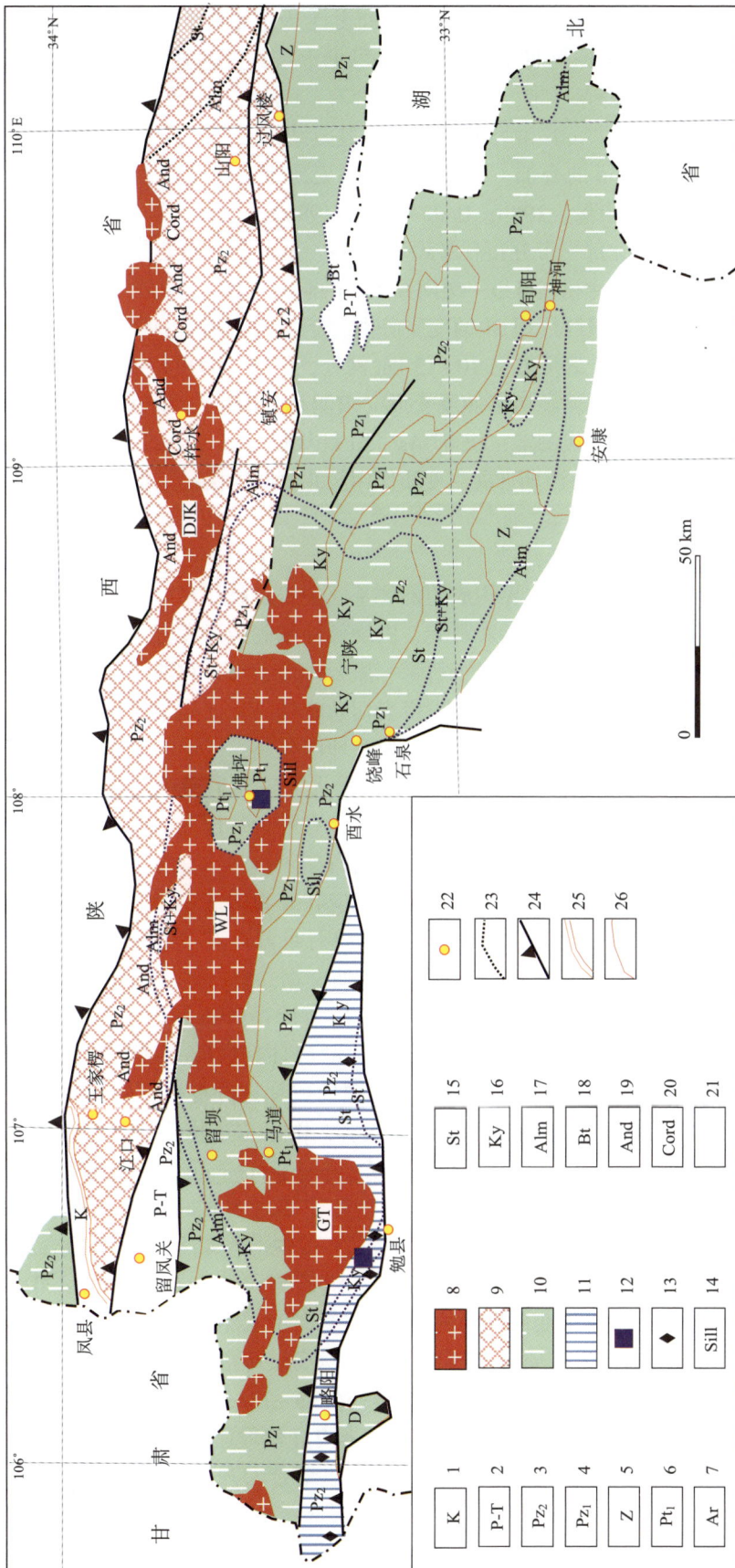

图 2.122　勉略带及北部南秦岭地块的变质地质图（据李三忠等，2003）

1. 中新生代盆地；2. 二叠-三叠系；3. 上古生界；4. 下古生界；5. 震旦系；6. 古元古代基底；7. 太古宙；8. 花岗岩（海西-印支期末分）；9. 低压变质相带；10. 中压变质相带；11. 勉略带（高压变质相带）；12. 麻粒岩出露点；13. 报道的及本节发现的低温高压矿物点；14. 夕线石；15. 十字石；16. 蓝晶石；17. 石榴子石；18. 黑云母；19. 红柱石；20. 堇青石；21. 弱或未变质带；22. 地点；23. 变质带界线；24. 逆断层；25. 不整合界线；26. 地层界线。

GT. 光头山岩体；WL. 五龙岩体；DJK. 东江口岩体

柏塬—旬阳坝一带，矿物组合有：And+Stau（十字石）+Alm（石榴子石）+Bt+Q，And+Chtd（硬绿泥石）+Ser+Q 及 Stau+Chtd+Mus+Bt+Q。以红柱石和黑云母共生为主要现象，旬阳坝一带十字石与红柱石共生可能为低压向中压递增变质转换期间的产物，并可见十字石内的硬绿泥石假象。红柱石-董青石带主要分布于旬阳坝—柞水红岩寺一带，矿物共生组合有：Cord（董青石）+And+Stau+Alm+Bt+Q，Stau+And+Alm+Bt+Mus+Q，Stau+And+Bt+Mus+Pl+Q。显微结构表明，在后两个变质带中有部分印支期碰撞期间变质带内 Stau 和 Alm 的叠加。上述低压相系变质带向西秦岭西延同样发育，但变质程度变浅，并被归并为海西期（董申保，1986；Dong et al.，1996）。

南秦岭地块武当—安康—略阳北部一带分布有寒武-奥陶系、志留系，甚至有过渡型新元古代基底，本节主要涉及志留系组成的白水江岩片和震旦系—奥陶系组成的洞河岩片，这两个岩片在海西期可能处于中浅部地壳层次，因为在盖层中区域性片理 S1 的变质矿物组合为 Mus+Bt+Pi+Q，据 Mus-Bt 对温压计及白云母压力计计算（李三忠，1998）表明约在 $10 \sim 15$ km 深处，但低压变质特征不明显。同整个南秦岭地块一样，这两个岩片在晚古生代早期经历了伸展变形（宋鸿林，1994），胡健民等（1998）对该区震旦系中拆离带岩石的白云母进行了年代测定，获得 $^{40}Ar/^{39}Ar$ 坪年龄为 261 ± 0.25 Ma 和 282.7 ± 8 Ma，及 260.45 ± 2.4 Ma 的等时线年龄，表明为海西期伸展，变质作用与北部低压相系变质同时。

2）南部佛坪递增变质带

佛坪递增变质带分布区岩石包括古元古界构成的佛坪基底杂岩及震旦系—石炭系组成的盖层变质岩系。佛坪递增变质带具有以下显著特点：①宏观上，围绕佛坪基底杂岩发育中心式递增变质带，由内向外依次为夕线石带—十字石蓝晶石带—石榴子石带—黑云母带，至金鸡岭一带部分地层浅变质甚至到未变质；②在勉县至洋县一带，可见该递增变质带交切勉略带，且变质带界线不超越勉略带南界断裂；③宏观上，佛坪递增变质带变质程度不受地层层位和埋深控制；④递增变质带不受褶皱或断裂等构造线影响；⑤光头山岩体（200 Ma）、东江口岩体群的侵入，破坏了递增变质带的完整性；⑥不同变质带内的矿物显微构造研究表明，黑云母存在多个世代，有平行片理或褶劈理的，也有晚期无规则分布的，说明变质带早期是同运动的，但高级变质带中的石榴子石、十字石、蓝晶石、夕线石的显微构造特征表明为构造后的，因而，递增变质带的最终定型应在宏观构造变形之后，这与宏观特征一致；⑦变质峰期晚于变形峰期；⑧变质作用属中压型，夕线石带温度在 $580 \sim 730℃$，压力在 $0.5 \sim 0.67$ GPa 之间（张国伟等，2001a，b），核部达麻粒岩相变质，据二辉石地质温度计算表明，平衡温度为 $770 \sim 780℃$，又据单斜辉石-斜长石-石英组合的地质压力计得到压力为 0.6 GPa（魏春景等，1998），属中低压麻粒岩，形成层次相对前者较深；⑨在佛坪穹窿内也存在海西-印支期早期变质作用（图2.25），在佛坪热递增变质带形成早期，盖层中出现构成片理的变质矿物共生组合为：阳起石+钠长石+绿泥石+石英（陈家义等，1997），为低压相组合，由于构造作用快于热松弛，故早期变质矿物组合现今在岩石中呈非平衡状态与晚期角闪石+斜长石+绿帘石+石英等矿物组合共存。

佛坪递增变质带形成的年代学研究表明，佛坪递增变质带的变质时限持续较长。魏春景等（1998）在佛坪县南约 500 m 一带（图2.25、图2.122），发现中酸性麻粒岩，其中含有少量（约10%）的基性麻粒岩和透辉斜长角闪岩的条带和透镜体。我们测得该麻粒岩 Sm-Nd 年龄为 $200 \sim 240$ Ma（张国伟等，2001a，b），形成于变质峰期的锆石 U-Pb 同位素年龄为 212.8 ± 9.4 Ma，变质峰期温度为 $740 \sim 780℃$，故该年龄应当为变质峰期年龄。此外，杨崇辉等（1999）获得佛坪县城附近的混合片麻岩中的锆石 U-Pb 年龄为 $197 \sim 200$ Ma 和 221.4 ± 36 Ma $\sim 271\pm15$ Ma，该片麻岩 Sm-Nd 等时年龄为 196 Ma（张国伟等，2001）。马道-神河的递增变质带内（佛坪递增变质带组成）获 4 个 K-Ar 同位素表面年龄样品作等时线处理后的年龄为 251.61 Ma，再结合宏观上佛坪递增变质带交切俯冲带，表明该递增变质带明显晚于 $221 \sim 241$ Ma 的俯冲带变质（李曙光等，1996b）。因此，无论从微构造还是同位素年龄测定，皆反映其主期变质时限持续较长，应是海西-印支期。区域上南秦岭金鸡岭地区（图2.122）二叠系—三叠系同为浅变质地层，证明本区海西期和印支期变质是一个连续的变质事件，可划分为若干个阶段。晚期阶段对早期阶段变质具改造叠加性，这不仅反映在微构造叠加上，在同位素系统热扰动上也有反映。

3）热接触变质特征

紧邻略阳、勉县的勉略带北部南秦岭地块南部发育的光头山花岗岩体及其西侧一带的新院、迷坝、张家坝、姜家坪、姊妹山等岩体（图2.122），其U-Pb同位素年龄介于220~205 Ma之间，K-Ar同位素年龄介于243.8~200 Ma之间。接触变质岩有长英质角岩、黑云母角岩、堇青石角岩、红柱石片岩、粗粒大理岩等。这些变质带穿切递增变质带，表明这些岩体侵入年代及接触变质带形成时间都比印支期主变形变质期要晚。根据这些岩体的年代，表明该热接触变质作用发生于印支末期。

2. 勉略区段（康县-高川段）勉略带的变质特征

勉略带的组成复杂，由不同类型、不同构造环境、不同时代、不同变质程度的岩片组成。卷入俯冲带中的不同时代的岩石类型很多，根据目前变质相带在空间上保存不同，总体上可以勉县-长坝、108°E或酉水为界，分为东部、中部和西部不同的三带。西部表现为低绿片岩相-蓝片岩相变质作用，低温高压变质成因的矿物保存相对较多；中部高压变质相带被佛坪递增变质带叠加改造，但仍有保存；前人发现的蓝闪石（类）（陶洪祥等，1993）、3T型多硅白云母（李映琴，1991；李三忠，1998）主要分布于中、西部，如康县琵琶寺、勉县雷公山、洋县八宝台、略阳华厂沟、三岔子、勉县雷公山等地。东部以绿片岩相-低角闪岩相变质作用为主，高压变质相带的矿物组合保存较少。这为探讨勉略带不同阶段、不同空间的构造演化提供了条件。

1）勉略区段勉略带分区变质作用特征

（1）西部变质特征

西部各岩片总体变质程度为蓝片岩相-低绿片岩相，高压变质矿物保存相对中、东部多，主要矿物组合有：多硅白云母+黑硬绿泥石+绿泥石+钠长石+石英，多硅白云母及黑硬绿泥石皆有两个世代，且平行于片理和折劈理分布。李曙光等（1996b）对该区黑沟峡-庄科岩片的同期变形形成的绿泥钠长千枚岩进行了定年，获得Sm-Nd全岩等时线年龄为241±21 Ma，Rb-Sr全岩等时线年龄为221±13 Ma，并认为是变质年龄。三岔子绿泥多硅白云母钠长石英片岩（千枚岩）代表浅变质的岛弧火山岩组成。但三岔子变辉长岩代表洋壳下部或可能的洋幔顶部组成，因为在三岔子地区出露的蛇纹岩与变质辉长岩紧密伴生，地球化学研究揭示出属古洋幔组成（Lai and Zhang，1996；许继峰等，1997），变质超基性岩的岩相学研究及原岩恢复表明为方辉橄榄岩、纯橄榄岩、含辉橄榄岩、二辉橄榄岩等组成，已强烈蛇纹石化。附近发育滑石菱镁片岩（杨永成等，1996）。显微组构分析表明，三岔子俯冲变形期间三岔子基性-超基性岩块相对岛弧火山岩岩片出现于较深构造层次，因为该变质辉长岩中有变质成因的两个世代角闪石，第一世代的角闪石呈辉石假象，具有环带，形成于变形前并经历了变形构造，总体平行片理分布，对其进行研究可揭示深层次辉长岩就位历史及其与浅层次岩片的并置过程；第二世代的角闪石自形，平行折劈理分布。

（2）中部变质特征

相对三岔子地区而言，中部的长坝—雷公山—菜马河一带的勉略带变质程度略高，据变质变形显微组构分析表明，该区发现的十字石、蓝晶石、石榴子石皆属构造后生长的，并成为佛坪递增变质带的组成部分，它们主要是碰撞后递进变质叠加的结果，因而，该区变质较西部高，与递增变质带的叠加有关。本研究选择了不同的代表性岩片进行*PTt*轨迹的研究。长坝西绿泥钠长绢云千枚岩、长坝石榴斜长角闪岩、雷公山石榴角闪绢云千枚岩、安子山石榴角闪绢云千枚岩、菜马河基性麻粒岩分别代表低级、高中级、中级、中高级及高级变质的岛弧火山岩组成。其峰期前的变质矿物残余在基质中仅有绿泥石等发现（两河口—雷公山），局部有蓝片岩残存，平行折劈理还发现温度略高背景下形成的高压钠云母（雷公山）、方柱石（菜马河）。在石榴子石变斑晶内的早期包体也反映其经历了早期递进变质历史。

（3）东部变质特征

该区勉略带内岩石分布范围较窄，主要有寒武系—三叠系地层及少量火山岩，变质程度极不均一，其中石炭—三叠系地层遭受轻微变质，主要为一些钙质板岩、千枚岩、变质硅质岩等，破劈理发育，其中高川岩片变形极强，但特征变质矿物极少。分布于西乡一带的西乡岩片变质也极浅，其中三郎铺组甚至未变质。为研究该区变质动力学特征，本研究选择了其北侧紧邻的南秦岭地块中的白水江岩片和洞河岩片，这两个岩片中的地层有绿片岩相组合，亦有角闪岩相。酉水街北 l km 处的十字石榴二云片岩、石泉饶峰乡的（绿泥）十字石榴黑云片岩和十字石榴黑云片岩、十字石榴二云片岩分别属白水江岩片和洞河岩片。

（4）麻粒岩变质特征

研究揭示在邻区佛坪杂岩中及安子山岩块中发现的中、高压麻粒岩（Xu et al.，1994；魏春景等，1998），以及巨大的佛坪热递增变质相带和穹窿构造的形成等等，这些突出特征的地质现象与勉略构造带的形成演化有何关系，其中的变质动因又如何，显然都是值得深入探讨的问题。经新的研究，在勉略带典型地段的勉县菜马河南部马家沟、杨家沟、清家沟等多处又发现麻粒岩岩块（图 2.123）。从野外产出状态看，岩块呈长透镜状，夹持于强烈变形的勉略带片岩中，被光头山花岗质岩脉

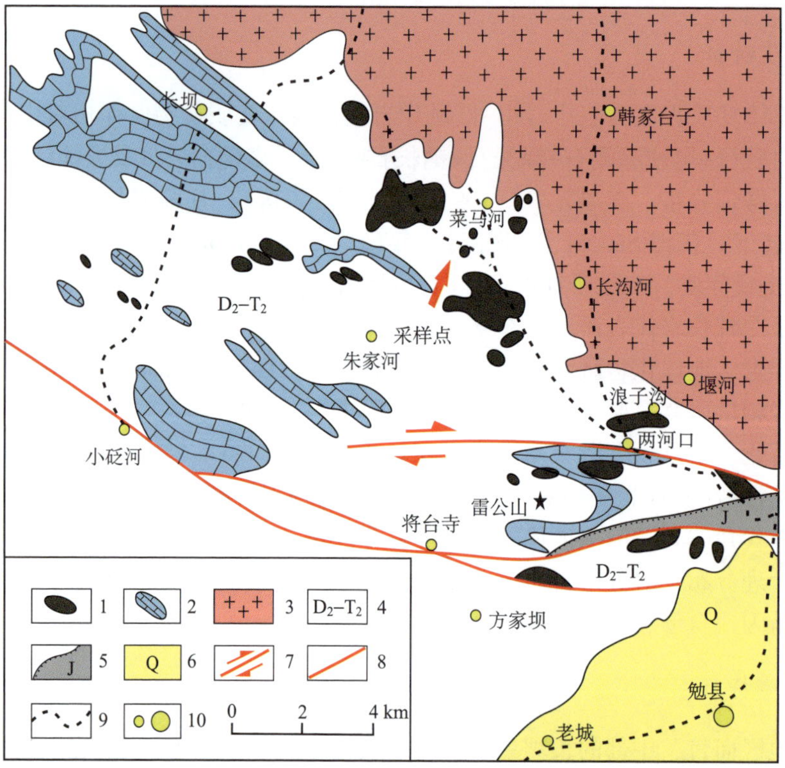

图 2.123　勉县北部勉略带地质略图（据李三忠等，2000）

1. 基性、超基性岩块；2. 大理岩块；3. 光头山岩体（200 Ma）；4. 勉略带中泥盆统—中三叠统基质；
5. 侏罗系地层；6. 第四系；7. 走滑断层；8. 勉略带南界直立断层；9. 简易公路；10. 县、镇（乡）

（200 Ma）穿切，表明麻粒岩形成于 200 Ma 前。原岩恢复（后文）表明，它明显不同于邻区晚古生代前的耀岭河群、碧口群、西乡群等岩群中火山岩的特征，而与 C_1 放射虫硅质岩伴生的三岔子岛弧型火山岩相同，因此，其原岩形成时期也应属晚古生代。根据麻粒岩块中主面理产状与勉略带中的片理 S_1 产状一致，且在黑沟峡原岩可能为泥盆纪的岩石中又测得勉略带组成 S_1 片理的矿物其变质年龄为 221~241 Ma（李曙光等，1996b），故该麻粒岩岩块的变质年龄可能也属印支期。

① 岩石学特征

该麻粒岩呈深灰褐色，退变强烈者呈暗绿色，岩石坚硬，块状构造为主，有的片状构造明显，粒状变晶结构，主要由石榴子石（25%）、单斜辉石（35%±）、石英（5%）和退变成因的绿色角闪石（25%）和斜长石（10%）组成，副矿物有金红石（Rut）、榍石和磷灰石等，有些见有方解石。在退变成因的绿色角闪石中包裹有单斜辉石，或绿色角闪石与单斜辉石接触面呈港湾状，反应结构明显。

② 岩石化学特征

经岩石化学全分析、微量及稀土元素分析，其主要元素成分变化较大，SiO_2 为 51.74% ~ 55.02%，FeO/MgO 为 1.17% ~ 3.48%，MgO 为 2.94% ~ 3.28%，K_2O 多数为 1.42% ~ 1.98%，$Na_2O > K_2O$，TiO_2 为 0.90% ~ 1.17%。在 $Na_2O + K_2O\text{-}SiO_2$ 岩石分类图解中 14 号样为玄武岩，13 号为玄武质安山岩；在 $FeO/MgO\text{-}TiO_2$ 图解等各种地球化学判别图解上，皆落入岛弧火山岩区；稀土配分模式以轻稀土轻微富集，Eu 具较明显负异常，表明岩石发生过一定程度的斜长石分离结晶；微量元素具有明显的大离子亲石元素 Rb、Ba 和 Th 强烈富集，Nb、Ta 明显亏损，在蛛网图中其配分型式与岛弧火山岩一致；综合分析认为该基性麻粒岩原岩具岛弧火山岩特征。经对比研究表明本区基性麻粒岩的原岩可与三岔子及安子山岩块原岩对比，而与碧口群、耀岭河群等早古生代前的火山岩化学成分不同，充分证明麻粒岩是晚古生代期间岛弧火山岩俯冲直至弧陆碰撞的产物。

③ 本区基性麻粒岩证据

电子探针分析结果（表 2.7、表 2.8）表明，该麻粒岩以铁铝榴石和透辉石组成为主，为石榴透辉石岩；分析样品中石榴子石粒度一般为 2~3 mm，透辉石粒度为 2~3 mm；石榴子石共分析 50 点，透辉石 40 点，斜长石 20 点，其他矿物 10 点。显微镜下鉴定及电子探针分析都发现该麻粒岩不含紫苏辉石。

1）安子山北部的徐家坪基性麻粒岩岩块中峰期变质阶段矿物共生组合不含紫苏辉石，为：Gt（石榴子石）+Cpx（单斜辉石）+Pl+Qz+Rut（金红石）；退变阶段的矿物共生组合为：Hb（角闪石）+Pl 等。但据许继峰等发现安子山有紫苏辉石，形成于峰期阶段，现为残留产物。以上反映前者峰值压力条件较安子山岩块的高。

2）本区基性麻粒岩岩石中斜长石 An 介于 24~46 之间，20 个斜长石 An 的平均值为 30.5。达到了基性岩中麻粒岩相 An>30 的范围。

3）在矿物化学特征判别变质相的判别图中，13 号和 14 号样中的特征变质矿物皆落入麻粒岩相，如在 Sobolev 的（Gro+Andr）-（Alm+Sps）-Pyr 图解中石榴子石都落入麻粒岩相范围。利用贺高品（1991）提出的麻粒岩相和角闪岩相石榴子石判别式，求得 Y1>Y2，也表明达麻粒岩相。其中辉石中 $Jd/T_{Sch} > 0.8$，表明可能经历了中高压变质作用，但 Na 相对偏低。

4）采用 Ellis 等温度计和 Newton 等压力计计算，所测样品普遍获得 T>700 ℃、P>1.0 GPa（表 2.9、表 2.10），由于 Newton 法计算的压力值普遍低 0.1~0.16 GPa，故校正后（表 2.10 中 P_2），本区该岩块峰值压力 P 可达1.2~1.3 GPa，表明该岩块峰值温压已达中、高压麻粒岩变质作用过渡阶段的温压范围。

根据本区 13 号样石榴子石中包裹有早期变质阶段的斜长石及北部安子山岩块中含紫苏辉石判断，徐家坪基性麻粒岩不含紫苏辉石，表明可能经历了一个升温升压进变阶段，推断之后可能达高压麻粒

表 2.7 石榴子石和斜长石电子探针代表性分析结果

样品号	13	13	13	13	14	14	14	14
矿物代号	Gt1（C）	Gt1（R）	Gt2（C）	Gt2（R）	Gt1（C）	Gt1（R）	Gt2（C）	Gt2（R）
SiO_2	36.00	38.79	36.65	38.92	38.21	37.29	36.45	37.17
TiO_2	0.03	0.18	0.32	0.12	0.13	0	0.16	0.27
Al_2O_3	22.72	21.22	22.71	20.79	21.30	21.52	22.94	20.78
FeO	26.72	25.23	24.91	24.95	22.32	21.83	22.71	21.67
MnO	1.38	1.26	1.40	1.51	1.64	1.46	2.30	1.69
MgO	1.95	1.90	1.82	1.84	0.90	0.98	1.09	0.93
CaO	11.04	10.67	11.51	11.20	15.51	17.42	14.57	17.23
Na_2O	0.04	0.05	0	0	0	0.05	0.09	0
K_2O	0	0	0	0	0	0	0	0
Σ	99.88	99.30	99.20	99.33	100.01	100.55	100.31	99.74
Si	2.848	3.020	2.912	3.099	3.014	2.914	2.794	2.817
Al^{IV}	0.152	0	0.088	0	0	0.086	0.206	0.183
Al^{VI}	1.966	1.946	2.036	1.949	1.979	1.895	1.864	1.671
Ti	0.002	0.011	0.019	0.007	0.008	0	0.009	0.015
Fe^{3+}	0.182	0	0.007	0	0	0.191	0.331	0.475
Fe^{2+}	1.586	1.822	1.648	1.669	1.473	1.236	1.312	1.225
Mn	0.092	0.083	0.094	0.102	0.106	0.097	0.149	0.108
Mg	0.230	0.221	0.216	0.218	0.110	0.114	0.125	0.105
Ca	0.936	0.890	0.980	0.955	1.311	1.459	1.196	1.399
Na	0.006	0.008	0	0	0	0.008	0.013	0
K	0	0	0	0	0	0	0	0
Alm（An）	55.8	59.2	56.1	56.4	49.1	42.5	47.2	43.8
Sps（Ab）	3.2	2.8	3.2	3.5	3.5	3.4	5.4	3.8
Pyr（Or）	8.1	7.5	7.4	7.5	3.7	3.9	4.5	3.7
Gro	32.9	30.5	33.3	32.6	43.7	50.2	43.0	48.8
O	12	12	12	12	12	12	12	12

注：电子探针测试分别由长春科技大学测试中心王微高级工程师及西安地质矿产研究所刘文峰研究员完成。电子探针仪分别为 SM-7 及 JXA-733，加速电压都为 15 kV，探针电流 20 nA，束斑直径皆为 2 μm。C-核部，R-边部。Alm-铁铝榴石，Sps-锰铝榴石，Pyr-镁铝榴石，Gro-钙铝榴石；An-钙长石，Ab-钠长石，Or-钾长石。

表 2.8 单斜辉石电子探针代表性分析结果

样品号	13-1	13-1	13-2	13-2
矿物世代	Cpx（C）	Cpx（R）	Cpx（C）	Cpx（R）
SiO_2	48.63	51.95	49.86	51.00
TiO_2	0.09	0	0.07	0.23
Al_2O_3	0.74	0.81	0.72	0.99
Cr_2O_3	0.06	0.72	0.35	0.30
FeO	16.88	14.08	14.64	13.80
MnO	0.14	0.29	0.37	0.14

样品号		13-1	13-1	13-2	13-2
矿物世代		Cpx（C）	Cpx（R）	Cpx（C）	Cpx（R）
MgO		10.99	10.35	11.33	11.21
CaO		21.82	21.60	22.21	21.82
Na_2O		0.41	0.20	0.26	0.29
K_2O		0.02	0.03	0.04	0.04
Σ		99.78	100.03	99.81	99.78
T	Si	1.863	1.989	1.902	1.989
	Al^{IV}	0.033	0.011	0.032	0.011
A+B	Al^{VI}	0	0.025	0	0.025
	Cr^{3+}	0.002	0.022	0.011	0.022
	Ti	0.003	0	0.002	0
	Fe^{2+}	0.541	0.450	0.467	0.450
	Mg	0.628	0.591	0.644	0.591
	Mn	0.005	0.009	0.012	0.009
	Ca	0.895	0.886	0.908	0.886
	Na	0.030	0.015	0.019	0.015
	K	0.001	0.001	0.002	0.001
Ac+Jd		0.023	0.016	0.019	0.024
T_{Sch}		0.011	0.010	0.030	0.046
Hd		0.546	0.458	0.442	0.475
Di		0.420	0.516	0.509	0.455

注：Ac+Jd. 锥辉石+硬玉分子，T_{Sch}. 契尔马克分子，Hd. 钙铁辉石，Di. 透辉石；其余说明同表2.7。

表2.9　徐家坪基性麻粒岩温度计算结果（℃）

样品	方法	Powell	Ellis 和 Green（1979）	Gangully
13-1	C	756.109	775.522	837.173
	R	697.426	715.500	769.687
13-2	C	799.516	718.923	780.025
	R	640.257	659.250	717.866
14-1	C	743.727	758.189	767.653
	R	730.419	744.043	737.951
14-2	C	772.509	786.339	792.335
	R	719.146	733.175	731.522

注：该表温度结果皆采用基于 Mathematica 软件平台的 PET 软件计算获得。

岩相变质峰值，后期退变又经历了 Gt+Cpx=Hb+Pl 代表的等温降压过程，故根据反应关系及温压计算可共同约束该基性麻粒岩块 *PTt* 轨迹为顺时针 *PTt* 轨迹。

表 2.10 徐家坪基性麻粒岩温压计算结果

样品		a_{An}^{Pl}	a_{Di}^{Cpx}	A_{Pyr}^{Gt}	a_{Gro}^{Gt}	$T/℃$	$P_1/10^5\ Pa$	$P_2/10^5\ Pa$
13-1 号	C	0.109	0.562	0.086	0.332	772	11664.43	13197.81
	R	0.161	0.524	0.083	0.318	711	9413.13	10901.13
13-2 号	C	0.109	0.584	0.079	0.338	710	10655.98	12142.78
	R	0.176	0.568	0.048	0.407	657	8208.52	9656.02
14-1 号	C	0.160	0.428	0.038	0.439	759	10106.87	11630.87
	R	0.209	0.529	0.043	0.504	736	9615.05	11121.80
14-2 号	C	0.262	0.421	0.048	0.432	797	9437.43	10989.93
	R	0.263	0.526	0.041	0.495	752	8588.63	10107.38

注：P_1 据 Newton 和 Perkins（1982）；P_2 为 Newton 所作的修正值，T 采用 Ellis 和 Green（1979）的温度计，可以表示与相应温度进行对比，该表温压皆利用 Excel 软件计算获得。

④ 大地构造意义

许多证据表明，世界各地的麻粒岩区主要形成于大陆（岛弧）碰撞造山带、大陆边缘岩浆弧和伸展–岩浆板底垫托作用的三种环境。在勉略带内发现原岩为岛弧型火山岩的麻粒岩岩块进一步证明了扬子板块与秦岭微板块的碰撞造山过程。而且，麻粒岩变质压力北高南低可能正反映了勉略小洋盆向北俯冲或扬子板块向北俯冲碰撞的极性。目前发现类似的基性麻粒岩岩块还在光头山岩体（200 Ma）中以包体形式产出，可能表明带有含水流体的岩石俯冲至深处发生高温中高压变质作用并熔融形成花岗闪长质岩浆，岩浆携带中、高压基性麻粒岩块上侵。在勉县西部长坝发现钠云母等中温中高压变质矿物、三岔子发现黑硬绿泥石及 3T 型多硅白云母等温高压矿物，表明勉略带康县–高川段横向抬升幅度不一，因为这些高压矿物组合都与片理 S_1 相关，故可能反映东西早期俯冲碰撞历史相同，只是后期抬升历史差异使得不同地段出露不同构造层次的不同类型的变质岩。总之，在勉县地区有可能发现更多的高压变质作用证据，表明俯冲碰撞作用沿勉略带的发生（李三忠等，2000）。

2）勉略区段俯冲带及岛弧变质作用特征

（1）俯冲带及"岛弧"变质作用特征

俯冲带和岛弧处于大陆边缘，由于洋壳板块俯冲作用，使其上方（秦岭微板块下）的地幔重熔，形成 $O\delta_4$ 石英闪长岩，尚瑞钧、严阵（1988）获得 285 Ma 年龄；张宗清等（1994）却获得 200～210 Ma 的形成年龄；但据野外岩体侵入关系本书采用前者，朱茂旭等（1998）认为南秦岭普遍遭受了 280～200 Ma 期间的 Rb-Sr 系统的热扰动，且东江口岩体为耀岭河群重熔成因，故本书认为 200～210 Ma 为改造年龄，重熔岩浆上升后，①或在地壳底部不断脉动式增添和堆聚。②或以底侵作用导致佛坪杂岩上升，盖层滑脱，杂岩变质达麻粒岩相（>285 Ma），故表明勉略洋壳的俯冲有可能始于 285 Ma 或略早的 C_1（320 Ma）。③或在壳内某一部位侵入，如佛坪周边、留坝、柞水江口等地，引起下地壳增温或广泛"减压"重熔，这些岩浆加入中上部地壳及地幔拉伸减薄使地温梯度异常增高，压力相对变化不大，由此秦岭微板块北部出现低压高温递进变质作用（海西期）。或许由于本区岛弧出露很窄，故这种低压高温变质及岩浆作用出现在秦岭微板块内。相反真正的安子山岛弧岩块却表现出俯冲带环境的 PTt 轨迹演化（Xu et al., 1994）。

与"岛弧"（秦岭微板块）相配成"双变质带"的低温高压带主要出露于勉略缝合带中。但至今尚未发现真正的蓝闪石（类）等高压矿物，这可能正是本区俯冲带的特点之一。大洋洋壳一般经历了充分的扩展，至俯冲带时已成"冷板块"下冲，故常出现蓝闪石类高压矿物。小洋盆洋壳很有限，未经充分冷却即行至俯冲带消减，仍表现为"热板块"，故不见典型高压矿物组合。这种现象尚无任何文献报道，但可能更重要，意义更重大，甚至有助于认识前寒武纪板块构造及洋壳特点，因为前寒武纪地温梯度普遍较现今高，洋壳板块不但小而且热。下面就根据本区低温高压矿物组合和温压结果探讨一下动力学意义。

（2）变质作用温压估算与 PTt 轨迹

① 岩石类型及变斑晶或变质矿物微构造、矿物化学特征

卷入俯冲带中的不同时代的岩石类型很多，为了真实反映俯冲作用的变质过程与构造变形过程的关系，选择蛇绿岩套为代表的洋壳或洋幔组成的岩类、岛弧组成的岩类进行研究更为准确、合理。因此，根据勉略带中残存岩石，选择变质辉长岩、石榴斜长角闪岩、斜长角闪岩、绿泥绢云钠长千枚岩等作为代表。它们都经历了强烈的变形，片理化强烈，变质程度不一，从低绿片岩相至麻粒岩相不等。

A. 岩石类型、组成、结构构造

变辉长岩　岩石新鲜面为灰绿色，变形强为斑状鳞片变晶结构，眼球状构造或片状构造。变形弱为鳞片粒状变晶结构，变余辉长-辉绿结构，块状构造；主要矿物组成为角闪石类、绿泥石、绿帘石、多硅白云母，次要矿物有少量变质残余的辉石、斜长石及变质成因的钠长石、石英等。角闪石、绿泥石有的具多个世代。

石榴斜长角闪岩　岩石新鲜面为墨绿色，斑状柱状鳞片变晶结构，片状构造，主要矿物组成为斜长石、蓝绿色角闪石、绿帘石、石榴子石、绿泥石、黑云母等，以非平衡结构共存于同一岩石中，少量十字石平行 S_2 折劈理展布及石墨平行 S_1。

斜长角闪岩　岩石新鲜面为蓝绿色，针柱状鳞片变晶结构，片状构造，主要矿物组成为蓝绿色角闪石、绿泥石、斜长石、少量石英。

绿泥绢云钠长千枚岩　岩石新鲜面为灰绿色，细小鳞片变晶结构，千枚状或片状构造，有的由浅包与暗色矿物组成条带状构造。主要矿物组成为绿泥石、多硅白云母、钠长石、更长石，次要矿物有碳酸盐矿物、电气石、黑云母等，有的见爪状棕（红）色黑硬绿泥石。

基性麻粒岩　岩石新鲜面为黑绿色，斑状变晶结构、鳞片柱状粒状变晶结构，弱片理化，块状构造。主要矿物有棕红色黑云母、斜长石、角闪石、透辉石及石榴子石，次要矿物有方解石等。

阳起（透闪？）变粒岩　岩石新鲜面黑色，柱粒状变晶结构，块状构造，主要矿物有阳起石、透闪石、石英和钠长石，岩石变形微弱，阳起石呈放射状分布。

B. 变质矿物或变斑晶微构造

根据构造解析表明，缝合带中各岩片中的 S_1 片理及 S_2 折劈理的形成大致分别具同时性，因此根据其微构造特点，采用微构造的变质变形分析原则，来确定变质矿物（含变斑晶）与变形的关系，确立变质矿物生长序列，最终厘定 PTt 轨迹中"t"的相对时间及 P、T 演化，建立大地构造演化与变质演化的关系，从而有效约束大陆动力学演化模型。由于缝合带内东西各岩片（块）的变质程度及历史有些不同，下述变质矿物在空间上的分布不是处处一致，但仍可放在一个时间轴上进行生长序列的研究［矿物缩略代号见 Dong Shengbao 等（1996）及李三忠（1996）博士论文，后文一律从略］。

组成 S_1 片理的矿物有多硅白云母（Phn_1）、绿帘石（Epi）、绿泥石（Chl）、部分角闪石类（Hb_1）和斜长石（Pl_1）。多硅白云母呈无色、细小鳞片状或长透镜状，本次发现为平行 S_1 片理展布，主要分布于三岔子一带的变辉长岩和岛弧火山岩中（图2.124—图2.126）。绿帘石（Epi）呈细小粒状，基质中断续分布并受 S_1 片理控制，随 S_1 片理一起经历

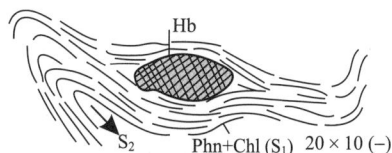

图 2.124　三岔子变辉长岩中的角闪石及多硅白云母与微构造（样品号 2）

了微褶皱作用，具多色晕和环带状消光，或为石榴子石的包体出现。绿泥石片状平行 S_1 展布，是片理的主要组成矿物，一级灰干涉色（图 2.124—图 2.127）。角闪石类菱形断面具有角闪石式两组解理，呈残斑或自形平行片理分布，有的被 S_1 片理切割，表明角闪石（Hb_1）形成于片理同期或略早。斜长石（Pl_1）平行 S_1 展布，呈长透镜状，聚片双晶发育，并被微褶皱改造。

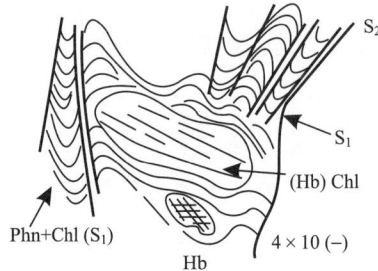

图 2.125　三岔子变辉长岩中角闪石退变为 Chl（假象）与微构造

　　平行 S_2 折劈理或 F_2 微褶皱轴面的矿物有黑硬绿泥石（$Stip_2$）、黑云母（Bt_2）、透闪石（Tre_2）、角闪石（Hb_2）。黑硬绿泥石呈棕红色，片状，集合体呈蒿束状或爪状近平行 S_2 分布（图 2.126），单晶平行 S_2 者也可见（图 2.127），但成分有向黑云母转变的趋势。黑云母自形，一组解理发育，棕色，平行 S_2 排列（图 2.129）。透闪石无色，自形，二组角闪石式解理，平行 S_2 排列，主要分布于略阳以东（图 2.127）。角闪石（Hb_2）一般较 Hb_1 细小，蓝绿色为主，较 Hb_1 自形，平行 S_2 展布（图 2.128、图 2.130）略具环带结构。其中三岔子样品中有的 Hb_1，在 S_2 形成时，可能有旋转，出现压力影构造（图 2.131）。Hb_2 主要分布于光头山岩体南部的缝合带内。另外近菜马河一带麻粒岩相基性岩样品中的 Bt 及 Gt、Di、Hb 可能主要形成于这一时期，因微构造关系不明显而无法判断，但从石榴子石中包有 Pl 及 Bt 来看，Gt 可能相对晚，为叠加变质产物（图 2.132、图 2.133）。

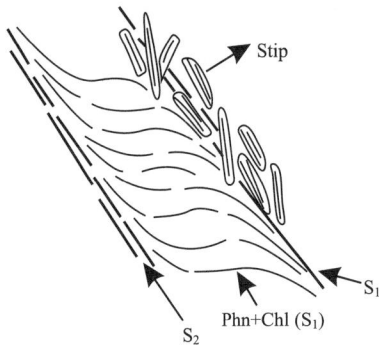

图 2.126　三岔子黑硬绿泥白云母片岩微构造

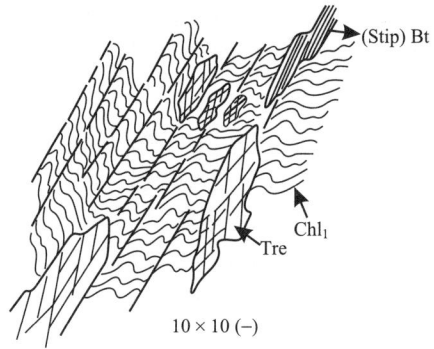

图 2.127　勉县两河口透闪绿泥片岩中透闪石、黑硬绿泥石与微构造

　　S_2 折劈形成之后形成的变斑晶矿物有石榴子石（$Gt_{2/3}$）及角闪石（$Hb_{2/3}$）。它们呈自形，交切或包裹微褶皱，内外微褶皱连续，形态一致，由石墨构成。最后将缝合带中的矿物生长序列列表如下（表 2.11）。

　　C. 矿物化学

　　以往对勉略带内有文献曾报道过发现蓝闪石及多硅白云母、黑硬绿泥石，但未见有关矿物化学确凿证据。本次研究虽未发现蓝闪石，但已取得多硅白云母和黑硬绿泥石的具体化学数据，并获得了其他矿物的可靠资料。

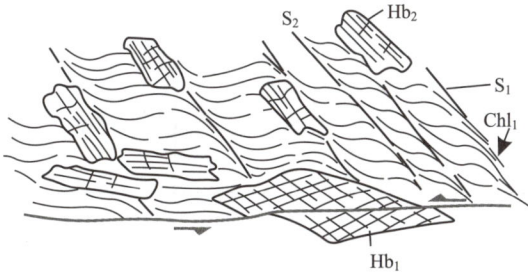

图 2.128　三岔子乡变辉长岩中
两个世代的角闪石与微构造

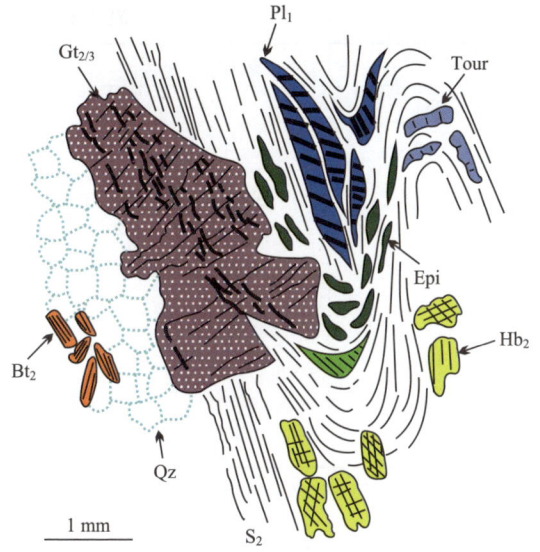

图 2.129　长坝乡二里坝北石榴角闪绿帘
绢云片岩中的角闪石及黑云母

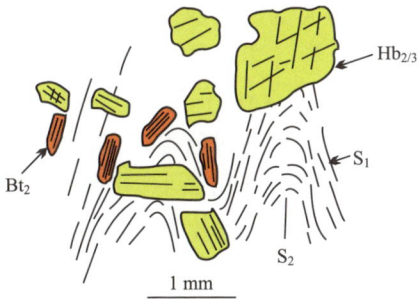

图 2.130　长坝乡二里坝北石榴角闪绿帘
绢云片岩中的变斑晶与微构造

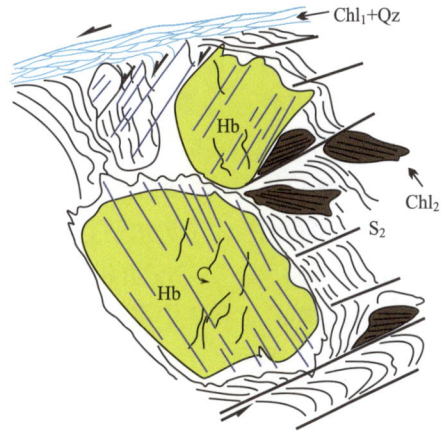

图 2.131　三岔子乡角闪绿泥绢云片岩中
角闪石环带与微构造

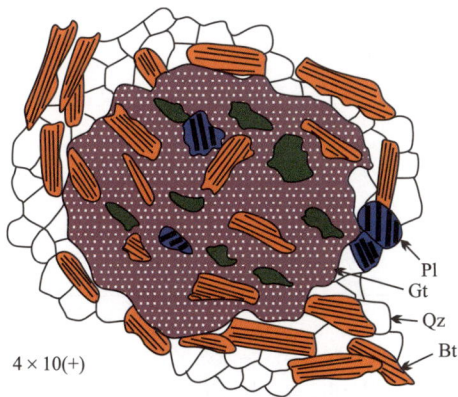

图 2.132　勉县菜马河乡石榴透辉角闪岩中的
石榴子石包裹黑云母及斜长石

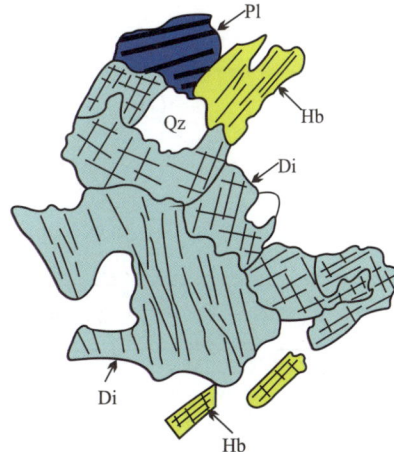

图 2.133　勉县菜马河乡石榴透辉角闪片麻岩中的
透辉石被角闪石、斜长石交代

表 2.11　缝合带内变质矿物生长序列

变质矿物	变形前	S_t	宁静期（？）	S_2	变形后
Pbn		Phn_1		Phn_2（？）	
Chl	Chl（？）	Chl_1		Chl_2	
Epi	Epi（？）	Epi_1			
Pl	Pl（？）	Pl_1		？	
Stip				$Stip_2$	
Bt				Bt_2	
Hb	Hb（？）	Hb_1		Hb_2	$Hb_{2/3}$
Gt				Gt_2（？）	$Gt_{2/3}$
Di				Di_2	

注：横线表示可能连续生长期。

多硅白云母　多硅白云母以 SiO_2 含量大于 50% 或至少大于 46% 为特点，并同时具有较普通白云母高的 MgO 和 FeO 含量。本次样品 1 和 2 中获得与其余样品中不同的高 SiO、MgO 和 FeO 含量的白云母，符合上述成分特征。计算表明 Si 介于 3.408~3.420 之间，按照 Cipriani 等（1968）的分类方案，以 Si≥3.225 为多硅白云母与普通白云母的界线，可知三岔子地区存在多硅白云母，但也有人统计了大别、澜沧江、祁连山等地的多硅白云母 Si 值，一般都大于 3.0（应育浦等，1995）。本次采自秦岭微板块（十字）石榴二云片岩中的白云母虽然 Si>3.0，但它们 Mg、Fe 较低，故仍为普通白云母。X 光粉末衍射法可较好地确定多硅白云母，据 Sassi 和 Scolai（1974）研究结果，白云母 b_0<9.000 Å 为低压型，9.000 Å≤b_0≤9.040 Å 为中压型，b_0>9.040 Å 为高压型，但前人对略阳桦厂沟金矿相同的白云母进行了 X 射线衍射分析，表明为 3T 型多硅白云母（李映琴，1991）。由于 b_0 值受绿磷石分子 $(Mg,Fe)Si→Al^{VI}Al^{IV}$（契尔马克置换）和铁白云母（$Fe^{3+}→Al^{VI}$）的替代作用影响，通过相关分析确定，b_0 值与 Si、Fe^{3+}、Na 负相关（Dong et al., 1996），故通过与 Dong 等（1996）发表的大量数据对比，表明样品 1 和 2 中多硅白云母 b_0 可能介于 9.041~9.062 之间。在白云母成分图解中（图 2.134）也得到很好验证与区分。长坝、两河口、雷公山、菜马河未出现多硅白云母可能与后期叠加变质有关。在白云母 $TFe-Al_2O_3$ 成分与变质程度图解中多硅白云母（a、b、j）明显投入蓝片岩相域，而不同于另一组（图 2.135）。多硅白云母中的 Mg 含量与压力关系明显，并可与弗朗西斯科混杂岩中的同类对比。

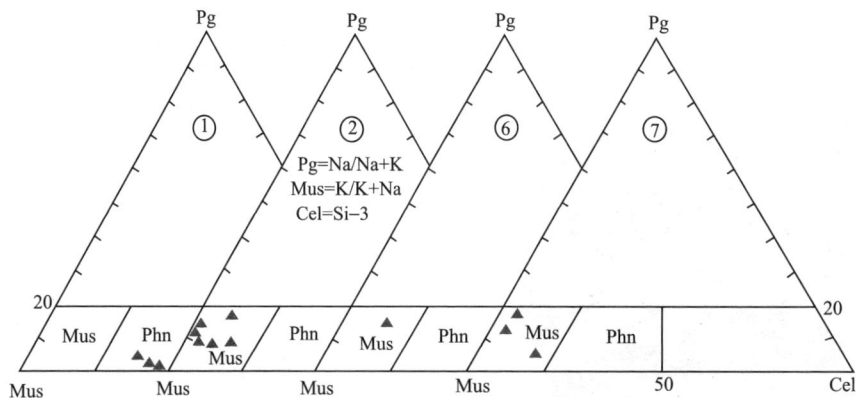

图 2.134　高压相系白云母的成分变异图

图中①为三岔子，②为长坝，⑥为勉县两河口-雷公山，⑦为勉县菜马河

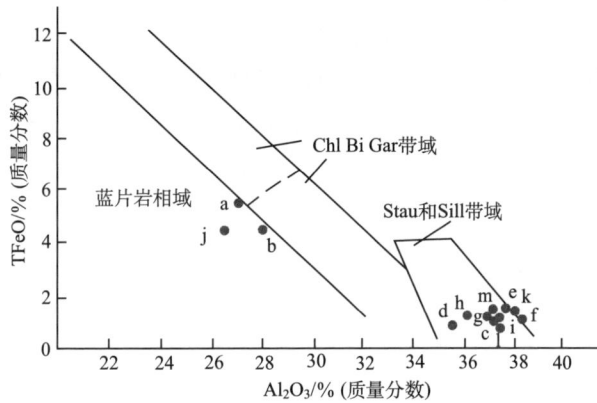

图 2.135　白云母 TFe-Al$_2$O$_3$ 成分与变质程度关系

英文字母为表 2.13 中的矿物编号

斜长石　缝合带中斜长石 An 在 20~30 之间，在长石类矿物分类图解中以更长石为主，少数为中长石（图 2.136）。与大河 – 刘山地区二郎坪群中的斜长石号码可对比（安三元等，1991）。与典型的高压低温带中的斜长石号码（钠长石为主）相比要大，在河北和安徽一带的高压低温带中 An 含量在蓝闪 – 绿片岩相为 0~2，在高绿片岩相为 3~15（周高志，1991；Jing et al.，1991）。据 Goldsmith（1982）的实验结果，An>40 的斜长石是由钠长石和钙长石端元构成的显微不均一混合体，这种长石在温度下降时发生分解，原来富钙斜长石并非马上分解出钠长石 + 黝帘石等组合，而是先变成较贫钙的斜长石（An24~An40）。故表明本区出现更长石可能有两种机制：一是基性火山岩未充分冷却即行俯冲；二是已充分冷却但后期又有高温叠加。本区样品这两种情况都可能存在。

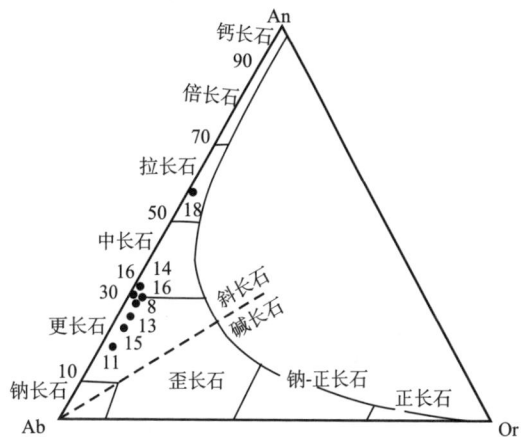

图 2.136　长石类矿物分类图

图内数字为表 2.18、表 2.19、表 2.20、表 2.24 和表 2.26 中样品号

此外在带内还有一个样品（18 号）An = 58.2，该斜长石产于石泉饶峰乡十字石榴黑云片岩中，号码高是与变质程度有关，而非残余原生斜长石。在菜马河基性石榴角闪岩中获得的斜长石号码为 27~33，基性麻粒岩相中的 An 一般大于 30（贺高品，1991），角闪岩相中的 An 一般大于 25（马少龙，1981），故本区菜马河基性岩可能变质程度介于高角闪岩相与麻粒岩相之间。

绿泥石　早期绿泥石（Chl）以鲕绿泥石和铁镁绿泥石为主（图 2.137），可与华中元古宙高压带内的绿泥石对比（Dong et al.，1996）。在 Laird 的绿泥石成分与变质作用关系图解中，9 号和 12 号样品中的 Chl，皆落在高压区与中压区分界线上，且与绿帘角闪岩相及角闪岩相变质程度相当，这与显微镜下观察的矿物共生组合结果一致，可能代表绿帘角闪岩相 – 角闪岩相条件下的

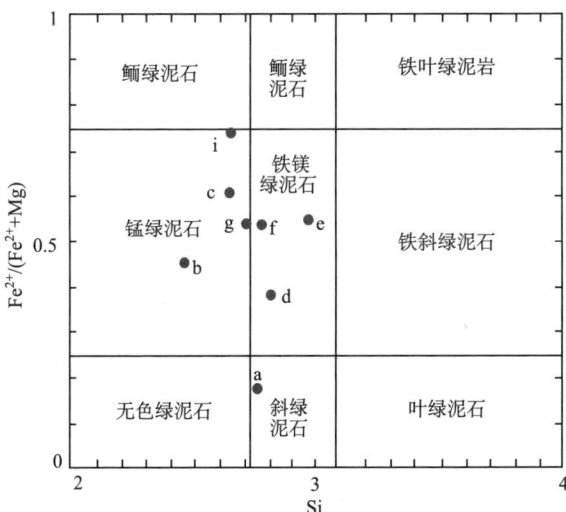

图 2.137　绿泥石分类图解

英文字母为表 2.15 中矿物编号

中高压产物。也反映本区洋壳俯冲类型可能为热板片俯冲。尽管未作原岩恢复，但这两个样品可能代表岛弧火山岩，故也有可能是喷发不久的火山岩的俯冲产物。

　　角闪石　本区角闪石种类复杂（图2.138），成分分析结果表明多属钙质角闪石类，主要有镁普通角闪石和阳起石，其次有阳起普通角闪石、亚铁钙镁普通角闪石、亚铁钙镁角闪石、契尔马克闪

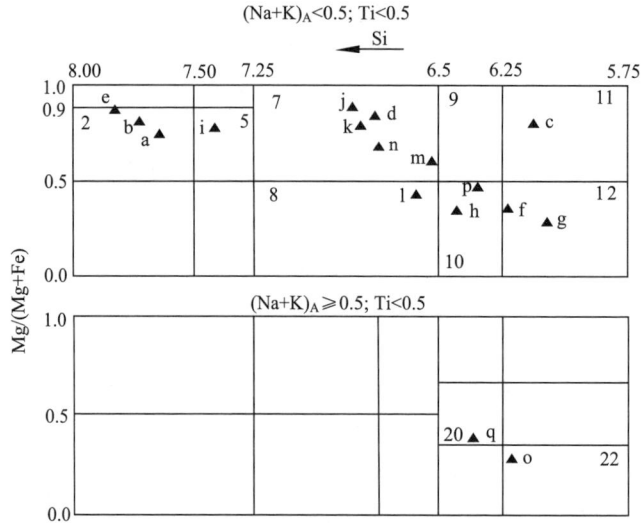

图 2.138　勉略带内角闪石类种属命名图解

矿物名称：2. 阳起石；5. 阳起普通角闪石；7. 镁普通角闪石；8. 铁普通角闪石；

10. 亚铁钙镁普通角闪石；11. 契尔马克闪石；12. 亚铁钙镁角闪石；

20. 含亚铁韭闪普通角闪石；22. 亚铁韭闪石

英文字母与表 2.17 中的矿物编号对应

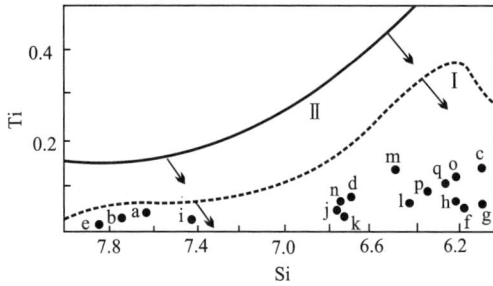

图 2.139　角闪石的 Ti-Si 变异图

Ⅰ. 变质闪石区；Ⅱ. 火成闪石区

英文字母为表 2.17 中矿物编号

石、亚铁韭闪石等。在角闪石 Ti-Si 变异图解中皆属变质闪石类（图2.139），其显微结构也表现为后生变质成因闪石。区域变质成因角闪石的化学成分受原岩化学成分的明显控制。沉积岩变质成因的副变质角闪石一般富铁、镁，贫钠、钾、钙、铝，且铁含量往往多于镁；而岩浆岩变质成因的角闪石特点与岩浆成因角闪石有相似性（薛君治等，1991）。本区角闪石成分总体表现为镁含量多于铁，富铁、镁，不属接触交代角闪石和区域副变质角闪石，而属原始岩浆变质成因（图2.140）。其中三岔子一带偏向超基性—基性，而长坝—菜马河一带偏碱性。这一成分极性也可能与洋壳东窄西宽的张裂程度相关。野外观察表明三岔子样品采自变辉长岩，可能为洋幔组成；而长坝菜马河样品可能原岩属碱性玄武岩。

　　角闪石的矿物化学成分还与变质作用温压有密切关系。总体表现为阳起石属绿片岩相产物，而契尔马克闪石、亚铁韭闪石等属麻粒岩相产物，镁普通角闪石多为角闪岩相产物（图2.141、图2.142）。除采自三岔子的变辉长岩中的角闪石核部属契尔马克闪石，为俯冲变形前洋幔变质作用外，其余均为俯冲、碰撞产物。且现今空间上变质程度东高西低的特点，除在斜长石号码东高西低上有体现外，在角闪石矿物化学成分上也有明显反映。当然这一结局可能还与晚期不均一抬升动力学因素有关。具体反映在菜马河所采样品中角闪石（o、p、q）成分说明该岩块变质程度近麻粒岩相，而三岔子一带阳起石常与多硅白云母、绿泥石等共同构成 S₁ 片理，以绿片岩相变质矿物组合为主，并发现

有其他如黑硬绿泥石、钠云母、蓝绿色电气石等中
高压低温矿物出现。

　　角闪石的化学成分在不同的变质阶段也有变
化。有些角闪石具有明显的反应环带。如长坝所采
石榴斜长角闪岩中的角闪石内部为浅绿色的、外部
为蓝绿色的亚铁钙镁角闪石构成的环带，反映了一
种进变质过程。而三岔子的变辉长岩中的角闪石环
带（图 2.131）由核部契尔马克闪石、幔部镁普通
角闪石到边部阳起石组成，矿物愈来愈富 Si，表现
出一个明显温度和压力都降低的退变质过程。这一
退变质过程与周围其他岩石中由黑硬绿泥石+钠云
母+多硅白云母+钠长石+石英向绿泥石+更长石+
石英±白云母+绿帘石±阳起石的转化过程截然不
同，而现今它们出露于一处，空间上紧密相关，变
形历史相同。故设想有可能洋壳俯冲与洋幔抬升
时在紧邻或相隔较远的空间发生，并沿俯冲带到某
一地壳层次相拼接后共同变形。

　　总之，多成分角闪石在同一岩石中出现的情况

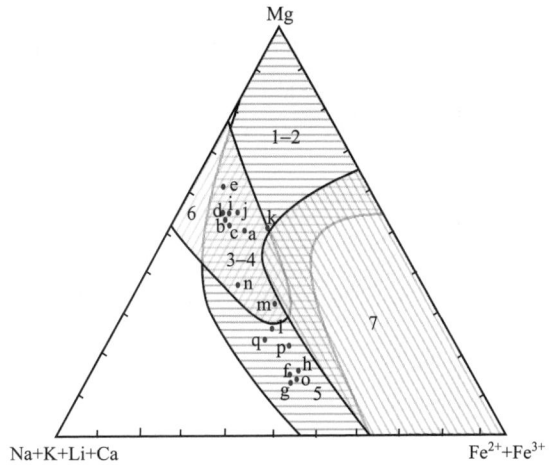

图 2.140　角闪石 Mg-$(Fe^{2+}+Fe^{3+})$-$(Na+K+Li+Ca)$
成因图解（据薛君治等，1991）

1. 超基性岩浆角闪石；2. 基性岩浆角闪石；3. 中性岩浆
角闪石；4. 酸性岩浆角闪石；5. 碱性岩浆角闪石；6. 接
触交代角闪石；7. 区域副变质角闪石

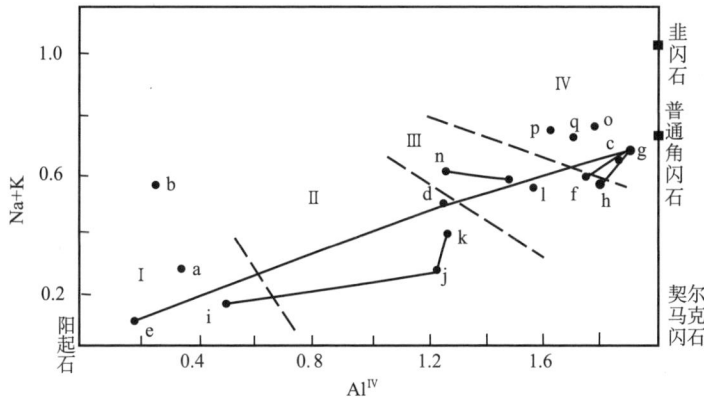

英文字母为表 2.17 中矿物编号

图 2.141　角闪石的 Al^{IV}-$(Na+K)$ 图解
英文字母为表 2.17 中矿物编号

在缝合带中较普遍，说明本区变质作用的不彻底性。空间上东强西弱的变质程度和连续性似乎表明东
部可能经历了西部的变质过程。再据矿物演化特征，可以推测可能存有下列反应过程：

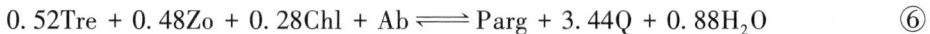

$$Cpx + Pl + Mt + H_2O \longrightarrow Act + Epi + Chl + Pl \qquad ①$$

$$13Tre/Act + 12Zo + 7Chl + 14Q \Longrightarrow 25Mg\text{-}Hb + 22H_2O \qquad ②$$

$$Tre/Act + Ab \Longrightarrow Ed + 4Q \qquad ③$$

$$Tre/Act + Ab \Longrightarrow Ts + 4Q \qquad ④$$

$$Ed/Parg + 4Q \Longrightarrow Mg - Hb + Ab \qquad ⑤$$

$$0.52Tre + 0.48Zo + 0.28Chl + Ab \Longrightarrow Parg + 3.44Q + 0.88H_2O \qquad ⑥$$

其中①可能代表从辉长岩类或晶屑凝灰岩类中的矿物变质为（斑状）无色角闪石类的反应。

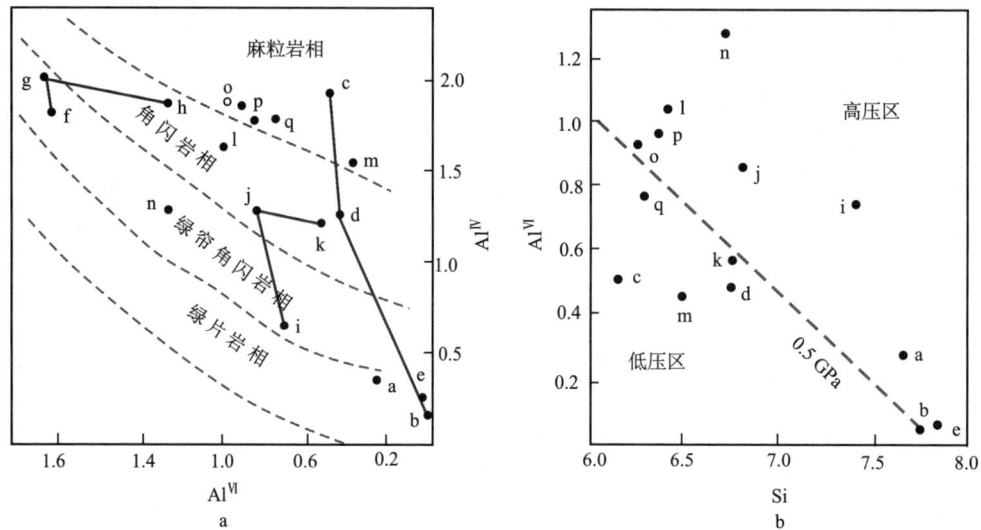

图 2.142　角闪石图解

图中英文字母为表 2.17 中的矿物编号

石榴子石　石榴子石在缝合带东部光头山岩体南西侧分布，而更西部无，主要形成于碰撞造山晚期（图 2.129），与佛坪热穹窿中的递增变质同时发生，并可能属其叠加在缝合带上的产物。石榴子石化学成分与原岩成分及温压有密切联系。在莱马河基性麻粒岩中的石榴子石主要为钙铝榴石，Alm 为 55.6%~49.2%，Gro 介于 34.4%~44%之间，在 Sobolev 的（Gro + Andr)-(Alm +Sps)-Pyr 图解中，投入麻粒岩相区。而在长坝石榴斜长角闪岩中的石榴子石为铁铝榴石，Alm 为 78.3%~88.5%，Gro 介于 6.6%~11.7%之间变化，在 Sobolev 图解中投入绿帘角闪岩相区（图 2.143）。前者所在地区还发现蓝晶

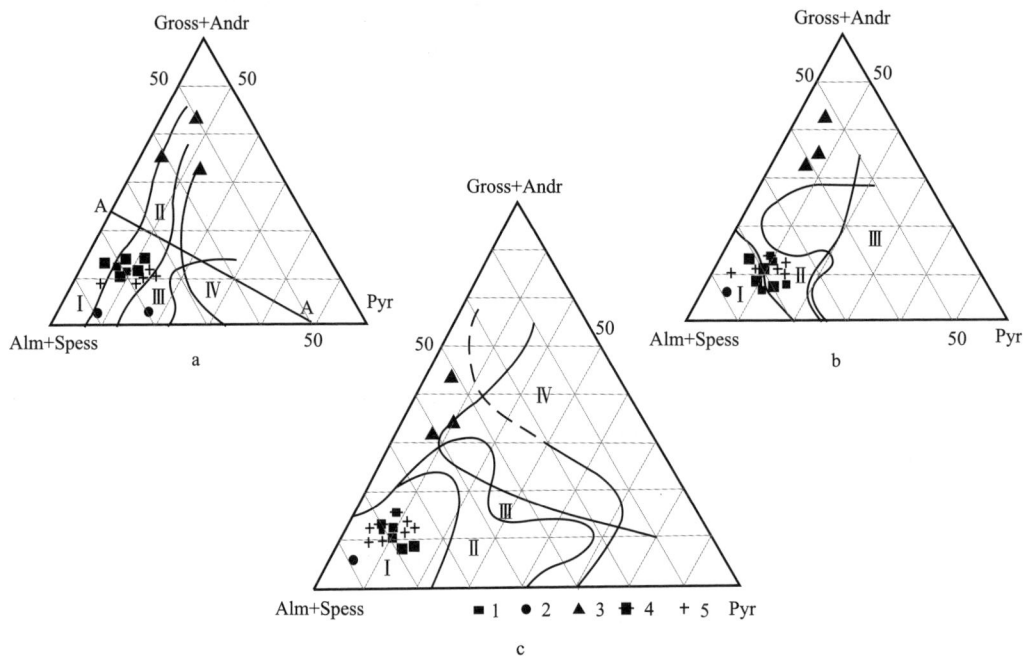

图 2.143　石榴子石矿物分成与变质相带三角图解

a. 三角图解：Ⅰ-石榴子石带；Ⅱ-十字-蓝晶石带；Ⅲ-蓝晶石-夕线石带；Ⅳ-紫苏辉石带；A-A 为富钙石榴子成分共结线。

b. 三角图解：Ⅰ-绿片岩相和绿帘角闪岩相；Ⅱ-角闪岩相；Ⅲ-麻粒岩相。c. 三角图解：Ⅰ-绿片岩相和绿帘角闪岩相；Ⅱ-角闪岩相；Ⅲ-麻粗岩相；Ⅳ-榴辉岩相。1~5 代表不同采样点：1-⑤，2-②，3-④，4-⑥，5-⑦（见表 2.24 和表 2.26）

石、紫苏辉石等（Xu *et al.*，1994），但与之配对的斜长石 An= 85~89 显然有误，故 Xu 计算或推断的温压不准；后者所在区本次研究发现还有细小十字石共生，石榴子石成分在Velikoslavinsky图解中落入十字–蓝晶石带（图 2.143）。尤其是在长坝马寅岭首次发现蓝晶石（6 号样）。探针结果 Al_2O_3 62.78%，SiO_2 37.72%。但它们有可能属碰撞阶段变质叠加产物。

根据贺高品（1991）提出的麻粒岩相和角闪岩相石榴子石的判别式：

$$Y_1 = 1.64612MgO + 2.54713CaO - 9.72784$$

$$Y_2 = 1.03927MgO + 2.07836CaO - 4.59625$$

当 $Y_1 > Y_2$ 时，属麻粒岩相；$Y_1 < Y_2$，属角闪岩相。带内菜马河所采样品（13 号和 14 号）的 Y_1 和 Y_2 计算结果见表 2.12，属麻粒岩相，而其余属角闪岩相，与该区角闪石判别结果一致。石榴子石中 Y_1 与 Y_2 的关系表现为很好的正相关关系（图 2.144）。其中麻粒岩相的 Y_1 与 Y_2 值偏低，位于图下方，并向 Y_1 的负轴延伸，同时与麻粒岩相石榴子石的分布呈近平行关系。

表 2.12　麻粒岩相和角闪岩相石榴子石判别

样品号	矿物世代	Y_1	Y_2	判别结果
6	Gt(C)	0.78	3.09	角闪岩相
6	Gt(M)	7.87	9.13	角闪岩相
6	Gt(R)	8.02	9.40	角闪岩相
7	$Gt_{2/3}$(C)	4.88	6.92	角闪岩相
7	$Gt_{2/3}$(M)	3.37	5.62	角闪岩相
7	$Gt_{2/3}$(R)	-1.90	1.07	角闪岩相
8	Gt(C)	2.77	5.14	角闪岩相
8	Gt(R)	2.68	5.11	角闪岩相
13	Gt(C)	21.10	20.84	麻粒岩相
13	Gt(R)	24.66	23.00	麻粒岩相
14	Gt	31.26	31.17	麻粒岩相
15	Gt(C)	1.25	3.19	角闪岩相
15	Gt(M)	1.40	3.23	角闪岩相
15	Gt(R)	0.33	2.62	角闪岩相
16	Gt(C)	0.07	2.27	角闪岩相
16	Gt(R)	-1.18	1.39	角闪岩相
17	Gt(C)	6.77	8.44	角闪岩相
17	Gt(R)	1.02	3.13	角闪岩相
18	Gt_1	3.80	5.66	角闪岩相
18	$Gt_{2/3}$	6.37	7.76	角闪岩相
18	Gt_3	4.56	6.22	角闪岩相
19	Gt_2(C)	0.80	3.25	角闪岩相
19	Gt_2(R)	-3.53	-0.28	角闪岩相

钠云母　本次在长坝乡马黄岭附近采到钠云母，成分为：SiO_2-44.35%，Al_2O_3-41.61%，TiO_2-0.01%，Cr_2O_3-0.23%，FeO-1.95%，MgO-0.01%，CaO-0.63%，Na_2O-4.51%，K_2O-0.76%。与黑云母相比，其 Al_2O_3 及 Na_2O 含量尤为高，而 CaO、MgO 很低。与白云母相比，其 Al_2O_3、Na_2O 高，而白云母则 K_2O 很高，一般达 4%~10%。据都城秋穗研究，钠云母稳定的下限温度为黑云母带，上限温度比白云母分解的平衡曲线低 100℃，压力为中—高压。

绿帘石　根据电子探针分析结果，两个帘石矿物的 Xps 值 8 号样大于 0.15，14 号样小于 0.15，故后者为斜黝帘石，前者为绿帘石。它们或为石榴子石包体，或平行 S_1 片理排列，表明为进变质阶段产物。

黑硬绿泥石　前人在三岔子一带工作时认为有黑硬绿泥石存在，但无确切化学成分报道。本次发

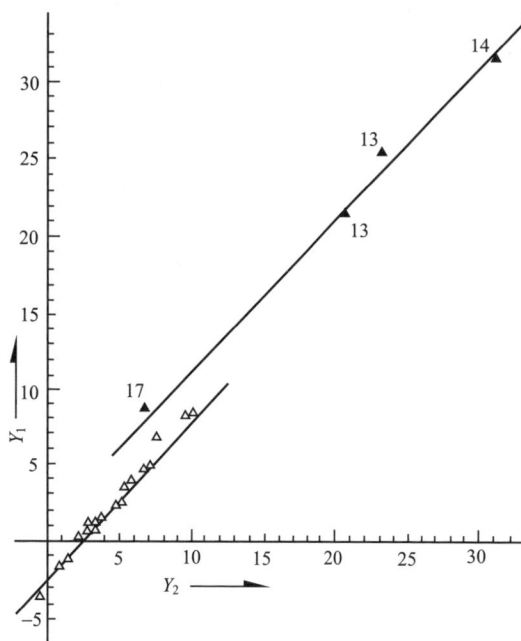

图 2.144　石榴子石 Y_1、Y_2 值差别图解

斜线上数字为表 2.12 中样品号

现有两个矿物可能属此类矿物，但与黑硬绿泥石成分相比，其 Al_2O_3、MgO 偏高，而与绿泥石相比其 K_2O 又偏高，与黑云母相比 K_2O 又偏低。故认为黑云母有可能为黑硬绿泥石假象，是后期升温结果。可能的反应为：$Stip+Phn \longrightarrow Bt +Chl+Q$。

透辉石　主要发现于菜马河基性麻粒岩中。在附近地区曾报道有紫苏辉石发现（Xu et al., 1994），但无确切成分报道。该样品（14 号样）虽无紫苏辉石发现，但石榴子石、角闪石成分特征都表明达麻粒岩相变质程度，斜长石号码为 An = 33，也无 Xu 等（1994）报道的高（An = 85~89 或 58）。

电气石　在三岔子还发现有变质成因的电气石，平行 S_2 折劈理及 S_1 片理分布（样号 1、4 和 B33），为蓝绿色柱状自形，具环带结构，横断面三角形。Miyashiro（1967）对日本高压变质带研究后认为，绿色电气石是低温高压带的产物，而棕色电气石形成温度则稍高些。在北祁连山和东秦岭两地，吴汉泉（1980）也报道存有蓝绿色电气石，且其往往和青铝闪石（即铝铁闪石）共生，在北祁连超基性岩接触蚀变带中发现少许棕色者。

② 变质作用温压计算或估计与 PTt 轨迹

同期变质作用一般都可分为进变质阶段、峰期阶段和退变质阶段等。各个变质阶段都可能形成特定的变质矿物共生组合，但因各阶段变质程度不一，可能导致某些阶段的矿物组合消失，如在麻粒岩相区，进变质阶段 PTt 轨迹往往难以确定与此有关。对于碰撞带，变质作用因常出现递增变质带，且各变质阶段矿物组合保存完整，故易于通过各变质阶段平衡共生的矿物对，采用合适的地质温压计，求出一系列不连续 P-T 点，并根据特征的反应结构，结合变形事件序列、变斑晶生长序列，由反应曲线位置确定 P-T 演变方向。但对于变质温度范围较窄的高压变质带，因没有明显的变质分带，变质矿物共生组合也相对较少，尽管目前对蓝片岩带及榴辉岩区已有许多成熟可行方法建立 PTt 轨迹，但对于无典型高压矿物组合，如蓝闪石、硬柱石等，这样的变质地带便显得非常困难。更为复杂的情况是缝合带内不同的岩片（块）的变质程度不一，变形过程、变质历史、抬升过程都可能存有极大差异，此时要用一条 PTt 轨迹来反映其历史便歪曲了事实，而且也难以区分不同 P-T 点反映的是同一地质事件的不同阶段还是两个甚至多个无关的地质事件的变质条件，故宜谨慎。

尽管如此，经过详细的构造学研究表明勉略带中的 S_1 片理及 S_2 折劈理的形成基本具同时性，再结合岩石学、岩相学观察，可将各个阶段不同岩片或岩块内形成的矿物共生组合放在同一时间轴上进行对比，从而确立缝合带内不同岩片的俯冲、抬升、剥露的不同历史及相互关系。由于仅据特征反应结构方法及地质温压计作出的 PTt 轨迹虽与变形事件密切结合，有利于构造演化的探讨，但因涉及不同成分的岩石且缺少相平衡论证，故还应在通过详细的变质结构观察及不同矿物化学成分分析，确定变质反应序次及不同变质阶段的矿物组合基础上，在不同化学成分体系岩石成因格子中确定相平衡变化趋势。这样定性的 PTt 轨迹与定量的相结合，建立的 PTt 轨迹可信度较高。

针对勉略带物质组成的复杂性，本节选择了几种代表性的岩块内的岩石进行了变质阶段划分及矿物化学探针分析。三岔子变辉长岩代表洋幔组成，长坝石榴斜长角闪岩代表中等变质岛弧火山岩组成，菜马河基性麻粒岩代表变质较高的岛弧火山岩组成。三岔子绿泥多硅白云母钠长石英片岩（千枚岩）代表浅变质的岛弧火山岩组成。

A. 三岔子地区岛弧火山岩

多硅白云母本研究及李映琴（1991）皆发现平行 S_1 片理，故应属俯冲变形阶段产物。多硅白云母中的钠云母含量与变质温度存在正相关函数关系；据此可得出三岔子地区（1~2 号样）岛弧火山岩俯冲阶段的变质温度介于 160~220 ℃ 之间（图 2.145 及表 2.13）。而长坝地区（6~7 号样）早期 Mus_1 白云母温度约介于 480~570 ℃ 之间，较西部高，但后期白云母（Mus_1 及 Mus′）温度有所降低，为 420~530 ℃。根据长坝地区钠云母中发现高压矿物，表明长坝地区白云母 Mus_1 可能由多硅白云母转变而来。白云母中的 Si 含量与压力有关，据 Velde（1967）及 Massonne 和 Schreyer（1987）的图解（图 2.146），可知三岔子地区俯冲阶段压力最低介于 0.70~0.80 GPa（表 2.14），若考虑略阳桦厂沟所获 3T 型多硅白云母 Si 含量，其结晶化学式为：

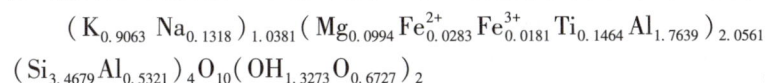

$$(K_{0.9063} Na_{0.1318})_{1.0381} (Mg_{0.0994} Fe^{2+}_{0.0283} Fe^{3+}_{0.0181} Ti_{0.1464} Al_{1.7639})_{2.0561}$$
$$(Si_{3.4679} Al_{0.5321})_4 O_{10} (OH_{1.3273} O_{0.6727})_2$$

取 200 ℃ 时其压力可达 0.90 GPa，450 ℃ 时可达 1.1 GPa。

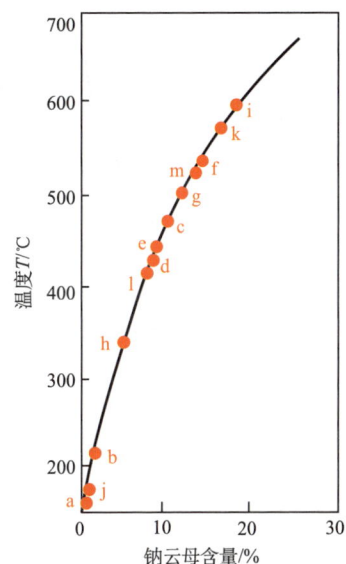

图 2.145　白云母中钠云母含量与变质作用温度的关系（Lambert and Mills，1961）

英文字母为表 2.13 中矿物编号

表 2.13　白云母中钠云母含量和推测的变质作用温度（矿物编号也见图 2.138 和图 2.145、图 2.146）

样品号	1	2	6	6	6	17	18	18	19	2	7	7	7
矿物世代	Phn_1	Phn_1	Mus_1	Mus_2	Mus′	Mus_1	Mus_1	Mus_2	Mus_1	Phn_1	Mus_1	Mus_2	Mus′
采样点	①	①	②	②	②	⑥	⑦	⑦	⑦	①	②	②	②
钠云母/%	1.0	1.7	11.9	9.0	9.7	15.2	13	4.8	20.5	0.8	17.5	10.9	14.7
温度/℃	160	220	480	430	450	540	500	350（?）	600	175	570	420	530
矿物编号	a	b	c	d	e	f	g	h	i	j	j	l	m

表 2.14　多硅白云母温压计估算的各区变质压力

样品号	采样点	温度/℃	Si	P/GPa Velde, 1967	P/GPa	矿物世代
1	①	160	3.408	0.43	0.75	Phn1
2	①	220	3.34	0.32	0.70	Phn_1
6	②	480	3.008	0.18	0.20	Mus_1
6	②	430	3.083	0.18	0.18	Mus_2
6	②	450	3.040	0.18	0.18	Mus′
17	⑥	540	3.12	0.33	0.40	Mus_1
18	⑦	410	3.05	0.18	≈0.20	Mus_1
18	⑦	520	3.14	0.35	0.45	Mus_2
19	⑦	600	3.06	0.32	0.33	Mus_1
2	②	175	3.420	0.47	0.80	Phn_1
7	②	570	3.118	0.42	0.45	Mus_1
7	②	420	3.139	0.20	0.30	Mus_2
7	②	530	3.030	0.20	0.20	Mus′
*1	①	450	3.408	0.80	1.00	Phn_1
*2	①	450	3.34	0.63	0.80	Phn_1
*2	①	450	3.42	1.00	1.10	Phn_1

注：带 * 者温度为据矿物组合推测的多硅白云母经受的最高温度。

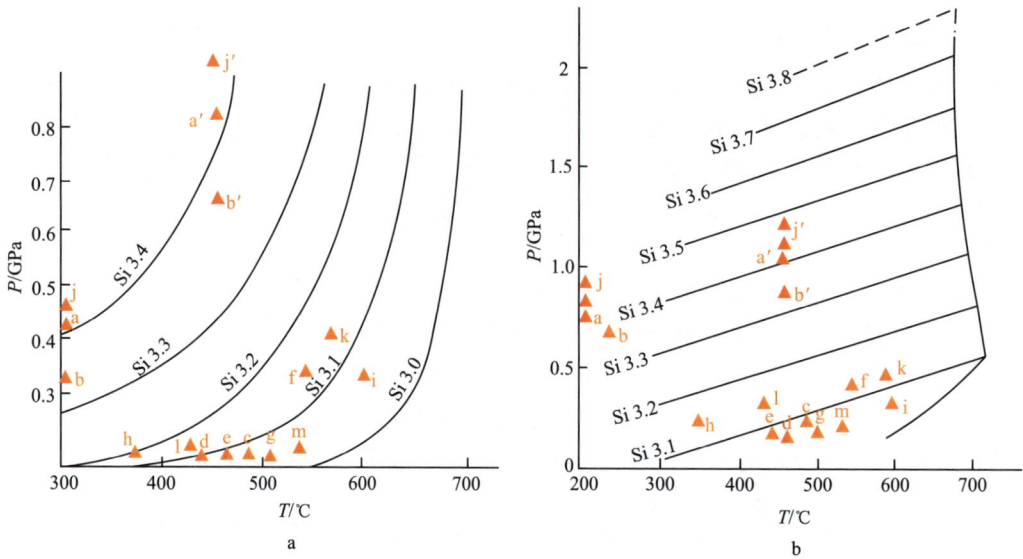

图 2.146　多硅白云母温压计

a. 据 Velde（1967）；b. 据 Massonne 和 Schreyer（1987）；英文字母见表 2.13

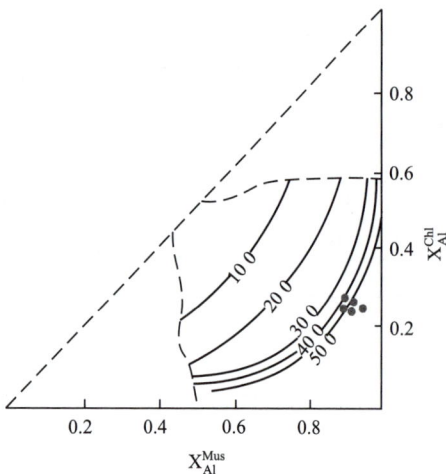

图 2.147　共生的 Mus-Chl Al^{VI} 分配
与温度关系（据 Kotom，1975）

考虑到该岩块在后期普遍受绿片岩相变质叠加，多硅白云母仍稳定存在，故其峰值压力据 450 ℃ 计，可达 $0.8\sim1.0$ GPa。而长坝地区压力最高为 0.45 GPa，考虑到钠云母的存在，压力可能应略高一些。表明三岔子地区岩块俯冲较长坝深些，并经历了明显的高压低温变质作用。故今后宜继续在三岔子地区、乔子沟—长坝一带寻找高压、甚至超高压变质产物。

菜马河以北地区许继峰据矿物共生组合推测峰值压力达 1.0 GPa 以上，表明东部俯冲也较深，但温度偏高，可能与俯冲带温度高有关。同时与西部对比，可能反映一种俯冲带横向热不均一体制，而且这种热结构可能与洋壳成熟度相关。这期变质矿物因与海西-印支期勉略洋俯冲变形密切相关，故明显不属元古宙华中高压带组成部分（张树业等，1989；Dong et al.，1996）。

在这一变质阶段晚期三岔子地区至长坝一带皆发生了低绿片岩相-绿片岩相的退变质反应，普遍出现绿泥石（Chl′）。三岔子样品中显微镜下发育绿泥石，但由于颗粒较小，未能作出电子探针分析，故皆以长坝一带分析结果来计算这一阶段温压。据 6、7 号样品中 Chl′中 X_{Fe}^{Chl} 及 Al^{IV} 关系，采用 Frimmel（1997）的绿泥石温度计：

$$T(℃) = 17.5 + 106.2\left[2Al^{IV} - 0.88\left(X_{Fe}^{Chl} - 0.34\right)\right]$$

可获得这一退变温度为 275~334 ℃（表 2.15）。若考虑到 6、7 号样品中还存在退变的普通白云母，采用 Kotom（1975）的绿泥石-白云母 Al^{VI} 分配与温度关系图解（图 2.147），可知其中间过程温度约为 500~540 ℃（表 2.16）。其退变压力据 Mus′中 Si 含量为 0.2 GPa 左右（表 2.14）。

根据以上分析结果，可分别对三岔子地区及长坝地区岛弧火山岩作出两条不同的 PTt 轨迹（图 2.148），明显可见长坝地区变质温度高于三岔子地区。

表 2.15　绿泥石温度计计算结果（据 Frimmel，1997）

样品号	6	7	9	12	12	13	18	18	19
采样点	②	②	③	③	③	④	⑦	⑦	⑦
矿物世代	Chl′	Chl′	Chl₁	Chl₁	Stip	Chl（Ⅰ）	Chl₁	Chl₂	Chl
温度/℃	334	275	304	272	488	263	264	221	275
矿物编号	a	b	c	d	e	f	g	h	i

表 2.16　Mus-Chl 矿物对温度计得出的变质作用温度

样品号	18	18	19	6	7
矿物对	Mus₁-Chl₁	Mus₂-Chl₂	Mus₁-Chl₁	Mus′-Chl′	Mus′-Chl′
采样点	⑦	⑦	⑦	①	②
X_{Al}^{Mus}	0.91	0.93	0.95	0.92	0.91
X_{Al}^{Chl}	0.27	0.26	0.25	0.23	0.25
温度/℃	410	520	>550°	520	500

B. 三岔子地区辉长岩

蛇绿岩一般被解释为洋壳+上地幔的岩石组合。在一个完整发育的蛇绿岩中，从底部向上岩石类型产出顺序应为：超镁铁质岩（由不同比例的方辉橄榄岩、二辉橄榄岩和纯橄岩组成，通常具变质组构并多少被蛇纹石化）、辉长岩质杂岩（包含堆晶橄榄岩和辉石岩，具堆晶结构）、镁铁质席状岩墙杂岩、镁铁质火山杂岩（通常呈枕状）。前两者有可能属洋幔组成。它们在造山带中常被构造肢解。在三岔子地区出露的蛇纹岩与变质辉长岩紧密伴生，地球化学研究揭示出属古洋幔组成（Lai and Zhang，1996；许继峰等，1997），蛇纹岩的岩相学研究及原岩恢复表明由方辉橄榄岩、纯橄岩、含辉橄榄岩、二辉橄榄岩等组成，已强烈蛇纹石化。附近发育滑石菱镁片岩（杨永成等，1996）。

本次研究同样在三岔子地区采集了一块变质辉长岩，岩相学研究发现有变余辉长结构，但多经历强烈多期变形，尤以第一幕变形具透入性，辉长岩发生了退变，出现了大量角闪石，并被 S₁ 片理（绿泥石组成）改造成透镜状、梭状，有的晶形仍保持辉石外形，但发生变质转变为契尔马克闪石，在后期变形过程中发生旋转，出现了压力影区生长的阳起石，并与前者构成成分环带（图 2.131）。由于难以在电子探针显微镜下寻找角闪石的共生斜长石，故无法采用地质温压计来反演其变质历史。但角闪石成分环带却给我们提供了有利的条件。

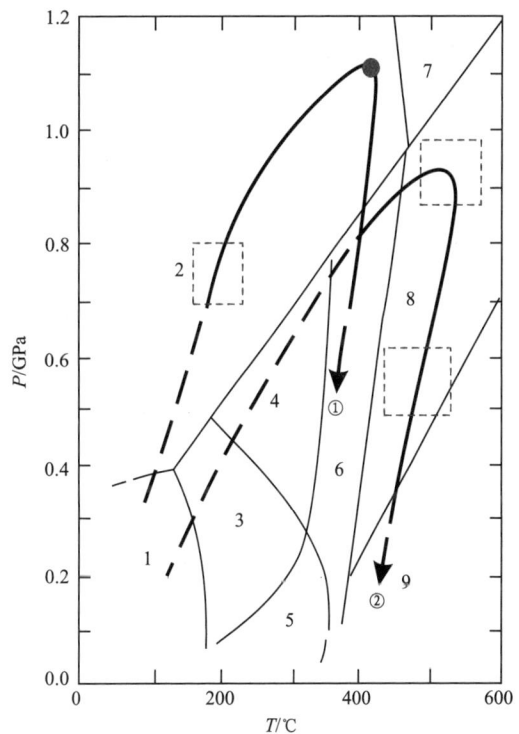

图 2.148　三岔子地区①及长坝地区②岛弧火山岩的 *PTt* 轨迹

1. 沸石相；2. 蓝片岩相；3. 葡萄石-绿纤石相；4. 绿纤石-阳起石相；5. 葡萄石-阳起石相；6. 绿片岩相；7. 榴辉岩相；8. 绿帘-角闪岩相；9. 角闪岩相

采用郑巧荣方法处理了电子探针分析结果（表 2.17），结果表明内核为契尔马克闪石、幔部为镁普通角闪石、边部为阳起石，这一成分剖面正反映了一个退变质过程，故至少可能存在④、②两个反

表2.17　角闪石电子探针分析结果（据郑巧荣法处理，1986）

样品号	2	2	3	3	3	8	8	8	9	9	10	11	12	12	13	13	14
矿物年代	Act	Hb(P)	Hb(C)	Hb(M)	Hb(R)	Hb(C)	Hb(R)	Hb(E)	Hb_1	$Hb_2(C)$	Hb_2	Hb_1	Hb_2	Hb_1	Hb(I)	Hb(E)	Hb'
T_1 Si	3.739	3.799	2.086	2.700	3.836	2.247	2.113	2.368	3.471	2.870	2.843	2.592	2.526	2.915	2.383	2.253	2.211
T_1 Al^{IV}	0.261	0.201	1.914	1.300	0.166	1.753	1.887	1.632	0.529	1.130	1.167	1.408	1.474	1.085	1.617	1.747	1.789
T_1 Σ	4.000	4.000	4.000	4.000	4.000	4.000	4.000	4.000	4.000	4.000	4.000	4.000	4.000	4.000	4.000	4.000	4.000
T_2 Si	4.000	4.000	4.000	4.000	4.000	4.000	4.000	4.000	4.000	4.000	4.000	4.000	4.000	4.000	4.000	4.000	4.000
M_2 Al^{π}	0.416	0.124	0.394	0.370	0.082	1.667	1.646	1.566	0.811	0.985	0.655	1.258	0.419	1.545	0.990	0.728	0.894
M_2 Ti	0.017	0.017	0.105	0.043	0.008	0.037	0.037	0.037	0.017	0.025	0.018	0.036	0.138	0.039	0.067	0.075	0.086
M_2 Fe^{3+}	0.114	0.008	0.220	0.122	0.010	0.228	0.140	0.168	0.154	0.045	0.040	0.200	0.110	0.372	0.071	0.123	0.002
M_2 Mg	1.061	1.503	1.015	1.185	1.667	0.018	0.041	0.059	0.609	0.466	0.013	0.223	0.630	0.010	0.257	0.364	0.238
M_2 Fe^{2+}	0.365	0.322	0.248	0.263	0.215	0.051	0.127	0.150	0.133	0.124	0.011	0.274	0.658	0.004	0.585	0.672	0.750
M_2 Mn	0.026	0.026	0.018	0.017	0.017	0	0.009	0.018	0.008	0.017	0.026	0.009	0.046	0.030	0.029	0.038	0.029
M_2 Σ	1.999	2.000	2.000	2.000	2.000	2.000	2.000	2.000	2.000	2.000	2.000	2.000	2.000	2.000	2.000	2.000	2.000
M_{13} Fe^{2+}	0.768	0.529	0.589	0.544	0.343	2.210	2.264	2.184	0.538	0.633	1.394	1.657	1.532	0.932	2.084	1.946	2.278
M_{13} Mg	2.232	2.471	2.411	2.456	2.657	0.790	0.763	0.852	2.462	2.367	1.606	1.343	1.468	2.068	0.016	1.054	0.722
M_{13} Σ	3.000	3.000	3.000	3.000	3.000	3.000	3.000	3.000	3.000	3.000	3.000	3.000	3.000	3.000	3.000	3.000	3.000
M_4 Ca	1.816	1.873	1.823	1.808	1.843	1.702	1.663	1.552	1.906	1.726	1.752	1.662	1.554	1.792	1.639	1.842	1.888
M_4 Na	0.184	0.127	0.177	0.192	0.157	0.298	0.337	0.448	0.094	0.274	0.248	0.338	0.446	0.208	0.361	0.158	0.112
M_4 Σ	2.000	2.000	2.000	2.000	2.000	2.000	2.000	2.000	2.000	2.000	2.000	2.000	2.000	2.000	2.000	2.000	2.000
A Na	0.040	0.010	0.431	0.277	0.058	0.188	0.237	0.033	0.059	0.038	0.086	0.185	0.091	0.362	0.078	0.261	0.271
A K	0.017	0	0.018	0	0	0.018	0.037	0.018	0	0	0	0.018	0	0.019	0.267	0.286	0.345
A □	0.943	0.990	0.551	0.723	0.942	0.794	0.726	0.949	0.941	0.962	0.914	0.797	0.909	0.619	0.655	0.453	0.384
A Σ	1.000	1.000	1.000	1.000	1.000	1.000	1.000	1.000	1.000	1.000	1.000	1.000	1.000	1.000	1.000	1.000	1.000
$\alpha Ed \times 10^2$	0.192	0.113	3.093	4.138	0.835	0.0002	0.002	0.0001	0.225	0.074	0.001	0.014	0.056	0.01	0.002	0.023	0.003
$\alpha Tr \times 10^2$	6.864	22.32	0.454	2.368	32.604	0.0001	0.00006	0.0002	2.492	0.504	0.003	0.011	0.101	0.005	0.0023	0.006	0.0006
$\alpha Hr \times 10^2$	1.878	0.970	1.618	3.754	0.703	0.006	0.009	0.026	5.043	4.221	0.025	0.334	0.393	0.066	0.061	0.086	0.019
$lnK_D\ Tr/Ed$	-3.58	-5.29	1.92	0.56	-3.66	0.69	1.20	-0.69	-2.40	-1.92	-1.10	0.24	-0.59	0.69	-0.14	1.34	1.61
$lnK_D\ \dfrac{Ed}{MgHb}$	-85.62	-95.25	-115.48	-98.22	-119.3	-130.01	-119.87	-84.34	-72.99	-62.98	-115.25	-84.75	-98.71	-120.92	-101.96	-125.13	-136.39
矿物编号	a	b	c	d	e	f	g	h	i	j	k	l	m	n	o	p	q

应的逆反应（见前文）。为此可以试用 Triboulet 等采用角闪石环带来反演 *P-T-t-d* 轨迹的约束方法，来获取本区变辉长岩的 *PTt* 轨迹，追踪其演化历史，尤其是就位或侵位过程。经过反复计算，得出图 2.149 中一条顺时针 *PTt* 轨迹（3-1→3-2→3-3），反映了一个快速等温减压过程和一个缓慢降温降压历史，且早期变质可能发生在 60~70 km 处的上地幔，然后一直上升退变。由于测试误差及高次幂引起的计算误差，其他值（如 8 号样，14 及 13 号样）可能导致压力偏高，根据矿物组合的实验约束及角闪石 Al_2O_3-绿泥石 X_{Fe}-图解（Maruyama and Send, 1986）判定结果，大致偏高 0.5~0.6 GPa。总之，结果表明三岔子蛇绿岩块是构造混杂的结果，有洋幔组成，也有岛弧火山岩组成，是在构造肢解后拼结在一块的，这与 Miyashiro（1977）指出的蛇绿岩本来就没有规则层序而不是被肢解的观点相悖，但很符合本区事实。

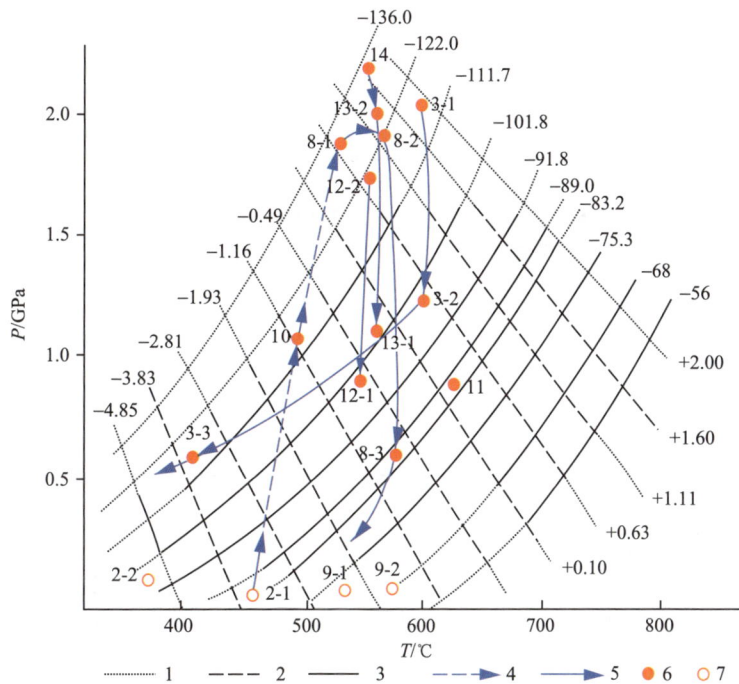

图 2.149 角闪石结晶作用的 PT 条件图解

1. 本研究插值界线；2. $\ln K_D Tr/Ed$ 等值线；3. $\ln K_D Ed/MgHb$ 等值线；

4. 推测轨迹；5. 实测轨迹；6. 实测点；7. 校正数值后的点

C. 菜马河-长坝-雷公山地区变质岩

相对三岔子地区而言，东部的长坝、雷公山、菜马河一带的勉略带变质程度较高。变质变形组构分析表明，它们主要是碰撞后递进变质叠加的结果，其峰期前的变质矿物残余在基质中仅有绿泥石及黑硬绿泥石发现（两河口-雷公山），在石榴子石变斑晶内的包体也能窥探其早期进变变质作用历史。

采自勉县菜马河乡马家沟的石榴角闪透辉麻粒岩（11 号样）的石榴子石变斑晶中包裹有早期变质阶段的绿泥石、斜长石（Pl）及角闪石（Hb_1），采用 Plyusnina（1982）及 Perchuk（1966）、Spear（1980）的普通角闪石斜长石地质温压计获得温度为 470~520 ℃，压力为 3.5×10^2~4.7×10^2 MPa（表 2.18—表 2.20），据绿泥石（13 号样）温度计获 263 ℃，为最早变质温度（表 2.15）；采自长坝二里坝北的石榴角闪绿泥绢云片岩（8 号样）中角闪石核部成分与早期斜长石（Pl_1）组成的矿物对计算，也可得其早期温度为 510~540 ℃（表 2.20），压力为 4.6×10^2~6.0×10^2 MPa（表 2.20），温度压力略有偏高，可能反映菜马河较长坝变质略早，但都属与第一幕变形同时的变质阶段。采自两河口-雷公山的早期绿泥石温度为 221~488 ℃（表 2.15）。

表 2.18　角闪石–斜长石温度计计算结果

样品号	采样点	矿物对	$\ln(Ca^{M4}/Na^{M4})Hb$	$\ln(X_{An}/X_{Ab})Pl$	$T/℃$
8	②	Hb(C)-Pl	3.57	−0.85	495
8	②	Hb(R)-Pl	4.93	−0.85	400
8	②	Hb(E)-Pl	1.41	−0.85	570
11	③	Hb_1-Pl	1.51	−1.37	520
14	④	Hb′-Pl	?	−0.68	?

表 2.19　角闪石–斜长石温度计计算结果（Perchuk，1966）

样品号	8	8	8	11	14
矿物对	Hb(C)-Pl	Hb(R)-Pl	Hb(E)-Pl	Hb_1-Pl	Hb′-Pl
X_{Ca}^{Hb}	0.77	0.73	0.75	0.75	0.72
X_{Ca}^{Pl}	0.3	0.3	0.3	0.2	0.58
$T/℃$	510	545	530	470	720

表 2.20　角闪石–斜长石温压计计算结果（Plyusninna，1982）

样品号	矿物对	X_{Ca}^{Pl}	$\sum A1Hb$	$T/℃$	$P/10^2 MPa$
8	Hb(C)-Pl	0.294	1.701	540(510)	4.6(6.0)
8	Hb(R)-Pl	0.294	1.765	540(545)	5.2(5.0)
8	Hb(E)-Pl	0.294	1.558	540(530)	3.9(4.2)
11	Hb_1-Pl	0.200	1.301	520(470)	3.5(4.7)
14	Hb′-Pl	0.333	1.346	545	3.0

　　该区进入第二个变质阶段出现石榴子石及黑云母，角闪石继续生长。变斑晶微构造表明（图2.129），第二变质阶段略滞后于主造山碰撞造山过程。采用石榴子石–角闪石温压计图解和分配系数与温度关系图解（图2.150、图2.151），获得温压条件列于表2.21，据表2.21可知这一阶段温度介于550~710℃（长坝）、550~700℃（菜马河），压力均为$6.5×10^2~7.3×10^2$ MPa（长坝）、$7.0×10^2~7.3×10^2$ MPa（菜马河）。

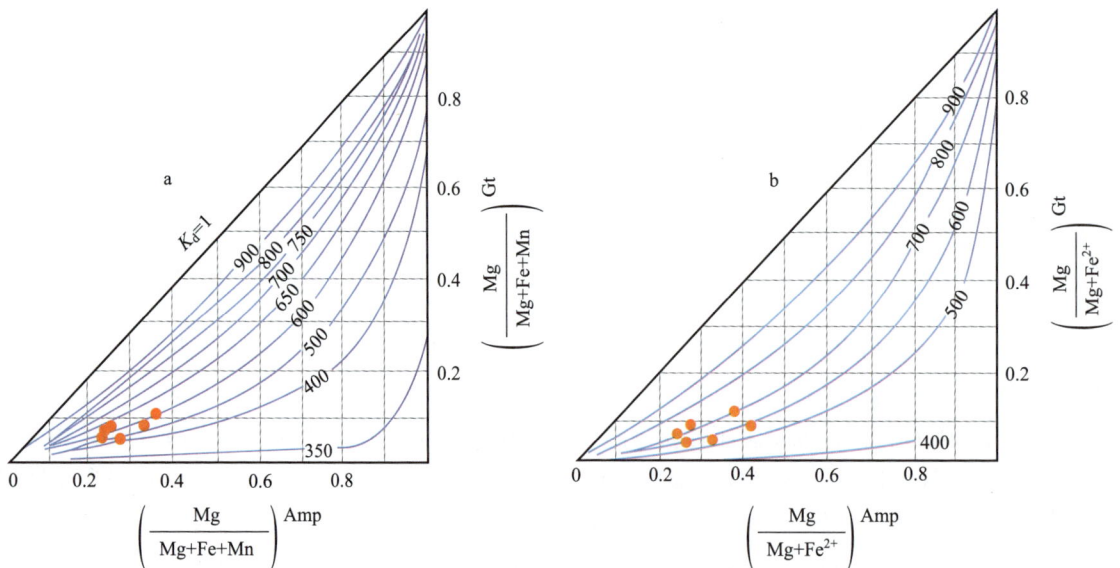

图 2.150　石榴子石–角闪石 Mg/(Mg+Fe) 温压计图解

a. Perchuk（1970）图解；b. Glebovitsky 等（1977）图解。等值线温度单位为℃

表 2.21 石榴子石及共生角闪石的镁含量及平衡共生的温压条件

样品号	矿物对	Mg:(Mg+Fe+Mn)		$T/℃$ Perchuk(1970)	Mg:(Mg+Fe^{2+})		$\bar{K}_{Mg}$	Ca:(Ca+Ma+Fe+Mn)		$T/℃$ Glebovisky等	$P/10^2$ MPa 等
		Hb	Gt		Hb	Gt		Hb	Gt		
8	Gt(C)-Hb(C)	0.247	0.070	620	0.274	0.073	0.266	0.322	0.123	710	7.3
8	Gt(R)-Hb(R)	0.235	0.034	550	0.267	0.035	0.131	0.313	0.066	600	6.5
8	Gt(R)-Hb(E)	0.270	0.034	500	0.329	0.035	0.106	0.289	0.066	550	7.0
13	Gt(C)-Hb(I)	0.313	0.076	550	0.421	0.082	0.195	0.288	0.344	600	7.3
13	Gt(R)-Hb(E)	0.338	0.098	600	0.349	0.105	0.301	0.299	0.366	700	7.0
14	Gt-Hb'	0.239	0.062	610	0.250	0.066	0.264	0.314	0.440	700	7.0

表 2.22 石榴子石—十字石地质温度计计算结果（据 Феднкпн, 1975, 1992 资料）

样品号	矿物对	X_{Mg}^{Gt}	X_{Fe}^{Gt}	$(X_{Mg}/X_{Fe})^{Gt}$	X_{Mg}^{Stau}	X_{Fe}^{Stau}	$(X_{Mg}/X_{Fe})^{Stau}$	X_{Ca}^{Gt}	X_{Zn}^{Stau}	K_D	$T/℃$ (1995)	$T/℃$ (1992)
6	Gt(C)-Stau$_{2/3}$	0.117	0.743	0.1575	0.2140	0.7800	0.2744	0.065	0.0060	0.742	530	783
6	Gt(M)-Stau$_{2/3}$	0.082	0.662	0.1239	0.2140	0.7800	0.2744	0.158	0.0060	2.215	490	792
6	Gt(R)-Stau$_{2/3}$	0.063	0.644	0.0978	0.2140	0.7800	0.2744	0.171	0.1160	2.805	≈450	749
7	Gt(C)-Stau$_{2/3}$(C)	0.058	0.672	0.0863	0.1033	0.8638	0.1196	0.153	0.0191	1.386	585	891
7	Gt(M)-Stau$_{2/3}$(M)	0.064	0.706	0.0907	0.1338	0.8533	0.1568	0.124	0.0077	1.729	540	812
7	Gt(R)-Stau$_{2/3}$(R)	0.093	0.780	0.1192	0.1064	0.8661	0.1228	0.054	0.0129	1.030	655	888
8	Gt(C)-Stau$_2$	0.062	0.783	0.0792	0.2093	0.7674	0.2727	0.117	0.0171	3.44	≈450	674
8	Gt(R)-Stau$_2$	0.032	0.885	0.0362	0.2093	0.7674	0.2727	0.066	0.0171	7.69	≈450	454
17	Gt(C)-Stau$_2$	0.058	0.627	0.0925	0.2015	0.7537	0.2673	0.164	0.0380	2.86	≈450	736
17	Gt(R)-Stau$_2$	0.136	0.771	0.1763	0.2015	0.7537	0.2673	0.055	0.0380	1.52	560	811
19	Gt$_1$-Stau$_{2/3}$	0.124	0.790	0.1570	0.1011	0.8457	0.1195	0.045	0.0339	0.76	680	1019(?)
19	Gt(C)-Stau$_{2/3}$	0.103	0.751	0.1372	0.1011	0.8457	0.1195	0.075	0.0339	0.87	655	991(?)
19	Gt(C)-Stau$_{2/3}$	0.100	0.807	0.1239	0.1011	0.8457	0.1195	0.025	0.0339	0.96	645	902(?)

注: P 取 $5×10^2$ MPa。

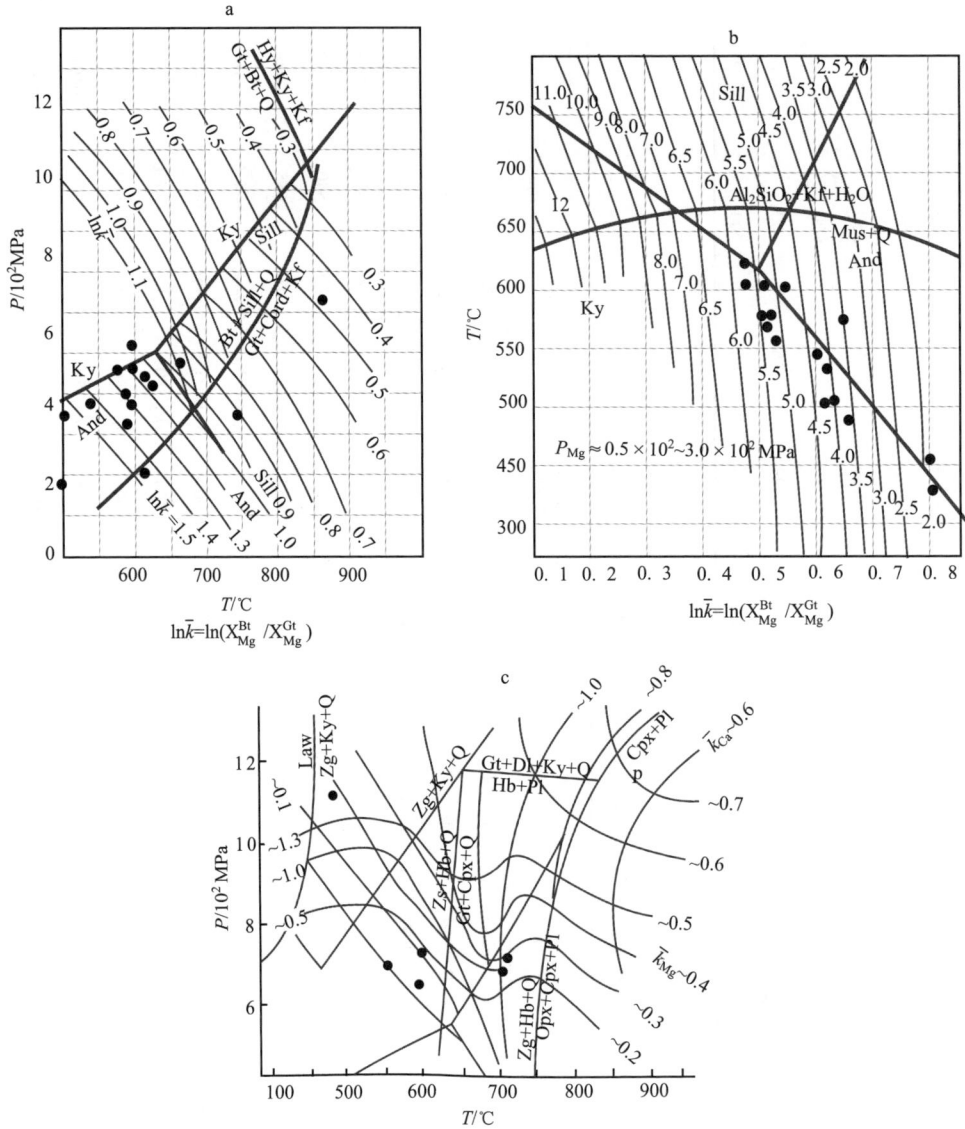

图 2.151   石榴子石-黑云母对及石榴子石-角闪石对镁分配系数与温度关系图解

a, c. Glebovisky 等（1977）图解；b. Perchuk（1972）图解

变质作用第二阶段的晚期达峰期变质条件，该区出现了十字石和蓝晶石，表明温压再持续上升，十字石-石榴子石地质温度计图解获得温度偏低（图 2.152），而据其 1992 年的温度计公式获得温度又略偏高，可能与测试数据有误差有关，但仍可判断温度以 750~812 ℃之间为主（表 2.22）。其中菜马河 14 号样品还出现透辉石，温压可能更高。

该区变质作用第三个阶段为退变质阶段，岩相学研究表明存在退变阶段生长的绿泥石、白云母及细小角闪石（样品 14）。据角闪石-斜长石对温压计算表明，菜马河一带基性麻粒岩退变时温度为 545 ℃，压力为 3.0×10^2 MPa（表 2.20）；据石榴子石-角闪石矿物对得温度为 610~700 ℃，压力约 7.0×10^2 MPa；可能反映连续退变过程，后者早、前者晚。而勉县雷公山地区（11 号样），退变温度为 470~520 ℃，压力为 $3.5 \times 10^2 \sim 4.7 \times 10^2$ MPa（表 2.20）。长坝地区退变的早期温压可据角闪石边部成分或基质中细小角闪石与斜长石配对，得到温度为 570~545 ℃，压力为 $3.9 \times 10^2 \sim 5.0 \times 10^2$ MPa（表 2.19、表 2.20），退变晚期出现白云母、绿泥石，从表 2.14 至表 2.16 结果，表明温度介于 500~520 ℃或 275~334 ℃，压力约 $2 \times 10^2 \sim 3.5 \times 10^2$ MPa。

根据以上结果，可分别获得安子山（据 Xu *et al.*，1994）、长坝、雷公山-两河口、菜马河四条

顺时针 PTt 轨迹，它们具有一致的增温增压过程，但峰期后温压略有差异（图 2.153），反映俯冲碰撞历史相同，但剥露抬升历史略有差异。

③ 变质动力学与俯冲折返过程

勉略缝合带不同地段具有不同的变质动力学过程，涵盖大量大地构造演化信息，尤其是板块的俯冲与碰撞动力学内容更为丰富。康县-高川段勉略缝合带东、西部差异正是俯冲、碰撞及折返过程的具体体现。

A. 三岔子地区蛇绿岩及高压变质岩石的变质、侵位、变形模式的变质动力学约束

目前国外学者对蛇绿岩的形成、变质及侵位已有一些解释模式。Coleman（1971）曾提出安第斯型活动陆缘消减板块蛇绿岩的自发性仰冲就位；Moores（1970）提出洋内向洋消减带的碰撞模式，并解释了被动陆缘与洋弧的关系；Edelman（1988）则提出了蛇绿岩因洋内向洋俯冲带快速后退到被动陆缘上的形成与就位模式。前两模式认为蛇绿岩属正常洋壳或上地幔组成，后一模式则考虑到近来对蛇绿岩大量岩石学工作的新成果，认为许多蛇绿岩的地球化学特征与岛弧而不是洋中脊玄武岩相似。此前，Moores 等（1984）也指出诸如 Mideast 的蛇绿岩可能形成于斜向俯冲带上，同时在岛弧发生斜向裂解，类似于现代安达曼海那样，形成了具有蛇绿岩结构及岛弧地球化学特征的地壳，他们称此过程为消减带上的扩张作用（Supra-subduction-zone spreading），实质上就是无岛弧形成的弧后扩张作用，这就需要有一个快于岛弧形成速率的快速扩张速率（Edelman，1988）。Edelman（1988）发现蛇绿岩中席状岩墙群的存在，认为这不属岛弧原始结构而属洋壳，且发育铲形断层、薄的洋壳，故而提出了改进模式（图 2.154）。

Edelman（1988）的模式中首先应具备一个扩张中心、一个消减带和三个板块（A、B、C）。V^{AB} 为板片 A 相对 B 的速率，V^{BC} 与 V^{AB} 相反，V^{CA} 代表消减速率，并假设板块 A 与板块 C 在深部岩石圈地幔相连或走向相连，运动相关，则 A、C 相对静止，$V^{CA}=0$，因此三者之和亦为 0。这样，消减带上扩张作用迫使消减带以消减速率后退，因而在一个明显的岛弧形成之前，可能出现一个较大的"弧后盆地"，最终消减作用停止并不可避免地与大陆碰撞。

Edelman 的这一模式可以用来合理解释三岔子

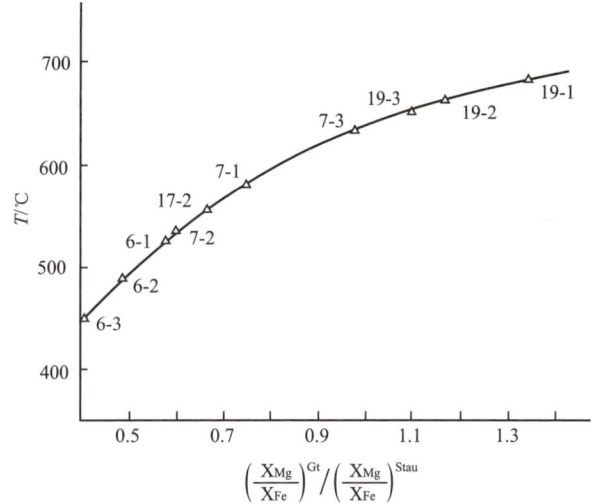

图 2.152　十字石-石榴子石地质温度计
（据费德金，1975）
数字前半部分为样品号（同表 2.22），
后半部分为表 2.22 中先后顺序

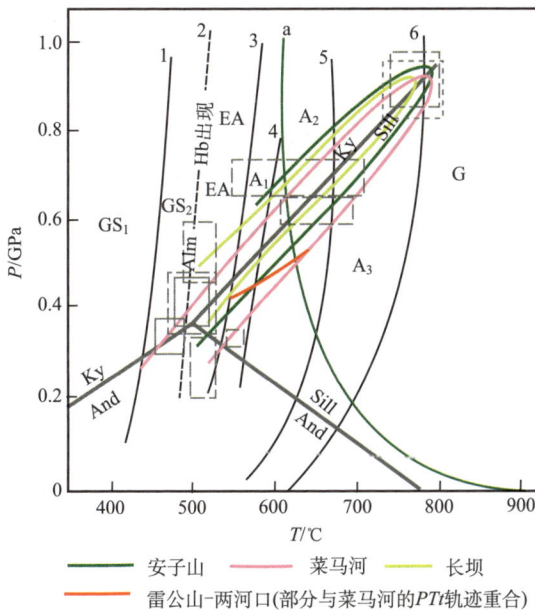

图 2.153　长坝-菜马河一带变质作用 PTt 轨迹
GS. 绿片岩相；GS1. 绿泥石-白云母亚相；GS_2. 黑云母-绿泥石亚相；EA. 绿帘角闪岩相；A. 角闪岩相；A.1. 十字石-铁铝榴石-白云母亚相；A_2. 蓝晶石-铁铝榴石白云母亚相；A_3. 夕线石-铁铝榴石-正长石亚相；G. 麻粒岩相。反应曲线来源：1，2.（Winkler，1976）：1. Stip+ Phn→Bt+Chl+Q+H$_2$O，2. Act+ Cz +Chl+Q→Hb；3. Chl+Mus→Stau+Bt+H$_2$O；4. Stau+Mus +Q→Alm+Al$_2$SiO$_5$ +Bt +H$_2$O；5. 转引自 Ehlers and Blatt（1980），Mus+Q→Al$_2$SiO$_5$+Kf+H$_2$O；6. DeWaard（1965），Hb+Alm+Q→ Opx+Pl+ H$_2$O·Al$_2$SiO$_5$ 多形转变线，Or-Ab-Q-H$_2$O 系统最低熔融曲线（a-a）（Luth et al.，1964）

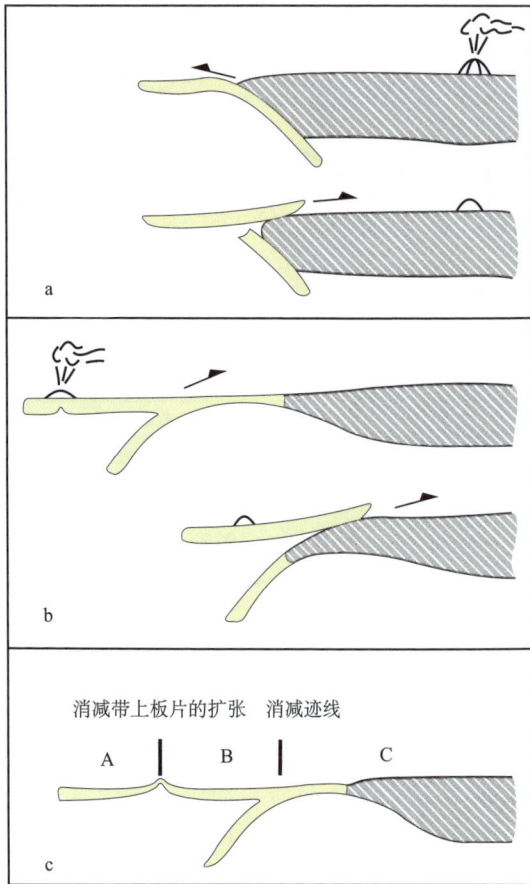

图 2.154 蛇绿岩侵位的板块的几何学及运动学模型

a. 消减板块的大洋岩石圈就位于安第斯型陆缘的自发过程（Coleman，1971）；b. 洋内消减带的碰撞及其硅镁层上洋弧与被动陆缘的关系（Moores，1970）；c. $V^{AB}+V^{BC}+V^{CA}=0$ 时，若板块 A 与 C 相对静止（$V^{CA}=0$），则扩张速率等于消减速率，即 $V^{AB}=V^{CB}$（Edelman，1988）

地区蛇绿岩的侵位过程，且本研究首次采用变质动力学方法来检验它。这里我们将板块 C 设为勉略带以南晚古生代以来北缘属被动陆缘的扬子板块，板块 A 和 B 分别设为庄科-文家沟-黑沟峡洋壳板块和浑水灌洋壳板块。现今于庄科-文家沟、黑沟峡、浑水灌一带出露的火山岩无论是初始裂谷型、岛弧还是古 MORB 型都可用该模式作出合理解释，而且三岔子一带的古洋幔可能当时位于洋壳板块 B 下部。洋壳板块 B 在 Edelman 的模式中早期一直处于伸展抬升状态，在图 2.149 中表现为 PTt 轨迹的等温降压过程。晚期因消减带的向南后退，B 板块下部俯冲热结构因下行板块 C 的低温地质体的介入，变辉长岩快速降温，同时 B 板块发生仰冲压力也急剧降低，故在 PTt 轨迹中表现为降温降压过程，与此同时以多硅白云母+钠云母+黑硬绿泥石+钠长石+石英的高压矿物组合代表俯冲带边缘（即板块 D 边缘）岛弧型火山岩的俯冲之后缓慢增温快速增压过程的变质结果。它们于蛇绿岩仰冲之后扬子板块与秦岭微板块碰撞期间，扬子板块下行垫托隔离地幔供热得以保存，并随后快速逆冲抬升（图 2.155）。

对于本区火山岩的复杂性、放射虫硅质岩、各种残块的变形等仅有 Edelman 模式尚不能完美解释三岔子地区地质特点，故尚需进一步修正。构造变形解析表明三岔子蛇绿岩是向南仰冲的，故 Coleman 的仰冲活动大陆边缘（本区为秦岭微板块）的模式不太可能。Edelman 模式中板块 B 是"被动"扩张的，并有可能很宽大，这样最终宜在缝合

带或被动陆缘找到大量蛇绿岩，而勉略带蛇绿岩的保存特点是东西断续展布，呈细小残块，变形强烈，而不是大面积展布。因此这里引进板块 D（代表秦岭微板块）并认为当扬子板块与秦岭微板块

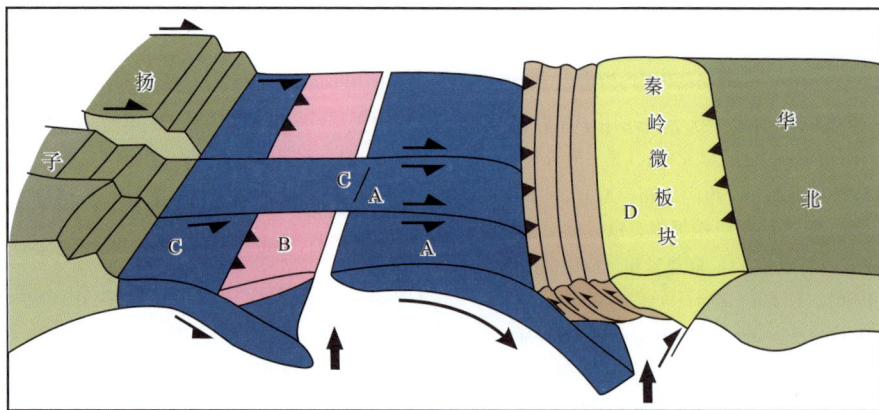

图 2.155 勉略带蛇绿岩侵位模式及洋盆结构模式图

的总会聚速率大于洋壳扩张速率时，且 $V^{CD}>V^{DA}$，$V^{CB}\neq V^{AB}$，因而板块 B 扩张必然受到抑制，且在板块 C 强力作用下发生洋内消减带的拖曳俯冲而消减一部分。且本区总体为小洋盆，板块 B 规模也不大，当其运移至板块 C 的几何边界面陡的地段时在北边对应同样陡立边界的夹持下易于保存且发生与缝合带内其他岩块（片）相同的后期变形历史。而在板块 C 较缓的边界面上，它易于发生仰冲至地表而风化剥蚀，不易保存。故而汉南突起两侧弧形带内没有保存，地球物理资料也未能显示残余在推覆体之下。

本区火山岩的复杂性在这一修正之后，也可给予合理解释。裂谷型火山岩（黑沟峡）可能是初始洋壳边缘在主俯冲带铲刮下来的产物，古 MORB 型火山岩属板块 B 蛇绿岩组成部分，与洋幔、洋壳其他组成有相同运移、保存机制。岛弧型火山岩在三岔子区属陆弧型特点，属钙碱系列，而非拉斑系列，故可能产生在秦岭微板块南缘的主俯冲带附近，后被卷入缝合带变形、肢解、保存残留。洋内消减带也可能出现洋岛火山岩。大洋岛屿玄武岩系列的成因一般受上地幔岩石的部分熔融产生的镁铁质岩浆控制，且这种上升岩浆在通过上地幔过程中，不同阶段分离结晶也会引起差异，洋岛区的母岩浆不同地段亦有差异，有碱性玄武岩岩浆、橄榄拉斑玄武岩岩浆、碧玄岩岩浆、霞石岩岩浆等。其上升机制也很复杂，可以是热点，也可以是洋内消减带俯冲成因，但只有消减达 300 km（即上地幔下部）时才有可能启动这一岩浆作用（Edelman，1988）。三岔子地区缺乏洋岛型岛弧火山岩，故可能与该区洋内次级消减带规模小（即板块 B 与 C 之间）有关，或小洋盆范围约束之结果。本研究调查在两河口去峡里的桥头发现的玄武岩块可能具洋岛火山岩性质，则有可能证明东侧俯冲快于西侧或深于西侧。

根据这一模式还可对硅质岩的形成环境及保存机制作出合理讨论。采自金家河岩组的硅质岩属洋脊沉积区，三岔子岩组中的属半深海—深海区（盛吉虎等，1997），因而它们可能形成于板块 B 上。采自四房坝岩组的硅质岩应属扬子板块北缘被动陆缘的大陆边缘环境，较金家河组的更靠近陆源区（盛吉虎等，1997）。乔子沟岩组的硅质岩野外岩石组合关系表明常与大理岩相伴，$\delta(Ce)$ 和 $\omega(La_n)/\omega(Yb_n)$ 值又均小于四房坝岩组和金家河岩组硅质岩，与乔子沟火山岩关系又紧密，故可能属秦岭微板块南缘的弧前深水环境。朱家山岩组 C_1 的硅质岩形成于近岸半封闭环境（盛吉虎等，1997），应属秦岭微板块南缘陆缘弧的内弧稳定沉积环境，而且它常与薄层泥晶灰岩等伴生，具体的更可能属潟湖环境。由此看来硅质岩的研究除地球化学指标之外，还应重视岩石组合反映的构造环境的差异，本区硅质岩形成环境多样，值得再深入解剖，对建立小洋盆盆地原型很关键。

B. 长坝–菜马河地区 PTt 轨迹的变质动力学意义

勉略缝合带中现今保存的热不均一结构表明其不同地段有着不同的岩石圈热结构。从递进变质阶段 PTt 轨迹可知，三岔子一带俯冲期间的地温梯度约为 5~6 ℃/km，属 "冷" 俯冲带范围。而长坝—菜马河一带地温梯度约为 15 ℃/km，与 "热" 俯冲带的地温梯度相当。由此，可以初步推断东部扩张较西部晚，洋壳亦较西部 "热"。这种热壳俯冲有可能不会出现蓝闪片岩相矿物组合，这一机制可能在古元古代时期也普遍存在。当然，递进变质阶段 PT 轨迹也主要依赖于俯冲速率，某种程度上也依赖于板片年龄（其内含热量和负浮力）、非俯冲板块热结构引起的热传输、板块接合带的摩擦耗热、水化和脱水反应以及流体热对流传递等（Ernst，1988）。由前文探讨可知，西秦岭阿尼玛卿带俯冲速率向康县–高川段有递减趋势，除表现在秦岭微板块的盆地发育方面的情况外，在 PTt 轨迹上也同样有所显示。而且因剪刀式张裂、扩张，西部洋壳年龄也较东部老，东部可能洋壳含热较高，导致东部温度高于西部。对于流体热对流传递，研究表明东部具平行片理 S_1 及折劈理 S_2 的碳酸盐矿物较西部发育，可能 CO_2 流体对俯冲板片有干化作用，另外变质温度提高也有一定关系，尚待今后再深入研究。

高压递进变质矿物组合的形成除与上述形成机制及影响因素有关外，尚与其折返机制密切相关，折返过程则可通过退变质阶段的 PTt 轨迹来揭示。一些蓝片岩带，如西阿尔卑斯内带，强烈地受到了晚期低压绿片岩相和/或绿帘角闪岩相矿物共生组合的叠加；而另一些，如含文石的弗兰西斯科杂岩，实际上又未受后期变质反应的影响。由此，消减带的构造地层地体具有明显不同的退变 PT 轨迹（Ernst，1988）。Ernst（1988）提出会聚板块封闭速率的快速降低可引起低 P/T 变质相与蓝片岩的叠加共生，同时伴生上冲和底辟上升作用，而持续俯冲期间的深俯冲构造岩石层回返至蓝片岩带底面又对逐渐降压的高压变质矿物组合起了一种"冷冻"作用和保存效应。显然，其构造意义对进变蓝片岩相变质作用而言是俯冲的反映，而对退变质作用而言典型地反映了物质上升。三岔子地区与长坝—菜马河一带退变质 PT 轨迹的明显差异也反映了物质回返的过程、机制存在差异。尽管三岔子地区尚未发现蓝片岩，但其他高压变质矿物组合的保存表明其折返机制可能类似于蓝片岩的折返机制。而东部明显受到后期阶段强烈的变质叠加，出现十字石+蓝晶石+石榴子石+黑云母组合，其后期阶段变质带与秦岭微板块内佛坪热变质带具空间上连续性，高压矿物组合保存也少，石榴子石边缘环带内还发现有十字石的包体，可能表明存在降压升温过程。因此其折返可能与碰撞作用及佛坪穹窿的隆升机制有关（见后）。另外也可能表明东部已碰撞隆升，西部还处于俯冲的剪刀式闭合过程中。

3）碰撞带变质作用特征与构造–热时空演化

（1）碰撞带变质作用时空演化

不同大地构造体制和地质动力学过程引起不同的区域变质作用类型，并具有不同的 PTt 轨迹（卢良兆，1993）。在勉略洋洋壳消减和海盆封闭之后，秦岭微板块在主造山碰撞过程中迅速大幅度（甚至成倍地）构造加厚。通过构造解析表明，其增厚机制包括：①褶皱作用加厚，②对冲式逆冲推覆加厚，③可能存在 A 型俯冲使岩石圈整体增厚，等等。在此过程中不仅洋壳，而且形成于海盆中的表壳岩均迅速进入中下部地壳。由于岩石中热传导速率较低，所以此过程 $+\Delta P>+\Delta T$ 的变化，使地壳中原来的稳态地温梯度受扰动而明显降低，此时可出现低温高压甚至超高压变质作用，如大别造山带榴辉岩可能部分形成于印支期（李曙光，1993）。但这一高压、超高压变质组合能否保存尚取决于表壳岩在深部的滞留时间的长短。如阿尔卑斯及大别造山带，这段滞留时间约 20 Ma（卢良兆，1993；郑永飞、傅斌，1997），故而得以保存。但若滞留更长时间，则会由于环境的加温作用，地温梯度开始回升。从勉略带北部佛坪地区研究结果表明，可能大约于 200 Ma 左右，因壳幔脱耦拆沉作用，至使基性岩浆底侵至下地壳上部，同时发生重力均衡调整，地壳回返隆升并遭受快速剥蚀，伴随有松弛性拉张作用使初期岩石中温度继续增高，压力开始降低，即 $+\Delta T>-\Delta P$，下地壳发生减压重熔，佛坪杂岩中出现混合岩，重熔岩浆与部分底侵基性岩浆混合形成具五龙等岩体地球化学特征的岩浆（王居里，1997b）。但区域上变质作用温度峰期要晚于五龙岩体的侵位，故变质温度峰期形成的佛坪热递增变质带在受深部构造热体制的深刻控制作用（张国伟等，1995）的同时，热传导要慢于以岩浆为主的热对流，这也对变质带分布起重要作用。这一过程可与阿尔卑斯碰撞造山带进行对比。热模拟研究结果表明，低压高温的变质组合的出现应与重熔岩浆及其热加入有关，在碰撞后的佛坪穹窿内以中压相系变质为主，故五龙岩体的侵入是属于高位冷侵入过程，其侵入产状切割褶皱，因此它不是变质的主要控制因素，而有可能是深部熔融上侵变质的产物。该递增变质带的时空特征与陆内裂谷作用期间形成的热穹窿形式的递增进变质带，如东比利牛斯、辽河群还存在一些差异（Wickham and Oxburgh，1985；李三忠、刘建忠，1997）。

（2）碰撞带温压计算及 PTt 轨迹

① 岩石类型及变斑晶或变质矿物微构造、矿物化学特征

碰撞带内岩石的时代跨度大，包括基底杂岩和二叠三叠系地层，变质程度极不均一，变质相空间分布复杂，其中三叠系地层遭受轻微变质（陈家义等，1997），其余地层有绿片岩相组合，亦有角闪岩相。这表明变质热调整并未完全均一化便得以隆升。为反映碰撞带的一般特征，本研究选择了百水

街北 1 km 处的十字石榴二云片岩、石泉饶峰乡的（绿泥）十字石榴黑云片岩和十字石榴二云片岩。

A. 岩石类型、组成、结构构造

含石墨十字石榴二云片岩　新鲜面灰黑色，粒状鳞片变晶结构，片状构造，主要基质矿物有：石英、黑云母、白云母、绿泥石、长石等，变斑晶有：十字石、石榴子石。岩石含石墨高（样品17）。

绿泥十字石榴黑云片岩　新鲜面银灰色，鳞片变晶结构，片状构造，主要矿物有：石英、长石、黑云母、白云母及绿泥石，变斑晶有：十字石、石榴子石。绿泥石在 S_2 片理面上强烈定向。

十字石榴二云片岩（样品19）　新鲜面银灰色，鳞片变晶结构，片状构造，主要矿物有：石英、长石、黑云母、白云母及绿泥石，变斑晶有：十字石、石榴子石。绿泥石在 S_2 片理面上强烈定向。

B. 变质矿物或变斑晶微构造

在不同成分的原岩中，富铝系列的原岩对变质作用的物理化学条件反应最为敏感，形成了丰富的变斑晶。变斑晶是联系变质与变形的重要媒介。变斑晶微构造研究可以运用于构造运动学的确定、变形构造的时间标定、PTt 轨迹相对时标的建立。故剖析变斑晶微构造特征成为变质地质学研究的先导工作。

在紧邻勉略带的秦岭微板块南缘所采的上述样品中保存有变质各阶段形成的矿物组合，记录了丰富的中深部大陆动力学演化史。由于构造变形速率快于变质热松弛调整，故各阶段共生矿物组合以不平衡状态共存。

石榴子石　从微构造特征可分为五个世代的石榴子石，早期石榴子石（$Gt_{0/1}$）无包体，不规则长条状平行 S_1 片理分布，发育横节理（图2.156），可能形成于 S_1 变形同期或前后，被拉长（样品18）。在长坝马黄岭采的 6 号样品中有由石墨包体直线型定向构成晶内径迹的石榴子石（$Gt_{1/2}$），与蓝晶石和十字石共生（图2.157）；在 7 号样品中还有内核微型褶皱包体径迹、外缘为一净边的巨斑石榴子石（$Gt_{2/3}$），尽管它们位于缝合带内，但也属碰撞带变质组成矿物（图2.158）。样品 18 中也有 $Gt_{2/3}$，石英包体呈折劈形态，与外部基质折劈理 S_2 相连，但有一个折射角（图2.160）。在样品 B35 中（采自长坝缝合带中），可见同 S_1 片理的石榴子石，可能表明一种单剪变形机制，原岩为卷入俯冲带边缘变形的泥质岩，进一步证实该区为"热"俯冲区段。在西水街北采的样品 17 中可见石榴子石边缘受压溶作用影响而残留部分弯曲的石英包体径迹，属 S_2 同期变形及 S_1 变形后宁静期期间形成的变斑晶。总之，石榴子石的形成生长贯穿整个变形阶段，结合其他共生矿物可知，在秦岭微板块内及边缘在伸展期间即达高绿片岩相，在碰撞期间仍连续成核生长。

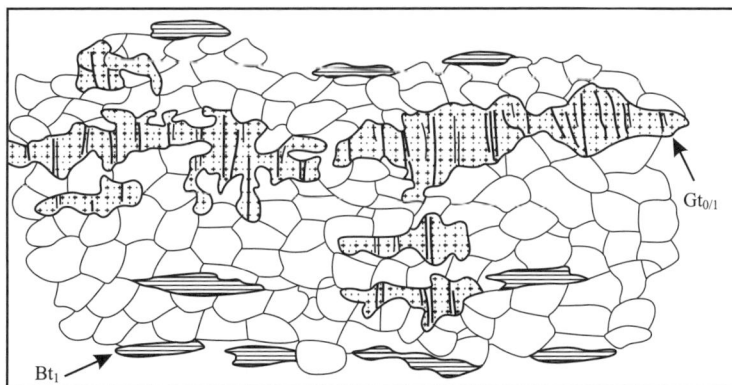

图 2.156　石榴子石呈长条状平行 S_1 展布

云母类矿物　平行 S_1 既有云母（图2.156、图2.159、图2.161），又有白云母（图2.158）。白云母呈细小鳞片状定向排列，黑云母呈鱼状（图2.160）或透镜状、书斜状排列。平行 S_2 折劈理的白云母（Mus_2）及黑云母（Bt_2）较自形（图2.158、图2.160）。图2.161 的黑云母巨斑内有弧形石英包体，并发生了扭折作用，应力分析表明形成于 S_2 变形同期。其 K-Ar 同位素测年结果为

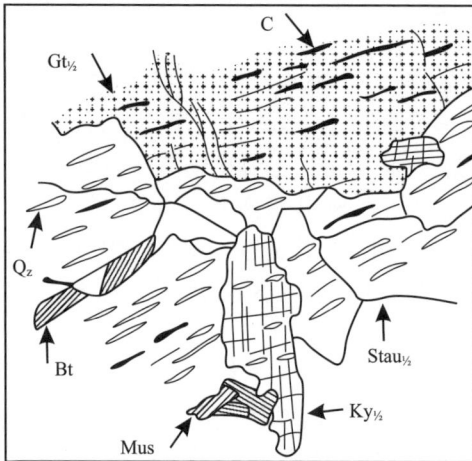

图 2.157 石榴子石中的直线型包体

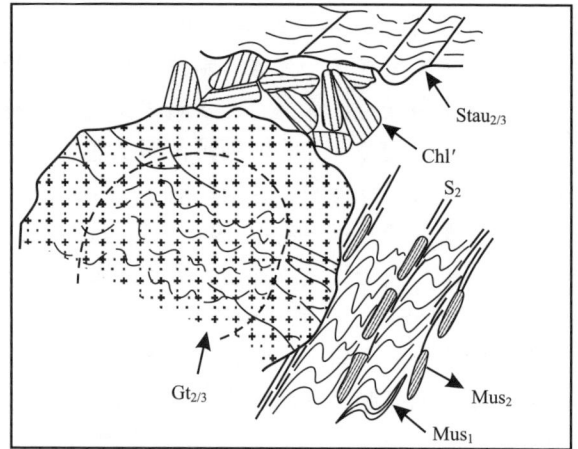

图 2.158 石榴子石中的微褶皱包体及净边结构

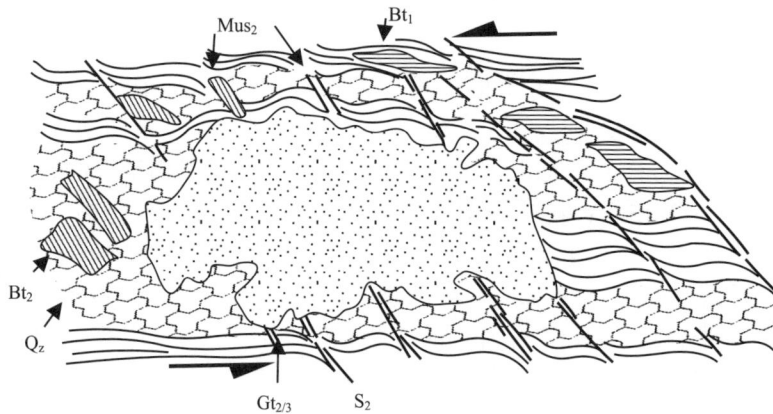

图 2.159 云母鱼及书斜构造

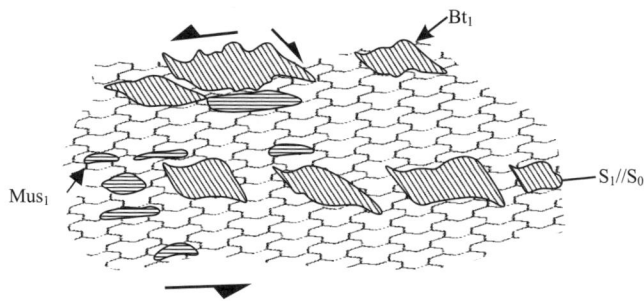

图 2.160 石榴子石中的折劈理

84～182 Ma（崔永泉，1994；冯明坤等，1994）。表明碰撞变质作用（或拆沉变质作用）滞后于碰撞变形。

十字石　十字石主要形成于 S_2 折劈之后，尽管有些包体也呈直线型，但总体排布无规则且切 S_2 折劈，有的发育折劈型包体（图 2.161）。最终十字石有被绢云母及绿泥石交代退变现象。

蓝晶石　蓝晶石又交切十字石，不定向分布，形成可能晚于十字石。主要分布于池河迎丰以北，向西经石泉两河至洋县北毕家河、勉县长坝一带。

夕线石　主要分布于龙王庙北，向西至金水街以北、佛坪及褒城北蚂蝗沟至留坝姜窝子之间。多由黑云母和白云母变来，呈毛发状者多，也有呈竹节状者，断面为菱形，一组对角线解理发育。有的岩石中发育钾长石斑晶，形态呈透镜状，内部石英包体呈微折劈形态，可能形成于折劈 S_2 之后。有可能存在 $Mus+Q \Longrightarrow Sill+Kf+H_2O$ 反应。

绿泥石　绿泥石分布较广，有平行 S_1 的早期进变质成因绿泥石，有的呈鱼状，被 S_2 交切；也有平行 S_2 折劈的绿泥石；最终还有各种变斑晶退变交代成因的绿泥石（图 2.161），后者无规则分布、自形，或沿节理缝分布。

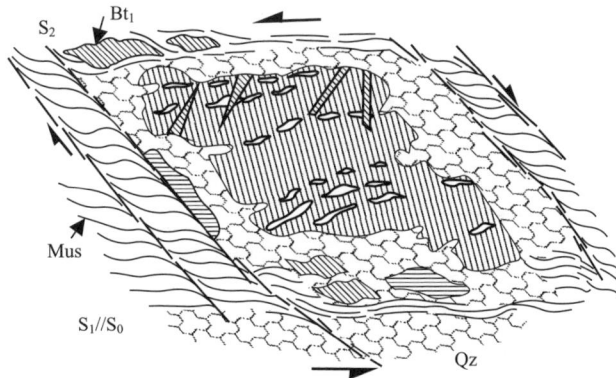

图 2.161　云母中波状包体及云母发生膝折作用

综上所述，将秦岭微板块内变斑晶生长序列列于表 2.23 中。

表 2.23　秦岭微板块内变斑晶生长序列（以变泥质岩盖层为主）

变质矿物	变形前	S_1	宁静期（？）	S_2	变形后
Mus	Mus（？）	Mus_1		Mus_2	Mus'
Bt	Bt（？）	Bt_1		Bt_2	
Chl	Chl（？）	Chl_1		Chl_2	Chl'
Gt	$Gt_{0/1}$	Gt_1	$Gt_{1/2}$	Gt_2	$Gt_{2/3}$
Stau			$Stau_{1/2}$（？）		$Stau_{2/3}$
Ky					$Ky_{2/3}$
Sill					$Sill_{2/3}$
Kf（Pl）		Pl_1			$Kf_{2/3}$

注：横线为连续生长期。

C. 矿物化学

矿物化学特征不仅可用来确立变质环境的温压条件，而且也是变质反应动力学过程的综合结果。如石榴子石成分环带可以有生长环带和退变扩散环带，通过对样品 15 和样品 19 石榴子石环带的矿物化学成分对比（由于所测点极少，故精度受到限制），表明 15 号样的石榴子石环带，核部至幔部仍具消耗绿泥石形成的石榴子石产生的典型生长环带（庄育勋，1994）可对比。若存有高级变质作用则石榴子石晶体内因完全扩散作用会出现平坦的成分剖面，但本区尚无。石榴子石矿物成分在图 2.143 及图 2.162 中反映出秦岭微板块内的石榴子石主体出现于十字蓝晶石带、部分落入夕线石带，属绿帘-角闪岩相或角闪岩相产物。通过张启锐的判别方程得出相同结论（图 2.144）。

十字石成分以铁十字石为主。斜长石主要为更—中长石，个别样品（18 号样）出现拉长石，An=58（图 2.136）。白云母属普通白云母，与勉略带内的具显然不同的矿物成分（图 2.134）；在图 2.135 中一致落入十字石和夕线石带域。绿泥石成分以铁镁绿泥石为主，鲕绿泥石较少（图 2.137）。

黑云母矿物成分分类多属铁质黑云母，少数为镁质黑云母（图 2.163）。在 Drugova 和 Glebovitsky

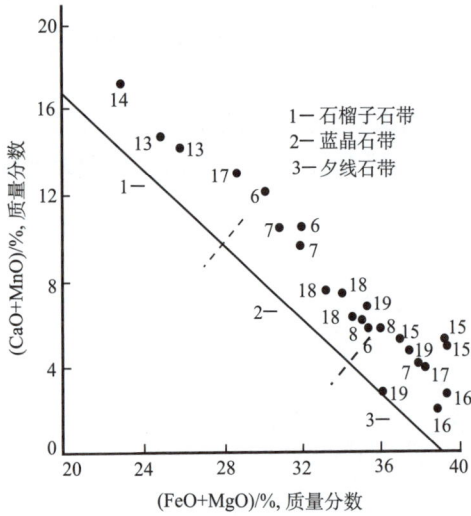

图 2.162　石榴子石的（CaO+MnO）-（FeO+MgO）
图解（引自张儒瑗、从柏林，1983）
图内数字为样品号（见表 2.24）

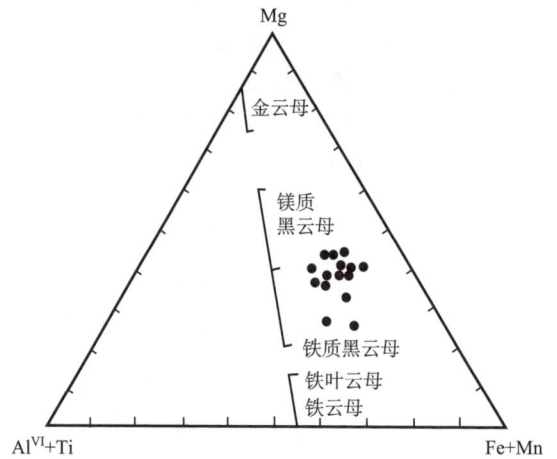

图 2.163　黑云母的 Mg-（Al^{IV}+Ti）-（Fe+Mn）
图解

图解和 Korikovsky 图解中（图 2.164）属绿帘角闪岩相至角闪岩相。在 Velikoslavinsky 图解中属十字石带和夕线石带（图 2.164），与石榴子石成分研究结果一致。

根据岩相学研究，上述矿物之间可能有如下反应系列：

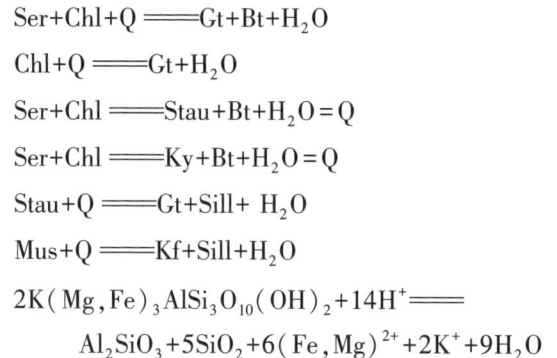

$$Ser+Chl+Q = Gt+Bt+H_2O$$

$$Chl+Q = Gt+H_2O$$

$$Ser+Chl = Stau+Bt+H_2O = Q$$

$$Ser+Chl = Ky+Bt+H_2O = Q$$

$$Stau+Q = Gt+Sill+ H_2O$$

$$Mus+Q = Kf+Sill+H_2O$$

$$2K(Mg,Fe)_3AlSi_3O_{10}(OH)_2+14H^+ =$$

$$Al_2SiO_3+5SiO_2+6(Fe,Mg)^{2+}+2K^++9H_2O$$

在退变阶段还存在一些这些反应的逆反应，这些变质反应关系的实验数据可以用来校验温压计算中的误差，使得 PTt 轨迹的建立更具可靠性。

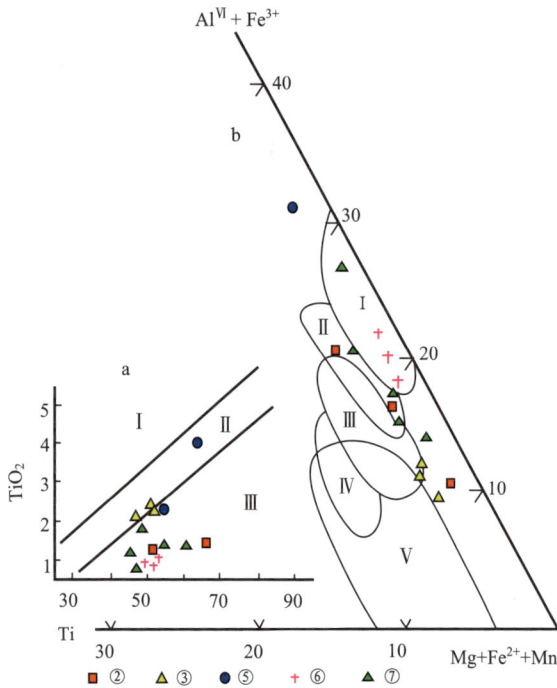

② 变质作用温压计算及 PTt 轨迹

A. 酉水街地区

17 号样品中保存有早期变质阶段的白云母，温压计算（表 2.13、表 2.14）表明温度为 540 ℃。压力为 0.40 GPa，而表 2.24 中采用 Perchuk（1970）等方法计算石榴子石核部与早期黑云母

图 2.164　黑云母成分成因图解

a. Drugova 和 Glebovitsky 图解，Ⅰ. 麻粒岩；Ⅱ. 角闪岩；
Ⅲ. 绿帘角闪岩相；b. Velikoslavinsky 图解，Ⅰ. 黑云母-
石榴子石带；Ⅱ. 十字石及透辉石带；Ⅲ. 第一夕线石带；
Ⅳ. 第二夕线石带；Ⅴ. 麻粒岩相

符号编号为采样点代号（见表 2.24 和表 2.26）

矿物对得出温度为 420~490 ℃，压力约为 0.2 GPa。故这一阶段总温压条件可能为 420~540 ℃，0.2~0.4 GPa。再采用表 2.26 中的公式计算，也得出平均温度为 458 ℃（表 2.26）。由于 17 号样石榴子石环带成分剖面表现出进变质生长环带特点，故采用边部成分与第二世代黑云母（Bt_2）配对计算出的温度基本可反映第二阶段的温压条件，分别为 570~600 ℃，0.47~0.54 GPa（表 2.24，表 2.26）。随后出现十字石，温度为 736~811 ℃，略有偏高（表 2.22）。根据变质反应的实验岩石资料，压力可能约为 0.7 GPa。最后是降温降压阶段，温度介于 550~580 ℃之间，压力约为 0.5 GPa（表 2.24、表 2.26）。局部地方可见十字石转变为绢云母及绿泥石，温压有进一步下降之势。

根据这一计算结果，可建立一条顺时针 PTt 轨迹（图 2.166）。

B. 石泉饶峰地区

18、19 号样品采自石泉饶峰乡，保存有多个变质阶段的矿物共生组合。通过早期绿泥石-白云母对计算，温度为 410~550 ℃（表 2.16）。而据钠云母含量及绿泥石温度计（表 2.13b）计算结果都有所偏高。采用白云母中 Si 含量压力计，得出压力大致为 0.33~0.45 GPa（表 2.14）。采用图解法获得早期变质阶段温压分别为 500~570 ℃、0.4~0.5 GPa（表 2.24，图 2.165），与其他计算方法（表 2.25）获得的温度相当（表 2.26），计算结果总体一致。

第二幕变形同时及之后形成的石榴子石和黑云母对计算出的温压结果应代表第二个变质阶段的温压物理条件。从表 2.24 及表 2.26 中可以看出，压力相对早期无多大变化，总体为 0.41~0.54 GPa，而温度则有明显增高，主体介于 550~600 ℃之间。可能表明中深部地壳的一种挤出平移过程。第二幕变形晚期出现十字石，温度计算表明为 645~680 ℃左右（表 2.22），而采用十字石-石榴子石矿物对公式计算结果，有较大偏差，故废除。由于该区区域上这一变质阶段还发现蓝晶石，故压力可能在 0.7 GPa 左右。因而压力增加可能与侧向挤出受阻而增厚以及逆冲推覆增厚机制有关。与此同时，岩石圈上地幔于该区的拆沉可能对温度增高有所贡献。

最后，在拆沉机制下，引起增厚地壳快速隆升，十字石经历了绢云母化、绿泥石化等退变质作用。同时大巴山前陆盆地形成。

根据以上离散的温压点阵，可以构筑出一条逆时针轨迹（图 2.166）。这一逆向轨迹可能与该区处于造山带独特的部位密切相关，有着深刻的地球动力学意义。

（3）变质动力学与碰撞隆升过程

碰撞造山体制下，一般皆为顺时针 PTt 轨迹（Thompson et al.，1984；卢良兆，1993；董申保、魏春景，1997）。这一结论性认识主要从热模拟模型为一维事件性地壳逆冲或褶皱成倍增厚紧随剥蚀过程的计算机模拟模型获得。实践证明，造山带内 PTt 轨迹具有多样性，无固定模式（Brown，1993），其决定因素很多，主要取决于剥蚀历史、造山过程及造山带结构等。关于碰撞造山带 PTt 轨迹的研究获得一些重大进展，例如，Thompson 等 1997 年通过二维计算机模拟进一步研究了下地壳变质岩的抬升与垂向挤出构造的关系以及斜向俯冲带 PTt 轨迹样式。Warren 和 Ellis（1997）研究了地幔底侵作用及花岗岩构造的 PTt 轨迹类型；Wernike（1997）提出深部地壳的板内消减和重力流模型及其对变质作用的约束和变质岩隆升的作用，或许可用来解释秦岭造山带及大别造山带中高压及超高压的成因和隆升过程；Collins（1994）探讨了拆沉作用的中上地壳的响应问题，对增厚造山带中低压高温变质作用，应用岩石圈减薄（Sandiford and Powell，1990）的拆沉模式给予了合理解释。

就目前研究现状，与造山带中拆沉、底侵、伸展、挤入-走滑、挤出等构造过程及其综合过程相关的变质动力学研究尚为数不多。秦岭微板块在南、北板块的夹击下发生了一系列构造过程，在佛坪一带以褶皱增厚之后转为楔入-拆沉为主，酉水一带以逆冲为主，石泉一带以走滑-侧向挤出为主，勉略带内以斜向陆内碰撞为特点。各个地段在陆内碰撞期间的构造过程存在一些差异，这也是其变

表2.24　石榴子石及共生黑云母的镁含量及平衡共生的温压条件

样品号	矿物对	采样点	Mg:(Mg+Fe+Mn)		lgK̄₇	T₇/℃ Perchuk (1970)	P₇/10² MPa	Mg:(Mg+Fe²⁺)		lnK̄₈	T₈/℃	P₈/10² MPa	T₉/℃ Shuldiner (1976)
			Gt	Bt				Gt	Bt				
6	Gt(C)-Bt₂	①	0.126	0.484	0.584	550	4.5	0.136	0.485	-1.271	600	4.3	570
6	Gt(M)-Bt₂	①	0.097	0.484	0.698	500	3.0	0.110	0.485	-1.484	570	3.2	520
6	Gt(R)-Bt₂	①	0.076	0.484	0.804	450	2.0	0.089	0.485	-1.696	520	≈2.0	500
8	Gt(C)-Bt	②	0.070	0.306	0.641	570	3.5	0.073	0.315	-1.462	620	2.3	590
8	Gt(R)-Bt	②	0.034	0.306	0.954	450	≈2.0	0.035	0.315	-2.197	530	≈2.0	500
15	Gt(C)-Bt(I)	③	0.163	0.528	0.510	570	5.3	0.173	0.529	-1.118	610	5.5	580
15	Gt(M)-Bt(F)	③	0.163	0.476	0.465	600	5.7	0.201	0.324	-0.477	860(?)	7.0	620
15	Gt(E)-Bt(N)	③	0.132	0.457	0.539	600	4.9	0.141	0.464	-1.191	630	4.5	600
16	Gt(C)-Bt(I)	④	0.153	0.456	0.474	620	5.6	0.156	0.456	-1.073	660	5.2	615
16	Gt(R)-Bt(E)	④	0.141	0.353	0.399	670	6.5	0.144	0.355	-0.902	750	4.0	660
17	Gt(C)-Bt₁	⑤	0.069	0.495	0.856	420	≈2.0	0.085	0.495	-1.762	490	≈2.0	450
17	Gt(R)-Bt₂	⑤	0.144	0.475	0.518	570	5.4	0.150	0.476	-1.155	620	4.7	580
17	Gt(R)-Bt₂(细)	⑤	0.144	0.490	0.532	550	5.2	0.150	0.491	-1.186	600	5.0	560
18	Gt₁-Bt₁/₂	⑥	0.122	0.525	0.634	500	4.0	0.131	0.615	-1.546	500	4.0	520
18	Gt₂/₃-Bt₁/₂	⑥	0.120	0.541	0.654	480	3.7	0.128	0.545	-1.449	540	4.0	500
18	Gt₃-Bt₂	⑥	0.129	0.513	0.600	540	4.3	0.142	0.515	-1.288	590	4.3	560
19	Gt₃-Bt(粗)	⑦	0.111	0.472	0.629	500	4.3	0.136	0.474	-1.249	570	5.0	530
19	Gt₂(C)-Bt₂(细)	⑦	0.125	0.403	0.508	600	5.4	0.121	0.446	-1.305	600	4.0	620
19	Gt₂(R)-Bt₂(细)	⑦	0.097	0.403	0.619	530	4.1	0.111	0.446	-1.391	580	3.5	550

表 2.25　石榴子石-黑云母对地质温度计及地质压力计

$T_1(℃) = \dfrac{2089 + 0.00956 P(\text{bar})}{0.7820 - \ln K} - 273$	(Ferry-Spear, 1987)
$T_2(℃) = \dfrac{W_{\text{FeMg}}(X_{\text{Fe}}^{\text{Ge}} - X_{\text{Mg}}^{\text{Ge}} - 0.8)/R + 1510(X_{\text{Ca}}^{\text{Gt}} + X_{\text{Mn}}^{\text{Gt}})}{0.7820 - \ln K} + T_1$	(Ganguly-Saxena, 1984)
$T_3(℃) = \dfrac{(1661 - 0.755 T_1)(X_{\text{Ca}}^{\text{Gt}})}{0.7820 - \ln K} + T_1$	(Newton-Haselton, 1981)

注：$K_{123} = (\text{Mg/Fe})^{\text{Gt}}/(\text{Mg/Fe})^{\text{Bt}}$，$R = 8.3144(\text{J/K})$

$W_{\text{FeMg}} = 8375\text{Mg}/(\text{Mg+Fe}) + 10460\text{Fe}/(\text{Mg+Fe})$

$T_4(℃) = \dfrac{2740 + 0.0234 P(\text{bar})}{R \ln K + 1.56}$	(Thompson, 1976)
$T_5(℃) = \dfrac{6150 + 0.0246 P(\text{bar})}{R \ln K + 3.97} - 273$	(Holidaway-Lee, 1997)

注：$R = 1.987$，$K_{45} = \left(\dfrac{\text{Fe}}{\text{Mg}}\right)^{\text{Gt}} \Big/ \left(\dfrac{\text{Fe}}{\text{Mg}}\right)^{\text{Bt}}$

$T_6(℃) = \dfrac{3947.9}{R \ln K + 2.868}$	(Perchuk, 1983)

注：$K_6 = \left(\dfrac{\text{Fe+Mn}}{\text{Mg}}\right)^{\text{Gt}} \Big/ \left(\dfrac{\text{Fe+Mn}}{\text{Mg}}\right)^{\text{Bt}}$，$R = 1.987$

质作用 PTt 轨迹相异的根本大陆动力学意义所在。

通过微构造分析表明，秦岭微板块内的早期阶段变质作用发生于 S_1 片理形成的伸展期，温压较低，表明岩石圈地幔并无明显减薄。第二幕碰撞变形，佛坪地区地壳以收缩挤压褶皱增厚为主，地温受到扰动，在背斜褶皱核部变质相对要高。压力总体升高，温度也增高，同时由于纵向挤入作用，中部地壳（石泉、饶峰一带）发生横向挤出，岩石圈地幔拆沉发生，温度升高，压力不变；而大部地壳（佛坪基底）发生压力降低并同时升温。佛坪主收缩区侧面的石泉、武当等地发生东西两方向侧向挤出块体的收缩挤压增厚，但温度不变。岩石圈地段加热作用早于地壳增厚作用，或两个过程交错进行，并出现逆时针轨迹，可用幔源岩浆底侵作用（Bohlen，1987，1989）来解释，或可用类似于 Sandiford 和 Powell（1990）及 Loosveld 和 Etheridge（1990）提出的地壳增厚同时岩石圈减薄（即拆沉；Collins，1994）的模式给予解释。由于逆冲推覆作用使得等温面亦不规则，往往在推覆面下部地层保存有变质程度相对低的岩石，说明在后期热松弛调整过程中，造山带热结构未完全均一便得以快速隆升。

隆升速率与过程也有差异，总体看来，石泉、酉水一带隆升快，可能与逆冲推覆有关。而佛坪地区在隆升过程中温度有所增加，表明有外来热源的补给。王居里（1997b）研究后指出佛坪穹窿中同期强烈的花岗岩浆活动，不可能是由于隆升速度很快、热岩石来不及散热所致，合理的解释是隆升过程中有深部热源不断供给。由于花岗岩主体上切割变质带，故花岗岩也不应是隆升升温的热源。可以认为与拆沉区向西向上拓展有关（袁学诚，1996b；图 2.167）。从地球物理地震层析切片综合图（图 2.167）中反映佛坪地区拆沉东早西晚，正与该区岩石圈地幔向北东东向作斜向陆内俯冲引发拆沉一致。石泉-武当以东拆沉又西早东晚，因而等压（低压）升温早于西部佛坪（因为佛坪主造山碰撞期已增厚，斜向陆内俯冲时挤出）降压升温。这一时间差异也正反映拆沉之后重力均衡调整引起的隆升冷却西部又较东部早（因为东部尚有挤出增厚效应）。

表 2.26　石榴子石-黑云母对温度计计算结果

样品号	矿物对	采样点	$\left(\frac{Mg}{Ge}\right)^{Gt}$	$\left(\frac{Mg}{Fe}\right)^{Bt}$	K_{123}	W_{PtME}	K_{45}	$\left(\frac{Fe+Mn}{Mg}\right)^{Gt}$	$\left(\frac{Fe+Mn}{Mg}\right)^{Bt}$	K_6	$\ln K_{123}$	$\ln K_{45}$	$\ln K_6$	$T_1/°C$	$T_2/°C$	$T_3/°C$	$T_4/°C$	$T_5/°C$	$T_6/°C$	平均值
8	Gt(C)-Bt	②	0.079	0.460	0.172	10308	5.814	13.356	2.268	5.889	-1.760	1.760	1.773	566	620	623	565	567	618	593
8	Gt(R)-Bt	②	0.036	0.460	0.078	10388	12.778	28.506	2.268	12.569	-2.551	2.548	2.531	368	396	395	431	421	500	419
15	Gt(C)-Bt(I)	③	0.210	1.123	0.187	10099	5.348	5.127	0.894	5.735	-1.677	1.677	1.747	598	523	622	584	586	623	589
15	Gt(M)-Bt(F)	③	0.209	0.912	0.318	10099	3.145	5.135	1.100	4.668	-1.146	1.146	1.541	835	749	863	745	731	666	765
15	Gt(E)-Bt(N)	③	0.164	0.843	0.195	10167	5.128	6.551	1.189	5.510	-1.635	1.635	1.707	611	566	636	594	596	631	606
16	Gt(C)-Bt(I)	④	0.185	0.838	0.221	10135	4.525	5.549	1.194	0.467	-1.510	1.510	1.532	659	618	680	626	627	667	646
16	Gt(R)-Bt(E)	④	0.169	0.549	0.308	10159	3.247	6.092	1.830	3.329	-1.178	1.178	1.203	817	781	837	732	721	751	773
17	Gt(C)-Bt$_1$	⑤	0.092	0.981	0.094	10284	10.663	13.424	1.019	13.174	-2.364	2.364	2.578	406	466	477	457	450	494	458
17	Gt(R)-Bt$_2$	⑤	0.176	0.907	0.194	10148	5.153	5.959	1.106	5.388	-1.640	1.640	1.684	609	532	636	593	595	635	600
17	Gt(R)-Bt$_2$(细)	⑤	0.176	0.963	0.183	10148	5.472	5.959	1.042	5.719	-1.698	1.698	1.744	589	513	616	579	581	623	584
18	Gt$_1$-Bt$_{1/2}$	⑥	0.151	1.111	0.136	10187	7.353	7.165	0.906	7.908	-1.995	1.995	2.068	496	505	547	517	518	566	525
18	Gt$_{2/3}$-Bt$_{1/2}$	⑥	0.147	1.190	0.124	10193	8.095	7.339	0.847	8.665	-2.087	2.087	2.159	471	486	532	501	500	552	507
18	Gt$_3$-Bt$_2$	⑥	0.163	1.061	0.154	10167	6.509	6.765	0.946	7.151	-1.871	1.871	1.967	532	538	586	541	543	583	554
19	Gt$_1$-Bt(粗)	⑦	0.150	0.900	0.167	10188	6.000	7.006	1.120	6.255	-1.790	1.790	1.833	558	545	580	558	560	606	568
19	Gt(C)-Bt$_2$(细)	⑦	0.136	0.667	0.204	10210	4.902	8.027	1.479	5.427	-1.590	1.590	1.691	628	642	666	605	607	634	630
19	Gt(R)-Bt$_2$(细)	⑦	0.125	0.667	0.187	10228	5.336	8.607	1.479	5.862	-1.677	1.677	1.768	596	607	608	584	586	619	600

注：压力采用 $5×10^2$ MPa。

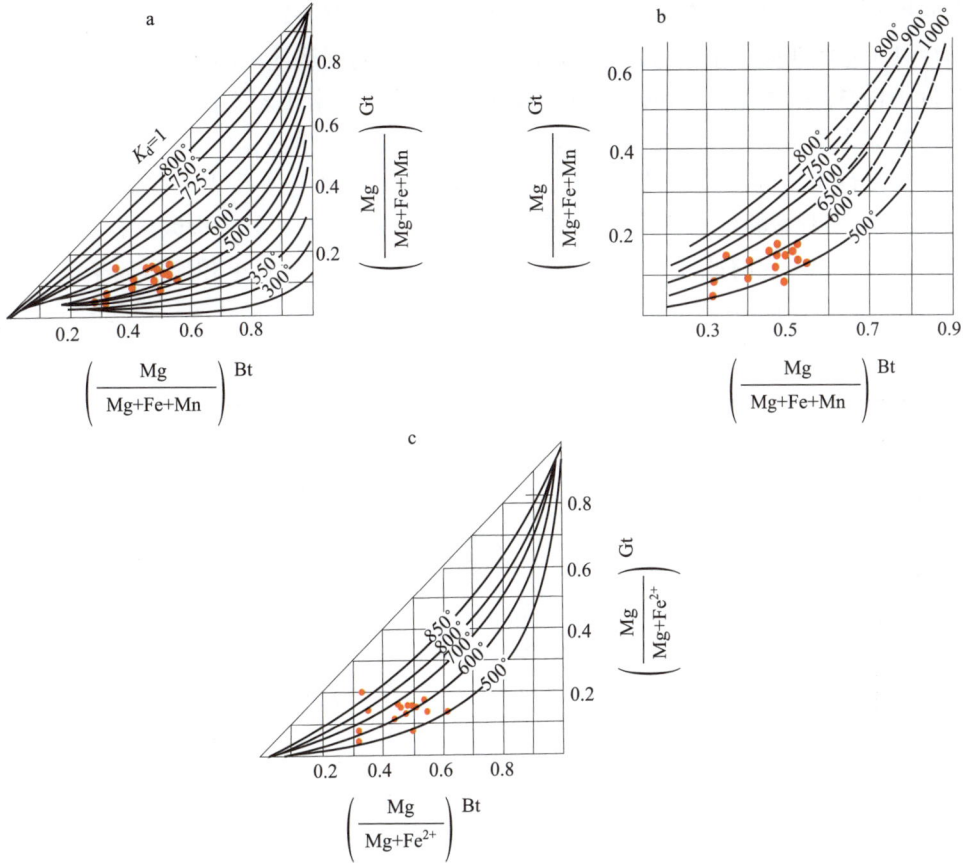

图 2.165　石榴子石-黑云母对地质温度计图解

a. Perchuk 图解（1970）；b. Shuldiner（1976）图解；c. Glebovisky 等图解（1977）

K_d 为石榴子石与黑云母之间镁的分配系数

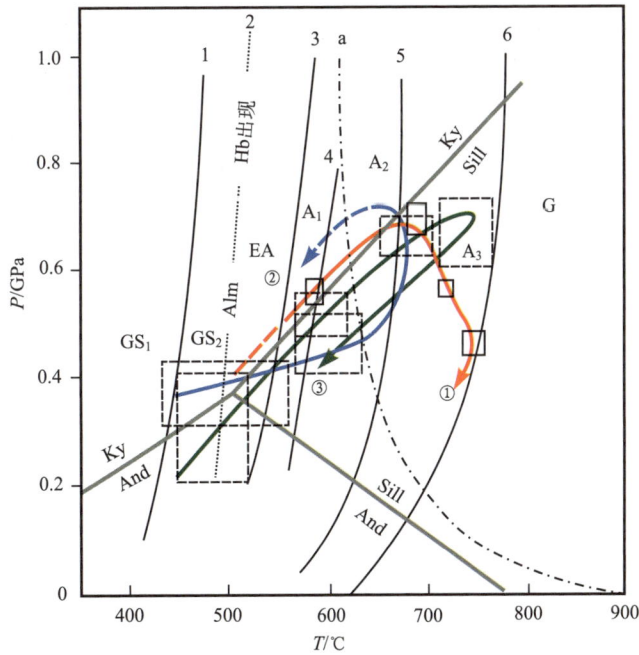

图 2.166　秦岭微板块内盖层碰撞变质 PTt 轨迹

①佛坪穹窿盖层（据王居里，1997a，b）；②石泉-饶峰地区；③西水街地区

a-a 线为 Or-Ab-Q-H_2O 系统最低熔融曲线

可能在四川盆地、鄂尔多斯盆地或汾渭地堑之间拆沉方向有个转换，以此为界，东部至大别华南一带拆沉板片以向北西西倾为主（Pei and Hong，1995）；以西则从地球物理资料反映出以向北东东倾为主（袁学诚，1995；张国伟等，1995）。在秦岭造山带中可能由于岩石圈地幔内也存在直立走滑剪切作用，它与拆沉共同作用导致了交截区所谓的蘑菇云构造（袁学诚，1996）。拆沉效应还反映在成矿的专属性和区带性上，在华南板块上，一系列的成岩成矿省主体沿北东向展布（Pei and Hong，1995），其成矿带可切割秦岭延至华北南缘（徐兆文等，1996）。在秦岭带中因岩石圈地幔存在一系列北西西走向的走滑运动引起的低速热物质（袁学诚，1995）的干扰，虽相应区段华南、华北成矿性有差异，但总体又具东西向展布特征。由此看来，拆沉可能取决于特提斯域的最终演化与西太平洋板块俯冲的双重控制，成矿特点也表现出受深部岩石圈结构制约的特点。

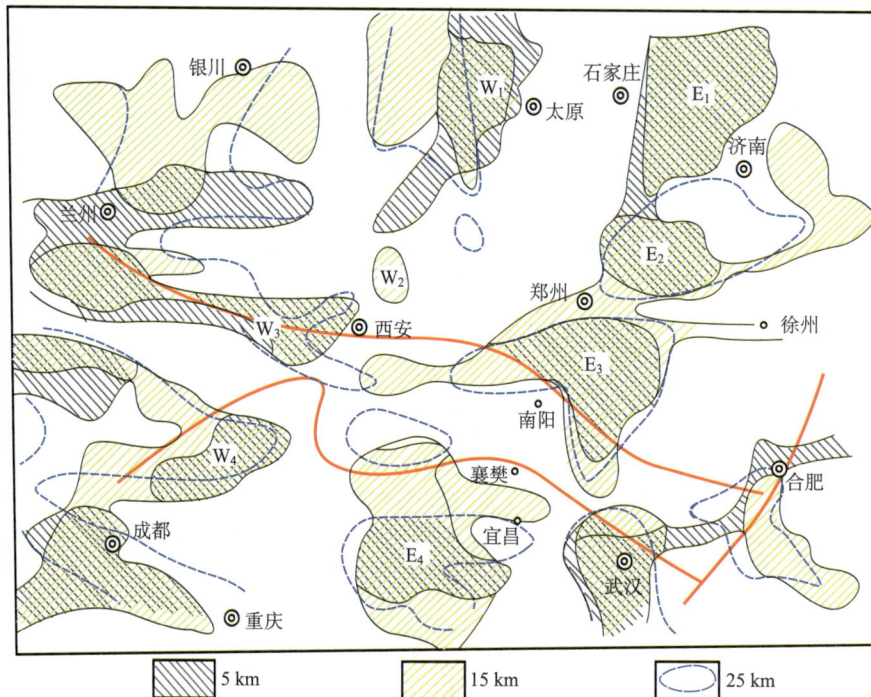

图 2.167　秦岭及其毗邻地区地震层析切片综合图（据袁学诚，1996）

E_1. 位于石家庄、济南、商丘、威县之间，中心位于衡水附近；E_2. 位于郑州东北，中心大致为东明；E_3. 位于郑州、南阳、信阳、项城之间，中心大致为漯河；E_4. 位于襄樊、恩施、竹溪之间，中心大致为秭归；W_1. 大致位于吕梁山；W_2. 大致位于小秦岭；W_3. 位于西安、宝鸡与汉中之间；W_4. 位于汉中、绵阳之间

3. *PTt* 轨迹特征

为了揭示勉略区段（康县-高川段）勉略带及北部南秦岭地块在海西-印支期构造演化的关系，有选择地对典型地质体（岩片或地块）进行了 *PTt* 轨迹的研究。因为缝合带是由变质程度不一，变形过程、变质历史、抬升过程都存有极大差异的复杂的不同的岩片（块）组成，要用一条 *PTt* 轨迹来反映其历史便歪曲了事实，而且也难以区分不同 PT 点反映的是同一地质事件的不同阶段还是两个甚至多个无关的地质事件的变质条件，故谨慎起见，进行了详细的构造学研究，表明勉略带中的 S_1 片理及 S_2 折劈理的形成基本具同时性，而且，同位素年代学界定其变质期为同一的海西-印支期。再结合岩石学、岩相学观察，将各个阶段不同岩片或岩块内形成的矿物共生组合放在同一时间轴上进行对比，确立了缝合带内不同岩片的俯冲、抬升、剥露的不同历史及相互关系。

1）缝合带内 *PTt* 轨迹及意义

为了真实反映俯冲作用的变质过程与构造变形过程的关系，选择蛇绿岩套为代表的洋壳或洋幔组成岩类、岛弧组成的岩类进行研究更为准确、合理。因此，根据勉略带中残存岩石，选择了变质辉长岩、石榴斜长角闪岩、斜长角闪岩、蓝闪片岩、绿泥绢云钠长千枚岩等作为代表。它们都经历了强烈的片理化变形，变质程度不一，从蓝闪片岩相至麻粒岩相不等。

（1）西部三岔子岩片中的岛弧火山岩及辉长岩

采用 Triboulet 等利用角闪石环带来反演 *PTtd* 轨迹的约束方法，获取本区变辉长岩的 *PTt* 轨迹为顺时针。对岛弧火山岩变质成的含黑硬绿泥石的多硅白云母绢云钠长千枚岩等研究，也获得一顺时针 *PTt* 轨迹，其峰值温度低于中、东部，峰值压力高于东部。显微组构分析表明，前者的早期变质阶段早于后者的早期变质阶段。前者可能与勉略洋晚期洋内消减有关，洋内板块下部俯冲热结构因下行洋壳板块的低温地质体的介入，仰冲盘的深部变辉长岩快速降温，同时仰冲使压力也急剧降低，后期变质阶段它可能与其他岩片并置后经历了共同的向南的逆冲抬升，*PTt* 轨迹表明一直处于抬升过程中，表现为两个不同的降温降压过程（李三忠等，2003）。与此同时，以多硅白云母+黑硬绿泥石+钠长石+石英的高压矿物组合，代表俯冲带边缘岛弧型火山岩首先经历俯冲相关的早期变质阶段缓慢增温快速增压过程，之后才是向南的逆冲抬升导致的降温降压过程。它们于蛇绿岩仰冲之后扬子板块与秦岭微板块碰撞期间在同一构造层次并置，可能在扬子板块下行垫托隔离地幔供热的情况下得以保存，并随后经历共同的快速逆冲抬升。

总之，研究结果表明三岔子蛇绿岩块是构造混杂的结果，有洋幔组成，也有岛弧火山岩组成，是在构造肢解后拼结在一块的。

（2）中部长坝-菜马河-安子山-雷公山地区

研究结果分别获得安子山（Xu *et al.*，1994）、长坝、长坝西（实际属西部的岩片）、两河口-雷公山、菜马河五条顺时针 *PTt* 轨迹，它们具有一致的增温增压过程，峰值压力较东部高，达 0.9 GPa±，其中菜马河的麻粒岩达 1.2 GPa±（李三忠等，2000），近来梁莎等（2013）获得更高压力，总之，其峰值温度或压力较东、西部都高，这与该区各岩片处于强烈收缩部位及佛坪递增变质带的十字石-蓝晶石带的叠加有关；但它们峰期后温压略有差异（图 2.168），反映俯冲碰撞历史相同，但剥露抬升历史略有差异（图 2.168），这与它们反映的不同岩片在上升期间逆冲抬升的速度不同有关。

（3）东部酉水-石泉饶峰地区

酉水地区可建立一条顺时针 *PTt* 轨迹，与中、西部 *PTt* 轨迹相比，其峰值压力相对低，这可能与其处于单向向北的逆冲带部位有关。石泉饶峰地区构筑出一条逆时针轨迹，表部地壳的洞河岩片在略有增厚的中上部地壳层次发生向东的挤出，并可能受剪切增温或拆沉增温作用，之后，再与巴山弧形成有关的巨型逆冲推覆使其压力剧增，最后，在正常的风化剥蚀下抬升。

2）佛坪递增变质带 *PTt* 轨迹及意义

佛坪递增变质带的 *PTt* 轨迹为一条顺时针轨迹，首先为增压增温过程，属地壳构造增厚成因类型，到达峰值压力后，为一特殊的降压升温过程，$-\Delta P = 0.2$ GPa，$+\Delta T = 60\ ℃±$，按正常造山带地温梯度 25 ℃/km 计算，隆升量应在 2~3 km±，而实际隆升达 6 km±。这与典型的造山带 *PTt* 轨迹在到达峰值温压后表现为一降温降压过程不同，Patrick 和 Lieberman（1988）指出这类 *PTt* 轨迹与岩石圈拆沉有关，且只有构造拆沉才可能导致降压幅度大于升温幅度，而且升温同时，地壳受热而密度降低，加剧了抬升、剥蚀、降压。

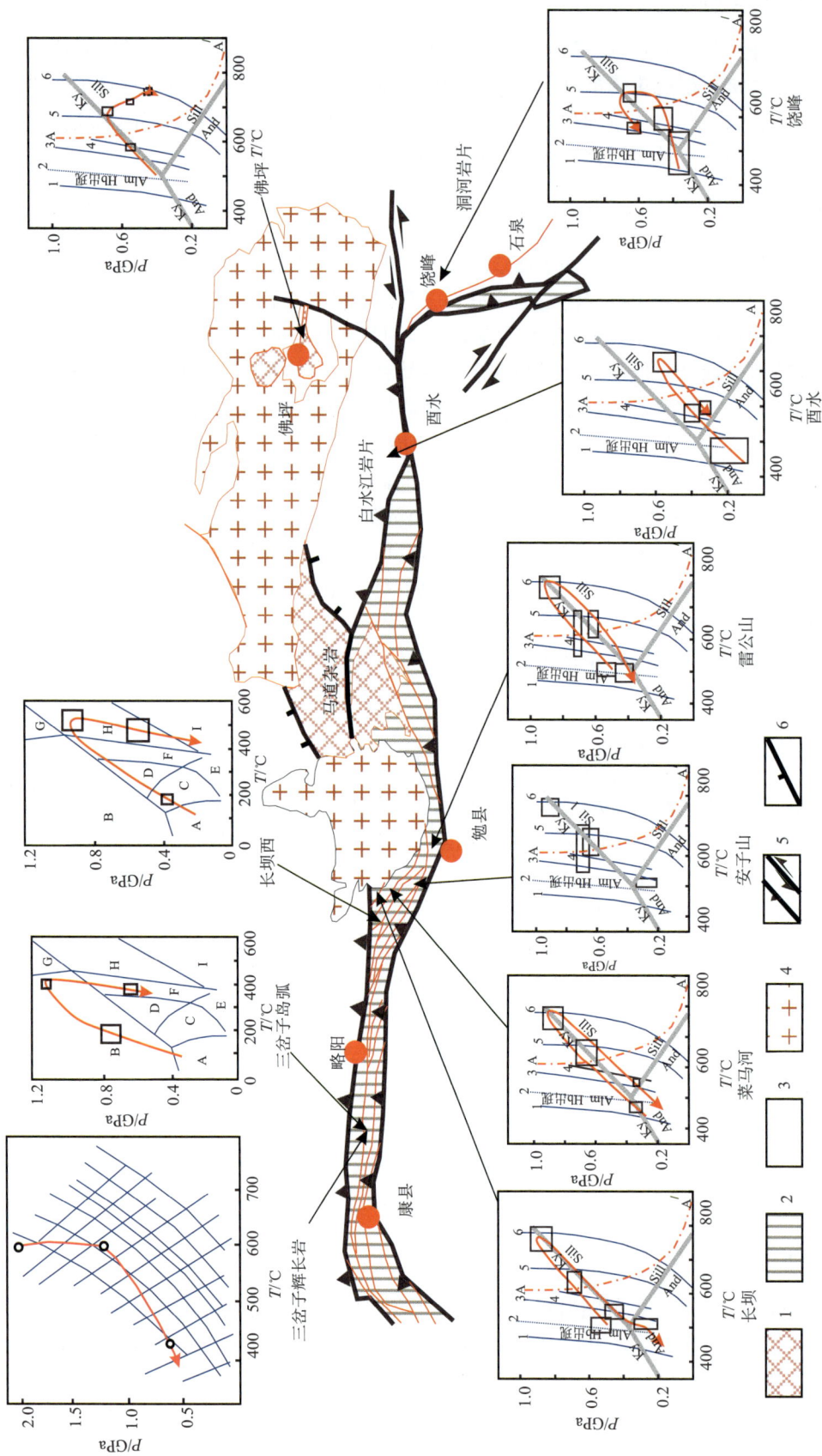

图 2.168　勉略带及南秦岭地块的变质作用 PTt 轨迹及空间分布

Al_2SiO_5 多相转变线及反应曲线等皆转引自 Akiho Miyashiro（1991）；1. $Stip+Phn=Bt+Chl+Q+H_2O$；2. $Act+CO_2+Chl+QHb$；3. $Chl+Mus=Stau+Bt+Q+H_2O$；4. $Stau+Mus+Q=Alm+Al_2SiO_5+Bt+$ H_2O；5. $Mus+Q=Al_2SiO_5+Kf+H_2O$；6. $Hb+Alm+Qcopx+Pi+H_2O$。$Or-Ab-Q-H_2O$ 系统最低熔融曲线为：A—沸石相；B—蓝片岩相；C—葡萄石-绿纤石相；D—绿纤石-阳起石相；E—葡萄石-阳起石相；F—绿片岩相；G—榴辉岩相；H—绿帘-角闪岩相；I—角闪岩相。图例：1—结晶基底杂岩；2—勉略带；3—南秦岭地块中的盖层岩片；4—印支期花岗岩；5—逆冲断裂及走滑断裂；6—正断层

4. 变质动力学模式讨论

勉略带及北部南秦岭地块变质作用时代通过同位素年代学工作及各种野外约束关系综合分析表明属海西-印支变质期（谢茂祥、孙民生，1987；许志琴等，1988；李曙光等，1996b；Dong et al.，1996；魏春景等，1998；张国伟等，2001a，b），通过详细研究表明，其变质作用过程可细分为以下几个阶段：主体发生于海西期并延续至印支早期的拉张变质作用阶段，晚海西-印支期俯冲变质作用阶段，印支晚期碰撞变质作用阶段，印支末期热接触变质作用和动力退变质作用阶段。那么，这些不同的变质作用又是如何在一种构造过程下形成的呢？下面我们将进行探讨。

（1）海西-印支期俯冲碰撞的空间变异与变质动力学的复杂性

从早期变质阶段 PTt 轨迹可知，三岔子一带俯冲期间的地温梯度约为 $5\sim6\ ℃/km$，属"冷"俯冲带范围；而长坝、菜马河一带地温梯度约为 $15\ ℃/km$，与"热"俯冲带的地温梯度相当；因此，洋壳俯冲期间在矿物成分中记录的当时的热不均一表明其不同地段有着不同的岩石圈热结构。由此，可以初步推断东部扩张较西部晚，洋壳亦较西部"热"。这种热壳俯冲有可能不利于蓝闪片岩相矿物组合的生成和保存。尽管递进变质阶段 PTt 轨迹主要依赖于俯冲速率，某种程度上也依赖于板片年龄（其内含热量和负浮力）、非俯冲板块热结构引起的热传输、板块接合带的摩擦耗热、水化和脱水反应以及流体热对流传递等（Ernst，1988），但从西秦岭阿尼玛卿带俯冲速率看，向康县-高川段有递减趋势，除表现在秦岭微板块的盆地发育方面的情况外，在 PTt 轨迹上也同样有所显示。而且因剪刀式张裂、扩张，西部洋壳年龄也较东部老，东部可能内含热较高，导致东部温度高于西部。关于流体热对流传递，研究表明东部平行片理 S_1 及折劈理 S_2 的碳酸盐矿物较西部发育，可能 CO_2 流体对俯冲板片的干化作用，提高变质温度也有一定关系。因而，该区域海西印支期俯冲期间的热不均一性受俯冲速率、洋壳年龄、流体等的影响，这些因素东西部相反，总的效应会导致相互的抵消，因此，总的结果仍主要反映的是该区域的原始岩石圈热结构。

三岔子地区与长坝、菜马河一带退变质阶段 PT 轨迹的明显差异也反映了物质回返的过程、机制存在差异。尽管三岔子地区尚未发现蓝片岩，但西部其他高压变质矿物组合的保存表明其折返机制可能类似于蓝片岩的折返机制。而东部明显受到后期阶段强烈的变质叠加，出现十字石+蓝晶石+石榴子石+黑云母组合，其后期阶段变质带与南秦岭地块内佛坪递增变质带在空间上具连续性，该区高压矿物组合保存也少，石榴子石边缘环带内还发现有十字石的包体，可能表明存在降压升温过程。因此中、东部其折返可能与碰撞作用及佛坪穹窿的隆升机制有关。另一方面也可能表明东部已碰撞隆升，西部还可能存在俯冲的剪刀式闭合过程。勉略缝合带不同地段具有不同的变质动力学过程，涵盖大量大地构造演化信息，尤其富含板块俯冲与碰撞动力学信息。康县-高川段勉略缝合带东、中、西部差异正是俯冲、碰撞及折返过程在空间上变异的具体体现。

（2）拆沉模式及拆沉效应

为了解释研究区低压变质相系及递增变质带的特殊性，本研究提出该区先后可能经历了两个阶段的拆沉作用。拆沉的直接证据来自物质成分，但拆沉效应则可提供更多的间接证据。该区第一阶段的拆沉存在的直接证据来自东江口岩体（张宏飞等，1996）；第二阶段的拆沉存在的直接证据来自五龙岩体及佛坪递增变质带的 PTt 轨迹，前文已详述了五龙花岗岩的地球化学特征表现为壳幔岩浆混合成因（王居里，1997b），不出现白云母或二云母花岗岩的非拆沉成因花岗岩特征（邓晋福等，1996）。

第一阶段的拆沉发生在海西期，空间上发生在秦岭微板块的北部，拆沉体为商丹洋的俯冲板片。其拆沉效应也波及南秦岭北缘，使该区保留有 $414\sim299\ Ma$ 的变质年龄记录（翟刚毅，2000）及低压高温变质岩石（马少龙，1981；谢茂祥、孙民生，1987），表明在洋壳板块拆沉的过程中，地幔发生重熔，形成石英闪长质岩浆，岩浆同构造上升，进一步产生了东江口、曹坪、西岔、小河口等岩体，岩体与泥盆系呈侵入接触关系，但岩体变形极强，普遍发育与围岩区域面理一致的片麻理，朱铭（1995）获得 285 Ma 的 U-Pb 年龄；朱茂旭等（1998）也认为南秦岭普遍遭受了 280～200 Ma 期间的 Rb-Sr 系统的热扰动，且东江口岩体为耀岭河群重熔成因（张宏飞等，1996），重熔岩浆上升后，①或在地壳底部不断脉动式增添和堆聚；②或以底侵作用导致佛坪杂岩上升，盖层滑脱，杂岩变质达麻粒岩相（>285 Ma），表明勉略洋壳的俯冲有可能始于 285 Ma 或略早的 C_1（320 Ma）；③或在壳内某一部位侵入，如佛坪周边、留坝、柞水、江口等地，引起下地壳增温或广泛"减压"重熔，这些岩浆加入中上部地壳及地幔拉伸减薄使地温梯度异常增高，压力相对变化不大，由此秦岭微板块北部出现低压高温递进变质作用（海西期）。

南秦岭海西期构造岩相古地理环境的调整，也与南秦岭北部的俯冲板片拆沉有关。拆沉引发俯冲盘板块前缘抬升，应力松弛，转入拉张裂陷，如在刘岭群分布区迅速转入走滑拉分伸展体制（钟建华、张国伟，1998）。在南秦岭中带广泛出现泥盆系与寒武奥陶系之间的连续沉积和平行不整合或超覆性微角度不整合；南秦岭安康地区伸展抬升剥蚀而缺失上古生界。这些短暂的早期整体抬升、随后伸展塌陷、接受沉积及上古生界与下伏岩层变质一致以低压为主表明之后发生的强烈升温等过程，都与拆沉导致的效应一致，故上述平行不整合或微角度不整合都属拆沉引发的伸展型角度不整合或平行不整合或伸展（或块断）隆起。同时，由于南部的扩张及北部俯冲板片的拆沉，导致北部俯冲碰撞的减弱，出现迟碰撞与碰撞效应减弱，因而致使弧后二郎坪蛇绿岩与相关岩石变质晚期增压幅度不大。

不同的是扬子北缘的四川盆地、汉南地区广泛缺失泥盆系、石炭系，则为海西期勉略洋裂解期间裂谷肩部抬升与剥蚀所致，这在沉积物源地球化学特征上也有所显示，如勉略带南部的汉中-洋县小区志留系、泥盆系碎屑岩钍（Th）含量均高于 $10×10^{-6}$，与钍（Th）高背景值的佛坪杂岩隆升有关，石炭系则有所降低，表明勉略洋已将其与北部源区分割开，而成为晚古生代扬子板块北缘组成（欧阳建平、张本仁，1996）。

第二阶段的拆沉可能发生在印支末期—燕山早期，空间上发生在南秦岭地块的深部，拆沉体实质是南秦岭地块的岩石圈地幔。为什么不是勉略洋洋壳拆沉？如果是勉略洋洋壳拆沉，那么，在汉南杂岩上应当有类似南秦岭地块北部出现的低压高温变质叠加，而实际地质情况是勉略带南侧的扬子板块上印支期变质作用极弱，且佛坪递增变质带不逾越勉略带南界。拆沉往往早于造山带的伸展塌陷及地壳的增温。南秦岭地块的岩石圈地幔因壳幔脱耦发生拆沉作用，可能在 200 Ma 左右，致使基性岩浆底侵至下地壳上部，同时发生重力均衡调整，地壳回返隆升并遭受快速剥蚀，伴随有松弛性拉张作用使岩石中温度持续增高，压力快速降低，即 $-\Delta P>+\Delta T$，下地壳发生减压重熔，佛坪杂岩中出现混合岩，重熔岩浆与部分底侵基性岩浆混合形成具五龙等岩体地球化学特征的岩浆（王居里，1997b）。区域上变质作用温度峰期要早于五龙岩体的侵位，故变质温度峰期形成的佛坪热递增变质带（图2.25）主要受深部拆沉的构造-热体制控制（张国伟等，1995），且以深部岩浆为主的热对流比热传导对变质带分布起着更重要的作用。由于佛坪地区处于对冲构造带部位，所以未出现与第一次拆沉相似的低压高温变质，而是以中压相系变质为主。由于地壳在变质峰期温度之后，密度降低，因而隆升降压，五龙岩体的岩浆便形成于下部地壳的降压熔融及地幔岩浆的混合，并随地壳抬升至浅部，故其侵入是属于高位冷侵入过程。由于它形成及侵位较晚，故不仅切割褶皱，也切割递增变质带，因此它不是变质的主要控制因素，而是深部变质、熔融上侵的产物。在地壳进一步抬升的后期，在马道杂岩北西及南东缘的北北东向边界断裂为缓倾正断层，大量伟晶岩脉沿其侵入，伟晶岩年龄值在 180～190 Ma（陈西京等，1993），同时，围绕佛坪穹窿发育一系列 J_{1-2} 盆地，并在西和县发育燕山中晚期橄榄玄武岩，也可能表明该区存在拆沉有利于深部地幔岩浆上侵，即与深部拆沉体向西、向上断离有关，这与该区岩石圈地幔向北东东向作斜向陆内俯冲的动力学机制相关。

总之，以上述推断的拆沉模式可以较好地解释该区北部商丹带迟碰撞、盆地伸展、低压高温变质、递增变质带、花岗岩成因及现今地壳结构等多样而又统一的复杂现象。自然这是目前研究的推断，还会有争议，但随着研究的深入，必会逐步得出更符合客观规律的认知。

（3）非刚性地块在碰撞期间的内部结构调整及其效应

造山带的结构组成和造山过程中块体间的调整极为复杂，这就决定着其不同构造部位变质历史也非常丰富，反映在变质时空域的交错性上（李三忠、张国伟，1999）。研究区南秦岭地块属扬子板块与华北板块强烈碰撞的部位，为组成复杂的非刚性地块，其在碰撞期间的内部调整与变质作用关系有以下三点独特性。

第一，碰撞阶段的碰撞型递增变质带叠加于拉张变质带或俯冲型高压低温变质带上，这在日本岛弧未见，却在阿拉斯加 Seward 半岛（Colgan，1997）及佛坪和勉县北部地区呈现较好。这种叠加又有非均一叠加和均一叠加差异。构造变形在造山带中都可能发生两两叠加或多者叠加，导致不同变质期或幕的变质岩石类型及不同类型的 PTt 轨迹共存于造山带、不同变质类型出现在同一空间、平衡与非平衡变质矿物组合交生于同一岩石。大陆岩石圈地幔中不同的过程也决定着变质的差异，如底侵与拆沉常导致变质与变形关系的不同。所有这一切都反映出造山带变质作用现今空间分布面貌是多种控制因素的综合结果。勉略带及邻区变质作用是勉略带俯冲、碰撞、抬升等过程的集中反映，赋存有丰富的大陆动力学意义。

第二，康县-高川段勉略带被光头山岩体侵入，表明其于 T_{2-3} 全面碰撞关闭，扬子板块与秦岭微板块发生主造山碰撞，碰撞效应波及整个非刚性的微板块内部，在佛坪地区形成连续背向斜褶皱收缩，继之南北边界发生对冲推覆。碰撞造山体制下，南秦岭地块在南、北板块俯冲碰撞的夹击下在佛坪一带发生褶皱逆冲带对冲作用，理论上地壳应当快速、巨大增厚，但是，从佛坪杂岩盖层的峰值温压分析，地壳增厚不大。根据佛坪、酉水及饶峰的 PTt 轨迹对比，表明碰撞同时该区中部地壳存在楔入-挤出作用和深部存在拆沉作用，汉南地块楔入导致酉水一带以向北的逆冲为主（李三忠，1998），石泉一带、碧口一带以斜向挤压为主兼具走滑逃逸（王二七等，2001），而佛坪一带深部以拆沉为特点。具体通过微构造分析表明，南秦岭地块南部的变质作用早期阶段发生于 S' 片理形成的伸展期，温压较低，表明岩石圈地幔并无明显减薄。第二幕碰撞变形，佛坪地区地壳以收缩挤压褶皱增厚，地温受到扰动，在背斜褶皱核部变质要高，因而，早期压力总体升高，温度也增高；随后，拆沉发生，地壳密度降低，上部地壳层次发生压力降低同时持续升温；同时，由于汉南地块北北东斜向挤入作用，石泉、饶峰一带中部地壳层次的岩片或块体发生挤压，向上与向东挤出，岩石圈地幔发生拆沉，压力不变，温度升高，其幅度较大也可能有中部地壳层次的剪切加热及岩石圈地幔拆沉引起的异常热的双重效应。Collins（1994）也认为加热作用早于地壳增厚作用，并出现逆时针轨迹，可用幔源岩浆底侵作用来解释，或地壳增厚同时岩石圈减薄（即拆沉）的模式给予解释。递增变质带东部（镇安东南）有部分位于推覆面下部的变质程度相对低的岩石保存，说明逆冲推覆作用使得等温面亦不规则，由于在后期热松弛调整过程中，造山带热结构未完全均一便得以快速隆升。各个地段在碰撞期间的构造过程存在一些差异，这也是其变质作用 PTt 轨迹相异的大陆动力学根本意义所在。

第三，碰撞过程中造山带不同部位隆升幅度与过程也有差异，略阳长坝乡向东至酉水一带的勉略带变质程度较东、西两侧要高，表明其深部抬升较高而出露。这可能与佛坪地区拆沉引起下部地壳密度降低，在重力均衡作用下呈穹窿形式的抬升相关。在康县-略阳段勉略缝合带被一系列北西向脆性走滑断层错切成若干段，据擦痕及雁列式石英脉判断，早期以左行走滑为主，晚期反转为右行。大区域古应力场分析表明晚期走滑断层作用与区域北东向斜向收缩、北西向拉张的应力状态有关。此时，巴山弧以逆冲构造为主，走滑作用次之，或逆冲构造为晚期斜向陆内俯冲阶段的斜向楔入叠加成的复合构造；而在南秦岭地块北部则以斜向挤压走滑作用为特征。这一构造应力场主体由汉南地块斜向楔入产生，可和南 Alps 与勃海姆（Bohemian）地块之间斜向挤压与走滑-挤出应力场对比（Peresson and Decker，1997）。南秦岭地块内的佛坪隆起、马道隆起等较深变质的地质体最终隆升可能也与此关联。

（4）变质动力学的构造解释模式

在秦岭的研究中，前人多将北部低压变质带与南部中压变质带按板块理论配对，提出其是商丹洋俯冲产生的"双变质带"的认识。但新的研究表明，低压变质带与中压变质带并不是同时发生，而且，高温低压带发生在俯冲板块上，而不是俯冲带前方的岛弧上。或许也会认为可能与勉略洋俯冲有关，且由于本区岛弧出露很窄，故这种低压高温变质及岩浆作用出现在南秦岭地块内，但是，真正的安子山岛弧、三岔子岛弧等岩块或岩片却只出露于勉略缝合带中，在低压变质带部位并无发现，而且，低压变质作用发生时，整个南秦岭处于伸展背景下，因而，这种认识不能成立。实际上，勉略带及北部南秦岭地块的变质时代为连续的海西-印支变质期，变质作用类型随不同空间、不同阶段而不同。因此，可以用如下构造过程及模型（图 2.169）予以新的解释。

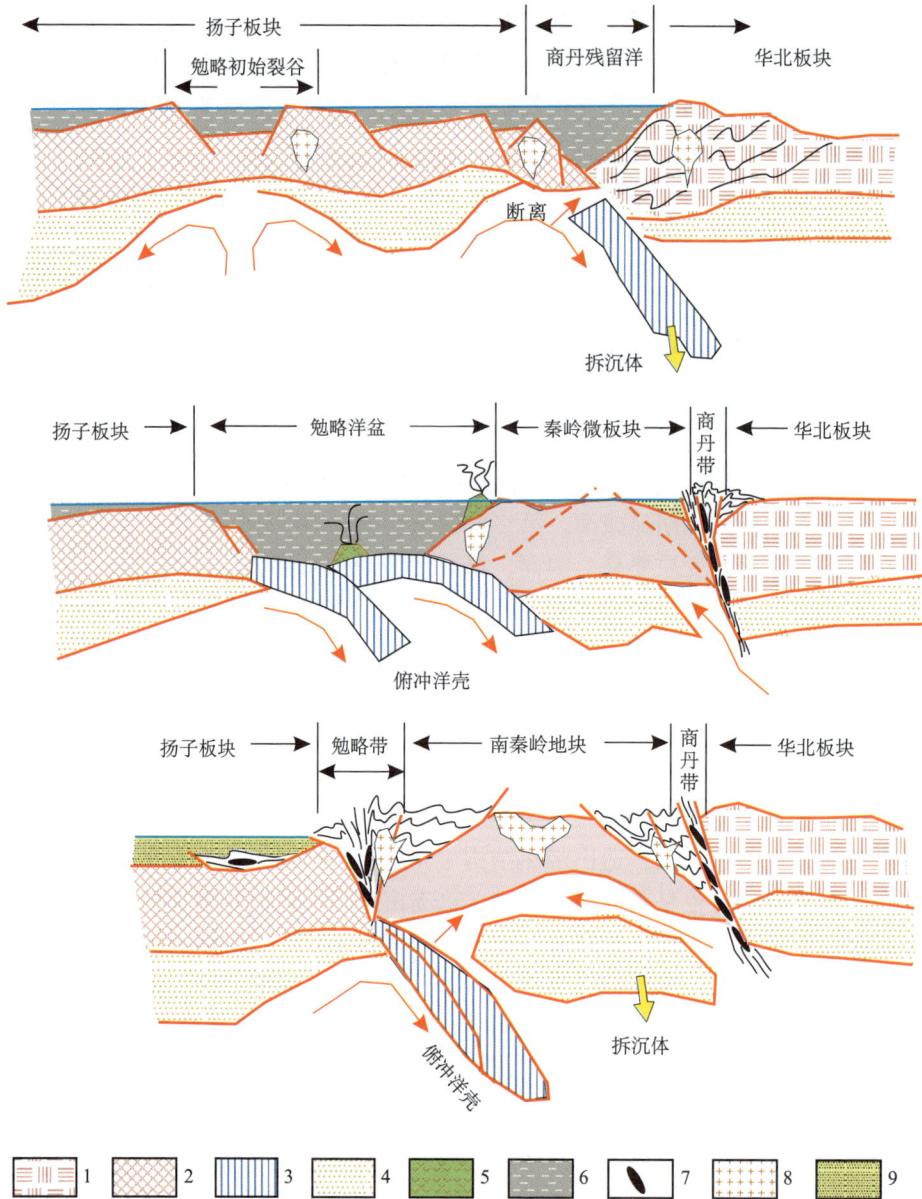

图 2.169　秦岭康县-高川段勉略缝合带及其北部南秦岭地块的变质动力学的构造解释模式

1. 华北板块；2. 扬子板块；3. 洋壳；4. 岩石圈地幔；5. 火山岩；6. 沉积盆地；7. 基性-超基性岩；
8. 花岗岩；9. 前陆沉积

1）勉略小洋盆扩张有限离散阶段，南秦岭地块北部、商丹消减俯冲带南侧在刘岭群—舒家坝群中出现低压高温变质矿物组合；南秦岭地块南部三叠系及以下层位普遍出现低绿片岩相变质作用，且局部出现低压麻粒岩相变质；对勉略带中变辉长岩中的角闪石环带采用 Triboulet 等的方法，获得一退变质顺时针轨迹，推断早期等温快速降压与洋壳拉张、洋幔隆升有关，后期缓慢降温降压可能与其他围岩一致，表明这一时期变质作用随空间变化差异较悬殊。其构造背景为加里东末期-海西早期的"南张北压"，即勉略洋打开，而商丹洋盆仍在继续减缓的俯冲消减的大构造背景下，北部俯冲的商丹洋洋壳板片拆沉（图 2.169，上）。

2）俯冲阶段，勉略带中出现俯冲带和岛弧变质作用，在三岔子等地发现一些高压变质矿物组合，如多硅白云母、钠云母、黑硬绿泥石等；在安子山岛弧火山岩中进一步证实存在高角闪-麻粒岩相变质作用。根据变质反应、矿物生长史、变质变形关系及温压计算结果，分别确定了缝合带中麻粒岩（岛弧组成）、蓝闪-绿片岩相千枚岩等的 PTt 轨迹，表明都为顺时针轨迹，但东、西部俯冲所达深度不一。PTt 轨迹还显示出东部可能为热俯冲、西部可能属冷俯冲。其构造背景为勉略洋盆的剪刀式穿时封闭以及洋内—陆缘的俯冲（图 2.169，中）。

3）印支期勉略洋封闭、华北板块与扬子板块碰撞阶段，在南秦岭地块中形成了佛坪热递增变质带，在长坝、菜马河一带可见其叠加于俯冲带变质作用之上，因而导致勉略带东、西段变质程度的差异。南秦岭地块南部不同地段所获 PTt 轨迹也不一致，石泉饶峰为逆时针轨迹，洋县西水一带的为顺时针；前者等压升温轨迹与第二幕变形（即主造山碰撞）有关，与汉南地块楔入引起中部地壳的挤压收缩与平移挤出对应；后者可和佛坪地区的 PTt 轨迹对比，可能与碰撞同期的南秦岭地块深部的拆沉有关。其构造背景为板块碰撞的大地构造背景下，非刚性地块内部结构的调整过程，包括中部构造层次的楔入挤压、挤出及深部构造层次的拆沉（图 2.169，下）。

总之，勉略区段（康县-高川段）勉略带不同岩片的 PTt 轨迹组也反映缝合带是由不同层次、不同起源、不同环境的岩石经构造作用混杂而成，并反映了其不同的隆升剥蚀历史。研究还表明，小板片的拆沉可有效解释多陆块小洋盆构造体制下形成的造山带的诸多地质现象。同时，也充分反映了因具体构造部位与边界条件的差异而造成的具体俯冲碰撞拼合的多样复杂过程与特征。

（四）勉略段勉略古缝合带形成演化分析

根据上述勉略区段勉略古缝合带的物质构成、建造性质、时代和俯冲碰撞构造的恢复重建，可将勉略区段勉略古缝合带的形成演化概括划分为以下细节过程与阶段。

1. D_1-C_1 裂解扩张打开小洋盆演化阶段

在先期地质构造演化基础上，勉略小洋盆的初始裂解时间可由踏坡群中保存有大量 D_1 化石厘定，并据三岔子岩片中与蛇绿岩紧密共生的硅质岩中发现 C_1 放射虫，因而，可判断洋壳应在早石炭世即已出现，此时，秦岭处于东古特提斯洋扩张打开的区域动力学背景下，故现呈残留断续分布的蛇绿岩除受构造改造变位变形外，应也是原勉略有限小洋盆成串珠状展布格局的反映，即花山-勉略-阿尼玛卿小洋盆，可与现今东南亚西太平洋的洋陆格局对比，相类似。

2. C_1-P_2 扩张与俯冲共存演进阶段

根据勉略带构造变形与其基质中的构造片岩构成的 S_1 片理的矿物年龄为 C_1（李曙光等，1996b），表明此阶段洋壳收缩俯冲已发生，但同时勉略洋盆在高川一带，盆中记录了一套泥盆纪碳酸盐缓坡演变为石炭纪镶边碳酸盐陆架，二叠系沉积又表现为反映盆地进一步扩展加深的半深海盆地沉积特征，由黑色泥岩、硅质岩及泥灰岩组成（孟庆任等，1996），所以，综合全局考虑分析，同一统一勉略古洋盆在 C_1-P_2 期间呈现为扩张与俯冲共存演进的构造格局。

3. T_{1-2} 全面俯冲发展阶段

综合勉略洋盆演化与构造变形记录，结合地球化学方法推测估算洋盆宽度及扩张速率，计算得到其小洋盆扩张的结束时间大致为 P_2-T_1 前，并据 P_2-T_1 的沉积地层中已无深海远洋硅质岩放射虫等的存在，结合武都—勉县一带，与俯冲相关的片岩 Sm-Nd 年龄为 242 ± 21 Ma、$^{40}Ar/^{39}Ar$ 年龄为 $220\sim230$ Ma（代表变质年龄）（李曙光等，1996b；姜春发等，2000），而且，此时与之相关的勉略洋南侧已开始形成发育一个从西至东的基本连续的前陆盆地（刘少峰，1997），所以综合分析判断勉略小洋盆全面俯冲在 P_2-T_1 时期便已发生了。

4. T_{2-3} 陆–陆碰撞造山阶段

T_{2-3} 时期勉略洋盆关闭，主造山碰撞期缝合带形成，已造山形成褶皱–逆冲推覆构造并同时伴随前侧出现前陆盆地，其碰撞构造变形特征已如本章前述的恢复重建的构造，可以概述如下几点：①主造山碰撞早期以南、北向收缩挤压褶皱作用为主，区域上褶皱枢纽近水平东西向展布，反映南北向垂直缝合带的压应力为主导作用力，其中郭镇–勉县褶皱段对称性高，而南侧以北倾南倒为主。②主造山碰撞晚期缝合带内以向南的脆–韧性逆冲推覆作用为主。③局部有左行走滑或右行走滑叠加，以左行为主，靠近断裂带的褶皱枢纽（B_2）变直立或变陡，而远离断裂带则水平，表明左行走滑发生于 F_2 褶皱之后，可能属陆内斜向陆内俯冲阶段叠加产物。④伴随 S_2 折劈的形成，局部地区平行 S_2 继续出现高压矿物，如多硅白云母、黑硬绿泥石、绿纤石等。⑤形成近平行展布的前陆盆地。⑥碰撞边界的不规则性导致了勉略带由西往东褶皱不对称性的差异，郭镇以西直至文县可能板块俯冲碰撞面缓，而其东部勉县—酉水一带可能较陡。再东部已弯转为巴山弧形推覆所掩盖。这种边界效应受后期陆内构造改造影响显著。

5. T_3–J_{1-2} 主碰撞造山后的伸展塌陷

勉略区段勉略带于 T_3 全面碰撞关闭，扬子板块与秦岭微板块发生主造山碰撞，碰撞效应波及整个区域。其中最突出的构造活动是秦岭隆升成山，内部出现主碰撞造山后的伸展塌陷，形成断陷上叠盆地，勉略区段勉县 J_{1-2} 小型陆相含煤盆地即是一典型实例，区域上可与两当、紫阳等地的同期陆相小煤盆相对比。标志秦岭和勉略带已进入碰撞后伸展状态。

6. J_3–K_1 后主造山期的陆内造山新演化阶段

勉略区段跨位在勉略古缝合带上的勉县 J_{1-2} 陆相含煤盆地，遭受强烈勉略缝合带高角度以向南为主的逆冲作用，发生变形改造。与之同时，上述的两当西坡、紫阳瓦房店同期同类型陆相上叠盆地同样遭受构造变形改造，甚至同期的秦岭内的 T_3–J_{1-2} 陆相盆地沉积岩层发生变形变质，乃至岩浆贯入，表明秦岭造山带发生了没有洋壳参与的陆内造山作用，造成秦岭最新卷入 T_3–J_{1-2} 陆相岩层变形和低绿片岩相的变质作用，以及岩浆活动，充分反映 J_3–K_1 时期，秦岭造山带又发生了既有结构构造变动重组，又有物质组分交代重建的造山性质的构造运动，而且这不是板块的碰撞造山，却是在先已形成的板块碰撞拼合造山带的统一陆块内的陆内造山，其中，显然勉略区段的勉略带具有突出代表性的表现与记录。

7. 中新生代以来的陆内构造的复合演化

勉略区段勉略带在经受陆内造山作用之后，又发生了新的陆内构造的复合叠加改造，突出的诸如出现阳平关–宁陕走滑断裂和汉中盆地的形成（详见汉中盆地有关章节部分），表明它又发生了陆内伸展正断层、剪切走滑和新的逆冲推覆等多样构造的叠加复合，始成现今构造地形地貌。

二、巴山弧形构造区段先期俯冲碰撞构造恢复重建

从上一节关于巴山巨大弧形逆冲推覆构造的论证，已表明它是在先期勉略俯冲碰撞构造基础上，又遭受后期陆内造山的逆冲推覆而成的复合型构造，因此，正确筛分先期俯冲碰撞构造与后期陆内造山逆冲推覆构造是研究巴山弧形构造形成演化的基本途径，同时也是研究分析勉略古缝合带延伸与保存及被掩覆的关键。正如前述，巴山弧形构造属南秦岭构造带组成部分，南秦岭构造带总体构造线走向为北西西向，而作为形成巴山巨型逆冲推覆构造关键的主推覆断层——巴山主弧形断裂带则呈现为向西南凸出的不对称弯弓弧状，并且其向东西两侧延伸明显大角度截切南、北大巴山（图2.35、图2.170）构造线，明显呈现北大巴山逆冲推覆构造大幅度的向南南西运动，掩覆叠置于其原南侧构造单元，也即现南大巴山前陆冲断褶皱与逆冲推覆构造带之上，整体形成现巨型双层的巴山弧形推覆构造系。因此充分表明，巴山弧形推覆构造现今主体构造至少是由两期构造叠加复合而形成的。其现今的构造几何学、运动学特征已在前一节相关部分论述，不再重复。这里将重点讨论筛除晚期构造，恢复重建先期碰撞构造的问题。

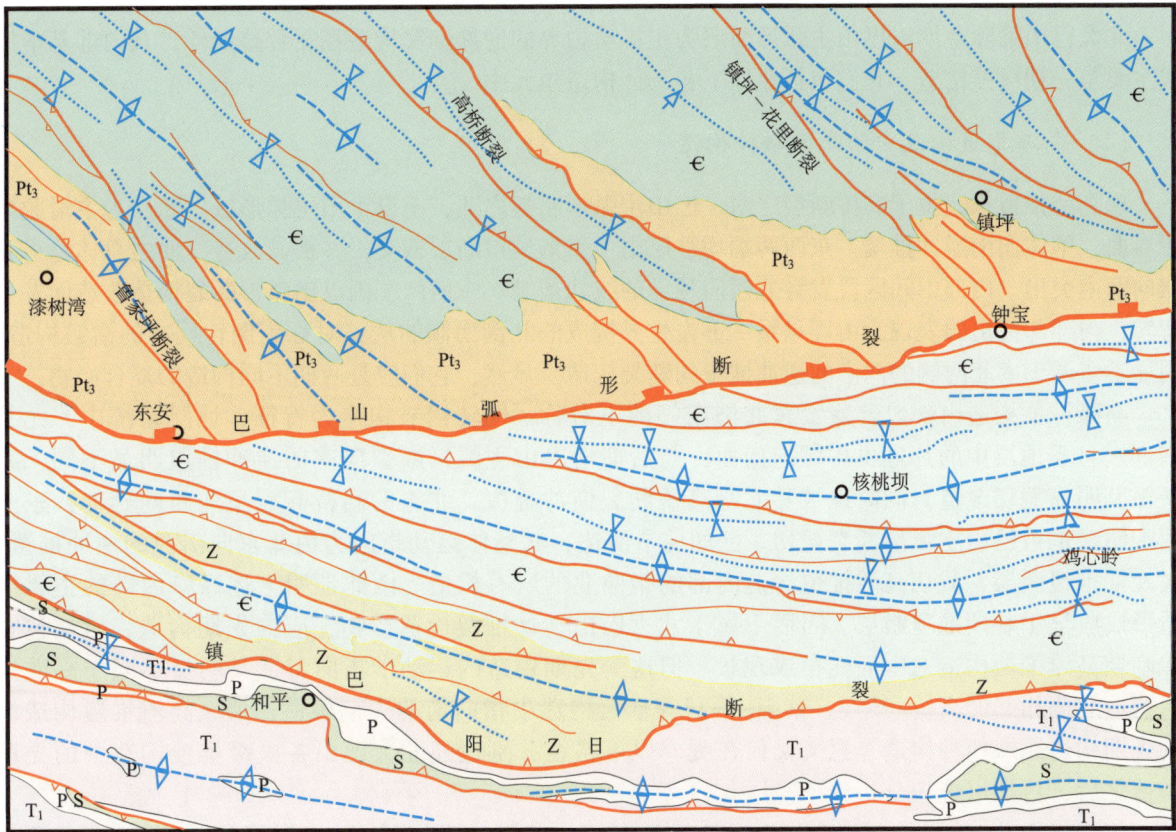

图2.170　秦岭大巴山镇坪县东安-钟宝地区构造形迹图

（一）北大巴山推覆构造中的先期俯冲碰撞构造

前已述及，北大巴山巨型逆冲推覆构造变形带以南缘巴山主弧形边界断裂带为主推覆界面，自北向南依次以安康-青峰、红椿坝-曾家坝和高桥等次级断裂为界，组成安康-武当、紫阳-平利、高桥-镇坪、高滩等次级推覆构造。也如前述它们均显示为多期而主导是两期的构造变形的叠加复合（图

2.171）。那么筛除晚期，即中新生代中晚期以来的构造，其先期构造面貌及其时代是什么，恢复重建无疑是关键问题。以下从基本地质组成和先期俯冲碰撞构造两方面加以论述。

1. 基本地质组成与区域对比分析

北大巴山区域基本地质组成，主要由下古生界包容中新元古界而组成，缺失上古生界和三叠系，并为少量中新生代陆相断陷型盆地不整合上叠覆盖。同时它们作为秦岭造山带的主要组成部分，如同整个秦岭造山带，尤其像南秦岭一样，主导是印支期俯冲碰撞完成其主造山的变质变形作用，奠定主体构造格架与主要变质变形组合。北大巴山区域，如已有研究证明（张国伟等，1988，1995，1996a，b，2001a，b；许志琴等，1988；张二朋，1998），南秦岭从震旦系到中三叠统除少数地层缺失外，基本连续沉积，变质变形一致，整体是于印支期 T_{2-3} 随同整个秦岭-大别完成板块俯冲碰撞造山而结束其板块构造演化的。虽然北大巴山地区缺失上古生界和三叠系，但已有研究证明它们的总体变质变形主导构造变动是印支期（T_{2-3}）完成的。因此，北大巴山区域的先期构造主要是印支期产物，也即是属于秦岭主造山期的板块俯冲碰撞构造。

2. 北大巴山的先期俯冲碰撞构造

北大巴山筛除晚期以巴山主弧形断层为主推覆边界的逆冲推覆构造系复合叠加外，其内部基本构成主要是先期碰撞构造，它们包括在以下各具体构造单元中。

（1）高滩推覆构造中的先期碰撞构造

现高滩推覆构造位于高桥断裂之南，巴山主弧形断裂之北，南以巴山主弧形城口断层为主滑脱推覆界面，整体向南逆冲推覆。东西两端均被巴山主弧形城口断层截交，并被其改造，使之总体呈弓弦状向西南突出。内部中间区段发育北西向延伸的线状褶皱，东西两端因巴山弧形断裂构造改造而发生弯转，内部却突出的表现为由震旦系—下古生界构成的北倒南倾的从不对称到倒转反冲的褶皱构造，明显不协调于南北两侧的向南的逆冲推覆的断裂构造。显然，它们应是两期不同构造的复合产物。

高滩推覆构造内部以普遍发育北倒南倾的不对称—倒转褶皱构造为特征，地层系统中，尤其南部震旦系地层中的片理也均倾向南西，与后期沿巴山主弧形断裂向南的逆冲推覆明显不同，并又被其明显截切改造，同时也被其北缘高桥断裂逆冲叠覆。北缘的高桥断裂呈北西向延伸，东西两端明显也被巴山主弧形断裂截切。已如前节所述，其整体运动指向为由北东向南西的逆冲推覆，属晚期推覆断层，截切高滩推覆构造内部的指向北的所有构造。因此证明上述高滩内部的主要构造形成应早于晚期推覆断层，因而不属于北大巴山逆冲推覆构造产物，应为先期构造，后被包容在晚期高滩推覆构造之中而残存成现状。但这一先期构造的运动学指向特征又明显不同于高滩推覆构造北侧相邻的高桥-镇坪、紫阳-平利等推覆构造中指向南的先期构造，那么高滩推覆构造中的先期构造原属何种构造，意义又何在呢？以下将在分别论述北大巴山各次级推覆构造中的先期构造之后，再加以统一分析论证。

如前节所述，高滩推覆构造北侧还有高桥-镇坪、紫阳-平利、安康-武当等系列指向南的推覆构造，各推覆构造内部结构构造与高滩推覆内部构造不同的是它们先后两期均以主导指向南的构造组合为特征。从先期构造的褶皱降向和逆冲剪切带指向，均一致表明先期也是指向南的逆冲推覆运动的构造产物。那么高滩推覆构造南倾北倒的内部构造与之关系如何，是否为同一期的先期碰撞构造？从以下区域构造和沿巴山主推覆断层两侧的复合叠加变形明显可以看出，高滩推覆构造应是原北大巴山沿原勉略缝合带俯冲碰撞造山过程中的碰撞构造的局部反冲构造，现被残留保存。

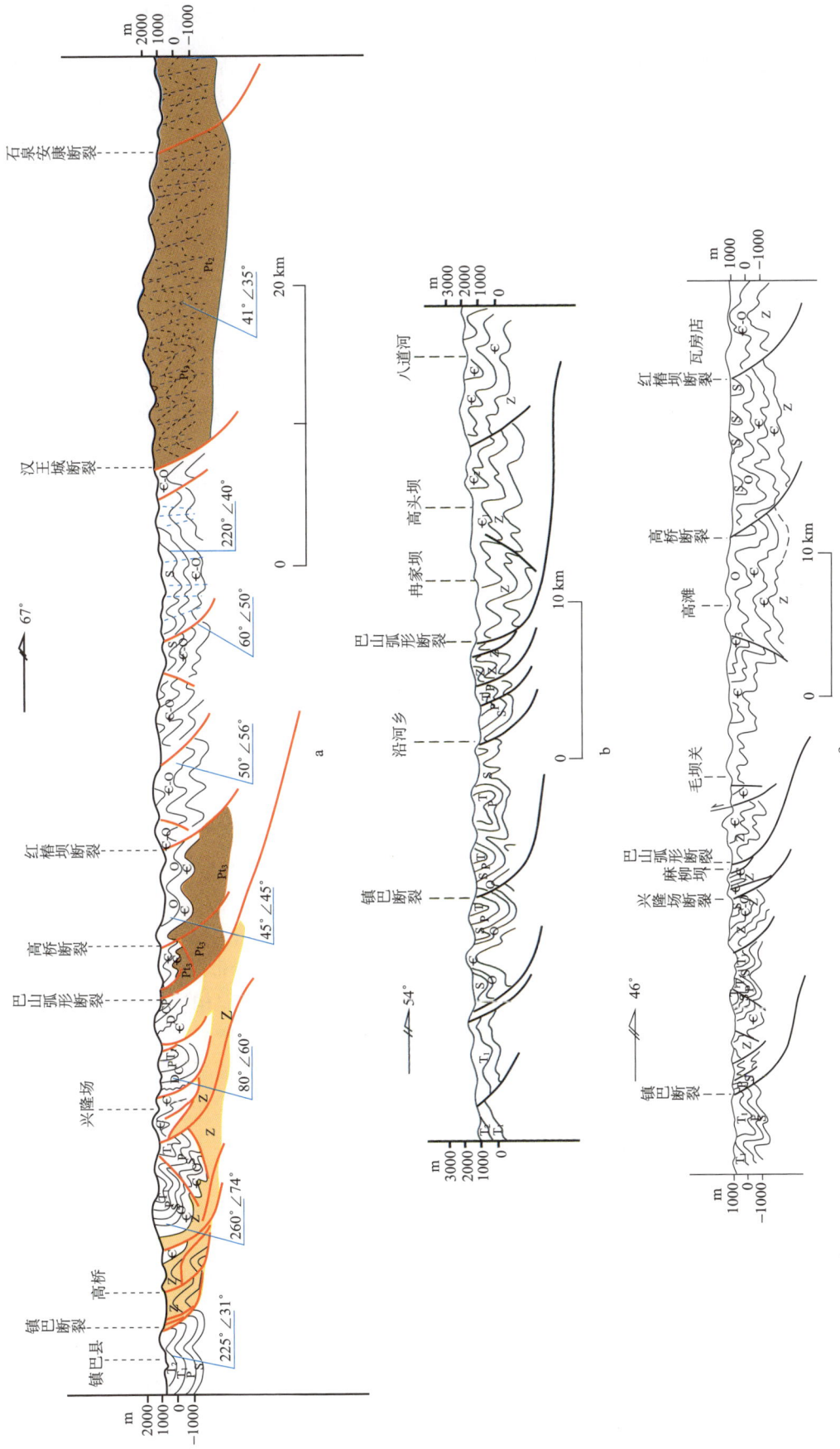

图 2.171　巴山弧形构造变形剖面

a. 镇巴-兴隆场构造变形剖面；b. 沿河乡-八道河构造变形剖面；c. 麻柳坝-瓦房店构造变形剖面

（2）高桥-镇坪、紫阳-平利等推覆构造与红椿坝-曾家坝断裂带中的先期碰撞构造

高桥-镇坪推覆构造北侧的红椿坝-曾家坝断裂是一条长期演化的复合断裂，具有长期分割性意义，断层两侧具有不同的岩石构造组合，北侧主要以穹窿构造核心的元古宇火山岩系和侧翼的洞河群（ϵ-O）碳质、硅质岩及志留系火山岩与类复理石等早古生代陆缘裂谷型建造为主，而南侧主要为下古生界灰岩、砾屑岩等早古生代被动陆缘浊积岩系。显示断裂两侧沉积建造与构造环境明显差异，但两侧岩层的构造变形组合与序列又相一致，显示应为同期指向南的逆冲推覆构造的不同组成部分。尤其沿断裂的 J_{1-2} 上叠断陷型陆相沉积岩层在不同地段都不整合覆于它们之上，表明它们都已于前 J_1 发生了构造变动，故如前述，应属先期碰撞构造。也进而说明红椿坝-曾家坝断层已于碰撞期产生，并已成为南北侧先期碰撞推覆构造间的逆冲推覆断层。期间曾因主碰撞造山后的伸展塌陷，控制了诸如紫阳瓦房店 J_{1-2} 上叠陆相盆地，之后又沿该断层发生逆冲推覆构造作用，北侧推覆逆冲在 J_{1-2} 岩系之上，故充分表明晚期构造应是整个北大巴山逆冲推覆构造沿该断层作为次级推覆构造而叠加活动的表现。因此也充分说明了红椿坝-曾家坝断层既保存有先期碰撞推覆构造，又叠加有晚期陆内推覆构造，具有多期构造活动性与复合性。

红椿坝-曾家坝断裂以北的紫阳-平利推覆构造以包容平利穹窿构造和凤凰山穹窿构造为特征，现沿红椿坝-曾家坝断裂向南逆冲于高桥-镇坪推覆构造之上，其东、西端也被巴山主弧形断裂截切。高桥-镇坪、紫阳-平利推覆构造内部构造形迹均主要表现为由下古生界构成的向南倒转的线性褶皱构造，发育顺层掩卧褶皱 f_1 和透入性轴面劈理 S_1，并多与原始层理 S_0 近于一致。总体构造组合表明它们属于以红椿坝-曾家坝断裂为主推覆断层的由北向南的逆冲推覆构造，但如前述它们又被 J_{1-2} 陆相盆地不整合上叠，故又充分表明它们主要是形成于前侏罗纪的先期碰撞构造。同时局部可见轴面理 S_1 发生重褶皱变形，形成向南倒转的褶皱 f_2，并在强变形区段发育轴面劈理 S_2。研究表明，它们是以红椿坝-曾家坝为主推覆断裂的晚期陆内指向南的逆冲推覆构造所引起的叠加变形，故又成为晚期北大巴山巨型逆冲推覆构造系的组成部分。

（3）安康-武当推覆构造中的先期碰撞构造

安康-武当推覆构造主体位于大巴山东部的神农架-黄陵地块北侧，但从构造总体而言，属于北大巴山推覆构造的北缘部分，它以石泉-安康-青峰断裂为主推覆断层，以武当穹窿及其外围岩层为主体向南推覆运动，形成推覆构造。石泉-安康-青峰断裂是一复合断裂带，先期具韧性特征，后期叠加重合脆韧性逆冲推覆与正断层。断裂带内保存先期糜棱岩带和构造片岩带及发育断层角砾岩等。带内发育的先期中小尺度糜棱岩 S-C 构造、碎斑旋转构造、不对称褶皱与书斜构造等，均一致指示断裂为一大型指向南的主逆冲推覆断层，其向西北延伸部分，即房县以西的安康断裂则呈现自北东向南西的逆掩。该断裂在房县青峰地区又被前锋 J_{1-2} 断陷陆相盆地覆盖，而 J_{1-2} 又被断裂带后期强烈活动改造，变形并被向北和向南而以向南为主导逆冲的下伏老岩层叠置。因此，综合分析如红椿坝-曾家坝断裂一样，安康-武当推覆构造既具有前 J_{1-2} 的先期碰撞构造的逆冲推覆活动，又有晚期叠加的构造复合。而其特殊之点是区域研究表明，它先期是以武当穹窿为核心的印支期巨大武当推覆构造的主推覆断层，而其房县以东的东翼被晚期巨型巴山逆冲推覆构造的石泉-城口-房县-襄樊主推覆断层所复合交切。

安康-武当推覆构造包括多个次级逆冲推覆构造，主要卷入了元古宇和下古生界岩层，其突出特点已如前述，是在先期武当和慢坡岭等以元古宇火山岩系为核心的穹窿构造基础上，形成一系列逆冲叠瓦状构造，由北向南依次叠置构成统一的逆冲推覆构造带。西北端被晚期巴山弧形西翼推覆断层所截切，而东南端或为巴山主弧形断裂所截切，或者两者复合归并。其中武当穹窿构造应属更早期构造，其核心的元古宇岩层的内部构造复杂，多期叠加，已有大量研究成果（蔡学林等，1995；张国伟等，2001a，b；胡健民等，2002），不再详述。这里重点讨论的是包容并以整个武当穹窿为核心的巨大向南的逆冲推覆构造。实际它向西延伸也包括了包容慢坡岭穹窿的安康推覆构造。它们以震旦系—下古生界为主，北部还卷入上古生界等岩系，以石泉-安康-青峰-襄樊断裂为前缘主推覆断层形成巨大向南的逆冲推覆构造，内部包含系列次级构造与推覆，形成不仅在大巴山带，而且在整个秦岭造山带都是突出瞩目的以元古宇变质基底为核心的穹窿构造。其形成的时代，主要依据：①秦岭造山带主造山期板块构造最后的碰撞造山时代，除前述的区域性地质和年代学依据外，这里尤其具体依据该区北部上下古生界沉积岩层的构造变形变质的区域一致性，并且最新卷入变质变形的岩层为T_2，综合分析表明该区主期构造变形，包括推覆构造，应主要于印支期T_{2-3}碰撞造山过程中形成。②该区普遍发育但局部零星分布的J_{1-2}、J-E、N等中新生代断陷上叠陆相盆地，区域性不整合在前期地层与构造之上，明确限定该区下伏的变质岩系主导构造变形应主要形成于印支主碰撞造山期，属碰撞构造产物。③晚期沿断裂又发生逆冲推覆与走滑构造，出现J_{1-2}等中生界岩层普遍变形，并被逆冲叠覆，如青峰盆地J_{1-2}岩层等。这一现象与巴山区域同期盆地J_{1-2}被推覆叠置的构造相一致，故证明这一晚期构造应是以巴山主弧形断裂为主推覆断层的巴山巨型弧形逆冲推覆构造的同期产物，该区只是其次级的重要组成构造。因此，安康-武当推覆构造是包含早期穹窿构造、先期碰撞构造和晚期陆内构造的一个多期复合构造带，其中突出的包含着已如上述的秦岭主造山期的碰撞构造，其内包容着更早期的穹窿构造，而后才又卷入晚期的巴山巨大逆冲推覆构造系之中。

（二）南大巴山逆冲推覆构造与先期碰撞构造

1. 勉略先期碰撞构造的前陆冲断褶皱构造带

在秦岭-大别造山带南缘边界外侧并行发育一带最新只卷入T_2的构造变形带，从东到西，突出而瞩目，尤以大巴山地带更为醒目显著，而且系统构造解析清楚显示该带普遍存在两期构造变形的叠加改造（图2.35、图2.171）。那么两期构造是什么，意义何在，需要论证分析与恢复重建。

1）大巴山原勉略洋盆消减俯冲碰撞的被动陆缘与前陆冲断褶皱构造带。上述最新只卷入T_2的巴山外侧构造变形带，主要由在元古宇基底上的$Z-T_2$岩层组成，其岩层形成环境与构造属性，将在本书第四章秦岭勉略带古大陆边缘与前陆盆地体系中详细论证，证明它们原主要先后是秦岭商丹和勉略洋盆的扬子被动陆缘沉积岩系，而后于秦岭主造山期T_{2-3}碰撞造山过程中，遭受构造变动而形成前陆冲断褶皱带，并且其北缘部分现已被巴山推覆构造掩盖，现仅有部分残存于巴山主推覆断层南侧成狭窄一带出露。

2）大巴山前的晚期陆内造山的前陆复合冲断褶皱构造带。上述原勉略带的前陆冲断褶皱带，后因北大巴山逆冲推覆构造作用的叠加改造，又广泛发育复合叠加变形，典型者如巴山主弧形断裂带南侧，可见于西乡上、下高川地区和青峰、巫溪、城口等地。

西乡上、下高川地区现位于巴山弧形构造西翼，巴山主推覆断层西侧，成一巴山弧形构造西翼的推覆构造夹块而残存。其整体与内部构造线均被巴山主弧形断裂掩覆截切，并又沿西缘兴隆场断裂向西逆冲推覆，叠置在镇巴-米仓山间的南大巴山前陆推覆扩展变形带之上。上、下高川内部的逆冲推覆构造是南大巴山前陆复合推覆构造带的西延重要组成部分。但因巴山弧形推覆而强烈变位，随巴山弧西翼弯转而成近南北向展布。其东、西边界分别是巴山主弧形城口断裂和兴隆场断裂，北侧被西乡茶镇走滑断裂切割（图2.35）。高川区段内部岩石组成和构造特征明显不同于其东、西两侧的北大巴山和南大巴山南部的推覆扩展前锋变形带，而类似于南大巴山前陆冲断复合推覆构造带。东侧的北大巴山如前述以下古生界为主而缺失上古生界，构造线主导北西西向。而西侧，即兴隆场断裂以西的前陆推覆扩展变形带则依次出露震旦系、寒武系、奥陶系、下志留统，缺失泥盆纪—石炭系，其上平行不整合二叠系、三叠系、侏罗系，但高川地区推覆构造内的地质组成明显不同于前两者，主要是寒武系之上直接平行不整合覆盖中上泥盆统，其后连续堆积石炭系、二叠系、下三叠统，恰与巴山主弧形断裂外侧，即南大巴山北部最新卷入 T_{1-2} 的前陆冲断褶皱带变形带的组成完全相一致，连成一带。而且其现今内部构造形迹也同样显示有两期构造的叠加复合特征，先期构造以最新卷入 T_{1-2} 为标志，形成紧闭褶皱和逆冲断裂，现主导产状为 $40°\sim50°\angle50°\sim60°$，褶皱枢纽倾伏向 $120°\sim140°$，呈向南西倒转的褶皱。而更突出的是它们均又被后期现近南北走向平行于巴山主推覆构造西翼的宽缓褶皱所复合叠加或被城口主断裂（其高川地区的产状为 $80°\sim110°\angle20°$）逆掩截切，而且其内部也发育叠加一系列与城口断裂平行的高角度向西逆冲的叠瓦冲断层，并也截切改造先期构造，而且也因叠加变形而导致先期褶皱枢纽向南东倾伏。总之，西乡上、下高川地区推覆构造内部（图 2.35）发育两期褶皱，最新只卷入 T_{1-2} 岩层，现呈北西走向的褶皱，不但被巴山主推覆断层低角度交切（图 2.35、图 2.172、图 2.173），而且也被大致平行或小角度交切巴山主推覆断层的晚期近南北向褶皱以显著大角度叠加复合，两者形成突出的斜交叠加褶皱变形图案。显然，前者，即被叠加改造的现成北西走向褶皱变形应为先期碰撞构造，属原前陆冲断褶皱变形带并可与巴山弧东部竹溪南部的相应构造部位的类似褶皱构造对比（图 2.174）。

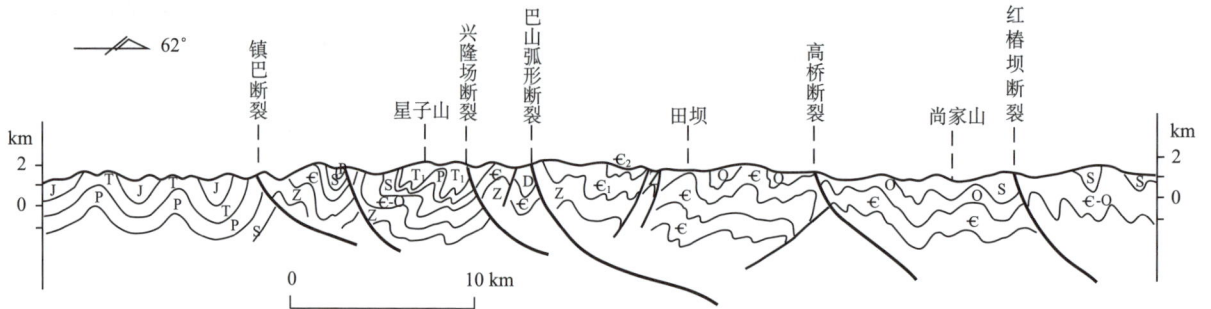

图 2.172　星子山构造变形剖面

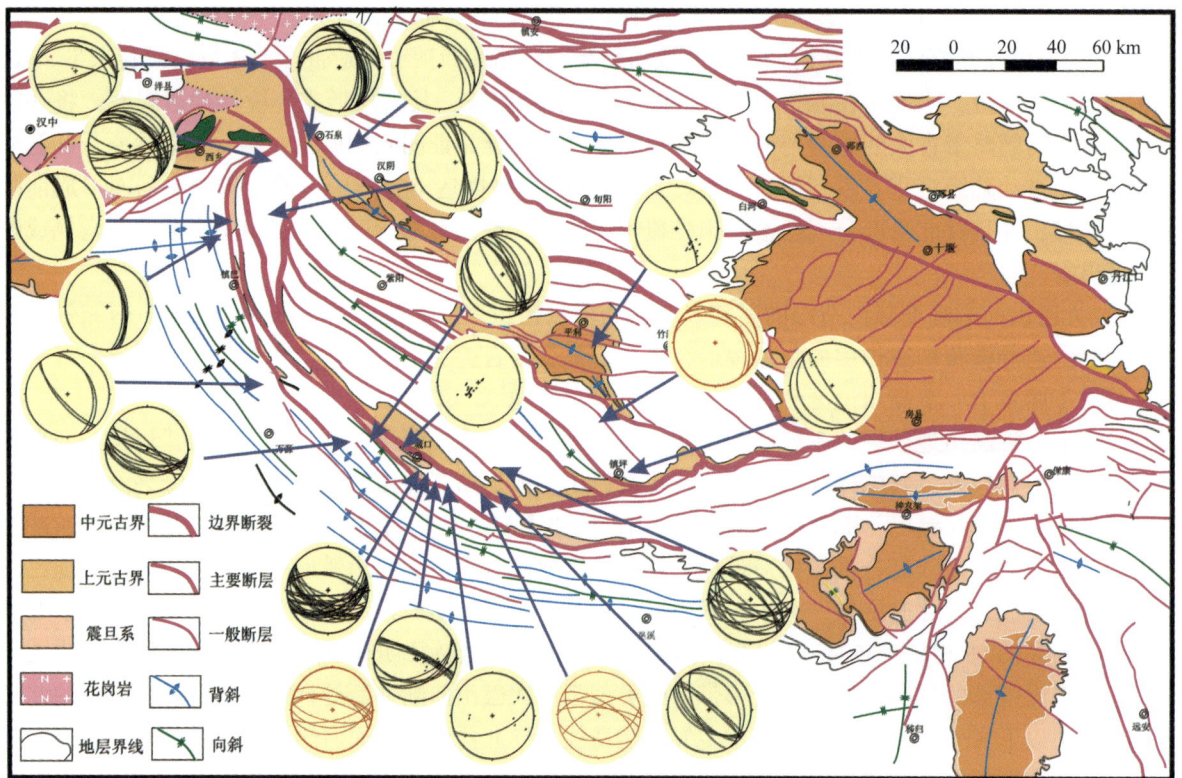

图 2.173　巴山弧形逆冲推覆构造形迹及其组构图

　　该带向东延伸在平坝地区，可见上三叠统—下侏罗统地层（T_3-J_{1-2}）角度不整合在褶皱变形的中三叠统地层之上，同样表明该地区前上三叠统的构造变形主体是中晚三叠世间形成，属先期碰撞构造变形。而 T_3-J_{1-2} 地层又被巴山主弧形断裂逆冲推覆并褶皱变形，显然也表明晚期的现巴山弧形推覆构造应是后期中新生代陆内造山作用的结果。

　　平坝以北城口地区的构造线与其北侧的北大巴山主弧形（城口）推覆断裂间既有平行城口主弧形断裂在该区段呈北西走向，向南西逆冲的晚期逆冲构造，同时又有上述北大巴山南缘指向北的构造，并被上述晚期构造截切，形成构造交切关系，呈现出复杂的构造叠加组合，晚期构造叠加包容先期构造。在明月、修齐等地均发育北倒南倾的不对称—倒转褶皱，构造线北西西向，而为巴山主推覆断层的向南的主逆冲断层叠加改造，并引发叠加褶皱，先期枢纽产状 320°∠55°，后期褶皱枢纽产状 300°∠5°。显示存在两期构造变形叠加复合。结合该区构造角度不整合上覆 T_3-J_{1-2} 陆相前陆盆地或断陷沉积，并又被逆冲叠覆，褶皱变形，且与上述后期的前陆扩展前锋带构造变形的褶皱产状相一致，综合区域构造分析，表明上述北大巴南缘的向北的逆冲构造应属先期俯冲碰撞的反向仰冲构造形迹，而晚期者应属于 J_3-K_1 陆内造山的大巴山巨型推覆构造成分。同时该区带还发现发育有枢纽向西陡倾伏的倾竖褶皱，又代表了沿主要断裂间还曾发生过剪切走滑构造，也引起局部叠加变形。总之，它们应是巴山巨型推覆构造系从先期俯冲碰撞构造到晚期陆内逆冲推覆构造的多期复合叠加的综合产物（图 2.173），构造复杂而有序叠加复合，可以区分。

　　东部竹山-镇坪-巫溪区段与西乡上、下高川地区现隔巴山弧，东、西遥相呼应，在竹山官渡瓦峰地区可见发育最新卷入 P-T_1 的褶皱，并被巴山主推覆断层截切逆冲推覆叠置（图 2.174）。所以两地之间只是为后期巴山弧形推覆构造掩覆与分隔。区域对比沉积地层组成与构造序列、形态特征一致，故两地区构造应为同期产物，同属一带，同属于勉略带先期的碰撞构造，同时西延的镇坪-巫溪地区也主要以发育褶皱-冲断构造为特征，总体为由北向南的逆冲推覆构造组合。构造线相连接，主

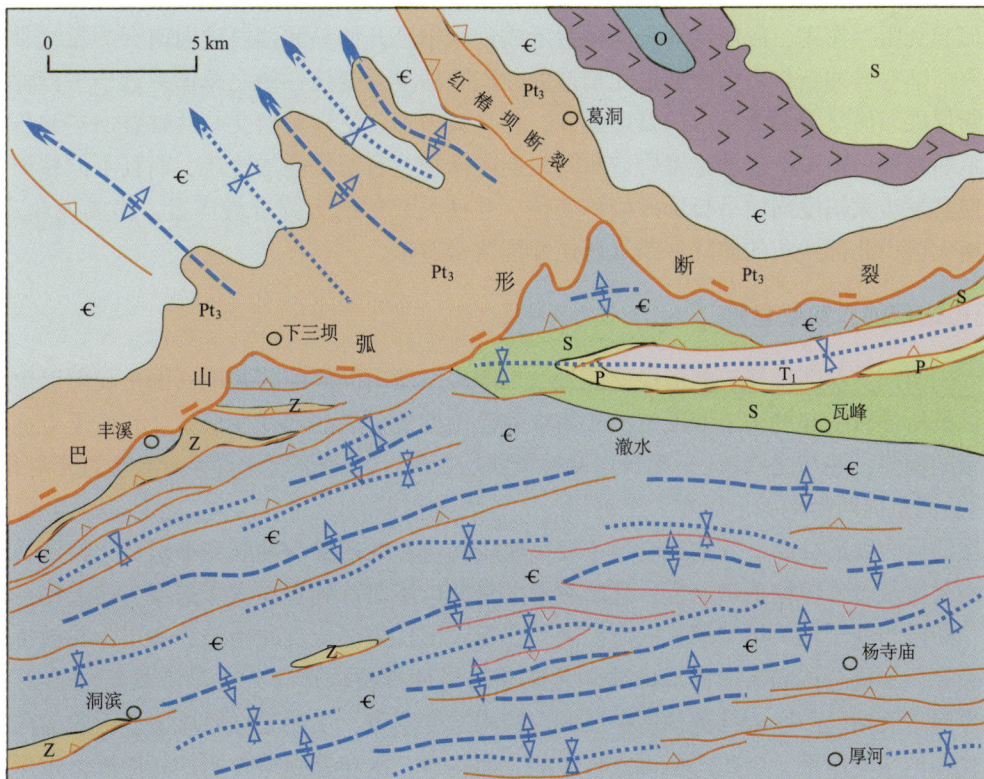

图 2.174　镇坪大巴山下三坝构造略图

体为东西向，并明显被北东东向的巴山弧形断裂及其北侧新元古代震旦系与耀岭河群地层逆掩叠覆。综合证明该区先期构造为勉略洋封闭碰撞构造产物，属印支期前陆冲断褶皱构造。

　　东部至房县青峰地区，仍具有同样现象，郎口的下侏罗统角度不整合在由南向北的逆冲推覆构造与伴生的北倒南倾褶皱构造之上，并被由北向南的巴山主弧形逆冲推覆断裂切割，J_1 岩层遭受强烈变形，完全可以与上述地区对比。

　　显然，综合上述从西到东在巴山巨型弧形双层推覆构造的主推覆断层的南侧并行连续发育一带原前陆冲断褶皱带的先期碰撞构造，并后又遭受巴山推覆构造的叠加改造，终而成为现今一带前陆冲断褶皱复合推覆构造变形带，突出而特征，无疑前期属秦岭-大别造山带沿原勉略缝合带的板块碰撞前陆构造，而后者则是叠加复合的中新生代陆内构造。它们的形成时代，从地层与构造接触关系明白无误的可以确定前者形成结束于 T_{2-3}，属印支期勉略带碰撞造山结果。后者则主要发生于中生代 J_3-K_1，属燕山期秦岭-大别造山带陆内造山结果。

　　总之，该区带上述呈现为先后两期不同构造的叠加复合及其所造成的复杂构造变形图像，突出表现出先期的碰撞构造因所处的不同构造部位而遭受后期不同的构造叠加改造，因此造成诸如高川、竹山等地以不同的残存复合构造变形样式而出露。但总体从它们的组成到构造变形，都是在印支先期前陆冲断褶皱构造基础上，叠加中生代燕山期陆内造山的逆冲推覆构造，复合所形成的构造变形带。

　　3）综合概括可以判定，如上述南大巴山北部原发育的前陆冲断褶皱带，先期为印支期前陆碰撞构造。无疑，南大巴山这一最新卷入 T_2 的前陆褶皱冲断带主体构造形成于巴山晚期弧形逆冲推覆之前，即应属于 T_{2-3} 秦岭-大别主碰撞造山期形成的碰撞构造。区域对比及其东西延伸对比，表明它原是在勉略洋盆从消减到最终俯冲碰撞过程中，由被动陆缘至周缘前陆盆地，再演化遭受碰撞造山构造变形而成为前陆冲断褶皱带。故若筛除后期构造叠加变位，尤其巴山弧东西端外侧汉南地块与神农架与黄陵两古老陆块，特别是汉南向北向秦岭的强烈挤入与巴山弧大幅度向南位移，该带原位至少应是在现安康一线呈北西西向延伸。而且推断它也可能在碰撞时期，由于上述两古老地块已在碰撞过程中开始隆升而起到阻挡作用，故使之在先期构造形成过程中已开始呈北西西微向南突的弧状雏形。但是现今这一原前陆褶皱冲断带由于晚期遭受构造的强烈叠加复合变位，使之总体呈近于平行晚期北大巴山主推覆断层展布而显著成为突出的弧形延伸，并且其内部广泛发育斜交与共轴叠加褶皱与变形，却又共同揭示后期的巴山弧形逆冲推覆构造对其先期碰撞构造有明显叠加改造，而且不但叠加变形，最突出的是使其发生大幅度向南呈弧形的位移变位，并使其北部的大部分被掩覆，终成现今残存状态，即现今的南大巴山北部残留的前陆冲断复合逆冲推覆构造带。

2. 南大巴山南部的原前陆盆地

　　南大巴山南部的前陆推覆扩展前锋变形带，也即碰撞造山的原前陆盆地，因是晚期巴山巨型推覆构造向前扩展所导致引起的构造变形带，故简称为巴山推覆扩展的前锋变形带。它位于上述先期前陆冲断褶皱带的南侧，并与之以镇巴-阳日逆冲推覆断层为界。从西部汉南西乡-镇巴的近南北向延伸，经万源-达县间呈向西南的弧形展布，至巫溪、大神农架南侧转为近东西向，总体也呈平行于大巴山主推覆断层的巨大弧形分布。其构造变形主要以薄皮构造型的褶皱与冲断变形组合为特点，相对于北侧前陆冲断褶皱复合推覆构造带而言，其断裂不发育并以不对称到直立宽缓褶皱为构造特点。逆冲断层以断坪、断阶与断层相关褶皱形式向南扩展，在断阶部位先形成反冲褶皱和断层，并被持续向南的逆冲断层破坏，形成总体向南逆冲、局部向北反冲的逆冲推覆构造样式。该带最新已卷入 K_1 地层。总之，该带属于晚期巴山巨型推覆构造扩展的前缘构造变形带，主要是在原碰撞造山的前陆盆地基础上形成的晚期构造变形带，因此严格讲该带中的先期构造，主要是勉略古俯冲碰撞缝合带形成过程中碰撞造山的原前陆冲断带的前渊，即大巴山印支期的前陆盆地构造。关于前陆盆地将在本书第四章前陆盆地体系中论述，故这里从略。

（三）巴山巨型弧形双层推覆构造系中的先期碰撞构造恢复重建

根据上述关于恢复巴山巨型弧形双层推覆构造系中的先期碰撞构造的论述，可以综合划分出两带先期碰撞构造。

1. 先期北大巴山碰撞构造带

先期北大巴山碰撞构造带，经恢复重建原应属于勉略洋盆北侧陆缘组成部分，而后被卷入勉略缝合带形成过程中的碰撞构造，并因作为上行板块的前缘而向南逆冲，推覆移位到下行板块前缘，而且在其主体依次大幅度向南逆冲推覆叠瓦堆置过程中，其前缘一些地段必然会受阻而发生反向仰冲。这是消减俯冲碰撞带常见的构造现象，这也就是前述所介绍的北大巴山高滩等推覆体中有自南而北反冲构造的原因，也表明它们仍是北大巴山先期碰撞构造的统一组成部分。后来，更因为中生代中晚期巴山巨大陆内逆冲推覆，大幅度向南运动逆掩，致使其叠置在下行板块前缘的前陆冲断褶皱带之上。若筛除上述晚期推覆叠加运动，其碰撞期原位应在现石泉—安康一线，推覆距离，按弓箭原理，估计在150 km 左右。鉴于其推覆移距巨大，远远大于其他部分，并且其东西延伸相应的勉略区段和花山区段现仍保存有蛇绿混杂岩缝合带，以及其北侧出露的相应岩层构造对比分析，充分表明，现在的北大巴山恢复重建其在碰撞期归属，应原为上行板块活动陆缘弧盆体系后侧的基底隆起部分，原弧盆系已被掩覆或被破坏而未得以保存出露。故综合判断，北大巴山的先期碰撞构造原应属于勉略洋盆的北侧秦岭微板块活动陆缘的后侧隆起部分，后经秦岭印支主造山期沿勉略拼合带的板块俯冲碰撞造山作用所形成，无疑应属印支期俯冲碰撞构造。

2. 先期南大巴山碰撞构造带

先期南大巴山碰撞构造带，恢复重建它原应属勉略洋盆南侧的扬子板块北沿的被动陆缘，并后于碰撞过程中遭受变形而形成前陆冲断断褶带（最新只卷入 T_2），其前缘为 T_3-J_{1-2} 的前陆盆地。它们在晚期陆内巴山巨大逆冲推覆构造作用中，前者，即前陆冲断褶皱带又遭受叠加变形，形成前陆冲断褶皱复合推覆构造带，而后者，即前陆盆地（T_3-J_{1-2}），也发生构造变形，形成现今的前陆推覆扩展前锋变形带，所以综合两者南大巴山的先期碰撞构造单元归属，原应是秦岭印支期板块碰撞造山的原前陆冲断褶皱带及其周缘前陆盆地。

巴山上述两带先期碰撞构造的恢复重建，显然表明两者之间应原有勉略碰撞缝合带的存在，即曾存在现已消失的勉略有限洋盆，而现今在大巴山弧区缝合带的缺失，正反映是北大巴山的巨大向南逆冲推覆运动，不但掩覆了缝合带，而且直接掩盖在南侧的前陆冲断褶皱带之上，因此造成勉略古缝合带现在未得以在大巴山地区残存出露。这不只为上述地表地质的现实所记录，而且也已为地球物理多种深部探测所证实（详见于后）。因此综合推断勉略古缝合带从勉略区段应是经上、下高川而后被巴山推覆构造掩盖于地下深层，地表上相当于现今石泉—安康一线地下深层向东延伸至花山地段又复出露，故证明秦岭-大别南部原曾存在着现已消失的有限勉略洋盆和勉略古缝合带，只是因为后期的构造作用，被掩盖、破坏，使之现今才成断续残留状态出露。

三、勉略带桐柏-随州花山段和大别山南缘的俯冲碰撞构造恢复重建

（一）勉略带桐柏-随州花山段俯冲碰撞构造的恢复重建

桐柏-随州花山区段勉略构造带的先期俯冲碰撞构造的恢复重建，是在综合桐柏-大别造山带区域构造研究基础上，主要集中进行花山区段现今构造筛分的研究，尤其是重点进行花山区段花山蛇绿

混杂岩的厘定和三里岗与周家湾两个典型代表性构造混杂岩的系统解剖。由于花山区段构造已在前一节论述，花山蛇绿岩将在后面第三章专门论述，所以这里重点介绍花山区段构造混杂岩与先期碰撞构造的恢复重建。

1. 三里岗的构造混杂岩带

三里岗的蛇绿混杂岩带主要由蛇绿岩残片、中-酸性火山岩、花岗岩和沉积岩等构造岩块组成。蛇绿岩主要由基性熔岩、辉长岩和辉绿岩墙组成。沉积岩包括扬子基底的上元古界花山群砾岩、砂岩以及震旦-寒武系碳酸盐岩构造岩块。这些构造岩块之间均以断层或韧性剪切带相混杂堆叠在一起，现总体呈带状残存蛇绿混杂岩块构造侵位夹持于秦岭地块（桐柏地块）和扬子地块之间的襄广断裂带中。各构造岩块间边界及岩块内部变形极为复杂，表现为不同时代、不同性质、不同级别的变形构造相互叠加改造，共同构成一幅复杂却有规律的构造图像。根据构造解析和构造叠加筛分，三里岗的构造混杂岩带筛除晚期叠加构造，恢复重建其先期俯冲碰撞构造，主要显示两期构造的复合。现以土门-蔡家湾构造剖面（A-B）和三里岗-新屋湾构造剖面（C-D）为例，对比分析其先期构造变形的几何学、运动学及动力学特征。

1）土门-蔡家湾构造剖面

土门-蔡家湾构造剖面（图 2.175a）中，蛇绿构造混杂岩主要由蛇绿岩残片、中-酸性火山岩、花岗岩、硅质岩和震旦-寒武系碳酸盐岩等构造岩块（片）组成。现以构造岩块残存在襄广断裂带中，总体现呈以南缘边界断层为主逆冲推覆断层，形成指向南西的推覆叠置构造结构。筛分去除晚期构造，即已如前述包括 T_3-J 时期的陆内逆冲推覆和中新生代先后发生的伸展正断层、右行剪切走滑等多期陆内叠加构造，详细构造解析至少可以分辨恢复出两期叠加构造。

（1）蛇绿岩深层韧性构造变形

蛇绿岩残块中的镁铁质岩石强应变域内发育高温韧性剪切带，以发育镁铁质糜棱岩为特征。蔡家湾北可见基性火山岩因韧性变形发生成分分异而形成的不同构造成分层，深色基性岩普遍发育糜棱面理，而浅色层则表现为长宽比较大的透镜状、香肠构造及肠状肿缩或不对称剪切构造（图 2.175b）。其中的石英脉体遭受了强烈的韧性变形，形成无根褶皱（图 2.175c）。明显既区别于板块碰撞造山晚期构造，又不同于陆内造山阶段的中、低温变形，分析应是俯冲碰撞主造山期深部构造层次的变形构造，乃至超镁铁质地幔岩内深层构造，可能是保留残存的深部地幔构造变形记录。

（2）先期俯冲碰撞的晚期逆冲推覆构造

现残存蛇绿构造混杂岩带南界断裂是襄广断裂主构造形迹，以长英质糜棱岩发育为特征，显著表现长石为韧脆性变形的多米诺构造，而石英则已强烈塑性变形，形成亚晶粒、动态重结晶及流动构造和条带状构造，相当于中深构造层次的中温韧性剪切变形。各类混杂岩块的构造排列结构，如构造混杂岩带内部的基性火山岩块等普遍发育叠瓦状逆冲推覆构造、双重逆冲构造（图 2.175d）。并且镁铁质岩石总体显示脆性变形，多成为基性火山岩构造角砾，它们与糜棱岩带结构一致指示其为向南南西的韧脆性逆冲推覆剪切带，使三里岗-三阳蛇绿岩残片及其他构造岩块组成构造混杂体，因现襄广断裂的这一逆冲作用使之强烈向南推覆于扬子地块北缘的中、新元古界打鼓石群与花山群基底之上，并使下伏的远离剪切带的花山群主要变形呈现为以 S_0 层理形成的南倒北倾的不对称圆柱状褶皱，而靠近剪切带的花山群砂岩的 S_0 层理则因强烈由北向南的逆冲作用而形成不对称的尖棱褶皱，伴生逆冲断层，构成褶皱-冲断构造或双重逆冲推覆构造（图 2.175a）。总之，上述构造构成统一的先期板块俯冲碰撞的晚期逆冲推覆构造，而且也是现今所见花山蛇绿混杂岩于碰撞造山缝合带形成中的主要定位构造，因此是一期主要的先期碰撞构造。

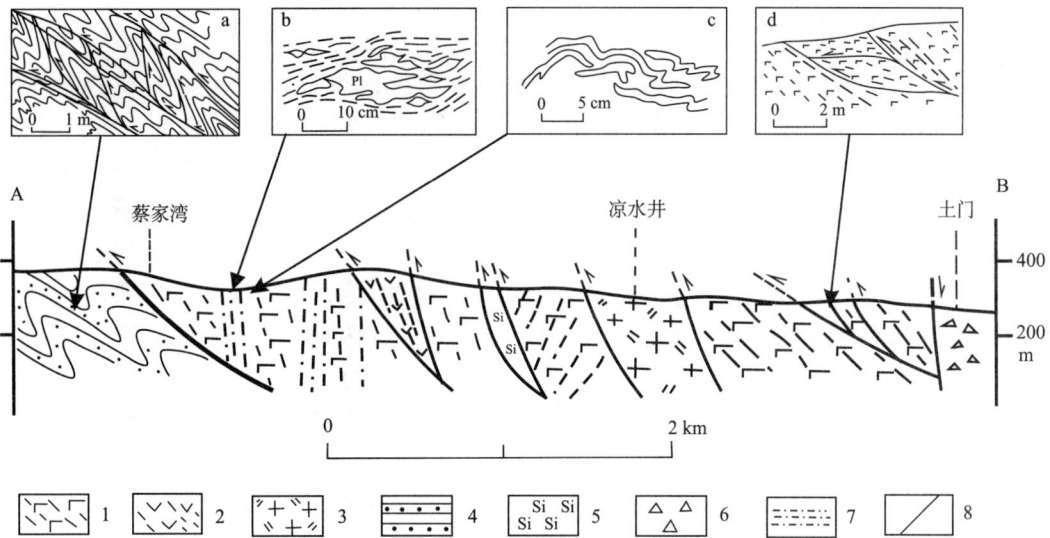

图 2.175　土门-蔡家湾构造剖面

Pl 表示斜长石。1. 片理化的玄武岩；2. 片理化的中-酸性火山岩；3. 二长花岗岩；4. 上元古界花山群碎屑岩；
5. 硅质岩；6. 构造角砾岩；7. 韧性剪切带；8. 断层

2）三里岗-新屋湾构造解剖

在三里岗-新屋湾构造剖面（图 2.176）的襄广断裂带中，残存构造混杂岩带主要包括蛇绿岩的基性熔岩和基性岩墙群残块，中-酸性火山岩、花岗岩、泥质岩、扬子基底花山群砾岩等构造岩块和盖层震旦-寒武系构造岩块等。构造解析，筛除晚期构造，同样可以恢复出两期先期俯冲碰撞构造。

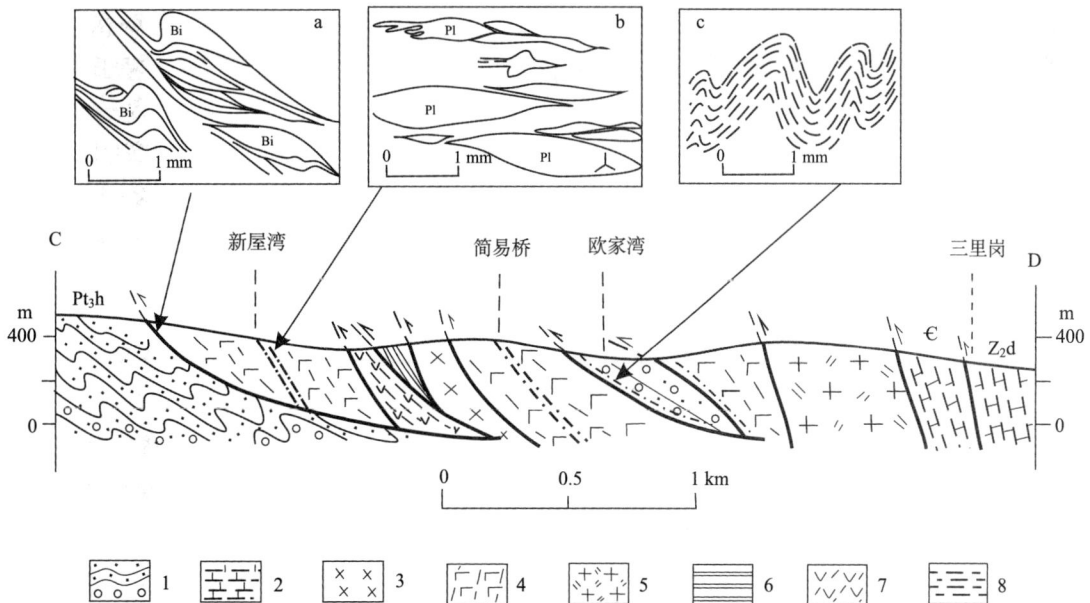

图 2.176　三里岗-新屋湾构造剖面

Bi 表示黑云母，Pl 表示斜长石。1. 上元古界花山群砂（砾）岩；2. 震旦系、寒武系白云质角砾岩和片岩；
3. 辉长、辉绿岩；4. 片理化玄武岩；5. 二长花岗岩；6. 泥质岩；7. 片理化中-酸性火山岩；8. 韧性剪切带

（1）先期碰撞深层构造

构造混杂岩块内发育多条韧性剪切带，主要有欧家湾韧性剪切带、简易桥韧性剪切带和新屋湾韧性剪切带等。均以镁铁质糜棱岩和（或）糜棱岩化的镁铁质岩为特征，糜棱面理发育。显微镜下可见辉石、斜长石脆韧性变形而呈现为眼球状和多米诺构造，长轴平行于糜棱面理展布，表现为深层次构造变形特征，如简易桥韧性剪切带和新屋湾韧性剪切带，糜棱面理产状为 35°∠60°。镜下观察可见斜长石塑性变形强烈，呈长短轴之比达 4∶1 的透镜状或眼球状，长轴平行于糜棱面理展布，具拖尾构造、流动构造（图 2.176b），应为高温韧性剪切带。可与上述土门–蔡家湾剖面中的深层构造对比。它们均区别于以长英质糜棱岩为标志的中等构造层次的中温韧性剪切带。

（2）先期俯冲碰撞的晚期主逆冲推覆构造

欧家湾韧性剪切带现是基性火山岩和花山群砾岩、砂岩构造夹块的分界带，观察研究表明它为高温韧性剪切带，后又遭受后期构造变形叠加改造，发育糜棱面理及云母动态流动构造和缎带状构造，显微镜下可见糜棱面理再褶皱（图 2.176c），共同揭示了晚期的推覆构造。

花山地区的构造混杂岩带的南界韧性剪切带是其构造侵位的主推覆面，主要发育于南侧的花山群长英质砂岩及钙质片岩中，形成长英质糜棱岩，显微镜下可见糜棱面理挠曲变形，甚至形成旋转构造（图 2.176a）。露头可见韧性剪切带中夹有长宽比达 10∶1 的长英质砾石构造透镜体，指示构造混杂岩带由北向南逆冲推覆于扬子陆块北缘花山群之上。各岩片之间皆以断层或韧性剪切带接触，相互挤压剪切叠置在一起，组成叠瓦状逆冲推覆构造。同时，显微镜下观察发现，岩石中极发育以早期镁铁质糜棱岩面理为形变面的褶皱构造（图 2.176c），显示晚期对先期的叠加改造。

该区段同样在先期上述两幕俯冲碰撞构造之后又叠加了多期的陆内构造与陆内造山作用的构造，已如前面章节所述，不再重复。

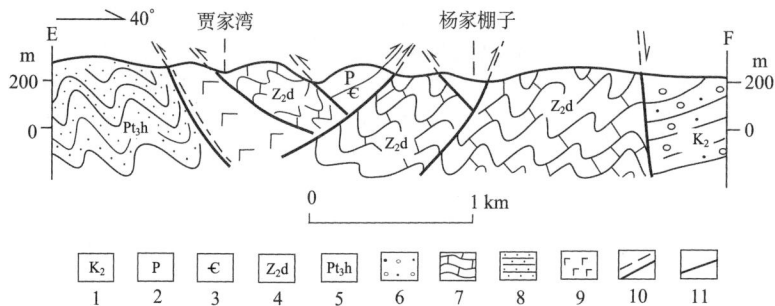

图 2.177 贾家湾–杨家棚子构造剖面
1. 上白垩统；2. 二叠系；3. 寒武系；4. 震旦系灯影组；5. 上元古界花山群；
6. 砾岩；7. 白云岩；8. 砂岩；9. 玄武岩；10. 脆韧性剪切带；11. 断层

2. 周家湾的构造混杂岩带

周家湾的构造混杂岩带主要由蛇绿岩残块、震旦系和寒武系白云岩、二叠系和三叠系灰岩等构造岩块组成，以大规模出露震旦系灯影组白云岩构造岩块为特征。各岩块之间皆以韧性剪切带或断层相分隔，共同组成复杂的构造岩块叠置体（图 2.74、图 2.177）。

1）石灰厂区段蛇绿岩块变形特征

石灰厂位于周家湾西北 1.5 km 处，是蛇绿岩单元出露较多的区段，主要有玄武岩、基性岩墙、辉长岩等，以无根构造岩块侵位于震旦系白云岩构造岩片之间，显示混杂特征。在局部地区的基性火山岩中发育由北向南的叠瓦状逆冲构造和双冲构造。

蛇绿岩块内部构造变形具网状强应变带和透镜状弱应变域相互交织的特点。弱应变域中基性火山岩以韧脆性变形为主，强应变带形成以镁铁质糜棱岩为特征的高温韧性剪切带。显微镜下可见，辉石、斜长石脆韧性变形特征，形成辉石斑晶的多米诺构造、鱼形构造及拖尾构造（图2.178）。糜棱岩基质主要由斜长石亚晶颗粒、蚀变矿物绢云母、绿泥石及少量石英组成，发育定向构造和塑性流动构造、绢云母条带状构造。总体显示深层次构造变形特征，代表碰撞造山期缝合带物质的变形特征。

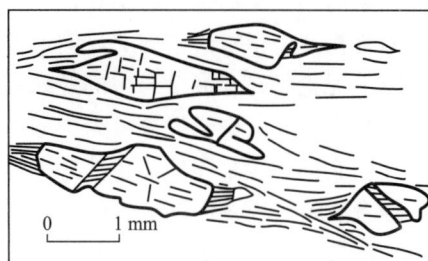

图2.178　镁铁质糜棱岩显微构造

随着造山作用的持续进行，先期韧性剪切变形的镁铁质糜棱岩面理发生褶皱变形，形成不协调褶皱或韧性揉流褶皱，褶皱不对称性指示其成生于由北向南的逆冲推覆，反映中深构造层次的逆冲推覆变形构造对先期高温塑性变形构造的叠加改造。在弱变形区段，岩石多发育板状劈理，宏观具透入性，产状多为35°∠50°左右。基性火山岩以片理面为形变面，形成西倒东倾的斜歪褶皱，枢纽产状234°∠40°，轴面产状160°∠60°。这种褶皱是早期构造因后期构造变形而发生变位的结果。

2）周家湾–周家桥构造剖面

钙质岩石塑性变形极限温度仅为300℃左右（Nicolas and Poirier，1976），因而很容易发生构造的韧性再造，一般仅记录了相对较晚期的中浅层次构造变形。周家湾–周家桥构造剖面（图2.179）主要由震旦–寒武系白云岩构造岩片组成。该剖面中发育多条断层和韧性剪切带，如出山店逆冲断层、周家桥北部韧性剪切带、周家湾韧性剪切带。早期韧性剪切带的糜棱面理因持续的挤压发生挠曲变形，形成不对称褶皱和小型双冲构造，指示由北向南的大规模陆内逆冲推覆。

出山店逆冲断层是震旦系构造岩块的南部边界，断层产状为25°∠30°左右。断层带内可见早期糜棱面理发生挠曲变形，形成不对称褶皱或折叠构造。

周家桥北部韧性剪切带糜棱面理产状总体倾向北。发育糜棱面理递进变形而成的不对称韧性揉流褶皱和折叠构造（图2.179a），指示由北向南的逆冲推覆。糜棱岩带下部发育铲状逆冲断层，倾向35°，倾角约为10°～35°。

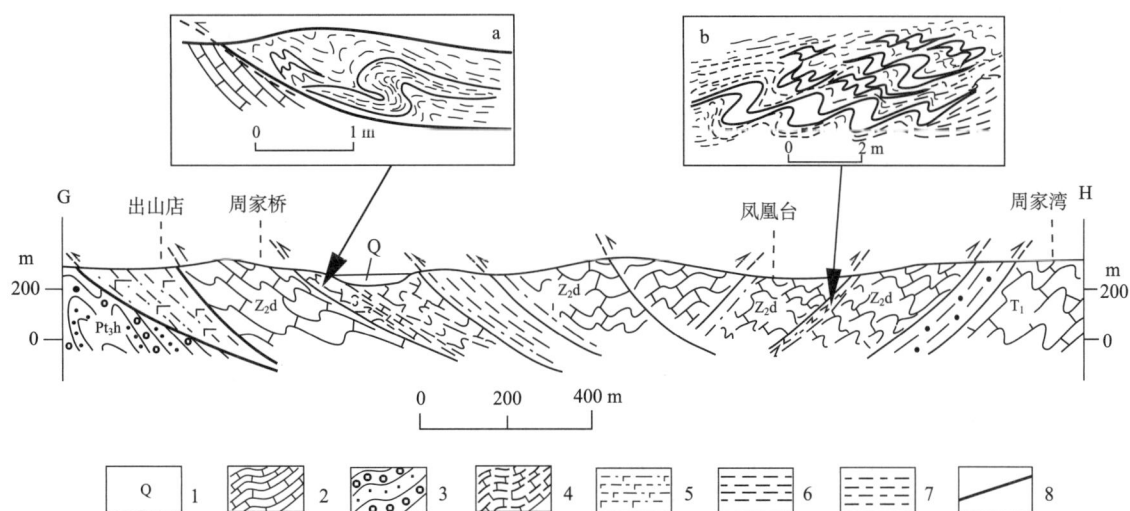

图2.179　周家湾–周家桥构造剖面

1. 第四系；2. 灰岩；3. 花山群砂砾岩；4. 钙质片岩；5. 糜棱岩化基性火山岩；6. 强片理化带；7. 韧性剪切带；8. 断层

周家湾韧性剪切带宽达 100 m，发育钙质糜棱岩，可见硅质灰岩的肿缩褶皱构造、无根褶皱等各种不对称构造，指示由南向北反向逆冲（图 2.179b）。

以上无论是蛇绿混杂岩内的蛇绿岩块内还是构造岩块间的早期深层次的高温韧性剪切构造，或者中深层次的自北向南逆冲推覆为主的中深层韧性剪切构造与糜棱岩等，均被后期的陆内构造所叠加改造，证明它们都应是先期的俯冲碰撞构造。

综合构造解析及不同区段的相互对比表明，三里岗-三阳构造混杂岩带主要遭受了四期构造变形的叠加改造，分别代表了不同时代、不同深度层次构造变形形迹。其中恢复的先期俯冲碰撞构造主要为印支期主俯冲碰撞造山的两幕变形。

（1）深层次高温韧性剪切变形（D_1）

构造混杂岩带内镁铁质岩石的韧性变形构造具网状强应变带和透镜状弱应变域相互交织的构造变形样式与特点，弱应变域中基性火山岩以韧脆性变形为主。强应变带形成高温韧性剪切带，以镁铁质糜棱岩为特征。区域内普遍发育辉石的塑性变形构造，表明韧性剪切带形成于 700~800℃ 左右的高温环境（Nicolas and Poirier，1976），是深部构造层次的变形，明显区别于陆内造山阶段的中、低温变形构造。

由于 D_2 构造是成生于区域内由北向南的逆冲推覆作用，同时，D_2 变形构造明显叠加改造了先期高温韧性剪切变形构造（D_1），考虑到 D_1 变形所需求的高温环境，推测高温韧性剪切变形构造（D_1）可能主要形成于碰撞期，代表碰撞造山阶段变形特征。

三里岗-三阳构造混杂岩带西延过武当-大巴山后可与勉略构造混杂岩带相对比。两者的岩石组合、混杂岩物质组成、蛇绿岩性质与地球化学特征及其构造特征均类似（董云鹏，1997a）。勉略带中发育有泥盆纪深水浊积岩，与蛇绿岩共生的硅质岩中发现早石炭世放射虫（冯庆来等，1996），显示泥盆纪—石炭纪是勉略洋的发育时期。黑沟峡火山岩的矿物 Sm-Nd 等时线年龄为 242±21 Ma，全岩 Rb-Sr 等时线年龄为 221±13 Ma，代表了火山岩变质年龄（李曙光等，1996b），表明勉略洋盆业已闭合。三里岗-三阳构造混杂岩带内最新的地层为海相碳酸盐岩，时代为早三叠世（湖北省地质矿产局，1990），该带乃至东部多数地区均缺失中、上三叠统地层。在秦岭造山带南侧的湖北荆门地区发育有晚三叠世—早侏罗世陆相粗碎屑岩，上三叠统九里岗组和王龙滩组均主要由粉砂岩、细砂岩、粗砂岩、砾岩等组成，具有从下向上由细变粗的特点，为典型的前陆磨拉石建造（董云鹏，1997b）。这一事实表明，中晚三叠世南北陆块拼合碰撞的挤压、逆冲作用已经传递到缝合带南的扬子北部当阳—荆州地区，从而限定了南秦岭与扬子板块之间全面碰撞造山作用开始于中三叠世，这与秦岭造山带全面碰撞造山时限（张国伟等，2001a，b）是吻合的。因此，高温韧性剪切变形构造（D_1）可能开始于中三叠世，或可延续至晚三叠世。

（2）中等层次逆冲推覆剪切变形（D_2）

蛇绿岩镁铁质岩石中普遍发育叠瓦状逆冲推覆构造、双重推覆构造。在强应变带内的基性岩石普遍发育先期糜棱面理的褶皱变形。更为重要的是构成构造混杂岩带的各构造岩块总体沿南部主边界断裂向南逆冲推覆于扬子地块基底的花山群碎屑岩系之上，断裂带以发育长英质糜棱岩为特征，逆冲推覆断层之下的花山群中的长英质砾石发生塑性变形，压扁拉长成扁长的眼球状、香肠状乃至丝带状，长短轴之比达 10：1 以上。根据变形砾石不对称性等运动学标志判断剪切指向为自北向南逆冲。靠近剪切带的花山群砂岩形成褶皱-冲断构造或双冲构造。由北向南远离逆冲推覆断层，花山群碎屑岩变形构造由南倒北倾的不对称尖棱褶皱逐步转变为不对称圆柱状褶皱，显示褶皱构造成生于由北向南的逆冲推覆作用，应与区域内由北向南的逆冲推覆作用具有密切的成因关系。

综合研究（包括地层、生物化石和同位素年代学研究）判断，花山小洋盆的全面闭合及其缝合带形成的碰撞造山作用应发生于中三叠世，而前陆磨拉石建造形成的时限为晚三叠世—早侏罗世。前陆磨拉石建造的形成是由于来自造山带的强烈逆冲推覆、隆升与构造负荷引起前陆地带挠曲沉降的结果。这一事件限定了区域内的逆冲推覆发生于T_{2-3}与T_3–J_1之间，亦即中深层次的逆冲推覆剪切变形（D_2）应是碰撞造山晚期的构造作用产物。

综合上述花山区段先期碰撞构造恢复重建及其构造变形特征，并与区域研究成果（张国伟等，2001a，b）对比，可以简要概括三里岗–三阳构造混杂岩带的印支期主碰撞造山的构造演化历史。主要为中三叠世中晚期，随着勉略洋盆的全面闭合，南秦岭微陆块与扬子陆块对接碰撞，形成于早期小洋盆环境的蛇绿岩因板块的俯冲碰撞，与其他不同来源的中上元古界、震旦系—寒武系、二叠系、下三叠统等构造岩块相互逆冲叠置，并与俯冲期弧前火山岩及沉积岩系构成的基质相混杂，因全面的陆–陆碰撞造山而变形、堆积于古板块缝合带中，形成蛇绿构造混杂岩。晚三叠世陆–陆拼合的逆冲推覆造山作用，持续发生拼合汇聚，使南秦岭微板块沿襄广断裂向扬子板块之上发生大规模逆冲推覆，而构造混杂岩带亦因之而向扬子板块北缘之上侵位，形成逆冲推覆构造。之后又经历秦岭–大别中新生代多次陆内造山作用和陆内构造叠加改造，终于奠定了三里岗–三阳构造混杂岩带现今的变形构造样式与构造组合特征以及区域构造基本格架。

（二）大别山南缘勉略带印支期俯冲碰撞构造恢复追踪

鉴于大别山南缘复合构造带中的镁铁质、超镁铁质岩，虽研究已初步定为蛇绿岩（详见本书第三章），并呈多带蛇绿构造混杂岩状重复产出，但因同位素年代学研究还需更精确确定时代，故关于其形成时代尚需进一步系统深入精确研究，所以关于勉略古缝合带东延及印支期构造的恢复重建目前也还有待进一步再深入研究，关于大别南缘带蛇绿岩的论述将在第三章专门论证，鉴于此，这里仅作有关构造变形及缝合带构造的简要概述，重点是简略论证印支期俯冲碰撞构造的恢复追踪。

大别南缘构造由于受印支期以后的强烈叠加构造改造与隆升剥蚀和中新生代陆内造山构造的复合，给恢复重塑印支期构造带来了困难。大别南缘复合构造带卷入的构造变质岩系，变形特征与变形序列基本相似，主要形成于大别俯冲碰撞阶段，包容残留先期构造。所以在筛除后期叠加复合构造基础上，主要根据不同构造岩片、岩块内的变形样式、组合以及变形特征，综合分析各块体之间构造几何学与运动学特征、关系，从而恢复重建大别南缘复合构造带的印支期造山过程及基本构造格局。更古老的构造已被强烈的改造，其原貌、原位已难以恢复。

印支期是大别造山带，包括大别南缘复合构造带的主要俯冲碰撞造山期，也是大陆深俯冲，UHP-HP变质岩石形成的时代，构造变形强烈，基本奠定了大别南缘带主构造期的基本格架。依据本章第一节有关大别造山带及其南缘带构造与区域构造的研究论证，可以从区域和本带构造系统的详细解析筛分初步恢复印支期俯冲碰撞构造，尤其突出的是于印支期形成的碰撞构造混杂带，带内包容不同时代不同岩层，尤其包含蛇绿岩性质的镁铁质、超镁铁质岩块和相关火山岩块，它们以构造岩块由不同性质、级别的断裂组合一起，形成碰撞构造混杂带。它虽然遭受后期构造强烈改造，呈现残留、零散、重复杂乱出露，但从区域地质、蛇绿岩岩石学与地球化学特征、构造变形与时代等综合区域对比分析看，它们应是勉略古缝合带的东延。因此其意义十分重要，为此，在重点进行秦岭造山带南缘勉略古缝合带与勉略构造带研究的同时，也初步进行了大别南缘带对比恢复重建研究。

根据对大别南缘复合构造带的构造解析与恢复重建研究，揭示尚可分辨出先期有二期构造形迹，其特征如下：

1. 早期变形构造解析追溯

主要根据对中新元古代宿松杂岩、浠水杂岩和震旦纪含磷岩系的中小尺度构造解析，早期构造变形多呈残留状态，主要表现为各岩层露头尺度上的无根片内褶皱、钩状褶皱、黏滞性石香肠或透镜体及其定向序列，以及区域性片麻理（S_1）和条带状构造的形成。发育强烈的面状构造置换，导致原褶皱转折端被置换改造，隐蔽不清消失，以及磁铁角闪石英岩等标志层规律的均呈小透镜体平行片麻理（S_1）展布，综合显示具早期深层次韧性剪切流变特征。

宿松地区该期变形也以深层次韧性剪切流变为特征，形成了紧闭层内褶皱（F_1）。诸如在夹硅质条带的大理岩层、含石榴云母石英片岩及条带状二云斜长片麻岩、角闪斜长片麻岩及含磷变质岩系中，均见有紧密的层内褶皱和剪切滑断，形成一些钩状、无根褶皱（图 2.180）。通过对北浴地区薄层大理岩及石英岩层的系统追溯和构造解析，确定区内存在中、小型两种尺度的 F_1 褶皱。

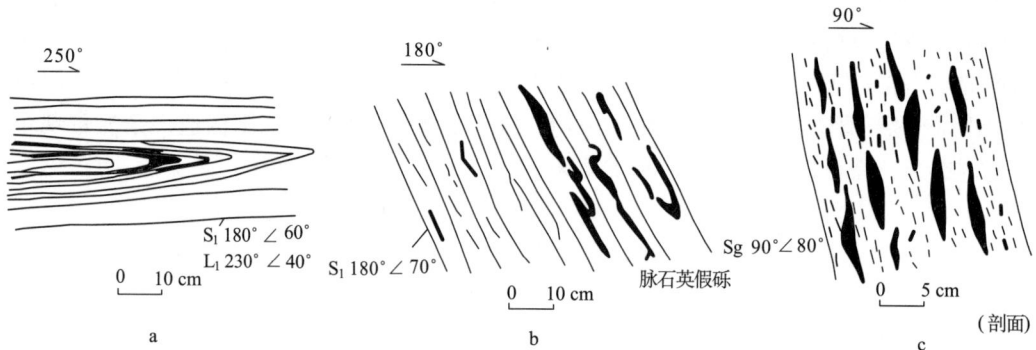

图 2.180 宿松岩群早期变形构造

a. 宿松小岗二云角闪斜长片麻岩 F_1 素描平面图；b. 白云石英片岩中构造假砾（宿松大新屋）；

c. 宿松梓树坞构造砾岩素描图；砾石为脉石英、基质为二云二长花岗质片麻岩破碎物

F_1 因 F_2 褶皱的叠加，使早期 F_1 褶皱轴面和枢纽产生变位，且在露头尺度上形成一种褶皱叠加图案。构造统计复原，F_1 褶皱枢纽呈北东向—近东西向。在能干性弱的岩层中，发育平行于 F_1 轴面的连续劈理带，以及在变形变质侵入体中发育片麻理与条带构造；在厚层白云质大理岩中也保存有早期糜棱岩条带。在宿松县浦河、甘田坳等处可见残存的同期矿物线理和拉伸线理，主要向南南东倾伏，与大别山区域早期线理方位具有一致性。实际面积性构造填图追踪调研与大量统计规律性表明，上述构造片岩、构造假砾岩层、变质岩层、变形变质侵入体等，它们共同构成区内现今呈不规则残存状的断续强变形带。这种构造岩石变形组合，可能应是早期较深层次韧性剪切变形作用经多期叠加改造残存的构造叠置结果。应是需恢复重建的早期前印支期构造产物与遗迹。

张八岭岩群、浠水杂岩群该期变形同样也表现为以发育紧密同斜褶皱、钩状无根褶皱、连续劈理化带（S_1）为特征，形成总体向南倒覆的褶皱，构造运动方向由北向南。同样也如同宿松杂岩一样是前印支期古构造的反映。

2. 印支主造山期构造的追踪恢复

大别南缘构造带中最突出可作为构造标志的是震旦纪含磷岩层和镁铁质、超镁铁质岩块（蛇绿岩块）等，它们在区域上成不同构造岩块分布，而其内部则多成系列大小不等、形态各异的透镜体，彼此以不同的韧性或脆韧性剪切带相邻接，组成构造混杂岩，其中包括大理岩、含石墨片岩、磷矿层以及不同的各类变质岩块等，特别是由包含有镁铁质与超镁铁质岩构成的蛇绿岩块，就成为具重要意义的蛇绿构造混杂岩。而这些具有标志性岩类的构造混杂岩与蛇绿构造混杂岩在大别南缘构造带区域上，共同呈现零乱而又有规律的反复重复出现，强烈构造变形，重叠叠置，被不同岩体贯入，而后又整体经受强烈韧性变形改造，经区域构造制图面积性追溯，如图 2.47、图 2.49 所示，成残留杂乱状态，但又有规律的在空间上反复曲折重复出露分布，占据了大别南缘带特别突出重要的位置。显然，实际从区域整体构造分析，南缘带即是广义的区域构造混杂区，显示已是被多期构造变形强烈叠加改

造而综合造成的残留构造的空间分布区带。构造逐一筛分解析，逐步追踪其原始产出形成面貌，突出综合显示具有古俯冲碰撞缝合带的特征。若再从跟区域上秦岭-大别南缘勉略构造带与勉略古缝合带的对比分析看，它即应是勉略古缝合带的东延，所不同者，只是由于遭受大别造山带的强烈大幅度的剥蚀抬升，特别是包含超高压变质岩石形成与折返的大陆深俯冲与折返的强烈构造改造，以致抬升剥露成现在的深部构造层次与构造几何学面貌，但总体仍不失其古缝合带属性与特征。无疑，对它的构造变形、分布及其内的蛇绿岩块时代以及其形成现状的机制与过程，还需要进一步进行更深入精确的研究。

　　大别南缘构造带变质杂岩主期变形的综合研究筛分判定，它主要表现为以片麻理 S_1 为变形面而形成的中小型平卧-斜卧褶皱和区域性片麻理 S_2。S_2 往往由于强烈的面状构造置换，$S_2 /\!/ S_1$，造成褶皱转折端隐蔽不清。同期花岗质岩浆侵位，区域性大面积花岗质岩石片麻理的形成及赋存于其中的变质表壳岩包体被构造平行化改造，并伴随出现大量的同构造分泌脉及各种脉体的平卧-斜卧褶皱，其中的石香肠、透镜体及杆状构造等线理，多呈北西-南东向，由于后期构造改造，现多呈向南东侧伏。在宿松地区，杂岩主期变形以产生强烈的韧性剪切变形为主，形成极其发育的紧闭斜歪、多级组合褶皱 F_2（图 2.181、图 2.182）及强烈的折劈理带（S_2）。在 S_2 发育的强变形带内，几乎将 S_1 完全置换，形成 $S_2 /\!/ S_1$。由 S_1 和 S_2 交切形成的皱纹线理非常发育，且代表 F_2 褶皱的枢纽方向。F_2 褶皱主要为向南东倾伏（$120° \sim 140°$），倾伏角 $30° \sim 60°$。上述构造形迹广泛发育在各类片麻岩、薄层大理岩、石英片岩、石墨片岩、磷矿层及构造片岩中。上述多级组合褶皱总体的运动学指向一致，指示由北向南的逆冲推覆运动，与大别南缘区域 F_2 褶皱构造相一致。因此推断这一期逆冲推覆构造也应是伴随大别南缘主碰撞造山过程中岩层从深部向浅部推移的构造产物。

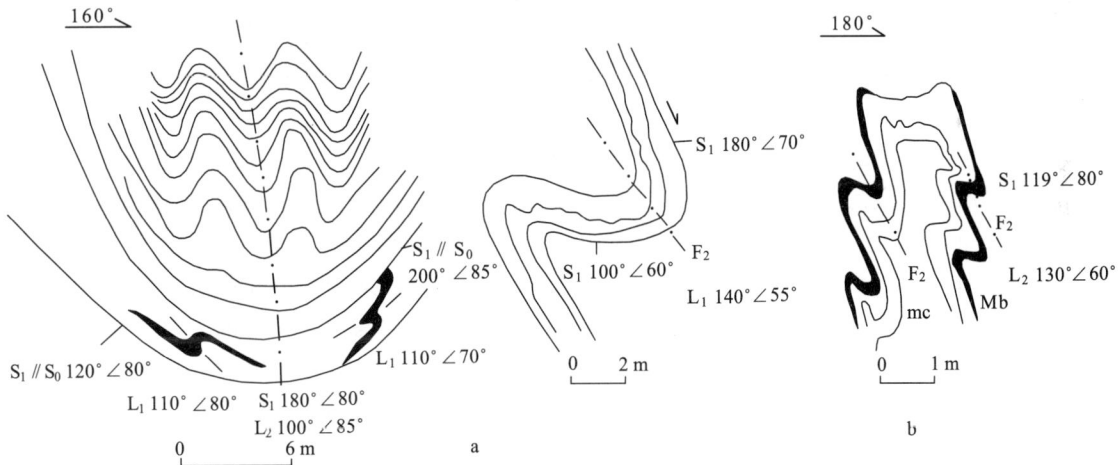

图 2.181　宿松岩群的主期变形构造
a. 宿松象鼻湾磷矿层 F_2 褶皱素描；b. 宿松北浴石榴二云石英片岩中 F_2 褶皱（剖面）

　　同样在蕲春至浠水一带，可见露头尺度上的中、小型剪切褶皱、鞘褶皱、不对称无根紧闭褶皱，褶皱指向有北→南和南→北两组运动方向，对比综合分析判别南向北的一组应表示的是构造仰冲产物，而由北向南的一组应代表的是扬子板块在印支期大别南缘主导俯冲碰撞造山过程中，为上行板块逆冲推覆叠置构造的产物。

　　筛分不同变形关系，张八岭群主期变形表现为以 S_1（早期面理）为变形面形成斜歪—倒转褶皱 F_2。并伴随着 F_2 的形成，发育折劈理、应变滑劈理、间隔状轴面劈理以及褶纹线理，并受后期 F_3 宽缓褶皱的叠加和改造。褶皱变形强度自北而南由弱变强，形态多表现为斜歪—倒转褶皱，其褶皱倒转翼常伴有小规模的逆冲断层，指示运动方向由北往南的逆冲叠置。该期构造控制了带内岩层总体展布及构造线方向。从区域推断应是主造山印支期构造产物。

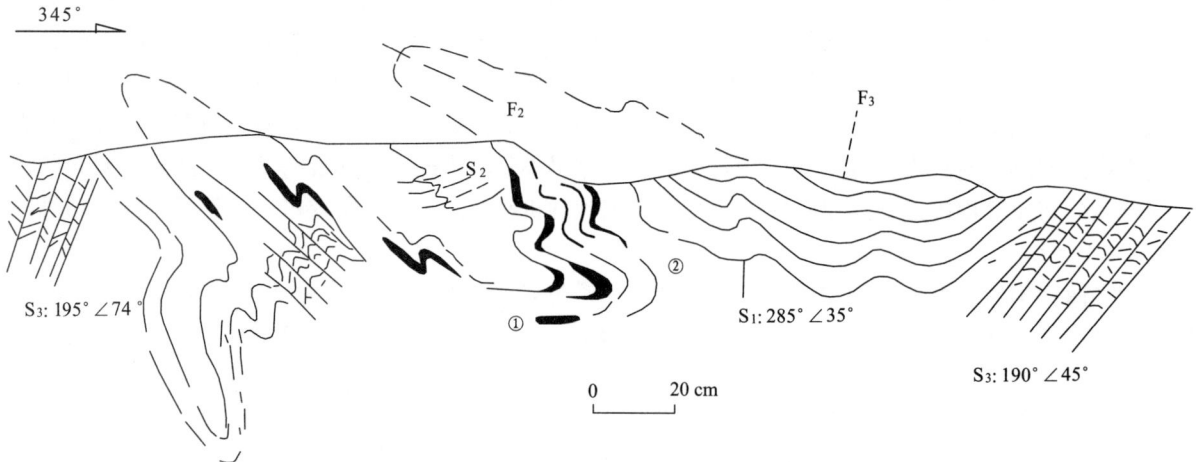

图 2.182　宿松县河塌张八岭群 F_2、F_3 叠加构造
①变基性火山岩；②变酸性火山岩

　　本章第一节中关于大别南缘构造带以及整个大别造山带深部地球物理多种方法的探测，尤其地震的探测结果，也已揭示华南陆块以较平缓、长距离巨大尺度的向北向大别造山带之下作大陆深俯冲，并已深入下插到北大别之下深层莫霍面之下，而且地震探测也显示华南（扬子）陆块深俯冲具有多次，至少两次，并晚期截切前期的震相记录，结合地表地质记录表明，晚期相当于燕山期的陆内造山巨大俯冲与逆冲，继承并截切了先期，即相当于印支期的勉略洋盆关闭的碰撞拼合的向北向大别微板块的深俯冲带（图 2.45—图 2.47）。因之可以判断迄今的大别造山带地球物理探测结果也已揭示了相当于印支期勉略洋盆封闭和碰撞缝合带形成的深部记录，已为秦岭－大别中央造山系南缘印支期统一的勉略有限洋盆与其最后消减陆－陆碰撞造山及逆冲推覆提供了重要记录。

　　综合上述对大别南缘复合构造带各岩块的早期构造变形筛分研究，可初步划分追踪出主要有多期与先期的残留构造形迹记录，表明大别南缘复合构造带中的各古老变质岩系和高压-超高压变质杂岩分别曾经经历了前印支期与印支期构造和印支期内不同期次的主要构造变动与变质变形，包括高压-超高压变质岩石的形成。其中最主要的是印支期的板块的俯冲碰撞造山构造和燕山中晚期的陆内造山构造，而最重要的是恢复追踪出了印支主造山期板块俯冲碰撞造山构造与缝合带，为恢复重建勉略古缝合带东延和大别 UHP-HP 岩石大陆深俯冲与折返研究提供了新的重要研究思路与重要事实依据，即大别造山带南缘如同秦岭造山带一样，也存在着勉略古洋盆及其封闭的勉略碰撞古缝合带，更具重要意义的是证明大别超高压-高压（UHP-HP）岩石形成与折返，是在沿大别南、北缘两个板块俯冲碰撞缝合带的印支主造山期陆－陆碰撞拼合造山总的构造动力学背景下，由双层同向北的大陆深俯冲而形成的，并又在大别南、北两大陆块，即华北与华南陆块中生代中晚期同期相向向大别造山带的大陆深俯冲与逆冲推覆构造作用下，在先后板块碰撞造山和陆内造山两个不同时代不同构造动力学背景下分阶段而折返，直至到大别燕山期陆内造山过程中得以最后折返抬升剥露于地表。因之大别造山带南缘缝合带与大陆深俯冲及其中生代晚期的巨大逆冲推覆对大别的两期造山与 UHP 折返剥露都具有重要意义，值得进一步深入探讨研究。显然也说明过去长期对大别南缘带有关印支期古缝合带，即秦岭－大别南缘勉略古洋盆与缝合带的研究厘定被忽视，长期重点仅放在大别 UHP-HP 变质岩的形成、折返与北部缝合带的关系研究上，而现今已充分表明，急需加强对大别南缘构造带中的勉略俯冲碰撞缝合带及其之后的陆内造山构造叠覆改造与巨大逆冲推覆构造进行深入系统研究，因为它们不仅对整个大别造山带的形成演化及其构造格局、特征具重要作用，而且对于大别 HP-UHP 岩石的形成与折返也具有特别突出的重要意义。

四、勉略带西秦岭康县-南坪段和玛沁段俯冲碰撞构造

（一）勉略-阿尼玛卿构造带内俯冲碰撞变形构造及变形序列

勉略-阿尼玛卿构造带内包括卷入的基底岩系和上古生界与中生代三叠系岩层中，筛除晚期陆内构造与基底岩系中的先期构造，表明它们具有相似的主造山期变形特征与变形序列，并分析揭示其应主要是形成于古缝合带的俯冲碰撞造山阶段。故在系统构造解析和筛分不同期次叠加复合构造基础上，根据现不同构造岩片、岩块内主期的变形组合与变形性质、特征，分析其与板块俯冲碰撞的运动矢量、速率、方式的关系，从而进行恢复重建原板块俯冲碰撞缝合带的形成及造山细节过程的研究。这里特别要加以说明的是，有关先期俯冲碰撞构造内容，在本书前一节，由于论述该区段现今构造的需要与便利，已有很多在那里论述，故以下文字中不再重复，仅重点论述文县-武都-康县和阿尼玛卿两区段的先期俯冲与碰撞构造和阿尼玛卿段的蛇绿混杂岩与构造混杂岩构造，恢复重建印支期的板块俯冲碰撞造山作用及其缝合带，即勉略缝合带的西延。

1. 板块俯冲阶段构造变形几何学与运动学特征

（1）文县-武都-康县区段

在该区段的勉略带内，尤其是在泥盆纪三河口群内除去碰撞构造和陆内构造叠加变形，可见其内发育大量的早期顺层（片）变形构造形迹，包括顺层不对称剪切褶皱构造、不对称剪切透镜体、石香肠构造、变形变质条带状构造以及透入性构造面理（S_1）。尤其在三河口群变质细碎屑岩系以及碳酸盐岩中广泛发育。

在文县堡子坝、桥头-屯寨、武都外纳-透坊、三河口-高家坝等地带，三河口群中的顺层不对称褶皱均以原生层理（S_0）为形变面，可由原生薄层细砂岩条带显示出来。同时发育透入性轴面面理（S_1）。构造置换作用非常强烈，褶皱样式均为紧闭同斜不对称型，轴面向北缓倾（图 2.88—图 2.90），与面理基本一致，倾角 $25°\sim45°$。但在碳酸盐岩层中的紧闭不对称褶皱构造，不发育透入性面理，构造置换相对较弱。在顺层剪切变形带中，沿构造面理方向分异产生大量的顺层（片理）石英脉体，其中一些碎屑岩系的不对称褶皱构造及其伴生分异的石英脉体在强烈顺层（片）韧性剪切作用下，剪切拉断而形成不对称剪切透镜体或石香肠构造。上述变形构造均具有明显的不对称性，具构造运动学指向意义，现均以北倾为主，复原判断表明三河口群的早期变形以低角度自北而南的顺层韧性逆冲剪切变形为主。

在武都琵琶寺地区，琵琶寺变质火山岩中片理发育，以变质分异细薄成分条带为特征，并平行于早期片理（S_1），面理主要由绢云母、绿泥石、斜长石、石英等浅变质矿物的定向排列组成。后期又以片理面为形变面形成轴面近直立的大型紧闭褶皱构造。

与之可以对比，在东段勉略地区的三岔子岛弧火山岩、桥梓沟岛弧火山岩等不同构造岩块岩片中也发育有类似的早期顺层不对称剪切褶皱构造、不对称剪切透镜体或石香肠构造、变形条带状构造以及透入性构造面理（S_1）（李三忠，1998；李亚林、张国伟，1999）。

但在原勉略-阿尼玛卿主缝合带南侧，如在南坪—文县—临江一带展布的南部泥盆纪—二叠纪被动陆缘沉积岩系中除了卷入前述的逆冲推覆构造前缘逆冲带部分外，大部分地区沉积岩层中却很少见到类似三河口群中的上述早期顺层韧性剪切变形构造组合，勉略地区踏坡岩片中的泥盆系—石炭系沉积地层也同样缺少这些构造组合（李三忠，1998；李亚林、张国伟，1999），而是发育区域挤压收缩作用下形成的纵弯褶皱构造，以及区域性切割层理（S_0）的轴面劈理（S_1），同时原生沉积构造保存较好，没有发生强烈的构造置换作用。表明在勉略古缝合带主断裂北侧分布的深水相三河口群在洋壳

向北的俯冲作用下已经发生早期构造变形，而南侧分布的原裂谷-被动陆缘沉积岩系在洋壳向北俯冲时还没有直接卷入俯冲作用而发生强烈的俯冲构造变形，它们只是在发生陆-陆碰撞过程中才卷入古缝合带的碰撞构造变形。

（2）阿尼玛卿区段

晚海西-印支期俯冲阶段的构造变形十分强烈，并被保存在各构造单元中，尤其是在蛇绿构造混杂岩块中，以发育大量早期顺层韧性剪切片理、褶皱等中小尺度构造为特征，并遭受之后的碰撞与陆内叠加复合变形，如同上述区段和勉略区段一样，可以对比，并已详述于前面章节，不再重复。研究调查表明，该期构造变形现主要保存在蛇绿构造混杂岩带及以北地区。

综合勉略-阿尼玛卿构造带内各区段的早期残存构造，经构造解析与筛分对比，并与东延邻区勉略区段对比，证明勉略-阿尼玛卿古缝合带中还保存记录有俯冲阶段的早期变形，以广泛低角度自北而南的韧性逆冲剪切变形为主要特征，应与勉略有限洋盆于早二叠世—中三叠世时期向北发生俯冲作用而引起俯冲带前缘产生中深构造层次的顺层逆冲剪切变形密切相关。

2. 碰撞阶段构造变形几何学与运动学特征

中生代初印支期，尤其是中晚三叠世时期是勉略-阿尼玛卿构造带的主要碰撞阶段，而且迄今的研究还证明碰撞作用是从东往西穿时进行的，即东部发生早而西部晚。东部大别山地区约在晚二叠世—早三叠世（P_2-T_1）已开始接触碰撞，而西部西秦岭-阿尼玛卿山地区和东昆仑地区约最迟至晚三叠世（T_3）开始碰撞，本区强烈碰撞时期则主要是在中晚三叠世（T_2-T_3）。这一时期的构造变形非常强烈，应为主构造变形期，基本奠定了勉略-阿尼玛卿古缝合带的基本构造格架。伴随着最后陆-陆碰撞造山作用，形成板块拼合构造混杂岩带，带内各时代不同岩层组成的构造岩块发生强烈的挤压收缩变形，造成不同构造岩块的混杂，形成不同样式、不同尺度的褶皱断裂构造组合，构成碰撞缝合带。卷入变形的岩层包括了三叠系及以前的所有岩层。根据变形样式、特点以及叠加复合关系，可以筛分出碰撞作用初期以褶皱变形作用为主和晚期以逆冲推覆构造为主的构造发育演化过程。

（1）碰撞早期褶皱变形阶段

在文县-临江-康县地区的桥头-三河口逆冲推覆构造中，泥盆纪三河口群的碰撞期的褶皱变形是以先期形成的透入性片理面（S_1）为主形变面，形成一系列轴面北倾的紧闭-同斜倒转叠加褶皱，并发育有非透入性轴面褶劈理（S_2），其轴面均北倾，在三河口群中广泛发育。如在文县堡子坝一带，三河口群浅变质绢云母千枚岩中，早期形成的透入性面理（S_1）产状为$25° \sim 30° \angle 30° \sim 45°$，叠加其上的褶劈理（$S_2$）产状为$25° \sim 30° \angle 70° \sim 80°$，褶皱枢纽产状为$300° \sim 305° \angle 18° \sim 22°$；在文县桥头—屯寨一带的三河口群绢云母千枚岩中，早期形成的透入性面理（S_1）产状为$330° \sim 340° \angle 25° \sim 35°$，叠加其上的褶劈理（$S_2$）产状为$10° \sim 20° \angle 70° \sim 75°$（图2.183）。显然，先期俯冲构造的褶皱与面理（S_1），遭受叠加变形，形成指向南的新的褶皱与片理（S_2），并伴随着产生区域变质作用。区域构造变质变形分析，应属于碰撞构造产物。

在南坪黑河—文县中寨一带组成南坪-黑河逆冲推覆滑脱构造的三叠系岩层中，区域构造研究表明，其中不发育先期俯冲构造，主要构造变形是碰撞造山期所产生，其变形总体以褶皱构造为主，伴随有逆冲断层，总体构造样式为北西向展布、轴面向北东倾斜的复式向斜褶皱构造，向斜枢纽向东翘起。在南坪黑河塘-黑河-马脑壳剖面上自南往北可以划分出一系列次级褶皱，如东北村背斜、大录向斜、水神沟背斜、玉瓦向斜、达舍寨背斜、马脑壳向斜等。三叠系内部虽然发生了强烈的不同尺度的褶皱构造变形，但岩层原生沉积构造保留较好，特别是浊积岩系的鲍马序列仍清晰可见。褶皱构造以层理（S_0）为变形面，局部地带发育轴面劈理（S_1）。区域对比和综合分析表明，该期褶皱构造变形应是在碰撞作用早期的区域挤压作用下形成的。

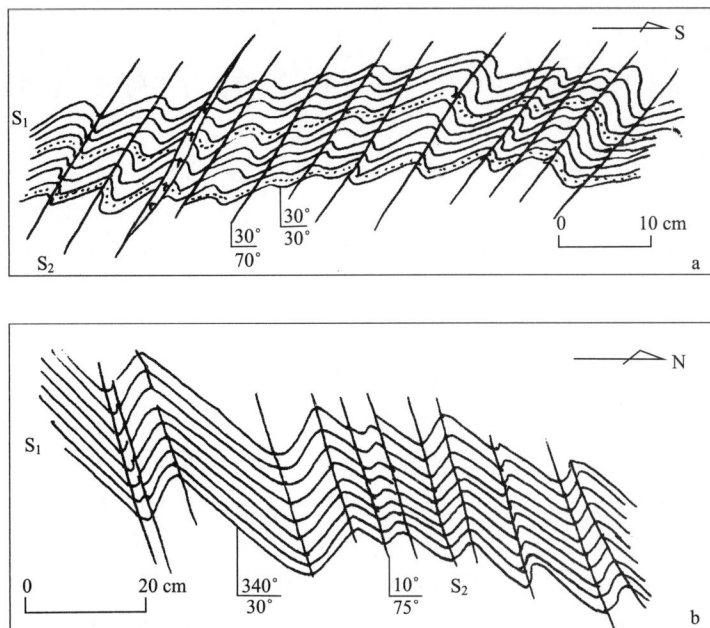

图 2.183 文县堡子坝（a）、桥头（b）泥盆系三河口群绢云母千枚岩中褶劈理（S_2）与透入性片理（S_1）

武都琵琶寺地区，现为康玛推覆构造系东翼部位，由系列构造岩块组合而成，其中琵琶寺火山岩岩块就是一个大型构造透镜体。其内部构造形态主导为一个以早期片理（S_1）为变形面形成的近直立紧闭背形构造，北翼向北陡倾，并具有韧性剪切变形特征，南翼向南陡倾，其内的火山碎屑岩及沉积岩大部分均变形强弱相间，强变形域已成为具明显细条带状构造的长英质糜棱岩。糜棱岩中拉伸线理、糜棱面理及条纹条带状构造极为发育，多数拉伸线理近水平，略向西倾伏，倾角 5°~10°。但总体显示了强烈改造置换先期构造的主碰撞造山时期自北北西向南南东向的逆冲推覆构造又复合了左行走滑剪切叠加的运动学特征。

勉略主缝合线南侧的南坪—文县—临江一带的泥盆系—二叠系原被动陆缘沉积岩系中，碰撞早期的褶皱构造非常发育，并为其主要构造样式。虽然被晚期逆冲断层所切割破坏改造，但总体构造样式仍然可以恢复为一个向西倾伏的大型复式背斜构造格架，即由南侧的梅家厂-金条山向斜、中间的上草地-石坊背斜、北侧的金子山-吊虎崖向斜组成。梅家厂-金条山向斜枢纽向西倾伏，核部出露石炭系（C），两翼出露泥盆系（D_1-D_3），平面上地层展布向西逐渐变新，两翼产状均南倾，剖面上为一个同斜倒转褶皱；上草地-石坊背斜大致在文县以西以震旦系-下寒武统（Z-ϵ_1）为核部，两翼分别出露泥盆系石坊群（D_3）、岷堡沟组（D_1）、冷堡子组（D_2）、朱家沟组（D_2）、铁山群（D_3）以及石炭-二叠系（C-P），枢纽向西倾伏，向西主要出露石炭-二叠系（C-P），构造形态被逆冲断层复杂化，剖面形态在岷堡沟—上柳园一带显示为南翼南倾（倾角 35°~50°）、北翼北倾（倾角 70°~80°）、轴面北倾的斜歪背斜构造；金子山-吊虎崖向斜为一个以铁山群（D_3）为核部，朱家沟组（D_2）、冷堡子组（D_2）、岷堡沟组（D_1）和石坊群（D_1）为两翼的北倾同斜紧闭向斜和同斜扇形向斜，南翼较为完整，北翼由于逆冲断层带发育而被构造掩覆或破坏出露不全。它们在不同剖面上构造形态有差异，在朱家沟，为北倾的同斜倒转向斜（图 2.85），在泥山为两翼相向倾斜的直立向斜（图 2.86），在马莲河剖面为一个南翼向南陡倾、北翼北倾的扇形向斜构造（图 2.84），在吊虎崖一带为形态复杂的复式向斜构造，向西在石鸡坝一带由于北侧逆冲断层作用而消失，总体上仍是一个北倾的同斜倒转向斜，核部地层往往形态极为复杂多变。总之，该构造地带，总体以强烈褶皱变形为主，是区域碰撞挤压收缩作用所形成，虽然各地段褶皱构造样式因局部边界的不规则性而在空间上有所变化和存在差异，但总体构造格架彼此仍然可以进行对比，组成一带，是在统一构造应力作用下形成的。后期又叠加向南的逆冲推覆作用。

在阿尼玛卿地区，印支期碰撞阶段的构造变形也十分发育，几乎所有三叠系及以前的地层均卷入变形。在德尔尼蛇绿构造混杂岩带中以构造混杂作用为主，发育自北向南的韧性逆冲型剪切作用，形成挤压褶皱和剪切构造。在蛇绿构造混杂岩带以南的二叠-三叠纪复理石沉积岩系中发育以原生层理（S_0）为形变面的不同尺度轴面北倾的不对称褶皱构造，褶皱枢纽产状呈北西西向延展，倾伏变化较大，同时伴随有轴面劈理（S_1），总体北倾，局部呈扇状。发育不同级次的自北而南的叠瓦式韧性逆冲剪切变形，使之总体形成叠瓦状褶皱逆冲推覆构造格局。

（2）碰撞晚期逆冲推覆构造

碰撞晚期变形应为早期褶皱变形等碰撞构造的递进变形结果。在板块汇聚、陆-陆碰撞过程中，在来自南部下行扬子板块向北向下的俯冲碰撞和北部上行秦岭微板块向南逆冲推覆运动的区域挤压构造作用下，沿古缝合带发生垂向不对称逆冲剪切作用，使早期形成的褶皱构造递进变形演化，进而发生逆冲断层及逆冲型剪切带的叠加复合，同时也由于具体构造边界条件的非均一性，使早期构造发生弧形变位。从而形成区域上规模巨大的向南的弧形逆冲推覆构造作用，构成一系列不同规模、不同级别的北倾弧形逆冲断层和逆冲剪切带，造成不同时代、不同规模的构造岩片、岩块纵横向上相互叠置，最终构成复杂的叠瓦状逆冲推覆构造系，成为勉略-阿尼玛卿构造带主碰撞造山时期的区域主导构造格架和构造样式。

西秦岭勉略带主造山碰撞晚期的变形以主导向南的逆冲推覆作用为主，形成一系列大型弧形逆冲推覆构造，其中突出者是古缝合带北侧的白龙江逆冲推覆构造系向南逆冲于包含古缝合带在内的康玛弧形逆冲推覆构造系之上，而康玛推覆构造系又向南逆冲于南侧碧口地块北缘的震旦-寒武系构造岩片（文县以东）以及泥盆-石炭系被动陆缘沉积岩系（文县以西）之上。并且在东部，因碧口地块阻挡，使碧口地块北缘的康玛推覆系以沿主边界逆冲推覆断裂为主又反向向北逆冲形成对冲构造。而碧口地块本身沿其南部构造边界青川-阳平关逆冲断层仍向南逆冲推覆叠置于后龙门山构造之上。但在其西部，即相当于碧口地块出露区以西地区，也即与岷山南北向构造和与若尔盖地块之间，则仍然发生向南的逆冲推覆，叠置推覆于岷山南北向构造与若尔盖地块之上。这一碰撞晚期构造，后在陆内造山构造演化中又得到进一步加强，直至被逆冲推覆在上叠陆相盆地的白垩系岩层之上。

3. 碰撞后陆内伸展、走滑、逆冲构造

勉略带勉略地区古缝合带被 205 Ma（U-Pb）的光头山岩体侵入，西秦岭和阿尼玛卿地区勉略带西延缝合带碰撞逆冲推覆构造多处又被侏罗纪、白垩纪（J-K）陆相断陷上叠盆地所覆盖，表明勉略-阿尼玛卿古缝合带于三叠纪晚期（T_3）已基本闭合，扬子板块与西秦岭微板块已经完成了陆-陆碰撞，也即表示组成现中国大陆主体的华北与扬子板块（包括华夏在内的整个南方）已经碰撞拼合，因而证明中国现今大陆的主体已经基本拼合完成。在此之后，本区已转入陆内（板内）构造演化阶段，但不是进入平静稳定构造阶段，而是又叠加复合了新的陆内造山作用，形成新的伸展、走滑、逆冲等造山后陆内构造。对它们的研究已如前面章节所述，不再重述，但这里着重强调的是，它们的存在与同位素时代研究，也为恢复重建秦岭-大别造山带南缘勉略构造带先期的勉略古缝合带提供了有力的证据。

（二）阿尼玛卿蛇绿构造混杂岩和沉积构造混杂岩的构造变形与形成演化

前已从整体构造变形概述了关于西秦岭至东昆仑南缘的勉略-阿尼玛卿古缝合带的恢复重建，以下将从阿尼玛卿蛇绿混杂岩和沉积构造混杂的构造变形具体解剖研究，进一步论证关于古缝合带的恢复重建。

蛇绿混杂构造岩和构造混杂岩作为板块俯冲-碰撞强烈构造作用的产物，是古板块缝合带存在的重要标志之一。具有如下基本特征：①构造混杂岩带由不同时代、不同性质的构造岩块和基质两部分组成，其中构造岩块包括外来岩块和原地岩块。混杂岩带中最主要是含有大小不一、各类不同性质的蛇绿岩块与相关火山岩块及沉积混杂岩块等；②构造岩块大小规模不等，形态各异，性质类型不同，但它们最典型的是因构造而混杂在一起，并形成线形一带构造混杂岩带；③岩块与基质强烈变形，构造岩块间为基质充填，基质一般挤入岩块之间；普遍受到不同程度的挤压、旋转、剪切作用，基质多呈现为强烈塑性流变，成不同糜棱岩或碎裂岩，岩块间多为不同性质的韧性、脆韧性或脆性剪切变形带。④总体形成特异的构造混杂带，也是强烈巨大的构造变形带和不同板块或地块的拼接带，所以它们总是与两侧板块、地块、岩层以巨大断层或不同性质剪切带相接触，并常与双变质带和岛弧岩浆岩带并行共生。

在阿尼玛卿地区，发现存在两种类型的构造混杂岩，一种是蛇绿构造混杂岩，另一种是沉积构造混杂岩。

1. 德尔尼-马耳强蛇绿构造混杂岩

主要出露于玛沁德尔尼—石峡煤矿南—叶格钦—马耳强一线以及向西的东倾沟—昂勒晓、下大武的给什根等地，呈狭长构造混杂岩带夹持于哈布切特逆冲型韧性剪切带与东倾沟-甲里哥-马耳强韧性剪切带之间。其中包括多量蛇绿混杂岩块。蛇绿岩主要由变质橄榄岩、辉石岩、辉长岩、变玄武岩和含放射虫硅质岩、硅泥质岩组成，玛沁德尔尼地区出露较好（图 2.100、图 2.103）。

石峡煤矿以东主要为蛇绿构造混杂岩，带宽 1~4.5 km 不等，表现为组成蛇绿岩的变质橄榄岩岩块（包括全蛇纹石化方辉橄榄岩类、辉橄岩类、橄榄岩类以及片状角砾状滑石菱镁矿化蛇纹岩、蛇纹石片岩、角砾状蛇纹岩等）、辉石岩岩块、辉长岩岩块、玄武岩（绿片岩）岩块、硅泥质岩岩块以及紧邻蛇绿岩带北侧的来自元古宙变质基底杂岩中的斜长角闪片岩岩块、片麻岩岩块、大理岩岩块、云母石英片岩岩块以及碎裂状花岗岩、花岗质糜棱岩等，呈大小不一的构造岩块构造混杂于强烈韧性剪切变形的三叠系黑色碳泥质砂板岩形成的基质中。这些构造岩块多是填图尺度规模的，呈独立块体相互拼接在一起，长轴或延长方向与构造混杂岩带的展布方向一致，总体构成巨大的蛇绿构造混杂岩带（图 2.103、图 2.105、图 2.106）。

构造混杂带的基质在七拉黑以西地带以强烈变形的三叠纪（T_1）深水相黑色砂板岩为主，以东地带以强烈韧性剪切变形的片麻岩为主。构造混杂岩带内三叠纪薄层砂板岩主要由碳泥质板岩、碳泥质硅质板岩以及薄层变质砂岩组成，由丁强烈的韧性逆冲剪切变形而使透入性构造面理以及拉伸线理十分发育，大部分岩石已变为糜棱岩、千糜岩类构造岩，构造面理优势产状为 20°~40°∠45°~60°，拉伸线理优势产状经统计为 10°∠50°，变形岩石中发育有不对称剪切透镜体构造、S-C 构造、不对称剪切褶皱构造等，均指示为自北而南斜向逆冲型韧性剪切变形。

在七拉黑以东地带（图 2.101），构造混杂岩带的基质主要为组成元古宙变质基底的片麻岩系，且韧性逆冲剪切变形非常强烈，尤其是马耳强一带的元古宙变质基底岩石几乎全部变为糜棱岩类或糜棱片麻岩类构造岩，且主要为 L>S 型构造岩。发育面理和拉伸线理，拉伸线理产状为 20°~30°∠45°~55°，主要由长英质矿物组成的粗大矿物集合体定向排列组成，露头尺度上非常清楚。同时由于这些角闪岩相变形岩石在韧性剪切作用下还发生绿片岩相退变质作用，使其中的角闪岩相变质矿物黑云母、白云母、角闪石等均已分别退变质为绿片岩相的绿泥石、绿帘石、绢云母等片状变质矿物，使变形岩石具有角闪岩相片麻岩的外貌，却具有绿片岩相的矿物组合。其中在马耳强—任其一带的变形岩石及混杂其中的变玄武岩中还发现有蓝闪石类等高压低温变质矿物。

上述蛇绿岩及相关火山岩的性质与类型，将在本书第三章论述，这里不再赘述，而这里仅强调从上述蛇绿构造混杂岩的组成与变形特征表明，构造混杂岩作为板块俯冲碰撞产物，是在洋盆向北俯冲-碰撞作用期间，代表洋壳的蛇绿岩与陆缘深水相泥质岩石、复理石浊积岩系以及构造混杂残存的元古宙变质基底等不同构造背景下形成的岩层和构造岩块在洋陆俯冲和陆-陆碰撞过程中发生各类强烈构造作用，尤其是韧性逆冲剪切构造变形，导致构造混杂作用，形成具板块古缝合带标志意义的蛇绿构造混杂岩带。在勉略-阿尼玛卿构造带中各处均有规模不同的出露，如东部南坪-文县-康县间，东部的勉略区段等。这里以阿尼玛卿地区构造混杂岩带为例，论证了勉略-阿尼玛卿带原俯冲碰撞古缝合带的存在及其基本特征，以及勉略蛇绿岩带与勉略古缝合带的西延。

2. 阿尼玛卿沉积构造混杂岩带

（1）沉积构造混杂岩组成特征与时代

沉积混杂岩带主要分布于阿尼玛卿山地区德尔尼-马耳强蛇绿构造混杂岩带南侧和长石头山-昂勒晓-江千断裂带以北的狭长区域内（图2.100），总体呈北西西向展布，宽度约4~13 km不等，也有人称之为滑塌堆积带（赵奉林、刘文德，1985）。该套地层原称为"布青山群"，现经解体，将以大套生物碎屑灰岩和生物礁灰岩为主的呈逆冲推覆体形式产出的岩石单位分解出去后，把以杂砂岩、板岩为主的复理石浊积岩系地层称为"马尔争组"，时代划归二叠纪—早三叠世。它实际上是一套以沉积混杂为主、后期又卷入构造混杂作用的、由不同时代不同环境下形成的沉积岩块和构造岩块（片）构成的沉积构造混杂岩带。根据砂板岩中采获的孢粉化石以及以 *Lundbladispora* 为代表的早三叠世标志分子，将砂板岩地层时代确定为早三叠世（冀六祥等，1991；冀六祥、欧阳舒，1996）。王永标等（1997）在花石峡以南紫红色泥质硅质岩岩块中发现大量早二叠世放射虫化石，包括3个属6个亚种，表明沉积构造混杂岩带中的深海硅质岩泥质岩岩片的地质时代为早二叠世（290~275 Ma）（王永标等，1997；张克信等，1999）。因此，沉积混杂的基质复理石浊积岩系的地层时代主要为二叠纪—早三叠世（$P-T_1$）。

组成沉积构造混杂岩带的主体地层"马尔争组"主要为一套由灰绿色—青灰色含砾长石石英杂砂岩、石英岩屑杂砂岩、石英长石杂砂岩、变粉砂岩、粉砂质板岩、泥质板岩、碳质板岩、钙质板岩组成的具鲍马序列的复理石浊积岩系，发育递变层理、水平层理、沙纹层理、平行层理以及冲刷面、重荷模等沉积构造，结合产出的硅泥质岩岩片，表明其形成于深海-半深海沉积环境。作为混杂岩基质其特点是成层有序，内部构造变形以层理面（S_0）为形变面形成强烈挤压褶皱构造，仅在北部边缘地带发生强烈的韧性逆冲剪切变形。

混杂岩带主要表现为在早三叠世复理石砂板岩层中散布有大量大小不等的灰岩岩块或透镜体、基性火山岩岩块和硅质岩岩片等外来岩块（片）。这些外来岩块大小悬殊，多呈长条状、透镜状，延长方向与区域构造线方向一致。其中的灰岩岩块大多数为含有 C_2-P_1 鑶和腕足类化石的厚层状和中薄层状灰岩，在地貌上往往形成雄伟壮观孤峰及峰群，与复理石砂板岩基质之间呈构造接触或嵌入接触关系。此外，有些地带可见灰岩岩块呈透镜状沿一定层位成带断续分布、混杂堆积。混杂灰岩块体规模小时，呈现砾石层状多层位发育，砾石排列杂乱无序、无方向，磨圆差，多呈棱角状，最大砾石直径可达1.5~8 m，一般20~40 cm，与块体一起与砂板岩基质呈不协调嵌入接触关系。砾石主要为石炭-二叠纪灰岩，横向上"砾石层"呈席状、透镜状，变化较大，厚度8~30 m不等；纵向上呈条带状，具有明显的沉积混杂堆积作用特征。这些灰岩岩块的时代显然老于基质砂板岩的时代，且形成于浅海环境，可能是阿尼玛卿古洋盆在扩张裂解与俯冲闭合过程中由于岩崩和滑塌而混杂于砂板岩中。当然，从一些灰岩岩块呈串珠状断续分布形式看，也不完全排除其中的一部分灰岩岩块是灰岩夹层在构造变形作用期间剪切拉断形成的巨型石香肠或透镜体构造。

此外，在花石峡-长石头山之间的复理石地层中还夹有硅质岩、泥质岩构造岩块，并多顺断层产出，走向上延伸较长，出露宽约100~400 m不等，与砂板岩之间呈断层接触。主要岩性组合为紫红色硅质岩、硅质泥岩、泥质板岩、灰黑色薄层灰岩及紫红色放射虫硅质岩，形成于深海环境，它们应是在阿尼玛卿古洋盆封闭过程中由于逆冲–走滑作用构造混杂于砂板岩中。在花石峡–昂勒晓及东倾沟–德尔尼–蛙格马–马耳强断裂带以南的沉积–构造混杂岩带中，还有变质基性火山岩岩块或岩片产出，在青珍以北地区最为发育。根据对石峡煤矿南 05 道班吾合玛剖面的观察（图 2.101、图 2.102），以灰绿色变质玄武岩为主夹浅灰绿色泥质岩及紫红色泥质岩。变质玄武岩块状特征明显，南北两侧均为砂岩夹泥质板岩的复理石地层，并呈断层接触，岩石地球化学特征表明与 MORB 型玄武岩类似，可能是组成洋壳的洋脊型玄武岩岩块，还有岛弧型火山岩岩块（张克信等，1999）和 OIB 型玄武岩岩块等（邓万明，1991；邓万明等，1996）。

综合上述它们的共同特征，表明它们是构造沉积混杂成因。

（2）沉积构造混杂岩的形成过程与演化

根据阿尼玛卿沉积构造混杂岩的物质组成、产出位置、构造变形以及区域构造分析，推断其形成过程与阿尼玛卿洋盆的开裂扩张、收敛俯冲、碰撞造山以及后期陆内构造密切相关。在扩张期至俯冲期以沉积混杂作用为主，在俯冲期和碰撞期主要以构造混杂为主，在碰撞期和陆内构造期进一步定位。

扩张期（C_2-P_1）：以德尔尼洋脊型蛇绿岩为代表的阿尼玛卿洋盆已于早石炭世—早二叠世（C_1-P_1）打开，分隔了北侧的东昆南地块和南侧的巴颜喀拉地块，同时在两个地块边缘扩张期形成了陆缘台地相的含生物碎屑的碳酸盐岩（C_2-P_1），继之晚期于洋盆大陆边缘区形成了二叠纪—早三叠世深水相复理石浊积岩系（P_1-T_1），而形成于地块边缘的碳酸盐岩由于构造触动引发崩塌，滑落于深水相的复理石碎屑岩中，故形成沉积混杂。

俯冲期（P_2-T_1）：晚二叠世早期，阿尼玛卿洋由扩张转变为收缩汇聚，洋壳向北俯冲于东昆仑之下，并形成火山–岩浆岛弧。在洋壳俯冲作用过程中，使沉积在洋盆大陆边缘区的二叠纪—早三叠世（P_1-T_1）深水相复理石浊积岩系中各种沉积相的不同沉积物在构造作用下刮削拼贴构造混杂，形成构造混杂岩。同时，洋壳的俯冲刮削作用使洋盆中刚性较强的块体（如微陆块、洋岛、海山、火山弧等）较多残留下来，又弥散于复理石浊积岩系中。

碰撞期（T_2-T_3）：阿尼玛卿洋盆于中三叠世俯冲消失并发生陆–陆碰撞，使已经形成的沉积构造混杂岩进一步强化混杂，产生一系列北西西向展布的向北倾的叠瓦状逆冲断层，在逆冲断层作用下，除因碰撞不同岩块构造混杂外，也使混杂岩中残存的各种滑落岩块等进一步石香肠化或构造透镜体化，定向断续排列展布。同时混杂岩带内部构造变形也进一步加剧，产生北倾的一系列紧闭同斜和倒转褶皱构造。通过碰撞期的构造逆冲作用使沉积构造混杂岩的构造特征与结构最后基本定型。

陆内构造叠加复合（T_3-K）：在印支主造山期陆–陆碰撞造山，古缝合带形成之后，进入陆内造山与陆内构造变形阶段，主要表现为剪切走滑构造作用及陆内造山期的大规模逆冲推覆构造作用。来自北部东昆南地块上的早石炭世—早二叠世（C_2-P_1）陆缘台地相碳酸盐岩岩片大规模向南远距离逆冲推覆，形成阿尼玛卿山地区广泛分布的碳酸盐岩推覆体构造。混杂岩带中的部分碳酸盐岩块体不排除有来自这些推覆体的成分，它们在走滑–逆冲构造作用下也使之构造混杂其中。

总之，勉略–阿尼玛卿构造区段上述的各类不同蛇绿混杂岩和沉积与构造混杂岩的广泛分布，结合着蛇绿岩属性、特征、时代的确定和从俯冲到碰撞的各种构造的筛分及构造解析，以及沉积岩相古地理的研究，都一致证明可以恢复重建一带秦岭–大别造山带南缘从勉略到阿尼玛卿地区，从晚古生代至中生代初三叠纪，由扩张打开形成有限洋盆到俯冲碰撞造山，形成板块拼合缝合带，存在着勉略有限洋盆及其封闭而形成的板块缝合带，是整个区域性秦岭–大别南缘印支主板块俯冲碰撞造山的勉略缝合带的西延，并再向西连接东昆仑南缘的昆南缝合带。

第三节　区域地球物理场对比与分析

一、秦岭-大别造山带及其西延的区域地球物理场背景

(一) 重　力　场

　　观察研究我国布格重力异常图 (袁学诚, 1996c) 可见, 中国东部总体上以近南北 (北北东) 向两大梯级带所分隔, 即东部大兴安岭-太行山-武陵山重力梯级带和环青藏重力梯级带, 构成由东向西逐级成台阶状降低的中-大尺度波长重力场。与阴山-燕山 (北部)、秦岭-大别山 (中部)、南岭 (南部) 三大造山带紧密相关的东西向重力异常场, 则以中-小尺度波长叠加于大兴安岭-太行山-武陵山梯级带上, 在造山带经过部位导致该梯级带呈显著的 "S" 形扭曲, 在我国境内将后者分割为四部分。其中出现扭曲最为显著的是阴山-燕山和秦岭-大别造山带经过部位, 分划出具有不同异常特征的东北、华北和华南重力异常区。

　　在自由空气重力异常和均衡重力异常图 (袁学诚, 1996c) 上, 上述异常特征更加清晰, 东北显示相对异常高, 华北次之, 华南最低, 呈现由北向南自由空气重力异常逐渐降低趋势。这种现象反映了具有不同地质演化历史的岩石圈组成与结构、均衡调整机制等方面都存在明显的差异, 也就是说, 阴山-燕山造山带、秦岭大别造山带是古岩石圈板块的拼合划分性界线, 而且中新生代以来沿这些拼合岩石圈边界程度不同地持续进行着陆内构造作用。在 2~360 阶卫星重力图上, 上述叠加特征亦有显示, 但在反映 130 km 深度 (相当于中国东部岩石圈的大致平均厚度) 以下的 2~49 阶卫星重力图上, 上述诸造山带导致东西向扭曲特征不明显, 大兴安岭—太行山—武陵山梯级带亦不清楚。整个环青藏以东, 以宽缓的近南北向异常为标志, 总体表现为由一列北东向椭圆形组成、由北向南高、低异常相间排列, 显示出左行雁列式格局。上述不同阶次的卫星重力特征对比表明, 近东西向的造山带构造的地球物理场异常主要反映在岩石圈内, 而岩石圈以下的上地幔则以近南北向的热构造活动与状态为主导。这暗示中国东部岩石圈与上地幔结构构造状态之间存在不同程度的脱耦行为。如果说保留在地壳以及岩石圈内的东西向古老构造被改造的过程滞后于深部南北向调整作用的话, 那么, 中国东部现今的岩石圈内应发育过渡水平流变层, 以调节上部岩石圈与深部上地幔差异结构状态和构造相互作用的非耦合关系。因此, 软流圈层应是上部岩石圈内构造活动的策源地, 除岩石圈内构造块体相互构造作用产生热能与变形外, 软流圈地幔活动提供的上侵进入岩石圈的巨大热能和热介质的作用也应是岩石圈内构造发育的主要动力学驱动机制和表现。

(二) 磁　力　场

　　磁场异常状态也像其他地球物理场一样, 主要是中新生代以来最新的区域地壳或岩石圈物质组成与整体结构的反映, 而古老的往往已被改造, 或成残余状态, 有时结合地质和其他地球物理资料综合也可追踪分析。在中国航空磁力异常图 (袁学诚, 1996c) 上, 除了沿大兴安岭-太行山-武陵山亦显示东西分野, 在东部异常区, 三大造山带中-小尺度波长的磁力异常呈近东西延展, 叠加于中-大尺度波长的北北东向磁场之上的异常特征外, 最具特征的是纵贯我国 (从大兴安岭经华北地块, 到海南岛), 大致沿阴山东西向一线和秦岭-大别造山带一线, 强磁力异常区块明显东西向错开, 形成三个高磁场区域, 似显示左行雁列式分布特征, 但南岭东西一线没有错开的迹象。仔细分析发现, 每一个强磁力异常区块的东、西部边界和内部高低磁力带基本以北东走向为主导, 表明纵贯中国东部的北北东向航磁异常反映了中新生代以来构造活动导致的岩石圈磁性块体的总体分布格局, 而磁性块体内部的北东向异常则可能应是保留下来的相对古老构造形迹的磁性显示。

在中波长（300~4000 km）磁力异常图（袁学诚，1996c）上，上述强磁力异常区沿造山带错开的现象更加清楚。如果这些强磁场区域反映了古老基底成北北东向在空间上连为一整体的话，那么，现今的分布格局似乎暗示，沿上述东西向造山带，这些块体之间发生过北部向西、南部向东的相对位移，并有从高纬度区向低纬度区位移距离依次加大的迹象。特别显著的是秦岭-大别造山带沿贺兰山-六盘山-宝鸡-成都南北大区域磁异常界线以东，表现为南、北高中间低（正异常）的夹缝特征，且南侧的正异常强度不及北侧的一半左右，反映了南秦岭-大巴山航磁异常梯级带可能为两个大陆岩石圈的碰撞拼合带的存在，即提供了勉略古缝合带存在并向东延展的地球物理证据。值得指出的是，这一夹缝带在贺兰山-六盘山-宝鸡-成都南北大区域磁异常界线以西表现为南、北负异常区之间的相对低缓的正异常向西延展，其南部梯级带边界大致近东西向沿柴达木地块南缘进入昆仑山，说明东部南秦岭-大巴山-大别南缘的大陆碰撞带向西不但显示，而且它经柴达木地块南缘进入昆仑造山带，可可西里以西由于缺少中波长磁异常资料，故该古缝合带再向西延展无法追踪。

在磁性构造层的顶底界面深度图上，从可可西里向东经阿尼玛卿到勉略一线呈近东西走向延展，构成了南、北不同走向和深度特征的显著分界，揭示了两侧岩石圈磁性块体形成演化、埋藏深度等方面的差异，推断应暗示古拼合带存在的可能性。

MAGSAT 卫星磁力异常是滤除地核电流、磁层电流、电离层电流以及外空电流体系产生的磁场后，分离出来的地壳磁异常，主要反映了地壳磁化强度的横向变化和大陆构造特征。MAGSAT 卫星磁力异常表明，从孟加拉湾向东北，到上、中扬子地块，至华北地块，最后达东北地区，为一断续弧形磁力高带状区域。其中四川盆地、鄂西、湘西北地区成一整体，以北东走向的块状磁力高为特征，南华北、江汉盆地地区则呈北北东向块状磁力高。南秦岭-大巴山-大别南缘以相对磁力低异常叠于上述二异常之间。同样，在昆明-南岭、阴山-燕山两造山带经过地区，前述弧形带状异常亦显示相对磁力低的蜂腰状。

具有重要独特特征的是，在100°E 以西，沿可可西里向西延展的梯级带相当显著，构成了北部塔里木地块正异常与南部喜马拉雅负异常的分界。西秦岭造山带向西经过松潘地块北缘与阿尼玛卿地区，导致贺兰山-六盘山南北向磁力低带向西南转弯与喜马拉雅东西向磁力负异常区相接。这种现象是否反映了大区域岩石圈深部结构状态的总体特征，还有待再深入分析研究。然而，不同古板块碰撞拼合造山带的两侧地球物理场结构状态的差异异常特征，特别是结构方位走向的差异应是普遍的。因之可据此追踪板块拼合古缝合带的大区域展布总体范围和趋势。

二、秦岭-大别造山带及其西延的地球物理场结构

（一）秦岭-大别造山带重、磁场的基本结构

1. 秦岭-大别造山带重力场

秦岭-大别造山带的布格重力场的总体特征是由东向西异常值大幅度降低，大区域异常呈近南北走向。东秦岭位于大兴安岭-太行山-武陵山和环青藏两大近南北向重力梯级带之间，带内异常近东西走向，形成以平顶山为顶点向西开口的槽状重力低带。由于它的叠加导致近南北向的大区域异常在局部改变走向，呈"S"形展布，桐柏-大别地区则呈北西-南东走向的重力低值区叠加于北北东向区域背景场上，导致区域场大幅度弯转。

在秦岭槽状重力低带内，局部异常除以东西向为主外，亦有北东向、北西向和南北向，它们都是经过长期构造演化，具有不同深度层次、不同规模和不同密度差异的岩石-构造-地层单元复杂叠加组合的综合效应。

西部重力梯级带是环青藏重力梯级带的组成部分，沿该带以西地壳急剧加厚至 43~58 km。

东部重力梯级带为大兴安岭-太行山-武陵山重力梯级带的一部分，为地壳厚度陡变带，其东侧

地壳平均厚 35 km，而西侧增厚至平均 40 km。

　　位于上述二重力梯级带之间的秦巴地区重力异常呈东西向，包括川北异常区北部在内，表现为两低夹一高。宝鸡—西安—卢氏一线以南和勉县—山阳—商南—南阳一线以北的东西向槽状重力低带，宽约 100 km，属于短波长效应，不是地壳厚度变化的结果。因此，其重力低主要与壳内低密度物质层分布有关。

　　50~100 阶卫星重力异常图（袁学诚，1996c）分析表明，地表下 64~130 km 深度的岩石圈内，物质的非均匀性加剧，秦岭–大别造山带的东西向构造特征已有一定的显示，然而它只是叠加在主导的南北向背景上的短波长效应，证明它是碰撞造山带。中国布格异常小波多尺度分析（侯遵泽、杨文采，1997）后得到的上地壳、中上地壳和中下地壳乃至莫霍界面的异常分布特征说明，秦岭–大别东西向造山带轮廓在中、上地壳以内有清晰反映，但在下地壳至莫霍界面深度范围内东西向特征反映不清楚，但南北向的异常特征却由浅到深都有逐渐更加清晰的表现。由此说明受控于岩石圈地幔的秦岭–大别造山带的地壳中上部东西向构造正处于逐步向深部南北向构造的调整过程之中，而且中、下地壳强烈韧塑性变形已渐趋展平，可能正是从中、上地壳经中、下地壳到深层由上部东西向构造物理场显示过渡到深部近南北向构造显示的过渡流变层。地震层析成像也提供了很好的佐证。陆壳反射地震和深地震测深揭示的东秦岭莫霍界面相对平缓无山根（袁学诚等，1994；张国伟，1996a）并有错断现象，大别地区略显微弱山根，莫霍界面亦有错断（王椿镛等，1997；董树文等，1998）也可能应是这一调整过程的具体体现，但造山带的南北侧的华北与华南两地块双向相向陆内深俯冲的地球物理场显示证据却清晰可辨，应予思考重视。

2. 磁异常特征与磁性结构

（1）航空磁力异常基本特征

　　秦岭–大别地区的航磁异常特征随大地构造单元不同而异。从航磁 ΔT 化极上延 20 km 平面等值线图分析可见：基本总体轮廓是异常轴走向连续变化构成向南北开口的双曲线形态。

　　在天水—宝鸡—洛阳一线以北区域，异常呈高低相间的块片状，以北东走向为主，反映了华北地块区域性磁异常特征。在绵阳—城口—襄樊一线以南的扬子地块区，其区域性磁场与华北地块极为相似。特别是南充磁力高的形态、走向等特征与华北地块的运城-临汾磁力高遥相对应。表明扬子地块深部同样存在隐伏的太古宙古老基底。崆岭群的最新同位素年龄指示扬子地块有中新太古代古老地块发育应是例证（高山等，1999）。位于上述两区域之间的秦岭–大别造山带，区域性磁异常呈东西向条带状分布，从南到北异常由相对宽缓变为逐渐紧闭，在 105°E 至 112°E 之间，异常走向由东西向向东转为南东向，且异常以正值为主。在汉中–安康–房县–襄樊以南的大巴山至神农架一带出现带状高强度负异常区。

　　值得指出的是北东走向的南充磁力高经过多个高度上延后，异常的形态、范围无明显变化。在化极上延 20 km 等值线图上，其表现为范围约 150×400 km² 、异常幅度达 200 nT 的厚层强磁性地质体的反映，反演其上顶埋深为 12 km 左右，下底深 36 km，与华北地块临汾-运城磁力高反演结果接近。

　　诸如上述表明，扬子地块与华北地块具有统一相似的磁性基底特点，它们是否曾有过相关的大地构造演化历史，尚待深入研究。

（2）深层磁性结构

　　深层视磁化强度等值线图（图 2.184）（管志宁等，1991）清楚显示华北地块与秦岭造山带深层磁性界线位于桐柏—南阳—商县—柞水—宝鸡一线，相对于秦岭造山带现今地表的北界 F_1 有明显的南移，表明华北地块沿东西向不同地段具有不同的角度和不同规模由北向南作陆内深俯冲，而秦岭造山带北部向北仰冲于华北地块之上（张国伟等，1995a，b，1996a，b）。扬子地块与南秦岭的深部界线位于安康—镇坪一线，而不在现今地面上所见的城口—房县一线，这一方面表明南秦岭广泛出露的新元古代至中生代中三叠世的无磁性或弱磁性沉积地层相对扬子地块深部的磁性基底向南有大规模的逆冲推覆距离，在巴山—城口一带整体推覆水平距离至少 100 km 以上。另一方面暗示在巴山弧形构造发育地段主要逆冲推覆界面位于古老基底与盖层之间或盖层以内，显示清楚的薄皮构造特征。但在神农架地区，深部界线并未落在地表的房县—襄樊一线，而位于南侧的神农架与秭归之间，其原因是神农架前陆冲断褶带的逆冲推覆界面位于古老基底内部，致使中元古界神农架群得以出露，具有厚皮构造特征。

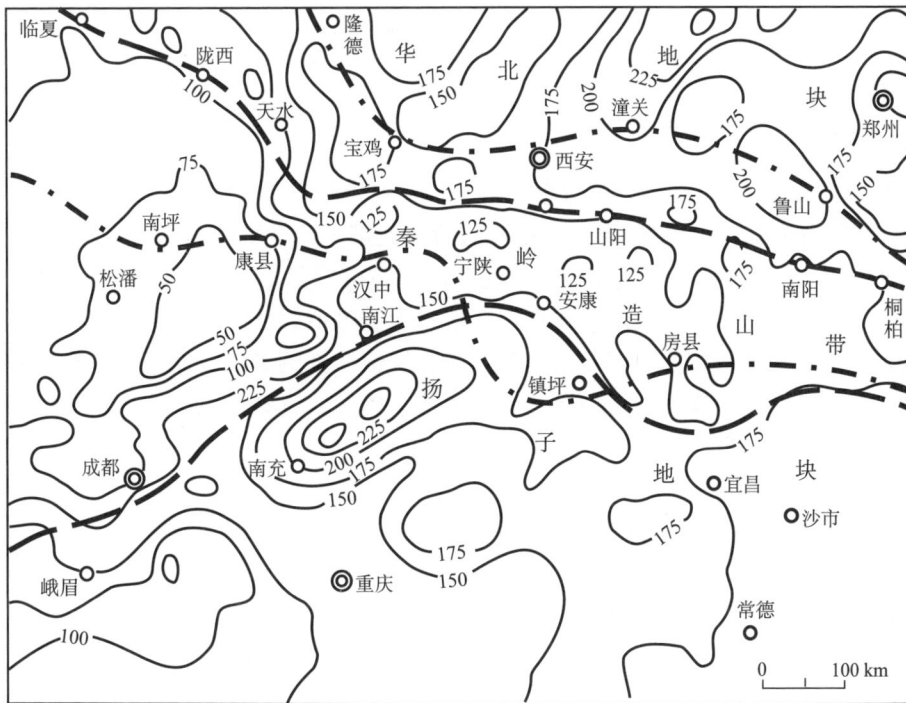

图 2.184　秦巴地区深层视磁化强度等值线图（单位：10^{-2}A/m）（据管志宁，1991 资料再解释）

1. 现今造山带地表边界；2. 深层磁性基底边界

　　由上述证明，神农架前陆冲断褶带自北向南由双重逆冲推覆系统组成：以九道-阳日断裂为界，北部为逆冲推覆带，南部为逆冲推覆前锋带，其冲断褶带的南界不是九道-阳日断裂，而位于大神农架与秭归复向斜之间的高桥东西一线。地面地质调查表明，在高桥东西一线不仅下古生界至下三叠统发生强烈的运动指向南的褶皱，而且还发育相应的近东西向北倾的逆冲断层，例如，黄家湾断层致使北侧的 ∈-O 地层向南逆冲在 O-S 之上，导致沿渡溪背斜大部分被断失。再向南沿途可见秦岭造山带向南的仰冲推覆作用影响，达湘鄂交界的东山峰一带还有显示。

　　由于受扬子地块与秦岭造山带之间平面上边界非规则性和基底非均匀性以及当时古地形质量差异等的共同影响，沿秦岭南缘边界断裂走向不同地段，秦岭造山带向南逆冲、叠瓦推覆作用卷入基底的深度、构造运动界面的角度、局部应力场分布以及相对位移距离、构造样式与幅度以及变形方式等诸方面都表现出显著差异性。神农架前陆冲断褶带由于作为硬化基底的黄陵背斜的抵挡和武当群与神农架群等过渡性基底的相对刚性化，神农架群构造变形以相对高角度厚皮叠瓦逆冲构造为特征，相对缺乏或不发育低角度的远距离推覆构造，只是在其周边相对弱化的盖层中出现程度不等的浅层低序次逆冲推覆构造。在房县-竹山，以青峰断裂为主界面，武当群大规模指向南或南南西逆冲推覆。更为突出的是，在巴山弧形地段，除在盖层或基底浅表层发育大规模不同层次以薄皮构造形式为主的向南低角度远距离推覆作用之外，由于川中硬化基底向秦岭造山带的强烈楔入和黄陵背斜的砥柱作用，导致位于其间的物质随着构造作用过程的强化而大规模向南推覆，形成现今的弧形构造。镇巴—城口一线发育右旋压扭变形，镇坪及其以东由于黄陵背斜阻挡，其西侧则转变为左旋扭压性质的变形。上述两种构造对扭作用，在镇巴-房县之间，造山带内地壳介质由东、西两侧向中部侧向汇聚，导致巴山弧形地区形成指向南的大规模逆冲推覆构造。在西乡以北的急剧转弯地段，则以岩石圈强烈挤压缩短，块体之间以低角度到高角度甚至直立的各类逆掩推覆到冲断作用，导致物质向东、西两侧逃逸消散和向自由空间挤出。

（二）西秦岭重、磁场结构

1. 布格重力异常结构与地壳厚度

西秦岭区内布格重力异常总变化趋势是由西向东呈阶梯状递增（图 2.185），场值由 $-405 \times 10^{-5} \mathrm{m/s^2}$，升为 $-110 \times 10^{-5} \mathrm{m/s^2}$。大致沿 $105°\mathrm{E}$ 的通渭—武都一线，西部等值线呈北北西至南北向展布，构成巨型梯级带。该线以东又被宝鸡-天水近东西向等值线分隔，北侧等值线由北部近南北向向南渐转为北西向，在庄浪—宝鸡一线形成弧形梯级带；南侧等值线从北到南由北东转至北东东向，青川—勉县一线为一明显的梯级带。西南角若尔盖一带，等值线开阔舒展，亦呈向东略凸的弧形。总体上在天水、两当和宕昌之间形成三弧对顶区，显示华北、扬子、青藏三大地块构造应力场作用的构造格局。

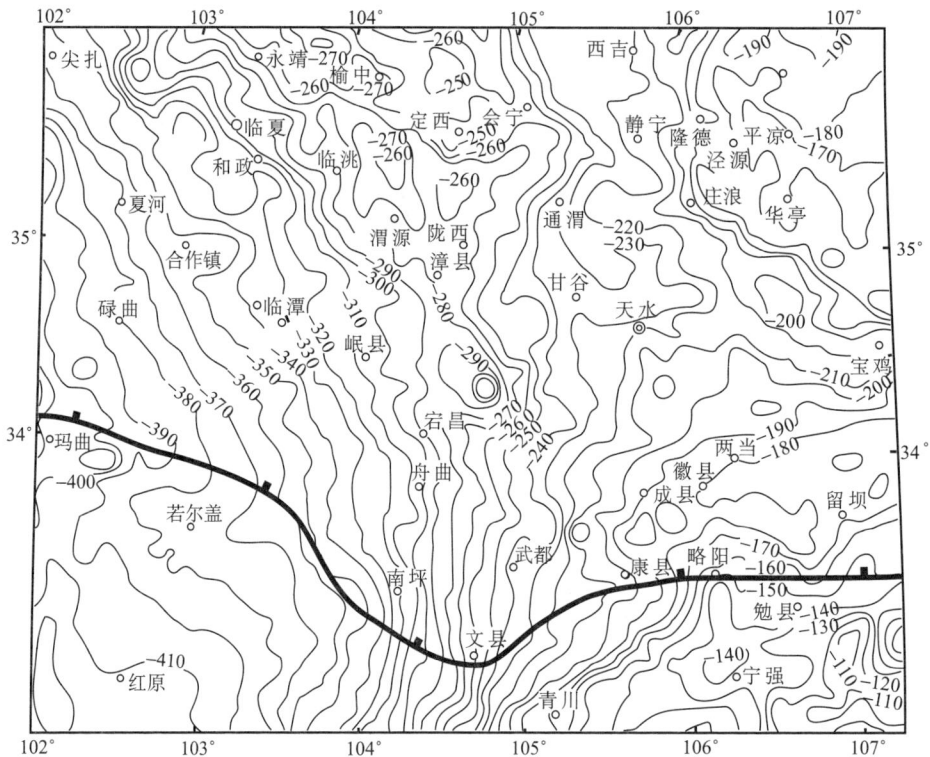

图 2.185　西秦岭地区布格重力异常图（单位：$10^{-5}\mathrm{m/s^2}$）

（据李百祥，1999 资料修改）

莫霍界面深度（图 2.186）表明，在永靖—舟曲一线以西，地形高程多在 4000 m 以上，地壳厚度 53～59 km，而若尔盖—红原一带莫霍面深度变化不大。通渭-武都重力梯级带构成陇南山区与甘

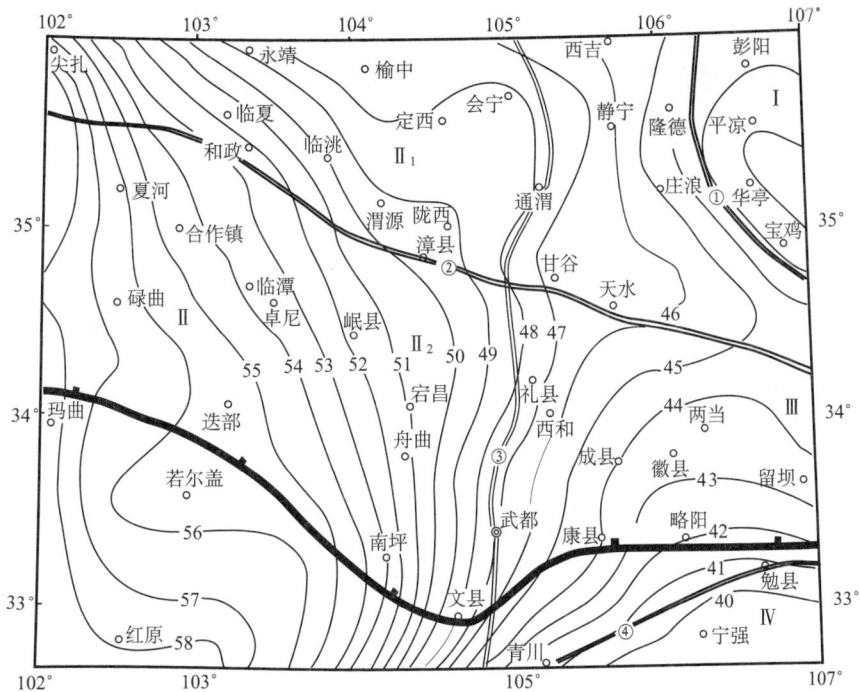

图 2.186 西秦岭莫霍界面深度图（单位：km）（据李百祥，1999 资料修改）

Ⅰ. 鄂尔多斯幔隆；Ⅱ. 秦祁幔坡；Ⅱ₁. 祁连东段幔坡；Ⅱ₂. 西秦岭幔坡；Ⅲ. 东秦岭幔槽；Ⅳ. 大巴山幔隆；

①六盘山-陇山东缘岩石圈断裂；②西秦岭北缘岩石圈断裂；③武都-通渭岩石圈断裂；④青川-勉县岩石圈断裂

南高原的分界，地形下降为 1500~2000 m，斜列展布的天水、西礼、徽成等中新生代山间盆地，莫霍面局部上隆为 44~47 km，通渭-武都以西是祁秦幔坡带。庄浪-宝鸡梯级带以东，除六盘山高程在 3000 m 以上外，陇东高原一般 1300~2000 m，莫霍界面深度在 42~45 km；青川-勉县重力梯级带以南的巴山和汉水谷地，高程仅有 600~1200 m，莫霍面深度 40~41 km。位于以上两个幔隆之间的秦岭山系，地形高程一般在 1500~2500 m，莫霍面深度 42~45 km，形成西深东浅的幔槽。

除覆盖广泛的若尔盖和鄂尔多斯两地区布格重力异常与高程不相关和六盘山、大巴山这些盆地边缘狭长地带为相关程度较差的正相关外，其他地区都表现为不同程度的负相关性质。负相关表明地壳厚度与地形之间符合艾里均衡模式，即山体之下存在"山根"。不相关说明山体质量由耦合为一体的地壳上地幔弹性板所支撑。正相关预示岩石圈内存在剩余高密度体。

2. 航磁异常结构与断裂构造

除了布格重力异常梯级带或等值线强烈扭曲带往往是地貌阶梯和深部界面的突变带的反映外，同时区域磁场不同特征的分界，亦是重要断裂等构造存在的明显标志。

（1）鄂尔多斯西缘断裂带

沿隆德-宝鸡分布的重力梯级带，宽度可达 20~30 km，也是构成西侧北北西—北西向紧闭线性磁异常呈带状分布与东侧北东向宽缓磁异常的分界（图 2.187），据青海门源-渭南地震测深剖面结果显示，带内地震反射波能量衰减显著，莫霍面错断显示东盘上升西盘下降，断距可达 4.5 km，东侧下地壳平均波速（6.87 km/s）明显高于西侧（6.72 km/s）。它所反映的断裂带是六盘山弧形断裂和青铜峡-宝鸡南北向断裂复合延伸部位，构成秦岭、祁连山造山带和鄂尔多斯地块的分界。

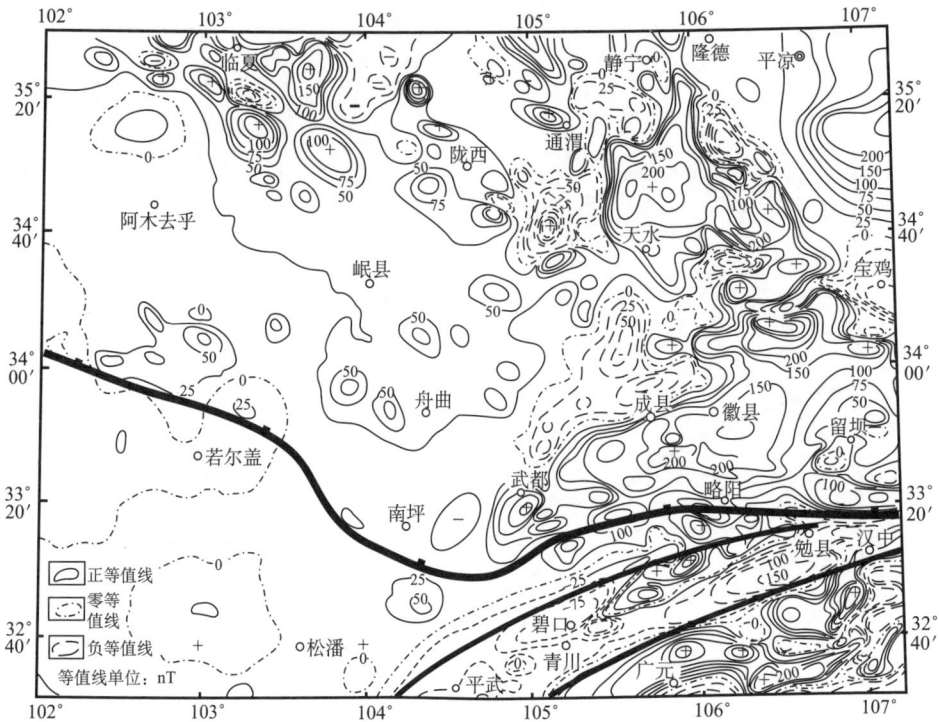

图 2.187   西秦岭航磁 $\triangle T$ 异常图（据李百祥，1999 资料修改）

（2）西秦岭北缘断裂带

武山—天水一线近东西向重力梯级带及西经临夏至循化间重力同形扭曲带，反映了这条断裂分布。磁场特征在两侧也有明显差异，北侧以北西西向线性或块状强磁异常为主，南侧为在平静磁场背景上叠加串珠状异常。另据地震测深莫霍面有 1.5～2.5 km 垂向落差；壳内电阻率西秦岭普遍较低（为数百 $\Omega \cdot m$），祁连山则高出一个数量级，并沿断裂带出现多个低阻层。天水以东，重力异常分为南北两支梯级带，北支沿渭河谷地呈东西向分布，斜切北秦岭构造带，向东经宝鸡、眉县到咸阳，与燕山期流纹岩、中新生代盆地和温泉分布相对应，可能为右旋张扭性断裂，相当渭河地堑西延部分。其南支沿甘谷南-唐藏呈北西西向分布，反映为南北秦岭构造带之间的分界断裂，即商丹缝合带的向西延展部分。

（3）通渭-武都近南北向深断裂

沿通渭—武都一线不仅发育近南北向的重力梯级带，同时通渭—武都一线还是一条非常明显的重、磁场分界线（图 2.188）。东侧重、磁异常变化复杂，成块成带分布，秦安-天水间大片强磁异常和重力低对应，另外徽成盆地北东东向宽缓磁异常也以此梯级带为西界。西侧重力等值线呈近南北向分布，磁场相对平静，局部异常稀少，场值低弱。

该带不但是一条南北向地震带，不同震源的震中沿带密集分布，同时也是一条最明显的地貌阶梯，并在礼县至白关间控制喜马拉雅期末源于上地幔底部的碱性、超基性玄武岩株呈南北向分布。通渭碧玉镇超基性岩呈北北东向分布。梯级带穿过白关、武都、文县等一系列弧形构造的弧顶，致使两侧地层、构造线走向不同。

由此可推知，这是一条隐伏深断裂，相当青藏高原的东界，是青藏地块和华北地块应力场交锋地带，具有秦岭东西分块以及祁连与秦岭构造单元分界的作用。

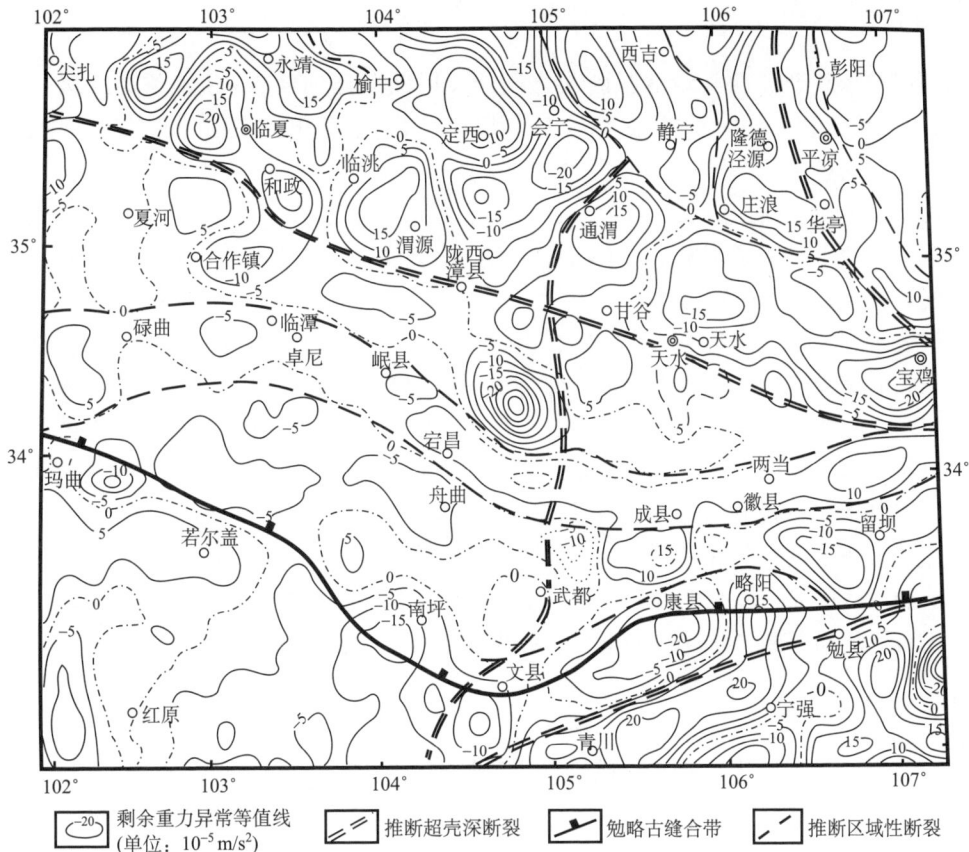

图 2.188　西秦岭剩余重力异常图（据李百祥，1999 修改）

（4）青川-勉县断裂

沿陕甘川交接的青川—勉县一线分布为北东东向重力梯级带，形成两侧不同重力场特征的分界。磁异常亦有明显差异，南侧是大片宽缓负磁异常，北侧是紧闭线性磁异常。东南侧高密度的扬子地块沿中下地壳至上地幔，挤入南秦岭碧口地体之下。此断裂为龙门山弧形断裂带北部边界深断裂，具有右旋滑移并向南逆冲性质，构成扬子地块北缘的大巴山构造带与南秦岭碧口地体的分界。

3. 重、磁场构造分区

重、磁力梯级带或强烈扭曲带构成重磁场分区、分带边界，亦是划分造山带与地块的地球物理依据。利用剩余重力异常（图 2.188）和磁异常分区、分带的特征，可突出区域构造或基底构造。

（1）鄂尔多斯地块

以区域性重力高和宽缓北东向磁异常为特征，反映这个地块由太古宇和古元古界深变质岩为基底构成克拉通盆地。中新元古界、古生界和中新生界均为稳定盖层沉积，变形、变质微弱，岩浆岩不发育。其内以彭阳—平凉一线剩余重力正负异常分界，划分出西缘断褶带和拗陷带。

西缘断褶带为剩余重力正异常，与基底隆起一致。一系列断面西倾逆冲断裂控制地层呈叠瓦状展布，发育推覆构造；西部拗陷带以剩余重力负异常反映上古生界至中新生界拗陷盆地沉积厚度 5000~6000 m。基底深变质岩中相当古元古界含基性火山岩，具有较强磁性，引起磁异常。

（2）祁连山造山带

在鄂尔多斯西缘断裂和西秦岭北缘断裂之间，又以北北西向西吉-庄浪重力梯级带、北西向会宁-张家川重力梯级带和南北向通渭-武都重力梯级带北段，划分出六盘山、北祁连、中祁连三个重、磁场分带和相应的构造带。

六盘山构造带为北北西至南北向重力高，布格重力异常与地形高程存在正相关。地表广泛出露密度较低的白垩系。处于负磁场背景上，表明形成六盘山基底是无磁性岩层，按重、磁场特征和区域构造展布方向仍属祁连造山带范畴。

北祁连构造带剩余重力异常呈北北西向，由静宁正异常和西吉-庄浪负异常组成，分别对应基底的隆起和拗陷，航磁异常呈北北西向两带。西吉-庄浪磁异常带地表覆盖广泛，异常验证见超基性岩和角闪岩，相当中、新元古界海源群或陇山群；静宁-李店磁异常沿河谷出露下古生界葫芦河群一套浅绿片岩相变质中基性火山岩。由此认为北祁连是中、新元古代至早古生代由活动大陆边缘与古洋盆残片和火山岛弧拼接在一起演化而成的加里东构造带。

中祁连隆起带剩余重力异常呈北东、北西两组方向展布，正负相间出现，反映基底隆起与拗陷并存受两组构造制约的格局。基底由古元古界马衔山群和中、新元古界兴隆山群、皋兰群组成，磁异常相对平静，仅有稀疏局部磁异常反映加里东、海西期中基性岩体或火山岩分布。

（3）秦岭造山带

北秦岭构造带位于前述甘谷-唐藏断裂与会宁-张家川断裂之间，向西以通渭-武都深断裂与中祁连构造带相接。以大片磁异常和重力低与之对应，反映了印支-燕山期花岗岩体展布。古元古界秦岭群，中、新元古界陇山群中深变质岩和下古生界李子园群中基性火山岩零星出露或以残留体赋存。

南秦岭构造带位于临夏—武山—天水一线之南，剩余重力异常条带状正负相间呈向南凸的弧形，弧形西翼等值线开阔、异常幅值变化小，东翼密集且变化大。从北向南依次可划分出合作-礼县正负异常相间带、临潭-徽县正异常带、迭部-文县-略阳正负异常带及康县-碧口负异常带。

合作-礼县剩余重力正负异常相间带，反映大量印支、燕山期中酸性岩体出露与上古生界构造层相间分布的特征，并在北部边缘对应有岩体引起的磁异常。

临潭-徽县剩余重力正异常带的重力异常与地形大致呈镜像对应关系。东段为北东东向延展的徽成盆地，西段为北西向桃河谷地。据地震测深表明莫霍面隆升 1~2 km，与重力高对应。据三叠纪发育的酸性、碱性小侵入体出露，推断碌曲—岷县—成县—凤县一带处于热上拱的拉张状态。

这种重力高值带，与复向斜轴部三叠系中统大部分对应，在弧形顶部跨入上古生界构造层。并根据剩余重力异常正负异常间的梯级带和莫霍面陡变带推断，合作-凤县间为一北倾逆冲断裂，以此构成南秦岭内部晚古生代南部隆升带与北部凹陷带的分界。

迭部-武都-略阳剩余重力正负异常带，沿白龙江复背斜轴部及两翼分布。其中负异常主要反映复背斜轴部岩层破碎、构造发育并有中酸性岩体分布的特征。磁异常西段强度不高，零星分布，由中酸性小岩体引起；武都以东比较复杂，主要反映志留系含磁黄铁矿碳质片岩和基性、超基性岩体分布。

康县-碧口剩余重力负异常带，呈西宽东窄的楔形展布，与碧口地体对应。磁异常分别沿康县-略阳、碧口-勉县两带呈北东东向分布，由西向东异常强度增强，可能与岩体和火山岩分布增多有关。该地体由鱼洞子群和碧口群组成基底，上覆震旦、寒武系滨海相沉积盖层。据地面岩石物性特征分析，应引起重力高，但与实际观测结果相反，表明鱼洞子群和碧口群以及震旦、寒武系等是下延深度不大的"无根"岩块。地质历史上曾发生过强烈的变形、变位，基底内发育强烈的剪切滑脱构造带。

（4）若尔盖微地块

若尔盖微地块与重力高对应，位于岷江断裂以西，地形高程 3500~3700 m，为山间盆地。地震测深证实莫霍面相对上隆。地壳平均波速高于东西两侧，基底界面震相连续，尤其中下地壳波速较高，基底完整，具有坚硬古陆壳的特征。地表广泛出露三叠系巴颜喀拉群海相复理石建造，褶皱变形。航磁呈圆形封闭，异常稳定且宽缓，表明该地区基底稳定，属于松潘-甘孜造山带中的古老微地块。

（5）扬子地块大巴山构造带

青川-勉县重力梯级带以南，分布在宁强-南郑的重力高与大巴山古生界复背斜构造带相一致。并以低缓、负磁异常反映稳定大陆边缘海相沉积特点。仅有东南角磁异常与重力高对应，反映元古宇辉长岩、花岗岩分布，属扬子地块大巴山构造带基底出露部分。

三、勉略古缝合带及大陆深俯冲作用的地球物理场深部追踪

关于勉略古缝合带的存在分布及其东、西延展问题一直存在不同观点。随着大量的地表地质证据——蛇绿岩的发现，特别是从东部大别地区到东秦岭、西秦岭甚至昆仑-阿尼马卿造山带地球物理剖面的实施与观测，尤其是深部反射地震、地震层析成像与大地电磁测深的揭示，为追踪秦岭-大别造山带古缝合带的遗迹与现今位置、陆内深俯冲作用等深部结构提供了重要证据和启示。以下将在前述的区域地球物理场特征和地表构造基础上，从东至西分段利用已有的地球物理探测成果，紧密结合地面地质资料进行地球物理资料的推断解释，以供作为地表地质研究背景参考。

（一）大别造山带

1. 地震层析

大别造山带速度成像（徐佩芬等，2000）表明，该造山带岩石圈速度结构存在显著的纵、横向非均匀性。

1）平面上以商城-麻城断裂为界，东西分块。西部红安地块为高速区，一直向下延伸到中下地壳，速度为 6.4~7.0 km/s。东部大别地块的中心以低速为特征，从 15 km 下延至 25 km 左右，发育速度为 5.9~6.0 km/s 的低速层，与大地电磁测深剖面获得的 12~23 km 高导低阻层（董树文等，1993）分布深度一致，揭示大别地块的中上地壳相对于中下地壳具有明显的脱耦作用——构造滑脱，这与大别造山带经过印支期碰撞缝合之后，山体隆升，重力失稳而导致核部穹窿多层次伸展滑脱，深部出现构造拆沉作用有关，特别是与中下陆壳多层次逆冲推覆叠置构造相吻合。

2）南北大别构造带之下，壳内发育北倾的高速块体，向南至浅部与地表附近出露的超高压变质岩对应，其速度为 6.5~6.6 km/s。地震层析发现，大别超高压带在海平面下 1.5~3.5 km 深度内，存在 2 km 厚的高速体，速度达 6.5 km/s 以上（彭聪等，2000）。地表所观察到的超高压榴辉岩以被南倾冲断层所分隔的构造岩片出现，显然与沿大约 5 km 左右的深度拆离滑脱，浅部发育反向逆冲构造有关，使得榴辉岩成残片裸露于地表。深地震亦发现在岳西南侧上地壳内存在高速体，并在 7 km 深存在速度间断面（王椿镛等，1997），可以认为该间断面是上地壳下部的构造拆离滑脱带底界，它使得浅部超高压变质岩残片相对位移，与深部脱离，超高压变质带是一无根的薄皮构造块体。

3）40 km 左右深度图像反映了地壳底面（莫霍）的形态。结果表明沿造山带走向莫霍界面起伏幅度不大。西部红安地块浅于 40 km。大别块体以霍山—岳西—英山—黄石一线为界，西部莫霍面深于 40 km，东部浅于或近于 40 km。在商城-麻城和霍山-英山二断裂之间，南北大别构造带下莫霍面起伏不大，有残留山根，表明均衡补偿作用比较彻底，亦暗示造山带的山根部分经过了显著的构造拆

沉作用。深地震测深结果（王椿镛等，1997）发现大别山北缘晓天–磨子潭地带山根厚约 5 km 或 6~8 km（董树文等，1998），晓天–磨子潭断裂下方莫霍面垂直断错 4.5 km。该宽角反射地震资料经过射线偏移处理后，发现在大别造山带之下存在四处莫霍面错断（郑需要等，1998），认为晓天–磨子潭断裂为一穿壳断裂，是华北板块与扬子板块缝合界线。史大年等（1999）认为五河断裂是一穿壳断裂，并且产状由浅到深一致，倾向南西，与王椿镛认为其是浅层次低角度断裂不同，也与董树文认为浅部倾向南西、深部倾向北东的看法有差异。结合地面地质，多种地球物理资料表明，浅部发现的断裂既有对早期断裂的继承也有后期新生断裂，不少具有正断性质的断层，显然是大别造山带后期伸展作用的结果（如王椿镛认为晓天–磨子潭断裂为正断层），由于中地壳发育韧性变形层，断裂从浅部到深部并非完全连通。晓天–磨子潭断裂之下莫霍界面的错断，是扬子地块地壳相对于大别造山带向北做陆内俯冲的反映，这种多处错断现象与秦岭造山带 QB-1 深地震剖面非常相似。由上所述说明，大别造山带深部仍处于陆内汇聚新的构造作用和均衡调整作用的对立统一矛盾之中。

4）图 2.189 是穿越大别造山带的地震层析剖面，在 10~30 km 深度范围内，太湖–马庙断裂与信阳–舒城断裂之间出现纵波速度大于 6.5 km/s 的高速体，剖面上呈北倾的纺锤状，揭示壳内超高压变质地体的存在。推断该地质体应可能是以勉略古缝合带为主要逆冲推覆界面由北向南仰冲就位于现今的空间位置。笔者认为晓天–磨子潭断裂和五河–水吼断裂都不是穿壳断裂，它们均下延不深（10 km），交汇于超高压变质地体的顶界面拆离带内。40~100 km 深度之间，从五河断裂附近向北过晓天–磨子潭断裂、六安断裂直到合肥盆地南部之下，发育高速块体，其核部速度达 8.5 km/s 以上，较其南北侧对应深度的速度高约 1 km/s 以上，它与壳内的高速体在莫霍面附近不连通，代表了扬子地块向北俯冲到华北地块之下的残留岩石圈块体，应是岩石圈构造拆沉的速度表现。大别造山带及其邻近区域内，华北地块岩石圈厚度<120 km，扬子地块的岩石圈厚度>120 km。

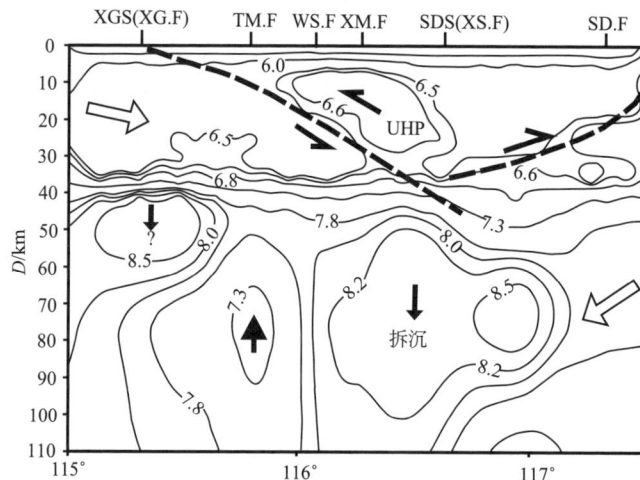

图 2.189　大别造山带地震层析剖面（据徐佩芬，2000 资料重新解释）
XGS(XG.F). 襄樊–广济缝合带(襄广断裂)；TM.F. 太湖–马庙断裂；WS.F. 五河–水吼断裂；XM.F. 晓天–磨子潭断裂；SDS(XS.F). 商丹缝合带(信阳–舒城断裂)；SD.F. 寿县–定远断裂

5）地震层析剖面表明，沿大别造山带的现今北、南构造边缘，华北地块向南以相对陡倾角、扬子地块向北以长距离缓倾角正在继续向大别造山带进行巨大的双向陆内俯冲作用。在襄樊–广济断裂与太湖–马庙断裂之间，来自岩石圈下部的高温低速介质上涌，穿过地壳底面进入下地壳，形成明显上隆低速带。

2. 湖北黄石-安徽六安偏移反射地震剖面

湖北黄石-安徽六安偏移反射地震剖面（Yuan et al., 2003），清楚地揭示扬子地块缓倾角长距离向北、华北地块向南双向陆内深俯冲的构造几何图像。南、北大别构造带由于深部热介质上涌而快速抬升，导致现今的太湖-马庙断裂和晓天-磨子潭断裂分别向南与向北倾斜，显示正断层特征。这些热介质上侵可能暗示了 40~50 km 以下岩石圈内正在发生构造拆沉作用。

3. 九宫山-麻城大地电磁测深剖面

穿越大别造山带南部下扬子前陆褶皱带的九宫山-麻城大地电磁测深剖面推断的地壳结构（图2.190）表明，北部大别造山带向南和南部的九岭隆起带向北，分别向夹于其间的下扬子褶皱构造带仰冲。大别造山带南缘沿襄樊-广济断裂带的团风段向南逆冲推覆，根据团风断裂南北两侧电性结构差异，推断该断裂的深部界线即为原勉略缝合带的遗迹，同时揭示扬子地块由南向北向大别造山带作陆内深俯冲。

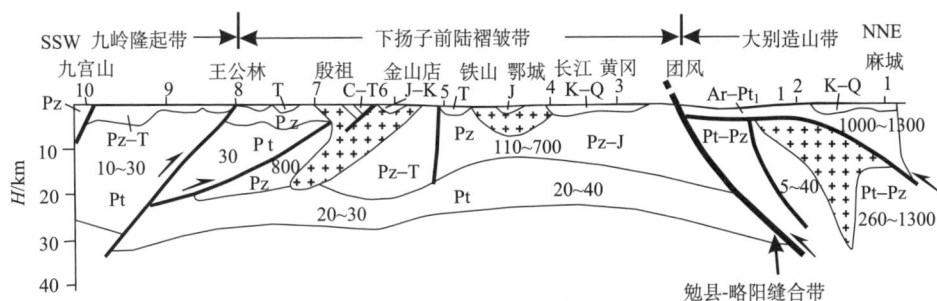

图 2.190　扬子地块中段大地电磁测深推断地壳剖面（据薛迪康，1997 资料再解释）

图中数字为视电阻率，单位：Ω·m

（二）东秦岭勉略古缝合带的追踪

1. 磁场显示的信息

如前所述，深层磁化强度图反映扬子地块磁性基底与秦岭造山带基底分界位于安康一线，扬子地块沿巴山弧陆内俯冲到南秦岭之下深层。这一现象暗示原扬子板块北缘与秦岭微板块碰撞缝合后，现今的岩石圈边界绝非是现今的巴山弧形断裂，据地表地质和地球物理探测，判断应位于宁陕—安康一线深层部位，向东经十堰、王良店到湖北的花山三里岗一带。

2. 反射地震信息

叶县-南漳反射地震剖面（DQL）揭示，秦岭造山带由华北、秦岭和扬子三个不同地壳结构单元组成，中、上地壳内发育四大推覆系统，中、下地壳内出现鳄鱼式反射结构，莫霍界面附近强烈水平流变。根据地壳反射结构特征的差异，解释推断出华北地块与秦岭微地块的地壳深部界线位于方城南侧，扬子地块与秦岭微地块的地壳深部分界位于石桥南一带。根据叶县-南漳大地电磁测深成果，再注意到后造山阶段扬子地块向秦岭造山带远距离缓角度的巨大陆内深俯冲作用，推断扬子地块与秦岭微地块间岩石圈拼合界线位于王良店一线。此即应是勉略古缝合带在现今岩石圈内的遗迹。

3. 大地电磁测深剖面

在洛阳-秭归和叶县-南漳两条大地电磁测深剖面上，清晰地显示了秦岭-大别造山带后主造山期华北地块向南、扬子地块向北双向向该造山带之下的陆内深俯冲作用。勉略古缝合带的现今深部岩石圈位置，在洛阳-秭归剖面推断位于十堰附近的深部，在叶县-南漳剖面上推断位于王良—邓州一线。详细描述参见《秦岭造山带与大陆动力学》一书。这里着重对陕西周至-四川达县大地电磁测深剖面的新认识加以叙述。

陕西周至-四川达县大地电磁测深地电断面分为周至-西乡和宁陕-达县两段。虽然其深部电性结构与叶县-南漳剖面基本相似，但详细对比发现存在明显的差异。其中周至-西乡大地电磁测深地电断面（图 2.191），在 3 号点至 9 号点（长角坝附近）之间，岩石圈内电性界面表现为显著的向北收敛、向南散开特征，地表商丹古缝合带下延到深部后，其界面模糊。南秦岭南部的薄岩石圈呈突出的北凸弧形向北挤入，使得后陆和北秦岭及南秦岭北部三个不同地壳块体成为一个整体，岩石圈厚度达125 km，为南秦岭南部岩石圈厚度的 2 倍以上，清晰地显示了叠置加厚结果。9 号点附近的镇安分支断裂（应不是商丹带）构成了南北不同电性结构的岩石圈分界。9~13 号点之间对应南秦岭南部，其岩石圈厚度仅为60 km±，与叶县-南漳剖面的商丹带和南秦岭北部相似。13~18 号点，除浅部中-新元古界三花石群表现为高阻层外，岩石圈厚度 80~100 km，属于扬子地块北缘岩石圈。

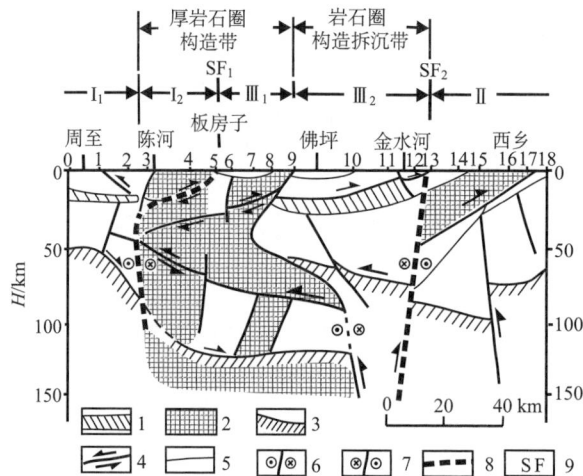

图 2.191 陕西周至-陕西西乡大地电磁测深剖面（据李立等，1998 资料再解释）

1. 低阻层；2. 高阻体；3. 岩石层底面；4. 推断断层；5. 电性界线；6. 左行走滑断层；
7. 右行走滑断层；8. 岩石圈电性单元界线；9. 古缝合带

虽然 13 号点附近洋县断裂（即勉略带被阳平关-宁陕走滑断裂错移的地表断裂）的两侧深部岩石圈电性结构比较接近，但考虑到南秦岭后造山期的拆沉和走滑等构造作用的复合叠加，洋县断裂可能反映了已被强烈改造的原勉略古缝合带的位置，亦是扬子地块北部挤入秦岭造山带之下最北缘的前锋界线。由于扬子地块北缘和鄂尔多斯地块分别从南北两侧向秦岭强烈挤入，构造应力造成岩石圈应变物质分别向东与向西侧向挤出消散（走滑作用）和垂向挤出与抬升，并隆升剥蚀成为四川盆地北部中新生代沉积的主要物源区之一，也是导致主造山时期的前陆冲断褶带和晚燕山期由北向南的推覆构造被强烈改造甚至消失的主要原因。

陕西宁陕-四川达县大地电磁测深地电断面（图 2.192），在 19~35 号点之间，电性低阻层由北向南抬升，分别被安康断裂、红椿坝断裂、城口-房县巴山弧断裂以及前陆冲断褶带等深断裂所切，总体上反映了由北向南长距离多级大规模逆冲叠瓦构造格局。由此推断，勉略古缝合带的岩石圈分界应位于地面 22 号点的深部，从 22 号点深部至 35 号点接近地表的电性低阻层代表了南秦岭巨型主推覆构造界面，若不考虑扬子地块北缘岩石圈本身的缩短和物质消失，秦岭微地块向扬子地块北缘推覆水平距离至少大于 100 km。

尤为特殊的是，36~42 号点之间出现顶面埋深大于 30 km，150 km 深度内未测到岩石圈底界的高

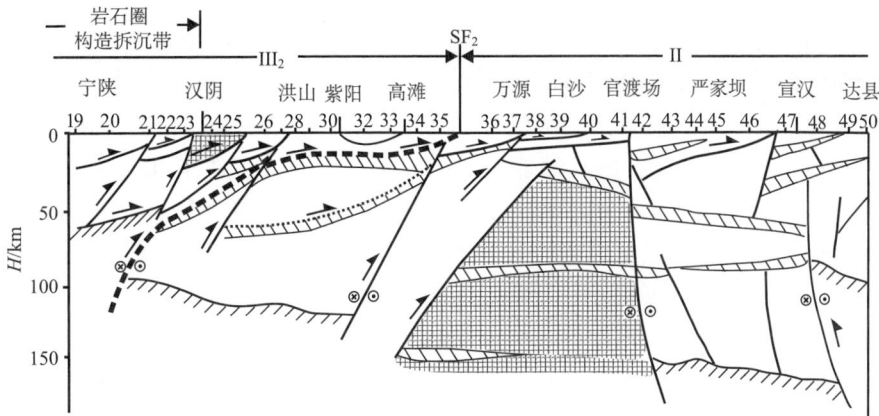

图 2.192　陕西宁陕–四川达县大地电磁测深剖面（据李立等，1998 资料再解释）

图例与比例尺同图 2.191

阻体，显然是向北挤入秦岭造山带的扬子地块硬化岩石圈基底组成部分的反映，与深层磁性体分布吻合，其北界反映了活动的秦岭造山带与稳定的扬子地块深部岩石圈边界。该高阻体之上的地壳对应于前陆冲断褶带。高阻体内部不同深度的水平低阻薄层推断是扬子地块北缘岩石圈在原构造界面基础上，层间拆离导致构造拆沉的电性表现。42～48 号点间，170 km 深出现软流圈，壳内低阻层向南变浅，对应了前陆带的前锋变形带。因此，秦岭造山带由北向南的大规模推覆作用明显波及到达县以北的 49 号点附近，距巴山弧形断裂水平距离 120 km 以上。

在图 2.191 和图 2.192 中，分别沿 9、13、35、42 和 48 号等点深部岩石圈厚度与电性差异的陡倾界线，明显反映了岩石圈块体间的强烈走滑作用。

（三）西秦岭勉略古缝合带的追踪

关于勉略古缝合带西延问题，通过国家自然科学基金重点项目，进行了地面地质、地球化学以及地球物理综合研究，已取得重要进展。这里仅就地球物理场的分析对比推断加以解释，试图追踪勉略缝合带在岩石圈深部遗迹的现今空间位置，给出基本的岩石圈框架结构。

1. 勉略古缝合带西延部分在西秦岭重、磁场上的反映

虽然西秦岭受华北、扬子以及青藏三大地块构造应力场的复合叠加作用，不同方向的褶皱、断裂相互叠置与改造，因而构造复杂，但从西秦岭布格重力异常图（图 2.185）上可见，北北西-南南东向的强梯级带，如临夏-康县、会宁-宝鸡等线状梯级带，它们均被隆德—庄浪—略阳、通渭—武都一线近南北向的梯级带所叠加，反映了深大断裂的展布。渭源至若尔盖北之间则表现为北北西向走向的宽缓梯级带，体现了青藏高原与华北地块的过渡带特征。略阳-青川梯级带显然是北东向的龙门山构造带的反映。在玛曲—若尔盖—南坪—文县一线，重力异常等值线表现为清晰的扭曲，从异常走向等特征上将若尔盖地块与北侧区分出来，显然反映了区域性古构造的形迹，结合地面区域地质研究，推断应为勉略古缝合带的西延部位。在剩余重力异常图（图 2.188）上，更加相对突出了一系列北西向的断裂构造的异常表现，特别是玛曲—若尔盖—南坪—文县一线构成了北侧北西西向异常与南西侧北东向异常不同走向间的重要分界线，由此更加证实沿这一线是不同构造演化发育历史的岩石圈块体的分界带，可能应是勉略古缝合带的反映，而非浅层构造的反映。对比图 2.185 与图 2.188 可见，图 2.185 中北北西向和南北向的线状梯级带反映了中新生代以来的构造发育特征，而在滤掉了强背景场后的剩余重力异常图上相对突出了北西向老构造的展布趋势。类似地，沿临夏—渭源—漳县—甘谷南—天水南，到宝鸡与留坝间布格重力异常等值线出现明显的断续扭曲，剩余重力异常图上亦表现为北侧北东向、南北向和北西向异常分布与南侧主导为北西向异常分布的重要分界线，显示了秦岭造山带内商丹古缝合带向西延展的地球物理场踪迹所在。

西秦岭航磁异常（图2.187）特征，不仅可以追踪到沿临夏南—陇西南—天水南—宝鸡南一线商丹古缝合带的平面西延遗迹以及通渭—武都等南北向断裂外，在该图西半部大片的低缓零散异常中，沿玛曲—若尔盖北—南坪南一线仍显示了南、北部磁异常特征的分界性质。北部多以北西走向的椭圆形相对正异常为特征，而南部则显示更宽缓大范围（走向不明显的卵圆形）零值左右波动或负异常，除了说明南部有较厚的中新生代沉积外，异常走向的显著差异反映了古老磁性基底形成演化的差异性质，从另一侧面也反映勉略古缝合带的存在和空间展布的位置。

地面地质研究表明，沿文县—南坪—玛曲向西过青海的花石峡南断续出露晚古生代到三叠纪蛇绿岩，发现勉略古缝合带向西的延展（裴先治，2001；陈亮等，2001），应与阿尼玛卿缝合带相接。重磁场均一致反映沿线两侧基底性质和构造走向的差异，虽然新生代同步隆升为青藏高原的一部分，具有相应加厚地壳，后期沿西秦岭与松潘-甘孜造山带间发育由北向南的大规模逆冲推覆作用，使得勉略古缝合带不同地段遭受不同程度的改造，成为断面北倾向南逆冲的区域性断裂带，但地表地质与测深相结合，综合研究判断，仍可追踪其残存的遗迹。

2. 地震测深的证据

2002年完成的玛沁-靖边地震测深剖面（图2.193）（李松林等，2002）揭示，巴颜喀拉褶皱造山带与秦岭造山带以花石峡-玛沁-玛曲-文县深断裂相接，在深部速度结构上两侧具有显著的差异。玛沁-玛曲断裂的西南侧，地壳平均速度为6.0 km/s，明显偏低，下地壳内存在多个低速层，上、下地壳间和莫霍界面发育叠层界面，上地幔顶部速度为7.91 km/s，具有异常地幔性质。玛沁—玛曲断裂的东北侧，地壳平均速度为6.18 km/s以上，壳内速度界面减少，且无低速层，上、下地壳间和莫霍界面附近亦无叠层界面出现，上地幔顶部速度为8.00 km/s，显示正常地幔的速度特征。此外，更重要的是在玛沁与泽库之间莫霍界面深度出现跳跃，东北侧为55 km左右，而南西侧达63 km以上，错断距离达8 km。这里结合最新唐克-合作的地震测深剖面（高锐等，2011）分析，显然松潘地块向

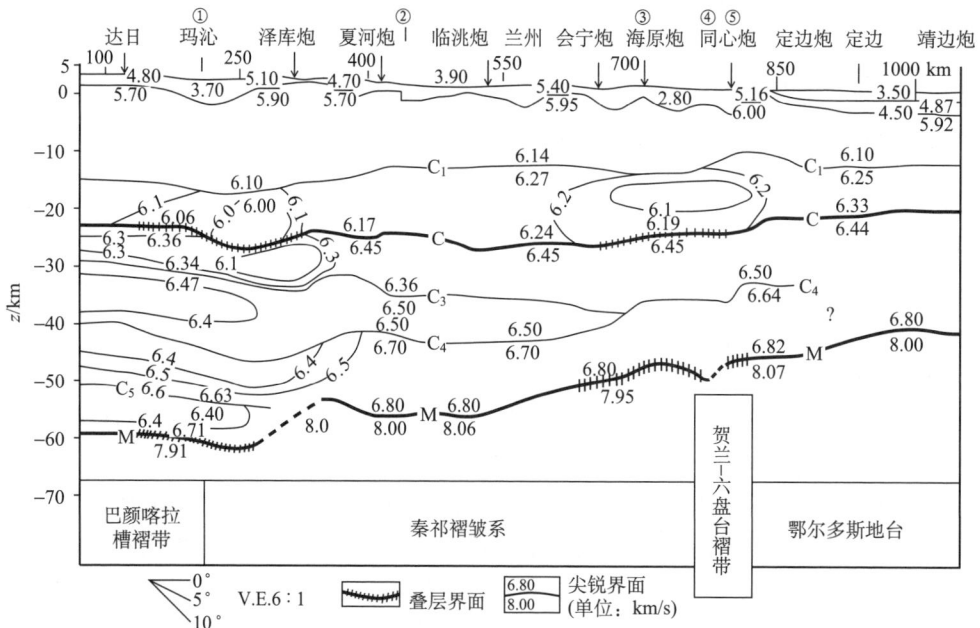

图 2.193 玛沁-兰州-靖边地震测深剖面（据李松林等，2002 修改）

①玛沁断裂；②秦岭地轴北缘断裂；③六盘山断裂；④香山北麓-李旺堡断裂；⑤青铜峡-固原断裂

西秦岭之下沿文县—玛曲—玛沁一线深俯冲仍然表现清楚，固然有印支碰撞造山之后，沿原勉略缝合带构造薄弱带发生叠加复合的陆内巨大逆冲推覆断裂构造，使之加强而得以地球物理场有更明显显示，然而先期碰撞缝合拼合带的构造基础仍不可忽视。

3. 地震层析成像

沿 105°E，从 30°N-38°N 的地震层析成像剖面（图 2.194），正好经过西秦岭武都向南凸出的弧形逆冲推覆构造地段。岩石圈以及上地幔速度结构显示，在龙门山、西秦岭造山带和祁连山造山带下的 300~400 km 深度的上地幔内发育近水平的高速体。在该高速体之上 100~300 km 深度的软流圈内出现了巨大的低速体，这一低速体向北延伸与 39°N 来源于 400 km 以下的近直立的低速通道相连，可能代表了源于上地幔的高温低速介质上涌进入岩石圈内，甚至到达地壳底部附近。由于扬子岩石圈向北楔入，与软流圈相连的高温低速介质在商丹缝合带正下方从 150 km 深度向南向岩石圈浅部上侵，导致上侵部位（勉略与商丹二古缝合带之间）岩石圈大幅度减薄，该减薄区南北两侧岩石圈厚度出现明显的南厚北薄差异，剖面上显示其北部祁连造山带岩石圈连同南侧的西秦岭造山带岩石圈向南仰冲推覆之趋势。如果将祁连造山带向北倾斜的岩石圈底界顺产状向浅部延伸，到达浅部地壳正好位于地面勉略古缝合带一线。地壳厚度由南部扬子地块向北至祁连造山带缓慢加深，龙门山—天水商丹带一带地壳厚度表现为北倾梯级带。在龙门山-西秦岭-天水商丹缝合带以北，下地壳到上地幔顶部发育很厚的低速层，而下地壳上部到上地壳内则以高速介质为特征，这与前述的玛沁-靖边地震测深结果吻合。

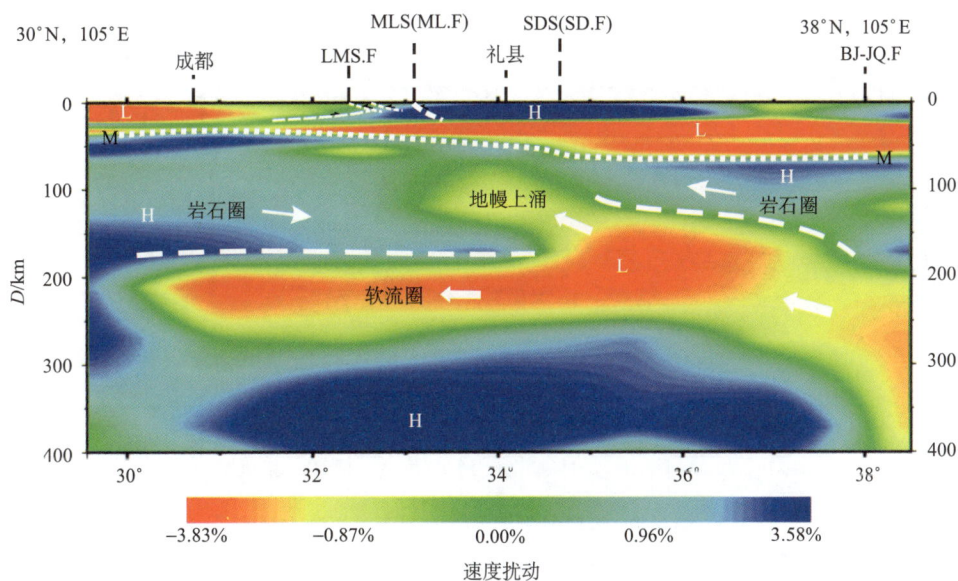

图 2.194　沿 105°E 地震层析剖面（据刘福田、胥颐，2001 资料解释）

LMS.F. 龙门山断裂；MLS(ML.F). 勉略缝合带（勉县-略阳断裂）；SDS(SD.F). 商丹缝合带（商丹断裂）；
BJ-JQ.F. 宝鸡-酒泉断裂；L. 相对地震低速区域；H. 相对地震高速区域；M. 莫霍界面

地面地质研究表明，龙门山西缘断裂由北西向南东逆冲推覆，勉略古缝合带西延段的玛沁-玛曲断裂均由北向南逆冲推覆，但从上述地震层析剖面看（图 2.194），上地壳中-下部的深部，断裂向南倾斜，与地表断裂并不连通，扬子地块的中-下地壳（以低速为特征）像楔子向北插入龙门山的中上地壳内，剖面上构成向南开口的鳄鱼式构造。

综合分析认为地震层析成果反映出的上述速度结构特征并非偶然，代表了两侧岩石圈的组成与结构以及形成演化等的本质差异，故推断该岩石圈北倾界面可能代表了扬子地块与西秦岭造山带现今深部空间分界位置，即原勉略古缝合带位置。进而认为该缝合带自中新生代以来，特别是在印度板块向欧亚板块俯冲、青藏高原隆升过程中，是继续活动的突破口。

（四）东昆仑–阿尼玛卿缝合带（勉略古缝合带西延部分）

中法合作完成了格尔木-昆仑山口-安多-拉萨-日喀则-定日的天然地震探测剖面，并作出了青藏高原北部岩石圈地幔的各向异性图，利用层析技术给出 400 km 内的速度图像，通过天然地震转换波研究，获得格尔木-温泉的岩石圈结构剖面。

1. 天然地震转换波得到的岩石圈结构

格尔木-温泉 PS 转换波岩石圈时差剖面（图 2.195）表明，岩石圈内存在高、低速转换界面相互交替结构。

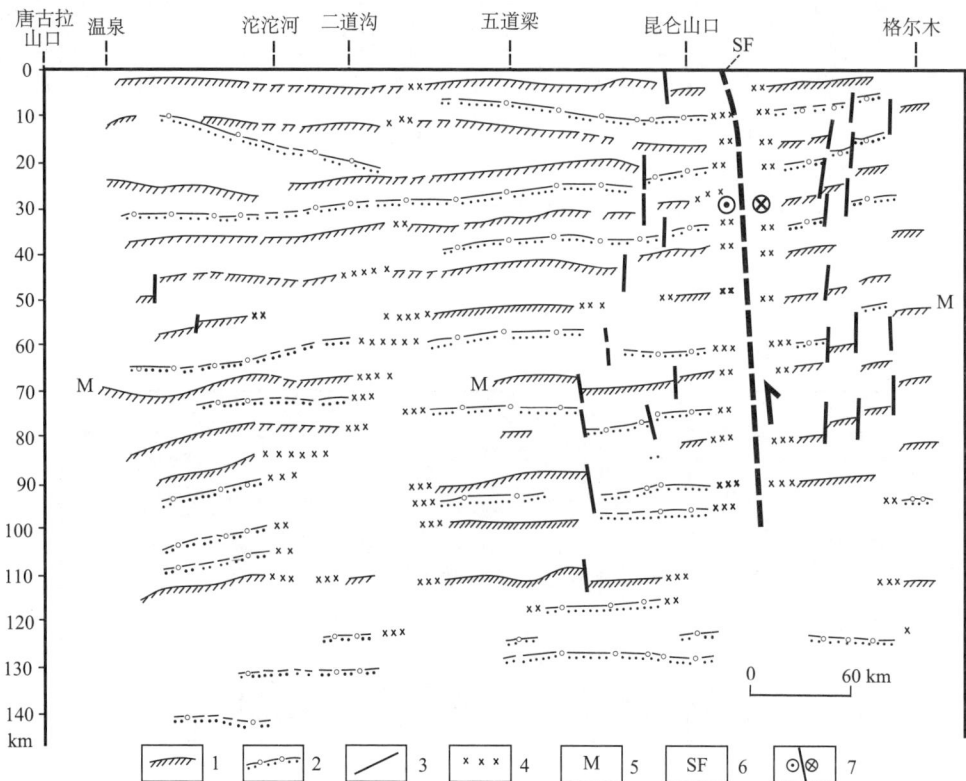

图 2.195　格尔木–温泉 PS 转换波岩石圈时差剖面（据许志琴等，1996a 修改）

1. 高速转换界面；2. 低速转换界面；3. 推断断层；4. 不连续带；5. 莫霍界面；6. 古缝合带；7. 左行走滑断层

1）上地壳底部（20~30 km 深度）发育以 5°~10° 向南缓倾的完整低速层，其上部出现南北两条代表主要滑脱界面的低速层：即温泉-二道沟和格尔木-昆仑山口-五道梁低速带。前者北倾 30°，深度为 10~25 km；后者 5~10 km 深，为一盆形滑覆带。此两带将上部地壳划分为三个自北向南的叠置岩片。

2）中地壳内以 2~3 个高速带为特征，二道沟以北内部才发育明显的低速层。

3）下地壳内随莫霍界面的错断、起伏发育完整的低速层。

4）上地幔内以近水平的高、低速转换界面的相互交替为特征，在温泉-沱沱河、昆仑山口二地区的深部，上地幔 90~110 km 深度主要发育多层断续的低速层。莫氏面上、下两条贯穿全区的低速带深度分别为 60~65 km 和 75 km，组成厚 80 km 以上的岩石圈流变学下部结构。

值得重视的是昆仑山口-格尔木之间从地表断裂到地壳上地幔 130 km 深度范围内，南北两侧高、低速层不连续，断面上构成近于直立的空白带：①格尔木南侧向南陡倾斜的阶梯状断错带（相当于昆北断裂带的部位），地表上显示昆仑山往北叠覆在柴达木盆地上的逆冲断层性质，而深部则表现为正断层特征；②昆仑山口不连续带，相当于昆仑-阿尼玛卿古缝合带及左行走滑断裂位置，应为秦岭勉略古缝合带的西延部分，显示沿该缝合带在新生代构造作用过程中强烈左行走滑性质和因走滑而导致岩石圈拉分特征（许志琴等，1996a）；③昆仑山口南的阶梯状断裂带相当于昆南断裂的位置；④五道梁及沱沱河之间的不连续带相当于金沙江缝合带的位置。上述结果暗示，古特提斯缝合带由于后期改造尤其巨大的剪切走滑断裂构造作用而使之突显强烈变陡，可达 140 km 的深度，由于岩石圈内层间的非耦合产生侧向剪切应变、深部热物质沿断裂上涌，在不同深度流变或部分熔融，形成保留至现今的低速层。由于拉分作用，使得深部熔融岩浆得以到达地壳浅部或喷出地表，可可西里地区发育的新生代碱性火山岩就是证据。

从岩石流变角度考虑，岩石圈中上部以低温弹性-脆性或弹性-塑性流变占主导地位，而下部地壳则以塑性-黏性及高温稳态流动流变为特征。大陆造山带中的岩石圈流变学典型剖面一般概括为"三明治"结构，而中新生代造山带则以复合"三明治"结构（Ranalli and Murphy，1987）和不完全符合"三明治"剖面的更复杂状而呈现，并引起学术争议。

2. 地震层析岩石圈速度结构

（1）玉树-共和地震层析剖面

该剖面（图 2.196a）位于温泉-格尔木地震层析剖面以东，始于金沙江，穿过鲜水河、巴颜喀拉山口、花石峡，止于共和。在 400 km 深度范围内，以高速块体为主、高/低速体横向分布为特征。共和以北、花石峡-巴颜喀拉山口之间发育低速带。前者以祁连南缘北倾岩石圈逆冲断裂与南侧高速地块为邻，深度达 100 km。后者以北倾向南逆冲的阿尼玛卿岩石圈断裂（相当于勉略古缝合带）为界，将低速带与北侧的高速带分开，其下延深度达 300 km。金沙江断裂以南亦发育低速块体。羌塘-唐古拉地块和柴达木地块分别向北和向南相对于巴颜喀拉地块仰冲。

（2）唐古拉山-格尔木地震层析剖面

该剖面（图 2.196b）表明，岩石圈内 100 km 以上速度分布，沿剖面可划分为羌塘-唐古拉地块低速区、巴颜喀拉地块高速区。

在金沙江-昆仑山口，100 km 深度内以高速层为特征，100 km 深度以下直至 350 km，发育宽约 500 km，平均厚度达 160 km 呈"心脏形"的低速异常体，北部它可能与昆仑山口断裂相通，南界位于沱沱河以北，其上部周缘出现一系列的低速异常体，并沿金沙江断裂直达地表。它们与新近纪火山岩带部位相当，根据碱性火山岩具有来源上地幔及壳-幔边界的特点（许志琴等，1996a），该低速异常体具有高热、高导及蠕变强度极低的物理性质，推测为地幔热柱体，是新生代火山喷发的深部岩浆房，其周缘小规模的低速异常体即为弥散在岩石圈内的热点，构成了其热量散失的主要方式。

昆仑山口以北至格尔木之间，100 km 深度内为低速层，其下高速层以高角度北倾下插至 350 km，向南至浅部与金沙江-昆仑山口高速层相连。剖面上构成巴颜喀拉地块沿昆中岩石圈逆冲断裂相对于柴达木地块向北做陆内俯冲，而柴达木地块向南仰冲的现今岩石圈构造几何学样式。

对比两条层析剖面可见，从东到西，岩石圈及上地幔内低速带（层）的规模、范围增大，岩石圈（包括地壳在内）的塑性流变渐强。后期，特别是新生代的改造变形亦更强烈，导致勉略古缝合带沿走向被变形改造，于不同地段、以两侧不同的地块性质之间断续残存或出露，从而造成了复杂的叠置/改造关系，给古缝合带本来面目的恢复带来困难。

（3）96°E 地震层析剖面

该剖面从南向北分别穿过青藏高原北部、柴达木、祁连山、敦煌等地块以及它们之间的造山带。

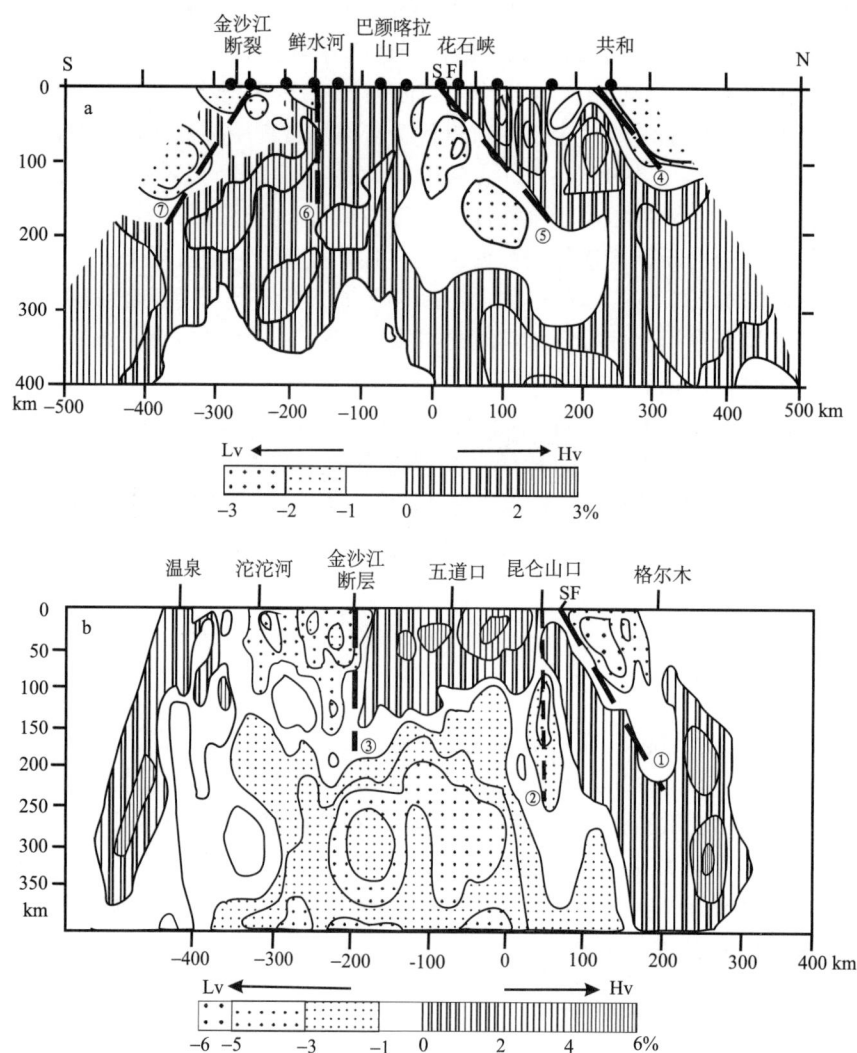

图 2.196　穿越青藏高原北部及中部的地震层析剖面（据许志琴等，1996a 略修改）

a. 玉树-共和地震层析剖面；b. 唐古拉山-格尔木地震层析剖面；Hv. 高速体；Lv. 低速体。

①昆中岩石圈逆冲断裂；②昆南岩石圈逆冲断裂；③玉树岩石圈逆冲断裂；④祁连南缘岩石圈逆冲断裂；⑤阿尼玛卿岩石圈逆冲断裂；⑥鲜水河岩石圈逆冲断裂；⑦金沙江岩石圈逆冲断裂

沿剖面岩石圈速度扰动结构（胥颐等，2001）清楚表明，藏北和柴达木是两个高速体，它们的最大深度达 150 km，东昆仑山是两块体间的结合部，地幔低速物质沿东昆仑上涌，与前述其他地球物理结果反映的深部结构类似。青藏高原北缘总体是由北倾的高速体构成，它向北与祁连山下北倾并进入软流圈的低速带为界。西昆仑构造带与其周缘的稳定地块迥异，其地壳、上地幔表现出明显的低速特征（李强等，1994）。

西北地区 120 km 平面速度图像（胥颐等，2000）表明东昆仑可可西里-巴颜喀拉山脉是一条东西走向的低速带，它的南北分别是羌塘和柴达木高速地块。该低速带显示了不同地块之间的拼合性质。

上地幔物质流动趋势表明，青藏高原的东部、北部、北西部的物质分别向东、北和北西方向流动。青藏高原的形成，从深部到上部强烈地改造了先期区域的深部状态和上部地表的地质结构构造。追踪研究原来的板块拼合构造，诸如缝合带等需从实际出发，多学科综合判断，筛除后期构造，特别是青藏高原形成的构造叠加改造，否则是不可靠的。

3. 爆破地震反射/折射地壳速度结构

敦煌-成都宽角反射/折射剖面（图 2.197）不仅揭示了祁连、柴达木-昆仑与松潘-甘孜三大构造带的地壳、上地幔上部的速度结构特征，同时提供了追踪勉略古缝合带深部位置和两侧地壳岩石圈结构的指征。

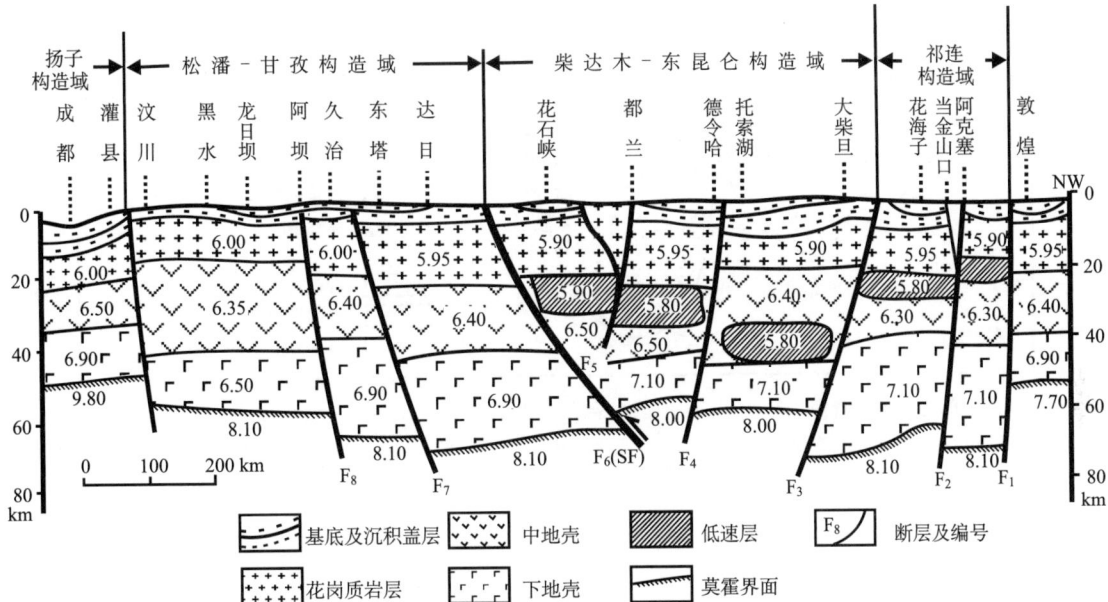

图 2.197　敦煌-成都宽角反射/折射推断解释剖面（据王有学、韩国华，1997 修改）

图中数字为纵波速度，单位：km/s

以花石峡-达日之间的岩石圈断裂为界，根据壳内低速层发育特征，岩石圈速度结构总体可分为两大部分：东南段地壳由上中下三层组成，壳内不发育低速层。地震波速由浅至深逐层增大，上地壳平均波速 6.0 km/s，中地壳 6.4 km/s，下地壳 6.50~6.90 km/s，上地幔顶部速度 8.1 km/s。莫霍界面由灌县—成都一线深度 50 km 左右，向北西台阶状加深，在达日正下方最深为 70 km。其间发育三条岩石圈断裂，错断地壳和莫霍界面，该段地壳总体表现为由东南向西北加厚、俯冲特征。西北段地壳亦由上中下三层组成，上地壳平均波速 5.95 km/s 左右，下地壳 6.90~7.10 km/s。中地壳内普遍发育波速为 5.80~5.90 km/s 的低速层，由北西端阿克塞埋深 18.0 km、厚度 7.0 km，向东南到大柴旦-德令哈间分别为 32.0 km 和 12.0 km，至花石峡变浅为 22.0 km、12.0 km。莫霍界面被四条岩石圈断裂所错断成台阶状，在祁连构造带内，上地幔顶部速度为 8.1 km/s，地壳厚度最大（>70 km）。柴达木-昆仑构造带内地壳厚度 60 km 左右，上地幔顶部速度 8.0 km/s，显然上地幔热物质沿此地段上涌，导致地壳加热，发育巨厚低速层。整个西北段剖面地壳似有沿花石峡-达日间岩石圈断裂向东南仰冲之势。根据地壳速度结构的差异和地面地质，推测该岩石圈断裂应是原勉略古缝合带受后期强烈改造的空间位置所在，昆仑构造带的深部正是松潘-甘孜与扬子构造带向北西俯冲的前锋地带，导致地幔热源上涌，地壳与岩石圈构造活动加强。

四、西秦岭及其邻区的岩石圈热结构

青海当金山口-四川黑水岩石圈热结构模拟（图 2.198）表明，横向上高温、中温和低温区分别与东昆仑带、柴达木北缘与巴颜喀拉带和柴达木盆地对应。纵向上，地壳部分温度梯度较大，莫霍面以下的上地幔温度梯度较小。东昆仑带的温度梯度远高于其他构造带，意味着岩石圈内存在异常

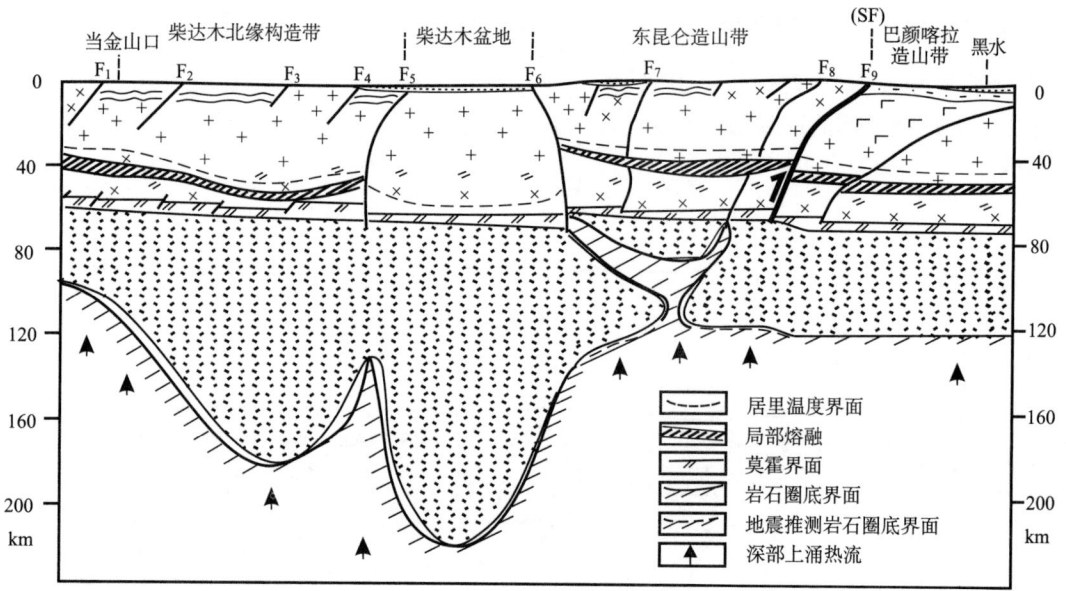

图 2.198　青海当金山口-四川黑水岩石圈热结构剖面（据周友松，1996 修改）

F₁. 三危山断裂；F₂. 阿尔金深断裂；F₃. 宗务隆-青海湖断裂；F₄. 托素湖断裂；F₅. 柴北缘断裂带；F₆. 东昆仑北缘

断裂带；F₇. 东塔断裂；F₈. 东昆仑南缘断裂带；F₉. 阿尼玛卿断裂带

热源。

柴达木盆地居里面深 51~57 km；壳内不存在局部熔融的温度条件；莫霍面深 57~60 km，温度为 580~670 ℃；岩石圈厚 183~226 km，软流层顶界温度为 1600~1700 ℃。

东昆仑居里面深 26~32 km；壳内物质熔融的深度为 29~36 km；莫霍面深度为 59~62 km，温度 1000~1200 ℃；上地幔局部熔融顶界深度为 60~84 km，温度 1230~1300 ℃，天然地震资料解释表明，该带的岩石圈厚度为 120 km，相对柴达木盆地明显减薄。

柴达木北缘及巴颜喀拉居里面深 38~43 km；壳内物质熔融深度为 43~48 km。莫霍面深度为 58~68 km，温度 810~900 ℃；岩石圈厚度 110~144 km，软流层顶界温度为 1380~1480 ℃。

综上所述说明，热结构界面横向上变化较大，反映了不同构造单元的热结构特征：柴达木盆地各种热界面普遍拗陷，岩石圈巨厚，不存在局部熔融；东昆仑各种热界面普遍隆起，岩石圈相对减薄，壳内及上地幔均存在局部熔融；柴北缘和巴颜喀拉则处于上述两者之间，属过渡类型。

地面地质研究揭示沿昆南断裂断续分布有石炭纪—三叠纪的蛇绿混杂岩，并由于中新生代强烈的由北向南的逆冲推覆构造作用，破坏了原勉略古缝合带的横向连续性和物质组成与结构，使得勉略古缝合带的西延问题长期悬而未决。反射/折射地震速度结构对比发现，柴达木地块以南的昆仑构造带，不仅壳内存在巨厚低阻层，同时存在壳内局部熔融，岩石圈厚度亦较北侧的柴达木地块薄得多。显然，昆南断裂两侧的岩石圈速度和热结构的显著差异并非只是中新生代变形改造的反映，而是保留了具有不同岩石圈结构和基底的不同古板块碰撞缝合特征的结果。

由于在早期俯冲碰撞缝合造山的基础上，新生代印度板块向欧亚板块俯冲，导致青藏高原隆升，应变向北传递，沿原构造主界面南部地块相对于北部地块作陆内叠瓦状俯冲，使得昆仑构造带剧烈隆升，继承和发育新的破裂构造，地幔物质沿破裂带上涌，在上地幔顶部形成岩浆房，并加热了中下地壳，再加上壳内纵向层间及横向上块段间的推覆、滑移等产生的剪切摩擦热及放射性生热等，在壳内产生局部熔融，使整个岩石圈呈现热体特征而显示出较高的地表总热流及深部热流。

昆仑构造带的南北缘，即巴颜喀拉构造带及柴达木地块北缘，在新生代构造变形中进一步褶皱、抬升的同时，下地壳及上地幔亦表现出不同程度的构造活化特征。

在中国热岩石圈厚度图上，90°～105°E 之间，大致沿 34°N 热岩石圈厚度明显南北分野，从可可西里山到阿尼玛卿山为岩石圈厚度梯级带，北薄南厚。北部厚度等深线反映软流圈相对隆起与拗陷走向为东西向、南北向和北东向，南部主要为宽缓的东西向两拗夹一隆。这种岩石圈厚度的分野，显然意味该岩石圈厚度梯度带两侧的南北地块岩石圈内存在物质组成、结构和构造演化差异，具有重要的构造意义和动力学机制。

地球物理探测，尤其是地震、重、磁、电、层析等多种地球物理手段相结合的综合探测是研究大陆构造的有效途径，是地表地质研究的补充、深化、辅证和约束，也是其探索研究的基础与支撑之一。虽然地球物理场的多种不同方法获得的都是地壳、岩石圈、地幔乃至地球的物理属性的某一方面的反映表现与记录，但综合起来可以获得对地球整体面貌的了解。尽管地球物理探测结果有局限性与多解性，但它毕竟是客观的反映记录，多种方法的配合综合能最大可能的获得真实科学的结果，而且地球物理探测也是迄今地球科学认识地球深部的唯一有效的途径和方法。勉略构造带从区域到内部，地球物理场资料的收集、判别、解释，尽管还不全面深入系统，但已为勉略带的存在、时空分布，提供了不可替代的证据，与地质、地球化学的结合，促进了对勉略带的研究认识。显然，研究还需更多的探测与资料收集处理，更需要再深化再提高，以求得客观真实的科学认识。

第三章 秦岭勉略带蛇绿岩与相关火山岩及花岗岩

秦岭-大别造山带是划分中国大陆南北的重要造山带，它记录着中国大陆构造演化的重要信息（张国伟等，2001b，2004a；赖绍聪等，2003b；Lai *et al.*，2004）。秦岭造山带经历了元古宙裂谷期的形成与发展，新元古代晚期—中生代初以现代板块构造体制为特征的板块构造演化阶段及中生代以来的陆内造山三个演化过程（张国伟等，1995a，2001b），构筑了现今华北、扬子及其之间的秦岭微地块和分隔这些地块的商丹、勉略缝合带为主要格架的三块两缝构造格局（张国伟等，2001b）。早-中古生代期间，南秦岭洋盆向北俯冲碰撞（Mattauer *et al.*，1985）形成北部的商丹缝合带（Meng and Zhang，1999）；古生代中期南秦岭洋盆持续向北俯冲碰撞的同时，南秦岭勉略洋盆逐渐打开，演化出独立的秦岭微地块，于古生代晚期勉略洋开始向北俯冲，导致扬子与秦岭微地块在印支期发生碰撞形成南部的勉略缝合带。至此，华北与扬子地块发生全面碰撞，秦岭造山带主要构造格局最终形成（张国伟等，2001b；赖绍聪等，2003b）。由此可见，印支期是中国大陆沿秦岭-大别中央造山系南缘的勉略（勉县-略阳）构造带拼合的重要时期（赖绍聪等，2003b；张国伟等，2004a），同时也是秦岭造山带由板块构造体制向陆内造山体制转化的重要时期（张国伟等，2001b）。

第一节 勉略带勉略段蛇绿岩与相关火山岩

勉略蛇绿构造混杂带是近年来秦岭造山带研究中新发现和厘定的重要缝合带，它是分划扬子与秦岭两板块而关系到整个秦岭-大别造山带形成与演化的新突出出来的秦岭关键地质带。本节试图从岩石大地构造学的角度，通过地质历史进程中岩浆活动形成的岩石学记录，利用地质岩石及地球化学相结合的方法，查明蛇绿岩的类型及其构造属性，回溯火山活动的古构造环境，反演造山带的形成过程及板块构造的演化，并最终建立勉略带古板块构造演化的岩石学模型。

"蛇绿岩"一词最早由法国矿物学家 Alexandre Brongniart 于 1813 年在关于混杂岩里蛇纹石的研究中所使用；随后他对早前蛇绿岩的定义进行了修改，重新定义为出现在亚平宁地区的一套火成岩类岩石（超镁铁岩、辉长岩、辉绿岩和火山岩）。这个定义虽然指出了蛇绿岩的主要组成，但没有涉及它的形成和来源（Coleman，1971）。1927 年德国地质学家 Steinmann 在有关地中海山脉内蛇绿岩的文章中（Steinmann，1927），把橄榄岩（蛇纹岩）、辉长岩、辉绿岩、细碧岩和有关的岩石都归属为最初形成于地槽轴部原位侵入的一种有生成关系的岩石组合。该定义首次将蛇绿岩的不同组成部分看作具有紧密时空联系的组合，而且 Steinmann 还指出了蛇绿岩是构造移置体，并导致了大规模逆掩推覆在阿尔卑斯地区的发现。Steinmann 有关蛇绿岩的定义被后人总结为 Steinmann 三位一体（Coleman，1977）。Steinmann 的定义在欧洲得到了很多学者的支持和运用，但在美国则没有引起太多的注意。Hess 不赞同 Steinmann 关于蛇绿岩的定义（Hess，1938），认为他的蛇绿岩概念令人困惑，因为"它模糊了蛇绿岩的不同成员与构造旋回之间的决定性（关键性）的关系"。Hess 根据其在阿巴拉契亚造山带的观察，发现蛇绿岩的围岩没有明显的热变质晕，并指出蛇绿岩是一种低温富水的橄榄岩浆所形成的。20 世纪 60 年代，随着板块构造理论的逐步建立，在获得了大量海底地球物理资料和对陆上几个典型蛇绿岩研究的基础上，人们逐渐认识到蛇绿岩在再造大陆中的重要性，并于 1972 年在美国召开彭罗斯会议，就蛇绿岩方方面面的问题进行了热烈的讨论。会后形成了一个蛇绿岩的定义，重新确认了 Steinmann 蛇绿岩定义中的主体，并认为蛇绿岩是古大洋地壳和上地幔的残片，形成于大洋中脊，大洋地壳具有成层性，它们与蛇绿岩的不同组成部分之间是一一对应的。该定义的提出具有里程碑的意义，随后的几十年里受到来自世界各地很多地质学家的支持，尤其是使大西洋两岸地质学家关于蛇绿岩的认识渐趋一致。总之，关于蛇绿岩的经典看法是（Miyashiro，1975）：①蛇绿岩均具有一个特定的蛇绿岩层序系列，至少在其原始状态下是这样。②最典型的蛇绿岩产于古俯冲带中。但是随着板块构造在大陆造山带研究的广泛深入开展，有关蛇绿岩的研究也在深化，并不断有新的发现，尤其形成的多样性得到广泛认可，故它的定义、含义不断在扩展深化。新近关于蛇绿岩的研究又有新进展，代表性的是 Dilek（2011）的工作。他给予蛇绿岩新定义并进行了类型划分，主要依其生成构造环境分为两大类：与俯冲作用相关的和无关的蛇绿岩，并进一步划分出亚类。与俯冲相关的蛇绿岩有：俯冲带上盘型（SSZ）和火山弧型（VA）；与俯冲作用无关的有：陆缘型（CM）、洋中脊型（MOR）和地幔柱型等。突出强调了它们形成于不同构造环境，以及蛇绿岩的多样性等，深化发展了蛇绿岩的内容与意义。

事实上，大多数研究较详细的典型蛇绿岩系列均产于仰冲块体中，而不是在俯冲带岩石组合中。这就是说，在俯冲带中可以存在有具蛇绿岩或蛇绿岩层序系列的块体，但大部分出露在古俯冲带中的镁铁质、超镁铁质岩石却并不具有这种层序特征。这说明，它们中的许多可能一开始就不具有这种层序系列。因此，Miyashiro（1977）认为，如果出现特定的层序组合才是认定蛇绿岩的基本条件的话，那么很多俯冲带中的镁铁质和超镁铁质岩石都不是蛇绿岩，甚至很多俯冲带中根本就没有蛇绿岩。反之，如果认为俯冲带中的镁铁质岩石是典型的蛇绿岩的话，那么是否出现特定的层序组合则不能作为认定蛇绿岩的基本前提。20 世纪 80 年代以来，越来越多的研究表明，蛇绿岩可以形成于诸如岛弧、弧前和弧后盆地，小洋盆（红海型）和洋脊等各种不同的构造环境中。

一、勉(县)-略(阳)蛇绿构造混杂岩带地质特征

勉（县）-略（阳）（简称勉略）蛇绿构造混杂岩带地处南秦岭与扬子地块的接合部位。前人认为该带是一条多期活动的区域性大断裂，是南秦岭褶皱带与扬子地块的分界线。近期的研究表明（杨宗让、胡永祥，1990；张国伟，1993；许继峰，1994；张国伟等，1995a，1996b；许继峰、韩吟文，1996；Lai and Zhang，1996；赖绍聪等，1997a，1998a，2000a，2001，2002，2003b；赖绍聪、张国伟，1999），该带并非秦岭南缘的一条简单断层带，而是一个具复杂组成与构造演化的秦岭造山带中仅次于商丹带的又一主构造缝合带。

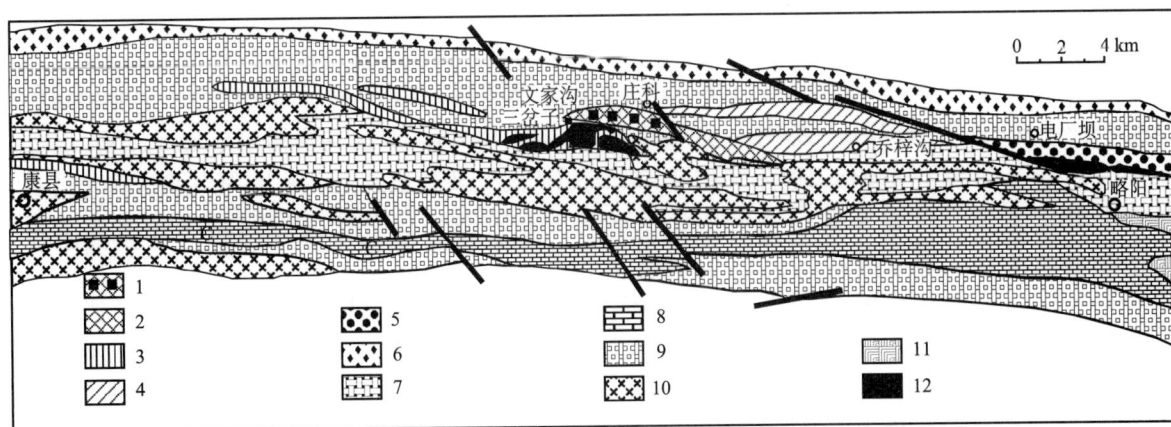

图 3.1　勉略蛇绿构造混杂岩带康县-略阳段地质简图（据杨永成等，1996 简化）

1. 文家沟-庄科南火山岩块；2. 黑沟峡-纸房沟火山岩块；3. 三岔子岛弧火山岩块；4. 桥梓沟火山岩；5. 略阳北-横现河火山岩块；6. 断裂构造混杂岩带；7. 顺层分布的碳质、碳泥质、碳硅质强剪切基质；8. 石炭系略阳灰岩；9. 泥盆系碳酸盐岩、泥质岩、碎屑岩及砾岩、砂砾岩；10. 震旦-寒武系为主的含砾泥质岩、泥质岩、泥质碎屑岩、火山碎屑岩；11. 太古代鱼洞子杂岩；12. 超镁铁质岩岩块

　　勉略蛇绿构造混杂岩带也是一个包含有大量前寒武系、震旦-寒武系及泥盆-石炭系等不同时代地层碎块及众多辉长岩、超基性岩碎块的构造混杂带。它们被夹持在勉略深断裂与状元碑断裂之间。以勉略地段为代表，它以几条主干断裂为骨架，由强烈剪切基质与不同的构造岩块共同组成，宽约1~5 km，形成自北而南的叠瓦逆冲推覆构造（图3.1），而呈现为显著的构造混杂带。

　　勉略蛇绿构造混杂岩带中，断续出露有基性、超基性岩体214个，与超基性岩产出并密切伴生的还有一套基性及中基性海相火山岩。在该带中，特别是超基性岩、中基性火山岩中或旁侧均见有辉绿岩、辉长-辉绿岩墙群，关帝坪辉长岩具有典型的堆晶结构。硅质岩在三岔子、鞍子山超基性岩体旁侧均有出露。

二、勉(县)-略(阳)蛇绿构造混杂岩带岩石学特征

　　带内超基性岩主要为致密块状的蛇纹岩或强烈片理化的蛇纹片岩及少量滑镁岩和菱镁岩。蛇纹岩岩石大多呈黑绿—黄绿色，具网环结构、网格结构，蛇纹石可达90%以上。部分样品具假斑结构，假斑晶为绢石。少数薄片中见变余斑状结构，褐红色、棕红色残余斑晶为高正突起的伊丁石化橄榄石假象。滑石菱镁矿化蛇纹岩大多为纤-叶蛇纹石组合，具纤状交织结构。

　　勉县关帝坪出露有新鲜、结构完好的辉长岩。岩石为中-粗粒辉长结构、块状构造。主要造岩矿物有普通辉石、基性斜长石及少量斜方辉石和微量石英。石英含量一般为1%~2%，斜方辉石<5%，基性斜长石含量为35%~45%，普通辉石含量45%~55%，主要副矿物有钛铁矿、磁铁矿、黄铁矿、锆石、磷灰石、金红石等。

　　堆晶辉长岩主要见于勉县关帝坪辉长岩体中，具典型的火成堆积结构，堆积岩主要有两种类型：一是辉石中堆积岩，它由自形程度较高的普通辉石粗大晶体组成。岩石中仅含少量后堆积基性斜长石。二是斜长石-辉石堆积岩或辉石-斜长石堆积岩，由基性斜长石相对集中的浅色条带与普通辉石相对集中的深色条带以垂直分带的形式重复交替出现，构成韵律层。

　　带内辉绿岩及辉长-辉绿岩大多呈岩墙状产出，在三岔子、桥梓沟十分发育。受剪切变形影响，矿物已发生显著的定向排列，手标本观察浅色矿物（基性斜长石）呈米粒状，暗色矿物（普通辉石）呈不对称眼球状，镜下岩石具碎裂结构，或粗糜棱结构。部分样品中见有长石旋转碎斑系，基性斜长石大多已蚀变为高岭土及绢云母，普通辉石明显绿泥石化。

　　勉略蛇绿构造混杂岩带中火山岩属浅变质火山岩系（绿片岩相），主要岩石类型为：玄武岩、玄武安山岩、安山岩及少量英安岩，且以基性和中基性岩石占主导。

　　玄武岩、玄武安山岩：岩石为灰绿-绿灰色，块状构造，常发育片理构造，并可见两组片（面）理的置换现象。岩石分无斑和有斑两种类型。无斑岩石具间粒-间片结构、粗玄结构，主要矿物为斜长石（35%~45%）、绿泥石、绿帘石及角闪石（45%~55%），其次为方解石、磁铁矿等（1%~5%）。斑状岩石常为单斑结构，偶见聚斑结构，斑晶矿物主要为斜长石。基质为霏细结构、粗玄结构，主要由斜长石（35%~40%）、绿泥石、绿帘石（50%~60%）组成，副矿物为磁铁矿、磷灰石及少量石英（1%~2%）。

　　安山岩：岩石为灰绿色，片理发育，块状构造。具斑状结构，斑晶矿物为斜长石，及普通辉石（1%~5%）。有时可见斜长石σ旋转碎斑系，表明岩石曾遭受较强的剪切变形。基质为微晶不等粒结构或交织结构。由绿泥石、绿帘石（40%~50%），斜长石等（40%~50%）组成，以及少量的石英、磁铁矿、方解石（1%~5%）。

　　英安岩：灰绿色，块状构造，斑状结构。基质为霏细结构，它形粒状结构。斑晶矿物为斜长石和石英（1%~3%），基质由斜长石、石英、钾长石以及绢云母、方解石和少量绿泥石组成。

三、勉(县)-略(阳)蛇绿构造混杂岩带岩石化学特征

勉略蛇绿构造混杂带超基性岩类、辉长岩类、辉绿岩类以及火山岩类的化学成分及微量元素分析结果见表3.1和表3.2。

表 3.1　超基性岩、辉绿岩、辉长岩化学成分（%）及微量元素（10⁻⁶）分析结果（赖绍聪等，1998b）

编号	LQ14	LQ33	LQ34	LQ15	LQ36	LQ45	LQ46	LQ48	M19	M15
取样位置	杜家院子	电厂坝	三岔子	煎茶岭	三岔子	田坝	小松沟	小松沟	关帝坪	关帝坪
岩性	蛇纹岩	蛇纹岩	蛇纹岩	蛇纹岩	辉绿岩	辉长辉绿岩	辉长辉绿岩	辉绿岩	变形辉长岩	辉长岩
SiO_2	39.60	41.00	41.10	38.25	54.30	51.20	50.60	55.00	41.54	46.99
Al_2O_3	1.20	2.74	1.27	1.23	14.00	15.60	15.70	14.60	20.29	20.78
Fe_2O_3	8.56	3.57	4.07	6.00	2.87	2.22	1.27	2.17	9.17	3.65
FeO	3.81	3.81	3.45	1.58	5.03	6.11	9.63	5.46	3.52	6.04
CaO	0.12	0.11	0.07	0.29	6.94	7.89	5.35	6.65	12.60	9.79
MgO	35.10	36.20	37.30	38.99	6.73	8.29	4.84	7.20	4.75	5.86
K_2O	0.19	0.24	0.29	0.20	2.35	3.51	1.22	2.36	0.20	0.20
Na_2O	0.02	0.37	0.02	0.07	3.78	1.67	4.72	3.52	2.15	4.16
TiO_2	0.03	0.07	0.01	0.05	0.88	0.76	1.28	0.85	4.71	1.20
MnO	0.19	0.11	0.11	0.10	0.14	0.15	0.16	0.13	0.13	0.14
P_2O_5	0.09	0.09	0.09	0.05	0.40	0.22	0.21	0.41	0.15	0.38
H_2O	10.9	11.60	11.60	11.32	1.58	2.18	3.16	1.42	0.84	1.47
CO_2	0.19	0.19	0.05	2.08	0.39	0.39	1.74	0.58	0.38	0.19
总计	100.00	100.10	99.43	100.21	99.39	100.19	99.88	100.35	100.43	100.85
Sc	7.25	13.5	8.88	11.1	24.2	43.6	34.0	24.0	28.6	26.9
Zn	54.1	30.6	42.9	8.73	24.3	8.80	7.48	39.3	7.20	5.66
As	8.29	8.90	3.46	12.4	5.18	10.7	7.07	7.73	0.472	0.802
Se	0.009	0.005	0.005	0.917	0.0443	0.0084	0.0528	0.0158	2.88	1.47
Mo	10.4	10.6	9.89	6.30	22.3	20.2	26.9	18.6	11.1	10.2
Ag	0.597	0.63	0.572	0.744	0.74	1.16	0.916	0.901	0.84	0.736
Sb	0.873	0.734	0.571	23.8	0.67	0.535	0.533	0.346	4.76	4.26
Cs	1.93	1.38	1.07	39.2	3.12	1.70	1.24	2.08	6.75	7.53
Hf	0.16	0.169	0.153	0.668	3.45	1.93	3.08	3.40	2.00	5.70
Ta	2.45	1.56	1.37	0.0919	0.403	2.45	0.361	2.63	0.977	0.205
W	0.579	0.65	0.606	0.335	1.43	1.32	1.78	1.19	2.04	0.856
Au	0.015	0.00136	0.00544	0.00601	0.0068	0.0026	0.0035	0.0023	0.012	0.100
Th	0.245	0.21	0.21	1.01	3.65	1.60	2.68	3.48	0.501	0.215
U	0.246	0.405	0.388	0.239	1.00	0.388	0.527	1.18	0.199	0.207
Ba	11	10	530	14	1110	936	408	907	701	214
Co	114	96	87.2	127	27	34	32	28	56	26
Cr	5610	3560	2030	2930	286	158	3.0	362	13	91
Nb	2.8	3.1	6.7	3.4	7.2	5.9	9.0	7.1	16	6.7
Ni	1900	1960	2110	1750	101	35	9.9	127	25	44
Rb	2.6	2	29	2	46	102	48	55	7.2	16

续表

编号	LQ14	LQ33	LQ34	LQ15	LQ36	LQ45	LQ46	LQ48	M19	M15
取样位置	杜家院子	电厂坝	三岔子	煎茶岭	三岔子	田坝	小松沟	小松沟	关帝坪	关帝坪
岩性	蛇纹岩	蛇纹岩	蛇纹岩	蛇纹岩	辉绿岩	辉长辉绿岩	辉长辉绿岩	辉绿岩	变形辉长岩	辉长岩
Sr	2.9	7.8	274	9.3	652	239	164	452	1410	1300
V	58	70	148	47	211	204	332	196	427	207
Y	3.3	3.5	28	2.3	21	25	32	21	13	28
Zr	11	13	140	19	133	72	115	131	64	203
La	0.427	0.356	0.16	1.64	17.3	11.3	18.2	15.7	15.3	17.3
Ce	1.13	0.983	0.863	4.04	33.8	21.2	28.0	29.8	29.8	39.5
Nd	1.07	0.888	0.843	2.27	19.7	11.4	16.2	17.0	17.7	28.5
Sm	0.346	0.286	0.333	0.457	4.96	2.99	4.39	4.73	4.40	7.07
Eu	0.482	0.476	0.373	0.112	1.45	1.07	1.19	1.61	2.04	2.14
Gd	0.571	0.558	0.532	0.566	4.86	3.90	5.32	4.55	3.50	6.73
Tb	0.105	0.100	0.097	0.0805	0.789	0.745	0.93	0.762	0.482	1.03
Ho	0.138	0.154	0.145	0.111	0.885	1.04	1.31	0.864	0.546	1.29
Tm	0.0432	0.075	0.052	0.0397	0.303	0.432	0.506	0.335	0.16	0.449
Yb	0.223	0.500	0.258	0.225	1.72	2.37	2.94	1.98	0.844	2.51
Lu	0.03	0.079	0.032	0.0223	0.257	0.328	0.416	0.242	0.121	0.334
$(La/Yb)_N$	1.24	0.46	0.40	4.72	6.51	3.09	4.01	5.13	11.73	4.46
$(Ce/Yb)_N$	1.23	0.48	0.81	4.34	4.75	2.16	2.30	3.64	8.54	3.80
(La/Sm)	1.23	1.24	0.48	3.59	3.49	3.78	4.15	3.32	3.48	2.45
δEu	3.33	3.61	2.72	0.68	0.90	0.97	0.76	1.06	1.55	0.94

注：SiO_2-CO_2 由中国地质科学院测试研究所用湿法分析；Sc-U 和 La-Lu 由中国科学院高能物理研究所用中子活化法分析；Ba-Zr 由北京有色冶金设计研究总院中心化验室用 XRF 法分析。

从表 3.1 中可以看到，本区超基性岩化学成分具有如下变化规律：全部样品中 CaO 含量均很低，CaO 在方辉橄榄岩和纯橄榄岩中是一种少量组分，而在二辉橄榄岩中含量较高，CaO 主要含于单斜辉石中，这说明本区超基性岩单斜辉石含量低，主要岩石类型应为方辉橄榄岩或纯橄榄岩。岩石中 H_2O 含量很高（11%~12%），说明岩石蚀变较强，存在普遍的蛇纹石化现象，这与野外及镜下的观察结果一致。超基性岩类为低铝—贫铝型，且以贫铝型为主。超基性岩贫碱质，K_2O+Na_2O 含量较低。本区超基性岩具有方辉橄榄岩和纯橄榄岩的化学成分特点，属镁质超基性岩的范畴。根据化学成分换算获得的岩石矿物组成表明，本区超基性岩主要组成矿物为橄榄石和斜方辉石，具有方辉橄榄岩的矿物组成特点。本区超基性岩具有上地幔变质橄榄岩的化学成分特点，且以方辉橄榄岩和纯橄榄岩为主要岩石类型。与世界典型蛇绿岩带的超镁铁质岩类型及成分特点类似（Coleman，1977）。

本区辉长岩的化学成分具有如下变化规律：辉长岩 SiO_2 含量变化不大，介于 41%~47%，$FeO(T)/(FeO(T)+MgO)$ 在 0.6~0.7，属高铝强碱质辉长岩类。

与辉长岩类比较，本区辉绿岩墙群 SiO_2 明显偏高（50%~55%），碱质较富（K_2O+Na_2O 介于 5.18%~6.13%），而 Al_2O_3（14%~15.70%）、CaO（5.53%~7.89%）却明显低于辉长岩类，显示了一定递进岩浆演化序列的化学成分特点。相对于辉长岩类其化学成分的另一特点是 MgO 略高且变化大（4.84%~8.29%），而 $FeO(T)$ 略低于辉长岩类。本区辉绿岩墙群属强碱铝质基性岩类，其 K_2O+Na_2O 含量介于戴里碱性辉长岩与钙碱性辉长岩之间。本区辉绿岩墙群大多反映了其与下部辉长岩类在成因及岩浆演化方面有一定的渊源关系。

本区海相火山岩大多受到了强弱不等的蚀变作用，许多组分产生程度不等的变化，其中最为敏感的是碱质组分，它们往往增高。SiO_2-Zr/TiO_2 图解被认为是划分蚀变、变质火山岩系列的有效图解（Winchester and Floyd，1977）。根据图 3.2，本区火山岩均属亚碱性火山岩。

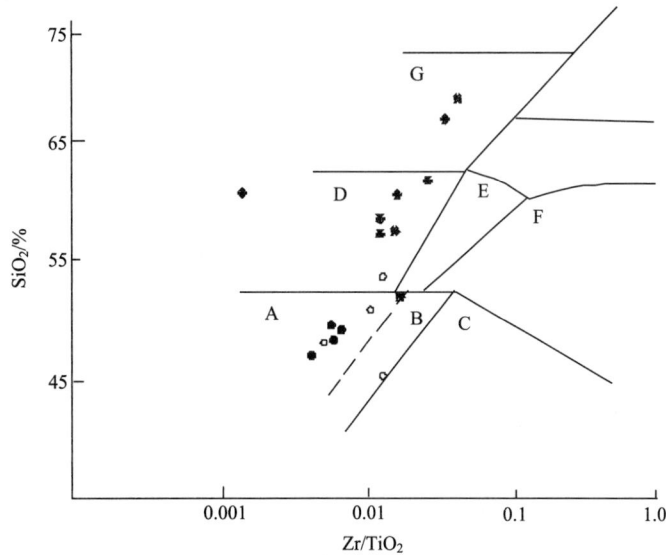

图 3.2 火山岩 SiO_2-Zr/TiO_2 图解（据 Winchester and Floyd，1977）

A. 亚碱性玄武岩类；B. 碱性玄武岩类；C. 粗面玄武岩、碧玄岩、霞石岩；D. 安山岩类；

E. 粗面安山岩类；F. 响岩类；G. 流纹英安岩、英安岩

○本区 MORB 型火山岩；●本区岛弧拉斑系列火山岩；∗本区岛弧钙碱火山岩

SiO_2-$FeO(T)/MgO$ 图解（图 3.3）表明，本区亚碱性系列火山岩可进一步区分为拉斑和钙碱两个火山岩系列。值得注意的是，一组亚碱性拉斑系列火山岩显示了特征的大洋拉斑（MORB）演化趋势，即随 MgO 的降低，Fe_2O_3+FeO 迅速增加；而另一组拉斑玄武岩（在 SiO_2-$FeO(T)/MgO$ 图上位于 TH 区）则表现为随 MgO 的降低，最初出现微弱的富铁趋势，尔后迅速转变为贫铁趋势，具有特征的岛弧拉斑玄武岩演化趋势，它们与本区钙碱性安山岩、英安岩构成延续的演化趋势，反映了其成因演化及形成构造背景的相似性。总之，本区海相火山岩均属亚碱性火山岩，可区分为拉斑和钙碱两个火山岩系列，拉斑系列火山岩可能形成于两种不同的构造环境，一组具有特征的大洋拉斑（MORB）演化趋势，另一组则表现为岛弧拉斑玄武岩的演化特点。

本区具有特征的大洋拉斑（MORB）演化趋势的玄武岩类 TiO_2（0.92%～1.86%，平均 1.31%），与现代大洋拉斑玄武

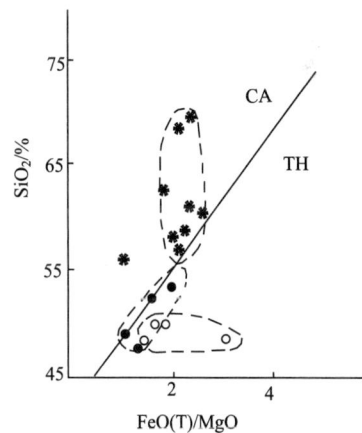

图 3.3 火山岩 SiO_2-$FeO(T)/MgO$
图解（据 Miyashiro，1975）

○本区 MORB 型火山岩；●本区岛弧拉斑系列火山岩；∗本区岛弧钙碱火山岩

岩 TiO_2 含量及变化范围接近（Dmitrier et al.，1989）；低 K_2O 且变化大（0.04%～0.95%，平均0.47%）；SiO_2 含量低（47.28%～49.90%，平均 48.82%），Al_2O_3 高（12%～14.68%），Fe_2O_3+FeO、MgO 含量高，且 FeO 明显高于 Fe_2O_3；与现代大洋拉斑玄武岩比较，CaO 偏低，Na_2O 较高，这与岩石经受的细碧岩化作用有关（Gillis and Thompson，1993）。该组拉斑玄武岩具有特征的大洋拉斑演化趋势，即随 MgO 降低，Fe_2O_3+FeO 迅速增加。另一组拉斑玄武岩、玄武安山岩具有相对低 TiO_2 的特点（0.68%～1.04%，平均 0.89%）；需要指出的是，该组火山岩 K_2O 含量低，不具有成熟岛弧高 K_2O

表 3.2　火山岩化学成分（%）和微量元素

编号	LQ49	LQ50	LQ51	M40	LQ23	LQ25	M33	M46
取样位置	庄科	庄科	庄科	文家沟	桥梓沟	桥梓沟	三岔子	桥梓沟
岩性	玄武岩	玄武岩	玄武岩	玄武岩	玄武岩	玄武岩	玄武岩	玄武岩
SiO_2	49.60	49.90	48.50	47.28	48.30	53.50	50.86	45.00
Al_2O_3	12.00	13.90	14.40	14.68	15.40	17.50	18.50	15.36
Fe_2O_3	3.50	4.81	6.15	3.89	6.89	2.08	4.59	2.15
FeO	10.10	7.19	6.90	11.25	4.10	6.68	5.10	6.36
CaO	3.63	5.55	7.53	8.84	10.30	7.40	5.28	8.64
MgO	7.00	6.91	8.36	4.69	7.81	4.38	6.02	7.72
K_2O	0.95	0.70	0.04	0.20	0.03	0.02	0.20	0.20
Na_2O	0.83	3.19	3.22	2.72	1.03	4.40	4.74	3.49
TiO_2	1.32	0.92	1.13	1.86	0.97	1.04	0.68	0.89
MnO	0.15	0.15	0.18	0.21	0.19	0.18	0.15	0.15
P_2O_5	0.15	0.14	0.15	0.12	0.17	0.23	0.21	0.13
H_2O	5.58	5.02	3.44	3.49	4.12	2.56	3.51	4.63
CO_2	3.39	1.45	0.05	1.23	0.38	0.38	0.47	5.29
总计	98.20	99.83	100.05	100.46	99.69	100.35	100.31	100.01
La	1.89	1.23	1.59	5.20	7.14	19.9	16.6	8.22
Ce	4.63	4.46	5.42	13.1	13.6	27.3	27.1	20.0
Nd	3.98	5.42	6.87	10.2	7.37	14.1	14.7	10.0
Sm	2.27	2.23	2.63	3.51	2.77	4.19	3.65	2.76
Eu	1.32	0.784	0.956	1.47	1.27	1.43	1.07	1.05
Gd	5.32	3.65	3.89	4.73	3.49	4.73	2.95	2.80
Tb	0.99	0.717	0.876	0.775	0.677	0.825	0.438	0.398
Ho	1.59	1.06	1.45	1.10	0.957	1.17	0.586	0.553
Tm	0.615	0.432	0.627	0.486	0.407	0.467	0.259	0.270
Yb	3.41	2.59	3.48	3.13	2.51	2.74	1.63	1.89
Lu	0.455	0.352	0.421	0.451	0.353	0.393	0.244	0.295
Cs	4.95	4.30	1.08	11.0	1.21	0.377	9.85	7.75
Rb	44	28	3.2	11	4.1	3.1	15	2
Ba	318	210	17	65	22	11	184	10
Hf	2.02	1.97	1.64	1.78	1.57	3.48	1.92	1.70
Ta	3.65	0.095	0.105	0.278	2.38	0.922	0.182	0.357
Th	0.151	0.146	0.153	0.517	0.652	2.53	2.73	1.04
U	0.235	0.249	0.259	0.251	0.322	0.643	0.789	0.0991
Nb	4.2	4.0	3.9	8.4	6.1	12	7.1	8.0
Sr	75	55	132	438	455	654	862	342
Zr	75	54	64	72	49	138	73	70
Y	29	25	28	29	21	24	17	19

注：SiO_2-CO_2 由中国地质科学院测试研究所用湿法分析；La-U 由中国科学院高能物理研究所用中子活化法分析；Nb-Y 由北京有

分析结果（10^{-6}）（赖绍聪等，1997c）

LQ24	LQ35	LQ38	LQ43	M30	M49	M10	M13
桥梓沟	三岔子	三岔子	三岔子	三岔子	桥梓沟	五里坝	五里坝
安山岩	安山岩	安山岩	安山岩	安山岩	安山岩	英安岩	英安岩
57.40	61.00	60.40	58.50	61.48	52.04	68.33	67.22
16.00	15.50	17.00	14.40	17.35	15.51	14.02	14.94
3.65	3.46	2.30	2.39	1.19	1.96	2.67	2.67
4.10	4.10	4.74	5.61	4.10	5.93	2.44	2.55
8.27	3.30	2.95	4.59	2.01	4.33	1.50	1.12
3.51	3.16	2.63	3.86	3.17	6.86	2.06	2.32
0.24	1.02	0.92	0.44	0.20	0.20	2.39	1.76
3.97	4.43	6.12	4.70	6.83	4.80	3.43	4.01
0.96	0.99	0.80	1.03	0.48	0.66	0.63	0.67
0.17	0.13	0.14	0.14	0.11	0.13	0.12	0.14
0.25	0.27	0.25	0.28	0.14	0.30	0.09	0.08
1.64	2.44	1.96	2.60	2.25	4.22	2.11	1.56
0.05	0.19	0.05	1.64	0.28	3.59	0.94	0.66
100.21	99.99	100.26	100.18	100.31	100.12	100.43	99.70
19.1	15.9	13.7	11.2	22.5	21.1	40.5	42.6
37.6	34.4	26.5	19.7	30.3	26.7	63.5	62.0
19.8	22.6	17.1	12.5	14.9	14.2	30.6	30.6
4.43	5.49	4.42	4.01	3.17	3.44	6.61	6.21
1.30	1.50	1.32	1.43	0.746	0.981	1.39	1.50
4.56	6.34	4.79	4.68	2.03	3.19	6.34	5.74
0.837	1.14	0.796	0.81	0.313	0.542	0.948	0.975
1.14	1.45	1.04	1.12	0.42	0.757	1.19	1.39
0.449	0.526	0.392	0.449	0.179	0.322	0.467	0.558
2.69	3.02	2.25	2.61	1.10	2.01	2.79	3.23
0.359	0.419	0.302	0.383	0.191	0.289	0.444	0.447
1.35	2.02	2.36	1.00	6.04	7.30	31.2	12.7
7.7	2	30	12	6.7	7.2	89	80
208	19	492	166	110	68	977	834
3.65	4.06	3.43	3.55	2.13	3.27	6.41	6.58
0.581	0.676	0.221	2.20	0.237	0.482	0.907	0.898
2.47	2.22	2.27	1.78	3.01	5.61	7.95	8.42
0.744	0.728	0.834	0.717	1.29	1.65	1.37	1.54
12	2.6	6.8	6.3	8.5	11	15	17
669	3.6	307	584	378	254	158	126
136	13	128	129	117	122	237	244
23	1.3	22	23	14	19	31	32

色冶金设计研究总院中心化验室用 XRF 法分析。

的特点。其 SiO$_2$（45%～53.3%，平均49.42%）、Al$_2$O$_3$（15.36%～18.50%，平均16.69%）高于本区洋脊拉斑玄武岩；而 Fe$_2$O$_3$、FeO 含量低于本区洋脊拉斑玄武岩。

本区大多数钙碱系列安山岩类 SiO$_2$ 大于57%，平均为58.34%，属高硅安山岩（Gill，1981）；K$_2$O低（0.20%～1.02%，平均0.46%），以低钾—中钾安山岩类为主；英安岩类火山岩具岛弧火山岩化学成分特点。

需要指出的是，变质作用和蚀变作用使得火山岩的成分、尤其是主成分产生一定程度的改变，岩石系列的化学演化趋势将产生一定程度的离散。但上述特点仍可反映本区火山岩主元素的一般特点。

四、勉（县）-略（阳）蛇绿构造混杂岩带微量元素地球化学特征

从蛇纹岩不相容元素原始地幔标准化配分型式图解（图3.4）可以看到：本区蛇纹岩存在 La、Ce、Sr、Hf、Ti 等适度不相容元素的谷，说明本区上地幔的确产生过一定程度的局部（部分）熔融。三岔子蛇纹岩与其他蛇纹岩比较，Sr 不是亏损而是富集，且具有更强的 Rb、Ba、Zr、Y 富集状态；而煎茶岭蛇纹岩除 Sr、Ti 两个适度不相容元素外，其他不相容元素含量均高于原始地幔平均值，呈弱—中强富集状态。这说明本区超基性岩微量元素特征在总体趋势一致的前提下，不同区域存在细微的差别。

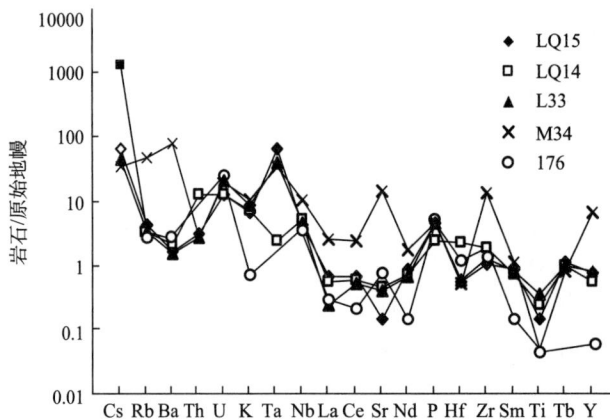

图3.4　蛇纹岩不相容元素原始地幔标准化配分型式

本区蛇纹岩 Nb/La 值高，介于2.07～41.88，以三岔子蛇纹岩 Nb/La 值最大，远高于原始地幔的 Nb/La 值（0.87）；Zr/Y 值介于3～8，平均为5.08，略高于原始地幔值（2.26）；Zr/Nd 值与原始地幔接近或略高，但三岔子蛇纹岩却出现 Zr/Nd 的特高值，达166.07，表明岩石中 Zr 呈强烈富集状态。岩石中 Hf/Th 值低，<0.80；Th/Ta、La/Ta 大多很低，不超过0.23，但煎茶岭蛇纹岩例外，它具有很高的 Th/Ta（10.99）和 La/Ta（17.85）值，反映了本区不同超基性岩块之间存在的微量元素地球化学差异。较低的 Ti/V 值显示了 Ti 相对于原始地幔的亏损状态。而 Zr/Nb 值低于原始地幔同样表明了不相容性较强的元素 Nb 相对于不相容性低的元素 Zr 更趋富集。然而三岔子蛇纹岩的 Zr/Nb 值却高于原始地幔的 Zr/Nb 值。Ta/Yb 主要与地幔部分熔融及幔源性质有关。亏损地幔的 Ta/Yb 一般很低（<0.1），而本区超基性岩大多显示了比亏损地幔高得多的 Ta/Yb 值，仅煎茶岭蛇纹岩 Ta/Yb 值为0.41，但仍高于亏损地幔的 Ta/Yb 值。

总之，各种特征的微量元素比值仍然显示了本区超基性岩相对富集强不相容元素的微量元素地球化学特征。同时，揭示了不同超基性岩块地球化学特征的差异性，它从另一个角度显示了地幔不均一性的客观事实。

本区辉长岩 Cs、Rb、U、K、Ta、Nb 等强烈不相容元素表现为总体上的富集特征，符合强不相

容元素更趋富集于局部融熔（部分融熔）的易熔组分中的地球化学规律（图 3.5）。辉长岩中 La、Sr、Hf、Ti 与原始地幔比较均呈中—弱的富集状态，与本区超基性岩类（蛇纹岩）中该组元素的亏损状态恰成互补特征，表明了辉长岩与超基性岩类在源区特征及成因方面的相关性。

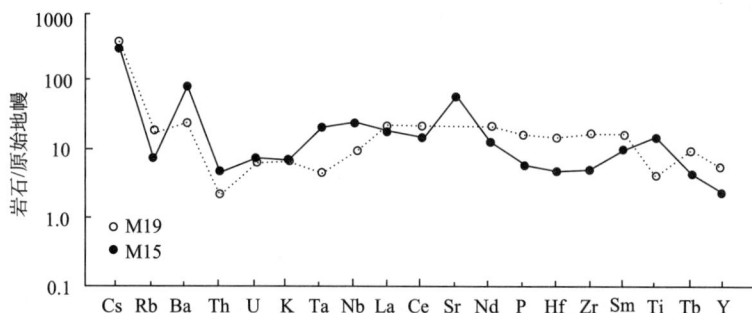

图 3.5　辉长岩不相容元素原始地幔标准化配分型式

本区辉长岩 Nb/La 值低（0.39~1.05），与原始地幔接近或略低，远低于超基性岩（蛇纹岩）的 Nb/La 值；说明岩石中 La 相对于超基性岩而言有较大程度的富集；Zr/Nd 值、Zr/Y 值与超基性岩接近，变化不大。反映了辉长岩相对超基性岩的一种"承袭性"。Hf/Th、Ti/V、La/Yb、La/Ta 值高且变化大，大多高于超基性岩和原始地幔同类元素对比值，这与原始地幔标准化配分曲线中 Hf、Ti、La 等元素由超基性岩的中度亏损状态，转变为辉长岩中的低度富集状态的特点是一致的。Th/Ta 值与超基性岩接近，低于原始地幔 Th/Ta 值；而 Zr/Nb 值变化大。Th/Yb（0.09~0.59）、Ta/Yb（0.08~1.16）均低于超基性岩类同类元素组比值，表明辉长岩中 Th、Ta 相对于弱不相容元素 Yb 的富集度较超基性岩有所降低。

从图 3.6 中可以看到，本区辉绿岩不相容元素谱系图总体显示为右倾型式，强不相容元素富集度高，弱不相容元素富集度低，随着自左向右元素不相容性的降低，富集度逐渐减弱。与本区辉长岩不相容元素谱系图总体趋势相一致，但曲线更为平缓、平滑，不具有显著的"峰"和"谷"。如果说辉长岩在一定程度上承袭了源区地球化学特征的话，那么辉绿岩则更多地反映了一种递进岩浆演化趋势，不相容元素符合岩浆演化过程中的普遍规律。

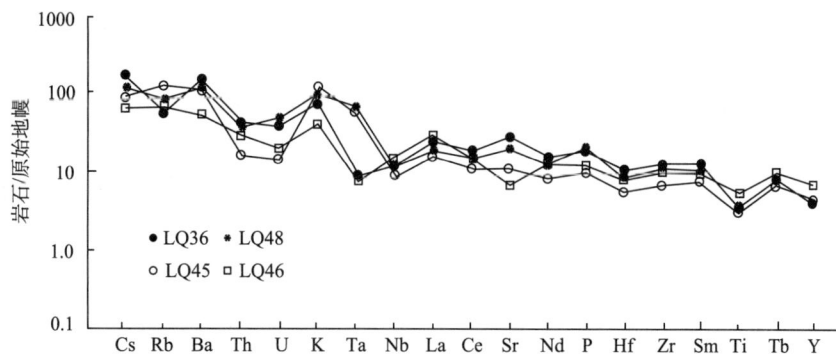

图 3.6　辉绿岩不相容元素原始地幔标准化配分型式

与辉长岩类相比，本区辉绿岩具有更低的 Hf/Th 值、Ti/V 值；而 Th/Ta 值较辉长岩类更高。其他元素对比值与辉长岩类接近或变化不大。在世界典型蛇绿岩中，席状岩墙与下部辉长岩之间的接触关系常常是令人费解的，而且相当复杂。很多证据表明，辉绿岩墙随着辉长岩冷却，而且它们向下进入辉长岩中即行尖灭。因此，在岩墙侵位之前似有一些辉长岩应已经固结，而且岩墙侵入体向下进入了固结的辉长岩，这是一个令人费解的构造问题。据此，有人认为岩墙有一个与辉长岩和橄榄岩不同的岩浆来源，而且还需要有复岩浆房来提供在岩墙群内经常观察到的成分上的变化。但并无明显的证据证明上述设想。勉略地区由于构造混杂作用和蛇绿岩的肢解，难以观察到辉长岩与岩墙群之间的确切关系，但微量元素地球化学却显示了辉绿岩墙与本区辉长岩之间并无显著差异，而且在相当程度上具有递进演化的趋势，无法用不同岩浆源来加以解释，看来辉绿岩墙群作为脉动式岩浆活动稍晚期的产物更为合理。

前已述及，本区火山岩存在两种不同的系列组合和演化趋势，一组为具明显富 Fe 趋势的大洋拉斑玄武岩系列，另一组为由弱富铁趋势逐渐转变为贫铁富碱趋势的亚碱性岛弧火山岩系列。

本区大洋拉斑玄武岩不相容元素地幔平均成分标准化谱系图（图 3.7）较为特殊，曲线密集重叠，除 Cs、Rb、Ba 呈中强富集外，其他元素大多为低程度富集。具有明显的 Th 谷和很轻微的 Ti 谷，K、Ta、Sr 变化大。曲线由强不相容元素部分的左倾型式随着元素不相容性的降低逐渐趋于平缓，自 La→Y 曲线略有上翘现象，即 La→Y 曲线呈左倾正斜率，但不明显，说明 Zr、Sm、Tb 等不相容性较弱的元素相对于 La、Ce、Nd 等不相容性稍强的元素略呈富集状态，这种现象在一定程度上符合亏损源区起源的玄武岩浆特征。

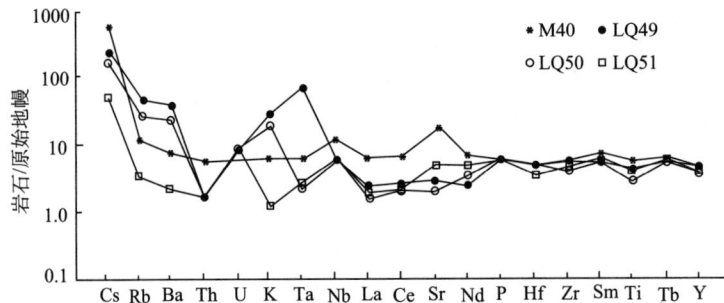

图 3.7　洋脊拉斑玄武岩不相容元素原始地幔标准化配分型式

本区岛弧系列火山岩不相容元素谱系图（图 3.8）明显不同于本区大洋拉斑玄武岩，曲线总体呈右倾型式，自基性向中酸性演化，曲线有逐渐抬高、负斜率增大的趋势，Ti 谷逐渐加深，说明 Ti 的相对亏损与岩浆分异过程有关，可能归因于 Ti、Fe 氧化物的分离结晶。K、U、Th 等元素富集度逐渐增高，逐渐由低 K 火山岩向高 K 质火山岩演化，说明它们在岩浆分异过程中的不相容元素性质，并与岛弧成熟度逐渐升高的演化趋势相一致。显示了造山带（岛弧）火山岩系列的共同特点。五里坝英安岩具有明显的 Ti、Sr 谷和 Nb、Ta 谷。在基性岩中 Sr 呈弱的正异常，至安山岩，Sr 趋于无异常的平滑状，到英安岩中 Sr 出现明显的谷，说明它是在岩浆分异过程中形成的。可见，本区岛弧火山岩以富集大离子半径元素和相对贫化高场强元素为特征，与西南太平洋岛弧（Johnson and Kushiro，1992）等造山带火山岩特点类似。

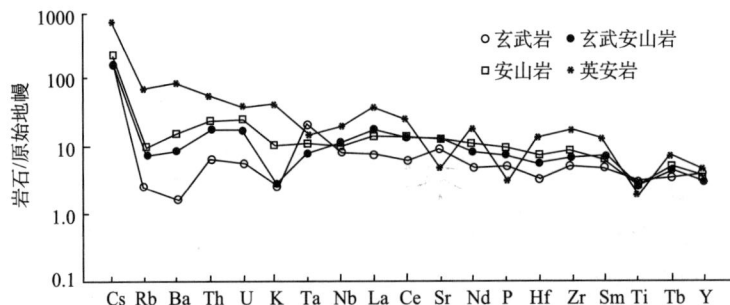

图 3.8　岛弧火山岩不相容元素原始地幔标准化配分型式

本区洋脊玄武岩 Nb/La 值均>1.5，在 1.62~3.25 范围变化，平均为 2.39；Hf/Th 大多大于 10，在 10~13.5 范围，仅 M40 小于 10，为 3.44；Zr/Y 十分稳定，在 2.5 左右；Th/Ta 近似等于 1，而 La/Ta 大多在 12~18 范围变化，Ti/V 值稳定，平均为 22.13，Th/Yb（0.04~0.17）、Ta/Yb（0.03~0.09）大体处在 MORB 或 DM 的范畴之内。上述微量元素比值特征表明，本区洋脊玄武岩 Ti/V、Th/Ta、Th/Yb、Ta/Yb 等与来自亏损的软流圈地幔的 MORB 十分类似。

本区岛弧火山岩大多 Th>Ta，Nb/La<0.8；Th/Ta 大多介于 3~12，Th/Yb 0.26~2.85（玄武岩平均 0.405；玄武安山岩平均 1.30；安山岩平均 1.39；英安岩平均 2.73）、Ta/Yb 0.10~0.95（玄武岩平均 0.57；玄武安山岩平均 0.23；安山岩平均 0.29；英安岩平均 0.31），总体上显示了岛弧火山岩的地球化学特征。

微量元素组合特征可以较为有效地区分不同构造背景下形成的火山岩。本区四个大洋拉斑玄武岩的 N 型 MORB 标准化分布型式（图 3.9）表明，LQ51 和 M40 号样品除 K 的亏损和 Rb 的低度富集外，其他所有元素均无明显的亏损或富集现象，其相对丰度（比值）接近于 1，曲线呈较为平坦的分布型式，与拉斑玄武质的 MORB 十分接近。而 LQ49 和 LQ50 号样品以 K、Rb、Ba 的中强富集为特征，而自 Th → Cr 的所有其他元素同样均具有平坦的分布型式，无明显亏损或富集现象，与拉斑玄武质 MORB 完全一致。微量元素依其性质不同在蚀变、变质过程中变化程度各不相同。Rb、Sr、Ba、K 属易活动组分；而 Ti、Zr、Y、Nb、Ta、P 受热变质迁移作用影响较小。笔者认为，本区大洋拉斑玄武岩中 K、Rb、Ba 的富集可能与两方面的因素有关：①本区超基性岩具有富集 K、Rb、Ba 等大离子亲石元素的特征，在一定程度上反映了本区地幔中存在的交代作用以及上地幔的不均一特征。因此，玄武岩中 K、Rb、Ba 的富集可以理解为对源区物质组成及上地幔交代作用的继承与再现。②由于本区火山岩均遭受了低级变质作用及细碧岩化作用，在这两种地质作用中碱质及其相关的元素均是容易发生变化的活动组分，从而有可能影响本区火山岩中该组元素的丰度特征。

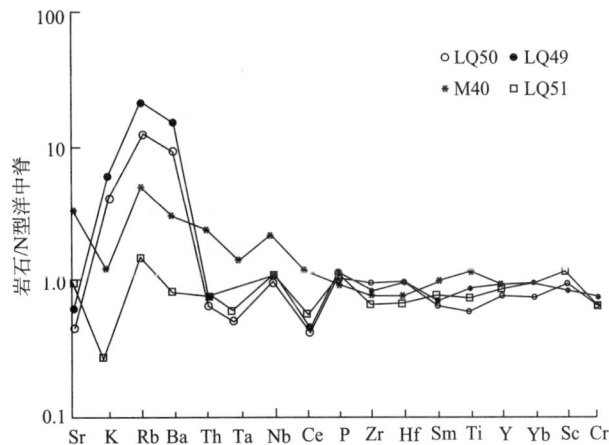

图 3.9　本区洋脊玄武岩 N 型 MORB 标准化微量元素配分型式

本区四个岛弧火山岩（玄武岩、玄武安山岩）的 N 型 MORB 标准化分布型式（图 3.10）表明，Sr、Rb、Ba、Th 等元素变化较大，但主要以低-中度富集为特征，自 Nb→Sc，元素绝对丰度逐渐降低，并出现 Cr 的中-强亏损，这种分布型式与典型的板内火山岩及洋中脊火山岩均有很大区别，而更多地具有岛弧火山岩（岛弧拉斑系列及岛弧拉斑-钙碱系列）的地球化学特征。

Ba、Th、Nb、La 都是非常不相容元素，它们的分配系数相近。因此它们的比值尤其是 Ba、Th、La 与 Nb 的比值（Nb 分配系数居中）在部分熔融和分离结晶过程中基本保持不变，从而可最有效地

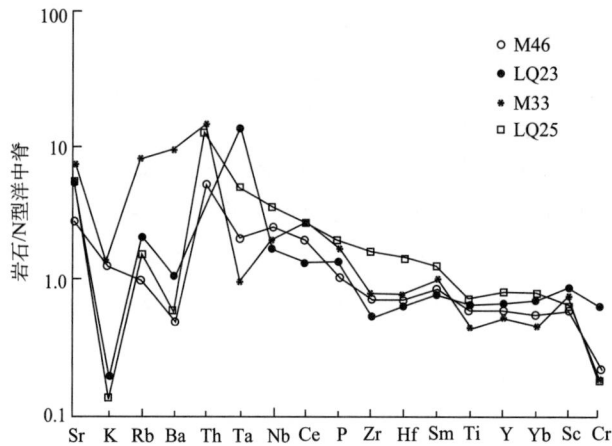

图 3.10　本区岛弧火山岩 N 型 MORB 标准化微量元素配分型式

指示源区特征（Sun and McDonough，1989）。Nb、La、Ba、Th 在海水蚀变及变质过程中是稳定或比较稳定的元素。所以，利用（Nb/Th）-Nb 和（La/Nb）-La 图解可以区分洋脊、岛弧、洋岛玄武岩。从图 3.11 中可以看到，本区海相火山岩（玄武岩类）可区分为两组，一组为洋脊玄武岩，另一组为岛弧玄武岩，与以上多种地球化学约束的结果相一致。

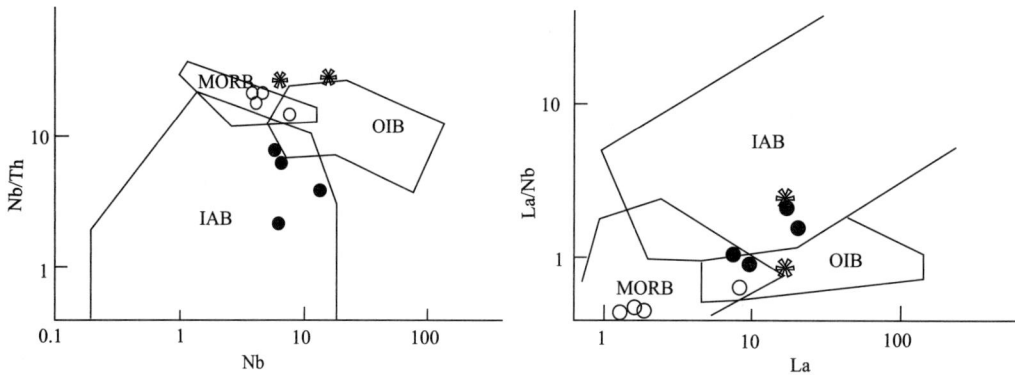

图 3.11　（Nb/Th）-Nb 和（La/Nb）-La 图解（据李曙光，1993b）
○本区 MORB；●本区 IAB；✳本区辉长岩

　　总之，地球化学图解及微量元素组合特征均表明，本区海相火山岩主要存在大洋拉斑玄武岩及岛弧火山岩两种组合类型。

五、勉(县)-略(阳)蛇绿构造混杂岩带稀土元素地球化学特征

　　从稀土元素球粒陨石标准化配分型式图中（图 3.12）可以更加清楚地看到，本区超基性岩具有两种截然不同的配分型式，一类为右倾负斜率轻稀土富集型，Eu 处具明显凹陷，其 La 的含量可达球粒陨石值的 5 倍左右。另一类大体呈左倾型式，但斜率很小，且最重稀土部分略有下滑，Eu 处为一明显的峰。

　　本区辉长岩类（La/Yb）$_N$ 4.46~11.73，平均为 8.10；（Ce/Yb）$_N$ 3.80~8.54，平均为 6.17；La/Sm 2.45~3.48，平均为 2.97；δEu 0.94~1.55，平均为 1.25。稀土配分曲线（图 3.13）具有右倾负斜率轻稀土富集型分配型式，Eu 的正异常不显著或具弱的正异常。

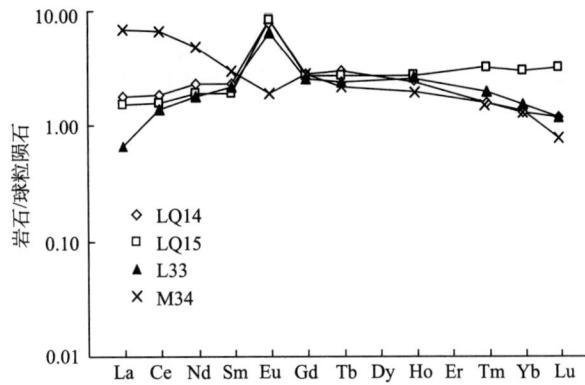

图 3.12　蛇纹岩稀土元素球粒陨石标准化配分型式

辉绿岩（辉长辉绿岩）类（La/Yb）$_N$ 3.09~6.51，平均为 4.69；（Ce/Yb）$_N$ 2.16~4.75，平均为 3.21；La/Sm 3.32~4.15，平均为 3.69；δEu 0.76~1.06，平均为 0.92。稀土配分曲线（图 3.14）仍为右倾负斜率轻稀土富集型，但曲线较辉长岩平缓，负斜率略小，且无 Eu 的正异常，除一个样品略具负 Eu 异常外，其他样品 Eu 基本无异常。

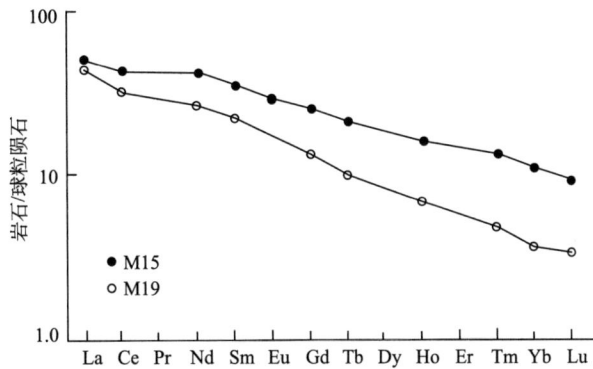

图 3.13　辉长岩稀土元素球粒陨石标准化配分型式

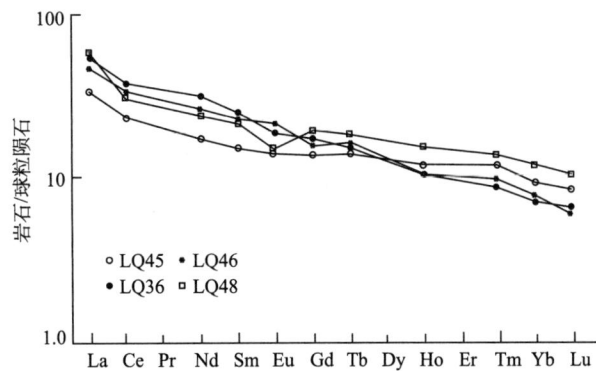

图 3.14　辉绿岩稀土元素球粒陨石标准化配分型式

本区大洋拉斑玄武岩（La/Yb）$_N$ 介于 0.30~1.07，平均为 0.51；（Ce/Yb）$_N$ 介于 0.33~1.01，平均为 0.54；La/Sm 介于 0.6~1.48，平均为 0.87；δEu 十分稳定，变化不大，介于 0.84~1.13，平均为 1.00，表明岩石基本无 Eu 的异常。在球粒陨石标准化稀土配分图上（图 3.15），显示为轻稀土亏损型配分型式，具典型的 N 型 MORB 稀土地球化学特征。通常认为，沿着正常的中脊，假定上升的地幔橄榄岩经历了绝热压缩，程度不同但广泛的部分熔融，以及实质上相当于地壳扩张的被动喷发，那么在正常中脊喷发的拉斑质玄武岩大多亏损 LREE，表明它们源于以前曾经熔出过熔体的地幔源区，即要求玄武岩源于亏损 LREE（具有很高的 Sm/Nd 值）的源区。这个性质还被认为反映了岩石中其他高度不相容元素的绝对丰度值应该很低（Kay and Hubbard，1978；Wood *et al.*，1979；Frey，1982；Schilling *et al.*，1983；Kay，1984）。但事实上本区大洋拉斑玄武岩中 Cs、Rb、Ba 等大离子亲石元素丰度值并不低，通常高出正常地幔同类元素平均值的 10 倍以上，这表明其源区可能由于上地幔交代作用而富集了部分强不相容元素。

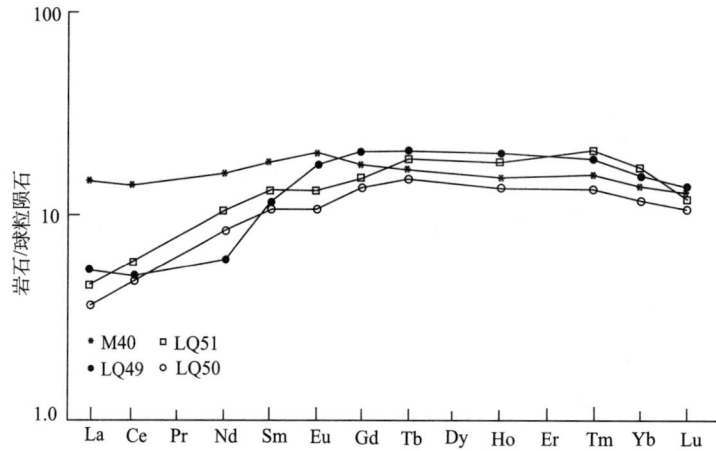

图 3.15　洋脊玄武岩稀土元素球粒陨石标准化配分型式

本区岛弧拉斑玄武岩 $(La/Yb)_N$（1.84~2.81，平均 2.33）及 $(Ce/Yb)_N$（1.31~2.56，平均 1.94）相对较低，La/Sm 值（2.58~2.98，平均 2.78）与 $(La/Yb)_N$ 类似，说明岩石轻重稀土分异不强，轻稀土略有富集，但富集度不高。δEu（1.15~1.26，平均 1.21）大于 1.0，岩石具弱的正 Eu 异常。稀土元素配分图解（图 3.16）可以看出，配分曲线较为平直，斜率小，Eu 处具低的突起。

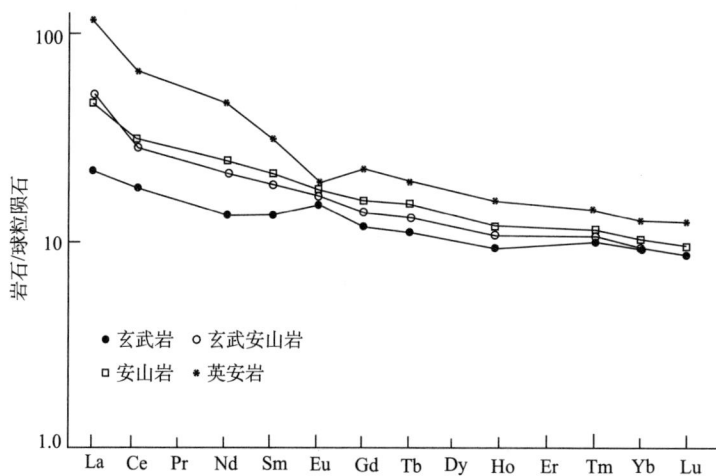

图 3.16　岛弧火山岩稀土元素球粒陨石标准化配分型式

本区岛弧玄武安山岩和安山岩类 $(La/Yb)_N$ 大多在 2.78~13.24 范围变化，平均为 5.60；$(Ce/Yb)_N$ 介于 1.82~6.66，平均为 3.29；La/Sm 值大多介于 2.79~7.10，平均为 4.44；说明岩石存在明显的轻重稀土分异现象，轻稀土中度富集。稀土元素配分曲线（图3.16）反映了同样的特征。岩石δEu介于0.85~1.04，平均为0.94，十分接近于1.0，无明显Eu异常。

本区岛弧英安岩类与中基性岩类相比，轻重稀土分异更为明显，$(La/Yb)_N$ 8.53~9.39，平均为8.96；$(Ce/Yb)_N$ 4.64~5.50，平均为5.07；La/Sm 6.13~6.86，平均为6.50。轻稀土强烈富集，配分曲线（图3.16）轻稀土部分较陡，负斜率大；而重稀土部分曲线较为平直，在Eu处形成一明显凹陷，表明岩石具有负Eu异常，这与其δEu 0.65~0.76，平均为0.71是一致的。

从上述稀土元素特征可以看出，本区岛弧火山岩由基性 → 中性 → 中酸性，稀土元素具有连续递进的演化规律，轻稀土富集度逐渐增高，Eu由正异常 → 无异常 → 负异常，反映了斜长石相的分离结晶作用。这表明本区岛弧火山岩具有同源性，是由共同的原生岩浆分异演化而成。

六、勉(县)-略(阳)蛇绿混杂岩带黑沟峡火山岩及鞍子山蛇绿岩

(一) 黑沟峡初始洋型双峰式火山岩

李曙光等（1996b）的研究结果表明，该火山岩系主要由玄武岩及少量英安岩、流纹岩组成，缺少中性岩石，表现出双峰式火山岩特征，说明它们形成于大陆裂谷环境。然而，该火山岩系与一般陆内裂谷双峰式火山岩不同，它们的钾含量很低，与低钾的洋中脊玄武岩或低钾岛弧拉斑玄武岩类似。其中，玄武质岩石均属拉斑系列，仅酸性岩属钙碱系列。

痕量元素的N-MORB标准化图（图3.17）显示该玄武岩痕量元素有如下特征：①Nb与La含量大致相等，Nb未显示出负异常，Ba也未显示出正异常，这与岛弧火山岩不同；②具有高Th、Pb异常和低Rb、K异常，后者排除了该玄武岩浆受陆壳混染的可能性，因此，高Th和Pb很可能反映了源区特征；考虑到Rb和K在变质过程中的活动性，应用Ti/Zr-Ti/Y图，同样可以证明该玄武岩来自MORB型地幔源并较少受陆壳混染影响，而酸性岩则源于具有陆壳特征的源区（图3.18a）；③除了Th和Pb外，其他痕量元素大致与N型MORB类似，而普遍低于OIB，具有扁平的REE模型（图3.19）。应用李曙光（1993b）提出的Ba-Nb-La判别图，该玄武岩均落在MORB区（图3.18b，c）。综合上述特征，该玄武岩应属于MORB型，不是OIB和岛弧型，说明该裂谷已拉张成洋盆，洋壳已开始形成。然而该玄武岩与典型N型MORB不同之处是Th和Pb高，该特征又与一些大陆溢流玄武岩类似。这恰好反映了该玄武岩是由初始大陆裂谷向成熟洋盆转化阶段的产物。

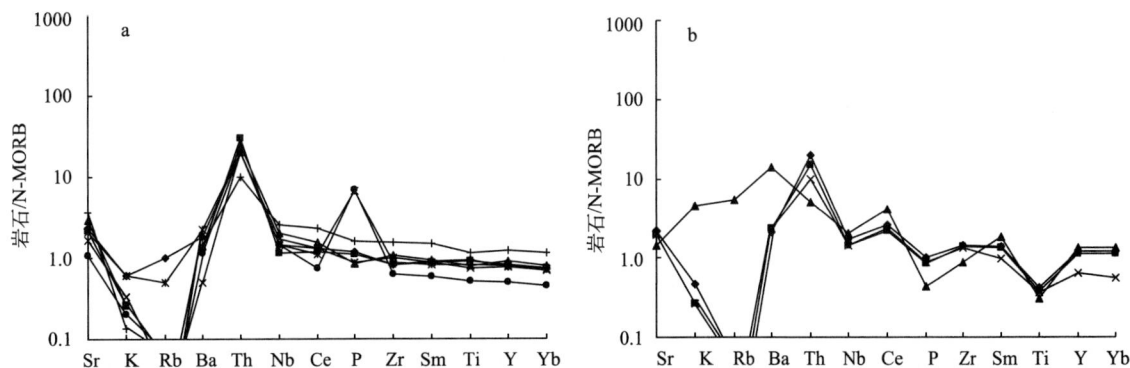

图3.17 黑沟峡变质火山岩痕量元素N-MORB标准化图

a. 玄武岩；b. 英安岩和流纹岩

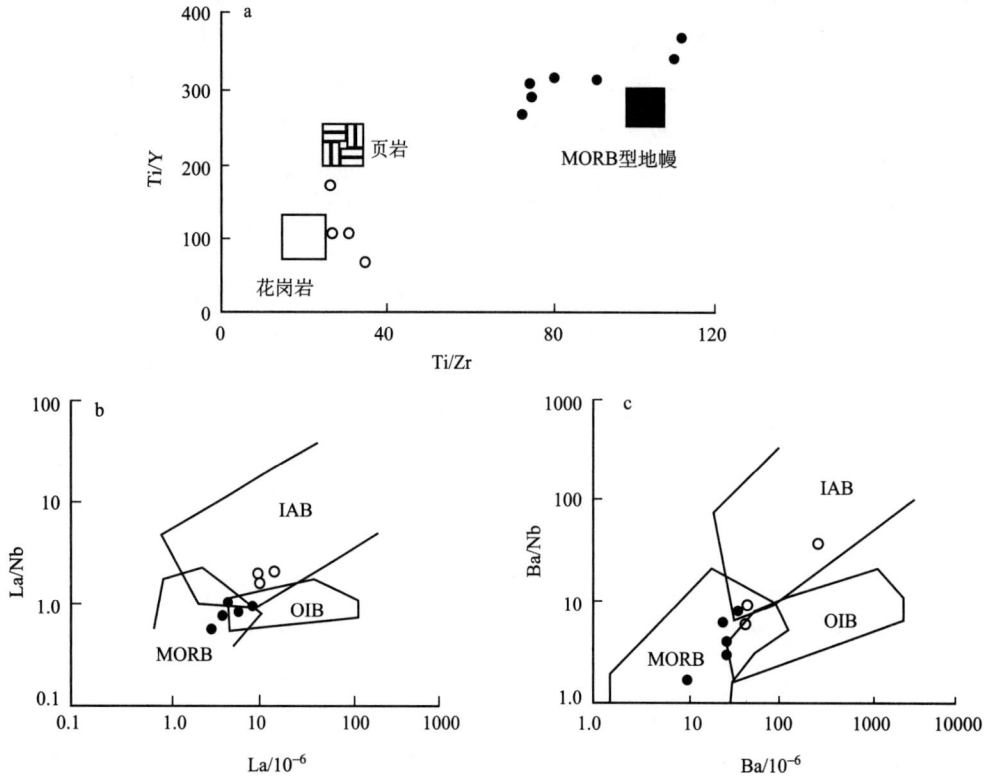

图 3.18 显示黑沟峡变质火山岩源区特征的 Ti/Zr-Ti/Y 图 (a) 和黑沟峡变质火山岩
生成构造环境的 Ba/Nb-Ba (b) 及 La/Nb-La (c) 判别图 (据李曙光等, 1996b)
●玄武岩; ○英安岩和流纹岩

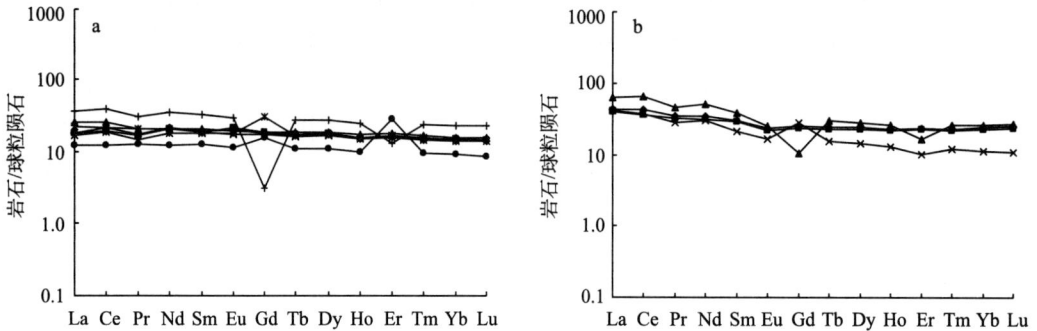

图 3.19 黑沟峡变质火山岩 REE 球粒陨石标准化图 (据李曙光等, 1996b)
a. 玄武岩; b. 英安岩和流纹岩

(二) 鞍子山角闪岩相变质基性火山岩

研究表明 (赖绍聪, 1997; 许继峰等, 2000), 在鞍子山一带除分布有均质辉长岩和堆晶辉长岩 (出露于关帝坪) 以及超基性岩块外, 还在该区见有角闪岩相变质基性火山岩, 它们主要环绕鞍子山超基性岩体分布或呈团块状出露在超基性岩体之中, 这些斜长角闪岩多呈块状外貌, 与变质的沉积岩系为断层接触, 未见其和后者呈互层出现, 根据其化学成分进行原岩恢复, 显示它们为一套正变质的镁铁质岩石。岩石的 TiO_2 在 1.09%~1.57%, 与 MORB 岩石相当; MgO 含量为 4.34%~8.18%, 低于

MORB 的平均值，它们均为亚碱性拉斑系列火山岩。稀土配分可分为两种类型，即 LREE 亏损型和 REE 平坦型（图 3.20a）。亏损型岩石（La/Yb）$_N$=0.22~0.44，表现出 N-MORB 的典型特征。它们的痕量元素配分型式（图 3.20b）与现代 N-MORB 岩石十分相似。总的看来，鞍子岩角闪岩相变质基性玄武岩与典型蛇绿岩的镁铁质岩石地球化学特征完全相同，应源于一个类似于亏损洋幔的源区，这表明它们应为勉略蛇绿岩的组成部分。

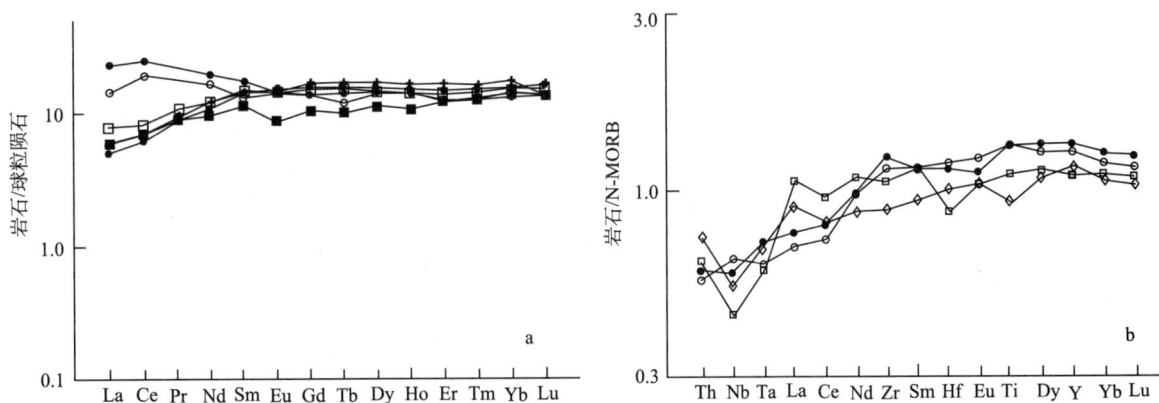

图 3.20　鞍子山蛇绿杂岩的稀土（a）和微量元素（b）曲线（据许继峰等，2000）

七、小　　结

勉略蛇绿构造混杂带主要岩石组合单元为变质橄榄岩-辉长岩、堆晶辉长岩-辉绿岩墙群-洋脊拉斑玄武岩-岛弧拉斑系列火山岩-岛弧钙碱系列火山岩。变质橄榄岩以方辉橄榄岩和纯橄榄岩为主，辉长岩与辉绿岩墙群具同源岩浆分异演化的地球化学特征。洋脊拉斑玄武岩来自亏损的软流圈地幔的较高程度平衡部分熔融，指示古生代中期—早中生代期间秦岭与扬子之间存在一个古洋盆。岛弧火山岩岩石组合指示一个不成熟—半成熟的岛弧类型，起源于楔形地幔的低程度部分熔融作用。总之，从地球化学特征和火山岩、蛇绿岩岩石构造组合类型综合表明，该带是一个印支期最终封闭，具洋脊蛇绿岩、岛弧火山岩以及岛弧蛇绿岩残片等复杂构成的蛇绿构造混杂带。

第二节　巴山弧岛弧岩浆带

巴山逆冲推覆构造系从秦岭造山带区域构造看应属于南秦岭多层次逆冲推覆构造的南缘组成部分。南秦岭逆冲推覆构造以银杏-间河-鲍峡断层为界，分为南秦岭北部逆冲推覆构造带和南秦岭南部逆冲推覆构造带。前者因原陆缘发育扩张裂陷型上古生界而被称为晚古生代裂陷带，后者因隆升无上古生界，以下古生界为主，并有较多的元古宇地层出露，被称为晚古生代隆升带。南秦岭南部逆冲推覆构造北以银杏-间河-鲍峡断层为界，南以巴山弧形逆冲推覆断层为主推覆面，主要由多个依次向南逆冲叠置的推覆岩片构成，形成北大巴山逆冲推覆构造，并向南侧的南大巴山发生大规模逆冲推覆，在其南侧又形成南大巴山逆冲推覆前锋带，故南秦岭南部逆冲推覆构造和南大巴山逆冲推覆前锋带共同构成巴山巨型逆冲推覆构造系（图 3.21）。

巴山弧巨型逆冲推覆构造主要是在秦岭造山带板块构造俯冲碰撞造山与中新生代以来陆内造山过程中长期复合作用形成，更主要的是它直接受勉略带构造演化的制约。因而，深入研究巴山弧巨型逆冲推覆构造带内的岩石组合关系，尤其是火山岩与蛇绿岩地球化学属性，对于研究探讨勉略缝合带的东西延伸意义重大。

详细的野外地质调查表明，勉县-略阳蛇绿构造混杂带向东与巴山弧构造带直接相连。区域地质填图和精细的野外地质剖面已经充分证明，在巴山弧形构造带的两河-饶峰-石泉-高川-五里坝区段残存有一构造混杂带。该构造混杂带由两河经饶峰、石泉至高川、五里坝，长约 60 km，宽约 5～10 km（图 3.21）。以多条断裂为骨架，内部组成包括众多不同类型构造岩块及变质玄武岩、辉长岩和少量超基性岩岩块。其岩石组合类型与勉县-略阳地区的缝合带内岩石组合完全相同，从而充分表明勉县-略阳蛇绿构造混杂带向东与巴山弧构造混杂带具有一致的构造属性（图 3.21）。

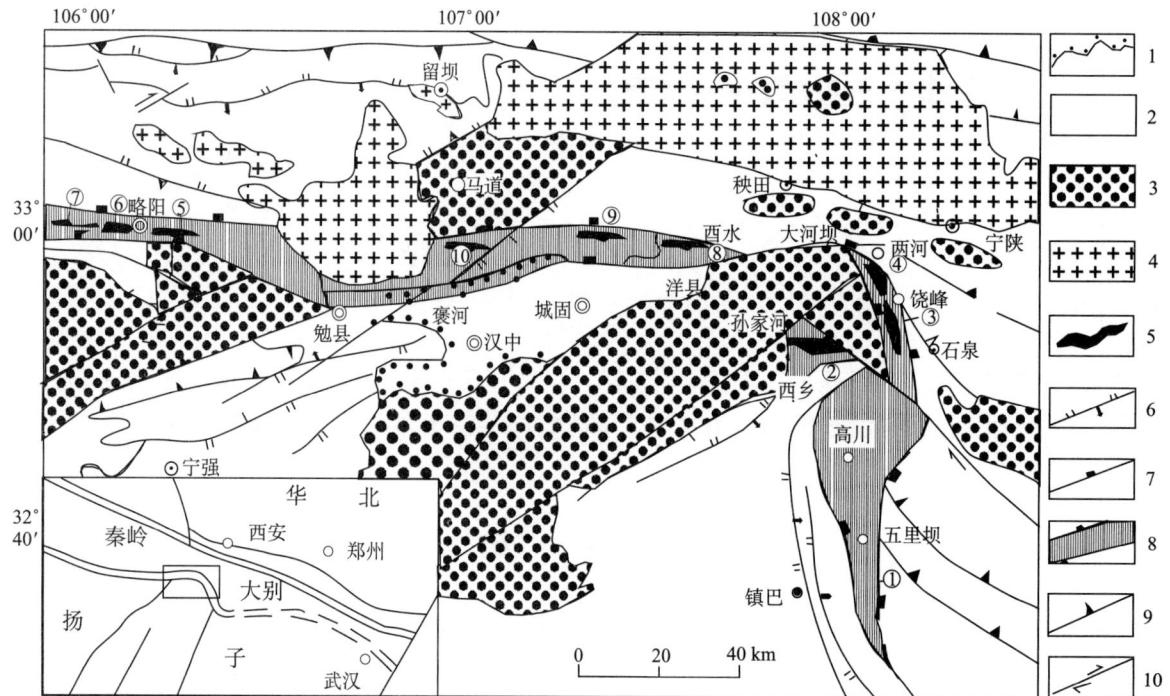

图 3.21 南秦岭巴山弧地区地质构造简图

1. 中-新生代沉积盆地；2. 显生宙；3. 寒武系基底；4. 花岗岩；5. 岛弧火山岩；6. 断裂构造；7. 缝合带边界；8. 勉略缝合带；9. 逆冲推覆构造；10. 走滑断裂；图中各岩片：①五里坝岛弧火山岩；②孙家河岛弧火山岩；③饶峰火山岩；④两河岛弧火山岩；⑤电厂岛弧火山岩；⑥桥梓口岛弧火山岩；⑦三岔子岛弧火山岩；⑧酉水火山岩；⑨东柳火山岩；⑩褒河火山岩

在巴山弧构造混杂带内存在两河、饶峰、石泉、高川、五里坝等若干个火山岩岩片。这些火山岩以绿片岩相变质火山岩组合为其典型特征。火山岩大多受到轻微的蚀变和微弱的变质作用影响，主要表现为暗色矿物的绿泥石化和斜长石类矿物的帘石化和绢云母化。

两河火山岩岩片分布在汶水河两岸，呈宽约 50～200 m、长约 3～5 km 的两条火山岩构造岩片。野外观察表明，火山岩与混杂带内寒武、志留及泥盆-石炭系地层、岩体均为构造接触，界面为北倾的逆冲推覆构造带。火山岩岩性变化不大，层序清楚。下部为深色块状玄武岩，上部为玄武岩与浅色英安岩、流纹岩互层，英安岩和流纹岩所占比例不大，呈薄层状与玄武岩层交替出现，浅色层单层厚大多 10～20 cm，个别厚达 40 cm，最薄的仅 3～5 cm，并见有流纹构造。两河地区两条火山岩岩片岩石类型及岩性组合完全相同，玄武岩与英安岩、流纹岩的互层关系表明它们应为同时代岩石组合，且玄武岩所占比例较大，英安岩和流纹岩出露较少。玄武岩镜下可见斑状结构和无斑隐晶结构两种类型，对于斑状结构的岩石，斑晶含量低，主要斑晶矿物为具有聚片双晶的基性斜长石和自形-半自形的辉石颗粒，斜长石斑晶有明显的帘石化及绢云母化，辉石斑晶的边缘大多绿泥石化，部分颗粒已全部蚀变为绿泥石。岩石基质为间粒结构，由斜长石微晶和辉石、磁铁矿小颗粒组成，辉石小颗粒大多已绿泥石化，但仍可见部分新鲜的辉石小颗粒。英安、流纹岩类可见明显的剪切片理化现象，矿物具明显定向性排列，基质已发生重结晶。岩石总体为斑状结构，斑晶为正长石和具细密聚片双晶的酸性斜长石，岩石隐约可见流纹构造，并见流纹绕过斑晶的现象。暗色矿物主要为黑云母，均已绿泥石化，副矿物见有磁铁矿和锆石。基质为霏细结构—微晶结构，由长英质微细晶粒组成。

饶峰火山岩岩片分布在饶峰镇西侧，夹持在寒武及泥盆石炭系地层、岩体之间，呈宽约 50~800 m、长约 5 km 的一条火山岩构造岩片。为一套明显剪切变形的安山质火山岩组合。安山岩镜下可见变余斑状结构，主要斑晶矿物为具有聚片双晶的斜长石和自形-半自形的角闪石颗粒，斜长石斑晶有明显的帘石化及绢云母化，并隐约可见环带构造，角闪石斑晶已明显绿泥石化，部分颗粒已全部蚀变为绿泥石。岩石见明显的剪切片理化现象，矿物具定向性排列，基质已发生重结晶，具微晶结构，由长英质微细晶粒组成。

五里坝火山岩分布在五里坝东南侧，近南北向延伸分布，宽约 50~600 m，长约 6~8 km。其东侧与寒武系地层呈断层接触，界面为一东倾的低角度逆冲推覆构造。火山岩西南侧地层依次为三叠系、二叠系、石炭系及泥盆系。野外地质调查表明，五里坝火山岩与西南侧三叠系地层接触带附近，未见明显的脆性断裂构造带发育，但接触带附近的火山玄武岩有强烈的片理化现象，表明五里坝火山岩与三叠系地层之间为一韧性剪切构造带。该组火山岩为一套玄武岩-英安流纹岩双峰式火山岩组合，岩性较为简单，变化不大。下部为深色片理化玄武岩，中上部为玄武岩与英安流纹岩互层，酸性火山岩所占比例不大，单层厚一般 5~15 m，最厚的可达 50 m 左右。玄武岩与英安流纹岩互层关系表明它们应为同时代岩石组合。玄武质岩石镜下可见变余斑状结构，斑晶含量低，主要斑晶矿物为基性斜长石和辉石，斜长石斑晶已明显蚀变，蚀变产物为细小粒状的绿帘石和钠长石，斑晶轮廓仍清晰可见，且隐约可见聚片双晶，辉石斑晶大多绿泥石化，部分颗粒已全部蚀变为绿泥石。岩石基质为间粒结构，由斜长石（钠长石）微晶和辉石（大多已绿泥石化）、磁铁矿小颗粒组成。英安流纹岩类可见剪切片理化现象，基质已发生重结晶。岩石总体为斑状结构，斑晶为正长石和具细密聚片双晶的酸性斜长石。基质为微晶结构，由长英质微细晶粒组成。

孙家河组主要由基性、中基性、酸性火山岩和泥岩、硅质岩组成，与北侧三花石群三湾组中基性火山岩呈断层接触，其上被三郎铺组砂砾岩不整合覆盖，在黄泥梁一带其底部被红色钾长花岗岩侵入。孙家河组命名剖面即位于本区孙家河一线。孙家河组火山岩主要岩石类型为中酸性、中基性火山碎屑岩以及玄武质、安山质火山熔岩。火山熔岩类主要为灰绿色、褐紫色玄武岩，褐紫色安山岩，以及少量杂色英安岩和流纹岩。为一套低绿片岩相浅变质火山岩系。

本区两河、五里坝、饶丰以及孙家河组火山岩化学成分和微量元素分析结果列于表 3.3、表 3.4、表 3.5 和表 3.6 中。从表中可以看到，本区玄武质岩石 H_2O 含量（$H_2O^+ + H_2O^-$）大多大于 2.5%，表明本区火山岩遭受过一定的蚀变作用并可能受到过轻微的变质作用影响，这与显微镜下的薄片观察结果是一致的。这种蚀变/变质作用可能影响到部分活泼元素（如 K、Na、Cs、Rb、Sr 等）的地球化学行为，本节将重点对那些不活动元素（如 Nb、Ta、Zr、Hf、Th、REE、Ti 等）进行元素地球化学讨论，并尽量利用不活动痕量元素恢复该套火山岩的形成大地构造环境。

Nb、Y 均为不活泼痕量元素，较少受到蚀变和变质作用的影响，对于碱性（alkaline）和非碱性（nonalkaline）系列火山岩，其 Nb/Y 值的区间范围十分稳定，尤其对于基性、中基性和中酸性火山岩，其碱性和非碱性系列的区分主要取决于 Nb/Y 值，而较少受到 SiO_2 含量变化的影响。因此，SiO_2-Nb/Y 图解可以有效地区分变质/蚀变火山岩的系列（Winchester and Floyd，1977）。SiO_2-Zr/TiO_2 图解被认为是划分蚀变、变质火山岩系列和岩石名称的有效图解（Winchester and Floyd，1977），从图 3.22 中可以看到，本区火山岩均属非碱性系列火山岩，并可分为亚碱性玄武岩、安山岩和英安流纹岩类。

两河玄武岩稀土总量较低，一般在 $90 \times 10^{-6} \sim 150 \times 10^{-6}$，岩石 $(La/Yb)_N$（2.62~4.60）、$(Ce/Yb)_N$（2.30~4.09）和 δEu（趋近于 1，平均为 1.03）表明岩石为轻稀土弱富集型，且无 Eu 异常。而英安流纹岩类稀土总量较高（$108.77 \times 10^{-6} \sim 303.60 \times 10^{-6}$，平均 186.14×10^{-6}），其 $(La/Yb)_N$（平均 6.75）和 $(Ce/Yb)_N$（平均 5.30）表明岩石为轻稀土中度富集型。岩石 δEu 变化大，样品 QL10 具负 Eu 异常（δEu = 0.50），样品 QL13 基本无 Eu 异常（δEu = 0.96），而样品 QL15 则具有正 Eu 异常（δEu = 1.56）（图 3.23a，b）。

表 3.3　两河口火山岩的化学成分（%）和微量元素（10^{-6}）分析结果（赖绍聪等，2000b）

编号	QL01	QL03	QL04	QL06	QL09	QL11	QL12	QL14	QL08	QL10	QL15	QL13
岩性	玄武岩	玄武岩	玄武岩	玄武岩	玄武岩	玄武岩	玄武岩	玄武岩	玄武岩	流纹岩	流纹岩	流纹岩
SiO_2	53.28	52.55	51.96	50.78	50.28	53.04	50.46	51.88	52.81	68.25	77.37	80.75
TiO_2	0.87	1.47	1.36	1.18	0.90	1.19	1.13	1.35	1.23	0.68	0.39	0.34
Al_2O_3	16.02	14.82	14.90	15.90	15.30	15.38	14.36	14.64	15.20	13.54	9.60	7.63
Fe_2O_3	4.59	6.58	5.62	4.91	3.59	5.93	5.84	5.23	4.26	2.86	1.85	1.46
FeO	3.79	6.48	6.77	6.10	5.23	6.48	5.90	6.52	5.66	1.87	0.96	0.72
MnO	0.24	0.29	0.26	0.24	0.16	0.32	0.27	0.29	0.25	0.19	0.07	0.07
MgO	6.51	4.39	5.07	6.06	10.59	4.59	5.65	4.93	4.13	1.53	0.58	0.33
CaO	8.86	6.26	6.87	8.13	6.09	4.27	9.83	7.93	7.93	2.93	2.10	1.62
Na_2O	3.78	3.26	2.80	3.54	3.18	4.65	1.91	2.69	2.74	4.71	3.73	4.24
K_2O	0.69	0.03	0.67	0.85	1.29	0.43	0.03	0.26	1.51	1.38	1.90	1.39
P_2O_5	0.10	0.21	0.21	0.12	0.11	0.15	0.21	0.16	0.33	0.19	0.08	0.21
H_2O^+	1.49	3.06	2.87	2.30	2.54	3.45	3.66	3.53	3.17	1.22	1.08	0.68
H_2O^-	0.21	0.31	0.26	0.28	0.41	0.40	0.31	0.29	0.34	0.21	0.14	0.15
总计	100.43	99.71	99.62	100.43	99.67	100.28	99.56	99.70	99.56	99.56	99.85	99.59
Hf	5.14	4.64	2.18	3.75	3.21	4.25	3.44	4.45	4.31	8.71	1.15	2.19
Ta	0.20	0.23	0.33	0.18	0.14	0.20	0.14	0.24	0.24	0.53	0.18	0.48
W	0.40	0.46	0.59	0.54	1.88	0.46	0.79	0.25	0.98	0.74	0.84	0.44
Pb	3.10	7.60	5.10	1.50	1.60	3.90	7.20	9.60	6.00	4.30	3.40	1.10
Th	0.43	1.01	0.88	0.85	1.16	1.32	0.61	1.61	0.75	1.39	9.03	6.60
U	0.11	0.21	0.25	0.22	0.27	0.33	0.13	0.30	0.22	0.45	1.16	0.72
Sc	34.50	33.80	36.60	37.20	26.00	32.00	34.20	33.30	29.60	15.00	3.00	5.50
V	176.00	359.20	342.10	302.10	220.50	251.90	309.80	319.00	267.40	72.70	50.30	51.60
Cr	104.70	40.10	65.60	170.90	633.70	43.50	106.60	61.30	77.70	47.90	26.30	27.90
Co	35.30	40.30	37.30	43.60	48.10	40.90	41.10	47.70	29.90	8.30	3.40	2.70
Ni	47.80	19.50	32.70	44.90	235.60	19.20	36.60	24.50	21.70	15.40	8.00	7.10
Cu	39.40	42.90	60.90	55.50	68.90	29.40	57.60	46.70	42.60	11.10	9.20	11.00
Zn	163.20	131.40	116.00	96.20	80.00	164.50	104.70	130.60	212.50	125.80	28.20	21.80
Ga	17.50	20.90	20.00	18.50	16.80	21.30	20.50	19.80	19.50	18.10	13.10	13.80
Rb	17.20	1.30	16.10	24.00	44.00	11.60	1.50	5.20	36.80	29.40	26.30	17.50
Sr	318.70	670.60	457.60	331.20	362.40	258.70	671.70	543.20	343.80	254.00	115.90	82.30
Y	28.70	33.50	33.50	27.10	18.50	32.00	24.90	33.60	28.80	90.80	15.20	21.60
Zr	189.00	163.00	66.30	124.00	99.10	141.00	119.00	153.00	155.00	279.00	28.70	59.70
Nb	3.60	4.20	5.20	2.70	2.20	3.60	2.70	3.90	4.20	12.80	4.80	5.70
Mo	0.29	0.64	2.30	0.64	0.26	0.28	0.67	0.34	0.23	0.57	0.58	0.77
Sn	2.32	1.61	1.53	1.16	1.13	1.50	0.81	1.20	1.18	2.83	1.73	1.55
Cs	0.38	0.09	0.34	0.53	0.98	0.32	0.08	0.17	0.65	0.80	0.87	0.57
Ba	282.30	5089.1	651.40	230.20	308.90	205.00	94.90	370.10	407.20	436.90	891.90	592.90
La	11.60	15.80	18.50	9.20	11.10	15.50	10.30	13.70	13.40	26.60	21.70	24.40
Ce	26.30	36.40	41.50	20.90	25.50	34.40	23.10	32.60	30.10	65.60	39.80	52.70
Pr	3.67	5.08	5.19	3.10	3.49	4.89	3.33	4.58	4.29	9.83	4.44	6.51
Nd	16.80	20.20	21.70	14.20	14.90	19.90	14.40	19.10	16.10	43.90	14.40	20.70
Sm	4.15	5.51	5.21	3.58	3.21	4.89	3.72	4.80	4.02	11.63	2.64	4.28
Eu	1.72	1.94	1.59	1.35	1.20	1.57	1.31	1.65	1.46	2.01	1.35	1.34
Gd	4.58	5.55	5.48	4.18	3.48	5.19	3.98	5.31	4.65	12.69	2.59	4.17
Tb	0.76	0.87	0.91	0.73	0.53	0.81	0.65	0.86	0.73	2.13	0.37	0.60
Dy	4.86	5.69	5.78	4.47	3.32	5.18	4.23	5.38	4.82	14.65	2.27	3.62
Ho	0.96	1.10	1.10	0.89	0.64	1.05	0.84	1.10	0.94	2.94	0.50	0.73
Er	3.02	3.68	3.73	2.86	1.94	3.27	2.71	3.68	3.27	9.99	1.57	2.38
Tm	0.43	0.50	0.54	0.40	0.27	0.48	0.39	0.51	0.44	1.38	0.23	0.35
Yb	2.83	3.23	3.38	2.52	1.73	3.02	2.58	3.14	2.73	8.33	1.50	2.31
Lu	0.42	0.46	0.49	0.38	0.25	0.47	0.35	0.46	0.40	1.12	0.21	0.35

注：SiO_2-H_2O^-由中国科学院贵阳地球化学研究所用湿法分析；其余由中国科学院贵阳地球化学研究所用ICP-MS法分析。

表 3.4　五里坝火山岩的化学成分（%）和微量元素（10^{-6}）分析结果（赖绍聪等，2000a）

编号	WL03	WL04	WL05	WL06	WL08	WL15	WL16	WL18	WL22
岩性	玄武岩	玄武岩	玄武岩	英安流纹岩	英安流纹岩	英安流纹岩	英安流纹岩	英安流纹岩	英安流纹岩
SiO_2	48.16	47.53	47.24	65.11	66.73	66.95	63.95	68.15	67.09
TiO_2	1.97	1.75	2.06	0.69	0.64	0.82	0.99	0.69	0.68
Al_2O_3	13.40	13.41	13.53	14.07	14.47	12.39	13.71	12.89	14.48
Fe_2O_3	7.50	5.41	6.87	4.33	2.88	2.45	2.56	2.06	2.54
FeO	7.29	8.68	8.45	2.50	2.83	3.31	3.98	3.07	2.74
MnO	0.27	0.29	0.37	0.20	0.13	0.13	0.17	0.12	0.14
MgO	5.85	6.88	5.99	2.24	2.40	2.45	2.27	2.39	2.44
CaO	8.92	9.75	8.47	2.39	1.71	2.47	1.78	1.27	1.65
Na_2O	2.90	2.56	2.80	2.11	3.23	3.22	3.21	3.53	3.12
K_2O	0.68	0.78	0.88	3.57	2.94	2.66	2.76	2.55	3.05
P_2O_5	0.11	0.18	0.16	0.16	0.21	0.13	0.20	0.24	0.20
H_2O^+	2.66	2.59	2.61	2.29	1.27	2.08	3.79	2.44	1.62
H_2O^-	0.60	0.41	0.56	0.42	0.45	0.63	0.30	0.32	0.32
总计	100.31	100.22	99.99	100.08	99.89	99.69	99.67	99.72	100.07
Sc	38.5	40.5	38.6	12.8	12.7	11.4	14.5	10.5	13.2
V	385.1	368.9	401.6	110.8	86.9	85.1	103.4	84.8	91.5
Cr	101.5	153.8	124.2	66.0	86.5	85.3	86.7	83.1	51.3
Co	47.1	47.4	49.5	25.7	15.1	18.3	18.0	14.6	12.4
Ni	50.7	66.6	60.1	45.1	35.8	35.4	37.8	35.2	21.9
Cu	121.8	99.9	124.8	22.7	21.8	28.6	55.2	26.7	31.0
Zn	172.9	143.3	170.3	116.4	92.6	95.5	110.6	85.7	75.6
Ga	21.4	20.2	21.1	21.4	19.6	18.4	20.1	18.5	17.6
Rb	17.1	13.7	14.1	116.5	96.7	76.6	67.5	72.7	85.2
Sr	471.9	356.7	333.7	208.1	180.4	146.6	118.0	159.2	203.4
Y	37.7	34.4	37.6	28.1	30.9	29.7	35.9	25.4	25.0
Zr	168	148	169	201	183	194	244	217	177
Nb	10.9	9.2	11.0	13.0	12.0	14.2	15.6	11.9	8.9
Sn	2.13	1.84	1.96	2.54	2.57	2.32	2.71	2.04	1.91
Cs	3.51	0.66	0.89	3.74	3.15	2.76	3.04	2.69	3.07
Ba	585.8	564.4	497.8	1075.6	966.9	695.7	706.6	901.6	742.0
Hf	5.77	4.62	5.53	6.32	6.09	6.42	7.82	6.83	5.89
Ta	0.76	0.63	0.75	0.96	0.79	0.94	1.03	0.83	0.61
W	1.49	1.14	1.39	1.35	0.75	0.81	1.02	0.68	0.65
Pb	103.4	74.5	105.6	43.8	15.3	12.8	17.9	10.0	5.9
Th	1.94	1.65	1.81	8.44	8.02	7.06	6.02	6.82	5.88
U	0.46	0.38	0.42	1.21	1.26	1.35	1.08	1.28	0.92
La	17.2	15.7	17.2	32.6	35.9	30.8	27.5	32.0	27.2
Ce	40.9	37.6	41.9	69.7	75.5	67.7	54.8	73.1	52.9
Pr	5.7	5.21	5.74	7.79	8.05	8.03	7.37	7.05	6.08
Nd	21.8	19.6	22.5	26.7	28.6	27.3	29.4	26.3	23.1
Sm	5.89	5.21	5.85	5.41	5.76	5.46	6.36	4.85	4.68
Eu	2.01	1.93	2.07	1.43	1.23	1.15	1.36	1.1	1.12
Gd	6.6	6.17	6.85	5.25	5.43	4.87	6.25	4.52	4.13
Tb	1.1	0.99	1.08	0.82	0.82	0.78	0.99	0.71	0.66
Dy	6.51	6.02	6.55	4.83	5.03	4.83	6.09	4.14	4.01
Ho	1.3	1.21	1.31	0.94	0.98	0.95	1.19	0.83	0.83
Er	4.05	3.51	3.94	2.89	3.28	3.25	4.04	2.67	2.66
Tm	0.59	0.48	0.55	0.42	0.47	0.48	0.52	0.39	0.40
Yb	3.23	3.03	2.97	2.69	3.01	2.97	3.38	2.56	2.44
Lu	0.49	0.42	0.41	0.39	0.43	0.42	0.49	0.36	0.35

注：SiO_2-H_2O^- 由中国科学院贵阳地球化学研究所用湿法分析；其余由中国科学院贵阳地球化学研究所用 ICP-MS 法分析。

表 3.5　饶丰火山岩的化学成分（%）和微量元素（10^{-6}）分析结果（赖绍聪等，2000）

编号	QL16	QL17	QL18	QL19	QL20	QL21	QL22	QL23	QL24
岩性	安山岩	安山岩	安山岩	安山岩	安山岩	安山岩	安山岩	安山岩	安山岩
SiO_2	63.12	56.22	56.05	64.63	54.16	55.51	58.33	62.62	56.37
TiO_2	1.21	1.91	1.60	1.11	2.11	2.05	1.93	1.50	2.10
Al_2O_3	14.45	14.04	13.75	13.53	14.11	13.80	14.18	13.90	14.07
Fe_2O_3	4.37	6.29	6.48	2.88	3.98	4.03	4.08	3.89	3.84
FeO	2.95	6.09	6.24	4.75	9.11	8.40	7.32	4.94	9.63
MnO	0.18	0.23	0.24	0.14	0.18	0.16	0.17	0.18	0.20
MgO	2.18	3.34	3.25	2.55	3.24	3.42	2.97	2.70	2.50
CaO	1.49	2.83	2.98	0.93	2.31	2.33	1.16	1.73	2.30
Na_2O	4.73	3.90	3.68	4.60	3.79	3.82	3.27	4.18	3.90
K_2O	1.32	1.53	1.72	1.37	1.52	1.55	1.93	1.79	2.15
P_2O_5	0.25	0.17	0.20	0.13	0.16	0.18	0.18	0.15	0.19
H_2O^+	0.41	0.43	0.50	0.98	1.23	1.10	1.01	0.44	0.53
H_2O^-	3.66	3.34	3.02	2.00	4.55	3.45	3.90	1.63	2.42
总计	100.32	100.32	99.71	99.60	100.45	99.80	100.43	99.65	100.20
Sc	16.90	22.60	22.80	15.40	24.40	23.80	22.60	20.00	23.50
V	136.70	224.70	231.00	122.10	240.50	237.60	210.90	184.50	241.60
Cr	87.60	109.60	127.50	109.80	119.80	120.40	120.30	93.10	118.40
Co	18.90	35.10	37.10	21.80	38.50	35.70	35.40	26.50	37.60
Ni	36.60	55.20	60.00	47.00	62.00	56.70	57.90	44.10	60.20
Cu	20.60	48.40	54.60	38.90	62.40	61.70	96.00	29.90	50.70
Zn	154.10	135.60	142.70	106.30	144.80	152.00	192.20	157.60	142.30
Ga	21.30	23.60	24.10	20.80	24.40	24.10	23.30	22.20	24.60
Rb	32.30	35.70	41.60	32.00	42.30	42.10	47.50	50.60	63.00
Sr	211.80	295.10	303.90	145.40	156.30	148.30	238.90	265.50	173.50
Y	31.80	48.40	46.70	36.20	53.30	47.90	36.90	41.90	51.30
Zr	244.00	316.00	319.00	253.00	296.00	341.00	329.00	274.00	344.00
Nb	17.60	30.90	26.40	20.30	31.80	32.60	30.70	24.90	33.40
Mo	0.36	0.69	0.33	0.64	0.59	0.42	0.46	0.51	0.73
Sn	2.54	3.25	3.00	2.81	3.83	4.06	2.74	2.97	3.25
Cs	0.76	0.90	1.09	1.67	2.46	1.93	1.37	3.25	3.28
Ba	851.10	878.50	971.90	626.30	563.20	589.10	965.60	671.00	623.10
Hf	7.91	9.82	10.10	6.97	8.51	10.90	10.50	8.81	11.10
Ta	1.18	2.11	1.78	1.45	2.21	2.16	2.06	1.65	2.24
W	1.17	2.14	1.89	1.83	1.78	1.97	1.23	0.75	0.88
Pb	4.80	6.40	7.60	3.70	7.70	5.50	7.80	5.80	6.10
Th	5.94	5.84	5.73	7.09	5.83	5.81	6.18	6.36	5.90
U	1.08	1.14	1.03	1.19	1.08	1.29	1.12	1.23	1.17
La	31.90	39.10	40.60	30.50	45.20	37.60	36.80	37.40	41.50
Ce	64.60	81.10	86.00	67.70	95.40	80.30	74.80	75.50	88.80
Pr	8.38	10.22	11.29	8.15	12.82	10.60	9.39	9.34	10.57
Nd	30.90	40.40	41.10	26.80	45.00	38.20	37.30	34.90	42.90
Sm	6.49	8.84	9.12	5.99	10.47	8.66	8.08	7.87	9.63
Eu	1.62	2.47	2.46	1.55	2.79	2.19	2.08	2.09	2.60
Gd	6.17	9.27	9.38	5.98	11.02	8.92	7.64	8.09	9.88
Tb	0.92	1.47	1.43	1.01	1.62	1.40	1.16	1.22	1.44
Dy	5.69	8.63	8.90	6.17	9.63	8.57	6.99	7.53	9.16
Ho	1.06	1.69	1.58	1.20	1.79	1.58	1.30	1.45	1.75
Er	3.37	5.00	4.72	3.92	5.35	4.96	4.02	4.44	5.44
Tm	0.48	0.65	0.63	0.56	0.67	0.67	0.57	0.59	0.71
Yb	2.67	3.97	3.47	3.29	3.98	3.69	3.40	3.32	4.24
Lu	0.34	0.45	0.40	0.47	0.44	0.46	0.43	0.45	0.50

注：$SiO_2-H_2O^-$ 由中国科学院贵阳地球化学研究所用湿法分析；其余由中国科学院贵阳地球化学研究所用 ICP-MS 法分析。

表 3.6　孙家河火山岩的化学成分（%）和微量元素（10^{-6}）分析结果（赖绍聪等，2000）

编号	SJ01	SJ02	SJ07	SJ15	SJ03	SJ04	SJ09	SJ10	SJ11	SJ12
岩性	安山岩	安山岩	安山岩	安山岩	玄武岩	玄武岩	玄武岩	玄武岩	玄武岩	玄武岩
SiO_2	53.16	55.23	56.27	59.88	49.52	52.14	52.12	51.21	51.49	50.74
TiO_2	1.09	1.02	0.98	0.85	1.24	1.11	1.23	1.27	1.26	1.53
Al_2O_3	18.11	17.42	16.89	15.54	18.48	16.55	17.55	16.84	17.03	17.24
Fe_2O_3	5.32	4.72	2.44	2.44	4.53	3.26	4.25	4.57	4.53	4.40
FeO	4.27	2.83	5.81	4.32	4.70	4.94	5.23	5.86	5.52	6.10
MnO	0.18	0.15	0.16	0.16	0.25	0.15	0.18	0.19	0.20	0.22
MgO	4.22	2.42	2.80	2.30	3.93	6.19	4.56	5.62	4.80	4.93
CaO	4.78	7.65	4.11	3.56	7.33	7.59	4.96	4.79	5.42	6.87
Na_2O	5.45	4.95	4.60	4.74	3.92	2.28	3.91	3.69	3.44	4.10
K_2O	0.28	0.25	2.39	2.75	1.76	1.59	2.01	1.50	1.57	0.52
P_2O_5	0.14	0.23	0.14	0.21	0.17	0.16	0.19	0.16	0.19	0.20
H_2O^+	2.13	2.69	2.66	2.52	3.26	3.22	3.35	3.94	3.70	3.04
H_2O^-	0.48	0.68	0.35	0.51	0.61	0.51	0.71	0.53	0.53	0.46
总计	99.61	100.24	99.60	99.78	99.70	99.69	100.25	100.17	99.68	100.35
Sc	21.5	19.2	21.1	14.4	23.6	21.8	26.7	26.3	26.3	28.4
V	206.7	185.3	193.7	120.8	231.3	202.4	220.9	229.4	229.3	246.6
Cr	54.2	39.2	54.3	74.2	47.5	143.5	72.6	76.5	64.0	93.7
Co	29.7	21.0	27.1	18.1	30.0	38.0	33.8	36.3	33.7	36.4
Ni	23.6	17.0	26.9	15.1	23.1	105.8	31.6	33.7	29.1	32.2
Cu	46.0	56.0	74.4	56.8	48.5	48.7	59.7	56.3	52.6	157.9
Zn	87.5	67.6	98.5	135.4	93.4	87.1	88.8	101.8	146.0	320.7
Ga	19.9	21.7	21.4	19.1	22.8	18.7	20.5	20.4	19.3	20.3
Rb	7.9	3.3	45.0	50.4	48.5	36.1	60.1	52.8	47.1	20.0
Sr	567.3	814.4	479.1	345.3	476.4	565.9	419.2	445.7	506.5	363.3
Y	25.0	23.3	20.6	23.7	29.5	19.7	26.1	27.4	24.9	28.1
Zr	143	142	138	157	177	118	129	150	126	133
Nb	5.0	4.6	5.0	5.5	6.0	4.8	4.9	5.8	4.8	5.1
Sn	1.09	1.09	1.45	1.61	1.65	1.40	1.15	1.65	1.17	1.11
Cs	0.39	0.10	0.81	1.51	1.94	1.20	3.90	1.99	2.00	1.13
Ba	156.8	176.8	855.2	930.2	544.7	465.0	594.3	509.1	707.5	192.0
Hf	4.35	4.11	4.49	5.08	5.01	3.56	4.07	4.56	3.99	4.15
Ta	0.32	0.28	0.34	0.37	0.38	0.32	0.32	0.41	0.33	0.35
W	0.36	0.43	0.77	0.62	0.61	0.34	0.43	1.32	0.46	0.72
Th	2.97	2.32	3.88	3.86	3.56	1.78	2.99	3.44	3.31	3.49
U	0.81	0.64	0.80	0.72	0.95	0.40	0.76	0.97	0.84	0.89
La	20.5	16.8	19.7	21.4	25.8	16.2	21.8	24.8	22.5	26.6
Ce	44.8	38.7	40.0	44.6	53.3	33.8	46.9	52.9	49.2	52.2
Pr	5.93	5.21	5.74	6.03	7.54	4.18	6.38	6.87	6.45	6.76
Nd	22.1	20.3	22.3	24.0	29.1	16.8	25.1	28.2	25.6	28.1
Sm	5.10	4.48	4.86	5.24	6.16	3.60	5.63	5.87	5.79	5.99
Eu	1.56	1.51	1.57	1.58	2.02	1.25	1.80	1.90	1.79	1.84
Gd	4.78	4.48	4.53	4.82	6.00	3.65	5.22	5.71	5.36	5.71
Tb	0.69	0.67	0.64	0.68	0.86	0.54	0.73	0.79	0.76	0.78
Dy	4.18	3.99	3.85	3.92	5.03	3.33	4.60	4.68	4.38	4.67
Ho	0.80	0.78	0.71	0.79	0.95	0.68	0.86	0.88	0.88	0.93
Er	2.48	2.47	2.27	2.50	2.95	2.19	2.71	2.81	2.64	2.80
Tm	0.36	0.34	0.31	0.35	0.40	0.31	0.36	0.40	0.39	0.43
Yb	2.25	2.14	1.92	2.41	2.59	1.73	2.22	2.47	2.22	2.43
Lu	0.31	0.32	0.28	0.30	0.38	0.23	0.33	0.37	0.32	0.36

注：SiO_2-H_2O^- 由中国科学院地球化学研究所用湿法分析（1999）；Sc-Lu 由中国科学院地球化学研究所用 ICP-MS 分析（1999）。

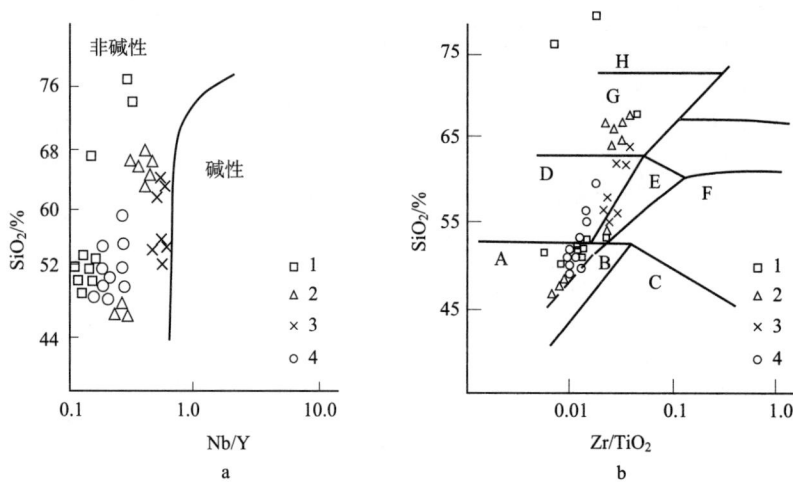

图 3.22　火山岩系列划分及岩石分类图解（据 Winchester and Floyd，1977）

a. 火山岩 SiO_2-Nb/Y 系列划分图解；b. 火山岩 SiO_2-Zr/TiO_2 岩石分类图解。A. 亚碱性玄武岩类；B. 碱性玄武岩类；C. 粗面玄武岩、碧玄岩、霞石岩；D. 安山岩类；E. 粗面安山岩类；F. 响岩类；G. 英安流纹岩、英安岩；H. 流纹岩。1. 两河火山岩；2. 五里坝火山岩；3. 饶峰火山岩；4. 孙家河火山岩

五里坝玄武岩类稀土总量较低，一般在 $140×10^{-6} ～ 155×10^{-6}$，平均为 $151.02×10^{-6}$，轻重稀土分异不明显，$\sum LREE/\sum HREE$ 十分稳定，为 1.52～1.56，平均为 1.53；岩石 $(La/Yb)_N$ 介于 3.72～4.15，平均为 3.90；$(Ce/Yb)_N$ 大多介于 3.45～3.92，平均为 3.63；δEu 趋近于 1，且十分稳定，变化很小，平均为 1.01，表明岩石基本无 Eu 异常。本区英安流纹岩类稀土总量略高于玄武岩类，在 $155×10^{-6} ～ 205×10^{-6}$ 之间，平均为 $185.20×10^{-6}$，有较弱的轻重稀土分异，$\sum LREE/\sum HREE$ 平均为 2.93；岩石 $(La/Yb)_N$ 介于 5.84～8.97，平均为 7.92；$(Ce/Yb)_N$ 介于 4.50～7.93，平均为 6.49；岩石 δEu 介于 0.65～0.81，平均为 0.71，表明岩石具弱的负 Eu 异常。本区玄武岩和英安流纹岩稀土丰度值差异不大，英安流纹岩仅有弱的轻重稀土分异和弱的 Eu 亏损。这表明玄武岩和英安流纹岩并非同源岩浆分异演化的产物。因为，如果流纹岩和玄武岩为共源岩浆系列，则流纹岩的稀土总量应明显高于玄武岩类，且其 Eu 亏损也应十分显著。据此可以看出，本区玄武岩和英安流纹岩尽管在空间上密切相伴，且为同时代产物，但它们的岩浆源区有明显差异，应为上地幔和地壳不同深度位置上分别局部熔融的产物（图 3.23d）。

饶峰安山岩类稀土总量较高，一般在 $190×10^{-6} ～ 300×10^{-6}$，平均为 $247.54×10^{-6}$，轻重稀土分异明显，$(La/Yb)_N$ 介于 6.65～8.57，平均为 7.67；$(Ce/Yb)_N$ 大多介于 5.67～6.88，平均为 6.22；δEu 十分稳定，变化很小，介于 0.76～0.83，平均为 0.79，表明岩石具有弱的负 Eu 异常（图 3.23g）。

孙家河玄武岩稀土总量较低，一般在 $108.19×10^{-6} ～ 172.58×10^{-6}$，平均为 $153.07×10^{-6}$，轻重稀土有弱—中等分异现象，岩石 $(La/Yb)_N$ 介于 6.72～7.85，平均为 7.21；$(Ce/Yb)_N$ 大多介于 5.43～6.16，平均为 5.85；δEu 趋近于 1，表明岩石基本无 Eu 异常。孙家河安山岩类稀土总量同样较低，在 $125.49×10^{-6} ～ 142.32×10^{-6}$，平均为 $134.48×10^{-6}$，轻重稀土分异程度与本区玄武岩类十分接近，$(La/Yb)_N = 5.63～7.36$，$(Ce/Yb)_N = 5.02～5.79$，δEu 平均为 0.98。在球粒陨石标准化稀土配分图上（图 3.23e，f），本区玄武岩和安山岩均表现为一组较为平滑的右倾负斜率轻稀土弱—中等富集型配分曲线，Eu 处无异常。

板块构造的演化制约着火山作用的性质和特点。在不同的构造环境中形成的火山岩不但在其组合和演化系列上不同，而且还反映在地球化学特征的系统变化。微量元素的 N 型 MORB 标准化图解（图 3.24）显示，本区火山岩不相容元素具有以下特点：

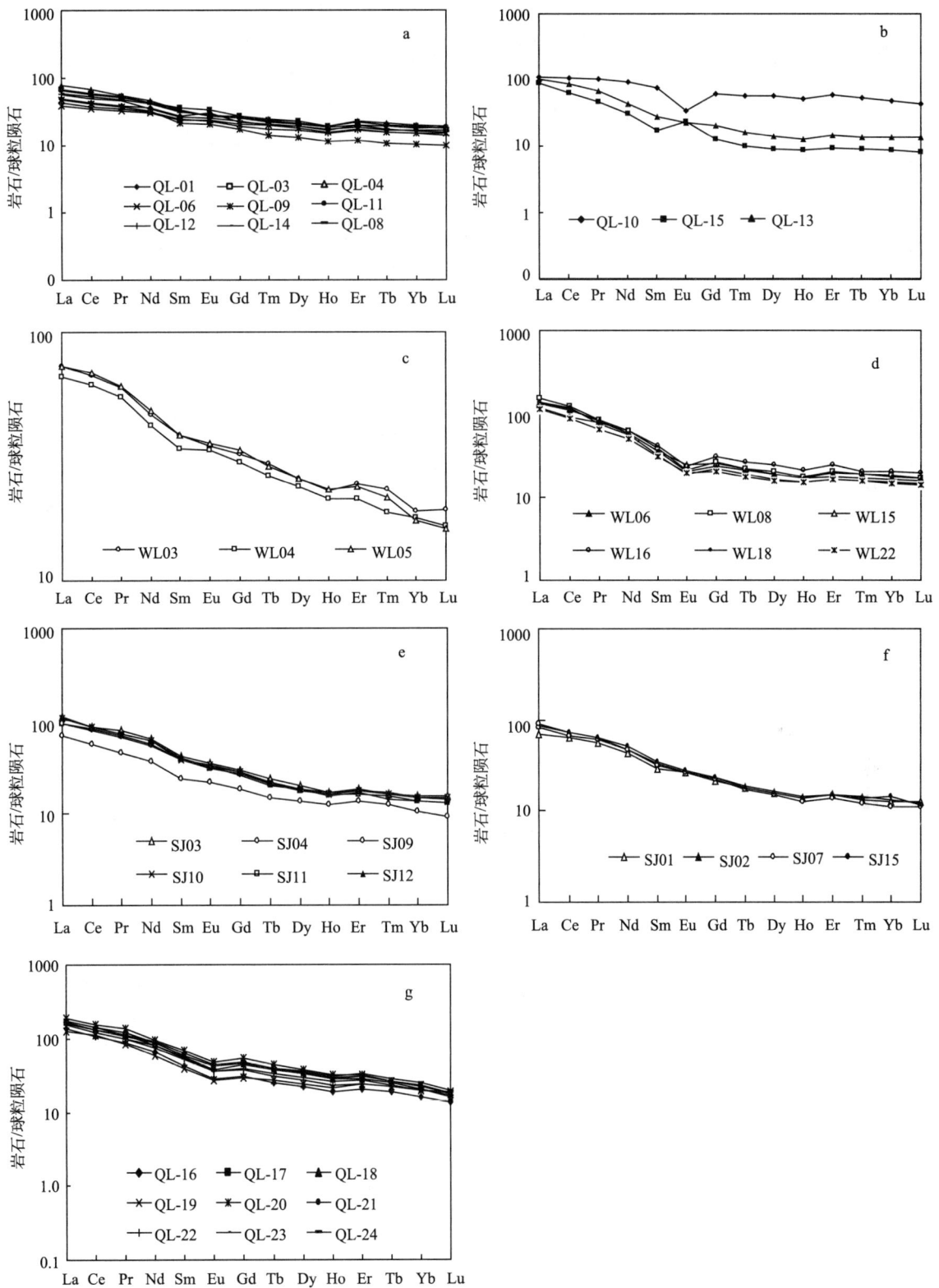

图 3.23　稀土元素球粒陨石标准化配分型式

a. 两河玄武岩；b. 两河英安流纹岩；c. 五里坝玄武岩；d. 五里坝英安流纹岩；e. 孙家河玄武岩；f. 孙家河安山岩；

g. 饶峰安山岩；球粒陨石标准值据 Sun and McDonough，1989

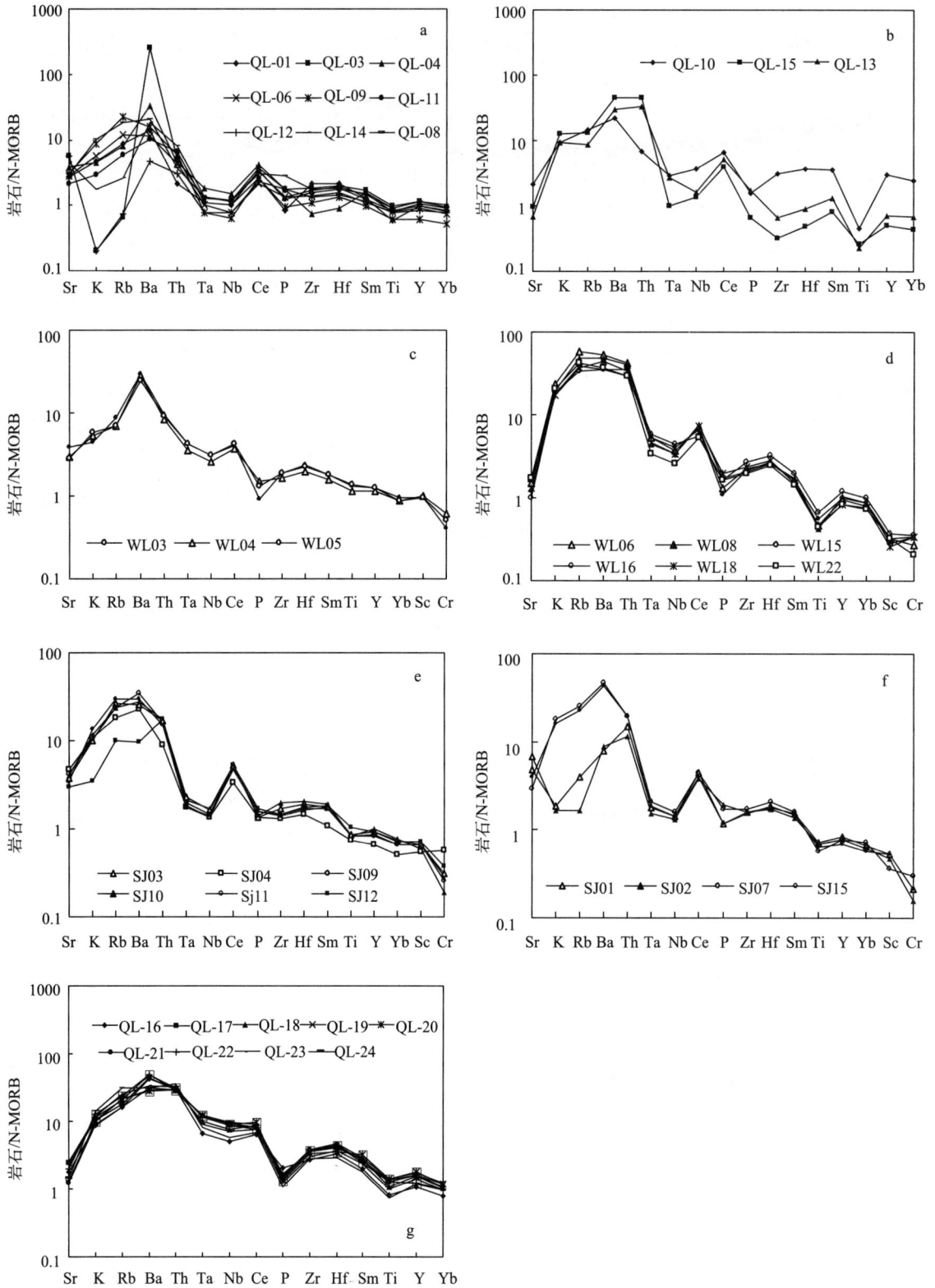

图 3.24 火山岩微量元素 N 型 MORB 标准化配分型式

a. 两河玄武岩；b. 两河英安流纹岩；c. 五里坝玄武岩；d. 五里坝英安流纹岩；e. 孙家河玄武岩；f. 孙家河安山岩；

g. 饶峰安山岩；N-MORB 标准值据 Pearce，1983

1) 两河双峰式火山岩与五里坝双峰式火山岩具有完全相同的配分型式。玄武岩类配分曲线（图3.24a，c）与南桑德威奇洋内岛弧拉斑玄武岩的配分曲线十分相近，以高 Ba 和 Nb、Ta 相对亏损为典型特征。为了便于对比，我们也给出了两河和五里坝英安流纹岩类配分曲线（图3.24b，d），总体具有典型的岛弧火山岩的分布型式。以 K、Rb、Ba 的较强富集并伴有 Ce 和 Sm 的弱富集为特征。然而，相对于玄武岩类而言，英安流纹岩 P 含量较低，Zr 和 Hf 含量较高。一般来说，在岩浆演化体系中，随着岩石 SiO_2 含量的增高，Zr 和 Hf 呈升高的趋势，而 P 则呈降低的趋势。因此，岛弧英安流纹岩中 Zr 和 Hf 高于岛弧玄武岩，而 P 略低符合岩浆的正常演化趋势。这表明两河及五里坝火山岩的微量元素配分型式反映了岛弧火山岩的特征。

2) 两河玄武岩 Th>Ta，Th/Ta 大多在 2.15~8.29，平均为 4.78。Nb<La、Nb/La 均小于 0.35；Th/Yb 介于 0.15~0.67，平均为 0.35；Ta/Yb 介于 0.05~0.10，且十分稳定，平均为 0.076。五里坝玄武岩 Nb<La，Nb/La 在 0.32~0.34；Th/Yb 为 0.03；Ta/Yb 为 0.11。两河和五里坝玄武岩 Nb/La<0.35、Zr/Y<4.5 的典型地球化学特点与洋内岛弧拉斑玄武岩的地球化学特征十分类似。全部玄武岩的 Ta/Yb 值均<0.2，这与活动陆缘环境（大陆边缘弧）钙碱性玄武岩明显不同。特别值得注意的是，岛弧型蛇绿岩中的玄武岩是拉斑质的，很少出现钙碱性的玄武岩；岛弧型蛇绿岩中拉斑玄武岩的 Th/Yb 值很低（如阿曼蛇绿岩，Th/Yb 为 0.05~0.1），这与本区两河和五里坝玄武岩特征有类似之处。然而，本区两河和五里坝玄武岩均是 LREE 富集型的，这恰是岛弧玄武岩的 REE 特征，而岛弧蛇绿岩中的拉斑玄武岩都是 LREE 亏损的（如特罗多斯、阿曼、贝茨科夫、沃瑞诺斯的例子）。从上述特征来看，五里坝及两河玄武岩总体上应属洋内岛弧火山岩的地球化学特征。

3) 饶峰安山岩微量元素 N 型 MORB 标准化配分型式（图3.24g）表明，曲线总体具有岛弧火山岩的分布型式，以 K、Rb、Ba 和 Th 的较强富集并伴有 Ce 和 Sm 的弱富集为特征。岩石 Th>Ta，Th/Ta 大多在 2.63~5.03，平均为 3.41。Nb<La，Nb/La 均小于 0.87；Th/Yb 介于 1.39~2.22，平均为 1.74；Ta/Yb 介于 0.44~0.61，且十分稳定，平均为 0.52。属于岛弧火山岩的微量元素比值范畴。然而，值得注意的是，这套火山岩 TiO_2 含量（1.11%~2.11%）较正常岛弧火山岩偏高。考虑到这套火山岩主体以中性岩为主，且 Th、La、Yb、Ta 等特征指示元素丰度及比值均与弧火山岩一致。因而，我们认为它们总体上仍属岛弧火山岩的地球化学特征。

4) 孙家河火山岩微量元素 N 型 MORB 标准化配分型式（图3.24e，f）同样具有典型的岛弧火山岩的分布型式。呈特征的"三隆起"形态，以 K、Rb、Ba 和 Th 的较强富集并伴有 Ce 和 Sm 的弱富集为特色。玄武岩 Th>Ta，Th/Ta 大多在 8~10，平均为 8.78。Nb<La，Nb/La 均小于 0.30；Th/Yb 介于 1.03~1.49，平均为 1.35；Ta/Yb 介于 0.14~0.18，且十分稳定，平均为 0.16。安山岩 Th/Ta（8.29~11.41，平均为 9.85）、Nb/La（0.24~0.27）、Th/Yb（1.08~2.02，平均为 1.51）和 Ta/Yb（0.13~0.18，平均为 0.15）与玄武岩类十分接近，同样属岛弧火山岩的地球化学特征。

从图3.25可以看出，两河、五里坝及孙家河火山岩均处在典型的弧火山岩范围内，而饶峰安山岩投影区则略偏离了弧火山岩区，处在弧火山岩与洋岛火山岩区之间。尽管 La、Th 和 Nb 均为不活动痕量元素，但 La、Th 的离子半径较 Nb 大，相对而言，La 和 Th 的迁移性能略强于 Nb。考虑到饶峰安山岩所受到的蚀变作用较两河、五里坝和孙家河火山岩略强，有可能造成 La 和 Th 相对于 Nb 而言丰度值轻微降低，从而使得饶峰安山岩在 Nb/Th-Nb 和 La/Nb-La 图解中的投影点略向 OIB 区漂移，但有待进一步研究证实。

从图3.26可以看到，区内火山岩大多数样品投影点均位于壳源与 MORB 型源区之间，说明这套火山岩既非典型的壳源成因，也非典型的 MORB 型幔源成因，而是兼具这两种源区的特征，这正是岛弧火山岩特有的地球化学指纹，说明岩浆应来源于俯冲带楔形地幔区的局部熔融。

综合上述微量元素地球化学特征可以看出，两河、五里坝火山岩以其高 Ba，显著的 Nb、Ta 亏损为特征，充分表明它们是岛弧型岩浆活动的产物。另外，玄武质岩石的 Th/Yb-Ta/Yb 和 Ti/Zr-Ti/Y 不活动痕量元素组合特征，指示它们应生成于一个洋内岛弧的大地构造环境。岩浆起源与一个亏损的地幔源区有直接成因联系，但又显示了显著的陆壳物质参与的地球化学烙印。更值得注意的是，两河、五里坝火山岩与典型的以安山质中性岩浆活动为特色的大陆边缘弧明显不同，而是以玄武质–英安流纹质双峰式火山岩组合为特色，表明它们是一套裂陷环境中的岩浆活动产物。

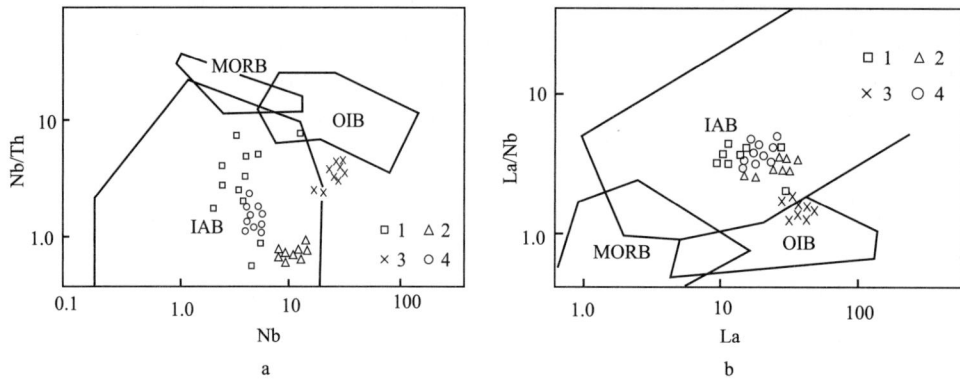

图 3.25　火山岩 Nb/Th-Nb（a）和 La/Nb-La（b）图解（据李曙光，1993b）

1. 两河火山岩；2. 五里坝火山岩；3. 饶峰火山岩；4. 孙家河火山岩

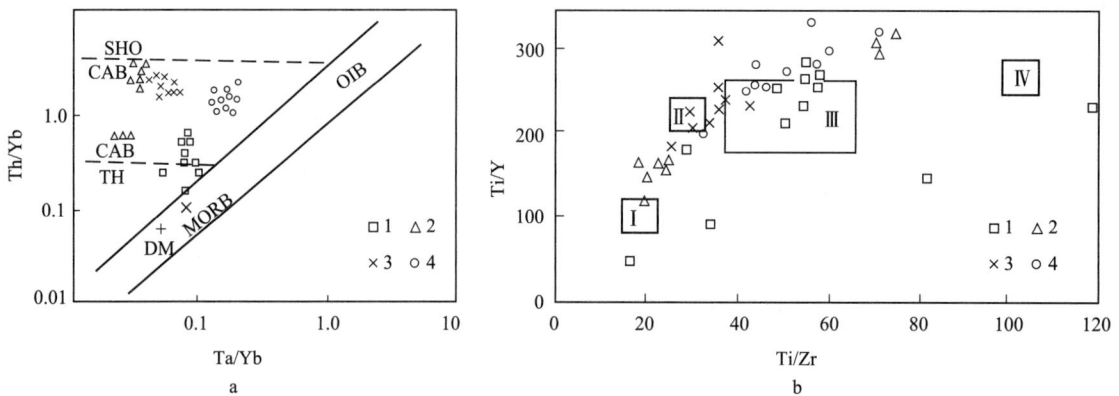

图 3.26　Th/Yb-Ta/Yb（a）和 Ti/Zr-Ti/Y（b）图解（据 Pearce，1983；Hergt *et al.*，1991）

Ⅰ. 花岗岩区；Ⅱ. 后太古宙陆源页岩区；Ⅲ. 低钛大陆溢流玄武岩区；Ⅳ. MORB 型地幔区

1. 两河火山岩；2. 五里坝火山岩；3. 饶峰火山岩；4. 孙家河火山岩

饶峰火山岩主体为一套安山岩类，并以其高 Ba，显著的 Nb、Ta 亏损和 Ti 的负异常为特征，充分表明它们应为一套岛弧型岩浆活动的产物（Wilson，1989；Marlina and John，1999）。而岩石的 Th/Yb、Ta/Yb、Th/Ta、Nb/La 和 Ti/Zr-Ti/Y 不活动痕量元素组合特征，指示它们应来源于一个大陆边缘弧的大地构造环境，岩浆起源与陆壳物质的参与有直接成因联系，岩浆应来源于俯冲带楔形地幔区特殊的局部熔融。当俯冲洋壳进入 100~150 km 深处，洋壳中角闪岩大量脱水转变为石英榴辉岩，水进入上部的地幔楔而引发含水部分熔融，而且来自俯冲洋壳的 SiO_2、K_2O、LILE（大离子亲石元素）和 LREE（轻稀土）参与了岩浆的起源过程，使得这种岩浆带有显著的陆壳物质混染的地球化学信息，并显示出显著的弧岩浆系列地球化学特征（如 Nb、Ta 的强烈亏损等），从而构成具有特定地球化学指纹的饶峰大陆边缘弧火山岩组合。

从地球化学特征来看，两河、五里坝玄武岩与勉县–略阳地区桥梓沟岛弧玄武岩具有十分类似的特征和可对比性；而孙家河及饶峰火山岩则与略阳三岔子陆缘弧火山岩具有明显的可对比性。这表明两河–饶峰–五里坝岛弧岩浆带原应与勉县–略阳结合带相连通，只是由于后来的巴山弧形逆冲推覆构造的改造，而使其变形变位残存于现今的位置。

第三节 康县-琵琶寺-南坪蛇绿混杂带

近年来，关于勉略结合带东、西延伸的讨论存在较大争议，并成为国家自然科学基金委秦岭重点项目的关键研究内容之一。因此，追溯并查明该缝合带东、西延伸部分的细节，重点解剖东、西延伸部分可能属于该缝合带残余的火山岩、蛇绿岩区段，对于确立该缝合带的性质具有十分重要的意义。事实上，勉县-略阳蛇绿构造混杂带自略阳向西的延伸情况，目前尚无岩石地球化学方面的确切证据，已有的研究工作仅达到略阳三岔子地区。该结合带是否继续向西延伸并最终与德尔尼蛇绿岩带相连，仍是目前学术界争议很大的热点议题。本节对康县-琵琶寺-南坪构造混杂带中蛇绿岩及相关火山岩的厘定，将为勉略结合带至少已西延至南坪地区提供重要的岩石地球化学新证据。

康县-琵琶寺-南坪构造混杂带位于南秦岭褶皱带，扬子板块北缘西段以及松潘-甘孜褶皱带的结合部位，向东与勉县-略阳蛇绿岩带相连（图3.27）。带内以缺失奥陶系—志留系地层而发育泥盆系—二叠系为独特特征，与其南北两侧缺失泥盆系—石炭系地层恰成鲜明对比。同时，带内出露的泥盆系—石炭系、以及震旦系地层和火山岩基本被围限在北部塔藏-略阳断层（勉略缝合带北部边界断裂）和南部文县-勉县断层（勉略缝合带南部边界断裂）之间，与东部勉略构造带的基本组成和变形特征完全一致（图3.27）。构造带内主要由剪切变形的震旦系和泥盆—石炭系逆冲推覆岩片组成，形成自北向南的叠瓦逆冲推覆构造。其中震旦系主要由含砾泥质岩、泥质碎屑岩、火山碎屑岩、碳酸盐岩和镁质碳酸盐岩组成；泥盆系为深水浊积岩、泥质碳酸盐岩和泥质岩；石炭系为碳酸盐岩。

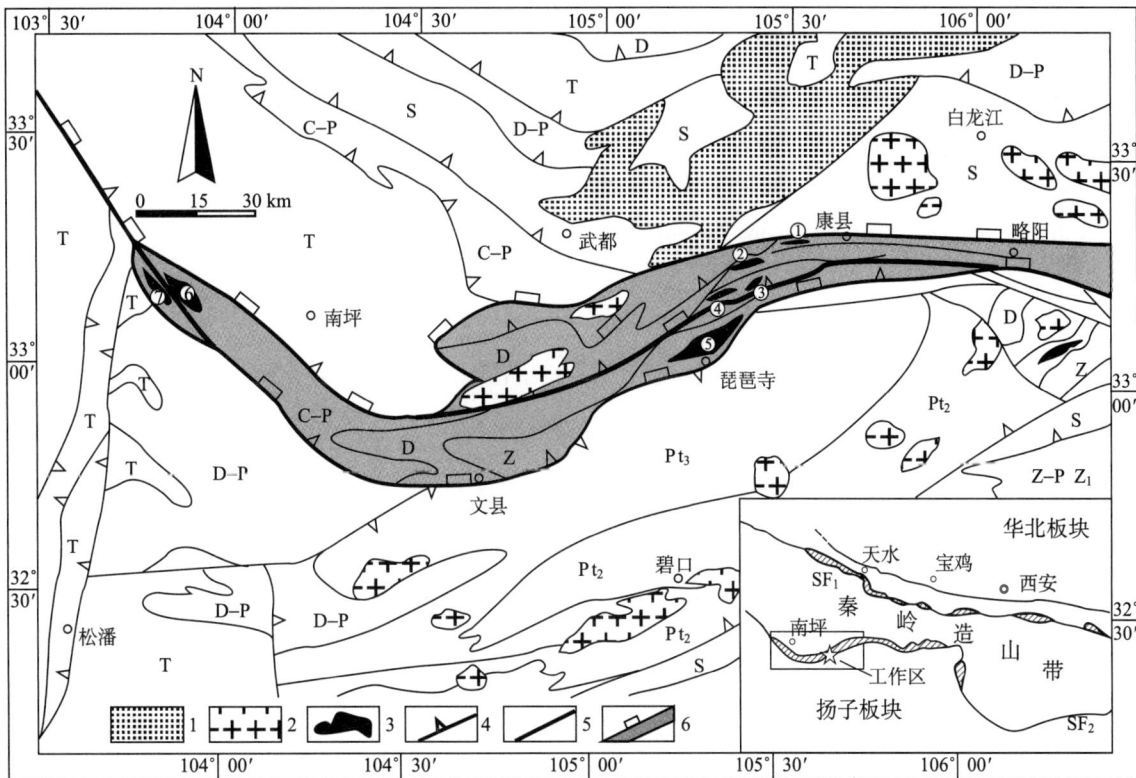

图3.27 勉略缝合带康县-琵琶寺-南坪段地质简图（据裴先治，2001）

1. 中新生代沉积盆地；2. 侵入岩；3. 火山岩构造岩片；4. 逆冲断层；5. 缝合带主边界逆冲断层；6. 缝合带范围

康县-琵琶寺-南坪蛇绿混杂带内变质火山岩主要以大小不一的构造岩块、岩片的形式卷入该强构造变形带。火山岩岩片主要出露在康县旧城、碾坝、刘坝、豆坝、琵琶寺、南坪隆康和九寨沟沟口几个地区。

表 3.7　康县-琵琶寺-南坪蛇绿混杂带火山岩化学成分（%）

编号	KX01	KX02	KX03	NB10	NB11	LB05	LB06	DB08	DB15	PBS01	PBS06	PBS13
岩性	玄武岩	玄武岩	玄武岩	玄武岩	玄武岩	玄武岩	玄武岩	玄武岩	玄武岩	玄武岩	玄武岩	玄武岩
SiO_2	47.37	45.99	48.05	47.05	48.00	47.03	46.05	45.04	48.01	49.64	49.06	48.63
TiO_2	1.95	2.45	2.32	2.17	1.80	1.75	1.47	2.00	1.15	1.52	1.65	1.10
Al_2O_3	13.71	13.20	14.47	15.16	16.79	17.26	19.08	18.28	18.09	14.22	12.18	16.06
Fe_2O_3	5.04	5.43	5.40	5.47	5.50	5.80	5.05	6.00	6.00	7.33	6.00	4.60
FeO	8.56	8.67	7.10	10.23	9.20	7.00	7.15	9.60	6.10	6.37	8.20	5.20
MnO	0.18	0.18	0.16	0.23	0.23	0.19	0.19	0.36	0.21	0.20	0.21	0.24
MgO	8.40	8.60	7.20	6.20	7.00	5.40	5.60	8.20	3.60	5.60	5.40	4.90
CaO	8.30	9.00	10.20	9.20	6.10	10.10	10.00	3.30	10.10	7.30	10.00	9.50
Na_2O	2.61	2.40	2.07	2.05	2.83	3.10	2.67	2.96	2.51	4.56	3.83	3.84
K_2O	0.27	0.34	0.42	0.43	0.51	0.27	0.27	0.13	0.24	0.07	0.07	0.13
P_2O_5	0.55	0.43	0.57	0.20	0.27	0.18	0.20	0.27	0.30	0.23	0.20	0.07
CO_2												
烧失量	2.86	2.59	1.69	1.50	1.40	1.65	2.00	3.70	3.40	2.55	2.66	5.50
总计	99.80	99.28	99.65	99.89	99.63	99.73	99.73	99.84	99.71	99.59	99.46	99.77
Li	30.285	33.51	21.778	14.732	24.133	20.498	24.726	83.704	43.7	19.69	12.245	32.936
Sc	32.935	30.459	34.033	50.216	26.322	38.661	41.505	19.231	47.642	51.537	55.013	42.14
V	306.79	303.26	325.62	564.45	315.77	300.48	294.40	232.08	233.24	361.64	439.20	203.07
Cr	381.04	370.91	437.90	14.732	139.5	272.84	291.9	128.08	267.23	85.04	89.139	227.73
Co	56.209	57.498	48.993	59.591	60.958	47.345	52.239	56.566	52.007	43.466	47.197	44.472
Ni	206.34	199.48	152.70	56.497	67.006	74.542	85.177	79.163	88.066	49.461	50.875	107.50
Cu	216.78	282.88	186.63	275.23	79.842	97.182	136.8	135.26	133.10	270.88	261.70	162.41
Zn	162.45	173.45	129.59	142.77	148.00	103.05	116.62	167.34	107.52	294.80	631.50	90.60
Ga	22.585	21.152	22.498	24.378	23.313	19.751	18.973	20.758	19.924	14.44	20.965	16.2
Ge	2.003	1.362	2.161	1.936	1.227	1.813	1.594	1.896	2.384	1.428	1.893	1.104
As	14.16	11.253	16.245	12.123	11.155	13.431	11.764	11.372	14.886	20.659	17.268	14.37
Rb	4.737	6.322	8.236	10.396	6.586	6.132	6.347	2.631	5.54	0.583	0.616	2.103
Sr	404.60	442.32	936.45	506.25	382.19	238.85	207.95	119.66	319.68	154.50	259.26	127.57
Y	31.837	31.884	30.335	27.547	24.067	30.379	31.502	26.924	29.381	43.94	47.607	23.206
Zr	253.37	255.51	256.78	128.58	116.24	130.39	129.69	165.36	125.44	111.69	132.72	50.275
Nb	42.611	42.449	36.495	16.984	15.954	10.323	11.171	11.884	8.098	2.487	2.612	1.587
Mo	5	5.289	2.907	2.056	14.041	5.229	11.826	273.40	15.294	16.29	7.681	5.224
Cd	0.218	0.337	0.262	0.199	0.077	0.156	0.16	0.293	0.243	0.675	1.78	0.263
In	0.209	0.161	0.117	0.096	0.106	0.113	0.106	0.083	0.137	0.22	0.298	0.121
Sn	6.134	3.649	4.222	2.631	0.9	2.321	3.477	3.812	3.18	5.605	3.736	2.23
Sb	3.739	3.644	5.381	1.473	1.691	3.144	1.468	2.03	2.824	7.834	5.279	3.588
Cs	0.18	0.26	0.625	2.656	0.264	0.272	0.32	0.187	0.315	0.241	0.112	0.31
Ba	129.90	160.90	268.86	84.648	136.25	100.34	119.4	62.528	99.864	175.87	57.327	55.209
La	34.17	32.184	29.522	12.469	11.945	9.623	10.21	8.552	11.886	4.237	4.354	3.338
Ce	76.521	74.198	67.97	29.901	28.134	29.44	25.207	24.209	29.372	13.716	14.149	8.076
Pr	10.055	9.421	9.042	4.215	3.816	3.298	3.682	3.396	3.895	2.361	2.466	1.273
Nd	43.465	42.194	42.527	19.107	17.444	16.699	17.813	16.219	18.912	12.737	14.109	6.968
Sm	9.578	9.68	9.498	5.064	4.758	4.97	5.202	5.177	5.179	4.901	5.287	2.351
Eu	2.567	2.626	2.931	1.453	1.53	1.594	1.721	1.489	2.058	1.468	1.714	1.042
Gd	8.706	8.798	8.925	5.505	4.858	5.102	6.055	5.606	5.27	6.498	6.395	3.151
Tb	1.256	1.13	1.148	0.939	0.763	0.9	0.959	0.994	0.918	1.156	1.233	0.584
Dy	6.904	6.706	6.484	5.341	4.786	5.634	6.074	5.959	5.62	8.194	8.28	4.003
Ho	1.084	1.11	1.111	0.892	0.843	1.07	1.15	1.023	1.007	1.646	1.62	0.798
Er	2.626	2.836	2.874	2.779	2.3	3.033	3.105	2.739	2.833	4.759	5.21	2.595
Tm	0.331	0.343	0.357	0.377	0.292	0.397	0.415	0.418	0.346	0.659	0.648	0.355
Yb	2.165	2.167	2.316	2.267	2.04	2.56	2.768	2.717	2.456	4.666	4.805	2.466
Lu	0.308	0.305	0.312	0.357	0.317	0.388	0.404	0.367	0.352	0.689	0.646	0.369
Hf	6.629	6.899	6.977	3.475	3.356	3.441	4.102	5.197	3.827	4.095	3.686	1.579
Ta	2.256	2.361	1.92	0.899	0.806	0.652	0.62	0.645	0.464	0.18	0.175	0.125
W	0.527	0.924	0.592	0.36	0.689	1.551	0.466	1.454	1.172	1.661	1.261	0.682
Pb	105.51	146.64	54.812	25.554	34.618	64.365	32.859	37.671	75.392	179.26	200.00	71.183
Th	2.821	2.735	2.309	1.07	1.028	0.752	0.931	0.883	0.843	0.202	0.163	0.13
U	0.777	0.725	0.616	0.318	0.291	0.209	0.205	0.185	0.17	0.135	0.08	0.075

注：由中国科学院贵阳地球化学研究所分析（2001）。其中 SiO_2-CO_2 采用湿法分析；Li-U 采用 ICP-MS 法分析。

及微量元素（10^{-6}）分析结果（赖绍聪等，2003c）

PBS30	PBS35	PBS12	PBS17	PBS18	PBS20	PBS29	LK06	LK07	LK10	TZ01	TZ02
玄武岩	玄武岩	玄武岩	玄武岩	玄武岩	玄武岩	玄武岩	玄武岩	玄武岩	玄武岩	玄武岩	玄武岩
50.94	49.25	48.36	52.33	50.88	50.67	47.65	46.19	42.79	42.94	43.19	42.01
1.37	1.38	1.66	1.85	1.75	1.90	1.85	2.60	2.45	2.60	2.6	3
15.23	16.25	17.52	14.47	14.48	15.04	14.98	17.55	18.79	18.31	12.28	10.62
4.35	4.62	5.00	5.10	5.70	5.05	9.15	5.80	4.88	5.00	4.36	5.71
7.05	7.18	7.20	7.30	7.60	7.65	5.95	8.10	9.42	9.50	7.74	7.29
0.18	0.20	0.14	0.15	0.15	0.17	0.20	0.16	0.13	0.17	0.16	0.17
6.20	6.90	4.60	3.50	4.80	4.10	4.00	6.30	6.70	7.40	7.6	8.2
8.40	8.80	6.00	6.10	5.60	7.00	7.70	4.80	4.20	4.30	11.6	9.7
1.07	2.76	4.18	4.89	3.65	4.21	2.08	2.34	3.34	2.58	1.39	1.09
1.02	0.21	0.46	0.39	1.11	0.09	2.13	3.05	1.21	2.04	1.68	2.11
0.10	0.11	0.30	0.30	0.43	0.37	0.67	0.97	1.03	1.04	0.5	0.46
										2.38	2.1
3.68	2.21	4.00	3.53	3.52	3.40	3.50	1.80	4.70	4.10	3.89	3.82
99.59	99.87	99.42	99.91	99.67	99.65	99.86	99.66	99.64	99.98	99.37	96.28
39.433	28.566	25.152	18.042	36.172	29.592	31.136	43.76	58.381	53.571	10.538	14.913
47.421	54.418	23.931	32.591	29.077	46.733	45.281	15.689	15.965	15.656	34.844	34.692
262.07	354.19	196.97	209.61	256.90	275.78	380.10	242.83	243.31	211.34	327.76	328.64
154.55	169.05	170.13	103.22	177.04	98.132	136.14	28.261	27.61	22.129	566.86	582.03
50.542	58.992	54.604	52.606	56.002	51.74	63.244	33.492	42.479	44.472	70.417	74.1
69.928	90.447	144.58	89.168	149.84	49.075	182.47	26.388	32.747	28.917	223.74	220.93
178.86	205.61	126.15	130.05	1245.3	153.97	2982.2	79.38	80.839	618.53	141.43	143.24
118.13	121.92	127.49	126.52	560.61	143.54	3818.8	192.62	192.77	221.90	111.48	121.16
19.451	19.272	17.482	19.873	21.419	18.194	22.917	32.191	33.771	31.347	19.667	21.496
2.463	2.463	1.069	1.384	1.303	1.091	2.148	1.758	2.404	1.784	1.624	1.629
15.064	17.038	14.948	12.236	211.54	14.841	461.65	12.401	15.609	14.956		
28.132	4.489	8.024	9.912	29.173	1.602	55.696	54.604	27.007	30.75	31.682	35.693
771.35	130.14	93.621	121.60	103.64	84.196	144.46	401.63	445.87	409.67	259.41	277.87
31.352	34.931	19.818	26.117	29.082	38.347	38.775	42.966	45.321	43.823	26.671	27.03
78.89	96.55	123.54	163.34	203.16	153.22	187.02	601.19	613.42	564.12	231.91	238.76
3.092	2.223	13.416	16.071	18.617	7.616	25.213	134.40	135.18	129.46	38.021	39.492
3.838	6.323	7.236	12.187	148.14	5.842	121.05	5.229	2.112	5.074	0.556	0.553
0.096	0.292	0.133	0.256	2.153	0.247	7.285	0.169	0.149	0.233	0.127	0.107
0.181	0.217	0.153	0.11	1.549	0.179	2.768	0.148	0.155	0.67	0.072	0.069
2.713	2.469	2.275	2.818	16.413	2.472	45.187	4.038	4.58	7.678	2.493	2.583
4.561	5.658	4.16	5.266	195.87	3.719	416.95	3.121	6.055	2.662	0.185	0.204
2.019	0.421	0.692	0.486	1.128	0.138	3.42	3.818	1.721	2.685	0.168	0.183
450.94	81.305	147.90	124.23	269.82	263.17	743.96	2691.9	1100.8	2172.7	169.38	184.16
3.887	3.872	14.564	17.215	17.46	9.49	20.732	77.604	95.602	89.696	29.924	33.359
11.014	12.628	32.839	39.395	41.173	26.098	48.202	160.59	183.44	182.92	69.114	73.609
1.822	2.296	4.258	5.069	5.597	3.92	6.445	18.636	21.012	20.878	8.493	8.909
10.321	13.253	18.647	23.535	25.018	20.38	29.867	72.659	84.188	82.194	38.29	38.764
4.002	4.37	4.322	5.993	5.87	6.465	7.7	14.676	16.277	16.225	8.481	9.149
1.299	1.564	1.426	1.701	1.869	1.911	2.449	4.503	4.613	4.722	2.524	2.743
4.646	5.657	4.635	5.725	5.932	6.989	7.998	11.359	13.042	13.096	7.816	8.18
0.847	1.004	0.704	0.836	0.909	1.147	1.173	1.695	1.781	1.717	1.157	1.185
5.68	6.634	4.129	5.451	5.662	7.785	7.598	8.914	9.864	9.55	6.04	6.563
1.196	1.273	0.721	0.894	1.029	1.37	1.418	1.54	1.545	1.465	1.082	1.096
3.462	3.808	2.029	2.716	2.962	4.027	4.157	3.96	3.96	4.147	2.651	2.808
0.424	0.495	0.251	0.34	0.378	0.54	0.463	0.483	0.507	0.461	0.343	0.397
3.4	3.619	1.828	2.399	2.676	3.681	3.49	3.141	3.495	3.249	2.158	2.194
0.476	0.495	0.263	0.336	0.37	0.583	0.511	0.44	0.446	0.489	0.29	0.298
2.589	3.182	2.988	4.673	5.331	4.259	5.652	14.856	15.169	14.428	7.111	7.559
0.219	0.135	0.771	0.853	1.101	0.428	6.433	7.6	7.708	7.265	2.687	2.732
0.573	0.587	1.409	1.236	2.627	1.034	20.436	0.918	2.011	1.104	50.461	44.425
100.03	243.46	99.148	74.276	1320.6	70.295	5420.6	80.778	45.518	220.86	1.654	1.911
0.217	0.165	1.073	1.24	1.528	0.586	2.128	12.272	12.6	12.118	3.914	3.936
0.089	0.076	0.218	0.3	0.333	0.158	1.696	2.009	3.05	3.137	1.011	1.047

　　我们在康县旧城、碾坝、刘坝、豆坝、琵琶寺、南坪隆康和九寨沟沟口几个地区，沿垂直火山岩岩片走向方向各采集一组系统样品，首先经镜下观察，去除有后期交代脉体贯入的样品，然后用牛皮纸包裹击碎成直径约 5 mm 的细小颗粒，从中细心挑选 200 g 左右的新鲜岩石小颗粒，蒸馏水洗净烘干，最后在振动盒式碎样机（日本理学公司生产）内粉碎至 200 目。主元素采用湿法分析，痕量及稀土元素采用 ICP-MS（酸溶）法分析。全部测试工作均由中国科学院贵阳地球化学研究所资源与环境分析测试中心完成。本区火山岩化学成分及微量元素分析结构列于表 3.7 中。

　　考虑到本区火山岩曾遭受过一定的蚀变作用并可能受到过微弱的变质作用影响。本节将通过对火山岩岩石-构造组合类型、岩浆系列、稀土及痕量元素地球化学特征的分析研究，来阐明火山岩形成环境及其大地构造意义。痕量元素尽可能采用相对不活动的高场强元素及其比值所提供的地球化学约束。

　　SiO_2-Nb/Y 图解可以有效地区分变质/蚀变火山岩的系列（Winchester and Floyd，1977）。根据 SiO_2-Nb/Y 图解（图 3.28a）可以看出，本区火山岩可分为碱性和亚碱性两个系列。岩石类型（图 3.28b）主要为亚碱性玄武岩、碱性玄武岩和碧玄岩类。

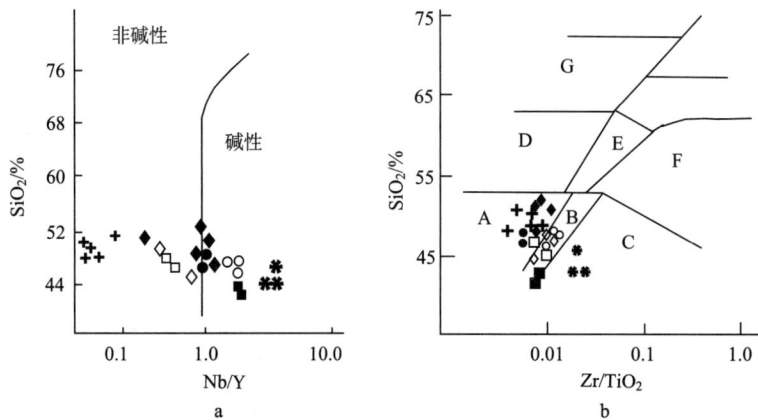

图 3.28　火山岩 SiO_2-Nb/Y 图解（a）和 SiO_2-Zr/TiO_2 图解（b）（Winchester and Floyd，1977）

A. 亚碱性玄武岩类；B. 碱性玄武岩类；C. 粗面玄武岩、碧玄岩、霞石岩；D. 安山岩类；E. 粗面安山岩类；F. 响岩类；G. 英安流纹岩、英安岩；○康县火山岩；□刘坝火山岩；●碾坝火山岩；◇豆坝火山岩；+琵琶寺洋脊型火山岩；◆琵琶寺洋岛型火山岩；✳南坪隆康火山岩；■塔藏火山岩

　　火山岩的常量元素化学成分在一定程度上反映了岩石的类型和基本属性。康县旧城、碾坝、刘坝、豆坝、琵琶寺、南坪隆康和九寨沟沟口几个地区火山岩类 SiO_2 含量变化较大，介于 42.97% ~ 52.33%，除隆康岩区的两个样品 SiO_2 含量较低（<45%外），其余样品均处在玄武岩的范围内，平均为 47.81%。岩石 Fe_2O_3、FeO、MgO 含量高，平均值分别为 5.56%、7.74% 和 5.94%，且绝大多数样品的 FeO>Fe_2O_3。TiO_2 主要赋存在一些性质比较稳定的副矿物中，受蚀变影响较小，因而通常可以用于判别火山岩的形成环境。值得注意的是，本区火山岩 TiO_2 含量介于 1.10% ~ 2.60%，平均为 1.85%。根据 Pearce（1983）提供的不同环境火山岩组合 TiO_2 含量标准值，本区玄武岩类 TiO_2 含量明显高于活动大陆边缘（0.83%）及岛弧区火山岩（0.58%~0.85%）的 TiO_2 含量，而处在洋脊拉斑玄武岩（1.5%）和洋岛拉斑玄武岩（2.5%）的 TiO_2 含量范围之内。具有其特殊的化学成分特征。

　　稀土元素特征，尤其是轻稀土的亏损或富集程度常常可以比较准确地反映火山岩源区的地球化学属性。通常情况下，大洋地幔是熔出大量玄武岩后的残余地幔，常常亏损轻稀土；而洋岛火山岩则常常与一个富集或部分富集的混合型地幔源区有关。通过康县-琵琶寺-南坪蛇绿构造混杂带内火山岩稀土元素分析结果我们可以清楚地看到（表 3.7 和表 3.8），该区不同火山岩岩片的稀土元素特征有明显差异，可区分为性质完全不同的两组：一组为轻稀土亏损的洋脊型（MORB）玄武岩；另一组为轻稀土富集的洋岛型玄武岩。

康县-琵琶寺-南坪蛇绿混杂带内洋脊型玄武岩分布局限，主要见于琵琶寺区段内。琵琶寺洋脊型玄武岩属于浅变质火山岩系（绿片岩相），呈宽约 200～400 m、长约 500～700 m 的两条火山岩岩片夹持在构造混杂带内。岩石为暗绿-黑绿色，块状构造，部分样品发育有片理构造。变余斑状结构，斑晶为辉石和斜长石，辉石斑晶大多已绿泥石化。基质为微—细粒变晶结构，主要组成矿物有绿泥石、绿帘石和钠长石小颗粒。琵琶寺洋脊型玄武岩 SiO_2 含量变化不大，介于 48.63%～50.94%，均处在玄武岩的范围内，平均为 49.50%。岩石 Fe_2O_3、FeO、MgO 含量高，平均值分别为 5.38%、6.80% 和 5.80%，且大多数样品的 $FeO>Fe_2O_3$。值得注意的是，本区玄武岩 TiO_2 含量介于 1.10%～1.65%，平均为 1.40%。就 TiO_2 含量而言，本区玄武岩类明显高于活动大陆边缘及岛弧区火山岩（0.83，0.58%～0.85%）的 TiO_2 含量，而与洋脊拉斑玄武岩（1.5%）TiO_2 含量范围十分一致。根据 SiO_2-Nb/Y 图解（图 3.28a）和 SiO_2-Zr/TiO_2 图解（图 3.28b）可以看出，本区玄武岩属于亚碱性拉斑玄武岩类。

本区洋脊型火山岩稀土总量较低，一般在 37×10^{-6}～70×10^{-6}，平均为 57.88×10^{-6}；轻重稀土分异不明显，$\sum LREE/\sum HREE$ 十分稳定，在 1.40～1.60 之间变化，平均为 1.54；岩石 $(La/Yb)_N$ 介于 0.65～0.97，平均为 0.77；$(Ce/Yb)_N$ 大多介于 0.82～0.97，平均为 0.88；δEu 趋近于 1，变化不大，平均为 0.95，表明岩石基本无铕异常。在球粒陨石标准化配分图上（图 3.29），显示为轻稀土亏损型分布模式，具典型的 N 型 MORB 稀土元素地球化学特征，表明它们来自亏损的软流圈地幔。

在造山带缝合构造研究过程中，人们通常高度关注蛇绿岩岩石组合的解析与厘定，以蛇绿岩组合作为识别缝合构造的主要判据。然而，事实上无论是蛇绿岩组合（例如：洋脊型拉斑玄武岩），还是洋岛拉斑玄武岩或洋岛碱性玄武岩，它们均是古洋壳的表征，分别代表了大洋扩张脊岩浆活动的产物以及残余的古洋壳碎片。因此，关注大洋岛屿火山岩组合的识别与研究，有效地区分并讨论古缝合带中洋岛型火山岩及其地球化学特征，对于恢复古构造背景，重建造山带的演化历史同样具有重要意义。

康县-琵琶寺-南坪蛇绿构造混杂带内洋岛火山岩广泛分布，我们的详细野外工作已经充分查明，在康县旧城、碾坝、刘坝、豆坝、琵琶寺、南坪县隆康和九寨沟沟口等几个区段均出露有洋岛型火山岩岩片，它们主要是以构造岩片的形式卷入混杂带内。其岩石类型可区分为洋岛拉斑玄武岩（主要包括碾坝洋岛型火山岩岩片、豆坝洋岛型火山岩岩片、刘坝洋岛型火山岩岩片以及琵琶寺洋岛型火山岩岩片）和洋岛碱性玄武岩（康县岩片、隆康岩片和塔藏岩片）两类。

总体而言，康县-琵琶寺-南坪蛇绿构造混杂带内洋岛拉斑玄武岩类稀土总量相对较低，大多在 80×10^{-6}～140×10^{-6}，平均为 97.15×10^{-6}。然而，其稀土总量仍然高于康县-琵琶寺-南坪蛇绿构造混杂带内洋脊型拉斑玄武岩的稀土总量（57.88×10^{-6}），但却明显低于本区洋岛碱性玄武岩的稀土总量。该组洋岛拉斑玄武岩类轻重稀土分异较明显，$\sum LREE/\sum HREE$ 在 3～5 之间变化，平均为 3.94；岩石 $(La/Yb)_N$ 介于 1.85～5.71 之间，平均 3.72；$(Ce/Yb)_N$ 介于 1.97～4.99 之间，平均 3.51；δEu 在 0.84～1.19 之间变化，平均 0.94。从而，充分说明岩石属于轻稀土弱—中等富集型，基本无 Eu 异常。它们在稀土元素球粒陨石标准化配分型式图中（图 3.29），均显示为右倾负斜率轻稀土中度富集型，Eu 处无异常。

康县-琵琶寺-南坪蛇绿构造混杂带内洋岛碱性玄武岩稀土元素特征与洋岛拉斑玄武岩类存在明显区别，洋岛碱性玄武岩类稀土总量明显偏高，变化在 185×10^{-6}～440×10^{-6} 之间，平均为 304.87×10^{-6}。岩石轻重稀土分异强烈，$\sum LREE/\sum HREE$ 变化在 7～12 之间，平均为 9.35；岩石 $(La/Yb)_N$ 介于 9.14～19.80 之间，平均 14.71；$(Ce/Yb)_N$ 介于 8.15～15.64 之间，平均 11.98；δEu 在 0.84～1.03 之间变化，平均 0.93。从而表明该组洋岛碱性玄武岩类属于轻稀土强烈富集型，且同样未显示 Eu 的异常。稀土元素球粒陨石标准化配分型式图中（图 3.29），本区洋岛碱性玄武岩类显示为右倾负斜率轻稀土强烈富集型，Eu 处基本无异常。

上述分析表明，康县-琵琶寺-南坪蛇绿构造混杂带内，洋岛拉斑和洋岛碱性火山岩的稀土元素特征具有明显的演化规律。由洋岛拉斑玄武岩→洋岛碱性玄武岩，稀土总量呈逐渐增高的趋势，

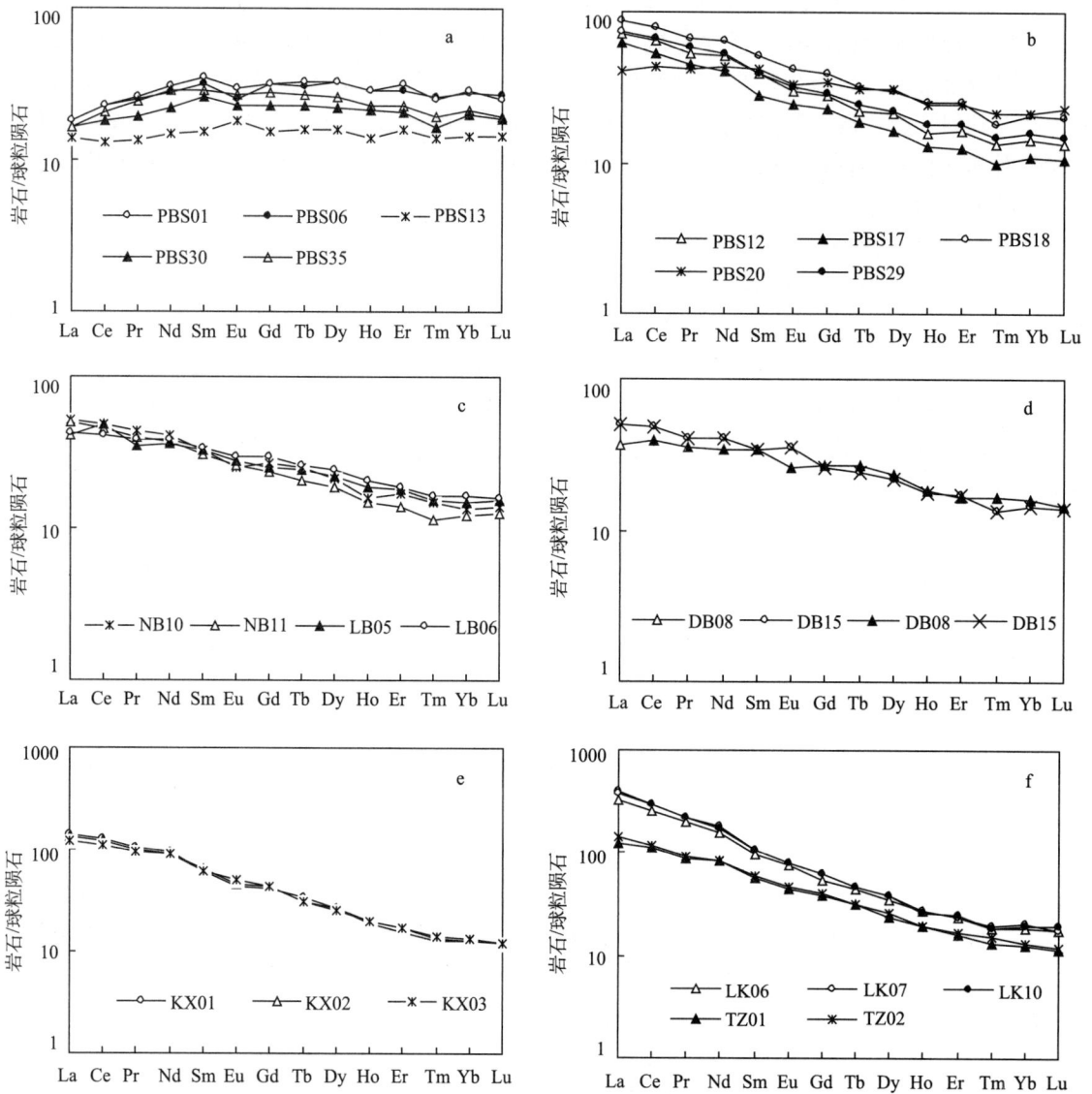

图 3.29　稀土元素球粒陨石标准化配分型式

a. 琵琶寺洋脊型火山岩；b. 琵琶寺洋岛型火山岩；c. 碾坝、刘坝火山岩；d. 豆坝火山岩；e. 康县火山岩；

f. 南坪隆康火山岩、塔藏火山岩；球粒陨石标准值据 Sun and McDonough，1989

$(La/Yb)_N$、$(Ce/Yb)_N$、$\sum LREE/\sum HREE$ 逐渐增高，轻重稀土分异程度、轻稀土富集度逐渐增高，符合大洋板内洋岛型火山作用岩浆演化的正常趋势。

板块构造的演化制约着火山作用物质的性质与特点，在不同的构造环境中形成的火山岩不但在其组合和演化系列上不同，而且还反映在地球化学特征上的系统变化。这使得通过火山岩的组合、系列和地球化学研究来揭示古板块构造的演化过程成为可能。根据玄武岩类型与构造环境之间的关系，可以简单地划分出三个主要类型：在扩张板块边缘深海底环境喷发的洋中脊玄武岩（MORB）；在汇聚板块边缘喷发的火山弧玄武岩（VAB）；以及远离板块边缘喷发的板内玄武岩（WPB）。一般地说，利用火山岩微量元素判别的板块构造环境主要为上述三种类型。

微量元素组合特征可以较为有效地区分不同构造背景下形成的火山岩。微量元素的原始地幔标准化配分图解（图 3.30）显示，本区洋脊型拉斑玄武岩不相容元素具有以下特点：曲线总体显示为左倾正斜率亏损型分布型式，除 Ba、K 等活动性较强的大离子亲石元素变化较大外，其他元素自左向右，随元素不相容性的降低，富集度逐渐增高，Zr、Sm、Tb、Y 等不相容性较弱的元素相对于 La、Ce、Nb 等不相容性稍强的元素略呈富集状态。曲线中无 Nb、Ta 的亏损现象，这与岛弧火山岩显著不同。有微弱的 Ti 谷，说明岩浆体系中存在较弱的钛铁氧化物分离结晶现象。该组玄武岩 Ti/V 为 22.5～32.5（平均 26.98）；Th/Ta 为 0.93～1.22（平均 1.06）；Th/Y 为 0.003～0.007（平均 0.005）；Ta/Yb 十分稳定，在 0.04～0.06 之间，平均为 0.05。它们与来自亏损的软流圈地幔的 MORB 型玄武岩具有完全一致的微量元素地球化学特征。

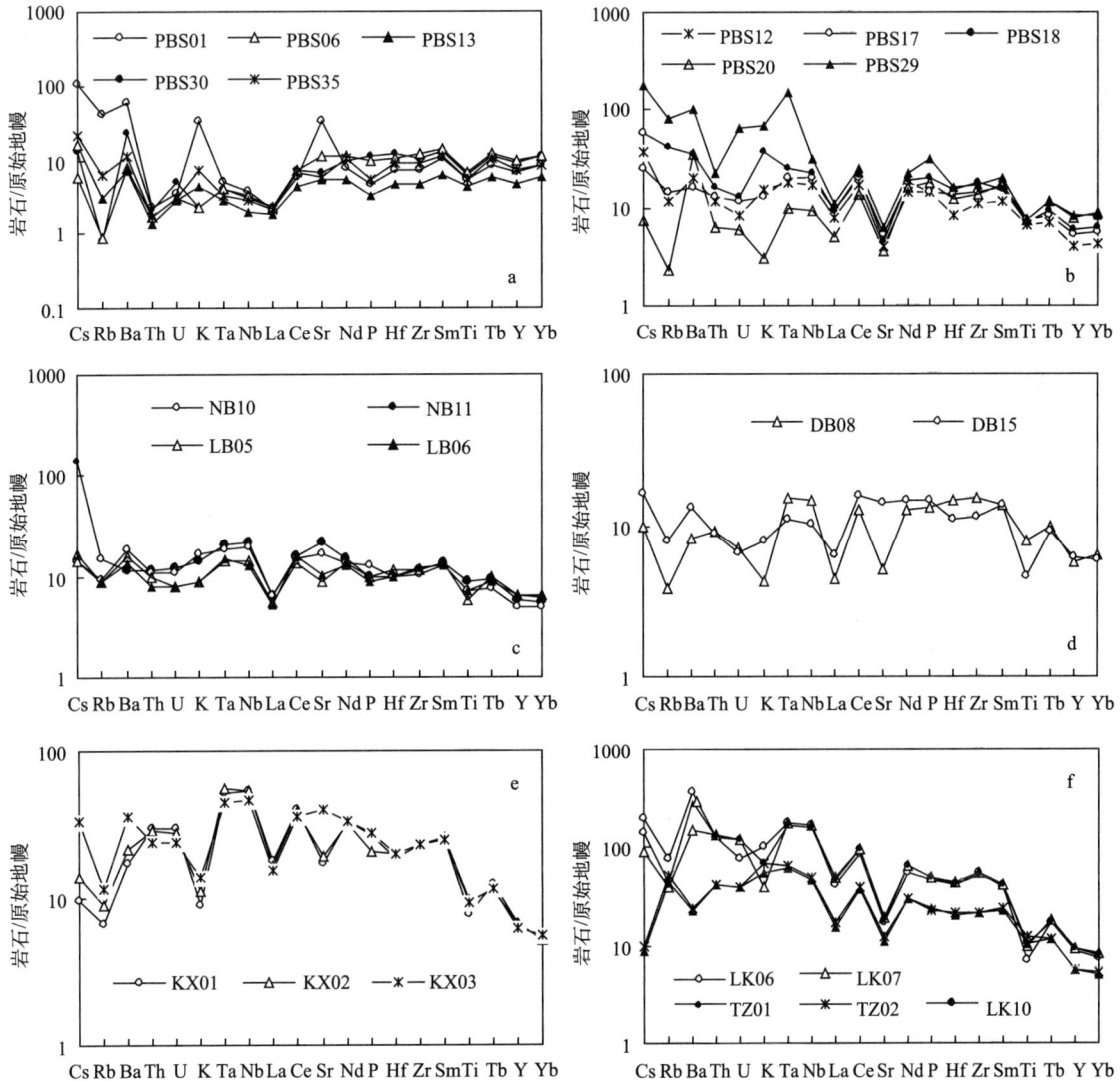

图 3.30　火山岩微量元素原始地幔标准化配分型式

a. 琵琶寺洋脊型火山岩；b. 琵琶寺洋岛型火山岩；c. 碾坝、刘坝火山岩；

d. 豆坝火山岩；e. 康县火山岩；f. 南坪隆康火山岩、塔藏火山岩

　　岩石微量元素 N 型 MORB 标准化配分型式是判别火山岩形成构造环境的有效途径之一。从图 3.31 中可以看到，除活动性较强的 Rb、Ba 两个元素丰度变化较大外，本区洋脊型玄武岩的 N-MORB 标准化配分曲线为一近于水平的平直曲线，与 Pearce 提供的标准 N-MORB 分布曲线近于重合，充分表明本区琵琶寺洋脊拉斑玄武岩属于典型的洋中脊成因类型，为洋壳蛇绿岩的组成部分。

　　Th、Nb、La 都是强不相容元素，可最有效地指示源区特征（李曙光，1993b）。Nb、La、Th 在海水蚀变及变质过程中是稳定或比较稳定的元素，所以利用 La/Nb-La 和 Nb/Th-Nb 图解可以区分洋

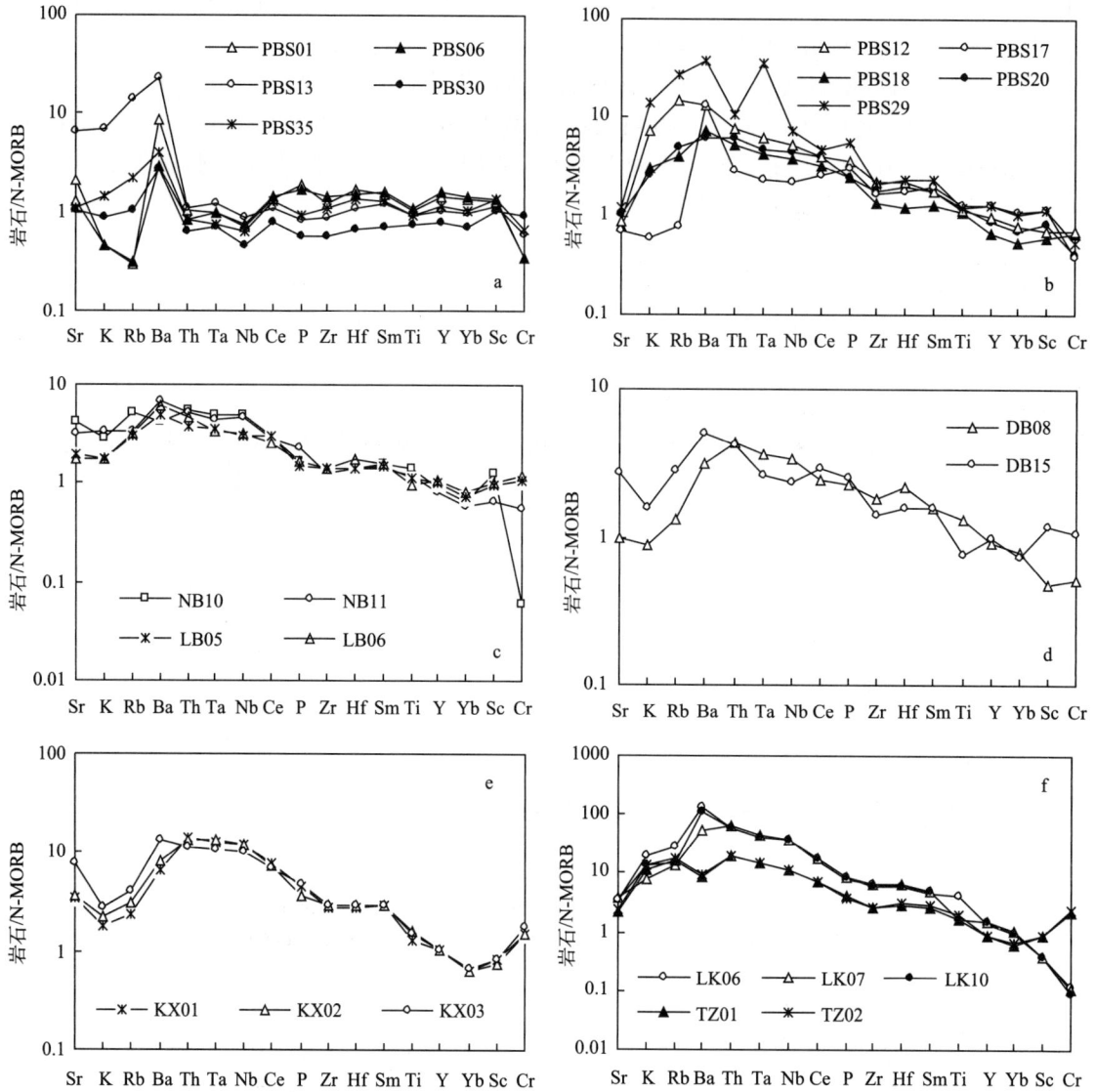

图 3.31 火山岩微量元素 N 型 MORB 标准化配分型式

a. 琵琶寺洋脊型火山岩；b. 琵琶寺洋岛型火山岩；c. 碾坝、刘坝火山岩；d. 豆坝火山岩；

e. 康县火山岩；f. 南坪隆康火山岩、塔藏火山岩；N-MORB 标准值据 Pearce，1983

脊、岛弧和洋岛玄武岩（李曙光，1993b）。从图 3.32 可以看出，本区火山岩均无一例外地落入 MORB 型玄武岩区内。这种特征的地球化学指纹，表明本区火山岩总体形成于大洋环境，来源于亏损的 MORB 型地幔源区。所有上述分析都充分说明，琵琶寺洋脊拉斑玄武岩为典型的洋壳蛇绿岩组成部分，代表勉略洋盆发育期间古洋壳的残片。

上述分析充分表明，本区洋岛火山岩类形成于大洋板内环境，为大洋板块内部岩浆作用的产物。洋岛拉斑和洋岛碱性两类玄武岩具有同源岩浆演化趋势，为洋岛火山作用岩浆结晶分异演化的产物。

康县-琵琶寺-南坪蛇绿构造混杂带的初步厘定，以及带内洋壳蛇绿岩和洋岛拉斑玄武岩、洋岛碱性玄武岩三种不同火山岩岩石-构造组合的确定，表明南秦岭勉略洋盆在 $D-C-T_2$ 期间曾经经历过一个较完整的有限洋盆发生、发展与消亡的过程，它对于确立华北-秦岭陆块的碰撞时代和秦岭造山带的形成与演化均有重要的大地构造意义。

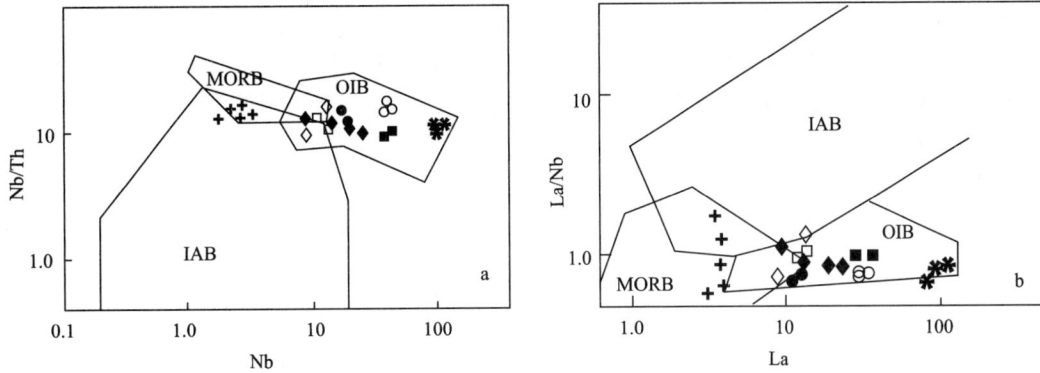

图 3.32　火山岩 Nb/Th-Nb（a）和 La/Nb-La（b）图解（据李曙光，1993）
○康县火山岩；□刘坝火山岩；●碾坝火山岩；◇豆坝火山岩；+琵琶寺洋脊型火山岩；
◆琵琶寺洋岛型火山岩；✳南坪隆康火山岩；■塔藏火山岩
MORB. 洋中脊玄武岩；IAB. 岛弧玄武岩；OIB. 洋岛玄武岩

第四节　德尔尼蛇绿混杂岩

一、区域地质基本特征

德尔尼蛇绿岩呈狭长构造岩片位于青海省玛沁县德尔尼铜矿附近（图 3.33），出露于哈布切特韧性剪切带与东倾沟–甲里哥–马耳强韧性剪切带之间的构造混杂带中，岩片东西长约 17 km，南北宽约

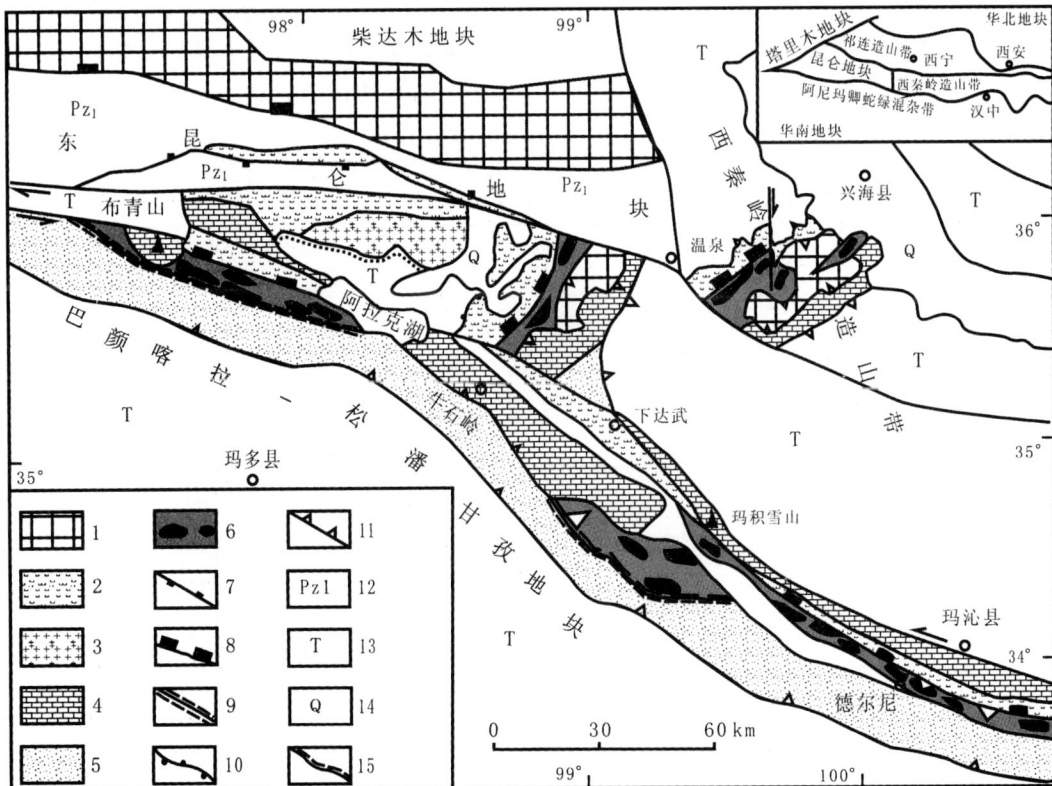

图 3.33　阿尼玛卿带东部地区地质略图

1. 前寒武纪变质岩；2. 晚古生代晚期岛弧火山岩系；3. 晚古生代晚期碰撞花岗岩；4. 石炭—二叠纪浅海碳酸盐岩；5. 二叠纪被动陆缘复理石沉积；6. 晚古生代蛇绿岩；7. 平移断层；8. 俯冲带；9. 韧性断层；10. 逆冲断层；11. 推覆构造；12. 早古生代被动陆缘火山–沉积岩系；13. 三叠纪前陆盆地复理石沉积；14. 第四系；15. 角度不整合界线

2 km，其北、南部分别为哈布切特韧性剪切带和东倾沟–甲里哥–马尔强韧性剪切带所围限。野外调查表明，三条剖面的变形变质特征基本相同，其中甲里哥剖面出露比较完全，另两条剖面主要由变基性熔岩和蛇纹岩组成。德尔尼蛇绿混杂岩带处于东昆仑南缘蛇绿混杂岩带东延与西秦岭南缘勉略蛇绿混杂岩带衔接地区，是花石峡–玛沁蛇绿混杂岩带的主要组成部分。

甲里哥蛇绿岩剖面由三个单元组成：

下部单元为含辉石岩透镜体的变质橄榄岩，岩石类型以斜辉橄榄岩和二辉橄榄岩为主，纯橄岩少见，经历普遍而强烈的蛇纹石化、硅化和碳酸盐化而蚀变为蛇纹岩和碳酸盐化蛇纹岩等。镜下呈网环结构，主要矿物大部分已经蚀变，保留橄榄石和斜方辉石的假象，仅有少量残晶，蛇纹石多呈网脉状，以纤蛇纹石为主。辉石岩出露比较有限，由90%以上的辉石和少量的基性斜长石组成，辉石基本上已蚀变为绿泥石和绿帘石，仅保留辉石假象。

中部单元为中–粗粒辉长岩，均一块状，辉石约占60%，基性斜长石占40%，辉石经历了比较充分的蚀变，镜下特征与辉石岩中的辉石基本一致。

上部单元为火山岩，已变质成为绿泥钠长绿帘片岩，但片理化较弱，整体上呈均一块状，成分上也比较一致，无酸性分异产物。

上述三个单元彼此以断裂相接，依次由北向南排列。一套黑色硅泥质深水沉积岩断续出露于变玄武岩北侧和哈布切特韧性剪切带内部，以强烈的韧性变形和密集的透入性片理区别于蛇绿岩的成员，推测是在蛇绿岩仰冲就位过程中加入的洋壳顶部沉积物。

二、蛇绿岩的地球化学

为探讨形成环境，在德尔尼蛇绿岩各岩石单元中采集了一组样品，样品分别来自甲里哥、哈泽里以西和德尔尼铜矿三个剖面，剖面彼此距离大于5 km，可以保证样品的代表性。在室内挑选出新鲜的岩石标本，避开风化面、片理面和次生脉体切制成4~5 cm见方的立方体，并用金刚砂纸打磨表面以防止铁质污染。分析结果见表3.8。

表 3.8　德尔尼蛇绿岩超镁铁质岩的化学成分（%）及微量元素（10^{-6}）分析

样号	DN12	DN13	DN14	DN16	DN24	DN25	DN26	DN28	DN29	DN30
剖面	甲里哥	甲里哥	甲里哥	甲里哥	哈泽里	哈泽里	哈泽里	德尔尼	德尔尼	德尔尼
SiO_2	49.72	50.72	50.60	45.99	47.55	47.89	44.55	48.93	47.68	48.39
TiO_2	1.43	1.46	1.44	1.40	2.28	1.46	1.58	1.50	1.42	1.36
Al_2O_3	13.81	13.78	13.97	13.70	13.70	14.09	15.30	16.18	15.41	15.00
Fe_2O_3	5.82	4.64	5.26	6.14	6.23	6.87	2.96	4.26	5.39	4.79
FeO	3.81	4.50	4.36	3.34	3.34	4.09	6.27	5.00	4.20	7.35
MnO	0.16	0.16	0.16	0.17	0.17	0.19	0.17	0.15	0.15	0.17
MgO	7.52	8.33	7.98	5.88	6.12	6.81	6.88	7.84	6.83	5.98
CaO	10.70	8.84	9.04	12.86	11.70	9.44	8.26	6.11	10.70	7.63
Na_2O	3.44	3.81	3.49	4.08	4.16	3.97	4.66	4.77	3.97	4.84
K_2O	0.19	0.05	0.07	0.05	0.04	0.03	0.02	0.04	0.02	0.06
P_2O_5	0.12	0.13	0.13	0.12	0.12	0.12	0.12	0.11	0.12	0.11
烧失量	2.74	3.09	3.24	6.05	5.22	3.38	7.38	4.75	4.46	4.16
总量	99.46	99.81	88.74	99.78	100.20	99.76	99.95	99.64	100.35	99.84
Ba	20	20	25	20	20	20	20	20	20	20

样号	DN12	DN13	DN14	DN16	DN24	DN25	DN26	DN28	DN29	DN30
剖面	甲里哥	甲里哥	甲里哥	甲里哥	哈泽里	哈泽里	哈泽里	德尔尼	德尔尼	德尔尼
Cr	232	236	251	295	295	327	291	253	244	199
Nb	4	4.1	4.2	3.5	4.3	3.4	4.7	4	4	5.6
Ni	87	90	95	78	82	104	107	105	91	72
Rb	4.5	3.1	3.4	4.5	4.8	4.2	3	3	3.5	3
Sr	138	85	82	157	155	114	121	67	161	96
Y	33	31	32	31	34	34	31	33	32	47
Zr	104	107	104	95	99	110	99	99	92	155
La	3.08	2.63	2.9	2.68	2.61	2.86	2.44	3.04	2.18	4.22
Ce	7.95	9.67	9.94	8.16	8.25	1	9.03	9.68	7.89	1.26
Nd	8	1.03	1.16	1.06	1.08	9.94	8.55	9.38	8.89	1.45
Sm	3.87	3.55	3.77	3.43	3.55	3.9	3.42	3.43	3.24	5.13
Eu	1.71	1.35	1.4	1.29	1.44	1.5	1.46	1.44	1.25	2.09
Tb	1.08	0.97	1.06	0.94	1	1.11	1.05	1.03	0.89	1.42
Yb	4.1	3.9	4.13	3.86	4	4.7	3.85	3.88	3.53	6.25
Lu	0.58	0.62	0.63	0.62	0.64	0.7	0.61	0.56	0.54	0.85

在 Le Maitre（1976）的岩类判别图中，10 件样品中的 6 件投入玄武岩区域，另有 2 件投入玄武安山岩区、2 件投入粗面安山岩区，但都紧靠与玄武岩区域的界限，因此可认为玄武岩是样品的主体。

（一）玄武岩岩浆演化趋势

样品在 AFM 图中的落点集中在有限的范围内（图 3.34），但演化趋势明显体现出拉斑系的典型特征：Fe^* 的含量随 Mg 的增加而减少。

（二）大地构造环境判别

为进一步判断样品与构造环境之间的关系，本节采用了多种基于稳定微量元素的判别图解：TiO_2-MnO-P_2O_5（Mullen，1983）、Nb-Zr-Y（Meschede，1986）、Ti-Zr-Y（Pearce and Cann，1973）、Ti-Zr-Sr（Pearce and Cann，1973）、Ti-Zr（Pearce and Cann，1973），在上述图解中火山岩样品均投入 MORB（N-MORB、OFB）区域（图 3.35）。

尽管上述判别提供了比较一致的结论，但某些曾被普遍使用的构造环境图解的可靠性近年来受到了怀疑（李曙光，1993b），认为 20 世纪 70 年代至 80 年代初的测试精度和样品基础可能不足以建立可靠的构造判别图解（Pearce，1983）；而且一些元素（如 Ti）含量易受部分熔融、结晶分异、海水蚀变等过程的影响（李曙光，1993b），这些因素在判别图解建立过程中没有得到充分的考虑，导致不能有效的区分 MORB 和 IAB，而对蛇绿岩而言，MORB 和 IAB 的区分是最重要的（李曙光，1993b）。

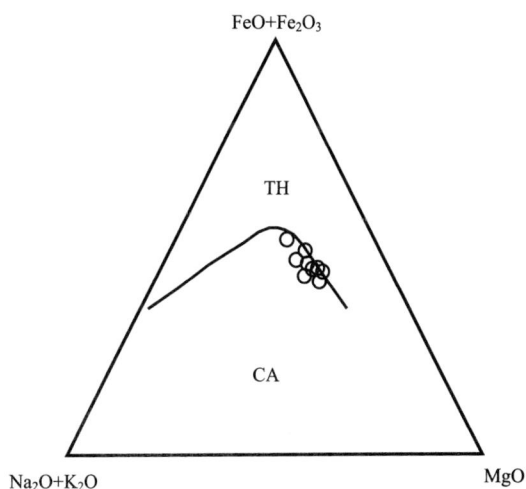

图 3.34　AFM 岩浆系列判别图
TH. 拉斑玄武岩系列；CA. 钙碱性系列

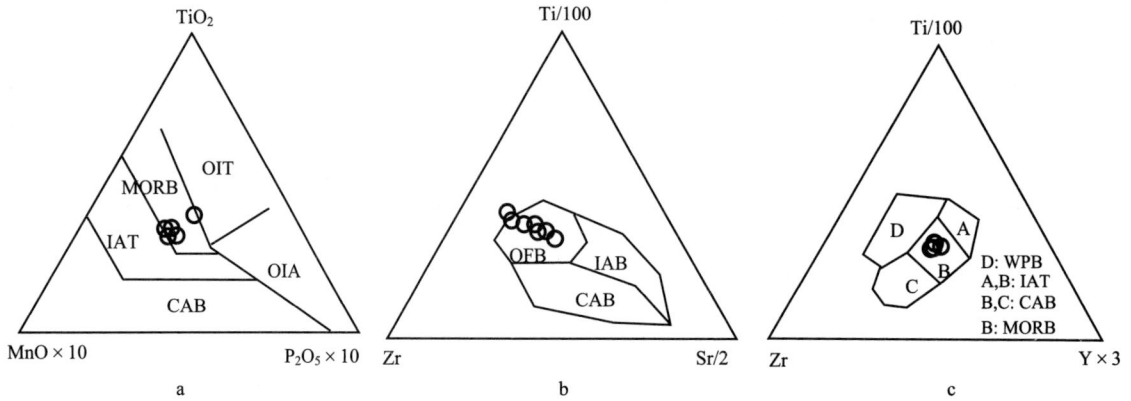

图 3.35　德尔尼蛇绿岩地球化学图

a. TiO₂-MnO×10-P₂O₅×10；b. Ti/100-Zr-Sr/2；c. Ti/100-Zr-Y×3；

MORB. 洋脊玄武岩；IAT. 岛弧拉斑玄武岩；CAB. 钙碱性玄武岩；OIT. 洋岛拉斑玄武岩；

IAB. 岛弧玄武岩；OFB. 洋底玄武岩；WPB. 板内玄武岩；OIA. 洋岛碱性玄武岩

Nb 和 La 均为强不相容元素，分配系数彼此接近，它们的元素比值不易受岩浆部分熔融、结晶分异、海水蚀变和变质的影响，从而可以有效地指示源区特征。因此笔者选择了李曙光的蛇绿岩构造环境判别图解 La/Nb-La 和 Ba/Nb-Ba（李曙光，1993b），样品投点均落入 MORB 区域，而且体现出显著的集中性趋势（图 3.36）。

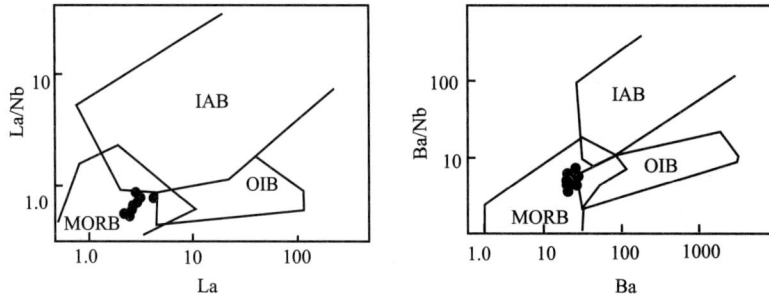

图 3.36　蛇绿岩 La/Nb-La 和 Ba/Nb-Ba 构造环境图解

MORB. 洋脊玄武岩；IAB. 岛弧玄武岩；OIB. 洋岛玄武岩

（三）稀 土 元 素

样品的稀土元素分异较弱，稀土总量相当于大约 15 倍球粒陨石，变火山岩与辉长岩的分配特征基本一致。(La/Yb)_N 平均为 0.45，(Ce/Yb)_N 平均为 0.57，球粒陨石标准化分配图（图 3.37）显示轻稀土亏损，曲线光滑无 Eu 异常，表明岩浆没有经历分异过程，与剖面中无中酸性分异产物相一致，具备典型 N-MORB 稀土地球化学特征，表明岩浆来自亏损的软流圈地幔。

（四）超镁铁岩的地球化学

德尔尼蛇绿岩的超镁铁单元前人已有部分研究工作（章午生，1981），其目的主要是针对德尔尼铜矿，未从蛇绿岩的角度考虑，笔者在超镁铁岩中获得了 5 件主元素、微量元素数据，加上 5 件前人数据，列为表 3.9。

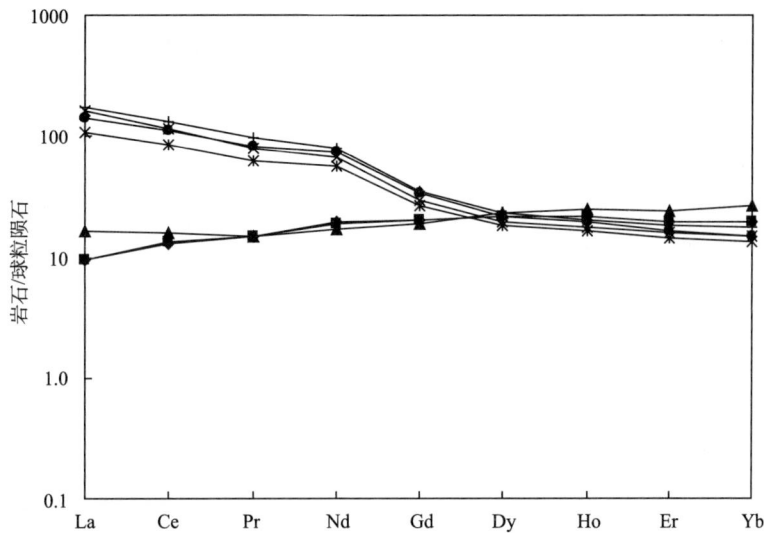

图 3.37　球粒陨石标准化稀土元素分配图（标准化数值据 Sun and McDonough，1989）

表 3.9　德尔尼蛇绿岩变玄武质熔岩（DN13）^{40}Ar-^{39}Ar 中子活化测年结果

加热阶段	加热温度/℃	$(^{40}Ar/^{39}Ar)_m$	$(^{36}Ar/^{39}Ar)_m$	$(^{37}Ar/^{39}Ar)_m$	$(^{40}Ar_r/^{39}Ar)_m$	$^{39}Ar_K/10^{-14}mol$	视年龄/Ma
1	400	32.07780	0.09690	4.16760	3.73900	10.15	95.60±19.4
2	500	23.32230	0.06120	3.81200	5.52790	12.36	139.60±8.6
3	600	28.88880	0.06530	3.08850	9.83160	16.43	241.30±12.8
4	700	33.82560	0.07200	4.28240	12.89860	16.93	310.40±19.4
5	780	33.81780	0.07730	4.28240	11.31840	15.39	275.10±13.0
6	850	17.34800	0.02210	3.35130	11.09010	24.38	270.00±4.90
7	930	24.11960	0.03660	4.15580	13.65360	28.87	327.00±6.20
8	1010	24.11960	0.04310	36.27470	14.37490	60.62	342.80±18.30
9	1100	17.34800	0.02500	53.10950	14.33900	97.52	342.00±5.40
10	1200	17.34800	0.02460	53.10940	14.45040	32.50	344.40±5.30
11	1300	21.81240	0.03240	33.26390	14.99290	48.18	356.10±8.40
12	1400	21.56270	0.04540	3.00000	8.38150	0.10	207.70±20.40

注：坪年龄 t_p=345.3±7.9 Ma（8~11 阶段），t_i=336.6±7.1 Ma（与 t_p 对应的等时线年龄），下角 m 为测量值，下角 r 为放射成因，下角 K 为钾元素。

超镁铁岩的化学成分一致反映出 Fe_2O_3 含量普遍大于 FeO，可说明岩石的蛇纹石化程度高，与镜下特征一致。从相同岩石类型的 SiO_2 和 MgO 等主要氧化物含量比较稳定、碱性元素含量低等来看，它们基本上仍能反映原岩的成分特征。

德尔尼蛇绿岩上部单元和中部单元的地球化学特征说明，蛇绿岩生于浅部扩张中心环境，岩浆未受壳源物质的混入，经历了程度高而且稳定的部分熔融过程，为典型 N-MORB 环境下生成的岩石圈残片（Wilson，1989），表明阿尼玛卿曾经存在过一个具有一定规模的成熟洋盆。

（五）同位素年代学

样品（DN13）采集自玛沁县德尔尼铜矿以东约 10 km 的甲里哥蛇绿岩剖面，该段岩石厚度稳定，原岩为均一块状熔岩，隐晶质，无气孔、杏仁构造，经历了弱的片理化作用和低绿片岩相的变质作用，K 含量低而且稳定。

　　样品在中国原子能科学研究院 49-2 堆照射，样品质量为 212.25 mg，照射参数 J 为 0.014557，照射时间 355 小时，积分中子通量 1.4×10^{18} n/cm^2，用于积分中子通量检测的标样为 ZBH-25 黑云母。测试仪器为 MM1200 气体源质谱仪，测试结果见表 3.9。

　　经过 12 个加热阶段的年龄谱较为简单，为典型单阶段热干扰谱（图 3.38a）。总体上由两部分组成，低温、中温部分视年龄大致在 100~310 Ma 范围内，基本上显示随着温度的增加表面年龄依次递增的不一致年龄，反映了变质期间热事件干扰导致放射性成因氩扩散丢失的特征；年龄谱高温部分（930~1400 ℃）的 6 个视年龄经统计法判断，剔除第 7 和 12 阶段，由 8、9、10、11 四个阶段形成高温坪，^{39}Ar 释放量超过 70%，其视年龄分别为 342.80±18.30 Ma、342.00±5.40 Ma、344.40±5.30 Ma、356.10±8.40 Ma，坪年龄为 345.3±7.9 Ma，与坪年龄对应四点形成一条相关性较好（MSWD = 0.7427）的等时线（图 3.38b），等时线年龄为 336.6±7.1 Ma，以上两年龄相当一致。样品的 ^{40}Ar/^{36}Ar 初始比值为 320.44±20.21，略大于尼尔值（295.5±5），但在误差范围内一致。上述分析从不同角度基本排除了过剩 Ar 的影响，因此测年结果准确可靠。

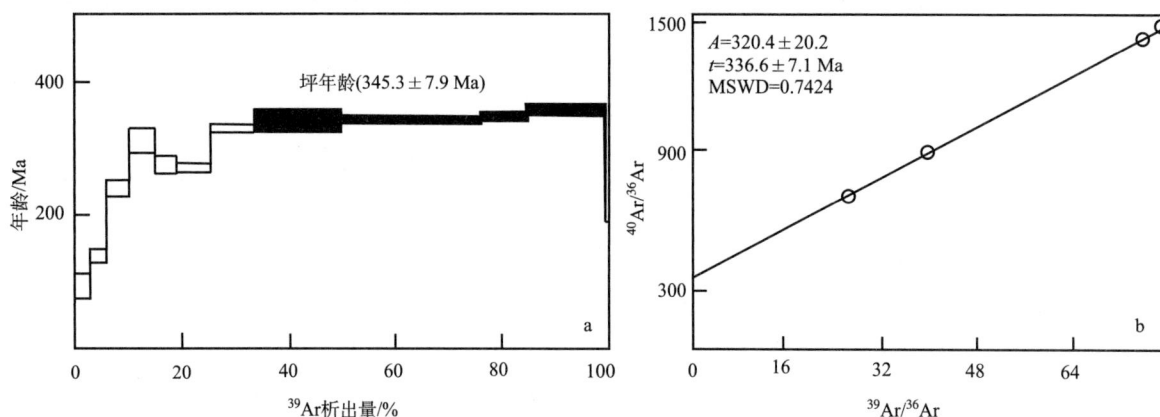

图 3.38　德尔尼蛇绿岩变基性熔岩 ^{40}Ar-^{39}Ar 阶段加热年龄谱和等时线图

　　一般来说，坪年龄被解释为岩石的变质或结晶年龄，也被解释为温度冷却至 ^{40}Ar 封闭温度以后所经历的时间。尽管中低温年龄谱反映了低级变质事件对 Ar 同位素体系的干扰，但变质事件并未使同位素体系重置。结合本次样品的岩性和变质特征，同时高温坪 ^{39}Ar 释放量超过 70%，为年龄谱的主体而且相当稳定，其年龄（345.3±7.9 Ma）应反映了原岩喷发结晶的年代信息。综上所述并结合相关地质资料，我们认为德尔尼蛇绿岩变质基性熔岩的全岩 ^{40}Ar-^{39}Ar 定年所提供的信息是，原岩喷发的时间约为 340 Ma 左右，即早石炭世时在阿尼玛卿带东部存在稳定和成熟的有限洋盆。

　　阿尼玛卿构造带是昆仑造山带的东端南缘分支，长度约为 500 km，与南秦岭勉略带西缘隔松潘草地相望，地层时代主要为石炭—三叠纪，也卷入了一些前寒武纪的变质基底岩块（裴先治等，2002）。国内学者普遍将阿尼玛卿作为海西或印支构造带对待（裴先治等，2002），而对于阿尼玛卿带是否可以与南秦岭勉略缝合带相连，尚有不同意见。德尔尼蛇绿岩目前是阿尼玛卿带东部保存最完整的古特提斯岩石圈残片，其代表的洋盆是青藏古特提斯系的最北缘分支，本书新获得的蛇绿岩形成年龄为此提供了进一步的时代证据。

　　阿尼玛卿带西部研究程度相对较高，在布青山至下大武区段内，近年来与缝合带相关的不同地质体（岛弧火山岩、岛弧花岗岩、枕状玄武岩、蛇绿混杂岩中的辉长岩等）中得出时代差异很大的同位素年龄（边千韬等，1999b），表明构造带西部存在多期洋底扩张和俯冲事件，该地区混杂有早古生代、石炭纪和二叠—三叠纪三期蛇绿岩，其中早古生代蛇绿岩的年代和地化特征基本可以与西昆仑库地-苏巴什蛇绿岩带相对比（潘裕生，1994），如果考虑大致沿格尔木至布青山以北（即柴达木南缘）广泛分布的加里东期岛弧花岗岩带，我们推断可能存在一个由西昆仑延伸到布青山一带的早古生代洋盆，从目前积累的资料看来没有进入阿尼玛卿东部。

南秦岭勉略带存在晚古生代洋盆已经得到了证实，黑沟峡地区的裂谷火山岩和标准洋中脊火山岩（N-MORB）的地球化学和同位素年代学研究（李曙光等，1996b；许继峰等，1997）表明勉略地区经历了泥盆纪的拉张裂解造洋过程和晚二叠世—早三叠世的碰撞造山事件，在蛇绿混杂岩带中发现的放射虫硅质岩也证实该洋盆在石炭纪即已存在（冯庆来等，1996）。正常洋脊蛇绿岩在阿尼玛卿构造带东部存在本身就意味着洋盆有继续延展的可能，而早石炭世洋盆的存在为勉略带与阿尼玛卿带相连提供了有利的证据，暗示青藏地区的古特提斯洋盆系统沿阿尼玛卿带进入勉略带，并进一步延至秦岭-大别造山带南缘东部地区。

第五节　大别山南缘花山蛇绿构造混杂带

上述研究资料已经充分表明，秦岭造山带勉略缝合带的识别及勉县-略阳-五里坝区段内蛇绿构造混杂带的初步厘定，对于重溯秦岭造山带的形成及演化历史、建立秦岭造山带全新的三维动力学模型及构造演化模式具有十分重要的意义。该缝合带在西段勉县-略阳-五里坝地区出露较好，以辉长岩（堆晶辉长岩）、变质橄榄岩（蛇纹岩）、洋脊拉斑玄武岩及一套低成熟度的岛弧火山岩为其典型标志，五里坝向东延则因巴山弧形构造和大别南缘中生代巨大的向南逆冲推覆而大部被掩盖掉，尚无火山岩、蛇绿岩出露的确切证据。因此，追溯并查明该缝合带东延部分的细节，重点解剖东延部分可能属于该缝合带残余的火山岩、蛇绿岩区段，对于确立和约束该缝合带在大别南缘一带的延伸细节具有十分突出的重要意义。

大别南缘花山蛇绿构造混杂带位于秦岭-大别微板块的东段南部边缘和扬子板块的北部边缘（图3.39），区内褶皱构造、断裂活动十分发育，岩浆活动、变质作用、沉积建造及成矿作用的综合特征充分显示出复杂的地质构造环境。区内以三里岗-三阳断裂构造混杂带为界，将秦岭-大别地层区和扬子地层区严格分开，研究区内扬子区地层分布于三里岗-三阳断裂带的南西，由蓟县系、青白口系、震旦系、寒武系、奥陶系、志留系、二叠系、三叠系、白垩系及第四系组成。蓟县系和青白口系为扬子板块的基底，由遭受轻微变质作用的变质砂砾岩、白云岩、板岩、凝灰质板岩等组成。震旦系—白垩系为扬子板块的盖层，由砾岩、砂岩、页岩、灰岩、白云岩、冰碛砾岩组成。第四系主要分布于河流沟谷两侧。秦岭-大别区地层分布于三里岗-三阳断裂带的北东侧，包括蓟县系、青白口系、震旦系、寒武系、奥陶系、志留系，为一套火山-沉积建造的浅变质岩系（图3.39）。

由于花山蛇绿构造混杂带具有复杂的物质组成与结构，以不同时期、不同性质的蛇绿岩、火山岩及沉积岩等构造岩块或岩片，剪切叠置共同构成襄广带内一明显的蛇绿构造混杂岩——花山蛇绿构造混杂岩块。因此，对该带火山岩（蛇绿岩）的同位素年代学和同位素地球化学及岩石大地构造学的研究，主要依赖于对不同岩石构造单元的同位素年代学和地球化学精细解析，进而通过对比分析，将各构造单元的成生关系有机地联系起来，最终达到反演古板块构造的演化历史、俯冲作用细节和造山过程的目的。我们将以带内花山蛇绿岩块和竹林湾浅变质枕状玄武岩岩片为重点解剖对象（图3.39）。火山岩有明显变形现象，强烈破碎、微具片理，常呈挤压透镜状，火山岩段中还发育几条强烈的构造片理化带。火山岩主要岩石类型为隐晶质致密块状变质玄武岩，并见有少量晶屑凝灰岩、辉绿岩墙及中粒-中细粒均质辉长岩。

一、花山（周家湾）初始洋型变质玄武岩

周家湾海相火山岩岩片属浅变质火山岩系（低绿片岩相），其化学成分及微量元素稀土元素分析结果列于表3.10中。为了了解变质火山岩的原岩地球化学性质，得出相对可靠的信息，研究过程中必须充分注意到蚀变/变质过程中元素的地球化学行为。分析结果表明（表3.10），本区变质玄武岩

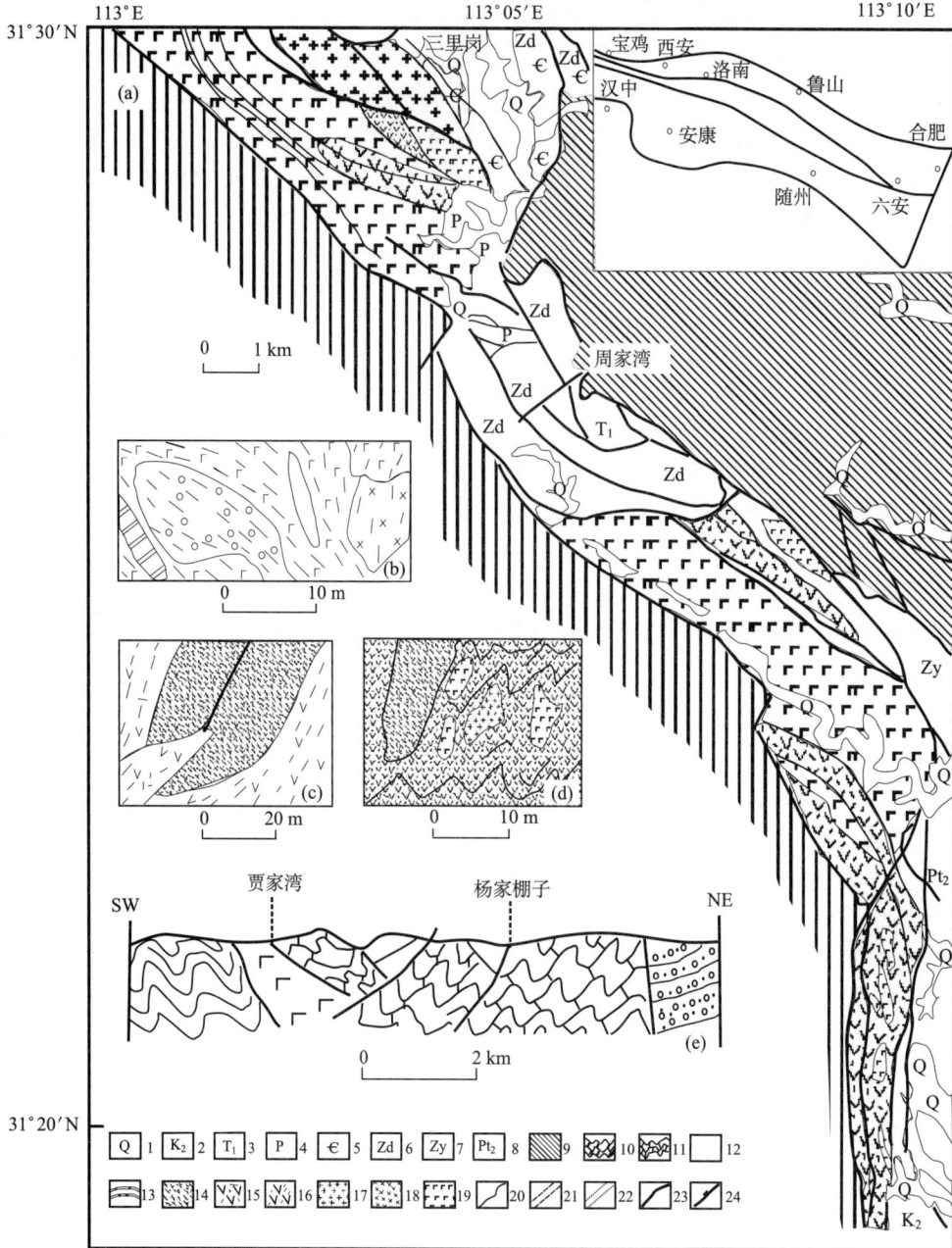

图 3.39　随州花山蛇绿构造混杂带地质简图 (董云鹏等, 1999a)

(a) 蛇绿构造混杂带地质图; (b) 周家湾北混杂堆积素描图; (c) 周家湾混杂堆积素描图; (d) 古井西混杂堆积素描图; (e) 周家湾北构造混杂岩剖面。1. 第四系; 2. 上白垩统; 3. 下中三叠统; 4. 二叠系; 5. 寒武系; 6. 震旦系灯影组; 7. 震旦系易河组; 8. 中上元古界随县群; 9. 砾岩; 10. 白云岩; 11. 灰岩; 12. 砂岩; 13. 泥质岩; 14. 片岩; 15. 中酸性火山岩; 16. 凝灰岩; 17. 二长花岗岩; 18. 辉长、辉绿岩; 19. 玄武岩; 20. 地层界线; 21. 韧性剪切带; 22. 脆-韧性剪切带; 23. 断层; 24. 混杂岩带边界断裂

H_2O 含量较高 (为 2.42% ~ 3.17%, 平均 2.75%), 表明本区岩石均遭受过一定的蚀变/变质作用 (绿片岩相的变质作用)。这种蚀变/变质作用将明显影响到活泼元素 (如 K、Na、Cs、Rb、Sr、U、Ba 等) 的地球化学行为, 有些甚至足以影响到 SiO_2 含量。因此, 这些元素的含量不能代表样品原来的含量, 考虑到这一基本的地质和地球化学特征, 本节将重点对那些不活泼元素 (如 Nb、Ta、Zr、Hf、Th、REE?、Ti 等) 进行元素地球化学讨论。

表 3.10　变质玄武岩化学成分（%）和微量元素（10^{-6}）分析结果（赖绍聪等，1997b）

编号	R17	R19	R20	R21	R22	R23	R24	R29	R30	R31	R32
SiO_2	46.32	48.93	47.16	47.10	46.42	46.90	46.62	46.45	48.44	47.80	47.79
TiO_2	2.14	1.80	1.54	1.77	2.01	2.09	2.11	1.98	1.55	1.87	1.47
Al_2O_3	15.04	14.38	15.43	15.51	14.83	14.91	14.68	15.86	15.79	14.90	15.96
Fe_2O_3	7.28	3.68	4.15	3.90	4.02	4.12	3.56	5.31	6.46	4.13	5.60
FeO	4.85	7.42	6.53	6.98	7.77	7.92	8.21	6.36	4.03	7.22	5.27
MnO	0.21	0.19	0.18	1.20	0.21	0.22	0.21	0.23	0.19	0.20	0.18
MgO	6.83	6.64	7.15	7.48	7.15	7.14	7.12	5.93	6.58	6.27	6.14
CaO	9.85	9.33	9.91	9.20	10.01	9.66	9.96	10.79	10.21	10.13	10.62
Na_2O	2.41	2.43	2.61	1.63	2.42	2.62	2.39	1.74	1.81	2.00	2.60
K_2O	1.12	1.15	1.22	2.05	0.81	0.70	0.69	1.02	0.98	1.12	0.60
P_2O_5	0.30	0.23	0.18	0.22	0.26	0.26	0.26	0.28	0.19	0.24	0.16
H_2O^+	2.78	2.65	2.65	3.17	2.78	2.48	3.03	3.10	2.91	2.72	2.42
挥发分	0.32	0.60	0.73	0.44	0.86	0.63	0.59	0.40	0.30	0.98	0.60
总量	99.45	99.43	99.44	99.65	99.55	99.65	99.43	99.45	99.44	99.58	99.41
La	8.93	10.26	8.56	8.85	8.63	8.72	8.75	9.10	7.45	11.34	7.32
Ce	23.09	25.92	20.18	20.07	22.05	22.51	22.53	22.97	19.15	26.27	18.06
Pr	3.38	3.57	2.99	3.13	3.24	3.44	3.44	3.55	2.89	3.99	2.72
Nd	15.99	16.67	13.76	13.59	16.05	15.75	15.26	16.80	13.38	17.38	12.11
Sm	5.80	4.32	4.16	4.51	4.55	4.50	4.40	4.41	3.86	4.81	3.74
Eu	1.92	1.74	1.42	1.73	1.74	1.96	1.73	1.78	1.45	1.85	1.32
Gd	5.96	5.45	4.82	4.79	5.63	5.65	6.12	5.80	4.78	5.84	4.66
Tb	1.11	1.05	0.86	0.95	0.98	1.05	1.10	1.06	0.93	1.07	0.80
Dy	6.80	6.74	5.67	5.93	6.45	6.69	7.06	6.78	5.82	6.96	5.52
Ho	1.37	1.41	1.22	0.20	1.30	1.39	1.67	1.40	1.13	1.54	1.20
Er	3.96	3.71	3.39	3.58	3.90	4.02	4.38	3.72	3.29	4.17	3.31
Tm	0.63	0.48	0.53	0.47	0.58	0.62	0.66	0.54	0.51	0.69	0.46
Yb	3.46	3.68	3.31	3.07	3.35	3.77	3.74	3.19	3.44	3.91	2.90
Lu	0.56	0.59	0.42	0.42	0.50	0.47	0.48	0.51	0.43	0.57	0.40
Cs	1.08	0.86	1.05	0.74	0.79	0.76	0.88	0.44	0.64	0.82	0.53
Rb	28.97	36.47	40.06	47.99	25.82	20.27	35.54	19.31	29.79	37.56	15.25
Ba	188.97	162.04	152.87	391.65	127.01	100.80	114.42	180.89	141.88	132.94	107.55
Th	0.56	1.03	0.75	0.46	0.55	0.56	0.61	0.51	0.66	1.13	0.38
U	0.09	0.23	0.19	0.04	0.15	0.11	0.20	0.09	0.14	0.24	0.09
Ta	0.31	0.40	0.26	0.29	0.29	0.44	0.32	0.51	1.16	0.42	0.28
Nb	3.61	3.42	2.50	6.10	2.98	5.17	3.78	3.66	2.69	4.20	13.31
Sr	228.51	208.25	220.61	183.58	207.10	206.47	227.15	248.62	238.34	241.50	406.44
Hf	3.30	3.28	2.36	2.21	2.40	3.13	3.32	3.32	2.82	3.86	2.32
Zr	140.25	122.18	98.23	113.88	104.45	114.28	128.60	111.58	109.50	136.71	98.46
Yb	36.21	35.42	32.27	30.57	34.32	36.46	36.92	34.26	31.29	38.51	29.35
Pb	2.02	2.16	4.74	2.31	2.10	1.87	2.67	6.27	3.12	4.30	1.46
Co	58.00	53.00	61.00	55.00	54.00	56.00	59.00	61.00	55.00	53.00	60.00
Cr	230.00	200.00	276.00	215.00	192.00	214.00	198.00	220.00	281.00	205.00	212.00
Ni	91.00	76.00	105.00	126.00	105.00	96.00	93.00	117.00	108.00	78.00	116.00
V	267.00	274.00	247.00	246.00	247.00	283.00	281.00	282.00	260.00	289.00	265.00

　　注：SiO_2-挥发分以及 Co-V 由北京有色冶金设计研究总院中心化验室用 XRF 法分析；其余由中国科学院贵阳地球化学研究所 ICP-MS 法分析。

周家湾变质玄武岩主体为非碱性拉斑系列火山岩（表 3.10），岩石 SiO_2 含量均低于 53%，属基性岩 SiO_2 含量范畴，SiO_2 平均为 47.71%。Fe、Mg 含量高，且绝大多数样品 $FeO > Fe_2O_3$。TiO_2 含量高，大多在 1.5%～2.1% 之间变化，平均为 1.84%（表 3.10）。就 TiO_2 含量而言，本区火山岩与洋脊拉斑玄武岩十分类似（1.5%；Pearce，1984），而明显高于活动大陆边缘及岛弧区拉斑玄武岩的 TiO_2 含量值（0.83%；Pearce，1984）。

周家湾变质玄武岩稀土总量较低，一般在 $100 \times 10^{-6} \sim 120 \times 10^{-6}$ 之间变化；轻重稀土分异不明显，$\Sigma LREE/\Sigma HREE$ 十分稳定，在 0.93～1.14 之间变化，平均为 0.995；$(La/Yb)_N$ 介于 1.3～2 之间，平均为 1.74；$(Ce/Yb)_N$ 大多介于 1.2～2 之间，平均为 1.59；La/Sm 略大一些，介于 1.5～2.5 之间，平均为 2.06。δEu 趋近于 1，且十分稳定，变化很小，平均为 1.05，表明岩石基本无 Eu 异常。在球粒陨石标准化稀土配分图上（图 3.40），显示为一组斜率很小的扁平型稀土模式，轻稀土仅存在十分微弱的富集现象，与 N 型 MORB 的稀土元素地球化学特征接近，但不同的是轻稀土不存在亏损现象。

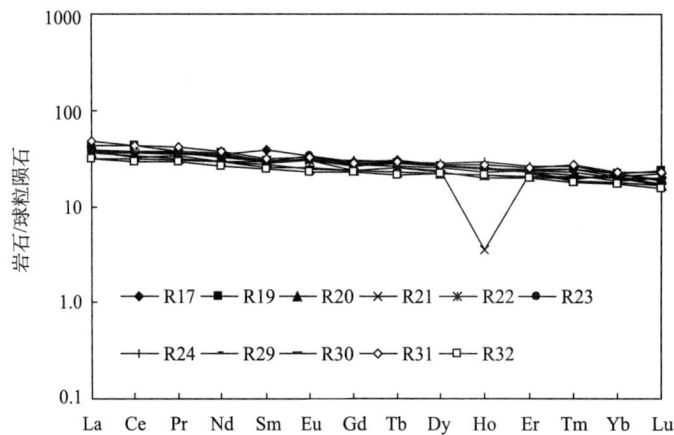

图 3.40 稀土元素球粒陨石标准化配分型式

微量元素尤其是不活动微量元素的丰度及其组合特征是判别玄武岩形成构造环境的重要依据之一，板块构造的演化制约着火山作用物质的性质与特点，在不同的构造环境中形成的火山岩不但在其组合和演化系列上不同，而且还反映在微量元素地球化学特征上的系统变化。周家湾变质玄武岩微量元素的原始地幔标准化图解显示（图 3.41），本区变质玄武岩不相容元素具有以下特点：有弱的 Nb 谷，Nb<La，表明了微弱的 Nb 的相对亏损；具有低 Th 特点。有弱的 Ti 谷，在所有样品中 Ti 都显示

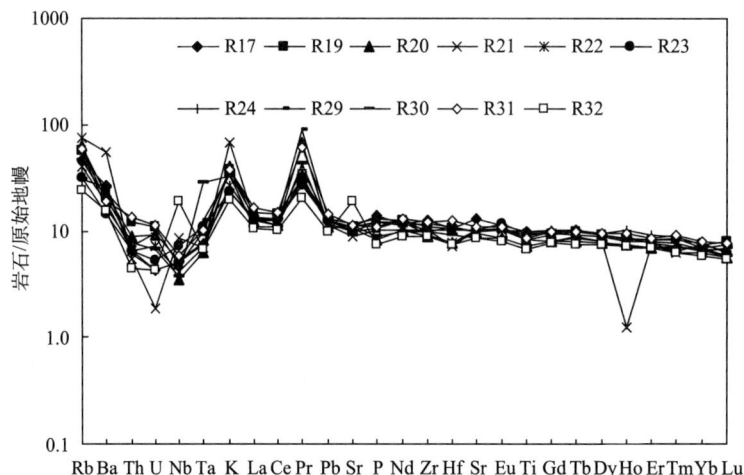

图 3.41 火山岩不相容元素原始地幔标准化配分型式

了微弱的相对亏损状态。La、Ce、Nd、P、Hf、Zr、Sm、Tb、Y 等不活动痕量元素在图解中显示为一平直的曲线，既无明显的相对亏损，也无显著的相对富集。

值得注意的是，周家湾变质玄武岩 Th/Yb 值均小于 0.30，在 0.3~0.09 之间变化，平均为 0.23；Ta/Yb 值很小，一般不大于 0.16，平均为 0.13；Ta/Yb 值主要与地幔部分熔融及幔源性质有关，而与消减组分的加入关系不大；Th 是不相容元素，它不像 K、Ba、Rb、Sr 等大离子亲石元素那样容易受到变质作用和蚀变作用的影响，对于鉴别火山岩（玄武岩）的源区特征有重要意义。本区变质玄武岩在 Th/Yb-Ta/Yb 图解中（图 3.42a）均位于 MORB-OIB 趋势线上的 MORB 区内，属拉斑玄武岩系火山岩，表明本区变质玄武岩应来自于亏损的地幔源区。

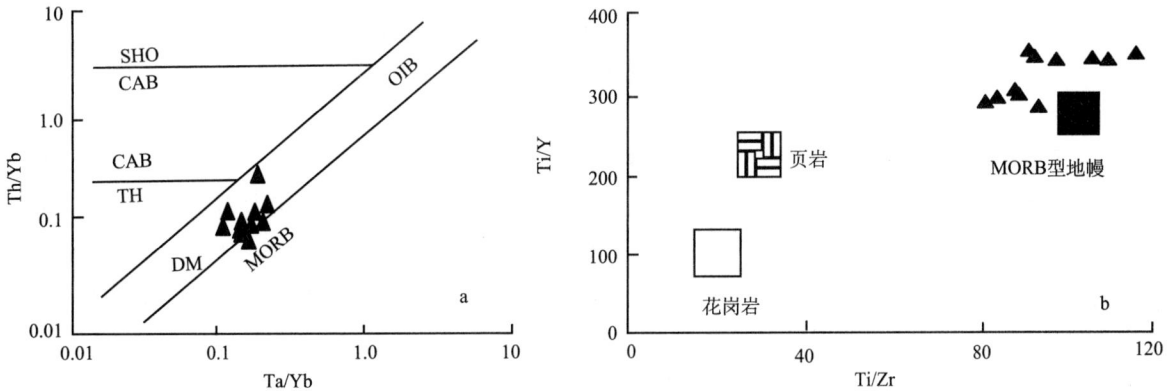

图 3.42　Th/Yb-Ta/Yb（a）和 Ti/Zr-Ti/Y（b）图解（据 Pearce，1983；Hergt *et al.*，1991）

本区变质玄武岩 Ti/Zr 值大多介于 80~110 之间，平均 91.4；Ti/Y 值稳定，介于 280~340 之间，平均 315；Zr 和 Y 是蚀变及变质过程中十分稳定的不活动痕量元素，而火山岩中 Ti 的丰度与火山岩源区物质组成及火山岩的形成环境有十分密切的关系（Pearce，1984）。因此，根据 Ti/Zr、Ti/Y 值特征及 Ti/Zr-Ti/Y 图解（图 3.42b）同样可以证明本区变质玄武岩应主要来自于 MORB 型地幔源区。

本区变质玄武岩 Zr/Y 值十分稳定，变化很小，均介于 3~4 之间，平均 3.52，再次表明 Zr、Y 在蚀变及变质过程中的稳定性和不活动痕量元素的地球化学特征。Th/Ta 值大多在 1~2.5 之间变化，平均为 2.14，与 N-MORB 玄武岩的 Th/Ta 值十分接近。

需要指出的是，该组玄武岩与典型的大洋盆地 N 型 MORB 又略有不同，其 Nb < La，La/Ta（25.3）表明了 La 相对于 Ta 呈明显的富集状态，在微量元素原始地幔标准化图解中存在弱的 Nb 谷，其 Th 略低于典型 N 型 MORB，这种特殊的地球化学特征与雷克雅内斯洋脊玄武岩十分类似，反映了一种初始型有限洋盆的大地构造环境。因此，周家湾玄武岩应可视为小洋盆（初始洋）型蛇绿岩的组成端元，即为古洋壳/准洋壳的上部层位组成部分。

二、竹林湾基性火山岩

竹林湾基性火山岩由三个无根岩片组成，各岩片与下伏花山群粉砂岩或板岩均以平缓的逆冲断层相接触。主要由变玄武岩（细碧岩）、枕状熔岩组成。发育杏仁构造和完整的枕状构造。主要元素地球化学表明竹林湾基性熔岩属亚碱性系列，为拉斑玄武岩。SiO_2 含量稳定且较高，平均为 50.36%，与 MORB 的 SiO_2 含量（50.19%~50.68%）相当，而低于岛弧拉斑玄武岩含量（51.90%）；Al_2O_3 含量平均值为 13.88%，低于岛弧拉斑玄武岩平均值（16.00%），而与 MORB 的 Al_2O_3 含量（14.86%~15.60%）相近；TiO_2 含量变化在 1.41%~2.09% 之间，平均值为 1.77%。

竹林湾基性火山岩以 LREE 轻微富集为特征（图 3.43）。轻重稀土分异较明显，$(La/Yb)_N$ 平均值为 1.64；轻稀土分异不明显，$(La/Sm)_N$ 平均值为 1.12。ΣREE 平均值为 103.15×10^{-6}，是球粒陨石的 19 倍。

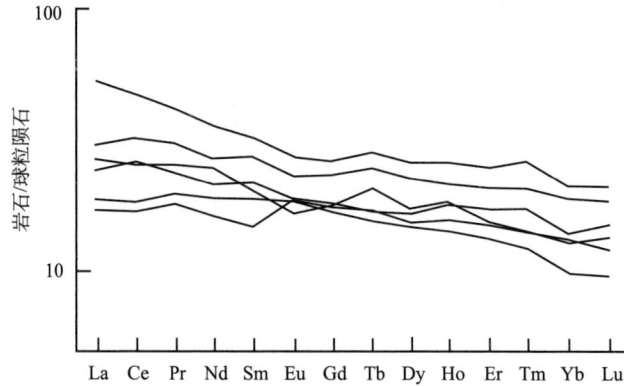

图 3.43 竹林湾基性熔岩稀土元素配分型式

微量元素比值蛛网图（图 3.44a）表明，各岩石具有完全一致的配分型式，表现为 Ba、Th 的富集和以高场强元素 Ce、Zr、Hf、Sm、Y、Yb 不分异为特征。同时，高场强元素谱线贴近于 N-MORB 谱线，显示竹林湾基性火山岩具有与 MORB 相同的地球化学性质。在图 3.44b 中，岩石以 Rb、Nb、Nd 轻微亏损和 Sm、Zr、Hf、Tb、Y、Tm、Yb 不分异为特征。与花山蛇绿岩基性岩具有完全一致的地球化学性质。

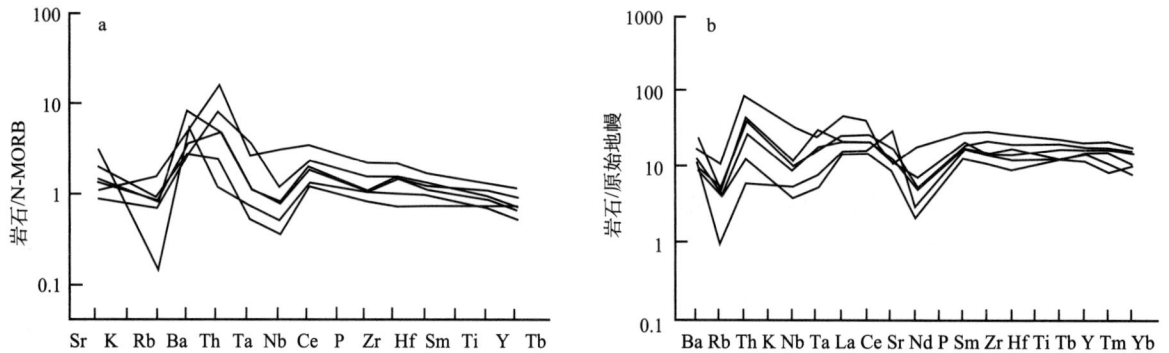

图 3.44 微量元素比值蛛网图解

上述微量元素地球化学研究证明，竹林湾基性火山岩具有 MORB 性质，排除了岛弧、洋岛、板内拉斑玄武岩的可能性。在微量元素配分图解中出现 Rb、Nd、Nb 低谷，但其相对于 N-MORB 并不亏损，而且丰度值较高，因而可以排除存在消减组分影响的可能性，证明原岩并非岛弧拉斑玄武岩。这种地球化学特征、特别是 Nb 低谷是由陆壳混染造成的，暗示竹林湾基性火山岩也形成于初始小洋盆构造环境。

第六节　大别山南缘火山岩带

大别山是华北板块与扬子板块之间的碰撞造山带。属于秦岭–大别–苏鲁复合型中央造山系的东段，东为郯庐断裂所切割并平移至苏鲁地区，是中央造山带中出露造山带根部岩石最具代表性的地区。大别南缘构造带处于该造山带的南缘，北与超高压变质带相邻，是大别造山带的重要组成部分，围绕大别山呈向南突出的弧形展布。

大别造山带内依据不同地区的地质差异、不同构造演化和不同构造边界性质等划分为若干不同构造单元，自北而南分为：华北地块南缘构造带、大别造山带、扬子地块北缘构造带。其中大别造山带自北而南又划分为：北淮阳构造带、北大别变质杂岩隆起带、南大别超高压变质带、大别山南缘基底构造带（包括宿松-浠水构造带、随县-张八岭构造带）。

大别南缘构造带由一系列构造岩片叠置而成，自下而上形成三个垂向叠置的构造岩带，即宿松-浠水构造岩带、随县-张八岭构造岩带和未变质的沉积盖层，其中变质岩系中广泛发育变质变形花岗岩，每一个构造岩片又都混杂着不同时代的地质体。宿松-浠水构造带由宿松杂岩和浠水杂岩组成，两种构造岩片叠置：一种是由长英质片麻岩、片岩、斜长角闪岩、含磁铁角闪岩、含磁铁石英岩等组成，原岩为双峰式变质火山岩的构造岩片；另一种是由含磷、含锰碳酸盐岩系等组成，属扬子大陆边缘沉积的震旦纪构造岩片。随县-张八岭构造岩片岩性较单一，以云母石英片岩和绿帘蓝闪片岩为主，原岩为一套细碧-石英角斑岩建造，产出在海沟或裂谷内。前陆褶皱带为未变质的震旦纪至三叠纪稳定的沉积盖层。区域内还广泛发育变质变形花岗岩及中生代花岗岩等，黄梅中生代花岗岩强烈构造侵位，占据大别山南缘向南突出的弧形顶端位置。宿松-浠水构造岩片中，在安徽宿松—湖北蕲春存在若干个镁铁质-超镁铁质岩块沿东西向断续展布，呈构造团块产出，黄厂一带还残留浅变质的岛弧火山岩块，经研究，厘定为构造肢解的蛇绿混杂岩和岛弧火山岩块，构成大别南缘构造带的特殊物质组成。

通过野外调查和点上解剖，结合地球化学研究，确定在大别南缘构造带中宿松县二郎-蕲春县株林河地段残存有蛇绿构造混杂岩，蕲春至黄厂一带残留一套浅变质的中酸性火山岩块，具岛弧火山岩地球化学特征。其性质、特征的详细研究可望解决大别南缘构造带的重要基础地质问题，对大别山与扬子板块之间的构造格局和相互作用、大别造山带形成演化过程的恢复与重建、超高压变质带的形成与折返以及秦岭造山带勉略构造带东延问题都具有重要的大地构造意义。本节主要对宿松二郎超基性岩、蕲春清水河辉长岩、辉石岩、安山岩，以及兰溪双峰式火山岩进行初步的岩石地球化学研究。

一、大别南缘蛇绿构造混杂岩地质特征

大别山南缘基底构造带超基性岩-基性岩分布较广泛，在浠水杂岩、宿松杂岩中均有分布，自东向西断续散乱出露，长约40km，大约可见20多个大小不等的基性、超基性岩块，但在筛除晚期逆冲和区域性褶皱作用后，构成大别山南缘最大的一条近东西向的蛇纹岩化超基性岩片（带），东段为宿松县二郎基性-超基性岩带，西段为蕲春县株林河基性-超基性岩带。自东向西出露较典型的岩块：董家山蛇纹岩、古山蛇纹岩、亭子岭蛇纹岩、焦藤树辉橄岩、株林河蛇纹岩。与这些超基性岩块共生的岩石大多为表壳岩（斜长片麻岩、斜长角闪岩、含磁铁角闪岩、石墨片岩、云英片岩）。基性-超基性岩常呈岩块产出，呈似层状、透镜状，与围岩产状一致，部分岩块还保留有原始的结构构造，如在蕲春范塘可见细晶辉石岩、粗晶辉石岩、橄榄岩等，结构上具有明显由粗到细的韵律，边部已强烈蛇纹石化，中间还残留橄榄岩，原岩为堆晶的橄榄岩-辉长岩系。这些岩块大多是无根的。在宿松蒲河和蕲春刘河、大公一带，斜长角闪岩大多呈透镜状产出，延伸较远，与片麻岩系常有明显的接触，原岩多数为辉长岩墙，少数为基性玄武岩；在浠水马龙—兰溪一带，斜长角闪岩中夹有较多的磁铁角闪岩、含磁铁石英岩和浅粒岩，并且斜长角闪岩与浅粒岩常呈互层，属海底喷发的双峰式火山硅铁沉积建造，显示为初始小洋盆环境（赖绍聪等，2003b）。二郎-株林河蛇绿构造混杂岩出露于大别山南缘基底构造带中，是以断裂和韧性剪切带为构造骨架，以变质火山-沉积岩系（浠水杂岩、宿松杂岩）等为基质，剪切包容了不同时代、不同性质、不同来源的构造岩块，构成一条蛇绿构造混杂岩，是早期缝合带物质因印支期以来的强烈活动而经历了挤压、逆冲推覆、走滑剪切、伸展正断等变形作用的叠加改造，最终构造侵位于现今位置的构造地质体，为经过强烈构造肢解的蛇绿构造混杂岩。

大别南缘蛇绿构造混杂岩内的构造块体主要由变质橄榄岩、变质基性岩体与岩墙、变质玄武岩以及因碰撞造山作用而混入的浠水杂岩和宿松杂岩变质火山-沉积岩块与来源于扬子陆块北部边缘的震旦系含磷岩块以及变质花岗岩等组成，这些构造岩块遭受了强烈的构造变形，相互之间以断层、剪切带相叠置或包容于变形的混杂基质之中。超基性岩、基性岩是蛇绿构造混杂岩的主体组成部分，主要为变质超镁铁质岩类，包括橄榄岩、蛇纹岩、辉长岩、辉绿岩墙群、玄武岩，具有蛇绿岩石组合的基本特征，但缺失深海沉积物。在宿松董家山和古山蛇纹岩中，可见基性岩墙和残留的异剥钙榴岩发育，异剥钙榴岩一般产于洋中脊附近，沿转换断层侵入，常于洋底经变质作用形成，表示该区曾存在洋壳环境。在宿松董家山蛇纹岩围岩中有薄层状石英岩、石墨片岩，是深海沉积物变质的产物。这种多数地区缺失深海沉积物的特征可能是构造肢解的结果，另外，亦可能反映了当时洋壳的不成熟性，指示其形成于初始有限的洋盆构造环境。

二、宿松二郎超基性岩地球化学

宿松县二郎基性-超基性岩带由余墩、董家山、虎形、古山、亭子岭、百合冲、干路坡 7 个超基性岩岩块组成，呈北西西向延伸，安徽境内断续出露长达 15 km。以董家山岩体最为典型，岩石类型有蛇纹岩、蛇纹石化透闪石岩、变基性岩墙和残留的异剥钙榴岩，与世界典型的变质橄榄岩一致。

岩块内发育强烈的面理和糜棱岩化，其中一组与围岩面理基本一致，产状陡倾，时而向南南西，时而向北北东，还残留早期的面理，倾向北北东，倾角 40° 左右，可能反映俯冲碰撞阶段残留的构造形迹。宿松县基性-超基性岩带地表因遭受强烈的蚀变及变质变形作用，原岩矿物成分、结构、构造极少保留，几乎全部变为蛇纹岩，偶见透闪石滑石岩、白云石蛇纹岩，矿物成分和岩石化学资料表明其原岩为斜方辉橄岩。其中的蛇纹岩化橄榄岩中含有异剥钙榴岩，为典型的洋底变质成因。与超基性岩岩块共生的还有斜长角闪岩、石榴斜长角闪岩，也呈北西西向分布，大多呈透镜状或岩墙状产出，也具有强烈的面理化，常见的矿物组合为角闪石、冻蓝闪石、斜长石、石榴子石、黝帘石，还有黑云母、白云母、绿泥石等。变质作用达高压绿帘角闪岩相。原岩为变基性岩墙。在弱变形域中，变基性岩墙的边界平直，显微镜下观察，还保留了次火山岩的斑状结构，在强变形带中，均发生糜棱岩化。基质为一套变质含碳岩系，主要由石墨片岩、白云片岩、薄层条带状石英岩、白云石英片岩、大理岩以及蓝晶石黄玉石英岩组成，推测其原岩为富含有机质的深海泥岩。

本区超基性岩化学成分具有以下特点（表 3.11）：

1）岩石 SiO_2 含量极低，仅为 27.95%～28.58%，属极低 SiO_2 的超基性岩类。

2）岩石中 H_2O（烧失量）很高，可达 10.46%～11.25%，充分表明岩石已强烈蛇纹石化，这与野外和镜下观察的结果是一致的。

表 3.11　大别清水河地区火山岩化学成分（%）和微量元素（10^{-6}）分析结果（赖绍聪等，2003b）

编号	EL01	EL02	EL03	QS11	QS12	QS21	QS27	QS32	LX03	LX09
位置	二郎	二郎	清水河	清水河	清水河	清水河	清水河	清水河	兰溪	兰溪
岩性	蛇纹岩	蛇纹岩	辉长岩	玄武岩	玄武岩	安山岩	安山岩	安山岩	流纹岩	斜长角闪岩
SiO_2	28.58	27.95	43.52	44.35	40.46	62.52	58.39	60.65	75.05	52.09
TiO_2	1.18	2.15	2.26	0.53	0.72	1.16	1.59	1.56	0.07	0.32
Al_2O_3	20.09	16.81	15.94	10.13	12.82	14.84	14.44	14.83	13.37	9.04
TFe_2O_3	10.24	16.23	13.3	12.72	12.28	7.27	8.42	8.22	0.78	14.98
MnO	0.16	0.22	0.21	0.18	0.22	0.12	0.15	0.15	0.01	0.3
MgO	27.42	24.32	6.7	15.46	11.73	1.56	3.04	2.18	0.12	10.15
CaO	1.10	1.73	14.76	10.95	9.62	3.59	5.34	4.47	1.18	10.39
Na_2O	0.03	0.03	1.84	0.87	1.99	4.68	3.87	4.33	2.55	0.90
K_2O	0.01	0.01	0.21	0.21	0.95	2.45	2.97	2.68	6.04	0.48
P_2O_5	0.29	0.3	0.38	0.03	0.03	0.46	0.66	0.61	0.02	0.08
烧失量	11.25	10.46	1.05	4.31	9.01	0.89	1.63	0.99	0.32	0.77
总量	100.35	100.21	100.17	99.74	99.83	99.54	100.50	100.67	99.51	99.50

续表

编号	EL01	EL02	EL03	QS11	QS12	QS21	QS27	QS32	LX03	LX09
位置	二郎	二郎	清水河	清水河	清水河	清水河	清水河	清水河	兰溪	兰溪
岩性	蛇纹岩	蛇纹岩	辉长岩	玄武岩	玄武岩	安山岩	安山岩	安山岩	流纹岩	斜长角闪岩
Li	11.3	10.6	22.1	25.4	32.3	16.8	20.6	17.6	3.54	4.40
Be	0.19	0.13	0.62	0.23	0.23	1.93	2.08	2.07	0.68	2.89
Sc	16.8	36.1	46.3	47.0	11.4	18.9	20.8	19.3	0.09	29.3
V	140	335	371	223	248	32.1	76.9	81.1	5.45	153
Cr	16.8	294	190	1071	367	3.60	3.67	5.38	2.32	856
Co	28.5	52.0	79.4	72.2	68.3	62.7	54.2	40.5	81.3	63.4
Ni	127	333	95.0	196	145	7.61	7.39	3.87	1.77	146
Cu	8.28	16.6	38.1	33	180	12.7	15.5	14.7	2.38	49.4
Zn	81.2	109	112	70.0	71.6	86.8	113	100.6	8.54	119
Ga	11.4	14.8	18.7	10.5	11.4	20.9	19.6	20.6	10.4	12.3
Ge	0.68	0.86	1.35	1.40	1.25	1.64	1.51	1.60	0.59	2.05
Rb	0.13	0.19	2.18	2.85	28.9	63.9	65.7	62.9	105	3.01
Sr	4.94	4.63	308	251	293	625	367	510	166	24.6
Y	38.8	77.4	42.0	10.1	8.6	43.9	41.1	42.7	1.34	35
Zr	158	126	164	24.8	16.5	325	264	323	49.6	50.4
Nb	12.2	5.24	5.03	0.90	0.77	16.2	14.2	15.5	0.83	3.99
Sn	1.33	1.74	1.14	0.32	0.31	1.83	1.57	1.78	0.25	1.76
Cs	0.05	0.05	0.24	0.51	8.43	2.69	3.01	2.83	0.22	0.03
Ba	1.50	2.03	16.4	63.3	307	1836	2236	2499	1379	48.1
La	93.1	37.9	15.8	3.67	2.69	59.6	54.0	61.8	27.0	16.6
Ce	15.0	84.2	36.1	9.53	7.35	127	114	131	37.7	34.9
Pr	19.4	10.8	5.57	1.57	1.26	15.0	13.9	15.2	3.41	4.99
Nd	68.2	44.8	25.3	7.65	6.56	55.3	52.7	56.7	9.60	21.1
Sm	10.7	10.2	6.32	2.01	1.83	9.90	9.70	10.2	1.10	5.34
Eu	2.17	3.76	2.04	0.74	0.64	4.06	3.90	3.68	1.01	0.84
Gd	10.6	11.7	6.72	1.93	1.80	9.20	9.16	9.66	1.15	5.55
Tb	1.25	1.97	1.13	0.31	0.30	1.27	1.25	1.29	0.09	0.95
Dy	6.61	12.2	6.84	1.81	1.76	6.93	6.76	6.95	0.34	5.72
Ho	1.26	2.66	1.52	0.38	0.37	1.40	1.34	1.38	0.05	1.28
Er	3.37	6.88	4.00	0.95	0.92	3.71	3.58	3.64	0.15	3.46
Tm	0.45	1.01	0.59	0.13	0.13	0.55	0.51	0.52	0.02	0.52
Yb	3.02	6.89	4.15	0.94	0.83	3.81	3.48	3.60	0.12	3.79
Lu	0.43	0.98	0.64	0.14	0.13	0.60	0.54	0.54	0.02	0.60
Hf	4.06	3.27	4.15	0.87	0.66	7.16	6.24	7.13	1.44	1.63
Ta	0.61	0.29	0.42	0.07	0.06	0.98	0.85	0.90	0.16	0.39
Pb	0.65	0.71	3.29	3.48	6.99	19.4	16.2	19.0	29.4	2.80
Th	7.44	0.60	0.62	0.24	0.07	9.25	7.10	10.5	9.06	8.45
U	0.51	0.14	0.16	0.04	0.03	1.11	0.88	1.20	0.27	0.32

注：由西北大学教育部大陆动力学重点开放实验室分析（2001）。其中，常量元素采用 XRF 法分析，微量和稀土元素采用 ICP-MS 法分析。

3）岩石中 CaO 含量在 1.10%～1.75% 之间，较通常的纯橄榄岩 CaO 含量高，但较单斜辉石橄榄岩 CaO 含量低，而与戴里提供的方辉橄榄岩 CaO 含量（1.29%）接近。CaO 在方辉橄榄岩和纯橄榄岩中是一种少量组分，而在二辉橄榄岩中含量较高，单斜辉石橄榄岩中 CaO 含量最高（个别可达 7.01%）。从而说明本区超基性岩单斜辉石含量低，主要岩石类型应为方辉橄榄岩或含一定量辉石（<10%）的纯橄榄岩类，这与世界典型的蛇绿岩套中超基性岩的岩石类型相似。

4）需要指出的是，本区超基性岩 Al_2O_3 含量很高，其原因有待进一步的研究查明。稀土元素分析结果表明，本区超基性岩类（蛇纹岩）具有很高的稀土富集度，稀土总量为 $235.58×10^{-6}～235.95×10^{-6}$，轻重稀土分异明显，LREE/HREE 为 4.33～7.72，$(Ce/Yb)_N$ 为 1.38～3.39，而 $(La/Yb)_N$ 变化很大，在 3.95～22.11 之间。岩石 δEu 变化大，EL01 样品 δEu 为 0.62，有弱的 Eu 亏损，而 EL02 号样品 δEu=1.05，基本无 Eu 异常。在稀土元素球粒陨石标准化配分图解中（图 3.45a），曲线为右倾负斜率轻稀土富集型，其中 EL02 号样品出现 Eu 的弱负异常以及 Ce 的较强负异常。

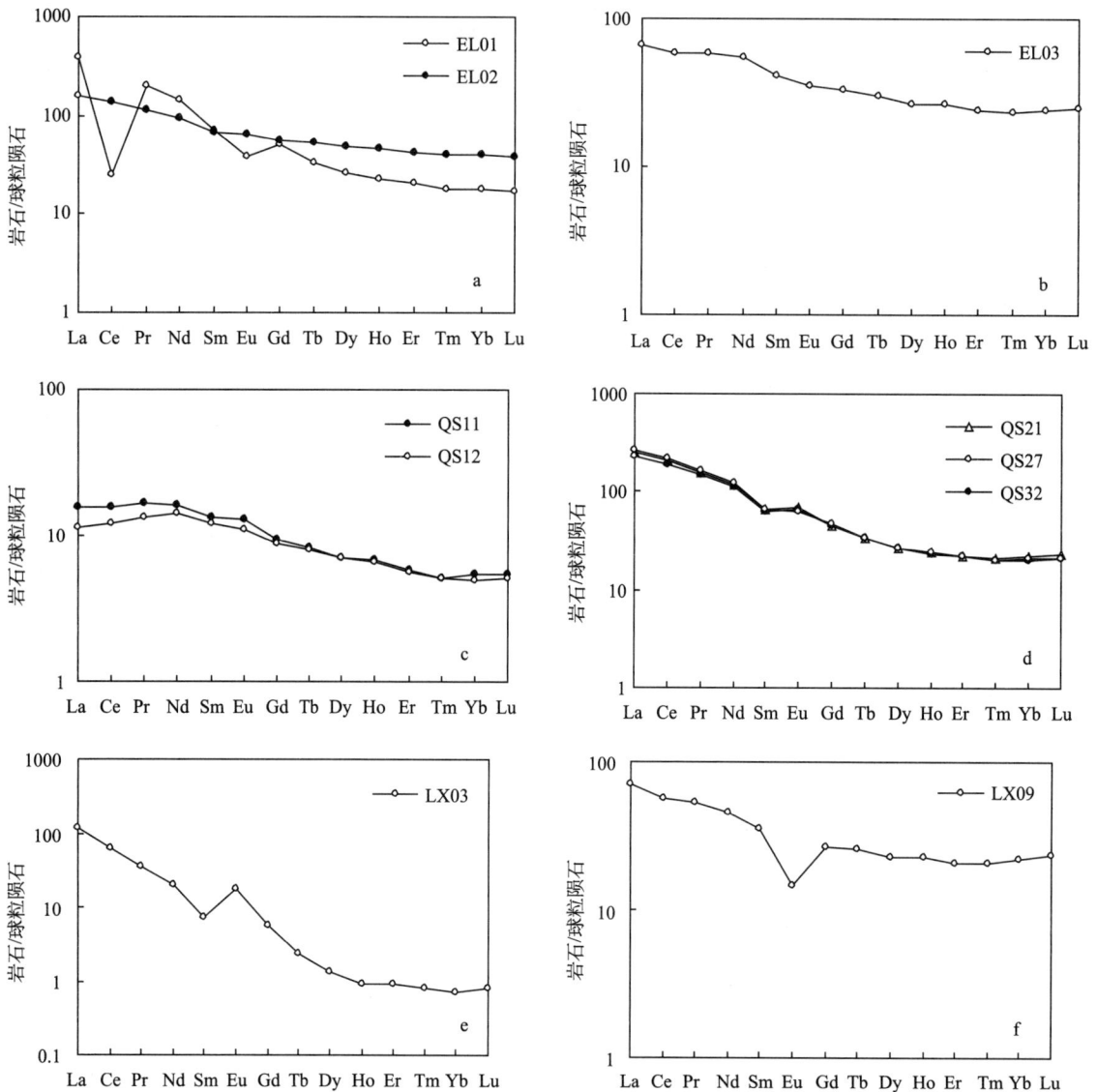

图 3.45　大别山南缘火成岩类稀土元素球粒陨石标准化配分图解

a. 二郎蛇纹岩；b. 清水河辉长岩；c. 清水河辉石岩，d. 清水河安山岩；

e. 兰溪流纹岩；f. 兰溪斜长角闪岩

　　本区蛇纹岩类微量元素原始地幔标准化配分型式（图3.46a）变化较大，其中Rb、Ba、K、Sr呈强烈的亏损状态，而Ti呈弱的亏损状态。这可能表明本区超基性岩类曾经产生过一定程度的部分熔融。值得注意的是，岩石中Th、U和La、Ce均呈较明显的富集状态，与勉略蛇绿岩带中超基性岩类的稀土元素地球化学特征有较大区别，这可能与地幔橄榄岩所遭受的上地幔富集流体的交代作用有关，但这仅仅是一种推测，尚有待证实。总之，本区超基性岩类的痕量元素具有一定的特殊性，在不相容元素组中出现了显著的差异和不一致性。

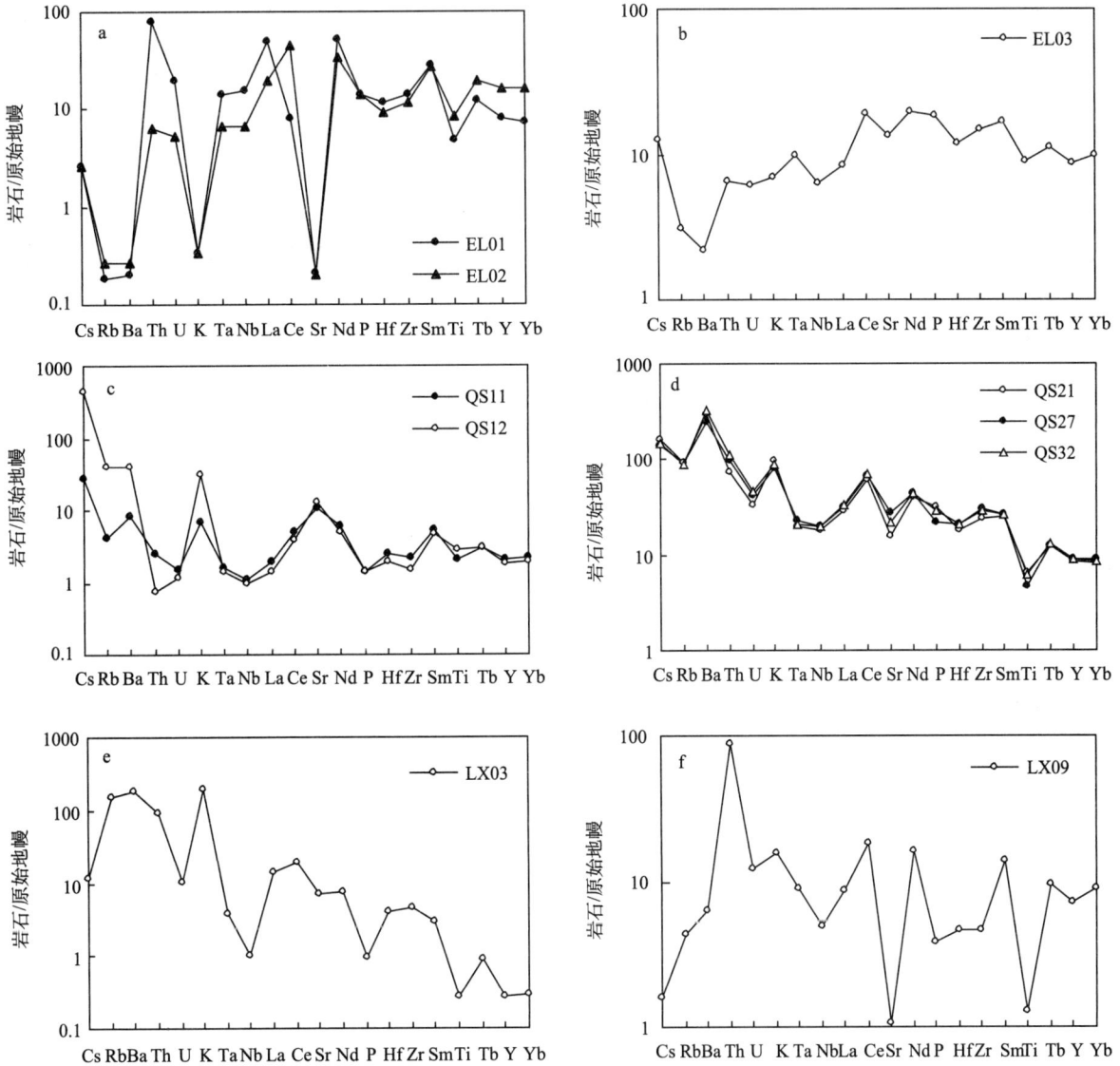

图3.46　大别山南缘火成岩类微量元素原始地幔标准化配分型式
a. 二郎蛇纹岩；b. 清水河辉长岩；c. 清水河辉石岩，d. 清水河安山岩；
e. 兰溪流纹岩，f. 兰溪斜长角闪岩

　　本区蛇纹岩N型MORB标准化配分型式表明（图3.47a），岩石中Sr、K、Rb、Ba等大离子亲石元素为显著的负异常，Th显示为正异常，而其他元素如Ta、Nb、Ce、Zr、Hf、Sm、Y、Yb等基本为一平直的曲线，富集度与N型MORB十分接近。

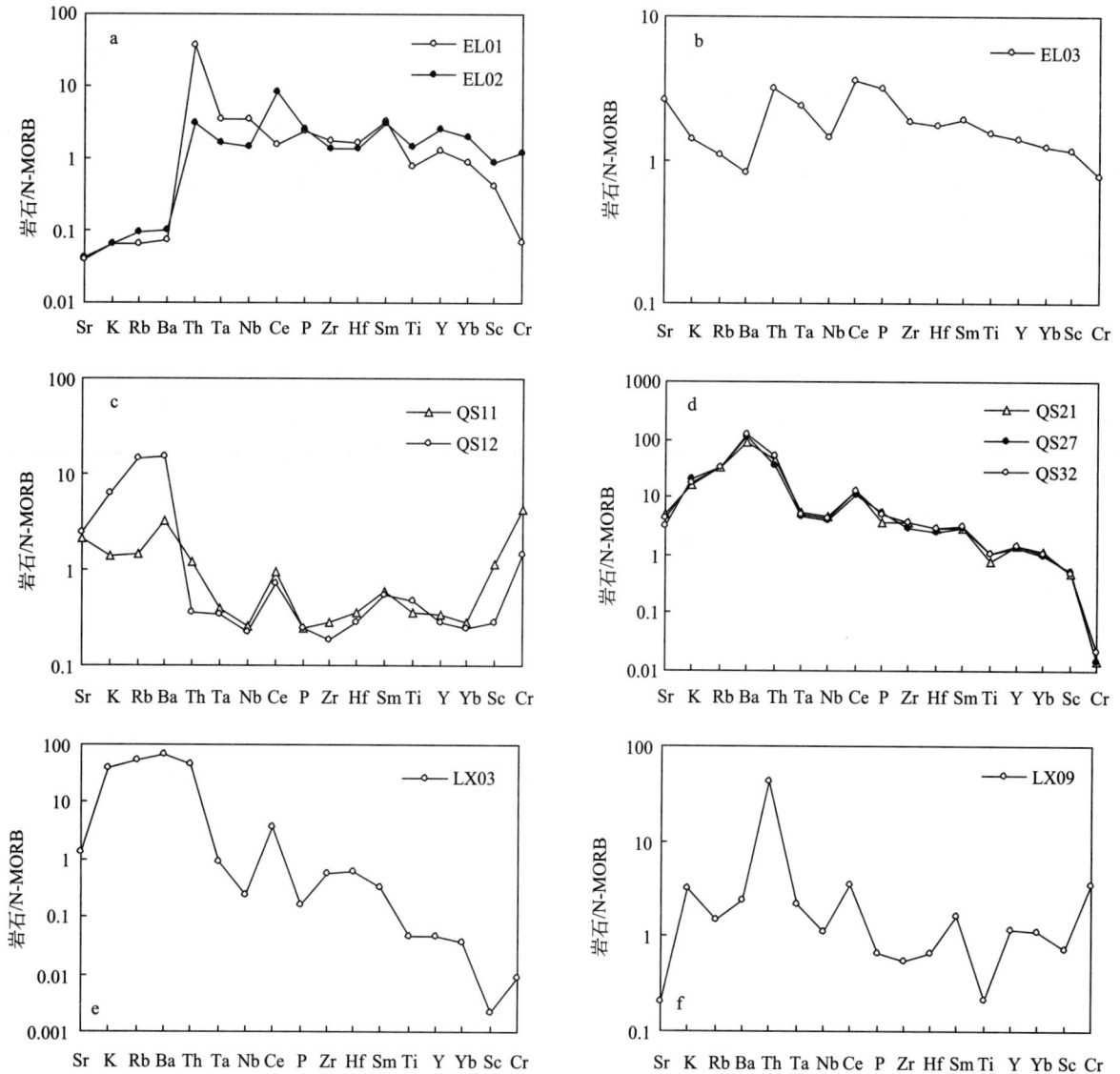

图 3.47 大别山南缘火成岩 N 型 MORB 标准化配分型式

a. 二郎蛇纹岩；b. 清水河辉长岩；c. 清水河辉石岩；d. 清水河安山岩；

e. 兰溪流纹岩；f. 兰溪斜长角闪岩

三、清水河辉长岩-辉石岩-安山岩

蕲春县黄厂至清水河构造混杂岩是介于两条剪切带的一个构造岩片，岩石露头较连续，长 12 km，宽约 3~5 km，呈北西-南东向展布，与区域构造线方向一致，向南东被中生代花岗岩所吞噬，向北西方向被北北东向蕲春盆地所覆盖，与宿松岩群呈断层接触，南西侧与中生代花岗岩也呈断层接触，由强烈剪切变形的泉水坳安山岩、黄厂酸性火山岩和清水河辉石（长）岩、橄榄岩等组成，缺少基性火山岩和基性岩墙，还构造混杂有白云质大理岩、石英岩、含磷岩系等震旦纪不同沉积块体，不具有蛇绿岩套剖面的叠置特征，而是经过强烈构造改造形成的构造混杂岩。超镁铁质岩经常以构造关系直接与安山质火山岩接触，接触带强烈面理化。安山质熔岩和辉（石）长岩也呈类似构造接触关系，与中生代花岗岩接触带也发生强烈面理化，接触带未见热烘烤现象，说明它们可能为构造就位。由于有大量安山质熔岩及酸性火山岩的出现，上述岩石组合及相互关系不是蛇绿混杂岩，而是一被构造强烈挤压混杂的岛弧岩浆岩残片，超镁铁质岩作为岛弧火山岩的根带岩石。

1. 清水河辉长岩和辉石岩

清水河岩体位于蕲春清水河北侧，长 12 km，宽约 1.2~2.5 km，面积约 28 km²，呈北西-南东向展布，与区域构造线方向一致。岩体两侧均为强烈韧性剪切带所围限，在聋子铺可见清水河边缘辉长岩中片理极其发育，糜棱岩发育，出现斜长石变斑晶及眼球状构造，并且具有明显的定向分布，为构造侵位，岩体内部表现为块状构造。岩体变质轻微，基本上未经历变质作用。岩体主要由辉橄岩、辉石岩、辉长岩、闪长岩等组成，其中以辉石岩为主，边部为辉长岩，中间为强烈蛇纹石化辉橄岩、橄辉岩。

清水河辉长岩为灰黑色，块状构造，中粒-中粗粒辉长结构。主要造岩矿物为普通辉石，基性斜长石，可见少量斜方辉石。基性斜长石均已产生钠黝帘石化，辉石类矿物广泛发生绿泥石化。辉石岩为深黑色，均一块状构造，粒度变化大，从微细粒—粗粒结构均可见到，微细粒状辉石岩外貌极似粒玄岩。主要组成矿物为单斜辉石和斜方辉石，次要矿物为长石和少量角闪石。辉石类矿物自形程度较好，大多为自形、半自形短柱状晶形，可见一组柱面解理，横切面见两组辉石式解理，并已产生明显绿泥石化。斜长石自形程度较差，呈填隙状分布于辉石颗粒之间，并已产生明显的钠黝帘石化、绢云母化和高岭土化。整个岩石显示为堆积岩的结构特征，属辉石中堆积岩类。

本区辉长岩 SiO_2 含量偏低（43.52%），略低于基性岩的 SiO_2 含量范畴。岩石 TiO_2 含量较高（2.26%），Fe_2O_3、FeO、MgO、CaO、Al_2O_3 均较高，而全碱含量较低（$Na_2O+K_2O=2.05\%$），尤其是 K_2O 含量低，仅为 0.21%。在 SiO_2-Nb/Y 图解（图 3.48a）中位于亚碱性区内，在 SiO_2-Zr/TiO_2 图解中（图 3.48b）则位于玄武岩区下方。

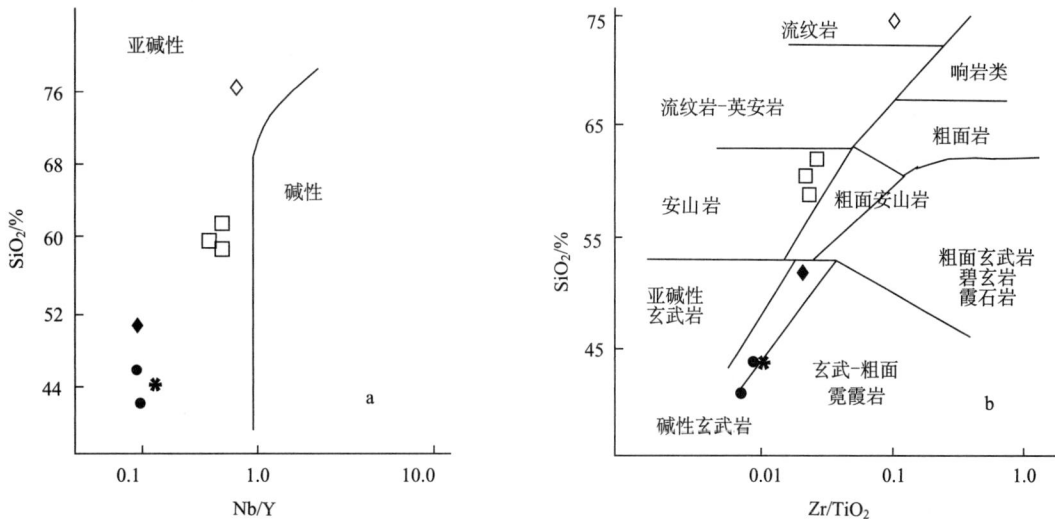

图 3.48　大别南缘火成岩类 SiO_2-Nb/Y（a）和 SiO_2-Zr/TiO_2（b）图解（Winchester and Floyd，1977）
●清水河玄武岩；✳清水河辉长岩；□清水河安山岩；◆兰溪斜长角闪岩；◇兰溪流纹岩

本区辉长岩稀土总量为 116.72×10^{-6}，轻重稀土分异程度中等，LREE/HREE 为 3.56，岩石 $(La/Yb)_N=2.73$，$(Ce/Yb)_N=2.42$，$\delta Eu=0.95$，基本无 Eu 异常。在稀土元素球粒陨石标准化配分图解（图 3.45b）中，曲线为一平滑的右倾负斜率曲线，Eu 处无异常。

本区辉长岩不相容元素原始地幔标准化配分型式（图 3.46b）表明，曲线总体呈左倾正斜率亏损型分布型式，有明显的 Ba、Nb 相对亏损，且 Th、U、Ta、Nb、La、Ce 等不相容性较强的元素相对于 Hf、Zr、Sm、Yb、Ta、Y 等不相容性较弱的元素呈亏损状态，显示了典型的亏损地幔源区特征，这与略阳庄科洋壳玄武岩的微量元素分布型式极为相似，表明本区辉长石类可能来自于亏损的地幔源区，相当于洋壳中下部层位（均质辉长岩、堆晶辉长岩系）的组成部分。

本区辉长岩微量元素 N 型 MORB 标准化配分型式（图 3.47b）图表明，曲线总体为一平直曲线，除有 Ba、Nb 的轻微负异常和 Th、Ce、P 的弱正异常外，其他元素与标准 N 型 MORB 的同种元素丰度值十分接近。从而再次说明，本区辉长岩类不同于陆内及岛弧区出露的基性侵入岩类，而总体显示为扩张中脊亏损地幔源区基性岩浆结晶产物的地球化学特征。

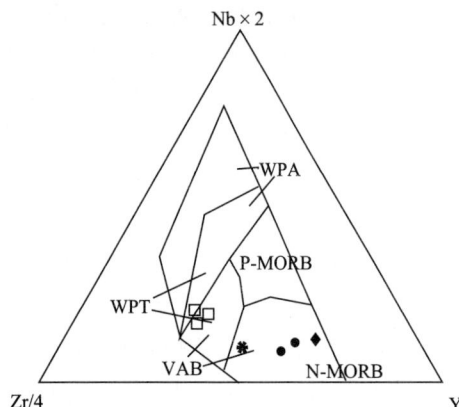

图 3.49　大别南缘火成岩类 Nb/Zr/Y
图解（据 Meschede，1986）

WPA. 板内碱性玄武岩；WPT. 板内拉斑玄武岩；P-MORB. P 型洋中脊玄武岩；N-MORB. N 型洋中脊玄武岩；VAB. 火山弧玄武岩；图中符号：●清水河玄武岩；✳清水河辉长岩；□清水河安山岩；◆兰溪斜长角闪岩

通常认为，Nb/Zr/Y 图解是判别变质火山岩形成构造环境的有效方法，在此我们借用该图解对本区辉长岩进行分析。从图中（图 3.49）可以看到，辉长岩投影点位于 N-MORB 区内，这与其他微量元素的判别结果是一致的。

本区辉石岩类 SiO_2 含量较低（40.46% ~ 44.35%），处在超基性岩 SiO_2 含量范围之内。岩石 Fe_2O_3（12.28% ~ 12.72%）、FeO（8.85% ~ 8.65%）、MgO（11.73% ~ 15.46%）含量明显高于辉长岩类，而 CaO（9.65% ~ 10.95%）含量低于辉长岩类。

本区辉石岩类在 SiO_2-Nb/Y 图解（图 3.48a）和 SiO_2-Zr/TiO_2 图解（图 3.48b）中处在亚碱性区，并与本区辉长岩的投影位置十分接近。

本区辉石岩类稀土总量很低，在 26.57×10^{-6} ~ 31.76×10^{-6} 之间，远低于辉长岩类的稀土总量。轻重稀土分异程度与辉长岩类相当，LREE/MREE 在 3.26 ~ 3.82 之间，(La/Yb)$_N$ = 2.32 ~ 2.80，(Ce/Yb)$_N$ = 2.46 ~ 2.82，δEu = 1.07 ~ 1.13，基本无 Eu 异常。在稀土元素球粒陨石标准化配分图解（图 3.45c）中，曲线总体为右倾负斜率轻稀土富集型，与辉长岩稀土配分型式类似。不同之处在于，辉石岩最轻稀土（La, Ce）部分有微弱的亏损现象，而中稀土 Pr、Nd 有轻微富集现象。

本区辉石岩类不相容元素原始地幔标准化配分型式（图 3.46c）表明，曲线总体为右倾型式，Ba、K、Sr 呈相对富集状态，恰好与本区辉长岩类相反，而 Th、U、Ta、Nb 和 P、Zr、Hf 则呈相对亏损状态，其他元素丰度值与原始地幔十分接近。本区辉石岩类配分曲线总体与辉长岩配分曲线呈反向倾斜，为明显的互补型式。从而表明，本区辉长岩和辉石岩确属辉长堆积岩系的不同组成部分。

本区辉石岩类 N 型 MORB 标准化配分型式（图 3.47c）与本区辉长岩配分曲线既有显著的互补性，同时又具有明显的承袭性。辉石岩配分曲线中 Rb、Ba 的正异常和 Th 的负异常以及 Zr、Hf、Sm、Ti 的左倾型式，恰与辉长岩呈互补特征，而 Nb 的轻度亏损和 Ce 的弱富集又体现了与辉长岩类的显著承袭性。从而再次表明，本区辉长岩与辉石岩类为辉长堆晶岩的不同组成部分。

在 Nb/Zr/Y 图解中（图 3.49），本区辉石岩位于 N-MORB 区内，与本区辉长岩具有相同的特征，表明它们均来自于亏损的地幔源区。为洋壳蛇绿岩堆晶岩系的组成部分。

2. 清水河安山岩类

清水河安山岩岩片分布在辉长岩、辉石岩北侧，为一套浅变质火山岩系。岩石具明显的片理化现象。灰绿色，块状构造，斑状结构，斑晶矿物主要为角闪石和斜长石，基质为霏细结构和变质重结晶微细粒变晶结构。

本区安山岩类 SiO_2 在 58.39% ~ 62.52% 之间，属高硅安山岩类，TiO_2 在 1.19% ~ 1.59% 之间，平均为 1.45%，就 TiO_2 含量而言，略高于岛弧区安山岩类 TiO_2 含量（0.85%）。岩石 K_2O、Na_2O 含量较高，分别在 2.68% ~ 2.97% 和 3.87% ~ 4.33% 之间。在 SiO_2-Nb/Y 图解（图 3.48a）中位于亚碱性岩区，在 SiO_2-Zr/TiO_2 图解（图 3.48b）中位于安山岩区内。

本区安山岩类稀土总量很高，在 $274×10^{-6}～306×10^{-6}$ 之间，轻重稀土分异显著，LREE/HREE 在 $9.32～10.10$ 之间变化，岩石 $(La/Yb)_N = 11.13～12.31$，$(Ce/Yb)_N = 9.10～10.11$，$\delta Eu = 1.12～1.28$，具轻微的正 Eu 异常。稀土配分曲线（图 3.45d）为平滑的右倾负斜率轻稀土富集型，Eu 处有一弱的低谷。

安山岩不相容元素原始地幔标准化配分型式图（图 3.46d），总体为右倾型式，这与本区辉长岩类明显不同，曲线中有 Nb、Ta 的负异常，以及 Ti 的负异常，表明其总体应形成于岛弧或活动大陆边缘的大地构造环境，与洋壳的俯冲有成因联系。而 Ti 的负异常表明岩浆体系经历过 Ti、Fe 氧化物分离结晶作用。

安山岩微量元素 N 型 MORB 标准化配分型式（图 3.47d）总体显示为弧火山岩的特征，以 Nb、Ta 的亏损和 Rb、Ba、Th 以及 Ce 的明显正异常为特征。

在 Nb/Zr/Y 图解（图 3.49）和 Nb/Th-Nb、La/Nb-La 图解（图 3.50）中，本区安山岩类均位于岛弧火山岩区。

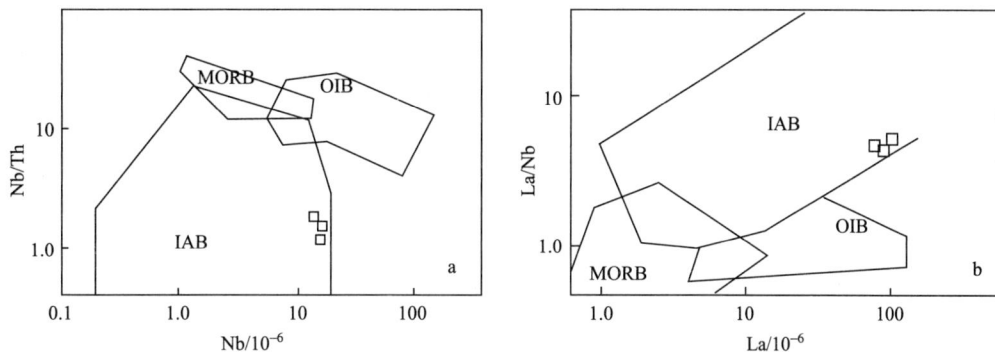

图 3.50　火山岩 Nb/Th-Nb（a）和 La/Nb-La（b）图解（据李曙光，1993b）
MORB. 洋中脊玄武岩；OIB. 洋岛玄武岩；IAB. 岛弧玄武岩
□清水河安山岩

本区安山岩类 Th/Ta = 8.35～11.67，Th/Yb = 2.04～2.92，Ta/Yb = 0.24～0.26，总体仍显示为弧火山岩的特征。从而表明，清水河安山岩类应为与洋壳俯冲作用有关的弧岩浆系列。但其岩石类型、TiO_2 含量高和 Nb、Ta 亏损程度不强等特征指示其应为活动大陆边缘弧岩浆杂岩系的组成部分，而与典型的岛弧（洋内岛弧）火山岩系有一定区别。

四、兰溪双峰式火山岩系

兰溪双峰式火山岩隶属浠水杂岩的组成部分。浠水杂岩分布在贾庙-关口剪切带以南，襄广断裂以北地区，经历了强烈构造作用。主要岩石组成与宿松杂岩基本相似，大致可以划分为三部分：一是由黑云角闪斜长片麻岩、斜长角闪岩为主，夹大理岩、浅粒岩、磁铁石英岩和二云石英片岩等变质酸性和基性岩组成的中新元古代构造岩片；二是由云母石英片岩、石墨片岩、石英岩、大理岩、变质磷块岩等组成的震旦纪含磷构造岩片，以含磷岩系、大理岩为特征；三是变质变形侵入体。含磷岩系和变质变形侵入体特征与宿松杂岩中的含磷岩系和变质变形侵入体基本相似。蕲春县清水河基性-超基性岩体以及本次厘定的清水河岛弧型火山岩均位于浠水杂岩中，还混杂有株林河超基性岩块，说明该带是一条重要的构造混杂岩带。

兰溪双峰式火山岩系沿襄樊-广济（大别山南缘主边界）断裂系分布，火山岩展布方向与断裂延伸方向一致。由角闪岩相变质基性火山岩（斜长角闪岩）和酸性流纹岩组成。基性和酸性火山岩呈互层状，层厚 0.2～5.0 m 不等，为典型的双峰式火山岩套。其中酸性流纹岩类变质程度较低，仍可见残余的流纹构造，并可见流纹绕过斑晶的现象，但其基质已明显重结晶，为微晶长英质粒状变晶结构。

在 SiO_2-Nb/Y 图解中（图3.48a），斜长角闪岩和流纹岩均位于亚碱性火山岩区，在 SiO_2-Zr/TiO_2 图解（图3.48b）中则分别位于流纹岩和玄武岩区内。

斜长角闪岩稀土总量为 105.64×10^{-6}，轻重稀土分异程度中等，LREE/HREE 为 3.83，岩石 $(La/Yb)_N = 3.14$，$(Ce/Yb)_N = 2.56$。然而，令人费解的是，本区斜长角闪岩 $\delta Eu = 0.43$，显示为显著的负 Eu 异常（图3.45f），这与正常的斜长角闪岩大多呈正 Eu 异常明显不同。而本区流纹岩类稀土总量为 81.76×10^{-6}，反而低于斜长角闪岩，其轻重稀土分异极强，岩石 LREE/HREE = 41.14，$(La/Yb)_N = 161.39$，$(Ce/Yb)_N = 87.27$，而其 $\delta Eu = 2.72$，显示了显著的正 Eu 异常（图3.45e）。本区斜长角闪岩的负 Eu 异常和流纹岩的正 Eu 异常，以及斜长角闪石稀土总量高于流纹岩的现象是令人费解的，其原因有待进一步的研究工作查明。

本区斜长角闪岩不相容元素原始地幔标准化配分型式（图3.46f）变化较大，以 Th 的较高正异常和 Sr、Ti 的较低负异常为特征。而 N 型 MORB 标准化配分型式（图3.47f）则相对较为平直，除 Th 的正异常和 Sr、Ti 的负异常外，其他元素与 N 型 MORB 的标准值十分接近。另外，在 Nb/Zr/Y 图解（图3.49）中，本区斜长角闪岩位于 N-MORB 区内，表明其源区具有亏损地幔的特征。

上述的初步分析表明，本区兰溪双峰式火山岩不同于通常的大陆裂谷双峰式火山岩系，其基性端元（斜长角闪岩）显示了一定亏损地幔源区特征，从而表明它们可能形成于陆间裂谷-初始洋盆阶段，代表大陆裂谷向初始洋盆转化阶段的产物。与勉略地区黑沟峡双峰式火山岩和大别南缘花山地区周家湾变质玄武岩的形成大地构造环境有一定的相似之处。

五、小　　结

上述新的研究结果表明，大别山南缘清水河辉长岩-辉石岩应为一套堆晶辉长岩系，来自于亏损的软流圈地幔，可能为洋壳中下部的组成部分，综合地质、地球化学对比和区域对比判断，很可能是勉略缝合带在大别山南缘出露的重要岩石学证据。而清水河安山岩总体显示为弧火山岩的地球化学特征，可能形成于活动大陆边缘的大地构造环境，并与勉县-略阳地区三岔子岛弧安山岩类有一定的相似性，也很可能与勉略洋盆在 C-P 的俯冲消减有成因联系。兰溪双峰式火山岩总体显示为陆间裂谷-初始洋盆的形成环境，其基性端元（斜长角闪岩）显示了一定亏损地幔源区的地球化学特征，与黑沟峡双峰式火山岩有一定相似之处，表明裂陷作用已影响到软流圈等势面的深度，新生的初始（准）洋壳已开始生成，它可能代表了勉略洋盆发育早期阶段岩浆作用的产物，但有待进一步的证实。二郎超基性岩无论是主量元素还是稀土、微量元素，均显示了一定的特殊之处，目前已获得的研究资料还无法与勉略地区的超基性岩类类比，其详细的地球化学特征和大地构造含义也有待进一步的研究落实。特别需要指出的是，大别南缘地区火山岩和蛇绿岩研究程度很低，尤其至今为止尚无确切的年代学证据，它是否确系勉略带在大别南缘的残留遗迹，目前尚不能完全定论，也尚有争议，有待进一步更深入研究工作（尤其是年代学研究）的证实。

第七节　勉略带北部花岗岩

一、勉略带北部花岗岩体分布及岩体地质

秦岭造山带现今沿商丹断裂带和勉略断裂带被划分为北部华北、南部扬子以及夹持于二者之间的秦岭微地块，它们是在秦岭原板块构造的早古生代沿商丹俯冲带扬子向华北俯冲演化基础上，于晚古生代又沿勉略带扩张而形成的勉略洋盆，在晚古生代至中生代初的中三叠世期间，它们才成为三个独

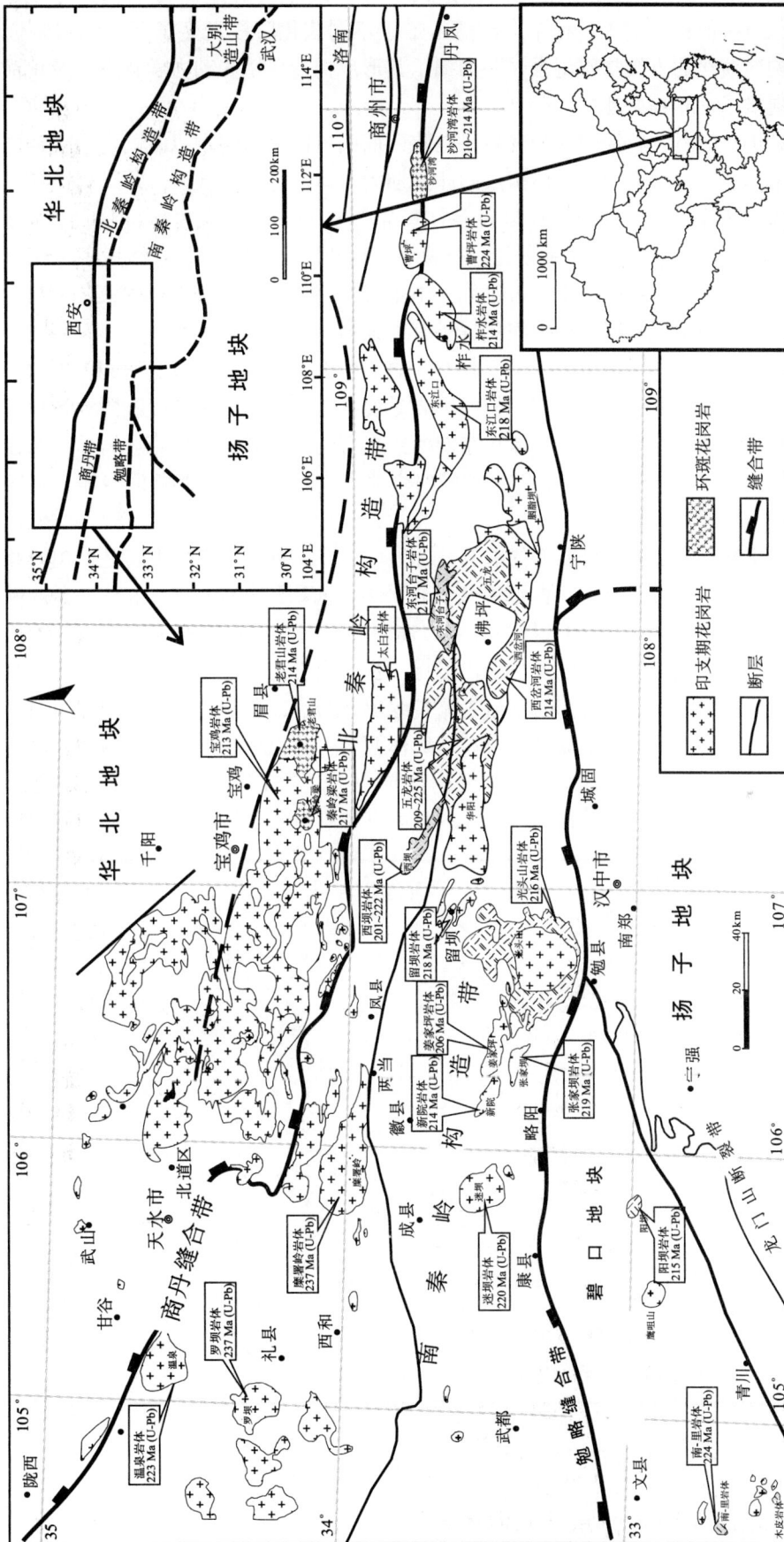

图 3.51 东秦岭印支期花岗岩体分布图

立的板块相互作用，于中晚三叠世最终碰撞造山奠定了现今秦岭造山带的构造格局（张国伟等，2001a）。在漫长复杂的构造演化过程中，该造山带于不同演化阶段发生了不同的岩浆侵入作用，它们成为造山带构造演化的直接物质记录，并为揭示其形成构造环境和动力学背景以及反演秦岭造山带构造演化过程提供了可靠物质证据。

秦岭造山带十分醒目、特征的一个现象是在陕西商州市以西勉略带以北的古生代地层及北秦岭构造带古老地层中出露大量由多个侵入体构成的印支期大岩体群（图3.51），并以东江口（由东向西依次有沙河湾岩体、曹坪岩体、柞水岩体以及东江口岩体）和宁陕两大岩体群具代表意义（严阵等，1985）。其中宁陕岩体群紧邻于勉略带之北，与勉略带构造演化密切相关，对其成因和形成构造环境的研究可从一个方面对南秦岭勉略带晚古生代—中生代早期的发展演化进行约束，从而为全面认识秦岭造山带晚古生代到中生代早期的构造演化提供有力证据。

宁陕岩体群出露于太白、周至、宁陕、佛坪、洋县、城固和勉县等地，面积愈5000 km²。该岩体群总体呈东西向展布，所有岩体均与它们的围岩呈侵入接触关系，并程度不同地发育宽度不等的接触角岩带。其中，紧邻勉略带北部的岩体自东向西依次有光头山岩体、姜家坪岩体、张家坝岩体、新院岩体以及迷坝岩体等（图3.52），相对远离勉略带典型代表性岩体有西岔河岩体、东河台子岩体和西坝岩体等（图3.51）。

光头山岩体出露于宁陕岩体群西部的勉县北部地区，成一近等轴圆形大岩基产出（图3.52），主体侵位于勉略蛇绿混杂岩带及北侧早古生代变质岩系中。面积约900 km²，由林口子、楸树垭、庞家庄、南天门、庙坪、牵马湾六个单元组成[①]，并以庙坪和牵马湾单元构成该岩体的主体，占据了光头山岩体的中部，岩性以黑云母花岗闪长岩和黑云母二长花岗岩为主；南天门单元成环状分布于岩体周缘，岩性为黑云母花岗闪长岩，它们与围岩勉略蛇绿混杂岩、或北侧志留系变质岩组或前寒武系变质岩呈侵入接触关系。其他单元成不规则状分布于岩体西部，并以楸树垭单元为主与西部姜家坪岩体相连，岩性为二云母花岗岩。该岩体的多数单元岩性单一，但在庙坪单元内发育有少量暗色闪长质包体，在岩体西南部与勉略带相邻的楸树垭单元内见有基性麻粒岩包体和超镁铁质岩俘房体。

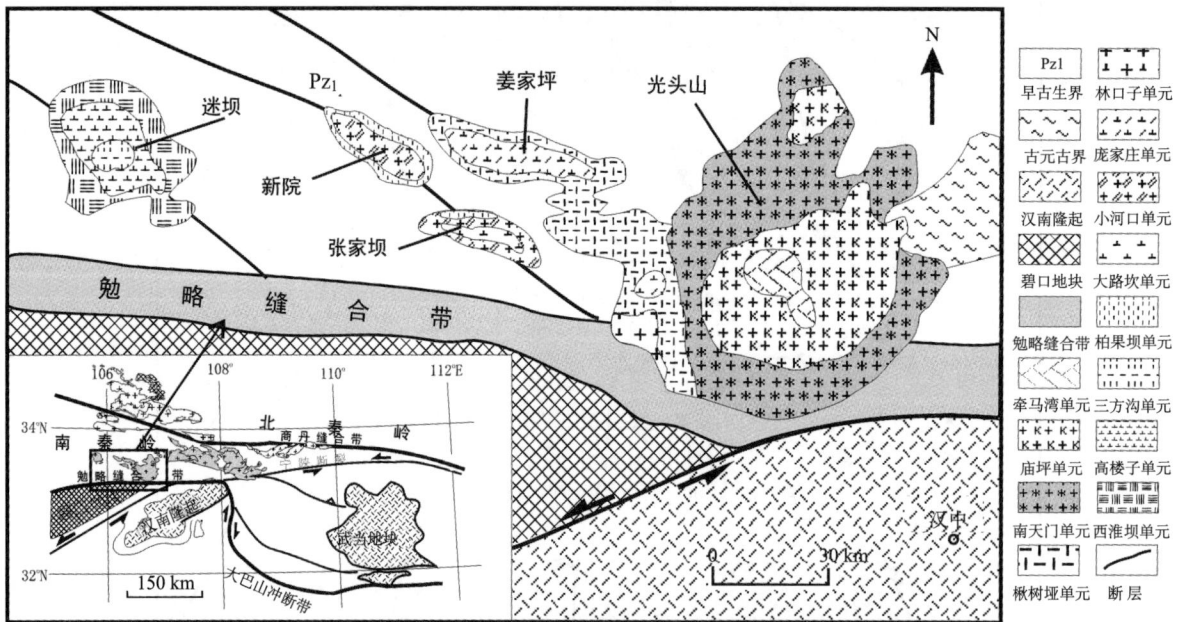

图3.52　东秦岭勉略带北部光头山岩体群分布简图

① 陕西省地矿局区域地质调查队，1995，中华人民共和国1∶50000地质图及区域地质报告（徐家坪、两河口、张家河、略阳县、何家岩）。

姜家坪岩体紧邻光头山岩体以西，东西长 22 km、南北宽 4~4.5 km，面积约 100 km²。该岩体由庞家庄和楸树垭二单元呈同心圆状展布于刘家山、姜家坪一带（图 3.52），岩性单一，均为二云母花岗岩，中部为庞家庄单元，周边为楸树垭单元，在东部直接与光头山岩体相连。该岩体呈明显侵入关系侵入于勉略带北侧南秦岭下古生界志留系浅变质碎屑岩系中。

姜家坪岩体西南部为张家坝和新院岩体，分别出露于略阳县两河口张家坝乡和西部九股树乡到金池院乡一带，二者均成透镜状沿北西向产出（图 3.52），并共同由大路坎、小河口、柏果坝和新院四个单元构成。张家坝岩体长 15 km、宽 3.5 km 左右，出露面积 52 km²。该岩体的中部为大路坎单元的石英闪长岩，在大路坎、唐家梁一带呈东西向带状展布；小河口单元围绕大路坎单元呈环带状展布，以石英闪长岩为主，内部常见早期大路坎单元石英闪长玢岩包体，它们与以志留纪地层为主的南秦岭早古生代变质岩系呈侵入接触关系，内接触带中发育较多围岩变质地层捕房体。柏果坝单元以花岗闪长岩为主，出露于该岩体北部柏果坝、严坡里及新院岩体边部，内部发育大小不一的暗色闪长质包体。新院岩体长 14 km、宽 4.5 km，面积为 63 km²。该岩体主要由新院单元的黑云母花岗闪长岩构成，出露于九股树、新院一带，占据新院岩体核部，该单元内有大量形态各异且局部地段成群密集出露的暗色闪长质包体。周边由柏果坝单元构成一薄的镶边。

迷坝岩体呈近似椭圆状出露于陕西略阳县西淮坝及甘肃康县东北迷坝、土田沟、贺家沟、鸡冠沟一带（图 3.52）。与其他岩体一样，也侵入于南秦岭早古生代中志留统变质岩系中，围岩发育热接触角岩带。该岩体东西长 17 km、南北宽 15 km，面积约 250 km²，可分为贺家沟、西淮坝、芋子沟、高楼子和三方沟五个单元。其中，三方沟、高楼子和西淮坝单元占据迷坝岩体的主体，岩性为花岗闪长岩和二长花岗岩，在高楼子和西淮坝单元内见有较多暗色闪长质包体。西淮坝单元主要出露于高家垭、大垭、贾家沟及贺家沟等地，围绕岩体呈环状展布，并有伟晶岩脉及细粒闪长岩脉侵入其中。贺家沟和芋子沟单元成小侵入体零星侵入于前述单元中。其中，贺家沟单元主要出露于鸡冠沟、吊节沟、高家垭等地，以英云闪长岩为主。芋子沟单元出露于左家沟、吊节沟、碾子沟脑和汤家庄等地，主要由花岗闪长岩构成。

勉略带东北部的西岔河岩体出露于佛坪县南的西岔河乡一带，成不规则状侵入于泥盆系地层中。岩体由中粗粒石英闪长岩构成，发育片麻理，被晚期黑云母二长花岗岩贯入。

东河台子岩体出露于佛坪县北，成一似透镜状近东西向展布于东河台子以东地区，北部侵入于早古生代泥盆系地层中，南部侵入于五龙花岗岩岩基中。与西岔河岩体不同，该岩体基本无变形，岩石为二长花岗岩。佛坪县南见有与该岩体相同的脉体贯入西岔河片麻状石英闪长岩中的现象。

西坝岩体出露于太白县和留坝县交界地区的西坝—太白河一线，呈透镜状沿北西向侵入于泥盆纪地层中（图 3.51），出露面积约 150 km²。该岩体由八个单元构成，归为狮子岭和太白河两个序列。狮子岭序列占该岩体 80% 以上，主要分布于岩体南部，岩石以二长花岗岩和花岗闪长岩为主，内部发育暗色中性闪长质微粒包体。太白河序列岩石主要出露于岩体东北，岩性均匀，为闪长岩，内部未见包体发育。

二、勉略带北部花岗岩体的岩石学特征

光头山岩体庙坪单元浅灰白色斑状黑云母花岗闪长岩构成该岩体主体岩性，主要矿物成分为：斜长石（An=20，41%）、钾长石（27%）、石英（25%）、黑云母（6%）。岩石具似斑状结构，块状构造。斑晶以淡青灰色钾长石多见，常包裹有自形斜长石客晶和黑云母，被包裹矿物有时呈环带状分布，还偶见环带状斜长石斑晶。牵马湾单元岩性为淡肉红到灰白色中粒黑云母二长花岗岩，主要矿物成分为斜长石（An=18，32%）、钾长石（35%）、石英（28%）、黑云母（5%）。岩石也具似斑状结构，块状构造，斑晶为淡肉红色钾长石，常包裹有斜长石和黑云母晶片，有时呈环带状分布。南天门

单元为灰白色细粒黑云母花岗闪长岩，主要由斜长石（An = 24，46%）、钾长石（21%）、石英（26%）、黑云母（7%）构成，具中细粒花岗结构，块状构造。

姜家坪岩体中部的庞家庄单元为细—中粒二云花岗岩，边缘的楸树垭单元岩石为浅灰色细粒二云花岗岩。两单元岩性基本一致，岩石均为均一块状构造，仅矿物颗粒粗细有所不同。矿物组成为：斜长石（20%～30%）、钾长石（30%～40%）、石英（20%～30%）、黑云母（3%±）、白云母（3%±），副矿物为磷灰石、锆石和独居石等。

张家坝岩体的大路坎单元岩石为灰绿—暗灰绿色石英闪长玢岩，斑状结构，块状构造。主要矿物有：斜长石（An = 35～40，50%～60%）、角闪石（10%～15%）、黑云母（10%～15%）和石英（10%～15%）等。小河口单元岩石为浅绿、浅灰色中—细粒石英闪长岩，中—细粒花岗结构，块状构造。矿物为斜长石（An = 35±，60%～65%）、角闪石（5%～10%）、黑云母（10%～15%）和石英（10%±），副矿物有磷灰石、榍石和其他金属矿物。柏果坝单元岩石为浅灰色细—中粒花岗闪长岩，细—中粒花岗结构，块状构造。主要矿物为：斜长石（An = 30～35，45%～50%）、石英（20%～25%）、黑云母（10%～15%）、钾长石（5%～10%）和角闪石（3%～5%），副矿物有榍石、磷灰石和其他金属矿物。

新院岩体主体的新院单元岩石为浅灰色细—中粒黑云二长花岗岩，主要矿物为钾长石（35%～40%）、斜长石（An = 25±，25%～30%）、石英（25%～30%）、黑云母（5%），副矿物有磷灰石、独居石、榍石和金属矿物。岩石具细—中粒花岗结构，块状构造。柏果坝单元成一很薄的环边围绕新院单元分布，由灰色中粒花岗闪长岩组成。

迷坝岩体中部以高楼子单元灰白色中—细粒似斑状黑云母二长花岗岩为主，具似斑状结构，块状构造。主要矿物为：钾长石（25%～30%）、斜长石（An = 25～30，30%～35%）、石英（20%～25%）、黑云母（5%～10%），副矿物有锆石、榍石、磷灰石、金红石和磁铁矿及黄铁矿等金属矿物。岩体东北主要为西淮坝单元的灰色中—细粒花岗闪长岩，半自形粒状结构，块状构造。主要矿物为斜长石（An = 25～30，50%～55%）、钾长石（10%）、石英（25%）、黑云母（5%～10%）和角闪石（3%±）。岩体中央还出露三方沟单元的少量灰白色细粒黑云母花岗岩，半自形粒状结构，块状构造。主要矿物为斜长石（An = 25～30，30%～35%）、钾长石（40%～45%）、石英（25%～30%）、黑云母（5%）。此外在岩体南缘还见有少量的贺家沟单元浅灰色云英闪长岩和芋子沟单元灰色中粒含角闪黑云母花岗闪长岩。

西岔河岩体由黑云母石英闪长岩构成，矿物组合为：斜长石（45%～50%）、石英（～15%）、钾长石（8%±）、角闪石（12%）、黑云母（15%±），副矿物有榍石、磷灰石和少量锆石及褐帘石。岩石为中粗粒半自形粒状结构，普遍具片麻状构造。

东河台子岩体为中粒黑云母二长花岗岩，主要矿物为：斜长石、钾长石、石英以及角闪石和黑云母。岩石具中粒半自形粒状结构和均一块状构造。

西坝岩体的岩石类型以二长花岗岩和花岗闪长岩为主，同时有少量石英闪长岩。太白河序列岩性单一，为石英闪长岩，矿物成分为中性斜长石（30%～45%）、钾长石（10%）、石英（<15%）和角闪石（10%～15%），偶见少量单斜辉石出现；狮子岭序列以二长花岗岩为主，还有花岗闪长岩，矿物组合为钾长石（25%～40%）、斜长石（An = 23±，15%～35%）、石英（20%～30%）、黑云母（<10%）和少量角闪石，副矿物为磷灰石、锆石、榍石、磁铁矿等。

勉略带北部多数花岗岩体还有一重要特征，即岩体中发育大小不一的中细粒半自形结构暗色闪长质微粒包体，包体内发育反映岩浆快速冷凝淬火作用形成的针状磷灰石矿物，另外还可见有来自寄主岩的长石和石英捕房晶，反映它们是基性岩浆与酸性岩浆二端元岩浆混合作用的产物。

三、勉略带北部花岗岩的地球化学

(一) 勉略带北部花岗岩主量元素

元素地球化学分类表明：勉略带北部花岗岩体成分变化范围大，由辉长闪长岩、闪长岩、花岗闪长岩、二长花岗岩和花岗岩等构成（图3.53）。其中，光头山、新院、迷坝、西坝等岩体以发育花岗闪长岩为主，闪长岩主要为张家坝、西岔河和西坝岩体的太白河序列，二长花岗岩在光头山、迷坝、东河台子和西坝岩体的狮子岭序列中也大量发育，姜家坪岩体岩性单一，主要为花岗岩。相应地，它们的化学成分也出现较宽的变化（表3.12）。

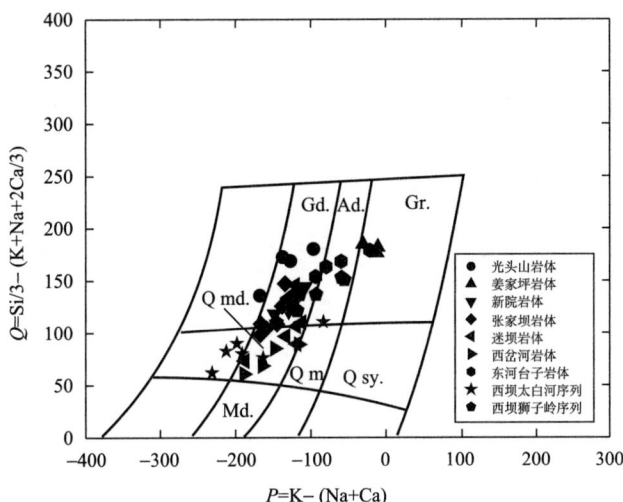

图 3.53　勉略带北部花岗岩地球化学分类（底图据 Debon and Le Fort，1982）

Gr. 花岗岩；Ad. 二长花岗岩；Gd. 花岗闪长岩；Q sy. 石英正长岩；Q m. 石英二长岩；

Q md. 石英二长闪长岩；Md. 二长闪长岩

光头山岩体高硅（SiO_2 = 69.47% ~ 72.56%）、铝（Al_2O_3 = 15.38% ~ 16.63%），相对贫碱（K_2O + Na_2O = 6.66% ~ 7.54%）富钠（Na_2O/K_2O = 1.25 ~ 2.31），碱铝指数（AKI）中等（0.61 ~ 0.67），利特曼指数（σ）为1.60 ~ 2.15，铝指数 [A/CNK = Al_2O_3/（CaO + Na_2O + K_2O）的摩尔比] = 1.05 ~ 1.12，具低的铁数 [FeO^T/（FeO^T + MgO）= 0.76 ~ 0.80]，属于高镁、富钠的钙碱性过铝质花岗岩类（图3.54）。

姜家坪岩体是本区所有岩体中含硅最高的岩体，SiO_2 = 74.11% ~ 74.63%，Al_2O_3 = 14.56% ~ 14.87%，富钾，Na_2O/K_2O = 0.63 ~ 0.79，σ = 2.28 ~ 2.46，铁数为0.78 ~ 0.80，A/CNK = 1.11 ~ 1.20。在 K_2O-SiO_2、Na_2O-K_2O、A/CNK-ANK 和 K_2O-SiO_2 图中落在镁质、钙碱性过铝质高钾岩区（图3.54）。该岩体与东部光头山岩体相连，在 Harker 图解中不同元素与 SiO_2 有很好的线性演化关系（图略），表明两岩体具一定的成因联系。姜家坪岩体高硅、富钾，岩石成分落在高钾钙碱性或橄榄玄粗岩区（图3.54 a，b），指示岩体经过较高程度的分异演化，属高分异过铝质高钾钙碱性花岗岩类。

张家坝和新院岩体以闪长岩为主，二岩体相对低硅，SiO_2 = 58.92% ~ 66.56%，高铝，Al_2O_3 = 15.81% ~ 17.68%，高钠，Na_2O/K_2O = 1.18 ~ 1.59，σ = 1.65 ~ 2.38，铁数介于0.53 ~ 0.69 之间，A/CNK = 0.86 ~ 1.06。在 K_2O-SiO_2、Na_2O-K_2O、FeO^T/（FeO^T + MgO）-SiO_2 和 A/CNK-ANK 图中主要落在镁质准铝质钙碱性区（图3.54），部分岩石落于钙碱性和过铝质区（图3.54a，d），主体显示富镁的准铝质钙碱性岩系特征。

表 3.12　南秦岭勉略带北部花岗岩体主量元素（%）及微量元素（10^{-6}）分析结果

岩体	光头山 (4)	姜家坪 (3)	新院 (4)	张家坝 (7)	迷坝 (6)	西岔河 (4)	东河台子 (4)	西坝大白河序列 (4)	西坝狮子岭序列 (10)
SiO_2	69.56~72.56 (71.21)	74.11~74.63 (74.32)	63.35~66.56 (64.88)	58.92~65.41 (61.60)	58.19~68.85 (63.57)	53.82~61.01 (57.73)	70.30~74.95 (72.70)	54.6~62.78 (56.98)	63.32~71.63 (66.56)
TiO_2	0.23~0.28 (0.26)	0.09~0.20 (0.15)	0.41~0.58 (0.49)	0.49~0.77 (0.65)	0.40~0.75 (0.56)	0.64~0.95 (0.76)	0.13~0.31 (0.21)	0.8~1.06 (0.92)	0.2~0.66 (0.46)
Al_2O_3	15.38~16.63 (15.95)	14.56~14.87 (14.74)	16.07~17.28 (16.58)	15.81~17.23 (16.45)	15.17~18.06 (16.18)	15.28~16.90 (16.01)	13.93~15.37 (14.90)	15.38~16.16 (15.74)	14.72~16.08 (15.63)
TFe_2O_3	1.86~2.30 (2.16)	0.73~1.18 (0.92)	3.42~4.95 (4.12)	4.32~6.56 (5.67)	2.84~6.02 (4.45)	4.93~8.32 (6.48)	1.00~2.17 (1.52)	4.52~7.5 (6.53)	1.76~4.36 (3.32)
Fe_2O_3	0.19~0.36 (0.29)	0.17~0.42 (0.29)	0.76~0.84 (0.80)	0.74~1.45 (1.07)	0.92~1.44 (1.11)	0.62~1.76 (1.31)	0.21~0.61 (0.38)	1.26~3.58 (2.68)	0.46~1.47 (1.11)
FeO	1.40~1.75 (1.63)	0.28~0.82 (0.57)	2.32~3.75 (2.99)	3.20~4.88 (4.14)	1.50~4.12 (3.01)	2.85~6.10 (4.65)	0.60~1.40 (1.03)	3.26~4.12 (3.85)	1.06~3.02 (2.21)
MnO	0.03~0.04 (0.04)	0.02~0.03 (0.03)	0.06~0.08 (0.07)	0.08~0.12 (0.10)	0.05~0.10 (0.08)	0.09~0.14 (0.11)	0.03~0.03 (0.03)	0.07~0.13 (0.11)	0.06~0.07 (0.07)
MgO	0.53~0.69 (0.61)	0.18~0.30 (0.24)	1.75~2.33 (2.04)	2.46~5.59 (3.80)	0.94~4.37 (3.06)	3.41~7.23 (5.30)	02.7~0.79 (0.51)	3.12~7.21 (5.82)	0.49~2.85 (1.92)
CaO	2.01~2.61 (2.32)	0.59~0.96 (0.74)	3.03~4.64 (3.68)	3.83~5.81 (4.81)	2.80~5.80 (4.17)	4.85~7.23 (6.00)	1.08~2.11 (1.58)	3.98~7.98 (6.68)	1.61~4.51 (3.51)
Na_2O	4.02~5.26 (4.56)	3.38~3.76 (3.52)	3.66~4.21 (3.85)	3.32~3.71 (3.53)	3.56~4.24 (3.98)	2.78~3.98 (3.41)	3.51~4.27 (3.94)	2.94~3.16 (3.07)	3.3~4.53 (3.74)
K_2O	2.73~3.22 (2.63)	4.74~5.36 (5.11)	2.64~3.17 (2.97)	2.09~2.96 (2.45)	2.26~3.84 (3.33)	2.33~3.77 (2.95)	3.63~5.20 (4.29)	1.29~41.7 (2.19)	2.94~4.64 (3.46)
P_2O_5	0.09~0.12 (0.10)	0.14~0.17 (0.16)	0.12~0.18 (0.15)	0.15~0.22 (0.19)	0.14~0.26 (0.22)	0.25~0.39 (0.31)	0.04~0.13 (0.08)	0.18~0.3 (0.25)	0.07~0.17 (0.14)
H_2O								0.87~0.97 (0.92)	0.44~1.4 (0.81)
LOI	0.44~0.48 (0.46)	0.38~0.59 (0.51)	0.51~2.34 (1.45)	0.54~0.80 (0.67)	0.35~0.83 (0.65)	0.58~0.86 (0.70)	0.23~1.94 (0.72)	0.36~0.46 (0.42)	0.07~0.66 (0.30)

总计	99.50~100.65 (100.22)	100.34~100.60 (100.43)	99.61~100.63 (100.24)	99.59~100.11 (99.93)	100.01~100.38 (100.22)	99.60~99.92 (99.76)	100.07~100.68 (100.45)	99.36~99.89 (99.63)	99.43~100.27 (99.91)
Ga	17.4~21 (19.18)	19.6~21.4 (20.8)	19.8~20.7 (20.38)	17.4~21.9 (20.27)	18.7~22.5 (20.43)	18.5~21.1 (20.03)	16.4~22.2 (19.83)		
Rb	69.7~117 (87.6)	285~313 (299)	86.6~103 (93.3)	74.8~91.4 (82.8)	79.9~133 (105)	95.7~135 (110)	135~185 (158)	30.32~207 (92.2)	83.0~207 (132)
Sr	567~649 (620)	41.7~117 (81.4)	524~576 (546)	514~623 (560)	545~873 (725)	688~993 (778)	152~602 (372)	478.21~789 (663)	372~1025 (641)
Y	7.86~11.6 (8.73)	6.88~11.2 (9.69)	14.6~19.7 (17.3)	14~24 (19.7)	11.6~19.1 (16.9)	17.5~34.8 (23.4)	9.6~19.9 (14.5)	15.5~20.2 (17.0)	8.45~19.1 (13.7)
Zr	121~168 (153)	45.9~135 (88.3)	123~153 (142)	141~183 (158)	122~191 (184)	54.4~203 (146)	105~205 (151)	92.5~312 (178)	89.0~274 (162)
Nb	6.63~12.3 (9.24)	11~15.9 (13.3)	8.95~10.2 (9.59)	9.3~12.7 (10.8)	7.51~12.6 (10.6)	10.9~13.8 (12.0)	9.2~17.6 (12.5)	6.3~17.0 (9.91)	5.61~34.8 (15.8)
Cs	2.31~4.95 (2.31)	9.8~17.7 (13.6)	3.77~6.53 (4.69)	2.92~5.87 (3.9)	2.53~5.7 (4.58)	2.89~8.91 (5.85)	3.11~8.43 (5.34)	1.93~10.38 (5.00)	1.61~7.83 (3.93)
Ba	596~1427 (1197)	139~511 (328)	912~1060 (1013)	733~1195 (1021)	922~1217 (1090)	968~1762 (1405)	451~1345 (975)	849~1497 (1104)	860~1357 (1063)
La	26.2~37.8 (31.7)	12.3~41.7 (25.4)	17~54.8 (34.1)	22.5~50 (33.5)	30.3~48.1 (41.0)	28.9~38.4 (32.2)	27.5~43.9 (36.0)	16.43~63.4 (34.7)	22.69~44.5 (30.2)
Ce	47.1~69.5 (58.0)	25.9~79.4 (49.8)	31.5~95.8 (61.3)	43.5~89.4 (63.7)	56.4~92.3 (76.6)	55.6~68.4 (63.3)	50.8~80.3 (67.9)	42.3~118 (73.3)	51.7~86.2 (62.7)
Pr	4.92~7.72 (6.27)	2.85~8.69 (5.48)	3.58~9.68 (6.53)	5.05~9.47 (7.16)	6.75~10.4 (8.6)	6.38~8.48 (7.46)	6.51~8.76 (7.28)	6.05~8.68 (7.10)	5.2~9.14 (7.04)
Nd	18.4~27.1 (22.2)	9.98~30.2 (19.1)	14.5~33.7 (24.0)	20.2~33.9 (27.6)	25.2~37.8 (31.9)	24.9~35.5 (29.5)	19.7~32.4 (26.0)	23.83~31.0 (27.0)	18.79~29.9 (23.7)
Sm	2.93~4.33 (3.72)	2.45~5.42 (3.85)	3.34~5.46 (4.45)	4.01~6.07 (5.17)	4.28~6.36 (5.45)	4.5~7.53 (5.72)	3.94~7.02 (4.90)	4.82~5.76 (5.17)	2.71~5.6 (4.16)
Eu	0.67~1 (0.82)	0.21~0.58 (0.39)	1.07~1.18 (1.13)	1.17~1.49 (1.34)	1.1~1.55 (1.39)	1.46~1.69 (1.55)	0.67~1.07 (0.82)	1.21~1.62 (1.48)	0.81~1.15 (1.00)

续表

岩体	光头山 (4)	姜家坪 (3)	新院 (4)	张家坝 (7)	迷坝 (6)	西岔河 (4)	东河台子 (4)	西坝大白河序列 (4)	西坝狮子岭序列 (10)
Gd	2.26~3.32 (2.82)	1.69~3.82 (2.74)	2.67~4.57 (3.57)	3.28~5.08 (4.36)	3.31~4.89 (4.19)	3.56~5.95 (4.6)	2.98~5.14 (3.70)	4.21~4.32 (4.27)	2~4.43 (3.21)
Tb	0.28~0.45 (0.37)	0.27~0.49 (0.40)	0.45~0.58 (0.53)	0.49~0.73 (0.62)	0.43~0.65 (0.57)	0.54~0.97 (0.70)	0.41~0.77 (0.52)	0.61~0.66 (0.63)	0.3~0.63 (0.46)
Dy	1.47~2.27 (1.82)	1.33~2.3 (1.93)	2.49~3.13 (2.78)	2.55~3.9 (3.29)	2.06~3.35 (2.94)	2.94~5.4 (3.85)	1.92~3.85 (2.55)	3.2~3.54 (3.4)	1.6~3.47 (2.45)
Ho	0.27~0.41 (0.33)	0.21~0.37 (0.31)	0.48~0.64 (0.55)	0.5~0.78 (0.66)	0.38~0.63 (0.56)	0.58~1.13 (0.78)	0.32~0.73 (0.47)	0.66~0.79 (0.71)	0.27~0.7 (0.47)
Er	0.68~0.96 (0.82)	0.45~0.88 (0.71)	1.19~1.56 (1.37)	1.18~1.98 (1.62)	0.94~1.56 (1.39)	1.39~2.72 (1.90)	0.75~1.7 (1.13)	1.82~2.03 (1.94)	0.71~1.85 (1.33)
Tm	0.11~0.14 (0.13)	0.07~0.12 (0.10)	0.19~0.26 (0.23)	0.18~0.34 (0.27)	0.15~0.26 (0.22)	0.23~0.48 (0.32)	0.11~0.28 (0.18)	0.25~0.31 (0.29)	0.1~0.26 (0.19)
Yb	0.72~0.92 (0.84)	0.41~0.8 (0.63)	1.18~1.56 (1.49)	1.21~2.08 (1.76)	1.01~1.66 (1.45)	1.45~3.1 (2.02)	0.67~1.7 (1.13)	1.55~1.87 (1.7)	0.68~1.54 (1.18)
Lu	0.11~0.14 (0.13)	0.05~0.11 (0.09)	0.18~0.25 (0.23)	0.18~0.31 (0.26)	0.15~0.25 (0.22)	0.22~0.45 (0.30)	0.10~0.25 (0.17)	0.27~0.32 (0.29)	0.11~0.3 (0.20)
Hf	3.28~4.55 (4.07)	1.71~4.09 (2.81)	3.6~4.04 (3.88)	3.75~4.36 (4.09)	3.16~6.22 (4.65)	1.52~4.68 (3.53)	2.97~5.32 (4.34)	2.95~7.41 (4.85)	2.54~7.1 (5.26)
Ta	0.5~0.79 (0.64)	1.12~1.62 (1.3)	0.63~1.17 (0.92)	0.72~0.9 (0.80)	0.49~1.18 (0.76)	0.57~1.19 (0.85)	0.69~1.9 (1.23)	1.13~1.79 (1.58)	0.72~11.29 (2.84)
Pb	16.7~19.5 (18.0)	24.1~29.2 (26.8)	21.5~34 (28.7)	14.6~20.1 (17.1)	13.5~23.9 (19.5)	14.2~23 (18.7)	25.5~43.1 (32.7)	17.32~37.0 (23.2)	18.8~52.5 (27.3)
Th	7.21~12.4 (10.7)	6.89~24.6 (14.6)	4.25~12 (8.06)	5.97~9.93 (8.39)	3.47~21.6 (12.6)	2.13~8.55 (4.49)	10.8~30.2 (17.8)	2.64~21.21 (9.20)	5.91~20.58 (13.53)
U	1.13~1.86 (1.4)	2.65~12.7 (6.06)	1.54~5.67 (3.55)	1.31~3.45 (2.01)	0.95~4.68 (3.08)	1.03~3.46 (1.99)	1.34~3.51 (2.11)	0.59~4.79 (2.17)	1.76~6.63 (3.17)

注：括号内为元素均值。

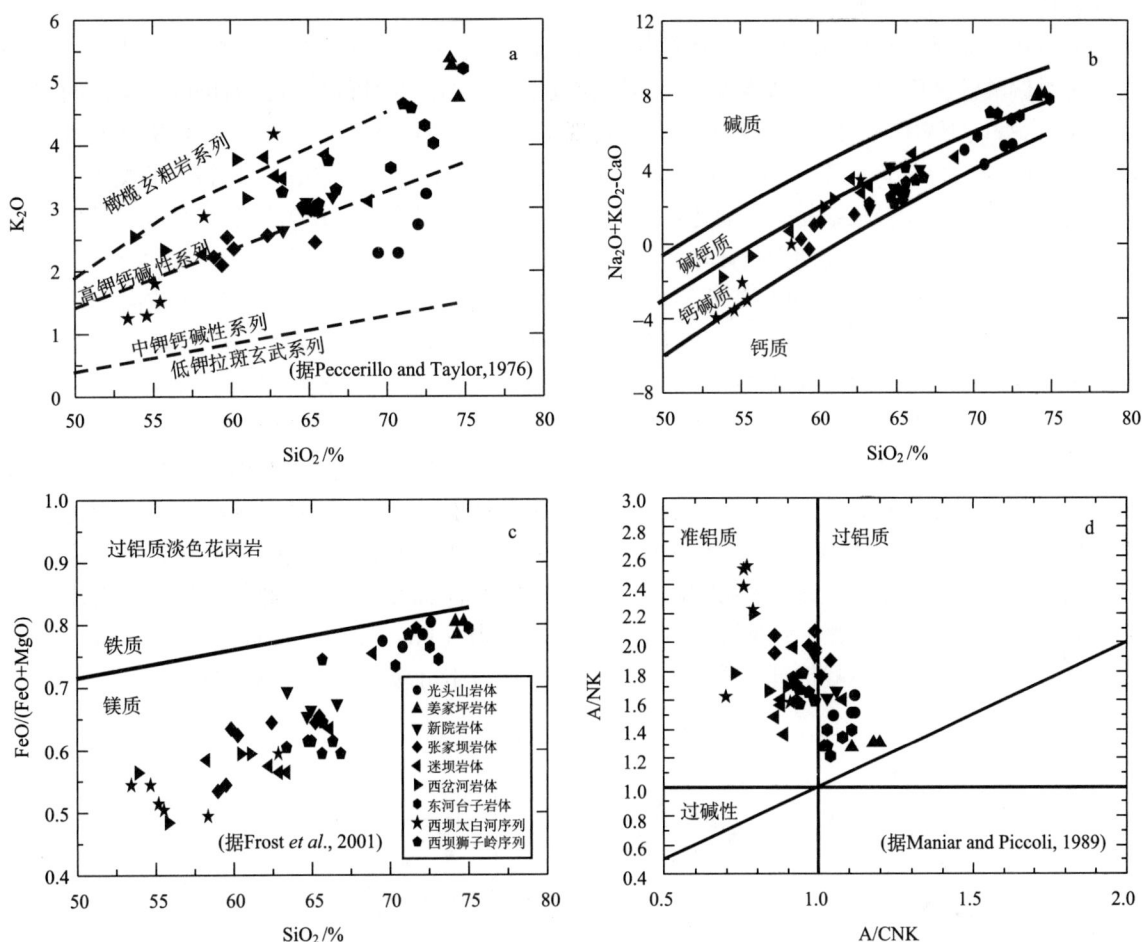

图 3.54　勉略带北部花岗岩化学组成图解

底图据 Peccerillo and Taylor, 1976; Frost *et al.*, 2001; Maniar and Piccoli, 1989

迷坝岩体以花岗闪长岩和二长花岗岩为主，硅略高于张家坝和新院岩体，$SiO_2 = 58.19\% \sim 68.85\%$，铝高，$Al_2O_3 = 15.52\% \sim 18.06\%$，富钠，$Na_2O/K_2O = 1.02 \sim 1.81$，$\sigma = 2.08 \sim 3.05$，铁数为 $0.56 \sim 0.75$，$A/CNK = 0.86 \sim 1.08$。在 $FeO^T/(FeO^T + MgO)\text{-}SiO_2$、$A/CNK\text{-}A/NK$ 和 $K_2O\text{-}SiO_2$ 图中主要落在镁质钙碱性准铝高钾岩石序列区（图 3.54）。

佛坪南部西岔河岩体的 $SiO_2 = 53.82\% \sim 61.01\%$，$Al_2O_3 = 15.28\% \sim 16.90\%$，多数岩石的钠高于钾，$Na_2O/K_2O = 0.86 \sim 1.57$，$\sigma = 2.62 \sim 2.82$，铁数 $= 0.48 \sim 0.59$，$A/CNK = 0.73 \sim 0.90$。在 $K_2O\text{-}SiO_2$、$Na_2O\text{-}K_2O$、$FeO^T/(FeO^T + MgO)\text{-}SiO_2$ 和 $A/CNK\text{-}AN/K$ 图中落在镁质钙碱性准铝质高钾岩石区（图 3.54）。

北部东河台子岩体与佛坪南西岔河岩体相比，高硅，$SiO_2 = 70.30\% \sim 74.95\%$，$Al_2O_3 = 13.93\% \sim 15.37\%$，钠钾含量相当或钾略高于钠，$Na_2O/K_2O = 0.68 \sim 1.14$，$\sigma = 2.21 \sim 2.37$，铁数为 $0.73 \sim 0.79$，$A/CNK = 1.03 \sim 1.11$。在相关图解中均落在接近铁质花岗岩区的镁质钙碱性过铝质高钾岩石区（图 3.54）。

西坝岩体太白河序列石英闪长岩的 $SiO_2 = 53.38\% \sim 62.78\%$，$Al_2O_3 = 14.18\% \sim 16.86\%$，钠高于钾，$Na_2O/K_2O = 0.75 \sim 2.61$，$\sigma = 1.59 \sim 2.70$，铁数为 $0.49 \sim 0.59$，$A/CNK = 0.70 \sim 0.91$，显示了有别于其他岩体的富镁贫铝的准铝质钙碱性岩石特征（图 3.54）。狮子岭序列的岩石相对高硅，变化范围大，$SiO_2 = 63.32\% \sim 71.63\%$，$Al_2O_3 = 14.72\% \sim 17.15\%$，多数岩石的钾高于钠，$Na_2O/K_2O = 0.84 \sim 1.49$，$\sigma = 1.99 \sim 2.59$，铁数为 $0.59 \sim 0.78$，$A/CNK = 0.92 \sim 1.02$，显示了镁质钙碱性准铝质中或高钾

钙碱性岩特征（图 3.54）。

综上所述，勉略带北部不同花岗岩体的主元素之间存在一定差异。紧邻勉略带的岩体一般 SiO_2 较高，相对偏酸性，而北部远离勉略带的岩体尽管也出现一些偏酸性的岩石，但仍以偏基性的闪长岩较多。在 Harker 图解中（图略）多数主量元素表现了较好的线性关系，一定程度上反映了岩浆由基性端元向酸性端元的演化关系。但北部岩体主元素的线性关系差，且 SiO_2 变化没有良好的连续性，反映它们并不具备同源岩浆结晶分异演化特征。紧邻勉略带花岗岩体表现为早期相对偏中基性含较多暗色闪长质包体单元岩石向晚期无包体单元，随 SiO_2 增高，岩石钾增高，钾长石与斜长石比例增高、Na_2O/K_2O 降低、CaO、MgO 也渐次降低的正常岩浆演化特征。特别是高硅的姜家坪花岗岩体明显高钾，显示高度分异高钾花岗岩特征，在花岗岩判别图解中该岩体落在高度分异钙碱性花岗岩范围（图 3.55a，b），其他岩体则主要落在正常钙碱性 I 型花岗岩区（图 3.55）。此外，姜家坪岩体相对低 Ba、Sr 高 Rb，也表明它们是岩浆发生以斜长石为主要矿物相的分离结晶作用后的产物。总体上，紧邻勉略带的花岗岩体相对高硅、铝，富钠，以高钾钙碱性过铝或准铝质 I 型花岗岩为主要特征。远离勉略带花岗岩体，相对低硅、贫铝、钠高，具准铝质钙碱性 I 型花岗岩特征。这暗示着它们的源区和岩浆演化过程也有差异。然而所有岩体主要以高钾钙碱性 I 型花岗岩为主，与碰撞造山带后碰撞（post-collision）花岗岩特征一致，表明它们主体是碰撞造山后期的形成物。此外，研究区岩体均具较低的铁数，与科迪勒拉火山弧 I 型花岗岩的镁质花岗岩相当（Frost *et al.*，2001）（图 3.54c），暗示这些花岗岩体主要来自与消减带具有成因关系的偏基性镁质组分较高的下部地壳物质。

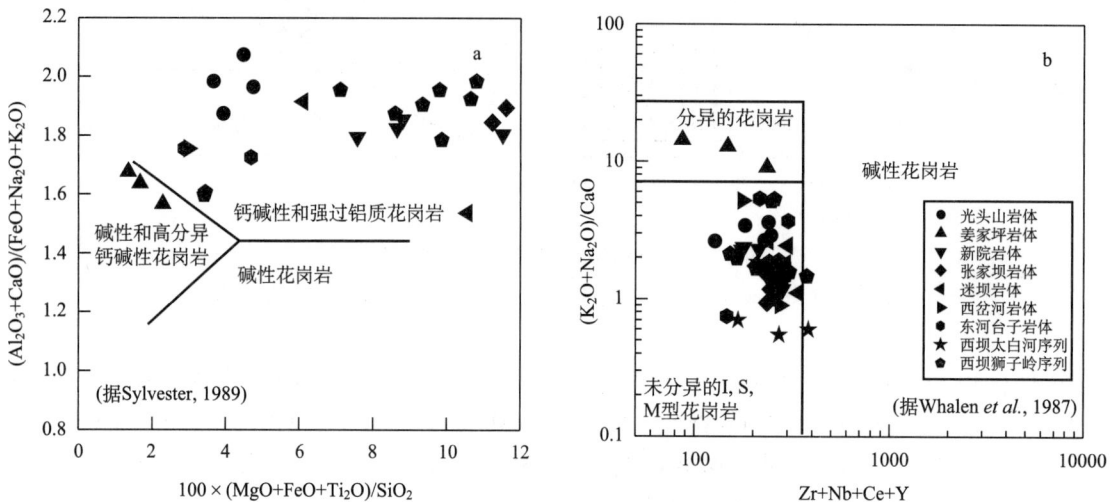

图 3.55　勉略带北部花岗岩分类判别图

底图据 Sylvester，1989；Whalen *et al.*，1987

（二）勉略带北部花岗岩稀土元素

光头山岩体具中等含量的稀土总量，$\Sigma REE = 107.68 \times 10^{-6} \sim 154.77 \times 10^{-6}$，轻重稀土分馏强，$La_N/Yb_N = 19.20 \sim 29.29$，重稀土分馏不强，$Gd_N/Yb_N = 2.25 \sim 3.23$，具弱和中度的 Eu 负异常，$\delta Eu = 0.52 \sim 0.95$，呈现右倾中等或弱负 Eu 异常的稀土模式（图 3.56a）。

姜家坪岩体具有相对较低到中等的稀土总量，$\Sigma REE = 58.12 \times 10^{-6} \sim 174.77 \times 10^{-6}$，轻重稀土分馏很强，$La_N/Yb_N = 20.23 \sim 35.14$，重稀土分馏不强，$Gd_N/Yb_N = 3.16 \sim 3.85$，但具有很强的 Eu 负异常，$\delta Eu = 0.30 \sim 0.37$。稀土模式为具明显 Eu 负异常的右倾稀土谱型（图 3.56b）。

新院岩体的稀土总量较高，变化范围也大，$\Sigma REE = 80.19 \sim 212.38$，轻重稀土分馏变化大，

$La_N/Yb_N = 7.35 \sim 24.47$，重稀土分馏弱，$Gd_N/Yb_N = 1.38 \sim 2.44$，Eu 负异常弱或不明显，$\delta Eu = 0.70 \sim 1.06$。呈现了弱 Eu 负异常的平滑右倾稀土模式（图 3.56c）。

张家坝岩体的稀土总量、轻重稀土分馏和 Eu 负异常与新院岩体基本相当。$\Sigma REE = 106.17 \times 10^{-6} \sim 200.33 \times 10^{-6}$，$La_N/Yb_N = 10.31 \sim 27.86$，$Gd_N/Yb_N = 1.76 \sim 3.05$，$\delta Eu = 0.76 \sim 0.96$。稀土模式为右倾弱负 Eu 异常的平滑谱型（图 3.56d）。

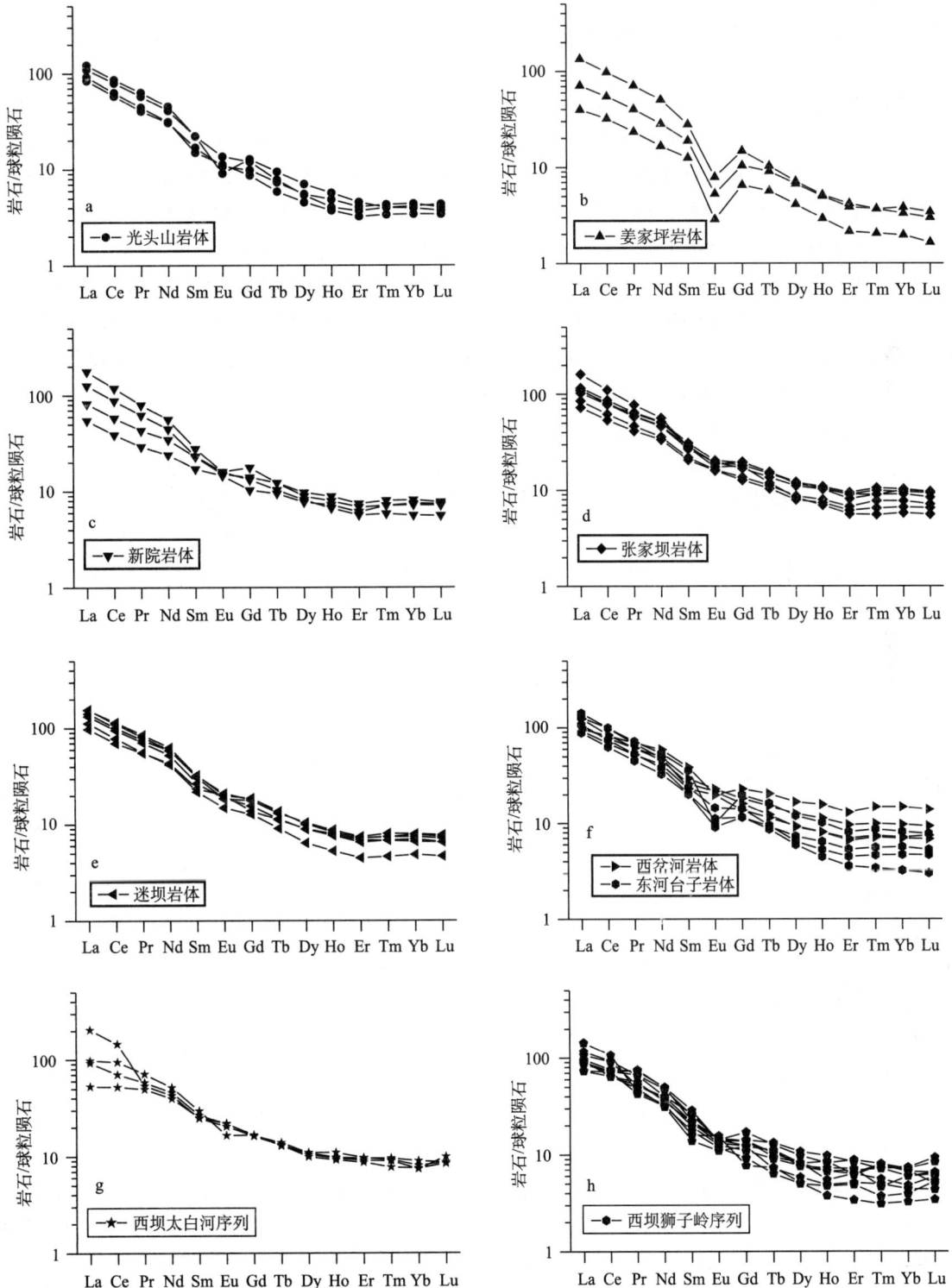

图 3.56　勉略带北部花岗岩稀土配分图解

迷坝岩体的 $\Sigma REE = 136.16 \sim 208.37$，$La_N/Yb_N = 14.80 \sim 23.23$，$Gd_N/Yb_N = 2.10 \sim 2.64$，$\sigma Eu = 0.76 \sim 1.07$。也呈现了弱负 Eu 异常的平滑右倾稀土模式（图 3.56e）。

西岔河岩体稀土总量中等、变化范围不大，$\Sigma REE = 132.62 \sim 169.42$，轻重稀土分馏中等，$La_N/Yb_N = 6.55 \sim 17.85$，重稀土分馏弱，$Gd_N/Yb_N = 1.55 \sim 2.32$，Eu 为中等或弱的负或正异常，$\delta Eu = 0.65 \sim 1.08$，呈现为右倾平滑稀土模式（图 3.56f）。

东河台子岩体的 $\Sigma REE = 116.86 \sim 182.78$，轻重稀土分馏很强，$La_N/Yb_N = 15.67 \sim 33.41$，$Gd_N/Yb_N = 2.04 \sim 2.44$，具中等到较强的 Eu 负异常，$\delta Eu = 0.77 \sim 0.36$，显示了明显 Eu 负异常的右倾稀土谱型（图 3.56f）。

西坝岩体太白河序列岩石稀土总量和轻重稀土分馏变化范围大，$\Sigma REE = 108.37 \sim 232.15$，$La_N/Yb_N = 5.92 \sim 27.04$，$Gd_N/Yb_N = 1.82 \sim 2.25$，无或弱 Eu 负异常，$\delta Eu = 0.71 \sim 1.06$。稀土模式为 Eu 负异常不明显的右倾平滑稀土谱型（图 3.56g）。狮子岭序列岩石稀土总量中等，$\Sigma REE = 116.00 \times 10^{-6} \sim 166.05 \times 10^{-6}$，但轻重稀土分馏很强，$La_N/Yb_N = 13.00 \sim 44.13$，$Gd_N/Yb_N = 1.84 \sim 2.76$，Eu 负异常弱，$\delta Eu = 0.63 \sim 0.88$。显示了弱 Eu 负异常的右倾稀土模式（图 3.56h）。

依据上述岩体的稀土元素特征，南秦岭勉略带北部花岗岩也明显可归为两类花岗岩体。一类岩体表现为稀土总量中等、变化范围不大，轻重稀土分馏较强，Eu 负异常不明显，它们的稀土模式为右倾弱 Eu 负异常平滑谱型。该类岩体占据南秦岭勉略带北部大部分区域，其岩浆形成演化过程没有发生包括有斜长石为主要矿物相的分离结晶作用，具有壳幔花岗岩类稀土特征。另一类岩体稀土总量中等、含量变化范围较大，轻重稀土强烈分馏，Eu 负异常较强，指示为岩浆经以斜长石为主要晶出相结晶分异后的产物。具这类稀土特征的花岗岩体仅为勉略带北部少量岩体（姜家坪岩体和东河台子岩体），尽管它们的稀土总量变化略大，但它们的硅含量很高，没有大的变化范围，应该代表了岩浆演化后期经过较强结晶分异演化后的产物。因此，勉略带北部花岗岩体的稀土特征表明，这些花岗岩体主体是在造山期的非稳定环境条件下形成，到造山后期相对稳定环境下才有少量演化程度较高的高分异花岗岩体形成。

（三）勉略带北部花岗岩微量元素

光头山岩体相对富集 Sr、Ba、Th 等大离子亲石元素（LILE），贫化高场强元素（HFSE），较明显亏损 Nb、Ta、P 和 Ti（图 3.57a），它们的 $Rb = 69.7 \times 10^{-6} \sim 117 \times 10^{-6}$（平均 87.63×10^{-6}）、$Sr = 567 \times 10^{-6} \sim 649 \times 10^{-6}$（平均 620×10^{-6}）、$Ba = 596 \times 10^{-6} \sim 1450 \times 10^{-6}$（平均 1197×10^{-6}）、$Th = 7.21 \times 10^{-6} \sim 12.39 \times 10^{-6}$（平均 10.74×10^{-6}）、$U = 1.13 \times 10^{-6} \sim 1.86 \times 10^{-6}$（平均 1.4×10^{-6}）；$Nb = 6.63 \times 10^{-6} \sim 12.3 \times 10^{-6}$（平均 9.24×10^{-6}）、$Ta = 0.5 \times 10^{-6} \sim 0.79 \times 10^{-6}$（平均 0.64×10^{-6}）、$Hf = 3.28 \times 10^{-6} \sim 4.55 \times 10^{-6}$（平均 4.07×10^{-6}）、$Zr = 121 \times 10^{-6} \sim 168 \times 10^{-6}$（平均 153×10^{-6}）和 $Y = 7.86 \times 10^{-6} \sim 11.6 \times 10^{-6}$（平均 8.73×10^{-6}），表现为壳源物质部分熔融产物的元素地球化学特征。

姜家坪岩体与光头山岩体微量元素特征基本一致，也显示富集 LILE、贫化 HFSE，但明显低 Ba、Sr（图 3.57b），它们的 $Rb = 283 \times 10^{-6} \sim 305 \times 10^{-6}$（平均 299×10^{-6}）、$Sr = 41.7 \times 10^{-6} \sim 117 \times 10^{-6}$（平均 81.43×10^{-6}）、$Ba = 139 \times 10^{-6} \sim 511 \times 10^{-6}$（平均 328×10^{-6}）、$Th = 6.89 \times 10^{-6} \sim 24.6 \times 10^{-6}$（平均 14.6×10^{-6}）、$U = 2.65 \times 10^{-6} \sim 12.7 \times 10^{-6}$（平均 6.06×10^{-6}）；$Nb = 11 \times 10^{-6} \sim 15.9 \times 10^{-6}$（平均 13.27×10^{-6}）、$Ta = 1.12 \times 10^{-6} \sim 1.62 \times 10^{-6}$（平均 1.3×10^{-6}）、$Hf = 1.71 \times 10^{-6} \sim 4.09 \times 10^{-6}$（平均 2.81×10^{-6}）、$Zr = 45.9 \times 10^{-6} \sim 135 \times 10^{-6}$（平均 88.3×10^{-6}）和 $Y = 6.88 \times 10^{-6} \sim 11.2 \times 10^{-6}$（平均 9.69×10^{-6}）。高 Rb、亏损 Sr、Ba、Ti、Y 等（图 3.57b），与该岩体稀土特征一致，证明岩体经历了斜长石为主的结晶分离作用。

新院岩体的 $Rb = 86.6 \times 10^{-6} \sim 103 \times 10^{-6}$（平均 93.3×10^{-6}）、$Sr = 524 \times 10^{-6} \sim 576 \times 10^{-6}$（平均 546×10^{-6}）、$Ba = 912 \times 10^{-6} \sim 1060 \times 10^{-6}$（平均 1013×10^{-6}）、$Th = 4.52 \times 10^{-6} \sim 12 \times 10^{-6}$（平均 8.06×10^{-6}）、$U = 1.54 \times 10^{-6} \sim 5.67 \times 10^{-6}$（平均 3.55×10^{-6}）；$Nb = 8.95 \times 10^{-6} \sim 10.2 \times 10^{-6}$（平均 9.59×10^{-6}）、$Ta = $

$0.63×10^{-6}～1.17×10^{-6}$（平均 $0.92×10^{-6}$）、$Hf=3.6×10^{-6}～4.04×10^{-6}$（平均 $3.88×10^{-6}$）、$Zr=123×10^{-6}～153×10^{-6}$（平均 $142×10^{-6}$）和 $Y=14.6×10^{-6}～19.7×10^{-6}$（平均 $17.25×10^{-6}$）。张家坝岩体的 $Rb=74.8×10^{-6}～91.4×10^{-6}$（平均 $82.8×10^{-6}$）、$Sr=514×10^{-6}～623×10^{-6}$（平均 $560×10^{-6}$）、$Ba=733×10^{-6}～1223×10^{-6}$（平均 $1021×10^{-6}$）、$Th=5.97×10^{-6}～12.5×10^{-6}$（平均 $8.39×10^{-6}$）、$U=1.31×10^{-6}～3.45×10^{-6}$（平均 $2.01×10^{-6}$）；$Nb=9.3×10^{-6}～12.7×10^{-6}$（平均 $10.77×10^{-6}$）、$Ta=0.72×10^{-6}～0.9×10^{-6}$（平均 $0.80×10^{-6}$）、$Hf=3.75×10^{-6}～4.36×10^{-6}$（平均 $4.09×10^{-6}$）、$Zr=141×10^{-6}～183×10^{-6}$（平均 $158×10^{-6}$）和 $Y=14×10^{-6}～24×10^{-6}$（平均 $19.66×10^{-6}$）。两个岩体微量元素特征相当并与光头山岩体一样，表现了高 Ba、Sr，亏损 Nb、Ta、P 和 Ti 的陆壳物质部分熔融产物的特征（图 3.57c，d）。

迷坝岩体的 $Rb=79.9×10^{-6}～133×10^{-6}$（平均 $105×10^{-6}$）、$Sr=545×10^{-6}～873×10^{-6}$（平均 $725×10^{-6}$）、$Ba=922×10^{-6}～1217×10^{-6}$（平均 $1090×10^{-6}$）、$Th=10.3×10^{-6}～21.6×10^{-6}$（平均 $12.57×10^{-6}$）、$U=0.95×10^{-6}～4.68×10^{-6}$（平均 $3.08×10^{-6}$）；$Nb=7.51×10^{-6}～12.6×10^{-6}$（平均 $10.55×10^{-6}$）、$Ta=0.49×10^{-6}～1.18×10^{-6}$（平均 $0.76×10^{-6}$）、$Hf=3.16×10^{-6}～6.22×10^{-6}$（平均 $4.65×10^{-6}$）、$Zr=163×10^{-6}～264×10^{-6}$（平均 $184×10^{-6}$）和 $Y=11.6×10^{-6}～19.1×10^{-6}$（平均 $16.9×10^{-6}$）。与前述光头山、张家坝等岩体一样，表现了高 Sr、Ba；亏损 Nb、Ta、P、Ti 和 Y 的特征（图 3.57e）。

西岔河岩体的 $Rb=95.7×10^{-6}～135×10^{-6}$（平均 $110×10^{-6}$）、$Sr=688×10^{-6}～993×10^{-6}$（平均 $778×10^{-6}$）、$Ba=968×10^{-6}～1762×10^{-6}$（平均 $1405×10^{-6}$）、$Th=2.13×10^{-6}～8.55×10^{-6}$（平均 $4.49×10^{-6}$）、$U=1.03×10^{-6}～3.46×10^{-6}$（平均 $1.99×10^{-6}$）；$Nb=10.9×10^{-6}～13.8×10^{-6}$（平均 $11.98×10^{-6}$）、$Ta=0.57×10^{-6}～1.19×10^{-6}$（平均 $0.85×10^{-6}$）、$Hf=1.52×10^{-6}～4.68×10^{-6}$（平均 $3.53×10^{-6}$）、$Zr=54.4×10^{-6}～203×10^{-6}$（平均 $146×10^{-6}$）和 $Y=17.5×10^{-6}～34.8×10^{-6}$（平均 $23.38×10^{-6}$）。该岩体与南部岩体微量元素特征基本一致，显示了 Sr、Ba 较高，Nb、Ta 和 Ti 相对亏损的特征（图 3.57f）。

东河台子岩体 $Rb=135×10^{-6}～185×10^{-6}$（平均 $158×10^{-6}$）、$Sr=152×10^{-6}～602×10^{-6}$（平均 $372×10^{-6}$）、$Ba=451×10^{-6}～1345×10^{-6}$（平均 $975×10^{-6}$）、$Th=10.8×10^{-6}～30.2×10^{-6}$（平均 $17.8×10^{-6}$）、$U=1.34×10^{-6}～3.51×10^{-6}$（平均 $2.11×10^{-6}$）；$Nb=9.2×10^{-6}～17.6×10^{-6}$（平均 $12.48×10^{-6}$）、$Ta=0.69×10^{-6}～1.9×10^{-6}$（平均 $1.23×10^{-6}$）、$Hf=2.97×10^{-6}～5.32×10^{-6}$（平均 $4.34×10^{-6}$）、$Zr=105×10^{-6}～205×10^{-6}$（平均 $151×10^{-6}$）和 $Y=9.6×10^{-6}～19.9×10^{-6}$（平均 $14.48×10^{-6}$）。该岩体与南部姜家坪岩体相同具有岩浆经斜长石分离结晶作用特征，因而表现了低 Sr、Ba，P 和 Ti 亏损的特征（图 3.57f）。

西坝岩体太白河序列的 $Rb=30.32×10^{-6}～207.42×10^{-6}$（平均 $92.2×10^{-6}$）、$Sr=478×10^{-6}～789×10^{-6}$（平均 $663×10^{-6}$）、$Ba=849×10^{-6}～1497×10^{-6}$（平均 $1104×10^{-6}$）、$Th=2.64×10^{-6}～21.21×10^{-6}$（平均 $9.20×10^{-6}$）、$U=0.59×10^{-6}～4.79×10^{-6}$（平均 $2.16×10^{-6}$）；$Nb=6.3×10^{-6}～16.94×10^{-6}$（平均 $9.91×10^{-6}$）、$Ta=1.13×10^{-6}～1.79×10^{-6}$（平均 $1.58×10^{-6}$）、$Hf=2.95×10^{-6}～7.41×10^{-6}$（平均 $4.85×10^{-6}$）、$Zr=92.5×10^{-6}～312×10^{-6}$（平均 $178×10^{-6}$）和 $Y=15.46×10^{-6}～20.18×10^{-6}$（平均 $16.96×10^{-6}$）。狮子岭序列的 $Rb=82.96×10^{-6}～207×10^{-6}$（平均 $132×10^{-6}$）、$Sr=373×10^{-6}～1025×10^{-6}$（平均 $641×10^{-6}$）、$Ba=859.82×10^{-6}～1356.5×10^{-6}$（平均 $1062.77×10^{-6}$）、$Th=5.91×10^{-6}～20.58×10^{-6}$（平均 $13.53×10^{-6}$）、$U=1.76×10^{-6}～6.63×10^{-6}$（平均 $3.17×10^{-6}$）；$Nb=5.61×10^{-6}～34.83×10^{-6}$（平均 $15.78×10^{-6}$）、$Ta=0.72×10^{-6}～11.29×10^{-6}$（平均 $2.84×10^{-6}$）、$Hf=2.54×10^{-6}～6.91×10^{-6}$（平均 $5.26×10^{-6}$）、$Zr=89.0×10^{-6}～274×10^{-6}$（平均 $162×10^{-6}$）和 $Y=8.45×10^{-6}～19.12×10^{-6}$（平均 $13.74×10^{-6}$）。总体上，两个系列的微量元素特征基本一致，但狮子岭序列明显亏损 P 和 Ti，说明岩浆演化过程有磷灰石和含钛矿物分离结晶作用发生。该岩体与南部光头山等岩体相比，明显不同是 Nb 和 Ta 微弱亏损，其他微量元素相对高 Sr、Ba，且相对富集 LILE，贫化 HFSE 的特点（图 3.57g，h）。

综上所述，南秦岭勉略带北部花岗岩总体上显示相对富集 LILE、HFSE 贫化，在 PM 标准化图谱上多数岩体 Nb、Ta 相对亏损成谷（图 3.57），显示了壳源物质或活动陆缘火山弧花岗岩的特征。与稀土元素特征相类似，也可区分出两类岩体，即一类为占据南秦岭勉略带北部大部分区域的具壳幔花岗岩稀土特征的岩体，它们显示低 Rb、高 Sr、Ba，弱亏损 Nb 和 Ta，HFSE 贫化，主要为光头山、新院、张家坝、迷坝、西岔河和太白河等岩体；另一类为高 SiO_2 具明显 Eu 负异常的右倾稀土谱型的花岗岩，这类岩体以姜家坪和东河台子岩体为代表，相对高 Rb，但 Sr、Ba、Ti 和 P 明显亏损，显示岩浆发生了斜长石、磷灰石及含 Ti 金属矿物结晶分异后高度演化的产物（图 3.56b，f，图 3.57b，f），

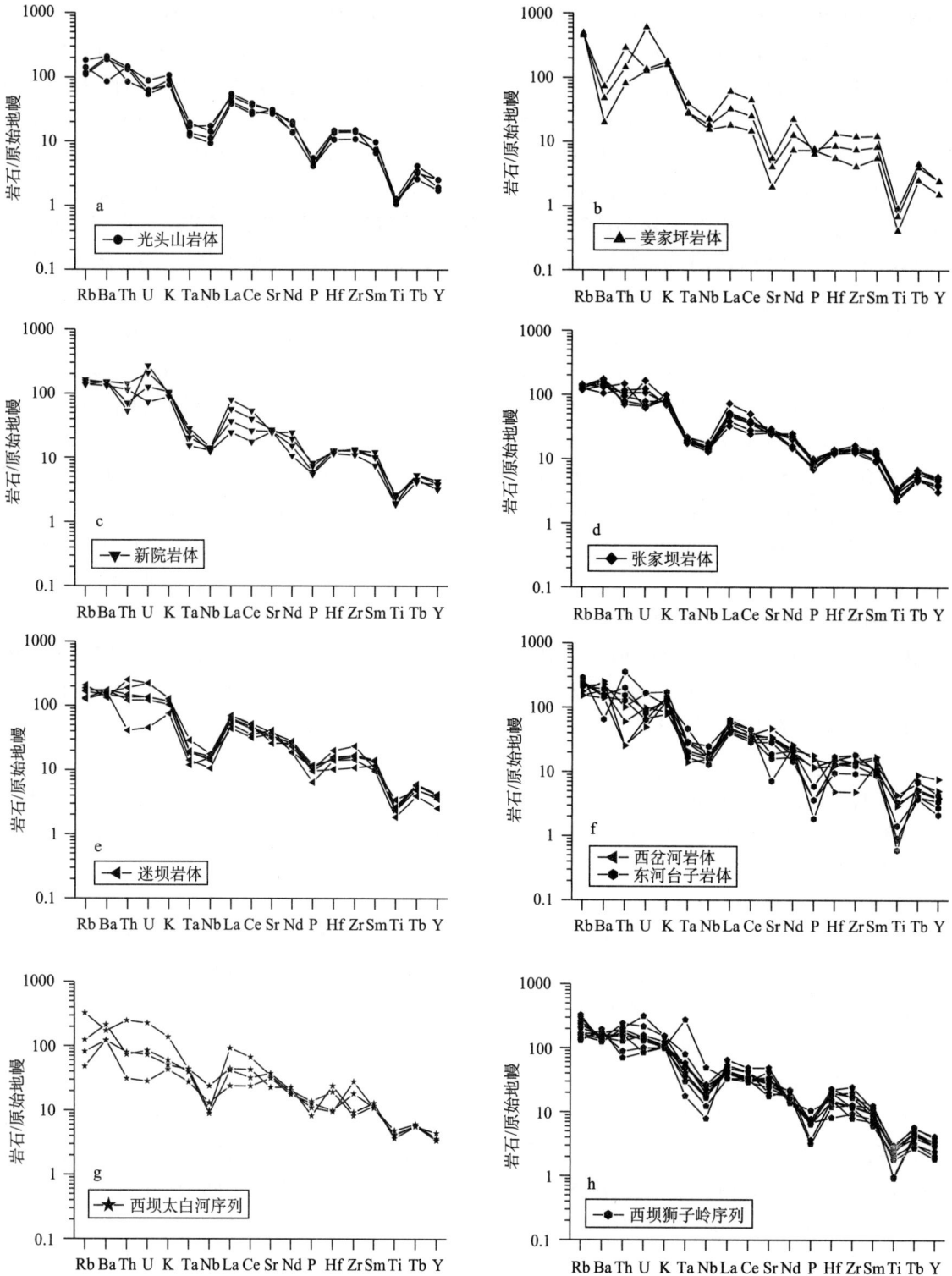

图 3.57　勉略带北部花岗岩原始地幔标准化图解

与主量和稀土元素指示它们为岩浆经结晶分异高度演化特征相一致。值得一提的是，Nb、Ta 强烈亏损往往反映火山弧岩浆活动特征，而弱亏损 Nb 和 Ta 的高钾钙碱性花岗岩则为后碰撞花岗岩特征。勉略带北部花岗岩体元素地球化学特征反映它们均为碰撞造山后期形成的后碰撞花岗岩体。但最北部西坝岩体无明显 Nb、Ta 亏损，显然指示它们的源区存在较大的差别。极大的可能是紧邻或距勉略带较近的花岗岩体较强 Nb、Ta 亏损，暗示它们的物源有可能有较多早期俯冲带形成物质的存在。相反，远离勉略带的西坝花岗岩体其源区较少受到俯冲带物质的影响。

四、勉略带北部花岗岩的成因及形成构造环境

（一）岩体成因类型

勉略带北部花岗岩体岩石成分有较宽的变化范围，从闪长岩到花岗闪长岩、二长花岗岩和花岗岩均有发育。矿物组成主要以长石、石英、黑云母和不等量角闪石为主，副矿物有锆石、磷灰石、磁铁矿和榍石，与富含钾长石斑晶的钙碱性花岗岩（KCG）矿物组合特征（Barbarin，1999）一致。该区大多数岩体的 Na_2O/K_2O 值大于 1，Fe^{3+}/Fe^T 值中等或偏高，与 I 型花岗岩（Chappell and White，1992）特征一致。相比而言，姜家坪岩体钾长石含量高，暗色矿物含量少，以含二云母为主，与含白云母过铝花岗岩（MPG）矿物组合类似（Barbarin，1999）。岩体的 SiO_2 很高，变化范围小，高钾低钠，高 Fe^T/Mg 值（图 3.58），Al、Mg 及 Ca 含量低，Nb、Ga、Y 等高场强元素丰度也较高，稀土元素表现为明显负 Eu 异常的右倾谱型，原始地幔标准化蛛网图中 Sr、Ti、P 等元素明显亏损，指示该岩体在岩浆演化过程中曾发生斜长石、磷灰石和含钛金属矿物分离结晶作用，Ba 的贫化也充分反映它们是高度演化的残余花岗岩浆的产物，具高度分异的后碰撞高钾花岗岩特征（Whalen et al.，1987；Eby，1992），这类富碱花岗岩体的出现意味着构造环境开始向碰撞晚期伸展作用阶段的转换。

野外宏观地质表明，勉略带北部花岗岩体以不规则椭球状和岩石无变质变形、多数岩体内部程度不同发育暗色闪长质包体为特征，说明岩体是在非挤压环境下经基性和酸性两端元岩浆混合作用所形成。勉县东部光头山岩体呈明显侵入关系斜切勉略构造混杂岩带，且在近邻勉略带的岩体内接触带中发育原岩与俯冲带环境有关的基性麻粒岩包体（李三忠等，2000），证明岩体形成于勉略构造混杂带形成之后，由于地壳的挤压增厚位于较深部位的早期俯冲期岛弧火山岩变质形成麻粒岩，并在陆块碰撞后期陆壳隆升过程中被抬升至浅部（梁莎等，2013），而后深部地壳熔融形成的花岗岩浆在向上运移过程中将其捕获。

目前在勉略北部的迷坝岩体已获得 220 Ma 和 211 Ma 的形成年龄，张家坝岩体形成年龄为 219 Ma，新院岩体为 214 Ma，光头山岩体得到 216 Ma 形成年龄。姜家坪岩体形成最晚，形成于 206 Ma（孙卫东等，2000）。北部西岔河岩体也获得 214 Ma 的锆石 U-Pb 年龄，西坝岩体获得 215~221 Ma（刘树文等，2011）的形成年龄。地质及岩体年代学证据均指示这些花岗岩体形成在勉略洋盆 221~242 Ma 闭合（李曙光等，1996a）之后，并集中在 200~220 Ma 之间 20 Ma 的短时期内所形成，与造山带主碰撞之后大量后运动（post-kinematic）花岗岩形成特征一致（Nironen et al.，2000）。

因此，勉略带北部印支期花岗岩体代表了秦岭微板块与扬子板块沿勉略缝合带主碰撞晚期由挤压造山隆升、造山带垮塌，应力由挤压向松弛阶段转化过程形成的高钾钙碱性 I 型后碰撞（post-collision）花岗岩，少量富碱花岗岩体的出现可能预示着在 200 Ma 左右南秦岭区已转入到伸展构造体制背景下向板内期过渡的后碰撞阶段（post-collision），但它们仍不属于碰撞造山后（post-orogeny）板内阶段的富碱花岗岩为主的造山后花岗岩。

（二）岩体成因与演化

　　勉略带北部部分花岗岩体的锆石 U-Pb 定年结果在给出岩体结晶年代的同时，还显示了古老地层残余继承锆石的存在。其中，迷坝岩体出现 2700 Ma 的继承锆石年龄；新院岩体出现 1100 Ma 的继承锆石年龄；光头山岩体分别存在 1880 Ma、950 Ma 和 500 Ma 的继承锆石年龄，即便演化程度很高的姜家坪岩体也获得 2800 Ma 和 1700 Ma 的继承锆石年龄。因而表明，这些花岗岩主体是由古老壳源岩石熔融所形成。另外，区内多数花岗岩体内发育暗色闪长质包体，又指示岩体形成过程有幔源基性岩浆物质的参与。张宏飞等（1997）对宁陕地区花岗岩类 Pb、Sr、Nd 同位素的研究也指示这些岩体的源区物质主要来自地壳物质，并以中新元古代地壳增生物为主，同时存在来自幔源派生物质或地壳内成熟度不高的基性火成物质，也支持该阶段花岗岩形成过程曾发生壳幔源岩浆的混合作用。

　　由南秦岭勉略带北部各类花岗岩体的组构特征分析，紧邻勉略带的张家坝、新院和光头山岩体部分单元发育含大量钾长石斑晶的似斑状结构，表明这些岩体形成深度相对较浅，而勉略带西北部和远离勉略带的东北部岩体则以中粗粒均一块状为特征，表明岩浆是在相对较深部位缓慢结晶而成。但光头山岩体与其紧邻的姜家坪岩体花岗闪长岩、二长花岗岩与花岗岩在空间上密切伴生，形成时代也相近，而且主要氧化物与 SiO_2 具良好线性协变关系，特别是姜家坪高钾花岗岩明显富硅和碱，说明它们为同源岩浆经历较高程度分异演化所形成。但姜家坪岩体的稀土总量相对较低且变化范围较大，则暗示这种强烈分异的花岗岩浆可能有相对较高的幔源组分参与，从而使得幔源基性岩浆与壳源岩浆混合演化后的岩浆产物稀土总量也相对偏低。

　　基于上述特征，结合花岗岩体中暗色闪长质包体发育各种岩浆淬冷结构分析，该期花岗岩是深部地壳物质熔融后，又有幔源基性岩浆进入花岗岩浆房后，由于二端元岩浆的黏度差及温差而发生岩浆混合后形成多具 I 型花岗岩特征的后碰撞花岗岩体。少量相对年轻的高分异花岗岩体（如姜家坪岩体）则可能是混合后岩浆发生斜长石等矿物分离结晶作用后的产物。

　　总之，根据勉略带北部花岗岩体相近的形成年龄以及结构构造和成分变化特征，勉略带以北西部岩体形成相对早于东部岩体，岩体结构反映西部岩体形成深度较大，成分相对偏基性，东部岩体形成较浅，岩体演化程度较高，反映该区岩浆的演化西部形成相对较早，岩浆分异不显著，形成的岩体相对偏基性。东部岩体形成略晚，岩体分异明显，特别是高分异碱性姜家坪岩体的出现代表了南秦岭区勉略带北部花岗岩体已由后碰撞阶段逐步向板内拉张阶段过渡。这与大陆碰撞后岩石圈松弛阶段出现高钾钙碱性花岗岩及高钾和钾长石斑晶钙碱性花岗岩，指示大陆由挤压会聚向伸展转换（Barbarin，1999）相一致。此外，大陆地壳中钙碱性花岗岩体的研究表明，它们几乎都是壳幔相互作用的结果，只是不同类型花岗岩其形成过程壳、幔物质的贡献有所不同（Barbarin，1999）。勉略带北部花岗岩体地质及岩石地球化学特征均反映它们具壳幔混合机制成因特征，代表地壳物质熔融并有幔源岩浆参与的壳幔物质混合作用的结果。

（三）岩体构造背景讨论

　　前述表明，勉略带北部花岗岩体的岩石地球化学成分变化范围大、多种类型花岗岩共存，呈现高钾钙碱性花岗岩特征，属后碰撞高钾钙碱性 I 型花岗岩成因类型。一般说来，高钾的钙碱性花岗岩多形成于非挤压引张环境，而高钾钙碱性 I 型花岗岩既可形成于岛弧环境，也可形成在主碰撞作用之后的后碰撞（post-collision）伸展塌陷构造演化阶段（Pitcher，1993）。事实上，大陆岩石圈的主碰撞阶段（最大会聚期）是不利于岩浆形成的，因而在大陆碰撞的挤压环境下很少有大量花岗岩体的形成。相反在后碰撞期，当大陆岩石圈最大会聚后，逐步由挤压转向松弛时，往往伴有大量高钾钙碱性岩浆作用发生。这些岩浆活动的源区物质除有来自早期俯冲和碰撞阶段形成物质外，还受地幔或新生地壳组分的改造，岩浆形成机制除与陆-陆碰撞导致的地壳增厚有关外，常常与深大断裂的大规模走滑作用和造山后的伸展、减薄作用密切相关，在此背景下常有强烈的岩浆活动发生，形成大量花岗岩体，并代表了大陆会聚收缩作用向离散伸展塌陷构造的转折（Liegeois，1998；Barbarin，1999）。地球化学特征上，后碰撞花岗岩类总体表现为类似岛弧岩浆岩相对富集 LILE 和 LREE，贫化 HFSE 的特征。但它们较岛弧火山岩有更高的全碱（K_2O+Na_2O）和 Sr 含量、（Fe_2O_3+FeO）/（MgO）和（K_2O）/（Na_2O）值以及 Nb/Y、Rb/Ba、Zr/Y 值也较高（李晓勇等，2002）。岩石类型上，后碰撞岩浆岩的基性和中性岩石一般较少，主要为高钾钙碱性系列到碱性系列花岗岩类岩石，而且往往以大规模高钾钙碱性岩侵位开始，后期向 A 型花岗岩的板内碱性-过碱性系列转变。因此，高钾和碱性花岗岩的出现预示着主造山期即将结束，板内期行将来临的造山后期演化阶段（Roberts and Clemens，1993；Pearce，1996；Eklund *et al.*，1998；刘新秒，2000）。

　　勉略带北部的花岗岩体矿物组合与主碰撞造山后大陆抬升剥蚀阶段形成的高钾花岗岩类（KCG）矿物组合特征一致。岩石化学上相对高钾，多数岩体高 Sr，Nb/Y、Rb/Ba、Zr/Y 值较高，个别岩体（姜家坪）出现了富钾过铝碱性花岗岩。这些花岗岩体的大多数岩体中都发育暗色闪长质包体，岩体的稀土元素总量不高、轻重稀土分馏较高，Eu 异常不大，呈现壳幔混合花岗岩右倾Eu 负弱异常的谱型（图 3.56），证明它们是扬子与秦岭板块最终碰撞聚合的后碰撞阶段壳幔岩浆混合作用的结果。所有岩体都较一致的富集 LILE，相对贫化 HFSE（图 3.57），而且紧邻勉略带北部的花岗岩体明显亏损 Nb、Ta，显示岛弧区岩浆活动的成因特征（图 3.57），但相对远离勉略带的西坝花岗岩体却没有明显的 Nb、Ta 亏损，暗示紧邻勉略带的花岗岩体和远离勉略带的花岗岩体的源区物质有所不同。

　　本质上看，花岗岩的地球化学特征主要反映其源区组分的特征，而其源区组成特征又与该区大地构造演化过程密切相关。通常在大陆板块最终碰撞过程中，往往有较多碰撞前期板块俯冲作用阶段形成的大陆增生物质卷入到碰撞混杂岩带之中，并在其后发生的碰撞期不可避免的遭受变质作用的改造。因此紧邻勉略带北部花岗岩显示的岛弧岩浆岩成因特征仅反映这些岩体源区特征，这与后碰撞岩浆作用的原岩在俯冲和碰撞之前就已形成，同时其原岩既可是源自幔源的岩浆组分也可为兼有火成岩和沉积岩特征的新生地壳组分是一致的。在花岗岩 Rb-（Y+Nb）和 R_1-R_2 判别图解中，勉略带北部多数花岗岩体落在后碰撞或岛弧区花岗岩范围（图 3.58），一定程度上既反映它们的形成构造环境，同时也代表了它们的源区性质。这些岩体的源区组成在很大程度上与勉略带的复杂物质组成密不可分，并可能主要受到碰撞前期及碰撞期间由南向北的俯冲物质所控制。相反，尽管相对远离勉略带的西坝等花岗岩体虽与紧邻勉略带北部花岗岩体同期形成，但由于它们远离勉略构造混杂岩带而少有早期俯冲阶段形成物卷入到它们的源区内，因而基本未显示岛弧花岗岩地球化学特征。

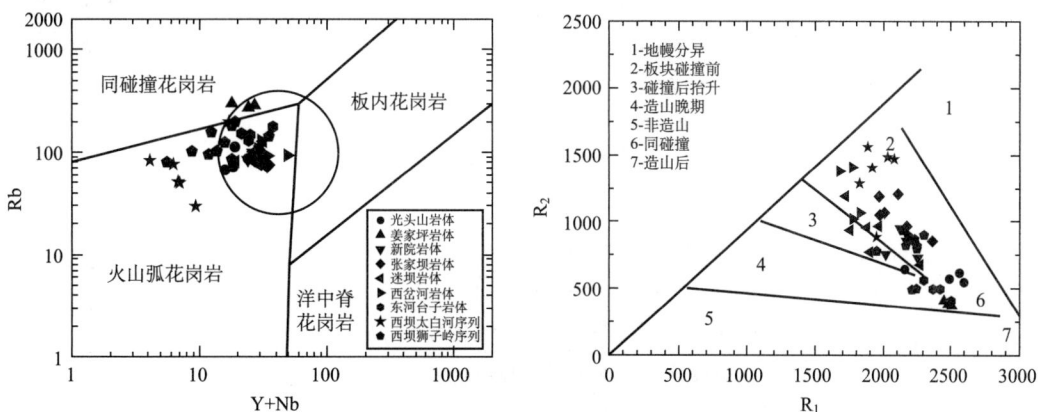

图 3.58　勉略带北部花岗岩构造环境判别图

　　因此，基于勉略北部花岗岩体总体表现为后碰撞高钾钙碱性花岗岩（个别岩体具碱性花岗岩）地球化学特征，并根据它们未受到任何后期构造改造变形分析，勉略北部花岗岩体是沿勉略带南秦岭板块和扬子板块最终碰撞造山晚期，应力由挤压向松弛伸展转换阶段的形成产物，并非板块俯冲作用的产物，这些岩体的形成与秦岭造山带最终主碰撞造山后期的伸展塌陷构造密切相关。

　　另外，硅铝质块体碰撞作用造山引起地壳增厚产生的多数花岗岩体往往在地壳增厚事件之后一段时期形成。而且这些花岗岩体需有外来热扰动作用才可由地壳深熔作用形成。通常情况下，地幔岩浆作用起到重要作用，其贡献既可为地壳深熔作用提供热源，也可成为岩浆形成过程的重要物源（Winter，2001）。因此要满足这样的条件，就需要特殊的构造背景和异常高的地热流条件。勉略带北部地区短期内如此大量的花岗岩体广泛出现，显然不可能直接由地幔源区岩浆分异演化而来，南秦岭区未出现同期大量基性幔源岩浆形成物似乎也不支持巨量幔源岩浆活动的存在。但勉略带北部多数花岗岩体中暗色闪长质包体的出现又表明，该期花岗岩浆形成过程的确有幔源岩浆的贡献，它们为幔源基性和壳源酸性二元岩浆混合后形成，指示该阶段的壳幔相互作用仍十分强烈。

　　事实上，大陆造山带的主碰撞造山往往表现为大陆地壳增厚、地表隆升成山，此后被隆升的高山遭受剥蚀，同时在地壳均衡作用下上部岩石圈地壳发生伸展塌陷作用，从而地幔物质绝热上涌、减压熔融生成大量基性岩浆。这些新产生的基性岩浆以底板垫托方式就位于大陆地壳底部，由此带来的热不但改变了下部地壳的热状态，而且使下部地壳在相当长的时期内处于高温状态，从而诱发其上部地壳物质的部分熔融，而后幔源基性岩浆上侵进入花岗岩浆房后发生混合形成后碰撞阶段的二元岩浆混合花岗岩体，并进一步分异演化形成高度分异的高钾碱性花岗岩体，标志着主造山作用近于尾声，进入主造山后伸展塌陷构造阶段并向新的板内构造期转化。

　　勉略带花岗岩体除发育大量暗色闪长质包体外，在光头山花岗岩体贯入勉略构造混杂岩带的内接触带中出现基性麻粒岩包体，这表明它们晚于 214～206 Ma 的（李曙光等，1996a；张宗清等，2002c）麻粒岩形成之后侵位，而且暗示岩体形成于较深地壳的温压条件下。勉略带北部花岗岩体除具后碰撞高钾钙碱性花岗岩地球化学特征外，还显示高 Sr，低 Y 和 Yb，La_N/Yb_N 和 Sr/Y 值高的地壳增厚条件下底侵玄武岩质下地壳熔融形成的高 Sr，高 La_N/Yb_N 值，低 Y、Yb 的 adakite 或高锶花岗岩特征（Atherton and Petford，1993；Muir *et al.*，1995；Petford and Atherton，1996）。这些岩体的轻重稀土强烈分馏，Eu 异常微弱，暗示其源区熔融残留物中基本无（或很少）斜长石而以石榴子石为主，表明岩浆是在压力高、地壳厚度至少 >50 km 的条件下熔融所形成（张旗等，2001）。李三忠等（2000）对与光头山岩体内捕获的麻粒岩相当的勉略带中基性麻粒岩的温压条件计算表明，它们形成于温度高于 700 ℃，压力可达 1.2～1.3 GPa 的中、高压麻粒岩变质作用过渡阶段的温压范围（李三忠等，2000）。有关试验岩石学的资料也认为，高锶花岗岩熔体是高温、高压、贫水、未发生显著分离结晶的原始熔体，它们可能起源于玄武质角闪岩类和中酸性火成岩类高温（850～900 ℃范围以上）高压（≥1.5 GPa）的脱水部分熔融（刘红涛等，2002）。由此推断，勉略带北部花岗岩很可能是在南北两大板块主碰撞作用后期由于大陆地壳急剧加厚，其地壳底部温压条件达到或超过中压麻粒岩相变质条件下，下地壳物质发生熔融所形成。由此熔融的熔体抽取后的难熔残余矿物组合一定是少有或缺少 Pl 的相当于榴辉岩相矿物组合（Gt+Cpx+Opx），它们或保留于下地壳，抑或因其密度高而发生拆沉作用进入到上地幔中。

　　秦岭地区造山带拆沉作用已得到其他地质资料的证实（高山等，1999），然而，李三忠等（2003）认为，晚古生代到中生代期间曾发生两期性质有别的拆沉作用。勉略带北部后碰撞高钾钙碱性花岗岩的大量发育证实了该时期拆沉作用的存在，但并不支持曾发生两期拆沉作用。这一过程是在相对较短时期内地壳增厚，致使增厚地壳下部岩石发生麻粒岩或榴辉岩相的变质，变质形成的麻粒岩或榴辉岩因其高的密度和大比重而发生拆沉进入上地幔。在此过程中，由于地壳均衡作用发生岩石圈地幔快速隆升，地幔物质上涌减压熔融形成基性岩浆上侵到地壳底部对地壳烘烤。由于地幔带来的热，同时上部地壳由挤压状态转为伸展拉张，导致下部地壳物质减压熔融，而后幔源基性岩浆进入酸性岩浆房，并由于二端元岩浆较大的温差和黏度差在岩浆房内发生混合，混合后的岩浆上侵形成了含有相当数量暗色闪长质包体的后碰撞高钾钙碱性花岗岩体。到晚期这种混合后的岩浆发生岩浆结晶分异出现少量高度演化的高钾偏碱性花岗岩体（如姜家坪岩体），标志着拆沉作用已进入晚期，造山碰撞作用也将结束，从而预示着新的板内期的到来。因此，该时期南秦岭区大量分布的与拆沉作用密切相关的壳幔混合花岗岩体指示，该作用可能于 220 Ma 开始，并可能于 200 Ma 左右结束。至于同一拆沉作用形成的紧邻勉略带花岗岩体（如光头山、新院、张家坝和迷坝岩体）显示与俯冲作用有关的活动陆源岩浆成因系列特征，而远离勉略带花岗岩体（如西坝岩体、沙河湾岩体等）不具有这一特征，则主要与它们的源区成分不同有关。

由此，紧邻勉略北部花岗岩体的西部迷坝和新院等岩体形成时代较早，而且这些岩体基性程度较高并含大量闪长质包体，它们代表了拆沉作用早期壳源和幔源岩浆混合的产物，向东部张家坝、光头山等高钾和钾长石斑晶钙碱性 I 型花岗岩体形成略晚，岩浆也发生一定程度的分异，指示南、北两大陆块碰撞汇聚后向伸展的转折，而更晚期高度分异的姜家坪高钾花岗岩体的出现则指示已进入主碰撞期后伸展塌陷环境，并预示着新的板内构造期的到来。显然，南北两大板块的俯冲到最终碰撞导致岩石圈增厚，而后由于重力均衡调整，地壳回返隆升并遭受快速剥蚀，大陆地壳由挤压到应力松弛继而转为伸展拉张，地壳压力快速降低，但温度仍持续增高。显然，这一过程为下部地壳物质发生减压熔融提供了极为有利的构造条件，在此背景下发生的花岗岩浆活动造成了南秦岭区域大量花岗岩体的形成。

第四章　秦岭勉略带古大陆边缘盆地与前陆盆地体系

秦岭晚古生代洋盆的扩张打开，主要表现为沿勉县、略阳、高川、巴山北侧、襄广断裂北侧的早古生代穹窿区（部分已被巴山弧－襄广逆冲推覆带掩盖和破坏）的裂解，形成勉略洋盆，从而将原扬子板块北缘分离出地理上属南秦岭区的秦岭－大别微板块（张国伟等，1995；Liu and Zhang，1999；Meng and Zhang，1999）。勉略洋盆的形成、演化与关闭过程在秦岭－大别造山带中尚保存有多方面的记录，其中包括勉略洋盆的沉积记录，尽管原始勉略洋的沉积记录受到后期构造变形的强烈改造，但仍可恢复古大陆边缘盆地沉积体系。晚古生代—中生代初秦岭造山带的板块构造演化到全面碰撞造山，包含着勉略洋从打开到向北俯冲至关闭造山，并在秦岭南缘形成前陆褶皱逆冲带与前陆盆地体系。因此，勉略带古大陆边缘盆地与前陆盆地沉积体系的组成与充填演化充分反映了勉略洋盆的扩张和关闭过程，成为恢复重建勉略古洋盆的主要研究内容之一。

第一节　勉略古洋盆两侧大陆边缘构造－沉积作用与大陆边缘沉积体系（D-T$_2$）

勉略带研究表明，南秦岭－大别山南缘沿勉略断裂带，即巴山弧－襄广逆冲断裂在中、新生代发生了大规模的向南逆冲推覆，致使勉略带初始裂谷盆地与扩张古洋盆及其古大陆边缘盆地被构造叠加改造、破坏和被大面积掩盖。勉略洋盆北侧的活动大陆边缘盆地及蛇绿岩现仅局部残存于勉略构造混杂带中和逆冲带中，活动大陆边缘盆地沉积体系已难以准确恢复，而南部的被动大陆边缘盆地沉积体系部分尚有较好保留。现今残存的勉略带扩张裂谷－初始洋盆打开及其消减俯冲的被动大陆边缘盆地沉积体系主要分布于康玛弧－巴山弧－襄广逆冲断裂带及两侧，即勉略带南北两侧，而以南侧残留保存较好。南侧以勉略断裂为界，大陆边缘沉积体系与南秦岭及大别山的下古生界地层或元古宇变质岩系截然相接，显示出逆冲带对大陆边缘盆地的强烈掩盖和改造。根据盆地发育和盆地沉积充填特征分析，勉略带整体大陆边缘盆地演化可划分为两个阶段，即①泥盆纪至石炭纪裂谷－早期被动大陆边缘演化阶段和②二叠纪至早三叠世被动陆缘演化与早、中三叠世被动陆缘－前陆盆地演化阶段（孟庆任等，1996；刘少峰，1997；Liu and Zhang，1999）。

一、勉略带早期扩张裂谷盆地和初始洋盆与其两侧早期被动陆缘沉积（D-C）

（一）勉略带泥盆纪—石炭纪早期扩张裂谷盆地和热沉降阶段沉积（D-C）

区域地质研究揭示泥盆纪地层在扬子板块西北缘大部分缺失（图 4.1），但在南秦岭、西秦岭和龙门山带内部却广泛发育，并且沿勉略缝合带内也残留有不同岩相组合和不同沉积层序的泥盆系。泥盆系的总体沉积特征反映为一种裂谷构造环境。

1. 勉略带西段（西秦岭）南侧泥盆系

关于西秦岭南缘勉略带南侧文县地区的泥盆系地层已有很好的研究。生物地层学研究证明这一地

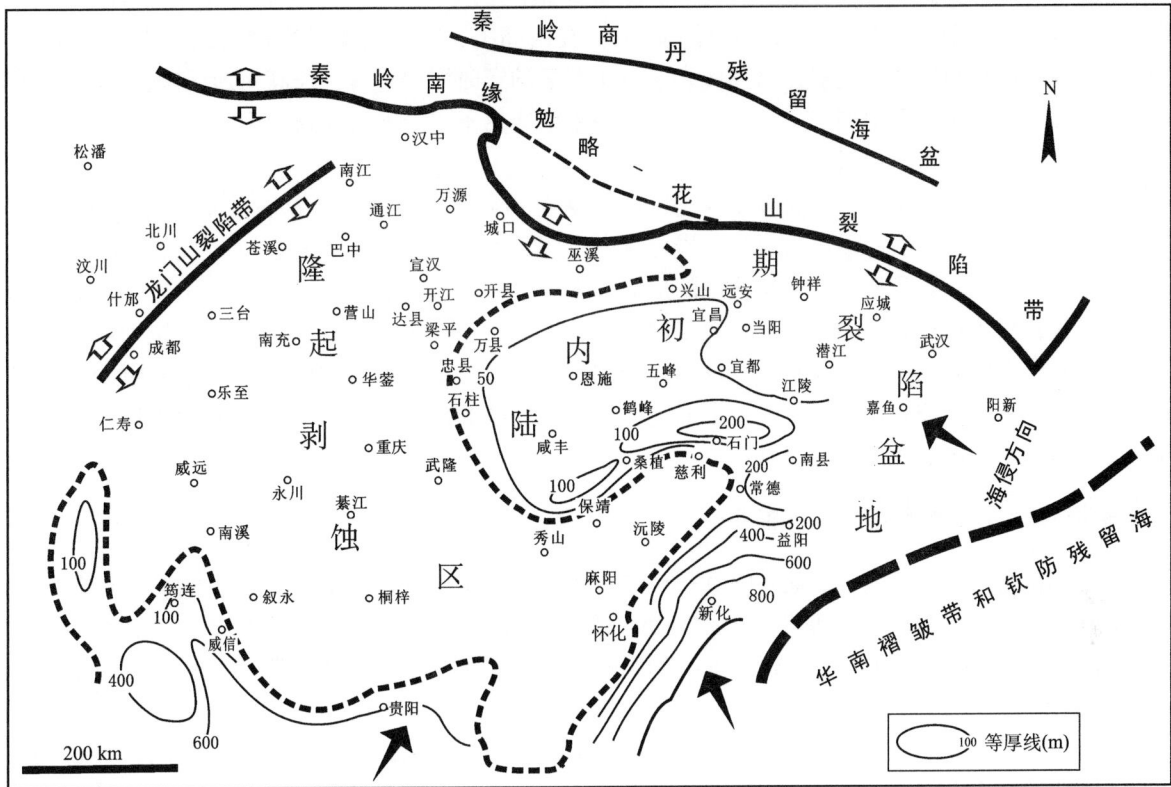

图 4.1　扬子地块中泥盆世构造-盆地单元划分

区的泥盆系包括下、中、上三统，沉积层序不整合覆于震旦系或下寒武统之上。文县岷堡沟地带的泥盆系层序可作为代表。下统为石坊组和岷堡沟组，中统为冷堡子组和朱家沟组，上统由铁山群所组成。与东侧略阳地区泥盆系沉积层序类似，下泥盆统石坊群的下部主体由深水沉积组成，向上逐渐演化为浅水陆架沉积。自岷堡沟组开始一直到上泥盆统铁山群，总体相组合和沉积层序为浅水碳酸盐台地和滨岸陆源碎屑沉积环境。

石坊组主体由碎屑岩组成，厚度可达 2000 m，但下部相对上部岩相组合发生明显变化，显示由深水向浅水沉积作用变化。石坊组下部主要由灰黑色细-中粒砂岩和粗粉砂岩组成，局部有砾岩和含砾粗砂岩，砾石成分主要为黑色硅质岩。岩相组合内的中-厚层状中粒砂岩发育粒序层和鲍马层序 Tab、bcd 和 Tcd 等，指示石坊组下部沉积物是一套深水浊积岩。石坊组上部仍以砂岩沉积为主，但含有泥灰岩和灰岩夹层。碎屑岩内部出现大型交错层，同时泥灰岩内含有珊瑚等浅水生物化石。因此，石坊组上部岩相特征指示一种浅水陆架沉积组合。石坊组下部和上部的垂向岩相变化是一种渐变关系，这种层序变化趋势与东侧略阳一带下-中泥盆统踏坡群下部的层序结构非常类似，说明它们受同一种构造作用所控制。

下泥盆统岷堡沟组主体是由厚层—块体生物灰岩、泥灰岩以及薄层细砂岩、粉砂岩和泥岩组成，并且下部以碳酸盐岩为主，上部以碎屑岩为主。下部灰岩中含有大量珊瑚化石，显示生物礁特征。上部厚层细碎屑岩呈暗灰色，具平行层理和小型交错层理。层序内夹含砾粗砂岩，并且发育由细-中粒砂岩和泥岩组成的丘状交错层。上述沉积特征指示岷堡沟组下部礁灰岩可能形成于陆架边缘，属于陆架边缘的生物礁带，而岷堡沟组上部的深灰色页岩、粉砂岩和细砂岩组合，属于受风暴作用影响的外陆架沉积。这种垂向上的相变趋势在横向上也十分明显，如邻近勉略带的地域，碳酸盐岩或礁灰岩比较发育，而南侧地块内部的岷堡沟组则是以细碎屑岩为主体。

中泥盆统下部的冷堡子组以发育中-厚层状石英砂岩为特征，夹少量薄层粉砂岩、页岩和赤铁矿层。这套石英砂岩在勉略带内南部广泛分布，如高川地区三岔沟一带的三岔沟组石英砂岩（或云台观石英砂岩）和略阳一带踏坡群上部的石英砂岩。在空间上，这套石英砂岩向南超覆不整合在不同地层上，如震旦纪和早古代地层，因此代表了一次明显的穿时海侵过程，如高川地区晚泥盆世三岔沟组直接超覆沉积在寒武系地层之上。所以，文县一带的冷堡子组应发育在盆地中心部位，而高川一带的三岔沟组则形成于盆地边缘。

中泥盆统朱家沟组由页岩、泥灰岩和中-厚层状生物碎屑灰岩组成，层内含有大量浅水生物化石。该组岩相特征与下伏冷堡子组石英砂岩呈逐渐过渡关系，指示海侵范围进一步扩大。由于陆源碎屑沉积物减少，从而导致浅水碳酸盐盆地的形成和发展，并一直延续到上泥盆统铁山群。铁山群岩相特征以泥灰岩和块状灰岩为主，并发育大量瘤灰岩、含硅质条带灰岩、以及钙质页岩等，这种岩相组合指示碳酸盐岩形成在一种较深水或浪基面以下的沉积环境，或深水碳酸盐缓坡环境。碳酸盐岩在横向上或向地块内部直接超覆在古生代地层之上，如略阳地区的铁山群或荷叶坝组的碳酸盐岩直接超覆沉积在震旦系地层之上。

2. 勉略带西段（西秦岭）北侧泥盆系

勉略带北侧泥盆系与南侧泥盆系的沉积层序结构有许多相似之处，如基本都由浅海碎屑岩和碳酸盐岩组成，特别是下泥盆统上部和中-上泥盆统的浅水台地碳酸盐岩占很大比例，但北侧泥盆系与下伏志留系地层呈连续沉积关系，或仅出现沉积间断，而南侧泥盆系则明显超覆沉积在早古生代和震旦纪地层之上。

西秦岭广泛发育泥盆系地层，岩相组合在侧向上虽有明显变化，但却具有一定的规律。这里主要以迭部地区为代表，研究讨论迭部一带的泥盆系的沉积作用。该区泥盆系地层发育完整，下统自下而上为下普通沟组、上普通沟组、尕拉组和当多组，中统为鲁热组和下吾那组，上统为擦阔合组和陡石山组。

下普通沟组与下伏志留系白龙江群呈连续沉积。下普通沟组下部由灰色和灰黑色细粒碎屑岩组成，如薄层砂岩、细砂岩和泥岩等，局部夹薄层灰岩。岩相组合指示深水陆架沉积环境，这与下伏白龙江群的岩相组合特征一致。下普通沟组上部以细碎屑沉积物为主，但泥灰岩夹层明显增加，同时发育与风暴作用相关的生物碎屑层，反映总体沉积环境位于正常浪基面与风暴浪基面之间的部位。下泥盆统上部的尕拉组和当多组主体由厚层—块体灰岩和白云岩组成，夹钙质砂岩、粉砂岩和页岩。灰岩和页岩中含大量腕足类和珊瑚等浅海生物化石，岩相特征表明当时为陆架型碳酸盐台地沉积环境。

四川若尔盖北部一带发育一套下泥盆统粗碎屑沉积物，它们与下伏志留系呈连续沉积关系，沉积厚度可达 3000 m，主体由砾岩、粗砂岩以及粉砂岩和泥岩组成。该套地层厚度变化大，岩相横向变化明显，总体岩相组合特征和空间分布指示扇三角洲沉积环境，反映当时盆地经历了快速沉降过程。

中泥盆统分布范围明显向周围扩展。鲁热组为深灰色薄—厚层状泥灰岩夹页岩，下吾那组以块状碳酸盐岩为主，但上部发育薄层泥灰岩和黑色页岩，另外，中泥盆统在许多地区出现大量薄层细砂岩、粉砂层以及薄层灰岩。这种岩相组合特征和层序结构反映中泥盆统沉积作用经历了由浅水向深水逐渐过渡的一个过程。上泥盆统擦阔合组和陡石山组也主要由薄—中厚层泥灰岩、黑色碳质页岩和薄层钙质粉砂岩组成，发育水平层理，岩相组合特征与中泥盆统上部岩相一致，反映当时为深水陆架沉积环境。

总之，勉略带北侧的泥盆系沉积层序反映当时沉积作用经历了由深水到浅水再到深水的一个发展过程，层序结构与南侧泥盆系早期沉积过程类似，但在中泥盆世晚期和晚泥盆世，两侧的沉积作用明显不同。南侧中-上泥盆统以浅水台地碳酸盐岩为特征，而北侧则是以深水薄层灰岩、黑色泥岩和粉砂岩沉积相为主。这种差异反映自晚泥盆世以来勉略带两侧的构造-沉积环境发生了变化。

3. 勉略带内的泥盆系和石炭系

勉略带内以略阳地区出露的踏坡群（D$_{1-2}$）为代表，反映勉略古洋盆初始扩张的裂谷环境，属典型扩张裂谷沉积记录，对此已有专门论证发表（孟庆任等，1996），不再重述。但在勉略带内更为广泛地是在文县—康县—勉县一带出露的以浅变质细碎屑岩为主的一套地层，称为三河口群，其时代依据内部所含化石被认为属于下-中泥盆统。三河口群的主要岩相为浊积岩或复理石，由粉砂岩和泥岩组成，并多已变质为板岩。三河口群内还夹有许多火山岩和外来沉积岩块，如块状灰岩和硅质岩等，并且整个三河口群内部发生了强烈构造变形和发育不同规模的韧性剪切带。考虑到三河口群出现在勉略构造带内部，因此原来定义的三河口群内部虽含有泥盆系地层，但它实际上应是一个构造混杂体，是不同时代地层由于构造混杂所组成。由于真正泥盆系三河口群内部没有出现明显的浅水沉积岩相，因此其内部所含的泥盆系是一套深水沉积组合，代表当时深水盆地沉积。

对勉略带南、北两侧以及内部的泥盆系沉积相、相组合和相序的综合分析揭示，泥盆纪地层形成于裂谷构造环境。早泥盆世早期踏坡群底部的冲积扇和下部深水沉积代表当时裂谷的最早期发育阶段，这一阶段的沉积还包括文县一带下泥盆统石坊组下部浊积岩和武都一带的热尔组的浊积细砂岩。在裂谷边缘地带，同期沉积主要表现为超覆沉积作用，以发育石英砂岩为特征。随着裂谷盆地的进一步发展和继续沉降，勉略带演化为当时盆地的沉降和沉积中心，形成三河口群内部泥盆系深水沉积岩系。与此同时，裂谷盆地边缘也进一步向两侧发展，造成明显的海侵和超覆沉积，中-上泥盆统在勉略带南侧明显超覆不整合在震旦纪和早古生代地层之上，形成了浅海碳酸盐台地和细碎屑岩体系。在勉略带北侧，中-上泥盆统的沉积范围也明显扩大。

中-晚泥盆世广泛的海侵超覆在盆地边缘形成了侵蚀不整合面，如在扬子地块北缘中-上泥盆统与下古生代地层之间普遍存在一个区域不整合面。不整合面之上的中-上泥盆统主体为浅海石英砂岩和台地碳酸盐岩，说明当时盆地基底经历了一个稳定的沉降过程。这种情况与下泥盆统裂谷发育初期所形成的粗粒沉积物快速堆积和深水浊流沉积作用明显不同。在盆地边缘出现的这个区域超覆不整合面在成因上应与盆地裂谷后的热沉降过程有关，即热沉降所导致的基底缓慢和持续的沉降造成了大规模的海侵。热沉降的发生在成因上又可能与裂谷向洋壳转化有关，即由于裂谷的持续伸展，洋壳最终形成，而其两侧便演化为被动大陆边缘。由于主要伸展集中在新生洋壳的扩张脊部位，所以盆地边缘主要受热收缩沉降的控制。因此，中-上泥盆统与下伏地层在盆地边缘的超覆不整合面实际上是一种"裂开不整合面"，它的形成时代与洋壳或古勉略洋形成的时间大致相同。

综合上述表明，勉略带在发生裂解前主体处于隆起背景，为一扬子北缘的区域性隆起带。沿现勉略带两侧的南秦岭南半部和上扬子地区（四川盆地）、汉南地区、巴山弧南北侧以及神农架北侧普遍缺失泥盆系与石炭系地层，地层关系表现为勉略带北侧南秦岭南半部只有元古宇和下古生界出露，北半部才有上古生界至三叠系的连续、或平行不整合、或超覆不整合的多种构造接触关系的覆盖。而勉略带南侧多为二叠系直接与中、下志留统的平行不整合接触。勉略带内在康县—略阳地区下泥盆统与下伏的震旦至寒武系呈平行不整合接触，与元古宇基底岩系呈角度不整合接触。在高川地区上泥盆统与下寒武统呈平行不整合接触。因此在勉略带内基本缺失奥陶至志留系地层，但却普遍发育泥盆至石炭系，而在东秦岭地区勉略带两侧却普遍缺失泥盆至石炭系，共同显示出勉略带在寒武纪之后长期隆起。沉积岩相记录与蛇绿岩的出现表明泥盆纪至石炭纪，勉略带西段已裂解形成裂谷，并初始扩张为小洋盆，而其南北两缘的裂谷肩部仍然处于抬升背景。裂谷小洋盆向东主要沿略阳、勉县、高川等早古生代隆起带分布。现高川地区盆地沉积体现出呈一大型构造岩片夹置于巴山弧逆冲带中，经历了强烈的变形和变位，其东侧已被巴山弧推覆体大规模掩盖，难以恢复。根据沉积学分析，该隆起裂解带再向东至中扬子北缘，仍然处于隆起背景下，并也发生裂解，而且也随后演化形成随州南花山至大别南缘浠水-宿松二郎初始裂谷小洋盆。

4. 勉略带中、东段带内泥盆系和石炭系

在勉略带内西段的南坪–略阳和中段的高川地区,泥盆系和石炭系主要分布于桥头–南坪、康县–略阳和高川地区,其中高川地区缺失中下泥盆统。

桥头–南坪的泥盆–石炭系已如前述,而康县–略阳地区的泥盆系和石炭系则从南向北依次出露了代表裂谷盆地边缘相的踏坡群、荷叶坝组,盆地相的三河口群和石炭系略阳群(孟庆任等,1996)。踏坡群厚度 1021 m,底部为一套砾岩和粗砂岩相组合,代表了快速垂向加积的冲积扇体系。砾石成分可与南侧元古宙碧口群岩石类型对比,砾石分布受断层控制。踏坡群下部的砾石和砂岩为重力流沉积,而细粒沉积物是悬浮沉积或浊积岩。它们共同构成了深水扇及扇三角洲体系,并由三角洲前缘/斜坡沉积组成,沉积物搬运方向由南向北。踏坡群中部主要由浊积岩组成,代表了由斜坡、坡底裙和盆地平原所组成的深水浊积岩体系,向北渐变为盆地相。踏坡群上部主要由辫状冲积平原、过渡带以及浅海陆架等不同相带组成,代表浅水扇三角洲体系。它们整体上构成勉略洋盆南缘初始同裂谷期的沉积充填。上泥盆统荷叶坝组以浅水台地碳酸盐岩沉积为主,盆地面积大大超过下伏踏坡群,向盆地边缘普遍超覆在不同地层之上,为大陆边缘盆地热沉降沉积。荷叶坝组底部石英砂岩底界面是裂开不整合。踏坡群和荷叶坝组分布区的北侧为盆地相的三河口群。由于该套地层位于构造蛇绿岩混杂带中,地层变形强烈,地层层序难以恢复,总体上为一套火山熔岩、火山碎屑岩、深水碎屑岩、碳酸盐岩。它们为深水盆地相充填。石炭系略阳群顶部被剥蚀,以碳酸盐岩沉积为主,底部发育石英砂岩。其层序发育反映继泥盆纪之后的再次明显海侵过程。在略阳三岔偏桥沟和石家庄一带的蛇绿构造混杂带中的硅质岩样品中发现早石炭世放射虫动物群,从而证实了石炭纪还发育深水盆地相沉积(冯庆来等,1996)。向西则与康县–略阳以西的桥头–南坪地区的泥盆至石炭系泥质岩和碳酸盐岩沉积相连通。

中段高川地区上泥盆统直接与寒武系平行不整合接触。由于后期推覆作用改造,仅残存少量盆地南侧层序。上泥盆统总体为缓坡型碳酸盐岩台地沉积体系,并且深水缓坡和盆地相尤为发育。垂向上由台地相很快过渡为深水缓坡沉积,层序中普遍发育陆源碎屑和碳酸盐浊积岩。它们为初始裂谷期充填。高川地区石炭系沉积构成以碳酸盐岩为主的陆架–盆地体系。陆架周边滨岸由碎屑岩组成障壁–潟湖环境。开阔陆架相由碳酸盐岩和少量硅质碎屑岩组成,向盆地方向与陆架边缘生物建隆交错过渡。因此高川地区大陆边缘盆地于晚泥盆世开始裂解,石炭纪热沉降形成宽阔的大陆边缘(孟庆任等,1996)。

东段中扬子地区由于中扬子北缘的勉略带在泥盆纪和石炭纪还主要仍处于隆起背景下的初始裂陷,随州南花山北侧,也即勉略带东延的花山蛇绿混杂带北侧现残存的"白林寨组"(倪世钊,1994)应是其少量裂陷沉积的残留保存出露,其北侧是相当于北大巴山安康地区的早古生代陆缘裂谷沉积,其上普遍缺晚古生代泥盆纪及以上地层,与勉略带自勉略区段北侧至本区相一致。南侧则相邻扬子北缘晚古生代前大陆边缘盆地的克拉通陆表海盆地沉积区。并显示处于上述 D-C 隆起的南部斜坡带沉积环境(图 4.2)。通过区域对比,中扬子地区泥盆系仅发育中、上泥盆统。中泥盆统吉维特阶云台观组,与下伏志留系为超覆不整合接触,底界面起伏不平,并非为等时界面,地层缺失较多,层序发育不全。在宜昌地区云台观组主要由一套灰白色中厚层状石英岩状细粒石英砂岩组成,底部发育含砾粗砂岩,为滨岸前滨带沉积。地层底部自南向北层位变新,显示海水向北推进之特征。该地层发育范围仅限于阳日断裂以南地区。上泥盆统仅发育弗拉阶,顶部部分延伸至法门阶,对应的地层为黄家磴组。黄家磴组与上覆地层为平行不整合接触,其顶界面遭受了强烈剥蚀,发育不全,部分地区整个地层组全部剥蚀。黄家磴组主要为一套薄层状粉砂质泥岩与薄层含海绿石石英砂岩互层组合,沉积环境为近滨带至远滨带碎屑岩沉积体系,与下伏云台观组为整合接触。相对于下伏地层,黄家磴组向北方向海进超覆,水深有所加大,是宜昌地区泥盆纪最大的海侵时期的沉积。法门期之后,海水快速自北而南退出,遭受风化剥蚀,形成泥盆系与石炭系的区域性不整合界面。宜昌地区石炭系

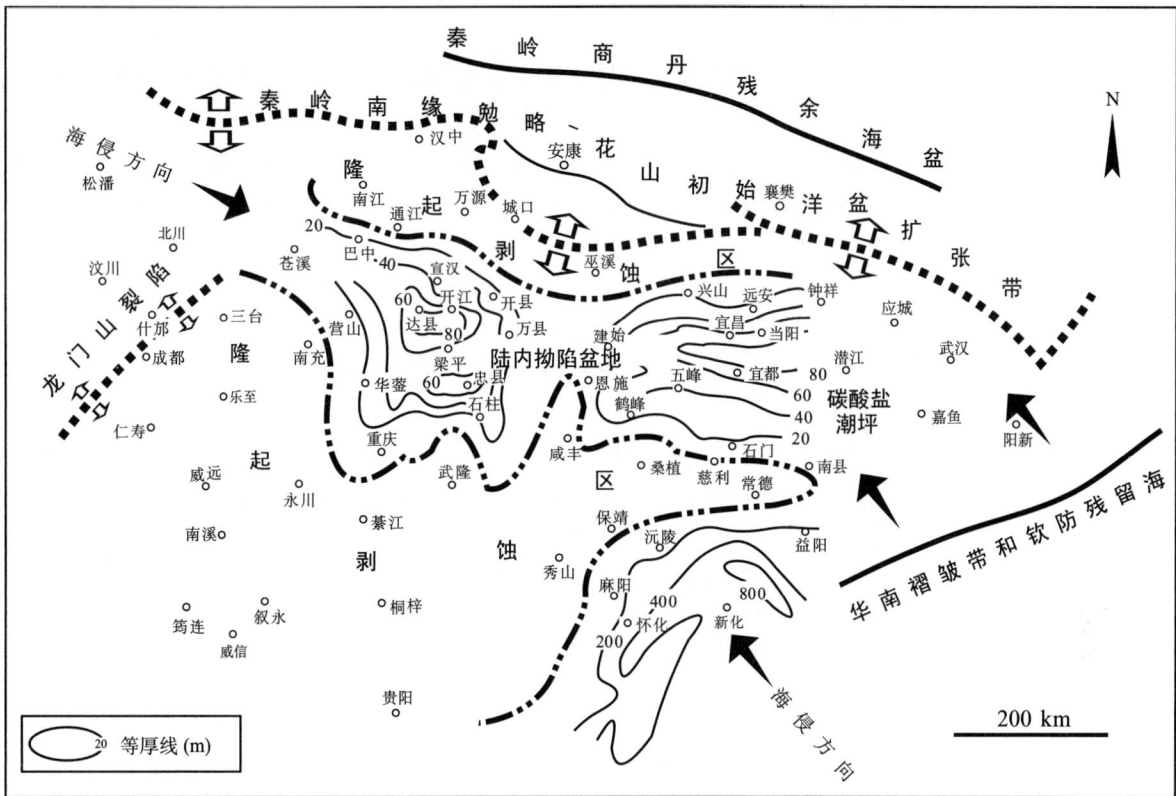

图 4.2　扬子地块中-晚石炭世构造-盆地单元划分

仅发育相当于威宁阶或滑石板阶和达拉阶地层的大埔组和黄龙组。该套地层之上缺失马平阶，与下二叠统梁山组平行不整合接触，之下基本缺失下石炭统，与上泥盆统黄家磴组平行不整合接触。并且大埔组与黄龙组之间为一风化剥蚀面。大埔组底界面是一个明显的不整合，并产生一系列的超覆，与下伏云台观组或黄家磴组、甚至志留系接触。底部发育海侵作用形成的钙质砾岩、含砾粉晶云岩；上部发育砂屑粉晶云岩、泥云岩、云泥岩及顶部含硅质角砾粉晶云岩。上部地层在部分地区发育不全。大埔组沉积环境为滨岸带碎屑沉积体系。在宜昌南侧部分地区在大埔组之下可能发育下石炭统。在大埔组之下发育一套碎屑岩夹黑色页岩与透镜状镁质碳酸盐岩组合，超覆于云台观组之上，其延伸不到100 m，厚度小于 10 m，可能为下石炭统。黄龙组主要为海侵作用下的沉积，主要为一套粗、巨晶灰岩，细、粗晶灰岩，浅灰色块状生物屑颗粒灰岩，中层状含生物屑砂屑颗粒灰岩。上部因剥蚀作用发育不完整，主要为浅灰色层状灰泥岩、浅灰色略带淡红色厚层状生物屑颗粒灰岩。沉积环境为开阔台地碳酸盐岩沉积。可见石炭系是一套典型的海侵型序列，反映海水不断加深，并向北部海侵超覆的沉积过程。总之反映泥盆-石炭系呈现反复向北超覆沉积的特点，恰与上述勉略带东延在隆起背景上的初始扩张裂陷相对应，位于隆起的南部斜坡带，而隆起带中部的扩张裂陷沉积现仅少量残存，以"白林寨组"为代表。

（二）勉略带两侧石炭纪—早二叠世被动大陆边缘沉积

石炭纪—早二叠世勉略有限洋盆根据综合研究，证明正主导处于洋盆打开最大扩张时期，其两侧都成为早期的被动陆缘环境，这在现保存的石炭系—下二叠统沉积岩系中有良好的记录。

1. 勉略带内部与南侧沉积体系

石炭纪—早二叠世地层与下伏上泥盆统为连续沉积，并以浅水台地碳酸盐岩为主（图 4.3）。在略阳一带，下石炭统略阳灰岩与下伏荷叶坝组呈整合接触，为灰色中-厚层状泥质灰岩，夹少量页岩和黑色硅质结核和条带，并含浅水生物化石。在高川一带，石炭系以发育中层-块状灰岩、白云岩，以及白云质灰岩为特征，上部夹细粒碎屑岩，并与上泥盆统蟠龙山组连续沉积。

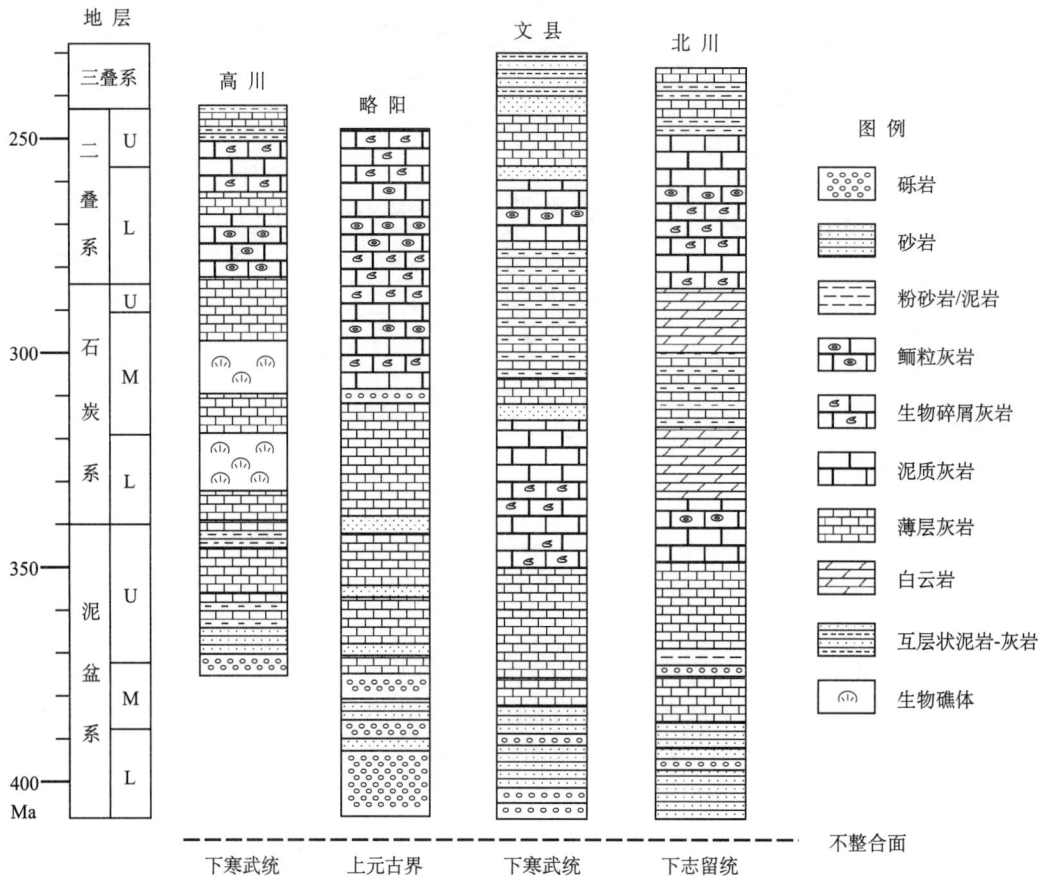

图 4.3　勉略带内及南侧泥盆系—二叠系地层对比图

二叠系的沉积范围进一步扩大，并在一些地区超覆不整合在早期古隆起之上。下二叠统栖霞组和茅口组以块状灰岩和含沥青和燧石结核或条带的生物灰岩为特征，广泛分布在勉略带南侧的扬子地块和龙门山地区。大范围浅水碳酸盐岩的稳定发育反映当时基底呈稳定沉降状态，碎屑沉积物很少加入，构造作用处于相对稳定的扩张状态。

2. 勉略带北侧沉积体系

石炭系与泥盆系为连续沉积过程，但由于北侧上泥盆统为外陆架深水沉积体系，所以西秦岭的下石炭统下部的益哇组也表现为深水沉积，主要由深灰色薄—中厚层状灰岩、泥灰岩和钙质泥岩等组成。自下石炭统上部开始一直到早二叠世，整个沉积环境逐渐演变为浅水碳酸盐台地和碎屑岩沉积体系，并以碳酸盐岩沉积为主。这种沉积体系与南侧同期沉积环境非常类似，二者可能受相似构造作用的影响。

考虑到勉略带南、北两侧石炭系—下二叠统沉积作用的相似性，即以浅水碳酸盐台地沉积为特征，以及它们当时已开始被晚泥盆世时初始形成的古勉略洋所分隔，因此当时南、北两侧都是处于勉略洋盆早期扩张初始打开的早期被动大陆边缘构造环境。盆地基底沉降与沉积物充填速率基本一致，并且研究区远离物源区，所以促使陆架型浅水碳酸盐台地的形成和发育。大陆边缘内的伸展断陷可形成深水凹陷，造成局部相对深水沉积，形成以薄层灰岩、暗色泥岩和水下重力流砾屑灰岩为特征的沉积相组合。

二、勉略带二叠纪—早、中三叠世两类不同的大陆边缘沉积体系

勉略古缝合带多学科综合研究，已如前述揭示至迟在早二叠世晚期勉略古有限洋盆已开始收缩，洋壳已向北消减俯冲，形成了勉略洋盆南北两侧两类不同性质的大陆边缘，即北侧活动大陆边缘和南侧被动大陆边缘。勉略带两侧陆缘沉积体系，尤其南侧被动陆缘沉积有良好的记录。

（一）勉略带活动大陆边缘

虽然勉略带北缘原活动陆缘因后期构造的破坏改造，难以恢复重建，但通过对勉略带沿线残存的勉略、花山等蛇绿构造混杂带和巴山弧逆冲带的构造和岩石学分析，仍可揭示出部分活动大陆边缘地质体，从而证明了勉略洋盆北部的活动大陆边缘的存在。

勉略带西部从西秦岭南缘的武都康玛弧形构造中和勉略区段现残留的岛弧火山岩及与之成互层的沉积夹层的发育及残存，以及俯冲型花岗岩的分布都共同揭示勉略带北侧原曾发育一带活动大陆边缘火山-沉积体系，只是因后期多次构造破坏而很难准确恢复。

勉略带东延，在中扬子北缘，花山蛇绿构造混杂岩带出露于襄广断裂带西段，它以断裂和韧性剪切带为构造骨架，其中发育了作为混杂基质的弧前火山-沉积岩系和深海沉积岩系。小阜岛弧火山岩已如前述，作为代表古板块缝合带消减杂岩残余体的蛇绿构造混杂岩的组成部分，是在经历了襄广断裂印支期以来的强烈逆冲推覆、走滑剪切、伸展正断等变形作用的叠加改造之后，最终构造侵位于现今位置的构造地质体（赖绍聪等，1997a；Dong et al.，1999a）。其岛弧火山岩主要以中基性火山熔岩为主，主要为玄武质安山岩，属亚碱性系列、拉斑质。火山岩主元素含量类似于 South Sandwich 弧的岛弧拉斑系列火山岩中的玄武质安山岩的主元素组分（Dong et al.，1999a）。岩石亏损 Ta，富集 Th，Th/Ta 值为 7.75~8.72，相当于岛弧岩浆岩成分特点。微量元素 Pearce 配分图解（Dong et al.，1999a）显示出与岛弧火山岩元素分配特点相一致。同时还含有大量的酸性火山岩、凝灰岩等，并在火山岩中多有泥质、钙质、粉砂质岩石透镜状夹层，相当于弧前沉积。这些岩石之间多以断层或韧性剪切带相分割，以构造关系相互叠置在一起，与花山蛇绿岩共同构成花山蛇绿构造混杂岩。另外，发育于小阜-三阳地区的碎屑岩沉积岩也相当于弧前沉积岩系。因此，小阜岛弧型火山岩和弧前沉积岩系的确定也为勉略带活动陆缘的存在提供了证据。

还有，因受后期逆冲作用改造，一些原活动大陆边缘地质体移位于不同地方，例如在勉略带两河-饶峰-五里坝等地区解体出一系列岛弧火山岩地质体（赖绍聪等，2000a，b），并且沿带与岛弧火山岩相伴随的残存系列变质变形了的原弧前或弧后的活动陆缘沉积岩块等，也同样揭示了勉略带原活动陆缘的存在。

（二）勉略带被动大陆边缘沉积体系

1. 勉略带中、东部二叠纪至早、中三叠世被动大陆边缘盆地沉积体系

二叠纪至中三叠世是勉略古洋盆继泥盆纪、石炭纪之后的一个新的构造演化阶段。随着勉略洋由西至东逐渐强烈扩张形成统一的勉略古洋（海）盆，扬子北缘地区作为勉略古洋（海）盆的南侧边缘，由前期的区域性隆起带和裂谷盆地及早期被动陆缘盆地，至二叠纪—中三叠世随着洋盆的向北消减俯冲而逐渐全面转变为被动大陆边缘盆地（刘少峰，1997；Liu and Zhang，1999）（图 4.4）。

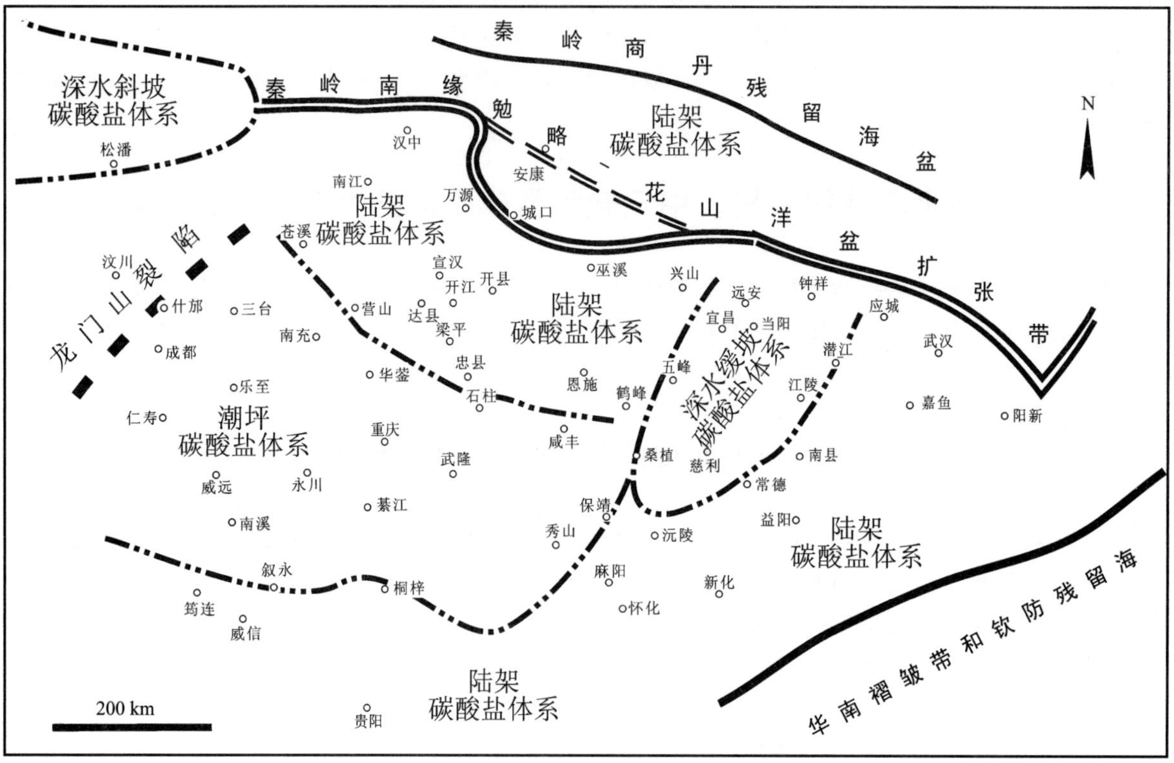

图 4.4 扬子地块早二叠世构造-盆地单元划分

勉略带中、东部南侧，即上、中扬子北部，从二叠纪早期已总体呈现出自南向北加深的开阔碳酸盐岩台地体系—碳酸盐岩陆架斜坡体系—下部浅海-半深海硅质岩盆地体系的典型被动大陆边缘沉积体系，其中尤以中上二叠统到下三叠统表现清楚。

下二叠统栖霞组（含梁山组）时限约从 283 Ma 至 272 Ma，跨越隆林期晚期和整个栖霞期。梁山组大致相当于隆林阶上部，时限约 3~4 Ma。梁山组顶、底面均为平行不整合界面，由隆升侵蚀或暴露所造成。底部黄龙组顶部经历了长期隆起夷平，形成长期隆升暴露造成的古风化壳层。其上的梁山组沉积物以滨岸沼泽相为主，广泛分布在经数百万年充分夷平的喀斯特化基面上，为一套滨海—滨海沼泽相碎屑、含煤碎屑岩沉积，主要岩性为灰黄色、灰黑色石英砂岩、碳质页岩、夹薄煤层组合，底部见黄褐色铁质黏土岩风化壳，厚度 3.5 m 至 4.2 m。梁山组沉积物堆积时间远小于侵蚀时间。下部滨岸碎屑岩为海侵体系域，上部的黑色碳质页岩及薄煤层为高位体系域。栖霞组以远安县宝华寺二叠系剖面为例，下部臭灰岩段，底界面为暴露风化不整合。该段主要由海侵作用形成的深灰、灰黑色中厚层含生物屑粉晶灰岩、生物屑颗粒灰岩夹页片状含碳钙质泥岩、和高位时期的深灰色中厚层层状含燧石条带生物屑粒泥灰岩夹黑色页片状含碳泥岩、深灰色薄-中层状沥青质粉晶灰岩与含碳钙质页岩韵律层组成。中部层序段的底部为海侵上超不整合面。由海侵作用形成的深灰色中-厚层状生物屑泥粒灰岩与灰色中层状含生物屑粉晶灰岩韵律层、及高位时期形成的下部灰色薄层状含硅质钙质泥岩—生物屑粒泥灰岩—生物屑颗粒灰岩和上部的深灰色中厚层—块状含燧石结核残余生物屑粉—细晶灰岩与灰—深灰色厚层状含藻斑点粉晶灰岩韵律层等组成。上部层序段的栖霞组灰岩顶面是暴露过程中形成的碳酸盐海退侵蚀面，在茅口组底部往往有黏土质堆积物。海侵期主要形成深灰色中—厚层状生物屑粒泥灰岩与泥质生物屑粒泥灰岩或钙质页岩韵律层，高位期形成深灰色中厚层生物屑颗粒灰岩、疙瘩状粉晶生物屑砾屑灰岩与页片状钙质泥岩韵律层。可见栖霞组（含梁山组）在梁山组沉积时初次海侵，栖霞组下部再次海侵，中部海侵达到最大，上部海退，构成一个较为完整的海进-海退亚二级旋回，但总体上以海侵为主，为海侵型层序组。总体沉积环境为开阔台地与上部浅海陆架，大陆边缘盆地格局开始形成。

茅口组，时限约15 Ma。以宜昌地区为例，茅口组顶底往往发育不全，很难进行完整的层序对比和划分。本组下部为一套灰—浅灰色巨厚层状生物屑泥粒灰岩，含少量硅质团块，中、下部为深灰—灰黑色纹层状—薄层状灰泥岩与薄层硅质岩组合，中部及上部为一套生物屑泥粒灰岩、生物屑砂屑泥粒灰岩、灰泥岩组合，岩石中普遍含燧石结核（团块）。该组以中部薄层状灰泥岩与薄层硅质岩段海侵最大，与其上、下部生物屑泥粒灰岩构成一个完整的亚二级海进-海退旋回。茅口组顶部为隆升暴露面，与龙潭组为平行不整合接触。沉积环境为开阔台地与上部浅海陆架环境。与宜昌地区呈明显差异，作为扬子北缘北端的竹山县干沟地区茅口组以发育薄层泥灰岩、薄层黑色硅质岩为特征，硅质岩中放射虫化石极为发育，显示出海水向北急剧加深至下部浅海至半深海环境，从而扬子北缘基本上形成自南向北加深的大陆边缘盆地格局。

上二叠统时限约257 Ma至251 Ma，延限约6 Ma。包括整个晚二叠世的吴家坪期和长兴期。上二叠统以发育硅质岩和自南向北海水加深为特征，上扬子地区主要分布于旺苍、万源一线以北，中扬子地区主要分布于京山至武穴一带，而宜昌地区上二叠统分布较少，大部地区被风化剥蚀，少量保留于远安地堑的西侧边缘。宜昌地区上二叠统发育厚度小，与周围邻区沉积环境有明显差异，沉积学分析表明，宜昌地区在晚二叠世主要处于相对抬升隆起背景。向北缘则海水变深沉积加厚。大隆组主要为一套灰黑色薄层状硅质岩、浅灰色薄—中层状含泥质灰泥岩组合，地层厚度区内仅13.0 m。在黄陵背斜西翼，大隆组基本层序为泥粉晶灰岩-黑色含碳质岩组合，顶部见一层7 cm厚灰白色黏土岩，地层厚度仅2.34 m。可见大隆组总体为浅海陆架碳酸盐岩沉积，与上覆地层为隆升剥蚀不整合。上二叠统总体表现为一个弱的海进-海退亚二级旋回。但是宜昌地区处于局部台地隆起区，海侵规模比扬子北缘其他地区小，地层厚度也小。因此，宜昌地区的地层层序反映了扬子北缘南侧的地层发育特征。由于它处于相对隆起区，地层海侵、海退界面清楚。与之不同，扬子北缘北端，如京山、武穴及竹山干沟地区以发育大段硅质岩为特征。竹山干沟上二叠统主要发育薄层黑色硅质岩，反映该区已处于下部浅海或半深海环境。因此，晚二叠世扬子北缘仍保持向北加深的大陆边缘盆地格局。

下三叠统顶、底界分别为早、中三叠世之交的印支运动和二叠、三叠纪之交的东吴运动的产物。底界面是扬子地区重要的海平面变化事件，使得区域古地理分异。顶界面处的海平面变化是扬子地台主体大海退的起点，也是扬子区构造和古地理强烈分化的开端。下三叠统发育大冶组和嘉陵江组地层，延续时限大约11 Ma（图4.5）。大冶组底部，可划分出陆架边缘体系域（SMST）、海侵体系域和高位体系域。陆架边缘体系域厚度较小，主要由含生物屑胶磷矿砂砾屑粒泥灰岩、夹少量火山碎屑，是低海面时期滞流凝缩沉积的产物。陆架边缘体系域顶部海进面（TS）之上海进体系域的底部发育由黏土岩层限制的中-薄层状灰泥岩，代表了海进作用的开始，并且在扬子地区具有广泛性和可对比性。整个层序主要由灰泥岩和泥岩组成，大致与大冶组一段相当，具有凝缩（饥饿）沉积的特征，形成于格里斯巴赫期（Griesbachian）。殷鸿福等（1995）认为导致这种层序特点的原因可能是：①古生代末的大绝灭事件使得造岩生物产量急剧下降，从而缺少碳酸盐沉积；②古生代末全球大海退后的陆上广泛侵蚀夷平作用，一方面使得三叠纪初的物源贫乏；另一方面在广泛夷平的陆上区，海平面由下降转为上升时，海进速度急剧增加，海盆面积扩大，海水中悬浮物及碳酸盐岩饱和。因此，盆地呈现饥饿状态。随后，当海水中沉积物逐渐增加饱和或海平面下降时，沉积速率增加，因而早三叠世后期的层序厚度明显增大。大冶组二、三段，对应为Dienerian阶，碳酸盐沉积充填作用活跃，厚度较大。底界面为水下间断面。该层序段下部海侵期沉积物主要由灰—浅灰色厚、巨厚层状砂屑颗粒灰岩或生物屑粒灰岩与薄—中层状灰泥岩组成。上部高位期沉积主要由厚层状含云质生物屑砂屑颗粒灰岩、含泥质瘤状灰岩夹灰泥岩组成。大冶组主要形成于上部浅海相—开阔台地沉积环境。下三叠统嘉陵江组一段大致与Smithian阶相当，构成一海进-海退旋回。海侵体系域自下而上主要由中层—巨厚层状灰质粉晶云岩、含砾含灰质残余砂屑颗粒云岩递变为生物屑粒泥灰岩组成，显示了海水不断加深的海侵过程。高位体系域自下而上由纹层状含云质灰泥岩、含方解石团块云质泥岩，向上递变为厚层状粉晶质云泥岩，其中发育帐篷构造，显示了海退暴露过程。该段主要形成于开阔台地至局限台地沉积环境。嘉陵江组二、三段大致与 Spathian 阶相当。底部广泛分布的瘤状灰岩或泥灰岩层是一次短暂而十分快速的海进产物，它的厚度较小，层位稳定。上部自下而上发育粒泥云岩、藻纹层云泥岩、交错层理砂屑颗粒云岩、具水平层理灰质云岩和块状角砾灰岩，早期加积，后期进积，形成数百米的沉积厚度。它们在垂向叠覆形成进积型地层序列。快速的充填作用使盆地在早三叠世末几乎全部填满，形成以角砾状灰岩占优势、广泛发育鸟眼构造、帐篷构造的高位体系域。但在海水相对较深的盆地北缘如大冶地区，嘉陵江组二、三段仍发育风暴沉积和重力流沉积，反映盆地分异和构造作用对层序的控制。宜昌地区嘉陵江组二、三段的沉积环境在早期为潮下带，晚期为潮间带和潮上带沉积。下三叠统构成一个快速海进-缓慢海退的亚二级旋回，主体表现为海退进积型层序叠覆型式。这种海退过程发育于整个扬子北缘，但在扬子北缘北端的干沟、京山等地，海退速度相对较慢，海水相对较深，下三叠统下部发育薄层泥灰岩、泥岩，向上逐步演变为中厚层灰岩。因此，早三叠世仍保持向北加深的大陆边缘盆地沉积环境。

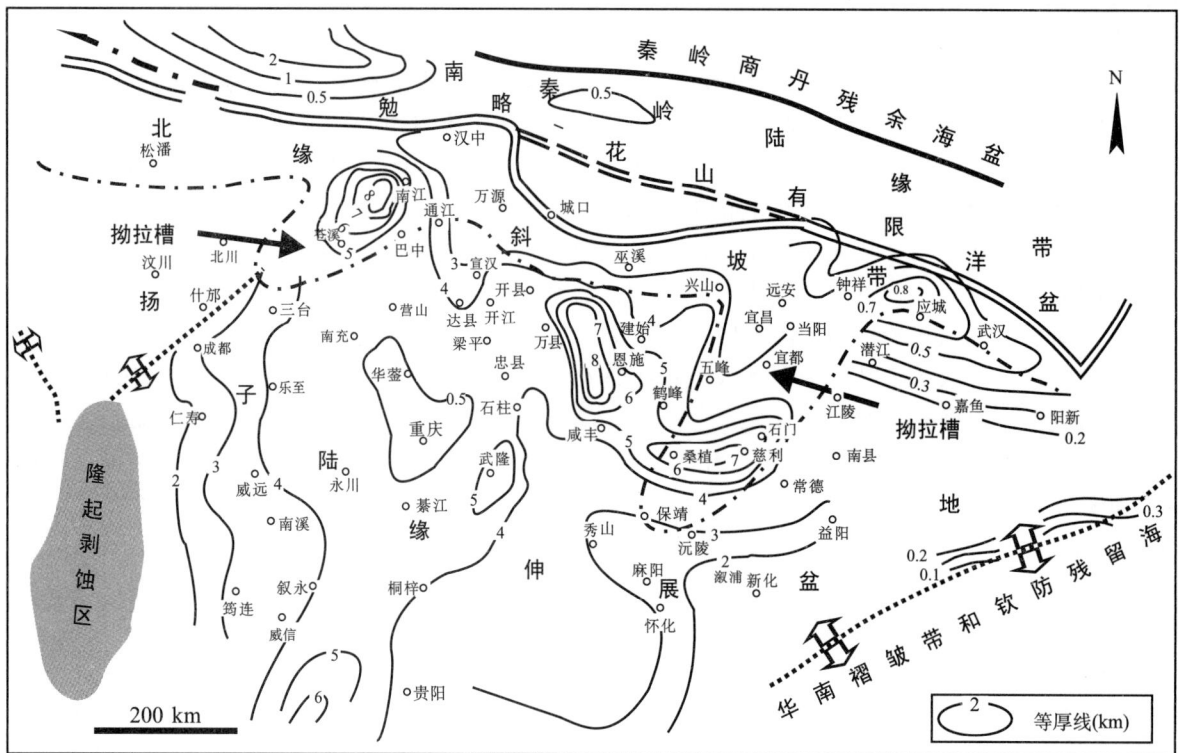

图 4.5　扬子地块早三叠世构造-盆地单元划分

　　总结二叠纪和早、中三叠世各层序组所反映的海平面变化旋回可以看出，下二叠统与其下伏地层之间的层序界面在扬子地区是一个重要的海侵上超不整合界面。二叠系梁山组或栖霞组超覆在不同时代的基底地层上，其底面可视为具有等时性。但作为前二叠系的顶面是一个长时间的穿时沉积间断面，间断时限部分地区跨越 S_{2+3}、D、C，在空间上跨越中、上扬子区。该界面分划了两种盆地类型，界面之上为大陆边缘盆地，界面之下为陆表海盆地兼隆起带。二叠纪海侵作用至茅口期达最大，后期快速海退，形成暴露不整合界面。上二叠统至三叠系构成一个完整的海进-海退旋回。上二叠统为海进型层序组，下三叠统下部高水位层序组，海水自格里斯巴赫期（Criesbachian）最大海泛面形成之后，中三叠世晚期高水位层序组再次海退，晚三叠世海水几乎完全退出扬子北缘，基本上为陆相沉积环境。上二叠统与下三叠统之间在水下部位表现为沉积间断，陆上部位表现为陆上暴露和沉积作用共存。中扬子地区下、中三叠统之间主要表现短时期暴露界面，同时也是重要的沉积相转换界面和构造转换界面。而在勉略带西段的南坪-勉县地区，这一界面发育于中三叠世的安尼阶与拉丁阶之间。界面之上为秦岭造山作用的前陆盆地沉积，之下为大陆边缘盆地沉积。

关于勉略带中、东部被动陆缘问题，还涉及中、下扬子北部古生代至中生代三叠纪的沉积地层岩系形成环境及其归属何一陆缘的问题。

前人研究一致认为扬子地块北部的震旦系—三叠系沉积地层系统都是扬子地块盖层组成部分。李锦轶（2001）论述中、下扬子北部地层（Z-J）沉积岩系，认为它们统一归属秦岭-大别古洋盆南侧被动陆缘沉积体系（Z-T_1）和前陆盆地沉积（T_2-J）。这里所指古洋盆，实际是指相当于秦岭古商丹洋盆。他从沉积学、岩相、物源，并结合区域地质将其划分为：沉积厚度不大以碳酸盐岩为主的Z-O沉积地层岩系，厚度巨大的S碎屑岩系，海平面北部升隆频繁、沉积厚度小的D-P碎屑岩系，快速沉降而以碳酸盐岩为主的T_1陆缘沉积，T_{2-3}-J已转入前陆盆地沉积。总之，认为华北与扬子两地块于T_{2-3}发生碰撞，Z-T_1为物源来自于南部的被动陆缘沉积体系，而T_2-J为物源来自于北部的前陆盆地沉积体系。

我们新的实际调研证明，中、下扬子地块北部的古生界—中生界沉积地层系统演化可划分为两个阶段，即震旦系—下古生界（Z-S）地层沉积岩系总体归属秦岭-大别造山带原商丹洋盆南侧的被动陆缘沉积体系形成演化阶段；而上古生界—下、中三叠统主体归属勉略古洋盆的被动陆缘沉积系统形成演化阶段，T_{2-3}-K_1主要为勉略碰撞造山前陆盆地到陆内造山前陆盆地沉积产物。李锦轶所说的Z-S，仅是指现分布于秦岭-大别造山带以南现扬子地块北缘的地层沉积岩系，但实际商丹带以南，包括现南秦岭和桐柏-大别地区，原都是扬子地块的北缘被动陆缘部分，后者的陆缘沉积地层由于卷入造山作用而强烈变质变形，呈现出不同现中、下扬子北部的原陆缘沉积，然而作为原扬子板块北部陆缘沉积体系，应统一分析。同时，在恢复重建扬子北缘被动陆缘研究时，还应考虑新研究的关于勉略古洋盆的打开到封闭问题。实际上，李锦轶所划分的不同时代陆缘沉积地层岩系的变化，正是商丹、勉略两洋盆先后的共同控制影响的结果。原扬子板块北部的被动陆缘沉积从震旦系到志留系（Z-S），总体属商丹古洋盆的被动陆缘，而泥盆系—二叠系（D-P）岩系所反映的海平面频繁升降变化，如果把现勉略带内和现中、上扬子地块北缘的D-P统一分析，正代表从早古生代晚期至泥盆纪—石炭纪扬子板块的北部原被动陆缘沿勉略—随州南一线在深部背景下的从西到东穿时的扩张隆升，以致到初始打开勉略洋盆，接受了D-C-P_1的从裂陷沉积、隆升边缘沉积，以及扩张初始洋盆早期被动陆缘沉积，而从中、上二叠统—下、中三叠统，已如前述，已开始形成典型的勉略古洋盆南侧，扬子板块北缘的被动陆缘沉积体系，而且从中、下扬子北缘在中三叠统，而至中、上扬子北缘却迟至上三叠统到下侏罗统才形成前陆盆地，反映了穿时的自东而西的依次消减俯冲碰撞造山，仅从中、下扬子北部陆缘分析是看不清楚这一穿时演化的。故概括现扬子地块北部的古生界至侏罗系的陆缘和前陆盆地沉积体系，应区别对待，Z-S是秦岭-大别造山带原商丹古洋盆的被动陆缘沉积地层岩系（张国伟等，1988，1996a，b；Meng and Zhang，1999），而D-T_{1-2}和T_{2-3}-K_1，前者是秦岭-大别造山带勉略古洋盆南侧的被动陆缘沉积，后者是勉略洋盆封闭，俯冲碰撞造山的前陆盆地沉积（T_{2-3}）和秦岭-大别中新生代陆内造山作用在其南缘形成的陆内造山的前陆盆地沉积（J-K；张国伟等，2001a，b；刘少峰等，2001）。综合上述，秦岭-大别南部的原不同的被动陆缘沉积体系与前陆盆地沉积体系，共同客观真实地记录了造山带的长期复合造山的形成演化过程。

2. 勉略带西段的晚二叠世—中三叠世被动陆缘沉积体系

1）勉略带西段南侧浅水碳酸盐陆架沉积体系

勉略带西段南侧晚二叠世—中三叠世构造沉积环境基本继承了早期的沉积过程，表现为浅水台地碳酸盐沉积。广泛分布的吴家坪组为灰色含硅质条带的白云质灰岩，上部层中经常夹有含砾砂岩以及铝土质页岩，表明地壳在晚二叠世阶段经历了一次抬升。然而，在晚二叠世晚期，扬子地块的西北部又广泛处于台地碳酸盐台地沉积环境，形成了上二叠统长兴组—中三叠统雷口坡组等以灰色中-厚层状泥质灰岩、白云质灰岩和生物碎屑灰岩为特征的浅水碳酸盐岩组合。值得注意的是，在晚二叠世末期—早三叠世早期，沿扬子地块北部边缘也出现一套深水沉积组合，即大隆组，其岩相组合为黑色硅质岩、薄层细碎屑岩以及灰黑色泥灰岩，并显示自南向北加厚，代表了当时被动大陆边缘斜坡沉积（图4.6）。

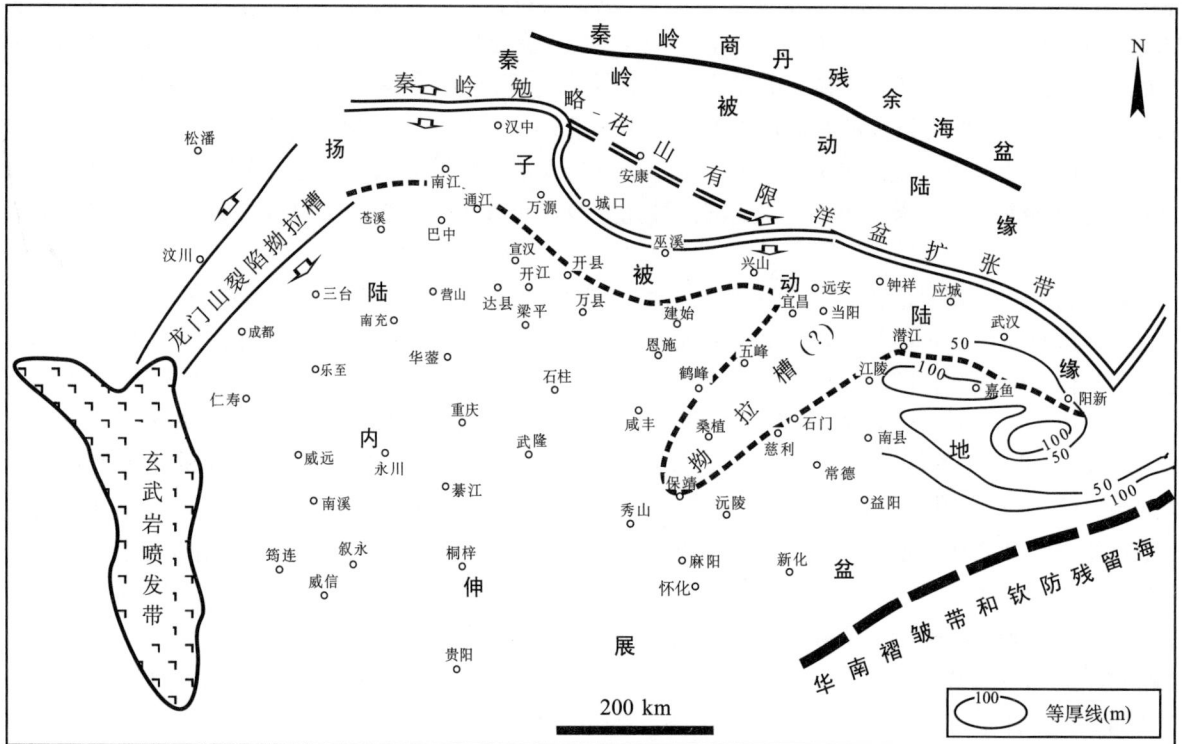

图4.6　扬子地块晚二叠世构造-盆地单元

2）勉略带西段南侧松潘-甘孜从陆缘深水盆地向前陆盆地沉积体系的转化

松潘-甘孜地块在早-中三叠世时期为深水海盆，内部被深水细粒碎屑沉积岩所充填，沉积厚度达5000 m。由于松潘-甘孜地块被三叠系地层所覆盖，所以对其基底性质的了解一直不清楚。通过对地球物理资料的解释和依据对少数地质露头的分析，目前一般认为松潘-甘孜地块具有陆壳基底，应是扬子地块基底的西延部分。

在松潘漳腊一带（图4.7），下三叠统菠茨沟组泥质粉砂岩平行不整合覆于下二叠统三道桥组白云质灰岩之上，向上与中三叠统郭家山组白云质灰岩、泥灰岩和灰岩呈连续沉积，指示浅水碳酸盐台地沉积环境，并与东侧扬子块体内同期嘉陵江组和雷口坡组的岩相可完全对比。然而，中三叠世晚期（拉丁期）的扎尕山组相变为一套细粒沉积岩，具明显的鲍马层序，同时部分层段夹有由重力流沉积的砾屑灰岩或水下碎屑流沉积。这种深水沉积组合一直延续到晚三叠世早期，如侏倭组和如年各组（图4.7）。因此，三叠系沉积层序表现出一个向上逐渐加深的沉积过程。结合考虑中三叠世晚期在东秦岭-大别已开始发生陆-陆碰撞和向南逆冲推覆构造作用，松潘-甘孜地块北部在拉丁期—卡尼期的深水沉积体系应已开始转为前陆盆地的产物。

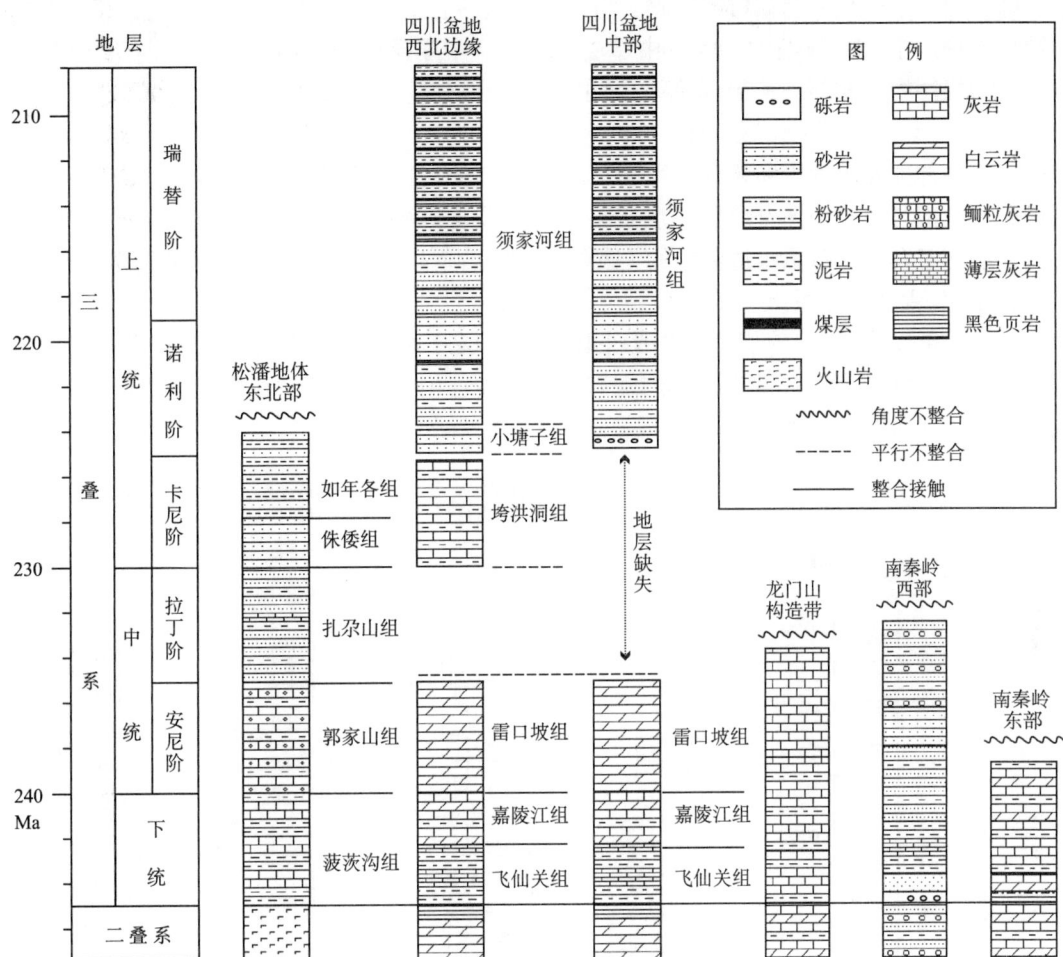

图 4.7 勉略带两侧三叠系地层对比

3）勉略带西段北侧陆缘与秦岭微板块内不同的深水浊积岩盆地沉积体系

与勉略带西段南侧晚二叠世—中三叠世浅水台地碳酸盐岩沉积体形成明显对比，北侧秦岭微板块内同期沉积以重力流沉积体系为特征。这种重力流沉积体系自晚二叠世就已开始发育，一直持续到中三叠世，并且其早期阶段发育有大量的粗粒碎屑流沉积。因此这套深水沉积在发育时间和组成方面又明显区别于南侧的松潘-甘孜深水海盆沉积体系。但在勉略带北缘紧邻的 P_2-T_{2-3} 的深水浊积岩系又不同于上述，而应是勉略带洋盆在同期因俯冲消减所造成的其北侧的弧后盆地深水沉积。表明勉略带北侧同期存在两类不同的沉积体系，即勉略俯冲带北侧的弧后盆地深水沉积（南坪等地区的 P_2-T_{2-3}）和秦岭微板块内的伸展裂陷（尖扎-临夏地区、留坝-凤县、合作等地区）与地垒式抬升（迭部）环境沉积。

（1）尖扎-临夏地区

这一地区上二叠统石关群沉积厚度可达 1500 m，层序主体由砾屑灰岩、泥质灰岩、薄层细砂岩和粉砂岩所组成。砾屑灰岩显示水下碎屑流沉积特征，并伴生有大量滑塌构造和软沉积物变形。灰岩砾石中含有石炭纪和早二叠世化石，指示沉积物来自下伏岩层。薄层灰岩和细碎屑岩具水平层理，不含大型交错层理，显示深水沉积作用特征。

下三叠统隆务河组由碎屑岩组成，各种岩相特征也明显指示深水环境（图 4.8）。在尖扎县隆务河一带，隆务河组下部是一套粗粒沉积物，由砾岩和粗砂岩组成。砾岩为块状基质支撑，部分砾岩底部具逆粒序层理。粗-中粒砂岩为块状-中厚层状，并且中厚层状砂岩内常见完整的鲍马层序。砾岩与砂岩在沉积层序中可形成 5～20 m 厚的向上变细和变薄层段，反映当时沉积作用发生于近源水道内。

　　隆务河组中部主要由砂岩和粉砂岩组成，具向上变厚和变粗的层序段。砂岩中具鲍马层序，软沉积物变形普遍。部分层段还夹有厚层和块状粗砂岩以及含砾砂岩，显示水道沉积特征。CCC 型沉积岩在部分层段非常发育，指示水道侧边的天然堤沉积组合。以上这些沉积特征反映隆务河组中部主体代表了一种水道-舌状体体系。

　　隆务河组上部以中-细粒碎屑沉积岩为主体，鲍马层序多表现为 Tbcd 和 Tcd，并经常夹有 10～50 m 厚的粉砂岩和泥岩段，局部出现厚层泥灰岩。粉砂岩内部具细粒浊积岩结构。因此隆务河组上部应代表了当时浊积岩沉积体系的远端环境。

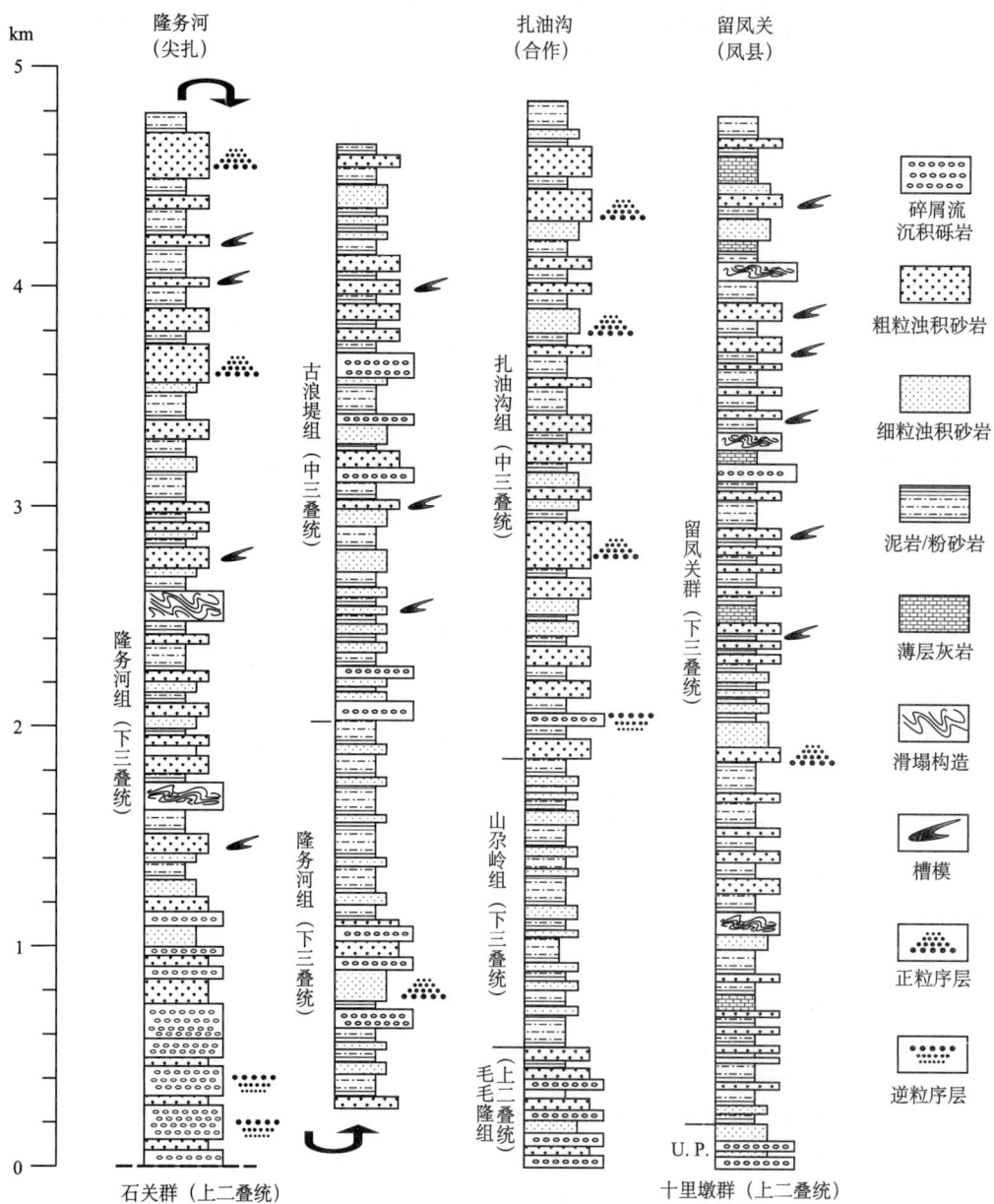

图 4.8　西秦岭下、中三叠统地层对比图

隆务河组沉积厚度近万米，这不仅说明当时盆地发生了快速沉降，而且有充足的沉积物供给。整个层序所显示的向上变细的沉积趋势指示盆地在当时不断加深和盆地范围不断扩大。

中三叠统古浪堤组连续沉积在隆务河组之上（图4.8），并主要为碎屑沉积，沉积厚度达2500 m。层序下部经常夹有砾屑灰岩、薄层灰岩、泥灰岩以及钙质粉砂岩。砾屑灰岩呈不同规模的透镜体夹持在层序之中。古浪堤组上部以砾岩、中-粗粒浊积砂岩为主，含少量粉砂岩和泥岩层。因此，古浪堤组总体显示一个向上变粗的层序结构，反映沉积作用由远端向近端的发展过程。与下伏隆务河组的垂向沉积层序结构相对比，后者显示一个向上变细的层序，指示沉积作用由近端向远端的发展过程。

上述隆务河组与古浪堤组下中三叠统沉积体系，考虑青海乌兰达坂的同期沉积及玛沁地区与巴颜喀喇山地区同期沉积的连通和玛沁德尔尼与花石峡、赛什塘等同期蛇绿岩及相关火山岩的时空分布特点，应统一整体分析"共和开口"（姜春发，1992，2002）的成因与区域背景，即应思考勉略-花石峡（德尔尼）-赛什塘的晚古生代—中生代初期的大区域深部地幔动力学背景下的三联点构造和P_2-T_{2-3}共和拗拉谷的发育及夭折过程。

（2）留坝-凤县地区

这一地区的二叠系为十里墩群，它与下伏石炭系块状灰岩呈平行不整合接触，两者之间可能缺失下二叠统的部分地层。十里墩群主要为薄—中厚层状中-细粒长石石英砂岩、薄层粉砂岩（粉砂质板岩），以及块状粗砂岩和砾屑灰岩（图4.8）。砾屑灰岩在露头范围内呈50～80 m厚的层段出现，或在薄层粉砂岩和细砂岩层序中呈不同规模的夹层。薄—中厚层状砂岩为块状，少数发育鲍马层序，因此岩相特征指示其为浊积岩。深水浊积岩在十里墩群中-上部十分发育。砾屑灰岩或基质支撑或颗粒支撑，砾石分选较差，磨圆度一般。部分砾岩层发育20～100 cm厚的逆粒序。砾岩向上过渡为薄—中厚层状泥灰岩、钙质泥岩和粉砂岩。软沉积物变形和厚度不等的薄层泥灰岩滑塌层常见。砾屑灰岩沉积应为水下碎屑流的产物。另外，由于砾石多由灰岩组成，而且部分灰岩砾石中含有早二叠世的鲢类化石，因此，砾岩层很可能是与早期碳酸盐台地的崩塌相关。

十里墩群向上连续过渡到下三叠统西坡组和任家沟组。留坝一带的下三叠统也被称为留凤关群（图4.8）。留凤关群是由细粒沉积物所组成，包括薄层泥灰岩、钙质粉砂岩、细砂岩以及中-厚层状中粒砂岩等，整个层序中砾屑灰岩夹层和滑塌层十分发育。中-厚层状砂岩内具鲍马层序，表现为Ta、Ta-d、Tb-d和Tc-d等类型，砂岩底面普遍出现槽模、重荷模和工具模等。细砂岩和粉砂岩顶面出现丰富的各类深水遗迹化石。整个十里墩群层序中发育不同规模的向上变厚和变粗层序段，但总体是以细粒沉积物为主。整个岩相组合特征明显反映出深水浊流沉积作用。考虑到留凤关群这套细粒沉积岩明显与沉积滑塌构造共生，以及层序中大量发育水下碎屑流沉积，因此，这套浊积岩应归于浊积岩A相和D相组合，它们发育在盆地斜坡环境。

（3）合作地区

合作地区的二叠系称为毛毛隆组（图4.8），沉积厚度可达3000 m。整个层序由灰色粉砂层、泥岩、薄层砂岩、中-厚层状砂岩、以及砾岩和滑塌层构成。砂岩层含鲍马层序，底面具槽模。砾岩多为砾屑灰岩和复成分砾岩。砾屑灰岩的砾石成分包括泥灰岩、生物碎屑灰岩和白云质灰岩等，并且灰岩砾石中含石炭纪和早二叠世化石。复成分砾岩的砾石成分包括片岩、砂岩、黑色钙质泥岩和粉砂岩等，其中部分层段的黑色泥岩砾石的比例可占70%以上。通过对砾岩结构和与相邻岩相组合的对比分析，发现以黑色泥岩砾石为主要成分的砾石层实际上是由薄层黑色泥岩滑塌作用造成的，即砾岩是由泥岩滑塌并最终发展成为碎屑流沉积而形成。总体来看，上二叠统毛毛隆组是由碎屑流沉积砾岩、砂质浊积岩、细粒浊积岩以及滑塌构造共同组成的深水近源沉积体。

下三叠统山尕岭组与毛毛隆组呈连续沉积，主体由粗粒碎屑岩组成，如深灰色—灰色粉砂岩和薄层细砂岩，局部夹砾屑灰岩透镜体（图4.8）。该组在扎油沟剖面厚度达1200 m。薄层细砂岩内含鲍马层序，底部发育槽模。粉砂岩层内部发育包卷层理和软沉积物变形。泥岩表面可见深水遗迹化石，如 *Chondrites* sp. 等。因此，下三叠统山尕岭组的总体岩相特征反映深水盆地沉积环境。中三叠统古浪堤组（或扎油沟组）与山尕岭组连续沉积，也为一套浊积岩，不同的是在中三叠统层序内部中-厚状中粗粒浊积砂岩成分明显增加，经常构成 0~60 m 厚的向上变厚-变粗层序。浊积砂岩内发育 Ta-d、Tb-d 和 Tc-d 型鲍马层序。泥岩表面常见深水遗迹化石。古浪堤组总体上可归为浊积岩 D 和 C 相，指示为浊积岩体系内的舌状体沉积环境。

上述留坝-凤县和合作地区的二叠系—下中三叠统深水浊积系，综合对比分析，应是上述三联点一臂的共和拗拉谷东缘及东南缘边缘波及延续地区，也应与前述三联点构造与拗拉谷统一分析考虑。但也应考虑它们已存在有在秦岭微板块内同期伸展裂陷基础上的叠加复合关系。

（4）迭部-宕昌地区

这一地区的晚二叠世—中三叠世早期的沉积作用与以上各地区都有很大差别，它们的主体继承了石炭纪—早二叠世的浅水碳酸盐台地沉积环境，发育了块状-厚层状白云质灰岩和生物碎屑灰岩，与北侧同期的深水沉积构成了明显的对比。综合对比，它应是秦岭板内相应于上述深水断陷同期的抬升断块单元的沉积产物。

在迭部益哇沟和卓尼卡车沟一带，上二叠统由中-厚层状鲕粒灰岩和藻屑灰岩组成，向上继续过渡为下三叠统马热松多组、中三叠统下部的郭家山组浅灰色厚层—块状生物碎屑灰岩和白云质灰岩，所有岩相特征清楚地反映出浅水碳酸盐台地沉积环境。同样在宕昌秦峪—邓邓桥一带，马热松多组、郭家山组和秦峪组也都由浅水碳酸盐岩组成，表现为块状和厚层状灰色鲕粒灰岩、生物碎屑灰岩、微晶灰岩以及介壳层等，与迭部益哇沟同期地层的沉积特征完全一致。然而，这些浅水碳酸盐台地在中三叠世晚期发生了明显沉陷，浅水碳酸盐台地沉积很快被深水沉积物所覆盖。在迭部益哇沟，郭家山组块状生物灰岩向上很快过渡为光盖山组薄层泥灰岩和粉砂质泥岩，然后进一步发展成为薄—中厚层状细-中粒浊积砂岩。光盖山组厚度可达 2000 m，由互层状浊积砂岩、泥质粉砂岩和薄层泥灰岩组成，局部夹约 10 m 厚的砾屑灰岩层。浊积砂岩底面具槽模，细粒碎屑岩表面发育深水遗迹化石，同时层内软沉积物变形常见。在宕昌一带，郭家山组下部发育约 200 m 厚的深水薄层暗色泥灰岩，向上继续沉积了互层状薄—中厚层状浊积砂岩，底面槽模常见，并且常出现厚度 30 余米的砾屑灰岩夹层。

上述分析显示，勉略带西段北侧的秦岭微板块内出现两种不同类型的沉积体系。在青海南山、甘肃合作和陕西凤县一带，发育一套晚二叠世到中三叠世早期的深水浊积岩沉积体系，而在其南部的迭部和宕昌一带同期沉积则为浅水碳酸盐台地环境。但在近邻勉略带北缘，即上述迭部-宕昌浅水台地相沉积体系之南侧，也即在南坪及其西北地区一带，却又发育了一套晚二叠世—中三叠世的深水浊积岩、薄层碳酸盐岩和钙质泥岩，以及薄层硅质岩，岩相特征明显反映深海-半深海沉积环境。因此，这一紧邻勉略带北侧的晚二叠世—中三叠世早期深水浊积岩盆地应是勉略有限洋盆北侧的弧后深水盆地，与其以北西秦岭地区的秦岭微板块内的伸展裂陷与抬升台地的构造沉积环境不同，后者总体反映一种板内伸展断陷的构造-沉积环境。这与勉略带南侧陆架型浅水碳酸盐台地沉积组合形成明显对比。

总之以上关于残留的勉略带古洋盆从扩张打开的裂谷沉积（D-C）、初始洋盆与早期两侧被动陆缘沉积（C-P₁），到勉略古洋盆东、西部的活动陆缘，尤其是被动陆缘沉积体系的特征、演化和从东至西的残存分布，不管其在不同部位和东、西部间空间与穿时的变化存在多大差异，却一致共同从大量沉积记录上反映了勉略古洋盆从扩张打开到俯冲消减的洋盆存在及发展演化。

第二节　勉略碰撞带前陆盆地沉积体系（T₂-K₁）

中三叠世晚期及其之后，勉略带自东而西已先后由大陆边缘盆地转换为前陆盆地，沉积体系类型变化明显，上下盆地相分划性界面清楚。由于南秦岭-大别山沿大巴山-襄广逆冲断裂向南强烈的逆冲掩盖，大量的前陆盆地沉积体被掩盖、改造而消失。现根据残存的沉积记录可以恢复勉略带南侧有两套前陆盆地体系，即中、晚三叠世海相前陆盆地体系和侏罗纪至早白垩世陆相前陆盆地体系。

一、勉略带中晚三叠世海相前陆盆地沉积体系

当板块洋壳俯冲殆尽，两侧板块陆壳开始接触时，即标志着板块构造演化从俯冲消减阶段演化转入碰撞阶段，此时洋盆也已开始转为残余洋盆和海盆，陆缘沉积也开始转变为俯冲碰撞前渊的前陆盆地沉积。由于陆-陆接触碰撞，根据俯冲倾角、速率和边界的几何形态的差异变化，上述的板块洋壳俯冲到全面陆-陆碰撞往往是一复杂的过程。通常在下行俯冲板块前缘的被动陆缘基础上要经历从残余海相盆地到陆相盆地的演化，从接受海相转换为陆相的前陆盆地沉积体系，勉略带南侧的前陆盆地沉积良好地记录了这一过程。

勉略带海相前陆盆地沉积体系分布于松潘北部、上扬子北缘、中扬子北缘等地区。沉积相带总体是东西向分布，但因扬子板块内部具体次级构造诸如龙门、川西、川中、川东和江南等系列北东或北北东向构造展布，同时也由于不同地区处于前陆盆地体系的不同部位，沉积体系的具体展布、结构与构成也呈现明显不同。概括整个海相前陆盆地系统的沉积充填，可划分为两个盆地相（图4.9、图4.10）。在上扬子地区两个盆地相分别为中三叠统拉丁阶—上三叠统卡尼阶和上三叠统诺利阶及瑞替阶；在中扬子地区两个盆地相分别为中、上三叠统（表4.1）。

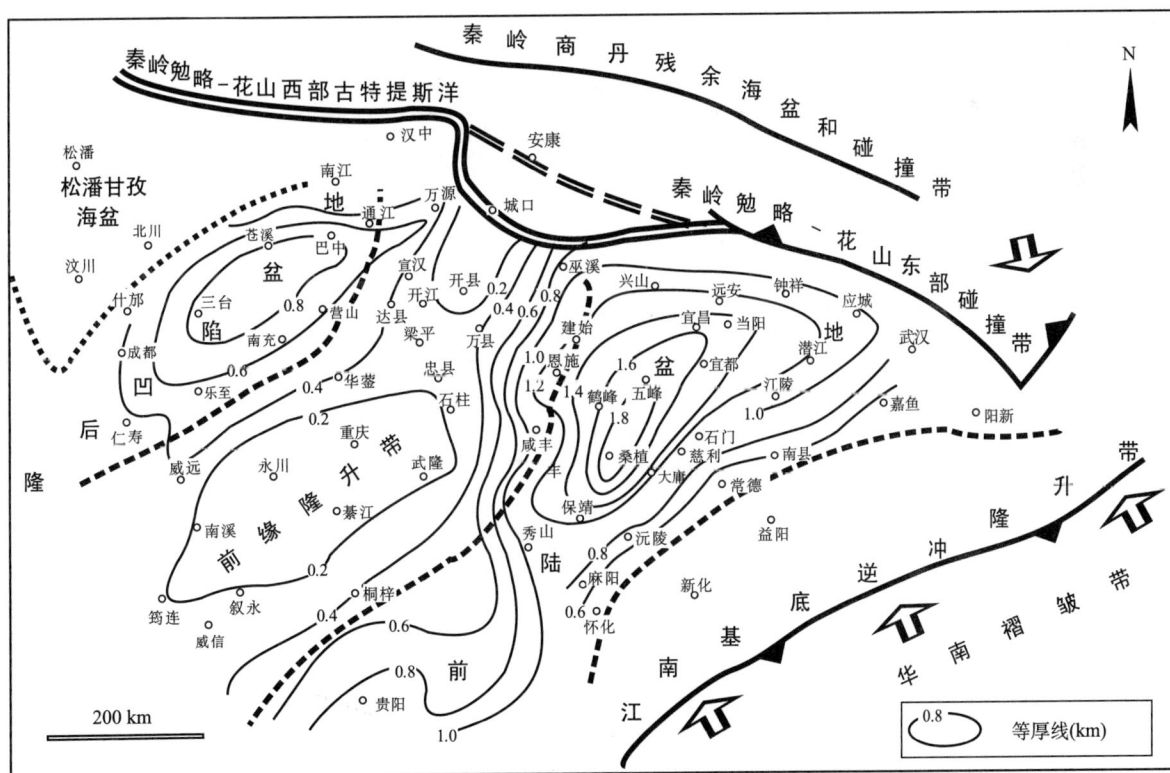

图 4.9 扬子地块中三叠世构造-盆地单元

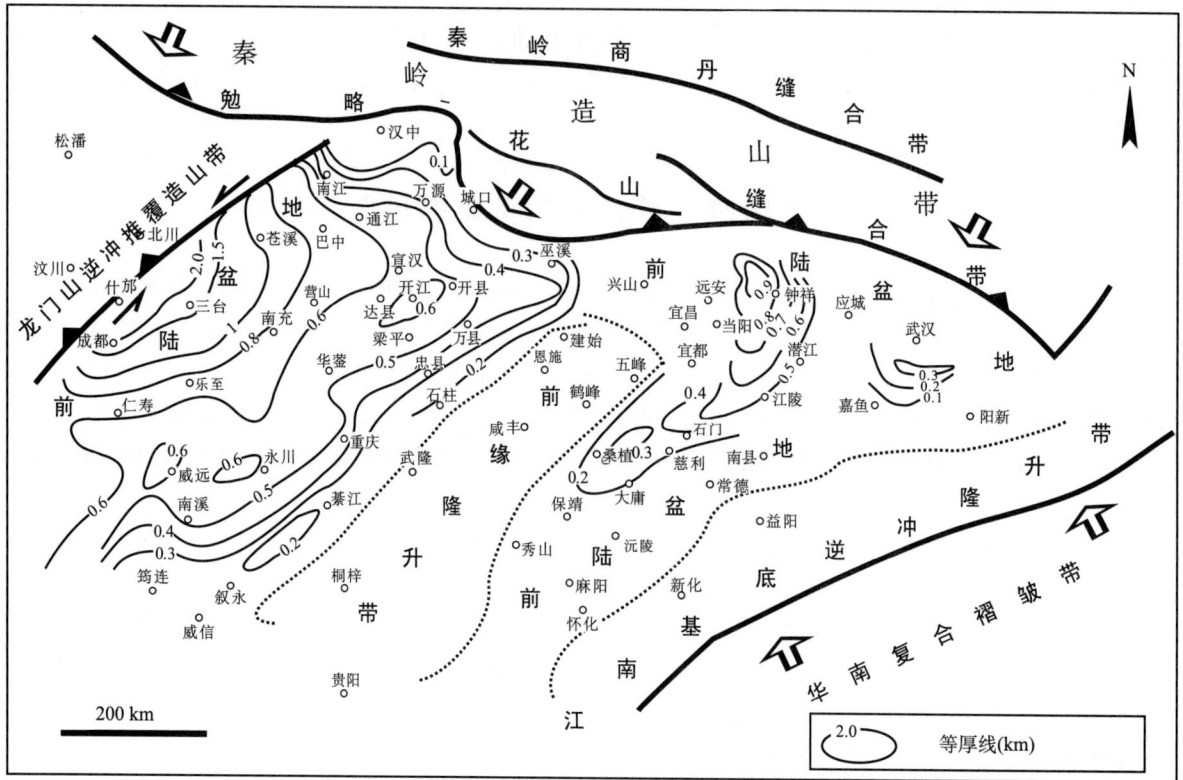

图 4.10　扬子地块晚三叠世构造–盆地单元

表 4.1　扬子北缘前陆盆地相划分

时代		盆地期	西上扬子前陆盆地	北上扬子前陆盆地		中扬子前陆盆地	
K_1		BP-4	磨拉石前陆盆地	K_1	磨拉石前陆盆地	K_1	抬升		
J_3				蓬莱镇组 遂宁组		蓬莱镇组 遂宁组		
J_2		BP-3	磨拉石前陆盆地	沙溪庙组 千佛崖组	磨拉石前陆盆地	沙溪庙组 千佛崖组	磨拉石前陆盆地	花家湖组
J_1				白田坝组		白田坝组		桐竹园组
T_3	瑞替阶	BP-2	磨拉石前陆盆地	须家河组–7Mbr 须家河组–6Mbr 须家河组–5Mbr 须家河组–4Mbr 须家河组–3Mbr 须家河组–2Mbr	磨拉石前陆盆地	须家河组–7Mbr 须家河组–6Mbr 须家河组–5Mbr 须家河组–4Mbr 须家河组–3Mbr 须家河组–2Mbr	磨拉石前陆盆地	王龙滩组
	诺利阶			小塘子组		小塘子组		九里岗组
	卡尼阶	BP-1	复理石前陆盆地	马鞍塘组	抬升			
T_2	拉丁阶			天井山组	边缘盆地	天井山组	抬升	
	安尼阶						隆后残留海盆地	巴东组

（一）松潘北部地区前陆复理石充填

中三叠世晚期—晚三叠世，勉略带两侧的构造-沉积格局发生了很大变化。勉略带南侧的扬子地块与松潘地块由于龙门山构造带隆升而被完全分割开，导致二者形成不同的沉积体系。并由于西秦岭区此时已开始造山抬升，使松潘北缘勉略带南侧演化为以中、细粒浊积岩所充填的深水盆地为突出特征。

处于勉略带西段南侧的松潘北部地区，早三叠世至中三叠世安尼期仍为勉略洋盆西部南侧的被动大陆边缘，而中三叠世拉丁期和晚三叠世卡尼期随着勉略洋盆以及南部"三江"地区小洋盆的闭合，于中三叠世拉丁期改变了前期大陆边缘盆地浅海台地碳酸盐岩沉积环境，发生强烈沉降，充填了一套早期前陆盆地巨厚的复理石建造。这种沉积环境的突变显然是构造背景转变的产物。松潘北部不同地段具有相似的沉积特征，虽然它们的地层系统名称不一，但地层岩性却完全可以对比。据杨逢清和杨恒书（1997）研究成果，松潘北部下三叠统至中三叠统安尼阶主要为一套由生物碎屑灰岩、泥晶灰岩和白云岩等组成的开阔台地碳酸盐岩沉积组合和局限台地碳酸盐岩沉积组合。而中三叠统拉丁阶至上三叠统卡尼阶沉积体系组合突变，主要为一套半深海—深海斜坡侵蚀再沉积的角砾灰岩、跨塌角砾岩和粒屑灰岩、砂岩、板岩夹灰岩的浊积岩。它们为前陆复理石盆地相的沉积。上三叠统诺利阶相对海平面下降，形成浅海陆架相粗粒、中粗粒长石砂岩，为海相磨拉石盆地相的沉积充填。诺利期之后，松潘地区褶皱逆冲隆升，盆地沉积地层转入变形。

勉略带西部南侧松潘北缘前陆盆地形成的背景，区域对比分析表明，在勉略带以北的西秦岭北部，由于秦岭商丹带已转入俯冲碰撞而开始抬升，故西秦岭北部在尖扎、临夏合作、以及凤县地区，基本已缺失上三叠统。而与此相对比，西秦岭南部，则由于勉略洋盆还正处于俯冲消减演化进程中，此时起早期在迭部和宕昌地区发育的浅水碳酸盐台地进而发生快速沉陷，被中-上三叠统深水浊积岩系所覆盖。与之相关并相对应，在勉略带南侧的松潘北部也同样发生了沉陷充填了深水浊积岩。迭部-宕昌台地沉陷主要表现为中三叠世安尼期郭家山组块状灰色生物碎屑岩和鲕粒岩很快被拉丁期光盖山组薄层灰黑色泥岩和泥质粉砂岩所覆盖，同时夹有厚层深灰色角砾状灰岩。在宕昌秦峪一带的郭家山组同样被拉丁期秦峪组和滑石关组钙质泥岩和泥灰岩所覆盖。而在松潘地区，则是中三叠世安尼期块状白云质灰岩、生物碎屑灰岩以及鲕粒灰岩被拉丁期扎尕山组细粒浊积岩层所覆盖。

上三叠统浊积岩不仅在西秦岭南部和松潘北部，即勉略带两侧广泛分布，而且沉积厚度巨大，可达 5000~6000 m。西秦岭北部地区的上三叠统自下而上被划分为咀朗组、纳鲁组、卡车组和卓尼组，在松潘北部地区则分为下部侏倭组和上部如年各组（图 4.7）。与中三叠世拉丁期浊积岩不同的是，上三叠统基本全由陆源碎屑沉积岩所组成，下部以细粒浊积岩为主，向上中-粗粒浊积砂岩成分明显增加，同时普遍含有植物化石碎片。

显然，西秦岭南部和松潘北部地区的深水浊积岩沉积体系与龙门山以东的扬子地块西北缘，即上扬子北部同期浅水碳酸盐岩和陆相河流沉积体系完全不同。但从时间上来看，西秦岭北部和松潘北部地区的深水浊积岩沉积体系发生变形和抬升的时间与龙门山构造带的抬升和东侧前陆盆地发育的时间相吻合（图 4.7）。因此，晚三叠世龙门山东侧的前陆盆地的形成或挠曲沉降过程应是与松潘-甘孜浊积岩变形和龙门山向东逆冲推覆直接相关。松潘-甘孜地块由于完全被三叠系浊积岩所覆盖，所以对盆地的基底性质认识不一。结合地球物理资料和前人研究与我们对少数地质露头的观察，可以认为松潘-甘孜三叠系之下存在与扬子地块相同的古生界地层，但对其向西延伸多远仍不能确定。而龙门山则应属于陆内构造变形带。

对勉略带和阿尼玛卿山带（东昆仑南缘）蛇绿岩以及构造变形过程的研究揭示，两者是相通的，代表了东古特提斯洋域最北边的一支分支有限洋盆消减碰撞所形成的缝合带。它是秦岭微板块西南部（实际它此时也已开始拼合成为华北地块西南边缘，即柴达木-西秦岭地块）与松潘-甘孜地块在晚三叠世碰撞的结果。区域构造的综合研究显示，勉略洋或秦岭古特提斯洋总体是向北俯冲消减，并最终导致南、北两侧板块发生碰撞造山，因此，在俯冲碰撞过程中，作为上行板块的柴达木-西秦岭地块向南的逆冲推覆作用必然导致其南缘形成前陆盆地。故在这种构造格局下，松潘北部在拉丁期—卡尼期已应开始演化转换为前陆盆地性质（图 4.11）。

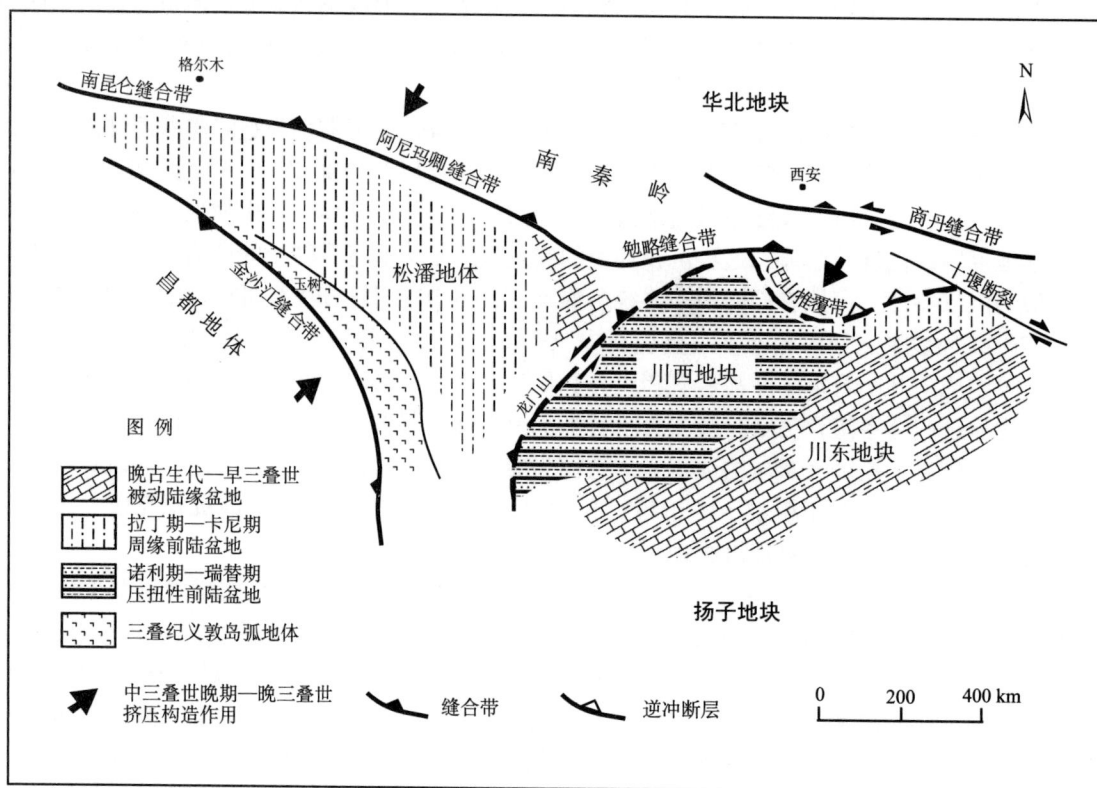

图 4.11　松潘北部三叠纪拉丁期—卡尼期前陆盆地

（二）上扬子地区前陆磨拉石充填

处于松潘北部早期前陆盆地东部延伸地区的上扬子西北和北缘地区，中三叠世拉丁期至晚三叠世卡尼期以隆升为主，大部分地区缺失中三叠统拉丁阶天井山组和上三叠统卡尼阶马鞍塘组。沉积体如前述主要限于上扬子西缘，即龙门山东侧山前地区。该地区的天井山组为灰岩、藻屑与砂屑灰岩；马鞍塘组为粉砂岩、灰质泥岩、泥质灰质粉砂岩夹生物碎屑灰岩、泥灰岩、鲕粒灰岩、白云岩和石英砂岩等。两地层组底界面为隆升侵蚀不整合。层序地层学分析表明，两地层组分别为两个层序的高位体系域，并均缺失低位和海侵体系域。它们构成一盆地相，形成于隆起的克拉通边缘碳酸盐岩缓坡背景。上三叠统诺利阶和瑞替阶盆地相由小塘子组、须家河组组成。须家河组由河流沉积物组成，其地层厚度可达 3500 m，沉积中心沿龙门山前缘分布（图 4.12），并且主体由冲积-河流沉积体系组成，在泛滥平原上形成了广泛的煤系地层。以广元须家河剖面为例，该组沉积厚度 500 m，下部主要为浅灰色中-粗粒块状-中厚层状砂岩，具平行层理和交错层理，发育侧向加积沉积构造；中部以粉砂岩和泥岩为主，含多层煤；上部为中-厚层状中-粗粒砂岩，夹多层砾岩和含砾粗砂岩。砾石成分多为灰岩，也有石英岩和少量黑色硅质岩。须家河组被下侏罗统白田坝组粗粒沉积物所覆盖，二者呈小角度和平行不整合接触。还特别要关注的是城口县的坪坝地区，T_3x 陆相粗粒碎屑磨拉石岩层是构造角度不整合覆盖在 T_1j 岩层之上，表明秦岭勉略带已于 T_2 发生碰撞造山隆升。

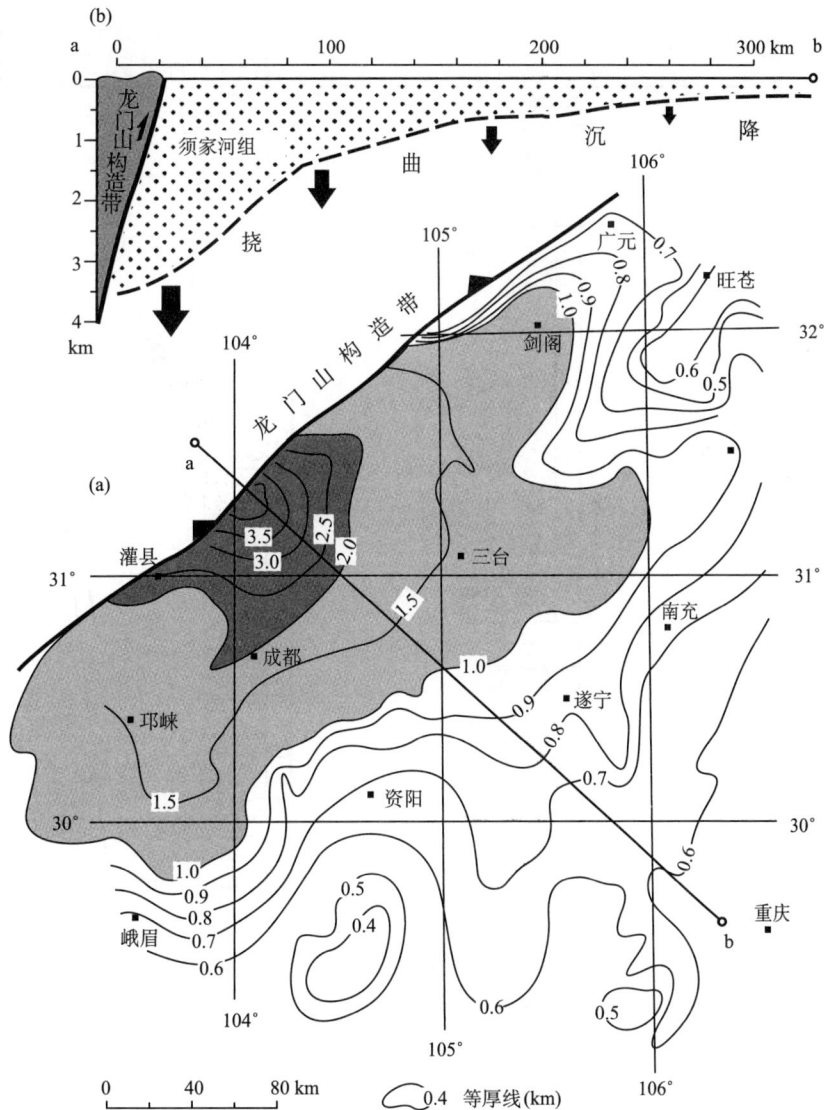

图 4.12　龙门山前陆盆地

已有的研究结果证明，龙门山向东的逆冲推覆构造发生在晚三叠世，与须家河组的沉积时间一致。从须家河组空间分布和厚度变化来看，它应主要是龙门山向东推覆而导致的前陆盆地的沉积产物（图 4.12）。覆于须家河组之上的下侏罗统白田坝组虽以粗粒沉积物为特征，但它并不是盆地强烈沉降的产物，而应是盆地边缘构造作用减缓和盆地沉降速率变低的结果。事实上，白田坝组粗粒沉积物并不集中沉积在龙门山东部边缘，而是呈面状分布，沉积厚度在垂直盆地的剖面上也不显示楔状体形态。这些现象与前陆盆地沉积体的空间形态完全不同。白田坝组下部砾岩应代表构造相对平静期，是盆地边缘高地遭受强烈剥蚀和沉积的结果。在前陆盆地环境，砾岩沉积滞后于盆地强烈活动期的现象在碰撞造山带中非常普遍。因此，扬子地块西北缘虽经历了晚三叠世强烈变形，但构造作用在早侏罗世早期开始明显减弱。上扬子龙门山前盆地相底界是上扬子地区最大的区域性不整合面。小塘子组相对于下覆的马鞍塘组由西向东超覆于不同的地层之上。在上扬子中、东部，下覆中、下三叠统地层不同程度的缺失，界面凹凸不平，具古岩溶现象。界面上发育由下覆地层组成的角砾。在龙门山地区该界面表现为明显的角度不整合（李勇，1994）。须家河组四段与三段之间为另一超覆不整合界面。整个盆地相沿该两个不整合界面不断由西向东超覆。在上扬子西缘，小塘子组至须家河组三段主要由辫状河三角洲沉积体系组成，其中小塘子组至须家河组二段及须家河组三段分别构成两个由三角洲前缘

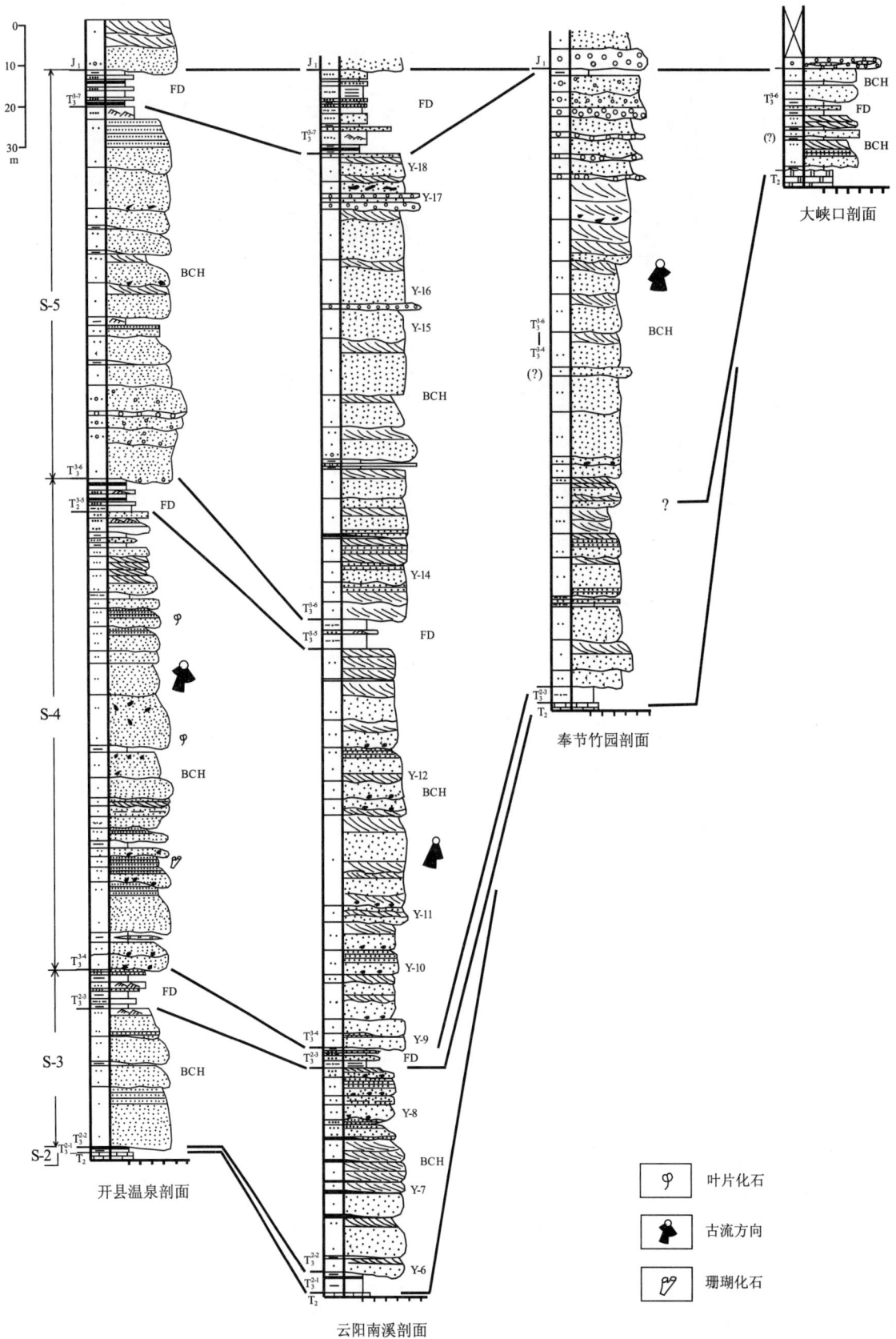

大峡口剖面

奉节竹园剖面

开县温泉剖面

云阳南溪剖面

图 4.13 川北地区上三叠统辫状河冲积平原沉积体系垂向层序

T$_3^{2-1}$. 小塘子组；T$_3^{2-2}$. 须家河组二段；T$_3^{2-3}$. 须家河组三段；T$_3^{3-4}$. 须家河组四段；T$_3^{3-5}$. 须家河组五段；T$_3^{3-6}$. 须家河组六段；

T$_3^{3-7}$. 须家河组七段；BCH. 辫状河；FD. 泛滥平原沉积；S-3，S-4 等为层序

至平原的沉积旋回。须家河组四段至七段主要由扇三角洲沉积体系组成。上扬子西缘上三叠统盆地相是西侧松潘地区东缘龙门山褶皱逆冲作用的前渊沉积。由于该时期仍然有短时期的海侵，因此它们属前陆海相磨拉石沉积。大巴山南缘作为海相磨拉石前陆盆地的侧向北部边缘，上三叠统诺利阶和瑞替阶的小塘子组主要为湖相泥岩、须家河组二段至七段由三个辫状河冲积平原沉积旋回组成（图4.13）。小塘子组发育很薄，在云阳以东缺失。三个辫状河冲积平原沉积旋回构成三个三级层序，它们分别由须家河组二、三段，四、五段和六、七段组成。二、四和六段由中、粗粒辫状河道砂体垂向叠覆而成，其中夹有部分砾石层。河道古流方向主要向南。三、五和七段由平原湖相泥岩组成，厚度较小，仅约 10~15 m。

（三）中扬子地区前陆磨拉石充填

1. 中三叠统

川东隆起东部的中扬子地区在中、晚三叠世为前陆盆地体系的隆后沉积带。中三叠统巴东组盆地相底界对应的构造事件是导致扬子地区海、陆转变的重要事件，顶界为"拉丁期大海退"产生的区域构造、古地理、沉积作用过程和地层序列的重要转换界面，也是扬子地区从海相沉积向陆相沉积转变的重要界面。中扬子地区巴东组为巨厚的红色碎屑岩、泥灰岩、泥岩为主（1152 m），物源已开始显示主要来自于北侧山地。巴东组内部可划分出三段。一段与下三叠统嘉陵江组顶部是暴露不整合面，底部发育约 20~30 cm 灰色黏土岩。其上发育薄—中层状云质泥岩夹含泥质粉砂质粉晶灰岩，厚度约 10 m，代表了海侵时期的沉积，沉积环境为局限台地潮下带沉积。之上为一套厚 600 余米的细碎屑岩和泥质岩，下部主要为紫红色中厚层粉砂质泥岩与钙质粉砂岩偶夹透镜状灰岩砾岩组合，中、上部为紫红色厚层至块状钙质泥岩、含钙质结核粉砂质泥岩、含钙质结核泥质粉砂岩间夹透镜状灰岩砾岩。它们主要为潮坪沉积。可见，一段具有快速海进，之后迅速转为下降的海平面变化周期之特征。二段下部自下而上基本地层序列为中厚层生物屑、砂屑泥粒灰岩、含泥质灰泥岩、薄层钙质泥岩、砂屑鲕粒泥粒灰岩、具斜层理颗粒灰岩、具滑塌构造的泥质灰泥岩组合。沉积环境为潮坪–台地边缘浅滩至斜坡，反映了海平面不断上升的沉积过程。二段中、上部，基本层序为深灰色中厚层粒泥灰岩—含泥质灰泥岩—薄层钙质泥岩—颗粒灰岩—黄绿色薄层钙质泥岩，沉积环境由浅海陆架转变为台地浅滩至潮坪沉积，显示了海平面下降过程。巴东组三段中下部主要为一套潮下带和潮坪环境沉积的钙质粉砂岩、粉砂质泥岩夹薄层粉砂岩、薄层粉砂岩、粉砂质泥岩。上部发育不完整，部分地区可能缺失。以南漳东巩地区、巴东城关等地发育典型。它主要分布于巴东组三段上部，由局限台地相灰泥岩和潮坪相泥质粉砂岩或粉砂质泥岩组成。地层厚度小，后期海退迅速，隆升剥蚀，形成不整合面。上覆的上三叠统九里岗组与巴东组之间为平行不整合或微角度不整合接触。巴东组盆地相明显构成一个亚二级海进–海退旋回。总体中扬子地区的中三叠统巴东组从其沉积岩相与物源特征已表明开始转向残余海盆的海相前陆盆地沉积。

2. 上三叠统

中扬子上三叠统盆地相由九里岗组和王龙滩组组成。以当阳盆地九里岗–晓坪剖面为例（图4.14），九里岗组主要由两类沉积岩层组成，下部有砾岩（1 m）、河道细砂岩（16 m）和潮坪相粉砂岩与泥岩（70 m），上部主要为曲流相与洪泛平原沉积相粉砂岩、泥岩、煤层（370 m）等。物源已显著来自北部隆起的造山带，已为典型前陆盆地沉积。九里岗组内划分为两个层序，即层序 1 和层序2。层序 1 相当于九里岗组下部，内部划分出三个小层序组，即小层序组 1、小层序组 2 和小层序组3，它们分别为下部体系域、湖侵体系域和高位体系域。下部体系域的底界是区域性不整合界面，在局部地区表现为微角度不整合界面，它代表了上三叠统与上二叠统至中三叠统两个二级层序的边界。在当阳盆地九里岗地区主要表现为暴露风化不整合界面。界面之下，在巴东组顶界处发育薄的风化壳。

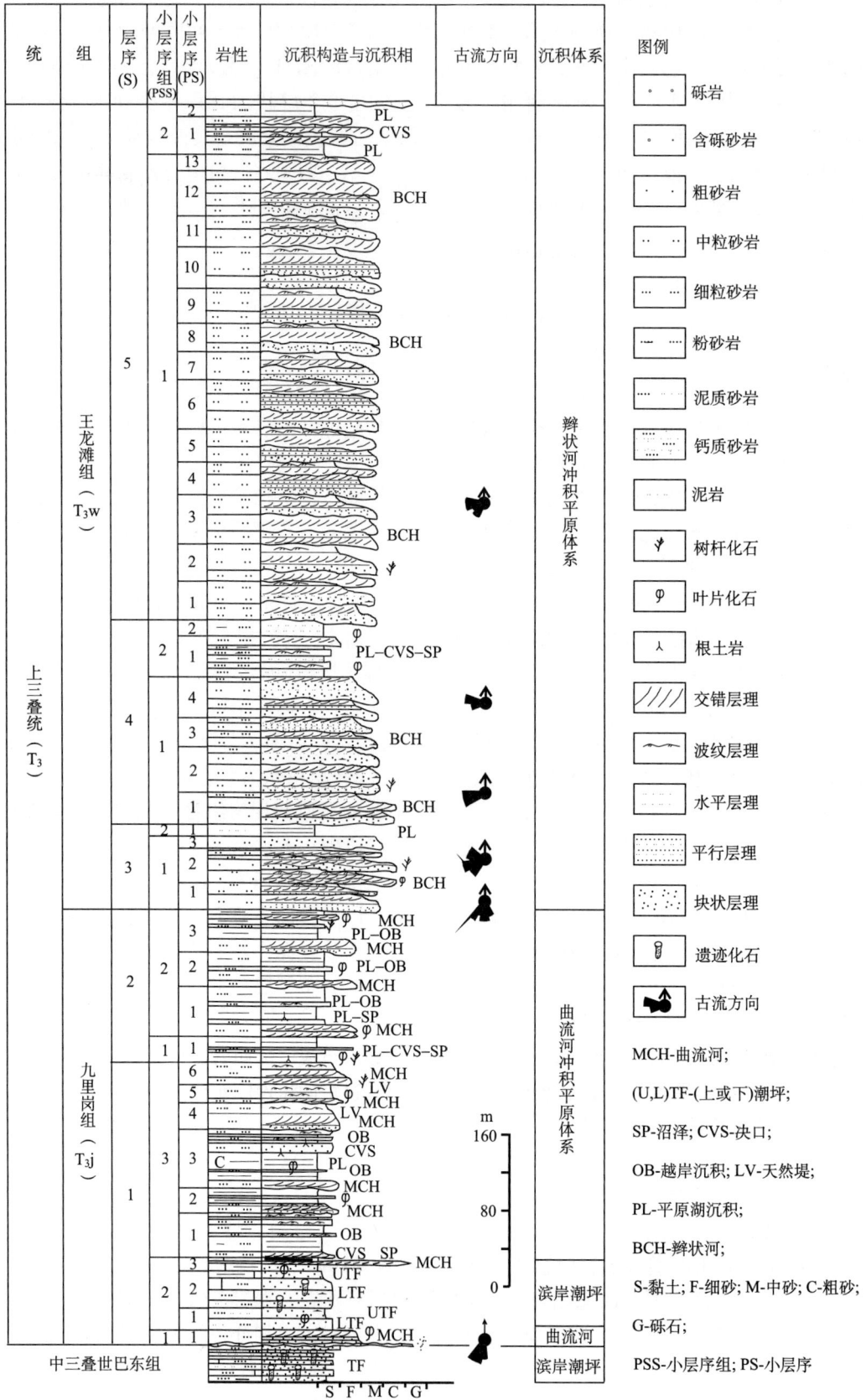

图 4.14 当阳盆地九里岗-晓坪上三叠统垂向剖面

九里岗组底界处发育厚约 20 cm 不等、呈透镜状的细砾岩层，它与下伏层为冲刷接触，界面起伏。据 1∶20 万和 1∶5 万区域地质调查资料，细砾岩中发育大量属晚三叠世的树干化石和叶片化石。界面之上即为下部体系域，主要由低弯度曲流河体系构成。剖面区低位体系域仅发育一个小层序，厚度 16.5 m，向北部厚度增大。它是前陆盆地初始沉降初期低水位条件下的曲流河道充填。初始河道沉积作用之后，水面上涨。此时，海水再次小规模侵入，在盆地南侧部分地区（如剖面区）形成由滨岸潮坪碎屑沉积体系构成的海侵体系域。它与下伏的低位体系域界面清楚，为沉积间断面。海侵体系域内部由三个小层序构成退积–海侵序列，小旋回由下潮坪与上潮坪组成。体系域末期海侵达最大，并发育风暴潮道砾岩沉积。后期海水迅速退出，在体系域顶部发育由黄褐色泥质粉砂岩与煤线组成的多个微旋回，它们为暴露风化型不整合界面。因此底部风化壳顶面和煤线底部为海侵体系域顶界面。继海侵体系域发育之后，海水完全退出，当阳盆地转为陆相沉积时期。高位体系域主要由曲流河冲积平原体系构成。体系域下部三个小层序均由下部的曲流河道砂体和上部的泛滥平原沉积构成正粒序小旋回。小旋回的顶面一般发育煤线或黏土岩。上部三个小层序主要由曲流河道砂体垂向叠置而成。因此，整个体系域在垂向上表现为进积型序列，反映沉积供给速率增高，盆地逆冲活动也不断增强。体系域顶面发育黏土岩和薄煤层，反映具有短时期的暴露风化和沉积间断。层序 2 相当于九里岗组上部，内部划分出两个小层序组，即小层序组 1，小层序组 2，它们分别相当于湖侵体系域和高位体系域。层序 1 形成之后，当阳盆地发生了规模不大的湖泛，因此，在层序 1~2 底部形成了厚度不大的湖侵体系域，其内部仅发育一个小层序。但在野外露头可明显观察到六个由下部平原湖泥岩、中部决口砂岩和顶部碳质泥岩或黏土岩组成的微小旋回。因此，这些反映了盆地构造稳定、沉积供给速率很低的背景。高位体系域主要由曲流河冲积平原沉积体系构成，内部可划分出三个小层序。每个小层序由下部曲流河道砂体和上部泛滥平原沉积构成旋回。体系域在垂向上的堆叠形式为加积型或微弱进积型。高位体系域反映了沉积供给速率和构造活动高于湖侵体系域的特点。

上三叠统上部王龙滩组主要由辫状河冲积平原沉积体系构成，地层厚约 845 m，古流流向已由前九里岗沉积的南西、南转为以南西西为主，显示中扬子东部的抬升。王龙滩组与下覆的九里岗组之间的界面表现为特征的相变界面。界面上、下在体系构成上、粒度上存在着明显差异。这种突变的相变应在全盆地发育具有统一性，它作为层序界面应在全盆地是等时的。王龙滩组内部划分层序 3、层序 4 和层序 5，它们分别大致相当于王龙滩组一段、二段和三段。每个层序内部均只划分出两个小层序组，它们分别为低位体系域和湖侵体系域。王龙滩组三个层序中的低位体系域均以辫状河道砂体垂向叠覆为特征，由大型辫状河道复合体与极薄层的细粒沉积构成的小层序垂向加积堆叠而成，反映盆地快速沉降和沉积。湖侵体系域仅发育一个或两个小层序，主要由平原湖泊沉积为主，反映盆地河道化作用减弱，湖水泛滥，在平原表面发育大量小型湖泊。湖侵体系域底面为区域性湖泛界面，顶界为暴露风化界面和薄煤线。每个小层序均由下部的平原湖泊泥岩和上部决口砂岩组成，表明盆缘构造活动微弱、沉积供给降低的特点。前人研究结果表明，王龙滩组湖侵体系域中有过短期海侵，发育极少量的海相化石（张仁杰，1981）。三个层序主体表现为加积型堆叠形式。整个盆地相呈现出明显的进积序列。

总之，中、晚三叠世中扬子北缘的中、上三叠统由海相到陆相的前陆盆地巨厚沉积体系，清楚地表明勉略带东部于中、晚三叠世已开始俯冲碰撞造山隆升，其陆缘盆地已转变为前陆盆地体系，在时间上稍早于勉略带西部，反映了勉略洋盆自东而西的穿时封闭演化。勉略带的前陆盆地体系在侏罗纪—早白垩世的陆相前陆盆地中得到了更充分的发育和表现。

二、勉略带侏罗纪至早白垩世陆相前陆盆地沉积体系

勉略带陆相前陆盆地改变了前期的格局，盆地沉积相带完全转为近东西向沿东秦岭–大别山造山带南缘分布，充分显示造山带已急剧隆升，主导控制了前陆盆地沉积。前陆沉积以其岩层含大量变质碎屑岩、非成熟的富含长石碎屑岩及沉积构造与碎屑粒度分带变化指向等特征，充分证明，物源是北

侧碰撞造山和逆冲推覆隆升的造山带。前陆盆地沉积的侏罗系至下白垩统可划分为两个盆地相。它们分别由中、下侏罗统，以及上侏罗统至下白垩统组成（图4.15—图4.18）。

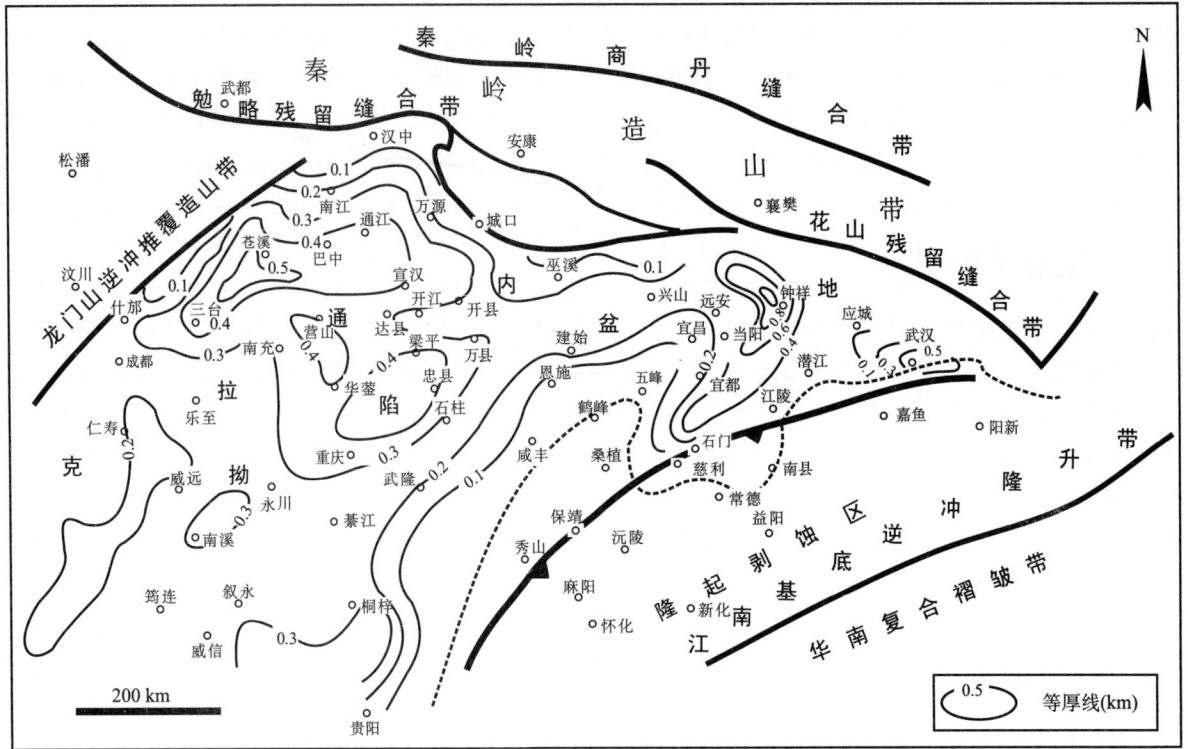

图 4.15 扬子地块早侏罗世构造-盆地单元

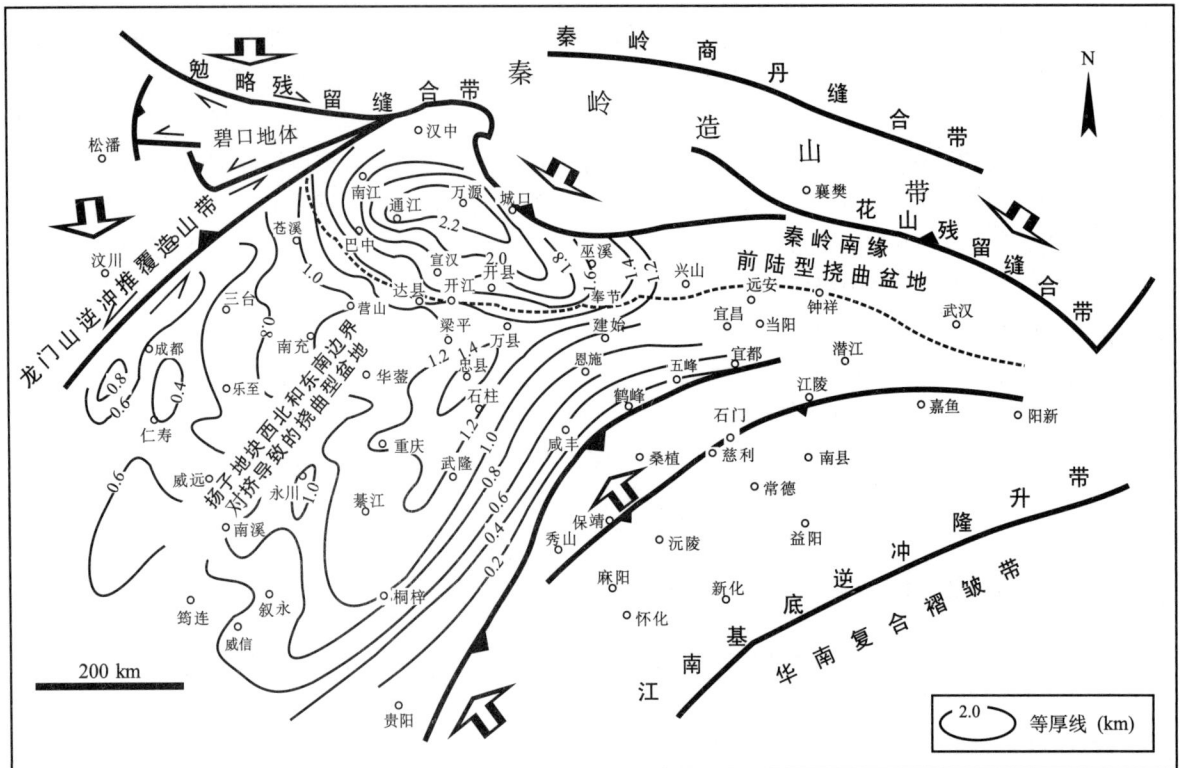

图 4.16 扬子地块中侏罗世构造-盆地单元

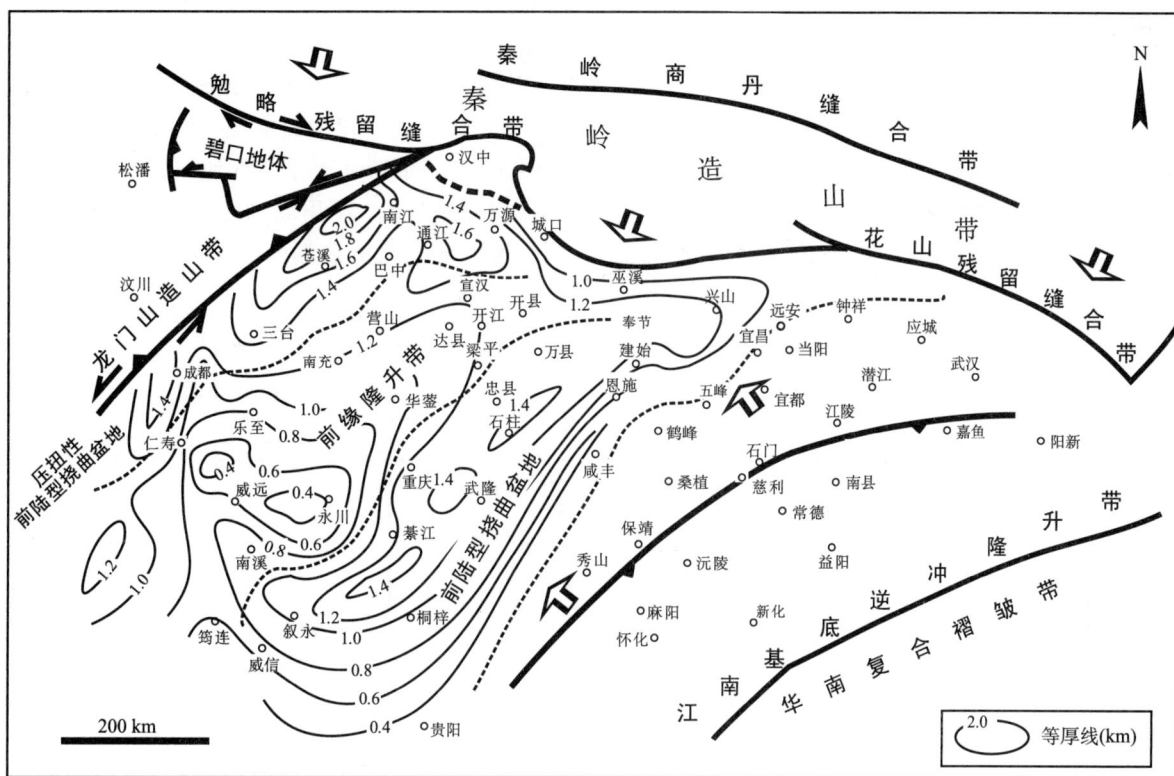

图 4.17　扬子地块晚侏罗世构造-盆地单元

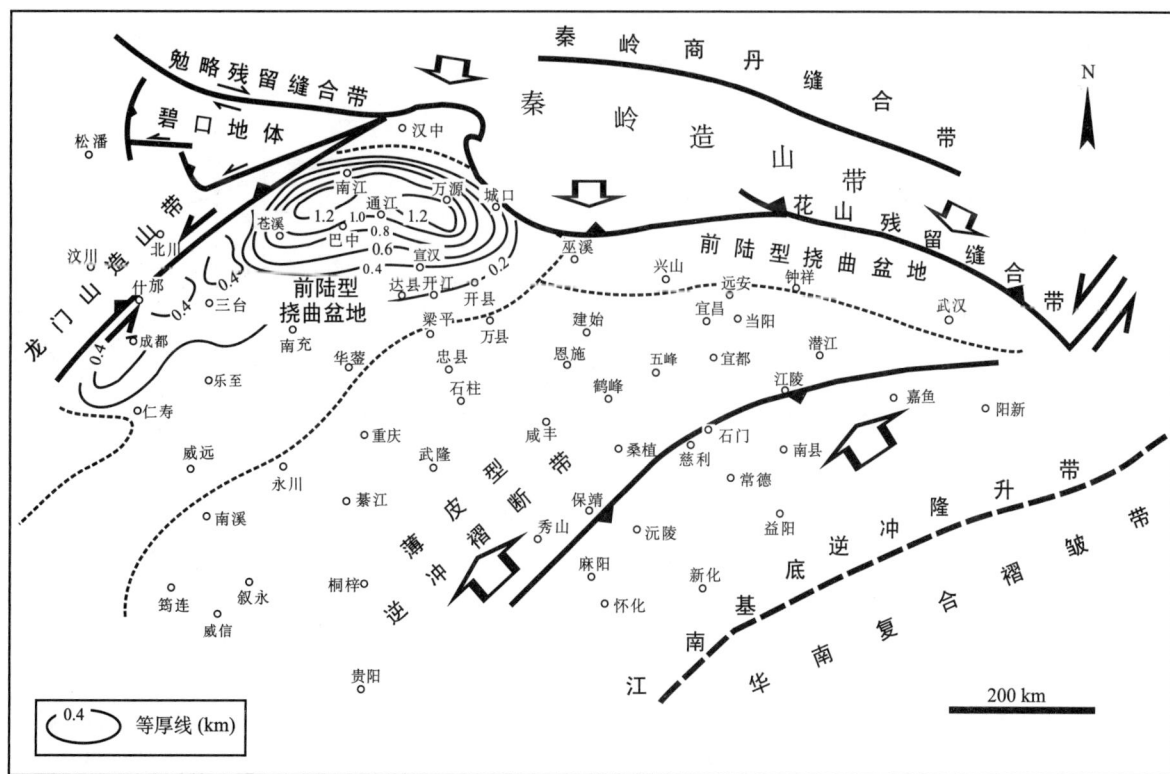

图 4.18　扬子地块早白垩世构造-盆地单元划分

1. 中、下侏罗统

中、下侏罗统盆地相在秦岭-大别山南缘稳定分布，厚度巨大，在四川南溪镇厚6000余米。下侏罗统桐竹园组（在四川省可称白田坝组）内部的层序结构在当阳盆地和秭归盆地（川北盆地）具有明显差异。当阳盆地划分出两个层序，而在秭归盆地仅划分出一个层序。千佛崖组（自流井组）和沙溪庙组内部在两个盆地均划分出两个层序。这里以当阳盆地锅底炕-高稻场剖面为例介绍下侏罗统两个层序特征（图4.19）；以秭归盆地大峡口剖面、刘家坡北侧公路沿线剖面和平邑口-泗湘溪剖面（图4.20）为例介绍中侏罗统两个层序的内部构成特征。

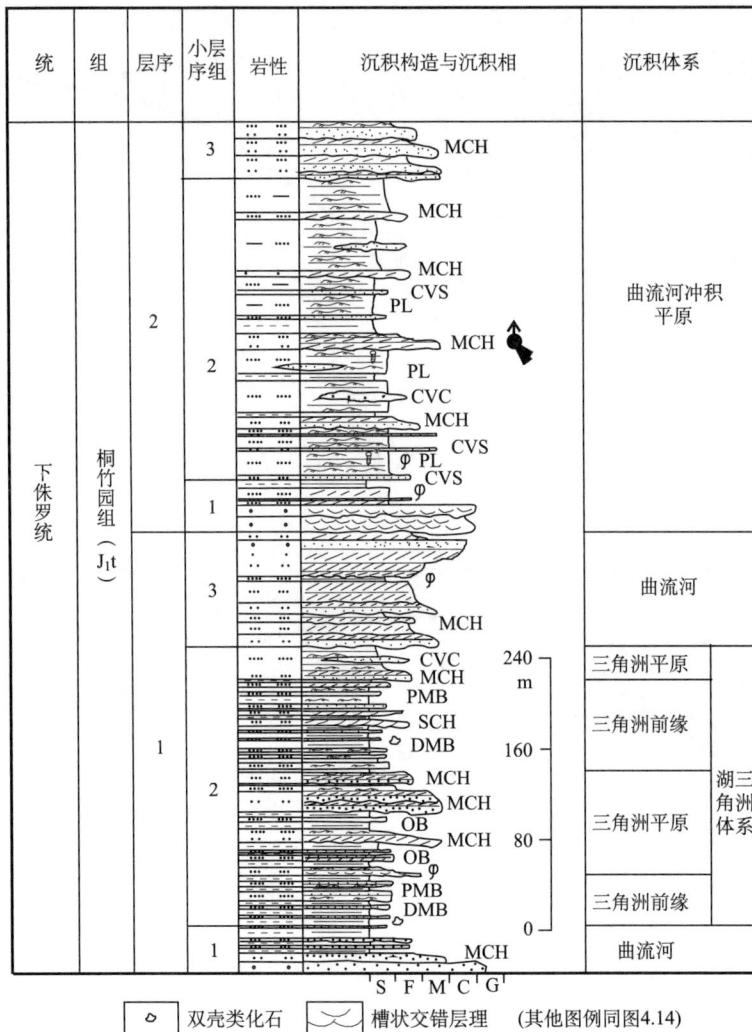

图4.19 当阳盆地区锅底炕-高稻场下侏罗统地层层序

下侏罗统桐竹园组层序1在当阳盆地相当于桐竹园组下部。层序内部划分出三个小层序组，即小层序组1、小层序组2和小层序组3，它们分别相当于低位体系域、湖侵体系域和高位体系域。层序1的底界面，主要表现为区域性冲刷不整合。在秭归盆地、当阳盆地以及四川盆地北缘中均可见到桐竹园组底部河道砾岩与下覆上三叠统泛滥平原或曲流河道砂体之间的冲刷接触，界面起伏，凹凸不平（图4.19）。不整合界面之上发育的低位体系域主要由曲流河冲积体系构成，三个由河道砂体和泛滥平原沉积组成的小层序垂向叠覆，具加积特征。底部河道往往由中、细砾岩组成，而部分地区为砂岩。湖侵体系域由湖泊三角洲体系构成。由三角洲前缘的口坝砂体、水下河道砂体、湖相泥岩及三角

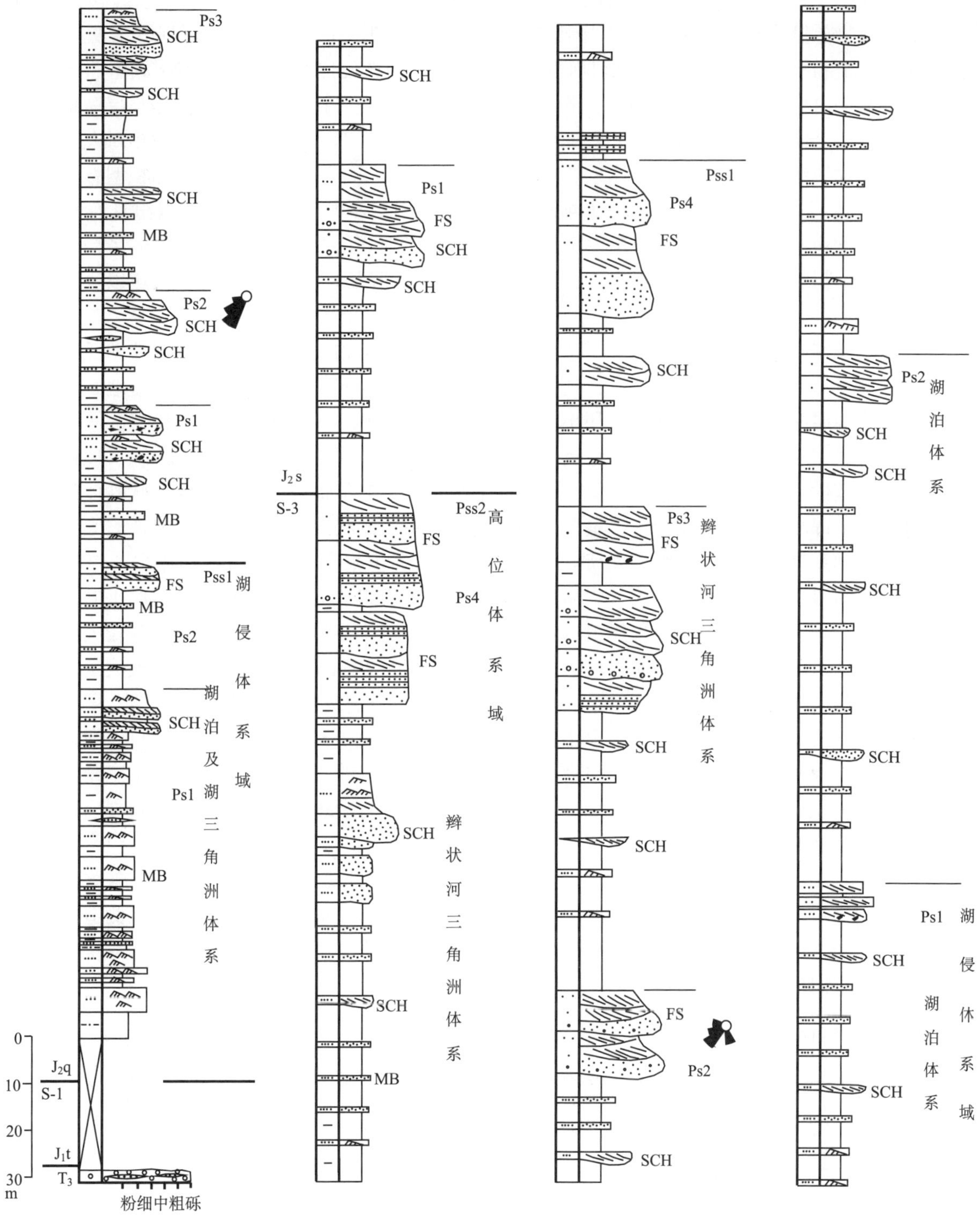

图 4.20　秭归盆地区平邑口–泗湘溪中、上侏罗统地层层序

MB. 口坝；SCH. 水下分流河道；FS. 前缘席状砂岩；S. 层序；Pss. 小层序组；Ps. 小层序；

J_1t. 桐竹园组；J_2q. 千佛崖组；J_2s. 沙溪庙组

洲平原的曲流河砂体、平原湖、决口河道、越岸沉积组成的进积小层序垂向叠覆，整体具退积特征。沉积构成特征显示该时期的沉降速率高于沉积速率，从而导致湖侵，由下部的河流体系转变为湖三角洲体系。高位体系域由曲流河沉积体系构成。由河道粗砂岩、含砾砂岩和河道边缘天然堤粉砂质泥岩组成小层序在垂向上呈进积型堆叠，河道规模和粒度向上明显增大，体系域顶部发育薄煤层，表明河道废弃而沼泽化。因此，高位体系域的沉积供给速率明显大于沉降速率，同时显示盆缘逆冲活动加强，从而导致物源供给充分。层序 2 在当阳盆地相当于桐竹园组上部。层序内可划分出两个小层序组：小层序组 1 和小层序组 2。它们分别相当于湖侵体系域和高位体系域。湖侵体系域由曲流河冲积平原体系构成。由单个曲流河道细砂岩、平原湖粉砂质泥岩、决口粉砂岩组成的五个小层序垂向上呈退积型叠覆。整个体系域主体以泛滥平原沉积为主，体系域的内部构成显示沉降速率相对大于沉积供给速率，沉积盆地泛滥平原化。高位体系域主要表现为曲流河道中、细粒砂岩垂向加积型叠覆，沉积物供给速率增高。秭归盆地下侏罗统白田坝组（或称桐竹园组）与当阳盆地桐竹园组具有明显不同的特征。秭归盆地下侏罗统只可划分出一个层序。整个层序主要由曲流河道冲积平原体系构成，其中低位体系域由中粗粒曲流河道砂体组成，湖侵体系域以平原湖泥岩为主，而高位体系域以决口泥质粉砂岩为主。

中侏罗统在秭归盆地区划分为两个层序。层序 3 与千佛崖组相当，其底界为区域性湖泛面，在下伏层序的顶部可见明显暴露标志，之后，湖水淹没，它在全盆地应具有等时性。秭归盆地区层序 3 内部划分出两个小层序组，即小层序组 1 和小层序组 2。它们分别相当于湖侵体系域和高位体系域。湖侵体系域由辫状河三角洲沉积体系的前缘沉积组合构成，湖水较深。由湖相泥岩和前缘口坝粉细砂岩及水下分流河道砂体构成的两个进积小层序在垂向上呈加积或略显退积堆叠，前缘席状砂体仅在小层序顶部分布，上部小层序湖相泥岩含大量双壳类化石，体系域的构成特征显示沉降速率略大于沉积供给速率。高位体系域主要由辫状河三角洲沉积体系的前缘沉积组合构成。由湖相泥岩、口坝粉细砂岩、水下分流河道中、细砂岩及粗粒、中粗粒前缘席状体砂岩组成的四个进积型小层序垂向堆叠，小层序组整体呈进积型。它与下伏小层序组的区别在于，前者每个小层序顶部均发育厚度较大的前缘席状砂体。高位体系域沉积供给速率明显增大，大于沉降速率，盆缘逆冲活动强烈，导致大量的物源供给。特别是席状砂体的形成需要源区供给大量物源，并且盆缘区存在大规模的辫状河道。层序 4 在秭归盆地相当于沙溪庙组，其内部划分两个小层序组，即小层序组 1 和小层序组 2。它们分别相当于湖侵体系域和高位体系域。湖侵体系域仍由辫状河三角洲体系的前缘沉积组合构成。四个三角洲进积小层序垂向上呈退积型叠置，向上湖水加深。下部小层序中仍发育前缘席状砂体，向上缺失。这显示了沉积供给速率降低而沉降速率增大的特征。高位体系域由辫状河三角洲体系的前缘沉积组合和平原组合构成。五个小层序垂向上呈进积型叠置。该体系域的突出特征是，三角洲小层序上部发育平原组合；三角洲前缘组合中的前缘席状砂体厚度巨大，并且多个砂体垂向加积。这些反映北侧造山带高高隆起、剥蚀加强，源区沉积物供给极其丰富，盆缘逆冲活动增强的特征。整个中、下侏罗统盆地相表现为进积型的垂向序列。

2. 上侏罗统至下白垩统

上侏罗统至下白垩统盆地相分布于秭归盆地及其以西地区，并且秭归盆地缺失上侏罗统上部和下白垩统。显示秦岭-大别造山带在陆内造山构造演化中，东部抬升，陆内造山的前陆盆地向西逐渐退缩，直至白垩纪已退至四川盆地西北一角。这里以秭归盆地为例，介绍上侏罗统遂宁组和蓬莱镇组组成。两个地层组分别相当于两个层序单元，即层序 1 和层序 2（图 4.21）。

层序 1 的底界主要表现为暴露风化不整合面和大规模的湖泛面。层序 1 内部划分出两个小层序组，分别相当于湖侵体系域和高位体系域。湖侵体系域由湖三角洲体系构成，与上、下伏地层的体系构成具有明显差异。由三个湖三角洲进积小层序垂向叠覆组成退积型小层序组。其中上、下小层序顶部发育平原组合，而中部小层序缺失平原组合。湖三角洲沉积体系粒度明显变细，以粉砂质和泥质为主。具高能量沉积特征的前缘席状砂体在湖三角洲不发育。该体系域显示出沉积供给速率降低、区域性湖泛及盆缘逆冲活动减弱的特征。高位体系域由辫状河三角洲沉积体系构成。三个三角洲进积小层序垂向叠置，组成进积型小层序组。每个小层序上部均发育厚度大的前缘席状砂体，反映物源供给丰富，盆缘逆冲活动增强。层序 2 的底界为河道冲刷不整合界面。界面之下为三角洲前缘席状砂体，之上为辫状河道砂体。该层序相当于秭归盆地蓬莱镇组。由于顶部风化剥蚀，地层保存不全。露头范围内可划分出两个小层序组，即小层序组1和小层序组2。它们分别相当于低位体系域和湖侵体系域。低位体系域主要由中、粗粒（局部为砾质）辫状河冲积平原（上平原）沉积体系构成。单个小层序由下部的辫状河道砂体和上部的泛滥平原沉积构成小旋回。多个小层序垂向叠置呈加积型序列，显示出充足的物源供给、盆地过饱和充填、盆缘强烈逆冲的特点。湖侵体系域由曲流河冲积平原沉积体系构成。它与低位体系域的区别在于后者以辫状河道砂体垂向叠覆为主，而前者由河道砂体与泛滥平原构成韵律分布。湖侵体系域小层序下部为加积、上部为退积。已测得的三个小层序呈退积型垂向叠覆。湖侵体系域与下覆低位体系域相对比，沉积供给速率明显降低，盆地边缘逆冲活动有所减弱。但它仍然属高能量的沉积体系类型。下白垩统地层主要分布于四川盆地西北端和西缘，主要由河流体系和冲积扇体系构成。因此整个上侏罗统至下白垩统盆地相垂向序列仍表现为进积型。

　　秦岭-大别造山带勉略构造带自晚白垩世起以江汉、麻城等断陷盆地近于垂直方向横断勉略带为代表，标志原勉略带南侧的陆内造山的前陆盆地演化已结束而进入新的陆内盆山结构演化阶段（图4.21）。

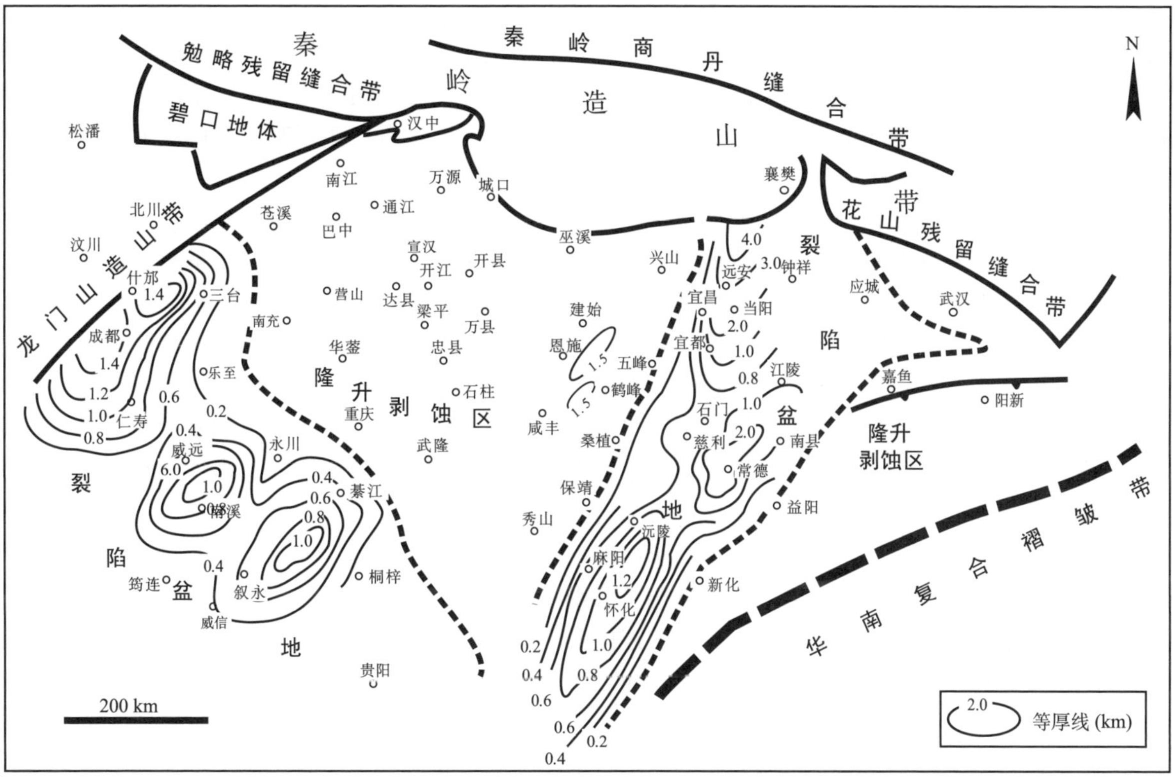

图4.21　扬子地块晚白垩世构造-盆地单元

第三节　勉略带原陆缘和前陆盆地区域构造沉积古地理恢复

　　勉略带沉积古地理分析与区域构造分析相结合是了解勉略带扩张、关闭、碰撞过程的重要方法之一。勉略带大陆边缘盆地的恢复论证了勉略古洋盆的存在和展布。勉略带前陆盆地系统的重建揭示了勉略洋关闭及华北板块与扬子板块之间的最终拼合及碰撞造山和陆内造山的全过程。

一、勉略带大陆边缘盆地构造沉积古地理

（一）泥盆纪至石炭纪勉略带西段大陆边缘盆地和东段前裂陷期
克拉通陆表海盆地沉积古地理

扬子地块北部初始勉略带泥盆系和石炭系是在商丹洋南侧原扬子板块被动陆缘后部的区域性隆起背景上，从初始裂解裂谷断陷到初始洋盆扩张打开的陆缘盆地的充填沉积，区域上属于东古特提斯构造演化的构造-沉积事件。

勉略带西段沉积学研究表明，早、中泥盆世康县—略阳一带为深水浊积岩、泥质碳酸岩、泥质岩和双峰式火山岩，并在盆地南缘发育了盆缘冲积扇、扇三角洲和浊积岩。西秦岭南缘桥头—南坪一带于早泥盆世主要为深水盆地相至陆架相的泥质岩、泥质碳酸盐岩沉积，中泥盆世为深水盆地至陆架相的碳酸盐岩沉积。它们反映了勉略带西段在早泥盆世处于活动裂谷盆地沉积环境。晚泥盆世至石炭纪勉略带西段盆地性质发生了重要转变，在桥头—南坪、康县—略阳已开始形成大陆边缘盆地沉积环境，主要沉积了缓坡型浅海陆架至台地碳酸盐岩。它们超覆于下伏不同地层之上，其底界面为裂开不整合，显示了洋盆扩张、洋盆两侧大陆边缘盆地的形成过程。与此同时，高川地区于晚泥盆世开始裂解，石炭纪形成大陆边缘陆架，显示出勉略洋盆从西至东的裂开过程。由于高川东侧被大巴山推覆体掩盖，洋盆向东的延伸不十分清楚。

从中扬子北缘泥盆纪和石炭纪区域地层格架分析表明，中扬子北缘相对南部湖南、广西等地，处于相对抬升背景，并且在阳日断裂以北地区缺失泥盆石炭系地层，二叠系与志留系不整合接触，形成古隆起。然而仅在随州南由于后期构造强烈破坏，现只少量残存的"白村寨组"等泥盆系，仍证明在总体隆起的中部仍有裂陷的存在，记录了勉略初始扩张裂陷的东延。总之中扬子北部此时期总体呈现为一隆起，表现为来自华南地区的海水至中泥盆世逐渐向中扬子北部超覆海侵。初期，海侵海水自湖南南部抵达湖北南部、湖南北部，沉积了河口湾相、河流相的新关组，当时沉积盆地的北界大致在松桃、桑植以北—江西修水一线。晚期，即吉维特期初的强烈海侵，海岸线向北推移至宜昌、荆门地区，沉积了滨海相云台观组砂岩。晚泥盆世海水再次向北推进。晚泥盆世海侵达到顶峰，沉积范围最大，沉积地层层位向北也不断变新，在中扬子西部形成滨岸沉积，东部形成缓坡型河流三角洲体系，陆源碎屑主要来自东部下扬子地区。此时下扬子区则主要为河流体系。因此，中、下扬子区泥盆纪形成北隆南降、东高西低的地貌态势，为典型的连接南部海域的陆表海盆地（图4.22）。石炭纪中、上扬子北缘基本保持泥盆纪时期的古地理面貌，北侧仍保持隆起背景。中扬子区继泥盆纪末期海退之后，石炭纪初发生海侵。早石炭世中扬子海域与华南海分隔，海侵主要来自古太平洋海域。沿长江中、下游地区形成了近东西至北东向分布的局限台地相和潮坪相沉积。晚石炭世中、下扬子地区发生重大的海侵，海域面积陡增，华南海域与扬子海域连成一片，中扬子北缘属陆表海盆地，主要为局限台地沉积环境（图4.23）。上扬子地区大部分仍处于隆起状态。因此，石炭纪扬子北缘处于北隆、南降、西高、东低的格局。泥盆纪至石炭纪时期，四川北部汉南地区和川西地区处于隆起背景，该隆起向东与宜昌地区北侧隆起带相连，构成完整的中、上扬子北缘区域性隆起带。

由上分析可见，扬子北缘泥盆纪至石炭纪盆地格局表现为，扬子与南秦岭地区泥盆纪开始裂解，首先沿西部的勉县、略阳、高川等地裂开，并逐渐形成初始古勉略洋盆，向东延伸至中扬子北缘花山、大别南缘，但多由于后期推覆体掩盖而发育不清，尚难准确恢复。古勉略裂陷和初始洋盆南侧为中、上扬子北缘区域性隆起带，隆起带南部沿宜昌、荆门、黄石一带发育陆表海盆地，该盆地与南侧华南海域、东侧古太平洋海域在不同时期相连。

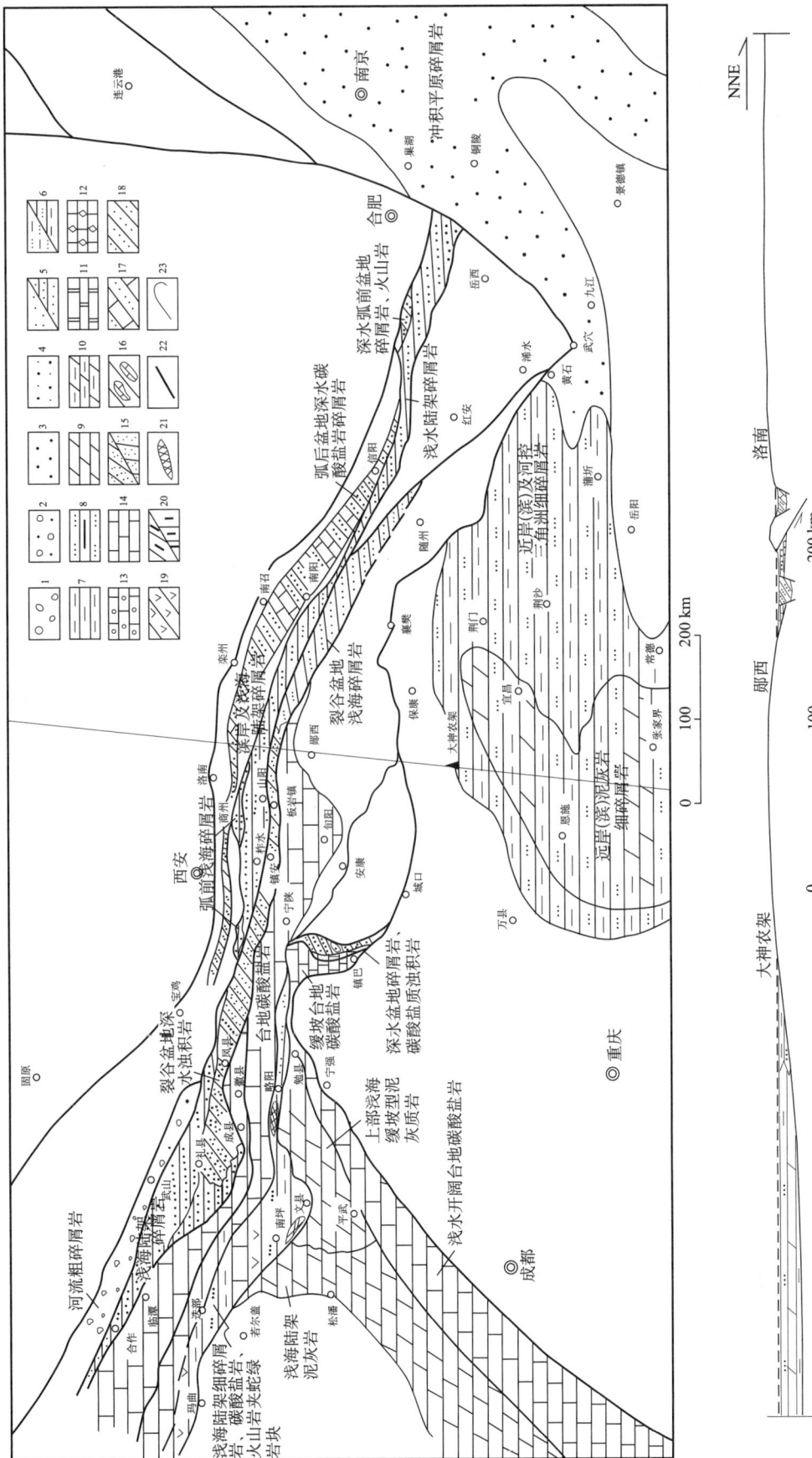

图 4.22 秦岭及邻区泥盆纪法门期古地理

图中引用了杜远生（1995a，b），徐安武、芮夫臣（1991）等资料；附沉积剖面示意图

1. 砾岩；2. 砂岩、砾岩、含砾砂岩；3. 砂岩或含砾砂岩；4. 含砾砂岩及细砂岩；5. 砂岩（陆相/滨浅海相）；6. 细砂岩、泥岩；7. 滨浅海相泥岩、黏土岩；8. 滨浅海相粉、细砂岩；9. 泥灰岩；10. 泥灰岩夹细碎屑岩；11. 白云岩；12. 膏岩、盐岩；13. 鲕粒灰岩；14. 石灰岩；15. 浊积岩（半深海~深海）；16. 滑积岩；17. 半深海碳酸盐岩、砂泥岩；18. 半深海火山岩；19. 半深海砂泥岩；20. 硅质岩（半深海~深海）；21. 蛇绿岩；22. 断层；23. 岩相界线

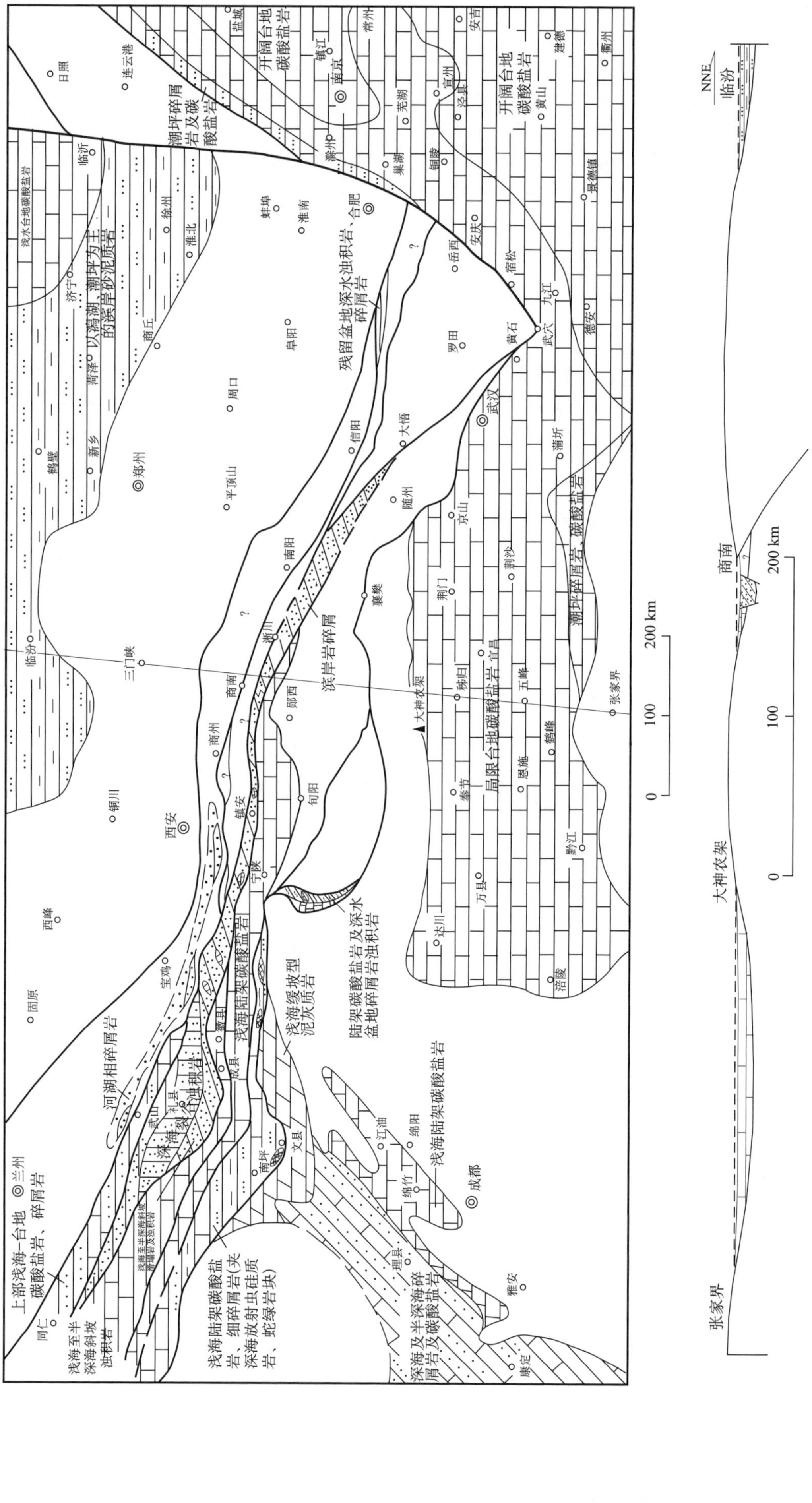

图 4.23 秦岭及邻区石炭纪威宁期古地理

图中引用了曹宣铎等（1994）、张瑛（1993）、朱德元和牟泽辉（1987）资料；附沉积剖面示意图。图例见图 4.22

（二）二叠纪至早中三叠世勉略带大陆边缘盆地沉积古地理

二叠纪至早三叠世是扬子北缘沉积盆地转换的重要时期。随着分隔秦岭微板块与扬子板块的勉略古洋盆从西向东打开，扬子北缘前期的区域性隆起逐渐转变为向北加深的大陆边缘盆地。

二叠纪扬子北缘沉积环境发生重要变化，出现了以浅海-半深海硅质岩与其自南向北加深为突出代表的陆缘沉积体系，充分显示了作为勉略有限洋盆的南侧大陆边缘已于二叠纪开始形成，也说明了勉略有限洋盆也于二叠纪从西向东全部裂开。早二叠世栖霞期，扬子北缘普遍海侵，包括北侧的南大巴山弧、汉南地块和上扬子区普遍形成碳酸盐岩台地沉积体系。茅口期海侵进一步扩大，由北向南形成了下部浅海-半深海硅质岩盆地体系、碳酸盐岩陆架斜坡体系和开阔碳酸盐岩台地体系（冯增昭等，1991），为典型的大型边缘沉积盆地（图4.24）。深水硅质岩盆地沿中扬子京山-竹山干沟、上扬子巫溪-城口一带分布。碳酸盐岩台地体系分布于武穴、宜昌、恩施、重庆等地。茅口期末扬子北缘普遍海退，大面积暴露。晚二叠世吴家坪期初始海侵，海侵规模西部大而东部小。晚二叠世长兴期海侵规模扩大。北部深水盆地扩大，而台地相缩小（冯增昭等，1991）（图4.25）。黄陵地区形成向北凸出的台地，处于相对抬起的地形。在鄂西建始、恩施地区形成了近南北向深水盆地。同时期在滇黔桂南盘江地区自晚二叠世裂解形成了北北东方向的深海-半深海裂谷盆地（夏文臣等，1995）。两者可能相互连通，是一条陆内裂谷。通过对紧邻巴山弧逆冲带东翼的竹山县干沟二叠系硅质岩的研究发现，硅质岩中发育大量二叠纪放射虫化石，经中国科学院南京地质古生物研究所及中国地质大学鉴定主要为 *Pseudoalbaillella* sp.，*Albaillella* sp.，*Hegleria* sp.，*Pseudoalbaillella scalprata* m. *scalprata* Holdsworth et Jones，*Pseudoalbaillella* cf. *fusiformis* Holdsworth et Jones，*Follicucullus* sp. 等。该区的硅质岩强烈褶皱，构成大巴山逆冲带南缘逆冲岩片，向西被巴山弧逆冲带斜切并掩盖。它们为勉略洋南侧深海或半深海沉积。

早三叠世仍保持大陆边缘盆地沉积环境，但晚期由于勉略有限洋盆缩小，海水逐渐变浅，以至于在早三叠世末或中三叠世大陆边缘盆地在不同地区先后关闭，转换为残留海盆地。早三叠世格里斯巴赫期、亭纳尔期中扬子地区自北而南发育了下部浅海泥质-灰泥质盆地体系、浅海碳酸盐岩陆架斜坡体系和碳酸盐岩台地体系（冯增昭等，1997）。上扬子地区由于晚二叠世南盘江-大庸裂谷盆地的打开以及康滇古陆隆升和火山岩活动，脱离中、下扬子的演化步伐而发生隆升，形成了沿康滇古陆南北走向和上扬子西缘大陆边缘北东走向的相带分布，发育了滨岸潮坪和潟湖沉积，东部和北部为下部浅海碳酸盐岩陆架体系（图4.26），西缘为与松潘海相连的浅海大陆边缘盆地。早三叠世史密斯期和斯派斯期扬子北缘开始分异，中扬子地区史密斯期与斯派斯期海水已变浅成为碳酸盐岩局限台地体系，发育云岩、粒屑灰岩，表明大陆边缘盆地逐渐萎缩，转变为残留海盆地。上扬子地台史密斯期和斯派斯期海水进一步变浅，形成蒸发岩-碳酸盐岩潮坪和萨布哈台地沉积环境（吴应林等，1989），北部（高川）和东部（鄂西）保持海湾碳酸盐岩台地环境。早三叠世末期上扬子区海水曾一度退出台地。中三叠世开始时由于来自西南部的火山活动，使全区堆积了一层火山灰（即绿豆岩）。中三叠世之后扬子北缘全部进入前陆盆地演化阶段。

二、勉略带前陆盆地沉积古地理

勉略带南缘前陆盆地系统经历了多期演化，各期具有不同的构造古地理格局。它们反映了勉略古洋盆复杂的关闭、俯冲与碰撞过程和陆内造山过程。勉略带南缘前陆盆地系统经历了两个大的演化阶段，即早期海相前陆盆地演化阶段和晚期陆相前陆盆地演化阶段。

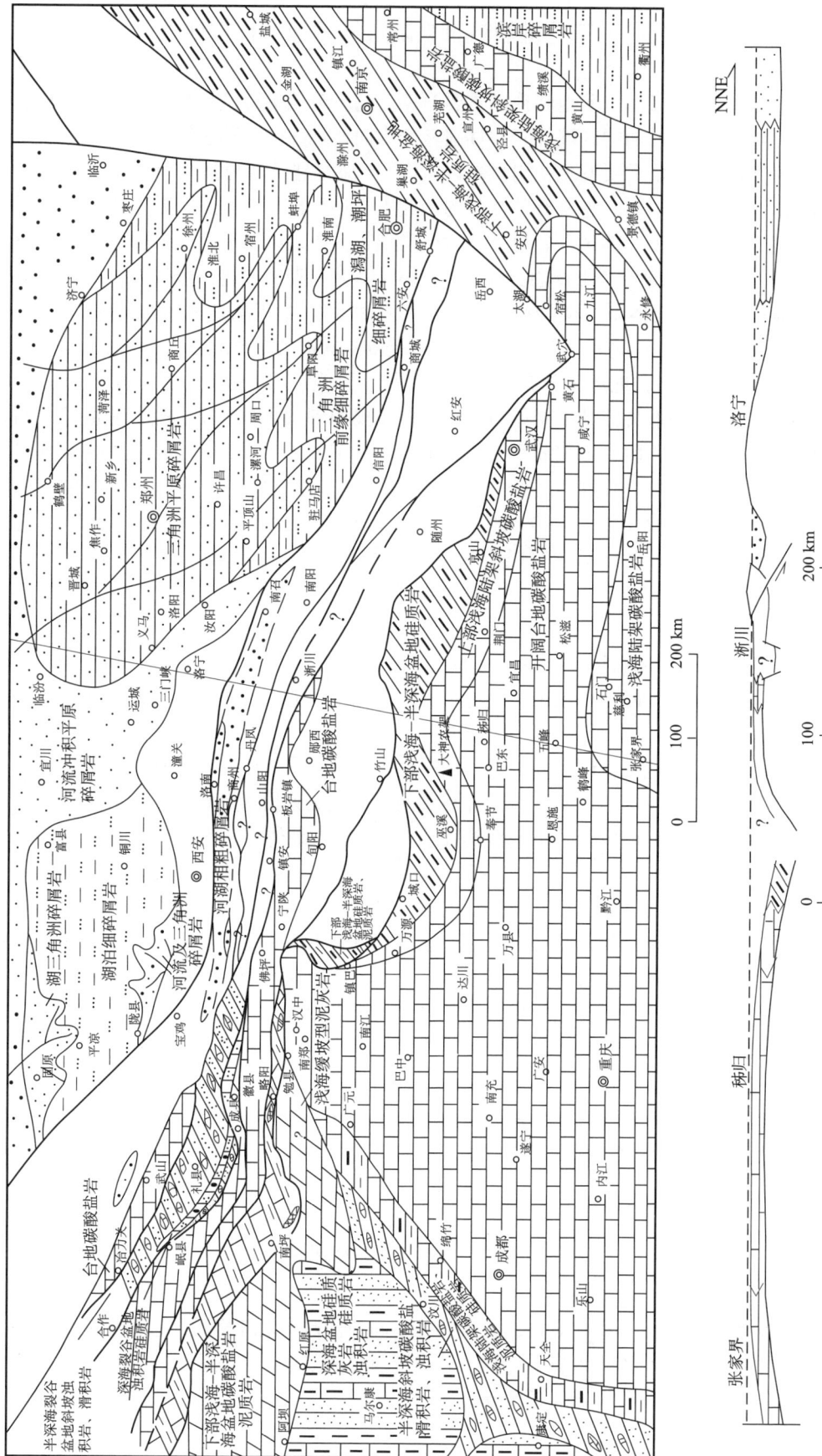

图 4.24　秦岭及邻区二叠纪茅口期古地理

图中引用了王治平等（1995）、朱德元和牟泽辉（1987）、冯增昭等（1991）等资料；附沉积剖面示意图。图例见图 4.22

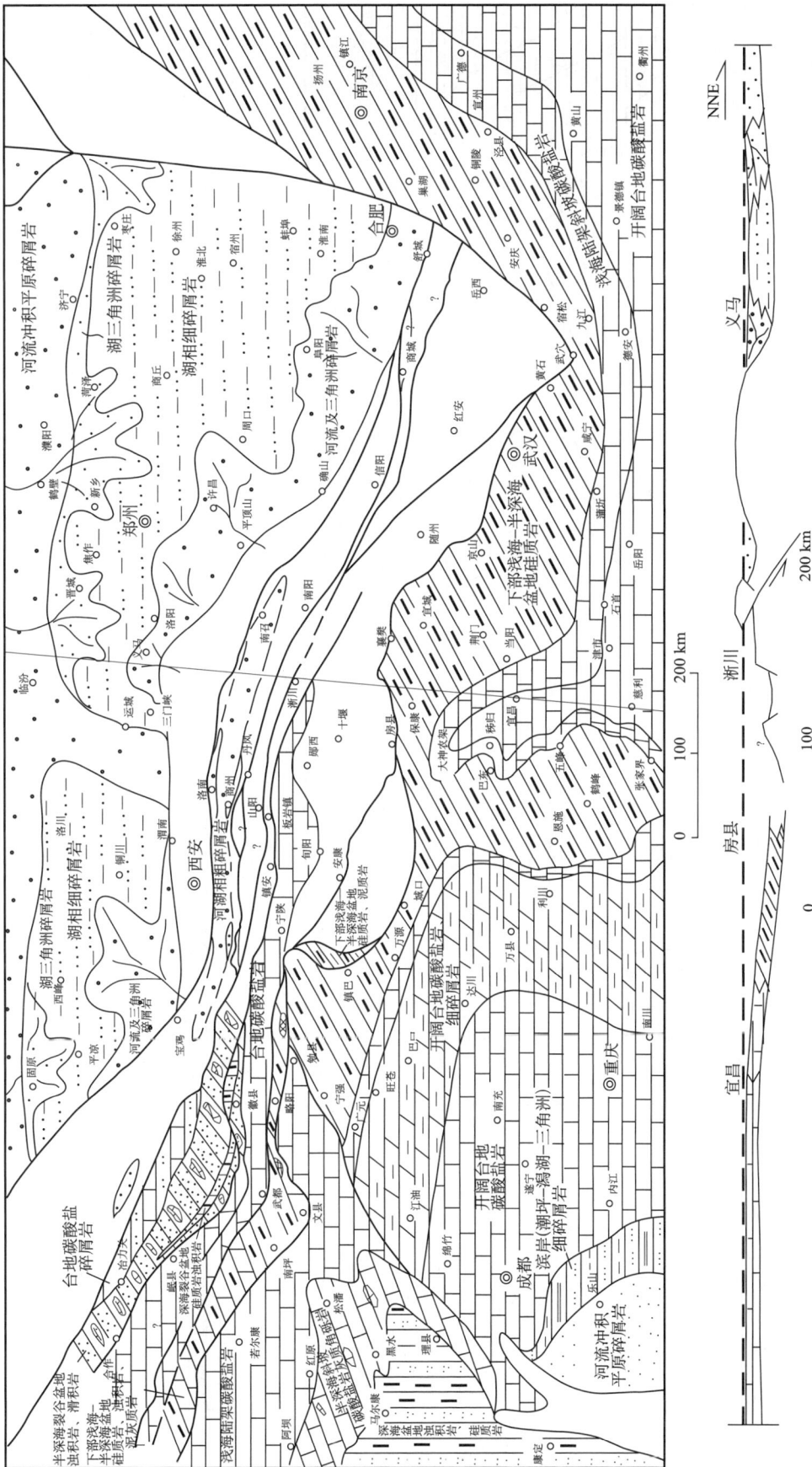

图 4.25　秦岭及邻区二叠纪长兴期古地理

图中引用了王治平等（1995）、朱德元和牟泽辉（1987）、冯增昭等（1991）等资料；附沉积剖面示意图。图例见图 4.22

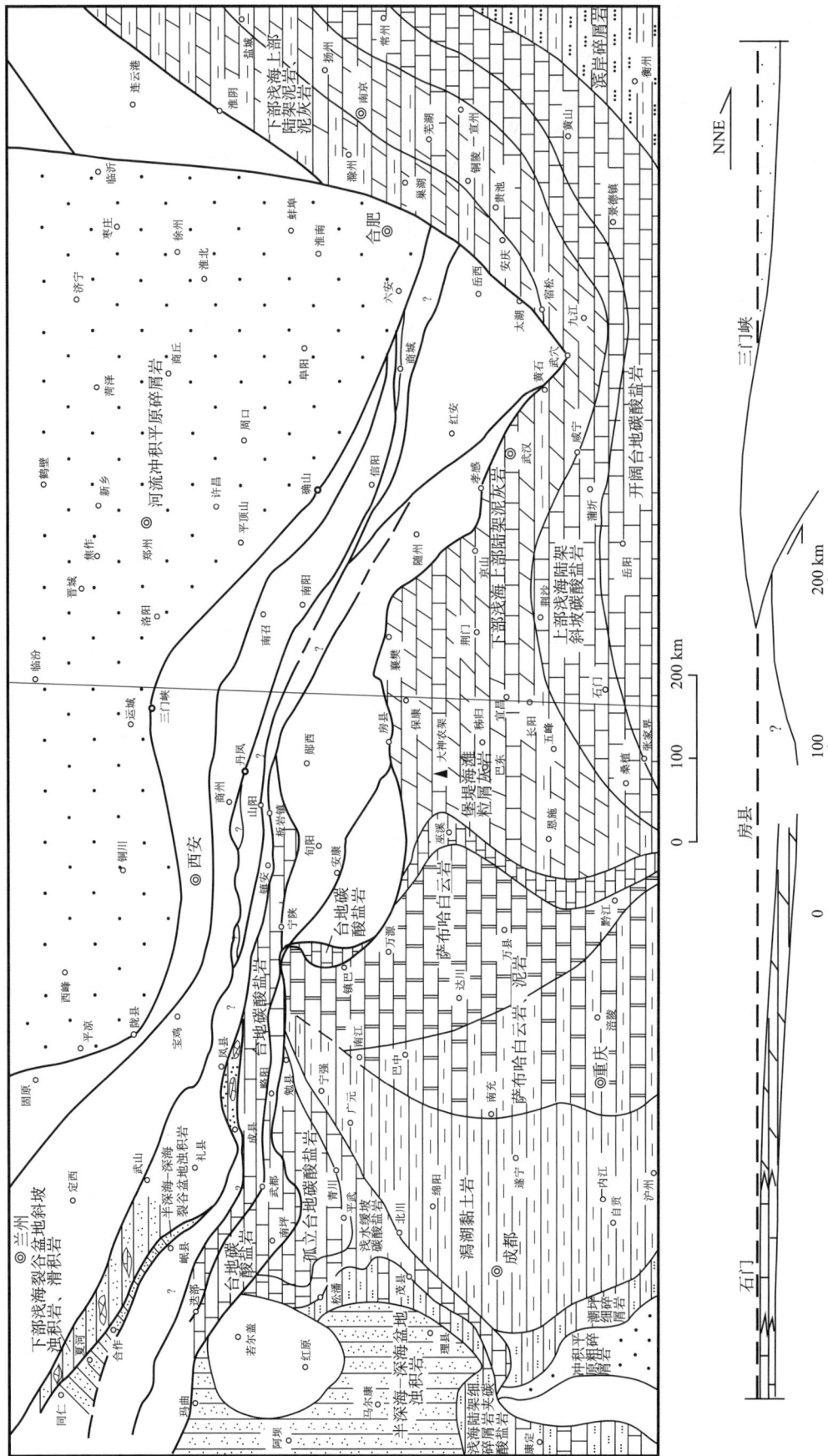

图 4.26 秦岭及邻区三叠纪哥里斯巴赫斯期至亭纳尔期古地理

图中引用了冯增昭等（1991）、吴应林等（1989）、赖旭龙和杨逢清（1995）等资料；附沉积剖面示意图。图例见图 4.22

（一）勉略带早期海相前陆盆地体系沉积古地理

构造沉积古地理分析表明，晚古生代勉略洋经历了自西向东扩张，洋盆格局可能表现为宽窄不一串珠状延伸，但总体为向西张口、西宽东窄形态，西部与东昆仑南缘阿尼玛卿洋盆相连。迄今的区域资料表明，西部的阿尼玛卿洋盆西段于早三叠世开始关闭，而东部于中三叠世开始关闭。受东古特提斯域西部板块构造影响，勉略洋西部自西向东关闭，同时又受东古特提斯东部华南板块顺时针旋转向北拼合作用，勉略洋东部自东向西关闭，松潘北缘勉略带于中三叠世洋盆开始关闭，并进一步发生陆内俯冲，从而松潘北部形成前陆复理石盆地。复理石盆地带向东，碧口、汉南由于前寒武纪地块隆起及后期构造改造与剥蚀、缺失同期沉积记录尚难以恢复外，已如前述，同期上扬子地区中三叠世发生了区域性隆起，仅在隆起的西侧龙门山前缘于拉丁期形成天井山组浅水局限台地和蒸发盐台地沉积。东部的中扬子地区一方面作为前陆盆地系统中的隆后沉积带，另一方面由于南盘江-大庸 P_2-T_1 裂陷的北段关闭（南段仍然保持深水盆地环境）并隆升，该区处于隆升带的边缘，因此形成了碎屑滨岸冲积平原沉积体系、局限台地碳酸盐岩体系（图4.27）。沉积带总体呈弧形沿江南逆冲隆升带北缘分布，向东可能被大别推覆体掩盖。因此，川东、中扬子地区分布的巨厚的巴东组以海相细碎屑岩为主的沉积带应是勉略带早期前陆盆地系统中的隆后沉降及南盘江-大庸陆内裂陷带关闭作用形成的江南逆冲带区域抬升联合作用的沉积响应。晚三叠世卡尼期西缘的前渊沉积带仍为复理石沉积带，其侧向边缘的龙门山地区及其边缘沉积了马鞍塘组粒屑灰岩、生物碎屑灰岩和粉砂岩等克拉通边缘浅水碳酸盐岩、滨岸砂岩沉积。该时期的上扬子开江—泸州一带隆起加剧，使下伏地层（包括中三叠统天井山组、雷坡口组及下三叠统的嘉陵江组顶部）遭受剥蚀（李勇，1994）。晚三叠世诺利期松潘地区开始隆升，发育浅海陆架碎屑岩沉积。此时海水与上扬子地区相通，致使小塘组发育海相化石。诺利期晚期至瑞替期碰撞造山，勉略带开始形成向南凸出的弧形褶皱推覆构造带。由于该带与西南部同期甘孜碰撞带和东部龙门山陆内逆冲推覆造山带构成三面围限松潘地区，造成独特的松潘同期构造变形、隆升，致使勉略带的前渊沉积带向东迁移至川西龙门山和米仓山大巴山南缘。在青川-茂汶断裂东侧地区充填了西厚东薄的磨拉石楔，在横向上沉积体系的配置为辫状河（或扇）三角洲—湖泊—小型三角洲—冲积平原（图4.28、图4.29）。在垂向上为向上变粗的进积体系。川东前隆区自诺利期至瑞替期也不断向东迁移至秭归—恩施一带。在大庸地区隆后沉积带沉积了厚度不大的冲积平原沉积体系。

上扬子北缘及中扬子北缘作为勉略碰撞带晚三叠世前陆盆地系统的东延，其沉积格局具有特殊意义。中扬子的当阳-武穴地区上三叠统地层层序发育较完整，沉积厚度在当阳地区达1300 m。下部九里岗组以发育曲流河冲积平原沉积体系为特征，其中的泛滥平原沉积较丰富；上部王龙滩组主要发育辫状河冲积平原沉积体系，并且主要表现为辫状河道砂体的垂向叠覆。当阳地区上三叠统具有东北侧厚、南西侧薄的特点，古流方向主要有南西向、西向和南向，盆地总体走向为北西西-南东东。区域沉积学观察表明，下部九里岗组在北东侧的荆门市海慧沟发育自北东向南西流动的主河道，由厚度较大中粗粒岩屑砂岩构成。上部王龙滩组在盆地北东侧的荆门香龙沟-锅底坑地区发育达1500 m厚的辫状河冲积平原体系。晚三叠世前陆盆地中主河道主体有横向河道和纵向河道，前者以南西向和南向古流为主，物源来自于北部逆冲带。后者的流向为西向或南西西向，反映东部的鄂东地区盆地沉积表面相对隆起。由于盆地北缘前陆逆冲带后期不断向南前展，晚三叠世中扬子盆地的原始形态难以恢复，推测控制盆地的北部边界的逆冲断裂可能为阳日断裂。晚三叠世盆地的沉积物构成，反映了盆地基底继巴东组沉积之后经过一定时期的风化剥蚀之后的初始缓慢拗陷，物源供给不十分充分，盆地沉积斜坡小，形成广阔的曲流河冲积平原，以及河道与泛滥平原湖兼杂并存的古地理面貌。晚期物源供给充分，同时盆地快速沉降，为沉积充填提供了足够的空间。盆地沉积表面坡度较陡，形成高能量的辫状河冲积平原体系。晚三叠世盆地总体充填特征反映它为过饱和充填盆地，表现为盆地沉积物注入

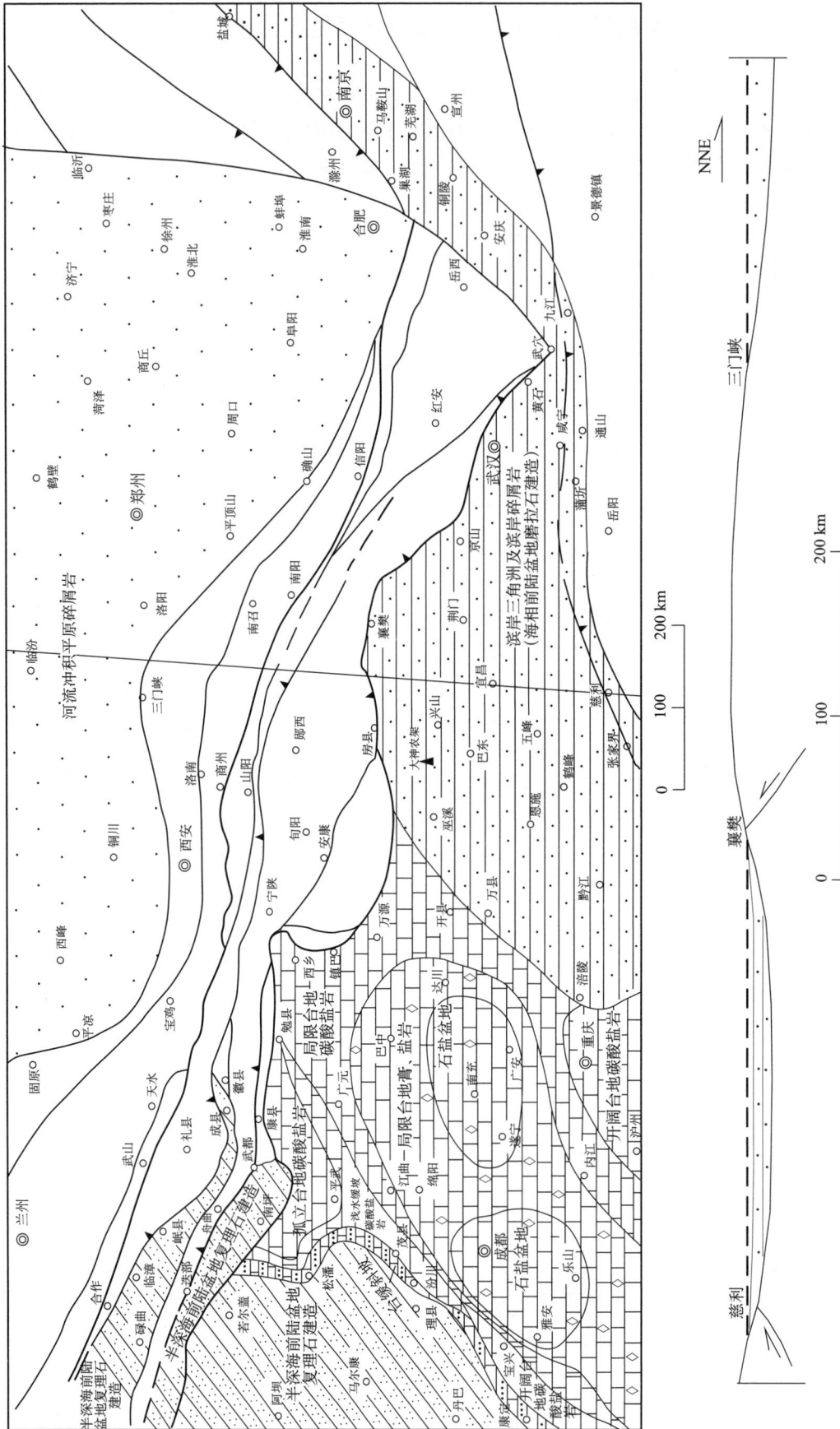

河流冲积平原碎屑岩

滨岸三角洲及浅岸碎屑岩
（海相前陆盆地磨拉石建造）

局限台地—盐岩
碳酸盐岩

孤立台地碳酸盐岩

江曲—局限台地膏—盐岩

开阔台地碳酸盐岩

半深海前陆盆地复理石建造

半深海前陆盆地复理石建造

半深海前陆盆地复理石建造

图 4.27 秦岭及邻区三叠纪拉丁期古地理

图中引用丁鸿喈等（1991）、吴应林等（1989）、殷鸿福等（1992）等资料；附沉积剖面示意图。图例见图 4.22

NNE

慈利 襄樊 三门峡

0 100 200 km

速率大于盆地沉降空间增长速率，因此，该盆地以发育冲积体系为主。与当阳盆地现只有一山（黄陵隆起）之隔的秭归盆地及其以西的川东北盆地具有不同的沉积特征，秭归盆地上三叠统地层为沙溪镇组，以曲流河沉积体系构成，厚度仅 38.3 m。区域对比表明，它是晚三叠世四川盆地的组成部分。沙镇溪组相当于须家河组上部（可能为六、七段）。若与当阳盆地相比较，它相当于王龙滩组顶部。与秭归盆地相连的川东北盆地均缺失卡尼阶马鞍塘组。诺利期与瑞替期与整个上扬子前陆盆地沉积过程相同，沉积地层不断向东超覆至秭归盆地东缘的大峡口。但沉积体系构成明显不同，主要由辫状河冲积平原体系构成，古流方向主要向南，反映沉积物源来自大巴山方向。可见晚三叠世秭归盆地和当阳盆地，不论是在层序单元组成方面还是在层序单元内部构成方面，均存在着明显差异，其间应已有黄陵背斜，隆起的形成，分割了两者。前者与川西前陆盆地相连，并作为其东北侧缓坡边缘，后者是中扬子前陆盆地的组成部分（图 4.28、图 4.29）。

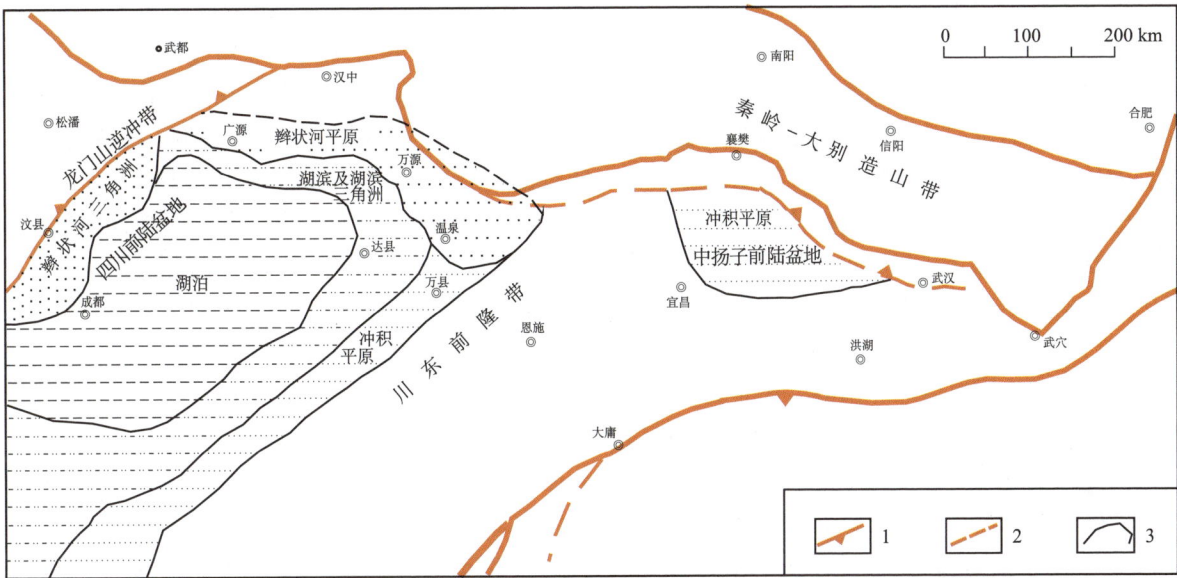

图 4.28　勉略带及邻区三叠纪诺利期沉积古地理

1. 逆冲断层；2. 沉积后期活动断层；3. 沉积岩相界线。图中引用了李勇（1994）资料

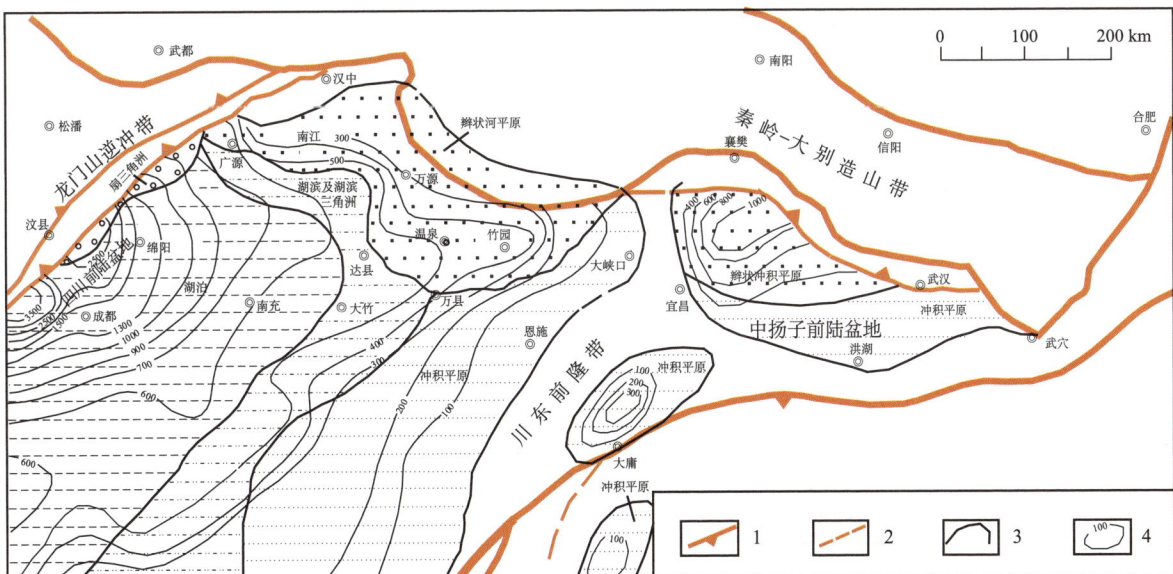

图 4.29　勉略带及邻区三叠纪瑞替期沉积古地理

1. 逆冲断层；2. 沉积后期活动断层；3. 沉积岩相界线；4. 等厚线（m）。图中引用了李勇（1994）、郭正吾等（1996）资料

（二）勉略带晚期陆相前陆盆地体系沉积古地理

勉略带晚期前陆盆地系统不论是盆地原型展布，还是盆地沉积体系构成都与早期前陆盆地系统具有明显差异。晚期前陆盆地系统主要沿秦岭-大别南缘分布，具有从东向西迁移的特点。不同时期盆地沉积充填特征明显不同。

中、下侏罗统盆地相根据其沉积体系构成特征可划分出两个层序组或亚盆地相，即下部桐竹园组层序组（或称下侏罗统层序组）和上部千佛崖组和沙溪庙组层序组（或称中侏罗统层序组）。下部层序组以发育曲流河冲积平原体系为主。在当阳盆地区还发育湖三角洲体系，沉积厚度较大，粒度较粗。下侏罗统层序组以当阳盆地发育完整，它与中扬子鄂东地区的层序构成特征相似或相同。而川东北盆地（含秭归盆地）下侏罗统白田坝组表现为下部以曲流河道砂体为主，上部以泛滥平原沉积为主。当阳盆地和川东北盆地这种沉积学上的差异说明两者在早侏罗世并未完全连通（图4.30）。中侏罗统层序组主要发育巨厚的辫状河三角洲体系，表现为三角洲层序的垂向叠覆。在当阳盆地和川东北盆地具有类似的沉积学特征和层序构成特征。在当阳盆地西侧和秭归盆地东侧均未见中侏罗统边缘相。因此，可以推测，当阳盆地和川东北盆地在中侏罗世已经连通，形成统一的沿秦岭-大别山南缘分布的扬子北缘前陆盆地带（图4.31）。上扬子地区盆地沉降中心由晚三叠世发育于西缘，在早、中侏罗世迁移至北缘，并与中扬子北缘的当阳至武穴地区沉降中心相连，构成统一的前渊沉降带。该盆地中、下侏罗统的现今露头区是经过变形改造了的残留盆地。据区域沉积学研究表明，房县地区沿巴山弧-襄广断裂带发育下侏罗统砾岩，不整合于志留系地层之上。它属逆冲带中的背驮式盆地。下侏罗统桐竹园组地层厚度北厚南薄，锅底坑剖面厚约751 m，向西南方向桐竹园剖面382 m、当阳土地岭、沙河坝剖面258 m。中侏罗统古流方向在川东北地区及当阳地区主要为向南、南西，少量向西。因此，盆地沉积物物源主要来自于北部扬子北缘前陆逆冲带，以横向河道搬运和沉积为主。早、中侏罗世前陆盆地的沉积构成反映了盆地经历了两次幕式作用旋回：下侏罗统层序组反映了盆地基底在构造活动初期缓慢沉降，盆缘初始逆冲抬升，因此，沉积供给总体大于沉降，盆地沉积斜坡小，形成曲流河冲积平原体系。该时期黄陵隆起仍可能阻隔两盆地连通。中侏罗统层序组是勉略碰撞带前陆冲断

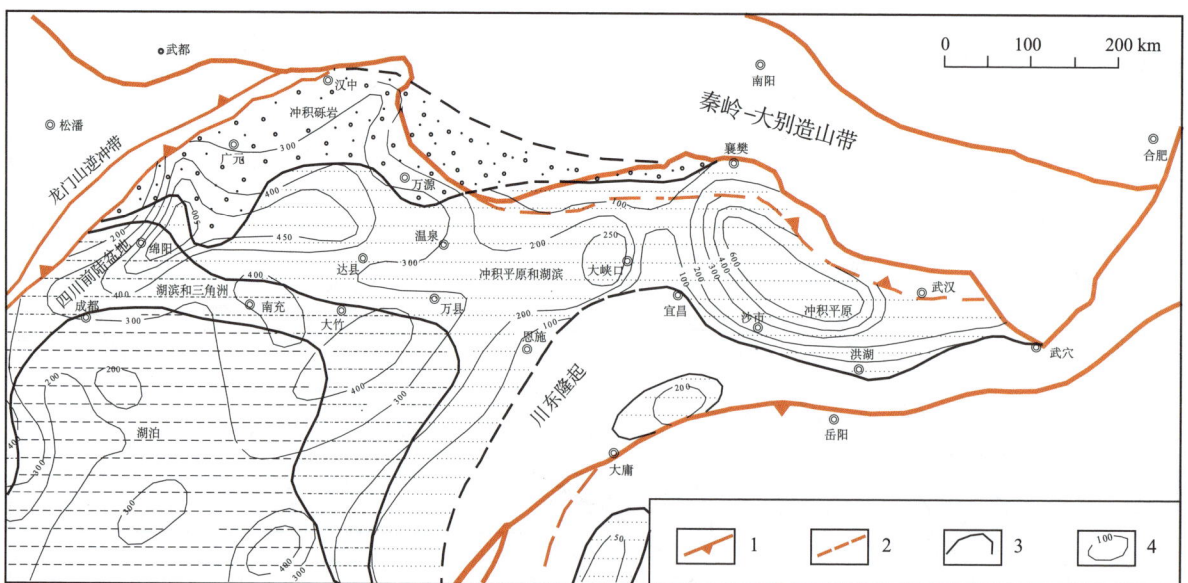

图4.30 勉略带及邻区早侏罗世沉积古地理

1. 逆冲断层；2. 早侏罗世之后再活动断层；3. 岩相界线；4. 等厚线（m）（图中引用了郭正吾等，1996资料）

褶皱带及扬子北缘前陆带陆内强烈逆冲作用的沉积响应。前陆带强烈逆冲抬升，为盆地提供了丰富的物源，同时盆地在逆冲负荷作用下快速沉降，为盆地沉积提供了足够的空间。盆地中沉积了巨厚的高能量的辫状河三角洲体系。沉积表面坡度大，在强烈的逆冲负荷作用下，黄陵地区下降，至使中扬子盆地、川东北盆地连通，沉积了近乎相同的沉积体系类型。

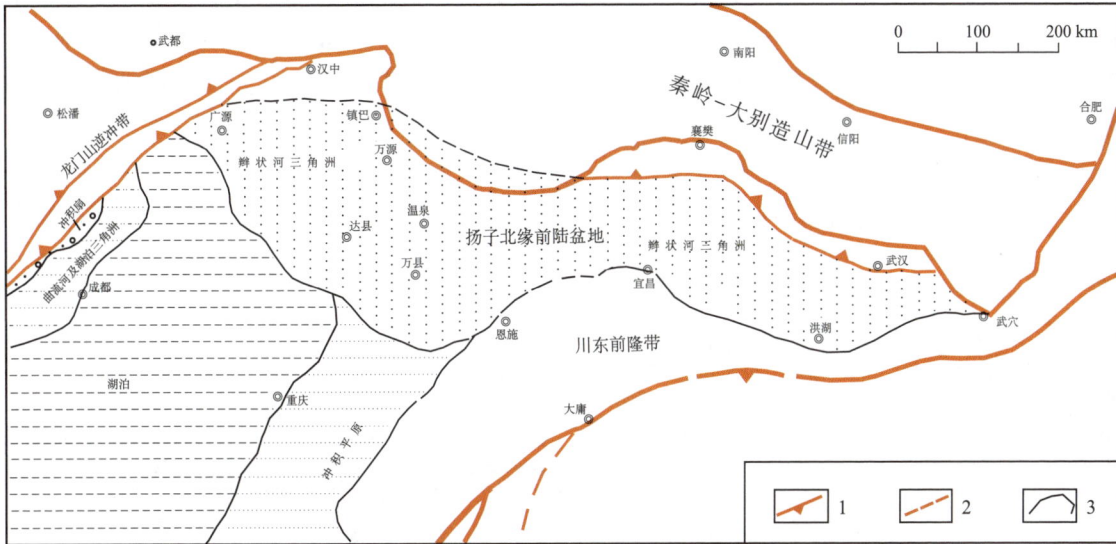

图 4.31　勉略带及邻区中侏罗世沉积古地理

1. 逆冲断层；2. 沉积后期活动断层；3. 沉积岩相界线。图中引用了李勇（1994）资料

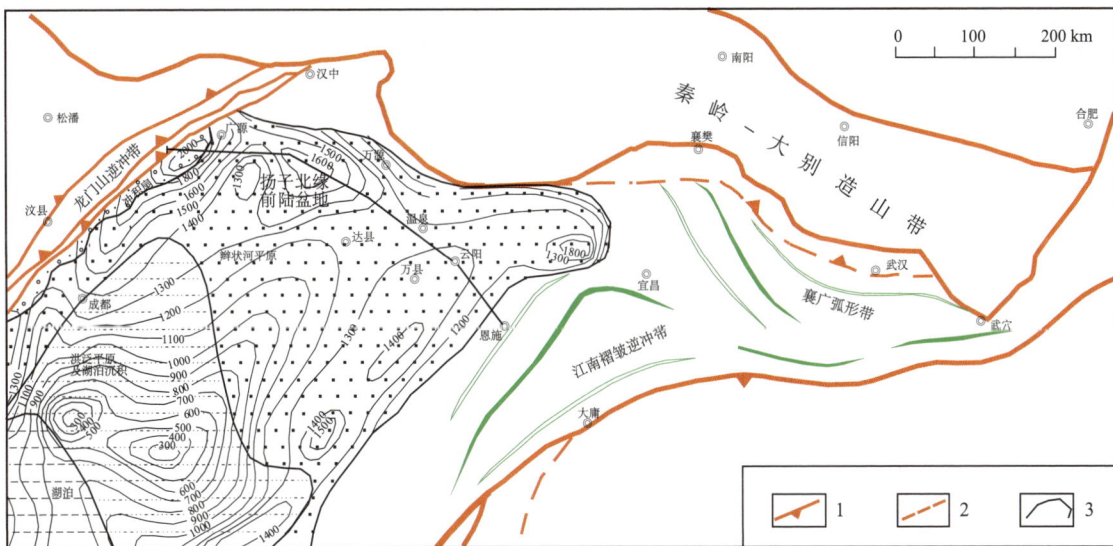

图 4.32　勉略带及邻区晚侏罗世沉积古地理

1. 逆冲断层；2. 沉积后期活动断层；3. 沉积岩相界线；4. 等厚线（m）。图中引用了郭正吾等（1996）资料

　　上侏罗统至下白垩统盆地相主要分布于秭归及其以西地区，其内部划分为上侏罗统层序组和下白垩统层序组。该盆地相在当阳盆地区缺失，同时期盆地发生褶皱逆冲变形抬升。盆地沉降和沉积中心迁移至秭归盆地及其以西地区。秭归盆地向西与川东北盆地连为一体，组成扬子北缘前陆褶皱逆冲带南缘的前陆盆地带。秭归地区仅发育上侏罗统层序组，从下至上由湖三角洲体系、

辫状河三角洲体系及辫状河冲积平原体系构成，地层厚度巨大，达 2000 m。古流方向主要为南南西、南西和南方向，以横向河道搬运和沉积为主。早白垩世，前陆盆地继续西退，下白垩统层序组已分布于温泉、达县以西，主要发育冲积体系，盆地沉积和沉降中心不断向西迁移（图 4.32、图 4.33）。根据秭归盆地沉积特征分析，上侏罗统是继中侏罗世之后勉略带陆内再次强烈逆冲作用的产物。早期构造活动相对平静，沉降速率大于沉积供给，盆地沉积斜坡小，形成湖三角洲沉积体系。晚期构造活动强烈，盆缘强烈逆冲，盆地快速沉降沉积，形成了陡坡背景的辫状河冲积平原体系。整个上侏罗统层序组为进积型层序组，沉积盆地为过饱和充填，沉积物供给大于盆地沉降。

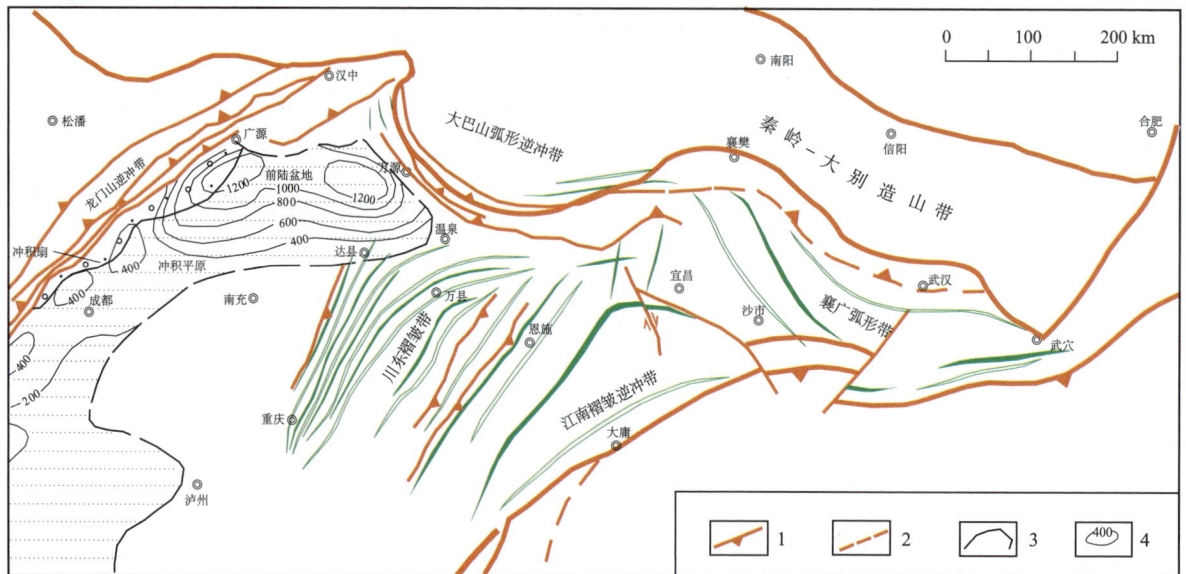

图 4.33　勉略带及邻区早白垩世沉积古地理

1. 逆冲断层；2. 沉积后期活动断层；3. 沉积岩相界线；4. 等厚线（m）。图中引用了郭正吾等（1996）资料

（三）勉略带前陆盆地沉积物物源分析

前陆盆地沉积物矿物和碎屑成分是联系源区造山带和沉积区盆地的纽带，也是揭示源区造山带构造背景、造山带隆升、剥蚀过程及其与盆地沉降与沉积过程的窗口。勉略带前陆盆地上三叠统至上侏罗统沉积物矿物及岩屑成分组成及其在剖面上变化具有明显规律性。为了研究该盆地带物源特征，对兴山县大峡口剖面及云阳县南溪镇剖面系统采样，磨片后进行镜下点统计，获得了关于勉略带前陆盆地中段随时间变化的物源统计结果（表 4.2、表 4.3）。总体上，上三叠统至侏罗系砂岩岩屑成分主要有硅质岩，粉、细砂岩及泥岩，板岩，片岩及石英岩，安山岩及酸性火山岩，少量的灰岩和花岗岩。其中的板岩和泥岩中含大量的绢云母。大部分样品投在 Qm-F-Lt 和 Qp-Lv-Lsm 三角图中再旋回造山带源区，少量样品投在弧造山带源区和混合造山带源区，其中投在弧造山带源区的主要为中侏罗统样品（图 4.34、图 4.35）。可见晚三叠世至侏罗纪前陆盆地的源区可能与受褶皱逆冲改造的构造带及岛弧带有关。我们认为硅质岩可能的源区为勉略洋中二叠统硅质岩，含大量绢云母的碎屑岩和浅变质岩的源区可能为南秦岭地区志留系地层等，火山岩及花岗岩的源区可能来自于勉略洋北侧的现已消失了的岛弧构造带。

表 4.2　兴山县大峡口上三叠统—侏罗系沉积岩岩屑类型及其含量（%）

地层	构造层序	层序	标本号	岩屑类型及百分含量											
				燧石岩	粉砂岩	灰岩	细砂岩	泥岩	绢云母泥板岩	石英片岩	构造片岩	石英岩	安山岩	酸性火山岩	花岗岩
J₃p	3	2	D49	30	30	5			10			20	5		
			D48	15	3	75		7							
			D47	28	18	9			18		9	9	9		
			D46	18	27	9	5		27	9			5		
			D45	20	20	7			20	7	13		13		
			D44	12	3	69		15				1			
			D43	27	18	9			37		9				
			D42	20	20	5	5		40				10		
			D41	31	21				21	11	11		5		
J₃sl		1	D50	23	12	12			23	6	12			12	
			D40	29	19				19	10	4			19	
			D38	27	9	18			11	8				27	
			D37	27	18		18		18	9			5	5	
			D36	44	33				23						
J₂s	2	3	D34	33		22			22		11		6	6	
			D33	37	18				27	9		9			
			D32	14	9				19	2	5		28	14	9
			D31	12	6				12	5			18	18	29
			D30	20	13			7	7		7		26	20	
			D29	14	14				14	7	7		22	22	
			D28	20	14								33	33	
J₂xs			D27	22	14				7		14		22	21	
			D26	25	9				8	8	8		25	17	
			D25	23	16				15	8			23	15	
			D24	17	9		8		8	8	8		25	17	
			D23	37	18				9			18	18		
			D22	37	18				9		9		27		
			D21	30					20			10	20	20	
			D20		7		14		22		7		29	21	
J₂q		2	D19	26	13				13			3	26	19	
			D18	13	7				13	7	7		27	26	
			D17	19				12	13			6	31	19	
			D16	27	20				33	7	7	6			
			D15	27	27				46						
T₃	1	1	D14	33	20				40	7					
			D13	30	20				40		10				
			D11	25	25				38	4		8			
			D10	15	14	7		14	22	7	14	7			

表4.3　云阳南溪上三叠统—侏罗系沉积岩岩屑类型及其含量（%）

| 地层 | 构造层序 | 层序 | 标本号 | 岩屑类型及百分含量 | | | | | | | | | | | | |
				燧石岩	粉砂岩	泥岩（或黏土岩）	细砂岩（变砂岩）	灰岩	绢云母泥质（碳质）板岩	石英片岩	片岩	构造片岩	石英岩（石英脉）	安山岩	酸性火山岩	花岗岩
J_3p	3	1	Y5	8	7				71					14		
			Y4	43					43					14		
			Y2	43				9	43					5		
			Y1	53					21（21）			5				
J_3sl			Y60	33	6	22			33	6						
			Y58	50					50							
			Y57	46	15				31	8						
			Y56	24	23				35	12				6		
			Y54	50					50							
			Y53	38	25	12			25							
J_3sl			Y50	38	13	12			25	12						
			Y49	55	9	36										
J_2s	2	3	Y481	40	27				13		7	13				
			Y48	18	18				28	9	9	9		9		
			Y47	38	25				25					12		
			Y46	27	18				18					37		
			Y45	42		5			11	5			5	32		
			Y44	31	6				13	6		3		38	3	
			Y43	22	15	7			15					37	4	
			Y42	40					20					40		
			Y41	40	24				16	4				16		
			Y40	25	25				13（6）					13	6	12
			Y39	26	20	3			26	6				13		6
			Y38	33	17				42					8		
			Y37	29	12		（6）		41（6）	6						
			Y35	21	21				36		4			14		4
			Y34	22									11	56		11
			Y33	27	27				33					13		
			Y32	33	27				40							
			Y31	38					62							
			Y30	23	32	9			36							
			Y29	15	10				50		5			20		
			Y28	24	16				40	4				16		
			Y27	18	18				46			9		9		

续表

地层	构造层序	层序	标本号	岩屑类型及百分含量												
				燧石岩	粉砂岩	泥岩（或黏土岩）	细砂岩（变砂岩）	灰岩	绢云母泥质（碳质）板岩	石英片岩	片岩	构造片岩	石英岩（石英脉）	安山岩	酸性火山岩	花岗岩
J_2q	2	2	Y26	17					83							
			Y25	24	10	(14)	9		24	19						
			Y24				(67)		33							
			Y23		41				59							
J_1b		1	Y22	35	9	(4)			48							4
			Y21	25	10				35(30)							
			Y20	22	27				27(11)					5		8
			Y19	30	13				44(11)		2					
T_3xj	1	4	Y18	25	30				35(10)							
			Y17	86									1(13)			
			Y16	34	33				13			13				7
			Y15	20	20	13	(13)		13(13)			7				
			Y14	29	29	12						18				12
		3	Y12	26	19				39			13				3
			Y11	25	25				40			10				
			Y10	32	16				48			4				
			Y9	31	15				46			8				
		2	Y8	33	22				45							
			Y7	34	20				33			13				
			Y6	29	14				22	21		14				

在剖面上岩屑成分具有明显的变化规律。从两个剖面岩屑垂向分布图中可以看出（图 4.36），上三叠统岩屑成分主要为硅质岩，粉、细砂岩及泥岩，板岩，片岩及石英岩，反映其源区主要为由南秦岭志留系及勉略带硅质岩组成的造山带；中侏罗统开始增加了火山岩及花岗岩岩屑，说明岛弧带开始提供了物源；上侏罗统砂岩中出现了部分灰岩岩屑，它主要来自于扬子北缘前陆带二叠系至下三叠统地层。由此可见，晚三叠世至中侏罗世时期扬子北缘东段前陆盆地带物源区主要来自于南秦岭地区，而自晚侏罗世前陆褶皱逆冲带才开始为盆地提供物源。

（四）勉略带的大陆边缘与前陆盆地沉积基本特征

综合上述勉略带的大陆边缘与前陆盆地沉积，可以概括有以下主要特征：

1）系统沉积学研究证明：沿勉略带及其南侧原曾发育从扩张裂谷、被动陆缘盆地直到海相与陆相前陆盆地沉积的比较系统完整的连续沉积记录，结合勉略带相关其他综合研究，表明勉略带原曾在扬子板块北缘被动大陆边缘上，于晚古生代从西至东由 D–C 开始逐渐从扩张裂陷到发展形成为连接东西的统一有限洋盆。

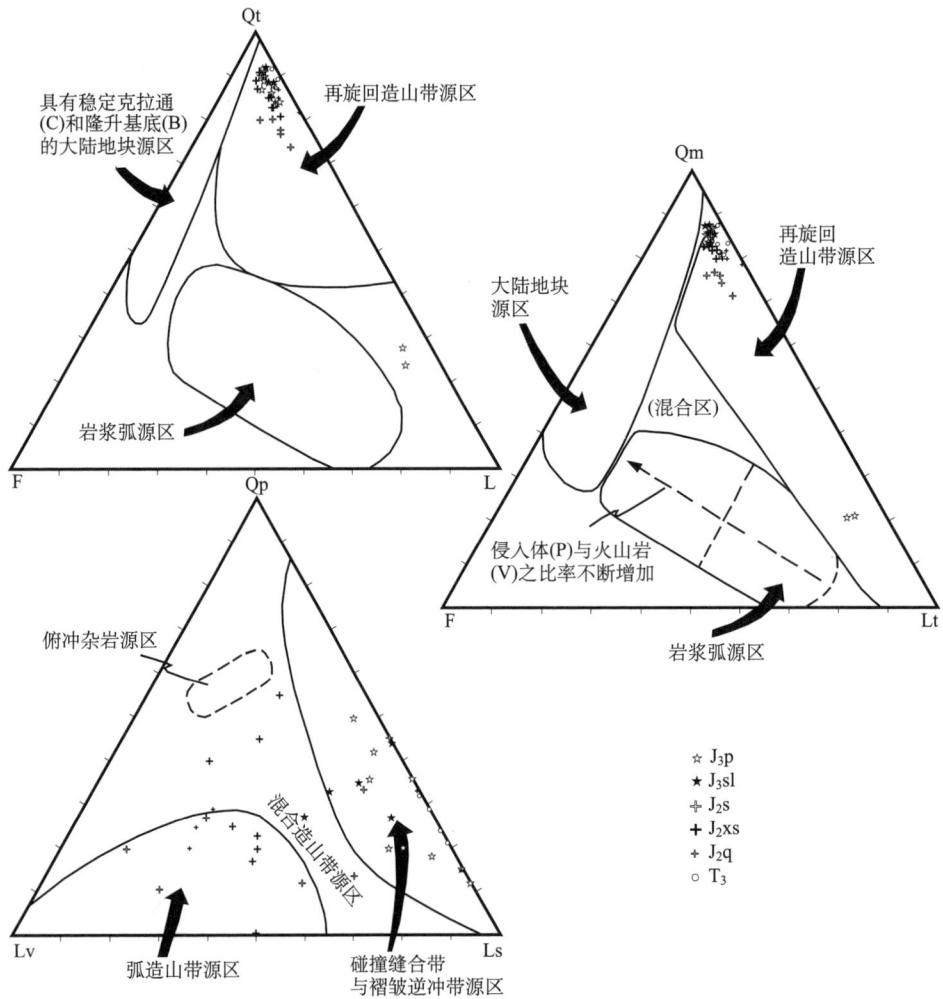

图 4.34　四川盆地北缘兴山大峡口上三叠统、侏罗系沉积剖面砂岩碎屑岩成分标准三元投影图解

2）勉略带与南侧的陆缘沉积体系和前陆盆地体系研究揭示勉略洋盆打开与闭合造山具有自西而东的扩展打开和自东而西穿时闭合碰撞造山的相反过程与特征。而且沉积地层时代与岩相组合表明，它从泥盆纪扩张开始到二叠纪洋盆打开与最大发育，继而转入消减俯冲到中晚三叠世之交主体发生陆陆碰撞造山，这与从蛇绿岩及相关岛弧火山岩、花岗岩及变质变形等构造、岩石的同位素年代学研究完全相吻合，共同揭示了勉略洋盆从打开到封闭造山的时代与进程。

3）陆缘沉积体系与前陆盆地体系演化具有扩张裂谷（D-C）—有限洋盆打开（C_3-P）—俯冲碰撞造山（P_2-T_{1-2}）—海相前陆盆地（T_{2-3}-J_{1-2}）—陆内俯冲与逆冲推覆的陆相前陆盆地（J_{2-3}-K_1）的演化过程与特征。

总之，从勉略带构造沉积学研究同样有力地证明了勉略古洋盆与古缝合带的存在与演化发展。

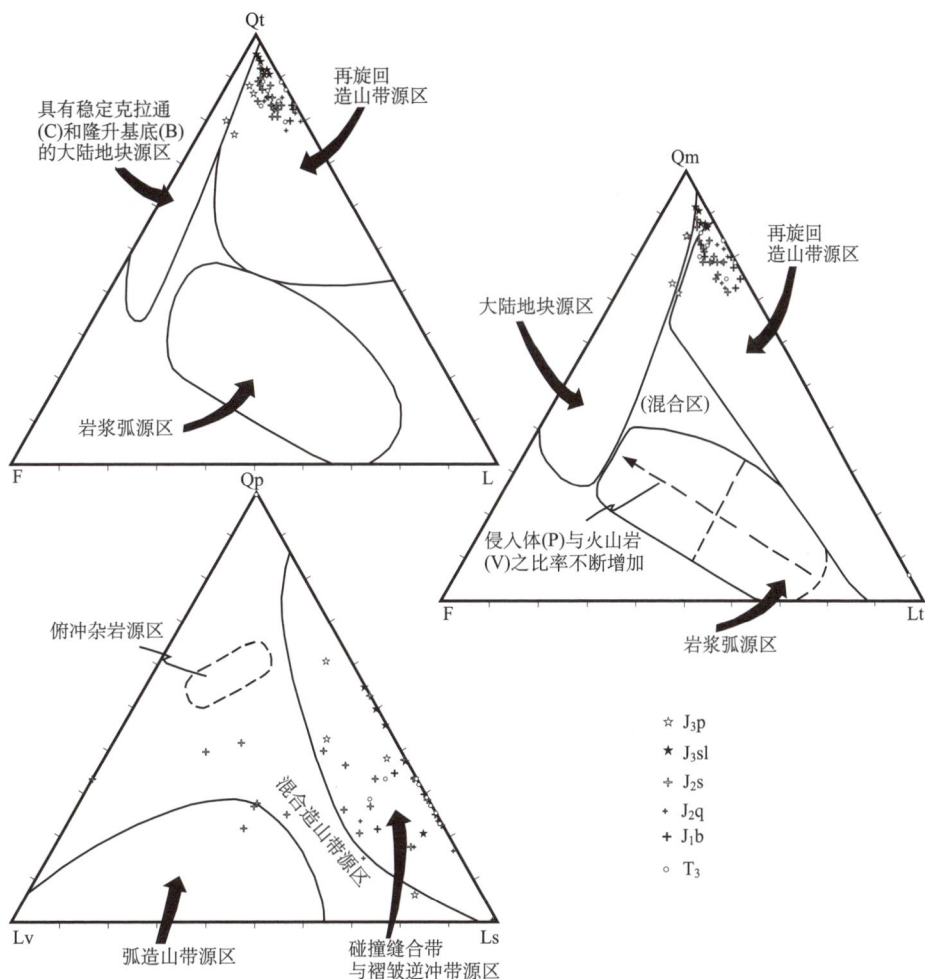

图 4.35　四川盆地北缘云阳南溪上三叠统、侏罗系沉积剖面砂岩碎屑岩成分标准三元投影图解

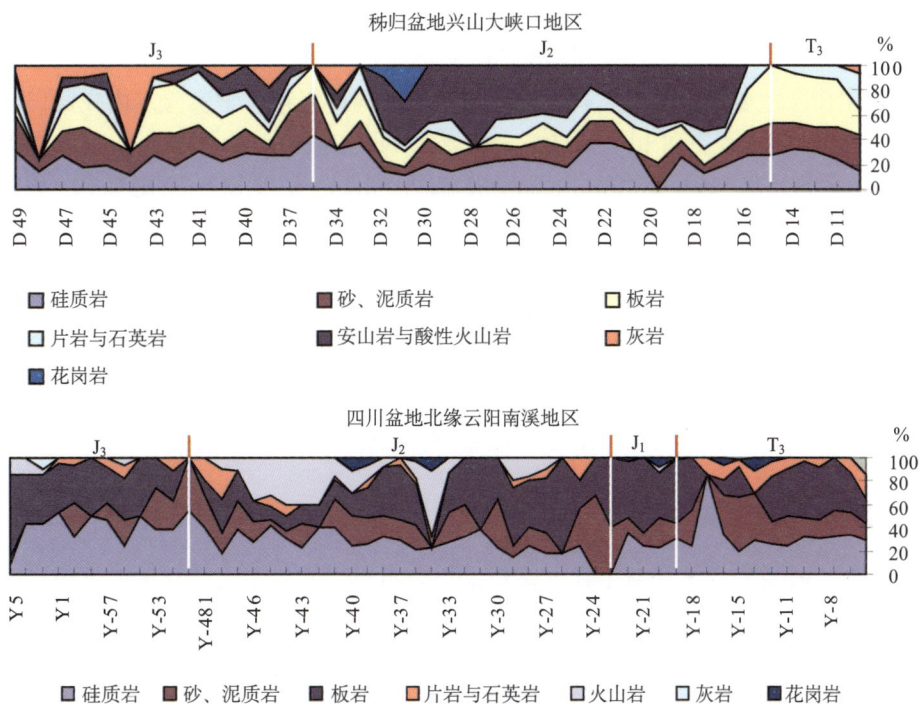

图 4.36　兴山大峡口和云阳南溪地区上三叠统至上侏罗统沉积地层中岩屑垂向分布

第五章　勉略构造带与勉略古缝合带年代学研究

关于中央造山系南缘勉略构造带与勉略古缝合带的形成时代，包括勉略古洋盆形成与俯冲碰撞最后封闭等的时代问题，是一个有争议而复杂的基本问题。基金重点项目专门进行了同位素年代学与古生物定年的综合研究，取得了重要新进展，使年代学问题获得了基本解决，但仍存留一些问题，其中一些还是有待进一步研究的重要问题。现将新的研究成果，从同位素年代学与古生物的定年两方面分别给予综述，然后将两者相结合综合加以判定，并进一步讨论年代学问题。

第一节　勉略带同位素年代学与对比分析[*]

鉴于勉略带延伸长、空间范围大，而且在时间跨度上有现今的勉略构造带，还有先期残存的勉略古缝合带形成以及现已消失的勉略古洋盆开启与封闭等时代问题，而且先期构造、岩石残留遗迹分散，点多，年代学研究任务复杂繁重，并且争论分歧又多，故鉴于此采取了对典型关键地段代表性岩石进行多种同位素测年相结合，相互引证的方法，重点对勉略段、汉南、玛沁德尔尼、花山等地段的蛇绿岩及相关火山岩中的变质镁铁质火山岩、硅质岩、麻粒岩及有关花岗岩进行了同位素年代学与同位素地球化学示踪研究，获得了新成果新年龄数据，讨论如下。

勉略构造带岩石组成复杂，除发育众多典型镁铁质超镁铁质岩块和蛇绿岩块外，还包容大量不同时代的沉积岩块和变质结晶岩块，并且岩石均遭受过不同程度变质作用。岩石岩块的年代学和同位素特征研究程度较差，在本项目开展研究之前，除略阳黑沟峡变质镁铁质岩有一个 Sm-Nd 年龄和一个 Rb-Sr 年龄报道外（李曙光等，1996a，b），带内其他岩石、岩块形成时代均无同位素年龄数据。为此，我们对带内镁铁质岩块做了较多工作，同时对带内的麻粒岩、硅质岩及与镁铁质岩有关的花岗岩也进行了年代学研究。

年代学实验工作原主要在中国地质科学院地质研究所同位素年代学实验室内完成。实验流程见文献（张宗清等，1994）。流程空白 Rb、Sr $10^{-9} \sim 10^{-10}$g，Sm、Nd 10^{-11}g。$^{87}Sr/^{86}Sr$ 值和 $^{143}Nd/^{144}Nd$ 值质量分馏分别用 $^{86}Sr/^{88}Sr = 0.1194$ 和 $^{146}Nd/^{144}Nd = 0.7219$ 校正。标准物质测定结果：NBS987 $SrCO_3$，$^{87}Sr/^{86}Sr = 0.71025 \pm 2$（$2\sigma$），J. MNd_2O_3 $^{143}Nd/^{144}Nd = 0.511125 \pm 9$（$2\sigma$），GBS04419 $^{143}Nd/^{144}Nd = 0.512731 \pm 8$（$2\sigma$）。年龄用 Ludwing ISOPLOT（2000）软件计算。

一、勉略构造带镁铁质岩块年龄

（一）略阳三岔变质镁铁质火山岩年龄测定结果

1. 全岩样品 Sm-Nd 等时年龄

岩块绿片岩化。具有轻稀土相对重稀土富集稀土分布模式。化学组成与岛弧火山岩或岛弧蛇绿岩

---

　　* 第一节的一、二、三部分，主要是由因病已故去的张宗清研究员执笔撰写的，他的研究成果作为遗稿，这里保持他的原稿内容。作为与我们友好合作多年的老朋友和同位素年代学学家，保存其原件，一是表示对故友逝者的尊重与怀念，二也是为勉略带同位素年代学研究早中期基本情况提供资料，供后人研究借鉴思考。

相当。采自略阳三岔偏桥沟的 14 个变质中、基性火山岩样品被用于 Sm–Nd 年龄同位素分析。分析结果列于表 5.1。样品在等时线图上的分布见图 5.1。可以看出，除样品 Q94122 外，其余 13 个样品形成一条好的等时线，等时年龄 $t = 908 \pm 180\,(2\sigma)$ Ma，$I_{Nd} = 0.51176 \pm 17\,(2\sigma)$，MSWD = 0.64。

表 5.1　略阳三岔偏桥沟变质镁铁质火山岩样品 Sm–Nd 年龄同位素分析结果

样　品	Sm/(μg/g)	Nd/(μg/g)	$^{147}Sm/^{144}Nd$	$^{143}Nd/^{144}Nd$	$\pm 2\sigma$
Q94113	3.744	15.626	0.1449	0.512625	18
Q94115	4.564	19.111	0.1444	0.512628	38
Q94116	4.089	16.796	0.1473	0.512639	6
Q94117	4.763	19.878	0.1449	0.512633	8
Q94118	3.960	16.291	0.1470	0.512634	18
Q94119	4.516	20.948	0.1304	0.512540	10
Q94120	4.541	18.485	0.1486	0.512648	16
Q94121	5.185	20.733	0.1513	0.512661	8
Q94122	4.465	20.858	0.1295	0.512487	7
Q94123	4.995	22.036	0.1371	0.512577	11
Q94124	4.620	19.313	0.1447	0.512618	12
Q94125	4.212	17.253	1.1477	0.512633	12
Q98229	4.954	20.417	0.1468	0.512668	7
Q98232	4.191	18.855	0.1344	0.512567	7

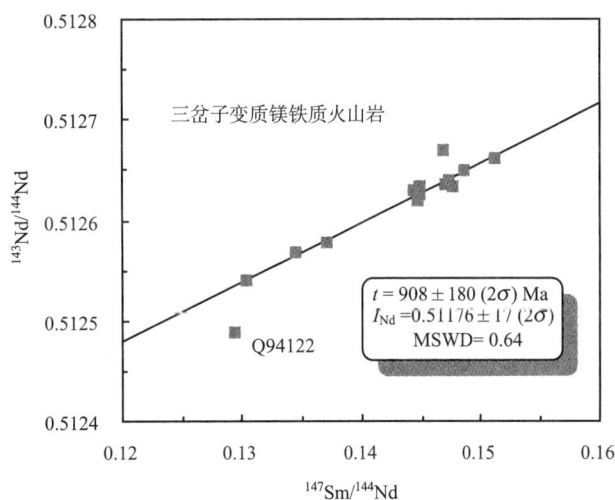

图 5.1　略阳三岔偏桥沟变质镁铁质火山岩样品 Sm-Nd 等时年龄

2. 全岩样品 Rb-Sr 等时年龄

同 Sm-Nd 年龄测定样品，采自略阳三岔偏桥沟的 14 个变质镁铁质火山岩样品被用于 Rb-Sr 年龄同位素分析。分析结果列于表 5.2，等时线图见图 5.2。样品 Rb-Sr 同位素分析结果分散，不构成等时线。多数样品沿 $t = 593$ Ma，$I_{Sr} = 0.7054$ 等时线分布，其年龄结果不确定性大，可能无地质意义。

表 5.2　略阳三岔偏桥沟变质镁铁质火山岩样品 Rb-Sr 年龄同位素分析结果

样品	Sm/(μg/g)	Nd/(μg/g)	$^{147}Sm/^{144}Nd$	$^{143}Nd/^{144}Nd$	±2σ
Q94112	42.606	137.21	0.89912	0.712516	14
Q94113	35.870	118.20	0.87872	0.713546	13
Q94115	23.522	249.97	0.27247	0.707471	11
Q94116	24.841	275.92	0.26068	0.707421	14
Q94117	46.655	453.49	0.29789	0.707632	14
Q94119	60.592	493.11	0.35579	0.706275	10
Q94120	29.721	239.18	0.35980	0.708015	10
Q94121	27.838	222.20	0.36277	0.708322	11
Q94122	56.331	298.62	0.54621	0.707951	19
Q94124	46.277	335.75	0.39909	0.708316	16
Q94125	30.783	479.26	0.18598	0.708614	12
Q98229	69.128	420.22	0.47633	0.713156	13
Q98230	47.748	204.74	0.67528	0.711428	13
Q98232	19.152	107.40	0.51634	0.709332	12

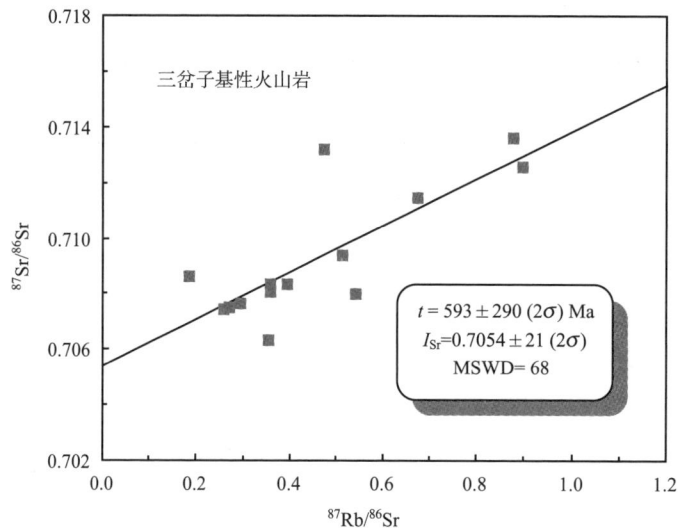

图 5.2　略阳三岔偏桥沟变质镁铁质火山岩样品 Rb-Sr 等时年龄

3. 斜长花岗岩锆英石逐层蒸发法 $^{207}Pb/^{206}Pb$ 年龄

斜长花岗岩侵入三岔偏桥沟变质镁铁质火山岩中。岩石主要由斜长石和少量石英组成。主元素含量（%）SiO_2 62.10，TiO_2 0.25，Al_2O_3 15.26，Fe_2O_3 0.37，FeO 2.77，MgO 9.66，MnO 0.05，Na_2O 4.48，K_2O 0.30，P_2O_5 0.37。全岩样品 Q94110 Sm-Nd 同位素分析结果：Sm 1.654 μg/g，Nd 7.885 μg/g，$^{147}Sm/^{144}Nd = 0.1269$，$^{143}Nd/^{144}Nd = 0.512521±19(2σ)$。在等时线图上（图 5.3），可以看出斜长花岗岩样品 Q94110 位于变质镁铁质火山岩样品等时线上。因此，斜长花岗岩可能是变质镁铁质火山岩原同源岩浆的分异产物。

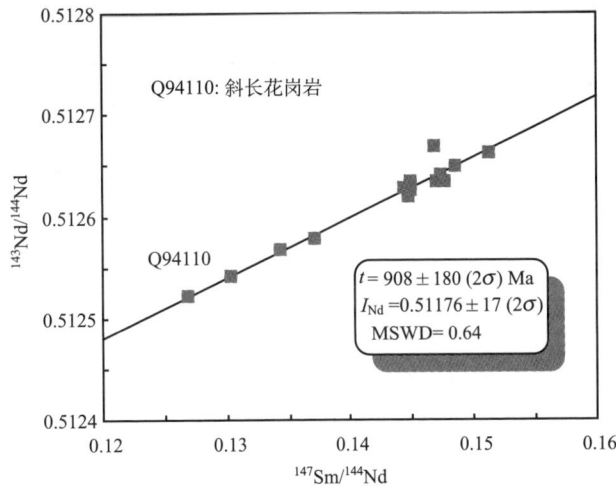

图 5.3　略阳三岔偏桥沟斜长花岗岩样品 Q94110 与变质镁铁质火山岩关系

由斜长花岗岩样品 Q94110 分选的锆英石为深玫瑰色，柱状、双锥发育，晶棱熔蚀，无裂纹，长宽比 2∶1 至 2.5∶1。其形态显示岩浆锆石特征。两粒锆石逐层蒸发法 Pb 同位素分析结果列于表 5.3。No.2 锆石普通 Pb 含量高，年龄不确定性大。No.1 锆石 $^{207}Pb/^{206}Pb$ 年龄比较可信。年龄 926±10 Ma。

表 5.3　略阳三岔偏桥沟斜长花岗岩锆石逐层蒸发法 Pb 同位素分析结果

NO.	组数	Pb 同位素测定值			计算结果	
		$^{208}Pb/^{206}Pb$	$^{207}Pb/^{206}Pb$	$^{204}Pb/^{206}Pb$	$^{207}Pb/^{206}Pb$	年龄/Ma
1	10	0.12355±14	0.07602±39	0.000437±61	0.06990±33	926±10
2	5	0.2021±42	0.1125±14	0.00289±21	0.0711±9	960±26

注：置信度水平95%。

由上述结果可以看出，略阳三岔偏桥沟变质镁铁质火山岩样品 Sm-Nd 等时年龄和侵入其中的斜长花岗岩锆石逐层蒸发法 $^{207}Pb/^{206}Pb$ 年龄在误差范围上一致。

（二）略阳庄科变质镁铁质火山岩年龄测定结果

1. 全岩样品 Sm-Nd 等时年龄

庄科变质镁铁质火山岩轻稀土相对重稀土强烈亏损。化学组成和 N-MORB 玄武岩相当。对采自略阳庄科的 18 个变质基性火山岩样品进行了 Sm-Nd 年龄测定。分析结果列于表 5.4。样品 $^{147}Nd/^{144}Nd$ 值由 0.2170~0.2485，$^{143}Nd/^{144}Nd$ 值由 0.513114~0.513415，轻稀土强烈亏损。样品在等时线图上分布十分分散，不构成等时线（图 5.4）。

表 5.4　略阳庄科变质镁铁质火山岩样品 Sm-Nd 年龄同位素分析结果

样品	Sm/(μg/g)	Nd/(μg/g)	$^{147}Sm/^{144}Nd$	$^{143}Nd/^{144}Nd$	±2σ
Q94131	2.767	7.040	0.2371	0.513222	7
Q9501	1.621	3.971	0.2469	0.513306	4
Q9502	2.426	5.983	0.2453	0.513292	10
Q9503	3.138	8.685	0.2186	0.513114	4

续表

样品	Sm/(μg/g)	Nd/(μg/g)	$^{147}Sm/^{144}Nd$	$^{143}Nd/^{144}Nd$	±2σ
Q9504	2.631	6.512	0.2444	0.513297	6
Q9505	2.039	5.008	0.2463	0.513394	12
Q9506-1	3.180	8.483	0.2268	0.513303	13
Q9506-2	3.238	8.652	0.2264	0.513264	7
Q98236	2.730	6.835	0.2416	0.513344	6
Q98237	1.970	5.284	0.2255	0.513199	22
Q98239	2.541	6.455	0.2381	0.513316	7
Q98241	2.865	7.659	0.2263	0.513319	9
Q98242	2.732	6.650	0.2485	0.513187	26
Q98243	1.524	4.000	0.2305	0.513358	10
Q98245	2.302	5.906	0.2358	0.513340	10
Q98246	1.689	4.460	0.2291	0.513411	15
Q98247	1.734	4.329	0.2423	0.513415	32
Q98248	1.602	4.466	0.2170	0.513335	6

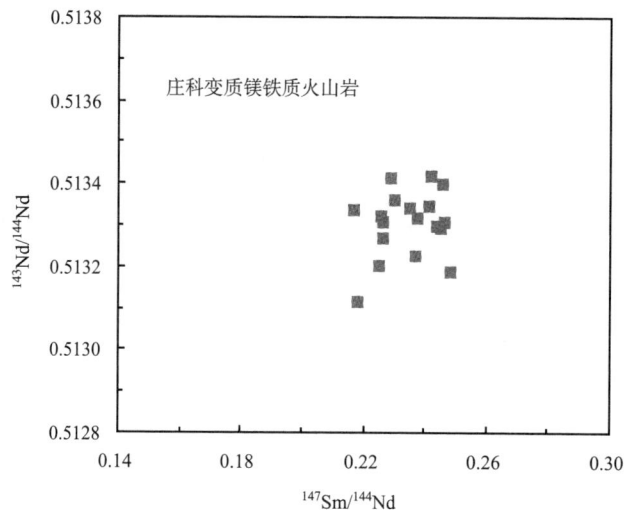

图 5.4 略阳庄科变质镁铁质火山岩样品 $^{143}Nd/^{144}Nd$-$^{147}Sm/^{144}Nd$ 图

2. 全岩样品 Rb-Sr 等时年龄

10 个采自略阳庄科变质镁铁质火山岩样品被用于 Rb-Sr 年龄测定。分析结果列于表 5.5。样品在等时线图上的分布见图 5.5。由表 5.5 和图 5.5 可以看出，样品 Rb 含量很低，Sr 含量相对较高，$^{87}Rb/^{86}Sr$ 值很小，由 0.03829~2.257，$^{87}Sr/^{86}Sr$ 由 0.707103~0.717123，不形成好的等时线。由 10 个样品计算的参考等时年龄为 286±110（2σ）Ma，I_{Sr} = 0.7088±14（2σ），MSWD = 70。由图 5.5 还可看出，样品 Q98241、Q98242、Q98243、Q98246、Q98247 $^{82}Sr/^{86}Sr$ 值较高，且构成一条较好等时线。等时年龄 t = 197±14（2σ）Ma，I_{Sr} = 0.71096±24（2σ），MSWD = 1.3。这反映，镁铁质火山岩在印支期遭受变质作用改造，Sr 同位素系统部分达到完全再置。

表 5.5 略阳庄科变质镁铁质火山岩样品 **Rb-Sr** 年龄同位素分析结果

样品	Rb/(μg/g)	Sr/(μg/g)	^{87}Rb/^{86}Sr	^{87}Sr/^{86}Sr	±2σ
Q94131	1.990	130.88	$4.403×10^{-2}$	0.708066	33
Q98236	7.012	123.12	$1.649×10^{-1}$	0.707978	13
Q98237	1.593	120.50	$3.829×10^{-2}$	0.708556	12
Q98239	3.916	116.52	$9.732×10^{-2}$	0.707103	13
Q98241	13.669	32.98	1.200	0.714564	14
Q98242	22.746	74.26	$8.869×10^{-1}$	0.713538	12
Q98243	5.195	115.64	$1.301×10^{-1}$	0.711358	14
Q98245	17.778	130.57	$3.942×10^{-1}$	0.710304	13
Q98246	64.935	83.30	2.257	0.717123	12
Q98247	3.710	99.93	$1.075×10^{-1}$	0.711063	11

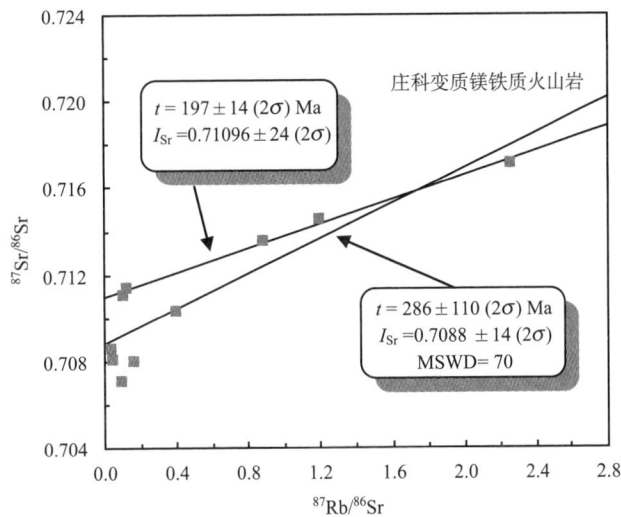

图 5.5 略阳庄科变质镁铁质火山岩样品 Rb-Sr 等时年龄

3. 镁铁质火山岩样品^{40}Ar/^{39}Ar 年龄

对采自略阳庄科的变质镁铁质火山岩样品进行了阶段升温^{40}Ar/^{39}Ar 年龄测定，分析结果列于表 5.6。坪年龄 283±22（2σ）Ma（图 5.6）。

表 5.6 略阳庄科变质镁铁质火山岩样品^{40}Ar/^{39}Ar 阶段升温年龄测定结果（样品 Q98239，J=0.014079）

温度/℃	^{40}Ar/^{39}Ar	^{36}Ar/^{39}Ar	^{37}Ar/^{39}Ar	F*	^{39}Ar/10^{-14}mol	年龄/Ma
400	142.4163	0.2535	0.4269	67.5600	41.70	1205.9±34.8
500	209.5729	0.4071	0.7493	89.3854	47.51	1469.7±79.8
600	27.4534	0.0547	0.4312	11.3183	24.77	266.7±8.0
700	27.6698	0.0546	0.3888	11.5739	91.57	272.3±6.2
800	16.7507	0.0222	0.4303	10.2264	82.74	242.7±3.2

续表

温度/℃	$^{40}Ar/^{39}Ar$	$^{36}Ar/^{39}Ar$	$^{37}Ar/^{39}Ar$	F^*	$^{39}Ar/10^{-14}mol$	年龄/Ma
900	14.7030	0.0130	0.4121	10.8999	129.58	257.6±4.7
1000	19.6200	0.0207	0.3388	13.5105	52.54	314.1±6.4
1100	19.3222	0.0182	0.3852	13.9771	69.31	324.1±8.0
1200	18.8271	0.0197	0.9807	13.0909	92.56	305.2±4.9
1300	9.9743	0.0126	1.6984	6.3754	53.45	155.1±15.9
1400	10.2430	0.0108	1.2130	1.2130	59.87	172.9±7.3

＊F 为放射成因 $^{40}Ar/^{39}Ar$。

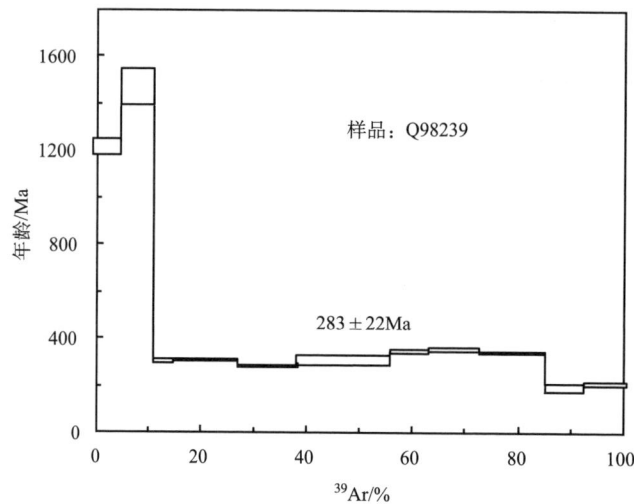

图 5.6 　略阳庄科变质镁铁质火山岩样品 $^{40}Ar/^{39}Ar$ 坪年龄

（三）勉县鞍子山杨家沟变质镁铁质火山岩年龄测定结果

1. 全岩样品 Sm-Nd 等时年龄

勉县鞍子山地区遭受过强烈变质作用，局部达麻粒岩相。镁铁质火山岩已变质成斜长角闪岩。岩石轻稀土相对重稀土强烈亏损。11 个采自勉县鞍子山杨家沟的变质镁铁质火山岩样品被用于 Sm-Nd 年龄测定，分析结果列于表 5.7。样品在等时图上的分布见图 5.7。由表 5.7 可以看出，样品 $^{147}Sm/^{144}Nd$ 值由 0.1871~0.2335，$^{143}Nd/^{144}Nd$ 值 0.512958~0.513236，轻稀土相对重稀土强烈亏损。11 个样品形成一条拟合很好的等时线。等时线年龄 $t=894\pm110(2\sigma)$ Ma，$I_{Nd}=0.51187\pm15(2\sigma)$，MSWD=1.5。

表 5.7 　勉县鞍子山杨家沟变质镁铁质火山岩样品 Sm-Nd 年龄同位素分析结果

样品	Sm/(μg/g)	Nd/(μg/g)	$^{147}Sm/^{144}Nd$	$^{143}Nd/^{144}Nd$	$\pm2\sigma$
Q9482-1	4.094	13.402	0.1848	0.512958	6
Q9482-2	3.332	10.492	0.1921	0.513020	16
Q9482-3	7.459	24.055	0.1876	0.512968	12
Q9482-4	6.190	19.216	0.1948	0.512983	6
Q9482-5	3.645	10.701	0.2060	0.513068	8
Q9482-6	4.041	11.774	0.2076	0.513084	9

样品	Sm/(μg/g)	Nd/(μg/g)	$^{147}Sm/^{144}Nd$	$^{143}Nd/^{144}Nd$	±2σ
Q9482-7	5.086	16.439	0.1871	0.512970	6
Q9482-11	3.933	11.429	0.2082	0.513118	5
Q9482-12	3.765	11.143	0.2044	0.513065	11
Q9488	2.921	7.568	0.2335	0.513236	10
Q9490	3.177	8.437	0.2278	0.513210	9

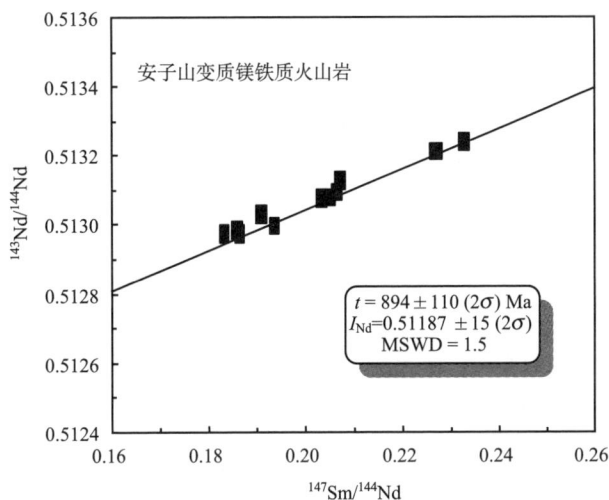

图 5.7　勉县鞍子山杨家沟变质镁铁质火山岩样品 Sm-Nd 等时年龄

2. 全岩样品 Rb-Sr 等时年龄

同 Sm-Nd 年龄测定样品，12 个采自勉县鞍子山杨家沟的变质镁铁质火山岩样品被用于 Rb-Sr 年龄测定。同位素分析结果见表 5.8，样品在 Rb-Sr 等时图上的分布见图 5.8。样品 Rb 低 Sr 高，$^{87}Rb/^{86}Sr$ 值小于 0.2332，$^{187}Sr/^{86}Sr$ 值多数样品小于 0.706。十分分散，不形成等时线。

表 5.8　勉县鞍子山杨家沟变质镁铁质火山岩 Rb-Sr 年龄同位素分析结果

样品	Rb/(μg/g)	Sr/(μg/g)	$^{87}Rb/^{86}Sr$	$^{87}Sr/^{86}Sr$	±2σ
Q9482-1	5.164	213.84	$6.992×10^{-2}$	0.70472	2
Q9482-2	4.856	243.30	$5.779×10^{-2}$	0.70663	1
Q9482-3	4.478	248.67	$5.214×10^{-2}$	0.70983	1
Q9482-4	9.099	265.41	$9.927×10^{-2}$	0.70585	1
Q9482-5	6.563	261.52	$7.266×10^{-2}$	0.70561	1
Q9482-6	9.366	241.91	$1.121×10^{-1}$	0.70595	1
Q9482-7	3.508	170.93	$5.942×10^{-2}$	0.70957	1
Q9482-9	35.637	1043.97	$9.885×10^{-2}$	0.70564	1
Q9482-10	38.369	677.62	$1.640×10^{-1}$	0.70533	1
Q9482-11	14.037	174.32	$2.332×10^{-1}$	0.70822	1
Q9482-12	5.941	211.08	$8.150×10^{-2}$	0.71032	4
Q9482-13	18.473	287.53	$1.860×10^{-1}$	0.71056	1

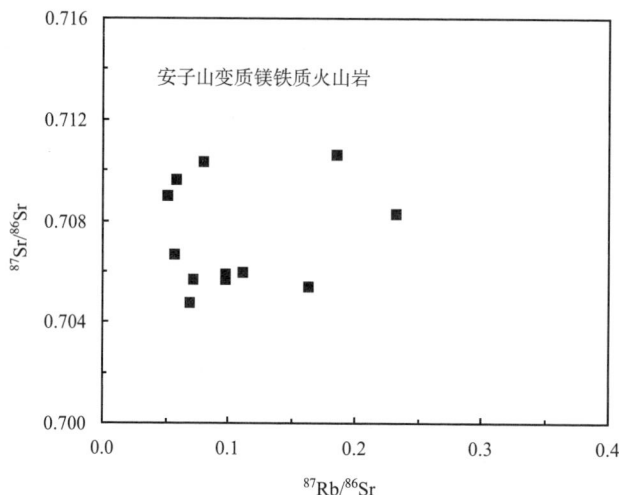

图 5.8　勉县鞍子山杨家沟^{87}Sr/^{86}Sr-^{87}Rb/^{86}Sr 图

（四）汉南变质镁铁质火山岩年龄测定结果

汉南地块位于勉县构造带南侧，与勉县构造带密切相关。汉南杂岩包括西乡群变质镁铁质火山岩，三花石群变质镁铁质火山岩和侵入杂岩。西乡群变质镁铁质火山岩和三花石群变质镁铁质火山岩的年龄已被测定，均形成于 1000 Ma 左右（张宗清等，2002a，b）。然而 1998 年，在西乡城东黄泥梁西乡群变质镁铁质火山岩中发现含放射虫化石硅质岩，年龄为晚泥盆世—早石炭世。这又对这些变质镁铁质火山岩的形成时代提出了质疑。为此，对西乡群孙家河组变质镁铁质火山岩和侵入其中的汉南侵入杂岩的年龄进行了较详细工作。

1. 西乡孙家河西乡群孙家河组变质镁铁质火山岩样品 Sm-Nd、Rb-Sr 年龄

西乡群孙家河组变质镁铁质火山岩位于巴山弧两河–饶峰–石泉–高川–五里坝构造带两侧，西与勉略带相连，产于岛弧火山岩环境（赖绍聪，2000a）。8 个采自西乡东孙家河的西乡群孙家河组的变质镁铁质火山岩样品被用于 Sm-Nd、Rb-Sr 年龄测定。同位素分析结果列于表 5.9。样品在等时线图上的分布见图 5.9、图 5.10。可以看出，Sm-Nd 年龄同位素分析结果十分分散，不构成等时线。Rb-Sr 年龄同位素分析结果呈现一条好的等时线。等时年龄 $t = 788 \pm 69\,(2\sigma)$ Ma，$I_{Sr} = 0.70325 \pm 27\,(2\sigma)$，MSWD $= 6.8$。

表 5.9　西乡孙家河西乡群孙家河组变质镁铁质火山岩样品 Sm-Nd、Rb-Sr 年龄同位素分析结果

样品	Rb /(μg/g)	Sr /(μg/g)	^{87}Rb/^{86}Sr	^{87}Sb/^{86}Sr	±2σ	Sm /(μg/g)	Nd /(μg/g)	^{147}Sm/^{144}Nd	^{143}Nd/^{144}Nd	±2σ
098274-1	32.817	410.04	0.23174	0.705266	11	5.123	23.518	0.1318	0.512382	13
098274-2	47.167	425.58	0.32091	0.706744	10	4.982	22.641	0.1331	0.512507	5
098274-3	62.253	548.49	0.32864	0.706975	13	6.665	33.628	0.1199	0.512489	10
098274-4	56.893	573.73	0.28713	0.706532	15	6.807	33.182	0.1241	0.512517	8
098274-5	16.250	395.02	0.11911	0.704440	11	7.920	38.581	0.1242	0.512455	7
098274-6	11.204	495.66	0.06465	0.704101	14	6.642	32.375	0.1241	0.512529	6
098274-7	47.848	420.07	0.32982	0.707014	10	8.355	40.433	0.1250	0.51239	11
098274-8	49.649	442.04	0.32522	0.706930	16	8.434	39.654	0.1286	0.512400	7

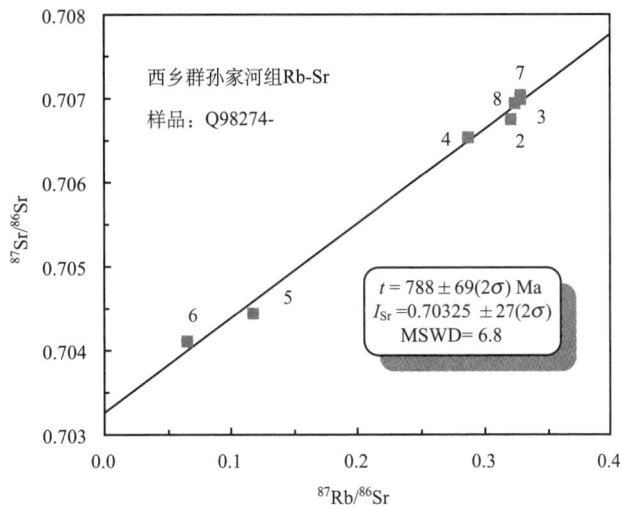

图 5.9　西乡孙家河西乡群孙家河组变质镁铁质火山岩样品 Rb-Sr 等时年龄

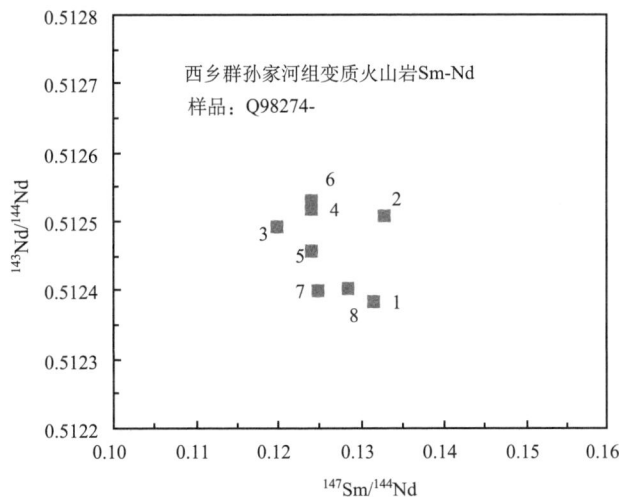

图 5.10　西乡孙家河西乡群孙家河组变质镁铁质火山岩样品 $^{143}Nd/^{144}Nd$-$^{147}Sm/^{144}Nd$ 图

由西乡群孙家河组变质镁铁质火山岩样品的 Sm-Nd 同位素系统可以看出，岩石形成时，同位素组成是不均一的。然而，同样样品，Rb-Sr 同位素系统则形成拟合颇佳的等时线，这明显表明，788 Ma Rb-Sr 等时年龄是后期地质事件同位素系统完全再置时间。岩石形成年龄应大于 788 ± 69（2σ）Ma。

2. 西乡孙家河侵入变质镁铁质火山岩钾长岩花岗岩的 Sm-Nd、Rb-Sr 和 $^{40}Ar/^{39}Ar$ 年龄

钾长花岗岩为肉红色，细粒或隐晶质，呈层状侵入变质镁铁质火山岩中。三个采自西乡孙家河的钾长花岗岩样品被用于 Rb-Sr 和 Sm-Nd 年龄测定，以估计西乡群变质镁铁质火山岩形成年龄上限。同位素分析结果列于表 5.10。Sm-Nd 同位素分析结果不形成等时线（图 5.11），Rb-Sr 同位素分析结果等时年龄 $t = 751$ Ma，$I_{Sr} = 0.703$（图 5.12）。

表 5.10　西乡孙家河侵入西乡群孙家河组钾长花岗岩样品 Rb-Sr、Sm-Nd 年龄同位素分析结果

样品	Rb/（µg/g）	Sr/（µg/g）	$^{87}Rb/^{86}Sr$	$^{87}Sr/^{86}Sr$	±2σ
Q98274-9	82.723	50.929	4.7032	0.755533	12
Q98274-10	81.966	122.550	1.9366	0.724562	14
Q98274-11	92.863	64.939	4.1406	0.745514	11
样品	Sm/（µg/g）	Nd/（µg/g）	$^{147}Sm/^{144}Nd$	$^{143}Nd/^{144}Nd$	±2σ
Q98274-9	12.530	55.019	0.1378	0.512259	10
Q98274-10	12.269	53.026	0.1400	0.512617	8
Q98274-11	12.282	54.405	0.1366	0.512544	7

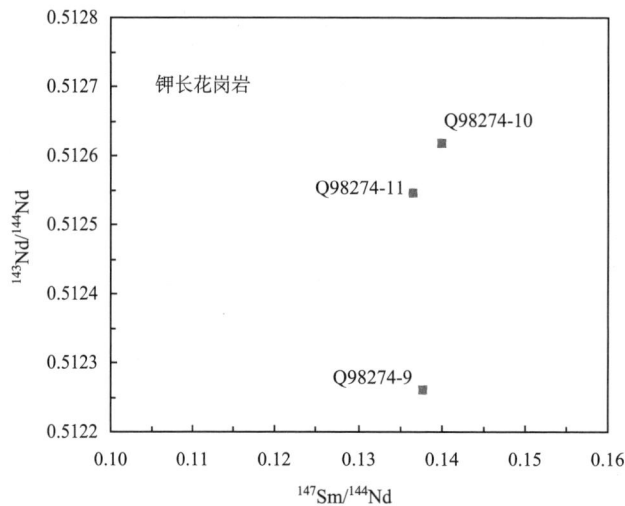

图 5.11　西乡孙家河侵入西乡群变质火山岩钾长花岗岩样品 $^{143}Nd/^{144}Nd$-$^{147}Sm/^{144}Nd$ 图

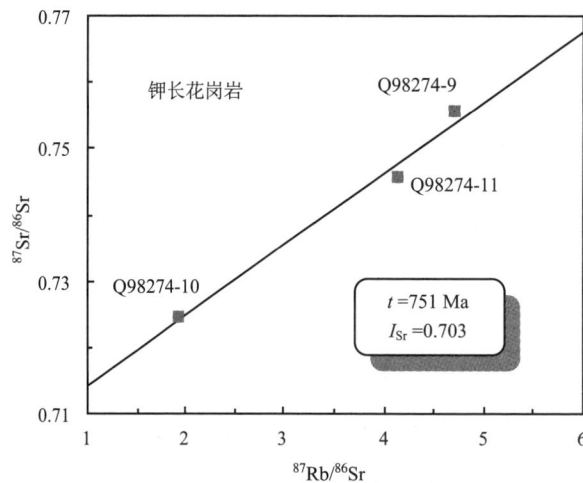

图 5.12　西乡孙家河侵入西乡群变质火山岩钾长花岗岩样品 Rb-Sr 等时年龄

对采自西乡孙家河西黄泥梁的钾长花岗岩样品 Q98306 进行了 $^{40}Ar/^{39}Ar$ 年龄测定。分析结果列于表 5.11。坪年龄 286±21（2σ）Ma（图 5.13）。

表 5.11　西乡黄泥梁钾长花岗岩样品^{40}Ar/^{39}Ar 阶段升温年龄测定结果

（样品 Q98306，J=0.013999）

温度/℃	^{40}Ar/^{39}Ar	^{36}Ar/^{39}Ar	^{37}Ar/^{39}Ar	F*	^{39}Ar/10^{-14}mol	年龄/Ma
400	14.7773	0.0019	0.0093	14.2183	2688	327.5±3.1
480	12.5499	0.0008	0.0081	12.2998	727	286.6±2.7
560	12.8912	0.0015	0.0273	12.4413	344	289.6±2.7
640	12.9076	0.0009	0.0143	12.6469	1067	294.1±2.8
720	12.2163	0.0012	0.0255	11.8471	645	276.8±2.7
800	11.9929	0.0016	0.0066	11.5188	709	269.7±2.6
880	10.0418	0.0012	0.0367	9.6949	1268	229.6±2.2
960	10.7140	0.0012	0.0286	10.3568	1129	244.3±3.1
1050	12.9194	0.0014	0.0279	12.5085	1043	291.1±2.8
1140	16.7675	0.0050	0.2835	15.3141	165	350.4±3.7
1200	25.8995	0.0207	0.7187	19.8243	44	441.8±15.3
1300	44.6811	0.0665	2.9262	25.6877	14	554.2±36.8
1400	52.4414	0.0677	1.4338	32.5653	16	677.6±24.9

＊F 意义见表 5.6 注。

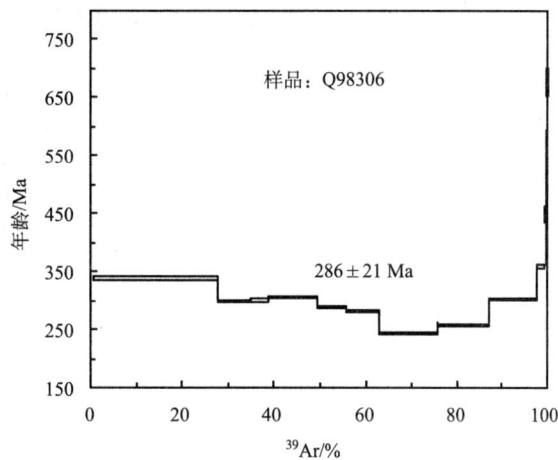

图 5.13　西乡黄泥梁钾长花岗岩样品^{40}Ar/^{39}Ar 坪年龄

3. 汉南侵入杂岩年龄

汉南侵入杂岩出露面积约 2100m^2。主要由斜长花岗岩组成，其次为石英闪长岩和辉长岩。斜长花岗岩主要由斜长石（50%～60%）、石英（20%～25%）、黑云母、角闪石（5%～10%）组成，平均化学成分（5 个样品平均），SiO$_2$ 69.72%，TiO$_2$ 0.23%，Al$_2$O$_3$ 15.66%，Fe$_2$O$_3$ 1.79%，FeO 1.47%，MnO 0.22%，CaO 2.95%，Na$_2$O 4.57%，K$_2$O 1.56%（严阵等，1985）。

（1）^{40}Ar/^{39}Ar 年龄数据

由采自城固东南的斜长花岗岩全岩样品 Q92102-6 分选的黑云母被用于^{40}Ar/^{39}Ar 年龄测定。分析结果见表 5.12。坪年龄 791±25（2σ）Ma（图 5.14）。

表 5.12　汉南侵入杂岩城固斜长花岗岩黑云母样品$^{40}Ar/^{39}Ar$阶段升温年龄测定结果
（样品 Q92102-6；$J=0.01812$）

温度/℃	$^{40}Ar/^{39}Ar$	$^{36}Ar/^{39}Ar$	$^{37}Ar/^{39}Ar$	F^*	$^{39}Ar/10^{-14}mol$	年龄/Ma
570	32.0599	0.0038	0.0162	30.9478	1164.42	806.32±8.85
670	30.5502	0.0009	0.0258	30.2746	443.26	792.12±8.86
750	32.0778	0.0048	0.0847	30.6769	138.89	800.62±8.21
830	30.8781	0.0034	0.1545	29.8939	92.15	784.05±8.91
910	31.2978	0.0046	0.1269	29.9549	100.68	785.34±7.68
1000	30.8351	0.0021	0.2845	30.2304	133.11	791.19±8.08
1075	31.0529	0.0030	0.4824	30.2094	107.01	790.00±8.01
1140	29.0658	0.0183	1.6113	23.8133	7.67	649.83±48.75
1400	26.2884	0.0198	1.0874	20.5314	7.07	573.02±98.59

* F 意义见表 5.6 注。

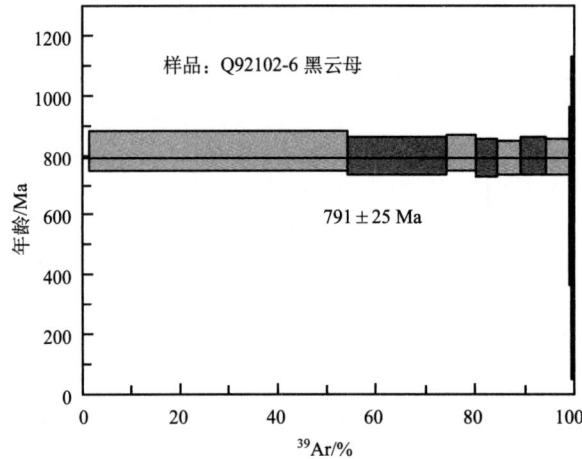

图 5.14　汉南侵入杂岩城固斜长花岗岩黑云母样品$^{40}Ar/^{39}Ar$年龄

（2）Sm-Nd 年龄数据

分别对采自城固，西乡长溪沟和望江山的斜长花岗岩、石英闪长岩和辉长岩的 19 个全岩样品和由辉长岩分选的两个矿物样品进行了分析，结果如表 5.13。采自不同地点，具不同岩性的 21 个样品均很好位于一条等时线上（图 5.15），这表明它们具有相同成因，并在相差不大时间范围内形成，等时年龄 $t=837\pm28(2\sigma)$ Ma，$I_{Nd}=0.511654\pm23(2\sigma)$，$\varepsilon_{Nd}(t)=+1.9$，MSWD=1.4。

表 5.13　汉南侵入杂岩样品 Sm-Nd 年龄同位素分析结果

样品*	Sm/(μg/g)	Nd/(μg/g)	$^{147}Sm/^{144}Nd$	$^{143}Nd/^{144}Nd$	±2σ
Q9292-1	4.046	17.942	0.1364	0.512399	15
Q9292-2	3.598	18.306	0.1189	0.512313	9
Q9292-3	3.614	19.832	0.1102	0.512249	17
Q9292-6	1.975	8.680	0.1376	0.512402	10
Q9292-7	3.491	18.708	0.1129	0.512256	10
Q9292-8	3.576	19.696	0.1098	0.512266	7

样品 *	Sm/(μg/g)	Nd/(μg/g)	$^{147}Sm/^{144}Nd$	$^{143}Nd/^{144}Nd$	±2σ
Q9299-2	4.816	16.206	0.1798	0.512642	20
Q9299-4	3.791	13.783	0.1664	0.512552	8
Q9299-5	2.544	8.673	0.1774	0.512637	19
Q9299-6	6.453	23.391	0.1669	0.512566	10
Q9299-7	4.056	15.763	0.1556	0.512519	10
Q9299-7cpx	7.657	23.519	0.1969	0.512750	14
Q9299-7plag	$5.101×10^{-1}$	4.044	$0.7630×10^{-1}$	0.512084	32
Q92102-1	3.702	23.673	$0.9459×10^{-1}$	0.512163	8
Q92102-3	4.460	35.584	$0.7582×10^{-1}$	0.512068	9
Q92102-4	3.193	20.136	$0.9592×10^{-1}$	0.512160	7
Q92102-6	5.370	40.604	$0.8000×10^{-1}$	0.512119	12
Q92102-7	1.648	10.294	$0.9684×10^{-1}$	0.512158	14
Q9478	64.480	$53.354×10^1$	$0.7310×10^{-1}$	0.512060	5
Q9479	60.740	$51.549×10^1$	$0.7128×10^{-1}$	0.512042	5
Q9480	2.690	18.046	$0.9017×10^{-1}$	0.512183	6

　＊ Q9292 为石英闪长岩样品；Q9299 为辉长岩样品；Q92102，Q9478～Q9480 为斜长花岗岩样品；cpx 和 plag 为辉石和斜长石，选自辉长岩样品 Q9299-7。

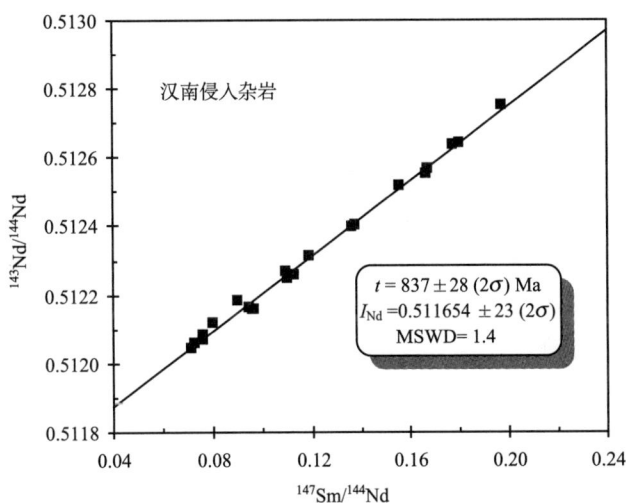

图 5.15　汉南侵入杂岩样品 Sm-Nd 等时年龄

（3）Rb-Sr 年龄数据

　　斜长花岗岩、石英闪长岩、辉长岩全岩样品 Rb-Sr 同位素分析数据分散，不构成等时线。$^{87}Rb/^{86}Sr$ 值 0.03～0.14，$^{87}Sr/^{86}Sr$ 值 0.70421～0.70649。

　　斜长花岗岩全岩样品 Q92102-6（WR）和由其分选的矿物样品黑云母（BiO）、斜长石（Plag）和磷灰石（Apt）的 Rb-Sr 同位素分析结果如表 5.14 和图 5.16。等时年龄为 824.8±3.8（2σ）Ma，I_{Sr} = 0.70393±14（2σ），MSWD = 2.4。

表 5.14　汉南侵入杂岩斜长花岗岩矿物样品 Rb-Sr 年龄同位素分析结果

样品	Rb/(μg/g)	Sr/(μg/g)	^{87}Rb/^{86}Sr	^{87}Sr/^{86}Sr	±2σ
Q92102-6WR	32.05	674.015	0.1375	0.70550	4
Apt	18.49	465.65	0.1149	0.70528	7
Plag	6.39	1208.04	0.0453	0.70417	8
Bio	231.26	39.21	$0.1702×10^2$	0.90445	6

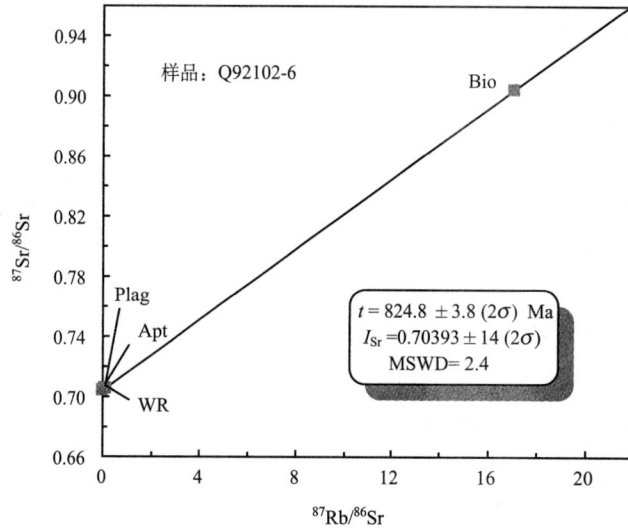

图 5.16　汉南侵入杂岩城固斜长花岗岩矿物样品 Rb-Sr 等时年龄

（4）锆石 U-Pb 年龄数据

由斜长花岗岩全岩样品 Q92102-6 分选的浅玫瑰色、双锥短柱状、半透明—透明、晶棱、锥面遭不同程度熔融的四颗锆英石样品被分析。结果如表 5.15。No.1 ^{207}Pb/^{206}Pb 年龄远远大于其他锆石年龄，为 1574 Ma，可能为继承锆石。其年龄与子午群片麻岩年龄接近。其余三颗锆石（No.2~4）U、Pb 同位素组成十分接近，计算的年龄误差很大。不一致线上交点参考年龄约 876 Ma，下交点约 273 Ma（图 5.17）。

表 5.15　汉南侵入杂岩城固斜长花岗岩锆石 U-Pb 年龄同位素分析结果

样品	U/(μg/g)	Pb/(μg/g)	同位素原子比				表面年龄/Ma		
			^{206}Pb/^{204}Pb	^{206}Pb/^{238}U	^{207}Pb/^{235}U	^{207}Pb/^{206}Pb	^{206}Pb/^{238}U	^{207}Pb/^{235}U	^{207}Pb/^{206}Pb
1	189.53	23.661	3690	0.10338 ±54	1.3876 ±83	0.09734 ±29	634	884	1574
2	154.45	19.395	15152	0.11405 ±46	1.0366 ±41	0.06592 ±6	696	722	803
3	165.43	20.240	1359	0.10987 ±44	1.0111 ±80	0.06674 ±47	672	709	830
4	163.67	19.339	3846	0.10680 ±53	0.962 ±19	0.0653 ±12	654	684	785

（五）湖北随县花山变质镁铁质岩年龄测定结果

花山变质镁铁质岩具有蛇绿岩特征，推测形成于海西-印支期，普遍认为花山蛇绿混杂岩带是勉

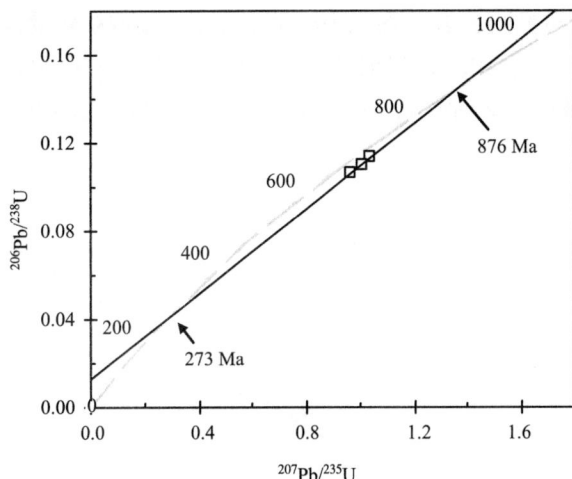

图 5.17 汉南侵入杂岩城固斜长花岗岩锆石 U-Pb 年龄

略带的东延部分。对该蛇绿混杂岩带三里岗和小阜两地变质镁铁质岩进行了年代学工作，结果如下：

1. 三里岗镁铁质火山岩样品 Rb-Sr、Sm-Nd 等时年龄

对 11 个采自随州三里岗杨家棚的变质镁铁质火山岩样品进行了 Sm-Nd、Rb-Sr 年龄测定，结果列于表 5.16。

表 5.16 随州三里岗变质镁铁质火山岩样品 Sm-Nd、Rb-Sr 年龄测定结果

样品	Rb/(μg/g)	Sr/(μg/g)	^{87}Rb/^{86}Sr	^{87}Sr/^{86}Sr	±2σ
Q9975	37.06	170.5	0.6294	0.71215	5
Q9976	13.30	96.27	0.4001	0.70788	1
Q9979	62.10	202.2	0.8893	0.71556	8
Q9983	16.63	211.6	0.2276	0.71040	1
Q9984	11.73	224.0	0.1516	0.70987	2
Q9985	32.58	216.0	0.4368	0.70846	1
Q9986	30.07	260.5	0.3342	0.70805	1
Q9987	10.50	90.79	0.3349	0.71165	1
Q9988	29.37	189.7	0.4483	0.70770	1
Q9989	33.83	143.2	0.6841	0.70945	1
Q9990	2.583	149.3	0.0501	0.70837	1
样品	Sm/(μg/g)	Nd/(μg/g)	^{147}Sm/^{144}Nd	^{143}Nd/^{144}Nd	±2σ
Q9975	11.74	45.63	0.1556	0.512435	9
Q9976	10.23	38.62	0.1602	0.512404	8
Q9979	2.291	6.294	0.2202	0.513095	9
Q9983	6.169	26.97	0.1384	0.512188	9
Q9984	6.571	28.13	0.1413	0.512200	8
Q9985	4.623	16.10	0.1737	0.512574	8
Q9986	4.747	16.69	0.1720	0.512542	13
Q9987	3.682	19.77	0.1127	0.511667	7
Q9988	4.646	16.29	0.1725	0.512563	8
Q9989	4.612	16.12	0.1731	0.512562	8
Q9990	6.127	30.22	0.1226	0.511954	8

样品在等时线图上的分布见图 5.18、图 5.19。可以看出，Rb-Sr 年龄同位素分析结果分散，不构成等时线，大致沿 $t=981$ Ma，$I_{Sr}=0.707$ 等时线分布；Sm-Nd 年龄同位素分析结果，除样品 Q9987 外，其余样品基本形成一条等时线。等时年龄 $t=1737\pm130\,(2\sigma)$ Ma，$I_{Nd}=0.51059\pm14\,(2\sigma)$，MSWD = 4.6。

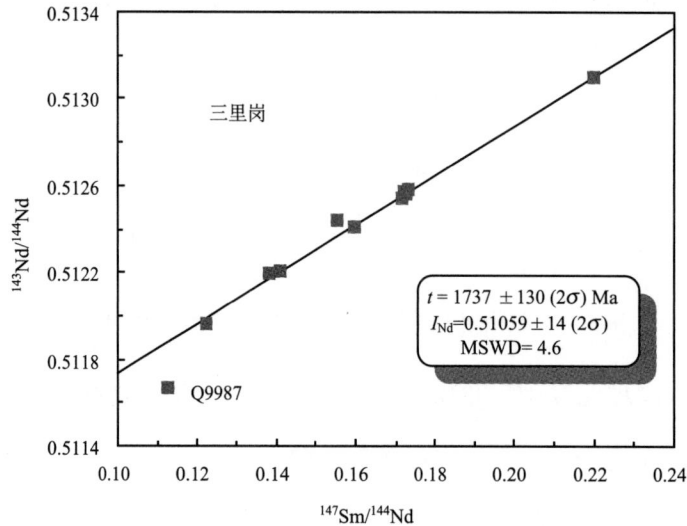

图 5.18　随州三里岗变质镁铁质火山岩样品 Sm-Nd 等时年龄

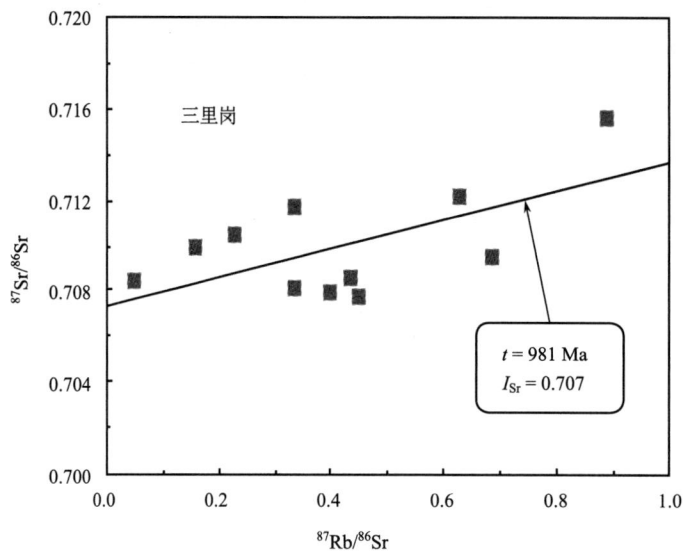

图 5.19　随州三里岗变质镁铁质火山岩样品 Rb-Sr 等时年龄

2. 小阜变质镁铁质火山岩样品 Rb-Sr、Sm-Nd 等时年龄

对 12 个采自随州小阜的变质镁铁质火山岩样品进行了 Sm-Nd、Rb-Sr 年龄测定，结果列于表 5.17，样品在等时图上的分布见图 5.20、图 5.21。由图 5.20 可见，样品 Sm-Nd 同位素分析结果基本形成一条等时线，等时年龄为 $1295\pm150\,(2\sigma)$ Ma，$I_{Nd}=0.51114\pm16\,(2\sigma)$，MSWD = 1.3。Rb-Sr 等时年龄 $737\pm31\,(2\sigma)$ Ma，$I_{Sr}=0.7052\pm13\,(2\sigma)$，MSWD = 44。

表 5.17　随州小阜变质镁铁质火山岩 **Rb-Sr**、**Sm-Nd** 年龄同位素分析结果

样品	Rb/(μg/g)	Sr/(μg/g)	$^{87}Rb/^{86}Sr$	$^{87}Sr/^{86}Sr$	±2σ
Q9926	$1.133×10^2$	$6.943×10^1$	4.726	0.756996	12
Q9927					
Q9928	$1.636×10^2$	$5.627×10^1$	8.418	0.792707	14
Q9929	$1.255×10^2$	$1.141×10^2$	3.186	0.740071	9
Q9930	$1.295×10^2$	$1.209×10^2$	3.101	0.736170	10
Q9932-1	2.722	$4.049×10^2$	$1.947×10^{-2}$	0.705635	9
Q9933	2.477	$3.801×10^1$	$1.887×10^{-1}$	0.708132	14
Q9935	1.844	$2.838×10^2$	$1.881×10^{-2}$	0.706060	9
Q9936	$1.252×10^1$	$1.102×10^2$	$3.291×10^{-1}$	0.709770	11
Q9937	3.502	$8.349×10^1$	$1.249×10^{-1}$	0.705981	11
Q9938	$1.085×10^1$	$1.277×10^2$	$2.460×10^{-1}$	0.707370	14
Q9939	$2.280×10^1$	$9.655×10^1$	$6.839×10^{-1}$	0.709363	10
样品	Sm/(μg/g)	Nd/(μg/g)	$^{147}Sm/^{144}Nd$	$^{143}Nd/^{144}Nd$	±2σ
Q9926	8.952	35.32	0.1533	0.512457	8
Q9927	9.211	36.03	0.1546	0.512468	9
Q9928	9.551	36.87	0.1567	0.512474	10
Q9929	$1.011×10^1$	39.12	0.1564	0.512452	9
Q9930	9.602	35.70	0.1627	0.512553	10
Q9932-1	6.821	26.36	0.1565	0.512453	7
Q9933	6.825	26.41	0.1563	0.512455	8
Q9935	6.552	22.85	0.1734	0.512615	8
Q9936	6.570	22.50	0.1766	0.512644	9
Q9937	6.737	23.88	0.1706	0.512575	8
Q9938	$1.189×10^1$	44.19	0.1628	0.512527	9
Q9939	$1.179×10^1$	44.09	0.1617	0.512520	11

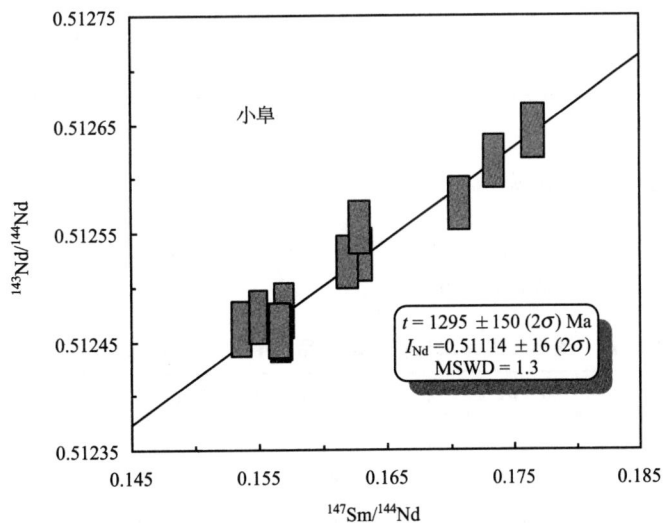

图 5.20　随州小阜变质镁铁质火山岩样品 Sm-Nd 等时年龄

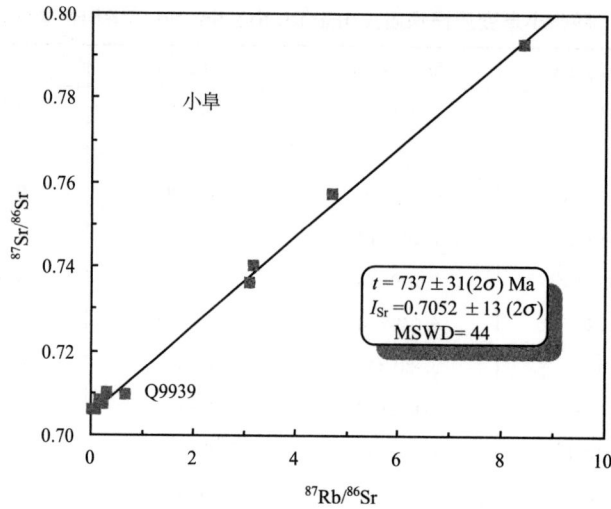

图 5.21　随州小阜变质镁铁质火山岩样品 Rb-Sr 等时年龄

3. 三里岗侵入镁铁质火山岩的二长花岗岩的年龄

(1) 锆英石 U-Pb 年龄数据

花岗岩为肉红色，主要由斜长石、钾长石、石英和黑云母组成，次要矿物有角闪石。由全样样品 Q99108-1 分选的锆英石有两类，一类为淡黄色、无色、透明四方、六方柱状，无熔蚀；另一类为黄褐色，半透明，晶棱圆化，表面有麻点。后者用颗粒锆石逐层蒸发法测定 $^{207}Pb/^{206}Pb$ 年龄为 2373±2 Ma 左右，前者用化学法对 5 颗锆英石样品进行了 U-Pb 年龄测定。同位素分析结果列于表 5.18。上交点年龄为 768±90（2σ）（图 5.22），下交点由于样品集中于上交点附近，下交点摆动大为负值。

表 5.18　随州三里岗二长花岗岩锆英石 U-Pb 年龄同位素分析结果

样品	U /(μg/g)	Pb /(μg/g)	同位素原子比				表面年龄/Ma		
			$^{206}Pb/^{204}Pb$	$^{206}Pb/^{238}U$	$^{207}Pb/^{235}U$	$^{207}Pb/^{206}Pb$	$^{206}Pb/^{238}U$	$^{207}Pb/^{235}U$	$^{207}Pb/^{206}Pb$
1	7.22	57.2	100	0.067118	0.11570	1.0707	841	706	739
2	8.87	58.5	58	0.067503	0.11665	1.0857	853	711	746
3	7.13	57.3	53	0.065902	0.09996	0.9083	803	614	656
4	7.36	31.0	53	0.062689	0.12794	1.1058	697	776	756
5	5.24	31.5	56	0.070255	0.08296	0.8036	936	599	514

(2) 全岩样品 Sm-Nd 年龄数据

对 3 个二长花岗岩样品进行了 Sm-Nd 年龄同位素分析，结果列于表 5.19。样品在等时图上的分布见图 5.23。Nd 模式年龄 t_{DM} 1064±74（2σ）Ma。

表 5.19　随州三里岗二长花岗岩样品 Sm-Nd 年龄同位素分析结果

样品	Sm/(μg/g)	Nd/(μg/g)	$^{147}Sm/^{144}Nd$	$^{143}Nd/^{144}Nd$	±2σ	t_{DM}/Ma
Q00108-1	3.286	17.83	0.1115	0.512406	8	1109
Q00108-2	4.027	22.88	0.1065	0.512360	7	1123
Q00108-3	2.997	17.01	0.1066	0.512476	9	959

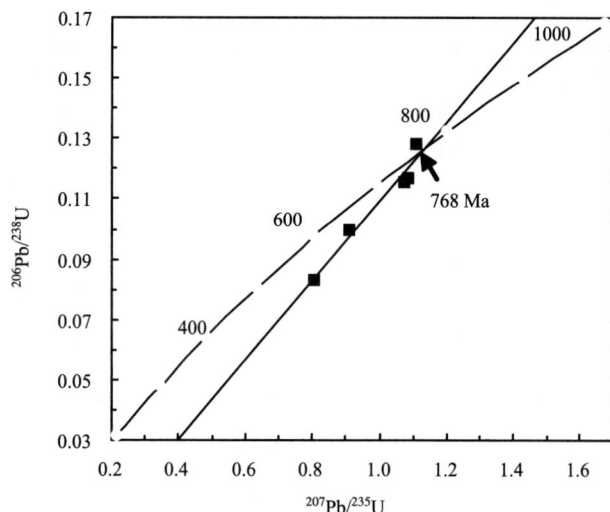

图 5.22　随州三里岗二长花岗岩锆英石 U-Pb 年龄

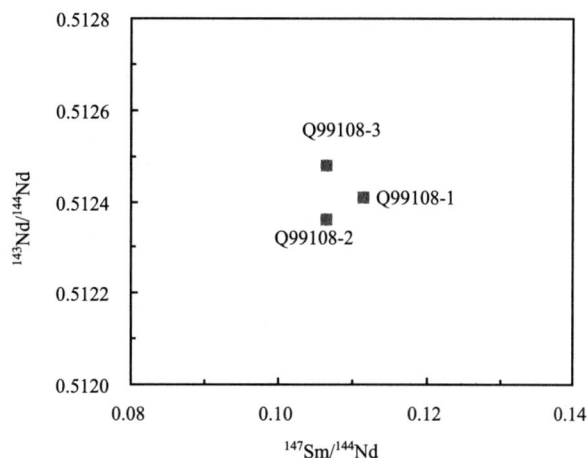

图 5.23　随州三里岗二长花岗岩 ^{143}Nd/^{144}Nd-^{147}Sm/^{144}Nd 图

（3）全岩样品 Rb-Sr 年龄数据

对 12 个二长花岗岩样品和两个矿物样品：角闪石和长石进行了 Rb-Sr 年龄同位素分析，结果列于表 5.20。由 12 个全岩样品得到的 Rb-Sr 等时年龄为 424±54（2σ）Ma，I_{Sr} = 0.70592±49（2σ），MSWD=2.1（图 5.24）。长石（Pl）和角闪石（Hb）两个矿物样连线等时年龄为 237±32（2σ）Ma，I_{Sr} = 0.70646±36（2σ）（图 5.24）。

表 5.20　随州三里岗二长花岗岩 Rb-Sr 年龄同位素分析结果

样品	Rb/（μg/g）	Sr/（μg/g）	^{87}Rb/^{86}Sr	^{87}Sr/^{86}Sr	±2σ
Q99108-1	33.30	191.0	0.5048	0.708638	10
Q99108-2	59.16	211.5	0.8097	0.710736	7
Q99108-3	31.08	318.9	0.2821	0.707462	8
Q99108-4	28.74	381.0	0.2185	0.707370	8
Q99108-5	61.26	227.4	0.7800	0.710712	14
Q99108-6	47.33	169.0	0.8107	0.711089	12

续表

样品	Rb/(μg/g)	Sr/(μg/g)	^{87}Rb/^{86}Sr	^{87}Sr/^{86}Sr	±2σ
Q99108-7	29.81	216.4	0.3990	0.708647	11
Q99108-8	39.45	252.7	0.4521	0.708467	11
Q99108-9	46.23	200.1	0.6689	0.710197	13
Q99108-10	36.83	138.3	0.7711	0.710831	16
Q99108-11	49.01	208.2	0.6815	0.709746	12
Q99108-12	49.65	161.2	0.8917	0.710983	11
Hb	5.456	569.5	$0.2774×10^{-1}$	0.706552	13
PL	44.12	113.7	$0.1124×10^{1}$	0.710243	11

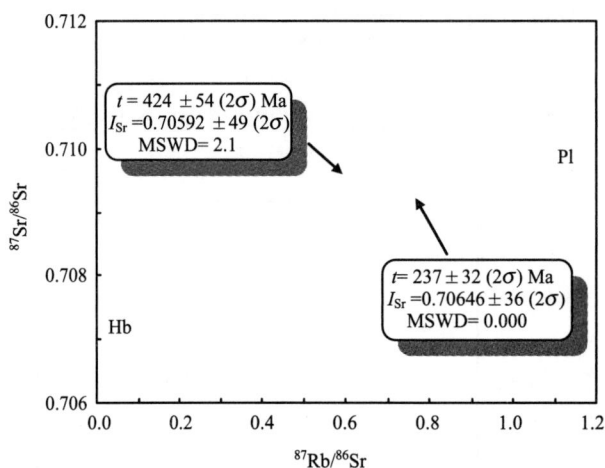

图 5.24　随州三里岗二长花岗岩 Rb-Sr 等时年龄

(4) ^{40}Ar/^{39}Ar 年龄数据

由二长花岗岩样品分选的角闪石用于 ^{40}Ar/^{39}Ar 年龄测定。分析结果见表 5.21。坪年龄为 142.7± 0.8 Ma（图 5.25）。

表 5.21　随州三里岗二长花岗岩角闪石 ^{40}Ar/^{39}Ar 阶段升温年龄测定结果
（样品：Q99108-1，J=0.016227）

温度/℃	^{40}Ar/^{39}Ar	^{36}Ar/^{39}Ar	^{37}Ar/^{39}Ar	F^{*}	^{39}Ar/10^{-14}mol	年龄/Ma
500	26.0129	0.0741	0.7279	4.1734	52.0	118.2±6.2
600	11.7050	0.0257	0.7288	4.1596	93.8	117.8±1.6
700	5.8523	0.0040	0.7278	4.7331	103.0	133.4±1.3
800	5.8525	0.0031	0.7279	4.9748	158.7	140.1±1.4
900	5.8242	0.0031	0.7246	4.9529	414.6	139.5±1.4
1000	5.8525	0.0028	0.7282	5.0772	825.2	142.8±1.4
1100	5.8525	0.0029	0.7251	5.0486	137.5	142.0±1.4
1200	5.8525	0.0029	0.8180	5.0490	2063.0	142.1±2.2
1260	5.8525	0.0027	0.6950	5.1092	937.7	143.7±1.4
1320	5.8527	0.0033	0.7779	4.9329	229.2	138.9±1.4
1400	5.8524	0.0730	0.7779	5.0089	82.5	140.9±1.9

＊ F意义见表 5.6 注。

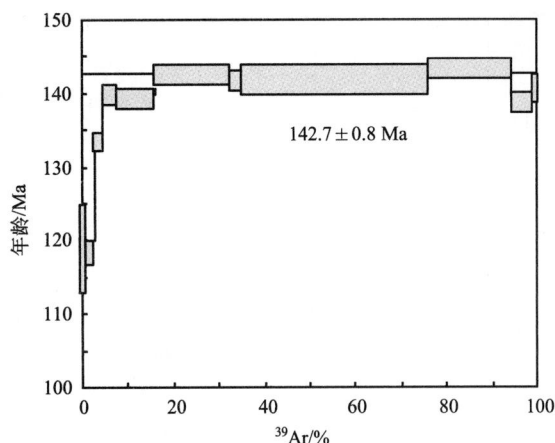

图 5.25　随州三里岗二长花岗岩角闪石^{40}Ar/^{39}Ar 年龄

二、勉略构造带含放射虫硅质岩及与之共存镁铁质岩的年龄和同位素地球化学特征

略阳三岔偏桥沟南四方坝一带硅质岩与变质镁铁质火山岩互层。硅质岩有紫红色和黑色两种。样品 SiO_2 含量不等，部分样品 Ca、Mg 含量较高，为白云质硅质岩。变质火山岩为绿色、暗绿色，强烈变形、片理化。1996 年在该地硅质岩中发现有时代属早石炭世的放射虫化石（冯庆来等，1996）。

秦岭造山带多处存在同位素年代学证据和化石证据时代矛盾的。偏桥沟北部变质镁铁质火山岩年龄前面已经叙述，为 908 Ma 左右，与放射虫化石证据大相径庭。为此，对该地硅质岩及硅质岩所夹的变质火山岩样品进行了年代学工作。

（一）硅质岩样品年龄测定结果

1. Sm-Nd 同位素数据

对采自略阳三岔偏桥沟南四方坝一带的 9 个硅质岩样品进行了 Sm-Nd 年龄同位素分析，结果列于表 5.22。样品在 ^{143}Nd/^{144}Nd-^{147}Sm/^{144}Nd 图上的分布如图 5.26。可以看出，除样品 Q98223-5 外，其余 8 个样品分布有一定方向性，大致沿 $t=326$ Ma，$I_{Nd}=0.51183$ 等时线分布。硅质岩可能形成于早石炭世。

表 5.22　略阳三岔偏桥沟南四方坝一带硅质岩样品 Sm-Nd 年龄同位素分析结果

样品	岩性	Sm/(μg/g)	Nd/(μg/g)	^{147}Sm/^{144}Nd	^{143}Nd/^{144}Nd	±2σ
Q94109	黑色硅质岩	$4.880×10^{-1}$	2.199	0.1324	0.512104	8
Q98223-1	黑色硅质岩	$3.017×10^{-1}$	2.022	$0.9026×10^{-1}$	0.512028	11
Q98223-2	黑色硅质岩	2.629	$1.328×10^{1}$	0.1199	0.512017	8
Q98223-3	黑色硅质岩	1.004	6.679	$0.9092×10^{-1}$	0.512036	13
Q98223-4	紫红色硅质岩	1.366	6.421	0.1287	0.512210	33
Q98223-5	紫红色硅质岩	$7.222×10^{-2}$	$4.661×10^{-1}$	$0.9373×10^{-1}$	0.512361	8
Q98223-6	黑色硅质岩	$8.664×10^{-1}$	3.149	0.1664	0.512156	8
Q98223-7	黑色硅质岩	4.109	$2.729×10^{1}$	$0.9106×10^{-1}$	0.511969	10
Q98227	黑色硅质岩	2.515	1.438	0.1058	0.512089	8

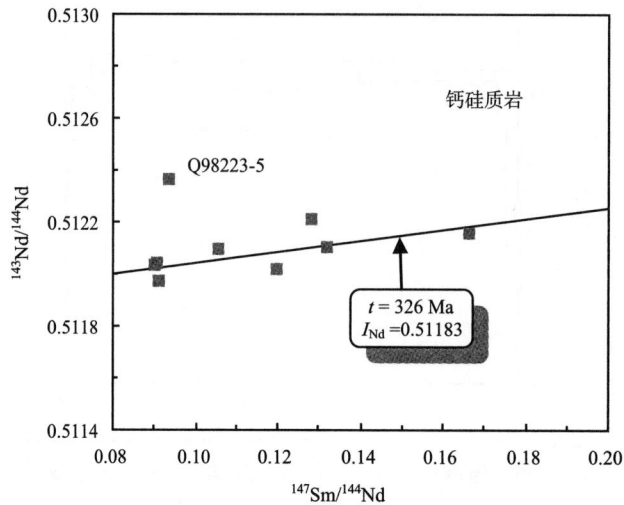

图 5.26　略阳三岔偏桥沟南四方坝一带硅质岩样品 Sm-Nd 等时年龄

2. Rb-Sr 年龄数据

11 个采自略阳三岔偏桥沟南四方坝一带的硅质岩样品被用于 Rb-Sr 年龄测定,同位素分析结果列于表 5.23,样品在等时图上的分布见图 5.27。可以看出,样品分散,无严格等时线,但是分布有一定方向性。参考等时年龄为 344 Ma, $I_{Sr} \sim 0.7097$。Rb-Sr 参考等时年龄和 Sm-Nd 参考等时年龄一样,硅质岩可能形成于早石炭世,与放射虫化石证据没有差异。

表 5.23　略阳三岔偏桥沟南四方坝一带硅质岩样品 Rb-Sr 年龄同位素分析结果

样品	岩性	Rb/(μg/g)	Sr/(μg/g)	$^{87}Rb/^{86}Sr$	$^{87}Sr/^{86}Sr$	±2σ
Q94108	黑色硅质岩	3.448	9.285	1.075	0.715574	30
Q94109	黑色硅质岩	2.818	3.257	2.506	0.720976	23
Q98223-1	黑色硅质岩	1.407	$1.724×10^2$	$2.363×10^{-2}$	0.713041	12
Q98223-2	黑色硅质岩	3.382	$6.908×10^1$	$1.418×10^{-1}$	0.711292	14
Q98223-3	黑色硅质岩	2.854	$9.534×10^2$	$8.669×10^{-3}$	0.709540	12
Q98223-4	紫红色硅质岩	$3.375×10^1$	$1.140×10^2$	$8.569×10^{-1}$	0.711347	10
Q98223-5	紫红色硅质岩	1.796	3.351	1.552	0.719905	17
Q98223-6	黑色硅质岩	2.857	$2.433×10^1$	$3.401×10^{-1}$	0.711940	13
Q98223-7	黑色硅质岩	$1.224×10^1$	$7.542×10^2$	$4.701×10^{-2}$	0.709120	13
Q98224	黑色硅质岩	7.434	$1.418×10^3$	$1.518×10^{-2}$	0.709008	14
Q98227	黑色硅质岩	3.992	$1.002×10^2$	$1.154×10^{-1}$	0.707886	15

(二) 与硅质岩互层变质镁铁质火山岩样品年龄测定结果

1. Sm-Nd 年龄数据

12 个采自略阳三岔偏桥沟南四方坝一带与硅质岩互层产出的变质镁铁质火山岩样品被用于 Sm-Nd 年龄测定,同位素分析结果列于表 5.24。由图 5.28 可以看出,样品分两部分:Q98222-1 和 Q98226 轻稀土强烈亏损, $^{147}Sm/^{144}Nd$ 值 0.2236~0.2277, $^{143}Nd/^{144}Nd$ 值 0.513221~0.513226;其余样品轻稀土

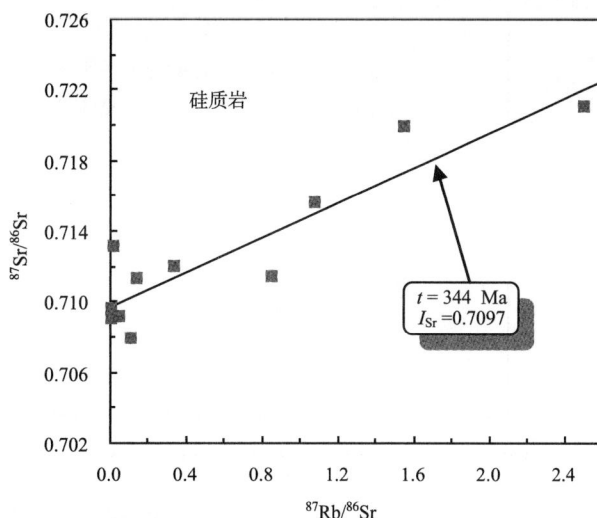

图 5.27　略阳三岔偏桥沟南四方坝一带硅质岩样品 Rb-Sr 等时年龄

富集，$^{147}Sm/^{144}Nd$ 值由 0.1139~0.1318，$^{143}Nd/^{144}Nd$ 值 0.511796~0.512258。很明显，与硅质岩互层的变质镁铁质火山岩不是一个成因产物。前者与庄科变质镁铁质火山岩类似，后者既不像庄科变质镁铁质火山岩，也不像三岔偏桥沟北部轻稀土富集变质镁铁质火山岩（图 5.29）。与硅质岩 Sm-Nd 同位素系统比较，轻稀土亏损、类似庄科变质火山岩样品与硅质岩样品没有相似之处；轻稀土富集变质镁铁质火山岩样品和硅质岩样品 Nd 同位素组成重叠（图 5.30），可能有一定关系。部分样品 Nd 同位素组成比硅质岩样品低，可能形成时有老地壳物质加入。

表 5.24　略阳三岔偏桥沟南四方坝一带与硅质岩互层产出变质镁铁质
火山岩样品 Sm-Nd 年龄同位素分析结果

样　品	岩　性	Sm/(μg/g)	Nd/(μg/g)	$^{147}Sm/^{144}Nd$	$^{143}Nd/^{144}Nd$	±2σ
Q98222-1	暗绿色变质火山岩	3.250	8.794	0.2236	0.513221	7
Q98222-2	深灰色变质火山岩	3.160	16.018	0.1193	0.512105	7
Q98222-3	深灰色变质火山岩	2.798	12.843	0.1318	0.512258	7
Q98222-4	浅绿色变质火山岩	1.085	5.428	0.1209	0.511976	13
Q98222-5	浅绿色变质火山岩	3.741	18.878	0.1199	0.512000	8
Q98222 6	浅绿色变质火山岩	2.971	13.344	0.1347	0.512093	6
Q98222-7	浅绿浅灰变质火山岩	6.258	31.692	0.1194	0.512005	7
Q98222-8	浅绿浅灰变质火山岩	5.722	30.397	0.1139	0.511897	7
Q98222-9	浅黄色变质火山岩	5.331	28.310	0.1139	0.511916	6
Q98222-10	浅黄色变质火山岩	3.082	14.739	0.1265	0.511796	7
Q98225	浅绿色变质火山岩	2.867	13.920	0.1246	0.512042	9
Q98226	绿色变质火山岩	3.076	8.170	0.2277	0.513226	10

2. Rb-Sr 年龄数据

同 Sm-Nd 年龄测定样品，对 12 个采自三岔偏桥沟南四方坝一带与硅质岩互层的变质镁铁质火山岩样品进行了 Rb-Sr 年龄测定，同位素分析结果列于表 5.25。样品在等时线图上分布如图 5.31。样品分散，不构成等时线。

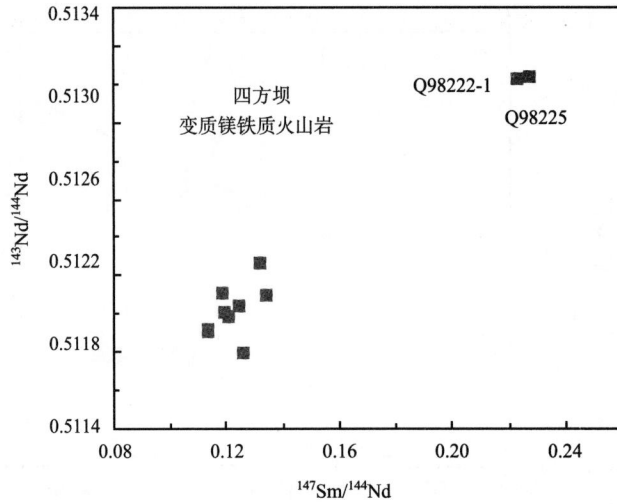

图 5.28 略阳三岔偏桥沟南四方坝一带与硅质岩互层变质镁铁质火山岩样品 $^{143}Nd/^{144}Nd$ - $^{147}Sm/^{144}Nd$ 图

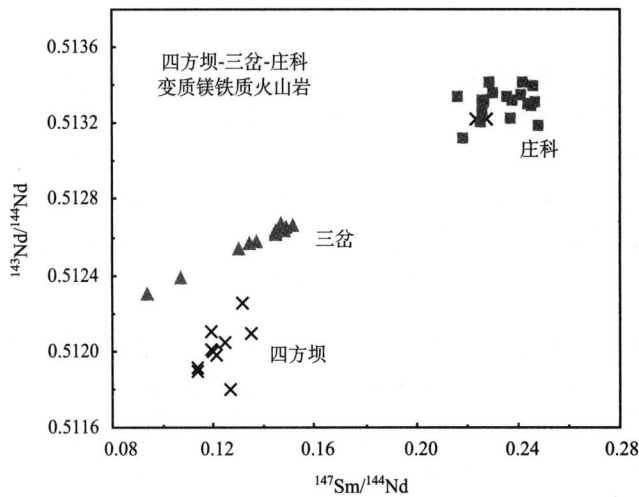

图 5.29 略阳三岔偏桥沟北至三岔偏桥沟南四方坝一带—庄科变质镁铁质火山岩样品 Sm-Nd 同位素系统比较

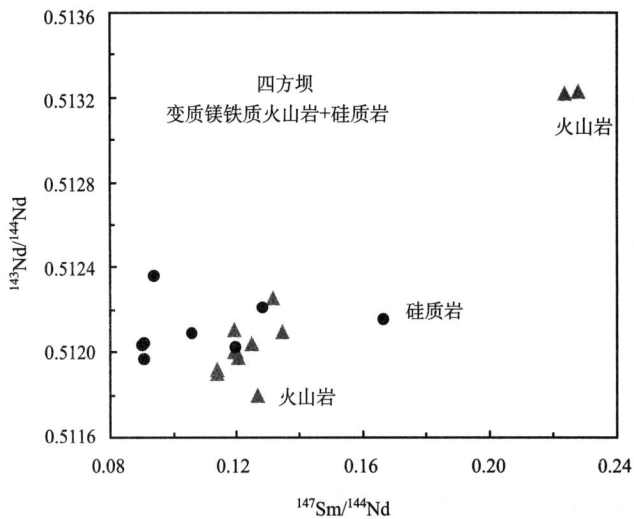

图 5.30 略阳三岔偏桥沟南四方坝一带硅质岩与互层变质镁铁质火山岩样品 Sm-Nd 同位素系统比较

表 5.25　略阳三岔偏桥沟南四方坝一带与硅质岩互层变质镁铁质火山岩样品
Rb-Sr 年龄同位素分析结果

样品	Rb/(μg/g)	Sr/(μg/g)	$^{87}Rb/^{86}Sr$	$^{87}Sr/^{86}Sr$	±2σ
Q98222-1	3.420	1.067×10^2	9.277×10^{-2}	0.707506	12
Q98222-2	6.418×10^1	1.406×10^2	1.322	0.725184	9
Q98222-3	9.985×10^1	2.026×10^2	1.427	0.707938	11
Q98222-4	1.378×10^1	9.817×10^1	4.064×10^{-1}	0.731611	14
Q98222-5	1.019×10^2	4.376×10^1	6.740	0.774706	11
Q98222-6	5.096×10^1	1.119×10^2	1.319	0.747040	14
Q98222-7	1.182×10^2	7.803×10^1	4.386	0.758708	13
Q98222-8	1.271×10^2	7.958×10^1	4.628	0.768614	13
Q98222-9	1.241×10^2	8.698×10^1	4.132	0.764426	14
Q98222-10	1.157×10^2	5.528×10^1	6.061	0.741164	14
Q98225	7.132×10^1	1.522×10^2	1.357	0.713602	13
Q98226	5.342	8.153×10^1	1.897×10^{-1}	0.707323	12

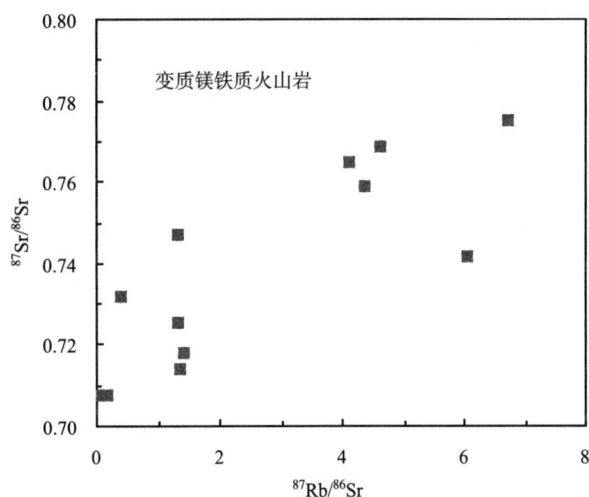

图 5.31　略阳三岔偏桥沟南四方坝一带与硅质岩互层变质镁铁质火山岩样品 Rb-Sr 同位素分布

　　与硅质岩相比，$^{87}Sr/^{86}Sr$ 值低的样品与硅质岩样品一致，沿硅质岩样品参考等时线分布。但是多数变质火山岩样品，在 $^{87}Rb/^{86}Sr$ 值相同情况下，$^{87}Sr/^{86}Sr$ 值比硅质岩样品高（图 5.32）。由 $^{87}Sr/^{86}Sr$ 值最高的几个样品，Q98222-5，6，8，9，计算的参考等时年龄为 367Ma，$I_{Sr}\sim0.742$。年龄值与硅质岩样品参考年龄值类似。部分变质火山岩样品 Rb-Sr 同位素系统可能受到海水不同程度改造。

三、勉略构造带麻粒岩的年龄

　　近年在勉略带勉县鞍子山地区多处发现麻粒岩出露。在勉略带北部印支期光头山花岗岩中也见麻粒岩包体。

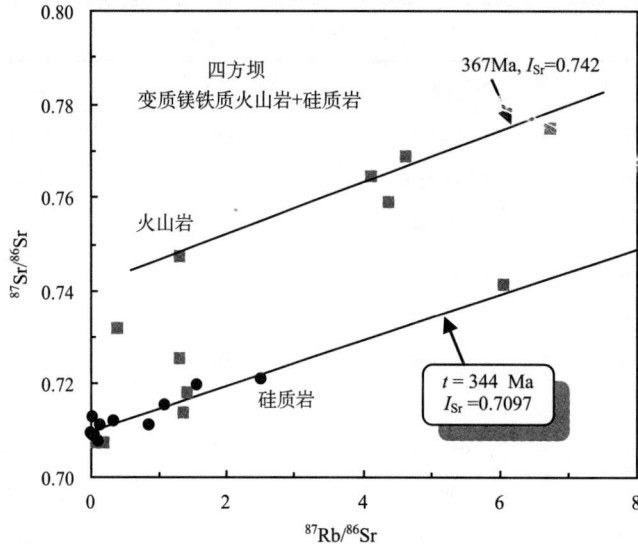

图 5.32　略阳三岔偏桥沟南四方坝一带硅质岩样品和与之互层变质镁铁质火山岩样品 Rb-Sr 同位素系统比较

（一）麻粒岩地球化学特征

采自勉县鞍子山杨家沟的基性麻粒岩样品 Q9501 的化学组成如表 5.26。稀土分布模式如图 5.33。可以看出，麻粒岩样品具有轻稀土相对重稀土亏损稀土分布模式。高场强大离子不相容微量元素和大洋拉斑玄武岩类似。轻稀土强烈亏损程度和略阳庄科变质镁铁质火山岩样品可以对比，像俯冲深部的古洋壳残片。

表 5.26　勉略带勉县鞍子山麻粒岩样品 Q9501 化学组成*

元素	含量	元素	含量	元素	含量	元素	含量
SiO_2	48.73	P_2O_5	0.09	Ho	0.75	Nb	0.82
TiO_2	1.75	La	1.98	Er	2.27	Ta	0.37
Al_2O_3	14.45	Ce	6.47	Tm	0.33	U	<0.2
Fe_2O_3	2.08	Pr	0.89	Yb	2.24	Th	0.23
FeO	10.92	Nd	5.79	Lu	0.36	Se	38
MnO	0.51	Sm	2.35	Rb	31	Y	17
MgO	9.95	Eu	0.62	Sr	26	Cr	86
CaO	6.89	Gd	2.92	Ba	363	Ni	83
Na_2O	0.72	Tb	0.52	Zr	56	Co	29
K_2O	1.02	Dy	3.69	Hf	1.8		

* 岩石化学组成由中国地质科学院岩矿测试所用 X 射线荧光光谱仪和 ICP-MS 方法分析。主元素含量单位为%，微量元素含量单位为 10^{-6}。

（二）年龄测定结果

1. $^{40}Ar/^{39}Ar$ 年龄结果

由麻粒岩样品 Q9501 分离的棕色黑云母样品用于 $^{40}Ar/^{39}Ar$ 年龄测定。分析结果见表 5.27。坪年龄 199.6±1.7 Ma（图 5.34）。

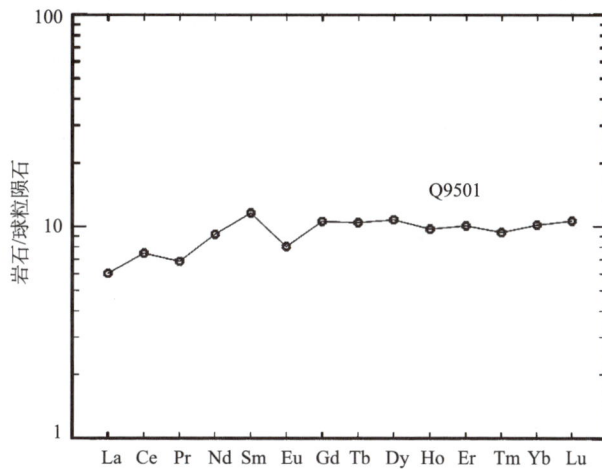

图 5.33　勉略鞍子山麻粒岩样品稀土分布模式

表 5.27　勉县鞍子山麻粒岩样品 Q9501 黑云母 ^{40}Ar/^{39}Ar 阶段升温年龄结果

（样品重 128.20mg，$J = 0.013999$）

温度/℃	^{40}Ar/^{39}Ar	^{36}Ar/^{39}Ar	^{37}Ar/^{39}Ar	F*	^{39}Ar/10^{-14}mol	年龄/Ma
390	49.5902	0.1489	0.4036	5.6295	276.30	136.8±4.4
480	15.6101	0.0335	0.0681	5.7211	318.35	139.0±1.9
580	12.2118	0.0135	0.0107	8.2160	1477.06	196.4±2.5
680	9.3169	0.0033	0.0161	8.3395	4788.89	199.2±1.9
760	8.9911	0.0025	0.0304	8.2629	1956.62	197.5±2.5
840	9.1967	0.0029	0.2795	8.3689	1216.56	199.9±2.0
930	9.0064	0.0020	0.0531	8.4128	1644.48	200.8±2.1
1030	8.9879	0.0018	0.0571	8.4683	1822.65	202.1±2.0
1130	9.2348	0.0024	0.1749	8.5368	996.28	203.7±2.2
1230	10.3744	0.0062	0.4304	8.5809	317.76	204.6±7.5
1330	28.0189	0.0742	4.5362	6.4297	26.52	155.5±24.5
1400	71.4624	0.2422	15.3853	0.9887	7.58	24.8±168.0

*F 意义见表 5.6 注。

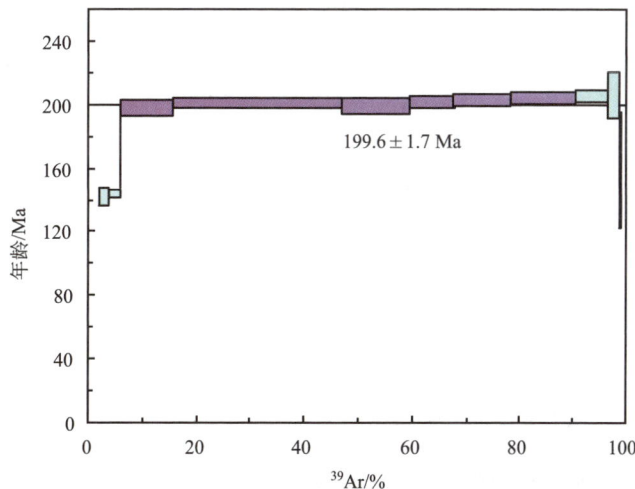

图 5.34　勉县鞍子山麻粒岩黑云母 ^{40}Ar/^{39}Ar 坪年龄

2. Sm-Nd 年龄数据

麻粒岩样品 Q9501（WR）和由该样品分选的矿物样品石榴子石（Ga）、角闪石（Hb），斜长石（Plag）和棕色黑云母（BiO）的 Sm-Nd 同位素被分析，结果列于表 5.28。矿物样品形成一条好的等时线，等时年龄 $t = 192\pm34$（2σ）Ma，$I_{Nd} = 0.51303\pm5$（2σ），MSWD = 0.69（图 5.35）。

表 5.28　勉县鞍子山麻粒岩矿物样品 Sm-Nd 年龄同位素分析结果

样品	Sm/（μg/g）	Nd/（μg/g）	$^{147}Sm/^{144}Nd$	$^{143}Nd/^{144}Nd$	$\pm2\sigma$
Q9501 WR	2.261	6.248	0.2189	0.513322	11
Q9501 Bio	3.761×10^{-1}	1.781	0.1277	0.513190	11
Q9501 Plag	4.426×10^{-1}	1.298	0.2063	0.513282	19
Q9501 Hb	3.515	8.027	0.2649	0.513362	10
Q9501 Ga	9.309×10^{-1}	2.126	0.2649	0.513360	14

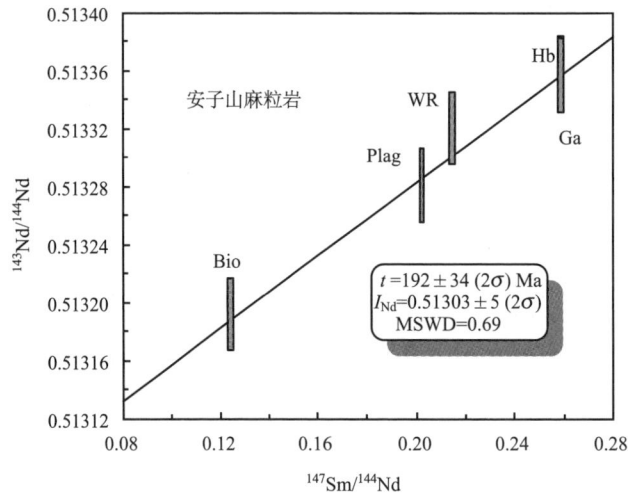

图 5.35　勉县鞍子山麻粒岩矿物样品 Sm-Nd 等时年龄

麻粒岩年龄与勉略带北侧佛坪穹窿核部产出的麻粒岩的年龄一致，与勉略带北侧广泛发育的花岗岩的年龄也十分一致。佛坪麻粒岩锆石 U-Pb 年龄为 212.8±9.4 Ma（杨崇辉等，1999）。

四、勉略蛇绿构造混杂岩带的复杂性和同位素年代学分析

从上述勉略带众多变质镁铁质火山岩块、硅质岩和麻粒岩的年代学研究结果表明，勉略构造带十分复杂，应是多期构造事件复合叠加的活动构造带。从所获得的年代学结果可以看出，至少存在有两期主要构造事件。

第一期强烈地质事件发生在晋宁期，年龄 900 Ma 左右。勉县鞍子山轻稀土亏损变质镁铁质火山岩和略阳三岔轻稀土富集变质镁铁质火山岩原岩都形成于这一时期。这两类镁铁质火山岩地球化学特征与蛇绿岩类似。花山小阜变质镁铁质火山岩原岩也形成于这一时期。

第二期强烈地质事件发生在晚海西-印支期，年龄 290~200 Ma 左右，勉县鞍子山麻粒岩形成于这一时期。略阳庄科轻稀土强烈亏损的变质镁铁质火山岩原岩应形成于这一时期。鞍子山麻粒岩可能是类似于庄科镁铁质火山岩的岩片俯冲于地壳深部变质改造而后抬升的产物。两者原岩镁铁质火山岩

的岩石与地球化学特征表明均属蛇绿岩系组成部分。

勉略带年代学研究，综合现有勉略带同位素测年和生物化石定年结果，出现以下矛盾复杂情况，值得深入研究分析：

1）同位素测年结果与同岩层或互层的硅质岩生物化石定年发生矛盾，突出者如勉略区段的三岔子变质火山岩及侵位的斜长花岗岩同位素测年都为 900 Ma±，而与之互层产出的硅质岩放射虫化石定年则为 C_1（冯庆来，1997）；另一是西乡孙家河组火山岩同位素定年为 1000~751 Ma±，而与之呈互层状产出的硅质岩中放射虫化石也定年为 D_3-C_1（王宗起等，1999）。显然，要解决这一矛盾，首先需要进一步准确确定含放射虫硅质岩与同位素定年的火山岩的产出关系。经野外实际调查与大比例尺填图，证明两地两者关系基本都为互层同期产物，野外观察不到两者其他清楚可靠关系。进而严格检查同位素测年与化石鉴定可靠程度。经认真检查，迄今尚未发现两者研究存在问题，测定与鉴定均认为可靠可信。鉴于此，在目前这种研究程度和认识情况下，综合分析采用了以生物化石定年为主，同时参考同位素定年，故目前确定两地火山岩时代主导为 D_3-C_1。但不排除混杂有更老岩块及其他更为复杂情况。

2）同位素测年方法与解释目前也存在争议。如勉略带，乃至整个秦岭造山带均较广泛的出现：相关变质基性火山岩的 U-Pb 定年，其不一致线往往上交点在 900 Ma±，而下交点在 300~273 Ma±，按通常解释上交点为形成年龄，而下交点为变质年龄。但李曙光的研究却发现复杂情况，即 U-Pb 所测岩石中的锆石种类复杂，其大小、类型多样，往往测年采用的样品及其所测结果是多种锆石的混合年龄值，而非准确定年。因此，就出现了关于上述 U-Pb 测年不一致线上下交点年龄真实含义的两种不同解释与争议。例如对勉略区段三岔子斜长花岗岩锆石测年，由两个单位对同一样品分别测试，所得结果基本一致，即上交点为 900 Ma±，而下交点为 300~273 Ma±。但李曙光进一步研究发现所测锆石不只大小悬殊不一，而且至少包括有 3 种不同类型，除黄色浑圆锆石代表老继承锆石年龄外，其中少数紫红色结晶锆石 U-Pb 谐和年龄交于不一致线上交点 900 Ma±，表明 900 Ma±不应是多数无色具岩浆结晶形态的结晶锆石的形成年龄，而下交点 300 Ma±则是其形成年龄（详见后文；李曙光等，2003）。

第二节　关于勉略古洋盆和古缝合带时代讨论

综合概括勉略带古洋盆从打开到封闭和缝合带形成的时代，依据迄今的同位素年代学和古生物年代学研究，将两方面相结合分析，并根据区域地质发展演化，包括陆缘和前陆盆地沉积体系的地层层序时代和前陆冲断褶带形成时限等可以综合给予基本判定，但研究证明勉略带的形成演化复杂，尤其勉略古有限洋盆的扩张打开是穿时自西而东逐步演化的，而洋盆的俯冲消减和陆-陆碰撞的关闭却又是自东而西穿时反向进行的，因此，勉略古洋盆和缝合带的总体发育和形成时限，随具体地段的不同而不同，所以造成年代学研究的复杂性与争论，但也正因为如此才非常有意义，客观地质事实的复杂性，对地质与地球化学同位素年代研究提出了挑战，要求我们正确客观精细的进行多学科相结合的综合研究，以求实的科学思维及态度，求得客观真实的规律。鉴于此，有必要综合客观事实与争论，进而进行关于勉略古洋盆打开、扩张发育、消减俯冲、关闭碰撞造山、最后缝合带的形成等时代的研究与判定，现简要论述于下。

一、勉略缝合带年代学有关问题讨论

（一）同位素年代与古生物年代学研究相结合综合判定时代

对于复杂地质体的同位素年代学研究采用多种同位素年代学测试方法，并对测试结果进行对比分析，以尽可能获得高质量准确客观可信的数据，这是测试研究的目的。但同位素年代学方法本身是一不断深化发展中的技术，它虽已是地学研究中非常重要不可缺少的比较成熟的技术，但除同位素年代学理论与技术方法尚在发展和实验室本底条件外，更重要的是因不同方法的特点与局限性以及样品问题（如锆石样品的复杂性，以及样品混染问题等），常常导致最终测试结果的准确程度的差异，以致不可靠和年龄解释的不确定性。另外还有一个重要问题，就是对复杂地质体及其对其采用不同方法所测结果的认识问题，即不同方法所得结果究竟真正含意是什么？是样品真正形成年龄，变质年龄，还是无地质意义的混合年龄，等等，虽然随着学科的深入发展和认识的深化提高，同位素年代学研究正在不断进步，但认识的局限性和理解、了解程度却仍然影响着同位素年代学结果的解释。总之，可以说同位素年代学研究的关键问题仍在于：①方法问题。除需关于同位素年代学方法理论与技术的不断新研究与改进提高外，采用多种同位素年代测试方法配套，根据不同需求与岩石类型，采用相应适合的不同方法，并尽可能采用最准确的测试方法，如目前认为最为可靠的锆石 U-Pb 的 SHRIMP 方法以及新的 ICP-MS-激光方法等，应是同位素年代学研究问题的重要解决途径之一。就此而言勉略带年代学研究目前尚缺少精确定年，仍是一重要存留问题。②样品问题。需要准确严格样品的采集、分析测试，排除混染、污染，准确定性。即应采用严格合格的样品进行测试，并充分掌握了解岩石样品的地质背景与产出复杂性。③成果解释问题。需要在充分了解和理解同位素年代测试方法性能及测试结果可靠性的前提下，充分结合地质研究进行综合解释，以尽可能作出合理准确客观科学的解释。

化石年代学研究对于造山带中缝合带的时代确定具有重要意义。关键问题是：①化石采样的准确层位及真实意义。对于蛇绿岩形成时代而言，采样定年的生物化石，如硅质岩放射虫等，其硅质岩层必须与蛇绿岩中的相关火山岩是共生同期产物，如两者成互层产出等。特别由于放射虫硅质岩成因及形成环境可以是多样的，故首先必须慎重判定其与蛇绿岩等是否是共生同期产出的岩石。而对于缝合带形成时代，则还应首先筛除后期叠加构造岩块及其化石定年，而后以卷入缝合带混杂岩中的由化石定年最新的构造岩块的时代，并结合缝合带相关的陆缘沉积岩层化石时代与层序，给予综合判定。②化石种属判定时代的可靠性，要求采用化石定年可靠种属类别，如标准化石类型等，并有一定的种属数量和统计规律性。③古生物群时空变化分布规律研究。对缝合带及其两侧相邻区的古生物种属群落在时序和空间分布上统计规律变化的对比分析研究，应是研究有无洋盆存在及古地理生态分隔作用的一种有效方法。如对勉略带的泥盆纪至石炭纪古生物群落种属作统计对比分析（杜远生，1997），发现勉略带及其北侧的南秦岭武都盆地和南侧文县盆地三者同期的生物群落组成及种属有明显的规律性的不同与差异演化，表明勉略带当时可能存在一分隔性的洋盆，造成南北生物群落种属及演化的不同，依据这些生物化石可以准确确定地层时代及群落延续时间，从而从一个方面可以确定洋盆发育的时代。

研究的实践证明，复杂的地质时代的准确确定，最终应当是综合上述同位素年代学研究、相关岩类古生物的时代定年，以及两者的相结合分析，并结合区域地质进行多学科的综合分析对比研究，最后才能给予较合理的客观科学准确确定。

（二）区域地质背景的综合分析是年代学研究与判定的基本基础

确定地质事件，或一个构造带，或某一岩类的时代，无疑上述的同位素测年和化石定年是准确可靠的方法，但正如上述所分析的，由于地质的各种复杂性和认识问题，上述方法并非都是绝对可靠和唯一的，而往往是需要根据它们的结果，还必须结合研究样品所在的区域地质背景分析才能给予较准确合理和接近客观实际的解释。所以时代问题，需要而且应必须放在一定的区域地质及其演化背景上，给予综合分析最终判定。因此，可以概括区域地质背景在判定地质时代中的主要意义是：①区域地质可为年代学研究与测定，或为特定要确定的时代提供区域地质发展的时代背景框架，或时代的期限范围，或给一个不可能的时代的限定，总之，会给出一个时代判定分析的广泛基础，而且应当说这是比较可靠与可信的。②区域地质的地层时代，或某一构造和事件总是对于所要研究或要确定的时代有着区域性地质的相关性，因之区域地质中的地层、构造、事件的已知年代或时代就必然可以给所要研究确定的年代以佐证、限定，或可作为分析判定的一种依据。例如，勉略古缝合代形成时代，除上述不同方法的直接确定外，在勉略带南侧并行分布的一带最新只卷入 T_2 的前陆逆冲断裂褶皱带，它的前沿是 T_3–J 前陆盆地，并且在其上不整合上叠了 J_{2-3}–K_1 的陆相盆地等。显然，可据这一构造带的确凿形成时代，佐证限定勉略缝合带形成时代不能迟于 T_3–J_{1-2}，而应在 T_{2-3} 期间。显然，区域地质背景分析是年代学研究不可缺少的基础。

（三）同位素年龄与古生物定年相矛盾问题的解决与判定

在同位素年代学成果与生物化石定年相矛盾的情况下，如何解决与判定时代，是年代学研究，尤其像秦岭造山带这样一些复杂地质年代研究中常常会遇到，并需要给予合理正确解决的突出问题。

在秦岭造山带与勉略构造带的研究中，都同样出现了同一蛇绿岩分布中，其火山岩的同位素年代数据与其沉积夹层的生物化石年代相矛盾的问题，而且时代差异很大。例如，北秦岭的二郎坪弧后蛇绿岩及其夹层硅质岩内分别获得同位素年龄为 1000~800 Ma（Sm-Nd，Rb-Sr 等），而硅质岩中放射虫定年为 O–S；丹凤岛弧火山岩及其硅质岩夹层中也分别获得火山岩同位素测年为 900 Ma±（Sm-Nd等），而硅质岩放射虫定年为 O–S；勉略构造带三岔子火山岩及硅质岩夹层获得火山岩 900 Ma±（U-Pb，Sm-Nd 等），硅质岩放射虫化石定年为 C_1–P；在西乡孙家河火山岩同位素年龄为 900 Ma±（Sm-Nd，U-Pb 等），而其中硅质岩夹层放射虫化石为 D_3–C_1 等。两者年龄均直接相矛盾，时代难以准确肯定。为了解决这一矛盾，我们采用以下步骤和方法，以求得合理的给予时代的判定。

1）系统认真进行野外实际调查研究，确定测年火山岩与采集化石的硅质岩地质关系。通过勉略带三岔、西乡等地的系统野外调研和大比例构造制图，现已确定火山岩与硅质岩两者确系互层产出，其间无断层或其他接触关系，两者应为同期产物，排除了两者断层构造关系及其他非同时代产物的可能。并且硅质岩中的放射虫化石均为多种属群落，生物定年可靠，应代表硅质岩与其互层的火山岩形成时代。

2）严格检查同位素测试方法与年龄数据的可靠性。通过认真负责的反复核查，测试研究者认为方法正确，测试结果可靠，数据无差错。但目前关于时代的解释仍有分歧。例如，三岔侵位于基性火山岩中的斜长花岗岩，同一岩石采样，分别均采用锆石 U-Pb 法，并且所得结果相似，仅是误差范围内的差异。但存在两种不同解释：一种解释认为 U-Pb 不一致线上交点为形成年龄 900 Ma±，下交点为变质年龄 300~270 Ma±，认为形成时代应为元古宙晋宁期。另一种解释因发现样品锆石多样，混有继承锆石，呈黄色、浑圆、磨蚀状，还有少数结晶呈紫红色者，而多数是透明无色，晶形完整具岩浆结晶特征者。测试获年龄结果，三种锆石混合不一致线年龄，不具地质意义，而 6 个无色结晶锆石颗粒获 U-Pb 很好的不一致线，上交点 913±44 Ma，下交点 301±85 Ma，而紫红色结晶锆石获一组 U-Pb 谐和年龄：$t_{206/238}$ = 890±17 Ma，$t_{207/235}$ = 895±21 Ma，它们恰落于上述 U-Pb 不一致线的上交点处，而且无色透明结晶锆石（6 个颗粒 1~6）和紫红色结晶锆石（7）拟合的不一致线上交点 913±13 Ma，下交点 300±6 Ma，与无色锆石单独不一致线获得年龄非常一致。故综合以上，表明无色透明结晶锆石 U-Pb 不一致线上交点年龄与紫红色锆石谐和年龄的一致性，说明该不一致线上交点是混合年龄，不是无色锆石结晶形成年龄，下交点才是其形成时代，即 300±61 Ma，紫红色为俘虏晶，黄色浑圆锆石则为更古老的俘虏晶。由此可见，同一样品同一方法，测得结果相似，但解释相反，揭示在锆石 U-Pb 方法中，对锆石样品测试选择，区分不同锆石对于测试结果与解释是至关重要的基本问题。说明解释首先必须真正了解测试过程与样品，而后才能作出实际客观的解释。鉴于上述同位素测年实际情况，结合该地区同一地点的硅质岩放射虫定年为 C_1（冯庆来，1997），并与上述测试的第二种解释相吻合，故目前采用了勉略带三岔斜长花岗岩形成年龄为 300±61 Ma 的时代。并依据其地球化学具有俯冲型特征（李曙光等，2003），可以初步认为勉略洋盆在 P_1 已开始发生消减俯冲作用。同时也提示勉略洋与缝合带可能混杂有更古老年代的岩块等复杂情况。

3）同位素年代与生物化石年代相结合综合判定时代。但在同位素年代与生物化石年代相矛盾的情况下，应结合区域地质综合基础分析，并在生物化石及其所采层位与蛇绿岩及相关火山岩为共生能够代表其时代的前提条件下，以生物化石年代为准，并结合同位素年代，以确定有关岩石或构造的时代。然而在生物化石不能准确确定时代时，或与蛇绿岩及相关火山岩关系不确定或不准确时，而若同位素年代学测试结果可靠，则应以同位素年代为主。若同位素年代与生物化石定年都不准确情况下，应重新测年或采集化石进一步研究，而暂不定年。据此，关于勉略古缝合带中各地段蛇绿岩及相关火山岩的时代问题，虽已进行了相当数量的同位素年代学研究的测试定年，揭示和确定了一些重要事件与岩石的时代问题，建立了时代框架，但严格讲，如前述勉略带迄今尚缺乏系统的 SHRIMP 等的精确可靠定年，特别是在目前同位素年代自身又有矛盾解释，并与生物化石年代相矛盾的情况下，应当说勉略带同位素年代学研究还是应进一步加强的一个重要问题。

（四）勉略带内多种同位素年代数据及其解释问题

迄今对勉略带相关各类不同岩石，采用了各种不同的同位素年代学测试方法，进行了很多测试，获得了一批差异很大的同位素年代数据，因此引起了关于时代问题的多种争议。现综合分析，可以归纳同位素测试年龄峰值主要集中于两个时段：①1000~800 Ma，即新元古代；②300~200 Ma，即晚古生代—中生代三叠纪。其中还有最古老年代 3200~3000 Ma，如勉略区段的鱼洞子群构造岩块，最新年龄 42.7±0.8 Ma，花山区段的镁铁质火山岩中的角闪岩矿物 $^{40}Ar/^{39}Ar$ 坪年龄等零散数据。为什么勉略带获得如此多种多期同位素年代数据，它们的地质解释与意义又如何？根据秦岭–大别造山带整体形成演化与勉略构造带的形成演化，可概括主要有以下原因与分析：①勉略构造带本身是一历经长期演化的复合构造带，尤其他的先期是秦岭–大别造山带的一个主要板块俯冲碰撞缝合带，是一个以蛇绿构造混杂岩为特征的构造混杂带，必然包容了多量不同时代的不同构造岩块与地质体，故会出现多种多期同位素年龄。②秦岭–大别造山带形成演化中，早期在中新生代晋宁期广泛面状发育以幔源为主的扩张裂谷火山岩，及其中一些地段的具蛇绿岩特征的超镁铁质与镁铁质火山岩，它们同位素年龄多集中在 1000~800 Ma（张国伟等，2001a，b，2002a；张宗清等，2002a，b），因此勉略有限洋盆扩张打开时，必然会是在先期上述中新元古代火山岩基底上发生，俯冲碰撞混杂形成缝合带时，自然会在勉略缝合带内混杂保留残存有晋宁期构造基底岩块，出现多量 1000~800 Ma 同位素年龄。但这里也不排除现勉略带某些地段，甚至沿勉略带不少地段曾是晋宁期的古老缝合带的残存，但目前的研究不支持勉略带整体原就是晋宁期的古缝合带，这应是需要另立项目、深入系统探索的问题。③勉略带现有的研究，已如前述证明原勉略洋盆打开与最终关闭碰撞造山都是穿时的，并且是先后反向发生进行的，因此勉略带中东、西千余公里不同地段必然出现不同年龄数据，造成宽阔的时限，但总体统一整体看它们是有规律的，是发生在一个时段内的年龄数据，证明了地质事件发生时序的内在联系和该时段内不同的同位素年龄间的相关性。④综合现有同位素年代，结合相关古生物年代及区域地质背景，对勉略带多种多期同位素年龄可以作总体地质解释如下：晚古生代—中生代三叠纪，即 345~200 Ma 同位素年代集中反映了勉略古有限洋盆从扩张打开到最后洋盆关闭、碰撞造山隆升的板块构造演化过程，而 1000~800 Ma 的同位素年代则主要应是勉略带内所包容残存记录的秦岭–大别造山带先期基底中新元古代的地质事件。⑤目前勉略带中所获的同位素年代学研究成果中，包括有年代学测试方法本身或样品本身等复杂因素所造成的一些错误或无地质意义的数据，它们也增添了勉略带同位素年代数据的混乱，应予筛分和识别。

二、勉略古洋盆和古缝合带时代

综合概括勉略带迄今有关古洋盆与缝合带的时代研究，包括同位素年代学研究和古生物学研究，主要成果如下。

1）勉略带勉略区段古生物研究主要成果有：在蛇绿构造混杂岩带中三岔子、石家庄等地，发现与蛇绿岩及相关火山岩密切共生和互层产出的硅质岩放射虫动物群地质时代为早石炭世（C_1，冯庆来，1997）。

勉略初始裂陷沉积踏坡群岩层腕足类化石时代为早中泥盆世（D_{1-2}）。

2）勉略区段同位素年代学研究先后获得：

黑沟峡变质基性火山岩 Sm-Nd 等时线年龄 242 ± 21 Ma，Rb-Sr 全岩等时线年龄 221 ± 13 Ma（李曙光，1997b），应代表变质年龄；文家沟、横现河变质火山岩^{40}Ar/^{39}Ar 年龄 226.9 ± 0.9 Ma，219.5 ± 1.4 Ma（李锦轶，2000），与黑沟峡年龄相一致。

勉略区段庄斜 MORB 型玄武岩 Rb-Sr、^{40}Ar/^{39}Ar 年龄 $286\pm10\sim194\pm14$ Ma。

勉略区段鞍子山杨家沟基性麻粒岩（已如前述，属蛇绿岩组成部分）^{40}Ar/^{39}Ar 黑云母矿物年龄 199.6 ± 1.7 Ma，Sm-Nd 石榴子石、角闪石、斜长石、黑云母等矿物等时年龄 192 ± 34 Ma。恰与勉略区段东端勉略带北侧的佛坪穹窿构造核部的麻粒岩锆石 U-Pb 年龄 212.8 ± 9 Ma（杨崇辉等，1999）相近。

同时勉略区段三岔子、鞍子山等基性火山岩 Sm-Nd 全岩等时年龄为 908 ± 180 Ma，894 ± 110 Ma，其中侵位于变质基性火山岩的斜长花岗岩用锆石蒸发法^{207}Pb/^{206}Pb 年龄为 926 ± 10 Ma。

为了校正检验同位素年龄与硅质岩放射虫化石年龄的矛盾，对含化石硅质岩进行实验性同位素年龄测试，获得三岔偏桥沟四方坝与基性火山岩共生的含化石硅质岩 Sm-Nd 等时年龄约为 326 Ma，Rb-Sr 参考等时年龄为 344 Ma，均主要为 C_1，与化石年龄相符。

勉略区段现缝合带北缘与北侧出露一列晚造山碰撞型为主的花岗岩，如张家院、迷坝、光头山、姜家坪等，它们的 U-Pb 锆石年龄均在 $205\sim225$ Ma（孙卫东等，2000），应是勉略洋盆俯冲碰撞最后关闭的产物。可作为缝合带形成时代的上限。

综合上述，勉略区段迄今同位素年龄测试结果表明时代很复杂，可概括集中在 900 Ma 和 $345\sim200$ Ma 两个时段。鉴于前者与硅质岩古生物年龄差异很大，而后者则基本一致，同时又考虑到如上述斜长花岗岩锆石 U-Pb 年龄的解释的分歧，其中一组年龄为 300 Ma±，与化石年代也相符，并结合区域地质分析，综合认为勉略区段以庄科蛇绿岩为代表，其形成时代主要以古生物为依据，并结合同位素年龄，包括参考多种同位素年代学方法在多个地点所获得的 $242\sim212$ Ma 的变质年龄，目前综合判定：勉略带勉略区段蛇绿岩形成时代为 D_3-T_1，即 $345\sim242$ Ma，缝合带形成时代应为 T_{2-3}，即 $242\sim200$ Ma，而 $200\sim192$ Ma，则应为碰撞抬升的年龄。关于其中测试所得的 900 Ma±年龄，应是勉略混杂带中所混杂的先期古老构造岩块的时代。

3）玛沁区段的德尔尼蛇绿岩 MORB 型玄武岩^{40}Ar/^{39}Ar 年龄为 345 Ma，Sm-Nd 等时年龄为 320 Ma。该区硅质岩放射虫与陆缘沉积岩层化石年代属 C-P 和 T_{1-2}，两者年龄基本相符，综合判定蛇绿岩形成时代为 D_3-P，甚至到 T_{1-2}。

4）康玛区段：虽过去有一些同位素年代数据，但目前尚缺少真正可靠的精确同位素年龄，故还不能完全作为时代依据，但在南坪塔藏隆康等地与火山岩共生的岩层中获放射虫古生物年代为 D_3-C（赖旭龙、杨逢清，1995；赖旭龙等，1997），与上述勉略、玛沁等区段时代一致，可以对比。

5）巴山弧形构造西翼的西乡高川勉略构造岩浆弧带，原西乡群孙家河基性火山岩中夹层硅质岩的放射虫化石年代为 D_3-C_3（王宗起等，1999）。但同位素年代学测试变质基性火山岩（与硅质岩呈互层关系）Sm-Nd 法不构成等时线，而 Rb-Sr 等时线年龄为 788 ± 69 Ma，侵位于火山岩中的花岗岩全岩 Sm-Nd 法测试结果也不具线性，而 Rb-Sr 等时线年龄为 751 Ma±，^{40}Ar/^{39}Ar 分析坪年龄 286 ± 21 Ma。对此区段，在重新进行野外实际调研基础上，目前以放射虫化石为依据，时代为 D_3-C_3。对原定为侵位的钾质花岗岩，则从野外调研认为并非是侵入关系，主体为断层关系，应属后期构造作用使花岗岩因断层抬升而剥露。由于该区构造复杂，多类岩浆以大小不一岩体、岩脉纵横贯入，加之风化强烈，一些接触关系尚有待进一步揭露研究。

6）勉略带东延的湖北花山区段，同位素年代测试获得三里岗杨家棚变质基性火山岩 Sm-Nd 等时线年龄为 1737±130 Ma。小阜变质基性火山岩 Sm-Nd 等时线年龄为 1295±150 Ma，Rb-Sr 等时年龄 737±31 Ma。三里岗侵位于镁铁质火山岩的二长花岗岩，所含锆石复杂，对明显为继承锆石采用锆石蒸发法获 $^{207}Pb/^{206}Pb$ 年龄 2373±2 Ma，而对另一类无熔蚀呈透明四方、六方柱状锆石（淡黄色或无色），用化学法 5 颗锆石测试其不一致线上交点 768±90 Ma，下交点摆动大为负值，而其 Rb-Sr 全岩等时年龄为 424±54 Ma，长石与角闪石矿物等时年龄则为 237±32 Ma，角闪石 $^{40}Ar/^{39}Ar$ 坪年龄 42.7±0.8 Ma。显然可见花山蛇绿构造混杂岩带，由于同位素研究尚缺乏精确系统研究，加之地质复杂，时代多样，同位素年代学目前数据比较混乱，尚不能作出定论。但该蛇绿构造混杂岩带中混入的大量构造岩块中，清楚准确可由化石定年的岩块有 Z-T、C-P 和 T_{1-2}，其中最新构造岩块为 T_{1-2}。这恰与勉略带区域上最后的形成时代相一致，结合蛇绿岩的地质、地球化学研究示踪，区域地质与勉略蛇绿岩的对比等，表明该蛇绿构造混杂岩带内出现最新只卷入 T_{1-2} 构造岩块并非偶然，应是勉略带同一时代产物的必然结果。因此对花山蛇绿混杂带最后形成时代目前据此暂定为 T_{2-3}。至于蛇绿岩形成时代，还有待进一步系统深入研究。

7）大别南缘浠水—清水河区段，目前缺乏可靠同位素测年和化石定年资料，时代问题待解决。现今依据：①其 MORB 型蛇绿岩及相关火山岩与花山、勉略地段的蛇绿岩和相关火山岩地球化学特征可以对比，并同处在同一构造延伸线上和处于相同区域地质背景与相似构造部位，故推断应是勉略-花山蛇绿混杂岩带的东延。②据李曙光初步研究，认为清水河辉长岩及相关火山岩，地球化学特征显著不同于大别北缘同类岩石，而属另一类蛇绿岩类，但仍需进一步研究。故综合以上判定其应是勉略缝合带的东延，时代主导为晚古生代—中生代初期（T_{2-3}），但不排除其中混有元古代等其他时代混杂岩块与产物。

综合上述勉略带中各区段有关古洋盆开启与闭合和古缝合带形成的同位素年代学与化石时代现有的资料，遵循上述原则综合判定，勉略古洋盆从西向东逐渐打开，最早始于中晚泥盆世（345~320 Ma），最迟可延至晚石炭世（300~290 Ma）。洋盆最早俯冲消减始于 P_1（300~270 Ma），陆-陆碰撞造山最早从东部开始向西穿时发展，始于 P_2，东秦岭主要在 T_{2-3}（242~220 Ma），而西秦岭最迟至 T_3 拉丁期（220~200 Ma）。隆升造山与伸展塌陷主要在 200~192 Ma，即 T_3 晚期至 J_1 初期。同时，从勉略缝合带之上叠置后碰撞造山伸展塌陷而形成的陆相盆地，其最老地层为 J_1，如勉县群、青峰组等，无疑也是勉略碰撞带隆升造山时限的确凿证据。

总之，勉略带古洋盆与缝合带的形成时代总体主导是在晚古生代至中生代初期，也即相当于海西—印支期（345~200 Ma），这与目前所取得的同位素年代学、古生物学及区域地质背景等多学科研究成果相吻合，可以给予较好的一致解释。

自然，勉略古洋盆与缝合带时代还存有争议和遗留问题：

1）同位素年代与古生物年代矛盾还需再深入研究；

2）同位素年代学研究在测试方法上还需精确定年；

3）同位素年代学测试与解释中所出现的反映方法自身的问题，也需从理论与方法上进一步探索研究；

4）勉略带中一些区段尚缺少同位素年代测试与化石的采集，需进一步调研测试；

5）勉略带内同位素测试所获得的元古宙 900 Ma± 的年龄数据，其真实意义，也有待进一步探索研究。所以新的研究仍需把勉略带古洋盆与缝合带的时代研究作为一项重要课题进行下去，而且应注重于精细准确同位素年代与可靠古生物定年及其综合判定解释等方面，以及先期复杂古老构造演化时代的研究。

第六章　勉略复合构造带和中国大陆构造与动力学

上述章节多学科综合分别论述了秦岭-大别造山带南缘勉略碰撞复合构造带的地层岩石物质组成、结构构造及其长期复合演变和由古生物、同位素年代学研究综合确定的形成演化时代，本章则在上述基础上侧重综合概括整体勉略复合构造带，重点是勉略古缝合带的总体形成演化过程与特征，从而探讨其构造复合作用及其动力学机制与形成背景和对中国大陆构造的作用与意义。

现今的勉略碰撞复合构造带位于昆仑-秦岭-大别造山带等中央造山系南缘边界一线，是以一系列向南的逆冲推覆为主要特征的断裂为骨架的复合构造带。分布范围从南昆仑断裂带连接东、西秦岭的玛沁-文县-略阳-勉县-巴山弧-襄樊至包括襄广（襄武）断裂带在内的桐柏-大别南缘构造带，东西向横贯中国大陆中部，占据中国大地构造突出而重要的地位。地质、地球化学与地球物理等多学科综合研究证明，现今的勉略复合构造带是在先期昆仑-秦岭-大别勉略板块俯冲碰撞缝合带基础上，叠加中新生代陆内造山构造而形成的复合构造带。并揭示证明先期勉略缝合带原是秦岭-大别造山带中除商丹古缝合带以外又一条印支同期的板块拼合古缝合带（张国伟等，2001a，b；赖绍聪等，2003a，b；李曙光等，2003；程顺有等，2003；董云鹏等，1999a，b）。同时，还揭示它应是中国大陆于印支期完成主体拼合的主要结合带。因此统一整体重点恢复重建与综述勉略古缝合带的形成演化过程及特征，对于探索研究秦岭-大别造山带的构造格局、形成演化与中国大陆如何完成其主体拼合及其大陆构造与动力学问题，具有重要意义。

第一节　勉略构造带的形成演化

一、勉略古缝合带

现今勉略构造带从秦岭-大别造山带南缘至东昆仑南缘是连续的一带，其现今的整体结构构造显著特点是，突出以南缘边界断层为主推覆界面，以连续弧形波状延展的多层次推覆构造为主体特征，呈现先期板块碰撞构造复合晚期陆内构造变形的几何学结构。其中秦岭造山带南缘的勉略古洋盆与古缝合带及现今的勉略复合构造带是保存最好、也是迄今研究最为详细的典型代表性地区，而且研究已揭示，勉略碰撞复合构造带不只在秦岭，而且在昆仑-秦岭-大别等整个中央造山系南缘都突出发育，从印支期古洋盆及其闭合所形成的古缝合带，直到叠加复合中新生代陆内造山及陆内构造，形成了统一横贯中国大陆东西的强大大陆复合构造变形带。其整体分布，已如前述，依其构造特征可划分为六个区段，自东而西依次为：①大别-桐柏南缘区段，简称襄广（襄武）段；②武当、大巴山弧形区段，简称巴山段；③洋县-勉县-略阳-康县区段，简称勉略段；④康县-文县-玛曲区段，简称康玛段；⑤迭部-玛曲区段；⑥玛沁-花石峡区段，简称玛沁段（图6.1）。

各区段基本组成与构造特征总体一致，但又差异明显，其中最突出的一致特征是在现今勉略构造带中，从西至东的不同区段，都突出地保留残存有先期板块缝合带遗迹，只有中间如巴山弧形构造区段等因后期改造而缺失遗迹的保存出露，但总体仍能客观地揭示出现今的勉略构造带曾是一重要的、现已消失并被多次改造的洋壳消减陆-陆碰撞的板块拼合缝合带，已如本书各章节所论证恢复重建的。本节即在前面各章节论述基础上，重点概括论证勉略古缝合带的形成演化过程。为此首先需要综合概述勉略古洋盆的开启、演化与闭合过程，进行恢复重建。

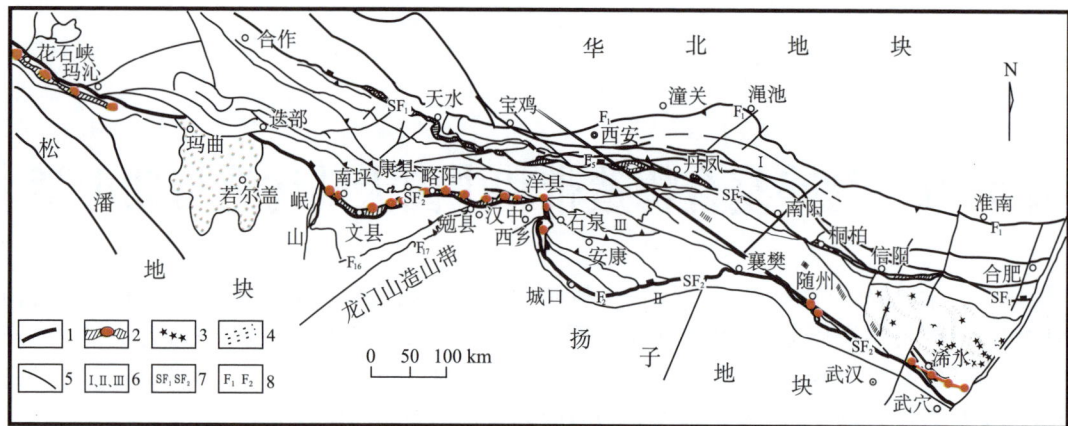

图 6.1　秦岭–大别南缘勉略构造带与勉略古缝合带简图

1. 勉略构造带；2. 蛇绿岩及相关火山岩；3. UHP 岩石剥露区；4. 韧性剪切带；5. 断层；6. I 华北地块南缘与北秦岭带，
II 扬子地块北缘，III 南秦岭；7. 秦岭–大别造山带商丹缝合带（SF$_1$），秦岭勉略缝合带（SF$_2$）；8. 秦岭–大别北缘边界
断裂带（F$_1$）和南缘边界断裂带（F$_2$），即勉略构造带

（一）勉略蛇绿岩带与古有限洋盆

现已查明，在研究区，勉略构造带西从德尔尼–南坪–康县至勉县与西乡高川，再越巴山弧构造接随州花山，直至大别南缘蕲春清水河一带，断续出露蛇绿岩、洋岛火山岩、岛弧火山岩及初始洋型双峰式火山岩等（许继锋、韩吟文，1996；李曙光等，1996b；赖绍聪等，1997a，b，2003a；董云鹏等，1999a，2003a；陈亮等，2000；张国伟等，2001a，b），其中带内残存蛇绿岩主要见于德尔尼、琵琶寺、庄科、鞍子山、随州花山及大别清水河等地段（李曙光等，1996b，2003；赖绍聪等，1997a，b；董云鹏等，1999a，b，2003a；李三忠，1998；陈亮等，2000；李亚林等，2001，2002；李三忠等，2002）。如前所述，地质地球化学综合研究揭示，其岩石组合主要包括不完整的超基性岩、堆晶辉长岩、辉绿岩墙群及 MORB 型与其他类型玄武岩和相关火山岩与远洋硅质岩等组合。蛇绿岩主要组成单元，典型者可简要概括为：超基性岩，多已蚀变为蛇纹岩类，原岩主要是二辉橄榄岩和纯橄榄岩，其 REE 配分型式为亏损型，$(La/Yb)_N = 0.40 \sim 1.20$，具正 Eu 异常。辉长岩类变形强烈，具堆晶和辉长–辉绿结构，稀土特征为弱富集型，$(La/Yb)_N = 4.46 \sim 11.73$，$\delta Eu = 0.94 \sim 1.55$，具弱正 Eu 异常。清水河辉石岩–辉长岩堆晶岩系 Th、U、Ta、Nb、La 等不相容性较强的元素相对于 Hf、Zr、Sm、Y 等弱不相容元素呈亏损状态，显示了典型的亏损地幔源特征。辉绿岩多呈岩墙状产出，在三岔子、桥梓沟十分发育，其 $(La/Yb)_N = 3.09 \sim 6.51$，$\delta Eu = 0.76 \sim 1.06$，痕量元素配分型式显示了与辉长岩类同源岩浆分异演化的趋势。MORB 型玄武岩是带内蛇绿岩组合的重要组成端元，以高 TiO$_2$、K$_2$O 和轻稀土亏损（赖绍聪等，2003a）为典型特征。硅质岩多具大洋型特征。整体来看各蛇绿岩块在岩石岩相学和地球化学特征方面虽有一定差异，但总体具相似可对比性，具原为一带洋盆洋壳的特征。

洋岛火山岩广泛分布于南坪–康县区段，可分为洋岛拉斑玄武岩和洋岛碱性玄武岩两类。洋岛拉斑玄武岩类 $(La/Yb)_N$ 介于 $1.85 \sim 5.71$ 之间，δEu 平均 0.94。而洋岛碱性玄武岩 $(La/Yb)_N$ 平均 14.71；δEu 平均 0.93。岩石 N 型 MORB 标准化配分型式以 Ba、Th、Nb、Ta 的较强富集为特征（赖绍聪等，2003a）。自洋岛拉斑玄武岩至洋岛碱性玄武岩，Ti 的亏损逐渐增强，而 Ba、Th、Nb、Ta 的富集程度却逐渐升高，反映了洋岛火山作用正常的岩浆演化趋势，表明它们是典型的洋岛型大洋板内岩浆活动的产物。

岛弧火山岩主要分布于略阳-勉县、洋县-巴山弧东西两端地区，均属亚碱性系列火山岩。略阳三岔子岛弧拉斑玄武岩（La/Yb）$_N$ = 6.59，δEu = 0.98。而安山岩类（La/Yb）$_N$ = 2.78~13.24，δEu = 0.85~1.02。岩石 Th>Ta，Nb/La<0.6，Th/Ta 大多在 3~15，Th/Yb = 0.68~2.74，Ta/Yb = 0.10~0.84。巴山弧西侧的岛弧岩浆带以弧内裂陷双峰式火山岩为代表，玄武岩类（La/Yb）$_N$（2.62~4.60）和 δEu（平均为 1.03）表明岩石为轻稀土弱富集型，且无 Eu 异常。而英安流纹岩类稀土总量较高（平均 186.14×10^{-6}），其（La/Yb）$_N$（平均 6.75）表明岩石为轻稀土中度富集型。痕量元素以显著的 Nb、Ta 亏损为特征，Th/Yb-Ta/Yb 和 Ti/Zr-Ti/Y 以及 Nb/Th、La/Nb 不活动痕量元素组合特征（赖绍聪等，2003a），指示它们生成于岛弧的大地构造环境，为洋内岛弧弧内裂陷岩浆活动的产物。

略阳黑沟峡和大别南缘兰溪初始洋型双峰式火山岩系主要由玄武岩及少量英安流纹岩组成，其基性端元均属拉斑系列玄武岩，仅酸性岩属钙碱系列。该类玄武岩 Nb 与 La 含量大致相等，Nb 未显示出负异常，Ba 也未显示出正异常，具有高 Th、Pb 异常和低 Rb、K 异常，表明它们来自 MORB 型地幔源并较少受陆壳混染影响，而酸性岩则源于具有陆壳特征的源区。玄武岩除了 Th 和 Pb 外，其他痕量元素大致与 N 型 MORB 类似，而普遍低于 OIB，且具有扁平的 REE 模型，因而应属 MORB 型，而不是 OIB 和岛弧型，说明裂谷已拉张成洋盆，初始洋壳已开始形成。然而该类玄武岩与典型 N 型 MORB 不同之处是 Th 和 Pb 高，这又与一些大陆溢流玄武岩类似，恰好反映了该玄武岩是由初始大陆裂谷向成熟洋盆转化阶段的产物。

综合蛇绿岩及相关火山岩的解析表明，勉略构造带自西至东，在长达 2000 余公里的范围内断续出露蛇绿岩、洋岛火山岩、岛弧火山岩及初始洋型双峰式火山岩 20 余处（图 6.1），并断续呈残留状态带状分布出露，因之，再结合将论述于下的，与之伴随发生的俯冲碰撞构造、变质变形作用与岩浆活动和与之并行分布出露的大陆边缘沉积体系与地层古生物等综合地质事实，充分表明昆仑—秦岭—大别南缘一线曾存在有现已消失的勉略有限洋盆，并自西部德尔尼、经勉略，直至大别山南缘分布，总体呈现中小有限洋盆性质与特点，且地质、地球化学（包括 Pb、Sr、Nd 等同位素示踪）综合对比分析，表明应属东古特提斯洋域北缘分支洋盆（张国伟等，2001a，b；李三忠，1998；李三忠等，2002；赖绍聪、张国伟，1999；赖绍聪等，2003a，b，c；许继锋、韩吟文，1996）。洋盆在 D-C-T$_2$ 期间曾经经历过一个有限洋盆发生、发展与消亡的演化过程，并成为中国大陆印支期完成其主体拼合的主要板块缝合带。

（二）勉略有限洋盆的属性和分布延展特征

昆仑-秦岭-大别等中国中央造山系南缘勉略古有限洋盆属于东古特提斯构造域北缘分支洋盆，具有多块体中、小洋陆兼杂混生、长期相互作用的东古特提斯构造的基本特征，后闭合成为中国大陆于印支期完成其主体拼合的主要碰撞造山缝合带，在中国大陆的形成与演化中占有重要构造地位。勉略洋总体属于中小有限洋盆，未形成典型威尔逊旋回演化中成熟的大洋。勉略洋盆呈东西向延伸分布，在不同区段均残存出露板块俯冲碰撞拼合遗迹，尤其不完整残存保留代表消失洋壳的蛇绿岩与相关火山岩块、岩片混杂岩系，其综合地球化学特征、岩石组合和构造属性相似而又有差异，反映其在横向延伸发育上有显著差异变化，表明它并未形成纵贯东西的统一开阔大洋，而是一个窄大洋型的有限洋盆，并以从陆间裂谷、初始洋盆到中小洋盆为典型发育演化过程所形成的不规则近东西向呈串珠状分布的统一有限洋盆为特点。自西而东统一的勉略有限洋盆构成与特征，概述于下。

1. 东昆仑-西秦岭交接区阿尼玛卿德尔尼有限洋盆

西部南昆仑东端，衔接西秦岭地段是花石峡-阿尼玛卿地带，以德尔尼蛇绿混杂岩为代表。阿尼玛卿德尔尼蛇绿岩为洋脊型蛇绿岩，发育有典型的 N-MORB 蛇绿岩。主要由变质橄榄岩、辉石岩、辉长岩、变质玄武岩和含放射虫硅质岩、硅泥质岩组成。玄武岩的微量元素配分型式为典型的

N-MORB类型，从 Zr 到 Cr 未发生明显分馏，比较富集 Ba，亏损 K、Ta 等元素，稀土元素丰度大约 15 倍于球粒陨石，$(La/Yb)_N$ 平均为 0.45，$(Ce/Yb)_N$ 平均为 0.57，球粒陨石标准化配分曲线显示 LREE 相对 HREE 亏损，基本无 Eu 异常，具有典型 N-MORB 的稀土元素地球化学特征，表明蛇绿岩中的玄武岩岩浆来自亏损的软流圈地幔的中等至高程度部分熔融。同位素测年获得变质玄武岩的 $^{40}Ar/^{39}Ar$ 坪年龄为 345.3±7.9 Ma，等时线年龄为 336.6±7.1 Ma，表示在早石炭世时期阿尼玛卿带已存在稳定和成熟的有限洋盆。

2. 西秦岭康县–琵琶寺–南坪中小洋盆

西秦岭南缘的勉略带。以康县–琵琶寺–南坪蛇绿构造混杂带为代表，是一复杂、包容不同岩块的混杂带，有蛇绿岩块、洋岛拉斑玄武岩块和洋岛碱性玄武岩类等。它在构造形变与物质组成以及火山岩性质特征上与勉略区段的蛇绿构造混杂带完全可以对比，并在分布上可直接相连接。因此，该蛇绿构造混杂带即是勉略带勉略区段西延的组成部分。

琵琶寺一带分布的洋脊拉斑玄武岩，其稀土元素与不活动痕量元素的特征均为典型的大洋拉斑玄武岩型（MORB 型玄武岩）。该带内广泛分布的洋岛拉斑和洋岛碱性玄武岩，依据其火山岩组成与地球化学特征分析，应是典型的大洋板块内部岩浆作用产物，而不是洋中脊扩张过程中岩浆活动的产物，也不是原始大洋岛弧和大陆边缘弧组分。其中拉斑和碱性系列玄武岩不仅具共源岩浆演化趋势，地球化学特征显示为 OIB 型，而且更为重要的是它们与一套典型的洋壳蛇绿岩（MORB 型玄武岩）密切共（伴）生（如琵琶寺岩区）。而且带内的 MORB 型洋壳蛇绿岩，与勉略蛇绿岩带庄科蛇绿岩和阿尼玛卿德尔尼蛇绿岩在岩相学与地球化学特征上完全一致。带内 MORB 型玄武岩遭受低绿片岩相变质作用，但洋岛型玄武岩与洋岛碱性玄武岩却低于它的变质程度，呈块状玄武岩。塔藏洋岛碱性玄武岩未变质，可见其原岩结构。这一特征符合洋盆发育和消减过程中不同构造属性火山岩变质程度的变化规律。综合以上，证明康县–琵琶寺–南坪构造混杂带内的 OIB 型玄武岩不是大陆板内岩浆活动产物，应是典型的洋岛型大洋板内岩浆活动的产物。

综合康县–琵琶寺–南坪蛇绿构造混杂带的组成、地球化学特征和带内洋壳蛇绿岩与洋岛拉斑玄武岩、洋岛碱性玄武岩三种不同火山岩的岩石-构造组合特征，共同反映西秦岭勉略洋盆在 $D–C–T_2$ 时期曾经经历过一个较完整的有限洋盆发生、发展与消亡的演化过程。

3. 略阳–勉县区勉略有限洋盆

略阳–勉县区段，即简称的勉略区段，典型残存出露一带由多种不同成因岩块构成的蛇绿构造混杂带。蛇绿岩中的超基性岩类主要为方辉橄榄岩和纯橄榄岩，特征为轻稀土亏损，Eu 富集型；而辉绿岩均为轻稀土富集型。相关的变质火山岩分为三类：①洋脊拉斑玄武岩，轻稀土亏损，其 Ti/V、Th/Ta、Th/Yb、Ta/Yb 表明其为 MORB 型玄武岩，代表消失了的洋壳岩石；②初始洋壳型变质玄武岩，以黑沟峡岩片为代表；③岛弧火山岩组合。综合表明该区段晚古生代—早中生代时期也经历过一个较完整的有限洋盆的发生、发展与消亡演化过程。

带内文家沟–庄科南洋脊型玄武岩呈长约 5 km，宽约 300~700 m，北西西–南东东方向展布的构造岩片，向东与黑沟峡双峰式变质火山岩岩块相邻。该玄武岩类具有相对高 TiO_2（0.92%~1.86%，平均为 1.31%）的特点，接近于现代大洋洋脊拉斑玄武岩 TiO_2 含量及变化范围；其岩石的 Fe_2O_3+FeO、MgO 含量高，具有特征的大洋拉斑演化趋势，即随 MgO 降低，Fe_2O_3+FeO 迅速增加。该玄武岩类稀土特征为 $(La/Yb)_N$=0.30~1.07（平均 0.51），$(Ce/Yb)_N$=0.33~1.01（平均 0.54），δEu=0.84~1.13，岩石基本无 Eu 异常。显示为轻稀土亏损型配分型式，具典型的 N 型 MORB 稀土元素地球化学特征。其 Ti/V≈22，Th/Ta≈1，Th/Y=0.04~0.17，Ta/Yb=0.03~0.09 等特征，十分类似于来自亏损的软流圈地幔的 MORB 型玄武岩。

带中三岔子、桥梓沟及略阳以北横现河一带的岛弧火山岩均为非碱性系列火山岩。其玄武岩具有

相对低 TiO_2（0.68%）的特点，Fe_2O_3、FeO 含量也低于文家沟–庄科南洋脊拉斑玄武岩，但安山岩类 SiO_2 均大于57%，平均为60.25%，属高硅安山岩，并且具低钾—中钾高硅岛弧安山岩类总体化学成分特点。三岔子岛弧拉斑玄武岩 $(La/Yb)_N = 6.59$，$(Ce/Yb)_N = 4.02$，$\delta Eu = 0.98$，轻重稀土明显分异，无 Eu 异常。而安山岩类 $(La/Yb)_N = 2.78 \sim 13.24$（平均5.84），$(Ce/Yb)_N = 1.82 \sim 6.66$（平均3.52），$\delta Eu = 0.85 \sim 1.02$（平均0.93），也存在明显的稀土分异，轻稀土中度富集，Eu 异常不明显。三岔子岛弧火山岩总体上显示为弧火山岩的地球化学特征，Th>Ta，Nb/La<0.6，Th/Ta 大多在3～15，$Th/Yb = 0.68 \sim 2.74$，$Ta/Yb = 0.10 \sim 0.84$。桥梓沟火山岩样品均属非碱性系列火山岩，其中玄武岩和玄武安山岩类 TiO_2（0.89%～1.04%，平均0.89%），略高于三岔子岛弧拉斑玄武岩 TiO_2 含量，而明显低于文家沟–庄科南洋脊玄武岩 TiO_2 含量，安山岩（$SiO_2 = 57.40\%$）仍属高硅安山岩的范畴。稀土元素分析结果表明，桥梓沟玄武岩类 $(La/Yb)_N = 1.84 \sim 2.81$（平均2.35），$(Ce/Yb)_N = 1.31 \sim 2.56$（平均1.94），$\delta Eu = 1.26 \sim 1.15$（平均1.21），轻重稀土分异不明显，轻稀土略有富集，具弱正 Eu 异常。但玄武安山岩 $(La/Yb)_N = 4.70$，$(Ce/Yb)_N = 2.41$，$\delta Eu = 0.99$，轻重稀土已产生分异，轻稀土低度富集，基本无 Eu 异常；安山岩 $(La/Yb)_N = 4.59$，$(Ce/Yb)_N = 3.38$，$\delta Eu = 0.88$，轻稀土仍为低—中度富集，Eu 具微弱的亏损现象，其 Nb/La<0.63，$Th/Ta = 2.74 \sim 4.25$，$Th/Yb = 0.92$，$Ta/Yb = 0.22 \sim 0.34$，总体仍具典型岛弧火山岩的地球化学特征。

带中黑沟峡地带独特，呈现出露初始洋型的双峰式火山岩系，它们主要由玄武岩及少量英安岩、流纹岩组成，缺少中性岩石，表现出双峰式火山岩特征，可能形成于大陆裂谷环境，但又与一般陆内裂谷双峰式火山岩不同，其钾含量很低，类似于低钾洋中脊玄武岩或低钾岛弧拉斑玄武岩。其中，玄武质岩石均属拉斑系列，仅酸性岩属钙碱系列。与原始地幔标准值比较，该组玄武岩痕量元素有如下特征：①Nb 与 La 含量大致相等，Nb 未显示出负异常，Ba 也未显示出正异常，这与岛弧火山岩不同；②具有高 Th、Pb 异常和低 Rb、K 异常，表明该玄武岩来自 MORB 型地幔源并较少受陆壳混染影响，而酸性岩则源于具有陆壳特征的源区；③除了 Th 和 Pb 外，其他痕量元素大致与 N 型 MORB 类似，而普遍低于 OIB，具有扁平的 REE 模型。综合上述表明它应属于 MORB 型，而不是 OIB 和岛弧型，可能该裂谷已拉张成洋盆，洋壳已初始形成。该玄武岩与典型 N 型 MORB 不同之处是 Th 和 Pb 高，这又与一些大陆溢流玄武岩类似。因此可能正好反映该玄武岩是由初始大陆裂谷向成熟洋盆转化阶段的产物。

勉略区段东端勉县北部的鞍子山变质蛇绿杂岩与勉略带其他蛇绿岩和火山岩不同，它具有较高的区域变质作用，已达角闪岩相—麻粒岩相，呈构造岩块混杂于一套云母石英片岩、石榴石云母片岩、角闪片岩夹大理岩透镜体的变质岩系中，与围岩均为断层接触。其中超镁铁质岩的原岩是方辉橄榄岩，相当于现蛇绿岩中的变质橄榄岩；与之密切共生的是原岩为基性火山岩类的斜长角闪岩，它们具有 MORB 型的地球化学特征，类似于蛇绿岩上部层序中的镁铁质岩类，共同组成了蛇绿岩块。蛇绿岩中的变质橄榄岩稀土元素成分明显表现出强烈亏损特征，具低稀土总量，分配型式为近平坦曲线但略呈 U 型。而斜长角闪岩均为正变质的镁铁质岩，均为拉斑玄武岩系列火山岩。稀土元素组成可以分为两类，LREE 亏损型和 REE 平坦型。其中 LREE 亏损型岩石表现出 N-MORB 的典型特征，其微量元素分配型式也具有与现代 N-MORB 岩石相似的组成，表现出右高左低的亏损不相容元素的平滑曲线，但高场强元素 Nb、Ta 有微弱的负异常。总之，鞍子山斜长角闪岩的地球化学特征与典型蛇绿岩中的镁铁质岩石完全相同，应源于一个类似于亏损洋幔的源区，这表明它们是勉略带上又一个典型的蛇绿杂岩岩块，其可能形成于一个弧后盆地或一个小洋盆的洋脊扩张环境。但是由于鞍子山蛇绿杂岩的 Pb、Nd 同位素体系明显不同于勉略带西段的三岔子等蛇绿岩，它们来源于两个不同的同位素地幔源区，鞍子山的可能比西段古洋壳较老，表明可能勉略带应有更复杂的构造演化历史。对鞍子山镁铁质麻粒岩的系统同位素与地球化学研究，证明它具有蛇绿岩基本特征与属性。

4. 秦岭南缘巴山区中小洋盆

在秦岭巴山弧西侧的两河–饶峰–石泉–高川–五里坝地区，发育典型的岛弧岩浆带，它以弧内裂陷双峰式火山岩和陆缘弧岛弧安山岩岩片为标志，反映该区晚古生代期间存在有限洋盆。该区发育非碱性系列火山岩，分为亚碱性玄武岩、安山岩和英安流纹岩类。两河玄武岩稀土总量较低，一般在 $90×10^{-6}$~$150×10^{-6}$，岩石 $(La/Yb)_N$ (2.62~4.60)、$(Ce/Yb)_N$ (2.30~4.09) 和 δEu（趋近于 1，平均为 1.03）表明岩石为轻稀土弱富集型，且无 Eu 异常。而英安流纹岩类稀土总量较高（$108.77×10^{-6}$~$303.60×10^{-6}$，平均 $186.14×10^{-6}$），其 $(La/Yb)_N$（平均 6.75）和 $(Ce/Yb)_N$（平均 5.30）表明岩石为轻稀土中度富集型。五里坝双峰式火山岩稀土特征与两河岩片类似，其中玄武岩类稀土总量（$140×10^{-6}$~$155×10^{-6}$，平均为 $151.02×10^{-6}$）、$(La/Yb)_N$ (3.72~4.15)、$(Ce/Yb)_N$ (3.45~3.92) 和 δEu（平均 1.01）与两河玄武岩基本一致。英安流纹岩类稀土总量（平均 $185.20×10^{-6}$）、$(La/Yb)_N$（平均 7.92）和 $(Ce/Yb)_N$（平均 6.49）也与两河英安流纹岩接近。饶峰安山岩类稀土总量较高，一般在 $190×10^{-6}$~$300×10^{-6}$，平均为 $247.54×10^{-6}$，轻重稀土分异明显，$(La/Yb)_N$ 介于 6.65~8.57，平均为 7.67；$(Ce/Yb)_N$ 大多介于 5.67~6.88，平均为 6.22；δEu 十分稳定，变化很小，介于 0.76~0.83，平均为 0.79，表明岩石具有弱的负 Eu 异常。孙家河玄武岩稀土总量较低，一般在 $108.19×10^{-6}$~$172.58×10^{-6}$，平均为 $153.07×10^{-6}$，轻重稀土有弱—中等分异现象，岩石 $(La/Yb)_N$ 介于 6.72~7.85，平均为 7.21；$(Ce/Yb)_N$ 大多介于 5.43~6.16，平均为 5.85；δEu 趋近于 1，表明岩石基本无 Eu 异常。孙家河安山岩类稀土总量同样较低，在 $125.49×10^{-6}$~$142.32×10^{-6}$，平均为 $134.48×10^{-6}$，轻重稀土分异程度与本区玄武岩类十分接近，$(La/Yb)_N$ = 5.63~7.36，$(Ce/Yb)_N$ = 5.02~5.79，δEu 平均为 0.98。总之，两河、五里坝火山岩以其高 Ba，显著的 Nb、Ta 亏损为特征，证明是岛弧型岩浆活动的产物。其中玄武质岩石的 Th/Yb-Ta/Yb 和 Ti/Zr-Ti/Y 不活动痕量元素组合特征，又表示应生成于一个洋内岛弧的构造环境。而其以玄武质-英安流纹质双峰式火山岩组合的特色，又表明是裂陷环境中的岩浆活动产物。综合表明它们总体应形成于大陆边缘弧环境，其岩浆起源既与陆壳物质的参与有直接成因联系，又有来源于俯冲带楔形地幔区的局部熔融。

从勉略缝合带区域延伸来看，两河、五里坝玄武岩与勉略区段桥梓沟岛弧玄武岩的地球化学特征十分类似，可以对比；而孙家河及饶峰火山岩则与略阳三岔子陆缘弧火山岩具有明显的可对比性。表明两河-饶峰-五里坝岛弧岩浆带原是与勉略缝合带统一相连的，只是由于后来巴山推覆构造的改造，而使之变形变位残存成现今面貌。

两河-饶峰（孙家河）-五里坝岛弧岩浆带的主体形成于早石炭—晚石炭世。同期，勉略洋不同地段处于扩张与俯冲消减并存的发展状态。由于后期构造改造，原洋盆与缝合带保存成为不完整的残留，如缺乏蛇绿岩或其组成端元出露的情况下，典型的弧岩浆系也可作为古洋壳俯冲的重要证据。巴山弧两河、五里坝弧内裂陷双峰式火山岩和饶峰陆缘弧安山岩岩片的厘定，证明该区段岛弧岩浆带的存在和它与勉略洋盆的俯冲消减直接相关，也说明勉略洋盆在泥盆—石炭纪时期曾沿该区延伸发育。

5. 桐柏山南缘花山地区陆间裂谷及初始洋盆

勉略缝合带向东因巴山弧形推覆构造掩盖而至桐柏-大别南缘，在桐柏造山带南缘的花山地区北部周家湾等地残留出露蛇绿混杂岩，已如第二、三章中相关部分所论述。其中周家湾变质玄武岩-辉长岩构造岩片以及竹林湾枕状玄武岩片就是混杂岩中蛇绿岩组分的残块。

周家湾变质玄武岩主体为非碱性拉斑系列火山岩，岩石 SiO_2 含量均低于 53%，属基性岩 SiO_2 含量范畴，平均为 47.71%。Fe、Mg 含量高，且绝大多数样品 $FeO>Fe_2O_3$。TiO_2 含量高，大多在 1.5% 与 2.1% 之间变化，平均为 1.84%。其稀土总量较低，一般在 $100×10^{-6}$~$120×10^{-6}$；轻重稀土分异不明显，ΣLREE/ΣHREE 十分稳定，在 0.93 与 1.14 之间变化，平均为 0.995；$(La/Yb)_N$ 介于 1.3~2，平均 1.74；$(Ce/Yb)_N$ 大多介于 1.2~2，平均为 1.59；La/Sm 略大一些，介于 1.5~2.5，平均为 2.06。δEu 趋近于 1，且十分稳定，变化很小，平均为 1.05，表明基本无 Eu 异常，与 N 型 MORB 的稀土元素地球化学特征接近，但不同的是轻稀土不存在亏损现象。与原始地幔平均值比较，其不相容元素具有弱的 Nb 负异常，Nb<La，呈微弱的 Nb 的相对亏损；具低 Th、弱 Ti 负异常，Ti 显示微弱相

对亏损状态。La、Ce、Nd、P、Hf、Zr、Sm、Tb、Y 等不活动痕量元素既无明显的相对亏损，也无显著的相对富集。Th/Yb 均小于 0.30，在 0.3 与 0.09 之间变化，平均为 0.23；Ta/Yb 值很小，一般不大于 0.16，平均为 0.13；Th/Yb 和 Ta/Yb 值均处在 MORB 的范围内，表明应来自于亏损地幔源区。与典型大洋盆地 N 型 MORB 略有不同，其 Nb<La，La/Ta（25.3）值表明了 La 相对于 Ta 呈明显的富集状态，与原始地幔标准值比较存在弱的 Nb 负异常，其 Th 略低于典型 N 型 MORB，这种特殊的地球化学特征与雷克雅内斯洋脊玄武岩十分类似，反映了一种初始型有限洋盆的构造环境。因此，周家湾玄武岩可视为小洋盆（初始洋）型蛇绿岩的组成端元，即古洋壳/准洋壳的上部层位组成部分。

竹林湾枕状玄武熔岩属亚碱性系列，为拉斑质玄武岩。SiO_2 含量稳定且较高，平均为 50.36%，与 MORB 的 SiO_2 含量（50.19%~50.68%）相当，而低于岛弧拉斑玄武岩含量（51.90%）；Al_2O_3 含量平均值为 13.88%，低于岛弧拉斑玄武岩平均值（16.00%），而与 MORB 的 Al_2O_3 含量（14.86%~15.60%）相近；TiO_2 含量变化在 1.41%~2.09%，平均值为 1.77%。LREE 轻微富集，$(La/Yb)_N$ 平均值为 1.64；轻稀土分异不明显，$(La/Sm)_N$ 平均值为 1.12。ΣREE 平均值为 103.15×10^{-6}，是球粒陨石的 19 倍。微量元素表现为 Ba、Th 的富集和以高场强元素 Ce、Zr、Hf、Sm、Y、Yb 不分异为特征。同时，高场强元素含量十分贴近于 N-MORB 标准值，显示竹林湾基性火山岩具有与 MORB 相同的地球化学性质。地球化学研究证明，竹林湾基性火山岩具有 MORB 性质，与地幔微量元素平均值比较，其 Rb、Nd、Nb 有负异常，但其相对于 N-MORB 并不亏损，而且丰度值较高，因而可以排除存在消减组分影响的可能性，证明原岩并非岛弧拉斑玄武岩。这种地球化学特征，特别是 Nb 低谷是由陆壳混染造成的，暗示竹林湾基性火山岩形成于初始小洋盆构造环境。

综合花山地区火山岩系岩石地球化学特征，总体代表一种初始洋的大地构造环境。初始洋是当岩石圈上部伸展变薄已达到软流圈等势面的深度时，软流圈物质沿轴部贯入、溢出，新洋壳开始形成，大陆岩石圈板块彻底分裂并开始向两侧离散，于是形成了具有扩张脊的小型洋盆，它已开始显著区别于大陆裂谷的大地构造性质，其基底已不再是陆壳，而是洋壳或准洋壳，成为类似于红海、亚丁湾或加利福尼亚湾的大地构造环境。

6. 大别山南缘地区陆间裂谷-初始洋盆

勉略缝合带向东经花山蛇绿构造混杂带，再向东到大别山南缘地区。这里分别残存有宿松县北侧二郎超基性岩构造岩片，清水河辉长岩、辉石岩、安山岩构造岩片以及浠水-兰溪双峰式火山岩构造岩片等。兰溪双峰式火山岩基性端元（斜长角闪岩）显示了一定亏损地幔源区的地球化学特征，与黑沟峡双峰式火山岩有一定相似之处，表明裂陷作用已影响到软流圈等势面的深度，新生的初始（准）洋壳已开始生成，可能代表了洋盆发育早期阶段岩浆作用的产物。大别山南缘清水河辉长岩-辉石岩应为一套堆晶辉长岩系，来自于亏损的软流圈地幔，可能为洋壳中下部的组成部分。而清水河安山岩则具有明显的 Nb、Ta 亏损特征，总体显示为弧火山岩的地球化学特征，可能形成于活动大陆边缘构造环境，并与勉县-略阳地区三岔子岛弧安山岩类有一定的相似之处。综合表明，上述大别山南缘残存的混杂岩的不同岩石及其地球化学特征，总体显示陆间裂谷-初始洋盆的构造形成环境。应是勉略缝合带东延的残存遗迹。

综合上述，大别山南缘地区，可以看出清水河地区堆晶辉长岩系，总体代表了洋壳的中下部层位，而浠水-兰溪双峰式火山岩则是陆间裂谷-初始洋盆转化阶段的产物，从而表明大别山南缘东延的勉略洋经历了由大陆裂谷—陆间裂谷—初始洋盆的形成和演化过程，而且洋盆规模有限，并未形成典型的 MORB 型开阔大洋。

总之，古大洋盆地的恢复重建及其规模的判断是一个综合的科学问题，争议较大。我们主要从蛇绿岩岩石地球化学出发，并结合区域地质背景与演化，构造、沉积岩系与古地理环境及其演变，综合多学科研究，其中区域构造、古生物地层、古地磁学及沉积体系、岩石组合和岩石类型是判别洋盆规模和性质的重要综合标志。采用以双峰式火山岩+MORB 型玄武岩，以及高度亏损的典型 N-MORB 型玄武岩为标志，将勉略结合带不同区段古洋盆规模区分为初始小洋盆和有限洋盆两种类型。通常地质学界认为东古特提斯域为多岛或多中小洋陆兼杂的洋盆，规模不大，多为初始小洋和有限洋盆，这与上述勉略洋盆研究结果是相同的。

综观勉略古有限洋盆，从东到西，统一连续而又差异演化的绵延，整体与各地段各具特征。大别山南缘清水河地区具特征的堆晶辉长岩系和浠水-兰溪双峰式火山岩，表明大别山南缘勉略洋经历了初始小洋盆的形成和演化过程。桐柏南缘花山构造混杂带中以周家湾具扁平型稀土配分型式的变质玄武岩为典型代表，至今尚未识别出真正的有限洋型蛇绿岩套（高度亏损的 N-MORB 玄武岩+辉长-辉绿岩墙群+堆晶辉长岩+变质洋幔），可能除因大陆造山带强烈俯冲碰撞构造作用和后期构造强烈改造，使之未得以保存，也可能其原就发育不全。因此整体看，勉略洋盆在东段的发育可能并不完全。巴山地区岛弧和洋内岛弧火山岩的存在表明勉略古洋盆在该区经历了一个较为完整的发生、发展、演化和消亡过程。由于巴山弧形构造在中生代后期大规模的自南向北推覆、掩盖，从而使残余洋壳蛇绿岩难以在该区主要地带出露。但因岛弧（包括洋内岛弧）相对于古洋壳而言，由于边缘仰冲等原因更易于在造山缝合带中保存，因而在巴山弧西侧构造带中，勉略缝合带以残存岛弧岩浆杂岩系为特征而缺失古洋壳残片出露。勉略缝合带在略阳-勉县-鞍子山区段发育完好，尽管该区段缝合带宽度狭窄，收缩量大，然而强烈挤压逆冲叠置，在该区段保存了多种属性的构造岩片（蛇绿岩块、岛弧火山岩块、双峰式火山岩块、沉积岩块等，并残存了大量超基性岩岩片），得以构成勉略缝合带蛇绿岩及相关火山岩组合出露最多保存较完整的区段。勉略带西延经康县-琵琶寺-南坪而再西，应是无可争议的，但不同的是，康县-琵琶寺-南坪区段，缝合带剥露相对较为宽缓，因而，在该区段，较多地保留了洋岛火山岩组合及洋壳蛇绿岩（如琵琶寺蛇绿岩片）的岩石组合。而德尔尼蛇绿岩则以典型的高度亏损型 N-MORB 玄武岩为特征，代表阿尼玛卿地区曾经存在过一个具有一定规模的有限洋盆，并西去接东昆仑南缘继续延伸。

综合勉略缝合带自东而西的时空演变规律、洋盆发育程度与规模，揭示洋盆明显有自西向东开启时间穿时延迟，并具变窄收缩的趋势，呈现由西段的成熟洋盆—中段的中小有限洋盆至东段的初始洋盆、陆间裂谷，自西向东洋盆发育程度和规模逐渐收敛滞后。统观整体，综合反映勉略古有限洋盆及其闭合的古缝合带，是一条具有特殊演化发育规律的独特的东古特提斯域北缘分支有限洋盆，并最后于中生代初印支期成为中国大陆完成其主体拼合的中国中央造山系南缘重要拼接缝合带，突出而具重要的中国大陆构造意义。

（三）古大陆边缘与前陆盆地

勉略洋盆与缝合带的恢复重建，除上述蛇绿岩与相关火山岩等的证据外，还有构造沉积学的系统研究。秦岭-大别造山带沉积构造演化研究（杜远生，1995a，b，1997；Liu and Zhang，1999；Meng and Zhang，1999；李锦轶，2001），以秦岭区为代表，揭示秦岭造山带是在元古代基底构造演化基础上，于新元古代晚期，至少在震旦纪时期，沿商丹一线，已出现了分隔华北与扬子的古秦岭商丹洋盆，南北地质特点与演化已显著不同。南秦岭区域从震旦纪至早古生代沉积构造演化呈现为从早期的扩张陆缘转变为俯冲板块前缘的被动陆缘构造环境，但从泥盆纪开始，在南秦岭的扬子板块北缘的被动陆缘隆起带上，沿现勉略一线，新又逐渐打开形成了秦岭勉略有限洋盆，出现了秦岭晚古生代至三叠纪的板块构造新格局，形成新的陆缘沉积体系及其之后的现勉略带南侧的前陆盆地（T_3-K_1），客观地记录了勉略洋盆从打开到封闭的演化过程。

1. 勉略带大陆边缘沉积体系

沿现勉略带南侧从西部玛沁至东部大别南缘，连续发育晚古生代至三叠纪的陆缘沉积体系（殷鸿福等，1992，1996；孟庆任等，1996；杜远生等，1997；杨逢清、杨恒书，1997；刘少峰等，1999；

张国伟等，2001a，b）。根据构造演化与盆地沉积充填特征的系统研究，陆缘盆地发育演化可划分为两个阶段：D-C 从扩张裂谷到初始洋盆演化；P-T$_{1-2}$ 被动大陆边缘盆地演化。

（1）D-C 扩张裂谷至初始洋盆演化阶段（图 6.2）

地层沉积记录表明，勉略带发生扩张裂解前，该区在区域上主体处于原扬子板块北缘早古生代被动陆缘后侧的一带隆起背景上，区域上现勉略带两侧均普遍缺失 D-C 岩层，但相反勉略带内，却从西至东普遍发育 D-C 岩层，并具有裂谷型沉积组合，以勉略地区的踏坡群和三河口群为例，反映了扩张裂陷的发生、发展。泥盆系在勉略带内发育从初始裂陷快速粗砾屑堆积、裂谷边缘相冲积扇体系的扇三角洲至深水扇，到重力流、浊积岩系的由斜坡、坡底裙以致盆地平原相的深水浊积岩系，并具有自南向北加深的相变与组合等，总体表现了勉略洋盆从初始裂谷到初始小洋盆的沉积充填特征。而石炭系沉积主要以陆架-盆地体系为特征，同时在蛇绿混杂岩中的硅质岩中还发现 C$_1$ 的放射虫动物群（冯庆来等，1996），表明石炭纪已开始发育深水盆地相沉积（Liu and Zhang，1999）。而且从勉略带南侧晚古生代沉积岩层发育的层位时代及其延展分布，还揭示当西部 D$_{1-2}$ 已是裂谷沉积，并向初始洋盆发展时，中部（高川）至东部（花山）D$_3$ 还处在扩张裂陷进程中，表现在 D$_3$ 裂谷期充填岩层沉积超覆在 $\in$-O 岩层之上，因而表明勉略带的扩张打开是自西而东逐渐扩张发展的。

（2）P-T$_{1-2}$ 被动大陆边缘沉积体系（图 6.2）

勉略带内及其南侧广泛发育 P-T$_{1-2}$ 沉积岩系。据其沉积组合、岩相分布与物源流向和构造沉积古地理特征，并结合同期的勉略蛇绿岩、岛弧火山岩与俯冲型花岗岩等一致表明，勉略洋盆从石炭纪晚期到早中三叠世从西到东逐渐扩张打开，形成不规则串珠状统一的洋盆，并于二叠纪中晚期已开始消减俯冲（Liu and Zhang，1999；Meng and Zhang，1999；张国伟等，2001a，b）。故勉略古洋盆南侧的 P-T$_{1-2}$ 沉积岩系已从 D-C 的扩张裂谷沉积为主演化转入被动陆缘沉积。中上二叠统，尤其如中扬子北缘的长兴期沉积，显著的以浅海-半深海硅质岩为主自南向北的加深，形成典型的被动大陆边缘沉积体系，指示其前缘有洋盆的存在。

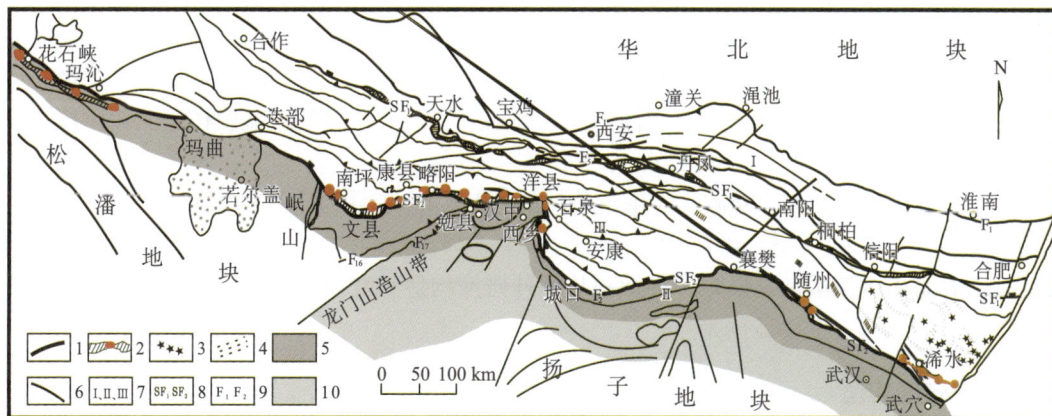

图 6.2　勉略带南侧陆缘（D-T$_2$）和前陆盆地（T$_3$-K$_1$）图

1. 勉略构造带；2. 蛇绿岩及相关火山岩；3. UHP 岩石剥露区；4. 韧性剪切带；5. 被动陆缘沉积体系范围；6. 断层；7. Ⅰ，华北地块南缘与北秦岭带；Ⅱ，扬子地块北缘；Ⅲ，南秦岭；8. 秦岭-大别造山带商丹缝合带（SF$_1$），秦岭勉略缝合带（SF$_2$）；9. 秦岭-大别造山带南、北边界断裂；10. 前陆盆地及其沉积范围

勉略带南侧的早三叠世自北而南发育下部浅海泥质-灰泥质盆地体系、浅海碳酸盐陆架斜坡体系和碳酸盐岩台体体系，反映了勉略有限洋盆地体系开始萎缩（Liu and Zhang，1999）。中上扬子北缘巨厚的巴东组（T$_2$）垂向从细粒向粗粒的沉积演化表明，自中三叠世开始，勉略带自东而西已转入早

期海相前陆盆地沉积时期，表示勉略洋盆斜向碰撞封闭具有自东而西的穿时的过程。

2. 勉略俯冲碰撞带南缘的前陆盆地体系

中三叠世后，勉略带的陆缘盆地已全部转换为前陆盆地，但因后期勉略带的强烈逆冲推覆，使原前陆盆地大量沉积体被掩盖或改造破坏，但依据现残存的沉积记录，仍可以恢复出发育两套前陆盆地沉积体系，即 T_{2-3} 海相前陆盆地沉积体系和 $J-K_1$ 陆相前陆盆地沉积体系。

（1）勉略带 T_{2-3} 海相前陆盆地沉积体系

T_{2-3} 海相前陆盆地沉积体系分布于中、上扬子地块与松潘等地北缘，近东西向展布。同期川西龙门山前也发育前陆盆地呈北东向分布，两者成交接分支关系。松潘北缘 T_{1-2} 安尼期，仍为勉略洋盆南缘被动陆缘的浅海台地相沉积环境，但自 T_2 拉丁阶至 T_3 卡尼阶发生明显变化，出现强烈沉陷充填的细粒浊积岩为主的深水沉积，呈现半深海-深海斜坡环境，至 T_3 诺利期又变为浅海陆架粗中粒长石砂岩等沉积，代表海相磨拉石相充填，诺利期后即已发生构造变形而隆升。同期的中上扬子北缘地区，由于强烈构造改造，勉略带南侧的汉南地块和巴山弧外侧的 T_{2-3} 海相前陆盆地沉积多已被掩覆，仅在川西北残留有周缘前陆盆地远端的浅水沉积。汉南地区普遍缺乏 T_3，巴山弧外侧城口残留有 T_3 陆相沉积，且与下伏地层呈明显构造角度不整合，证明巴山外侧发育印支变动后的 T_3 前陆沉积，只是由于后期构造掩覆与剥蚀残存不多，向南则变为 T_2-T_3 假整合或整合的连续沉积。在中扬子的湖北京山—南漳一带 T_{1-2} 发育一套硅质岩与细碎屑岩的典型深水相沉积，但如上述 T_2 巴东组已明显为前陆盆地相沉积，表明该区已开始向前陆盆地转变。这恰与大别碰撞超高压变质作用主要发生在 245～230 Ma（李曙光，1998），即 T_{1-2} 相吻合。总之勉略带南侧从陆缘沉积环境开始穿时的转换为海相前陆盆地，其中尤以松潘北缘发育保存完好。

（2）勉略带侏罗纪至早白垩世（$J-K_1$）陆相前陆盆地沉积体系（图 6.2）

勉略带南侧发育并完好保存有 T_3-K_1 的陆相前陆盆地沉积岩系，可划分为 T_3-J_{1-2} 和 J_3-K_1 两期。T_3 岩层由于后期构造掩覆改造，残留保存不多，而 J_{1-2} 秦岭-大别南缘稳定分布，表现为前陆盆地河流湖泊相的进积型的垂向沉积序列，而 J_3-K_1 的盆地相分布已自东向西退缩，以至晚期逐渐退缩到川西北一隅。总体也表现为河流湖泊陆相的进积型的垂向变化序列。但以 K_2 江汉盆地的上叠交切叠置覆盖为代表，标志着勉略带前陆盆地沉积体系演化的结束和转入新的陆内盆山构造演化阶段。

（四）古俯冲碰撞构造与相关变质、岩浆活动和古缝合带

根据沿现勉略构造带不同地段残存的原板块俯冲碰撞构造与变质、岩浆作用也同样可以整体综合恢复重建勉略古缝合带。主要证据是：

1. 原板块俯冲碰撞构造

经过对勉略带中各区段的系统构造解析和面积性大比例尺构造填图，筛分去除中新生代叠加构造，确定各区段均残存可以对比的原俯冲碰撞构造。其中俯冲构造，残存于蛇绿混杂岩块和陆缘沉积岩块岩层之中，以中深层次透入性韧性剪切流变作用与韧性剪切推覆构造为主要特征，主要表现为仅在不同混杂岩块内普遍发育的早期透入性片理、片麻理（S_1，$S_0 \approx S_1$）与矿物线理（L_1），它们均被筛分确定的碰撞构造面理（S_2）与韧性剪切带所交切改造。而碰撞构造主要表现为：① 以缝合带中大量构造残片、岩块的剪切推覆叠置和混杂构造与组合为特征，包括不同中深层次糜棱岩与韧性剪切带等；② 勉略带南侧，并行一带从西至东最新只卷入 T_2 的前陆冲断带，应是勉略缝合带于印支期陆-陆碰撞的直接产物。

2. 碰撞变形变质作用

勉略带内普遍遭受区域变质与动力变质作用，主要达绿片岩相，个别区段则达角闪岩相与麻粒岩相，并在玛沁南、勉略安子山及桐柏–大别南缘断续残存高压蓝片岩带。勉略区段发现低温高压矿物组合（黑硬绿泥石、3T 多硅白云母等）和中温高压矿物组合（钠云母等），其中安子山有中高压麻粒岩（657~772 ℃，0.97~1.3 GPa）（李三忠等，2000），并与勉略区段东端北侧的佛坪穹窿麻粒岩时代相近（杨崇辉等，1999；张宗清等，2002c）。在勉略、玛沁等区段还发现构造沉积混杂岩带，以碰撞构造混杂为特点，并明显保存原沉积混杂特征。以上表明它们是同期俯冲碰撞构造产物。

3. 俯冲碰撞型花岗岩带

沿勉略带内及北侧发育系列俯冲碰撞型花岗岩，主要表现于主造山后晚造山时期，已详述于前，同位素年代主要集中于 220~205 Ma（U-Pb）（孙卫东等，2000），应是勉略带板块俯冲碰撞的重要证据。

（五）勉略古洋盆与古缝合带时代

以同位素年代学与古生物相结合的定年，并结合区域地质综合分析，证明勉略古洋盆与俯冲碰撞缝合带总体形成于晚古生代至中生代初（D–T，345~200 Ma）。而且由于勉略带从扩张打开至最终碰撞造山过程是自东而西穿时发展演化的，故各地段形成时代有差异，所以 D–T 代表了整个勉略有限洋盆从初始扩张裂陷到最终消亡碰撞造山的总体形成演化时限。

1. 勉略古洋盆启开与发育时代

古生物定年主要证据有：勉略区段蛇绿岩中硅质岩层内放射虫动物群化石定年为 C_1（冯庆来等，1996）。西乡孙家河火山岩中硅质岩夹层放射虫定年为 D_3–C_3（王宗起等，1999）。康玛区段蛇绿混杂岩中火山岩夹层硅质岩放射虫属 D_3–C（赖旭龙、杨逢清，1995）。玛沁地区与蛇绿岩及相关火山岩密切共生的硅质岩与相关岩层生物化石为 C–P 和 T_{1-2}（边千韬等，2001）。东部花山蛇绿混杂岩块的最新时代由古生物定年为 T_{1-2}、P、C 等（1/5 万区测资料）。上述从东至西千余公里延伸的带内具有相同时代的放射虫等生物化石群落，并集中于 D–T_{1-2} 时期，结合区域地质发展背景，显然是同时代同环境下的产物，因而从陆缘到洋内的沉积岩时代表明了洋盆启开与扩张发育的主要时代为 D–T_{1-2}。

同位素年代学证据：勉略带不同区段蛇绿岩与相关火山岩、花岗岩等采用多种同位素测年方法，获得时代集中于 345~200 Ma，即 D–T。例如，玛沁德尔尼蛇绿岩洋脊玄武岩的全岩 $^{40}Ar/^{39}Ar$ 年龄为 345±7.9 Ma，等时年龄为 320.4±20.2 Ma（陈亮等，2001），与其中硅质岩夹层的放射虫定年 D_2–C 相一致。对南坪、康县、勉略地段蛇绿混杂岩带中的洋岛基性火山岩等最新获得同位素年龄为 280~270 Ma 和 230~240 Ma（IPC-S），勉略区段蛇绿混杂岩中与基性火山岩共生的斜长花岗岩的结晶锆石 U-Pb 年龄为 300±81 Ma，而其继承锆石年龄为 913±40 Ma（李曙光等，2003）。同地与基性火山岩互层的硅质岩获 326 Ma（Sm-Nd 全岩等时限）和 344 Ma 年龄值（Rb-Sr；张宗清等，2006），与产于其中的放射虫化石时代 D_3–C_1（冯庆来等，1996）相吻合。勉略庄科蛇绿岩变质基性火山岩 Rb-Sr 等时年龄 286±110 Ma 和 $^{40}Ar/^{39}Ar$ 年龄 283±22 Ma（张宗清等，2006），结合地质综合分析应代表洋壳的初始俯冲变质年龄。

综合上述古生物与同位素年代表明，勉略古洋盆打开与扩张发育主要在 D_{2-3}–P_1 时期。

2. 勉略古洋壳俯冲与碰撞造山缝合带形成时代

除张宗清等（2006）获得的勉略庄科、三岔基性火山岩等年龄外，蛇绿岩混杂岩带不同地点还获得变质基性火山岩年龄 280~230 Ma（U-Pb），242±21 Ma（Sm-Nd），221±13 Ma（Rb-Sr）（李曙光等，1996b），226.9±0.9~219.5±1.4 Ma（$^{40}Ar/^{39}Ar$）（Li et al.，1999），勉略带北侧系列俯冲碰撞型

花岗岩体 U-Pb 年龄 225~205 Ma（孙卫东等，2000）。尤其是勉略带内安子山准高压基性麻粒岩（蛇绿岩组成部分）（李三忠等，2000），Sm-Nd 和 $^{40}Ar/^{39}Ar$ 年龄为 199~192 Ma（张宗清等，2002），并与勉略区段东端北侧的佛坪穹窿麻粒岩的 U-Pb 锆石年龄 212.8±9.4 Ma（杨崇辉等，1999；张宗清等，2002）相一致。麻粒岩年龄应代表俯冲洋壳在深部准高压麻粒岩化后又随碰撞而隆升的时代。因此上述同位素年代集中代表了勉略古洋壳俯冲碰撞和缝合带形成时代（P_2-T_{2-3}）。事实上，前述勉略带南侧并行的最新只卷入 T_2 岩层的前陆冲断褶皱带，也证明了勉略古缝合带是在 T_{2-3} 时期形成的。

勉略蛇绿岩混杂带内，过去与新近还不断获得有 10 亿~8 亿年及 4 亿年左右的岩石同位素年龄数据（张宗清等，2006；闫全人等，2007）。鉴于勉略带构造及演化的复杂程度和带内混杂多量不同构造岩块，加之同位素年龄测试方法与解释的复杂性，关于勉略古洋盆和碰撞缝合带的形成时代，我们采用与洋盆发育直接相关，产于蛇绿岩内与火山岩或岛弧火山岩呈互层的硅质岩的古生物时代为主要依据，结合不同岩类的同位素年龄数据，并综合区域地质分析，综合判定勉略洋盆启开、发育时代为 $D_{2-3}-P_1$，俯冲消减与碰撞造山为 P_2-T_{2-3}，总体时限为 D_2-T_{2-3}（345~200 Ma），T_3-J_{1-2} 之后转入后造山板内（陆内）构造演化时期。

二、勉略缝合构造带叠加复合构造筛分

现今勉略构造带是在勉略板块俯冲碰撞与缝合带构造基础上，经历中新生代陆内构造叠加复合改造而形成的，为了恢复重建勉略古缝合带的形成演化，首先需要筛分后期叠加复合构造，筛除改造，才能恢复其基本原位原貌。

勉略带现沿秦岭-大别造山带南缘边界总体呈东西—北西西向延伸，区域上即是秦岭-大别等中央造山系南缘的边界断裂构造带。其最突出的构造特征是：总体以秦岭-大别南缘边界断裂为主推覆断层，由系列弧形指向南的逆冲推覆构造连接组合，构成中央造山系南部叠覆于扬子地块北缘的巨大陆内推覆构造带，强烈叠加改造原勉略俯冲碰撞缝合带的结构构造。以下分别按现状的平面与剖面几何学与运动学解析加以筛分，为勉略古缝合带结构格架和原位恢复提供依据。

（1）结构构造平面筛分

勉略带现今平面构造几何学呈线性弧形波状延伸，东西向横穿中国大陆中部，以它为界南北构成巨大构造交切，成为划分中国大陆南北构造的重要构造界线。

勉略带以系列连续交接的指向南的大型弧形逆冲推覆构造近东西向延展为特色，其中以大别、巴山、康玛三大指向南的弧形逆冲推覆构造为主，其间由于扬子地块北缘黄陵、汉南-碧口和若尔盖地块的阻挡而呈向北突出的弧形，总体呈现为正弦波状的线性平面展布（图 6.1）。勉略带包括以下主要弧形推覆构造。

东端大别弧由于郯庐断裂平移，东翼移至鲁东，而西翼呈半弧状，即武穴-襄樊间的桐柏-大别造山带南缘襄广段的向南—南西的斜向逆冲推覆构造，兼具右行走滑，并伴随郯庐的左行剪切平移，总体造成其大幅度逆冲推覆于中扬子地块北缘。该区段晚近期多为新生界覆盖，但横穿大别的反射地震测深剖面揭示出了上述向南的巨大逆冲推覆的深部结构（董树文等，1998；杨文采，2003；袁学诚、李善芳，2008；袁学诚等，2008；袁学诚、华九如，2011）。襄广段西延绕黄陵-神农架地块北侧接巴山弧形构造。根据郯庐左行平移距离和大别地块现今南部两侧掩覆的中下扬子地层、地质界线，恢复原位，筛除平移和推覆，则大别南缘边界，乃至襄广断裂西段的沿桐柏-大别造山带南缘延伸的勉略带原应总体恢复至向北到枣阳—巢湖东西一线。

巴山逆冲推覆构造介于襄樊、洋县间，呈巨大指向南南西的不对称弧形，东翼长、西翼短呈近南北—北北西向，其间的南秦岭印支期勉略带碰撞造山中形成的安康推覆构造与武当穹窿构造，在中新生代秦岭陆内造山过程中，又发生大规模向南的推覆，并由于东、西侧黄陵与汉南地块不均一阻挡而

形成向南南西偏移的不对称弧形大巴山逆冲推覆构造（图6.1、图6.3），成为勉略构造带，乃至秦岭和中国大陆构造中突出而重要的大陆推覆构造。依据巴山推覆构造移距在80~150 km，从巴山弧形构造东、西两侧的竹山南部与西乡上下高川可对比的地层、构造几何学关系，推断筛出巴山推覆构造的移位，原勉略带应位于紫阳—平利—枣阳一线地下，掩覆了原勉略缝合带。

勉略区段是巴山弧形构造的西延，介于石泉-康县间，呈东西向，西接康玛弧形构造，是勉略带延伸中向北最突出和秦岭造山带最狭窄部分的南缘部位。显然它是由于属川西、川中基底的汉南地块向北大幅度挤入秦岭造山带，导致在其东、西侧形成巴山和康玛两大弧形推覆构造，并使之成为两弧翼部交接转换的地带。西乡罗家坝一带侏罗系岩层组合及其与四川盆地侏罗系相同与可对比性，证明它原是四川盆地侏罗系的北界，只是后因巴山推覆构造，向北位移到现位，可代表汉南区相对的北移距离，恢复汉南地块北缘勉略带原位应向南位移，并考虑阳平关-宁陕左行平移与碧口地块向西逃逸滑距，以及勉略古缝合带俯冲碰撞构造的收缩幅度，综合估算推断，原勉略缝合带应在现康县—西乡东西一线。

康玛逆冲推覆构造（图6.1、图6.4），呈弧形分布于康县-玛曲间，西段为迭部-玛曲推覆构造叠置，西延接玛沁推覆构造。康玛弧形构造是西秦岭造山带系列东西走向指向南的弧形推覆构造最南缘的造山带边界推覆构造带，由于其南侧东、西端受碧口和若尔盖地块阻挡而呈巨大向南突出的弧形，并以明显的构造交切关系大规模向南叠置于松潘北缘与岷山南北构造之上，成为又一勉略带的巨大弧形逆冲推覆构造。依据推覆构造运动距离与区域地质对比，综合推断，勉略古缝合带位置原应在玛曲—康县一线。

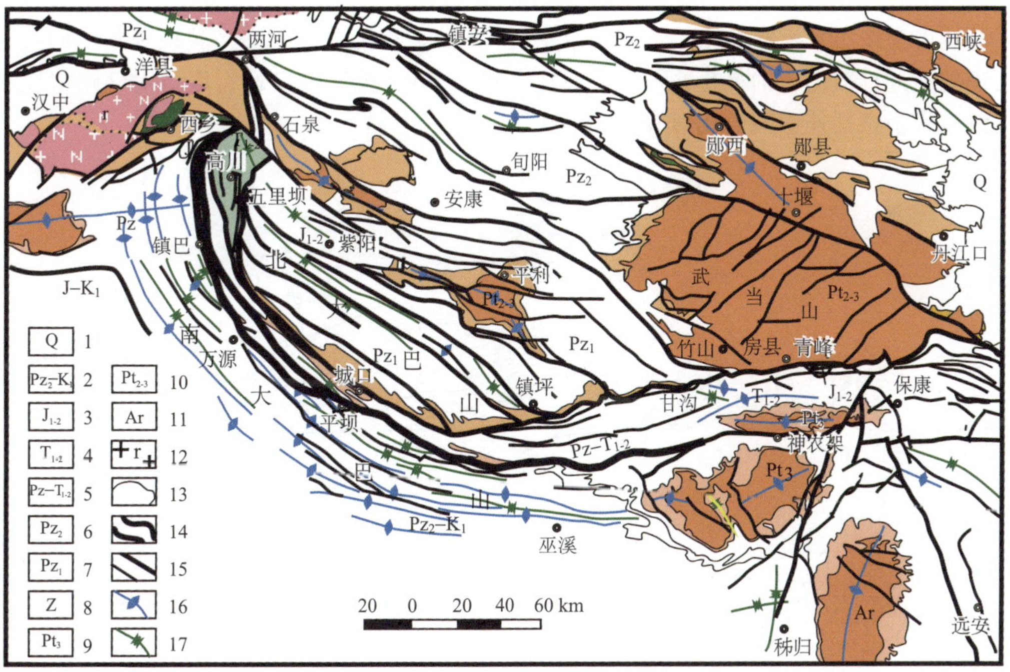

图6.3　大巴山弧形推覆构造图

1. 第四系；2. 下白垩统—上古生界；3. 下、中侏罗统；4. 下、中三叠统；5. 古生界—下、中三叠系；6. 上古生界；
7. 下古生界；8. 震旦系；9. 上元古界；10. 中上元古界；11. 太古界；12. 花岗岩；13. 地层界线；14. 勉略构造带；
15. 主要断裂和次级断层；16. 向斜；17. 背斜

迭部-玛曲弧形推覆构造位于迭部与玛曲之间，弧顶在郎木寺与大水一带，以西秦岭白龙江巨大推覆构造西端的古生界和三叠系岩层为主，形成自碌曲向南的一系列弧形逆冲推覆构造（图6.4），并在其前缘叠置于康玛和玛沁两个推覆构造的交接转换部位。迭部-玛曲推覆构造对勉略带叠加改造，其原位移动距离相对有限，可暂忽略。玛沁逆冲推覆构造位于西秦岭和东昆仑南缘两造山带衔接部位的阿尼玛卿山地带。呈东西向，微成向南弧形，是勉略构造带向昆仑南缘的延伸，接东昆仑南缘

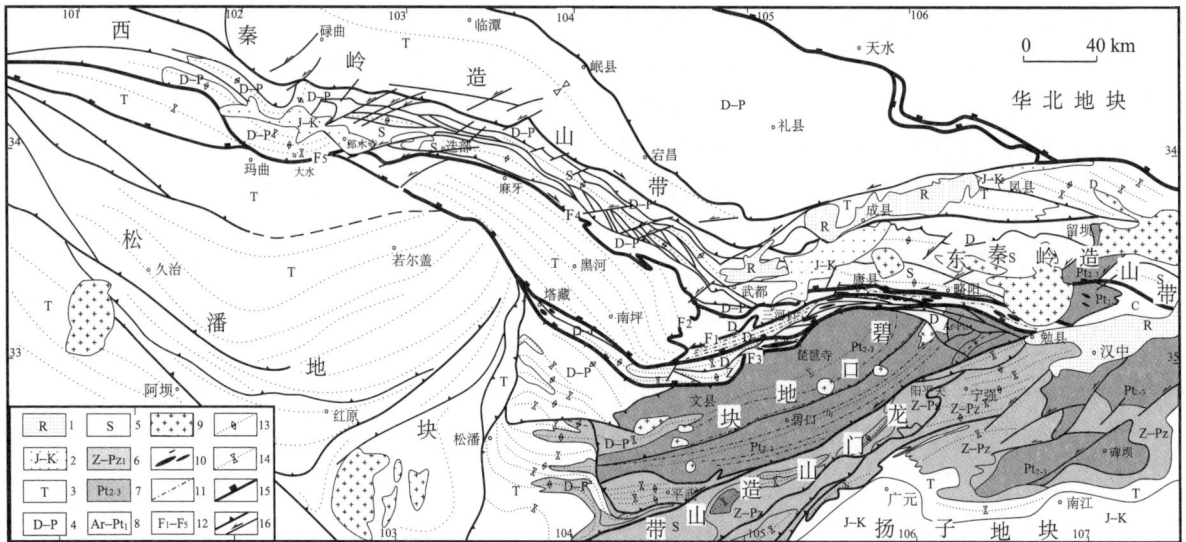

图 6.4 康玛弧形逆冲推覆构造图

1. 新生界；2. 侏罗—白垩系；3. 三叠系；4. 泥盆系—二叠系；5. 志留系；6. 震旦系—古生界；7. 中上元古界；8. 太古—古元古代变质杂岩基底；9. 印支期花岗岩；10. 蛇绿岩及相关火山岩等；11. 韧性剪切带；12. 主推覆断层，F_1 为缝合带主断层；13. 不同岩层中的背斜；14. 不同岩层中的向斜；15. 缝合带；16. 逆冲断层和走滑断层

推覆带，同属中央造山系南缘勉略构造带。以花石峡-玛沁间构造为代表，其现今基本构造由多个大型自北而南的逆冲推覆构造的复合叠置组合而成（图 6.5）。整体位移量有限，对勉略古缝合带与昆仑南缘古缝合带衔接延伸影响也相对有限，可暂予忽略。

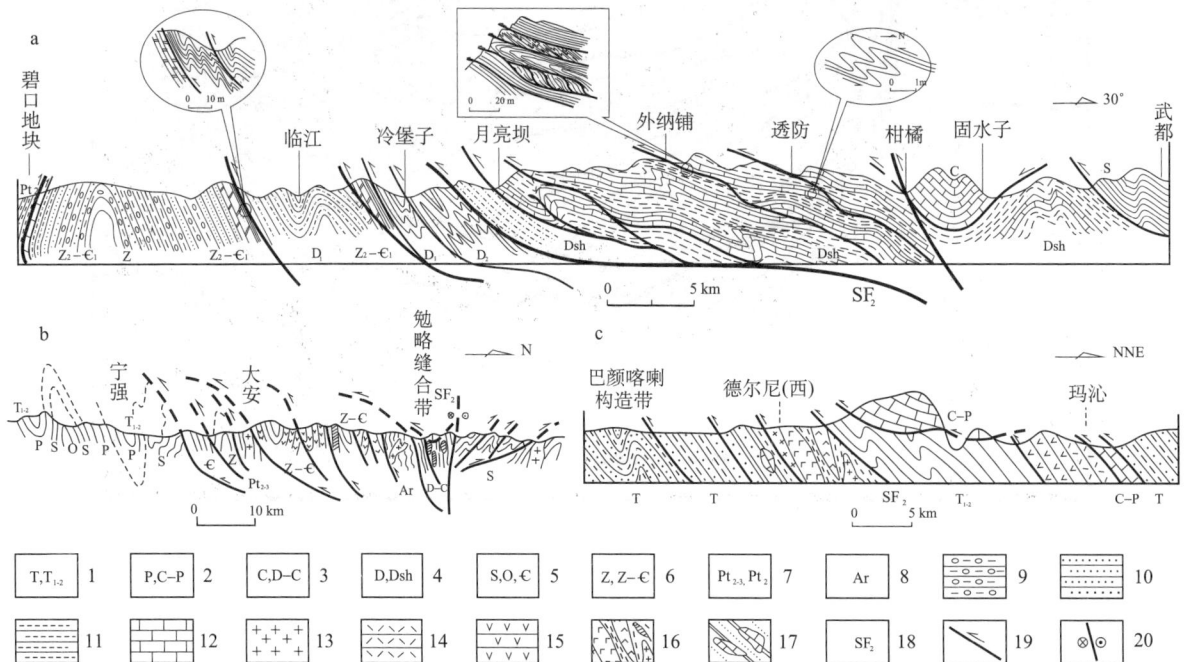

图 6.5 勉略构造带构造剖面图

a. 康玛推覆构造剖面；b. 勉略段构造剖面；c. 玛沁逆冲推覆构造剖面。1. 三叠系、中下三叠统；2. 二叠系、石炭—二叠系；3. 石炭系、泥盆—石炭系；4. 泥盆系三河口群、泥盆系；5. 志留系、奥陶系、寒武系；6. 震旦系、震旦—寒武系；7. 中新元古界、中元古界；8. 太古界；9. 变质砾岩；10. 变质砂岩等；11. 变质泥岩类；12. 灰岩、变质灰岩；13. 花岗岩；14. 中性火山岩；15. 基性火山岩；16. 蛇绿岩和蛇绿混杂岩；17. 沉积构造混杂岩；18. 勉略断裂带与勉略缝合带；19. 逆冲推覆断层、韧性剪切带；20. 走滑断层

（2）结构构造剖面筛分

勉略带剖面结构，沿勉略带不同地段不同构造剖面，包括测深剖面均呈现造山带以多种类型和不同深度层次规模的推覆构造形式，向外推置在相邻克拉通地块之上，构成陆内地壳大规模收缩推覆堆叠的几何学结构，突出而壮观。包括以大别 UHP 岩石抬出为特征的造山带根部深层岩块向南大幅度推覆叠置的襄广段巨大深层推覆构造。还有以巴山和康玛弧形构造为例的不同多层次多级别的逆冲推覆构造。例如，巴山弧形构造（图 6.3），在先期碰撞构造和缝合带基础上，时空复合形成大巴山巨大弧形双层逆冲推覆构造。它以洋县–石泉–城口–房县巴山主推覆断层为界，分为南北两个推覆构造，两者现虽为同一推覆构造系，但差异明显。北大巴山推覆构造由南秦岭下古生界为主包容中上元古界总体围绕武当地块西南侧，组成一系列北西–南东平行延伸指向南西的逆冲推覆构造，主体为秦岭印支主造山期板块碰撞构造，原应不属巴山推覆构造，但后期又被卷入，它首先整体作为巴山弧形推覆体，沿城口–青峰主推覆断层向南南西大规模推覆运动，并且其东西端构造线均被截切。同时内部先期断裂也随之逆冲活动，以致出现逆冲推覆在断陷盆地 J_{1-2} 岩层之上。南大巴山则由两个次级构造单元组成：①前陆叠加复合逆冲推覆带，位于上述巴山主推覆断层南侧，并有相当大的部分已被掩覆。它是在先期最新只卷入 T_2 岩层的勉略带碰撞构造基础上，叠加由北大巴山推覆而引起的复合推覆变形，故形成为前陆叠加复合叠冲推覆构造。而且依据如图 6.3 所示，巴山主推覆断层东、西端的西乡高川和竹山甘沟遥相对应的先期碰撞构造与后期叠加变形，清楚反映巴山弧形构造大规模推覆掩盖了两者之间的相应构造，乃至掩覆了先期的勉略古缝合带，该区现有的地球物理测深也证明了这一点（图 6.6），包括最新的大巴山地震测深结果，同样揭示证明了这一点（董树文等，2013）。②推覆扩展前锋变形带，它是由上述大巴山推覆构造所引起的前沿卷入 T_3–K 前陆盆地沉积的推覆向前扩展的变形带。总之，上述表明巴山弧形构造是由先期板块碰撞构造和后期陆内推覆构造复合叠加，由南、北巴山推覆构造组成为巨大指向南南西的弧形双层几何学结构的逆冲推覆构造。而与之不同，康玛弧形构造几何学结构则是组成与结构更为复杂的一个多层次的指向南的巨大弧形逆冲推覆构造系。它由三个次级单元组成（图 6.4）：①在先期碰撞推覆构造基础上的北部三河口低角度逆掩推覆构造，以 F_1 为主推覆断层；②西部南坪黑河薄皮滑脱逆冲推覆构造，F_2 为主推覆断层，呈低角度交切或顺层推覆，逆掩叠覆或截切三河口逆掩推覆和其他构造之上，具薄皮构造特点；③晚期统一整体的康玛巨型弧形推覆构造，以西秦岭南缘边界为主推覆断层（F_3）整体发生向南的逆冲推覆运动，截切先期与前期构造与松潘、碧口等南侧所有构造线，并在碧口地块北侧由于碧口基底高位抬出阻挡而发生上部反向对冲构造（图 6.5）。勉略带西延连接西秦岭与东昆仑南缘的玛沁推覆构造的结构又呈现为多级组合的叠瓦状逆冲推覆构造，并以残存较好的印支期蛇绿混杂岩和碰撞推覆与陆内叠加推覆的复合构造为主要特点（图 6.5）。

显然以上表明勉略带在不同地段不同岩石介质材料与构造边界条件下，都是在先期，即印支期主碰撞造山期形成的板块缝合带基础上，又叠加复合后期陆内造山构造，形成了不同结构的构造几何学样式，但它们又总体在中新生代同期统一陆内构造动力学背景下形成为统一的勉略复合构造带，使之构造几何学结构形态统一而又复杂多样。故在研究分析中，既需统一整体，又要据不同地段进行实际研究，进行深入细致的构造具体筛分，筛除后期叠加复合构造，才能恢复原缝合带构造面貌。根据平面的恢复和剖面结构的相应恢复，综合两者，构成三维统一的整体构造结构，共同揭示原勉略古缝合带应呈现为近东西向，总体沿现地理位置的玛曲—汉中—枣阳—巢湖一线延伸，为整体成非均一向南差异推覆运动的不规则线性延伸的缝合带构造。其中应指出，根据详细研究筛分，原在碰撞构造作用过程中，就已初始发生了康玛、巴山、大别等向南不均一的推覆运动与位移，原已形成非直线型，并被后期构造复合包容其中。

（3）勉略带现今三维几何学模型

综合上述地表平面展布与剖面结构，并结合穿越大别、东、西秦岭的现有不同地球物理测深资料

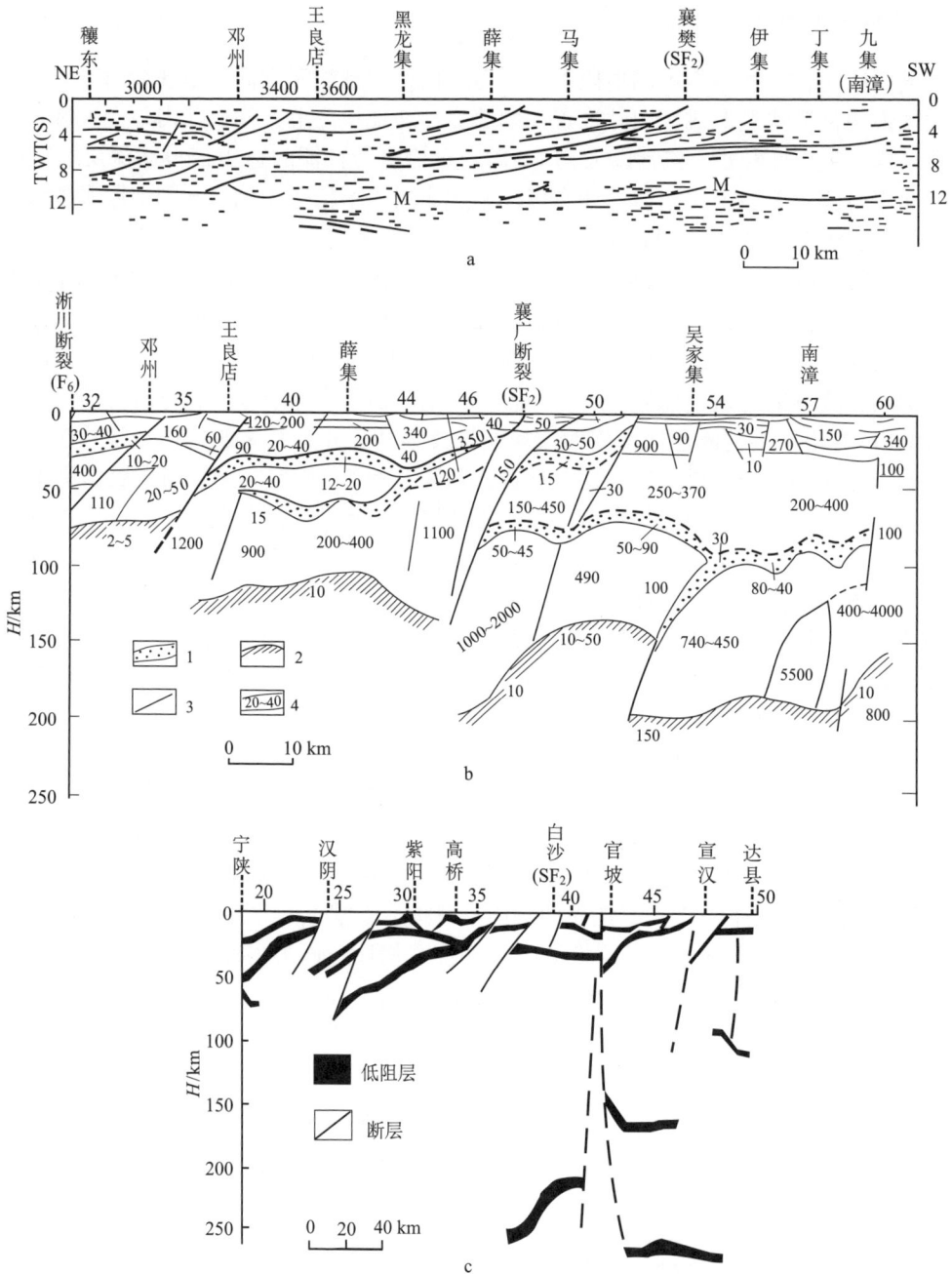

图 6.6　秦岭造山带反射地震和大地电磁测深剖面图（据袁学诚、李立，1997）

a. 秦岭洛阳-南漳反射地震测深剖面（穰东-南漳段）；b. 秦岭洛阳-南漳大地电磁测深剖面（淅川-南漳段）；
c. 秦岭宁陕-达县大地电磁测深剖面。1. 低阻层；2. 岩石圈底界面；3. 推测断层；4. 电阻率（Ω·m）；M. 莫
霍面；SF₂. 勉略构造带与勉略古缝合带

（袁学诚，1996；董树文等，1998；杨文采，2003；Wang et al.，2011）（图 6.6），勉略构造带构成
在昆仑-秦岭-大别等中央造山系的造山带陆壳南缘，在先期俯冲碰撞深达地幔的缝合带构造基础上，
以多种不同类型的地壳规模的逆冲推覆构造形式，形成造山带地壳物质大规模叠覆于相邻克拉通地块
之上的大陆地壳收缩推覆叠置的三维几何学模型。所以显而易见，根据区域与典型地区地质、地球化
学综合研究和多条南北向横穿大别，东、西秦岭，东昆仑的地球物理探测，多学科的综合研究证明，
筛分与筛除后期陆内造山与陆内构造的叠加复合改造，在昆仑-秦岭-大别中央造山系南缘，从岩石

圈深部到陆壳上部统一、客观实际存在一带印支期勉略有限洋盆及其闭合而形成的缝合带，它是印支期东古特提斯构造域北侧重要的碰撞造山缝合带，是完成中国大陆主体拼合的最后主要接合带，因此具有重要的大地构造意义。

三、勉略构造带的形成演化过程

纵观中央造山系南缘的勉略构造带的形成演化过程与历史，显然它作为秦岭造山带等中央造山系的主要组成部分，是在整个中央造山系晚古生代以来新的板块构造格局与陆内造山演化中发展形成的，综合概括其形成演化，主要包括两大时期：①勉略有限洋盆在区域和先期构造基础上扩张打开到最后碰撞造山缝合带形成的演化（D_{2-3}-T_{2-3}）；②中新生代后造山陆内构造叠加演化时期，包括陆内造山构造的复合演化。其具体形成演化过程可概括为以下六个阶段（图6.7）。

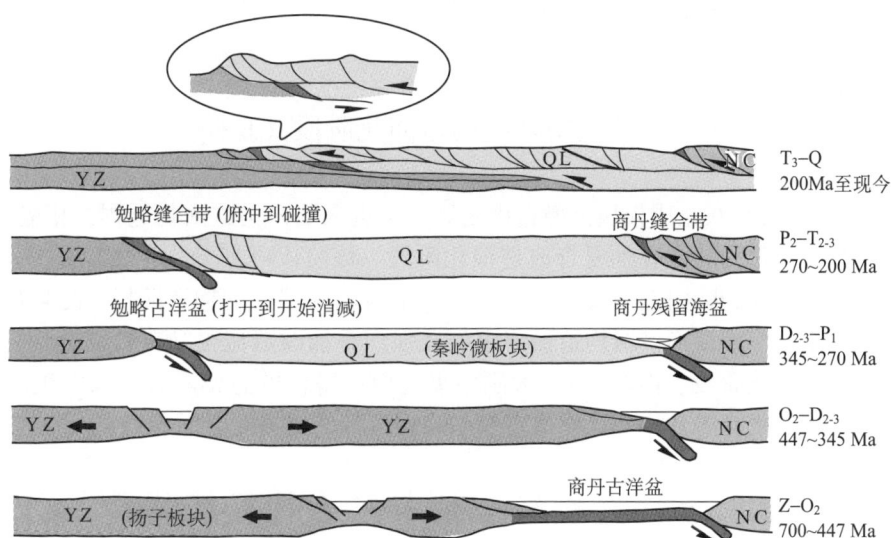

图6.7 勉略复合构造带演化简图

（一）初始扩张裂陷—洋盆打开阶段（D_{2-3}-C_1）

在晚古生代初期东古特提斯洋盆扩张打开的区域构造动力学背景下，于秦岭等中央造山系原扬子板块北缘被动大陆边缘后缘的扩张隆起带基础上，沿勉略带一线自西而东发生扩张裂陷，并发展转化为初始有限洋盆（D_{2-3}-C_1）。

（二）小洋盆—有限洋盆扩张发育阶段（C_1-P_1）

从初始洋盆处于非统一贯通的串珠状多个扩张裂陷小洋盆逐渐自西而东发展演化，至早石炭世已形成贯通东西的统一勉略古有限洋盆。

（三）洋壳板块消减俯冲演化阶段（P_2-T_2）

岛弧火山岩、俯冲花岗岩以及俯冲变质变形作用揭示晚二叠世（P_2）勉略有限洋盆已开始收缩，洋壳消减俯冲，出现岛弧岩浆和弧扩张与弧裂陷的演化特征。

（四）陆-陆碰撞造山阶段（T_{2-3}）

蛇绿混杂岩带、碰撞变质变形构造、碰撞岩浆活动和从海相到陆相前陆盆地的发育、演化及最新只卷入 T_2 的前陆冲断褶带形成，以及双变质和深层麻粒岩的抬出等共同证明在 T_{2-3} 时期勉略带已发展到陆-陆碰撞造山与隆升成山阶段。

（五）晚造山伸展塌陷和逆冲推覆与前陆盆地演化阶段（T_3-J_{1-2}）

伴随陆-陆全面碰撞造山演化，晚期由于造山隆升，深部构造热衰减，勉略带内发生晚造山期伸展塌陷作用，形成诸如带内的勉县、青峰等一系列 J_{1-2} 伸展断陷盆地。同时沿勉略缝合带南侧发育巨大碰撞挤压、向外的逆冲推覆构造和前陆冲断褶皱作用，产生了前陆断褶带前缘的前陆盆地（T_3-J_{1-2}），标志板块俯冲碰撞造山过程到了最后完成阶段。

（六）后造山陆内构造演化阶段（J_2-Q）

秦岭-大别中央造山系在完成板块碰撞造山之后，又进入陆内构造演化过程，相应勉略带也由其形成缝合带构造阶段转化为陆内叠加复合改造演化阶段。该阶段可划分为：①J_3-K_1 以复合叠加巨大逆冲推覆构造为基本特征的陆内造山及其以大规模推覆运动为特征的构造阶段。此时勉略带的巴山、康玛、大别南缘等系列巨型弧形推覆构造最终定型，强烈叠加改造掩覆勉略古缝合带。②K_2 以来新的陆内构造叠加复合演化阶段。伴随秦岭-大别中央造山系整体的急剧隆升，又发生新的伸展裂陷、剪切走滑与挤压推覆等复合叠加构造，终成现今勉略构造带的碰撞复合面貌。

第二节　勉略缝合带与东古特提斯构造

一、勉略带西延与中国西部大陆构造

秦岭-大别等中央造山系南部的勉略缝合带是近十余年来研究发现和论证的又一条中国大陆内印支期重要板块拼接带（张国伟等，1995a，b，2001a，b；李曙光等，1996；许继峰、韩吟文，1996；孟庆任等，1996；董云鹏等，1999a，b，c，2003a；赖绍聪、张国伟，1999；赖绍聪等，2003a，b），它记录着晚古生代—中生代初东古特提斯期构造域北缘，曾存在一支中泥盆世—中三叠世的勉略有限洋盆，并由于其于中晚三叠世伴随其北侧的商丹残留洋盆基本同期的闭合而导致最终华北与华南两个构成中国大陆的主要板块陆-陆全面碰撞造山，从而完成中国大陆主体的拼合（张国伟等，2001a，b）。显然，现今的勉略构造带，是在先期缝合带构造基础上，历经长期构造演化而形成的贯穿整个中央造山系南缘的区域性的巨型重要复合构造带。前述章节重点解剖了秦岭南缘与各区段勉略带的基本特征，现进一步研究讨论其东、西区域性整体延伸，这显然是必要的。勉略带西延是一个有争论的问题。勉略带从秦岭南缘西延，首先是与东昆仑造山带的关系，尤其是它与昆南构造带相连接的问题。过去地质学家较少专门研究讨论，而地震地质学家则肯定了昆南断裂带是一现代活动断层带，但也认为其东延只到玛曲一带，再向东不知去向。现新的研究揭示勉略带西去应是经阿尼玛卿与昆南断裂带相连，这已逐渐成为共识，所以昆南构造带应是中央造山系南缘勉略复合构造带西延的主要组成部分。例如，西秦岭勉略带西延接昆南断裂构造带，甚至再西延，筛除阿尔金断裂的错移而与喀喇昆仑的麻扎-康西瓦缝合带相接，显然是我国西部大地构造中一条重要的主要构造带。而且它不只是东昆仑造山带的南界，更是现今青藏高原中的具划分性的区域构造分界线，即其是青藏高原北部盆山构造单元的南界，与青藏中、南部单元相分隔。并且也表明它原是青藏高原新生代形成前，即青藏高原先期古生代与中生代东特提斯构造域中一条重要的多板块拼合的碰撞缝合带，尤其是晚古生代—中生代初控制中国大陆西半部南北大陆拼合的主要拼接带。印支期东古特提斯北缘洋域萎缩封闭，最终形成昆仑-秦岭-大别印支期中央造山系南缘主干缝合带。现今它也是中国大陆西半部的主要活动断裂带与强烈地震带。综合概括无疑它是中国大陆西部大陆构造的一条重要构造带，具有重要的大地构造意义。

秦岭勉略带西延广泛涉及古今西部区域地质与大地构造问题，并有争论，但正如上述，其中关键的是它与东昆仑造山带南缘是否连接的问题。为讨论勉略带西延，这里先从西部区域构造背景，简要概述东昆仑造山带基本概况。

东昆仑造山带位于青藏高原北部，西以阿尔金断裂为界，可将昆仑划分为东昆仑造山带和西昆仑造山带，两者既有相似性，又具有一定的差异。东昆仑造山带，北与柴达木地块相接，与祁连造山带遥相对应，南与北羌塘、可可西里地块及巴颜喀拉造山带相邻，东以北西向瓦洪山（鄂拉山）构造带为界与共和盆地和西秦岭相对（姜春发等，2000）。迄今的研究揭示，东昆仑造山带在基本的组成与构造特征上存在北、中、南三带相差异的构造岩浆与蛇绿构造混杂岩，通常将东昆仑自北而南划分为：①东昆仑北部构造带，包括祁漫塔格构造带；②东昆仑中部构造带；③东昆仑南部构造带，包括东昆仑南缘断裂带。三带通常简称昆北、中、南构造带。东昆仑造山带实是在先期基底构造基础上，历经元古代、早古生代、晚古生代—中生代、新生代，尤其印支期、喜马拉雅期等多期次造山复合才综合形成今日的面貌。关于东昆仑造山带的形成演化与构造格架特征，已有不少成果发表，不再赘述。这里重点对昆南构造带与勉略复合构造带关系作简要论述，揭示勉略带西延问题。

东昆仑南部构造带北以昆中蛇绿岩带（？）与东昆仑中带相邻，南以东昆仑南缘木孜塔格-玛沁缝合断裂带为界与松潘-甘孜、羌塘地块等相分隔。东昆仑南带广泛发育中新元古界万宝沟岩群基底变质岩系（李荣社等，2008），早古生代、晚古生代及三叠纪海相火山沉积地层，并经历了早古生代、晚古生代—中生代多次造山构造作用、变质作用和岩浆活动，尤其又经历新生代青藏高原形成的构造作用而最后定型。

东昆仑南缘断裂构造带，简称昆南断裂构造带，实际它也是一个历经长期多次构造变动的复合构造带，也是东昆仑造山带南缘边界的以碰撞拼接缝合带与中新生代断裂构造，包括现代活动断裂地震带为特征的复合构造带，与秦岭-大别南缘的勉略复合构造带具有相似相同的特征与属性。其中东昆仑南缘（木孜塔格-玛沁）带更为特征的是，它以断续出露的木孜塔格蛇绿岩（Molnar et al.，1987；潘裕生等，2000；兰朝利、吴峻，2002；李卫东等，2003；张祥信等，2009）、阿尼玛卿布青山蛇绿岩（姜春发等，1992；许志琴等，1996b；Yang et al.，1996；边千韬等，2001）、玛积雪山洋岛火山岩、下大武和恰格查麻拉岛弧火山岩、德尔尼蛇绿岩（陈亮等，2001；张国伟等，2001a，b；裴先治，2001；裴先治等，2002）等为标志，成为我国西部蛇绿岩成带发育的重要古板块碰撞缝合带和现代强震带（图2.103、图2.105）。

木孜塔格蛇绿岩（Molnar et al.，1987a，b；潘裕生，1989；潘裕生等，2000）主要含变质橄榄岩、堆晶岩和火山岩3个单元，其上覆盖了含放射虫的灰黑色或紫红色硅质岩（兰朝利、吴峻，2002），向西可与西昆仑南带的麻扎-康西瓦断裂缝合带相连，代表了青藏高原内北部的一条重要缝合带（兰朝利、吴峻，2002）。蛇绿岩性质与形成环境为过渡型洋脊型（李卫东等，2003）或陆缘（SSZ）型（张祥信等，2009）。向东与布青山蛇绿混杂岩相连，继续向东即为阿尼玛卿蛇绿混杂岩带。布青山蛇绿岩由变质橄榄岩、辉石岩、苦橄岩、均质辉长岩、堆晶辉长岩、辉绿岩墙、枕状和块状玄武岩等岩石单元组成（边千韬等，1999b，2001；王国灿等，2007a；刘战庆等，2011a，b），具有蛇绿岩岩石组合与地球化学基本特征，多数学者均认为其主要形成于洋中脊环境（姜春发等，1992；许志琴等，1996b；Yang et al.，1996；边千韬等，1999b，2000），既有P-MORB（侯光久等，1998）又有N-MORB（边千韬等，2001）。在玛积雪山存在洋脊蛇绿岩和洋岛玄武岩（图2.105），分别形成于洋中脊（姜春发等，1992）或洋中脊三联点环境（郭安林等，2007a，b）。德尔尼蛇绿岩主要由变质橄榄岩、辉石岩、辉长岩、变玄武岩和含放射虫硅质岩、硅泥质岩组成（陈杰，1992；章午生、陈杰，1996），变玄武岩具有典型 N-MORB 特征，形成于大洋中脊（陈亮等，2000）（图2.103）。尽管有学者认为东昆仑没有早古生代成熟洋盆（潘裕生等，1996；殷鸿福、张克信，1997），但在下大武至玛积雪山之间发育的典型岛弧型火山岩（姜春发等，1992）、恰格查麻拉岛弧型火山岩、花石峡南岛弧火山岩（张克信，1999），共同指示存在有大洋的俯冲消减作用，表明该带可能曾存在成熟洋盆及其俯冲消减作用。

　　古生物地层与岩石学研究表明东昆仑南带蛇绿岩形成于早石炭—中三叠世。例如，玛积雪山西给什根、布青山枕状玄武岩中含早中三叠世放射虫硅质岩夹层（姜春发等，1992）、蛇绿岩带南侧砂板岩中含早三叠世孢粉化石（冀六祥、欧阳舒，1996）、蛇绿岩带南北两侧灰岩岩块中含晚石炭世—早二叠世鲢科、腕足类和有孔虫化石（王永标、张克信，1998）。恰格查麻拉岛弧型火山岩的灰岩夹层中含晚石炭世腕足类化石（青海省地质矿产局，1994），玛积雪山洋岛型玄武岩的硅质岩夹层中含石炭-二叠纪放射虫（姜春发等，1992）。木孜塔格蛇绿混杂岩含早石炭世放射虫（兰朝利、吴峻，2002）和二叠纪放射虫（李卫东等，2003）。但是，同位素测年结果复杂，除与古生物年代多有相吻合一致的外，也有部分相矛盾，如蛇绿岩辉长岩锆石 U-Pb 年龄 467 ± 0.9 Ma（Bian et al.，2004），辉长辉绿岩 Rb-Sr 等时线年龄 495 ± 81 Ma（边千韬等，2001）等，上覆有含早古生代放射虫灰岩砾石的中志留—中泥盆世砾岩层，并被 402 ± 24 Ma（锆石 U-Pb 年龄）的岛弧型花岗岩-英云闪长岩侵入（边千韬等，1999a，b，2001）。此外，如德尔尼洋脊型玄武岩全岩 $^{40}Ar/^{39}Ar$ 同位素年龄 345 ± 7.9 Ma，认为代表了原岩结晶年龄（陈亮等，2000），下大武岛弧型火山岩 Rb-Sr 等时线年龄 260 ± 10 Ma（姜春发等，1992）、苦海-赛什塘蛇绿岩辉石 $^{40}Ar/^{39}Ar$ 坪年龄 368 ± 1.4 Ma 和 278 ± 0.8 Ma，认为分别代表辉长岩成岩年龄和纤闪石形成年龄（王秉璋等，2000a，b），后者即洋壳俯冲并遭受变质的年龄。综合现有古生物与同位素年代学的研究，全面综合分析与区域对比，并重点考虑到晚古生代与中生代三叠纪生物化石的多处存在，综合认为布青山蛇绿混杂岩带主要由早古生代和早石炭—早二叠世乃至三叠纪两个时代蛇绿岩组成（边千韬等，2001），而且综合地球化学特征与区域地质对比分析，认为前者可能来自亏损的软流圈地幔，后者来自具 DUPAL 异常的古特提斯洋，分别代表了两期两个不同洋盆的产物，但两者的野外分布和产出关系复杂，加之野外工作条件困难，目前上述看法尚不肯定（边千韬等，1999a，b，2001），还有待进一步研究。

　　勉略带西延与昆南断裂构造带的关系，根据迄今关于东昆仑造山带的研究，表明西秦岭勉略带西延与昆南断裂构造带连接的问题，目前突出的是三个问题：① 东昆仑造山带有三个构造亚带与三条蛇绿混杂岩带，对此地学界争议较多，需进一步研究。② 东昆仑造山带的三个构造带的东延问题。三个不同构造单元东延逐步汇聚变窄，至格尔木之南已经收缩至 10 km 宽度范围内，虽总体仍然呈北西西向展布，但三带界线不清，尤其到东缘与鄂拉山（瓦洪山）和西秦岭相衔接的地区，关系复杂，并多又为共和盆地沉积覆盖。③ 昆仑-秦岭主干区域构造线连接问题。迄今我国老一代构造学家与一些学者都多将昆中缝合带与秦岭商丹缝合带相连接（黄汲清，1984；姜春发等，1992；王鸿祯、莫宣学，1996；任纪舜等，2000），但是，从东昆仑中带东端清水泉（蛇绿岩出露点）至西秦岭临夏（相当秦岭商丹带西端）间数百公里之间不但从地层、构造等综合地质方面缺少事实依据，甚至也无任何蛇绿岩及相关火山岩等残存迹象，均表明如此的东西相连接是缺乏可靠证据的，但仍长期沿用。关于东昆仑造山带的东延问题，潘桂棠等（1997）认为是东端向北弯转而与鄂拉山同为一体。新的研究揭示，两者综合地质属性、特征、时代（包括地层、构造、岩浆地球化学特征等）不同。关于这一问题，这里不宜作详细讨论，将另文论述，这里主要仅为说明勉略带西延的需要而作简略概述。实际调研与综合研究证明东昆仑北、中两带实为鄂拉山构造带所截，并被叠加改造。真正东延的是东昆仑的南带（或称昆南带），尤其昆南断裂构造带，以近东西—南东东向东与西秦岭南缘西延的勉略带相连接。实际情况更为复杂，东昆仑南带（包括昆南断裂带）东延的南东东走向的阿尼玛卿蛇绿岩带和北北东向的苦海-赛什塘蛇绿混杂岩（王秉璋等，2000；郭安林等，2006）在花石峡以西地区交汇，结合区域构造综合研究表明，这里实是一个在先期构造基础上发育的古生代—中生代初的三联点构造。阿尼玛卿蛇绿岩带是以玛积雪山 OIB 为中心向东、西两侧过渡为 MORB 的古洋脊热点构造，而向北又却是很快中断延伸的苦海-赛什塘蛇绿岩的镁铁质火山岩，它则主要由 E-MORB 和大陆裂谷玄武岩构成（郭安林等，2007a，b），正如一支夭折的拗拉谷，从其向北的空间展布来看，苦海-赛什塘带继续向北可能与宗务隆印支期构造带相接，但尚待进一步深入研究。根据上述三联点构造研究，东昆仑南带由阿尼玛卿向玛沁的德尔尼区段东延自然就连接了秦岭勉略缝合带与现今的勉略带，尽管这一带有关具体问题尚有一些争议，包括三联点构造等还有待深化研究，但整体勉略带西延主体与昆仑造山带南缘断裂带相连却是比较清楚的客观事实。有关问题的论证涉及区域广泛，请参考相关文献（裴先治，2001；裴先治等，2002；孙延贵，2004；郭安林等，2006，2007a，b）。综合概括，秦岭-大别造山带南缘勉略带应与昆仑造山带南缘带相连接，表明昆仑-秦岭-大别中央造山系南缘原存在统一的勉略缝合带与现今的勉略复合构造带。

二、勉略带东延与大别隆升及超高压岩石剥露

也已如前述，勉略古洋盆原作为东古特提斯构造北缘分支有限洋盆，向东一直延伸至大别山南缘（图 6.8）。但由于中生代中晚时期秦岭-大别强烈的陆内造山作用和向南逆冲与扬子地块向北俯冲，古洋壳残余蛇绿岩、古洋盆沉积乃至古缝合带都被大幅度地掩盖和改造，因此，现关于勉略古洋盆东延的直接证据残存较少。然而也已如前边章节论证的相关蛇绿岩、大陆边缘盆地以及由洋盆关闭俯冲碰撞造山形成的勉略缝合带构造仍然有成带的残留，它们成为综合残留蛇绿混杂构造、恢复古洋盆及其缝合带的可靠证据。因之，已恢复重建的勉略古缝合带是从勉略地区东延，至现洋县-襄樊间为后期的大巴山、武当山巨型推覆构造逆掩覆盖于地下（已为相关地震探测所揭示），而后又东延出露残存于随州-京山之间的花山周家湾等地，再继续东延，又复出露于大别南缘构造带中，故整体观察，正如本书相关章节论述的，原勉略古有限洋盆及由之闭合而形成的古缝合带在秦岭-大别等中央造山系南缘东部也是连续发育的。至于现今的勉略复合构造带则更为明显，从勉略地区沿巴山弧东延，接襄广断裂沿桐柏-大别南缘弧形延伸，直到大别东南缘武穴一带，更是连续出露于地表，成为一带重要构造带。显然，秦岭-大别等中央造山系南缘，无论是残存的勉略古缝合带，还是出露于地表的现今勉略复合构造带，对于中国大陆构造和秦岭-大别等中央造山系都具有重要的大地构造与大陆动力学意义。而且该带东延，对于桐柏-大别造山带高压-超高压的形成与折返出露，更具有重要意义。并且这一点也正是目前大别造山带研究的相对薄弱环节，故特概论于下。可以概括地说，大别的高压-超高压变质岩的形成与折返，正是印支期在大别的南、北缘相当于秦岭造山带商丹与勉略两支并行东延的洋盆的存在和扬子与大别板块依次的向北、向华北板块的双层巨大深俯冲与相继的强大碰撞造山，共同造成了印支期大别造山带的 HP-UHP 变质岩石的形成及其初始的折返，先是初次的快速冷却抬升折返到中下地壳角闪岩相的深度层位，而后于燕山中晚期，即 $J_{2-3}-K_1$ 秦岭-大别陆内造山时期，正是由于扬子北缘大别南缘沿勉略带强烈向北的大陆深俯冲与向南的推覆作用和大别北缘同期华北地块南缘强烈的中生代中晚期向南的巨大陆内深俯冲作用与向北的推覆作用，即大别地块南北侧两大陆块相向向大别的大规模陆壳深俯冲作用，又共同导致了大别山超高压变质岩的再次折返隆升抬至陆壳中上层，乃至初始部分剥露，直到中生代中晚期随着中国大陆东部区域伸展构造背景，大别地块块断隆升，HP-UHP 岩石才大面积暴露于地表，所以大别 HP-UHP 岩石是经历了断续三次不同动力学作用下的多层次多阶段的折返抬升剥露的（Li et al.，2000；Xu et al.，2000）。因此综合分析大别山南北边缘及核部构造，并结合周缘盆地构造演化分析，表明大别造山带超高压变质岩和地块的隆升与剥露过程除现已研究明确的大别北缘的碰撞造山、大陆深俯冲作用外，也显然与勉略带东延的勉略俯冲碰撞缝合带及其之后的大别南缘勉略复合构造带的大规模向南逆冲推覆运动及华南（扬子）地块

北缘向大别之下的巨大陆内深俯冲作用有密切的构造动力学关系（图6.9）。可以说，正是大别南北侧的华北与华南中生代中晚期的相向的巨大深俯冲作用，共同造成大别HP-UHP岩石抬升剥露地表。所以，大别造山带HP-UHP岩石的形成与折返是在不同构造演化阶段不同动力学背景下，以不同构造动力学作用而演化隆升的，直到最后抬升剥露地表，绝不只是一直在大别北缘华北大陆深俯冲的单一一种动力学环境下，由相同构造作用所造成的，而是具有更为复杂的南、北共同统一动力学过程所致。其总体过程概述于下。

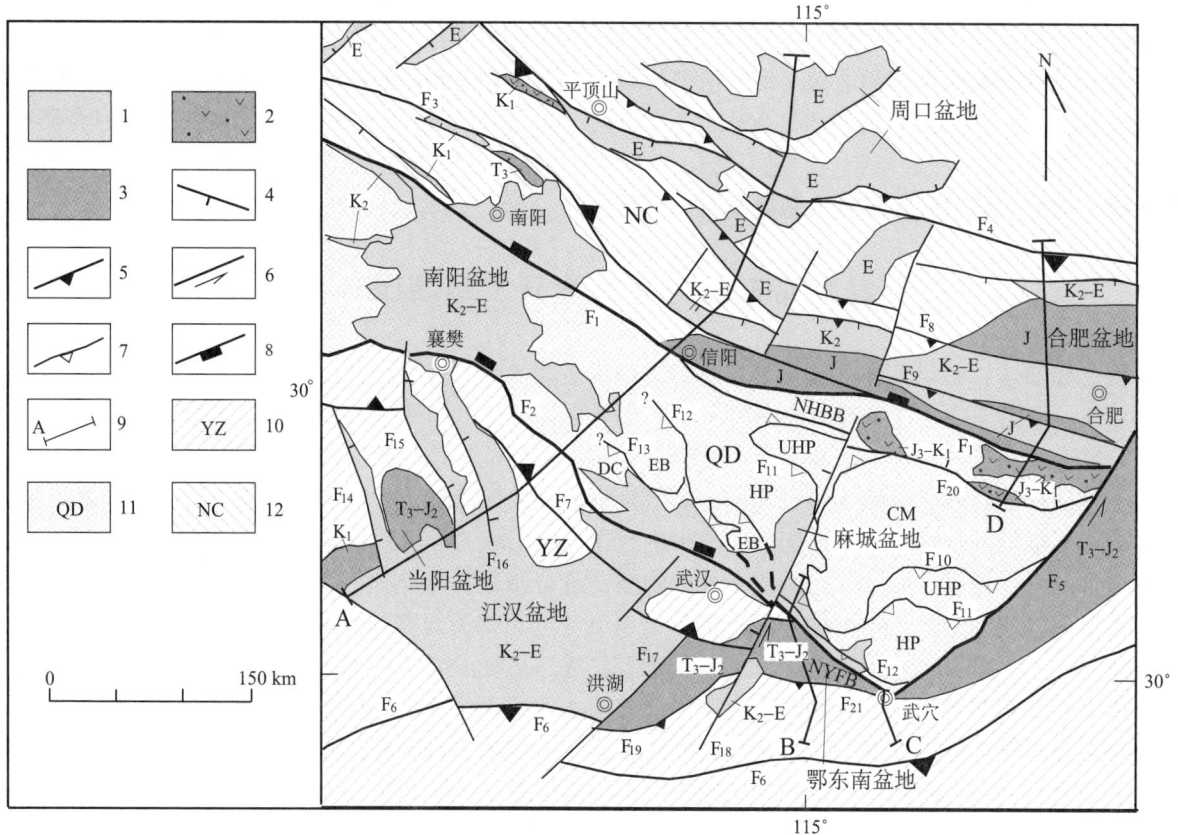

图 6.8　大别山及邻区区域构造格架

(Liu S F *et al.*，并引用 Suo *et al.*，2000 部分资料)

1. 裂谷盆地沉积；2. 裂谷盆地火山碎屑岩充填；3. 前（后）陆盆地沉积；4. 正断层；5. 逆断层；6. 走滑断层；7. 拆离断层；8. 缝合带；9. 构造剖面位置；10. YZ，扬子板块；11. QD，秦岭-大别板块；12. NC，华北板块。NYFB. 扬子边缘前陆褶皱逆冲带；NHBB. 北淮阳后陆褶皱逆冲带；CM. 核杂岩带；UHP. 超高压变质带；HP. 高压变质带；EB. 绿帘石-绿片岩变质带；DC. 沉积盖层。F_1. 商丹缝合带（商丹断层和舒城断层）；F_2. 勉略缝合带（襄樊-广济断层，简称 XGF）；F_3. 洛南-栾川断层；F_4. 秦岭北界断层；F_5. 郯庐断裂；F_6. 江南逆冲断层；F_7. 阳日断层；F_8. 肥中断层；F_9. 六安断层；F_{10}. 下部拆离带；F_{11}. 中部拆离带；F_{12}. 上部拆离带；F_{13}. 顶部拆离带；F_{14}. 桐城河断层；F_{15}. 荆门断层；F_{16}. 汉水断层；F_{17}. 洪湖断层；F_{18}. 团麻断层；F_{19}. 贺胜桥断层；F_{20}. 晓天-磨子谭断层

（一）勉略古洋盆向大别南缘延伸与其剪刀式斜向关闭

本书第二、三章关于勉略缝合带的多学科综合研究已阐明了勉略古洋盆的存在与分布（图6.8、图6.9a）。洋盆及其闭合的缝合带自玛沁、南坪、康县、略阳、勉县、高川向东延伸，首先被后期大巴山、武当掩覆，而后经随州花山北缘又被桐柏、大别山巨大逆冲推覆掩盖，并致使大陆边缘盆地的沉积记录现今也被掩覆而保留不全，其掩盖程度自西向东加大，致使大别山南缘中深变质地块大幅度

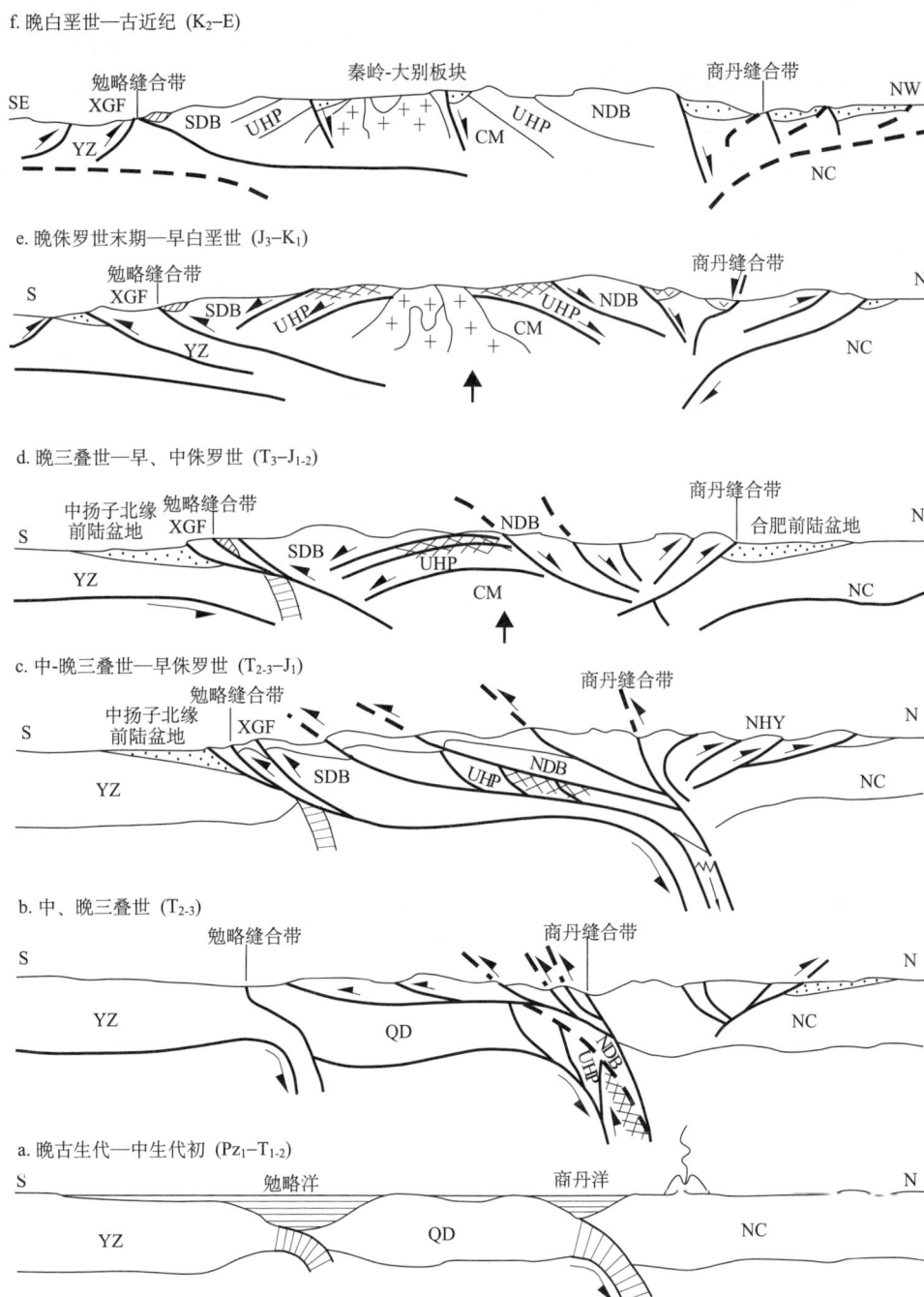

图 6.9　大别山及其邻区盆山演化及超高压变质岩剥露过程（张国伟等，2001a，修改）

a. 晚古生代秦岭-大别板块构造格架；b. 早中生代碰撞与深俯冲；c. 中晚三叠世—早侏罗世挤压逆冲与前陆盆地体系，及 UHP 挤出隆升；d. 晚三叠世—早中侏罗世超高压变质岩在区域挤压背景下的伸展剥露，及双侧逆冲与前（后）陆盆地体系；e. 晚侏罗世末期至早白垩世超高压变质岩在区域挤压背景下的伸展剥露，及北大别塌陷与裂谷盆地形成；f. 晚白垩世至新生代整个大别山伸展塌陷与裂谷盆地形成。YZ. 扬子板块；QD. 秦岭-大别板块；NC. 华北板块；XGF. 襄樊-广济断裂；CM. 核杂岩带；NHY. 北淮阳；UHP. 超高压变质岩（包括高压变质岩）；SDB. 南大别山；NDB. 北大别山

推覆直接掩盖了其前陆盆地，并与扬子陆块内的幕阜山北缘的前陆构造带直接相交切。其中随县花山地区沿襄广断裂局部残留分布的蛇绿混杂岩系也是在后期逆冲作用下就位于断裂夹片之中的（图6.9）。

　　勉略带在桐柏-大别南缘的发育与表现，也已在第二章有关桐柏-大别造山带部分分述论证。整体综合概括，它是在野外实际面积性构造填图与室内综合研究基础上，由事实综合判别分析，确定勉略缝合带是向大别南缘延伸的。主要依据概括为：①残存构造蛇绿混杂岩带。现今大别南缘构造带中浠水、清水河等多地残存分布被后期构造强烈改造变形的构造蛇绿混杂岩，以多样变形断续残留成区带分布。②恢复重建的原俯冲碰撞构造。③中扬子北缘的晚古生代至三叠纪（T_{1-2}）向北加深的陆缘沉积体系与T_{2-3}-J_{1-2}的前陆盆地沉积岩系（刘少峰、张国伟，2013）等。所以多学科综合研究证明，勉略缝合带与现今的勉略构造带是基本连续东延至桐柏-大别造山带南缘的，甚至过郯庐断裂而移至鲁东。

　　这里还要强调的是关于中三叠世拉丁期至晚三叠世形成的海相前陆盆地系统沉积学与动力学的研究，除揭示扬子北缘Pz_2-T_{1-2}期间构造沉积与古地理环境反映陆缘盆地向北向洋的加深，表明向北有洋盆的存在外，还证明扬子板块早期俯冲表现为顺时针旋转的由南东向北西的剪刀式斜向关闭，因此扬子地块东段较早地与大别山地块碰撞，消减幅度最大（图6.9a-c），乃至深层UHP岩石得以形成与抬升剥露出来。因为在这样的构造背景下，勉略统一有限洋盆在大别南缘的延伸及由之闭合形成的缝合带和现今东延的勉略复合构造带的存留状态与残存形态，显著与秦岭及桐柏南缘的残存出露表现不同，关键就是这一特殊构造背景。鉴于此，大别山南缘勉略带的形成演化与残存状态还需进一步深入系统综合研究，尤其需要进行同位素年代学和大别南缘带与区域构造背景更精确综合的再深化研究及分析，特别是对勉略缝合碰撞带的进一步精确恢复厘定。如是，这必将会对大别造山带超高压岩石形成与折返提供重要的新的学术思路，改变现今认为占主导的只是单一的大别山北缘的深俯冲作用的认识，关于此点以下还会有进一步讨论。

（二）大别山印支期俯冲碰撞造山和大陆深俯冲与超高压变质岩形成及初次挤出折返

　　研究探讨已表明在区域上华北与华南板块印支期汇聚斜向俯冲碰撞造山中，东秦岭-大别造山带突出发生了大陆深俯冲，地壳加厚，由之可能招致加厚的岩石圈地幔发生拆沉（高山等，1997），驱使陆壳岩石在深层麻粒岩-榴辉岩相变质作用中，在深度大于$100\sim200$ km的深部，形成高压与超高压变质岩石（图6.9b，c）。同位素年代学研究结果表明，高压、超高压变质岩主要形成时代为$230\sim225$ Ma（Li et al.，1993；王清晨、从柏林，1996；Liu et al.，1997）。这一时期正是在区域俯冲碰撞造山挤压背景下，大别山如同秦岭，在其南北两个洋盆稍有先后于T_{2-3}俯冲-碰撞造山，因之在双侧挤压收缩作用下，洋盆消失，两带陆缘盆地消失，形成两带缝合带，并在大别山南北边缘发育双侧前陆盆地（图6.9 c，d）。根据陆缘盆地和前陆盆地沉积体系分析，大别山南缘中三叠统岩层已显示由海相向陆相的转换和开始出现海相前陆盆地特点，晚三叠世沉积已具有显著前陆盆地特点，至早侏罗世大别山南、北缘前陆盆地的下侏罗统底部普遍发育厚度10 m左右的砾质河道沉积，它们已是陆-陆碰撞造山构造活动的响应。河道砾岩之上主要发育低能的砂质曲流河、浅湖及泛滥平原沉积，它是双侧前陆盆地在大别山又有相对缓慢隆升时期盆地缓慢拗陷沉降的响应。然而至中、晚侏罗世，大别山南、北缘均发生了较强烈的前渊沉降，北缘合肥盆地沉积了一套巨厚的中、上侏罗统冲积扇、辫状河冲积平原砾质粗碎屑岩，南缘沉积了中侏罗统深湖及辫状河三角洲碎屑岩，它们则是大别山陆内造山抬升和其南北边缘强烈逆冲抬升作用的沉积响应。南缘盆地沉积物源仍然为来自于大别地块南缘的现已大部分被俯冲消减了的志留纪地层和二叠系硅质岩、岛弧火山岩等，北缘盆地沉积物主要来自于北淮阳后陆褶皱逆冲带和大别山北部基底变质岩（Liu et al.，2001a，b）。同位素年代学研究表明，大别山深部已形成的超高压变质岩石在晚三叠世、早侏罗世经历了初始（$220\sim190$ Ma）折返抬升，而到中晚侏罗世与早白垩世（$170\sim130$ Ma）又发生新的折返隆升，以致剥露于地表，表明HP-UHP岩石折返经历了多次快速冷却的隆升，呈多阶段多层次的折返抬升（Li et al.，2000）。由此可见，大别山隆升过程与盆地沉降、沉积演化具有密切的时间上和空间上的耦合关系，但是大别山超高压变质岩系的初次折返抬升与后续的折返，直到剥露于地表，在构造体制上是不同的。T$_3$-J$_{1,2}$期间是造山晚期伸展塌陷机制下的伸展抬升构造所致，而后者即 J$_3$-K$_1$（详述于下）则是在区域陆内造山构造背景中，南北向构造收缩，在华南地块与华北地块相向向大别地块之下深俯冲作用下，受深层地幔活动控制的陆壳伸展抬升作用而导致的，造山带深部软流圈顶界面上隆，超高压岩石向中上地壳穹窿式抬升，并伴随变质基底等的地表剥露，而以古生界为主的沉积盖层分别向南北边缘拆离滑脱与剥蚀，并在其前锋受造山带双侧挤压作用影响，转换为逆冲构造（图 6.9d，e），受双侧逆冲作用控制，其前沿新的前陆盆地区发生新的快速沉降和沉积充填。最后于中新生代晚期在中国大陆东部大区域伸展隆升构造背景中，HP-UHP 岩石又随大别山的周缘块断隆升而最终才大面积剥露地表。

（三）大别山 J$_3$-K$_1$ 强烈陆内造山作用与超高压变质岩初始剥露

晚侏罗世至早白垩世（J$_3$-K$_1$），大别造山带如同秦岭与整个中央造山系一样，发生强烈的陆内造山作用。秦岭-大别，乃至整个中央造山系的研究揭示，它们在印支期经历强烈板块俯冲碰撞造山，晚期，也即主要在 T$_3$-J$_1$ 时期，发生了突出的造山晚期的伸展塌陷作用，形成广泛但断续的 T$_3$-J$_1$ 断陷陆相上叠盆地，接受 T$_3$-J$_1$ 沉积，发育伸展断裂与广泛岩浆活动，而后它们又遭受区域性强烈紧闭变形和变质作用，变质达绿片岩相，并还遭受岩浆侵入，其中秦岭造山带尤为突出。这就突出证明，秦岭-大别等中央造山系在发生印支期板块俯冲碰撞造山及其晚期的伸展塌陷构造之后，也即在印支期板块俯冲碰撞造山结束之后，完全在陆内构造背景中，又发生了强烈的陆内造山作用，即以 T$_3$-J$_1$ 上叠陆相沉积岩系为标记发生了不但有结构构造的变形重建，而且地层岩石也发生了变质、岩浆活动的物质重组，也就是发生了造山性质的构造作用。在这一陆内造山过程中，突出的是秦岭-大别南、北两侧边界带发生了大规模向外的逆冲推覆构造，逆冲掩盖在先期，即印支晚期的造山带两侧前陆盆地岩层之上，并掩盖和改造了早期形成的前陆冲断褶皱带。逆冲推覆强度幅度以大别山最大，大别山推覆体几乎掩盖了其南缘外侧的整个前陆带和前陆盆地。同期大别山北缘的华北地块南缘也发生了强烈的向南向大别山之下的巨大陆内俯冲运动，大别山北缘则呈强烈的向北逆冲的推覆构造作用，因之此时即中生代中晚期总体大别造山带处于区域上华北与华南南北两侧巨大相向的陆内俯冲作用之中，深部地幔活动，包括深部构造热动力与底侵作用的加强，促使大别超高压岩石与整个地块再次快速强烈抬升，但这时的 HP-UHP 岩石还并未大面积剥露于地表（图 6.9e），多抬至上地壳的中下部。

（四）大别山断块隆升与超高压变质岩全面剥露

大别造山带自中生代晚期晚白垩世至新生代古近纪乃至现今，在全球与区域构造背景下，尤其我国大陆东部中新生代以来现代全球板块体制下的西太平洋陆缘构造作用下，发生新的伸展构造，内部和其南北周缘广泛发育伸展裂陷盆地构造，发育横跨大别山的近南北走向的裂陷盆地（图 6.9f）。大别山受边缘断裂（如东部的郯城-庐江断裂、北部的晓天-磨子潭断裂、南部的襄樊-广济断裂和内部的麻城-新洲断裂）围限控制，发生明显的差异断块式伸展隆升，中心是已形成的罗田花岗岩穹窿构造，整体沿边缘断裂抬升，致使大别超高压岩石全面剥露呈现今状态。而大别抬升幅度不均一，东部大，西部小，北部大，南部小。这种盆山结构和断块构造样式显然是双重构造动力作用下的产物：一种是前期陆内造山深部地幔活动作用的延续；另一种是受东部环太平洋构造域构造动力的作用，中国东部深部软流圈中新生代以来发生近南北向的上隆。迄今的研究表明，这种隆升作用主要于始新世达到最强，从而在地表形成了一系列大型的北北东向裂谷盆地（如渤海湾盆地、横跨于桐柏-大别之上的南阳盆地、麻城-新洲盆地和横跨于扬子北缘前陆带之上的江汉新生代盆地等）和桐柏-大别自西向东逐级的差异抬升。正是由于大别山这次强烈的断块式隆升作用，才使超高压岩石得以呈全球最大面状的暴露于地表。

三、勉略缝合带与中国大陆主体拼合和东古特提斯构造

秦岭造山带南缘晚古生代—中生代初的勉略古洋盆和缝合带的发现与确立，及其东西延伸的厘定，即西去接昆南缝合带，乃至筛去后期阿尔金剪切走滑断裂的错移，可连喀喇昆仑造山带的麻扎–康西瓦缝合带，而东去则筛除大巴山、武当推覆构造掩盖，可连接桐柏–大别造山带南缘的花山周家湾–浠水–蕲春的桐柏–大别南缘构造带，乃至过郯庐到山东半岛南侧，表明其原就是一先期近东西向横亘于中国大陆的一带数千公里的突出特殊的构造带，恢复重建表明它原应是东古特提斯构造域北部的一分支洋盆及其封闭而成的印支期板块缝合带，即现今的勉略复合构造带的先期构造。

特提斯构造（Tethys）是地学界长期研究，现已取得基本共识的全球大地构造基本概念与术语。从它的提出到长期沿用，其内涵与原意都已有很大变化，特别是 20 世纪板块构造学说的建立与发展，使之获得新的发展。现今已成为全球板块构造划分与演化、超大陆聚散演化与形成机制等诸多重要基本科学问题研究探讨的主要内容之一，而且迄今还有争议，并有很多重要问题还有待进一步研究探索解决。其中中国大陆构造，包括诸如上述的勉略古洋盆与缝合带，就是东古特提斯构造研究的具有重要意义的新内容之一。关于特提斯问题，已有不少相关论著，我们在《秦岭造山带与大陆动力学》一书（2001）中已专有一章论述特提斯问题，故本书不再重复。这里仅就东古特提斯与勉略洋及缝合带关系及其意义作简要论证。

特提斯构造，学术界一般以其构造域中的帕米尔构造结为界，划分其在全球区域的分布范围，统称帕米尔以东为东特提斯，以西为西特提斯。显然，我们讨论的勉略古洋盆与缝合带属东古特提斯构造域范围。

学术界在研究讨论特提斯构造问题时，通常还以其演化时代范围划分出原（始）、古、中、新特提斯等术语概念，尽管还有争议，我们这里采用原、古、新特提斯术语。原特提斯时代主要指新元古代中晚期 Rodinia 裂解，出现南北大陆间的初始特提斯洋，延至古生代中期（O–S），而古特提斯则主要是晚古生代至中生代初时期（D–T），之后中–新生代时期是新特提斯期，即阿尔卑斯–喜马拉雅中–新生代的特提斯。无疑，从特提斯演化发展，并考虑其当时的分布与构造部位而言，勉略洋盆与缝合带主要属东古特提斯范畴，涉及原、古、新特提斯问题。以下重点讨论两个问题：①勉略洋盆打开与演化，直至其封闭形成一个缝合带，它与东古特提斯构造域的关系问题；②勉略洋与缝合带对中国大陆构造形成演化的意义问题。

（一）勉略洋盆属东古特提斯洋域的北缘分枝有限洋盆

1. 勉略古洋盆及其缝合带的区域地质构造背景

研究已揭示勉略洋盆起始发生于晚古生代，是在古生代秦岭商丹洋中向华北板块俯冲消减的下行扬子板块北缘被动大陆边缘后侧构造部位扩张打开的，与同期扬子板块周缘的甘孜–理塘、红河–马江（印支）、墨江，以及东古特提斯主洋盆昌宁–孟连洋（钟大赉、丁林，1993；钟大赉等，1998）等晚古生代—中生代初的洋盆，先后相继在区域东古特提斯伸展扩张构造动力学背景下扩张或打开，而在其北侧的秦岭商丹洋盆则也在其早古生代俯冲造山，洋壳俯冲殆尽，行将陆–陆碰撞拼合造山之际，却也因东古特提斯的扩张而减缓其俯冲速率，使之仍残存少量洋壳而成残留洋盆，尚未发生华北与华南两板块的最后全面陆–陆碰撞造山。上述各个同期的不同洋盆都是在统一的东古特提斯期洋域中，经历晚古生代至中生代初的海西–印支期形成演化，最后于中生代初印支期完成碰撞拼合造山的。若从同期更大区域观察分析，可与帕米尔构造结以西的西特提斯中东区域对比，该时期正是中东伊朗等地域几默里地块与北方大陆分合扩张，至晚古生代—中生代初碰撞造山形成中东古特提斯造山带的时代，而后至中生代中晚期，几默里南侧扩张打开形成新特提斯洋盆（Stocklin，1980，1983；黄

汲清、陈炳蔚，1987；Sengor，1989；潘桂棠等，1997）。显然勉略洋盆的发生形成是在区域东古特提斯，乃至全球古特提斯的晚古生代扩张构造动力学背景下发生的，其形成的区域构造背景、时代与产生部位都一致反映它应是晚古生代至三叠纪东古特提斯构造域演化的产物。

2. 勉略洋的古洋幔地球化学特征与属性

勉略洋蛇绿岩与其古洋幔的地球化学特征与属性研究，是探讨勉略洋及其古缝合带大地构造归属与形成机理的重要基础与内容之一。20世纪90年代国家自然科学基金重大项目"秦岭造山带形成演化与成矿背景"研究中，与张本仁教授及其研究团队合作，他们曾作了专门的研究。并且张本仁教授在合作的专著《秦岭造山带与大陆动力学》（2001）中也作了专门一节的论述，韩吟文教授、许继峰研究员也发表了多篇论文，尤其许继峰后继还继续进行了研究，并又发表多篇论文（许继峰、韩吟文，1996；许继峰等，2000，2008）。所以这里不再重复，重点在强调勉略洋及其缝合带的归属与意义。

综合迄今关于秦岭古洋幔，包括商丹与勉略洋幔的地球化学研究，表明它们具有以下三点明显的地球化学属性与特征。①秦岭造山带中的商丹或勉略缝合带中的蛇绿岩及其地幔源区研究，揭示它们均具有明显的高富集放射成因铅的铅同位素组成特征（许继峰、韩吟文，1996；许继峰等，2000，2008；张本仁，2001），曾被认为可能不同于华北等北方地区的洋幔特征；②秦岭造山带的两缝合带内不同的蛇绿岩及其洋幔都同样具有相似的Dupal异常特征，共同表明具有类似特提斯区域地幔的地球化学特点；③秦岭造山带蛇绿岩及其洋幔地球化学特征类似于华南扬子滇西三江地区，反映了它们与三江地区的一样，从构造区域分布与洋幔相似地球化学特征，与古特提斯与冈瓦纳区域具有可对比性，应属特提斯构造域。

上述关于秦岭造山带蛇绿岩及其洋幔，包括勉略带的印度洋MORB型同位素组成特征与Dupal异常及区域地质分布的相关性等共同的地质、同位素与化学组成的特征，表明勉略带应属于特提斯构造域，区域构造分布上也应属于东古特提斯构造域北侧分支的有限洋盆与缝合带。显然，这一对比分析与推断，主要依据之一是全球地幔化学组成的非均一性及南半球大规模异常带的存在和区域的对比分析。20世纪后半叶，地球化学界关于全球地幔化学组成的高度非均一性，以及由之提出的南半球大范围（指赤道到南纬50°间的印度洋与冈瓦纳大陆等）的地幔地球化学异常，即包括印度洋、南大西洋（但不包括南太平洋）及先前的特提斯洋域等地区，自晚古生代以来，代表大洋地幔的蛇绿岩及其幔源火成岩具有突出不同于全球其他地区诸如北大西洋或太平洋地区等的同位素与化学组成特征，主要呈现出在相同的 $^{206}Pb/^{204}Pb$ 值时有相对高的 $^{207}Pb/^{204}Pb$、$^{208}Pb/^{204}Pb$ 值以及高的 $^{87}Sr/^{86}Sr$ 值（>0.705），即Dupal同位素异常，这里所谓的南半球同位素异常带可包含三种异常地幔端元，即EM1、EM2和HIMU端元组分。虽然关于全球地幔化学组成的非均一性及其产生的原因是地球原始的非均一性，还是后来地球演化中的内部物质分异作用所造成存在争议。但目前认为原始的地幔非均一性和演化进程中导致的非均一性都是可能存在的。关于南半球地幔大规模同位素异常的产生等也还尚有争议（Dupre and Allegre，1983；Hart，1984，1988；Castillo，1988；Allegre and Turcotte，1989），并且最新的研究进展已显示出Dupal异常等地球化学特征不只限于南半球和特提斯，现发现古亚洲构造域，特别是其西部中亚新疆地区洋幔也具有Dupal同位素异常，故单一用Dupal等地球化学异常，区分不同地域洋幔归属与构造分区现在看来是不准确的，尽管特提斯与部分古亚洲构造域洋幔都具有Dupal异常，但两者地球化学特征还是有差异的，诸如铀-铅、钍-铅同位素地球化学特征作为判别归属的标志特征，还是需要深入研究探讨，并审慎思考应用的。地学界现已有一定共识，全球地幔同位素化学组成的非均一与异常（如DUPAL同位素异常）确是长期存在的事实，至少5亿年前就已存在，并从这一事实出发，共同研究和利用这一非均一性来识别判定全球不同洋幔与构造块体的区划及归属，或者以受此属性或特性的制约来研究与认识相关问题，目前尽管还需要进一步研究探索，并有争议，然而从整体来看，地学界还是应更深入系统研究探讨地幔的非均一性及其演变与相关的实质问题及意义，进而用以探讨研究相关问题。

我国地球化学家们从 20 世纪以来开始从事这方面的研究。早期研究提出了全球几大块体的大陆壳、幔的同位素与化学组成的差异不同与各自的特征。并对我国大陆的华北、华南等几个主要块体壳、幔同位素与地球化学组成特征的归属作了区划对比研究（张理刚、李之彤，1993；张理刚等，1995；朱炳泉，1998a，b；张国伟等，2001b）。上述关于秦岭及勉略带的洋幔归属的对比探讨，就是张本仁教授及其团队（许继峰等）研究的成果（张本仁，2001；许继峰，2008），他们现今根据新的研究进展，正在进一步开展探索研究，并扩展到现位于北半球的古亚洲构造域或更大区域，并可望获得新的重要进展。

（二）勉略缝合带是中国大陆印支期完成其主体拼合的主要拼合带

从勉略洋盆扩张打开到其经历扩张、消减俯冲与陆-陆碰撞造山形成勉略缝合带的整个地质历史演化进程，正是全球 Pangea 超大陆演化形成的中、晚期逐渐拼合完成的过程，也是由东古特提斯从晚古生代扩张至收缩消减拼合，以致最终封闭造山的过程。同时，更是中国大陆在上述全球与区域构造背景下，从晚古生代到中生代初海西-印支期完成其主体拼合，形成现统一大陆主体的重要时期。其中最为重要的是，勉略缝合带是中国大陆中生代印支期除青藏中南部和东北那达哈达与鄂霍茨克及台湾等洋盆还未拼合之外，完成中国大陆主体拼合的主要拼合结合带，在中国现今大陆构造中占据突出而重要的位置。主要原因如下。

1. 勉略洋盆是东古特提斯最后的北侧分支洋盆

晚古生代—中生代初期，东特提斯构造域正处于从东原特提斯向东古特提斯构造演化转换发展和东古特提斯演化到最后封闭拼合而又转换为南侧新特提斯构造的时期。东原特提斯初始发生与形成，实际即是新元古代中晚期 Rodinia 超大陆形成，并转入扩张裂解与演化的过程。中国南方大陆中地质记录表明，当 Rodinia 拼合完成之后，即开始了以华南南华系为标记的扩张裂谷构造的超大陆裂解过程，表示 Rodinia 超大陆的裂解离散决定了新元古代末期到早古生代中国区域当时加里东时期的洋陆大地构造或区域板块构造的格局。此时期的整体全球构造格局，在南半球经历诸多陆块的聚散历程，从东、西冈瓦纳大陆由离散到早古生代初泛非事件为代表的聚合逐步形成全球的南方大陆。同期北半球地质历史研究揭示，以乌拉尔造山带为代表的波罗的-俄罗斯与西伯利亚-北美两板块最后于晚古生代石炭纪的拼合，才形成北方劳亚大陆。在南北大陆（即冈瓦纳与劳亚大陆）之间，或者说南北大陆当时在以现今地中海区域的聚合构成的向东方开口的开阔复杂、多中小陆块群的区域，就构成所谓特提斯构造域，其中帕米尔以东与古太平洋泛大洋相接触的东部区域，即东特提斯域，其内长期漂移散落着以泛华夏陆块群（潘桂棠等，1997）或中华陆块群为代表的众多陆块，其中泛华夏陆块群中很多就是构成现中国大陆的主要陆块，如华北、华南、塔里木等陆块。它们当时的位置与彼此关系仍是现今研究与争议的问题。这些陆块群是在逐渐聚散演化漂移进程中，直到晚古生代才逐渐呈现出彼此成为现中国大陆中诸陆块间的配置初始关系。其中华北与华南，包括塔里木等主要陆块是构成中国大陆的主体，它们经历东原特提斯演化进入东古特提斯阶段时期，呈现在北方劳亚大陆南侧东部，围绕西伯利亚陆块南缘的古亚洲洋及相关的陆块，于晚古生代中晚期逐次的与西伯利亚拼贴，直到石炭纪到二叠纪末期，甚至三叠纪初，才真正相继完成塔里木、哈萨克斯坦、华北等诸中小陆块最后与西伯利亚的拼合，成为北方大陆板块的组成部分。同时与稍后时期，南方冈瓦纳大陆北侧，尚因沿双湖—碧土—昌宁—孟连—印度支那一线东古特提斯主洋盆于印支主期早-中三叠世才完成最后陆-陆碰撞拼合，并同时其南侧又打开或再扩张形成新特提斯洋，所以直到印支初期早中三叠世时期，原在南北两大陆之间的东古特提斯域北侧的商丹与勉略洋盆尚未闭合，所以此时的东古特提斯域的华南板块与已拼贴在北方大陆上的华北板块间尚有现昆仑-秦岭-大别等中央造山系一线还存在商丹残留洋和勉略有限洋盆的分割，故中国大陆主体也还尚未统一形成，所以秦岭勉略洋一直到印支中晚期成为东古特提斯北侧最后的一支分割中国大陆的洋盆。

2. 勉略缝合带是印支期中国大陆完成其主体拼合的主要结合带

如上述，随着全球 Pangea 超大陆于 P-T 之交的 250 Ma± 完成其主期拼合，而东亚地区，则迟至印支中后期 200 Ma± 才完成华南与华北，也即与劳亚大陆的拼合，最后形成统一的 Pangea 超大陆。显然 Pangea 超大陆首先是在西部地中海完成南北大陆，即冈瓦纳与劳亚大陆主体的拼合，而后才是东古特提斯域，即其内的东西诸陆块向北漂移与劳亚大陆的拼贴，从而最后才完成统一 Pangea 超大陆拼合。其中先是华北、哈萨克斯坦、塔里木等诸中小板块于晚古生代末期，大致与全球南北大陆西部的拼合同步或稍迟，先后完成与已初始形成的 Pangea 大陆的拼贴，之后才是东古特提斯域内其他诸陆块的拼合，主要是南北羌塘、东南亚印支、华南等中小板块、陆块沿上述主洋盆与如甘孜、理塘、红河-马江等中小洋盆的拼合，迟至最后于 T_2-T_3 期间约 210~200 Ma 先是商丹稍后是勉略有限洋盆的最后全面的昆仑-秦岭-大别陆-陆碰撞造山，形成横亘中国大陆中部的强大中央造山系，因之昆仑-秦岭-大别中央造山系印支期的陆-陆碰撞造山是最后印支期完成中国大陆主体拼合的主要造山带，其中勉略缝合带就是完成中国大陆印支期主体拼合的主要缝合带，因之在中国大地构造上具有重要意义。

（三）勉略构造带的晚期复合构造演化及其构造意义

1. 现今全球板块构造体制与中国大陆中新生代构造格局

勉略碰撞复合构造带，于印支期完成华北与华南两板块最后的碰撞拼合后，成为统一中国大陆构造中的印支期造山缝合带，并在此基础上，进入中新生代陆内复合构造演化阶段，并强烈叠加改造原缝合带，构成现横贯中国大陆东西的一条突出以断裂构造为骨架的构造变形带，分划出中国大陆南北不同的构造格局，具有独特的构造意义。显然，勉略带的形成，除前述的古洋盆及其封闭而形成缝合带的构造演化外，其中新生代以来新的构造复合演化，无疑具有重要作用与意义，以下作简明概括。

（1）中新生代新的构造格局与动力学背景

全球构造与中国大陆构造，在全球 Pangea 超大陆最后于印支期形成之后，随着中新生代 Pangea 的扩张裂解，以大西洋的打开和太平洋的俯冲消减为标志，全球进入现代板块构造格局演化时代，构成新的显然不同于从 Rodinia 裂解到 Pangea 形成的新元古代晚期至中生代初期的全球板块构造与深部地幔动力学的构造格局与动力学背景，逐渐形成了七大板块四大洋五大陆地的岩石圈现代板块构造体制，及地表地质地理环境与其相应的深部地幔动力学格局，即现代全球的板块构造与动力学格局。中国大陆作为现代全球板块构造格局中的欧亚板块东南主要组成部分，处于新格局中全球性现代三大构造动力学体系，即太平洋、欧亚、印度-澳大利亚动力学体系汇聚，及其由之聚散拼合形成的阿尔卑斯-喜马拉雅特提斯构造域、向东亚大陆俯冲的西太平洋构造域以及欧亚大陆中环西伯利亚的中新生代构造域三者复合的构造与动力学总背景中，发生与形成中国大陆中新生代新的复合叠加构造演化与现今基本构造格局与面貌。

（2）中国大陆中新生代构造状态与基本格局

关于中国大陆中新生代大地构造，可以综合概括其复合演化与现今构造动态和基本格局为：在现代全球板块构造体制形成演化中，突出重要的是发生三大重大构造地质事件，控制与造就了中国大陆中新生代以来的基本构造过程与面貌。①中生代中晚期以秦岭-大别与燕山等为代表的中国大陆的陆内造山作用（J_3-K_1）和燕山期构造；②西太平洋中新生代向东亚大陆的巨型俯冲和东亚与中国大陆东部中新生代大陆边缘复合构造与岩浆活动；③喜马拉雅造山运动与青藏高原形成及隆升，中国大陆构造东、西差异演化与地表系统反转及深部统一的动力学过程与效应。三大重大构造事件造成的中国大陆现今基本大地构造格局与面貌可以简要概括为三大构造体系、两大构造带、四个构造区，呈现为：在三大全球构造域及其动力学体系复合交叉汇聚（阿尔卑斯-喜马拉雅构造域及动力学体系；西太平洋构造域及动力学体系；中新生代环西伯利亚构造域及动力学体系）的总构造体制中，由两大构造带（东西向昆仑-秦岭-大别等中央造山系和南北向贺兰-川滇南北构造带）区划为四个构造区，即华北与东北构造区，华南构造区，青藏构造区，新疆与北山构造区（图6.10—图6.12）。

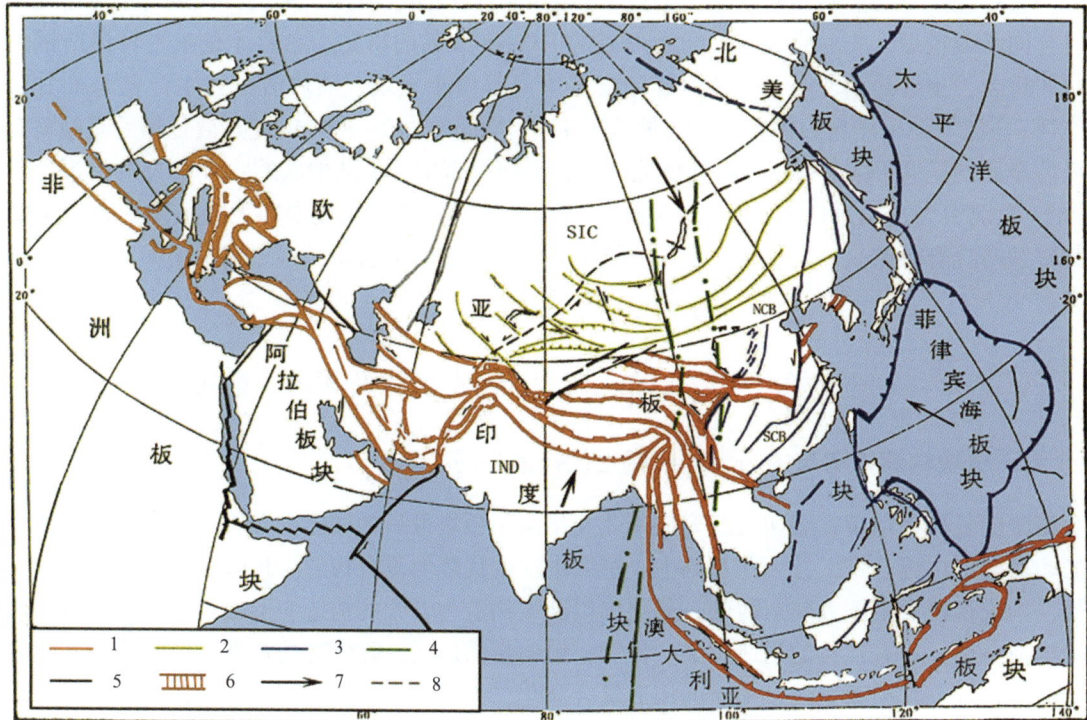

图 6.10　现代全球三大板块构造域与三大动力学体系在中国大陆的汇聚
1. 阿尔卑斯-喜马拉雅构造体系；2. 中新生代环西伯利亚构造体系；3. 西太平洋俯冲构造体系；
4. 贺兰-滇西南北向构造带；5. 主要断层；6. 秦岭与中央造山系；7. 主应力方向；8. 活动断层

　　现今勉略复合构造带在上述现今中国大地构造格局中，就是在前印支与印支期板块俯冲碰撞构造，尤其印支缝合带构造基础上，在中新生代上述总体构造与动力学背景中，由中国具体区域构造动力驱动下，最终形成其今日的构造格架与面貌。其中最具特色与具有重要意义的是中新生代陆内造山作用，概述于下。

2. 中新生代陆内造山作用与现今勉略复合构造带

　　昆仑-秦岭-大别等中央造山系由中新生代中晚期至现代隆升而成为强大的山脉，已不单是印支期的俯冲碰撞造山与隆升问题，如果说印支期后不再发生构造变动与隆升，经历两亿多年的剥蚀，应早已剥蚀夷平，所以现在的昆仑-秦岭-大别高大造山系主要是在印支期碰撞造山基础上，由中新生代中晚期以来新的叠加复合的陆内造山与陆内构造作用及其由之而引发的急剧差异隆升所造成。因之今天的秦岭-大别等中央造山系主要是中新生代燕山中晚期以来的陆内造山构造作用的结果，这对于中央造山系和中国现代大地构造及地表系统与环境灾害的研究都具有重要意义。

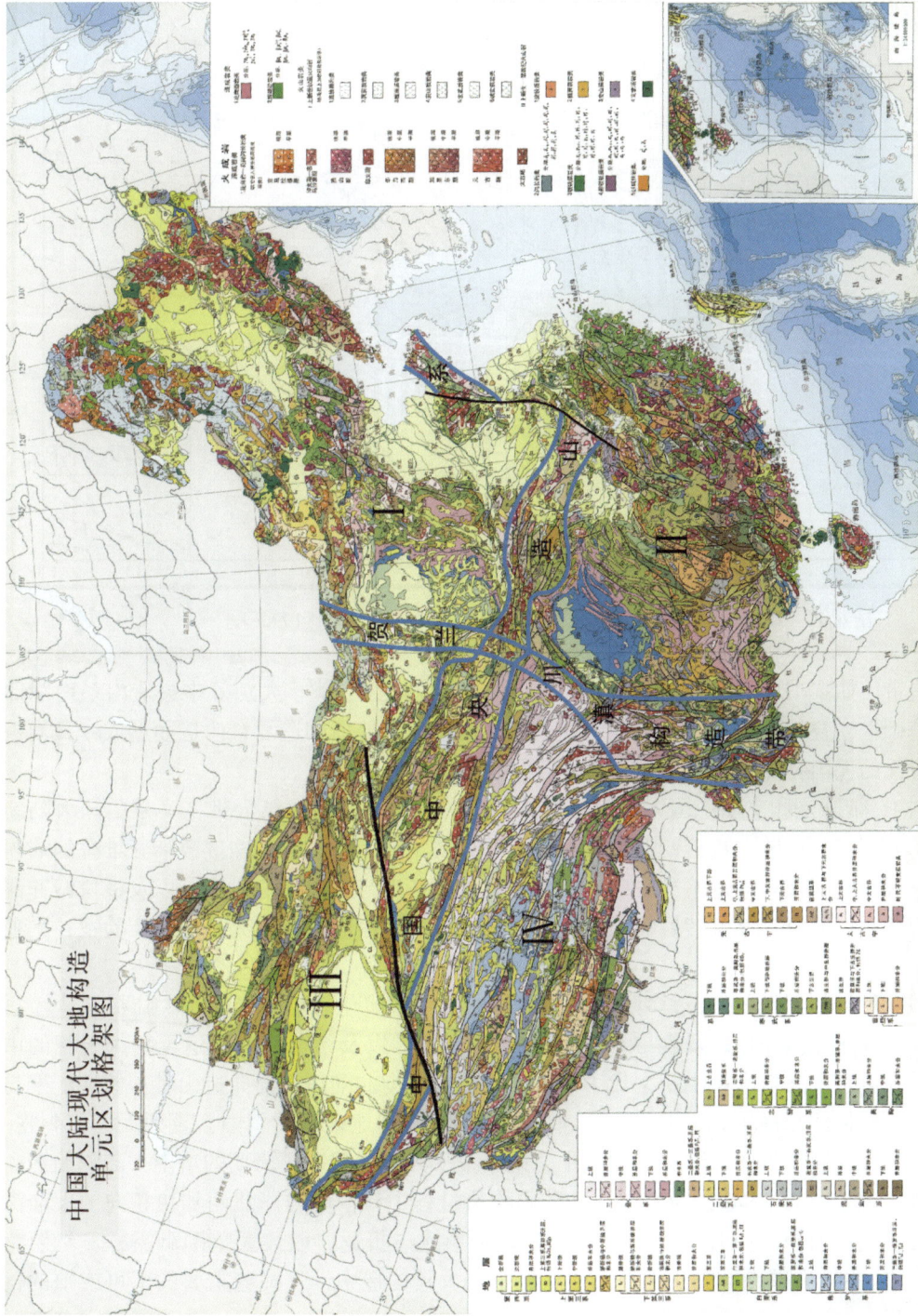

图 6.11　中国大陆现代大地构造单元区划格架图

三大构造体系：1. 欧亚中新生代环西伯利亚构造体系；2. 阿尔卑斯-喜马拉雅构造体系；3. 环西太平洋构造体系（详见图 6.10）

两大构造带：昆仑-秦岭-大别东西向构造带（中央造山系）；贺兰-川滇南北构造带（南北地震带）

四个构造区：Ⅰ. 华北与东北构造区；Ⅱ. 华南构造区；Ⅲ. 青藏构造区；Ⅳ. 新疆与北山构造区

底图为中国地质图（马丽芳主编，《中国地质图集》，2002）

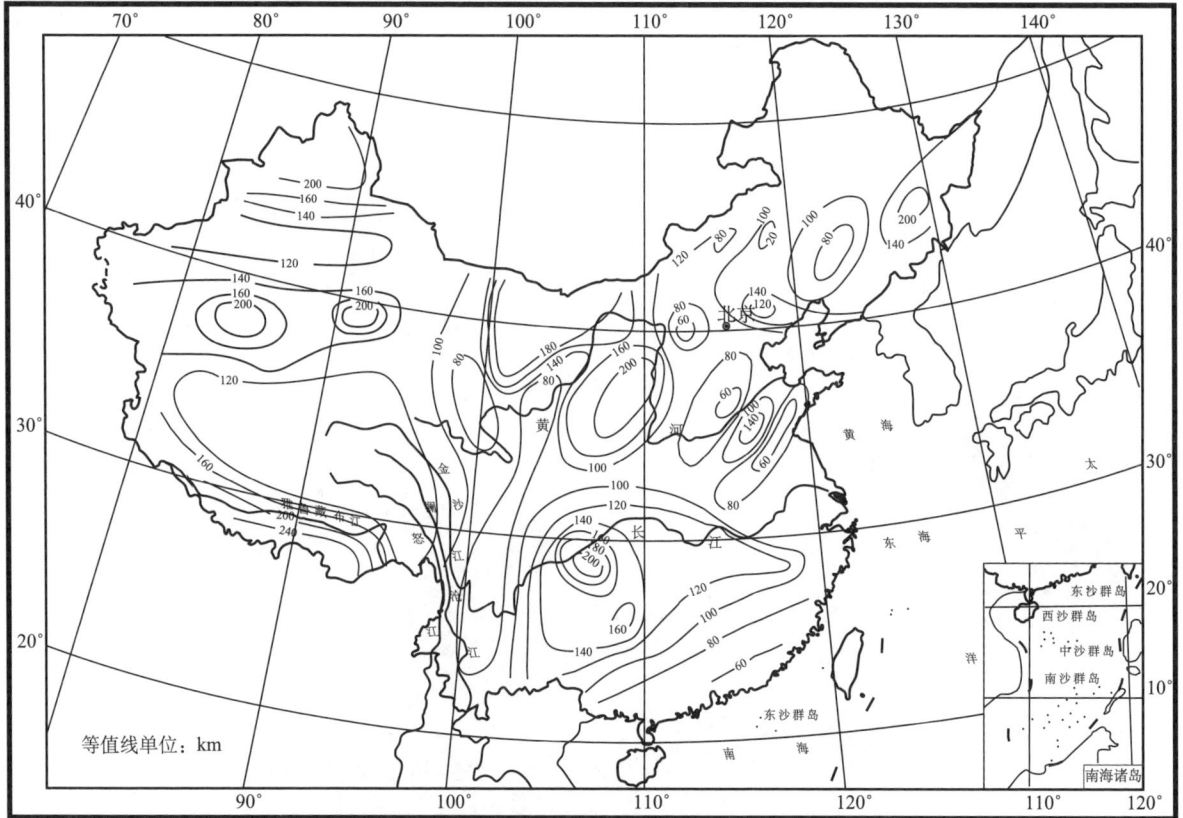

图 6.12　中国大陆深部软流圈顶面异常状态图（据袁学诚，1996c）

勉略复合构造带已如本书前面有关章节所论述的，它基本就是在秦岭-大别等中央造山系南缘印支期勉略缝合带基础上，叠加上述中新生代中晚期以来陆内造山与陆内构造复合改造而形成今日面貌的，其最具特殊意义的突出特点是：

1）勉略复合构造带既是印支期中国大陆完成主体拼合的主要板块碰撞结合带，又是中国大陆新的强大陆内造山的典型代表性陆内构造变形型式，形成巨型扇状陆内大规模逆冲推覆陆壳堆叠的陆内造山构造，所以它成为大陆板块构造俯冲碰撞造山研究和陆内造山与陆内构造研究，以及板块俯冲碰撞造山与陆内造山两者如何叠加复合转换的大陆构造研究的得天独厚的良好研究基地与实验室，具独特意义。

2）大别超高压的形成与折返，经过多阶段多层次的地质构造演化过程，先期是大陆板块碰撞拼合、大陆深俯冲及超高压变质作用的发生与 UHP 变质岩的形成，以及初期快速折返至角闪岩相的中地壳部位，而后是在整个中央造山系中新生代中晚期陆内造山、南北陆块相向向造山带深俯冲汇聚与大别造山带快速隆升，促使超高压岩石也再次快速抬升，以致升到地表遭受剥蚀，直到大面积剥露。而在这一大陆深俯冲和快速折返的大陆构造过程中，勉略带从其印支俯冲碰撞期的华南大陆深俯冲和碰撞缝合带的形成，到 J_3-K_1 陆内造山及其以后的陆内构造过程中，华南与华北两陆块相向的大陆深俯冲会聚，陆壳强烈缩短与伸展抬升，致使 HP-UHP 岩石形成与折返，以致大范围剥露，显然勉略构造带在秦岭-大别中央造山系的形成演化中，乃至在中国大陆构造中，发挥着重要的不可或缺的构造与动力学作用。

3）勉略复合构造带还有一个应予强调的突出特点，那就是在其历经板块俯冲碰撞造山缝合带形成和之后的陆内造山叠加复合改造，使之基本定型的基础上，西部又遭受青藏高原形成的复合跨越，形成青藏高原北部以昆仑、西秦岭及其以北柴达木、阿尔金、祁连山等近东西向的中央造山系为主体的盆山构造系统，相对于青藏中、南部，差异显著，形成独具特征的高原组成部分。无疑这也是应进一步深化研究的青藏高原形成演化的有特色的重要内容，即青藏高原是如何跨越中央造山系，如何从深部到浅层复合改造成为高原的组成部分。显然这既具重要地质构造与动力学意义，又具有重要地表系统灾害环境等全球变化研究意义。例如，从昆南强震活动断裂带如何东延，它与贺兰-川滇南北强震带如何交切转换及又有何种内在关系等就是突出而具现实意义的重要科学问题。

第三节　勉略构造带与中国大陆构造动力学

综合勉略构造带的形成演化、构造属性与基本特征及其对昆仑-秦岭-大别中央造山系的作用与实质意义，面对当代国际地球科学新的发展与前沿研究领域，不能不引发思考中国大陆地质、大陆构造与大陆动力学问题。综合概括应有以下两个基本科学问题，值得进一步深入探讨研究。勉略带作为中国大陆构造演化中东古特提斯域北侧分支有限洋盆和完成中国大陆主体拼合的主要拼接带，及中新生代中央造山系陆内造山的主要控制性陆内构造带，成为中国大陆现今地表系统南北分野的秦岭-大别造山带的南边界和横跨中国大陆构造的西太平洋构造系统与青藏高原构造系统及其交接转换的一条统一构造纽带，记录着中国大陆中小多块体离散拼合的中小板块构造过程、特点和中新生代中国大陆突出的大陆陆内（板内）构造，包括陆内造山、陆内构造变形与陆内盆地等复杂多样的陆内构造过程与特点，其所富含的这些特有信息，对于当代地学发展、板块构造不能解答的大陆地质、大陆构造及其动力学问题的解决具有特别重要意义，突显了当代地球科学深化发展板块构造，重新认识与探讨研究大陆问题的前缘重要性和现实必要性。据此从中国大陆构造出发，对比全球，重点应思考研究两个基本科学问题：①中小洋陆板块构造体制及其动力学问题；②大陆陆内构造及其动力学问题。两个问题的实质，即是深化发展板块构造学说，重新认识大陆，促进当代地学发展，达到更高研究层次。

一、中小洋陆板块构造体制及其动力学

长期以来，从勉略带与秦岭-大别造山带和中国大陆构造及全球构造对比研究中，我们逐渐认识和凝练出一个值得探索的当代地学基本问题，即有关中小洋陆板块构造体制问题。

中国大陆是由众多中小陆块所构成的，前人曾称之为中华陆块群或泛华夏陆块群（刘宝珺、许效松，1994；王鸿祯、莫宣学，1996；潘桂棠等，1997）。在东原、古、新特提斯多陆块复杂洋域演变中，由有限洋盆、小洋盆、陆表海盆与其间的中小陆块、微板块、地体等构成，中小洋陆兼杂混生，长期处于反复离散漂移拼合的构造格局与演化状态中，最终形成一个多蛇绿岩带、多造山带与众多中小板块或微块体拼合拼贴兼杂混生的广阔弥散变形的独具特征的大陆地壳构造区（张国伟等，2001a，b，2006，2011），有人也称作多岛洋区或构造区（许靖华等，1987；钟大赉、丁林，1993；殷鸿福、吴顺宝，1999）。它明显区别于单一开阔大洋板块与大陆板块巨型经典板块构造体制，所以把这种独特构造区的形成演化与机制、过程及产物和其相应的深部地幔动力学的总体概括称之为中小洋陆板块构造体制（张国伟等，2001a，b），其主要特点为：

1）它主体由有限洋盆、小洋盆与众多中小陆块（微板块）兼列混生构成，它们反复离散拼合、相互作用曾构成长期相伴相关的复杂洋域的陆块群，也有称多岛洋或多岛海。

2）这种中小洋陆构造域长期介于巨型板块、古大陆之间，长期处于不同的全球型巨型构造动力学体系复合的特殊构造背景与状态中，最终拼合消亡形成广阔、复杂、独特的复合型陆壳构造区。典型者，如中国大陆构造。

3）它具有相应的中小洋陆板块构造体制的深部动力学过程，并具有既区别于巨型单一大洋板块构造体制及其动力学机制，也不同于大陆陆内构造的演化与机制。

中国大陆构造呈现出的这种中小洋陆多板块或陆块，历经了复杂演化而形成多地块、多造山带、广阔弥散变形的大陆构造（钟大赉、丁林，1993；张国伟等，2001a，b，2006）。所以中国大陆构造

与全球构造对比，独特而复杂，既具全球大陆构造的共性，又具区域性个性特征，是充分发挥地域优势，深化发展板块构造，创新探索研究大陆构造的良好基地。也是探索回答板块构造尚不能完全解释与解决的这类复杂大陆构造问题的一个重要地域（张国伟等，2001a，b，2006，2011；Zheng et al.，2013）。对于中小洋陆多板块或陆块的存在虽地学界已有所认识，但对其构造实质意义及成因机制与动力学，尚缺少专门探讨。目前面对秦岭、大别等中央造山系，以及勉略带等中国大陆构造客观存在的地质事实，需要从板块构造、大陆构造与大陆动力学角度提出问题，进行深入研究。显然，问题的实质之一是中小洋陆板块构造的体制、机制与动力学。

关于中小板块构造动力学问题，可作如下思考与讨论。首先应从中国大陆的现实出发，根据中国大陆构造变形与特点，分析研究中小洋陆相互作用的运动学与动力学机制问题。显然，如上述由于中国大陆长期处于全球巨型构造体系复合汇交部位，并且其洋陆规模小，构成长期相关的众多中小洋盆和陆块群，反复长期彼此相互作用、聚散拼离等，表明它不应是全球性最大最高一级的地幔动力学系统所直接控制，而可能为次级，或更次一级的地幔动力学系统所控制，或由它们汇流复合所导生的地幔动力学过程所控制。若从地幔结构状态及其地幔动力学过程推测，可能在全球地幔动力学过程中，出现地幔对流与地幔柱复合所派生的地幔"素流"与地幔柱地幔羽次级分枝组合的复杂地幔动力学过程，产生复杂特殊的深部地球物质与能量向上向外传输、变换的型式，造成相应的上部岩石圈与地壳分离破碎，构成中小洋陆混生的特殊构造状态，引发特殊复杂的构造过程，发生长期反复游离与拼合相互作用，形成相应独特复杂的陆壳构造区，包括遭受多次强烈复合变动的地块及其拼合的众多造山带。因此，从动力学上分析，中小洋陆板块构造体制具有区别于开阔大洋巨型板块构造体制的动力学机制，具有相应的深部地幔动力学过程与机制（张国伟等，2001a，b）。因而，中小洋陆板块构造的深部地幔动力学状态与过程，以及相应的上部中小洋陆如何响应、形成全球独具特色的复杂大陆构造，就成为有待进一步深入研究的基本问题，也应是发展板块构造，探索大陆构造与大陆动力学的基本科学问题。

二、大陆陆内构造及其动力学

陆内构造是指大陆构造中的一种构造类型，是大陆中非板块构造动力所驱动而形成的各种构造。它们的主导成因机制不是板块构造的动力及其远程效应，而是由陆内不同陆块（或地块）间，在深部背景下由自身间非均衡状态的差异导致的相互作用所引发造成的。随着大陆地质与大陆构造和大陆动力学研究的深入，国内外越来越多的研究发现研究板块构造理论尚不能完全合理科学地诠释陆内构造现象，从而突显了"大陆构造"的复杂真实内涵（张国伟等，2006，2011；Artemieva，2011；Johnson，2012），也因此突出了大陆问题。因之也表明，应当重新研究认识厘定大陆构造。现有的研究与事实表明，真实完整的大陆构造应是板块构造及其远程效应和非板块构造动力所驱动的陆内构造两者的复合或总和，而不是单一的板块构造及其远程效应所致。研究已揭示，大洋与大陆共同构成地球的外壳，相伴共生，具有共性，但两者又具有实质的差异，从深层地幔到表壳，由组成、结构、演化历史到动力机制等都存在差异，所以不能完全用建立在大洋基础上的板块构造理论认知解决大陆问题。现在的关键争论仍是板块构造能否完全解读认知大陆和大陆构造问题，焦点是大陆有无自身动力驱动的陆内构造，包括陆内造山与陆内变形，其动力是什么（图6.13）？20世纪80年代就已开始提出了大陆动力学，质疑与探讨板块构造理论认识大陆的局限性问题（李晓波，1994a，b；Pollard，2003），现经过30多年研究之后，虽已取得了进展，获得系列成果，但关于大陆问题，目前仍处于探索、争议与深化研究的进程中，尚无根本性突破。新的主要进展首先是进一步明确了大陆与大洋的不同，大陆是一个主体长期保存漂浮演化的多块体拼合体，不易返回地幔，长期以超大陆的聚散形式发展演化，具纵横向非均一的层块结构，非刚体，具流变性，主体不参与板块生灭的物质循环过程与系统等。总之与大洋比较它是一个时空四维结构、组成与历史极其复杂的地球物质运动分异而成的一种特殊的相对独立的地质体。经历了板块构造理论对大陆的研究，现在聚焦的关键问题是大陆何时起源，早期大陆地壳的状态与机制，大陆如何生消、保存与演化，其动力学机制是什么，它与板块构造关系又是什么，板块构造何时起始，板块起源与板块构造动力是什么，超大陆周期聚散演化机制是什么，与板块构造的关系又如何，等等，这些都成为当代地学界关注的重大地学前沿问题。综合起来，可以归纳为以下六个关键问题（张国伟等，2001a，b，2006，2011）：①大陆起源、成因与早期地壳构造体制及动力学；②大陆生长、演化与再造和超大陆聚散及与板块构造关系；③大陆构造与动力学和大陆流变学；④大陆与生命和环境的协同演化；⑤大陆构造过程的资源、能源、环境、灾害效应；⑥地球动力学及其子体系板块动力学与大陆动力学。简要概括实际就是①大陆与板块起源；②板块构造与大陆构造的动力；③大陆与板块构造关系三个基本核心问题，也实际是发展板块构造，认知大陆的三个板块构造理论存在的根本问题。

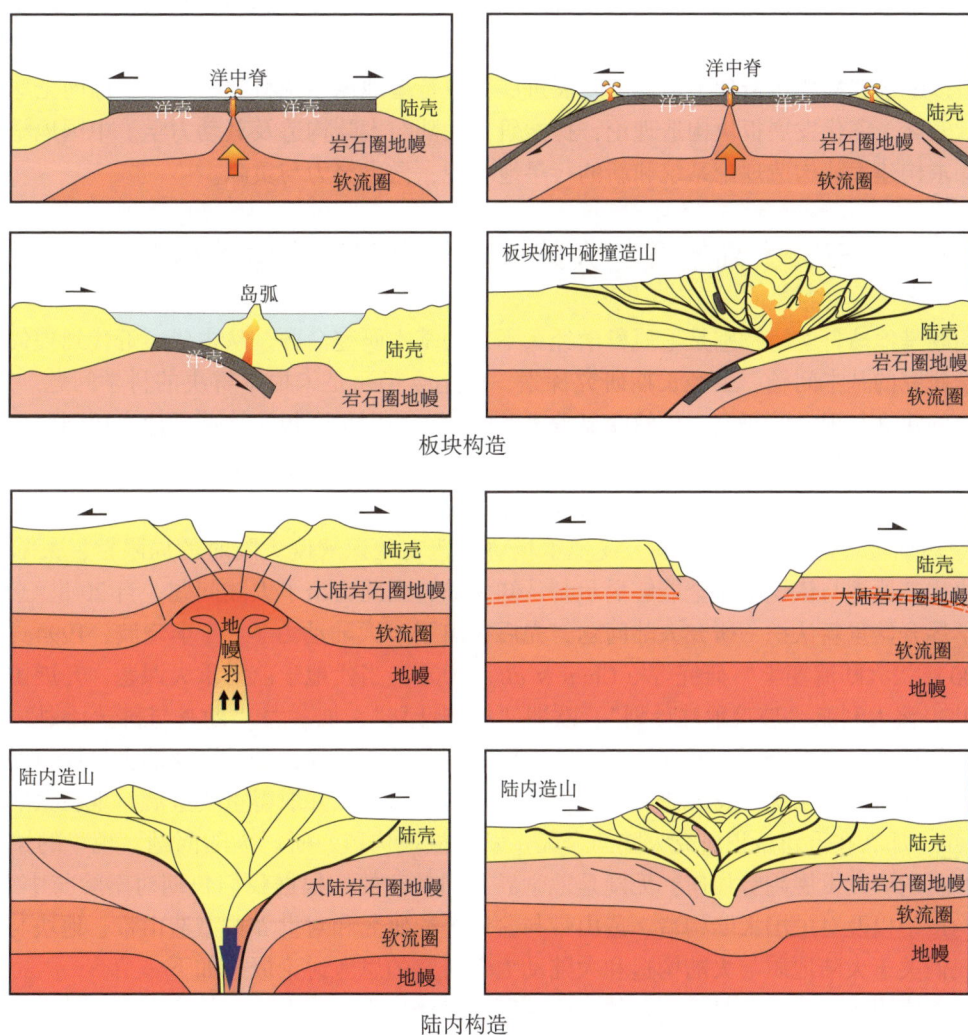

图 6.13　板块构造与陆内构造模式对比示意图（张国伟，2013）

　　大陆是不同于大洋的轻而具浮力、高度非均一并具流变学特性的非刚体拼合体。目前已认识到陆壳可通过垂向与侧向的方式由地球深部物质经岩浆形式向地表分异迁移而实现，包括板块俯冲等陆缘侧向增生，地幔羽、拆沉与板底垫托等垂向增生等。但关于岩浆是如何产生的，低密度是否是大陆长期漂浮不易返回地幔而保存演化的真正原因，板块构造是何时起始的，超大陆的周期聚散是否由板块构造运动所驱动，多少大陆物质被俯冲消失，不同时代大陆生长与保存和消亡比例如何等关系大陆陆内构造动力学的重要问题，都还是尚未真正认知的问题。所以大陆这一地球物质的特殊地质体自身的存在与运动学和动力学规律仍是现今板块构造、大陆动力学与地球动力学探索的重要基本问题。因此，大陆形成演化的动力学，迄今板块构造并未真正完全回答，仍是一个当代地学未解决的关键问题。关于这一问题，若从大陆自身的基本属性而言，大陆流变学应是一个重要切入点与突破口，也应是深化发展板块构造，探索大陆动力学的核心问题之一（Tapponnier et al.，1976；Burov et al.，1987；Ranali，1995；Mckenzie and Jackson，2002；Ji and Xia，2002；Pollard，2003；金振民、姚玉鹏，2004；刘俊来，2004a，b；张国伟、郭安林，2007；嵇少丞等，2008；许志琴等，2010；Zhang et al.，2012a，b）。据此需要特别加强大陆流变学研究：①大陆天然岩石流变学研究；②高温高压实验岩石流变研究；③流变学物理模拟与数值模拟研究。以求得大陆构造及其动力学研究的新进展，乃至突破。

综合勉略带和秦岭–大别等中央造山系构造的研究与思考，对比中国大陆与全球地质，可以概括认为，全球与区域板块构造动力学和大陆内不同陆块间的从深层到陆壳上层长期相互作用的复合陆内驱动力，应是可重点探索研究的大陆构造的基本动力学机制。所以面对现今地球外壳的结构构造现状，需要在已有的研究基础上，重新审视大陆和探索大陆构造与大陆动力学，需要以现代人类的科学技术知识，以地学和板块构造理论最新的发展进展，以行星地球系统科学的理念，面向全球，立足中国大陆区域实际，深化发展板块构造理论，探索研究大陆与大陆构造及其动力学。中国地学界应不失时机地为探求构建大陆构造理论系统和新的行星地球观，做出努力与贡献。

三、大陆地质、大陆构造与大陆动力学的思考

大陆问题是地球科学，特别是地质科学经久不衰的基本研究命题。从古代、近代到现代一直是固体地球科学研究的基本问题，虽经长期研究探索，但迄今仍还是未根本解决的科学问题。20世纪板块构造理论的建立与现今的研究，依然突显着大陆问题，特别是在板块构造理论应用到研究大陆、认知大陆中，更突显了大陆问题。大陆问题成为当代地球科学发展的主要前沿研究领域，在当前深化发展板块构造研究中，应是重新思考与认识大陆问题的时候了。

20世纪后期板块构造的深化发展，发现了板块构造在认识解读大陆时的局限性，大陆的复杂性使经典板块构造原理与认识不完全能够揭示与认知大陆，因此突出了大陆问题。自20世纪80年代以来世界地学界开始重新认识、研究大陆问题，先后提出了“大陆动力学”（李晓波，1994a，b；Chen et al.，2000）、“大陆流变学”研究等（Chen et al.，2000）当代地学前沿重大课题，开展了诸如美国“透镜计划”、澳大利亚“玻璃地球计划”、欧洲“探测计划”、加拿大“勘查与科学计划”等地学研究的国际合作计划，并召开了一系列针对大陆问题的国际学术会议，进行广泛的世界性研讨。我国也已将大陆动力学研究列入优先发展研究领域，进行了多项研究，并取得重要进展。现在大陆动力学提出已30多年，那么在重新认识研究大陆的今天，发展板块构造，研讨大陆问题，现今的关键科学问题是什么？新的研究发展趋势如何？无疑是地学界共同关注的。根据我们长期对秦岭与中央造山系，包括勉略构造带以及对中国大陆构造、造山带与盆地等的研究和对世界典型造山带、地块与盆地的考察研究，我们关于大陆地质与大陆构造和大陆动力学研究的思考讨论概述如下。

板块构造应用于大陆研究时，凸显的主要问题可以概括为：①大陆内往往发育弥散型的构造变形与变动，而不只是在板块边缘。显然，这与板块是刚体，动力作用与变动变形主要只在边界发生的经典板块构造原理不相符，所以问题是为什么大陆内发生这种变形，其动力与机制是什么？②大陆是地球形成迄今的历经长期发展演化的复杂综合拼合体，主体长期漂浮保存演化，不同于大洋岩石圈板块从洋脊扩张形成，经扩展运移到俯冲消减带消亡，周期有2亿年左右。表明大陆主体未随同大洋板块消减而返回地幔，主体不参与板块增生与消减的循环过程与系统，那么大陆是如何增生与消亡、保存与演化的呢？③岩石圈地球物理探测揭示，世界上古老的大陆克拉通陆块之下往往与深部地幔间紧密粘连，甚至缺失软流圈层的明显存在（李晓波，1994a，b），显示大陆长期保存演化与深部地幔间有直接物质与动力学的联系，存在能量传输与物质交换，而不是完全参与板块构造动力学及其沿软流圈的板块运动和地幔对流循环过程，这是否意味着大陆还有其自身的相对独立的动力学机制？

上述大陆相对于板块构造理论的独特问题，涉及板块构造基本原理、地球固态外壳的形成演化和地球动力学一些根本问题。显然需要重新认识与研究大陆，以深化发展板块构造，乃至创建新的地球构造观问题。已如前述，近 30 年的大陆再研究，既发展了板块构造，也深化了大陆认识，但迄今关于大陆问题，国际国内地学界仍处于一种探索、揭示和争议与积累的进程中，尚未突破，所以大陆问题仍是当代地学探讨的前沿与热点问题。以下探讨三个问题，供讨论。

（一）关于大陆与大陆构造概念和问题

1. 大陆和大陆构造

目前在我国地学界，尤其构造学界关于大陆与大陆构造概念、问题与研究出现了不少混乱。常用术语概念很不统一，同一术语不同含义，引起混乱与争议。因之有必要首先对有关大陆与大陆构造等重要概念与问题加以讨论与厘定说明。

关于大陆概念的基本理解，主要是指地球固体外壳中，整体平均成分以硅铝质为主组成的地壳，通称大陆地壳。如果包括陆壳及其相应的软流圈以上的地幔（岩石圈地幔），可称大陆岩石圈。大陆与大洋二者共同组成地球固体外壳，所以它们是地球外壳的两个基本构成单元。板块是由大洋与大陆组成，其中有各自构成的大洋板块和大陆板块，但往往是由大洋与大陆岩石圈共同组成。板块是行星地球长期形成演化中，其固态外壳的一种基本结构构造形式和物理运动方式。从宇宙与类地行星比较研究，尤其新的金星、火星、月球的探测研究进展看，它可能也只是行星地球分异演化历史进程中特定阶段的一种特定适合运动方式与结果。

综合概括大陆或大陆岩石圈的基本特征应是：① "大陆"，大陆是历经长期离散聚合演化而漂浮地球表层的不同陆块的拼合体，是一个拼盘组合（李晓波，1994a，b），不同于大洋。其时空四维结构与组成及其历史极其复杂，它应是地球物质演化的一种存在的特殊地质体。②大陆是地球外壳，即地壳的基本组成单元，长期保存演化，成为地球形成演化的档案信息库。大陆主要是由地球外壳中保存的最古老的不同陆块的残留组合构成。大陆主体长期不易返回地幔，游弋漂浮于地表，具有深深的地幔根和深部动力学背景，尤其周期性的全球超大陆的汇聚和离散，呈现为地球外壳在深部背景下的一种独特的大陆运动轨迹和规律，具有尚未知的地球动力学与大陆动力学的意义。③大陆具有不同于大洋的属性与特性，轻而具浮力，纵横深浅高度非均一，具层块结构，具有特征的大陆流变学属性等（李晓波，1994a，b）。它不是一个刚体，由于其主导成分与矿物岩石学组成和生热元素的非均匀分配及其层状块体结构和长期历史的多块体的拼合，特别是在长时间、多尺度、多因素，尤其流体（水、气、熔体等）参与下，它成为一个地球外壳构造运动中独特具动力学意义的物质变动变形的力学介质材料，造成极其复杂的大陆构造及其相应的结构变形特殊过程与效应。

什么是大陆构造？简明概括可以认为，凡大陆具有的结构构造，都可以概称之为大陆构造。具体综合分析，包括凡由板块构造动力所造成的不同时代、性质、级别的各类构造，含板块构造远程效应所造成的大陆上的各种构造，可概称为大陆中的板块构造及远程效应。同时还有另一种，即大陆中由非板块构造动力作用形成的各种构造，包括由大陆内深部及不同陆块间自身动力相互作用形成的大陆结构构造，也可概称为陆内构造。因此，综合概括，大陆构造包括四大类型（张国伟等，2009）：①大陆内的古板块构造遗迹。②正在发生的板块边界动力学引起的大陆中各类板块构造及其陆内的远程效应构造。③陆内深部动力和非古今板块边界机制所引起的各类大陆陆内（大陆板内）构造。概括陆内构造包括有陆块构造、陆内造山、陆内盆地、陆内构造变形等，以及陆下地幔深部结构。④上述各种成因构造在不同时空条件下的复合作用所形成的大陆中的各种复合构造。可以概括上述四类大陆构造，即是由古今板块构造及其远程效应和陆内构造两者及其复合共同构成了现今大陆拼盘的基本结构构造图案，并且它们共同控制影响与反映着大陆过去发生过的与现在正在发生的从深部到地表的构造面貌与过程。

2. 陆内构造

陆内构造又指什么？可以说陆内构造是大陆构造中的一种类型，主要是指大陆中非板块构造动力作用的由大陆深部动力或大陆内陆块间相互作用而形成的各种构造。陆内构造包括陆块构造、陆内造山带、陆内变形和陆内盆地四类。

1）陆块构造代表大陆由不同陆块拼合而构成，在长期漂浮演化过程中，大陆中不同陆块间在深部动力或相互间不均衡的各种物理化学差异而导致的相互作用下所造成的构造，概括通称为陆块构造。

2）陆内造山带是指由深部动力或不同陆块间相互作用导致其间既发生物质交换重组的变质作用与岩浆活动，又造成结构的再造，即发生构造变动变形，并往往形成一带线状隆升山脉，反映大陆内发生造山性质的地质构造运动，并代表形成一带变形变质岩浆活动的活动构造带。

3）陆内变形则主要是指大陆内陆块相互作用仅导致岩层变形和结构变动，而无变质岩浆活动等反映的物质交换重组再建的地质过程，从而区别于陆内造山作用与造山带。

4）陆内盆地是大陆中在深部动力背景或陆块间相互作用所导致的陆壳相对沉降，接受陆表沉积的陆内凹陷盆地。

总之，大陆构造简要概括是包括了板块构造与陆内构造的综合，是大陆地质形成演化的综合结构构造产物，是具地球动力学与大陆动力学意义的记录。因此大陆构造与大陆动力学的探索研究，必须有大陆地质的基础，即大陆起源、地质组成、结构构造及其形成演化与动力学的大陆地质的综合研究基础，而且应该从整体地球及其由大陆与大洋共同组成形成的固体外壳的地质演化与动力学过程为基础，把大陆地质-大陆构造-大陆动力学作为一个整体进行紧密相关的系列研究（Zhang *et al.*，2006；张国伟等，2009）。因此，大陆问题虽是固体地球科学世袭研究领地，但板块构造的发展，使大陆问题在新的地学发展层次上，需要重新探索研究。它现今已是发展深化、拓展板块构造，构建包括板块构造在内的新的地球构造观的前沿研究领域，是当代地学发展的热点和关键。

（二）中国大陆构造与大陆动力学问题

1. 全球共性中的区域独特性及其意义

中国大陆是全球大陆的重要组成部分，具有全球大陆共同的基本属性、特征和行为，但中国大陆由于其组成、结构与形成演化，长期处于全球特殊构造部位和深部地球动力学背景中，使之具区域性的独特特征（Zhang *et al.*，2006），因之具有全球共性中的突出个性，即区域特性，表明中国大陆经历了世界其他大陆不同的未曾有的极端复杂环境条件与动力学作用和过程。因此更突出鲜明地显示了大陆的特性与行为，赋存有当代地学前沿发展特有的信息，所以研究中国大陆既要从全球共性中研究认识它，更重要的是要从它的个性中揭示其特性，认识它区别于世界其他大陆块之所在，从而才能真正认识把握它，进而在此基础上，从特性中进一步揭示大陆固有的普适性特征，最终再从普适性去更全面地概括大陆的本质规律性和属性。

中国大陆对比全球，其全球共性中的突出个性（区域性）特征是：①是一个由众多中小陆块拼合的大陆；②具有长期多期构造活动性，是全球大陆长期非稳定状态保存演化单元；③长期处于全球特殊构造部位和动力学环境中。长期处于全球巨型动力学体系汇交部位和全球巨型构造单元的边缘及其间的复合交接转换部位。

中国大陆的全球共性中的区域独特特征，使之现今成为全球最复杂独特的陆壳构造区，集中呈现出全球独有或少有的地质现象。例如，中国大陆是全球最广阔的弥散型的陆壳构造变形域，最宽广的地表活动带和地震区，中新生代板内构造变形最为活跃的地区；广泛发育各类陆内构造；青藏高原隆升，全球最大地壳加厚区与最高山脉、最大高原，全球最大地表起伏区；UHP 岩石最大剥露区；以及华北克拉通减薄活化；广泛的壳内壳幔构造非耦合关系；复杂独特的地质作用造成相应的构造古地理与古生态环境，导致产生与保存生命与生物演化的特异过程与条件和独特构造-岩浆-成矿作用与中国陆相-海相油气成藏保存及最后定位等系列独特现象（Zhang et al.，2006）。所以中国大陆富有当代地学发展前沿研究领域特有的信息，丰富地揭示反映出大陆的本质属性与特征，所以进行中国大陆的研究，应该从全球共性研究中重点研究个性，个性中揭示本质特性，从特性中对比全球，概括提取全球普适性特征，从而更全面更深入真正概括认识大陆的属性、特性、本质与规律，有所新发现、新认识，提出新观点、新理论，为构建囊括板块构造在内的新的地球构造观与理论进行新的探索。显然，中国大陆具得天独厚的地域优势和重要科学价值，是良好的天然实验室和研究基地。

2. 陆内构造实例分析与思考

由于中国大陆的区域独特性，发育保存更多陆内构造，仅举两例剖析，供讨论思考。

（1）秦岭造山带晚侏罗世—早白垩世陆内造山及其动力学成因

秦岭造山带是典型的复合型大陆造山带（图 6.14）。已有研究揭示它于印支期（245～210 Ma）已完成了板块的俯冲碰撞造山演化（Zhang et al.，1996；张国伟等，2001a，b）。它经历了 Rodinia 晚期裂解（850～820 Ma），在多陆块洋陆兼杂的伸展裂谷-小洋盆构造演化基础上，从早古生代原特提斯域秦岭商丹洋扩张到早古生代加里东晚期扬子板块与华北板块汇聚俯冲造山，再经古特提斯伸展，南缘打开又形成勉略有限洋盆，与商丹残留洋盆并存，并于印支期（T_{2-3}）扬子、华北及其间的秦岭微陆块三板块沿勉略与商丹两拼合带全面陆-陆碰撞造山，完成中国大陆南北的主体拼合，形成秦岭板块构造主碰撞造山带，结束了它长期以洋盆和陆缘海相沉积为特点的板块构造演化（Zhang et al.，1996），后又以发育晚造山的 T_3-J_{1-2} 伸展垮塌的陆相上叠断陷盆地（Dong et al.，2011a-e）和东秦岭广泛发育的陆壳重熔、壳幔混合的碰撞后花岗岩（225～200 Ma）（张国伟等，2001a，b；张成立等，2008）及与之相关的多金属成矿作用（Zhu et al.，2009a，b）为标志，代表了秦岭板块俯冲碰撞造山演化的结束，转入板内构造演化阶段。但是秦岭板块主造山后，并未平静下来，而是又发生了强烈的陆内造山作用，其主要表现为：

1）中生代晚期以 J_3-K_1 为峰期，秦岭沿南北缘发生向外的大规模逆冲推覆运动，形成南北逆冲推覆构造，掩压在 T_3-J_{1-2} 岩层之上，并急剧隆升造山，所以现今的秦岭山脉是这次的陆内造山的结果，若无这次造山隆升，原印支期板块造山，经近 2 亿年的剥蚀，应早已夷平，秦岭山脉也应已不复存在。测试获得的逆冲推覆断裂年代学数据为 130～110 Ma（Dong et al.，2011b，c），表明主体发生于 J_3-K_1 时期。

2）上述秦岭板块主造山晚期的塌陷陆相盆地沉积 T_3-J_{1-2} 发生区域性变形变质构造变动（Zhang et al.，1996，2004），并形成受断裂控制的新的断陷盆地沉积（J_3-K_1、K_2-E 等），T_3-J_{1-2} 地层与之呈区域性构造角度不整合关系，代表了秦岭在板块碰撞造山结束之后，完全在陆内条件下，发生了没有大洋参与的既有地壳岩层结构构造再建，又有变质岩浆活动的物质交换与再造，即大陆造山性质的构造运动。

3）与上述造山变形变质同时，东秦岭区发生广泛强烈同熔型花岗岩岩浆活动（150～110 Ma）（张成立等，2008）和相伴的 Mo、An 等为主的多金属成矿作用（Zhu et al.，2009a，b）。

4）地震探测与层析成像研究揭示，中新生代同期秦岭造山带从地表到深层地幔发生区域性强烈构造调整变动，呈现秦岭造山带岩石圈流变学分层的"立交桥"式壳幔三维结构的脱耦模型（图 6.15），代表了中生代晚期秦岭陆内造山的深部背景（Zhang et al.，1996；张国伟等，2001a，b；袁学诚、华九如，2011；董树文等，2013）。

综合上述地质事实，充分证明秦岭中生代 J_3-K_1 时期的构造变动，既造成了秦岭在板块主碰撞造山后的新的构造变形再造，又发生了岩石变形变质、岩浆活动的壳幔物质变换重组再建，并使秦岭整体抬升形成今日强大线形山脉，显然这是一场造山性质的重要构造事件，更为关键的问题是，在秦岭

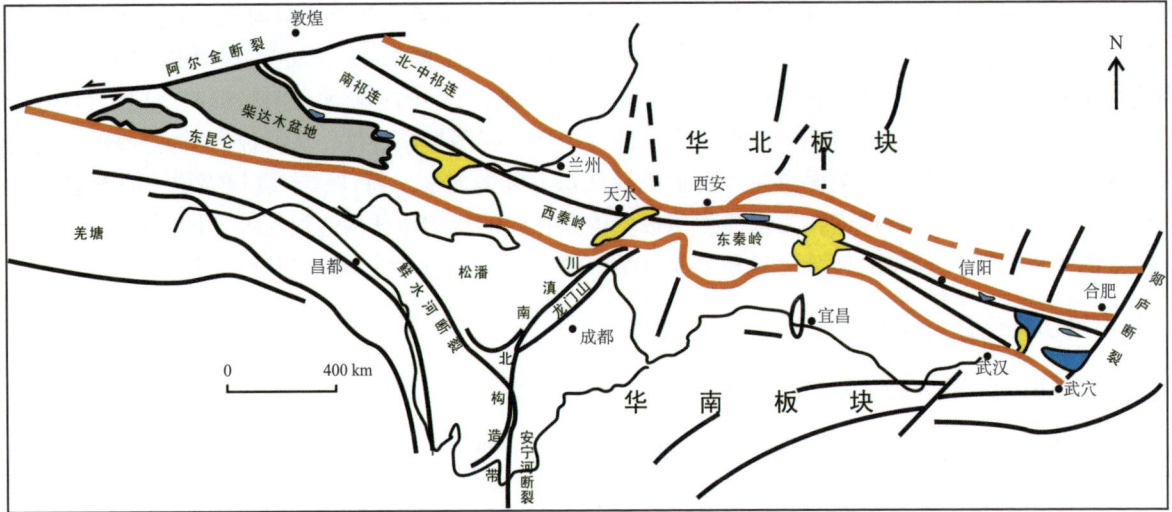

图 6.14　中央造山系中新生代构造略图（张国伟等，2011）

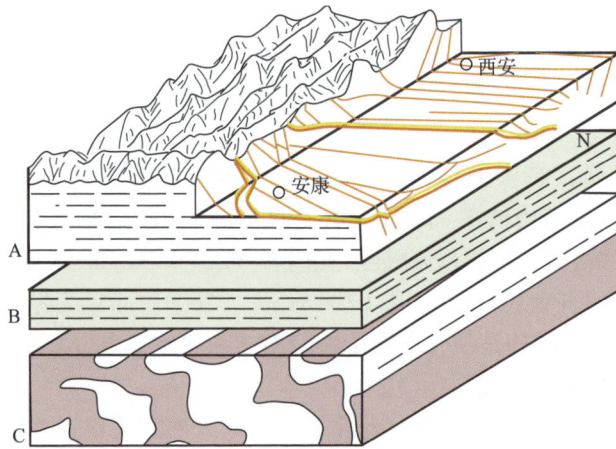

图 6.15　秦岭造山带岩石圈流变学分层的"立交桥"式壳幔脱耦的构造示意图（张国伟等，2011）

结束板块构造转入陆内的条件下，这次造山是什么性质的造山，又是什么动力造成的？

现有的研究揭示，秦岭 J_3-K_1 的造山作用，不是板块的俯冲碰撞造山，也不是板块构造对大陆的远程效应引发的造山，而应是非板块动力的陆内造山作用，形成了陆内造山带，叠加复合于秦岭先期的板块俯冲碰撞造山上，终成为今日秦岭复合造山带。综合证据如下。

依据中生代中晚期秦岭区域构造背景，有可能引发其发生造山作用的周缘板块构造作用，主要是古太平洋板块对当时东亚大陆的俯冲作用和北方鄂霍次克洋中生代同期的碰撞关闭，由之传递的板块远程效应作用。但事实远非如此。

1）西太平洋板块构造作用问题。关于古今太平洋板块构造，包括古太平洋、法拉隆、库拉、菲尼克斯、伊泽纳琪等以及现今西太平洋、菲律宾板块等，它们的变动演化、组合、组成、时限和它们如何作用于欧亚东部与演变等，虽已有不少研究（Hilde *et al.*，1977；Engebretson *et al.*，1985；Maruyama *et al.*，1997；Zhao *et al.*，2007），但迄今仍有争议。然而目前多数认为在中生代晚期 J_{2-3}-K_1 时期西太平洋已俯冲作用于东亚大陆，并开始从北北西向变化为北西西方向的俯冲。这表明，太平洋板块构造系统不论如何演化变动，对东亚大陆的作用主要先是北北西的走滑斜向俯冲后到北西西的近乎正向的向西俯冲的变化，所以不论怎样其作用方向均与东西—北西西向分布的秦岭 J_3-K_1 的巨大挤压造山作用相左，不能解释后者是前者所引发造成。因此可以得出结论，秦岭中生代的陆内造山作用不是西太平洋系统板块作用的直接或远程效应的结果。

2）鄂霍次克海板块封闭作用问题。鄂霍次克造山带现今位于中蒙俄接界的东北亚地区，呈北东方向伸向鄂霍次克海，原洋盆于中生代中晚期 J_2-K_1 由华北-东北和西伯利亚板块碰撞造山关闭（Jolivet et al.，1988；Zorin，1999），假若恢复的当时原位原分布方向平行于秦岭造山带，设想通过从华北北缘传递造山作用到华北南缘的秦岭带，仍有以下突出矛盾：一是与鄂霍次克碰撞造山同期，华北陆块内部形成以鄂尔多斯向斜与山西背斜等为代表的近南北向的主导构造，显然它们不是鄂霍次克造山应力传递所形成的，既如此，何以它能通过华北陆块的传递而作用于秦岭？二是鄂霍次克与秦岭中隔东北与华北陆块和同期的燕山造山带，相距 3000 km。按照大陆应力传递的衰降（Ben et al.，1997），至秦岭其作用也已很微弱，不可能引发秦岭如此强大的陆内造山作用。

综合上述，秦岭中生代中晚期的造山作用，不可能是同期的周缘板块作用或板块远程效应动力所引发，那么是什么动力所致呢？据现有研究综合分析，最大可能则应是华北与华南两陆块间的相互作用。综合研究分析表明，它们在印支期完成板块拼合统一转入陆内后，两大陆块由于原系两个不同的板块，其组成、结构及深部背景均存在巨大的差异，虽经长期演化于印支期拼合，但两者在物质、能量和深部热结构与动力学状态等多方面，远未达到均衡，所以在板块拼合造山统一后，仍一直处于非平衡的相互作用过程中，以致引发 J_3-K_1 的两大陆块从深部到表层相互动力作用的非板块动力的强烈陆内造山作用，以求释放能量达到两者间的均衡。事实上现今华北与华南间仍存在巨大的差异，表示它们之间仍处于非均衡状态。自然关于陆内构造与陆内造山的大陆动力学问题仍是一个急需进一步深化精细研究探索的前沿重大科学问题。

（2）华南大陆构造的陆内构造及其成因问题

中国华南大陆，即秦岭-大别造山带以南，青藏高原东边界以东，东至海域，南到国界的区域，主体由扬子与华夏两陆块组成（图 6.16）。它的周缘由不同的板块复合造山带所围限，而其内部却有突出的陆内构造发育保存。

1）华南大陆构造内部构造格局。华南大陆构造以雪峰山元古宇构造隆升带为界，构造单元两分。东部区包括整个华夏陆块区和雪峰山以东部分的扬子陆块，可称华南复合造山区。西部以扬子陆块为主属扬子复合变形准克拉通区。富有意义的是两单元分界不在原扬子与华夏两陆块分界的江绍—萍乡—郴州—钦防一线，而是以南方加里东、印支两期构造造成的区域构造角度不整合（D/S、T_3/T_{1-2}）与区域变质变形、岩浆活动的西边界为分界，恰位居雪峰元古宇隆升带西侧。东部构造单元是在华夏与扬子新元古代早期两板块拼合统一基础上，经历加里东、印支两期陆内造山和中新生代西太平洋陆缘复合构造叠加而形成，具多个构造层，广泛遭受构造变形与变质作用以及发生强烈多期岩浆活动，最突出的是具造山性质与面貌的复合造山地区。而具南华系至中三叠统海相统一盖层的西部构造单元则是在前南华纪双层变质基底上，遭受印支期以来的复合变形，未有变质岩浆活动，属于具相对稳定性的扬子准克拉通区。

2）华南大陆构造内部主导而具控制性的构造是北东向弧形分布的雪峰构造系统（图 6.16）。所谓雪峰构造系统是指，在南方大陆腹地内部以雪峰山元古宇构造隆升带为核部，平行向两侧穿时扩展的以逆冲推覆构造为骨架的北东向弧形指向北西的构造系统，简称雪峰构造系统。它北以秦岭-大别中央造山系南侧中生代前陆构造为界，南以紫云-罗甸走滑断裂为界，包括了皖南—幕阜—雪峰—苗岭一线的元古宇基底剥露的构造隆升带，并以它为核部，向西依次为北西向逆冲推覆的鄂渝湘黔武陵山隔槽式和川渝黔七跃山-华蓥山隔挡式构造带，向东则是溆浦-通道、新华-城步等断裂为代表直到江绍—萍乡—郴州—钦防断裂一线的指向南东的逆冲推覆构造，共同组成以元古宇隆升带为核部向两侧平行穿时叠置的统一陆内变形构造系统。这一系统是在南方前印支构造基础上，于印支-燕山期形成并为后期构造叠加改造。它占据南方大陆大半，成为突出的华南大陆控制性构造。而且鲜明的与南方大陆南北边缘强大的近东西—北西向的造山带构造不协调，其间形成特色的不同过渡构造，如北部的川北的黄金口与鄂中的江汉复合联合构造，南部以紫罗走滑断裂带为界的黔桂南盘江弧形构造。

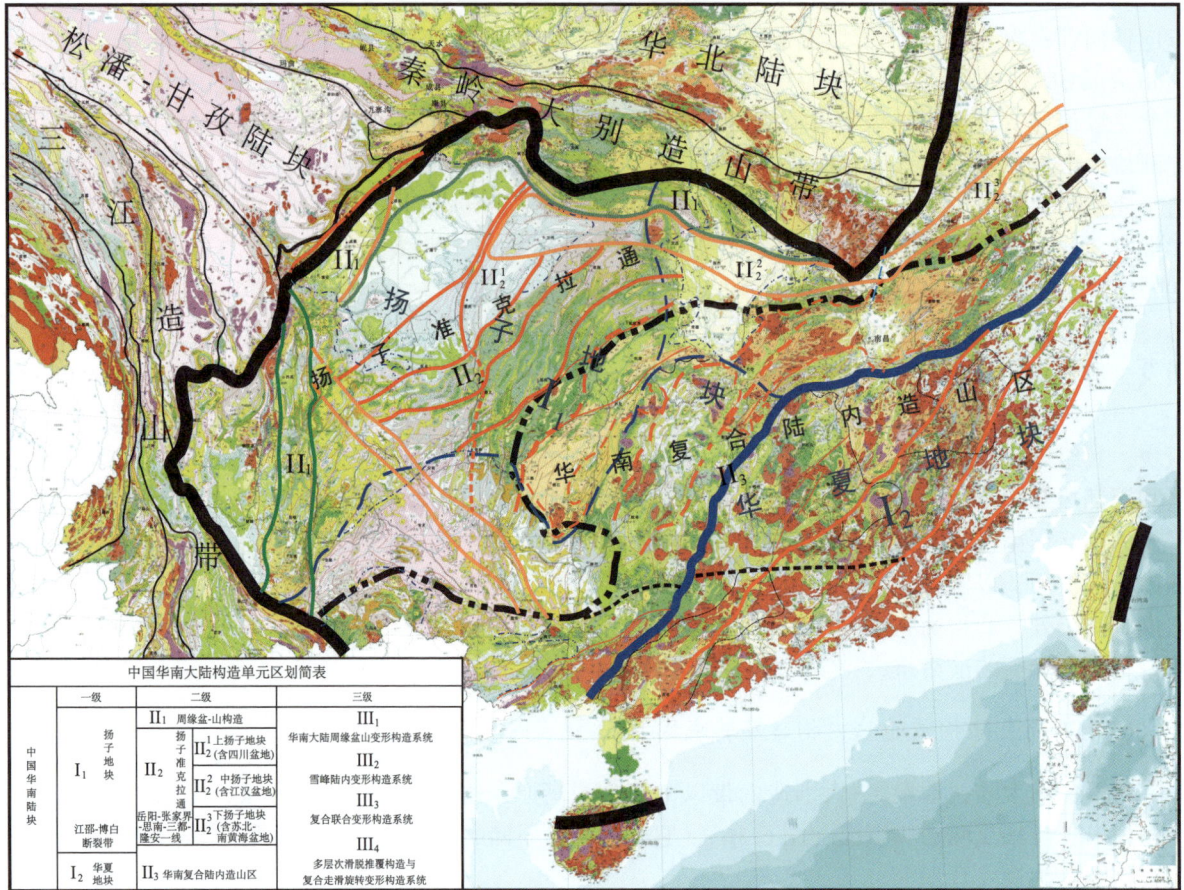

图 6.16　中国华南大陆构造单元划分（张国伟等，2013）

华南大陆构造历经长期研究，已取得系列成果（丘元喜等，1999；马力等，2004；Li and Li，2007；Shu et al.，2009a，b；Wang et al.，2010a，b；Chen et al.，2010），但迄今仍存在很多有待研究的基本问题，其中最关键的问题是作为南方大陆基本组成的扬子与华夏两陆块的关系，实质上最核心的是早古生代加里东期两者的构造关系、性质与动力学机制问题。

最新的多学科综合研究揭示：

华南大陆构造中的扬子与华夏两陆块构造关系复杂，经历了不同阶段不同性质的大地构造演化历程。

1）华南新元古代板块构造演化。华南大陆扬子与华夏原两板块于新元古代晋宁晚期碰撞拼合，形成统一华南大陆基底和华南统一大陆板块。原分属两个不同板块的扬子与华夏陆块，具有不同的前南华纪地质形成演化历史，两板块在新元古代晋宁期 Rodinia 超大陆聚合中，沿上述现雪峰元古宇隆升带东缘碰撞拼合（Shu et al.，2009a，b），而后转入南华系为标志的陆内盖层沉积演化阶段。

2）华南大陆构造显生宙以来的陆内构造。华南大陆的扬子与华夏陆块间早古生代加里东期发生强烈陆内造山作用，形成加里东陆内造山区。主要事实与证据如下：

A. 无残留洋壳的蛇绿岩与相关火山岩等代表洋壳的残迹。扬子与华夏陆块拼接带迄今未发现早古生代代表残留洋壳的蛇绿岩。前人认为的早古生代蛇绿岩，新的较系统准确测年一致表明为新元古代（1025~850 Ma），均无早古生代数据（Wang et al.，2007，2010a，b；Li and Li，2007；Shu et al.，2009a，b）。

B. 无极性面状分布花岗岩。早古生代花岗岩多属 S 型，不具岛弧型，且呈面状分布，无带状极性产出，无俯冲岛弧岩浆活动记录（Wang et al.，2007，2010a，b；Shu et al.，2009a，b）。

C. 江绍—萍乡—郴州—钦防一线，尤其萍乡、钦防间沿线构造追踪研究揭示，未发现确凿的板块碰撞缝合带的构造遗迹（Wang et al.，2007）。除沿线无确切蛇绿岩及相关火山岩和俯冲碰撞构造与缝合带残迹外，其中沿江绍—萍乡—郴州—钦防一线及两侧恢复重建构造古地理沉积环境，未发现典型陆缘及远洋沉积，十条东西向构造古地理沉积剖面从西侧湘中斜坡—半深水暗色泥硅-泥灰质沉积到东侧赣西永新—井冈山—崇义一线泥沙质夹暗色泥灰-泥硅质沉积，两者相变交叉过渡，不存在大洋分隔和典型陆缘沉积记录（Wang et al.，2007，2010a，b；Shu et al.，2009a，b），而且古生物系统研究也一致证明不存在洋盆的分离（Chen et al.，2010）。

D. 华南大陆东部早古生代岩层普遍遭受区域性变质变形，上古生界泥盆系与下古生界呈区域角度不整合接触，广泛面状发育早古生代以花岗岩为主导的岩浆活动，上述地质构造运动在雪峰隆升带以东广大地区，一致表现为区域性强烈造山性质的构造变动（Wang et al.，2007；Shu et al.，2009a，b），代表了一次重大地质事件。但除上述地区以外的华南西部地区，即主体的扬子中西、北部地区则无上述强烈构造变动，呈现古生界与中生界连续，或间断平行不整合的沉积为主，表现为稳定克拉通盆地特征，形成东、西部区域性的鲜明差异。

构造变形、变质强度，以及区域构造沉积古地理、古生物证据表明，华南大陆东部早古生代的加里东期（广西期）造山性质构造变动的中心地带是沿江绍—萍乡—郴州—钦防一线，恰是扬子与华夏两陆块交接一线。从而表明沿此线无板块碰撞缝合遗迹的存在，所以应代表的是陆内两陆块间的长期相互作用所致的陆内构造带，而不是板块拼合缝合带。

综合上述地质事实，迄今的研究表明，早古生代华南大陆中的扬子与华夏陆块间的加里东造山运动与拼接，不是大洋分离的两板块的碰撞造山拼合，而主要是两块体的陆内造山拼接，故属陆内造山性质，是在无大洋参与下的完全陆内条件中的不同陆块相互作用产物。

3）印支期的再次陆内造山作用的叠加复合。华南大陆东部同一地区在早古生代加里东期陆内造山作用之后，在中生代初期，又发生了强烈的印支期造山性质的构造变动，前 T_3 岩层普遍遭受区域性构造变动，形成区域性 T_3/AnT_3 的构造角度不整合（Wang et al.，2007，2010a，b），发育广泛面状花岗岩岩浆活动，而且从 T_3 开始整个区域转为陆相沉积，结束海相沉积。印支期构造变动造成的构造变形、地层区域性构造角度不整合及花岗岩岩浆活动的西边界，大致与加里东期相近。综合反映印支期同样属于一次未有大洋参与的陆内造山性质构造运动，在空间上几乎完全重叠于加里东造山区。同样，造山性质的印支期构造运动以其构造、岩浆、沉积等综合地质记录为标志，其活动中心也在湘中至桂东南宁一线，与加里东期构造活动中心地带相近。

4）扬子与华夏间显生宙以来无洋盆分隔的事实证据。构造沉积古地理和古生物地层学的系统研究与编图（Liu and Xu，1994；Chen et al.，2010）均一致反映南方大陆显生宙以来（南华纪到中三叠世），扬子与华夏陆块的交接地带，即现湘赣桂粤交接区北北东—北东向地带，从古生代到早三叠世，一直是地层发育较完整，沉积厚度最大的陆内海盆的中心地带，而且已如上述，沉积地层连续，生物化石相连续，沉积无跳相，只有相变交叉，无任何洋盆洋壳残存，综合特征反映该地区只是陆内两陆块相互作用的构造活动中心地带。

5）华南雪峰陆内构造系统。最新研究揭示，雪峰陆内构造系统自印支期至燕山中晚期连续穿时扩展形成以北东向为主导的具成生联系的构造系统，基本平行于扬子与华夏两陆块相互作用的交接线，而与同期强大的华南大陆北侧的秦岭-大别印支期东西向主碰撞造山及 J_3-K_1 的东西向陆内造山和南侧的近东西—北西向的扬子与印度支那间的印支期碰撞造山及中新生代走滑挤压构造，其构造线近乎直交。此外，现有研究还揭示中生代的早期（T_3-J_{1-2}）太平洋板块系统构造尚无构成向南方大陆俯冲的构造作用与施加应力。那么是什么作用导致雪峰构造同期在周缘不同强大构造作用与围限下，仍顽强地产生与形成平行于扬子与华夏两陆块的交接线的主导北东向构造？显然，结合上述华南东部的加里东与印支两期陆内造山作用，同样可以推断华夏与扬子两陆块长期相互作用应是导致雪峰构造系统形成的主要动因。自然后来从中生代中晚期到新生代以来才会有西太平洋陆缘系统构造的强化与叠加。

总之，华南大陆华夏与扬子陆块的构造关系以及华南大陆东部加里东期、印支期的陆内造山作用及雪峰陆内构造变形，都一致表明，在华南大陆构造中，除古今板块构造及其远程效应的重要作用外，大陆中不同陆块间的长期陆内相互作用，应是大陆构造中的一种不可被忽视的重要动力（Hand and Sandiford，1999），并具有其深部陆下地幔动力学和上部大陆岩石圈与陆壳的构造动力学机制，这应是深化探讨大陆构造，尤其陆内构造与大陆动力学研究的重要前沿课题。

（3）对比全球分析与启示

中国大陆内，除上述列举的秦岭造山带和华南大陆外，还有诸如燕山、贺兰山等其他例证，表明大陆内构造的广泛性存在。实际上在全球大陆块内陆内构造也是普遍存在的，这里简要概述国外的例子。

大陆构造的陆内构造，包括陆内构造变形、陆内造山、陆内岩浆活动等具有全球普遍性。陆内构造和陆内造山作用不仅仅发生在中国大陆中，同样也出现在世界其他大陆内。例如，澳大利亚中部的 Alice Spring 造山带（Hand and Sandiford，1999），西南非洲的 Damala 造山带（Martin，1983），北美大陆西部的 Laramide 造山带（Brewer et al.，1980），欧洲大陆西南的 Pyrenees 造山带等。许多学者已发文讨论，并且正在深入的研究探索（Brunet，1986；Tavani et al.，2006），尽管现今仍有争议，但他们认为上述地区的构造主导是陆内构造与陆内造山作用的结果，主要驱动动力不是板块作用或其远程效应。本书因篇幅关系，不一一列举，仅举一例。

用澳大利亚中部的 Alice Springs 造山带为例。该造山带所处的地区经历了两次大规模的南北向缩短的板内造山事件：晚新元古代—早寒武世的 Petermann 造山作用和泥盆纪—石炭纪的 Alice Springs 造山作用。每一次的造山活动都会引起先存的中元古代继承构造活化和巨厚沉积层之下的基底发生折返。Petermann 造山作用强烈变形发生的位置恰恰是盆地沉积最厚的地区。在两次造山作用期间，沉积中心发生改变，巨大的沉积厚度出现在几条大断裂之上。在 Alice Springs 造山活化期间，构造变形又复出现在深埋的大断裂位置（Hand and Sandiford，1999）。基底活化断层的分布与沉陷样式在造山过程中的内在联系可能意味着巨厚沉积作用与长期岩石圈局部弱化作用有内在的关系。此外，断层的活化需要一个区域性的岩石圈强度调整的过程（Hand and Sandiford，1999）。大多数学者认为 Alice Springs 造山作用发生并无确切的板块构造与板缘造山作用与之相关（Brunet，1986；Shaw et al.，1992；Collins and Shaw，1995；Goodwin，1996）。由此，概略的简述对比分析可见，现中国华南大陆中的扬子与华夏陆块的相互作用和雪峰陆内构造变形系统与澳大利亚中部上述构造发展有着很多相似之处。前者的多次陆内变形均发生在华夏与扬子陆块间的拼接带位置，而那里正是长期延续的沉积中心地带，类似于上述的澳大利亚的 Alice Springs 造山带。

综合对比国内外大陆构造表明，全球不同大陆及其陆内造山带或者陆内构造都有其共性及独特性，没有一个统一唯一的模式能够概括。全球各大陆的陆内造山和陆内构造的共同点在于，首先，它们发生形成的动力都来自于陆内，远离板缘构造，没有大洋参与，远离或脱离板块构造远程效应的影响范围，没有真实可靠的板块构造驱动作用的记录。其次，无论卷入岩浆、变质作用与否，它们的变形作用多以陆内不同陆块间相互作用所导致的不同规模、层次、性质的大陆岩石、岩片、陆块的构造几何学变形为主，构成广泛弥散型大陆结构构造，并常以不同级次的脆性、韧性、流变构造为特点。第三，它们常以岩石圈/地幔结构构造状态的异常为背景，特别是常有以大陆岩石圈的局部弱化和应变局部化为特征。总之，大陆陆内构造的广泛存在及其独特特征启示我们，在地球固体外壳的大陆构造中，除板块构造，包括其远程效应外，大陆内还突出存在深部背景或不同陆块间的相互作用所造成的不同陆内构造，包括陆内造山、陆内构造变形等，显然这是需要更深入进行精细研究的。这应是需要加强而不被忽视的一个大陆构造与大陆动力学深化探索研究的重要新方向，其意义重大。

（三）关键科学问题与探索研究

大陆作为地球及其外壳的最具特征与动力学意义的基本组成部分，是固体地球科学主要的研究对象与目标之一，尤其在今天由于板块构造发展遭遇大陆问题的制约而使大陆成为当代地学孕育与探索崭新理论的前沿研究领域时，无疑需要从宇宙类地行星与整体行星地球和大陆的客观实在出发，从最根本的基础科学问题上，揭示大陆的本质。现提出以下关键科学问题，供思考讨论。

1. 大陆起源与前板块构造

地学界已有关于大陆的长期研究，并取得重要成果，但迄今仍存在诸多基本性问题不清楚尚无解决，争议很大（Fyfe，1978；Windley，1995；Goodwin，1996；Hamilton，1998，2011；Moresi and Solomatov，1998；Nimmo and McKenzie，1998；Sleep，2000；Harrison et al.，2005，2006；Furnes et al.，2007；Zhao，2007；Hopkins et al.，2008；Kemp et al.，2010；Van Hunen and Moyen，2012；Naeraa et al.，2012；Zhao and Cawood，2012；Bell and Harrison，2013；Lin and Beakhouse，2013；Griffin et al.，2013；Rey et al.，2014；Bercovici and Ricard，2014；Moeller and Hansen，2014）。尤其板块构造应用于大陆，突出了大陆问题。现今国际地学界虽经20多年大陆动力学的优先重点研究，仍无突破，但有重要进展，前板块构造和大陆问题已成为当代地学发展前沿领域的关键重大科学问题，地球早期状态与演化，大陆起源和早期地壳与陆壳构造体制，板块构造起始，大陆构造与动力学等系列重大问题，都成为目前地学界关注的热点探索问题，争议激烈，并孕育着新的重大进展与突破（Bowring et al.，1990；Abe，1993，1997；Wilde et al.，2001；Harrison et al.，2005，2006；Stern，2005，2007，2008；Koeberl，2006；Valley et al.，2006；Brown，2006；Cawood et al.，2006；Condie et al.，2006；Halliday，2006；Nutman，2006；Nutman and Friend，2007；Elkins-Tanton，2012；O'Neill and Debaille，2014）。

研究表明关于地球初始状态与演化及其所涉及的系列重大问题，都需要从地学与天文学等系列基本理论与全球性整体从初始到过程，从深部到地表，乃至宇宙与类地行星的综合探索与研究模拟，始能给予根本性逐步认知解决。目前关于这方面的研究，诸如地球早期冥古宙和太古宙时期是什么状态，大陆起源到原陆壳形成至太古宙到现今的大陆如何演化，板块如何、什么时候起始等等基本问题，都还不清楚，多靠推断，争论很多。譬如今仍争议很大的一些主要观点看法：地球起始从宇宙星子混沌撞击聚集，增生增大，壳幔分异，大冲击事件发生，地核、岩浆海形成，静止盖出现到原地壳、原陆壳形成，晚期大冲击事件发生，从冥古宙进入太古宙巨量大陆的快速增生形成等，每一问题都处于争论探索中。再从大陆起源、早期构造体制与板块构造起始等众多不同观点的激烈，甚至截然相对的争议，都同样表明人类对早期地球与大陆的认识知之甚少，处于探索阶段（Abe，1997；Solomatov and Moresi，2000；Canup and Righter，2000；Wood and Halliday，2005；Watson and Harrison，2005；Harrison et al.，2006；Brown，2006；Condie et al.，2006；Zhao，2007；Yin，2012；Debaille et al.，2013；Abramov et al.，2013；O'Neill and Debaille，2014）。但尽管如是，尚无认知共识，然而却共同一致表明，当代地球科学发展前沿领域，前板块构造及早期构造体制，大陆起源与大陆构造，板块构造起始等是关乎整个当代地学发展的重大关键核心科学问题，需要聚焦关键，优先重点进一步持续深入研究，以求得突破。同时，还需要特别强调，从人类对太空宇宙研究和航天技术的发展，比较行星地质学，尤其对类地行星与月球的研究，使目前地学研究得到了进一步发展的重要机遇。无疑这对于地球科学，尤其是对诸如地球起源、大陆起源与早期演化及大陆构造等都具重要意义，成为不可替代的重要创新探索研究领域。

总之，大陆起源及其早期构造体制和板块构造起始等问题，简言之，即前板块构造和大陆构造问题已是当代地学大陆研究中的最基础根本的关键科学问题，并有望获得重要突破，必然会推动地学重大发展。

2. 大陆生长、保存演化和超大陆及其与板块构造的关系

现在已认识到大陆与大洋不同，大陆不参与大洋的生消物质循环系统，所以大陆如何生长与消亡、演化，就成为一个关键问题。

现已认识到陆壳的增生可通过垂向与侧向的方式由地球深部物质或俯冲作用，经岩浆形式向地表分异迁移而实现。但迄今岩浆是如何产生的和大陆是如何增生的以及过程是什么仍是不十分清楚的基本问题。

大陆轻而不易返回地幔，长期保存、漂浮于地表。但关键问题是它是如何被保存的，大陆物质的低密度是否是其保存的真正原因，有多少大陆物质被俯冲，不同时代大陆生长与保存和消亡比例如何等，这些至今都是科学难题。

板块构造什么时候起始？大陆与板块构造的关系如何（Condie and Kröner，2008）？大陆与大陆构造是否始终由板块构造控制？超大陆的聚散运动，是大陆保存演化的全球一级的运动方式，那么全球大陆块以特定的周期汇聚离散均是由板块构造运动驱动的吗（Santosh et al.，2009a，b；Condie，2001；Zhao et al.，2004）？显然，大陆这一地球物质的特殊地质体自身的存在与运动学和动力学规律仍然是现今板块构造、大陆动力学与地球动力学探索的重要基本问题。

要特别指出的是，用板块构造基本原理尚不能完全解释的大陆问题，包括迄今难于解读的一些大陆构造中的问题，也随着研究的深入，已经发现同样不能完全用板块构造远程效应这一长期推理说法给予合理的解释。那么又需要如何研究认知与解释大陆构造呢？无疑，应该强调应从客观实际出发，认真开展大陆陆内构造的研究，在进行大陆中板块构造及其远程效应研究同时，同等重要的进行非板块构造动力形成的陆内构造、陆内陆块间长期相互作用及其动力学效应的探索研究，以深化发展大陆构造与大陆动力学的研究。

3. 大陆构造的资源、能源、环境与灾害效应

大陆构造及其动态过程是资源、能源、环境与灾害产生的动因和直接的控制因素，也是其载体。而资源、能源、环境与灾害则是大陆构造及其过程的特殊物质记录，同时，对它们的研究，也是当代人类社会可持续发展的重大需求和地学发展的重要任务，也是大陆研究的基本目的之一。因此进行大陆的成矿、成藏研究，全球变化与生态环境演变和灾害，包括地震灾害的研究，应是开展大陆与大陆构造及其动力学研究的重要基本内容，除了已有的以板块构造理论为指导的研究外，同时也应以大陆构造、陆内构造、陆内造山与陆内构造变形的新的学术思想探索构建新的大陆成矿、成藏理论，开展构造环境与灾害研究，求得新突破，促进深化大陆的研究，适应与满足人类社会发展的需求。

4. 大陆与地球系统及生命协同演化

全球变化、地球生态环境变迁与生命演化关系研究已是当代社会发展的重大需求，因之也已成为当代地球科学前沿重大研究命题。

大陆是地球外壳的主要组成部分，是天体地球内外动力圈层相互作用的综合历史演化产物。大陆的形成、演化、保存、消亡的复杂过程，包容着地球系统与生命协同演化的丰富信息，而且它不仅受控于地球内动力作用，而且还受控于地球外部圈层、宇宙等外力作用，因此大陆研究必须放置于宇宙与地球系统中进行探索研究，只有这样才能期望问题逼近最终的科学解决。显然，难题在于如何定性定量表述地球系统中不同动力作用对大陆形成演化的控制与影响以及大陆构造作用从宏观到微观角度又如何控制影响着生命与地表系统的内在规律。

大陆演化与生命、生态和地球环境演变及全球变化是统一地球系统中的作用过程，生命是地球物质演化的最高产物与记录，生命演化除受控于其自身有机物质与生命运动规律外，主要受控于地球环境系统的演变，无疑生命演化也是统一地球系统的一种自然作用过程。显然，它们之间存在着复杂的

内在关系，是生命、环境与大陆间的协同演化。这是一个重大的基本科学问题。现今的研究已不仅是具体地域环境与地质作用的关系，如山脉隆升作用等对环境气候变化的影响，而是需将研究扩展到全球大陆演化对全球环境与气候变化的控制，甚至反向研究全球生态环境与气候变化对大陆地表作用过程和地貌形态的控制，以及进而引起的大陆深部物质和结构调整，力图从另一侧面揭示大陆的特殊属性与过程。而且更为重要的是，要研究它们的演变过程与总体和生命系统的演化间的互馈内在关系与规律。再者，现今人类社会可持续发展需要以人类生存尺度，而不只是地质尺度来研究大陆与构造演化和全球变化与生命系统演化的关系及规律。

总之，现今大陆问题的研究除其传统基本基础科学问题和最新提出的科学问题外，日益与现今人类社会发展提出的重大问题紧密相关。它的研究不仅有助于这些问题的解决，而且反过来这些问题的解决也在多方面有助于深化大陆问题的研究。所以这是一个大科学系统工程的问题，既是自然科学问题，也是社会科学问题，实际就是一个社会与自然科学交叉的综合复杂的大科学系统问题。

5. 大陆构造与大陆流变学

大陆与大陆构造是地质科学长久的基本研究命题，从大地构造的台槽学说到现代的板块构造理论，对大陆研究与认识不断在深化更新，尤其板块构造研究大陆，使大陆研究得到深刻理性的认知，提升到新的认识层次，不但深化了大陆研究，也深化发展了板块构造。但已如前述，板块构造至今也未能完全揭示大陆本质规律，所以大陆动力学研究应运而生。新的研究取得了新的进展（郭安林等，2004；张国伟、郭安林，2007；Xu et al.，2009），但仍处于探索积累过程之中。对此问题我们已有专门多篇文章发表，这里不作全面系统论述，这里再次强调下述三点供讨论。

1）以最新发展的板块构造理念再深化对大陆的研究与再认识。大陆动力学提出后经30多年的研究、发展，现在应以新的对大陆的认知与理解，再精细深化对大陆构造中板块构造及其远程效应构造的研究。现今大陆构造中总体构造或主要构造主导是古今板块构造及其远程效应所造成的。原以经典板块构造观登陆研究已有半个世纪，它替代了台槽说描述的大陆构造格局与认识，建立了全球的与区域性大陆板块构造格架与模式以及一些具体构造结构与演化。但现在关键是如何在重新认识大陆的新的认识层次上更精细、更精确地深化研究，从而进一步确定板块构造作用下大陆的行为与构造响应及其演化过程与动力学，真正筛分板块不能解释的大陆构造与问题，上升到新的科学水平，总结板块构造规律，提出大陆陆内构造研究科学问题，深化发展板块构造理论，探索大陆构造理论。

2）重点突出陆内构造及其动力学研究。重点加强研究大陆中有无非板块构造的陆内构造驱动力和在陆内深部动力学背景和陆内陆块间相互作用所导致的陆内构造，即有无大陆自身动力作用驱动下产生的陆内构造，包括陆块构造、陆内造山、陆内变形和陆内盆地构造等，深化大陆与大陆构造的研究，科学地回答板块构造登陆而未能回答的大陆问题。

3）大陆流变学研究。从现今对大陆本质与特征的认识而言，可以说是板块构造深化发展突出了大陆问题，而大陆问题的重新研究却又突显了大陆流变学问题（郭安林等，2004a；Zhang et al.，2006；张国伟、郭安林，2007）。大陆流变学已经为地学界所重视，并谈论不少，但迄今实际研究不多。这是因为流变学本身就是复杂科学问题，对地学而言，有更多困难，但现在深化大陆构造的研究，已经到了必须进行切实的大陆流变学研究的时候了。现今应是切实启动真正大陆流变学研究的时候，所以我们需要在以下方面着手切入研究：①开展大陆天然岩石流变构造研究；②进一步加强高温高压实验岩石流变研究；③进行大陆流变学物理模拟与数值模拟研究。三者应一体，共同探索，真正开启大陆构造流变学研究的新纪元。研究应以中国大陆地质与大陆构造的地域优势，切实深入创造性的探索研究，力求有高水平的科学创新成果，在大陆构造流变学研究领域跻身于国际地学前沿，参与当代国际地学的发展与竞争。

6. 地球动力学和板块构造动力学与大陆动力学

大陆是地球表层外壳的一种特殊地质体，已如前述是历经长期复杂演变而形成的一个拼合体，主体长期保存不易返回地幔，其形成演化必然受整个地球形成演化及其动力学的控制。大陆是地球外层固体板块构造的主要组成单元，无疑也受板块构造动力学的控制，但同时也如同前述，大陆不同于大洋，有其自身的特性与规律，应有其自身形成演化的动力学规律。显然，地球动力学是以动态总系统，包括了其整体从内核到外层空间的各个子动力学系统，如地球内、外核动力学，地幔动力学，岩石圈动力学，以及板块构造动力学与大陆动力学等。因此，在探索研究大陆这一地学基本基础科学问题时，主要内容之一是其动力学问题。大陆动力学如同板块构造动力学，是地球动力学的子体系，所以在探索研究大陆动力学自身基础问题时，要与整体地球动力学及与其相关的地幔动力学、板块构造动力学的研究相结合，力求从全局与关键基础问题上取得新进展。

关于大陆构造及其动力学探索研究，鉴于现代国内外的研究现状与动态，思考我国的研究，除需要有见地的利用国际现代最新研究与成果外，重点需开展：①我国大陆与世界重要大陆关键部位的地球物理探测，获取大陆深部结构状态与数据。我国目前在这方面还是比较薄弱的，不只对自己的家底不清，对世界特别是重要具典型代表性的大陆的深部更是不清，这就在根本上限制了对大陆、大陆构造及其动力学的了解、认知，及其关键问题的研究解决与突破。关于这方面研究显然任重而道远，困难很大，但是不可缺少的。②地球深部，包括核、核幔深层地幔动力学的探讨研究，我国十分薄弱，甚至不少是空白，现在应是要研究思考的时候了。与之同时，动力学的数值模拟同样也是必需的，是动力学研究探索的基本途径之一。国外发达国家已做了很多，尽管争议与问题还很多，但仍是解决大陆构造问题的重要途径。我国也开展了一些研究，但与国际比较，落差较大。现在急需加强，重点开展研究，否则在大陆动力学、板块构造动力学，乃至地球动力学领域期望取得成果与进展是困难的。总之，在当代地球科学发展新的形势下，深化发展板块构造，探索研究大陆问题和大陆构造及其动力学问题，现在正处于良好时机，我们要以行星地球系统科学和现代科学的理念与技术，立足中国大陆区域实际，并走出去，对比全球与行星，深入开展大陆壳与大陆岩石圈地幔及陆下地幔及其动力学的系统研究，探索研究认知大陆构造与大陆动力学，深化发展板块构造，为探求构建行星地球构造观与大陆构造理论系统（张国伟等，2006，2011a，b；Sandford and Hand，1998；Sandford and McLaren，2002；Zhang et al.，2012a，b；Kennett et al.，2013）做出贡献。

参 考 文 献

安三元, 杨轩柱, 侯世军等. 1991. 金川岩体稀土元素特征及成因意义. 地球科学与环境学报, 13(1): 15~22

白瑾. 1993. 中国前寒武纪地壳演化. 北京: 地质出版社. 1~223

边千韬, 罗小全 陈海泓等. 1999a. 阿尼玛卿蛇绿岩带花岗–英云闪长岩锆石 U-Pb 同位素定年及大地构造意义. 地质科学, 34(4): 420~426

边千韬, 罗小全, 李红生等. 1999b. 阿尼玛卿山早古生代和早石炭—早二叠世蛇绿岩的发现. 地质科学, 34(4): 523~524

边千韬, 罗小全, 李涤徽等. 2000. Discovery of Caledonian island-arc granodiorite-tonalite in Buqingshan, Qinghai Province. Progress in Natural Science, 1: 76~80

边千韬, 罗小全, 李涤徽等. 2001. 青海省阿尼玛卿带布青山蛇绿混杂岩的地球化学性质及形成环境. 地质学报, 75(1): 45~55

蔡学林, 吴德超, 石绍清, 邓明森. 1995. 武当山推覆构造的形成与演化. 成都: 成都科技大学出版社. 1~220

曹宣铎, 胡云绪, 赵江天. 1994. 秦岭石炭纪裂陷盆地的沉积-构造演化. 西安: 陕西科学技术出版社. 1~75

车自成, 罗金海, 刘良. 2002. 中国及其邻区区域大地构造学. 北京: 科学出版社. 1~519

陈国达. 1992. 地洼学说的新进展. 北京: 科学出版社. 1~314

陈国铭. 1984. 西藏的构造演化历史及其特点. 地球学报, 9(2): 75~86

陈家义, 杨永成, 霍向光. 1995. 秦岭祁连山昆仑山构造发展史与南北中国板块的拼合. 陕西地质, 13(2): 1~11

陈家义, 杨永成, 李荣社等. 1997. 汉中-碧口地区的造山结构和构造. 陕西地质, 15(1): 12~19

陈杰. 1992. 青海德尔尼铜矿床成矿机制浅析. 青海国土经略, (1): 53~61

陈亮, 孙勇, 柳小明等. 2000. 青海省德尔尼蛇绿岩的地球化学特征及其大地构造意义. 岩石学报, 16(1): 106~110

陈亮, 孙勇, 裴先治等. 2001. 德尔尼蛇绿岩 ⁴⁰Ar-³⁹Ar 年龄: 青藏最北端古特提斯洋盆存在和延展的证据. 科学通报, 46(5): 424~426

陈能松, 朱杰, 王国灿等. 1999. 东昆仑造山带东段清水泉高级变质岩片的变质岩石学研究. 地球科学, 24(2): 116~120

陈能松, 孙敏, 张克信. 2000. 东昆仑变闪长岩的 ⁴⁰Ar-³⁹Ar 和 U-Pb 年龄: 角闪石过剩 Ar 和东昆仑早古生代岩浆岩带证据. 科学通报, 45(21): 2337~2442

陈能松, 何蕾, 孙敏等. 2002. 东昆仑造山带早古生代变质峰期和逆冲构造变形年代的精确限定. 科学通报, 47(8): 628~632

陈能松, 李晓彦, 王新宇等. 2006a. 柴南缘昆北单元变质新元古代花岗岩的锆石 SHRIMP U-Pb 年龄. 地质通报, 25(11): 1131~1134

陈能松, 李晓彦, 张克信. 2006b. 东昆仑山香日德南部白少河岩组的岩石组合特征和形成年代的锆石 Pb-Pb 定年启示. 地质科技情报, 25(6): 1~7

陈松龄, 黄震. 1997. 陕西旬北浅变质岩区的大型层滑构造. 西北地质科学, 18(2): 26~32

陈西京, 王淑荣, 张秀颖. 1993. 秦岭花岗伟晶岩基本特征与成矿作用. 北京: 地质出版社. 1~75

陈义兵, 张国伟, 鲁如魁等. 2010a. 北秦岭-祁连结合区大草滩群碎屑岩锆石 U-Pb 年代学研究. 地质学报, 84(7): 947~962

陈义兵, 张国伟, 裴先治等. 2010b. 西秦岭大草滩群的形成时代和构造意义探讨. 沉积学报, 28(3): 579~584

陈毓川, 赵逊, 张之一等. 2000. 世纪之交的地球科学: 重大地学领域进展. 北京: 地质出版社. 1~210

程顺有, 张国伟, 李立. 2003. 秦岭造山带岩石圈电性结构及其地球动力学意义. 地球物理学报, 46(3): 390~397

程顺有, 张国伟, 刁博. 2004. 秦岭造山带岩石圈动力学模型——来自大地电磁测深的证据. 西北大学学报, 34(5): 591~595

程顺有, 张国伟, 刁博. 2005. 东秦岭岩石圈热流变学结构初探. 西北大学学报, 35(5): 601~605

程顺有, 郭安林, 陆晓芳等. 2010. "赤水-涟源东西向构造带"厘定的地质-地球物理证据. 地学前缘, 17(3): 158~165

程万强, 杨坤光. 2009. 大巴山构造演化的石英 ESR 年代学研究. 地学前缘, 16(3): 197~206

程裕淇. 1994. 中国区域地质概论. 北京: 地质出版社. 165~239

崔永泉. 1994. 南秦岭白水江—大河口一带"志留系"地质构造特征及金矿找矿方向. 陕西地质, 12(1): 8~16

邓晋福, 杨建军. 1996. 格尔木-额济纳旗断面走廊域火成岩-构造组合与大地构造演化. 现代地质, 10(3): 330~343

邓晋福, 赵海玲, 莫宣学等. 1996. 中国大陆根柱构造——大陆动力学的钥匙. 北京: 地质出版社. 1~96

邓万明. 1989. 喀喇昆仑-西昆仑地区基性-超基性岩初步考察. 自然资源学报, 4(3): 204~211

邓万明. 1991. 中昆仑造山带钾玄质火山岩的地质、地球化学和时代. 地质科学, (3): 193~206

邓万明. 1995. 喀喇昆仑-西昆仑地区蛇绿岩的地质特征及其大地构造意义. 岩石学报, 11(增刊): 98~111

邓万明, 松本征夫. 1996. 青海可可西里地区新生代火山岩的岩石特征与时代. 岩石矿物学杂志, 15(4): 289~298

邓万明, 尹集祥, 呙中平. 1996. 羌塘茶布-双湖地区基性超基性岩和火山岩研究. 中国科学 D 辑: 地球科学, 26(4): 296~301

丁道桂, 王道轩, 刘伟新等. 1996. 西昆仑造山带与盆地. 北京: 地质出版社. 1~230

董申保. 1986. 中国变质作用及其与地壳演化的关系. 北京：地质出版社. 1~225

董申保，魏春景. 1997. 变质地质学的某些进展. 岩石学报，13(3)：274~288

董树文，戴世坤. 1993. 大别山碰撞造山带基本结构. 科学通报，38(6)：542~545

董树文，李廷栋. 2009. SinoProbe——中国深部探测实验. 地质学报，83(7)：895~909

董树文，吴宣志. 1998. 大别造山带地壳速度结构与动力学. 地球物理学报，41(3)：349~361

董树文，孙先如，张勇等. 1993. 大别造山带基本结构. 科学通报，38(6)：542~545

董树文，吴宣志，高锐等. 1998. 大别造山带地壳速度结构与动力学. 地球物理学报，41(3)：349~361

董树文，武红岭，刘晓春等. 2002. 陆-陆点碰撞与超高压变质作用. 地质学报，76(2)：163~172

董树文，高锐，李秋生等. 2005. 大别山造山带前陆深地震反射剖面. 地质学报，79(5)：595~601

董树文，胡健民，施炜等. 2006. 大巴山侏罗纪叠加褶皱与侏罗纪前陆. 地球学报，27(5)：403~410

董树文，李廷栋，陈宣华等. 2012. 我国深部探测技术与实验研究进展综述. 地球物理学报，55(12)：3884~3901

董树文，李廷栋，高锐等. 2013. 我国深部探测技术与实验研究与国际同步. 地球学报，34(1)：7~23

董树文，李廷栋，陈宣华等. 2014. 深部探测揭示中国地壳结构-深部过程与成矿作用背景. 地学前缘，21(3)：201~225

董云鹏. 1997a. 鄂北随州-京山地区构造特征及构造演化. 西北大学博士学位论文. 1~131

董云鹏. 1997b. 湖北荆州地区晚三叠世—中侏罗世地层与沉积环境. 地层学杂志，21(2)：130~135

董云鹏，张国伟. 1997. 造山带与前陆盆地结构构造及动力学研究思路和进展. 地球科学进展，12(1)：1~6

董云鹏，张国伟. 2010. 大陆的形成、演化及其动力学. 见："10000个科学难题"地球科学编委会. 10000个科学难题——地球科学卷. 北京：科学出版社. 217~220

董云鹏，周鼎武. 1997. 东秦岭富水基性杂岩体地球化学特征及其形成环境. 地球化学，26(3)：79~88

董云鹏，周鼎武，刘良等. 1997a. 东秦岭松树沟蛇绿岩 Sm-Nd 同位素年龄的地质意义. 地质通报，16(2)：217~221

董云鹏，周鼎武，张国伟. 1997b. 东秦岭松树沟超镁铁岩侵位机制及其构造演化. 地质科学，32(2)：173~180

董云鹏，周鼎武，张国伟. 1997c. 秦岭富水基性杂岩体地球化学特征及其形成环境. 地球化学，26(2)：79~88

董云鹏，张国伟，柳小明等. 1998a. 鄂北大洪山地区"花山群"的解体. 中国区域地质，16(4)：371~376

董云鹏，周鼎武，张国伟等. 1998b. 秦岭造山带南缘早古生代基性火山岩地球化学特征及其大地构造意义. 地球化学，27(5)：432~441

董云鹏，张国伟，赖少聪等. 1999a. 随州花山蛇绿构造混杂岩的厘定及其大地构造意义. 中国科学 D 辑：地球科学，29(3)：222~231

董云鹏，张国伟，赖绍聪等. 1999b. An ophiolitic tectonic melange first discovered in Huashan area, south margin of Qinling orogenic belt, and its tectonic implications. Science in China, Ser D, 3：292~302

董云鹏，周鼎武，张国伟等. 1999c. Geochemistry of the Caledonian basic volcanic rocks at the south margin of the Qinling orogenic belt, and its tectonic implications. Chinese Journal of Geochemistry, 3：193~200

董云鹏，张国伟，姚安平等. 2003a. 襄樊-广济断裂西段三里岗-三阳构造混杂岩带的构造变形与演化. 地质科学，38(4)：425~436

董云鹏，张国伟，赵霞等. 2003b. 北秦岭元古代构造格架与演化. 大地构造与成矿学，27(2)：115~124

董云鹏，张国伟，赵霞等. 2003c. 鄂北大洪山岩浆带地球化学及其构造意义——南秦岭勉略洋盆东延及其俯冲的新证据. 中国科学 D 辑：地球科学，33(12)：1143~1153

董云鹏，张国伟，朱炳泉. 2003d. 北秦岭构造属性与元古代构造演化. 地球学报，24(1)：3~10

董云鹏，张国伟，周鼎武等. 2005a. 中天山北缘冰达坂蛇绿混杂岩的厘定及其构造意义. 中国科学 D 辑：地球科学，35(6)：552~560

董云鹏，周鼎武，张国伟等. 2005b. 中天山南缘乌瓦门蛇绿岩形成构造环境. 岩石学报，21(1)：37~44

董云鹏，张国伟，杨钊等. 2007. 西秦岭武山 E-MORB 型蛇绿岩及相关火山岩地球化学. 中国科学 D 辑：地球科学，（增刊）：199~208

董云鹏，杨钊，张国伟等. 2008a. 西秦岭关子镇蛇绿岩地球化学及其大地构造意义. 地质学报，82(9)：1186~1194

董云鹏，查显峰，付明庆等. 2008b. 秦岭南缘大巴山褶皱-冲断推覆构造的特征. 地质通报，27(9)：1493~1508

杜远生. 1994. 西秦岭造山带泥盆系沉积地质学和动力学环境. 中国地质大学（武汉）博士学位论文. 1~127

杜远生. 1995a. 秦岭造山带泥盆纪古海洋研究. 地球科学，20(6)：617~623

杜远生. 1995b. 西秦岭造山带泥盆纪沉积地质学和动力沉积学研究：西秦岭南带泥盆纪裂陷槽盆地、摩天岭地体沉积特征和盆地格局. 岩相古地理，15(6)：48~61

杜远生. 1997. 秦岭造山带泥盆纪沉积地质学研究. 武汉：中国地质大学出版社. 1~130

杜远生，殷鸿福，王治平. 1997. 秦岭造山带晚加里东—早海西期的盆地格局与构造演化. 地球科学，22(4)：401~405

方维萱，卢纪英，张国伟. 1999. 南秦岭及邻区大陆动力成矿系统及成矿系列特征与找矿方向. 西北地质科学，20(2)：1~16

方维萱，张国伟，胡瑞忠等. 2001a. 秦岭造山带泥盆系热水沉积岩相应用研究及实例. 沉积学报，19(1)：48~54

方维萱，张国伟，李亚林. 2001b. 南秦岭晚古生代伸展构造特征及意义. 西北大学学报，31(3)：235~240

方锡廉，汪玉珍. 1990. 西昆仑加里东期花岗岩类浅识. 新疆地质，8(2)：153~158

冯庆来. 1997. 扬子地区海西-印支期层状硅质分布节律. 地学前缘，4(3-4)：173~173

冯庆来，杜远生，殷鸿福等. 1996. 南秦岭勉略蛇绿混杂岩带中放射虫的发现及其意义. 中国科学 D 辑：地球科学，26(增刊)：78~82

冯益民, 朱宝清. 1980. 西秦岭"混杂堆积"及构造发展史. 地质学报, (1): 34~44

冯增昭等. 1991. 中下扬子地区二叠纪岩相古地理. 北京: 地质出版社. 74~104

冯增昭, 鲍志东, 吴胜和等. 1997. 中国南方早中三叠世岩相古地理. 地质科学, 32(2): 212~220

高锐, 李廷栋, 吴功建. 1998. 青藏高原岩石圈演化与地球动力学过程. 地质论评, 44(4): 389~395

高锐, 王海燕, 王成善等. 2011. 青藏高原东北缘岩石圈缩短变形. 地球学报, 32(5): 513~520

高山, 张本仁. 1990a. 秦岭造山带元古宙陆内裂谷作用的沉积地球化学证据. 科学通报, 35(19): 1494~1496

高山, 张本仁. 1990b. 扬子地台北部太古宙 TTG 片麻岩的发现及其意义. 地球科学——中国地质大学学报, 15(6): 675~679

高山, 张本仁, 骆庭川等. 1990. 秦岭造山带及其邻区大陆地壳的结构与成分研究. 见: 张本仁等. 秦岭区域地球化学文集. 武汉: 中国地质大学出版社. 33~49

高山, 金振民, 金淑燕等. 1997. 大别超高压榴辉岩高温高压下地震波速和密度的初步实验研究——对造山带地壳深部组成和莫霍面性质的启示. 科学通报, 42(8): 862~865

高山, 张本仁, 金振民. 1999. 秦岭-大别造山带下地壳拆沉作用. 中国科学 D 辑: 地球科学, 29(6): 532~541

高山, Qiu Y M, 凌文黎等. 2001. 崆岭高级变质地体单颗粒锆石 SHRIMP U-Pb 年代学研究——扬子克拉通 >3.2 Ga 陆壳物质的发现. 中国科学 D 辑: 地球科学, 31(1): 27~35

高延林. 1984. 中国的蓝片岩. 中国地质科学院院报, 10: 61~75

高延林, 吴向农, 左国权. 1988. 东昆仑山清水泉蛇绿岩特征及其大地构造意义. 中国地质科学院西安地质矿产研究所所刊, (21): 17~28

顾芷娟, 潘裕生, 周勇等. 2000. 青藏高原地壳低速层的物理性质. 矿物岩石地球化学通报, 19(1): 30~33

管志宁, 安玉林, 陈国新. 1991. 秦巴地区地壳磁性结构研究. 见: 秦岭造山带学术讨论会论文选集. 西安: 西北大学出版社. 192~199

郭安林, 张国伟. 2010. 岩石圈 HPE 热弱化与陆内构造变形. 地学前缘, 17(5): 374~381

郭安林, 张国伟, 程顺有. 2004a. 超越板块构造——大陆地质研究新机遇评述. 自然科学进展, 14(7): 729~733

郭安林, 张国伟, 姚安平. 2004b. 地质数据库建立中的系统分析. 西北大学学报(自然科学版), 34(2): 203~227

郭安林, 张国伟, 孙延贵等. 2005. 陆地原位宇宙成因核素 (TCN) 在地表过程与构造活动关系研究中的应用. 海洋地质与第四纪地质, 25(3): 133~138

郭安林, 张国伟, 孙延贵等. 2006. 阿尼玛卿蛇绿岩带 OIB 和 MORB 的地球化学及空间分布特征: 玛积雪山古洋脊热点构造证据. 中国科学 D 辑: 地球科学, 36(7): 618~629

郭安林, 张国伟, 孙延贵等. 2007a. 共和盆地周缘晚古生代镁铁质火山岩地球化学及空间分布——玛积雪山三联点以及东古特提斯多岛洋启示. 中国科学 D 辑: 地球科学, (增刊): 249~261

郭安林, 张国伟, 孙延贵等. 2007b. 青海省共和盆地周缘晚古生代镁铁质火山岩 Sr-Nd-Pb 同位素地球化学及其地质意义. 岩石学报, 23(4): 747~754

郭安林, 张国伟, 孙延贵等. 2007c. 青藏高原东北缘多福屯第三纪钠质基性火山岩及构造启示. 地学前缘, 14(3): 73~83

郭安林, 张国伟, 强娟等. 2009. 青藏高原东北缘印支期宗务隆造山带. 岩石学报, 25(1): 1~12

郭坤一, 张传林, 王爱国等. 2003. 西昆仑首次发现石榴二辉麻粒岩. 资源调查与环境, 24(2): 79~81

郭素淑, 李曙光. 2009. 华北克拉通东南缘古元古代变质和岩浆事件的锆石 SHRIMP U-Pb 年龄. 中国科学 D 辑: 地球科学, 39(6): 694~699

郭正吾, 邓康龄, 韩永辉. 1996. 四川盆地形成与演化. 北京: 地质出版社. 1~200

郝杰, 刘小汉, 方爱民, 肖文交, Windley B F. 2003. 西昆仑"库地蛇绿岩"的解体及有关问题的讨论. 自然科学进展, 13(10): 1116~1120

何登发, 李德生, 张国伟等. 2011. 四川多旋回叠合盆地的形成与演化. 地质科学, 46(3): 589~606

何建坤, 卢华复. 1999. 东秦岭造山带南缘北大巴山构造反转及其动力学. 地质科学, 34(2): 139~153

何建坤, 卢华复, 张庆龙等. 1997. 南大巴山冲断构造及其剪切挤压动力学机制. 高校地质学报, 3(4): 419~428

贺高品. 1991. 确定变质作用 PTt 轨迹的岩石学研究方法. 国外前寒武纪地质, (3): 20~30

贺高品, 卢良兆, 叶慧文等. 1991. 冀东和内蒙古东南部早前寒武纪变质作用演化. 长春: 吉林大学出版社. 85~93

侯光久, 索书田, 郑贵州等. 1998. 雪峰山加里东造山运动及其体制转换. 国土资源导刊, 17(3): 141~144

侯明金, 吴跃东, 汤加富. 2004. 大别造山带中上地壳变形特征——皖中张八岭地区印支-燕山早期构造变形研究. 中国地质, 31(2): 123~130

侯遵泽, 杨文采. 1997. 中国重力异常的小波变换与多尺度分析. 地球物理学报, 40(1): 85~95

胡德祥, 陈忆元, 邓清录等. 1991. 前震旦纪岩石圈大"开"大"合"——俯冲造山带-碰撞造山带的形成. 见: 杨巍然等著. 造山带结构与演化的现代理论和研究方法——东秦岭造山带剖析. 武汉: 中国地质大学出版社. 59~108

胡健民, 宋子新, 郭力宇. 1998. 武当山北部南化塘地区地质构造演化过程. 湖北地矿, 12(1): 13~21

胡健民, 孟庆任, 白武明. 2002. 南秦岭构造带中-晚古生代伸展构造作用. 地质通报, 21(8-9): 471~478

胡健民，董树文，孟庆任等. 2006. 大巴山西段高川地体的构造变形特征及其意义. 地质通报，27(12)：2031~2044

胡健民，董树文，孟庆任等. 2009a. 大巴山西段高川地体的构造变形及其意义. 地质通报，27(12)：2031~2044

胡健民，施炜，渠洪杰等. 2009b. 秦岭造山带大巴山弧形构造带中生代构造变形. 地学前缘，16(3)：49~68

胡健民，孟庆任，陈虹等. 2011. 秦岭造山带内宁陕断裂带构造演化及其意义. 岩石学报，27(3)：657~671

胡召齐，朱光，刘国生等. 2009. 川东"侏罗山式"褶皱带形成时代：不整合面的证据. 地质论评，55(1)：32~42

湖北省地质矿产局. 1990. 湖北省区域地质志. 北京：地质出版社. 1~705

湖北省区调队综合分队变质地层组. 1983. 大别群、红安群、应山群的时代问题讨论. 中国区域地质，(3)：66~78

黄汲清. 1945. 中国主要大地构造特征. 中国地质调查所文集(甲种)，20：1~165

黄汲清. 1960. 中国地质构造基本特征的初步总结. 地质学报，40(1)：1~37

黄汲清. 1984. 中国大地构造特征的新研究. 中国地质科学院院报，第9号：5~8

黄汲清，陈炳蔚. 1987. 中国及邻区特提斯海的演化. 北京：地质出版社

黄汲清，任纪舜，姜春发等. 1977. 中国大地构造基本轮廓. 地质学报，(2)：117~135

黄汲清，任纪舜等. 1980. 中国大地构造及其演化. 北京：科学出版社. 1~124

黄汲清，任纪舜等. 1985. 中国大地构造及其演化1：400万大地构造图简要说明. 北京：科学出版社

黄继钧. 2000. 纵弯叠加褶皱地区岩石有限应变特征：以川东北地区典型叠加褶皱为例. 地质论评，46(2)：178~185

霍福臣，李永军. 1995. 西秦岭造山带的建造与地质演化. 西安：西北大学出版社

嵇少丞，钟大赉，许志琴等. 2008. 流变学：构造地质学和地球动力学的支柱学科. 大地构造与成矿学，32(3)：257~264

冀六祥. 1991. 对青海布青山群地层时代的新认识. 中国区域地质，(1)：28~29

冀六祥，欧阳舒. 1996. 青海中东部布青山群孢粉组合及其时代. 古生物学报，35(1)：1~25

贾承造，施央申，郭令智. 1988. 东秦岭板块构造. 南京：南京大学出版社. 1~130

江来利，吴维平，刘贻灿等. 2003. 大别山南部宿松杂岩的U-Pb锆石和Ar-Ar角闪石年龄及其地质意义. 岩石学报，19(3)：497~505

姜春发. 1992. 昆仑开合构造. 北京：地质出版社. 101~217

姜春发. 1993. 中央造山带主要地质构造特征. 地学研究，(27)：107~108

姜春发. 2002. 中央造山带几个重要地质问题及其研究进展(代序). 地质通报，21(8)：454~455

姜春发，朱志直，孔凡宗. 1980. 秦岭地槽马蹄型构造. 见：黄汲清，李春昱主编. 中国及其邻区大地构造论文集. 北京：地质出版社. 102~114

姜春发，杨经绥，冯秉贵等. 1992. 昆仑开合构造. 北京：地质出版社. 1~217

姜春发，王宗起，李锦轶等. 2000. 中央造山带开合构造. 北京：地质出版社. 1~145

金昕，任光辉，曾建华等. 1996. 东秦岭造山带岩石圈热结构及断面模型. 中国科学D辑：地球科学，26(增刊)：13~22

金振民，姚玉鹏. 2004. 超越板块构造——我国构造地质学要做些什么？地球科学——中国地质大学学报，29(6)：644~650

赖绍聪. 1997. 秦岭造山带勉略缝合带超镁铁质岩的地球化学特征. 西北地质，18(3)：36~45

赖绍聪. 1999. Petrogenesis of the Cenozoic volcanic rocks from the northern part of Qinghai-Xizang (Tibet) Plateau. Chinese Journal of Geochemistry，18(4)：361~371

赖绍聪，秦江峰. 2010. 南秦岭勉略缝合带蛇绿岩与火山岩. 北京：科学出版社. 1~257

赖绍聪，张国伟. 1999. 秦岭-大别勉略结合带蛇绿岩及其大地构造意义. 地质论评，45(增刊)：1062~1071

赖绍聪，张国伟. 2002. 勉略结合带五里坝火山岩的地球化学研究及其构造意义. 大地构造与成矿学，26(1)：43~50

赖绍聪，张国伟，董云鹏. 1997a. 秦岭-大别山随州南周家湾变质玄武岩地球化学及其大地构造意义. 西北大学学报，27(4)：35

赖绍聪，张国伟，董云鹏. 1997b. 随州南周家湾变质岩地球化学及其大地构造意义. 地球科学——中国地质大学学报，22(4)：222~362

赖绍聪，张国伟，杨永成等. 1997c. 南秦岭勉县-略阳结合带变质火山岩岩石地球化学特征. 岩石学报，13(4)：563~573

赖绍聪，张国伟，董云鹏. 1998a. 秦岭-大别勉略缝合带湖北随州周家湾变质玄武岩地球化学及其大地构造意义. 矿物岩石，18(2)：1~8

赖绍聪，张国伟，杨永成等. 1998b. 南秦岭勉县-略阳结合带蛇绿岩与岛弧火山岩地球化学及其大地构造意义. 地球化学，27(3)：283~293

赖绍聪，张国伟，杨瑞瑛. 2000a. 南秦岭巴山弧两河-饶峰-五里坝岛弧岩浆带的厘定及其大地构造意义. 中国科学D辑：地球科学，30(增刊)：53~63

赖绍聪，张国伟，杨瑞瑛. 2000b. 南秦岭勉略带两河弧内裂陷火山岩组合地球化学及其大地构造意义. 岩石学报，16(3)：317~326

赖绍聪，杨瑞瑛，张国伟. 2001. 南秦岭西乡孙家河组火山岩形成构造背景及其大地构造意义的讨论. 地质科学，36(3)：295~303

赖绍聪，张国伟，裴先治. 2002. 南秦岭勉略结合带琵琶寺洋壳蛇绿岩的厘定及其大陆构造意义. 地质通报，21(8-9)：465~470

赖绍聪，李三忠，张国伟. 2003a. 陕西西乡群火山-沉积岩系形成构造环境：火山岩地球化学约束. 岩石学报，19(1)：141~152

赖绍聪，张国伟，董云鹏. 2003b. 秦岭-大别勉略构造带蛇绿岩与相关火山岩性质及其时空分布. 中国科学D辑：地球科学，33(12)：1174~1183

赖绍聪，张国伟，裴先治等. 2003c. 南秦岭康县-琵琶寺-南坪构造混杂带蛇绿岩与洋岛火山岩地球化学及其大地构造意义. 中国科学D

辑：地球科学，33(1)：10~19

赖绍聪，张国伟，李永飞等. 2007. 青藏高原东缘麻当新生代钠质碱性玄武岩成因及其深部动力学意义. 中国科学 D 辑：地球科学，(增刊)：271~278

赖旭龙，杨逢清. 1995. 四川南坪隆康、塔藏一带泥盆纪含火山岩地层的发现及意义. 科学通报，40(9)：863~864

赖旭龙，杨逢清，杜远生等. 1997. 川西北若尔盖一带三叠系层序及沉积环境分析. 地质通报，16(2)：193~199

兰朝利，吴峻. 2002. 新疆东昆仑木孜塔格蛇绿混杂岩发现早石炭世放射虫. 地质科学，37(1)：104~106

乐光禹. 1998. 大巴山造山带及其前陆盆地的构造特征和构造演化. 矿物岩石，18(增刊)：8~15

李百祥. 1999. 甘肃西秦岭地区地球物理场特征及其地质解释. 勘察地球物理勘察地球化学文集(22)，区域重力调查专集. 北京：地质出版社. 115~139

李犇，朱赖民，张国伟等. 2010. 北秦岭西部陕西铜峪 VHMS 型铜矿床矿化地质特征、成矿背景与矿床成因. 中国科学：地球科学，40(8)：970~995

李春昱，刘仰文，朱宝清等. 1978. 秦岭及祁连山构造发展史. 国际交流地质论文集(一). 北京：地质出版社. 174~185

李春昱，王荃，刘雪亚等. 1982. 亚洲大地构造图说明书. 北京：地质出版社. 1~48

李怀坤，陆松年，相振群. 2006. 东昆仑中部缝合带清水泉麻粒岩锆石 SHRIMP U-Pb 年代学研究. 地学前缘，13(6)：311~321

李锦轶. 1998. 中国东北及邻区若干地质构造问题的新认识. 地质论评，44(4)：339~347

李锦轶. 2000. 大别山北部磨子潭变质英云闪长岩内的暗色包体. 岩石矿物学杂志，19(4)：341~348

李锦轶. 2001. 中朝地块与扬子地块碰撞的时限与方式——长江中下游地区震旦纪—侏罗纪沉积环境的演变. 地质学报，75(1)：25~33

李立. 1997. 大地电磁测深(MTS)用于研究地壳上地幔的初步成果. 物探与化探，21(6)：460~467

李立，金国之，刘玉华等. 1998. 秦岭造山带东、西部岩石圈电性结构对比. 中国学术期刊文稿(科学快报)，4(7)：840~844

李强，刘瑞丰，杜安陆等. 1994. 新疆及其毗邻地区地震层析成像. 地球物理学报，37(3)：311~320

李荣社，宋子季. 1994. 凤太地区王家楞组的解体与夹山沟组时代归属的探讨. 陕西地质，12(2)：32~37

李荣社，徐学义，计文化. 2008. 对中国西部造山带地质研究若干问题的思考. 地质通报，27(12)：2020~2025

李瑞保，裴先治，丁仁平. 2009. 西秦岭南缘勉略带琵琶寺基性火山岩 LA-ICP-MS 锆石 U-Pb 年龄及其构造意义. 地质学报，83(11)：1612~1623

李瑞保，裴先治，刘战庆等. 2010. 大巴山及川东北前陆盆地盆山物质耦合——来自 LA-ICP-MS 碎屑锆石 U-Pb 年代学证据. 地质学报，84(8)：1118~1134

李三忠. 1996. 胶辽地块古元古代造山带地球动力学模型. 长春地质学院博士论文. 1~161

李三忠. 1998. 秦岭造山带勉略缝合带(康县-高川段)构造演化及其变质动力学. 西北大学博士后研究工作报告

李三忠，刘建忠. 1997. 变斑晶晶内显微构造特征及其成因综述. 地质科技情报，16(1)：46~52

李三忠，杨振升. 1998. 变斑晶晶内微构造应用研究进展. 地球科学进展，13(1)：51~57

李三忠，张国伟. 1999. 造山带变质作用与构造-热演化. 构造地质学-岩石圈动力学研究进展：庆贺马杏垣从事地质工作六十年暨八十寿辰. 北京：地震出版社. 114~129

李三忠，张国伟. 2001. 勉略带三岔子蛇绿岩的变质特征及构造意义. 青岛海洋大学学报：自然科学版，31(1)：89~94

李三忠，张国伟，李亚林等. 2000. 勉县地区勉略带内麻粒岩的发现及构造意义. 岩石学报，16(2)：220~226

李三忠，赖绍聪，张国伟等. 2001. 秦岭勉略带康县-高川段现今结构与岩片性质. 华南地质与矿产，(3)：1~8

李三忠，张国伟，李亚林等. 2002. 秦岭造山带勉略缝合带构造变形与造山过程. 地质学报，76(4)：469~483

李三忠，赖绍聪，张国伟. 2003. 秦岭勉(县-)略(阳)缝合带及南秦岭地块的变质动力学研究. 地质科学，38(2)：137~154

李三忠，张国伟，刘保华. 2009. 洋底动力学——从洋脊增生系统到俯冲消减系统. 西北大学学报(自然科学版)，39(3)：434~443

李三忠，张国伟，董树文等. 2010. 大别山高压-超高压岩石折返与扬子北缘构造变形的关系. 岩石学报，26(12)：3549~3562

李三忠，张国伟，周立宏等. 2011. 中、新生代超级汇聚背景下的陆内差异变形：华北伸展裂解和华南挤压逆冲. 地学前缘，18(3)：79~107

李曙光. 1993a. 华北与扬子陆块的碰撞时代及过程. 地球科学进展，8(4)：83~84

李曙光. 1993b. 蛇绿岩生成构造环境的 Ba-Th-Nb-La 判别图. 岩石学报，9(2)：146~157

李曙光. 1997a. 大别山俯冲陆壳的再循环——地球化学证据. 中国科学，27(5)：412~418

李曙光. 1997b. 秦岭-大别山带构造演化的同位素年代学及地球化学. 见：于津生，李耀菘主编. 中国同位素地球化学研究. 北京：科学出版社. 120~143

李曙光. 1998. 大陆俯冲化学地球动力学. 地学前缘，5(4)：211~234

李曙光. 2004. 大别山超高压变质岩折返机制与华北-华南陆块碰撞过程. 地学前缘，11(3)：63~70

李曙光，杨蔚. 2002. 大别造山带深部地缝合线与地表地缝合线的解耦及大陆碰撞岩石圈楔入模型：中生代幔源岩浆岩 Sr-Nd-Pb 同位素证据. 科学通报，47(24)：1898~1905

李曙光，张宗清. 2000. 青岛仰口榴辉岩的 Nd 同位素不平衡及二次多硅白云母 Rb-Sr 年龄. 科学通报，45(20)：2223~2227

李曙光, Jagoutz E, 肖益林等. 1996a. 大别山-苏鲁地体超高压变质年代学——Ⅰ. Sm-Nd 同位素体系. 中国科学 D 辑: 地球科学, 26(3): 249~257

李曙光, 孙卫东, 张国伟等. 1996b. 南秦岭勉略构造带黑沟峡变质火山岩的年代学和地球化学——古生代洋盆及其闭合时代的证据. 中国科学 D 辑: 地球科学, 26(3): 223~230

李曙光, 侯振辉, 杨永成等. 2003. 南秦岭勉略构造带三岔子古岩浆弧的地球化学特征及形成时代. 中国科学 D 辑: 地球科学, 33(12): 1163~1173

李四光. 1959. 东西复杂构造带和南北构造带. 地质力学论丛, 第 1 号. 北京: 科学出版社. 5~14

李四光. 1973. 地质力学概论. 北京: 科学出版社. 1~131

李松林, 张先康, 张成科等. 2002. 玛沁-兰州-靖边地震测深剖面地壳速度结构的初步研究. 地球物理学报, 45(2): 210~217

李廷栋. 1997. 揭示青藏高原的隆升——青藏高原亚东-格尔木地学断面. 地球科学, 21(1): 34~39

李卫东, 彭湘萍, 康正文等. 2003. 东昆仑木孜塔格地区畅流沟蛇绿岩岩石地球化学特征及其构造意义. 新疆地质, 21(3): 263~270

李向东, 王元龙. 1996. 康西瓦走滑构造带及其大地构造意义. 新疆地质, 14(4): 204~211

李晓波. 1994a. 国外大陆动力学的研究现状及问题和我国对策. 中国地质, (11): 22~24

李晓波. 1994b. 美国大陆动力学研究的国家计划简介. 地质科技管理, (5): 25~28

李晓勇, 郭峰, 王岳军. 2002. 造山后构造岩浆作用研究评述. 高校地质学报, 8(1): 59~78

李亚林, 王根宝. 1999. 北秦岭小寨变质沉积岩系的地质特征及其构造意义. 沉积学报, 17(4): 596~600

李亚林, 张国伟. 1999. 大陆造山带的研究趋势和进展. 陕西地质, 17(1): 81~88

李亚林, 张国伟, 宋传中. 1998a. 东秦岭二郎坪弧后盆地双向式俯冲特征. 高校地质学报, 4(3): 286~293

李亚林, 张国伟, 宋传中. 1998b. 东秦岭石界河群的古构造环境及其意义. 西北大学学报, 28(1): 83~87

李亚林, 张国伟, 王根宝等. 1999. 陕西勉略地区两类混杂岩的发现及其地质意义. 地质论评, 45(2): 192

李亚林, 方维萱, 张国伟等. 2000. 秦岭勉略带组成、变形特征及与成矿关系. 西北地质科学, 21(1): 69~76

李亚林, 张国伟, 李三忠等. 2001a. 秦岭略阳-白水江地区双向推覆构造及形成机制. 地质科学, 36(4): 465~473

李亚林, 张国伟, 王成善等. 2001b. 秦岭勉略缝合带两期韧性剪切变形及其动力学意义. 成都理工学院学报, 28(1): 28~33

李亚林, 张国伟, 王成善等. 2001c. 秦岭勉县-略阳地区的构造混杂岩及其意义. 岩石学报, 17(3): 476~482

李亚林, 李三忠, 张国伟. 2002. 秦岭勉略缝合带组成与古洋盆演化. 中国地质, 29(2): 129~134

李映琴. 1991. 略阳地区泥盆纪地层中 3T 型多硅白云母的成因机理及找矿意义. 陕西地质, 9(2): 69~75

李永安, 李向东, 孙东江等. 1995. 中国新疆西南部喀喇昆仑羌塘地块及康西瓦构造带构造演化. 乌鲁木齐: 新疆科技卫生出版社

李勇. 1994. 龙门山前陆盆地沉积及构造演化. 成都理工学院博士学位论文

李勇, 曾允孚. 1994. 试论龙门山逆冲推覆作用的沉积响应: 以成都盆地为例. 矿物岩石, 14(1): 58~66

李智武, 刘树根, 罗玉宏等. 2006. 南大巴山前陆冲断带构造样式及变形机制分析. 大地构造与成矿学, 30(3): 294~304

李佐臣, 裴先治, 丁仁平等. 2010. 川西北碧口地块老河沟岩体和筛子岩岩体地球化学特征及其构造环境. 地质学报, 84(3): 343~356

梁莎, 刘良, 张成立等. 2013. 南秦岭勉略构造带高压基性麻粒岩变质作用及其锆石 U-Pb 年龄. 岩石学报, 29(5): 1657~1674

梁文天, 张国伟, 鲁如魁等. 2008. 西秦岭北缘武山-鸳鸯镇构造带磁组构特征. 地学前缘, 15(4): 298~309

凌文黎, 高山, 郑海飞等. 1998. 扬子克拉通黄陵地区崆岭杂岩 Sm-Nd 同位素地质年代学研究. 科学通报, 43(1): 86~89

刘宝珺, 许效松. 1994. 中国南方岩相古地理图集. 北京: 科学出版社. 1~144

刘福田, 胡戈, 王怀军. 2001. Inversion of single-station teleseismic P-wave polarization data for the velocity structure of Beijing area. Science in China, Ser D, 3: 256~265

刘福田, 徐佩芬, 刘劲松等. 2003. 大陆深俯冲带的地壳速度结构——东大别造山带深地震宽角反射/折射研究. 地球物理学报, 46(3): 366~372

刘和甫, 陆伟文, 王玉新. 1990. 鄂尔多斯西缘冲断-褶皱带形成与形变. 见: 杨俊杰等主编. 鄂尔多斯盆地西缘掩冲带构造与油气. 兰州: 甘肃科学技术出版社

刘红涛, 孙世华, 刘建明等. 2002. 华北克拉通北缘中生代高锶花岗岩类: 地球化学与源区性质. 岩石学报, 18(3): 257~274

刘建华, 刘福田, 孙若昧等. 1995. 秦岭-大别造山带及其南北缘地震层析成像. 地球物理学报, 38(1): 46~54

刘俊来. 2004a. 变形岩石的显微构造与岩石圈流变学. 地质通报, 23(9): 980~985

刘俊来. 2004b. 上部地壳岩石流动与显微构造演化——天然与实验岩石变形证据. 地学前缘, 11(4): 503~509

刘少峰. 1997. 东秦岭-大别山及邻区盆山结构、耦合机制与动力学. 西北大学博士后研究工作报告. 1~147

刘少峰, 张国伟. 2005. 盆山关系研究的基本思路、内容和方法. 地学前缘, 12(3): 101~111

刘少峰, 张国伟. 2013. 大别造山带周缘盆地及对碰撞造山过程的指示. 科学通报, 58(1): 1~26

刘少峰, 柯爱蓉, 吴丽云等. 1997. 鄂尔多斯西南缘前陆盆地沉积物物源分析及其构造意义. 沉积学报, 15(1): 156~160

刘少峰, 李思田, 张国伟. 1999. 论造山带与盆地演化的耦合与非耦合关系——以秦岭及其旁侧盆地为例. 见: 马宗晋, 杨主恩, 吴正文主编. 构造地质学——岩石圈动力学研究进展. 北京: 地震出版社. 356~363

刘少峰, 刘文灿, 戴少武等. 2001. 合肥盆地沉积物物源分析及其对盆缘山带逆冲剥露过程的限制. 地质学报, 75(2): 220

刘树根, 李智武, 刘顺等. 2006. 大巴山前陆盆地逆冲断裂带的形成演化. 北京: 地质出版社. 1~248

刘树文, 杨朋涛, 李秋根等. 2011. 秦岭中段印支期花岗质岩浆作用与造山过程. 吉林大学学报, 41(6): 1928~1943

刘喜山, 李树勋, 刘俊来. 1992. 变形变质作用及成矿. 北京: 中国科学技术出版社. 127~150

刘新秒. 2000. 后碰撞岩浆岩大地构造环境及特征. 前寒武纪研究进展, 23(2): 121~127

刘焰, 马哲生. 1997. 西藏南迦巴瓦峰地区发现的星叶石. 岩石矿物学杂志, 16(4): 337~340

刘焰, 钟大赉. 1998. 东喜马拉雅构造结地质构造框架. 自然科学进展: 国家重点实验室通讯, 8(4): 506~509

刘贻灿, 李曙光. 2005. 大别山下地壳岩石及其深俯冲. 岩石学报, 21(4): 1059~1066

刘战庆, 裴先治, 李瑞保等. 2011a. 东昆仑南缘阿尼玛卿构造带布青山地区两期蛇绿岩的 LA-ICP-MS 锆石 U-Pb 定年及其构造意义. 地质学报, 85(2): 185~194

刘战庆, 裴先治, 李瑞保等. 2011b. 东昆仑南缘布青山构造混杂岩带的地质特征及大地构造意义. 地质通报, 30(8): 1182~1195

卢良兆. 1993. 麻粒岩相变质作用的 PTt 演化及其地质动力学意义. 国外前寒武纪地质, (1): 1~19

陆松年, 于海峰, 赵凤清. 2002. 青藏高原北部前寒武纪地质初探. 北京: 地质出版社. 1~125

陆松年, 李怀坤, 陈志宏等. 2003. 秦岭中-新元古代地质演化及其对 Rodinia 超级大陆事件的响应. 北京: 地质出版社

马大栓, 李志昌, 肖志发. 1997. 鄂西崆岭杂岩的组成、时代及地质演化. 地球学报, 18(3): 233~241

马力, 陈焕疆, 甘克文等. 2004. 中国南方大地构造和海相油气地质. 北京: 地质出版社. 1~866

马少龙. 1981. 秦岭东段变质岩带的分布及其与板块构造的关系. 见: 中国地质学会构造地质专业委员会编. 第二届全国构造地质学术会议论文选集——大地构造和前寒武纪构造(第一卷). 北京: 地质出版社. 67~78

马杏垣. 1961. 中国大地构造几个基本问题. 地质学报, 41(3): 30~41

马杏垣. 1982. 论伸展构造. 地球科学, 7(3): 15~22

马杏垣. 1983. 解析构造学刍议. 地球科学, 8(3): 1~9

马杏垣. 1989. 中国岩石圈动力学图集. 北京: 中国地图出版社. 1~272

马杏垣, 索书田, 游振东. 1981. 嵩山构造变形——重力构造、构造解析. 北京: 地质出版社. 1~256

梅志超, 孟庆任, 崔智林. 1999. 秦岭造山带泥盆纪的沉积体系与古地理格局演化. 古地理学报, 1(1): 32~40

孟庆任, 于在平. 1997. 北秦岭南缘弧前盆地沉积作用及盆地发展. 地质科学, 32(2): 136~145

孟庆任, 张国伟, 于在平. 1996. 秦岭南缘晚古生代裂谷-有限洋盆沉积作用及构造演化. 中国科学 D 辑: 地球科学, 26(增刊): 28~33

孟庆任, 渠洪杰, 胡健民. 2007. 西秦岭和松潘地体三叠系深水沉积. 中国科学 D 辑: 地球科学, 37(增刊): 209~223

倪世钊. 1994. 东秦岭东段南带古生代地层及沉积相. 武汉: 中国地质大学出版社. 1~90

欧阳建平, 张本仁. 1996. 秦岭造山带沉积物源地球化学研究及其构造意义. 地球科学, 21(5): 464~468

潘桂棠, 陈智梁, 李兴振. 1997. 东特提斯地质构造形成演化. 北京: 地质出版社. 1~218

潘裕生. 1989. 昆仑山区构造区划初探. 自然资源学报, 4(3): 196~203

潘裕生. 1990. 西昆仑构造特征与演化. 地质科学, 25(3): 224~231

潘裕生. 1992. 喀喇昆仑山-昆仑山综合科学考察导论. 北京: 气象出版社

潘裕生. 1994. 青藏高原第五缝合带的发现与论证. 地球物理学报, 37(2): 184~191

潘裕生, 周伟明, 许荣华等. 1996. 昆仑山早古生代地质特征与演化. 中国科学 D 辑: 地球科学, 26(4): 302~307

潘裕生, 李幼铭, 李立敏等. 2000. 喀喇昆仑山-昆仑山地区地质演化. 北京: 科学出版社

裴先治. 1989. 南秦岭碧口群岩石组合特征及其构造意义. 西安地质学院学报, 11(2): 46~56

裴先治. 2001. 勉略-阿尼玛沁构造带的形成演化与动力学特征. 西北大学博士学位论文. 1~167

裴先治, 李厚民. 1997. 北秦岭富水基性杂岩体岩石谱系单位划分及演化. 地质通报, 16(3): 231~238

裴先治, 张国伟, 赖绍聪等. 2002. 西秦岭南缘勉略构造带主要地质特征. 地质通报, 21(8-9): 486~494

裴先治, 丁仁平, 张国伟等. 2007. 西秦岭天水地区百花变质岩浆杂岩的 LA-ICP-MS 锆石 U-Pb 年龄和地球化学特征. 中国科学 D 辑: 地球科学, (增刊): 224~234

裴先治, 丁仁平, 李佐臣等. 2009a. 西秦岭北缘早古生代天水-武山构造带及其构造演化. 地质学报, 83(11): 1547~1564

裴先治, 李瑞保, 丁仁平等. 2009b. 陕南镇巴地区大巴山与米仓山构造交接关系. 石油与天然气地质, 30(5): 576~583

裴先治, 李佐臣, 丁仁平等. 2009c. 扬子地块西北缘轿子顶新元古代过铝质花岗岩: 锆石 SHRIMP U-Pb 年龄和岩石地球化学及其构造意义. 地学前缘, 16(3): 231~249

彭聪, 姜枚, 宿和平等. 2000. 大别山超高压变质带层析地震调查. 地质论评, 46(3): 288~294

丘元喜, 张渝昌, 马文璞. 1999. 雪峰山的构造性质与演化. 北京: 地质出版社. 1~155

任纪舜, 姜春发, 张正坤. 1980. 中国大地构造及其演化. 北京: 科学出版社. 1~124

任纪舜, 王作勋, 陈炳蔚等. 2000. 1:500 万中国及邻区大地构造图. 北京: 地质出版社

尚瑞钧, 严阵. 1988. 秦巴花岗岩. 武汉: 中国地质大学出版社. 1~229

盛吉虎, 杜远生, 冯庆来等. 1997. 南秦岭勉略蛇绿混杂岩带硅质岩沉积环境研究. 地球科学, 22(6): 599~602

施炜, 董树文, 胡健民等. 2007. 大巴山前陆西段叠加构造变形分析及其构造应力场特征. 地质学报, 81(10): 1314~1327

石永红, 王清晨, 林伟. 2006. 大别山太湖地区榴辉岩岩石学、矿物成分和 P-T 条件特征及其所揭示的构造含义. 岩石学报, 22(2): 414~432

石永红, 朱光, 王道轩. 2009. 郯庐断裂带张八岭隆起南段肥东群石榴角闪岩变质 P-T 演化史对其构造属性的制约. 岩石学报, 25(12): 3335~3345

史大年, 姜枚, 彭聪等. 1999. 大别造山带东部地壳结构的层析成像及广角反射的地震学研究. 地震学报, 21(4): 403~410

宋传中, 张国伟. 1998. 东秦岭造山带的流变学及动力学分析. 地球物理学报, 41(增刊): 40~63

宋传中, 张国伟. 1999. 伏牛山推覆构造特征及其动力学控制. 地质论评, 45(5): 492~497

宋传中, 张国伟. 2004. 秦岭北缘变形分解与斜向汇聚研究的新思索. 地学前缘, 11(3): 8

宋传中, 张国伟, 牛漫兰等. 2006. 秦岭造山带北缘的斜向碰撞与汇聚因子. 中国地质, 33(1): 48~55

宋传中, 张国伟, 任升莲等. 2009a. 秦岭大别造山带中几个重要构造带的特征及其意义. 西北大学学报(自然科学版), 39(3): 368~380

宋传中, 张国伟, 王勇生等. 2009b. 秦岭洛南-栾川构造带的变形分解与年代学制约. 中国科学 D 辑: 地球科学, 39(2): 144~156

宋鸿林. 1994. 秦岭-大别造山带早期的伸展构造. 见: 钱祥麟主编. 伸展构造研究. 北京: 地质出版社

孙卫东, 李曙光, Chen Yadong 等. 2000. 南秦岭花岗岩锆石 U-Pb 定年及其地质意义. 地球化学, 29(3): 209~216

孙延贵. 2004. 西秦岭-东昆仑造山带的衔接转换与共和坳拉谷. 西北大学博士学位论文

孙延贵, 郝维杰, 韩英善等. 2000. 柴达木盆地北缘东段托莫尔日特似蛇绿岩岩石组合特征. 地质通报, 19(3): 258~264

孙延贵, 张国伟, 郑健康. 2001. 柴达木地块东南缘岩浆弧(带)形成的动力学背景. 华南地质与矿产, (4): 16~21

孙延贵, 张国伟, 王冬青等. 2003. 青海省生态环境分区的遥感应用研究. 中国地质, 30(2): 214~219

孙延贵, 张国伟, 郭安林等. 2004a. 秦-昆三向联结构造及其构造过程的同位素年代学证据. 中国地质, 31(4): 372~278

孙延贵, 张国伟, 王瑾等. 2004b. 秦昆结合区两期基性岩墙群 $^{40}Ar/^{39}Ar$ 定年及其构造意义. 地质学报, 78(1): 65~71

索书田, 桑隆康, 韩郁菁等. 1993. 大别山前寒武纪变质地体岩石学与构造学. 北京: 中国地质大学出版社. 1~259

索书田, 钟增球, 游振东. 2000. 大别地块超高压变质期后伸展变形及超高压变质岩石折返过程. 中国科学 D 辑: 地球科学, 30(1): 9~67

汤加富, 钱存超, 高天山. 1995. 大别山区榴辉岩带中浅变质火山-碎屑岩层组合的发现及其地质意义. 安徽地质, 5(2): 29~36

汤加富, 侯明金, 高天山等. 2002. 宿松群、红安群、海州群的时代归属与讨论. 地质通报, 21(3): 166~171

汤懋苍, 钟大赉, 李文华等. 1998. 雅鲁藏布江"大峡弯"是地球"热点"的证据. 中国科学 D 辑: 地球科学, 28(5): 463~468

汤耀庆, 许志琴. 1986. 东秦岭商南赵川蓝片岩及其构造意义. 西北地质科学, (12): 43~47

陶洪祥, 何恢亚, 王全庆. 1993. 扬子板块北缘构造演化史. 西安: 西北大学出版社. 1~137

滕志宏, 王晓红. 1996. 秦岭造山带新生代构造隆升与区域环境效应研究. 陕西地质, 14(2): 33~42

田军, 张克信, 龚一鸣等. 2001. 东昆仑造山带海西-印支期东昆仑南前陆盆地构造岩相古地理. 现代地质, 15(1): 21~26

万天丰. 1995. 郯庐断裂带的演化与古应力场. 地球科学, 20(5): 526~534

汪玉珍. 1983. 西昆仑山依莎克群的时代及其构造意义. 新疆地质, 1(1): 1~8

汪玉珍, 方锡廉. 1987. 西昆仑山、喀喇昆仑山花岗岩类时空分布规律的初步探讨. 新疆地质, 5(1): 9~24

王秉璋, 张智勇, 张森琦. 2000a. 东昆仑东端苦海-赛什塘地区晚古生代蛇绿岩的地质特征. 地球科学——中国地质大学学报, 25(6): 592~598

王秉璋, 朱迎堂, 张智勇等. 2000b. 昆秦接合部造山带非史密斯地层的一些特点——苦海-赛什塘-羊曲构造混杂带剖析. 青海国土经略, (1): 9~17

王成善. 2000. 新生代青藏高原三维古地形再造. 成都理工学院学报, 27(1): 1~7

王椿镛, 张先康, 陈步云等. 1997. 大别造山带的地壳结构研究. 中国科学(D 辑), 27(3): 221~226

王东安, 陈瑞君. 1989. 新疆库地西北一些克沟深海蛇绿质沉积岩岩石学特征及沉积环境. 自然资源学报, (3): 212~221

王二七, 孟庆仁, 陈智樑等. 2001. 龙门山断裂带印支期左旋走滑运动及其大地构造成因. 地学前缘, 8(2): 375~384

王根宝. 1995. 陕西省勉略宁地区碧口岩群基底构造碰合带的发现及其地质意义. 陕西地质科技情报, 20(1): 13~26

王根宝, 李三忠. 1998. 论秦岭佛坪地区隆-滑构造. 长春科技大学学报, 28(1): 23~29

王根宝, 崔继岗, 张升全等. 1996. 陕西勉略宁三角区基本地质组成及演化. 西北地质科学, 17(2): 11~17

王根宝, 吴闰人, 张升全. 1997. 略阳-石泉边界地质体特征. 陕西地质, 15(1): 1~11

王国灿, 张克信, 梁斌等. 1997. 东昆仑造山带结构及构造岩片组合. 地球科学——中国地质大学学报, 22(4): 352~356

王国灿, 张天平, 梁斌等. 1999. 东昆仑造山带东段昆中复合蛇绿混杂岩带及"东昆中断裂带"地质涵义. 地球科学, 24(2): 129~133

王国灿, 魏启荣, 贾春兴等. 2007a. 关于东昆仑地区前寒武纪地质的几点认识. 地质通报, 26(8): 929~937

王国灿, 向树元, 王岸等. 2007b. 东昆仑及相邻地区中生代-新生代早期构造过程的热年代学记录. 地球科学——中国地质大学学报,

32(5)：605~614

王鸿祯. 1983. 试论西藏地质构造分区问题. 地球科学，(1)：1~8

王鸿祯. 1985. 中国古地理图集. 北京：地图出版社. 1~283

王鸿祯. 1997. 地球的节律与大陆动力学的思考. 地学前缘，4(3-4)：1~12

王鸿祯，莫宣学. 1996. 中国地质构造述要. 中国地质，(8)：4~9

王鸿祯，徐成彦，周正国. 1982. 东秦岭古海域两侧大陆边缘区的构造发展. 地质学报，3：270~280

王鸿祯，杨式溥，朱鸿等. 1990. 中国及邻区古生代生物古地理及全球古大陆再造. 见：中国及邻区古地理和生物古地理. 武汉：中国地质大学出版社. 35~86

王居里. 1997a. 佛坪地区印支期花岗岩的成因. 西北大学学报：自然科学版，27(6)：521~524

王居里. 1997b. 陕西佛坪五龙岩体的形成环境及其意义. 西北地质科学，18(1)：19~24

王居里. 1997c. 秦岭造山带佛坪穹窿的变质作用、岩浆活动及构造演化. 西北大学博士论文. 1~77

王居里. 2002. 秦岭造山带佛坪基底杂岩的地质特征. 西北地质，35(2)：1~8

王居里，张国伟. 1999. 秦岭佛坪穹隆盖层岩系的地质和地球化学特征. 西北大学学报，29(5)：417~421

王连成. 1985. 晋南地热资源研究. 太原工业大学学报，(3)：1~19

王鹏程，李三忠，刘鑫等. 2012. 长江中下游燕山期逆冲推覆构造及成因机制. 岩石学报，28(10)：3418~3430

王平，刘少峰，郜瑭珺等. 2012. 川东弧形带三维构造扩展的 AFT 记录. 地球物理学报，55(5)：1662~1673

王清晨. 2001. 中国超高压变质岩十五年研究进展. 地球学报，22(1)：11~16

王清晨. 2013. 大别山造山带高压-超高压变质岩的折返过程. 岩石学报，29(5)：1607~1620

王清晨，蔡立国. 2007. 中国南方显生宙大地构造演化简史. 地质学报，81(8)：1025~1040

王清晨，从柏林. 1996. 大别山超高压变质岩的地球动力学意义. 中国科学 D 辑：地球科学，26(3)：271~276

王清晨，从柏林. 1998. 大别山超高压变质带的大地构造框架. 岩石学报，13(4)：481~491

王清晨，林伟. 2002. 大别山碰撞造山带的地球动力学. 地学前缘，9(4)：257~265

王仁民，陈珍珍，李平凡等. 1991. 北秦岭东端的地壳演化与拉张变质作用. 见：叶连俊，钱祥麟，张国伟主编. 秦岭造山带学术讨论会论文选集. 西安：西北大学出版社. 38~47

王涛，张国伟，王晓霞等. 1999a. 花岗岩体生长方式及构造运动学、动力学意义——以东秦岭造山带核部花岗岩岩体为例. 地质科学，34(3)：326~335

王涛，张国伟，王晓霞等. 1999b. 一种可能的多陆块小洋盆、弱俯冲的动力学特征及其花岗岩演化特点——以秦岭造山带核部及其花岗岩为例. 南京大学学报(自然科学版)，35(6)：659~667

王涛，张国伟，裴先治等. 2002. 北秦岭北西向新元古代碰撞造山带存在的可能性及两侧陆块的汇聚与裂解. 地质通报，21(8-9)：516~522

王永标，张克信. 1998. 东昆仑地区早二叠世生物礁带的发现及其重要意义. 科学通报，43(6)：630~632

王永标，黄继春，骆满生等. 1997. 海西-印支早期东昆仑造山带南侧古海洋盆地的演化. 地球科学——中国地质大学学报，22(4)：369~372

王有学，韩国华. 1997. 青藏高原东缘二维地壳速度结构及其区域地质构造. 阿尔泰-台湾地学断面论文集. 北京：中国地质大学出版社. 56~70

王元龙，李向东，黄智龙. 1996. 新疆西昆仑康西瓦构造带地质特征及演化. 地质地球化学，(2)：48~54

王元龙，李向东，毕华等. 1997. 西昆仑库地蛇绿岩的地质特征及其形成环境. 长春地质学院学报，27(3)：304~309

王治平，杨逢清，赵培荣. 1995. 秦岭造山带二叠纪裂谷发育特征及演化. 地球科学，20(6)：631~640

王忠世. 1990. 安康幅古生代几个重要地层接触界面特征及其地质意义. 秦岭区测，(2)：16~24

王宗起，陈海泓，李继亮等. 1998. 南秦岭西乡群发现晚古生代放射虫化石. 地质论评，(3)：263

王宗起，陈海泓，李继亮等. 1999. 南秦岭西乡群放射虫化石的发现及其地质意义. 中国科学 D 辑：地球科学，29(1)：38~44

王宗起，闫全人，闫臻等. 2009. 秦岭造山带主要大地构造单元的新划分. 地质学报，83(11)：1527~1546

王作金，余吉祥，张景德. 1989. 青-广断裂特征及其形成机理探讨. 湖北地质，3(2)：2~26

魏春景，杨崇辉，张寿广等. 1998. 南秦岭佛坪地区麻粒岩的发现及其地质意义. 科学通报，43(9)：982~985

文竹，何登发，樊春等. 2013. 米仓山东河地质大剖面的构造几何学与运动学及其对上扬子北部陆内俯冲机制的约束. 地质科学，48(1)：93~108

吴根耀. 2000. 造山带地层学. 成都：四川科学技术出版社

吴汉泉. 1980. 东秦岭和北祁连山的蓝闪片岩. 地质学报，(3)：195~207

吴应林，朱忠发，王吉礼等. 1989. 上扬子台地早、中三叠世岩相古地理及沉积矿产的环境控制. 重庆：重庆出版社. 1~60

吴元保，郑永飞. 2013. 华北陆块古生代南向增生与秦岭-桐柏-红安造山带构造演化. 科学通报，58(23)：2246~2250

夏林圻. 1975. 南秦岭勉-略地区某些阿尔卑斯型超基性侵入体的高温接触变质作用. 地球化学，(4)：250~257

夏林圻, 张国伟. 2002. 天山古生代洋盆开启、闭合时限的岩石学约束——来自震旦纪、石炭纪火山岩的证据. 地质通报, 21(2)：55~62

夏文臣, 周杰, 雷建喜等. 1995. 滇黔桂晚海西—中印支伸展裂谷海盆地的演化. 地质学报, 69(2)：97~110

肖文交, 李继亮, 侯泉林等. 1998. 西昆仑东南构造样式及其对增生弧造山作用的意义. 地球物理学报, 41(增刊)：133~141

肖文交, 侯泉林, 李继亮等. 2000. 西昆仑大地构造相解剖及其多岛增生过程. 中国科学 D 辑：地球科学, 30(增刊)：22~28

肖序常, 王军. 1998. 青藏高原构造演化及隆升的简要评述. 地质论评, 44(4)：372~381

肖序常, 李廷栋等. 1988. 喜马拉雅岩石圈构造演化(总论). 北京：地质出版社. 1~236

肖序常, 王军, 苏犁等. 2003. 再论西昆仑库地蛇绿岩及其构造意义. 地质通报, 22(10)：745~750

谢继锋, 张本仁. 2000. 秦岭勉略带中鞍子山蛇绿杂岩的地球化学——古洋壳碎片的证据及意义. 地质学报, 74(1)：39~50

谢晋强, 张国伟, 鲁如魁等. 2010. 西秦岭温泉岩体的磁组构特征及其侵位机制意义. 地球物理学报, 53(5)：1187~1195

谢茂祥, 孙民生. 1987. 南秦岭华力西期中压和低压区域变质作用. 秦岭区测, (1)：40~54

胥颐, 刘福田, 刘建华等. 2000. 中国西北造山带及其毗邻盆地的地震层析成像. 中国科学 D 辑：地球科学, 30(2)：113~122

胥颐, 刘福田, 刘建华等. 2001. 中国西北大陆碰撞带的深部特征及其动力学意义. 地球物理学报, 44(1)：40~47

徐安武, 芮夫臣. 1991. 中扬子区泥盆纪古地理. 湖北地质, 5(1)：11~19

徐嘉炜. 1960. 大别山区区域大地构造问题. 合肥工业大学学报, 8：1~19

徐嘉炜. 1984. 郯城-庐江平移断裂系统. 构造地质论丛, (3)：18~32

徐嘉炜. 1985. 郯-庐断裂带北段巨大平移研究的若干进展. 地质论评, 6(4)：83~86

徐嘉炜, 崔可锐, 朱光等. 1984a. 中国东部郯-庐断裂系统平移研究的若干进展. 合肥工业大学学报, (2)：28~37

徐嘉炜, 王萍, 秦仁高等. 1984b. 郯-庐断裂带南段深层次的塑性变形特征及区域应变场. 地震地质, 6(4)：1~16

徐佩芬, 刘福田, 王清晨等. 2000. 大别-苏鲁碰撞造山带地震层析成像研究——岩石圈三维速度结构. 地球物理学报, 43(3)：377~385

徐树桐. 2002. 大别山造山带的构造几何学和运动学. 合肥：中国科学技术大学出版社

徐树桐, 陈冠宝, 陶正等. 1994. The fossils in Shangxi Group and its implication for tectonics, southern Anhui, China. Science in China, Ser B, 3：366~376

徐树桐, 江来利, 刘贻灿等. 1997. 大别山一些超高压矿物和岩石的发现以及超高压变质带的确定. 中国地质, (8)：46~47

徐兆文, 任启江, 徐文艺等. 1996. 秦岭地区深部结构与矿床分布的关系. 中国科学 D 辑：地球科学, 26(增刊)：23~27

许长海, 周祖翼, 常远. 2010. 大巴山弧形构造带形成与两侧隆起的关系：FT 和(U-Th)/He 低温热年代约束. 中国科学：地球科学, 40(12)：1684~1696

许继峰. 1994. 东秦岭造山带上地幔化学不均一性、分区及其对造山性质和构造发展的限制. 中国地质大学(武汉)博士学位论文

许继峰, 韩吟文. 1996. 秦岭古 MORB 型岩石的高放射性成因铅同位素组成——特提斯型古洋幔存在的证据. 中国科学 D 辑：地球科学, 26(增刊)：34~41

许继峰, 韩吟文. 1997. 高度亏损的 N-MORB 型火岩岩的发现：勉略古洋盆存在的新证据. 科学通报, 42(22)：2414~2418

许继峰, 于学元, 李献华等. 1997. 秦岭勉略带角闪岩相变质的鞍子山蛇绿杂岩的地球化学——古洋壳碎片的证明及意义. 中国科学 D 辑：地球科学, 42(22)：2414~2418

许靖华, 孙枢, 李继亮. 1987. 是华南造山带而不是华南地台. 中国科学, (10)：1107~1115

许靖华, 孙枢, 王清晨等. 1998. 中国大地构造相图. 北京：科学出版社. 1~155

许效松, 徐强, 潘桂棠. 1996. 中国南大陆演化与全球古地理对比. 北京：地质出版社. 1~161

许志琴. 1980. 谈谈裂谷. 地质论评, 26(3)：260~264

许志琴. 1985. 显微构造及板块构造. 中国地质科学院地质研究所文集, (2)：20~21

许志琴. 1987. 扬子板块北缘的大型深层滑脱构造及动力学分析. 地质通报, (4)：289~300

许志琴, 崔军文. 1996. 大陆山链变形构造动力学. 北京：冶金工业出版社. 185~198

许志琴, 卢一伦, 汤耀庆. 1988. 东秦岭复合山链的形成——变形、演化及板块动力学. 北京：中国环境科学出版社. 1~193

许志琴, 侯立玮, 王宗秀等. 1992. 中国松潘-甘孜造山带的造山过程. 北京：地质出版社

许志琴, 姜枚, 杨经绥. 1996a. 青藏高原北部隆升的深部构造物理作用. 地质学报, 70(3)：195~206

许志琴, 杨经绥, 陈方远. 1996b. 阿尼玛卿缝合带及"俯冲-碰撞"动力学. 见：张旗主编. 蛇绿岩与地球动力学研究. 北京：地质出版社. 185~189

许志琴, 李海兵, 杨经绥等. 2001a. 东昆仑南缘大型转换挤压构造带和斜向俯冲作用. 地质学报, 75(2)：156~164

许志琴, 杨经绥, 姜枚. 2001b. 青藏高原北部的碰撞造山及深部动力学. 地球学报, 22(1)：5~10

许志琴, 李廷栋, 杨经绥等. 2008. 大陆动力学的过去、现在和未来——理论与应用. 岩石学报, 24(7)：1433~1444

许志琴, 杨经绥, 嵇少丞等. 2010. 中国大陆构造及动力学若干问题的认识. 地质学报, 84(1)：1~29

薛怀民, 马芳. 2013. 桐柏山造山带南麓随州群变沉积岩中碎屑锆石的年代学及其地质意义. 岩石学报, 29(2)：564~580

薛君治, 白学让, 陈武. 1991. 成因矿物学. 武汉：中国地质大学出版社

闫全人, 王宗起, 闫臻等. 2012. 秦岭勉略构造混杂带康县-勉县段蛇绿岩块-铁镁质岩块的 SHRIMP 年代及其意义. 地质论评, 53(6): 755~764

严阵. 1985. 陕西省花岗岩. 西安: 西安交通大学出版社. 1~321

严阵等. 1985. 秦岭花岗岩. 武汉: 中国地质大学出版社

杨崇辉, 魏春景, 张寿广等. 1999. 南秦岭佛坪地区麻粒岩相岩石锆石 U-Pb 年龄. 地质论评, 45(2): 174~179

杨逢清, 杨恒书. 1997. 川北甘南地区三叠纪露头层序地层和找矿研究. 地球科学, 22(1): 8~14

杨经绥, 许志琴, 马昌前等. 2010. 复合造山作用和中国中央造山带的科学问题. 中国地质, 37(1): 1~11

杨坤光, 谢建磊, 刘强等. 2009. 西大别浒湾面理化含榴花岗岩变形特征与锆石 SHRIMP 定年. 中国科学 D 辑: 地球科学, 39(4): 464~473

杨森楠, 刘本培等. 1990. 中国及邻区构造古地理和生物古地理. 武汉: 中国地质大学出版社. 89~108

杨森楠, 李江风, 韦必则等. 1996. 长江三峡坝区断裂构造的形成和演化的最新研究. 地质科技情报, 15(4): 73~80

杨巍然, 杨森楠. 1991. 造山带结构与演化的现代理论和研究方法——东秦岭造山带剖析. 北京: 中国地质大学出版社. 1~191

杨文采. 2003. 东大别超高压变质带的深部构造. 中国科学 D 辑: 地球科学, 33(2): 183~192

杨文采. 2005. 中央造山带东段岩石圈的构造格架. 中国地质, 32(2): 299~309

杨永成, 陈家义, 李荣社等. 1996. 陕西勉略蛇绿构造混杂结合带组成及演化. 陕西地质, 14(2): 1~12

杨志华, 赵太平. 2000. 秦岭造山带成矿作用概述. 大地构造与成矿学, 24(1): 44~50

杨志华, 李勇, 邓亚婷. 2001. 勉略带是古生代的板块缝合带吗? 湖北地矿, 15(2): 11~17

杨宗让, 胡永祥. 1990. 略阳一带古板块缝合线存在标志及南秦岭板块构造的演化意义. 西北地质, 2: 13~20

殷鸿福, 黄定华. 1995. 早古生代镇渐地块与秦岭多岛小洋盆演化. 地质学报, 69(3): 193~204

殷鸿福, 彭元桥. 1995. 秦岭显生宙古海洋演化. 地球科学, 20(6): 605~611

殷鸿福, 吴顺宝. 1999. 华南是特提斯多岛洋体系的一部分. 地球科学——中国地质大学学报, 24(1): 1~12

殷鸿福, 张洪涛. 1999a. 关于"非史密斯地层"的若干问题讨论. 中国地质, (6): 24~29

殷鸿福, 张洪涛. 1999b. 关于"非史密斯地层学"的一点意见. 地质通报, 18(3): 225~228

殷鸿福, 张克信. 1997. 东昆仑造山带的一些特点. 地球科学——中国地质大学学报, 22(4): 339~342

殷鸿福, 杨逢清, 黄其胜等. 1992. 秦岭及邻区三叠系. 武汉: 中国地质大学出版社. 1~211

殷鸿福, 杜远生, 许继锋等. 1996. 南秦岭勉略古缝合带中放射虫动物群的发现及其古海洋意义. 地球科学, 21(2): 184~184

尹安. 2001. 喜马拉雅-青藏高原造山带地质演化——显生宙亚洲大陆生长. 地球学报, 22(3): 193~230

应育浦, 宋仁奎, 赫伟. 1995. 多硅白云母中 Fe^{2+} 的高压有序效应. 地质科学, (4): 355~363

游振东, 索书田, 韩郁菁等. 1991. 秦岭造山带核部变质杂岩的基本特征与东秦岭大陆地壳的构成. 见: 叶连俊, 钱祥麟, 张国伟主编. 秦岭造山带学术讨论会论文选集. 西安: 西北大学出版社. 1~14

袁炳强, 张国伟. 2005. 大陆岩石圈有效弹性厚度与有关地球物理参数的关系——以泉州-黑水地学断面为例. 地球学报, 26(3): 203~208

袁学诚. 1995. 论中国大陆基底构造. 地球物理学报, 38(4): 448~459

袁学诚. 1996a. Velocity structure of the Qinling lithosphere and mushroom cloud model. Science in China, Ser D, 3: 235~244

袁学诚. 1996b. 秦岭岩石圈速度结构与蘑菇云构造模型. 中国科学 D 辑: 地球科学, 26(3): 209~215

袁学诚. 1996c. 中国地球物理图集. 北京: 地质出版社. 1~200

袁学诚, 华九如. 2011. 华南岩石圈三维结构. 中国地质, 38(1): 1~19

袁学诚, 李善芳. 2008. 大别造山带岩石圈结构与超高压变质岩折返的另类模型. 中国地质, 35(4): 565~576

袁学诚, 徐明才, 唐文榜等. 1994. 东秦岭陆壳反射地震剖面. 地球物理学报, 37(6): 749~758

袁学诚, 任纪舜, 徐明才等. 2002. 东秦岭邓县-南漳反射地震剖面及其构造意义. 中国地质, 29(1): 14~19

袁学诚, 李善芳, 华九如. 2008. 秦岭陆内造山带岩石圈结构. 中国地质, 35(1): 1~17

查显峰. 2010. 南秦岭佛坪隆起的构造过程及成因机制. 西北大学硕士研究生学位论文

查显峰, 董云鹏, 李玮等. 2010. 南秦岭佛坪隆起的成因探讨——构造解析的证据. 大地构造与成矿学, 34(3): 331~339

翟刚毅. 2000. 东秦岭佛坪穹隆变质作用与构造动力学分析. 矿物岩石, 20(2): 86~90

翟明国, 从柏林. 1996. 苏鲁-大别山变质带岩石大地构造学. 中国科学, 26(3): 258~264

张本仁. 2001. 秦岭地幔柱源岩浆活动及其动力学意义. 地学前缘, 8(3): 57~66

张本仁, 张宏飞, 许继峰等. 1995. 同位素地球化学填图与化学地球动力学在东秦岭造山带研究中的应用. 地球科学, 20(5): 551~555

张本仁, 张宏飞, 赵志丹等. 1996. 东秦岭及邻区壳幔地球化学分区和演化及其大地构造意义. 中国科学 D 辑: 地球科学, 26(3): 201~208

张本仁, 欧阳建平, 韩吟文等. 1997. 北秦岭古聚会带壳幔再循环. 地球科学, 21(5): 469~475

张伯声. 1984. 张伯声地质文集. 西安: 陕西科学技术出版社. 1~189

张成立, 高山, 张国伟等. 2002. 南秦岭早古生代碱性岩墙群的地球化学及其地质意义. 中国科学 D 辑: 地球科学, 32(10): 486~494

张成立, 高山, 张国伟等. 2003. 秦岭造山带蛇绿岩带硅质岩的地球化学特征及其形成环境. 中国科学 D 辑: 地球科学, 33(12): 1154~1162

张成立, 刘良, 张国伟等. 2004. 北秦岭新元古代后碰撞花岗岩的确定及其构造意义. 地学前缘, 11(3): 33~42

张成立, 张国伟, 晏云翔. 2005. 南秦岭勉略带北光头山花岗岩体群的成因及其构造意义. 岩石学报, 21(3): 711~720

张成立, 王涛, 王晓霞. 2008. 秦岭造山带早中生代花岗岩成因及其构造环境. 高校地质学报, 14(3): 304~316

张传林, 董永观, 杨志华. 2000. 秦岭晋宁期的两条蛇绿岩带及其对秦岭-大别构造演化的制约. 地质学报, 74(4): 313~324

张传林, 董永观, 郭坤一等. 2001. 西秦岭东段构造演化及成矿作用的讨论. 火山地质与矿产, 22(1): 21~30

张传林, 陆松年, 于海峰. 2007. 青藏高原北缘西昆仑造山带构造演化: 来自锆石 SHRIMP 及 LA-ICP-MS 测年的证据. 中国科学 D 辑: 地球科学, 37(2): 145~154

张二朋. 1998. 西北区区域地层. 武汉: 中国地质大学出版社. 1~221

张二朋, 牛道韫, 霍有光等. 1993. 秦巴及邻区地质-构造特征概论. 北京: 地质出版社. 1~291

张国伟. 1993. 秦岭造山带基本构造的再认识. 见: 亚洲的增生. 北京: 地震出版社. 95~99

张国伟. 1999. 关于中国造山带研究的一些思考. 地学前缘, 6(3): 3~4

张国伟, 董云鹏. 2002. 关于中国大陆动力学与造山带研究的几点思考. 中国地质, 29(1): 7~13

张国伟, 郭安林. 2007. 关于加强流变构造学研究的建议. 地质科学, 42(1): 10~15

张国伟, 柳小明. 1998. 关于"中央造山带"几个问题的思考. 地球科学, 23(5): 443~448

张国伟, 孟庆任. 1997. 华北地块南部巨型陆内俯冲带与秦岭造山带岩石圈现今三维结构. 高校地质学报, 3(2): 129~143

张国伟, 张宗清. 1995. 秦岭造山带主要构造岩石地层单元的构造性质及其大地构造意义. 岩石学报, 11(2): 101~114

张国伟, 梅志超, 周鼎武. 1988. 秦岭造山带的形成及演化. 见: 张国伟主编. 秦岭造山带的形成及演化. 西安: 西北大学出版社. 1~16

张国伟, Kroner A, 周鼎武等. 1991. 秦岭造山带岩石圈组成、结构和演化特征. 见: 叶连俊, 钱祥麟, 张国伟主编. 秦岭造山带学术讨论会论文选集. 西安: 西北大学出版社. 121~138

张国伟, 周鼎武, 于在平. 1992. 大别造山带与周口断坳盆地. 中国大陆构造论文集. 武汉: 中国地质大学出版社. 14~24

张国伟, 孟庆任, 赖绍聪. 1995. 秦岭造山带的结构构造. 中国科学, 25(9): 994~1003

张国伟, 郭安林, 刘福田等. 1996a. 秦岭造山带三维结构及其动力学分析. 中国科学 D 辑: 地球科学, 26(增刊): 1~6

张国伟, 孟庆任, 于在平等. 1996b. 秦岭造山带的造山过程及其动力学特征. 中国科学 D 辑: 地球科学, 26(3): 193~200

张国伟, 董云鹏, 姚安平. 1997a. 秦岭造山带基本组成与结构及其构造演化. 陕西地质, 15(2): 1~14

张国伟, 孟庆任, 刘少峰. 1997b. 华北地块南部巨型陆内俯冲带与秦岭造山带岩石圈现今三维结构. 高校地质学报, 23(2): 129~143

张国伟, 李三忠, 刘俊霞. 1999a. 新疆伊犁盆地的构造特征与形成演化. 地学前缘, 6(4): 203~214

张国伟, 李三忠, 姚安平. 1999b. 秦岭造山带中新元古代构造体制探讨. 见: 马宗晋, 杨主恩, 吴正文主编. 构造地质学——岩石圈动力学研究进展. 北京: 地震出版社. 74~83

张国伟, 于在平, 董云鹏等. 2000. 秦岭区前寒武纪构造格局与演化问题探讨. 岩石学报, 16(1): 11~21

张国伟, 董云鹏, 姚安平. 2001a. 造山带与造山作用及其研究的新起点. 西北地质, 34(1): 1~9

张国伟, 张本仁, 袁学诚等. 2001b. 秦岭造山带与大陆动力学. 北京: 科学出版社. 1~855

张国伟, 董云鹏, 赖绍聪. 2002a. 秦岭造山作用与大陆动力学. 见: 陈毓川主编: 中国地质学会 80 周年学术文集. 北京: 地质出版社. 152~161

张国伟, 董云鹏, 裴先治等. 2002b. 关于中新生代环西伯利亚陆内构造体系域问题. 地质通报, 21(4-5): 198~201

张国伟, 董云鹏, 姚安平. 2002c. 关于中国大陆动力学与造山带研究的几点思考. 中国地质, 29(1): 7~13

张国伟, 董云鹏, 赖绍聪. 2003a. 秦岭-大别造山带南缘勉略构造带与勉略缝合带. 中国科学 D 辑: 地球科学, 33(12): 1121~1135

张国伟, 董云鹏, 姚安平. 2003b. 中央造山系推覆构造与两侧含油气盆地. 南方油气, 16(4): 1~6

张国伟, 程顺有, 郭安林等. 2004a. 秦岭-大别中央造山系南缘勉略古缝合带的再认识. 地质通报, 23(9-10): 846~853

张国伟, 郭安林, 姚安平. 2004b. 中国大陆构造中的西秦岭-松潘大陆构造结. 地学前缘, 11(3): 23~32

张国伟, 郭安林, 姚安平. 2006. 关于中国大陆地质与大陆构造基础研究的思考. 自然科学进展, 16(10): 1210~1215

张国伟, 郭安林, 董云鹏等. 2009. 深化大陆构造研究, 发展板块构造, 促进固体地球科学发展. 西北大学学报(自然科学版), 39(3): 345~349

张国伟, 郭安林, 董云鹏等. 2011. 大陆地质与大陆构造和大陆动力学. 地学前缘, 18(3): 1~12

张国伟, 郭安林, 王岳军. 2013. 中国华南大陆构造与问题. 中国科学: 地球科学, 43(10): 1553~1582

张宏飞, 张本仁. 1997. 东秦岭造山带花岗岩类长石铅同位素组成及其构造学意义. 地质学报, 71(2): 142~149

张宏飞, 赵志丹, 骆庭川等. 1995. 从岩石 Sm-Nd 同位素模式年龄论北秦岭地壳增生和地壳深部性质. 岩石学报, 11(2): 160~170

张宏飞, 张本仁, 赵志丹. 1996. 东秦岭商丹构造带陆壳俯冲碰撞——花岗质岩浆源区同位素示踪证据. 中国科学 D 辑: 地球科学, 26(3): 231~236

张宏飞, 欧阳建平, 凌文黎. 1997. 南秦岭宁陕地区花岗岩类 Pb、Sr、Nb 同位素组成及其深部地质信息. 岩石矿物学杂志, 16(2)：22~32

张克信. 1999. 东昆仑阿尼玛沁混杂岩带沉积地球化学特征. 地球科学, 24(2)：111~114

张克信, 黄继春, 殷鸿福等. 1999. 放射虫等生物群在非史密斯地层研究中的应用——以东昆仑阿尼玛卿混杂岩带为例. 中国科学 D 辑：地球科学, 29(6)：542~550

张理刚, 李之彤. 1993. 中国东部中生代花岗岩长石铅同位素组成与铅同位素省划分. 科学通报, 38(3)：254~257

张理刚, 刘敬秀, 王可法等. 1995. 东亚岩石圈块体地质：上地幔、基底和花岗岩同位素地球化学及其动力学. 北京：科学出版社. 1~252

张旗, 王焰, 钱青等. 2001. 中国东部中生代埃达克岩的特征及其构造-成矿意义. 岩石学报, 17：236~244

张秋生. 1980. 中国东秦岭变质地质. 长春：吉林人民出版社. 1~223

张仁杰. 1981. 湖北荆当盆地海相上三叠统之发现. 地层学杂志, 5(4)：308~312

张儒瑗, 从柏林. 1983. 矿物温度计和矿物压力计. 北京：地质出版社. 23~216

张少泉, 陈学波, 丁韫玉等. 1988. 中国西部门源-平凉-渭南地震测深剖面的分析解释. 中国大陆深部构造的研究与进展. 北京：地质出版社. 61~88

张树业, 胡克, 刘晓春等. 1989. 中国中部元古代蓝片岩-白片岩-榴辉岩带——古陆内板块裂撞带的三位一体特征. 矿物岩石地球化学通报, (2)：101~104

张维吉, 宋子季等. 1988. 北秦岭变质地层(下卷). 西安：西安交通大学出版社. 171~312

张文荣, 罗元明. 1986. 江汉盆地东北缘逆冲断裂带特征及其含油气展望. 中国地质科学院南京地质矿产研究所所刊, (增刊)第 1 号：14~20

张文佑. 1984. 断块构造导论. 北京：石油工业出版社. 1~385

张祥信, 陈必河, 董明星. 2009. 新疆可支塔格蛇绿混杂岩的特征及其成因. 东华理工大学学报：自然科学版, 32(1)：16~21

张瑛. 1993. 中国东南部石炭纪沉积地质及矿产. 北京：地质出版社. 1~135

张宗清, 张国伟. 1997. 秦岭造山带晋宁期强烈地质事件及其构造背景. 地球学报, 18(增刊)：43~45

张宗清, 刘敦一, 付国民. 1994. 北秦岭变质地层同位素年代研究. 北京：地质出版社. 1~191

张宗清, 张国伟, 唐索寒等. 1999. 秦岭-沙河湾奥长环斑花岗岩的年龄及其对秦岭造山带主造山期结束时间的限制. 科学通报, 44(9)：978~984

张宗清, 张国伟, 唐索寒等. 2000. 汉南侵入杂岩年龄及其快速冷凝原因. 科学通报, 45(23)：2567~2571

张宗清, 张国伟, 唐索寒, 王进辉. 2001a. 秦岭黑河铁镁质枕状熔岩年龄和地球化学特征. 中国科学 D 辑：地球科学, 31(1)：36~42

张宗清, 张国伟, 唐索寒, 王进辉. 2001b. 鱼洞子群变质岩年龄及秦岭造山带太古宙基底. 地质学报, 75(2)：198~204

张宗清, 张国伟, 唐索寒. 2002a. 南秦岭变质地层同位素年代学. 北京：地质出版社

张宗清, 张国伟, 唐索寒等. 2002b. 武当群变质岩年龄. 中国地质, 29(2)：117~125

张宗清, 张国伟, 唐索寒等. 2002c. 秦岭勉略带中安子山麻粒岩的年龄. 科学通报, 47(22)：1751~1755

张宗清, 宋彪, 唐索寒等. 2004. 秦岭佛坪变质结晶岩系年龄和物质组成特征——SHRIMP 锆英石 U-Pb 年代学和全岩 Sm-Nd 年代学数据. 中国地质, 31(2)：161~168

张宗清, 张国伟, 刘敦一等. 2006. 秦岭造山带蛇绿岩、花岗岩和碎屑岩沉积同位素年代学和地球化学. 北京：地质出版社. 1~348

章午生. 1981. 德尔尼铜矿地质. 北京：地质出版社

章午生, 陈杰. 1996. 超基性岩中含铜、钴块状硫化物矿床——德尔尼铜矿成因新认识. 青海国土经略, (1)：37~52

赵奉林, 刘文德. 1985. 对积石山地区地质构造特征的初步认识. 青藏高原地质文集, (9)：10

赵靖, 钟大赉. 1993. 造山带中旋状变斑晶包裹体痕迹：确定早期变形与变质演化历史的有效途径——以滇西澜沧变质带为例. 科学通报, 38(18)：1692~1693

郑需要, 王椿镛, 赖晓玲等. 1998. 大别造山带宽角度反射射线方程偏移研究. 地震学报, 20(2)：165~173

郑亚东, 常志忠. 1985. 岩石有限应变测量及韧性剪切带. 北京：地质出版社. 1~184

郑永飞, 傅斌. 1997. 大别山榴辉岩氢氧同位素组成及其地球动力学意义. 地球学报——中国地质科学院院报, 27(2)：121~126

中国科学院地学部地球科学发展战略研究组. 2009. 21 世纪中国地球科学发展战略报告. 北京：科学出版社. 1~552

钟大赉. 1998. 滇川西部古特提斯造山带. 北京：科学出版社. 1~231

钟大赉, 丁林. 1993. 从三江及邻区特提斯带演化讨论冈瓦纳大陆离散及亚洲大陆增生, 亚洲增生. 北京：地震出版社. 5~8

钟大赉, 丁林. 1995. 西藏南迦巴瓦峰地区发现高压麻粒岩. 科学通报, (14)：1343

钟建华, 王永卓. 1998. 白沙含油超浅成脆韧性剪切带各向异性体的特征及成因. 中国石油大学学报：自然科学版, 22(1)：5~7

钟建华, 张国伟. 1997. 陕西秦岭泥盆纪盆地群构造沉积动力学研究. 石油大学学报, 21(1)：1~5

钟建华, 张国伟. 1998. 陕西凤县八卦庙特大型金矿的成因研究. 地质学报, 71(2)：150~160

周高志. 1991. 鄂北蓝片岩带研究. 北京：地质出版社. 1~144

周建波, 郑常青, 刘建辉等. 2005. 大别造山带浅变质岩的地质-地球化学特征及成因机制. 矿物岩石, 25(4): 61~68

周立宏, 李三忠, 赵国春等. 2003. 华北克拉通中东部基底构造单元的重磁特征. 地球物理学进展, 19(1): 91~100

周友松. 1997. 青海当金山口-四川黑水岩石圈热结构. 阿尔泰-台湾地学断面论文集. 北京: 中国地质大学出版社. 71~81

朱炳泉. 1998a. 地球科学中同位素体系理论与应用——兼论中国大陆壳幔演化. 北京: 科学出版社. 1~330

朱炳泉. 1998b. 壳幔化学不均一性与块体地球化学边界研究. 地学前缘, 5(1): 72~82

朱炳泉, 张景廉. 1999. 中国大陆大中型油气田分布规律探讨. 勘探家: 石油与天然气, 4(1): 12~17

朱德元, 牟泽辉. 1987. 华北地台区石炭、二叠纪沉积相. 石油与天然气地质, (3): 296~306

朱光, 宋传中. 2001. 郯庐断裂带走滑时代的$^{40}Ar/^{39}Ar$年代学研究及其构造意义. 中国科学D辑: 地球科学, 31(3): 250~256

朱光, 刘国生, Dunlap W J等. 2004. 郯庐断裂带同造山走滑运动的$^{40}Ar/^{39}Ar$年代学证据. 科学通报, 49(2): 190~198

朱光, 张力, 谢成龙. 2009. 郯庐断裂带构造演化的同位素年代学制约. 地质科学, 44(4): 1327~1342

朱赖民, 张国伟, 郭波等. 2008a. 东秦岭金堆城大型斑岩钼矿床LA-ICP-MS锆石U-Pb定年及成矿动力学背景. 地质学报, 82(2): 204~220

朱赖民, 张国伟, 李犇等. 2008b. 秦岭造山带重大地质事件、矿床类型和成矿大陆动力学背景. 矿物岩石地球化学通报, 27(4): 384~390

朱赖民, 张国伟, 郭波等. 2009a. 华北地块南缘钼矿床黄铁矿流体包裹体氮、氩同位素体系及其对成矿动力学背景的示踪. 科学通报, 54(13): 1725~1735

朱赖民, 张国伟, 李犇等. 2009b. 马鞍桥金矿床中香沟岩体锆石U-Pb定年地球化学及其与成矿关系研究. 中国科学D辑: 地球科学, 39(6): 700~720

朱赖民, 张国伟, 李犇等. 2009c. 与秦岭造山带有关几个关键成矿事件及其矿床实例. 西北大学学报(自然科学版), 39(3): 381~391

朱赖民, 张国伟, 李犇等. 2009d. 陕西省马鞍桥金矿床地质特征、同位素地球化学与矿床成因. 岩石学报, 25(2): 431~443

朱赖民, 张国伟, 刘家军等. 2009e. 西秦岭-松潘构造结中的卡林型2类卡林型金矿床: 成矿构造背景、存在问题和研究趋势. 矿物学报, (增刊): 201~204

朱赖民, 李犇, 张国伟等. 2010. 西秦岭铜峪VHMS型矿床地质-地球化学特征与成矿动力学背景. 矿床地质, 29(增刊): 377~379

朱茂旭, 骆庭川, 张宏飞. 1998. 南秦岭东江口岩体群Pb、Sr和Nd同位素地球化学特征及其对物源的制约. 地质地球化学, (1): 30~36

朱铭. 1995. 秦岭地区花岗岩的K-Ar等时年龄和$^{39}Ar-^{40}Ar$年龄及其地质意义. 岩石学报, 11(2): 179~192

朱云海, 张克信, Pan Y M等. 1999. 东昆仑造山带不同蛇绿岩带的厘定及其构造意义. 地球科学——中国地质大学学报, 24(2): 134~138

朱云海, Pan Yuanming, 张克信等. 2000. 东昆仑造山带蛇绿岩矿物学特征及其岩石成因讨论. 矿物学报, 20(2): 128~142

庄育勋. 1994. 造山带变质作用PTt轨迹研究存在的问题和发展趋势. 地球科学进展, 9(2): 35~40

左国朝, 刘春燕, 白万成等. 1995. 北山泥盆纪碰撞造山火山-磨拉石地质构造及地球化学特征. 甘肃地质学报, 4(1): 35~43

Abbate E. 1970. Introduction to the geology of the Northern Apennines. Sedimentary Geology, 4(3-4): 207~249

Abe Y. 1993. Physical state of the very early Earth. Lithos, 30: 223~235

Abe Y. 1997. Thermal and chemical evolution of the terrestrial magma ocean. Physics of the Earth and Planetary Interiors, 100: 27~39

Abramov O, Kring D A, Mojzsis S J. 2013. The impact environment of the Hadean Earth. Chemie der Erde, 73: 227~248

Akiho Miyashiro. 1991. Reorganization of geological sciences and particularly of metamorphic geology by the advent of plate tectonics: a personal view. Tectonophysics, 187(1-3): 51~60

Allegre C J, Turcotte D I. 1985. Geodynamic mixing in the mesosphere boundary layer and the origin of oceanic islands. Geophys Res Lett, 12: 207~210

Ames L, Zhou G, Xiong B. 1996. Geochronology and isotopic character of ultrahigh-pressure metamorph with implication for collision of the Sino-Korean and Yangtze cratons central China. Tectonics, 15: 472~489

Artemieva I M. 2011. The lithosphere: An interdisciplinary approach. Biogeochemistry: An Analysis of Global Change. 72~107

Artemieva I M, Meissner R. 2012. Crustal thickness controlled by plate tectonics: A review of crust-mantle interaction processes illustrated by European examples. Tectonophysics, 530~531: 18~49

Atherton M P, Petford N. 1993. Generation of sodium-rich magmas from newly underplated basaltic crust. Nature, 362: 144~146

Barbarin B. 1999. A review of the relationship between granitoids types, their origins and their geodynamic environments. Lithos, 46: 605~626

Beach A. 1980. Retrogressive metamorphic processes in shear zones with special reference to the Lewisian complex. Journal of Structural Geology, 2(1-2): 257~263

Bell E A, Harrison T M. 2013. Post-Hadean transitions in Jack Hills zircon provenance: A signal of the Late Heavy Bombardment? Earth and Planetary Science Letters, 364: 1~11

Ben A, van der Pluijm, John P. 1997. Paleostress in cratonic North America: Implication for deformation of continental interior. Science, 277

(8): 794~796

Ben Mammou A. 1997. Identification et caracterisation geotechnique des sediments de retenues des barrages de Tunisie: Identification and geotechnical characteristics of the sediments in the reservoirs of Tunisian dams. Bulletin of the International Association of Engineering Geology, (55): 65~76

Bercovici D, Ricard Y. 2014. Plate tectonics, damage and inheritance. Nature, 508: 513~516

Bian Q T, Li D, Pospelov I et al. 2004. Age, geochemistry and tectonic setting of Buqingshan ophiolites, North Qinghai-Tibet Plateau, China. Journal of Asian Earth Sciences, 23: 577~596

Blake D H. 1974. An analysis of metal distribution and zoning in the Herberton Tinfield, North Queensland, Australia: discussion. Economic Geology, 69(4): 557~560

Bohlen S R. 1987. Pressure-temperature-time paths and a tectonic model for the evolution of Granulites. The Journal of Geology, 95(5): 617~632

Bohlen S R. 1989. Origin of granulite terranes and the formation of the lowermost continental crust. Science, 244(4902): 326

Bowring S A, Housh T B, Isachsen C E. 1990. The Acasta gneisses: remnant of Earth's early crust. In: Newsom H E, Jones J H eds. Origin of the Earth. Oxford University Press. 319~343

Boyer S E, Elliott D. 1982. Thrust systems. AAPG Bulletin, 66(9): 1196~1230

Brewer J A, Smithson S B, Oliver J E et al. 1980. The Laramide orogeny: Evidence from COCORP deep crustal seismic reflection profiles in the Wind River Mountain, Wyoming. Tectonophysics, 62: 165~189

Brewer J A, Brown L D, Steiner D et al. 1981. Proterozoic basin in the southern Midcontinent of the United States revealed by COCORP deep seismic reflection profiling. Geology, 9(12): 569~575

Brown M. 1993. P-T-t evolution of orogenic belts and the causes of regional metamorphism. Journal of the Geological Society, 150(2): 227~241

Brown M. 2006. Duality of thermal regimes is the distinctive characteristic of plate tectonics since the Neoarchean. Geology, 34: 961~964

Brunet M F. 1986. The influence of the evolution of the Pyrenees on adjacent basins. Tectonophysics, 129(1-4): 343~354

Canup R M, Righter K. 2000. Origin of the Earth and Moon. University of Arizona Press, Tucson. 1~555

Carter N L, Tsenn M C. 1987. Flow properties of continental lithosphere. Tectonophysics, 136: 27~63

Carvell J, Blenkinsop T, Clarke G, Tonelli M. 2014. Scaling, kinematics and evolution of a polymodal fault system: Hail Creek Mine, NE Australia. Tectonophysics, 632(29): 138~150

Castillo P. 1988. The dupal anomaly as a trace of the upwelling lower mantle. Nature, 336(6200): 667~670

Cawood P A, Kröner A, Pisarevsky S. 2006. Precambrian plate tectonics: Criteria and evidence. GSA Today, 16(7): 4~11

Chappell B W, White A J R. 1992. I-and S-type granites in the Lachlan Fold Belt. Trans R Soc Edinburgh: Earth Sci, 83: 1~26

Chen X, Zhang Y D, Fan J X et al. 2010. Ordovician graptolite-bearing strata in southern Jiangxi with a special reference to the Kwangsian Orogeny. Science in China, Ser D, 53(11): 1602~1610. DOI: 10.1007/s11430-010-4117-6

Cheng S Y, Zhang G W, Li L L. 2003. Lithospheric electrical structure of the Qinling orogen and its geodynamic implication. Chinese Journal of Geophysics, 46(3): 556~567

Cheng S Y, Zhang G W et al. 2007. A preliminary study on the lithospheric hermal-rheological structure of the East Qinling orogenic belt. Frontiers of Earth Science in China, 1(1): 116~120

Cheng S Y, Zhang G W et al. 2007. Crust-mantle decoupling and tectonic delamination in the western Qinling-Songpan continental tectonic node. Journal of China University of Geosciences, 18 (Special Issue): 463~465

Coleman R G. 1971. Plate tectonic emplacement of upper mantle perdotites along continental edges. J Geophys Res, 76: 1212~1222

Coleman R G. 1977. Ophiolites. Berlin: Springer-Verlag

Colgan P M. 1997. Genesis of streamlined landforms and flow history of the Green Bay Lobe, Wisconsin, USA. Sedimentary Geology, 111(1-4): 7~25

Collins W J, Shaw R D. 1995. Geochronological constraints on orogenic events in the Arunta Inlier: A review. Precambrian Research, 71(1-4): 315~346

Collins W J. 1994. Upper-and middle-crustal response to delamination: An example from the Lachlan fold belt, eastern Australia. Geology, 22: 143~146

Collins W J, Vernon R H. 1994. A rift-drift-delamination model of continental evolution: Palaeozoic tectonic development of eastern Australia. Tectonophysics, 235(3): 249~275

Condie K C. 2001. Mantle Plume and Their Records in Earth History. London: Cambridge University Press. 1~306

Condie K C, Kröner A. 2008. When did plate tectonics begin? Evidence from the geologic record. In: Condie K C, Pease V eds. When Did Plate Tectonics Begin on Planet Earth? Boulder, CO. Geological Society of America Special Paper 440, 1~14

Condie K C, Kroner A, Stern R J. 2006. When did plate tectonics begin. GSA Today, 1610: 40~41

Cong B. 1994. Ultra-high pressure metamorphic rocks in the Dabie-Su-Lu region China: their formation and exhumation. "The Island Arc", 4(3):

135~150

Cong B. 1996. Ultra-high Pressure Metamorphic Rocks in the Dabie-Su-Lu Region China. Science Press, Beijing, China, Kluwer Academic Publishers, Dordrecht/Boston/London

Cong B, Zhai M, Carswell D A et al. 1995. Petrogenesis of ultrahigh-pressure rocks and their country rockw in Shuanghe of Dabieshan Mountains, Central China. Eur J Mineral, 7: 119~138

Copper M A et al. 1983. The origin of the Basse Normmadie duplex, Boulonnais, France. J Str Geo, 5(2): 139~152

Davies J H, von Blanckenburg F. 1995. Slab breakoff: A model of lithosphere detachment and its test in the magmatism and deformation of collisional orogens. Earth Planet Sci Lett, 129: 85~102

Davis G H, Gardulski A F, Lister G S. 1987. Shear zone origin of quartzite mylonite and mylonitic pegmatite in the Coyote Mountains metamorphic core complex, Arizona. Journal of Structural Geology, 9(3): 289~297

Debaille V, O'Neill C, Brandon A D et al. 2012. Stagnant-lid tectonics in early Earth revealed by ^{142}Nd variations in late Archean rocks. Earth Planet Sci Lett, 373: 83~92

Debon F, Le Fort P. 1982. A chemical-mineralogical classification of common plutonic rocks and associations. Trans R Soc Edinburgh: Earth Sci, 73: 135~149

DeWaard D. 1965. A proposed subdivision of the granulite facies. American Journal of Science, 263(5): 455~461

Dewey J F, Bird J M. 1970. Mountain belts and new global tectonics. Journal of Geophysical Research, 75(14): 2625~2685

Dmitrier L V, Sobolve A V, Reisner M G. 1989. Quenched glasses of TOR: Petrochmical classification and distribution in Atlantic and Pacific oceans. Abstracts of 28th International Geological Congress. 1~399

Dong S W, Li Q S, Gao R et al. 2008. Moho-mapping in the Dabie ultrahigh-pressure collisional orogen, central China. American Journal of Science, 308(4): 517~528

Dong S W, Gao R, Yin A et al. 2013. What drove continued continent-continent convergence after ocean closure? Insights from high-resolution seismic-reflection profiling across the Daba Shan in central China. Geology, 41: 671~674. DOI: 10.1130/G34161.1

Dong S B, Cui W Y, Zhang L F et al. 1996. The Proterozoic glaucophane schist belt and some eclogites of North Yangtze Craton, central China. Beijing: Science Press. 1~130

Dong Y P, Zhang G W, Lai S C et al. 1999a. An ophiolitic tectonic mélange first discovered in Huashan area, south margin of Qinling Orogenic Belt, and its tectonic implications. Science in China, Ser D, 42(3): 292~302

Dong Y P, Zhou D W, Zhang G W et al. 1999b. Geochemistry of Caledonian basic volcanic rocks at the south margin of the Qinling orogenic belt and its tectonic implications. Chinese Journal of Geochemistry, 18(3): 139~200

Dong Y P, Zhang G W, Zhao X et al. 2004. Geochemistry of the subduction-related magmatic rocks in the Dahong Mountains, northern Hubei Province: Constraint on the existence and subduction of the eastern Mianlue oceanic basin. Science in China, Ser D, 47(4): 366~377

Dong Y P, Tichy G, Zhang G W et al. 2007a. Age and geochemistry of mafic rocks from the western Greywacke zone: Implications for the early Paleozoic rifting and tectonic evolution in the Eastern Alps, Abstract of Workshop and Summer School on Architecture of Collisional Orogens: Eastern Alps versus China Central Orogenic Belt, Salzburg Sept. 13-24: 38~39

Dong Y P, Zhang G W, Yang Z et al. 2007b. Geochemistry of the E-MORB type ophiolite and related volcanic rocks from the Wushan area, West Qinling. Science in China, Ser D, 50(Supp. II): 234~245

Dong Y P, Zhang G W, Zhou D W et al. 2007c. Geology and geochemistry of the Bingdaban ophiolitic mélange in the boundary fault zone on the northern Central Tianshan Belt, and its tectonic implications. Science in China, Ser D, 50(1): 17~24

Dong Y P, Zhou M F, Zhang G W et al. 2008. The Grenvillian Songshugou ophiolite in the Qinling Mountains, Central China: Implications for the tectonic evolution of the Qinling orogenic belt. Jounal of Asian Earth Sciences, 32: 325~335

Dong Y P, Genser J, Neubauer F et al. 2010a. U-Pb and ^{40}Ar/^{39}Ar geochronological constraints on the exhumation history of the North Qinling terrane, China. Gondwana Research 19, 881-893. DOI: 10.1016/j.gr.2010.09.007

Dong Y P, Zhang G W, Yang Z et al. 2010b. A new model of the Early Paleozoic tectonics and evolutionary history in the northern Qinling, China. Geophysical Research Abstracts 12, EGU2010-3746. EGU General Assembly

Dong Y P, Liu X M, Santosh M et al. 2011a. Neoproterozoic subduction tectonics of the northwestern Yangtze Block in South China: Constrains from zircon U-Pb geochronology and geochemistry of mafic intrusions in the Hannan Massif. Precambrian Research 189, 66-99. DOI: 10.1016/j.precamres.2011.05.002.

Dong Y P, Liu X M, Zhang G W et al. 2011b. Triassic diorites and granitoids in the Foping area: Constraint on the conversion from subduction to collision in the Qinling orogen, China. Journal of Asian Earth Sciences. DOI: 10.1016/j.jseaes.2011.06.005

Dong Y P, Zhang G W, Hauzenberger C et al. 2011c. Palaeozoic tectonics and evolutionary history of the Qinling orogen: Evidence from geochemistry and geochronology of ophiolite and related volcanic rocks, Lithos 122, 39-56. DOI: 10.1016/j.lithos.2010.11.011

Dong Y P, Zhang G W, Neubauer F et al. 2011d. Syn-and post-collisional granitoids in the Central Tianshan orogen: Geochemistry, geochronology and implications for tectonic evolution. Gondwana Research 20: 568-581. DOI: 10. 1016/j. gr. 2011. 01. 013

Dong Y P, Zhang G W, Neubauer F et al. 2011e. Tectonic evolution of the Qinling orogen, China: Review and synthesis. Journal of Asian Earth Sciences, 41: 213~237. DOI: 10. 1016/j. jseaes. 2011. 03. 002

Dupre B, Allegre C J. 1983. Pb-Sr isotopic variation in Indian Ocean basalts and mixing phenomena. Nature, 303: 142~146

Eby G N. 1992. Chemical subdivision of the A-type granitoids: Petrogenises and tectonic implications, Geology, 20: 641~644

Edelman S H. 1988. Ophiclite generation and emplacement by rapid subduction hinge retreat on a continental bearing plate. Geology, 16: 311~313

Ehlers E G, Blatt H. 1982. Petrology: Igneous, Sedimentary, and Metamorphic. Freeman

Eklund O, Konopelko D, Rutanen S. 1998. 1.8 Ga Svecofennian post-collisional shoshonitic magmatism in the Fennoscandian shield. Lithos, 45: 87~108

Elkins-Tanton L T. 2012. Magma oceans in the inner solar system. Annu Rev Earth Planet Science, 40: 113~139

Ellis D J, Green D H. 1979. An experimental study of the effect of upon garnet cliaopyroxene Fe-Mg exchange equillbria. Contribution to Minerology and Petrology, 71: 13~22

Ellis S, Fullsack P, Beaumont C. 1995. Oblique convergence of the crust driven by basal forcing: Implications for length-scales of deformation and strain partitioning in orogens. Geophysical Journal International, 120(1): 24~44

Engebretson D, Cox A, Gordon R G. 1985. Relative plate motions between ocean and continental plates in the Pacific basin. Geological Society of America Special Paper, 206: 1~59

Ernst W G. 1970. Tectonic contact between the Franciscan mélange and the Great Valley sequence—crustal expression of a Late Mesozoic Benioff Zone. Journal of Geophysical Research. Part B: Solid Earth, 75(5): 886~901

Ernst W G. 1988. Tectonic history of subduction zones inferred from retrograde blueschist P-T paths. Geology, 16(12): 1081~1084

Fang W X, Zhang G W, Lu J Y et al. 2000. Complexity and geodynamics of ore-accumulating basins in the Qinling orogenic belt, China. Acta Geologica Sinica, 74(3): 458~465

Fleitout L, Froidevaux C. 1980. Thermal and mechanical evolution of shear zones. Journal of Structural Geology, 2(1-2): 159~164

Frey F A. 1982. Rare earth element abundances in upper mantle rocks. In: Henderson P ed. Rare Earth Element Geochemistry. Amsterdam: Elsevier. 80~116

Frimmel H E. 1997. Chlorite thermometry in the Witwatersrand basin: Constraints on the Paleoproterozoic geotherm in the koapvaal crato, South Africa. The Journal of Geology, 105(5): 601~635

Frost B R, Barnes C, Collins W et al. 2001. A chemical classification for granitic rocks. Journal of Petrology, 42(11): 2033~2048

Furnes H, de Wit M, Staudigel H et al. 2007. A vestige of Earth's oldest ophiolite. Science, 315: 1704~1707

Fyfe W F. 1978. The evolution of the Earth's crust: Modern plate tectonics to ancient hot spot tectonics. Chemical Geology, 23: 89~114

Gair J E, Slack F. 1984. Deformation, geochemistry, and origin of massive sulfide deposits, Gossan Lead District, Virginia. Economic Geology, 79(7): 1483~1520

Gansser A. 1974. Himalays. In: Spencer A M ed. Mesozoic-Cenozoic Orogenic Belts. Geological Society of London Special Publications, 4: 267~278

Gill J B. 1981. Orogenic Andesites and Plate Tectonics. New York: Springer-Verlag Press

Cills K M, Thompson G. 1993. Metabasalts from the Mid-Atlantic Ridge: New insights into hydrothermal systems in slow-spreading crust. Contrib Mineral Petrol, 113: 502~523

Griffin W L, Belousova E A, O'Neill C et al. 2013. The world turns over: Hadean-Archean crust-mantle evolution. Lithos, 189: 2~15

Goldsmith J R. 1982. Plagioclase stability at elerated temperature and water presser. Am Mineral, 67: 653~675

Goodwin A M. 1996. Principle of Precambrian Geology. 2nd ed. London: Academic Press. 1~327

Greenly E. 1919. The geology of Anglesey. Great Britain Geological Survey Memoir, 1: 980

Guo A L, Zhang G W, Sun Y G et al. 2007a. Geochemistry and spatial distribution of late-Paleozoic mafic volcanic rocks in the surrounding areas of the Gonghe Basin: Implications for Majixueshan triple-junction and east Paleotethyan archipelagic ocean. Science in China, Ser D, 50 (Supp. II): 292~304

Guo A L, Zhang G W, Sun Y G et al. 2007b. Geochemistry and spatial distribution of OIB and MORB in A'nyemaqen ophiolite zone: Evidence of Majixueshan ancient ridge-centered hotspot. Science in China, Ser D, 50(2): 197~208

Hacker B R, Ratschbacher L, Webb L et al. 1998. U/Pb zircon ages constrain the architecture of the ultrahigh-pressure Qinling-Dabie orogen, China. Earth Planet Sci Latt, 161: 215~231

Halliday A N. 2006. The origin of the Earth what's new? Element, 2: 205~210

Hamilton D. 1969. British sedimentology research group. Sedimentology, 12(3-4): 323

Hamilton W B. 1998. Archean magmatism and deformation were not products of plate tectonics. Precambrian Research, 91: 143~179

Hamilton W B. 2011. Plate tectonics began in Neoproterozoic time, and plumes from deep mantle have never operated. Lithos, 123: 1~20

Harrison T M, Blichert-Toft J, Müller W et al. 2005. Geochemistry: Heterogeneous Hadean hafnium: Evidence of continental crust at 4.4 to 4.5 Ga. Science, 310: 1947~1950

Harrison T M, Blichert-Toft J, Muller W et al. 2006. Response to comment: Heterogeneous Hadean hafnium: Evidence of continental crust at 4.4 to 4.5 Ga. Science, 312: 11~39

Hand M, Sandiford M. 1999. Intraplate deformation in central Australia, the link between subsidence and fault reactivation. Tectonophysics, 305(1): 121~140

Hart S R. 1984. A large-scale isotope anomaly in the southern Hemisphere mantle. Nature, 309: 753~757

Hart S R. 1988. Heterogeneous mantle domains: signatures, genesis and mixing chronologies. Earth Planet Sci Lett, 90: 273~296

Hatcher R D, Williams R T. 1986. Mechanical model for single Thrust sheets part I: Taxonomy of crystalline thrust sheets and their relationships to the Mechanical behavior of örogenic belts. Bull Geo Soc Am, 97: 975~985

Hergt J M, Peate D W, Hawkesworth C J. 1991. The petrogenesis of Mesozoid Gondwana Low-Ti flood basalts. Earth Planet Sci Lett, 105: 134~148

Hess H H. 1938. A primary peridotite magma. American Journal of Science, Series 5, 35: 321~344

Hilde T W, Uyede C S, Kroenke L. 1977. Evolution of the western Pacific and its Margin. Tectonophyiscs, 38: 145~165

Hobbs B E. 1985. The geological significance of microfabrics analysis. In: Wenk H R ed. Preferred Orientation in Deformed Metals and Rocks. Orlando: Academic Press. 463~484

Hopkins M, Harrison T M, Manning C E. 2008. Low heat flow inferred from >4 Gyr zircons suggests Hadean plate boundary interactions. Nature, 456: 493~496

Hsu K J. 1968. Principles of mélanges and their bearing on the Franciscan-Knoxville Paradox. Geological Society of America Bulletin, 79(8): 1063~1074

Hsu K J. 1971. Magnetic properties of igneous rocks in the North Philippines. Ph. D Thesis, Washington University, St. Louis. 165 pp

Hsu K J. 1974. The miocene desiccation of the Mediterranean and its climatical and zoogeographical implications. Die Naturwissenschaften, 61(4): 137~142

Ji S C, Xia B. 2002. Rheology of Polyphase Earth Materials. Montreal: Polytechnic International Press. 1~260

Johnson K T, Kushiro I. 1992. Segregation of high pressure partial melts from peridotite using aggregates of diamond: A new experimental approach. Geophys Res Lett, 19: 1703~1706

Johnson M R W. 2012. Orogenesis: The Making of Mountains. Cambridge University Press

Jolivet L, Cadet J P, Lalevée F. 1988. Mesozoic evolution of Northeast Asia and the collision of the Okhotsk microcontinent. Tectonophysics, 149(1/2): 89~109

Kay R W. 1984. Elemental abundances relevant to identification of magma sources. Phil Trans R Soc Lond, A310: 535~547

Kay R W, Hubbard N J. 1978. Trace elements in ocean ridge basalts. Earth Planet Sci Lett, 38: 95~116

Keith M. 2001. Evidence for a plate tectonics debate. Earth-Science Reviews, 55: 235~336

Kemp A I S, Wilde S A, Hawkesworth C J et al. 2010. Hadean crustal evolution revisited: New constraints from Pb-Hf isotope systematics of the Jack Hills zircons. Earth Planet Sci Lett, 296: 45~56

Kennett B L N, Furumura T. 2013. High-frequency Po/So guided waves in the oceanic lithosphere: I—long-distance propagation. Geophysical Journal International, 195(3): 1862~1877

Kennett B L N, Iaffaldano G. 2013. Role of lithosphere in intra-continental deformation: Central Australia. Gondwana Research, 24(3-4): 958~968

Kennett B L N, Fichtner A, Fishwick S et al. 2013. Australian seismological reference model (AuSREM): Mantle component. Geophysical Journal International, 192(2): 871~887

Kennett B L N, Furumura T, Zhao Y. 2014a. High-frequency Po/So guided waves in the oceanic lithosphere: II—heterogeneity and attenuation. Geophysical Journal International, 199(1): 614~630

Kennett B L N, Gorbatov A, Spiliopoulos S. 2014b. Tracking high-frequency seismic source evolution: 2004 Mw 8.1 Macquarie event. Geophysical Research Letters, 41(4): 1187~1193

Kevin M B. 1993. Structural aspects of diapiric mélange emplacement: The Duck Creek diaper. Journal of Structural Geology, 15(7): 831~847

Knipper A L. 1971. Development of serpentinite melange in the Lesser Caucasus, Geotectonic Acad, Scien. S. S. A. 6: 384~390

Koeberl C. 2006. Impact processes on the early Earth. Elements, 2: 211~216

Lai S C. 2007. Ophiolite from the Mian-Lue suture zone in the Qinling orogenic belt: Implications for the tectonic evolution of the central China. Journal of China University of Geosciences, 18(Special Issue): 443~445

Lai S C, Li S Z. 2001. Geochemistry of volcanic rocks from Wuliba in the Mianlue suture zone, southern Qinling. Scientia Geologica Sinica, 10(3): 169~180

Lai S C, Zhang G W. 1996. Geochemical features of ophiolite in Mianxian-Lueyang suture zone, Qinling orogenic belt. Journal of China University of Geosciences, 7(2): 165~172

Lai S C, Zhang G W. 1999. Geochemical features and tectonic significance of meta-basalt in Zhoujiawan area of Hubei Province. Scientia Geologica Sinica, 8(2): 127~136

Lai S C, Zhang G W. 2000. Identification of the island-arc magmatism zone in the Lianghe-Raofeng-Wuliba area, South Qinling and its tectonic significance. Science in China Ser D, 43 (Supp.): 69~81

Lai S C, Zhang G W, Yang Y C et al. 1999. Geochemistry of the ophiolite and island-arc volcanic rocks in the Mianxian-Lueyang Suture Zone, southern Qinling and their tectonic significance. Chinese Journal of Geochemistry, 18(1): 39~50

Lai S C, Zhang G W, Dong Y P et al. 2004a. Geochemistry and regional distribution of the ophiolites and associated volcanics in Mianlue Suture, Qinling-Dabie Mountains. Science in China, 47(4): 289~299

Lai S C, Zhang G W, Li S Z. 2004b. Ophiolites from the Mianlue Suture in the southern Qinling and their relationship with eastern Paleotethys evolution. Acta Geologica Sinica, 78(1): 107~117

Lai S C, Zhang G W, Pei X Z et al. 2004c. Geochemistry of the ophiolite and oceanic island basalt in the Kangxian-Pipasi-Nanping tectonic mélange zone, South Qinling and their tectonic significance. Science in China, Ser D, 47(2): 128~137

Lai S C, Li Y F, Qin J F. 2007a. Geochemistry and LA-ICP-MS zircon U-Pb dating of the Dongjiahe ophiolite complex from the western Bikou terrane. Science in China, Ser D, 50(Supp. II), 305~313

Lai S C, Zhang G W, Li Y F et al. 2007b. Genesis of the Madang Cenozoic sodic alkaline basalts in the eastern margin of the Tibetan Plateau and its continental dynamic implications. Science in China, Ser D, 50(Supp. II): 314~321

Lai S C, Qin J F, Chen L. 2008. Geochemistry of ophiolites from the Mian-Lue Suture Zone: Implications for the tectonic evolution of the Qinling orogen, central China. International Geology Review, 50(7): 650~664

Lambert R St J, Mills A A. 1961. Some critical points for the Paleozoic time scale from the British Isles. Annals of the New York Academy of Sciences, 91: 378~388

Le Maitre R W. 1976. The chemical variability of some common igneous rocks. J Petrology, 17: 15~35

Lee B, Zhu L M, Zhang G W et al. 2010. Geological characteristics, metallogenic background, and genesis of the Tongyu VHMS copper deposit in the west part of the North Qinling, Shaanxi Province. Science China Earth Sciences, 53(10): 1460~1485. DOI: 10.1007/s11430-010-4054-4

Li J Y, Wang Z Q, Zhao M. 1999. $^{40}Ar/^{39}Ar$ thermochronological constraints on the timing of collisional orogeny in the Mian-Lue collision belt, southern Qinling Mountains. Acta Geologica Sinica, 73(2): 208~215

Li S, Sun W. 1996. A Middle Silurian-Early Devonian magmatic arc in the Qinling mountains of central China: A discussion. J Geol, 104: 501~503

Li S, Jagoutz E, Chen Y et al. 2000. Sm-Nd and Rb-Sr isotopic chronology and cooling history of ultrahigh pressure metamorphic rocks and their country rocks at Shuanghe in the Dabie Mountains, Central China. Geochimica et Cosmochimica Acta, 64(6): 1077~1093

Li S G, Xiao Y L, Liu D L et al. 1993. Collision of the North China and Yangtse blocks and formation of coesite-bearing eclogites: Timing and processes. Chemical Geology, 109(1-4): 89~111

Li S Z, Kusky T M, Zhao G C et al. 2010a. Two-stage Triassic exhumation of HP-UHP terranes in the western Dabie orogen of China: Constraints from structural geology. Tectonophysics, 490: 267~293

Li S Z, Zhao G C, Zhang J et al. 2010b. Deformation history of the Hengshan-Wutai-Fuping complexes: Implications for the evolution of the Trans-North China Orogen. Gondwana Research, 18: 611~631

Li Z X, Li X H. 2007. Formation of the 1300-km-wide intra-continental orogen and post-orogenic magmatic province in Mesozoic South China. Geology, 35: 179~182

Liang W J, Zhang G W, Yu B et al. 2009. Magnetic fabric study and its tectonic significance of suture zones in joint area of Qinling and Qilianshan. Chinese Journal of Geophysics, 52(1): 85~94

Liegeois L P. 1998. Preface—Some words on the post-collisional magmatism. Lithos, 45: XV~XVII

Lin S, Beakhouse G P. 2013. Synchronous vertical and horizontal tectonism at late stages of Archean cratonization and genesis of Hemlo gold deposit, Superior craton, Ontario, Canada. Geology, 41(3): 359~362

Liou J G, Zhang R Y, Ernst W G. 1995. Occurrences of hydrous and carbonate phases in ultrahigh-pressure rocks from east-central China: Implications for the role of volatiles deep in cold subduction zones. The Island Arc, 4: 362~375

Liou J G, Zhang R Y, Jahn B-M. 1997. Petrology, geochemistry and isotope data on an ultrahigh-pressure jadeite quartzite from Shuanghe, Dabie Mountains, east-central China. Lithos, 41(1-3): 59~78

Liu B J, Xu X S. 1994. Atlas of Lithofacies and Paleogeography in South China. Beijing: Science Press. 1~188

Liu S F, Zhang G W. 1999. Process of rifting and collision along plate margins of the Qinling orogenic belt and its geodynamics. Acta Geologica

Sinica, 73(3): 275~287

Liu S F, Li S T, Yang S G et al. 1997. Early Mesozoic basin-mountain coupling mechanism and basin geodynamics of East China. Journal of China University of Geosciences, 8(1): 30~34

Liu S F, Liu W C, Dai S W et al. 2001a. Thrust and exhumation processes of bounding mountain belt: Constrained from sediment provenance analysis of Hefei Basin, China. Acta Geologica Sinica, 75(2): 144~150

Liu S F, Zhang G W, Dai S W. 2001b. Evolution of Qinling Mianlue Belt: Evidence from sedimentology and tectonics of the Northern Yangtze, China. Gondwana Research, 4(4): 690~691

Liu S F, Zhang G W, Zhang Z Q. 2001c. Isotope chronological trace of granite gravel in Hefei Basin. Chinese Science Bulletin, 46(20): 1716~1721

Liu S F, Heller P L, Zhang G W. 2003. Mesozoic basin development and tectonic evolution of the Dabieshan orogenic belt, central China. Tectonics, 22(4): 1038. DOI: 10. 1029/2002TC001390

Liu S F, Steel R, Zhang G W. 2005. Mesozoic sedimentary basin development and tectonic implication, northern Yangtze Block, eastern China: Record of continent-continent collision. Journal of Asian Earth Sciences, 25: 9~27

Liu S F, Zhang G W, Heller P L. 2007. Cenozoic basin development and its indication of plateau growth in the Xunhua-Guide district. Science in China, Ser D, 50(Supp. II): 277~291

Liu S F, Zhang G W, Ritts B et al. 2010. Tracing exhumation of the Dabie Shan UHP metamorphic complex using the sedimentary record in the Hefei basin, China. GSA Bulletin, 122(1/2): 198 B 218. DOI: 10. 1130/B26524. 1

Liu S S, Weber U, Glasmacher U A et al. 2009. Fission track analysis and thermotectonic history of the main borehole of the Chinese Continental Scientific Drilling Project. Tectonophysics, 475(2): 318~326

Loosveld R J H, Etheridge M A. 1990. A model for low-pressure facies metamorphism during crustal thickening. Journal of Metamorphic Geology, 8(3): 257~267

Luth W C, Jahns R H, Tuttle O F. 1964. The granite system at pressures of 4 to 10 kilobars. J Geophys Res, 69: 759~773

Malavieille J, Lacassin R, Mattauer M. 1984. Tectonic significance of stretching lineations in the western alps. Bulletin de laSociete Geologique de France, 26(5): 895~906

Maniar P D, Piccoli P M. 1989. Tectonic discrimination of granitoids. Geological Society of American Bulletin, 101: 635~643

Marlina A E, John F. 1999. Geochemical response to varying tectonic settings: An example from southern Sulawesi (Indonesia). Geochimica et Cosmochimica Acta, 63(7/8): 1155~1172

Martin H. 1983. Alternative geodynamic models for the Damaraorogeny: Critical discussion. In: Martin H, Eder F W. Intracontinental Fold Belts: Case Studies in the Variscan Belt of Europe and the Damara Belt in Namibia. New York: Springer. 913~945

Maruyama S, Send T. 1986. Orogeny and relative plate motions: Example of theJapanese Islands. Tectonophysics, 127(3-4): 305~329

Maruyama S, Isozaki Y, Kimura G et al. 1997. Paleogeographic maps of the Japanese Islands: Plate tectonic synthesis from 750 Ma to the present. The Island Arc, 6: 121~142

Massonne H J, Schreyer W. 1987. Phengite geobarometry based on the limiting assemblage with K-feldspar, phlogopite, and quartz. Contrib Miner Petrol, 96(2): 212~224

Mattauer M, Matte P, Malavieille J et al. 1985. Tectonics of the Qinling belt: Build up and evolution of eastern Asia. Nature, 317: 496~500

Mckenzie D, Jackson J. 2002. Conditions for flow in the continental crust. Tectonics, 21: 1055

Meng Q R, Zhang G W. 1999. Timing of collision of the North andSouth China blocks: Controversy and reconciliation. Geology, 27(2): 123~126

Meng Q R, Zhang G W. 2000. Geologic framework and tectonic evolution of the Qinling orogen, central China. Tectonophysics, 323: 183~196

Meschede M A. 1986. A method of discriminating between different types of mid-ocean basalts and continental tholeiites with the Nb-Zr-Y diagram. Chem Geol, 56: 207~218

Miyashiro A. 1967. Aspects of metamorpmsm in the circum-pacific region. Tectonophysics, 4(4-6): 519~521

Miyashiro A. 1975. Classification characteristics and origin of ophiolites. J Geol, 20: 335~343

Miyashiro A. 1977. Subduction-zone ophiolites and island-arc ophiolites. In: Energetics of Geodynamic Processes. Springer Berlin Heidelberg. 188~213

Moeller A, Hansen U. 2014. Influence of rotation on the metal rain in a Hadean magma ocean. Geochemistry, Geophysics, Geosystems, 14: 1226~1244

Molnar P, Burchfiel B C, Liang K Y et al. 1987a. Geomorphic evidence for active faulting in the Altyn Tagh and northern Tibet and qualitative estimates of its contribution to the convergence of India and Eurasia. Geology, 15(3): 249~253

Molnar P, Burchfiel B C, Zhao Z Y et al. 1987b. Geologic evolution of northern Tibet: Results of an expedition to Ulugh Muztagh. Science, 235(4786): 299~305

Moores E. 1970. Ultramafics and orogeny, with models of the US Cordillera and the Tethys. Nature, 228(5274): 837~842

Moores E M, Day H W. 1984. Overthrust model for the Sierra Nevada. Geology, 12(7): 416~419

Moores E M, Scott R B, Lumsden W W. 1970. Tertiary tectonics of the White Pine-Grant range region, east-central Nevada, and some regional implications. Geological Society of America Bulletin, 81(1): 323~329

Moores E M, Robinson P T, Malpas J et al. 1984. Model for the origin of the Troodos Massif, Cyprus, and other Mideast ophiolites. Geology, 12 (8): 500~503

Moresi L, Solomatov V. 1998. Mantle convection with a brittle lithosphere: Thoughts on the global tectonic styles of the Earth and Venus. Geophysical Journal International, 133(3): 669~682

Muir R J, Weaver S D, Bradshaw J D et al. 1995. Geochemistry of the Cretaceous separation plint batholith, New Zealand: Granitoid magmas formed by melting of mafic lithosphere. J Geol Soc Lond, 152: 689~701

Naeraa T, Scherstén A, Rosing M T et al. 2012. Hafnium isotope evidence for a transition in the dynamics of continental growth 3.2 Gyr ago. Nature, 485: 627~630

Newton R C, Perkins D. 1982. Thermodynamic calibration of geobarometers based on the assemblage garnet-plagioclase-orthopyroxene-cclinopyroxene, quartz. American Mineralogist, 67: 203~222

Nicolas A, Poirier J P. 1976. Crystalline Plasticity and Solid State Flow in Metamorphic Rocks. John Wiley and Sons. 1~482

Nimmo F, McKenzie D. 1998. Volcanism and tectonics on venus. Annual Review of Earth and Planetary Sciences, 26: 23~51

Nironen M, Elliott B A, Ramo O T. 2000. 1.88-1.87 Ga post-kinematic intrusions of the Central Finland granitoid complex: A shift from C-type to A-type magmatism during lithospheric convergence. Lithos, 53: 37~58

Nutman A P. 2006. Antiquity of the oceans and continents. Elements, 2: 223~227

Nutman A P, Friend C R. 2007. Comment on "A vestige of Earth's oldest ophiolite". Science, 318: 746

Nuwell A R M, Jumars P A, Eckman J E. 1981. Effects of biological activity on the entrainment of marine sediments. Marine Geology, 42(1-4): 133~153

O'Neill C, Debaille V. 2014. The evolution of Hadean-Eoarchaean geodynamics. Earth Planet Sci Lett, 406: 49~58

Patrick B E, Lieberman J E. 1988. Thermal overprint on blueschists of the Seward Peninsula: The Lepontine in Alaska. Geology, 16: 1100~1103

Pearce J A. 1983. The role of sub-continental lithosphere in magma genesis at destructive plate margins. In: Hawhesworth et al eds. Continental Basalts and Mantle Xenoliths. Nantwish Shiva. 230~249

Pearce J A. 1996. Sources and settings of granitic rocks. Episodes, 19: 120~125

Peccerillo A, Taylor S R. 1976. Geochemistry of Eocene calc-alkaline volcanic rocks from the Kastamonu area, Northern Turkey. Contribution to Mineralogy and Petrology, 58: 63~81

Pei R F, Hong D W. 1995. The granites of south China and their metallogeny. Episodes, 18(1/2): 77~82

Pei X Z, Ding S P, Zhang G W et al. 2007a. The LA-ICP-MS zircons U-Pb ages and geochemistry of the Baihua basic igneous complexes in Tianshui area of West Qinling. Science in China, Ser D, 50(Supp. II): 264~276

Pei X Z, Li Z C, Liu H B et al. 2007b. Geochemical characteristics and zircon U-Pb isotopic ages of island-arc basic igneous complexes from the Tianshui area in West Qinling. Frontiers of Earth Science in China, 1(1): 49~59

Pei X Z, Li Z C, Ding S P et al. 2009a. Neoproterozoic Jiaoziding peraluminous granite in the northwestern margin of Yangtze block: Zircon SHRIMP U-Pb age and geochemistry, and their tectonic significance. Earth Science Frontiers, 16(3): 231~249

Pei X Z, Li Z C, Ding S P et al. 2009b. Post-orogenic granites in Pingwu region, northwestern Sichuan: Evidence for North China Block and Yangtze Block collision during Triassic. Journal of Earth Science, 20(2): 250~273

Perchuk L L. 1966. An analysis of the thermodynamic conditions of mineral equilibria in amphibole-garnet rocks. Izv An SSSR, Ser Geol, (3): 57~83

Perchuk L L. 1970. Equilibrium of biotite with garnet in metamorphicrocks. Geochemistry International USSR, 7(1): 157~179

Peresson H, Decker K. 1997. Far-field effects of Late Miocene subduction in the eastern Carpatians: E-W compression and inversion of structure in the Alpine-Carpathia-Pannonian region. Tectonics, 16(1): 38~56

Petford N, Atherton M. 1996. Na-rich partial melts from newly underplated basalts crust: The Cordillera Blanca Batholith, Peru. J Petrology, 37: 1491~1521

Pitcher W S. 1993. The Nature andOrigin of Granite. London: Chapman and Hall

Plyusnina L P. 1982. Geothermometry and geobarometry of plagioclase-hornblende bearing assemblages. Contributions to Mineralogy and Petrology, 80(2): 140~146

Pollard D. 2002. New departure in structural geology and tectonics. http://www.pangea.stanford.edu/~dpol-lard/NSF

Pollard D D. 2003. Newdeparture in structural geology and tectonics. http://www.pangea.stanford.edu/~dpollard/NFS/March 23, 2003

Pollard D D, Fletcher R C. 2005. Fundamentals of Structural Geology. Cambridge University Press

Powell R, Will T M, Phillips G N. 1991. Metamorphism in Archaean greenstone belts: Calculated fluid compositions and implications for gold mineralization. Journal of Metamorphic Geology, 9(2): 141~150

Qin J F, Lai S C, Zhang G W et al. 2008. Zircon LA-ICP MS U-Pb dating of the Longkang andesitic ignimbritrs from Jiuzhaigou: Evidence of the Mianlue Suture westward extension. Jounal of China University of Geosciences, 19(1): 47~53

Rao D C V, Santosh M, Dong Y P. 2011. U-Pb zircon chronology of the Pangidi-Kondapalle layered intrusion, eastern Ghats belt, India: Constraints on Mesoproterozoic arc magmatism in a convergent margin setting. Submitted to Journal of Asian Earth Sciences, 362~375

Ramsay J G. 1986. 岩石的褶皱作用和断裂作用. 单文琅译. 北京: 地质出版社

Ramsay J G, Huber M I. 1991a. 现代构造地质学方法, 第1卷: 应变分析. 刘瑞珣等译. 北京: 地质出版社

Ramsay J G, Huber M I. 1991b. 现代构造地质学方法, 第2卷: 褶皱和断裂. 徐树桐主译. 北京: 地质出版社

Ranalli G. 1995. Rheology of the Earth. Springer

Ranalli G, Murphy D C. 1987. Rheological stratification of the lithosphere. Tectonophysics, 132: 281~295

Reese C C, Solomatov V S, Baumgardner J R, Yang W S. 1999a. Stagnant lid convection in a spherical shell. Physics of the Earth and Planetary Interiors, 116: 1~7

Reese C C, Solomatov V S, Phillips L-N et al. 1999b. Non-Newtonian Stagnant lid convection and magmatic resur facing on Venus. Icarus, 139 (1): 67~80

Rey P F, Coltice N, Flament N. 2014. Spreading continents kick-started plate. Nature, 513: 405~408

Roberts M P, Clemens J D. 1993. Origin of high-potassium, calc-alkaline, I-type granitoids. Geology, 21: 825~828

Rowley D B, Xue F, Tucker R D et al. 1997. Ages of ultrahigh pressure metamorphism and protolith orthogneisses from the eastern Dabie Shan: U/Pb zircon geochronology. Earth Planet Sci Lett, 151(1997): 191~203

Sandford M, Hand M. 1998. Controls on the locus of intraplate deformation in central Australia. Earth Planet Sci Lett, 162: 97~110

Sandford M, McLaren S. 2002. Tectonic feedback the ordering of heat producing elements within the continental lithosphere. Earth Planet Sci Lett, 204: 133~150

Sandiford M, Powell R. 1990. Some isostatic and thermal consequences of the vertical strain geometry in convergent orogens. Earth Planet Sci Lett, 98(2): 154~165

Santosh M, Maruyama S, Omori S. 2009a. A fluid factory in solid Earth. Lithosphere, 1(1): 29~33

Santosh M, Maruyama S, Yamamoto S. 2009b. The making and breaking of supercontinents: Some speculations based on superplumes, super downwelling and the role of tectonosphere. Gondwana Research, 15: 324~341

Sassi F P, Scolai A. 1974. The b_0 value of the porassie white micas barometric indicator in low-grade metamorphism of politic schis Contr. Min Petrol, 45: 148~152

Saygin E, Kennett B L N. 2012. Crustal structure of Australia from ambient seismic noise tomography. Journal of Geophysical Research, 117: B01304-B01318

Schilling J G, Zajac M, Evans R et al. 1983. Petrologic and geochemical variations along the Mid-Atlantic Ridge from 27°N to 73°N. Am J Sci, 283: 510~586

Schnorr P, Schwerdtner W M. 1981. An empirical test of sample size and precision of Robin's method of strain analysis. Tectnophysics, 73(4): T1~T8

Sengor A M C. 1989. Geological evolution of southeast-asia Hutchison, CS. Nature, 342(6245): 27~28

Sengor A M C, Altiner D, Cin A et al. 1988. Origin and assembly of the Tethyside orogenic collage at the expense of Gondwana Land. In: Audley-Charles M G, Hallam A eds. Gondwana and Tethys. Oxford: Geol Soc Spec Pub, 37: 119~181

Shaw R D, Zeitler P K, Mcdougall I et al. 1992. The Palaeozoic history of an unusual intracratonic thrust belt in central Australia based on [40]Ar-[39]Ar, K-Ar and fission track dating. Journal of the Geological Society, 149(6): 937~954

Shu L S, Wang Y, Sha J G et al. 2009a. Jurassic sedimentary features and tectonic settings of southeast China. Science in China, Ser D, 52(12): 1969~1978

Shu L S, Zhou X M, Deng P et al. 2009b. Mesozoic tectonic evolution of the southeast China block: Newinsights from basin analysis. Journal of Asian Earth Sciences, 34: 376~391

Shuldiner V I. 1976. Biotite-garnite geothermometer in the region of high temperature. Doklady: Earth Science Sections. Scripta Publishing Company, No. 229-231. 38~47

Sleep N L. 2000. Evolution of the mode of convection within terrestrial planets. Journal of Geophysical Research, 105(E7): 17563~17578

Sobolev N V. 1970. Eclogites and pyrope peridotites from the kimberlites of Yakutia. Physics of the Earth and Planetary Interiors, 3: 398~404

Solomatov V S, Moresi L-N. 2000. Scaling of time-dependent stagnant lid convection: Application to small-scale convection on Earth and other terrestrial planets. Journal of Geophysical Research, Part B: Solid Earth, 105(B9): 21795~21818

Steinmann G. 1927. Die ophiolithischen zonen in dem mediterranen kettengebirge. 14th Inter Geol CongMadrid, 2: 638~667

Stern R J. 2005. Evidence from ophiolites, blueschists and ultra-high pressure metamorphic terranes that the modern episode of subduction tectonics began in Neoproterozoic time. Geology, 33(7): 557~560

Stern R J. 2007. When and how did plate tectonics begin? Theoretical and empirical considerations. Chinese Science Bulletin, 52(5): 578~591

Stern R J. 2008. Modern-style plate tectonics began in Neoproterozoic time: An alternative interpretation of Earth's tectonic history. In: Condie K, Pease V eds. When did Plate Tectonics Begin? Geological Society of America Special Paper, 440: 265~280

Stocklin J. 1980. Geology of Nepal and its regional frame: Thirty-third William Smith Lecture. Journal of the Geological Society, 137(1): 1~34

Stocklin J. 1983. Himalayan orogeny and Earth expansion: Expanding Earth symposium. Univ Tasmania, Hobart. 119~130

Storey B C, Meneilly A W. 1985. Petrogenesis of metamorphic rocks within a subduction-accretion terrane, Signy Island, South Orkney Islands. Journal of Metamorphic Geology, 3(1): 21~42

Suk M. 1983. Petrology of Metamorphic Rocks. Elsevier Science Publishing Company

Sun S S, McDonough W F. 1989. Chemical and isotopic systematics of oceanic basalts: Implications for mantle composition and processes. In: Saunders A D, Norry M J eds. Magmatism in the Ocean Basin. Geol Soc Special Publ, 42: 313~345

Suo S T, Zhong Z Q. 1999. Tectonics of the UHP metamorphic province in the Dabie massif, central China: An example from the Dongchonghe area. Geological Science and Technology Information, 18(1): 1~7

Suo S T, Zhong Z Q, You Z D. 2000. Extensional deformation of post ultrahigh-pressure metamorphism and exhumation process of ultrahigh-pressure metamorphic rocks in the Dabie massif, China. Sciences in China, Ser D, 43(3): 225~236

Suppe J. 1985. Principles of the Structural Geology. Prentice-Hall Press. 416~453

Sylvester P J. 1989. Post-collisional alkaline granites. Journal of Geology, 97: 261~280

Tapponnier P, Molnar P. 1976. Slip-line field theory and large-scale continental tectonics. Nature, 264(5584): 319~324

Tavani S, Storti F, Fernández O et al. 2006a. 3-D deformation pattern analysis and evolution of the Añisclo anticline, southern Pyrenees. Journal of Structural Geology, 28(4): 695~712

Tavani S, Storti F, Salvini F. 2006b. Double-edge fault-propagation folding: Geometry and kinematics. Journal of Structural Geology, 28(1): 19~35

Thompson R N, Morrison M A, Hendry G L et al. 1984. An assessment of the relative roles of crust and mantle in magma genesis: An elemental approach [and discussion]. Philosophical Transactions of the Royal Society of London, A310(1514): 549~590

Thompson R N, Gibson S A, Leat P T et al. 1993. Early Miocene continental extension-related basaltic magmatism at Walton Peak, northwest Colorado: Further evidence on continental basalt genesis. Journal of the Geological Society, 150(2): 277~292

Toriumi M. 1985. Tow types of ductile deformation/regional metemorphic belt. Tectonophysics, 113: 307~326

Triboulet C I, Audren C I. 1988. Controls on P-T-t deformation path from amphibole zonation during progressive metamorphism of basic rocks. J Metamorphic Geol, 6: 117~133

Twiss R J. 1976. Structural superplastic creep and linear viscosity in the Earth's mantle. Earth Planet Sci Lett, 33(1): 86~100

Valley J W, Cavosie A J, Fu B et al. 2006. Comment: Heterogeneous Hadean hafnium: Evidence of continental crust at 4.4 to 4.5 Ga. Science, 312: 1139

Van Hunen J, Moyen J F. 2012. Archean subduction: Fact or fiction? Annual Review of Earth and Planetary Sciences, 40: 195~219

Velde B. 1967. Si^{4+} content of natural phengites. Contributions to Mineralogy and Petrology, 14(3): 250~258

Vilotte J P, Daignières M, Madariaga R. 1982. Numerical modeling of intraplate deformation: Simple mechanical models of continental collision. Journal of Geophysical Research Part B: Solid Earth, 87(13): 10709~10728

Wang B, Zhang G W. 2010. Tectonic rotation in the western South-Dabashan orogenic belt in late Mesozoic. Chinese Science Bulletin, 55(14): 1423~1429

Wang B, Zhang G W. 2011. New Jurassic paleomagnetic results from southeastern China and their geological implication. Acta Geologica Sinica, 85(4): 801~840

Wang C S, Gao R, Yin A et al. 2011. A mid-crustal strain-transfer model for continental deformation: A new perspective from high-resolution deep seismic-reflection profiling across NE Tibet. Earth Planet Sci Lett, 306(3-4): 279~288

Wang X D, Cheng S Y. 2007. The feature of satellite magnetic anomalies and structure over Sichuan basin and adjacent areas. Journal of China University of Geosciences, 18 (Special Issue): 456~457

Wang Y J, Fan W M, Sun M et al. 2007. Geochronological, geochemical and geothermal constraints on petrogenesis of the Indosinian peraluminous granites in the South China Block: A case study in the Hunan Province. Lithos, 96: 475~502

Wang Y J, Zhang A M, Fan W M et al. 2010a. Petrogenesis of late Triassic post-collisional basaltic rocks of the Lancangjiang Tectonic Zone, Southwest China, and tectonic implications for the evolution of the eastern Paleotethys: Geochronological and geochemical constraints. Lithos. 120: 529~546

Wang Y J, Zhang F F, Fan W M et al. 2010b. Tectonic setting of the South China Block in the Early Paleozoic: Resolving intracontinental and ocean closure models from detrital zircon U-Pb geochronology. Tectonics, 29, TC6020: 16. DOI: 10.1029/2010TC002750

Warren R G, Ellis D J. 1997. Mantle underplating, granite tectonics, and metamorphic *P-T-t* paths: Reply. Geology, 25(8): 764~765

Watson E B, Harrison T M. 2005. Zircon thermometer reveals minimum melting conditions on earliest earth. Science, 308: 841~844

Wernick J H. 1997. Effects of crystall orientation, temperature, and molten-zone thickness in temperature-gradient zone-melting. AIME Trans, 209: 1169

Whalen J B, Currie K L, Chappell B W. 1987. A-type granites: Geochemical characteristics, distribution and petrogenesis. Contrib Mineral Petrol, 95: 407~419

Wickham S M, Oxburgh E R. 1985. Continental rifts as a setting for regional metamorphism. Nature, 318(6044): 330~333

Wilde S A, Valley J W, Peck W H, Graham C M. 2001. Evidence from detrital zircons for the existence of continental crust and oceans on the Earth 4.4 Gyr ago. Nature, 409: 175~178

Wilkerson M S. 1992. Differential transport and continuity of thrust sheets. Journal of Structural Geology, 14(6): 749~751

Wilson M. 1989. Igneous Petrogenesis. London: Unwin Hyman. 1~466

Winchester J A, Floyd P A. 1977. Geochemical discrimination of different magma series and their differentiation products using immorbile elements. Chem Geol, 20: 325~343

Windley B F. 1995. The Evolving Continents (3rd ed). Hoboken: John Wiley & Sons. 1~544

Winkler H G F. 1976. Petrogenesis of Metamorphic Rocks (4th revised edition). Springer-Verlag Berlin and Heidelberg. 1~334

Winter J D. 2001. AnIntroduction to Igneous and Metamorphic Petrology. New Jersey: Upper Saddle. 343~361

Wood B J, Halliday A N. 2005. Cooling of the Earth and core formation after the giant impact. Nature, 437: 1345~1348

Wood D A, Tarney A J, Saunders A D *et al*. 1979. Geochemistry of basalts drilled in the north Atlantic by IPOD Leg 49: Implications for mantle heterogeneity. Earth Planet Sci Lett, 42: 77~97

Xie J Q, Zhang G W, Lu R K *et al*. 2010. Characteristics of magnetic fabric of Wenquan granite pluton in the Western Qinling Mountains and implications for emplacement mechanism. Chinese Journal of Geophysics, 53(5): 420~429

Xu J F, Zhang B R, Han Y W. 1994. Recognition of ophiolite belt and granulite in northern area of Mian-Lue, southern Qinling, China and their implication. Journal of China University of Geoscience, 5(1): 25~27

Xu J F, Yu X Y, Wang Q. 2000. Geochemistry of high-Mg andesites and adakitic andesite from the Sanchazi block of the Mian-Lue ophiolitic melange in theQinling Mountains, central China: Evidence of partial melting of the subducted Paleo-Tethyan crust. Geochemical Journal, 34(5): 359~377

Xu J F, Zhang B R, Han Y W. 2008. Geochemistry of the Mian-Lue ophiolites in the Qinling Mountains, central China: Constraints on the evolution of the Qinling orogenic belt and collision of the North and South China Cratons. Journal of Asian Earth Sciences, 32(5-6): 336~347

Xu Z Q, Yang W C, Ji S C *et al*. 2009. Deep root of a continent-continent collision belt: Evidence from the Chinese Continental Scientific Drilling (CCSD) deep borehole in the Sulu ultrahigh-pressure (HPUHP) metamorphic terrane. China, Tectonophysics, 475: 202~217

Yang J-S, Robinson P T, Jiang C-F *et al*. 1996. Ophiolites of the Kunlun Mountains, China and tectonic implications. Tectonophysics, 258: 215~231

Yin A. 2012. An episodic slab roll-back model for the origin of the Tharsis rise on Mars: Implications for initiation of local plate subduction and final unification of a kinematically linked global plate-tectonic network on Earth. Lithosphere, 4: 553~593

Yin A, Nie S. 1993. An indentation model for the North and South China collision and the development of the Tan-Lu and Honam fault systems, eastern Asia. Tectonics, 12(4): 801~813

Yuan X C, Simon L K, Tang W B *et al*. 2003. Crustal structure and exhumation of the Dabieshan ultrahigh-pressure orogen, eastern China, from scismic reflection profiling. Geology, 31(5): 435~438

Zhang C L, Gao S, Zhang G W *et al*. 2003. Geochemisrey of early Paleozoic alkali dyke swarms in South Qinling and its geological significance. Science in China, Ser D, 46(12): 1292~1306

Zhang G W, Yu Z P, Sun Y *et al*. 1989. The major suture zone of the Qinling orogenic belt. Journal of Southeast Asain Earth Science, 3(1-4): 63~76

Zhang G W, Zhang B R, Yuan X C *et al*. 1996. Atlas of Orogenic Processes and Three-Dimension Lithospheric Framework of Qinling Orogenic Belt. Beijing: Science Press

Zhang G W, Dong Y P, Lai S C *et al*. 2004. Mianlue tectonic zone and Mianlue suture zone southern margin of Qinling-Dabie orogenic belt. Science in China, Ser D, 47(4): 300~316

Zhang G W, Guo A L, Yao A P. 2006. Thoughts on studies of China continental geology and tectonics. Progress in Natural Science, 16(10): 1022~1026

Zhang Z J, Li L L, Zhang P *et al*. 2012a. Fatigue cracking at twin boundary: Effect of dislocation reactions. Applied Physics Letters, 101(1): 011907

Zhang Z J, Zhang P, Li L L *et al*. 2012b. Fatigue cracking at twin boundaries: Effects of crystallographic orientation and stacking fault energy.

Acta Materialia, 60(6-7): 3113~3127

Zhang Z Q, Zhang G W, Tang S H *et al*. 2001a. Geochronology of the Hannan intrusive complex to adjoin the Qinling orogen and its rapid cooling reason. Chinese Science Bulletin, 46(8): 685~689

Zhang Z Q, Zhang G W, Tang S H *et al*. 2001b. Geochronology and geochemistry of the Heihe mafic pillow lavas in the Qinling Mountains, China. Science in China, Ser D, 44(6): 517~524

Zhang Z Q, Zhang G W, Tang S H *et al*. 2002. Age of Anzishan granulites in the Mianxian-Lueyang suture zone of Qinling orogen: With a discussion of the timing of final assembly of Yangtze and North China craton blocks. Chinese Science Bulletin, 47(22): 1925~1930

Zhao D, Maruyama S, Omori S. 2007. Mantle dynamics of western Pacific and East Asia: Insight from seismic tomography and mineral physics. Gondwana Research, 11: 120~131

Zhao G C. 2007. When did plate tectonics begin on the North China Craton? Insights from metamorphism. Earth Science Frontier, 14: 19~32

Zhao G C, Cawood P A. 2012. Precambrian geology of China. Precambrian Research, 222-223: 13~54

Zhao G C, Sun M, Wilde S A *et al*. 2004. A Paleo-Mesoproterozoic supercontinent: Assembly, growth and breakup. Earth-Science Reviews, 67: 91~123

Zhao Z J, Yang S F, Chen H L, Zhu G Q, Lou Z H. 2000. Sedimentary environment of Carboniferous System in Shangcheng-Gushi area, Henan Province and its tectonic implications, Geological Review, 46(4): 407~416

Zheng Y F, Xiao W J, Zhao G C. 2013. Introduction to tectonics ofChina. Gondwana Res, 23: 1189~1206

Zhu L M, Ding Z J, Yao S Z *et al*. 2009a. Ore-forming event and metallogenic geodynamic setting of the Wenquan molybdenum deposit in Gansu, West Qinling. Chinese Science Bulletin, 54(13): 2309~2324

Zhu L M, Zhang G W, Guo B *et al*. 2009b. He-Ar isotopic system of fluid inclusions in pyrite from the molybdenum deposits in south margin of North China Block and its trace to metallogenetic and geodynamic background. Chinese Science Bulletin, 54(14): 2479~2492

Zhu L M, Zhang G W, Chen Y J *et al*. 2010a. U-Pb ages and geochemistry of the Wenquan Mo-bearing granitioids in western Qinling, China: Constraints on the geodynamic setting for the newly discovered Wenquan Mo deposit. Ore Geology Reviews. DOI: 10.1016/j.oregeorev.2010.10.001

Zhu L M, Zhang G W, Guo B *et al*. 2010b. Geochemistry of the Jinduicheng Mo-bearing porphyry and deposit, and its implications for the geodynamic setting in East Qinling, P. R. China. Chemie der Erde-Geochemistry, 70: 159~174

Zhu L M, Zhang G W, Lee B *et al*. 2010c. Zircon U-Pb dating and geochemical study of the Xianggou granite at the Ma'anqiao gold deposit and its relationship with gold mineralization. Science China Earth Sciences, 53: 220~240

Zorin Y A. 1999. Geodynamics of the western part of the Mongolia-Okhotsk collisional belt, Trans-Baikal region (Russia) and Mongolia. Tectonophysics, 306(1): 33~56

The Mianlue Tectonic Zone of the Qinling Orogen and China Continental Tectonics

Abstract

The work is a systematical summary of the four-year-long, multi-disciplinary research outcome of the state key project "Composition, Evolution and Dynamic Characteristics of the Mianlue Tectonic Zone in the Qinling Orogen" supported by National Natural Science Foundation of China (Project Code: 49732080, 1998. 1 − 2001. 12). Incorporating recent study results of others, the book introduces in detail about composition, structure, dynamics and evolution of the Mianlue Tectonic Zone (MTZ) of the Qinling-Dabie orogen, and combined with the regional geology of the Central Orogenic System, discusses the fundamental issues of continental geology and tectonics in China. Further, the authors of the book explore the key issues regarding deepening the theory of plate tectonics and developing continental tectonics and dynamics in the modern earth science.

The Central Orogenic System represented by the Qinling-Dabie orogen marks the division of present-day geology, geography, climate, ecological environment and humanity in China continent. From the angle of geological history, it is the major amalgamation zone for the formation of the unified China continent and possesses a significant position in Chinese geological evolution.

Situated at the southern margin of the Qinling-Dabie orogen, the MTZ represents a composite boundary zone which comprises a series of south-directed thrust and strike-slip faults. Running from the Xiang-Guang fault zone on the southern margin of the Dabieshan in the east, via the Bashan and Kangma arcuate fault zones, to the east Kunlun fault zone in the west, the zone stretches over 2000 km and forms a giant intracontinental deformation belt along the southern margin of the Central Orogenic System in central China continent. Due to its typical features, the Mianxian-Lueyang segment in the zone has been detailed studied and is named the Mianxian-Lueyang Tectonic Zone and the Mianlue Tectonic Zone in short, on the southern margin of the Kunlun-Qinling-Dabie orogen.

It has been unveiled by the study that the MTZ was developed by superposition of the Middle-Late Mesozoic and Cenozoic intracontinental tectonics on the basis of the Early Mesozoic Indosinian subduction-collison suture zone along the southern Kunlun-Qinling-Dabie orogen which contains abundant relics of the pre-existing suture zone. Thus the MTZ mainly is a coliisonal composite megazone in the framework made up of faults formed during the formation of the old suture zone which was later superposed by the Meso-Cenozoic tectonics, while the old suture zone is called the Mianlue Paleo-suture zone. The significance of the zone is that it marks the specific boundary locality for the major convergence and final amalgamation between South and North China continents. Developed during the Early Mesozoic Indosinian orogeny, the zone is also the transitional margin of the Paleoasia and Paleotethys domains, and later it became a Meso-Cenozoic intracontinental thrust and strike-slip megazone in E-W trending which cuts through China continent and the northern Qinghai-Xizang Plateau.

Because of its tectonic characteristics, the MTZ can provide with considerable information in a series of study for evolution of China continent such as the differentiation evolution of east and west China continent, the evolution relationship of the eastern China margin and subduction of west Pacific Ocean, and underplating, delamination and thinning of the eastern China lithosphere and crustal thickening and uplifting of the Qinghai-Xizang crust.

The long-term study on the MTZ has achieved the following results:

1) Establishment of the present-day's 3-D tectonic geometry model of the MTZ;

2) Recovery and reconstruction of the Late Paleozoic and Early Mesozoic limited Mianlue oceanic basin in E-W trending and confirmation of the existence of the corresponding paleo-suture zone along the southern margin of the Qinling-Dabie orogen;

3) Comprehensive determination of the formation and evolution processes of the Mianlue paleo-suture and MTZ;

4) Discovery and determination of the remained ophiolite and related volcanic rocks represented by the Mianlue, Kangma, Maqên-Dur'ngoi ophiolite tectonic mélange zone;

5) Recovery and reconstruction of the continent-margin sedimentary system and foreland basin system of the Mianlue limited oceanic basin and suture;

6) Comprehensive determination of the giant Bashan duplex thrust system and overlain Mianlue paleo-suture zone;

7) Discovery and confirmation of the HP metamorphic rocks and sedimentary mélange contained in the ophiolite mélange zone;

8) Determination of the timing of open-up, evolution and closure of the Mianlue paleo-ocean basin via isotope geochronology and fossil comparison;

9) Determination of the deep structure and regional structure of the Mianlue Tectonic Zone through use of geophysical data;

10) Proposal of the Late Paleozoic and Early Mesozoic Gonghe aulacogen and triple-junction tectonics centered at Maqên-Dur'ngoi-Huashixia-Saishiteng area, Qinghai Province;

11) Compilation of "Tectonic Map of the Mianlue Composite Tectonic Zone and Adjacent Area (1 : 1,000,000)";

12) Exploration of the Mianlue zone related issues of the continental tectonics and dynamics in China, including (i) The Mianlue Tectonic Zone and Chinese continental tectonics; (ii) The Mianlue limited oceanic basin and suture zone versus east Paleotethys tectonics; (iii) Continental geology, tectonics and dynamics.